현대 도시개발

김 천 권

도서출판 대영문화사

머리말

“신은 자연을 만들었고, 인간은 도시를 만들었다”는 말이 있듯이,[1] 자연과 도시는 공존하면서도 뚜렷이 구별된다. 그런데 신이 만든 자연은 어디나 항상 아름답다. 유럽의 알프스, 네팔의 에베레스트, 한국의 금강산과 설악산 등은 말할 것도 없고, 풀 한포기 없는 아프리카 사하라 사막과 황사의 발원지인 내몽고 사막까지도 때로는 고요하고, 때로는 바람이 휘몰아치며 모래를 날려도 웅장하고 가슴 벅찬 감동을 안겨준다. 그러나 인간이 만든 도시는 어떻게 만드는가에 따라 아름답기도 하고 추하기도 하다. 왜냐하면, 신은 완벽할지 몰라도, 인간은 완벽하지 않기 때문이다. 그래서 우리는 도시개발에 대해 끊임없는 연구가 필요한지 모르겠다.

인간이 도시를 만들지만, 인간이 만든 도시에 의해 인간이 영향을 받는다. 즉, 우리가 도시를 잘 만들면 우리의 생활이 편안하고 행복하지만, 도시를 잘못 만들면 그만큼 불편하고 불행하다는 것이다. 여기서 도시를 잘 만든다는 것은 단순히 도시의 외관만을 이야기하는 것은 아니다. 그 안에 살고 있는 시민들이 행복하기 위해서는 도시 외관뿐만 아니라 제도, 규칙, 문화, 공동체 관계, 정치행정, 시장 체제 등이 잘 갖추어져야 한다. 그래서 외관이 아름다운 도시가 행복한 도시가 아니라, 시민들이 행복하게 살아가는 도시가 아름다운 도시인 것이다. 아무리 도시 외관을 아

1) 영국 시인 윌리엄 쿠퍼(William Cowper, 1731~1800)는 그의 시(The Sofa, The Task, I, 1785)에서 *“God made the country, and man made the town”*이라는 멋진 구절을 남겼다.

름답게 꾸미고 있더라도 자원을 많이 소비하는 도시는 결코 아름다운 도시라고 할 수 없다. 이것은 아무리 얼굴이 예쁜 미녀・미남이라도, 마음씨가 착하지 않으면 좋은 사람으로 평가되지 않는다는 것과 같은 의미이다. 즉, 얼굴이 예쁜 사람이 아름다운 것이 아니라, 마음씨가 착한 사람이 아름답다는 것이다. 물론 얼굴도 예쁘고 마음씨도 착하면 금상첨화겠지만, 현실에서 그럴 가능성은 그리 높지 않다. 마찬가지로 도시도 외관도 멋지고 그 속에 사는 시민들도 행복한 삶을 사는 도시를 만들면 좋겠지만, 사실 이 두 가지 모두를 충족시키는 것은 쉬운 일이 아니다. 시골이라면 혹시 가능할지 몰라도, 도시가 멋진 외관을 갖기 위해서는 많은 자원의 투입이 필요하고, 그러기 위해서는 자연의 훼손이 불가피하다.

상상 속에서는 정말 멋진 유토피아를 마음껏 그릴 수 있다. 그러나 현실에서 유토피아를 만나지는 못한다. 상상 속에서는 천국에서 모든 사람들이 행복한 미소를 지으며 꽃밭에서 즐기고 냇가에서 노는 모습을 그릴 수 있다. 그러나 현실에서는 이렇게 미소를 띠며 놀기 위해서는, 몇몇 금수저를 제외하고는, 다른 시간에 열심히 일을 해야 한다. 그렇지 않고 항상 놀며 행복하게 미소를 띠며 산다는 것은, 다른 누군가가 대신 열심히 일을 해서 생계를 지원해 준다는 것이다. 그래서 우리가 그리는 천국의 모습은 모순적이다. 아마도 천국에서 생활이 즐겁고 행복하기만 한 것은, 현세에서 열심히 살며 좋은 일을 많이 하였기 때문에 그에 대한 보상으로 내세에서는 천국생활을 즐기는 것으로 해석되기도 한다. 그러면 천국에서 생계를 위한 활동은 누가 담당하며 고생을 할 것인가? 아마 이 일은 현세에서 열심히 살지 않고 남을 괴롭힌 삶을 산 사람들이 내세에서는 천국에 가지 못하고 지옥(?)에 떨어져 고생을 할지도 모른다. 그러면 내세도 현세와 같은 도덕원리와 기준으로 작동하는가? 어쨌든 이 문제는 신앙에 맡겨 두기로 하자.[2)]

도시는 인간이 만든 최고의 걸작 중 하나이다. 그 안에는 관청도 있고, 시장도 있고, 학교도 있고, 사원도 있고, 공원도 있고, 공장도 있고, 사무실도 있고, 미술관

2) 중세시대 영국의 논리학자이며 프란체스코회 수사였던 윌리엄 오컴((William of Ockham, 1285~1349)은 '오컴의 면도날'에서 학문과 신앙을 면도날처럼 명확하게 구분하였다. 학문은 이성에 의해 탐구되지만, 신앙은 오직 믿음에 의해 형성된다는 것이다. 지금은 모든 사람들이 이 말을 당연하게 받아들이지만, 종교가 지배하던 중세시대에 이 말은 '교회에 대한 도전'으로 받아들여져 오컴은 이단 혐의와 수도회의 청빈 강조, 교황권의 한계 천명 등의 이유로 교황으로부터 파문을 당했다.

도 있고, 광장도 있고, 술집도 있고, 호텔도 있고, 공연장도 있고, 도서관도 있고, 병원도 있고, 장례식장도 있다. 이러한 다양한 활동들이 다양한 목소리를 내며 다양한 모습으로 살아가는 공간이 도시이다. 그래서 제인 제이콥스(Jane Jacobs, 1916~2006)는 말하기를, "도시는 서로 다른 스텝을 밟으며 살아가는 사람들로 가득 찬 춤(ballet)의 공간"으로 표현하였다. 도시가 이렇게 다양한 사람과 직업, 문화와 생활 방식이 혼재해 있기 때문에 필연적으로 시끌벅적할 수밖에 없고, 갈등과 충돌, 실망과 분노, 소음과 논란이 만연한 공간을 연출한다.

그런데 도시가 정말 차분하고, 고요하며, 잔잔한 분위기를 갖는다면 바람직할까? 도시의 도(都)는 도읍・우두머리의 의미를 갖고, 시(市)는 저자거리・시장이라는 의미를 갖는다. 이런 뜻풀이에서 알 수 있는 바와 같이, 도시는 본래적으로 시끄러울 수밖에 없다. 시장이 조용하면 죽은 시장이듯이, 도시가 조용하면 생동감을 상실한다. 물론 그렇다고 도시가 일 년 내내 시끄럽고 소란스러우며, 사람과 차로 넘쳐나서 시장과 공사판 같은 모습을 보이는 것이 바람직하다는 것은 아니다. 도시는 어차피 다양한 사람과 직종, 사고와 생활방식이 공존하는 공간이기 때문에, 다양한 의견과 목소리가 표출될 수밖에 없다. 때로는 이러한 다양한 목소리들이 불협화음을 만들어내 갈등과 충돌이 발생하기도 하지만, 이러한 다양한 목소리는 다양한 정보와 지식을 생산 및 제공하는 지역지식・다중지성의 원천이 되기도 한다. 이런 의미에서 바람직한 도시개발은 시민들이 갖고 있는 기술과 재능이 무엇인가를 파악하고, 시민들이 희망 및 요구하는 도시가 어떤 도시인가를 탐색하여 둘 사이를 연결시키는 작업이라고 할 수 있다.

오케스트라가 멋진 교향곡을 연주해 내기 위해서는 다양한 연주자와 악기들이 있어야 한다. 다양한 연주자와 악기들은 각기 다른 음색을 만들어낸다. 교향곡이 연주되기 전에 개별 악기들의 연주는 각기 독특한 소리의 불협화음을 낸다. 그런데 오케스트라의 지휘자가 등장하여 함께 교향곡을 연주하면 정말 멋진 앙상블(ensemble)이 연출된다. 도시도 마찬가지로 다양한 사람들이 모여 다양한 활동과 목소리를 만들어내지만, 이러한 다양한 활동과 목소리들이 모여 도시의 활력, 생동감, 역동성을 연출하며 도시가 변화와 성장을 가져온다. 아마 이런 변화와 성장을 가장 단시간에 경험한 사회 중에 하나가 바로 한국일 것이다. 선진 사회는 1700년대 후반 산업혁명과 프랑스 대혁명을 경험하며 지난 200년 이상을 걸쳐서 현재의 산업화와 도시화를 이루었는데, 한국 사회는 한국전쟁 이후 도시화와 산업화가 시작되어 불과 50~60년 만에 선진국 수준의 도시화와 산업화를 이룩하였다. 이렇게 단기간에 도시화와 산업화를 선진국 수준까지 도달하였으니, 그에 따른 성장통도 만만치가 않은 것이 사실이다. 우리 주변에서 목격되는 난개발 현상, 지역 간 격차, 수도권 밀집 현상, 자연 파괴, 수질오염, 핵발전소와 폐기장 문제, 지방의 공동화, 정체성 상실의 모방·복제된 도시, 아파트 빌딩 숲, 도시 외관과 경관 불량, 공동체와 근린관계 붕괴, 주차 및 층간 소음문제, 님비(nimby) 및 핌비(pimfy) 현상, 정경유착, 물질만능주의, 한탕주의 등은 그동안 고도 경제성장을 추진하는 과정에서 양적 성장에 치우쳐 삶의 질에 대한 관심과 투자는 등한시한 결과로 나타난 현상이라고 할 수 있다. 결과로서 2016년 현재 한국의 경제 규모는 세계 11위에 오를 정도로 몸집은 비대해 졌지만, 지적 능력은 아직 충분히 성숙되지 않은 미숙아의 모습을 보이고 있다.

이런 미숙아의 모습을 우리는 도처에서 목격한다. 2009년 발생한 용산 철거민 참사, 시민들의 정당한 집회를 막는 경찰버스의 차벽, 고 백남기 농민의 죽음과 이상한 사망진단서, 막가파식 관 주도 개발과 미흡한 피해보상, 부산 국제영화제와 광주 비엔날레의 파행적 운영, 주민의 동의 없는 막가파식 도시행정, 구도심과 신도시의 격차심화, 보행권을 무시한 자동차 중심도시, 무질서한 도시개발 등은 경제성장을 통하여 몸집은 비대해 졌지만, 아직 내공이 충분히 쌓이지 못해서 나타나는 현상이라고 볼 수 있다. 이런 관점에서 이제 우리의 도시개발 정책과 방향의 전반적 변화가 필요한 시점에 왔다. 이제는 부의 축적을 추구하기보다는 시민들의 행복을 증진시키는 방향으로 도시정책의 변화가 필요하다. 부를 추구하는 도시가 승리하는 것이 아니라, 즐거운 도시가 승리한다고 에드워드 글레이저(Edward Glaeser, 2011)는 말하고 있다.

21세기 들어서서 도시를 둘러싼 국내·외 환경이 급변하고 있다. 글로벌 경쟁은 더욱 치열해지고 있으며, 과학기술은 제4차 산업혁명으로 치닫고 있다. 이와 같은 도시환경 변화에 직면하여 도시가 경쟁력을 확보하기 위해서는 정부운영과 개발 정책에서 일대 전환이 필요하다. 그리고 세계가 지구촌 사회로 압축된 글로벌 사회에서는 국가의 역할도 중요하지만 도시의 역할과 중요성이 한층 더 부각되고 있다. 글로벌 사회에서 '국가'는 "글로벌 변화를 주도하기에는 너무 작은 단위인 동시에 글로벌 변화에 신속히 대응하기에는 너무 큰 단위"라는 것이다. 그래서 국가 기능이 점차 축소되고 도시와 지방 기능이 강화되는 '세계화와 동시에 도시화・지방화' 시대에 돌입하였다. 국제화 시대에는 국가경쟁력이 도시경쟁력의 주요 요인으로 작용하였지만, 글로벌 시대에는 도시경쟁력이 국가경쟁력의 주요 요인으로 작용하는 인과관계의 역전현상이 진행되고 있다. 즉, 국제화 시대에는 영국의 경쟁력이 런던의 경쟁력을 가져오는 주요 요인이었고, 미국의 경쟁력이 뉴욕의 경쟁력을 높이는 주요 원천이었지만, 글로벌 시대에는 인과관계의 역전을 가져와서 파리의 경쟁력 없이는 프랑스의 경쟁력이 확보될 수 없고, 상하이의 경쟁력이 없으면 중국의 성장이 보장되지 않는 명실상부한 도시화 시대가 열린 것이다.

새 술은 새 부대에 담아야 한다는 말이 있듯이, 새로운 시대에는 새로운 도시개발과 정책이 추진되어야 한다. 이제 한국 사회도 어느 정도 성숙하였으니, 거기에 걸맞은 성숙한 도시개발과 정책이 추진되어야 한다. 그래서 이 책의 제목이 현대사회를 겨냥한 『현대 도시개발』이며, 도시를 둘러싼 최근의 환경 변화에 직면하여 도시를 어떻게 개발해야 하는가에 주안점을 두고 논지를 전개하였다.

이 책은 크게 다섯 부분으로 구성되었다. 첫 번째는 도입부로서 도시성장의 의미와 역사적 추세를 설명한다. 두 번째는 최근의 도시를 둘러싼 주요 환경 요인으로서 글로벌화, 정보화, 지속가능성이 도시개발과 어떻게 연관되었는가를 심층적으로 논의한다. 세 번째는 도시경제와 관련된 논의로서 도시성장을 설명하는 주요 이론, 공간구조와 분석방법, 산업입지이론을 중점적으로 논의한다. 네 번째는 최근의 사회 변화가 요구하는 도시개발의 새로운 방향을 성(gender), 문화, 스마트 도시, 그리고 마지막으로 현대(modern)를 넘어서 포스트모던 사회의 도시개발에 대해 고찰한다. 포스트모던을 결론 부분의 주제로 선택한 이유는 이 주제가 도시개발 논의의 새로운 출발점이 되어야 한다는 생각이 담겨 있다.

앞에서 언급했듯이, 한국 도시는 아직도 성장 단계에 있는 미완성 상태에 있다. 그래서 우리 앞에는 고난도 있지만 희망과 기회도 열려 있다. 로마가 하루아침에 형성되지 않았듯이, 도시도 하루아침에 만들어지는 것이 아니다. 시민들의 중지를 모으고, 지역 지식을 활용하여 장기적인 도시 비전과 목표를 설정하고, 시민・산업체・정부・대학・연구소 등이 함께 노력하는 과정에서 즐거운 도시가 만들어진다. 유럽의 선진 도시들은 유구한 문화와 역사 유적으로 전통과 도시 미관을 유지하며 고고한 자태를 뽐내고 있다. 그런데 재미있는 현실은 자신들이 중세의 역사 유적과 건축물에 둘러싸여 있으면 자신들의 사고와 생활양식도 그러한 시대적 환경에 구속되고 지배받는다는 것이다. 공간은 인간의 생활양식뿐만 아니라 생동감, 역동성, 창의성, 상상력에도 영향을 미친다.

우리는 한국전쟁을 경험하며 도시가 파괴되어 재구성되는 고난과 아픔의 역사를 거치며 성장해 왔다. 많은 것이 파괴되어 5천년 역사와 유물을 일부 밖에 보여주지 못하는 아쉬움이 있는 반면에, 현대 사회의 도시모습과 미래는 이곳에서 연출될 수 있다. 이제 모던에서 포스트모던으로 전환되는 시점에서 과거가 파괴된 그래서 현대의 전형적인 모습을 보이는 한국의 도시공간은 역설적이게도 21세기 도시를 건설하기 위한 좋은 기회와 소재지를 제공한다(예를 들면, 베네치아, 피렌체 등은 현재 있는 건물을 부수고 새롭게 고층 빌딩을 세우고 싶어도 허용이 불가하다). 즉, 중세·근대의 도시가 소실되었다는 것을 비관할 것이 아니라, 이 공간에 포스트모던의 새로운 과학기술, 문화예술, 산업 활동이 결집된 도시를 창출함으로써, 슘페터(Joseph Schumpter)가 주장한 '창조적 파괴'의 개념이 '혁신의 공간'으로 재현될 수 있다. 그럼으로써 한국전쟁과 같은 '파괴의 역사'를 포스트모던 사회의 '창조의 역사'로 탈바꿈시키기 위한 지혜가 도시공간에서 발휘되어야 할 때이다.

이제 지난 25년 동안 도시개발을 수강한 학생들에게 진 빚의 일부나마 갚는 느낌이다. 이 책이 나오기까지 수고해 준 김성규 조교(도시계획학과 박사과정), 나혜영 박사(인하대학교 겸임교수), 정진원 박사(인천발전연구원), 박소연 박사(국립재난안전연구원), 한연동 원생(인천광역시청)에게 감사의 마음을 전하고, 늘 곁에서 지켜주고 응원해 준 평생의 반려자이자 동반자인 아내, 최정심(로즈마리)여사께 이 책을 바친다. 마지막으로, 이 책의 출간을 흔쾌히 수락해 주신 대영문화사 임춘환 사장님께 감사를 드린다.

2017년 5월
인천 용현동 연구실에서[3]

---

3) 이 책은 인하대학교 2015년도 연구비 지원에 의해 출간되었음을 밝힌다.

차 례

제10장 문화와 도시개발 446

제 1 장 도시성장의 의미와 일반적 추세

제 1 절 도시성장, 도시화의 과정과 의미

1 도시성장의 의미

한국 사회는 1960년대의 산업화, 고속성장과 함께 인구의 도시집중이 급속히 진행되면서 다른 어떤 나라들 보다 빠른 도시화와 경제성장을 경험하였다. 유럽의 선진국들과 북미 국가들이 현재의 도시성장을 가져오는 데는 산업혁명 이후 약 200년의 기간이 경과한 반면에, 한국은 1950년 한국전쟁 이후 불과 50년의 기간 동안에 그들과 유사한 정도의 도시성장을 기록하였다. 물론 이렇게 단기간에 도시성장을 이루었기 때문에 그에 따른 많은 부작용이 수반된 것은 사실이다. 이런 의미에서 현재 우리 사회가 겪고 있는 많은 문제들이 이러한 급속한 도시성장의 부산물이라고 해도 과언이 아닐 것이다.

도시성장은 단순히 도시의 크기와 외관의 변화만을 가져오는 것이 아니라, 그 공간에서 생활하고 있는 사람들의 생활방식, 사고 방식, 규칙, 문화, 정치, 행정 등 많은 면에 영향을 미친다(Wirth, 1938). 예를 들면, 10만 명 이하의 소규모 도시에 사는 사람과 100만 명 이상의 대규모 도시에 사는 사람은 생활방식과 사고 방식에서 현저한 차이를 보일 수 있다. 이러한 차이는 도시성장이 단순히 양적인 크기의 변화만을 가져오는 것이 아니라 도시공간의 질적인 면에서 차이를 가져온다는 것을 의미한다. 인간이 유아기에서 점차로 성장함에 따라 신체의 성장과 함께 지적 능력, 인간관계, 사고능력이 발전하는 것과 마찬가지로 도시가 성장함에 따라 크기와 규모의 확대와 함께 도시구조, 문화, 제도, 이데올로기 등에서 현격한 차이를 가져온다. 즉, 도시는 단순히 공간을 점유하고 있는 물리적 구조물이 아니라 그 내부에 존재하는 생명체의 활동 범위와 방식을 결정하는 중요한 인자로 작용한다. 이런 의미에서 인간과 도시는 강력한 상호작용을 갖는다. 인간이 도시를 계획하고, 조성하며, 변화를 가져오는 한편, 도시가 인간의 삶과 생활방식에 중요한 영향을 미치고 있다. 사람에 의해 도시가 건설되면서, 어떤 도시를 건설하는가에 따라 사람이 영향을 받는다는 것이다(Sudjic, 1992).

도시 변화와 성장이 갖는 또 다른 의미는 도시가 살아있는 생명체와 같이 탄생, 성장, 성숙, 노화의 과정을 보인다는 것이다. 이 과정에서 도시는 저절로 변화하고 성장하지 않는다. 인간의 성장과정에서 적절한 영양공급과 관리, 교육과 보살핌, 규제와 지도, 선택과 자율성 등이 요구되듯이, 도시 성장과정에도 적절한 자원 공급과 관리, 목표와 계획, 선택과 자율성이 요구된다. 사람이 적절한 영양공급을 받지 못하면 영양실조에 걸려 기능저하와 성장의 지체를 경험하듯이, 도시도 적절한 자원 공급을 받지 못하면 기능저하와 성장의 지체를 가져온다. 사람이 목표와 계획 없이 행동하는 경우 무질서와 비능률의 결과가 초래되듯이, 도시도 목표와 계획 없이 조성되는 경우에 무질서와 난개발 현상이 초래된다. 사람이 선택과 자율성이 없는 경우에 의존성 증가와 독립성, 다양성, 창조성 결여 현상을 보여주듯이, 도시도 선택과 자율성이 결여된 경우에 종속 현상과 독특성, 다양성, 정체성의 결여 현상을 보인다. 따라서 도시가 적절한 목표와 계획, 관리와 통제에 따라 개발되는가에 따라 도시의 변화와 성장에 현저한 차이를 보인다.

최근의 도시변화에서 관찰되는 두드러진 현상은 변화의 속도와 범위가 과거와 비교하여 현저하게 빠르고 대규모로 진행된다는 것이다. 한국 사회는 도시화 초기 단계인 1960년대에는 과거 10년 혹은 20년 전과 비교하여 도시규모와 생활방식에서 큰 차이가 관찰되지 않았다. 역사를 더 거슬러 올라가면 1800년대의 도시규모와 생활방식은 그 이전 200년 혹은 300년 전의 것과 비교하여 현저한 차이를 보이지 않는다. 이러한 현상과는 달리 최근의 도시변화는 급속히 진행되고 있다. 1960년대까지 한강변 채소밭으로 이용되어 여름이면 만성적 홍수 피해지역이었던 잠실 들판이 1970년대에는 아파트 밀집 지역으로 전환되었고, 지난 수백 년 동안 서울을 관통하던 깨끗한 개천인 청계천은 1970년대 이후에는 도로 아래로 자취를 감추어서 흔적조차도 느낄 수 없다가, 최근에는 복개되어 물길을 되찾았다. 여름이면 수영을 즐기던 한강의 모습은 사라졌으며, 폐기물과 쓰레기 산이 시민의 휴식 공간으로 탈바꿈하였다(예를 들면, 난지도와 검단 수도권 쓰레기 매립지). 30년 전까지 복숭아밭이었던 들판(소사)이 아파트 밀집 지역(부천)으로 바뀌었으며, 딸기밭이 밀집했던 서울 교외지역(수원 부근 이목리 등)이 또한 주택단지로 변하였다. 인천 앞 바다에 해수욕장은 사라지고 대규모 글로벌 도시가 조성되었으며, 조용한 섬이었던 영종도는 육지와 연결된 항공교통의 중심지로 전환되었다. 이 땅에서 일어난 지난 30~50년 동안의 변화는 그 규모와 내용에서 그 이전의 300~500년 기간의 변화를 능가하며, 그 변화의 속도와 규모는 가속화되는 추세를 보인다.

이러한 '고속사회(fast society)'의 빠른 변화는 도시변화의 목표와 방향, 전략과 과정, 결과와 영향에 대한 보다 정확한 분석과 평가를 위한 논리와 방법론의 정립을 요구한다. 현 사회에서 변화 방향 혹은 과정의 잘못된 설정은 도시공간에서 회복하기 어려운 결과를 유도하여 지역경쟁력 상실뿐만 아니라 지속가능한 개발을 심각하게 저해할 수 있다. 즉, 더딘 변화를 보이는 '저속사회(slow society)'의 부적절한 목표와 성장은 다음 단계에서 잘못된 변화에 대한 수정이 가능한 반면에, 고속사회에서 성장과정의 순간적 · 잘못된 방향 설정은 회복 불가능한 혹은 치유하는 데 많은 시간과 노력을 요구하는 결과를 가져올 수 있기 때문이다.

도시는 살아있는 생명체와 마찬가지로 지속적으로 변화하고 있다. 그 변화가 성장을 위한 역동적 변화일수도 있고, 현상유지를 위한 정태적 변화일 수도 있고, 혹은 침체를 향한 퇴보적 변화일 수도 있다. 또한 횡단적(cross-sectional) 분석에서 동시대에 유사한 조건을 갖고 있는 도시 사이에도 상이한 성장과 변화 양상을 보이는 반면, 시계열(time-series) 분석에서 한 시대의 성장 활동은 다음 시대의 정체 혹은 퇴보 요건으로 작용하기도 한다. 도시가 무한히 성장하지 않으며, 역사적으로 볼 때 성장과 침체 · 정체를 반복하는 현상을 보인다.

도시가 무한히 성장하지 않는 것은 도시성장에 수반하여 많은 부정적 요소가 발생한다는 것을 의미한다. 집적의 불경제(diseconomies of agglomeration) 효과 혹은 규모의 불경제(diseconomies of scale) 효과로 표현되는 다양한 부정적 요소들이 도시성장과 동반하여 발생한다. 또한 성장에 따른 크기와 규모의 확대는 이러한 규모를 유지하기 위해서는 많은 자원·재원 공급을 요구하는 반면에, 급변하는 사회에 신속한 대응을 위한 융통성 결여 문제를 가져온다. 이런 면에서 도시를 배와 비교하여 설명할 수 있다. 큰배는 한번에 많은 인원과 화물을 운송하는 경제성·편리성을 갖는 반면에, 급박한 상황에서 신속한 대응을 위한 방향전환에는 어려움이 있다. 반면에, 작은 배는 소수의 인원을 신속히 운송하는 효율성을 갖으며, 급박한 상황에서 신속히 대응하는 융통성을 갖는다. 큰 배는 규모가 큰 만큼 다양한 내부활동을 제공하는 반면에, 작은 배는 내부활동에서 상대적으로 제한적이다. 도시도 마찬가지로, 대규모 도시는 도시공간에서 다양한 활동을 제공하는 반면에, 이를 유지하기 위해서는 많은 재원·자원의 공급을 요구한다. 따라서 도시가 적절히 관리되지 않는 경우에 비만증, 동맥경화 등의 증세를 보이며, 이러한 증세가 교통체증, 공해, 범죄의 증가, 외부환경 변화에 대한 더딘 대응 등으로 나타난다.

이러한 도시 현상은 성장이 도시가 직면한 많은 문제를 해결해 주는 만능 해결책은 아니라는 것을 보여준다. 실제로 최근에는 몇몇 선진도시에서 제로(zero) 성장 혹은 저성장을 위한 '슬로시티 운동(slow city movement)'과 같은 성장 억제 정책이 도입되고 있는 것이 사실이다. 그리고 한국에서도 서울과 수도권, 그리고 주요 대도시를 대상으로 성장 억제를 위한 다양한 정책들이 실시중에 있다. 역설적으로 도시성장이 도시문제의 해결을 위한 대안으로 작용할 뿐만 아니라 성장이 또 다른 문제를 유발하기 때문에 도시성장에 대한 심층적 연구가 필요한 것이다.

2 도시화의 의미와 과정

도시화는 일반적으로 산업화·기계화의 산물로서 인식되고 있다. 농업사회에서 산업사회로 전환됨에 따라 전문화·분업활동이 강화되며, 인구의 도시집중이 증가되는 현상을 보인다. 특히, 이 과정에서 상거래 활동의 지리적 확대와 과학기술의 확산, 근대적 정치행정 제도의 확립, 그리고 자본주의 제도의 확산은 도시화를 일반적 추세로 정립하는데 주요 요소로 작용했다고 분석되고 있다. 이렇게 보편적으로 사용되는 용어인 '도시화(urbanization)'는 실제적인 내용에서 다양한 의미를 포함하고 있다. 엘드리지(Eldridge, 1956)는 도시화를 다음의 세 가지 개념으로 해석하고 있다: (1) 도시의 특성이 주변지역으로 퍼져 나가는 확산(diffusion)의 개념, (2) 다양한 도시 활동이 보다 보편화되는 집약화(intensification)의 개념, (3) 인구의 집중화(concentration) 현상 등이 있다.

첫째, 확산의 개념은 시간이 경과함에 따라 도시의 특성이 지방으로 퍼져 나가는 과정을 의미한다. 여기서 확산의 대상이 되는 도시의 특성으로 도시규범, 가치, 믿음, 창조와 혁신성, 생활방식, 제도, 사고 방식 등을 포함한다. 예를 들면, 자동차 문화에서 쇼핑 행태에 이르기까지 다양한 문화와 생활방식이 도시에서 지방으로 확산되고 있다. 특히, 워스(Wirth, 1938)는 도시가 갖는 특성을 도시성(urbanity)으로 부르며, 도시와 지방 사이에는 생활방식과 사고 방식에서 현저한 차이를 보인다는 것을 주장하였다. 물론 이러한 주장이 훗날 갠스(Gans, 1962) 등 도시사회학자들에 의하여 재평가의 대상이 되었지만, 도시의 특성 연구를 위한 새로운 장을 제공하였다.

이러한 도시성(urbanity)은 일반적으로 두 가지 경로를 통하여 확산되는 현상을 보인다. 첫째는 근린 확산으로, 도시성은 도시와 인접하고 있는 지역에 우선적으로 전달되며, 이후에 원거리 지역으로 확산되는 경향을 보인다. 둘째는 계층 확산으로, 도시성은 대도시에서 우선적으로 경험되며 점차적으로 중규모 도시, 소도시, 지방으로 확산되는 경향을 보인다.

둘째, 집약화 개념으로 특정 도시활동이 짧은 시간에 널리 보편화되는 현상을 의미한다. 다양한 사람들이 다양한 집단을 형성하며 다양한 접촉 양태를 보이는 도시의 역동성은 도시변화가 단시간에 일어나며 보편화되는 경향을 보인다. 즉, 도시의 다양성은 다양한 아이디어와 창조성의 기반을 제공하며, 도시를 유행과 혁신의 중심지로서 작용하도록 한다. 물론 도시의 다양성과 이질성이 항상 긍정적으로 작용하는 것은 아니다. 도시의 이질성과 다양성은 흔히 도시갈등 · 충돌 · 반목 · 저항의 주요 요인으로 작용하고 있다.

셋째, 인구론적 요인으로 도시화 과정은 도시지역에 인구의 집중화로 해석된다. 이러한 관점에서 도시화는 두 과정을 통하여 진행된다: 첫째는 도시 수의 증가이며, 둘째는 도시인구의 증가이다. 도시화를 인구의 도시지역 집중 과정으로 이해하는 것이 개념 측면에서는 단순해 보이지만, 실제로 도시화를 해석하는 과정에서는 다양한 문제가 발생한다. 각 국가마다 도시에 대한 정의가 다양하기 때문에 도시화 정도를 보편적으로 비교·해석하기가 어렵다. 예를 들면, 한국은 인구 5만 명 이상이 밀집된 지역을 도시지역으로 정의하고 있으나, 캐나다는 인구 2,000명 이상이 밀집된 지역을 도시지역으로 정의하고 있다. 따라서 동일한 도시화 정도를 보인다고 도시와 지방 사이에 동일한 인구배분 분포를 갖는 것으로 해석할 수는 없다.

3 도시의 개념 정립에서 제기되는 문제들

유엔『인구연감』은 매년 각 국가의 도시화 정도에 대한 비교 통계를 제공한다. 그리고 각 국가들의 도시화 정도를 계산하여 세계 도시인구를 추정하여 발표하고 있다. 이 과정에서 각 국가들 사이에 도시에 대한 합의된 정의가 없기 때문에 국가들 사이에 비교를 위한 적절한 통계를 제공하는 데 어려움이 많다. 즉, 대규모 인구 밀집 지역에서 소규모 공동체 지역 사이의 연속선상에서 어느 지점부터 도시성(都市性)이 사라지고 지방이 시작되는가에 대한 합의가 어렵다는 것이다. 이런 면에서 인구 규모에 의한 도시와 지방의 구별은 필연적으로 조작적일 수밖에 없다(Unition Nation, 2013). 대규모 도시를 중심으로 도시에 대한 개념을 정립하는 경우에는 도시의 특수성에 지나치게 집착하는 반면에, 지나치게 소규모 지역을 포함하는 경우에는 도시에 대한 개념정립의 의미가 없게 된다. 이런 문제에서 절충을 위한 대안이 '도시로 수용할 만한 최소 인구 규모'를 탐색하는 것이며, 유럽과 북미 지역에서는 2,000명 혹은 2,500명의 인구 밀집 지역을 제안하고 있다. 그러나 인구 규모를 통한 도시지역의 규정이 조작적이며 시대 변화를 반영하지 못하는 문제는 별도로 치더라도, 실제로 각 국가들 사이에 도시를 규정하기 위한 최소한의 인구 규모가 지나치게 차이가 있다는 것이다.

도시에 대한 상이한 인구 규모의 개념 정립은 상이한 지정학적 배경에서 유도된다고 볼 수 있다. 예를 들면, 농업중심 사회인 아이슬랜드(Iceland)의 농촌환경에서는 인구의 자연적 밀집이 어렵기 때문에 인구 200명 이상이 밀집한 지역은 도시기능을 수행하는 것으로 인식되고 있다. 반면에, 스페인에서는 10,000명 이상이 밀집해서 거주하면 도시(urban), 2,000~10,000명 사이의 지역은 중간지대(intermediate), 그리고 2,000명 이하의 지역은 지방(rural)으로 분류하고 있다. 거주 행태에 대한 이러한 차이는 산적 혹은 해적들로부터 개인 재산에 대한 보호책, 혹은 대부분의 북유럽 사회에서와 같은 '사회혁명'을 경험하지 못한 토지소유 제도 등과 같은 역사적 경험의 차이에서 유발된다고 볼 수 있다. 포르투갈은 도시지역에 대한 최소한의 인구 규모를 10,000명으로 규정하는 반면에, 노르웨이는 이것의 1/5인 200명(그리고 건물 간격이 평균 50미터를 초과하지 않는 지역)을 도시 인구 규모로 규정하고 있다. 그리고 한국과 일본은 노르웨이 최소 도시 규모의 250배인 50,000명을 도시 최소 인구 규모로 규정하고 있다. 이와 같은 도시 규모에 대한 개념의 상이한 차이는 도시는 지방보다 커야 한다는 단순한 전통적 견해에 혼란을 가져왔으며, 도시화와 고밀도 인구 집중이 반듯이 연계되지 않는다는 것을 보여준다(UN Demographic Yearbook, 2013).

예를 들면, 오스트레일리아는 2015년 현재 89.4%의 인구가 도시에 거주하는 높은 도시화율을 갖는 국가인데, 인구밀도에 있어서는 평방킬로(㎢)당 2.9명이 거주하는 낮은 인구밀도를 보이고 있다. 반면에, 인도(India)는 2015년 현재 32.7%의 낮은 도시화율을 기록하고 있는데, 인구밀도에 있어서는 평방킬로(㎢)당 328명이 거주하는 높은 인구밀도를 보이고 있다. 이런 면에서 볼 때, 인구밀도와 도시화율 사이에 높은 상관 관계가 존재한다는 가설은 서구적 논리를 반영한 것이다. 도시화율은 단순히 규모의 문제만이 아닌, 지역의 산업구조와 도시기능, 고용 분포 등을 포함하는 보다 종합적인 면에서 이해하는 것이 의미 있는 분석을 제공한다.

도시화에 대한 개념 정립의 문제는 도시의 개념이 정적인 것이 아니라 시대에 따라 변화하는 동적 개념으로 이해될 때 문제는 한층 복잡해진다. 산업사회 이전에 도시(town)는 주로 상거래 중심지(market town)를 의미했으며, 주변지역으로부터 농산물이 반입되어 매매가 이루어지는 지역의 중심지를 의미했다. 18세기와 19세기에 산업사회의 도래는 문제를 한층 복잡하게 만들어 놓았다. 산업화는 특정 지역에 비농업 인구의 밀집을 가져왔으나, 이 지역은 주변지역에 서비스를 제공하지 않는 산업화 지역을 조성했다. 물론 이 지역들이 도시 서비스 기능을 점차적으로 추가하여 후일에 도회지(urban district)로 전환되는 과정을 경험하기도 한다.

20세기 후반에 접어들면서 도시에 대한 개념 정립 문제는 한층 복잡해진다. 인구의 대규모 도시집중 현상은 대도시(metropolis), 거대도시(megalopolis), 초거대도시(megacity) 등과 같은 새로운 용어를 탄생시킬 정도로 도시 규모와 특성에서 큰 변화를 유도하였다. 교통기술 발전에 의한 장거리 통근 행위는 도시인구를 주변지역으로 확산시킴으로써 도시 범위의 확대와 교외 지역의 개발을 가져왔다. 정보통신기술의 발전은 원격관리와 통제 체제를 넘어서 입지자유적(location-free) 혹은 입지무차별적(location-indifference) 산업과 생활방식을 가속화시키고 있다. 과학기술의 발전과 생활방식의 변화는 도시와 주변지역을 통합화함으로써 도시와 지방을 구별하는 의미를 상실시키는 반면에, 인구의 대규모 집중에 의한 초거대도시의 등장은 국가 전체를 몇 개의 대도시 영향권에 놓음으로써 도시 분석의 범위를 확대시키고 있다. 특히, 최근에 들어서 글로벌 개념의 도입은 도시의 영향권이 국내 범위를 넘어서 초국가적으로 작용한다는 논리를 제시하여 세계도시(world city) 혹은 글로벌 도시(global city)라는 용어들이 보편화되고 있다.

결론적으로 이제 도시라고 모두 유사한 특성을 갖는 도시가 아니고, 지방이라고 도시와 상이한 생활방식을 갖는 지역으로 단순히 분류되는 시기는 지났다. 글로벌 도시의 시각에서 볼 때, 글로벌 헤게모니를 행사하는 도시로부터 영향을 받는 다른 도시들은 변방으로 인식될 수 있으며, 도시와 주변지역의 통합은 도시와 지방의 분리 의미를 상실시키고 있다. 이것은 도시에 대한 연구 혹은 지방에 대한 연구가 의미를 상실했다는 것을 뜻하는 것은 아니다. 현대 사회가 급속히 변화하기 때문에 이러한 변화를 수용하는 적절한 이론이 신속히 개발되지 않는다는 것을 의미한다. 즉, 과거에는 사회 변화가 진행되는 과정에서 이러한 사회 변화를 설명하기 위한 이론이 개발될 수 있는 완충적 시간이 존재하였는데, 현대 사회의 급속한 변화는 새로운 이론 정립을 위한 시간을 허락하지 않을 정도로 변화의 속도가 빠르게 진행되고 있다. 이런 의미에서 현대 사회는 '이론의 위기'를 경험하고 있으며, 특히 이러한 변화가 도시공간을 중심으로 일어나기 때문에 '도시이론의 위기시대'를 경험하고 있다고 해도 과언이 아니다.

제 2 절 도시화의 일반적 추세

1 한국의 도시화 추세

한국의 도시화 단계는 학자들에 따라 상이한 시기로 구분된다. 어떤 학자는 고대 도시로부터 시작하여, 고려·조선 시대, 일제 강점기, 광복 이후 시대, 그리고 1960년대 이후 고도 성장기 등으로 구분하기도 한다. 그러나 대다수의 학자들은 한국 사회의 도시화는 실질적으로 1960년대 이후부터 진행되었다는 데 의견의 일치를 보이고 있다. <표 1-1>은 이러한 한국 사회 도시화의 전반적 흐름을 요약적으로 보여준다. <표 1-1>에서 나타났듯이, 한국 사회에서 산업화와 의미 있는 관계에서 도시화가 진행된 시기는 1960년대 이후라는 것을 알 수 있다. 이 절에서는 한국의 도시화 추세를 조선 후기, 일제 강점기, 해방과 혼돈기, 그리고 1960년대 이후로 분리하여 논의한다.

표 1-1 한국 도시화의 흐름

연 도	특 성	동인(動因)	도시화율
1920년 이전	전산업화 시기	도시화 현상 없음	2.8%
1920~1944년	수탈적 도시화	일제의 농촌 수탈 이농 인구 대다수 해외 이주	13.2%
1945~1960년	가도시화	해방에 따른 해외 동포 유입 월남민의 도시 정착	28.0%
1961~1990년	압축적 도시화	산업발달에 따른 이농 현상 • 서구의 도시화(200년) • 한국의 도시화(30~40년)	74.4%
1990년~현재	성숙된 도시화	수도권 인구 분포 • 1990년: 1,859만 명(42.8%) • 2017년: 2,560만 명(49.5%)	91.7% (2015년)

자료: 통계청(2002), 한국의 인구 및 주택구조; 행정자치부(2017) 인구통계.

2 조선 후기 시기(1920년 이전)

이 시기까지 한국 사회는 봉건 사회를 벗어나지 못한 전산업 사회로서, 도시는 대체로 행정과 군사 활동을 중심으로 주로 내륙지방에 발달하였다. 19세기 말엽, 상위의 행정구역으로 10부(府), 20목(牧), 5대도호부(大都護府)가 설치되었으며, 이들은 행정 · 군사적 요지를 점하고 있었다. 10부 가운데 한성부 주위의 수원부, 광주부, 개성부, 강화부 등은 사진(四鎭)으로서 수도 방위의 요충지였고, 전주부, 경주부, 함흥부, 평양부, 의주부 등은 지방의 요지를 이루었다. 그리고 20개의 목은 각 지방의 행정 중심지였고 성곽으로 둘러싸인 성곽도시를 이루었다. 또 대도호부는 안동, 창원, 강릉, 영흥, 영변에 두어 군사적 요충지로 삼았다. 우리나라에서는 오랫동안 정치 · 군사 · 시장 등의 기능을 기반으로 도시가 형성된 것은 사실이나 상공업을 어용화(御用化)하고, 상공인을 천시할 뿐만 아니라, 쇄국정책으로 외부로부터의 자극도 없었기 때문에 근대 도시의 발달이 지연될 수밖에 없었다. 더욱이 교환경제의 낙후성은 교통로의 발달을 지연시켰고 지역 간의 교류를 저해하였으며, 나아가 도시의 발달을 촉진시키지 못하였다(윤인진, 2003에서 재인용).

삼국 시대를 거쳐 고려와 조선 시대의 도시형성과 발달에 관하여 윤인진(2003)은 다음과 같은 흥미 있는 현상을 언급하고 있다. 즉, 봉건 사회의 도시발달 과정에서 대도호부 이상의 시급(市級)에 해당하는 도시의 7할 정도와 그 이하의 읍급(邑級)에 해당하는 취락의 7할에 가까운 부분이 X축에 걸쳐 분포하였다는 사실이다. 구체적으로 X축이라 함은 조선 시대 6대로(大路) 가운데 4대로인 서울－의주 간의 의주로(義州路, 西路), 서울－동래 간의 영남로(嶺南路), 서울－함흥 간의 경흥로(京興路, 北路), 서울－해남 간의 호남로(湖南路)에 인접한 지대를 가르킨다. 이 축은 오랜 기간에 걸쳐 형성된 것으로 상기한 4대로 가운데 의주로와 영남로가 한반도의 주축(主軸)에 해당하며, 경흥로와 호남로가 부축(副軸)에 해당한다고 볼 수 있다. 이들 X자형의 주축과 부축은 우리나라 도시의 집중 분포 지역일 뿐만 아니라 교류축이었던 것으로 간주된다고 윤인진은 주장한다(윤인진, 2003에서 재인용).

당시의 교통 수단은 주로 도보 위주의 우마차와 말에 의존함으로써 지역 간의 인구 및 물자 이동은 매우 제한적이었으며, 도시는 인구 2만 명 이상의 중추통치 중심지(한성, 개성, 평양), 인구 1만~2만 명의 소도읍 지방행정 중심지(상주, 전주, 대구, 충주, 의주, 진주 등), 그리고 인구 2,500명 이상의 고을(읍 수준)로서 계층화를 이루며 발달하였다.

1876년 개항은 도시 체계를 크게 변화시키는 계기로 작용하였으며, 개항 이후 조계지 — 부산(1877), 원산(1882), 인천(1883), 목포 - 진남포(1897), 군산 - 성진 - 마산(1899), 용암포(1904) — 를 중심으로 근대적 도시계획이 도입되기 시작하였다. 개항이후 1920년까지 가장 두드러진 현상은 연안 항구도시의 발달이라고 할 수 있다. 개항과 함께 선박 교통이 활성화됨에 따라 연안도시가 급속한 성장을 보이기 시작하였으며, 특히 일본인의 이주로 인해서 개항지 항구도시가 급속히 근대 도시로 전환되기 시작하였다. 이와 같이 연안도시가 성장한 이유는 한국의 산업화와 국가 경쟁력을 위한 목적에서가 아니라, 조선 내의 농산물과 기타 산물을 일본으로 반출하기 위한 집출항 내지는 일본의 공업제품과 외국 수입품을 반입하기 위한 목적에서 출발하였다.

3 일제 강점기(1920~1945년)

일제 강점기의 도시성장은 한마디로 한국의 식민지화와 일본의 대륙 진출을 위한 전초 기지로 이용을 위한 도시화라고 할 수 있다. 즉, 전반기에는 한국 자원의 효과적 수탈과 일제의 시장화를 위한 수단으로 항구도시들이 개발되기 시작하였으며, 후반에는 대륙 침략을 위한 전초 기지로서 근대적 공업도시들의 조성이 시도되었다. 일본의 식민화와 시장 확보를 위한 전략적 도시화는 일본에서 가까운 부산항만의 개발을 시도하여 경부축(京釜軸)의 형성을 가져왔으며, 효과적 자원 수탈을 위한 항만도시의 조성은 인천항 개발을 필요로 하여 경인축(京仁軸) 형성이라는 국토 이용의 변화를 초래하였다.

일제는 1920년경에 한국의 행정구역을 전국을 13도로 구분하고 이것을 다시 12부(府), 218군(郡), 2,391면(面)으로 개편하였다. 일제 강점기 초기의 기본 정책은 한국을 일본의 식량 및 병점기지화(兵站基地化)하는 데 주안점을 두었다. 이에 따라 삼남지방의 곡창 지대를 비롯한 중부와 관서지방의 평야 지대에 있어서 미곡의 집산화와 적출항(積出港)을 중심으로 교통로가 개설되고 미곡의 거래와 정미업의 기업화에 의해 도시가 성장하게 되었다. 그리하여 호남의 중심 도시인 전주와 광주, 쌀의 집산지인 이리와 정읍, 쌀의 적출항인 군산과 목포 등이 활기를 띠었다. 또한 금강 유역의 대전, 청주, 조치원, 논산, 영남지방의 대구, 김천, 밀양, 진주 등의 도시가 쌀의 집산지로 발달하였고, 남해안의 부산과 마산이 쌀의 적출항으로서 크게 성장하였다. 북부 지방의 경우는 평양 · 함흥 · 신의주 · 사리원 · 선천 등이 쌀의 집산지로 성장하였고, 남포 · 원산 · 성진 · 청진 등의 항구도시도 인구가 크게 증가하였다(윤인진, 2003).

1930년에 이르자 일본은 대륙 침략을 위한 전초 기지로 우리나라를 이용하기 위하여 당시까지 미개발 상태에 있는 산림 · 수산자원과 전력 및 지하자원 개발, 중화학공업을 비롯하여 식료품, 방직 등의 근대 공업에 투자를 시작하였다. 1937년 중일전쟁 이후에는 북한의 중화학공업 육성의 방안으로 각종 지하자원이 풍부한 관북 및 관서의 중심지인 원산, 흥남, 평양, 신의주 등이 공업도시와 광업도시로 성장하게 되었다. 이 무렵 우리나라의 도시 수는 1929년에 50개이던 것이 1937년에는 80개로 증가하였으며, 도시 수는 북부지방보다는 남부지방에 많이 분포하여 그 비율은 1 : 2 정도였다.

이상에서 개관한 해방 이전의 도시발달은 그 하부구조인 교통로의 발달과 관련이 깊다. 특히, 철도는 근대 국가에 있어 정치 · 경제 · 사회 및 군사 기능이 제 측면에 걸쳐 필요불가결한 시설인 동시에 경제발전과 도시발전의 혈관 역할을 담당한다. 우리나라의 철도는 한반도의 치안 유지와 일제의 대륙 침략 정책을 뒷받침하기 위한 군사 철도로서의 기능과 자원 수탈을 위한 수단으로 출발하였다. 일제에 의한 우리나라의 철도는 도로교통 시대를 거치지 않고 바로 철도교통 시대로 돌입함으로써 오늘날과 같은 지역 격차를 유발시키기는 원인으로 작용하기도 하였다(윤인진, 2003).

4 해방 이후와 혼돈기(1945~1960년)

해방 이후 한국 사회는 극렬한 좌·우익 논쟁에 휘말리고, 강대국 사이에 냉전 체제의 산물로서 남·북이 분리 통치되어 한국전쟁 이전까지는 일제 강점기의 도시구조가 그대로 유지되었다. 이후 1950년 한국전쟁과 복구기를 거치면서 월남 인구의 정착과 전후 복구를 위한 노력이 도시화에 영향을 주었던 혼돈기를 경험하였다. 이 기간 중 초기에는 광복 후의 해외 동포 귀국자와 북한에서 월남한 사람들이 도시에 정착했기 때문에 도시 인구가 급속히 늘어났고, 이후 6·25 전쟁 중에 월남 피난민들이 대부분 도시에 정착함으로써 도시 인구의 급격한 증가를 가져왔다. 그러나 이러한 전쟁으로 인한 도시화는 도시에 빈민들의 밀집, 실업 문제, 주택과 보건환경 문제 등 다양한 도시문제를 내포한 불안정한 도시화의 전형을 보여주었다.

이러한 혼돈기의 도시화 과정을 박수영(1990: 165)은 가도시화(假都市化) 과정으로 부르며 동 기간 동안에 크게 두 단계로 나뉘어 진행되었다고 지적한다. 첫째는 해방으로 인한 귀환 동포의 귀국과 북한으로부터의 인구 유입으로 인한 인구의 이상 집중으로 도시가 팽창하는 단계(1945~1949년)이다. 둘째는 한국전쟁으로 인한 피난민의 대량 유입과 전쟁으로 생활터전을 잃은 전재민(戰災民)의 도시 인구 집중으로 초래된 가도시화 단계이다. 이 단계에서 진행된 도시화의 특징으로는 도시에서의 구직난과 빈곤의 만연을 비롯하여 도시생활 기반의 취약성과 도시 인구의 유동성을 들고 있으며, 이외에도 도시생활을 위협하는 주택난, 도시기반 시설의 불비(不備), 환경위생 시설의 열악성을 들고 있다. 이와 같은 점에서 볼 때, 해방 직후의 도시화는 산업화가 이루어지지 않은 상태에서 도시에 인구 집중을 가져온 결과로서, 도시에서의 적절한 고용 기회나 생활 기반의 조성 없이 도시 인구가 증가한 가도시화 과정으로 볼 수 있다.

5 압축적 도시화 시기(1960~1990년)

1960년대에 들어서서 한국의 도시화는 그 이전과 비교하여 급속한 도시화 양상을 보여주었다. [그림 1-1]은 이러한 도시화의 변화 추세를 나타낸 것이다. 1955년

그림 1-1 한국 도시화 과정

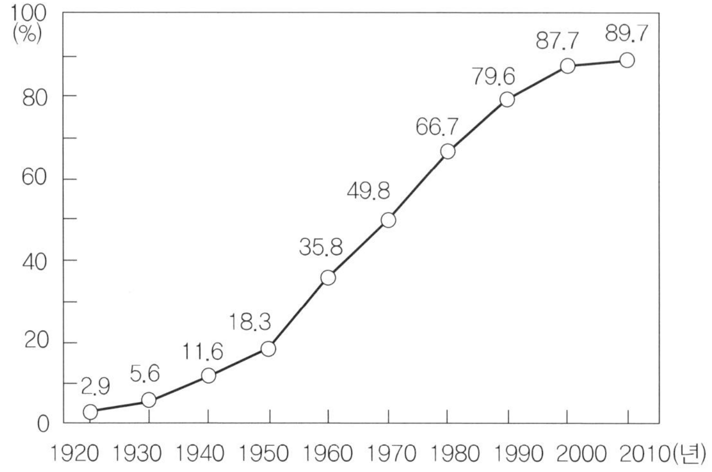

까지 30% 이하에 머물렀던 도시화는 1960년 35.8%에서 1970년에는 49.8%로 도시 인구와 농촌 인구가 거의 동일한 시점을 지나, 1980년 66.7%, 1990년에는 79.6%로 증가하여, 이 기간에 한국 사회에서 도시의 인구 집중이 급속히 진행된 것을 알 수 있다. 이와 함께 전국 도시계획 구역의 수와 면적도 꾸준히 늘어 1981년 도시계획 구역 515개소, 면적 12,631㎢이던 것이 1995년 말에는 도시계획 구역 561개소, 면적은 전 국토의 14.9%인 14,807㎢에 달한 것으로 나타나 전국 인구의 86.7%가 국토의 14.9%에 불과한 도시지역에 집중되어 있는 것으로 분석되었다. 이와 같은 도시화의 추세는 1960년대 이후의 공업화와 밀접한 관련이 있다. 즉, 1962년부터 시작된 경제개발 5개년 계획의 추진 과정에서 산업 시설과 문화 시설이 도시에 집중되어 많은 농촌 인구의 도시 유입을 자극하게 되었다.

이 시기에 나타난 두드러진 현상으로 도시에 생산 시설의 집중에 의한 이촌향도(移村向都) 현상과 지역 간의 불균형적 성장을 들 수 있다. <표 1-2>는 1960년 이후에 도시 인구의 증가 요인을 분석한 것이다. <표 1-2>에서 알 수 있는 바와 같이, 1960~1990년 사이의 도시 인구 증가는 상당 부분이 인구 이동, 특히 농촌에서 도시로의 인구 이동에 의한 것임을 알 수 있다. 특히, 1965~1970년 사이의 인구 증가는 73.2%가 도시로 인구 이동에 따른 것으로 나타나고 있으며, 1960년에

표 1-2 대도시 인구의 성장 요인: 1960~2000년

(단위: 천 명, %)

연 도	도시 인구 증가 (천 명)	도시 인구 증가 요인(%)			
		자연 증가	순이동	권역 확대	시 승격
1960~1966	2,709	42.1	40.6	9.3	8.0
1966~1970	3,223	26.8	73.2	0.0	0.0
1970~1975	3,842	47.2	45.1	2.5	5.2
1975~1980	4,638	45.7	39.7	4.1	10.5
1980~1985	5,506	44.4	36.8	1.3	17.4
1985~1990	5,866	36.3	27.0	6.2	30.4
1990~1995	2,727	72.8	7.0	1.3	19.0
1995~2000	1,719	62.2	12.9	0.0	24.9

주: 도 · 농 통합시의 읍 · 면은 농촌 지역으로 간주함.
자료: 이한순 · 이우리(1983: 125); 최진호 · 최병선(1993: 11); 경제기획원 · 통계청. 각년도. 『인구주택총조사』; 한국행정문화원. 각년도. 『한국행정구역총람』; 통계청. 2002.9.10. 한국의 인구 및 주택구조, 56쪽에서 재인용.

서 1980년 사이의 20년 동안에 인구 증가의 40% 이상이 농촌으로부터 도시로 인구 유입에 따른 것으로 나타난다. 이러한 추세는 1990년 이후에 10% 수준으로 현저히 감소하여 한국의 도시화가 어느 정도 성숙 단계에 접어들었다는 것을 알 수 있다.

다음으로 지역 간 불균형적 성장 현상으로, 1960년 이후의 급속한 도시화는 영남권과 수도권에 인구와 산업활동이 집중하는 불균형적 국토 이용의 결과를 초래하였다. 1960년대 초부터 진행된 경제개발계획은 자본과 지하자원이 부족한 국내 여건에서 빠른 경제성장을 이루기 위해서는 입지 조건이 유리한 곳에 우선적으로 자본과 시설을 집중 투자한다는 이른바 불균형 발전 전략을 택하게 되었다. 이러한 입지 조건 말고도 역대 대통령들이 자신의 출신지역 정치적 지지 기반인 경상도를 우선 배려하는 정치적 요인에 의해서 산업시설의 유치와 사회간접자본의 확충이 서울 · 경기지역과 대구 · 부산의 영남지역에 집중적으로 이루어졌다. 이와 같이 대형 공업단지의 유치를 계기로 한 차등적 지역발전의 결과 수도권 및 영남권과 같은 상대적 수혜지역과 호남, 충청, 강원지역과 같은 성장 소외지역 간의 지역 격차가 심화되었다(윤인진, 1999). 이러한 결과는 시 · 도별 인구 분포에서도 잘 나타나서(<표 1-3> 참조), 1960년부터 1990년까지 서울, 부산 등 대도시와 경기, 경남 지역 인구는 지속적으로 증가하였으나, 다른 지역의 인구는 제주를 제외하고는 분

포(%)와 절대 인구 모두에서 현저한 감소를 보이고 있다.

도시화에 따른 지역 간 불균형 성장의 또 다른 양태는 바로 서울과 수도권의 비대한 인구 집중으로 나타난다. 서울 인구는 1960년에 240만 명 수준이었던 것이 2015년에는 4배 이상 증가한 1,000만 명 거대도시로 성장하였으며, 전국에서 차지하는 인구비중도 1960년 9.8%에서 1990년에는 24.4%로 증가하였다가 최근 정체에서 감소하는 추세로 전환되었다. 서울·인천·경기도를 포함하는 수도권 전체의 인구는 1960년 519만 명에서 2015년에는 2,547만 명으로 증가하였고, 전국에서 차지하는 비중도 1960년 20.8%에서 2015년에는 2배 이상 증가한 49.4%에 달했으며, 최근에도 절대 인구와 비중 모두에서 지속적인 증가 추세를 보이고 있다(<표 1-

표 1-3 시·도별 인구 분포 변화

(단위: 천 명, %)

시·도	1960	1970	1980	1990	2000	2015
전국	24,989(100.0)	31,434(100.0)	37,436(100.0)	43,411(100.0)	46,136(100.0)	51,529(100.0)
서울	2,445(9.8)	5,525(17.6)	8,364(22.3)	10,613(24.4)	9,895(21.4)	10,022(19.4)
부산	1,164(4.7)	1,876(6.0)	3,160(8.4)	3,798(8.7)	3,663(7.9)	3,513(6.8)
대구	677(2.7)	1,081(3.4)	1,605(4.3)	2,229(5.1)	2,481(5.4)	2,488(4.8)
인천	401(1.6)	643(2.0)	1,084(2.9)	1,818(4.2)	2,475(5.4)	2,926(5.7)
광주	314(1.3)	484(1.6)	728(1.9)	1,139(2.6)	1,353(2.9)	1,472(2.9)
대전	229(0.9)	407(1.3)	652(1.7)	1,050(2.4)	1,368(3.0)	1,519(2.9)
울산	–	–	–	–	–	1,174(2.3)
세종특별시	–	–	–	–	–	211(0.4)
경기	2,348(9.4)	2,710(8.7)	3,850(10.3)	6,156(14.2)	8,984(19.5)	12,523(24.3)
강원	1,637(6.5)	1,865(5.9)	1,791(4.8)	1,580(3.6)	1,487(3.2)	1,550(3.0)
충북	1,370(5.5)	1,480(4.7)	1,424(3.8)	1,390(3.2)	1,467(3.2)	1,584(3.1)
충남	2,229(9.2)	2,451(7.8)	2,304(6.2)	2,014(4.6)	1,845(4.0)	2,078(4.0)
전북	2,395(9.6)	2,432(7.7)	2,228(6.1)	2,070(4.8)	1,891(4.1)	1,870(4.0)
전남	3,239(13.0)	3,511(11.2)	3,052(8.2)	2,507(6.8)	1,996(4.3)	1,909(3.7)
경북	3,171(12.7)	3,475(11.1)	3,350(9.0)	2,861(6.6)	2,725(5.9)	2,703(5.2)
경남	3,018(12.1)	3,119(9.9)	3,322(8.9)	3,672(8.5)	3,993(8.7)	3,365(6.5)
제주	282(1.1)	365(1.2)	463(1.2)	515(1.2)	513(1.1)	624(1.2)

자료: 통계청(2002), 한국의 인구 및 주택구조; 행정차치부(2017), e-지방지표.

4> 참조). 이런 측면에서 한국의 도시화는 수도권 도시화라고 부를 수 있을 정도로 수도권의 집중도가 증가하고 있으며 지역 간 불균형 성장이 지속되고 있다. 이러한 현상들은 산업화가 지역적으로 편차를 두고서 이루어졌기 때문이며, 이 과정에서 수도권과 영남권은 자립적인 도시 체계를 형성하였으나 호남권, 충청권, 강원권은 소외된 수도권 중심 도시화가 진행되고 있다.

6 성숙된 도시화(1990년~현재)

1990년 이후 한국의 도시화는 1990년대 80%대를 유지하다 2000년대 중반 이후 90%대에 접어들어 성숙 단계에 접어들었다고 볼 수 있다. 도시의 산업구조는 제조업 중심에서 서비스업 중심으로 재편되어 선진형으로 전환되었으며, 도시의 인구분포도 도심 중심에서 외곽지역으로 점차 확산되는 탈중심화 현상이 나타나고 있다. 수도권 집중 추세도 1995년을 기점으로 다소 완화되어, 전국 인구 증가분에 대한 수도권 인구 증가분의 비율이 1995년까지는 매년 증대되어 1990~1995년에는 133.7%에 이르렀으나, 1995~2000년에는 76.3%로 감소되는 추세를 보이고 있다. 그러나 1990년 이후 서울의 인구 감소에도 불구하고 경기도 인구의 급증에 힘입어 수도권 전체 인구는 계속 증가해 수도권 인구 비중은 지속적으로 증대되고 있어, 수도권 인구 집중 억제책의 효과가 미약하다는 것을 알 수 있다(<표 1-4> 참조).

1990년 이후의 도시화 과정에서 관찰되는 두드러진 현상은 대도시의 성장률 감소와 교외지역의 인구 증가 현상이다. <표 1-3>에서 볼 수 있는 바와 같이, 서울과 부산의 인구가 1995년 이래 절대수와 비중 모두에서 하락 추세를 보인 반면에, 도 지역은 경남을 제외하고는 1970년부터 1990년까지 일관성 있게 인구의 절대수가 감소하였으나, 1990년 이후 충북의 절대수가 증가하기 시작하였고, 2000년 이후 충남과 강원지역의 인구 절대수가 증가하는 추세를 보인다.

1990년 이후의 또 다른 주요 현상으로 외곽도시의 인구 증가가 관찰된다. 대도시 주택난을 해결한다는 차원에서 추진된 주택 200만 호 건설과 맞물린 분당, 일산, 평촌, 중동, 산본, 용인 등 신도시 건설이 추진됨에 따라 서울 도심의 인구가 외곽지역으로 이주하는 성향을 보이기 시작하였으며, 다른 대도시에서도 도심지역이 포화 상태에 도달함에 따라 신시가지가 외곽지역에 개발되어 인구의 탈중심화 현상이 나타나고 있다.[1] 신도시 개발은 인구 이동 추세에도 영향을 미쳐서 수도권 전입자의 목적지가 1960년대에는 대부분이 서울이었으나, 점차 서울의 비율이 줄어들어 이제는 오히려 경기도를 목적지로 한 전입자가 서울보다 증가하였다(<표 1-5> 참조). 따라서 순이동의 크기도 1995~2000년을 기점으로 서울보다 경기도가 훨씬 많아지는 추세를 보이며, 서울의 인구 규모가 하락하는 반면, 경기도의 지속적 성장을 보이고 있다.

결론적으로 한국의 도시화 특징을 요약하면 첫째, 강력한 중앙집권제에 근거한 정치행정 중심지의 발달을 들 수 있다. 서울, 부산, 인천 등 대도시들의 인구 증가는 중앙정치와 지방행정의 중심지들이 높은 성장을 보임을 잘 반영해 준다. 둘째, 인구의 도시화는 서구에서와는 달리 높은 자연 증가와 대량의 이농 인구로 이루어진 도시화이다. 특히, 1960년대 이후 급속한 산업화가 도시를 중심으로 진행됨에 따라 이농 현상이 가속화되었음을 알 수 있다. 셋째, 한국의 도시화는 매우 급속히 진행되었다. 대다수의 선진국들이 산업혁명을 경험하며 약 200년에 걸쳐 현재의 도시성장을 보였는데, 한국에서는 1960년 이후 불과 30~40년의 기간 동안에 선진사회 수준의 도시화를 기록하였다. 넷째, 한국의 도시화는 강한 종주화 경향을 보이

표 1-4 수도권의 인구 집중

(단위: 천 명, %)

	1960	1970	1980	1990	2000	2015
서울	2,445	5,525	8,364	10,613	9,895	10,022
경기도+인천	2,749	3,354	4,934	7,974	11,459	15,451
수도권*	5,194	8,879	13,298	18,587	21,354	25,473
전국	24,989	31,434	37,436	43,411	46,136	51,529
서울/전국	9.8	17.6	22.3	24.4	21.5	19.4
경기도/전국	11.0	10.7	13.2	18.4	24.8	24.3
수도권/전국	20.8	28.2	35.5	42.8	46.3	49.4

주: * 수도권 = 서울+경기도+인천.
자료: 통계청(2002), 한국의 인구 및 주택구조; 행정자치부(2017), 행정통계.

1) 예를 들면, 서울의 외곽지역인 안양, 부천, 분당, 일산, 구리의 성장, 부산의 외곽지역인 김해, 사천의 성장, 광주의 외곽지역인 나주 등 외곽도시들의 높은 성장이 이에 대한 설명을 제공한다.

표 1-5 수도권의 인구 이동

(단위: 천 명, %)

	1965~1970년	1975~1980년	1985~1990년	1995~2000년
수도권 내 이동	373	747	1,656	1,962
경기 → 서울	251	311	440	432
→ 인천	–	–	102	122
인천 → 서울	–	–	64	65
→ 경기	–	–	65	119
서울 → 경기	122	436	825	1,098
→ 인천	–	–	160	126
수도권 외 전입	1,164(100.0)	1,414(100.0)	1,547(100.0)	1,130(100.0)
서울 ←	940(80.8)	945(66.8)	829(53.6)	535(47.3)
인천 ←			151(9.8)	96(8.5)
경기 ←	224(19.2)	469(33.2)	567(36.6)	499(44.2)
수도권 외 전출	195(100.0)	443(100.0)	622(100.0)	881(100.0)
서울 →	126(64.6)	317(71.6)	392(63.0)	432(49.0)
인천 →			45(7.2)	95(10.8)
경기 →	69(35.4)	126(28.4)	185(29.8)	354(40.2)
수도권 내외 간 순이동				
수도권	969(100.0)	971(100.0)	925(100.0)	249(100.0)
서울	814(84.0)	628(64.7)	437(47.2)	103(41.4)
인천	–	–	106(11.5)	1(0.04)
경기	155(16.0)	343(35.3)	382(41.3)	145(58.2)

자료: 통계청(2002), 한국의 인구 및 주택구조, 51쪽에서 재인용.

고 있다. 서울을 비롯한 수도권의 인구가 2015년 현재 전체 인구의 50%에 육박하고 있다는 것은 심각한 인구 과밀 현상을 보여주는 것이고, 거의 모든 사회 현상 지표가 서울과 수도권에 집중되어 있다.

제 3 절 도시화의 세계적 추세

세계적 추세로 도시화가 진행되기 시작한 것은 비교적 최근의 현상으로 산업혁명 이후인 18세기 후반부터 인구의 도시 집중 현상이 본격적으로 진행되기 시작하였다. 통계를 통한 추정에 의하면 19세기 초반에는 세계 인구 약 9억 명 가운데 도시인구는 2.4%로 약 2,700만 명 인구가 도시에 거주하였으나, 100년이 지난 1900년에는 총인구가 2배로 증가하여 약 16억 명에 달했고, 도시화율은 약 13.6%로 2억 1,800만 명 인구가 도시에 거주하였다. 1800년에는 세계적으로 인구 10만 명 이상이 밀집한 지역이 불과 44개 지역 정도였으나, 1900년에는 이 숫자가 270개 지역으로 증가하는 추세를 보였다. <표 1-6>은 지난 200년 동안 인구 증가와 도시화가 얼마나 가속적으로 일어나고 있는지를 보여준다.

표 1-6 세계 인구 증가와 도시화 추세(1750~2000년)

연 도	총인구 (T)	도시 인구 (C)	도시화율 (C/T)	(%) 5천~ 2만 명	(%) 2만~ 10만 명	(%) 10만 명 이상	인구 증가율	도시 인구 증가율
1750	728							
1800	906	27.2	3.0	0.6	0.7	1.7	0.489	
1850	1,171	74.9	6.4	2.1	2.0	2.3	0.585	3.507
1900	1,608	218.7	13.6	4.4	3.7	5.5	0.746	3.840
1950	2,515	716.7	28.5	7.6	7.8	13.1	1.128	4.554
연 도	총인구 (T)	도시 인구 (C)	도시화율 (C/T)	(%) 50만 명 이하	(%) 50만~ 100만 명	(%) 100만 명 이상		
1960	3,027	1,017.8	33.6	20.6	3.3	9.6		
1980	4,447	1,754.3	39.4	22.6	3.6	13.3		
2000	6,091	2,889.8	47.4	25.4	4.2	17.8		

자료: Kingsley Davis & Hilde H. Golden(1957). cited by P. M. Hauser, eds., *Urbanization in Asia and the Far East Calcutta*: UNESCO. pp.55-60.
United Nations(1998). *World Urbanization Prospects: The 1996 Revision*. New York: United Nations.

최근의 인구 통계를 보면, 1960년에는 총인구가 30억 명으로 증가하였고, 이 가운데 1/3 이상이 20,000명 이상이 밀집한 도시지역에 거주하였으며, 2000년에는 총인구가 2배 증가한 60억 명에 달하고 도시 인구는 50%에 육박한 29억 명 인구가 도시에 거주하였으며, 2007년에는 지구 총인구 66억 7천 명 가운데 33억 4천만 명이 도시에 거주하는 실제적인 도시화 시대가 전개되었다.

인구문제에 대하여 일반 시민들의 보편적 관심은 맬서스(Thomas R. Malthus)의 이론과 관련하여 인구의 가속적 증가에 대한 비관적 혹은 낙관적 반응에 집중된 반면에, 보다 중요한 현상은 인구의 재생산율을 능가하여 도시의 인구 집중이 일어나고 있다는 것이다. 1800년 이래 두드러진 현상으로 나타난 총인구 증가율과 도시 인구 증가율 사이의 격차는 단순히 도시와 지방 사이의 재생산율의 차이로만 설명되는 문제가 아니다. 물론 도시의 사망률 감소와 도시 확장에 따른 인구 증가에 의해 일부는 설명될 수 있으나, 지난 2세기 동안의 도시의 급격한 성장은 농촌지방에서 도시로 인구의 대규모 이주가 지속적으로 이루어지는 것을 보여준다.

이러한 도시화의 세계적 추세를 선도한 지역은 유럽이며, 유럽은 18세기 후반 이후 산업화와 함께 도시의 인구 집중이 가속화되는 현상을 보였다. 18세기 이전까지는 총인구의 일부만이 대도시에 거주하여, 도시 인구의 집중은 중소도시가 아닌 몇몇 대도시를 중심으로 이루어졌으며, 도시 인구의 1/2 이상이 전 세계 44개 대도시에 거주했던 것으로 관찰된다. 주요 도시로서 콘스탄티노플, 런던, 파리, 베이징(北京) 등의 대도시에 인구 밀집 현상이 관찰되며, 10만 명 이상 대도시에 세계 평균 인구집중률은 1.7%를 기록하였다. 1800년에 세계 인구의 약 18%가 거주했던 유럽지역에는 인구 10만 명 이상의 대도시가 21개 존재하였으며, 이곳에 평균 인구집중률은 3.0%로 세계 평균을 현저히 넘어선 도시화율을 보이고 있다. 당시에 아시아에는 인구 10만 명 이상의 도시가 19개 존재했으며, 이곳의 평균 인구집중률은 1.6%로 세계 평균과 유사한 인구 분포를 보였으나, 이후에 상대적으로 느린 산업화의 영향으로 낮은 도시성장률의 결과를 가져왔다.

도시성장의 역사는 기원전 3000년경으로 거슬러 올라간다. 역사 초기에 중심지 성장 배경에는 종교, 군사, 정치, 경제 등 다양한 가치와 기능이 중심지 성장과 팽창에 영향을 미쳤으며, 중심지의 주변지역들은 식량, 연료, 기타 필수품 공급을 위한 생산 기지의 역할을 수행하였다. 역사에 기록된 최초의 도시는 중동 이스라엘

요단강 상류의 여리고(Jericho)로서, 기원전 약 10000년경 약 600명이 밀집 거주한 흔적이 남아 있고, 이후 기원전 약 3000년경 중동의 메소포타미아 문명이 발생한 지역에 인구 약 25,000명 정도가 밀집하여 거주하였던 것으로 전해지고 있다. 기원전 약 2000년경에는 인구밀집 규모가 점차 증가하여 인구 약 50,000명이 집단적으로 거주한 바빌론 시티(city)가 성장한 것으로 역사는 기록하고 있다. 이러한 최초의 도시들은 주로 집단 방어와 종교활동의 중심지 기능을 수행하며, 외세의 침입으로부터 주변지역을 방어해 주고 신앙활동을 주도함으로써 관리 · 통치의 중심지로서 성장하기 시작하였다. 물론 이러한 도시성장을 가능하게 한 것은 잉여 생산물의 존재라고 할 수 있다. 특히, 농업 생산에서 개인의 수확물이 개인의 생존을 위한 필수적 수요를 초과하여 생산할 능력이 존재하였기 때문에 나머지 잉여 생산물은 생산에 직접 참여하지 않는 사람을 위하여 배분할 수 있었기에 도시성장이 가능하였다. 이런 의미에서 역사 초기에는 중심지가 집단적 방어와 신앙활동을 제공하는 대가로 주변으로부터 농산물과 생필품을 공급받는 교환 체제에 의해서 도시가 성장하였다.

이후 그리스와 로마 시대를 거치며 도시 규모와 기능의 팽창이 진행되었다. 도시국가들 사이의 제휴에 의해서 형성된 그리스 제국 시대에는 도시가 통치의 중심지, 교육의 중심지, 무역의 중심지 등 다양한 기능을 수행하였으며, 도시 규모도 기원전 500년경 아테네 지역에 인구 약 150,000명이 밀집하는 대도시로 성장하였다.[2)]도시가 통치 기반을 형성하고 민주주의 정치 체제를 갖추었던 그리스 시대는 내부적으로 도시 자치를 실시하였으며, 공동의 외세인 페르시아 침입에 방어하기 위하여 아테네를 중심으로 지역연맹 체제를 형성하였다. 아테네는 주변지역과의 공동방위를 위한 연합을 주도하며 이를 위한 자원을 공급받았으며, 그 대가로 주변지역에게 외세 침입으로부터 방위와 안전을 제공하는 교환 체제를 통하여 아테네의 번영과 성장을 가져왔다. 당시에 아테네와 경쟁 관계에 있었던 스파르타는 인구 약 40,000명이 밀집한 도시국가를 형성하였다. 아테네와 스파르타 사이의 도시 규모의 차이는 주로 군사 기능의 차이에서 유도된 것으로 전해지고 있다. 아테네는 도시국가들 사이의 방위연맹에서 주로 해상 방위를 위한 해군력을 육성하였던 반면에, 스

2) 당시 아테네 인구통계는 아테네 시민권을 가진 사람으로 추정되며, 생산활동을 담당했던 노예계급을 포함하면 아테네 총인구는 약 50~60만 명 정도였던 것으로 추정된다.

파르타는 육상 방위를 위한 전력을 유지하였다. 이러한 차이는 전투가 없는 평상시에 아테네의 전력은 해상 교역을 위한 활동으로 전환되어 넓은 활동 범위를 갖는 반면에, 스파르타의 전력은 농업활동으로 전환되어 상대적으로 활동 범위가 축소되는 도시활동의 차이를 가져왔다. 이러한 그리스 시대의 경험은 도시 기능의 차이가 도시성장과 규모에 중요한 영향을 미치는 주요 인자로 작용한다는 역사적 사실들을 제공한다.

로마 시대에 들어서서 도시 수와 규모는 더욱 증가하는 추세를 보인다. 카이사르(Gaius Julius Caesar, B.C. 100~B.C. 44)의 갈리아 원정을 통하여 지중해 시대가 열리고 로마제국 영토가 확장됨으로써 로마는 A.D. 300년경 인구 규모가 100만 명을 넘는 세계의 중심도시로 성장하였다. 로마의 강력한 군사력에 의한 소수 외세들의 평정과 해상로의 안전 확보, 통치 범위의 확장에 의한 시장 범위의 확대 등은 제노아, 밀란, 피사 등의 이탈리아 도시의 성장과 이집트 지역의 알렉산드리아, 비잔틴 지역의 콘스탄티노플 등 해상도시들의 발달을 가져왔다. 당시에는 바다와 강이 주요 교통로로 이용되었고 내륙 교통은 아직 미개발 상태에 있었기 때문에 해상무역의 중심지가 주요 도시로서 성장하였다. 로마는 제국 통치의 중심지로서 주변지역에 대하여 외세 침입에 대한 방어와 관리통치 서비스를 제공하는 대가로 로마를 유지하기 위한 자원을 공급받아 세계의 중심도시로 성장하였다. 로마의 강력한 통치 체제를 유지하기 위해서는 피통치 지역과 긴밀한 상호 관계를 유지하여야 했고, 따라서 로마제국이 강성했던 시절에는 해상무역활동을 방해하는 해적 세력이 상대적으로 약화되었으며 무역활동의 범위는 상대적으로 확대되었다. 그러나 로마제국의 몰락은 반대의 현상을 가져와서 이후 1,000년의 암흑시대 동안 무역활동이 위축되고 도시성장이 반전된 역사를 경험하였다.

중세의 암흑시대는 학문, 과학, 문화의 발전에서만 암흑시대가 아니라 도시성장에서도 퇴보를 가져온 시대라고 할 수 있다. 즉, 과학기술과 사회 제도의 발전이 없으면 도시성장도 유도되지 않는다는 것을 중세의 암흑시대는 경험적으로 보여주었다. 로마제국의 몰락으로 강력한 중앙통치 세력이 사라지고 상대적으로 지방 봉건제후들의 세력을 강화시켜 주었다. 이러한 사회 변화는 사회 안전 장치의 결여, 무역활동의 위축, 도시 규모의 축소라는 일련의 결과를 가져왔다.

첫째로, 강력한 중앙통치 집단의 부재는 지방 봉건세력의 권력남용과 시민수탈을 가져와서 도시경제활동을 위한 생산과 수요 기반을 무너뜨렸다.3) 지방 봉건세력에 의해 부과된 과도한 세금 수탈은 시민 계층의 복지와 부의 감소를 가져와서 재생산력과 지출 능력을 감소시켰다. 또한 지방 봉건세력에 의해 영지통과에 부과된 통행세는 재화와 서비스 가격을 인상시켜서 상대적으로 상거래의 위축을 가져왔다.

둘째로, 강력한 통치 집단의 결여는 해적, 산적 등 난적들의 득세를 가져왔다. 한편으로 봉건영주의 과도한 수탈에 지친 지방민들이 지방난적으로 전환되기도 하였으며, 로마제국 몰락에 의한 해상운송의 안전장치 결여는 해적의 득세와 노르만인의 침략을 가져왔다. 따라서 원거리 무역 특히, 해상무역의 위험성이 증가하여 무역과 상거래의 범위는 축소될 수밖에 없었으며, 과학기술, 제도, 문화 등의 지역 간 전달이 위축되는 결과를 가져왔다.

셋째로, 정치경제에서 세력 범위의 축소는 투자 재원의 감소를 가져와서 도시 기반시설에 대한 투자 부족 현상을 가져왔다. 무역과 상거래 활동의 축소는 도시재정 수입원의 감소를 가져와서 도시정비와 신규 투자를 위한 능력을 감소시켰다. 한편으로 도시의 정비 불량은 빈번한 전염병 발생의 결과를 가져와서 도시 인구의 증가를 억제하는 결과를 가져왔다. 농촌과 비교하여 상대적으로 인구가 조밀한 지역인 도시는 페스트(Pest) 등의 전염병 전염률이 높을 수밖에 없으며, 이러한 전염병의 빈번한 발생은 중세 도시의 인구 증가를 주기적으로 억제하는 요인으로 작용하였다.

이러한 이유로 인하여 로마제국의 몰락은 곧 도시의 몰락으로 연결되었으며, 대도시 수의 감소와 도시 규모의 축소 현상으로 나타났다. 서로마제국의 몰락 후 A.D. 1000년경에 세계의 중심은 동로마제국의 중심도시인 콘스탄티노플로 이동하여 당시에 약 450,000명의 인구가 거주했던 것으로 전해지고 있다. 로마의 전성기에 100만 명 이상의 인구가 거주했던 것과 비교하면 대도시 인구 규모가 현저히 축

3) 이러한 현상은 십자군 원정에 대한 역사적 기록에서도 잘 나타나 있다. 십자군 원정의 명시적 목표는 이슬람 세력들에 의해 점령된 예루살렘 등 그리스도 성지를 회복하는 데 있었지만, 실제로 십자군 원정에 참여했던 사람들은 각기 상이한 목적을 위하여 이 원정에 참여했던 것으로 알려지고 있다. 예를 들면, 귀족 계층은 원정의 승리를 통한 전리품 획득을 통하여 권력과 부를 축척하기 위하여 원정을 시도했고, 상인 계층은 원정을 통하여 원거리 상거래망의 확대를 가져와서 부의 축척을 위하여 원정을 지원했고, 농민 계층은 원정의 참여를 통하여 지방 봉건영주의 혹독한 수탈에서 벗어나 자유민이 되기 위하여 원정에 참여한 것으로 전해지고 있다.

소된 것을 알 수 있다. 로마제국의 몰락은 상대적으로 이슬람제국의 융성을 가져와서 지중해 연안에 위치한 이슬람 도시들의 성장을 보였다. 당시에 주요 대도시로 스페인의 코르도바(약 450,000명), 세비야(약 90,000명), 이탈리아의 팔레르모(약 75,000명), 베네치아(45,000명), 런던(약 16,000명) 등을 들 수 있고, 로마는 인구 약 35,000명 정도가 거주하는 도시로 전락하였다.

중세의 암흑시대를 지나면서 유럽은 봉건제후들 사이의 극렬한 투쟁과 십자군 원정 등에 지방 재정을 지나치게 사용하여 도시 인프라 조성을 위한 재정의 고갈을 가져왔다. 봉건영주들의 과도한 착취에 의한 일반 시민들의 낮은 복지 수준과 열악한 도시환경은 페스트와 같은 전염병의 주기적 발병을 가져와서 도시의 인구 증가를 억제하는 주요 요인으로 작용하였다. 15세기에 접어들면서 지방 봉건제후들의 세력이 현저히 약화되면서 상대적으로 군주의 힘이 강화되는 강력한 군주국가가 등장하고 중앙집권 체제가 도입되기 시작하였다. 통치 체제가 지방 영주에서 군주 중심으로 전환되면서 정치경제의 활동 범위가 지방에서 국가로 확대되었다. 이때부터 시민 사회는 도시 중심에서 국가 중심으로 전환되었고, 시민(市民, citizen)으로 불려지는 도시인(都市人)의 특수한 정체성(正體性)은 국민(國民)의 보편적 의미로 전환되기 시작하였다.

시민의 정체성과 소속감의 공간적 범위가 도시에서 국가로 전환되었다는 것은 국가를 통하여 일체감이 형성되고, 시민들의 활동 범위가 그만큼 확대되었다는 것을 의미한다. 군주에 의한 중앙집권과 사회 안정에 의하여 지방 난적들이 감소하고, 지방 영주들에 의하여 불법으로 부과되었던 통행세가 폐지되면서 원거리 무역과 상거래의 활성화가 유도되었다. 한편으로 상업활동의 활성화는 국가와 군주의 부의 증가를 가져온다는 것을 인식하면서 국가는 집중적으로 국내 상업활동을 보호하며 무역활동을 확대하는 중상주의(重商主義) 정책이 도입되기 시작하였다. 즉, 국가와 도시가 역할 분담을 하여 사회 안정과 경제 활성화를 가져왔으며, 국가의 정치와 상업 중심지가 대도시로 성장하는 기틀을 마련하였다. 국가는 안전과 방위를 위한 역할을 담당하며, 도시는 무역과 상거래를 통하여 부의 축적과 성장을 담당하는 기능적 분업 체제가 형성되었다.

16세기 말에 국가와 도시 사이의 분업 체제와 중상주의 정책을 가장 먼저 수용하여 높은 도시화율을 보인 지역은 네덜란드와 이탈리아 북부도시라고 할 수 있다.

이 당시에 네덜란드와 이탈리아 북부지역은 전체 인구의 약 15~20% 정도가 인구 규모 20,000명 이상인 도시지역에 거주하는 높은 도시화율을 보였다. 당시에 유럽의 다른 지역들이 불과 6~7% 정도의 도시화율을 보인 것과 비교하면, 이 두 지역이 상대적으로 선진화된 지역으로 성장한 것을 알 수 있다. 유럽 전체에서 10만 명 이상의 인구 규모를 갖는 지역이 9개 정도였고, 이 가운데 5개 도시가 이탈리아에 있었다. 당시의 지정학적 구도를 보면, 유럽 정치는 콘스탄티노플이 주도하였으며, 경제와 무역활동은 베네치아와 암스테르담이 주도하는 분업 체제를 형성하였다. 동방의 문물이 실크로드를 통하여 콘스탄티노플 혹은 알렉산드리아로 전달되면, 다음에는 해상로를 통하여 베네치아에 도달되고, 이러한 문물들이 이탈리아 북부에서 가공 혹은 숙성되어 유럽 북부지역의 중심지인 암스테르담으로 전달되어 서북부지역으로 전파되었다. 반대의 경로에서 유럽 서북부지역의 문물은 암스테르담을 중심으로 집합되어 대륙을 통하여 이탈리아 북부지역으로 전달되고, 이곳에서 가공 혹은 숙성된 문물은 베네치아에서 해상로를 통하여 콘스탄티노플 혹은 알렉산드리아에 도착하여 실크로드를 통하여 동방으로 전파되는 과정을 보였다.

네덜란드가 16세기 무렵에 어떻게 유럽의 중심도시로 성장할 수 있었는가는 보다 심층적으로 고찰해 볼 필요가 있다. 당시에 유럽의 다른 국가들은 끊임없는 전쟁을 치르며 자원의 소모를 가져온 반면에, 네덜란드는 국내의 정치적 안정을 이루고 암스테르담을 중심으로 안정된 성장을 가져올 수 있었다. 유럽 사회는 십자군 전쟁(11~13세기), 영국과 프랑스 사이의 100년 전쟁(1337~1453), 장미전쟁(1455~1485), 신교와 구교 사이의 종교문제로 인한 30년 전쟁(1618~1648) 등 끊임없는 전쟁이 계속되었으며, 이런 계속된 전쟁에 의하여 생산 기반, 경제기반이 황폐화되는 장기간 침체를 경험하였다. 당시에 국가의 주요 기능은 외세 침입으로부터 안전과 방위를 제공하며, 동원 가능한 힘이 있으면 영토 확장을 위하여 노력하는 전쟁 도구(war machine)의 역할을 수행하였다. 그리고 전쟁을 치루기 위해서는 인적·물적 자원이 동원되어야 하고, 빈번한 자원 동원으로 인하여 도시와 지방의 부의 축적과 성장을 위한 자원이 고갈되었다. 국가의 역할이 전쟁 도구에서 성장 견인차(growth engin)로 전환되어야 한다는 것을 먼저 인식한 국가가 네덜란드이다. 합스부르크(Habsburgs) 정권에 대항하여 6개 도시연합에 의해 형성된 네덜란드는 무역과 상업을 중시하는 중상주의 국가로 출발하였다. 정치에 있어서는 분권화를 수용

표 1-7 세계 주요 도시의 인구 규모

A.D. 1400년	파리 밀란 베네치아 그라나다 제노바	275,000명 125,000명 110,000명 100,000명 100,000명	A.D. 1700년	콘스탄티노플 런던 파리 나폴리 리스본 로마 베네치아	700,000명 550,000명 530,000명 207,000명 188,000명 149,000명 144,000명

자료: P. M. Hohenberg & L. H. Lees(1985). *The Making of Urban Europe 1000–1950.*

하여 어떤 특정 도시가 의사결정을 독점하여 제기되는 문제를 배제하였으며, 전쟁이 아닌 성장 중심의 경제개발 정책을 시도한 최초의 국민국가(territorial state)가 되었다. 이러한 네덜란드의 성장 모형이 점차로 유럽 사회에 전파되기 시작하여 국가 기능이 전쟁 도구에서 성장의 견인차로 전환되기 시작하였으며, 유럽 사회는 점차로 중상주의 시대로 접어들었다.

17세기에 접어들면서 유럽 사회의 지배권은 지중해와 발틱(Baltic)지역에서 대서양지역으로 이동하기 시작하였다. 포르투갈과 스페인에 의하여 아메리카 신대륙이 정복됨으로써 거의 무한한 자연자원과 인적자원의 공급원이 마련되고, 유럽사회는 대서양을 통한 해외시장 개척의 신기원을 이루었다. 지중해 시대에서 대서양 시대로 전환됨에 따라 이탈리아의 해상무역과 상공업의 경쟁력은 점차로 약화되고, 신대륙과 지리적으로 근접한 영국과 네덜란드의 경쟁력이 점차로 강화되는 세계 주도권의 이동을 가져왔다. 당시만 하더라도 유럽 사회는 끊임없는 전쟁과 기근, 영양 부족과 전염병의 발생 등에 의하여 높은 사망률을 기록하였으나, 인구는 다시 서서히 증가하는 추세를 보이기 시작하였다. 1700년경에 이탈리아의 도시화율은 7% 정도로 하락하였던 반면에, 이베리아반도 지역은 12%로 상승하였고, 영국은 런던을 중심으로 10%를 넘는 도시화율을 기록하였다(<표 1-8> 참조). 산업혁명 이전 시기를 전근대 시기라고 구분할 때, 전근대 시대에 도시성장을 제약한 주요 요인은 교통수단의 제약, 농업 생산성의 한계, 사회 하부구조의 부실 등을 들 수 있다. 이제 역사는 산업혁명, 계몽주의의 도래와 함께, 이러한 제약 요인을 극복하고 급속한 도시화를 가져온 근대 사회로 전환되는 과정을 경험한다.

1700년대 후반에 도시화 추세를 보면, 인구 10만 명 이상의 대도시보다는 인구

표 1-8 유럽 국가들의 도시(인구 20,000명 이상) 인구 거주 비율(1600~1850년)

	1600년	1700년	1800년	1850년
이탈리아	12.2(22/5)	7.2(17/5)	10.8(25/5)	10.0
포르투갈	7.8(0/1)	10.6(1/1)	10.3(1/1)	10.7
스페인	7.0(16/0)	12.0(13/1)	9.7(16/2)	9.6
벨기에	15.8(7/0)	15.1(8/0)	13.0(11/0)	16.6
네덜란드	21.0(6/0)	20.6(10/1)	19.0(9/1)	21.7
스위스	– (0/0)	– (0/0)	1.3(1/0)	5.2
오스트리아	n.a.(2/0)	2.9(1/1)	3.6(4/1)	4.2
독일	3.7(14/0)	n.a.(15/0)	4.8(23/2)	12.5
영국	4.4(0/1)	10.7(2/1)	16.9(13/1)	35.0
스코틀랜드	– (1/0)	4.2(1/0)	13.9(4/0)	27.7
아일랜드	– (0/0)	1.5(2/0)	6.5(4/1)	8.7
덴마크	– (0/0)	6.5(1/0)	10.9(0/1)	9.6
스웨덴	– (0/0)	3.5(1/0)	3.0(1/0)	3.4
러시아	– (0/0)	n.a.(1/0)	2.4(17/)	3.5
미국	– (0/0)	– (0/0)	3.8(4/0)	9.8

괄호 안의 숫자는 (인구 2만~10만 명 미만/인구 10만 명 이상) 도시 수를 의미.
국가의 영토 범위는 1871년을 기준으로 한 통계.
영국: 잉글랜드와 웨일스 지역.
러시아: 유럽지역만 포함하며, 1850년 통계는 폴란드 지역을 제외.
n.a.: 통계 자료 없음.
자료: Lampard, E. Eric(1983). The Nature of Urbanization. In Derek Fraser and Anthony Sutcliffe (eds.), *The Pursuit of Urban History*. London: Edward Arnold Ltd. 19쪽. 표 1.2 참조.

2만 명 이하의 소도시의 급속한 성장을 보인다. <표 1-8>에서 볼 수 있는 바와 같이, 유럽 사회에서 1800년경에는 인구 10만 명 이하의 중규모 도시들이 약 160개 정도로 증가한 급성장 추세를 보였다. 미국의 도시화 추세를 보면, 독립 초기에는 대서양 지역의 대규모 항구도시보다는 인구 10,000명 이하의 소규모 도시가 빠른 성장을 보인 반면에, 1850년경부터는 인구 규모 10,000~50,000명 사이의 중규모 도시에 인구가 밀집하여 급성장하는 추세를 보였다.

뮤리엇(Meuriot, 1987)의 연구에 의하면, 1800년에서 1850년 사이에 유럽의 대도시 숫자는 21개에서 42개로 2배가 되었으나, 동 기간에 총 인구성장에서 대도시가 차지하는 부분은 오직 0.8% 증가한 것을 보인다. 당시에 유럽에서 대부분의 일반 사람들은 지방에 거주하였으며, 인구 10,000명 이상인 도시에 거주하는 사람은 10%에 미치지 못했다. 1850년 이후의 도시성장 추세를 보면, 북미와 유럽의 대도시들이 급격한 성장을 보인 반면에, 아시아지역의 대도시는 상대적으로 낮은 성장을 보인 것을 알 수 있다(<표 1-9> 참조). 계몽주의와 산업혁명에 의한 유럽의 발빠른 근대 사회로의 전환과는 상대적으로 더딘 변화를 보인 아시아지역은 도시구조와 산업화에서 유럽 사회와 현격한 차이를 보이기 시작하였다.

산업혁명은 단순히 생산 방식을 가내 수공업에서 공장제 공업으로 변화시킨 것뿐만 아니라, 시민사회의 생활방식, 사고 방식, 문화와 제도, 그리고 공간 이용 방식 등에서 급속한 변화를 가져왔다. 산업혁명이 도시화에 미친 주요 영향을 고찰하면 다음과 같다.

첫째로, 산업혁명은 농업기술의 발달을 가져왔다. 농기구의 기계화와 자동화는 농업 생산성을 현저히 증가시켰으며, 이로 인한 잉여 노동력을 비농업 부문에 종사하게 함으로써 인구의 도시 집중을 위한 기반을 제공하였다.

둘째로, 산업혁명은 제조기술의 혁신을 가져와서 가내 수공업을 공장제 공업으로 전환시켰다. 이러한 생산기술과 방식의 변화는 대규모 생산을 가능케 했을 뿐만 아니라, 규모의 경제와 집적의 효과를 수반하여 도시성장을 위한 경제적 기반을 제공하였다. 특히, 산업혁명에 의한 대량생산 사회로의 전환은 대량생산과 수요를 충

표 1-9 지역에 따른 인구 10만 명 이상 대도시의 인구 집중률(1800~1960년)

1800년		1850년		1900년		1950년		1960년	
세계	1.7	세계	2.3	세계	5.5	오세아니아	39.2	북미	60.2
유럽	3.0	유럽	5.8	오세아니아	21.7	북미	29.0	오세아니아	43.3
아시아	1.6	북미	5.5	북미	18.5	유럽	21.1	유럽	33.0
러시아	1.4	러시아	1.8	유럽	14.5	러시아	18.5	남미	24.1
남미	0.4	아시아	1.7	남미	5.7	남미	16.5	러시아	23.9
아프리카	0.3	아프리카	0.2	아시아	2.1	아시아	7.5	아시아	12.3
–		–		아프리카	1.1	아프리카	5.2	아프리카	8.1

세계: 10만 명 이상 대도시 집중률 세계 평균.
유럽: 러시아를 제외한 통계.
북미: 미국과 캐나다.
자료: E. E. Lampard(1965). Historical Aspects of Urbanization. In P. M. Hauser & L. F. Schnore (eds.), *The Study of Urbanization*. New York: John Wiley & Sons, Inc., 538쪽 표 3 참조.

족시키기 위하여 새로운 자원 공급원과 수요시장을 위한 국가 간 경쟁을 가열시켰다. 국가 간 경쟁은 해외시장 개척을 위한 식민지 개발, 국제적 분쟁, 국제무역의 확대 등의 결과를 가져와서 국가의 경계를 넘어선 국제 시대(international age)의 등장을 위한 기반을 제공하였으며, 이러한 국제 시대의 도래로 인하여 국제적 활동을 위한 지배권을 행사하는 국제 도시(international city)의 출현을 가져오게 되었다.

셋째로, 산업혁명은 과학기술의 발전, 특히 교통기술의 발전을 가져와서 도시와 시장 범위의 확대를 가져왔다. 교통기술의 발전은 운송과 관계된 시간, 비용, 그리고 위험 부담 등을 현저히 줄임으로써 원거리 생산과 무역, 특히 국제 간 무역을 확대시켰다. 도시의 교통기술 발전은 통근 거리를 신장시킴으로써 도시활동 범위의 확대를 가져오고, 산업과 주거 입지를 위한 선택의 기회를 넓혔으며, 다양한 도시활동에 대한 접근성을 향상시킴으로써 도시성(urbanity) 형성을 위한 기반을 제공하였다.

넷째로, 산업혁명은 의료기술의 발달을 가져와서 인구의 폭발적 증가와 도시 집중을 위한 기반을 마련하였다. 의료기술의 발달은 사망률, 특히 영아 사망률을 현저히 하락시켰으며, 도시에 빈번히 발생하던 전염병에 대한 예방과 진료기술이 발전함에 따라 도시의 인구 사망률은 현저히 감소되었다. 영아 사망률 감소와 평균 수명의 신장으로 산업혁명 이후에 인구는 지속적으로 증가 추세를 보여 왔으며, 이후에 농업기술 발달에 의한 이촌향도(離村向都) 현상이 복합됨에 따라 도시 인구는 폭발적으로 증가하게 되었다.

다섯째로, 산업혁명은 건축·토목기술의 발전을 가져와서 대규모 인구를 수용할 수 있는 도시 인프라 조성을 가능하게 했다. 건축기술의 발전으로 고층건물이 건설되면서 공간 이용의 효용성이 현저히 증가되었으며, 제한된 공간에 다양한 활동이 집중됨에 따라 중심지의 발달을 가져왔다. 또한 토목기술의 발달로 대규모 인구를 수용할 수 있는 도시 기반시설—상·하수도, 도로와 교량 등—의 조성이 가능해졌으며, 이러한 공간 이용의 효용성 증가와 도시 기반시설의 확대는 인구의 고밀도 거주를 가능하게 하여 대도시 성장을 위한 기반을 형성하였다.

산업혁명 이후 사회는 농업사회에 산업사회로 급격히 전환되기 시작하였으며, 이러한 사회 변화는 도시공간 이용의 변화를 가져왔다. 산업사회의 도래와 함께 분업 체제가 도입됨으로써 도시 산업구조와 방식의 변화, 도시 인구 규모의 증가, 도

표 1-10 주요 국가들의 산업화 도약 단계

국 가	연 도
영국	1780~1800년
프랑스	1830~1860년
네덜란드	1830~1860년
벨기에	1830~1860년
미국	1840~1860년
독일	1850~1890년
일본	1850~1890년
스웨덴	1870~1910년
러시아	1890~1910년
한국	1960~1980년

심의 확장과 도시 범위의 확대, 도시생활 방식과 문화 등 도시공간 이용에서 다양한 변화가 유도되었다. 생산 방식(mode of production)의 변화는 마르크스(Karl Marx)가 주장하듯이 상부구조(superstructure)의 변화를 가져와서 정치 체제, 분배 구조, 이데올로기, 문화, 종교 등 사회 전 부문에 걸쳐서 급진적 변화를 가져왔다. 이러한 산업혁명을 먼저 경험한 국가가 영국이며, 이후 유럽과 북미 사회로 산업화의 물결은 서서히 퍼져나갔다(<표 1-10> 참조).

18세기 말과 19세기 초반에 걸쳐 농업사회에서 산업사회로 도약 단계를 보인 영국은 이미 19세기 초반에 노동자들의 상당 부문이 비농업 부문에 종사하는 산업구조의 변화를 가져왔다. 19세기 초반 동안 영국의 농업 인구는 전체 노동 인력의 1/3에서 1850년경에는 1/5 정도로 감소하였다. 이후에 산업화가 지속적으로 진행되면서 농업 인력은 계속적으로 감소하였으며, 빅토리아 여왕이 사망한 1901년에는 전체 노동 인력의 약 8.7%만이 농업에 종사하였고, 국가 총수입에서 농업이 차지하는 비중은 6.0%로 하락하였다. 산업혁명 이후 제1차 세계대전까지 영국은 유럽의 산업화와 도시화를 선도하였으며, 후발 주자로 네덜란드, 벨기에, 독일, 프랑스 등이 산업사회로 전환되기 시작하였다. 산업혁명 이후에 국가는 본격적으로 성장을 위한 견인차 역할을 수행하기 시작하였으며, 도시가 갖고 있던 시민에 대한 헤게모니(hegemony)와 정체성(identity)은 국가로 이관되었다. 이제 더 이상 베네치아 상인 혹은 런던 신사로 불려지지 않고 이탈리아 사람과 영국 시민으로 불려지는 정체성의 범위와 공간 변화를 가져왔다. 이후부터 20세기 후반까지는 국가의 힘과 경쟁력, 즉 국력이 도시의 힘과 경쟁력을 결정하는 주요 요소로 작용한다. 예를 들면, 영국이라는 국가가 번성하면서 런던의 도시경쟁력이 상승하였으며, 미국이 세계의 강대국으로 등장하면서 뉴욕과 로스앤젤레스가 세계의 중심도시로 성장하였다.

유럽지역 밖에서 급속한 산업화와 도시화를 보인 국가는 영국의 무역 동반자인 미국으로, 산업화 초기에 특히 뉴잉글랜드(New England)지역을 중심으로 급속한 산업화와 도시화를 경험하였다.[4] 미국은 이미 1840년대에 개인당 생산(per capita product)에서 영국에 버금갔으며, 프랑스를 비롯한 다른 유럽 국가들을 능가하였다. 당시에 미국 내에서 비농업 부문에 종사하는 노동자들의 개인당 생산은 이미 농업 부문 노동자들의 개인당 생산을 평균 2배 이상 넘어섰다. 일반적으로 비농업 부문의 고용과 도시지역 고용은 거의 유사한 의미를 제공하는 지표로 인식되지만, 북미지역과 유럽을 비교하면 산업화 과정에서 북미지역이 상대적으로 낮은 도시화율을 보였으나, 개인당 소득에서는 유럽의 평균을 훨씬 넘는 통계를 보인다.

산업사회로 전환과 함께 도시 근로자의 소득이 신장됨으로써 다양한 재화와 서비스가 등장하고 도시의 생활방식과 공간 이용에 많은 변화가 유도되었다. 주요 교통로와 교차로가 상업 중심지로 변화하고, 도시 중심부를 점유하기 위한 경쟁이 치열해졌으며, 도시 인접지역이 농업지역에서 상공업 혹은 주거지역으로 점차로 잠식되어 갔다. 인구와 상공업활동의 도시 집중은 규모의 경제와 집적의 효과를 가져와서 더 많은 인구와 산업활동을 도시로 끌어들이는 구심력으로 작용하여 대도시 성장을 위한 경제적 기반을 제공하였다.

19세기 말과 20세기 초반 사이에 발생한 도시의 인구 집중, 건설 붐, 서비스 산업의 증가는 도시를 사회 변혁의 중심지로 만드는 데 주요 견인차로 작용하였다. 도시에 인구와 산업활동이 집중될수록 전문화와 분업화가 더욱 강화되어 다양한 산업과 서비스 활동이 도시에 등장한다. 또한 산업활동의 집중과 전문화가 강화될수록 산업체들 사이에 경쟁이 심화되어 생산과 시장활동에서 비교 우위를 갖는 지역에 입지를 위한 경쟁이 치열해진다. 입지를 위한 이러한 경쟁은 지가(地價)에 반

4) 뉴잉글랜드(New England)는 미국 독립운동의 시발점이 된 지역으로, 북동부의 대서양 연안에 있는 구릉성(丘陵性) 산지와 해안 지방에 있는 매사추세츠 주, 코네티컷 주, 로드아일랜드 주, 버몬트 주, 메인 주, 뉴햄프셔 주의 6개 주로 이루어진 지역이다.

영되어 도시 중심부와 상업 중심지의 지가가 고도로 상승하는 현상을 보였다.

도시에 인구와 산업활동의 집중은 긍정적 외부 효과만 가져온 것이 아니라 부정적 외부 효과도 유발하여 도시의 무한한 인구와 산업활동의 집중을 억제하는 요인으로 작용하였다. 즉, 제한된 공간에 인구와 산업활동이 밀집하면 다양한 혼잡비용(congestion cost)이 발생한다. 교통 혼잡에 의한 운송비 증가, 환경오염에 의한 공해, 지가 상승에 의한 공간 이용의 소규모화, 범죄의 증가 등과 같은 부정적 요인이 인구의 도시 집중과 함께 발생하였다.

도시에 인구와 산업활동의 무한한 집중을 억제하는 또 다른 요소로 제시되는 것은 자본주의 사회에 주기적으로 발생한 '경기변동'이라고 할 수 있다. 콘드라티에프(Nikolai D. Kondratieff), 쿠즈네츠(Simon Kuznets), 슘페터(Joseph Schumpeter) 등의 학자들에 의해서 주장된 장기파동(long wave) 이론은 자본주의 경제가 주기적으로 호황과 불황을 반복한다는 것을 보여주었다. 파동의 길이에 대해서는 학자들마다 상이한 논리를 제시하지만, 이러한 장기적 경기 변화가 공간 이용에 영향을 미쳐서 도시의 성장 혹은 침체를 가져오는 중요한 요인으로 작용한다는 것이다. 즉, 경제의 호황과 불황의 결과가 최종적으로 표현되는 공간이 도시이며, 경기 호황기에는 인구와 산업활동이 증가하는 현상을 보이는 반면에, 경기 불황기에는 수축되는 현상을 보인다. 주기적 장기파동의 요인으로 과학기술의 혁신, 건축 붐, 전쟁, 새로운 시장(市場)의 등장 등 다양한 변수들이 작용하지만, 궁극적으로 그 영향은 도시공간의 변화로 나타나서 도시화 과정에 영향을 미친다. 이런 의미에서 20세기에 발생한 제1·2차 세계대전은 유럽 도시를 황폐화시키며, 상대적으로 미국 도시의 성장을 가져온 주요 요인으로 작용하였다. 또한 1950년에 발생한 한국전쟁은 태평양전쟁의 후유증으로 불황에 있던 일본 도시들의 성장을 가져온 기회로 작용하였으며, 1960년대의 베트남전쟁은 한국 도시의 산업화를 가져온 주요 요인들 가운데 하나로 작용하였다.

20세기 중반을 넘어서면서 경제의 장기파동에 영향을 미치는 새로운 과학기술의 혁신이 컴퓨터·정보통신기술을 중심으로 등장하여 산업사회에서 정보사회로 변화하는 견인차 역할을 했다. 산업사회에서 정보사회로 전환되면서 도시의 핵심산업이 제조업에서 정보통신산업, 첨단산업, 고급 서비스산업 등으로 변화하는 산업구조 조정이 진행되었으며, 이러한 핵심산업의 기술개발을 선도하는 지역 혹은 높은 기술 응용력을 갖는 지역은 빠른 성장을 보이는 반면에, 전통 기술을 고집하거나 혹은 기술 변화의 파급 효과를 수용하지 못하는 지역은 침체 혹은 퇴보하였다. 정보사회에 급속한 성장을 보이며 지역개발의 모델로 제시된 지역이 실리콘 밸리(Silicon Valley)이며, 이후 많은 국가들이 도시·지역성장을 위한 주요 전략으로 첨단산업도시의 조성을 추진중에 있다.

정보 시대의 과학기술의 급속한 발전, 특히 정보통신 및 교통기술의 발전은 시간과 공간개념의 압축 현상을 가져왔으며, 이러한 개념 변화는 결과적으로 활동의 범위를 확대시킨 세계화·글로벌 현상을 유도하였다. 정보통신기술의 발달은 시간·장소에 관계없이 자료·정보에 접근할 수 있는 시스템을 제공하고 있으며, 교통기술의 발달은 사람과 물류의 이동·유통을 획기적으로 개선하였다. 이러한 활동 범위의 확대는 국가의 경계를 초월한 초국적 활동(transnational activities)의 등장을 가져왔고, 국가 장벽을 넘어선 경쟁의 세계화, 생산활동의 초국적 분업, 물류유통의 지구촌화, 더 나아가 지구방화(地球方化, glocalization) 현상을 유도하고 있다. 그리고 이러한 활동 범위의 확대는 초국적 활동을 관리 통제하며 세계적 헤게모니(hegemony)를 행사하는 초국적 활동의 중심지로서 뉴욕, 런던, 도쿄(東京) 등과 같은 세계도시(world city)의 성장을 가져왔다.

산업사회에서 탈산업사회로 변화하면서 도시는 생산의 중심지에서 소비의 중심지, 서비스 중심지로 변화하고 있다. 또한 생산활동의 개념이 제조업에서 확대되어 부가 가치를 제공하는 다양한 서비스 활동들이 생산자 서비스(producer service)로 새로운 개념을 확립하며 자리 잡고 있다. 선진사회의 개인 생산성 증대에 따른 평균 소득의 증가는 생활의 중심을 생산에서 휴식과 여가를 포함한 소비 중심으로 변화를 가져오며, 고급 서비스, 첨단 서비스, 다양한 서비스를 제공하는 도시의 성장을 보이고 있다. 이러한 새로운 조류를 선도적으로 수용하여 급성장을 보인 도시가 로스앤젤레스와 라스베이거스 같은 문화 중심도시 혹은 서비스 중심도시라고 할 수 있다.

탈산업사회의 도시성장은 산업사회의 성장 전략을 넘어선 새로운 접근을 요구한다. 경제활동의 세계화에 따른 국가 경계의 의미 상실, 정보통신 네트워크 기술의 발전에 의한 활동 범위의 글로벌 확대와 시간·공간 개념의 압축, 동구권 몰락에 의한 탈냉전 시대의 도래 등 최근의 사회 변화는 종래에 국가를 필요로 하는 존재 기반을 붕괴시키고 있다. 경제활동의 세계화 시대에 국가는 더 이상 경제의 통제와 조작 기능을 효과적으로 수행하지 못하며, 초국적 시장기구와 원리에 의해 경제활동이 지배되고 있다. 네트워크가 세계적으로 연결된 시대에 문화와 이데올로기는 전 세계적으로 개방되어 국가는 더 이상 방호벽으로 작용하지 못한다. 핵무기와 대륙 간 미사일이 개발된 시대에 국가의 방위로부터 안전을 확보할 수 있는 지역은 지구상에 더 이상 존재하지 않는다. 정보 시대·세계화 시대에 국가 단위는 산업사회에서 국가가 다루었던 기능과 문제를 처리하기 위해서는 너무 작은 단위를 구성하고, 급변하는 사회에 신속한 대응을 위해서는 너무 큰 단위를 구성하고 있다. 이러한 급변하는 사회에 보다 신속하고 융통성 있는 대응을 위해서는 국가 전체의 차원에서 대응하기보다는 지역 차원에서 대응하는 것이 보다 적절한 전략으로 제시되고 있다. 특히, 산업사회에서 국가가 성장의 견인차 역할을 수행한 것과 비교하여, 탈산업사회/포스트포디스트(post-fordist) 사회에서는 도시 혹은 지역이 성장을 위한 주요 도구의 역할을 수행해야 한다고 주장되고 있다. 이것은 산업사회에는 국가의 경쟁력이 도시경쟁력을 결정하는 주요 변수로 작용한 반면에, 글로벌 사회에서는 도시경쟁력이 국가경쟁력을 결정하는 주요 변수로 작용함으로써 인과 관계의 역전을 보이고 있다.

제 4 절 도시화의 주요 요인

산업화 이후 세계적 추세로 진행되고 있는 도시성장에 대하여 그 주요 요인을 심층적으로 검토해 본다. 도시화의 요인으로 주로 경제적 요인이 제시되고 있으나, 이외에 문화적, 사회적, 정치적 요인들이 도시성장에 중요한 영향을 미친다.

1 경제적 요인

경제성장은 도시개발과 필연적으로 연계되기 때문에 경제성장과 도시화 사이에 강한 상관 관계가 관찰된다. <표 1-10>에서 볼 수 있듯이, 국가의 경제 도약 단계와 급속한 도시화 단계는 시기적으로 거의 일치하는 것을 볼 수 있다. 경제발전과 도시화 사이에 강한 연계를 보이는 것은 경제발전의 주요 지표인 개인당 총생산(GNP)과 도시에 거주하는 인구분포율 사이의 강한 상관 관계에서 잘 나타난다. 이러한 두 지표들 사이의 상관 관계에는 경제활동의 전문화가 매개변수로 작용하여, 두 지표가 같은 방향으로 변화하는 것을 설명해 준다. 도시혁신에 관한 차일드(Childe, 1950)의 연구는 전통사회로부터 도시화 과정을 경제활동의 전문화를 통하여 설명하고 있다. 도시가 형성됨에 따라 전문 기술을 갖는 사람들은 더 이상 일거리를 찾아 떠돌이 생활을 할 필요가 없으며, 사람이 밀집한 지역에 입지함으로써 생업에 필요한 충분한 수요를 확보할 수 있다는 것이다. 수요의 증가로 높은 소득을 갖는 사람들은 이러한 잉여 소득을 도시의 특정 지역 거주를 위하여 투자함으로써 직업, 계층, 신분 등에 의한 분리 거주 현상이 발생한다. 다양한 직업, 계층, 문화, 종교, 취미를 갖는 사람들이 밀집하여 거주하면서 이들 사이에 발생하는 이질성, 갈등, 긴장, 충돌을 조정과 통합하기 위한 정치행정 기구와 제도들이 도입될 필요가 있다. 이런 의미에서 도시화는 분업화와 전문화를 통한 경제성장과 과학기술 발전의 산물이라고 할 수 있다. 램퍼드(Lampard, 1955: 92)에 의하면, "도시는 다양하면서 기능적으로 통합된 전문활동의 단순한 집중에 의해서 형성된 능률적 경제활동을 위한 사회조직의 한 형태"이다.

도시는 공장 제도가 도입되면서 19세기 동안 서구에서 급속한 성장을 보였다. 공장 제도는 생산과 직종을 최소한으로 분업화·파편화시키는 성향을 갖는다. 이러한 특성이 포디즘(fordism)[5]의 본질이며, 컨베이어 벨트가 도입되면서 생산기술

5) '포디즘'이라는 용어는 이탈리아의 마르크스주의 정치가·사상가인 그람시(Antonio Gramsci)에 의해서 제시된 용어로서, 당시에 유럽과 미국의 산업과 생산 방식을 비교하여 미국이 우위에 있을 수 있는 것은 포드(Henry Ford)가 제안한 대량생산 방식과 미국의 산업주의 이데올로기가 결합하여 높은 생산성을 보인 결과라고 『옥중수고(獄中手稿)』에서 밝히고 있다(Gramsci, 1986: 335-383). 좀 더 부연 설명을 하면, 1930년대에 미국의 비약적 성장은 포드회사의 생산 방식과 미국의 산업정책의 합작품이라는 것이다. 포드회사에서는 당시에 컨베이어 벨트에 의한 대량생산 체제를 도입함과 동시에 근로자들의 근무시간을 8시간으로 축소하고, 봉급을 최고 수준으로 인상함으로써 대량생산되는 포드자동차를 직원들이 구입할 수 있는 소득과 자동차를 이용할 수 있는 시간을 제공하였다. 또한 정부는 때를 같이하여 도시 주요 도로를 외곽까지 확대하고 고속도로를 새롭게 건설함으로써 자동차의 이용 범위를 확대시키는 결과를 가져왔다. 포드회사 근로자들은 회사가 최상의 근로 조건을 제공하기 때문에 회사에 계속 근무하기 위해서는 열심히 일해야 했고, 이러한 근로자들의 작업 태도는 생산성 향상으로 연결되었던 것이다. 이러한 포드회사

과 과정의 전문화는 빠른 속도로 파급되기 시작하였다. 공장 제도의 도입에 의한 대규모 노동력 수요와 그에 따른 특정 공간에 필연적 집중은 결과적으로 인구와 산업활동의 밀집을 유도하여 도시의 급격한 성장을 가져온 주요 요인을 작용하였다.

2 규모의 경제와 집적의 효과

인구와 산업활동의 도시 집중을 가져오는 주요 경제적 요인으로 규모의 경제와 집적의 효과를 들 수 있다. 규모의 경제가 작용하는 경우에 산업 규모가 증가함에 따라 생산요소 비용이 감소함으로 특정 지역에 산업활동이 집중하는 결과를 가져온다. 예를 들면, 울산이 자동차 공업도시로 성장할 수 있는 것은 자동차산업이 규모의 경제 효과를 갖기 때문으로 설명될 수 있다. 자동차 대량생산을 위한 규모의 확대를 통하여 생산비용이 저렴하게 되므로 기업은 수익과 경쟁력 확대를 위하여 대량생산 시설이 요구되고, 대량생산 시설이 도입됨으로써 노동력의 집중 현상이 발생한다. 반면에, 자동차산업이 규모의 경제효과를 갖지 않는다면, 각 지역의 자동차 수요는 분산적으로 생산하는 것이 산업경쟁력을 갖는다. 왜냐하면, 규모와 관계없이 동일한 생산비용이 발생한다면, 특정 지역에서 대량생산하는 경우에 타지역으로 이동을 위한 운송비가 추가되어 가격의 상승을 가져오기 때문이다.

어떤 특정 산업 혹은 활동이 갖는 규모의 경제 효과는 그 산업 혹은 활동에만 작용하는 것이 아니라 주변산업과 활동에 파급되는 누적 효과를 갖는다. 예를 들면, 울산에 현대자동차 공장이 들어서면서 자동차 부품을 공급하는 공장이 인접하여 입지하게 되며, 자동차 연구와 교육을 위한 연구소와 대학이 설립되고, 자동차 산업 종사자들에게 서비스 공급을 위한 지역산업이 성장하는 파급적 효과를 갖는다. 이러한 파급 효과의 크기는 산업이 갖는 전방적 연계(forward linkage)와 후방

의 전략이 다른 기업들에게 파급되어 미국 사회의 대량생산과 소비 체제가 자리를 잡아가는 계기를 마련하였다. 물론 여기에는 미국 사회에 뿌리 박힌 청교도 정신과 근로정신이 복합적으로 작용한 것은 사실이다. 예를 들면, 시민들이 열심히 일하도록 유도하기 위해서는 술에 대한 강력한 통제가 필요하다는 논리에서 당시에 '금주법'이 시행되었으며, 건전한 근로정신은 전전한 가족 관계에서 유도된다는 논리에서 '일부일처제'가 정착되기 시작하였다. 이와 같이 생산에서는 '포드의 전략'과 관리에서는 '정부의 규제'라는 방식이 혼합되어 사회의 앙상블(ensemble)을 가져온 '포디즘(fordism)'은 때로는 '규제학파(regulation school)' 혹은 '조절학파'와 혼용되어 사용되기도 한다.

적 연계(backward linkage) 관계에 따라 결정된다. 후방적 연계는 거점(기간)산업에 원자재를 제공하는 산업 혹은 활동을 의미한다. 자동차산업을 예를 들면, 자동차 생산에 필요한 철강을 제공하는 산업, 자동차 설계산업, 기계・전자산업, 유리산업 등이 후방적 연계를 갖는다. 전방적 연계는 거점(기간)산업에서 생산한 제품을 원자재로 사용하는 산업 혹은 활동을 의미한다. 자동차산업을 예로 들면, 생산된 자동차를 이용한 운송산업, 정비산업, 부품서비스산업, 관광산업, 도로산업 등이 전방적 연계를 갖는다. 따라서 지역에 입지한 산업이 갖는 전방과 후방 연계 효과의 크기에 따라 산업 파급 효과와 도시 규모에 영향을 미친다.[6)]

도시에 인구 집중을 가져오는 또 다른 경제적 요인인 집적의 효과(agglomeration effect)는 "인구 혹은 산업활동이 특정 지역에 밀집함으로써 발생하는 경제적 효과"로서 정의될 수 있다. 예를 들면, 서울 테헤란로에 벤처기업들이 밀집하면서 다양한 경제적 효과가 발생하고 인구와 산업활동의 집중을 가져온다. 벤처기업들이 밀집하면서 이 지역은 새로운 기술에 대한 정보의 중심지, 벤처인력의 집산지, 모험자본의 중심지, 벤처문화의 중심지 등으로 작용하여 인구와 산업활동을 유인하는 효과를 갖는다. 이런 특성을 보이는 집적의 효과는 두 가지 유형—지역화 효과(localization effect)와 도시화 효과(urbanization effect)—으로 분류된다.

첫째, 지역화 효과는 "동종의 산업과 활동이 특정 지역에 밀집함으로써 발생하는 경제적 효과"로서 정의되며, 도시에 입지하는 특정 활동의 크기에 의해 영향을 받는다. 예를 들면, 인천 차이나타운에 중국 음식점들이 밀집하면서 발생하는 다양한 효과들이 지역화 효과로서 설명될 수 있다. 중국 음식점이 몇 집만 있을 때는 인천 해안 경치를 즐기기 위하여 찾아온 몇몇 관광객만을 대상으로 요식업을 하였는데, 중국 음식점이 밀집하면서 이제는 관광과 더불어 중국 음식을 즐기기 위한 고객들이 집중하였으며, 음식점이 증가하면서 다양한 요식 서비스가 제공되고, 서비스에 대한 경쟁이 높아져서 음식의 질이 향상되었으며, 중국 요리에 종사하려는

---

6) 지역개발학자들은 보편적으로 전방적 연계보다는 후방적 연계 효과가 큰 산업이 지역에 입지하는 것이 지역 성장을 위해 바람직하다고 주장한다. 전방적 연계 관계에 의존하는 산업들은 지역 외부 변화에 민감하기 때문에 경제불안정 요인으로 작용할 수 있기 때문이다. 전방적 연계에 의존하는 산업은 후방산업에 원자재를 공급해야 한다. 이런 경우에 후방산업이 성장하면서 수입대체 활동 혹은 공급원 다변화를 시도할 수 있으며, 기술이 발전하면 원자재의 종류가 달라질 수 있다.

인력들이 이 지역에 집중하여 인력시장을 형성하고 있다. 이와 같이 특정 산업 혹은 활동이 밀집하면서 그 지역은 산업정보와 기술의 중심지, 수요의 중심지, 노동시장의 중심지, 원자재 공급의 중심지 등으로 성장하는 경제적 효과를 보인다. 이러한 지역화 효과에 의해 서울 남대문시장은 의류 및 패션 중심지, 종로 인사동은 골동품 거래의 중심지, 청량리 경동시장은 한약재의 중심지로 성장한 것을 알 수 있다.

둘째, 도시화 효과는 “다양한 산업과 활동들이 특정 지역에 밀집하여 발생하는 경제적 효과”로서 정의되며, 보편적으로 도시 규모에 의해 영향을 받는다. 인구가 집중하면서 다양한 산업과 활동들이 입지하고, 이러한 다양한 활동에 대한 용이한 접근성은 비용 절감, 경쟁력 향상, 선택의 범위 확대 등의 경제적 효과를 가져온다. 예를 들면, 인구가 증가하면서 약국만 있던 동네에 병원이 들어서고, 병원만 있던 도시에 종합병원이 생기면서 주민 보건 서비스의 질이 향상되는 것을 보인다. 또 다른 예로서 변호사 사무실이 없는 지역에서 법률 문제가 발생하면 다른 지역에 있는 변호사에게 상담을 의뢰해야 한다. 이 경우에 변호사가 있는 도시와 비교하여 교통비, 변호사 출장비, 시외통화료 등이 추가적 경비로 지출된다. 이러한 도시화 효과는 인구 규모가 클수록 다양한 활동들이 존재하는 도시계층제 현상을 설명하는 주요 논리를 제공한다. 예를 들면, 강화에는 존재하지 않는 활동(예를 들면, 연극)이 인천에는 있으며, 인천에서는 제공되지 않는 서비스(예를 들면, 국제법률 자문)가 서울에는 있는 것을 알 수 있다.

이러한 경제적 효과들이 인구 집중을 강화시키는 작용을 하지만, 인구 집중은 또한 집적의 불경제 효과를 초래함으로써 인구의 무한한 집중을 억제하는 작용을 한다. 인구가 집중할수록 토지에 대한 수요가 증가하여 지가가 상승하고, 교통이 혼잡해지며, 공기와 수질오염 등의 환경 문제가 등장하고, 이질적 특성을 갖는 사람들 사이에 갈등 심화와 범죄의 증가 등 다양한 문제들이 발생한다. 또한 최근에 교통·통신기술의 발달로 운송비가 하락하고 원격지에서 정보 접근성이 향상됨에 따라 거주와 산업활동에서 입지자유적 특성을 강화시키며 중심지 지향성을 현저히 감소시키는 현상이 나타나고 있다.

경제 요인에 의한 도시성장은 프레드(Pred, 1977)의 도표로 잘 이해될 수 있다. [그림 1-2]는 경제 요인에 의한 도시 변화가 승수 효과에 의해서 순환·누적적으

그림 1-2 순환 · 누적적 도시성장 모형

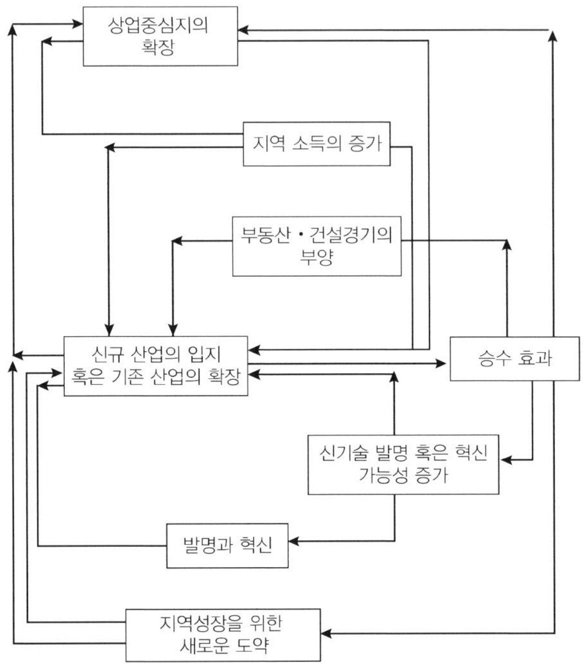

로 일어나는 것을 보여준다. 어떤 지역에 새로운 제조활동이 들어서거나 혹은 기존 활동의 확장이 일어나면 [그림 1-2]의 순환 · 누적적 지역성장이 시작된다. 지역에서 산업활동의 확대는 전방적 혹은 후방적 산업 연계를 통하여 성장의 승수 효과를 가져와서 순환 · 누적적 수요를 창출하고 지역성장을 가져온다. 그 결과로서 인구의 증가, 도시 규모의 확대, 산업구조의 전환, 그리고 지역성장을 위한 새로운 도약의 실마리가 제공된다. 지역성장을 위한 새로운 도약은 종래의 지역 한계를 넘어서 새로운 도시 기능을 창출하며, 신기술 도입과 혁신에 의하여 인구와 산업 규모는 가속적으로 증가한다. 이러한 순환 · 누적적 성장 과정은 집적의 불경제 효과가 지역의 입지경쟁력을 감소시킬 때까지 일어난다.

3 도시성장의 정치적 · 사회적 · 문화적 요인들

도시가 산업활동의 중심지로 성장하기 시작한 것은 비교적 최근의 현상이다. 도시성장에 관한 역사적 고찰에서 살펴본 바와 같이, 경제활동의 중심지로서 도시가 성장하기 시작한 것은 중상주의가 도입된 이후의 현상이라고 할 수 있다. 이전에 도시는 경제적 요인 이외에 다른 요인들에 의해서 인구의 밀집을 가져오며 도시가 성장한 것이 관찰된다.

1) 정치적 요인

도시성장의 주요 요인으로 정치적 요인을 들 수 있다. 기능적 측면에서 도시는 주변지역에 관리 · 통제와 방어를 위한 서비스를 제공하는 것을 교환으로 주변으로부터 생계를 위한 재화와 서비스를 공급받았다. 이런 의미에서 국가 전체의 관리와 통제 서비스를 제공하는 수도가 정치행정의 중심지로 성장하였으며, 지방 정치행정의 중심지가 지역의 중심도시로 성장한 것을 볼 수 있다. 우리나라의 서울을 비롯한 대도시들이 정치행정의 중심지로서 성장한 역사를 보였다.

도시성장에서 정치 중심지에 인구가 집중하는 정도는 그 사회의 정치제도와 밀접한 관련성을 갖는 것을 보인다. 즉, 사회가 중앙집권 체제인가 혹은 지방분권 체제를 갖는가에 따라 정치 중심지의 인구 흡인력이 상이하게 작용한다. 중앙집권 체제를 갖는 사회일수록 중앙정치 중심지의 인구 집중이 높게 나타나며, 분권 체제를 갖는 사회일수록 지방정치 중심지의 인구 집중이 높은 것이 관찰된다. 한국 사회가 전형적인 전자의 경우로서 중앙정치의 중심지인 서울에 높은 인구 집중을 보이며, 지방도시들도 정치행정의 중심지를 중심으로 인구가 분포되어 있는 것을 알 수 있다. 반면에, 지방분권화가 강한 미국의 경우에는 정치와 경제활동의 중심지가 분리되어, 정치보다는 경제 중심지에 높은 인구 집중을 보이고 있다. 이것은 미국과 선진 사회들의 인구와 산업활동의 분포는 정치 논리보다는 경제 논리에 의하여 결정된다는 것을 보여준다. 반면에, 개발도상국들은 정치 중심지에 높은 인구 분포를 보이며, 이러한 현상은 수위도시의 기능 독점과 인구 과밀, 그리고 지역 간 불균형 발전 등의 많은 문제를 수반하고 있다.

20세기 후반부터 두드러진 현상으로 등장한 글로벌 사회의 도래와 함께 도시는 국가의 정치행정을 넘어서 글로벌 헤게모니를 갖는 지역의 급속한 성장을 보이고 있다. 글로벌 사회가 도래하면서 국가기관에 의한 관리 기능이 약화되고 국가 경계의 의미가 점차로 상실되는 반면에, 초국적 조직과 기관, 기업들의 영향력이 상대적으로 강화되는 현상을 보인다. 따라서 중앙통제 장소로 기능하던 국가의 정치 중심지보다 초국적 기관과 조직이 입지한 도시들로 인구 집중이 가속화되며 높은 성장을 보이고 있다. 예를 들면, 중국의 경우에 정치 중심지인 베이징(北京)보다 초국적 기업들이 상대적으로 많이 입지한 상하이(上海)가 높은 성장을 보이며 중국경제를 견인하고 있다. 마찬가지 이유로 동남아지역은 상대적으로 가장 규모가 적은 도시국가인 싱가포르를 중심으로 도시계층제가 재편되고 있다. 이제 도시는 국내 정치의 영향 범위를 넘어서 글로벌 경제와 경영의 중심지가 높은 성장을 보이며, 이들과 밀접한 연계 네트워크를 갖는 도시들이 지역 중심지로 성장하고 있다.

2) 사회적 요인

실제로 도시성장은 어떤 특정한 요인 혹은 단순한 설명으로는 접근할 수 없는 복잡한 현상이다. 특히, 사회가 점차로 문명화될수록 도시성장은 전체 사회구조와 틀 안에서 설명되어야 한다. 도시성장을 설명하는 데 어떤 특정 요인에 대한 과도한 의존은 중요한 영향을 미치는 다른 요인들을 무시하는 편견적 설명이 될 수 있다. 이런 의미에서 경제적 요인, 정치적 요인, 사회적 요인들은 도시성장에 각기 독립적으로 영향을 미치는 것이 아니라 통합적으로 영향을 미친다고 할 수 있다. 예를 들면, 농부의 잉여 생산이 없다면, 농부의 잉여 생산에 의한 세금으로 유지되는 정치 체제는 존재할 수 없을 것이다. 마찬가지로 지방의 잉여 생산을 도시로 재분배하기 위한 권위 체제가 없다면 도시성장은 매우 불확실했을 것이다. 그리고 이러한 권위 체제의 결핍은 농촌의 생산성과 재분배 활동을 저해하여 사회의 혼란과 무질서를 가져올 것이다. 마찬가지로 상인 계층이 형성되지 못했다면 잉여 생산물의 효과적 이동을 가져오지 못하여 도시경제에 침체와 불황이 지속되었을 것이다. 이런 의미에서 도시성장은 정치, 경제, 사회적 요소들의 종합적 산물이라고 할 수 있다. 도시성장에는 경제적 · 기술적 요인이 중요한 영향을 미쳤지만, 그렇다고 정치적 · 사회적 상부구조는 이러한 요인의 결과뿐만 아니라 도시성장의 필수적 요인으로 작용한 것이 사실이다. 따라서 도시성장의 주요 인과변수(因果變數)에는 경제적 요인과 정치적 요인이 필연적으로 포함되지만, 이외에 다양한 보조적 요인들이 사회적 변수로서 제기된다. 이 절에서는 도시성장의 주요 사회적 요인으로 종교적 요인, 교육적 요인에 대해 논의한다.

첫째로, 종교는 도시성장에 중요한 요인으로 작용한다. 물론 신앙적 측면에서 지방에도 종교기관이 들어서지만, 보다 중요한 대규모의 종교 행사와 기관은 대부분 도시 중심부에 자리 잡는다. 이런 면에서 대규모 종교 사원들이 도시 중심부에 입지하고 있는 것이 관찰되며, 과거에 종교와 통치의 일치라는 신앙적 합리성이 존재한 것을 알 수 있다. 도시에 입지한 종교 사원은 많은 수도자와 봉사자, 건축가와 예술가, 그리고 노동자들에게 일거리를 제공함으로써 그렇치 않으면 실업 상태에 있을 사람들에게 고용 기회를 제공하여 도시경제에 중요한 역할을 담당했다. 또한 종교적 행사인 성지 참배를 위한 순례 여행이 도시성장에 중요한 역할을 담당했다. 중세 유럽에서 기독교 성지 참배를 위한 순례 여행의 집산지로 베네치아가 성장하였으며, 이곳으로부터 해상로를 따라 예루살렘을 왕복하기 위한 중간 기착지들이 발달하였다(Löschburg, 1997).

신앙적 도시 중심지는 도시 체제 형성에도 중요한 역할을 수행했다. 대규모 종교 행사가 도시 중심부에서 실시되면서 도시 생활방식과 기술, 문물이 사회 전체로 확산되는 통로 역할을 제공했다. 종교 중심지에 참배하기 위하여 인구가 집중되면서, 각기 상이한 생활방식을 갖는 사람들이 다양한 지방에서 몰려들었으며, 이들이 귀향하면서 도시 생활방식과 사고를 전파하여 도시문화와 제도의 확산을 가져올 수 있었다. 이런 의미에서 종교 중심지는 도시 기풍과 사고를 사회 전체로 확산시키는 중심지 역할을 수행했다. 따라서 종교는 도시 중심지의 성장을 가져왔을 뿐만 아니라 도시생활과 사고 방식의 확산을 통하여 사회 변화를 전파하는 역할을 수행하였다.

둘째로, 도시성장의 주요 사회적 요인으로 교육을 들 수 있다. 교육이 도시성장에 중요한 영향을 미치는 것은 두 가지 측면에서 설명된다. 첫째는 교육기관의 입지에 의한 교육 도시와 중심지의 성장이다. 둘째는 도시성장에서 인적자원의 중요성을 들 수 있다. 첫째, 교육도시의 성장은 우수한 교육기관이 지역에 있음으로써 인구 집중과 중심지의 발달을 가져온다. 특히, 우수한 대학과 고급 교육기관의 입지는 도시성장에 긍정적 영향을 미친다. 우리나라의 예를 보면, 공주, 아산 등을 들 수 있다. 공주는 공주대학과 교원대학을 중심으로 캠퍼스 타운이 형성되어 도시성장을 가져오고 있다. 아산지역은 순천향대학, 선문대학, 호서대학, 그리고 대학 분교들이 입지하여 최근의 급성장을 보이며 대학 도시의 면모를 갖춰 가고 있다. 또한 도시 내부에서도 대학의 입지를 중심으로 도시구조가 재편되는 현상을 보인다. 예를 들면, 신촌지역에 연세대학, 이화여대, 홍익대학이 밀집하여 신세대 거리가 조성되었으며, 돈암동 일대는 고려대학, 성신여대 등이 밀집하여 캠퍼스 타운이 조성되고 있고, 화양동 일대는 건국대학, 세종대학, 좀 더 멀리 한양대학과 연계된 대학촌이 형성되었다. 서울 신림동은 서울대와 고시학원을 중심으로 대학촌이 형성되었으며, 인천 용현동은 인하대 후문을 중심으로 대학촌이 형성되어 신세대들의 집합 장소를 제공하고 있다. 이러한 예들은 미국을 비롯한 선진사회에서 더욱 현저한 현상으로 나타난다. 미국의 예를 보면, 노스 캐롤라이나(North Carolina) 주 더램(Durham)은 듀크(Duke) 대학을 중심으로 조성된 도시이며, 일리노이(Illinois) 주 샴페인(Champaign)은 주립대학을 중심으로 도시가 성장한 역사를 갖고 있다. 영국의 케임브리지, 독일의 하이델베르크 등이 대표적인 캠퍼스 타운이라고 할 수 있다.

최근 정보사회의 도래와 함께 도시성장에서 인적자원의 중요성이 대두되면서 교육이 도시성장에서 높은 비중을 차지하는 것이 강조되고 있다. 농업사회와 산업사회에서는 지역 소득·생산성에 영향을 미치는 주요 변수로서 기후, 지형적 조건, 지하자원을 비롯한 자연자원 등이 제시되었다. 산업사회에서 탈산업사회, 정보사회로 전환됨에 따라 도시성장은 지역의 지형적 조건 혹은 천연자원의 유무(有無)에 의존하기보다는 지역의 인적자원(human resources), 그리고 보다 넓은 의미에서 인문 지리적(human geography) 조건에 의해서 결정된다고 주장되고 있다. 즉, 자연 지리적 조건에 의해서 지역적 특성이 주어지기보다는 지역에 거주하는 주민들의 인문 지리학적 특성이 보다 중요한 요소로 작용하는 것이 지식 중심사회라고 이해된다. 이런 의미에서 정보화 사회의 도시성장은 인적자원의 축척과 이용을 통하여 도시의 인문 지리적 특성을 개발하는 데 우선적 주안점이 두어져야 하며, 바로 교육이 이 기능을 수행하며 도시성장에서 중요한 역할을 담당한다는 논리적 근거를 제시한다. 특히, 미국 실리콘 밸리(Silicon Valley)의 급성장 이후에 도시성장 모형으로 제시된 첨단산업도시(technopolis)의 조성을 위해서는 지역의 전문 과학

인력의 육성과 함께 지역의 총체적 지식기반이 높아져야 하며, 도시성장에서 교육이 차지하는 비중이 더욱 강조되고 있다.

3) 문화적 요인

카스텔스(M. Castells)는 도시를 집합적 소비 공간으로 설명하고 있다. 산업사회에서 탈산업사회로 진행됨에 따라 도시의 산업구조는 제조업에서 서비스업 중심으로 재구성되며, 도시는 이제 생산의 공간에서 소비의 공간으로 전환되고 있다. 자동화, 기계화에 따른 생산성 증가는 이제 우리의 삶에서 "어떻게 생산하는가?"의 문제를 넘어서 "어떻게 소비하는가?"에 보다 많은 관심을 가지는 시대로 변화하고 있는 것이다. 특히, 생산성 증가에 따른 소득 수준의 상승은 생활의 주안점을 양적인 면에서 삶의 질적인 면으로 변화시키며, 규모(scale)의 사회에서 범위(scope)의 사회로 전환되고 있다. 이제 도시는 다양성, 독특성을 가지며 선택의 범위를 확대시킨 소비문화의 공간을 구성한다. 즉, 도시성장을 위해서는 소비자의 다양한 수요와 욕구를 만족시키기 위한 다양한 선택의 기회가 도시공간에서 제공되어야 한다. 이런 면에서 최근에 급성장을 보인 도시가 미국의 라스베이거스(Las Vegas)와 올랜도(Orlando) 같은 여가와 레저 중심 도시라고 할 수 있다.

생산성 향상에 따른 소득의 상승은 삶의 질 향상을 위한 휴식과 여가활동의 신장, 소비의 증가로 연결되어 다양한 휴식과 놀이시설, 이벤트 프로그램을 제공하는 도시의 급성장을 보이고 있다. 이제 놀이는 단순히 즐기기 위한 활동이 아니라 재생산을 위한 충전의 시간으로 인식되고 있으며, 쇼핑 서비스 또한 단순한 소비조장 활동이 아닌 생산자 서비스 활동으로 이해되고 있다. 특히, 핵가족 제도가 보편화되고, 자녀 수가 감소하면서 휴식, 놀이, 쇼핑은 각기 개별적으로 향유하는 것이 아니라 가족이 공동으로 향유하는 활동으로 점차 일반화되어 가고 있다.

이제 놀이 · 휴식은 생산활동에 지친 심신을 쉬기 위한 개념을 넘어서 일상적 활동이 되는 추세를 보이며, 이에 따라 놀이 · 휴식을 무작위로 보내는 것이 아니라 주제 · 테마를 갖는 놀이 · 휴식 프로그램과 이벤트가 개발되고 있다. 많은 지역에서 주민들의 이러한 욕구를 충족시키기 위하여 전시회, 박람회, 영화제, 연극제, 스포츠 행사 등 다양한 문화 이벤트를 개발하여 문화 예술과 엔터테인먼트 도시를 조성하고 있다.

도시 변화에 영향을 미치는 또 다른 문화적 요인으로 신세대 문화의 등장을 들 수 있다. 기성 세대와 비교하여 신세대는 일회성 문화에 익숙하고, 맞벌이 부부를 선호하며, 결혼 후 적은 자녀 수를 선호하는 행태 패턴을 보이고 있다. 이러한 행동은 미국을 비롯한 서구의 여피(yuppie)와 딩크(dink: double income no kid) 세대, 그리고 한국 사회의 X세대, N(network)세대, I(internet)세대의 행태에서 잘 읽을 수 있다. 이런 신세대 문화는 도심의 활동을 활성화시킴으로써 중심지의 성장 혹은 재개발을 가져오며,7) 기존 전통과 형식을 탈피한 포스트모더니즘 문화와 생활방식이 도시공간에서 확산되고 있다.

21세기에 들어서서 도시는 글로벌 시대, 정보화 시대, 포스트모던 시대를 맞이하여 더욱 빠른 속도로 변화하는 추세를 보인다. 그리고 변화의 고속사회로 진입할수록 지역 간의 격차와 불균형도 증가하고, 도시 내부의 이중 구조도 심화되는 추세를 보인다.

제 5 절 최근의 도시화 추세

20세기 후반에 접어들면서 세계는 급격한 인구 증가와 도시화를 경험하였다. 20세기 초반에 세계 인구 13억 6천 명, 도시화율 13.6%에서, 2007년 세계 인구 66.3억 명 가운데 약 34억 명이 도시지역에 거주하는 도시화율 50%로 도시화 시대가 전개되었으며, UN(1998) 통계에 의하면 도시는 농촌보다 3배나 빠른 인구성장을 보이고, 2030년에는 세계 인구의 약 60%가 도시에 거주할 것으로 예측하고 있다.

데이비스(Davis, 1965)의 연구에 의하면, 도시화 과정은 완만한 S자 모형을 갖는 것으로 설명한다. 즉, 초기에 도시화는 서서히 진행되며, 다음 단계에서 점증적·가속적 추세를 보이고, 어느 시점이 지나면 점감적 증가추세를 보이며, 마지막 단계에서 더 이상의 증가가 없는 수평 상태를 보이는 것으로 분석된다. 도시화가

7) 예를 들면, 신세대의 일회용 문화는 24시간 편의점의 증가를 가져왔으며, 맞벌이 부부가 증가하면서 외식문화가 보편화되고 있고, 자녀 수가 감소함에 따라 교외에서 도심으로 거주 선호가 전환되는 추세를 보인다. 이러한 신세대 문화는 도시의 거리 모습을 바꾸고 있으며, 공간 이용에서 새로운 패턴을 보이고 있다.

그림 1-3 킹슬리 데이비스(Kingsley Davis)의 도시화 과정

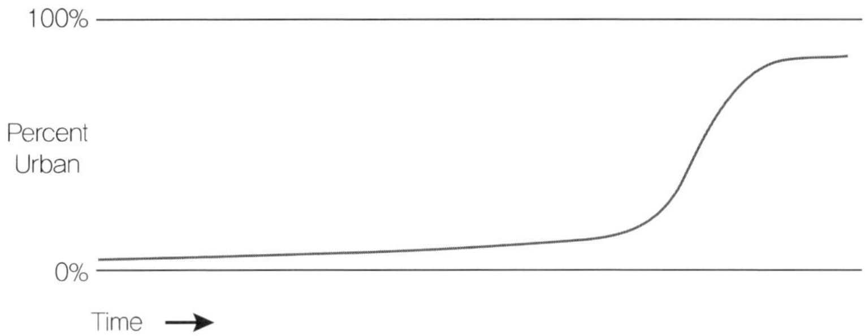

이와 같은 S자 모형의 과정을 보이며, 세계적 추세는 도시화가 지속적으로 진행되는 것을 보이지만, 실제로 각 나라의 경우에는 산업화 수준, 지정학적 조건, 인구요인 등에 따라 각기 상이한 도시화 추세를 보이고 있다. 특히, 산업화와 도시화가 같은 추세를 보이는 것으로 인식될 때, 산업화에서 탈산업화가 진행되는 선진사회와 현재까지 산업화가 진행중인 개발도상국들 사이에는 도시화 과정에서 상이한 추세가 관찰된다.

선진국과 개발도상국 사이의 도시화 과정의 차이는 도시성장의 비교 통계를 통해서 잘 나타난다. 대다수의 선진국들은 20세기 초반에 이미 높은 도시성장률을 보인 반면에, 개발도상국들은 제2차 세계대전 이후에 높은 도시성장률을 기록하였다. <표 1-11>에서 볼 수 있는 바와 같이, 가장 먼저 선진화된 영국은 19세기 초반에 높은 도시성장률을 보인 반면에, 제3세계 국가들은 1960~1970년 사이에 높은 도시성장률을 보였다. 이러한 통계에서 알 수 있는 바와 같이, 선진국과 개발도상국 사이에는 도시화에서 최소한 반세기 이상의 시차가 보이며 상이한 도시화 단계와 추세를 경험하였다.

표 1-11 주요 국가의 도시성장률 비교 통계

국 가	최대 도시성장률 기간			연평균 최대 성장률(%)
	1800~1850년	1850~1900년	1900년 이후	
영국	1821~1831년			2.50

프랑스	1830~1850년			1.58
독일	1830~1850년			3.43
오스트리아		1800~1900년		2.10
벨기에		1880~1900년		1.95
덴마크		1880~1900년		3.22
핀란드		1880~1900년		4.00
이탈리아		1880~1900년		1.96
노르웨이		1850~1870년		2.94
스웨덴		1850~1900년		2.91
네덜란드			1900~1910년	1.93
스페인			1900~1910년	1.82
스위스			1900~1910년	3.22
유럽(영국 제외)		1880~1900년		2.58
제3세계(중국 제외)			1960~1970년	4.21

자료: Williamson, J. G.(1990). *Coping with city growth during the British industrial revolution*. Cambridge: Cambridge University Press. 3쪽, 표 1.1 참조.

1 선진사회의 최근 도시화 추세

20세기에 고도의 산업화와 도시화를 보인 유럽과 북미 등 선진사회의 도시화 과정은 4단계로 분리해 설명될 수 있다(Bairoch, 1988: 301－18). 첫 번째 단계는 20세기 초반에서 1930년대 초반 경제공황 이전까지 시기로서 급격한 도시화가 진행된 단계이다. 두 번째는 경제공황과 제2차 세계대전이 일어난 시기로서 완만한 경제성장과 도시화를 경험한 단계이다. 세 번째는 제2차 세계대전 이후부터 1970년대 중반 경제 불황 시기까지로 가속적 경제성장과 함께 가속적 도시화가 재현된 시기이다. 네 번째는 1970년대 후반부터 20세기 말까지로 도시화의 속도가 현저히 둔화되고 탈중심화와 탈집중화가 일어난 시기이다.

각 단계를 좀 더 세밀하게 고찰해 보면, 첫 번째 단계에서는 제1차 세계대전과 그 여파가 미친 기간을 제외하면 1910년에서 1930년 사이에 급격한 도시화가 진행된 것을 알 수 있다. 이 기간 동안에 선진사회는 연평균 1.2%의 높은 도시화 성장률을 보였다. 이러한 급격한 도시성장률은 제1차 세계대전의 직접적 영향을 받지 않았던 북미지역에서 특히 높게 나타난다. <표 1-12>의 통계를 보면 북미지역은 1910년에 41%의 도시화율을 보였으며, 1920년에 46%, 1930년에 51%로 급격한 도시화가 이 기간에 진행된 것을 알 수 있다. 특히, 미국의 경우에는 제1차 세계대전 이후에 유럽으로부터 이민자 수가 현저히 감소했음에도 불구하고 1920년대에 연간 1.1%의 높은 도시인구 증가율을 기록하였다.

표 1-12 주요 선진국가의 도시 인구와 도시화율 통계(1910~1950년)

(단위: 백만 명, %)

	1910년	1920년	1930년	1950년
유럽	133(39)	144(43)	166(46)	193(49)
북미	41(41)	53(46)	69(51)	92(54)
러시아	16(13)	24(17)	33(20)	61(34)
일본	9(17)	10(18)	15(24)	31(38)
기타 선진국들	3(29)	4(33)	6(33)	11(46)
선진국 통계	202(32)	236(36)	290(39)	388(46)

기타 선진국은 오스트리아, 뉴질랜드, 남아프리카공화국을 포함한 통계임.
자료: Bairoch, P.(1988). *Cities and Economic Development: From the Dawn of History to the Present.* Translated by Christopher Braider. Chicago: The University of Chicago Press. 302쪽 표 19.1 참조.

1929년의 경제 붕괴와 1930년대의 장기적 경제공황 여파로 인하여 서유럽과 북미지역에서 도시성장의 안정기를 경험하였다. 경제공황으로 인한 도시실업률 증가와 소득의 감소는 지방으로부터 이주하는 전입 인구의 감소를 가져왔으며, 경제 불황은 도심활동의 침체로 연결되었다. 경제 불황에서 탈피를 위한 대규모 공공사업들이 시행되어 고속도로 건설, TVA 사업 등을 통하여 고용 기회의 창출을 시도하였다. 물론 경제공황으로부터의 완전한 탈피는 제2차 세계대전과 그 이후의 복구를 위한 대규모 투자 정책에 의해서 실현되었다. 1930년대에 자본주의 경제 체제가 위기를 맞이하면서 서유럽과 북미지역 경제가 불안정을 보이며 이러한 현상은 도시성장의 둔화를 가져왔다. 반면에, 사회주의 체제를 도입한 러시아와 개발도상에 있던 일본은 동 기간에 급격한 도시화를 경험하였다.

러시아의 산업화는 1928~1929년부터 시작되어 급격한 도시 팽창이 일어났다. 인구 10만 명 이상의 대도시들이 1930년대에 연평균 성장률 4.8%를 기록하여 10년 동안 인구 규모가 50% 이상 증가하는 급성장을 보였다. 동 기간에 모스크바 인구는 280만 명에서 410만 명으로, 상트페테르부르크(당시 레닌그라드) 인구는 220만 명에서 320만 명으로 급성장하였다. 1928~1932년의 제1차 경제계획 기간에 60개 이상의 신도시들이 개발되었으며, 이 도시들이 1939년에는 인구 20만~50만 명의 중규모 도시로 성장하였다.

러시아는 사회주의 10월 혁명이 일어난 1917년에 15~16% 도시화율에서 독일의 침공을 받은 1941년에는 약 30~34%의 도시화율을 보일 정도로 급성장을 보였다. 이러한 러시아의 급격한 도시화는 혁명의 주요 원인이 도시문제에서 발생한 것을 고려하면 다소간 역설적이라는 생각이 든다. 즉, 마르크스(Karl Marx)에 의하면 자본주의 체제의 발전에 의해서 도시가 성장하며, 도시가 성장할수록 무산자(無產者)와 유산자(有產者) 사이의 갈등과 격차, 도시와 지방 사이의 갈등과 격차가 발생하여 사회주의 혁명을 위한 조건과 동기를 형성한다. 따라서 러시아의 도시정책 입안자들은 산업화와 도시화의 교묘한 조화를 위하여 대규모 도시 건설을 회피한 정책을 수립하였다. 러시아 도시정책가들은 대규모 도시 조성을 회피하고, 산업활동과 농업활동을 결합하여 인구 약 4만~6만 명 정도가 밀집하여 거주하는 사회주의 집단거주지(socialist agglomeration) 조성을 시도하였다. 이러한 계획 정책의 결과로 러시아는 대도시보다는 중소도시 중심으로 도시화가 진행된 과정을 보였다.

일본은 러시아와 마찬가지로, 다른 선진국들에 비해서 늦은 도시화를 보였다. 그러나 일단 도시화를 경험하면서 그 성장은 급속도로 이루어졌다. 러시아는 산업화가 이루어지고 도시화가 도입된 반면에, 일본은 도시화가 선행되고 산업화가 뒤따른 과정을 보였다. 18세기 초기에 러시아는 불과 4~7%의 도시화율을 보인 반면에, 일본은 이미 약 11~14%의 도시화율을 보였다. 1868년 메이지유신(明治維新)이 일어나면서 일본은 본격적인 근대화와 산업화를 맞이하게 되었다. 20세기 초까지는 산업화의 파급 효과가 도시 구조 변화에 크게 나타나지 않았으며, 1920년에 불과 18%의 도시화율을 기록하였다. 그러나 이후에 높은 도시성장률을 기록하여 1920년대에 4.4% 이상의 높은 성장을 보였으며, 1930년대와 1940년대에 도시성장은 더욱 가속화되어 매 10년에 약 6% 이상의 높은 성장률을 기록하였다. 일본에서의 도시성장은 새로운 도시건설이 아닌 전통 도시의 팽창을 통하여 이루어졌으며, 1940년에 5개 도시가 인구 100만 명 이상인 대도시로 성장하였다. 메이지유신이 일어난 때에 인구 약 60만 명과 30만 명이 거주하였던 도쿄(東京)와 오사카(大阪)는 1940년에 인구 700만 명과 300만 명 이상인 대도시로 성장하였다.

제2차 세계대전이 끝난 1945년 이후 약 30년 동안 세계 경제는 비약적 성장을 보였다. 1946년에서 1975년 사이에 선진국의 개인당 소득은 연평균 3.7%의 증가를 보이며 총 190%의 신장을 보였다. 이러한 통계 수치는 1945년 이전에 약 120년의 기간을 필요로 한 생활 수준의 상승 규모가 1945년 이후에는 불과 30년 동안에 이룩된 것을 의미한다. 경제성장과 소득 규모의 상승은 가속적 도시화를 가져와서 대도시와 도시 수의 증가를 가져왔다. 그런데 경제성장에 의하여 도시 인구의 팽창을 가져온 뒷 배경에는 사회학자와 역사학자들에 의해 종종 간과되는 중요한 요인인 농업기술의 획기적 발전이 있었다. 종래에는 산업 생산성의 증가가 농업 생산성의 증가를 초월하였는데, 미국은 1940년대 초기부터, 그리고 유럽은 1950년대 초기부터 농업 생산성이 산업 생산성을 2배 이상 넘는 증가율을 기록하였다. 이러한 기술적 배경에서 농산물이 완만한 소비탄력성을 가진 결과는 농업 인구의 현저한 감소와 도시지역으로 대규모 인구의 전출 현상으로 나타났다.

이러한 요인들이 이미 높은 도시화율을 갖는데도 불구하고 도시 인구 분포 비율이 1950~1970년 사이에 급격히 상승하였는지를 설명해 준다. 1950년부터 약 20년 동안 선진사회는 연평균 1.5%의 높은 도시 인구 상승률을 기록하였으며, 이 가운데 상당 부분이 일본과 러시아의 도시 인구 팽창에 의한 것이었다. 당시만 하더라도 다른 선진국들과 비교하여 상대적으로 낮은 도시화율을 보였던 일본과 러시아는 같은 기간에 비약적 경제성장(일본은 연평균 경제성장률 8.7%, 러시아는 5.2%)과 함께 도시 인구의 급격한 팽창을 경험하였다.

동 기간 동안에 도시 인구의 급격한 팽창을 보인 또 다른 선진국가들로 스페인, 이탈리아, 그리스, 그리고 동유럽 국가들을 들 수 있다. 1950년대에 비교적 낮은 도시화율을 보인 이러한 국가들이 약 20년에 걸쳐서 높은 경제성장과 도시 인구의 팽창을 보였다. 따라서 제2차 세계대전 이후에 경제성장 과정은 도시화율과 경제성장률 사이에 역(−)관계를 갖음으로써 선진사회의 지역적 평준화 과정이 진행되었다. 즉, 높은 도시화율을 갖는 국가는 저급한 경제성장을 보인 반면에, 낮은 도시화율을 갖는 국가는 급격한 경제성장을 보였다.

그리고 동 기간 동안에 경제성장률과 도시성장률 사이의 관계에서 현저한 변화가 관찰되었다. 19세기와 20세기 초반까지 개인당 GNP 1%의 증가는 평균적으로 도시화율 0.8~1.1%의 상승을 가져왔다. 이와 비교하여 1950~1970년 사이에 개인당 GNP 1%의 증가는 불과 0.4%의 도시화율 증가만을 가져왔으며, 1970~1980년 사이에는 0.3%에도 미치는 못하는 증가를 가져왔다. 이러한 현상은 선진사회에서 도시화율이 이미 높은 상태에 도달한 것을 의미하며, 도시에 대한 일반 시각과 행동에서 예전과는 다른 변화가 감지되는 시기에 이르렀다.

2 개발도상국들의 최근의 도시화 추세

산업혁명 이후부터 약 200년에 걸쳐 점증적 도시화를 경험한 선진사회와는 달리 개발도상국들은 20세기에 들어서서, 특히 제2차 세계대전 이후부터 급속한 도시화가 진행되었다. 산업혁명 이후 선진사회가 산업화되며 대량생산과 소비를 위하여 해외시장 개척을 시도하였고, 이러한 가운데 세계 열강들 사이에 지배권 쟁취를 위한 투쟁과 제국 형성의 목적으로 약소국들에 대한 식민지 착취가 진행되었다. 많은 개발도상국들이 이 시기에 식민지 국가로 전락되어 수탈을 경험하였고, 도시 성장 과정에서도 왜곡된 도시화가 이루어졌다. 즉, 이 시기에 개발도상국의 도시들은 자신들의 경제적 · 자율적 필요성에 의해서 개발된 것이 아니라, 제국이 식민지를 효과적으로 수탈하기 위한 목적으로 특정 지역을 개발하였다. 예를 들면, 제국의 공산품을 효과적으로 수출하기 위하여 항만지역의 개발을 서둘렀으며, 식민지의 자원을 능률적으로 약탈하기 위하여 강 어귀에 도시를 건설하였다. 제1 · 2차 세계대전 이후에 민족자결주의 운동과 독립투쟁의 결과로 많은 식민지 국가들이 해방되면서 개발도상국들의 본격적인 도시화가 진행되었다.

최근의 도시화 통계는 선진지역과 개발도상지역 사이에 도시화 격차가 점차로 감소하는 것을 보이고 있다. 1950년에 선진국에서는 평균적으로 2명 가운데 1명이 도시에 거주한 것에 비하여, 개발도상국에서는 5명 가운데 1명이 도시에 거주하였다. 1975년에는 선진국에서 인구 70% 정도가 도시에 거주한 것에 비교하여, 개발도상국에서는 불과 27%의 인구가 도시에 거주하였다. 1995년에 선진국에서는 인구 5명 가운데 3명이 도시에 거주하는 것에 비하여, 개발도상국에서는 인구 3명 가운데

표 1-13 경제성장별,[8] 대륙별 도시화율 평균 통계

(단위: %)

지 역	1950년	1975년	1995년	2014년	2050년
세계 평균	29.7	37.8	45.3	54	66
선진지역	54.9	69.9	74.9	78	85
개발도상지역	17.8	26.7	37.6	48	63
저개발지역	7.1	14.3	22.7	31	49
아프리카	14.6	25.2	34.9	40	56
아시아	17.4	24.6	34.7	48	64
유럽	52.4	67.2	73.5	73	82
중남미	41.4	61.2	73.4	80	86
북아메리카	63.9	73.8	76.2	81	87
오세아니아	61.6	71.8	70.1	71	74

자료: United Nations(1998). *World Population Prospects.*
______(2014). *World Urbanization Prospect.*

1명 이상이 도시에 거주하는 통계를 보이고 있다. UN(2014)의 인구 예측에 의하면, 2050년에는 개발도상국의 도시화율이 63%로 상승하여 선진지역의 도시화율을 3/4까지 따라잡을 것으로 예측하고 있다(<표 1-13> 참조).

최근에 개발도상지역들의 도시화 속도는 선진사회를 능가하여 도시화 격차가 점차로 감소하고 있으나, 개발도상지역들 사이에 각기 상이한 도시화 성장 속도를 보이고 있다. 2014년 현재 49개 저개발지역의 평균은 세계 평균의 1/2에 불과한 31%의 낮은 도시화율를 보이고 있으며, 특히 사하라 사막 남부 아프리카지역들이 낮은 도시화율을 보이고 있다. 반면에, 중남미지역은 이미 선진사회와 동등한 도시화를 기록하고 있으며, 2030년에는 중남미지역이 유럽의 도시화를 능가할 것으로

8) 이 통계에서 선진, 개발도상, 그리고 저개발지역의 분류는 다음 기준에 따른 것이다. 첫째, 선진지역(more developed regions)은 북아메리카, 일본, 유럽, 그리고 호주와 뉴질랜드를 포함한다. 둘째, 개발도상지역(less developed regions)은 아프리카, 중남미 국가, 아시아(일본 제외), 오세아니아(호주와 뉴질랜드 제외)의 모든 국가를 포함한다. 셋째, 저개발지역(least developed regions)은 1996년 유엔총회의 정의에 따른 것으로 다음과 같은 총 48개 국가를 포함한다: Afghanistan, Angola, Bangladesh, Benin, Bhutan, Burkina Faso, Burundi, Cambodia, Cape Verde, Central African Republic, Chad, Comoros, Democratic Republic of the Congo, Djibouti, Equatorial Guinea, Eritrea, Ethiopia, Gambia, Guinea, Guinea-Bissau, Haiti, Kiribati, Lao People's Democratic Republic, Lesotho, Liberia, Madagascar, Malawi, Maldives, Mali, Mauritania, Mozambique, Myanmar, Nepal, Niger, Rwanda, Samoa, Sao Tome and Principe, Sierra Leone, Solomon Islands, Somalia, Sudan, Togo, Tuvalu, Uganda, United Republic of Tanzania, Vanuatu, Yemen, Zambia.

표 1-14 경제성장별, 대륙별 지역의 연평균 도시인구 증가율

(단위: %)

지 역	1950~1955	1970~1975	1990~1995	2010~2015
세계 평균	3.01	2.56	2.43	0.9
선진지역	2.32	1.46	0.73	0.3
개발도상지역	3.97	3.62	3.37	1.7
저개발지역	4.56	4.89	5.00	1.3
아프리카	4.55	4.36	4.37	1.1
아시아	3.66	3.30	3.22	1.5
유럽	2.02	1.41	0.26	0.3
중남미	4.45	3.73	2.34	0.3
북아메리카	2.65	1.02	1.23	0.2
오세아니아	3.00	2.35	1.25	0.0

자료: United Nations(1998). *World Population Prospects.*
____________(2014). *World Urbanization Prospect.*

예상된다.

<표 1-14>는 세계 전체와 지역별 도시인구의 연평균 증가율을 5년 단위로 보여준다. 도시 인구 증가율의 세계 평균 통계는 도시의 인구 집중 추세가 점차로 하락하는 것을 보여준다. 1955년까지 연평균 3%를 넘는 도시 인구 증가율은 1970년 이후에 2%대로 하락하였으며, 2010년 이후부터는 1%대 이하로 하락하였다. 개발도상지역의 도시인구 증가 추세를 보면, 1950년 이후에 연평균 3%대의 높은 도시 인구 증가 추세를 보였으나, 2010년 이후 1.7%로 급속히 하락한 것으로 나타난다. 선진지역의 도시 인구 증가율은 급속한 하락 추세를 보이고 있다. 1950년대까지는 연평균 2%대의 증가율을 보였는데, 1970년대에 들어서서 1%대의 성장률을, 그리고 1990년 이후에는 1% 미만의 도시 인구 성장률을 보이고 있다. 이러한 통계는 선진사회의 도시화가 이미 포화 상태에 도달하였으며, 2000년 이후에는 지역에 따라 도시 인구가 점차로 감소하는 탈도시화, 탈집중화 현상이 나타나는 것을 설명해준다.

반면에, 개발도상지역 가운데 저급한 경제성장을 보이는 저개발지역에서는 아직도 점진적 도시 인구 팽창이 일어나는 것을 알 수 있다. 통계에 의하면 이 지역들은 2014년 현재 평균 도시화율 31%를 보이고 있기 때문에, 개발도상지역의 경험

을 반추해 보면, 이러한 추세는 앞으로 20~30년 동안은 지속될 것으로 예상된다.

대륙별로 도시 인구 증가율을 고찰해 보면, 선진지역이 대부분을 차지하는 유럽과 북미지역은 낮은 도시 인구 증가율을 보이며, 특히 유럽지역에서는 2030년 이후부터 부(−)의 성장률을 보일 것으로 통계는 예측하고 있다. 반면에, 저개발지역이 많이 편재되어 있는 아프리카 대륙은 지난 50년 동안 4%대의 높은 도시 인구 성장 추세를 보였으나, 이러한 추세는 2000년 이후 1%대로 현저한 감소를 보이고 있다. 아시아 대륙 또한 1955~1995년 40년 동안 급격한 도시 인구 성장이 진행되었으나, 2010년 이후부터는 성장률 하락 추세를 보이며 1%대의 낮은 성장률을 기록하고 있다.

개발도상국들의 급격한 도시성장은 대도시의 인구 집중을 가져왔으며, 특히 1970년 이후에 나타난 두드러진 현상이 개발도상지역에 거대도시의 성장이다. 개발도상국의 도시들은 선진지역 도시보다 훨씬 높은 성장률을 보였으며, 현재는 세계에서 가장 큰 거대도시 순위에 개발도상국 도시들이 상위를 차지하고 있다. <표 1−17>은 2017년 현재 인구 10,000만 명 이상 세계 34대 거대도시의 순위와 인구 규모를 보여준다. 이 가운데 70% 이상인 25개 도시가 개발도상국에 위치하고 있다. 1950년에 인구 100만 명 이상인 대도시가 개발도상지역에 불과 34개 도시에 불과했으나, 1970년에는 그 수가 82개로 2배 이상 증가하였고, 1995년에는 1970년의 3배에 가까운 214개 도시로 증가하였으며, 2015년에는 약 500개 도시가 100만 명 이상의 인구 규모를 가진 것으로 파악되고 있다(이 가운데 중국에만 100만 명 이상의 도시가 105개인 것으로 파악된다, 위키백과).

개발도상지역과 선진지역 도시들을 비교할 때 몇 가지 두드러진 차이가 관찰된다. 개발도상지역에서는 인구 규모가 가장 큰 수위도시에 높은 인구집중 현상이 관찰된다. 즉, 수위도시에 국가 전체 인구의 상당 부분이 거주하는 현상을 보인다. 왜 이것이 특이한 현상인지를 이해하기 위해서는 도시의 일반적 인구 분포에 대해 고찰하는 것이 중요하다. 선진도시의 인구 분포 패턴을 보면, 제1순위 도시는 제2순위 도시보다 2배 정도의 인구 규모를 보이며, 제3순위 도시는 제1순위 도시 인구의 1/3규모, 제4순위 도시는 1/4 규모, 제5순위 도시는 1/5 규모의 인구 분포를 갖는 것으로 분석한다.[9] 수위도시의 인구 집중에 의한 종주도시 현상(urban primacy)은

9) 도시 규모에 대한 가장 일반적인 분포 모형으로 제시된 것이 '파레토 분포(Pareto distribution)'이

제1순위 도시 인구 규모가 제2순위, 3순위 도시 규모를 압도하는 것을 의미하며, 극단적인 경우에는 전체 도시 인구의 일극 집중 현상으로 나타나기도 한다. 예를 들면, 태국의 수도인 방콕(Bangkok)의 인구는 2015년에 578만 명이며 제2위 도시인 논타부리(Nonthaburi) 인구는 27만 명으로, 방콕은 제2위 도시보다 무려 21배 이상 큰 인구 규모를 갖고 있다. 유사한 현상이 에티오피아의 수도인 아디스아바바(Addis Ababa)에서도 관찰된다. 2016년 인구조사에서 수도인 아디스아바바에는 인구 335만 명이 거주하는 반면에, 제2위 도시인 아다마(Adama)에는 34만 명이 거주하고 있어서, 제1위 도시는 제2위 도시보다 무려 10배 이상의 인구 집중을 보이고 있다(위키백과, 2017). 이러한 현상은 국가 전체의 정치, 경제, 문화의 중심지인 수위도시(primate city)에 국가의 정치력과 경제력이 과도하게 집중됨으로써 발생한다. 물론 이러한 현상은 개발도상국에서만 나타나는 것은 아니고, 선진사회에서도 종종 관찰된다. 예를 들면, 영국 수도인 런던은 인구 875만 명으로 제2위 도시 버밍햄(Birmingham) 113만 명보다 약 8배 정도 크며, 프랑스 수도인 파리는 인구 1,055만 명으로 제2위 도시인 리옹(Lyon)의 158만 명보다 약 6.7배 정도 크다. 따라서 뒤에서 다시 논의하지만, 종주 현상이 반드시 부정적으로만 작용하는 것은 아니고, 개발도상국의 부족한 자원을 효율적으로 이용하기 위한 정책으로의 특성도 갖는다.

개발도상지역에서 이러한 수위도시의 종주성을 가져온 주요 원인들 중 하나로서 강대국들의 식민지주의가 제시된다. 가나의 수도 아크라(Accra), 케냐의 나이로비(Nairobi), 싱가포르, 홍콩, 호치민 등의 도시들은 실제로 도시 지역으로는 짧은

다. 파레토 분포에 의하면, 도시 규모와 도시 수는 좌우대칭이 되는 정규 분포보다는 오른쪽으로 기울은 분포 체계를 보인다. 특히, 지프(Zipf, 1949)는 파레토 도시 규모 분포의 특수 유형인 순위 규모 법칙을 제시하였으며, 도시 규모에서 제2위와 그 이하 도시들의 규모는 수위도시의 크기에 비례하는 현상을 보이는 것으로 설명하고 있다. 경험적 연구에 의하면 어떤 국가들은 순위 규모 법칙에 의한 계층적 분포를 보이는 반면, 이 모형은 국가에 따라 다양한 편차를 보이는 확률 모형으로 인식되고 있다. 스튜어트(Stewart, 1958) 또한 수위도시와 순위 규모 사이의 관계에 대한 연구를 시도하였는데, 그의 연구는 지프의 순위 규모 법칙과는 상이한 결과를 제시하였다. 즉, 대다수의 국가에 대한 경험적 검증에 의하면, 도시 규모 제2위의 지역 인구는 수위도시의 1/2보다 상당히 적은 규모를 보이며, 제2위와 제3위 사이의 차이 및 제3위와 제4위 도시의 규모 차이 또한 지프의 모형과 상당한 차이가 있음을 지적하였다. 스튜어트의 연구에 의하면 “수위도시와 순위 규모의 지배 모형은 선형적(linear) 대수 분포(logarithmic distribution)를 따르기보다는 S형 분포에 보다 가깝다”고 주장하고 있다. 네이더(Nader, 1984)의 연구도 유사한 결과를 보이고 있다[자세한 내용은 김천권(2000. 6). 한국도시의 규모 분포에 관한 연구. 대한국토·도시계획학회. 『국토계획』, 제35권 제3호. 21-33쪽 참조].

역사를 갖고 있으며, 강대국들의 식민지 수탈정책을 위하여 의도적으로 조성된 도시들이다. 따라서 모국과의 원활한 의사소통과 자원의 효율적 운송을 위하여 주로 해안지역에 식민도시를 조성하였다. 이런 의미에서 개발도상지역의 많은 수위도시들이 개발 초기부터 국내의 내륙 지향성보다는 제국의 해외 지향성을 목적으로 개발되었으며, 현재도 이러한 잔재가 남아 있어 문화와 생활방식이 국내보다는 국외로부터 많은 영향을 받는다.

이러한 개발도상국의 수위도시들은 한결같이 국가 전체의 평균 성장률을 훨씬 넘는 빠른 성장을 보였다. 즉, 가장 큰 도시가 가장 빠른 성장을 보이고 있다. 예를 들면, 멕시코, 칠레, 콜롬비아 국가들이 모두 균형적 지역성장 정책을 추구하였지만, 멕시코시티, 산티아고, 보고타 도시들은 국가의 인구증가율을 훨씬 상회하는 급격한 인구 집중을 경험하였다. 중남미지역은 2015년 현재 전체 인구의 약 22%가 인구 100만 명 이상인 대도시에 밀집해서 거주하고 있다.

수위도시는 정치, 경제, 사회, 교육, 문화 등 거의 모든 분야에서 국가 전체의 지배권을 독점적으로 행사하고 있다. 정부기관, 기업본부, 교육기관, 문화시설 등 거의 모든 활동의 핵심 조직과 시설이 수위도시에 입지하고 있어서 우수 노동력과 자본이 집중되는 현상을 보인다. 이런 의미에서 개발도상국의 수위도시는 양적 측면뿐만 아니라 질적 측면에서도 독점적 입지경쟁력을 갖는다. 물론 한편으로는 개발도상국의 수위도시들이 지방의 인적·물적 자원들을 과도하게 흡수하여 지방의 성장을 고사시키는 측면도 있다. 이런 면에서는 지역 균형개발 정책이 바람직한 대안으로 제시되지만, 실제로 개발도상국들의 현실은 하나 이상의 도시를 성장 거점으로 지원할 만큼의 충분한 능력을 갖고 있지 못하다.

개발도상국의 수위도시들이 많은 문제를 안고 있는 것은 사실이지만, 다른 한편으로 사회 변화, 정치 변화, 경제 변화의 견인차 역할을 한 것도 사실이다. 개발도상국들이 식민지 시기에 독립운동의 거점이 된 곳도 수위도시이고, 현재도 정치·경제·사회의 제도 변화, 생활방식·사고 방식의 변화와 혁신의 모태가 되는 곳도 바로 수위도시이다(Palen, 1987: 343-345).

개발도상지역 도시들의 또 다른 특성으로 과도시화(過都市化, over-urbanization) 현상을 들 수 있다. 과도시화는 국가의 산업화와 비교하여 도시에 과도한 인구 분포를 갖는 것을 의미한다. 즉, 주어진 산업화 수준에서 수용가능한 도시화보다 높은 도시화로 정의된다(Castells, 1977: 41－43). 이것은 국가의 경제발전 수준에서 제공될 수 있는 고용 기회, 주택, 학교, 기타 서비스의 한계 규모를 넘는 인구 규모가 도시에 거주하는 것을 의미한다. 예를 들면, 남미의 우루과이는 2014년 현재 프랑스(도시화율, 79%), 영국(도시화율, 82%)보다 높은 95%의 도시화율을 기록하고 있다. 한국도 2014년 현재 선진지역의 평균 도시화율 78%를 넘는 82%의 도시화율을 보인다(UN, 2014). 이런 의미에서 한국, 우루과이 모두 과도시화 사회라고 할 수 있다.

과거에 선진사회는 산업화와 함께 도시성장이 진행되었다. 그러나 개발도상지역의 성장 과정을 보면 도시 인구의 성장이 산업화를 훨씬 앞지르는 현상을 보이며, 산업화와 도시화 사이의 전통적 연계성이 무너지는 것으로 보인다. 이러한 과도시화 현상이 직면하는 주요 문제는 인구 규모가 아니라, 농촌에서 도시로 이주한 노동력에게 고용 기회를 제공하지 못하는 경제적 무능력의 문제를 초래한다. 즉, 농촌에서 도시로 인구가 지속적으로 이주하는 상황에서 도시의 상공업이 이들을 흡수하지 못하는 결과를 보이는 과도시화는 도시의 대규모 실업과 잠재적 실업 문제를 가져온다. 이런 측면에서 과도시화는 부정적 의미를 내포하는 것으로 인식되어 왔다.

그러나 과도시화의 모든 면이 부정적인 것은 아니다. 일반적으로 도시 이주민의 노동 생산성은 농촌에서보다 도시에서 높게 나타나며, 개인당 소득도 농촌에서보다 도시에서 높은 소득을 갖는다.[10] 만약 과도시화의 개념이 개발도상국의 급격한 도시화가 초래하는 바람직하지 못한 특성을 의미한다면 그 주장은 실제로 증명하기 어렵다고 본다. 실제로 급격한 도시화가 경제성장에 장애가 되거나 성장속도

10) 토다로(Todaro, 1969)는 농촌에서 도시로 인구 이동의 주요 요인으로 도시와 농촌 사이의 경제적 격차를 제시한다. 그런데 경제적 격차는 출발지와 목적지 사이의 실질소득의 차이가 아니라, 목적지의 예상소득과 고용 가능성이 결합된 기대소득과 출발지 실질소득 사이의 차이를 의미한다. 방정식으로 보면, 출발지 실질소득이 Y_s, 목적지 예상소득이 Y_d, 그리고 목적지에서 고용 가능성이 P_d이면, $Y_s > Y_d \times P_d$인 경우에는 이주하지 않고, $Y_s < Y_d \times P_d$인 경우에는 이주할 것으로 예상된다. 이러한 토다로의 분석에 의하면, 개발도상국의 과도시화는 경제적 합리성 논리에 따른 판단의 결과로 사회 전체적으로 복지의 향상을 가져오는 것으로 해석될 수 있다. 토다로의 분석은 과도시화를 긍정적으로 평가하는 데 있는 것이 아니라, 지방의 발전과 대도시로의 인구 이동을 억제하기 위해서는 지방의 실질소득을 높이는 다양한 지역개발 정책이 도입되어야 한다는 것을 제시한다.

를 늦춘다는 경험적 자료는 거의 찾아보기 어렵다. 도시생활이 결코 쉽지는 않지만 그렇다고 불행한 것이 아니며, 특히 농촌생활과 비교하여 생활 수준이 하락하는 것은 아니다. 도시에서는 좌절도 있지만 최소한 어떤 가능성과 발전을 위한 희망이 존재하고 있다.

이런 측면에서 도시의 급격한 성장은 사회·경제적 발전을 위한 긍정적 신호로 이해될 수 있다. 도시는 변화와 혁신을 수용하는 관문인 동시에 변화와 혁신의 모태로서 역할을 수행한다. 도시가 성장함으로써 농촌사회에서 산업사회로 전환되고, 경제적 합리성, 낮은 출생률과 사망률, 문맹률의 하락과 교육 수준의 향상이 수반되는 현대화(modernization)가 진행된다. 도시화가 현대적 생활방식, 산업구조와 연계되어 있는 한, 대다수의 개발도상국들이 직면한 문제는 과도시화(過都市化, overurbanization)가 아니라 미도시화(未都市化, under-urbanization)라고 할 수 있다. 즉, 대도시가 지속적으로 성장을 보이는 것이 "과도시화의 긍정적 효과가 부정적 효과를 압도한다"는 것을 입증한다.

3 도시에 대한 인식의 변화

1970년대에 접어들어 선진사회에서 도시에 대한 새로운 인식이 나타나면서 도시화의 방향 변화를 위한 전기를 맞이하였다. UN(1975)의 세계 도시 인구 변화와 예측에 관한 연구에 의하면, 북아메리카 도시 인구는 1970~1980년 사이에 18% 상승할 것으로 예상되었으나, 실제로 불과 8%의 증가를 보였다. 서유럽은 연구 결과에서 13%의 증가가 예측되었으나 현실은 8%의 증가에 머물렀고, 이 증가도 대부분 독일의 도시 인구 증가에 기인한 것이었다. 이 시기부터 미국, 영국, 벨기에, 스위스 등 많은 선진국에서 탈도시화(deurbanization) 과정이 관찰되기 시작하였다. 그러나 사실 탈도시화는 몇몇 대도시에서 나타나는 현상이며(도시 포화 상태에 의해 외곽으로 이전), 현실에서는 <표 1-15>와 같이 2000년에 들어서서도 선진사회에서 도시화율은 아직도 약간씩 높아지고 있다.

선진사회에서 왜 도시성장의 정체 혹은 도시 인구의 감소 현상이 점차 목격되는가? 그 주요 원인으로 도시 규모의 문제가 제기된다. 도시가 어떤 적정 규모

표 1-15 선진국 최근 도시화율 통계(1960~2015년)

국 가	도시화율(%)				
	1960	1970	1980	1990	2015
한국	27.7	40.7	56.9	73.8	82
미국	70.0	73.6	73.7	75.2	82
캐나다	69.6	75.7	75.7	76.6	82
독일	71	–	–	73	75
이탈리아	59.4	64.3	66.6	66.7	69
영국	78	–	–	78	83
스페인	56.6	66.0	72.8	75.4	80
일본	62.5	71.2	76.2	77.4	93
오스트리아	64.9	65.4	64.9	64.5	66
핀란드	38.1	50.3	59.8	61.4	84
프랑스	62.4	71.0	73.3	74.0	80
그리스	42.9	52.5	57.7	58.8	78
아일랜드	45.8	51.7	55.3	56.9	63
네덜란드	85.0	86.1	88.4	88.7	90
노르웨이	49.9	65.4	70.5	72.0	80
러시아	53.7	62.5	69.8	73.0	74
스웨덴	72.6	81.1	83.1	83.1	86
스위스	51.0	54.5	57.0	59.7	74
호주	80.6	85.2	85.8	85.1	89
뉴질랜드	76.0	81.1	83.3	84.7	86

자료: World Bank(2001). The 2001 World Development Indicator CD-ROM. Win*STAR Version 4.2 32bit. Washington D.C.: World Bank.
__________(2016). World Development Indicator 2016.

(optimal size)를 넘어서면 집적의 불경제 효과가 집적의 경제 효과를 능가하기 시작하여 도시가 갖는 매력이 상실되기 때문이다. 도시의 적정 규모가 어느 정도인가에 대하여는 명확한 해답이 없지만,11) 대체로 50만 명 이하로, 약 20만~30만 명 사

11) 도시의 적정 인구 규모는 각 국가의 지형적 조건, 과학기술 수준, 산업구조, 제도, 문화, 생활방식 등에 따라 상이한 규모가 제시된다. 예를 들면, 교통기술이 발달하기 전에는 반경 4km 면적에 인구가 밀집하여 거주하는 정도가 적정 규모로 인식될 수 있으나, 교통기술이 발달한 후에는 도시의 적정 규모가 현저히 팽창한다.

이가 적절한 인구 규모라고 학자들이 의견을 제시하고 있다(Bairoch, 1977). 도시의 인구 규모가 50만 명을 넘어서면 공해(公害)부터 시작하여 청소년 교육, 범죄 등 다양한 문제가 심각하게 제기되며 삶의 질(quality of life)이 하락하는 현상을 보인다.

선진사회에서 도시의 성장 정체 혹은 인구 감소 현상은 특히 도심에서 나타난다. 인구와 산업활동이 도시 중심지에 집중되면서 도심의 지가가 상승하고, 교통혼잡, 대기오염, 범죄 증가, 교육의 질 저하 등 다양한 문제들이 제기되었다. 도시문제가 심각해지면서 통근수단에 제약이 없는 고소득층이 보다 쾌적한 삶을 위하여 도시 외곽으로 이주하기 시작하였으며, 이후 교외지역에 대규모 전원주택 단지의 개발과 함께 중산층도 점차로 외곽지역으로 이주하는 현상을 보였다. 사회학자 드 로우(Chombart de Lauwe, 1982)의 표현에 의하면, 도시의 외곽지역은 불완전한 도시생활과 단조로운 시골생활 사이에 중간적 공간을 제공한다. 중산층이 떠난 지역은 보편적으로 저소득층, 특히 갓 이주한 저소득층에 의해서 점유되어 도심의 거주지역은 점차로 빈민지역화되는 경향을 보였다.[12] 도심으로부터 고소득층과 중산층의 전출은 세원을 감소시키는 한편, 저소득층의 전입은 공공 서비스에 대한 수요를 증가시킴으로써 도시재정이 악화되는 결과를 가져왔다.

탈도시화 현상은 가장 먼저 산업화된 영국에서 우선적으로 두드러진 현상으로 관찰된다. 영국은 1970년대 초기 동안 대규모 공업도시의 현저한 인구 감소와 함께 농촌지역이 활성화되는 징후가 나타나기 시작했다. 이러한 도·농 간 인구 변화의 새로운 패턴은 국가 전체의 인구증가율이 현저히 하락하는 시점에서 국내 인구이동 방향과 규모의 변화가 일어났기 때문으로 분석된다. 영국의 인구 통계에 의하면, 1971~1981년 사이에 잉글랜드와 웨일스의 도시 인구는 약 30만 명이 감소하였다. 이러한 통계는 1961~1971년 사이에 동일지역에서 인구가 약 100만 명 정도 증가한 것과 현격한 차이를 보이는 것을 알 수 있다. 국가 전체 인구증가율 통계를 보면, 1961~1971년 사이에 약 300만 명의 인구 증가를 보인 반면, 1971~1981년 사이에는 불과 30만 명 정도의 인구 증가를 보였다. 영국을 비롯한 선진사회는 인구증가율의 현저한 하락과 함께 도시화의 장기적 패턴에 역전이 일어나는 탈도시화 현상을 경험하고 있다.

12) 최근에는 선진사회의 대도시 중심에서 재개발 사업이 일어나면서 주변 빈민지역이 재활성화되는 현상이 나타나고 있다.

도시의 성장 감퇴와는 대조적으로 농촌지역은 안정적 성장을 보이고 있다. 1971~1981년 사이에 영국의 농촌지역 인구는 약 100만 명 이상 증가하였는데, 이 수치는 같은 기간에 국가 전체 인구 증가의 3배를 넘는 통계이다. 농촌의 활성화는 단순히 과밀한 도시 경계를 탈출하여 외곽지역에 거주하는 인구 증가로서 나타나는 것이 아니라, 도시에서 멀리 떨어진 원격지역에 인구 증가의 분명한 징조로서 나타난다(<표 1-16> 참조). 도시 인구가 감소하고 있으며 도시에서 멀리 떨어진 원격지가 성장을 보인다는 사실은 인구의 탈집중화(deconcentration)가 진행되고 있다는 것을 의미한다. 즉, 선진사회에서 도시화는 거의 종료를 보이며 역도시화(counterurbanization) 현상이 인구 변화의 지배적 행태로 나타나고 있다.

국가적 범위에서 역도시화 현상에 의한 도시 인구의 하락이 진행되면서, 도시 내부에서는 중심지 인구가 감소하며 통근 가능거리의 외곽지역들이 벨트(belt) 형태로 개발되는 탈중앙화(decentralization) 현상이 나타났다. 특히, 주요 교통수단으로 자동차가 일반화되면서 도심으로 집중되던 산업활동의 분산화가 진행되었으며, 도시는 중심이 핵분열되는 다핵 모형으로 개발되는 양상을 보였다. 즉, 시발점으로부터 궤도를 통해 중심지를 종점으로 인구를 수송하는 철도와 지하철은 중심지 지향성을 강화시킨 반면에, 특정한 시작과 종착점이 없는 자동차의 일반화는 중심지 지향성에 역전을 가져왔다. 그 결과로 도시는 여러 띠(belt)를 갖는 환상 체제로 개발되고, 도시 인구가 도시 전체에 분포되는 분산화가 진행되고 있다.

표 1-16 잉글랜드와 웨일스: 1971~1981년 사이에 도시와 농촌의 인구 변화

런던시	−18%
런던 외곽	−5%
광역도청 소재지(main cities of metropolitan counties)	−10%
대도시(인구 175,000명 이상)	−5%
소도시	−3%
도·농 복합지역	+8%
원격지 농촌지역	+10%

자료: Census Report(1981). *Prelimanary Report: England and Wales*. Office of Population Census and Survey. London.

4 글로벌 사회와 거대도시(mega-city)의 성장

20세기 후반에 접어들며 나타난 두드러진 도시 현상 중의 하나는 초거대도시의 성장이다. 20세기 초기에는 인구 규모 100만 명을 넘는 도시가 11개에 불과했는데, 2000년에는 400개 이상으로 증가하였다. 1900년에 세계에서 가장 큰 도시는 인구 660만 명의 런던이었고, 인구 300만 명 이상인 도시는 뉴욕(420만 명), 파리(330만 명)를 포함하여 3개 도시에 불과했다. 1950년에는 인구 100만 명 이상인 도시가 52개로 증가하였고, 1980년에는 100개 이상 도시들이 인구 100만 명을 돌파하였다.

일반적으로 인구 규모 1,000만 명을 넘는 도시를 거대도시(mega-city)로 부른다. 1950년까지 인구 규모 800만 명을 넘는 도시는 뉴욕과 런던 두 곳에 불과했는데, 2017년에는 인구 1,000만 명을 넘는 거대도시가 34개 도시로 증가하였다. 이 가운데 9개 도시가 선진국에 있고, 25개 도시가 개발도상국에 위치하고 있다(<표 1-17> 참조). 이러한 현상은, 다음 절에서 상세히 설명하지만, 개발도상국의 급격한 인구 증가와 수위도시 편중 현상 등에 의한 것으로 분석된다. 그리고 [그림 1-4]에서 볼 수 있는 바와 같이, 지구촌에 거주하는 사람들 가운데 약 45.5%가 지방에 거주하고, 54.5%가 도시에 거주한다.[13] 도시에 거주하는 사람들 가운데 가장 많은 분포(15.1%)가 인구 10,000명 명 이하 지역에 거주하고, 50,000~100,000명 사이의 도시에 10.7%가 거주하며, 인구 1,000만 이상 거대도시에는 8.2%가 거주하고 있다. 2016년 현재 지구상 인구 가운데 약 1/4인 24%가 100만 명 이상 대도시에 거주하고 있는 것으로 통계는 보여준다.

정보통신과 교통기술의 발달에 의한 경제활동의 세계화는 무역활동의 전 지구적 확대와 무한경쟁 시대를 열었다. 이제 경제활동, 산업활동은 국가의 경계를 넘어 글로벌 차원에서 이루어지며, 국가에 의해 관리·통제를 받기보다는 세계적 수요와 공급, 초국적 기업과 활동에 의하여 보다 많은 영향을 받는다. 생산과 소비가 국가의 경계를 넘어 세계로 확대됨에 따라 이러한 초국적 활동을 관리·통제하는 조직·기업이 입지하는 도시가 글로벌 사회의 중심지로 성장하고 있다. 즉, 과학기술의 발달에 의한 시간과 공간의 압축으로 지구 전체는 하나의 공동체로 작용하고

13) 앞에서 제시한 2007년 이후 지구촌 인구의 50% 이상이 도시에 거주한다는 통계와 약간 차이를 보이는 것은 각 국가들 사이에 도시에 대한 정의가 상이하기 때문에 발생하는 현상이다.

표 1-17 2017년 인구 1,000만 명 이상 거대도시 순위와 인구

(단위: 만 명)

순 위	도 시	국 가	인구 규모
1	도쿄-요코하마 √	일본	3,784
2	자카르타	인도네시아	3,054
3	델리	인도	2,500
4	마닐라	필리핀	2,413
5	서울(수도권) √	한국	2,348
6	상하이	중국	2,342
7	카라치	파키스탄	2,212
8	북경	중국	2,101
9	뉴욕 √	미국	2,063
10	광저우	중국	2,060
11	상파울루	브라질	2,037
12	멕시코시티	멕시코	2,006
13	뭄바이	인도	1,771
14	오사카-고베 √	일본	1,744
15	모스크바 √	러시아	1,617
16	다카르	방글라데시	1,567
17	카이로	이집트	1,560
18	로스앤젤레스 √	미국	1,506
19	방콕	태국	1,500
20	콜카타	인도	1,467
21	부에노스아이레스	아르헨티나	1,412
22	테헤란	이란	1,353
23	이스탄불	터키	1,329
24	라고스	나이지리아	1,312
25	선전	중국	1,208
26	리우데자네이루	브라질	1,172
27	킨샤사	콩고	1,159
28	천진	중국	1,092
29	파리 √	프랑스	1,086
30	리마	페루	1,075
31	청도	중국	1,038
32	런던 √	영국	1,024
33	나고야 √	일본	1,018
34	라호르	파키스탄	1,005

√: 한국을 포함한 선진사회 도시를 표시한 것임.
자료: Worldatlas(2017). World's Largest Cities. http://www.worldatlas.com

그림 1-4 세계 인구의 거주 분포(2016년)

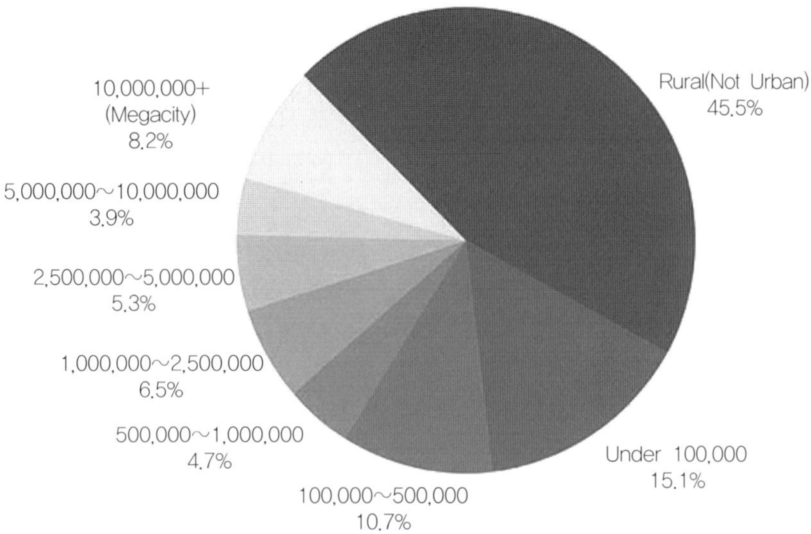

자료: Wendell Cox(2016), *Largest Cities in the World.*

있으며, 초국적 활동을 관리 · 통제하는 월드시티가 세계적 지배권(hegemony)을 행사하고 있다.

경제, 문화, 교육, 연구와 학술, 관광, 스포츠, 쇼핑 등 산업과 생활이 세계적 범위에서 이루어짐에 따라 국가 경계의 의미가 점차 사라지고, 국가가 통제할 수 있는 기능이 점점 축소되는 현상을 보인다. 세계화 시대에 국가는 더 이상 관리와 통제를 위한 효율적 단위가 아닌 것이다. 국가는 급변하는 환경에 신속히 적응하기에는 너무 큰 단위이고, 글로벌 변화를 위한 주도권을 행사하기에는 너무 작은 단위이다. 이런 의미에서 국가 범위를 넘어선 초국적 활동은 초국적 기관과 조직들이 관리하고, 급변하는 환경에 유연성 있는 적응은 지방단 위에서 이루어지는 것이 바람직하다는 '세계화와 동시에 지방화'의 논리가 제시된다.

20세기 후반에 세계화 · 정보화 시대가 도래된 후에 세계는 국가 중심에서 도시(지방) 중심으로 재편되는 추세를 보인다. 즉, 국력이 도시경쟁력을 결정하는 시대에서 도시경쟁력이 국력을 결정하는 시대로 전환된 것이다. 그리고 '세계화와 동시에 지방화' 시대에 도시가 경쟁력을 갖기 위해서는 글로벌 네트워크와 연계되어야 한다. 도시와 도시가 연결되어 글로벌 네트워크가 이루어지는 한편, 이 연결고리에서 소외된 도시는 고립되게 된다.

선진사회는 20세기 후반에 접어들면서 많은 대도시들이 성장의 침체를 경험하는 한편, 거대도시들이 등장하였다. 선진사회는 도시화에서 거의 포화 상태에 도달하여 성장의 정체는 보편적으로 예측되는 도시 현상이다. 이런 상황에서 글로벌 네트워크의 연결점이 되는 도시는 거대도시로 성장하고 있다. 도시의 전반적 성장 정체가 진행되면서 세계적 연계성을 갖는 거대도시로 인구와 핵심 산업활동의 지속적 집중이 이루어지고 있다.

결론적으로, 20세기를 지나면서 도시는 규모와 기능에서 많은 변화를 경험하였다. 1970년대까지 인구의 도시 집중이 지속적으로 진행되어 도시 수와 규모가 급격히 신장되었으며, 대규모 도시에 지속적 인구 증가는 거대도시를 형성하였다. 20세기 후반에 정보통신과 교통기술의 발전은 시간과 공간의 압축 현상을 가져와서, 중심지를 지향하던 인구와 산업활동을 분산시키는 탈집중화·탈중앙화 현상을 유도하였다. 과학기술의 발전과 사회의 급격한 변화는 도시를 변화와 혁신을 수용하는 관문인 동시에 변화와 혁신의 중심지 역할을 요구한다. 세계가 하나의 생활권으로 압축되고 사회가 급격히 변화함에 따라, 급변하는 환경에 신속히 적응하고 경쟁력을 확보하기 위해서는 도시의 역할이 더욱 강조되고 있다. '세계화와 동시에 지방화'가 진행되면서 글로벌 네트워크와 도시의 연계성이 요구되고 있으며, 도시경쟁력이 국력을 결정하는 새로운 시대로 전환되고 있다.

제 2 장 글로벌 사회와 도시개발

제 1 절 들어가는 말

20세기를 마감하고 21세기가 시작된 현시점에서 사회는 엄청난 구조 변화를 경험하고 있다. 이러한 변화의 중심부에는 정보통신기술이 주도한 과학기술의 급속한 발달이 중심적 역할을 수행하고 있으며, 이러한 새로운 기술 하부구조를 바탕으로 경제활동과 지식 · 정보활동의 글로벌화는 도시의 생산, 소비, 관리, 통제 및 사고와 생활방식에 있어서 변화를 유도하고 있다. 글로벌 사회가 전개되면서 지구촌에 있는 모든 문화와 경제활동이 동시에 글로벌화되는 것은 아니다. 실제로 지구촌 경제 시스템에 참여하고 있는 대다수의 활동들이 그 영향과 범주에서 지역성을 탈피하지 못하고 있는 것도 사실이다. 그러나 금융시장, 정보통신 시장 등과 같은 지구촌을 지배하는 주도적 활동들은 의사결정과 물류의 이동 및 서비스 교류에 있어서 점차로 글로벌화되고 있으며, 지구촌 전체가 실시간에 상호 의존 및 영향을 미치는 새로운 시대를 조성하고 있다. 이런 가운데 지구촌 변화를 적절히 이해하고, 그에 대한 충분한 대처 방안을 마련한 사회는 안정적 성장을 가져올 수 있는 반면에, 이에 대한 충분한 이해가 부족한 사회는 침체와 불안정, 그리고 위기를 맞이할 가능성이 높다. 한국 사회가 경험한 IMF 위기가 이를 잘 확인시키고 있다.

한국은 20세기를 마무리하는 시점에서 IMF 금융위기라는 정말 어려운 시기를 경험하며 글로벌 시대의 입문을 위한 혹독한 교육을 받았다. 이러한 금융위기는 한국 사회가 더 높은 단계로 도약하기 위해서는 필연적으로 거쳐야 하는 사건으로 인식될 수도 있는 반면에, 외부환경 변화에 대한 보다 많은 연구가 있었더라면 피할 수 있었다는 반론이 제기되기도 한다. 역사적 사건에 대한 평가는 좀 더 많은 시간이 요구되겠지만, 이러한 시련과 위기가 다시 반복되지 않기 위해서는 외부환경 변화에 대한 종합적·체계적 연구가 다른 어느 때보다 필요한 것이 사실이다.

이것은 IMF 경제위기가 제기된 동인에는 20세기 후반 동안 한국 사회가 이룩한 급속한 성장과 지구촌 사회의 급속한 변화가 주요 요소로서 제기되기 때문이다. 즉, 국내적으로 한국 사회의 급속한 성장은 한국과 글로벌 사회 사이에 교류의 규모와 이해 관계의 크기를 급격히 신장시켰으며, 결과적으로 글로벌 사회에서 한국의 위치를 격상시키는 동시에 글로벌 사회로부터의 영향과 의존도 또한 크게 증가한 결과를 가져왔다.

다른 한편으로 IMF 위기를 가져온 주요 요인으로 글로벌 경제 체제의 형성을 들 수 있다. 20세기 후반에 과학기술의 획기적 발전은 세계를 동시 생활권으로 축소시켰으며, 이제는 특정 국가와 지역의 문제가 그 국가와 지역의 문제로 한정되는 것이 아니라 실시간에 지구촌 전체에 영향을 미치는 문제로 확대되는 파급의 연쇄성과 공간의 압축 현상을 가져왔다. 지구촌의 변화는 곧 바로 한국에 영향을 미치고, 글로벌 사회에서 한국의 위치가 격상될수록 이러한 영향력은 더욱 거세질 것이며, 따라서 글로벌 사회의 변화와 영향력에 대한 대비가 없으면 언제든지 제2, 제3의 IMF 위기가 재발될 수 있다는 것을 보여준다.

20세기 후반에 발생한 이러한 국내·외의 급속한 환경 변화는 21세기를 맞이하여 지역이 추구하는 성장 전략에서도 많은 변화를 요구한다. 즉, 상대적으로 폐쇄 체제의 시대에는 각 지역이 고립적으로 생존·성장할 수 있었지만, 개방 체제의 시대에는 환경 변화에 얼마나 빠른 대응·적응을 하는가에 따라 지역의 흥망이 달려 있기 때문이다. 변화의 속도가 더딘 저속사회에서는 변화에 대한 조절, 통제, 그리고 균형을 위한 국가 중심적 대응을 위한 시간적 여유가 있었으나, 현재와 같이 급속한 변화를 보이는 고속사회에서 국가 중심적 대응은 지역의 차이를 고려하지 않은 비효율적 대응, 시간적으로 때늦은 대응, 변화에 대한 유연성이 부족한 대응이라는 비판이 제기된다. 이런 의미에서 '세계화와 동시에 지방화'로 표현되는 현시대는 국가경쟁력이 도시경쟁력을 결정하는 시대를 넘어서, 도시경쟁력이 국가경쟁력을 결정하는 인과 관계의 대전환을 가져왔다고 해도 과언이 아니다. 이제는 도시경쟁력 향상을 위해서 국가에 의존하는 방식을 탈피하여 도시 스스로 새로운 시대가 요구하는 새로운 성장 전략을 적극적으로 개발하여야 한다. 그리고 시·공간의 압축 현상으로 표현되는 글로벌 시대에는 지역들 사이의 경쟁이 국가 경계를 벗어나 전 지구적 차원에서 일어나고 있다. 이런 시대적 상황에서 각 국가들은 글로벌 시대에 경쟁력 강화를 위하여 선도적 역할을 담당할 글로벌 도시 혹은 지역(global city or region)을 선별하여 투자를 집중하고 있다. 이와 같은 글로벌 도시 개발 전략이 시도된 배경에는 싱가포르와 홍콩, 그리고 대만의 급성장이 주요 벤치마킹 사례로 작용하였다. 역사적 결과에 대한 분석에서 가정에 바탕을 둔 설명은 극히 회피되고 있으나, 이러한 지역들의 성장 배경에는 국가의 통치 원리를 초월하여 도시와 세계와의 직접적 대면이라는 특수한 역사적 과정을 경험하였다. 싱가포르는 1965년에 말레이시아로부터 독립하여 세계적 변화에 능동적으로 대처함으로써 동남아시아에서 가장 경쟁력 있는 도시로 성장하였으며, 홍콩과 대만은 중국과 분리되어 자치적으로 글로벌 변화에 대응함으로써 현재의 고도 성장을 가져올 수 있었다. 만약에 이들 지역들이 말레이시아와 중국에 각각 소속되어 있었다면 현재와 같은 고도 성장은 가져오기 어려웠을 것이라는 가정에 도시학자와 정책결정자들은 주목하고 있는 것이다.

한국도 이러한 시대적 요구에 직면하여 21세기에 선도적 역할을 수행할 지역을 '경제자유구역'으로 지정하여 글로벌 도시의 조성을 추진하였다. 이 지역들을 경제자유구역으로 이름 지은 배경에는, 지금까지의 도시개발이 국내적 시각에 초점을 두고 개발된 것과는 달리, 국내의 시야를 초월하여 글로벌 시각에서 세계와 상면하는 도시를 조성한다는 목적 아래 사업이 추진되었다. 이것은 글로벌 사회는 국가들 사이의 연계에 의해 형성되는 것이 아니라 도시들 사이의 연계를 통하여 지구촌 사회가 형성되고 있다는 것을 근거로 하여, 이러한 논리적 배경에서 국가경쟁력 향상을 위하여 한국의 대표적인 스타도시로 개발을 추진하고 있는 곳이 바로 '인천경제자유구역'이라고 할 수 있다. 이 장에서는 이러한 시대적 상황을 맞이하여 도시의 안정적 성장과 경쟁력 확보를 위해서는 어떤 도시개발 정책이 요구되는가를 글로벌 사회의 맥락에서 논의한다.

제 2 절 글로벌 도시개발을 요구하는 사회적 배경

20세기 후반에 접어들며 사회는 급변하는 양상을 보이기 시작했다. 이러한 변화는 다양한 분야에서 동시다발적으로 나타났으며, 변화들이 상호 영향을 미치며 연계·복제·혼합되어 더욱 가속화되는 상황을 연출하고 있다. 1900년대 중반 문화예술 분야에서 모던에 대한 비판과 성찰에서 시작된 포스트모던으로의 진화는 관리와 생산방식에 영향을 미쳐서 포디즘에서 포스트포디즘으로 변화를 가져왔으며, 이러한 변화의 핵심공간인 선진도시에서 산업화를 넘어선 탈산업화가 진행되며 도시의 총체적 생활방식을 생산 중심에서 삶의 질 중심으로 변화를 가져왔다. 이러한 사회 변화의 배경에는 과학기술, 특히 정보통신과 운송기술의 급격한 발전이 원동력으로 작용하였으며, 이에 따른 시공의 압축 현상은 '세계화'라는 새로운 물결을 창조하여 궁극적으로 글로벌 도시개발이라는 새로운 개발 방식이 시도되는 배경을 제공하였다. 이 절에서는 이러한 시대적 상황을 중심으로 글로벌 도시개발을 요구하는 사회적 배경에 대해 심층적으로 논의하였다.

1 과학기술의 급격한 변화

지난 세기에 지구촌 사회에 큰 파급 효과를 제공한 기술 변화로서 정보통신기술의 혁명을 들 수 있다(Preer, 1992). 20세기 중반에 반도체 기술, 디지털 컴퓨터, 원격통신 체제, SW의 발달 등에 의하여 유도된 정보통신기술의 혁명은 인쇄기술의 발명 이상으로 정보와 지식활동에 획기적 변화를 가져왔다. 선진사회에서 정보통신기술의 발달은 정치행정 분야에서 통치 행위와 방법, 공공 서비스 전달 체제의 변화를 가져왔고, 경제산업 분야에서 관리 및 생산 기법의 혁신을 유도하였으며, 교육 분야에서 교수방법과 교과과정의 변화를 초래하였고, 문화 분야에서 문화 서비스의 유형, 수단과 방법에 있어서 획기적 변화를 가져왔다. 이 뿐만 아니라, 국방에 있어서 무기 체제와 방위 체제의 변화, 사회복지 전달 체제의 변화, 교통 체제의 변화 등 사회 전반에 걸쳐서 정보통신기술 변화의 파급 효과가 미치지 않는 곳이 없다고 해도 과언이 아니다. 이러한 정보통신기술의 발달이 도시공간에 영향을 주는 파급 효과는 다음과 같이 두 가지 측면에서 논의해 볼 수 있다.

정보통신기술의 혁신은 다른 어느 분야보다도 공간과 거리 개념에 획기적 변화를 유도하여 도시구조와 기능의 혁신을 요구하고 있다. 공간과 거리의 측면에서 정보통신기술의 발달은 첫째, 거리 개념의 축소 혹은 탈거리(脫距離) 개념을 불러왔다(Vernon, 1977). 정보통신기술이 현재와 같이 발전되기 이전에는 각 입지점에 따라 정보에 대한 접근의 차이, 서비스 향유의 차이, 관리와 통제 방법의 차이 등 전반적으로 자료・정보와 지식의 생산, 처리, 배분, 이용에 있어서 지역 간 차이를 유도하였다. 그러나 정보통신기술이 발전함에 따라 사회 전반적 활동에서 입지의 중요성이 감소했으며, 우리의 생활권 범위를 지역권에서 국내 영역을 초월하여 글로벌 범위로 확대시키는 결과를 가져왔다.

둘째로, 공간 개념에 대한 혁명 혹은 탈시공(脫時空) 개념을 유도하였다. 정보통신 활동은 실제적 공간을 초월한 가상공간(cyber space) 내에서의 활동을 제공함으로써 종래의 지정학적 공간이 갖는 한계 — 예를 들면, 공간의 위치, 크기, 형태, 시간 등 — 를 초월한 탈시공적 활동(脫時空的 活動)을 제공한다. 예를 들면, 전자상거래는 시간과 공간의 제약 없는 거래를 제공하며, 사이버 교육은 장소와 시간, 그리고 학생 수의 제약 없는 교육 기회를 제공한다. 마찬가지로 사이버 게임은 시간, 장소, 고객, 장르의 제약 없는 엔터테인먼트를 제공하며, 사이버 바이러스는 시간, 위치, 기능, 인종에 관계없이 감염을 시킨다. 이러한 면들을 고찰할 때, 정보통신 기술혁명의 파급 효과가 우리 생활에 어디까지 영향을 미치며, 어떤 변화를 가져올지에 대해서는 그 한계를 예상할 수 없다고 해도 과언이 아닐 것이다.

정보통신기술의 발전은 도시성장에서 정보통신 인프라와 인적자원의 중요성을 특히 강조하고 있다. 즉, 도시들 사이에 정보 인프라의 차이는 정보자원 이용의 차이를 가져오며, 급변하는 사회에서 환경 변화에 대하여 신속히 대응하는 능력과 기회의 차이를 가져온다. 그리고 정보통신기술의 발전은 도시 성장과정에서 발전된 기술을 이용하여 정보와 지식을 생산하는 전문가 집단의 기능과 역할에 높은 비중을 부여한다. 과거에는 지역의 부존 자연자원과 지정학적 위치에 따라 성장잠재력이 결정되었는데, 정보통신기술의 발달은 이러한 자연자원보다는 도시가 보유한 인적자원과 이들의 배양 능력에 따라 도시의 성장잠재력이 결정되는 새로운 시대를 열었다.

2 경제활동의 글로벌화

도시구조와 기능의 변화를 유도한 또 다른 요인으로서 경제활동의 글로벌화를 들 수 있다. 1960년대 이래 국가들 사이의 무역량은 지속적으로 증가하였으며, 국가 간의 자본 투자 또한 급격한 증가를 보이고 있다. 이제는 국가의 경계가 글로벌 경쟁으로부터 자국의 산업을 보호하기 위한 완충장치의 역할을 더 이상 수행하지 못하며, 국내의 제반문제가 국내의 정책에 의하여 조정과 통제되는 시기는 이미 지나갔다고 해도 과언이 아니다. 예를 들면, 국내의 무역 정책은 중앙정부의 조정과 통제보다는 세계무역기구(WTO)로부터 보다 많은 조정과 통제를 받고 있으며, 국내의 환경 기준은 각 국가들이 독자적으로 설정하는 것이 아니라 국제환경회의에서 설정된 기준을 받아들이고 있다. 국가의 경제 상황이 자국의 경제활동에 의하여 영향을 받는 한편, 글로벌 경제 변화에 의하여 또한 많은 영향을 받는 경제의 글로벌 현상이 발생하고 있다.

이러한 경제활동의 글로벌화를 유도한 주요 요인으로 다음 세 가지를 들 수 있다. 첫째, 자본주의 체제가 확대·발전함에 따라 국가 간에 보호무역 정책이 철폐되고 개방경제 체제로의 전환을 보인 것이다. 둘째, 교통·통신기술의 발달은 '공간 개념의 압축 현상'을 가져와서 글로벌 교류활동을 획기적으로 신장시키고 있다. 셋째, 글로벌 기업활동의 활성화를 들 수 있다. 첨단기술이 등장함에 따라 경쟁력을 상실한 선진국의 전통 제조업들은 글로벌 이동대상이 되었으며, 정보통신기술의 발달은 글로벌 분산된 산업활동에 대한 실시간 통제와 관리를 가능케 했다. 즉, 어떤 산업활동이 특정 국가에서만 수행되는 것이 아니라, 여러 국가에 분산된 활동의 종합으로 수행되고 있고, 특정 기업이 특정 국가에서만 산업활동을 하는 것이 아니라, 전 지구적으로 산업활동을 하는 초국적 기업들이 증가하고 있다. 이것은 경제, 정치, 문화, 교육, 예술 등의 전반적 사회활동에서 경쟁력을 확보하기 위해서는 지역적 · 국가적 범위를 넘어서 글로벌 차원에서 경쟁력이 있어야 한다는 것을 의미한다. 이런 시각에서 국가는 세계적 변화를 주도하기에는 너무 작은 단위이며, 세계 변화에 신속히 대응하기 위해서는 너무 큰 단위를 형성한다. 국가가 이러한 무능을 보이기 때문에 이제는 도시들이 세계와 직접 대면할 필요가 있으며, 이와 같은 논리에서 도시가 글로벌 변화에 직접 대응하기 위하여 추진되는 정책이 바로 글로벌 도시개발이라고 할 수 있다.

제 3 절 글로벌 사회와 도시 기능의 변화

1 글로벌 사회의 의미 및 특성

20세기 후반에 진행된 경제 시스템의 중요한 변화로서 국제경제(international economy)에서 글로벌 경제(global economy) 체제로의 전환을 들 수 있다. 두 용어 사이에는 아직도 명확한 구분이 정립된 것은 아니지만, 국제경제 체제는 각 국가를 중심으로 개인 혹은 기업활동에 의하여 재화와 서비스가 국가 경계를 넘어서 교류되며, 이러한 교류가 주권을 갖고 있는 국민국가에 의하여 엄격하게 규제되는 체제를 의미한다. 반면에, 글로벌 경제 체제는 재화와 서비스가 국가의 경계를 초월하여 운영되는 글로벌 기업망에 의하여 생산 및 유통되며, 이러한 교류가 국민국가에 의하여 느슨하게 규제되는 체제를 의미한다.

이러한 글로벌 체제는 경제활동의 글로벌화뿐만 아니라, 정치 범위, 문화 영역, 교육활동의 글로벌화 등 우리 사회의 전반적 활동 범위가 국가의 경계를 넘어서 전 지구적으로 확대되는 추세에 있다. 이것은 경제, 정치, 문화, 교육, 예술 등의 전반적 사회활동에서 경쟁력을 확보하기 위해서는 지역적 지식 · 정보, 국가적 지식 · 정보를 넘어서 전 지구적 지식과 정보를 보유하여야 한다는 것을 의미한다. 이제 정보의 효과적 분석과 정보자원의 효과적 관리는 경제의 경쟁력 확보를 위해서만 요구되는 것이 아니라, 급변하는, 그리고 상호 연계성을 갖는 지구촌 사회에서 대내 · 외적 다양한 변수들의 연구와 분석을 통하여, 생존을 위한 신속한 대응과 융통성 있는 접근, 미래 변화에 대한 보다 정확한 예측을 위한 필수적 활동으로 인식되고 있다. 따라서 국제경제에서 교류활동의 주요 단위는 국가로 인식되었던 반면에, 글로벌 경제 체제에서는 초국적 조직·기관·활동이 핵심적 분석 단위로 인식되고 있다.

글로벌 시대에 산업활동의 분석 단위가 국가에서 초국적 활동으로 변화하였다는 것은 앞으로의 도시개발 방향에 중요한 의미를 제공한다. 과거에는 어떤 재화 혹은 서비스를 구매하는 경우에, 이들을 생산하는 국가의 이름이 구매 결정에 주요 변수로 작용하였으나, 지금은 상품의 브랜드, 생산기업의 이름이 소비자의 구매에 주요 결정 요인으로 작용하고 있다. 이것은 과거에는 국가의 이미지와 경쟁력이 상품의 경쟁력에 영향을 미치는 주요 요인으로 작용하였으나, 이제는 기업의 이미지와 경쟁력이 상품의 경쟁력을 결정하는 주요 요인으로 작용한다는 것을 의미한다. 그리고 국가는 더 이상 산업 보호와 경쟁력을 위한 후견인 역할을 효과적으로 수행할 수 없으며, 더 나아가 국가 경계가 글로벌 무역 경쟁에서 완충작용의 역할을 수행하지 못한다는 것을 의미한다.

글로벌 시대에 산업과 무역활동에서 국민국가의 통제가 축소된 요인으로는 재화와 서비스 생산 및 유통 과정에서 유연생산 체제의 도입과 초국적 생산 및 분업 체제의 등장을 들 수 있다. 이제는 특정 브랜드의 상품이 특정 국가, 특정 기업의 독점적 산업활동을 통하여 생산되지 않으며, 많은 국가에 퍼져 있는 초국적 기업들 사이에 분업과 협력 체제에 의하여 생산되는 경향을 보인다. 예를 들면, 경기도 수원에 본사를 두고 있는 삼성전자는 2014년 말 기준 전 세계에 생산법인, 판매법인, 디자인센터, 연구소 등 210개의 거점을 보유하고 있으며, 조직의 효율적 운영을 위해 현지화 전략을 펼치고, 한국을 비롯해 북미, 유럽, 동남아, 아프리카 등 15개 지역별 총괄 체제를 운영하며, 84개 국가에 약 32만 명의 임직원을 보유하고 있다(삼성전자, 2015).

글로벌 시대의 이러한 글로벌 분업과 물류의 글로벌 교류는 사회경제 전반에 걸친 국가정책 영향력의 범위에 있어서 현저한 축소 현상을 가져오고 있다. 산업활동의 규제 및 표준의 설정 등이 국가 혹은 중앙정부의 고유활동 영역에서 벗어나 지구촌 전체에 영향을 미치는 초국적 기관들 — 예를 들면, WTO, 세계환경회의 등 — 에 의해 설정되고 있으며, 초국적 금융활동의 활성화를 통하여 자본의 이동이 국가의 통제 범위 밖에 놓여 있고, 인터넷과 같은 시공을 초월한 범세계적 통신망을 이용한 정보 · 문화 교류의 확대는 국적으로 정체성(正體性)을 확인하는 것이 아니라 여가, 취향, 문화 향유의 동질성 등으로 정체성을 부여하는 — 예를 들면, X세대, G세대, N포세대 등 — 사고의 전환을 가져오고 있다. 이러한 국가 영향의 감축과 초국적 기관의 영향력 증가에 의하여 국가 기능을 대치하기 위한 초국가적 연합체 혹은 국가공동체의 등장 — 예를 들면, EC, NAFTA, ASEM 등 — 이 빈번히 목격되고 있으며, 문화와 사상에 있어서 국가와 민족을 중심으로 한 소속감과 정체성을 탈피하여 범지구적(cosmopolitan) 문화의 형성과 차별적 소규모 집단의 정체성이 동시에 존재하는 새로운 사회환경을 창출하고 있다.

2 세계화와 동시에 지방화

정보 · 문화의 교류가 디지털 공간에서 이루어지며, 생산과 물류의 유통이 범세계적으로 확대된 글로벌 사회를 카스텔스(Castells, 1996)는 'flow society(흐름 혹은 유통의 사회)'로 부르며, 이러한 사회의 특징으로 다음 세 가지를 제시하고 있다. 첫째는 모든 사물이 유통의 대상이 되며, 둘째는 부와 권력이 정보의 유통을 통한 글로벌 네트워크에서 형성되고, 셋째는 정태적 입지 개념이 아닌 역동적 유통 개념이 중심이 되는 사회로의 전환을 주장하고 있다. 그리고 이러한 유통의 중요성 증가는 규제의 대상과 범위를 탈피하여 국가 기능의 분리와 해체를 유도한다고 주장한다.

다른 한편으로 세계화의 경향은 유통 혹은 흐름만을 강조하는 것은 아니며, 이에 대한 반작용 또한 존재한다고 학자들(Calhoun, 1994; Rubert de Ventós, 1994; Castells, Yazawa & Kiselyova, 1996)은 밝히고 있다. 경제, 문화, 정치의 세계화는 선진국 지배의 새로운 패권주의를 창출하고 있으며, 이에 대한 반작용으로 정체성을 강조하는 새로운 경향이 나타나고 있다. 문화의 정체성, 사고의 정체성, 종교의 정체성, 도덕의 정체성을 강조하는 반작용을 헌팅턴(Huntington, 1997)은 '문명의 충돌'로서 표현하며, 선진사회의 패권주의, 특히 미국의 패권주의와 세계화에 대항하는 근본주의 사고가 발생한다고 지적하고 있다. 이러한 근본주의와 정체성의 강조는 우리 사회가 글로벌 패권주의에 의한 흐름의 범주에서 내용, 경험, 그리고 사회적 통제의 갈등상태에 있다는 것을 반증한다.

기술혁신에 의한 세계화와 이에 대한 반작용으로 나타난 정체성 강조 사이의 대립된 과정은 국민국가의 위기를 불러오고 있다. 한편으로 세계적 흐름은 국민국가의 통제를 벗어난 범주에 있으며, 국가조직에 의한 통제와 조절은 세계화라는 급변하는 환경에 적응하기에는 지나치게 경직된 구조를 갖고 있다. 다른 한편으로 종래에는 국민국가를 중심으로 형성된 소속감과 정체성은 다양성과 차별성을 요구하는 현 사회의 욕구를 반영하기에는 지나치게 큰 단위를 형성하며, 국민국가의 대표성이라는 사고의 해체를 요구하고 있다. 그리고 국가가 중앙집권적 구조를 갖고 있을수록 세계화와 정체성 요구 사이에 가교를 형성하기에는 더욱 어려운 상황에 처하고 있다. 이러한 상황에서 환경 변화에 보다 신속하게, 그리고 유연하게 대응할 수 있는 범위로서 도시의 효용성이 강조되며, 또한 차별성과 동시에 정체성을 제공하기 위한 기반으로 도시의 대표성이 대두되고 있다. 따라서 국가와 중앙정부에 대한 정체성이 약화된 반면에, 이에 대한 반작용으로 지역의 소속감과 정체성을 강조하는 지역 근본주의(local fundamentalism)의 경향이 강화되는 것을 볼 수 있으며, 이러한 지역정체성은 선진화된 도시일수록 더욱 두드러진 현상을 보인다.[1)]

세계화·지방화의 추세는 국민국가의 기능과 정체성의 위기를 수반하며, 국가기능과 중앙정부 기능의 대폭적 지방 이양을 통하여 글로벌 환경 변화에 보다 능동적으로 대처할 수 있는 도시 체제의 확립을 요구한다. 왜냐하면, 급격하게 변화하는 글로벌 환경에 유연하고 신속하게 대응하기 위해서는 국가 전체 차원의 대응과 변화는 많은 비용과 시간이 요구되는 반면, 도시 차원에서는 보다 신속한 대응이 가능하기 때문이다. 또한 국가·중앙정부 시각과 지역의 현실이 상이할 수 있기 때문에 중앙의 정책과 방향이 각각의 지역 입장에서는 부정적 효과를 초래할 수도 있다. 따라서 글로벌 변화를 국가 전체의 관점에서 규제와 조정을 위한 정책을 제시하기보다는 이러한 규제와 조정을 지방으로 이양한 분권적 체제가 특히 요구되

1) 이러한 주장으로 테일러(Taylor, 1995: 58)의 연구에 의하면, 지구촌 사회와 정보화 시대에는 국가의 정체성보다는 지역정체성 혹은 도시정체성이 강조되는 사회가 될 것을 지적하고 있다. 예를 들면, 미국 국민을 강조하는 것이 아니라 뉴요커(New Yorker)를 내세우고, 영국 국민에 자긍심을 갖는 것이 아니라 런던인(Londoner)으로서 본인을 소개하고, 중국 사람을 주장하기보다는 홍콩인(Hongkong man)으로 자신의 정체성을 내세우는 사회로의 변화가 진행되고 있다고 주장한다.

며, 중앙정부는 국가 전체의 관점에서 정치의 안정성을 제공하며 생산·유통과 관련된 경제활동은 지방이 담당하는 유연적 관리 체제의 도입이 요구되고 있다.

3 도시 기능의 변화

사회환경의 변화는 도시 기능의 변화를 수반한다. 산업혁명 이전까지 도시는 상업 중심지 혹은 정치 권력의 중심지로서 기능을 수행하였으나, 산업혁명 이후 도시는 생산활동의 중심지로서 개발되어 왔다. 즉, 도시가 창출하는 집적의 외부 효과로 인하여 인구와 산업활동의 밀집 입지는 상품, 기술, 자본, 아이디어의 교류를 활성화시켰으며, 노동, 자본, 상품을 위한 효율적 시장을 제공하였다.

그러나 최근의 사회 변화는 도시가 생산의 중심지로서 갖고 있던 비교 이익을 현저히 위협하고 있으며, 도시 기능의 변화를 위한 압박을 가하고 있다. 이러한 도시기능의 변화를 압박하는 중요한 두 가지 요인을 보면 다음과 같다. 첫째는 생산활동에서 물성(物性, matter)의 역할과 비교한 정보의 역할이 급격하게 증가하였으며, 둘째로 정보는 입지자유적 특성을 갖는다는 것이다.

이제 생산활동에서 중요한 것은 제조의 문제보다는 수요시장의 변화를 파악하고, 수요의 소재지를 확인하며, 효율적 PR과 신속한 물류 이동과 배분의 문제, 신기술 개발과 경쟁기업의 동향 파악 등이 중요 활동으로 등장하였다. 그리고 소비자의 요구 또한 제품의 양(量)의 문제에서 질(質)과 서비스의 요구로 전환되는 것을 보인다. 예를 들면, 좀 더 많은 음식과 좀 더 많은 TV 프로그램을 요구하기보다는 건강에 좋은 음식과 양질의 연예오락을 위한 프로그램을 요구하는 경향을 보인다. 이러한 추세는 정보의 중요성을 상대적으로 신장시키는 것과 동시에 제품의 생산과정에서 정보에 대한 의존성이 획기적으로 높아졌다는 것을 보여준다.

다른 한편으로 원격통신기술의 발전은 정보에 대한 생산, 접근, 조작, 이용, 배분, 확산 과정에서 입지의 제약 요인을 획기적으로 제거하였다. 특히, 컴퓨터와 원격통신 네트워크의 연결, 월드 와이드 웹(world wide web)의 형성과 인터넷 기술의 발달은 지구촌 어디에 있든 간에 정보의 접근과 이용을 가능하게 하고 있다.

이와 같은 생산과정의 탈물성화(脫物性化, dematerialization)와 정보의 입지자유성은 21세기 도시 역할과 성장에 중요한 영향을 미치고 있다. 우선 도시는 생산의 중심지로서의 유용성에 심각한 위협을 받고 있다. 생산의 주요 요소가 정보이고, 정보는 어느 곳에서나 접근과 이용이 가능하다면, 생산활동은 입지와 관계없이 어느 곳에서나 수행될 수 있기 때문이다. 즉, 도시는 생산활동에서 더 이상 최소의 비용과 최대의 효용을 제공하는 장소로서 인식되지 않는다. 도시가 갖는 집적의 경제 효과는 사라진 반면에, 집적의 불경제 효과만이 남게 되면 결과적으로 도시의 종말을 위한 시작이 진행될 수 있다(Prud'Homme, 1989: 44–57).[2)]

이상의 논의에서 보았듯이, 21세기의 도시는 더 이상 제조업 생산의 중심지로서 효율적인 역할을 수행하지 못하는 반면에, 서비스 활동의 중심지로서 성장하는 추세를 보인다. 도시는 상점에서 단순히 물건을 파는 서비스를 제공하는 것이 아니라, 아름다움, 신선미, 열광, 포근함, 도전성 등의 고감각과 고부가 가치의 창조 및 부여, 그리고 첨단 서비스를 개발, 혁신, 생산, 분배하는 기능을 수행하고 있다. 그리고 입지자유성에 의해서 도시를 떠나 세계적으로 분산된 제조업 활동의 통제와 조정, 생산된 제품의 수요시장 개발, 소비자의 선호와 취향 변화 파악, 효율적 광고 홍보활동과 운송 시스템의 개발 등 생산된 제품에 대한 고부가 가치의 부여와 틈새시장의 개발을 통한 경쟁력 향상을 위한 서비스 활동을 도시가 담당하고 있다. 이 과정에서 글로벌화로 부르는 최근의 현상은 도시의 역할과 변화에 영향을 미치는 주요 요소로서 작용하는 반면에, 이러한 새로운 현상에 도시가 어떻게 대응하는가가 또한 글로벌 과정에 영향을 미치는 상호 관계를 형성하고 있다.

제 4 절 글로벌 도시개발: 이론적 모형

20세기 후반에 정보통신기술과 운송기술의 획기적 발전에 의해 도래한 글로벌

2) 그러나 현실적으로 도시의 종말은 진행되지 않고 있으며, 모든 도시가 이러한 종말을 경험하지는 않을 것이다. 이러한 주요 이유로서 프러드홈(Prud'Homme, 1989)은 다음의 4가지 요인을 제시하고 있다. 첫째로 생산활동의 입지자유성이 불확실하다. 둘째로 생산활동의 입지자유성이 모든 산업활동에 적용되지는 않는다. 셋째로 생산활동의 입지자유성이 모든 국가에서 발생하지는 않는다. 넷째로 생산활동의 입지자유성이 발생하더라도 점증성을 갖는다.

사회는 도시개발 방식에서 글로벌 도시의 조성이라는 새로운 전략의 도입을 가져왔다. 글로벌 사회의 도래와 함께 지구촌 사회는 다양한 네트워크로 연결되어 도시와 세계가 서로 상면(interface)하는 도시환경을 조성하였으며, 지구촌 사회에서 글로벌 네트워크와 연계된 도시는 급성장하는 반면, 네트워크의 주변부에 자리 잡은 도시는 변방으로 밀리고 있다. 이러한 현상이 연출된 배경에는 글로벌 사회가 국가와 국가 사이의 연계보다는 도시들 사이의 연계를 통하여 지구촌이 네트워크로 연결 되었다는 것을 의미하며, 이 과정에서 노드(node)의 역할을 하는 도시들이 헤게모니를 장악하여 글로벌 변화를 주도하고 있다. 흔히 말하기를 '글로벌 도시의 3두체제'로 부르고 있는 뉴욕 · 런던 · 도쿄 네트워크에 의해서 세계경제가 움직인다는 현실이 글로벌 현상이 도시를 중심으로 연출된다는 것을 보여준다. 즉, 도시가 갖는 지역적 · 공간적 특성에 의해 도시의 산업구조와 생산활동이 결정되지만, 도시에서 생산되는 상품과 서비스는 지구촌 전체로 유통되는 사회가 전개되었다.

이러한 사회적 변화에 직면하여 각 국가들은 글로벌 사회에 경쟁력 향상을 위하여 선도적인 역할을 수행할 도시개발에 주력하고 있다. 이 지역은 국가의 관리와 규제 범위를 넘는 글로벌 변화에 신축적으로 대응하기 위한 제도와 법 체계를 갖출 것이 요구되며, 시장 변화에 신속하게 대응하기 위한 고도의 자율성이 부여되는 지역적 강점을 가져야 한다. 이러한 시각에서 글로벌 도시는 최소한 다음의 두 가지 특성을 내포하고 있는 것으로 분석된다. 첫째는 초국적 도시화 요인이며, 둘째는 기업가적 도시운영 요소를 포함하고 있다.

1 초국적 도시화

도시가 국가경쟁력을 위한 주요 견인차로 등장하면서 각 국가들은 글로벌 시대에 선도적 경쟁력을 갖는 도시건설을 추진하기 시작하였다. 즉, 시장경제 체제에서 스타상품을 개발하여 경쟁에 우위를 점하는 논리를 도시개발에 도입하여 글로벌 시장을 겨냥한 '스타도시'의 건설을 추진하고 있다. 이런 목적으로 개발되는 지역이 한국은 인천의 '경제자유구역'이며, 중국은 상하이 '푸동지구'를 외국인 투자유치지역으로 개발하고 있고, 홍콩은 1997년 중국 정부로 이양 후 '글로벌 도시'로 리

모델링을 추진하고 있다. 유럽에서도 급변하는 세계에서 경쟁력을 강화하기 위한 대형 도시개발 사업들이 유사한 목적으로 진행되고 있다(Swyngedouw, Moulaert & Rodriguez, 2002). 이와 같은 스타도시의 개발 필요성이 제기된 배경에는 물론 정치경제의 글로벌화를 들 수 있다. 생산 요소와 물류 및 서비스의 글로벌 이동이 진행되는 사회에서 보다 적극적으로 글로벌 자본과 노동, 기술과 이벤트를 지역에 유치하기 위해서 국가의 통제를 넘어선 '글로벌 도시화(glubanization)'가 추진되는 것이다.

Glurbanization(글로벌 도시화)는 급변하는 세계경제 환경에서 도시경쟁력을 극대화하기 위하여 기업가적 전략을 도입하기 위한 개발 방식으로 정의된다(Jessop & Sum, 2000). Glurbanization과 Glocalization(지구방화)을 구분하기 위하여 제솝과 썸(Jessop & Sum)은 <표 2-1>과 같은 차이를 제시하고 있다.

표 2-1 Glurbanization vs. Glocalization

	Glurbanization(글로벌 도시화)	Glocalization(지구방화)
전략적 대상	도시(국내의 스타도시)	기업체(전략적 연대의 기업들)
전략 방향	장소와 공간 중심전략	기업 혹은 섹터 중심전략
전략적 활동	글로벌 자본과 물류를 유치하기 위한 도시 차별성 확립	혁신을 통한 신기술 개발과 노동의 글로벌 공간 분업화 추진
핵심 거버넌스	구조적 및 체제적 비교경쟁력을 위한 시간과 공간의 재정립	역동적 비교경쟁력을 위한 글로벌과 로컬의 재정립

자료: Jessop & Sum(2000).

Glocalization은 글로벌 기업들이 글로벌 경쟁력 향상을 위하여 지역차별성을 최대한 부각시키는 전략으로 설명되는 반면, Glurbanization은 도시를 기반으로 글로벌 이동하는 자본과 물류의 지역 유치를 위한 장소 중심의 경쟁력 향상을 추구하기 위한 전략으로 설명된다. 글로벌 시대에 도시경쟁력을 향상시키고, 글로벌과 도시를 연계시키기 위한 전략으로서 글로벌 도시화는 다음과 같은 주요 특징을 갖는다.

첫째, 국가의 법률과 규정에 통제되지 않는 초국가 지역의 조성

둘째, 시장 기능의 자율성 신장을 통한 경쟁력 강화

셋째, 글로벌 자본과 기술, 이벤트의 유치를 위한 다양한 인센티브 제공
넷째, 도시와 글로벌을 연계시키기 위한 SOC 인프라의 건설
다섯째, 급변하는 세계 정세에 유연한 대응을 위한 자치 거버넌스의 확립

'Global'과 'Urbanization'이 결합한 'Glurbanization'은 도시개발이 국내적 시각, 지역적 시각이 아닌, 글로벌 시각에서 도시를 개발하는 개념을 의미한다. 홍콩이 이런 목적으로 도시의 재구성을 서두르고 있고, 싱가포르가 이런 개념을 근저에 두고 도시를 확장하고 있으며, 최근에 두바이가 이런 콘텐츠를 중심으로 도시를 개발하고 있다. 한국도 '인천 경제자유구역'을 이런 글로벌 도시 맥락에서 개발을 추진

그림 2-1 글로벌 경제환경과 도시정책의 변화

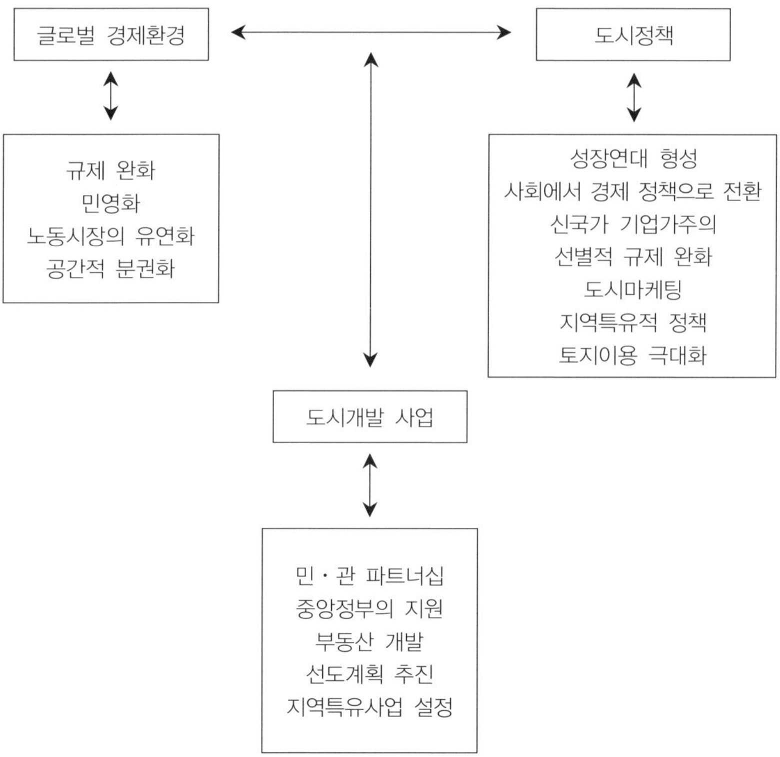

자료: Swyngedouw E., Moulaert F. & Rodriguez A.(2002).

하고 있는 것이다.

상기와 같은 특성을 갖는 글로벌 도시화는 신자유주의 이데올로기를 추종하여 도시개발을 위한 새로운 정책과 접근을 시도한다. 즉, 종래의 케인지안 복지국가(Keynesian Welfare State)의 논리를 거부하고, 자본의 순환을 촉진시키기 위한 도시 건조환경에 대규모 투자를 추진함으로써 자본 축적을 위한 보다 많은 기회를 제공한다. 동시에 국가는 분배 중심의 복지 지출을 감소시키고 시장 기능에 개입을 축소하는 한편, 규제 완화와 형식주의 철폐, 민간부문과 파트너십 신장 등을 통하여 장소 중심의 정책과 기업가 정신의 함양으로 정책 방향의 전환이 시도되고 있다. [그림 2-1]은 유럽과 중동지역에서 글로벌 시대에 스타도시 건설을 위한 목적으로 대규모 도시개발 사업이 추진되는 정책 배경의 분석틀을 보여준다.

도시정책변화의 핵심 요인은 복지지향의 사회·분배적 정책에서 경제와 경쟁력 향상을 위한 시장 중심적 접근으로 도시재구성이 추진되는 것이다. 대규모 도시개발 사업을 통하여 글로벌 경쟁력을 갖는 매력적인 도시를 건설한다는 목적과 함께, 고용 증가와 경제활성화를 가져온다는 장밋빛 비전을 제시하고 있다. 이러한 대형 글로벌 도시 프로젝트들이 도시의 혁신과 창조, 성공의 이미지를 보여주는 상징으로 작용할 수 있으나, 한편으로는 도시 양극화를 심화시키는 '엘리트들의 놀이마당'이라는 비판이 제기되기도 한다(Swyngedouw, Moulaert & Rodriguez, 2002).

2 기업가적 도시운영

세계는 1970년대 오일 쇼크를 겪으면서 신자유주의가 점차적으로 지배적인 이데올로기로 등장하였으며, 국가와 지방 정치경제에서 시장화, 민영화, 분권화의 전개가 진행되었다. 이러한 신자유주의 사조는 도시개발에서도 '기업가 도시'라는 새로운 접근을 요구하였다. 20세기 후반에 신자유주의 물결이 몰아친 배경에는 최소한 다음의 세 가지 변화가 주요 요소로 작용하고 있다.

첫째, 경제활동의 글로벌화에 따른 경쟁의 심화를 들 수 있다. 경제활동의 범위가 지구촌 전체로 확대됨에 따라 기회가 신장된 만큼 경쟁 또한 더욱 치열하게 전개되었다. 따라서 각 국가와 도시들은 산업경쟁력 강화를 위해 시장 중심 체제를 지향하는 다양한 정책과 전략들이 추진되었다. 이런 목적에서 규제 완화, 민영화, 작은 정부의 도입 등이 주요 정책으로 추진되었다.

둘째, 과학기술, 특히 정보통신과 교통기술의 급속한 발전이다. 정보통신기술의 급속한 발전은 '시간과 공간의 압축 현상'을 가져와서 경제활동을 비롯하여 사회의 다양한 활동들이 실시간에 지구 전체 차원에서 전개되고 영향을 미치는 범위의 확대를 초래하였다. 이제 경쟁의 범위는 지역 혹은 국가 범위를 넘어서 글로벌 차원에서 진행되고 있으며, 낮과 밤의 차이를 초월하여 '24시간 경쟁 체제'가 도입되었다.

셋째, 신자유주의의 등장에는 러시아와 동구권 체제의 붕괴가 정치와 사상 면에서 주요 배경으로 작용하였다. 러시아와 동구권의 붕괴는 자본주의와 사회주의로 대치되었던 냉전 체제의 종말을 가져왔다. 이제 국가들은 냉전 이데올로기를 중심으로 협력과 대립을 보여 왔던 근거를 상실하였으며, 자본주의 사회에서 공동의 적이 소멸됨에 따라 글로벌 경쟁이 심화되는 결과를 초래하였다.

경쟁 대상과 경쟁 범위가 확대됨에 따라 공간적 측면에서 도시경쟁력 강화를 위한 다양한 정책과 전략이 도입되기 시작하였다. 궁극적으로 자본과 노동이 상품과 서비스로 실현되는 공간이 도시이기 때문에 지역과 국가 경계를 넘어선 글로벌 자본과 인력 및 산업활동을 유인하기 위한 도시 간 경쟁이 치열하게 진행되었다. 이제 도시운영은 종래의 경직적 정치행정 방식에 의존할 수 없었으며, 급변하는 사회에서 변화와 혁신을 주도하고 경쟁력 확보를 위해서는 '기업가적 도시운영'의 도입이 요구되었다.

아이싱거(Eisinger, 1988: 6－10)는 도시정부의 운영에 슘페터(J. Schumpter)의 혁신이론을 도입하여, 도시개발을 위하여 민간부문과 동반자 관계를 형성하는 정부의 역할을 '기업가적 도시'로 제시하고 있다. 슘페터(Schumpter, 1962)의 기업가와 아이싱거(P. K. Eisinger)의 기업가적 정부 사이의 차이는, 전자는 자신의 독점적 이윤을 추구하는 데 반하여, 기업가적 정부는 공공의 목적을 위한 시장기회(market opportunities)의 확대와 민간부문과의 동반자 관계의 형성을 주요 기능으로 수행한다. 민간부문과 동반자 관계를 형성함으로써 기업가적 도시정부는 위험수용자(risk－taker), 새로운 시장의 선도적 개척자, 전례가 없는 기술・사업의 추진을 위한 민간부문과 공공부문 사이에 매개적 역할 등의 적극적・능동적 기능을 수행할 것을 요구한다.

도시에서 생산된 제품과 서비스가 지역·국가의 범위를 넘어서 글로벌 차원에서 유통되는 글로벌 경제 체제에서는 종래에 중앙정부가 담당했던 많은 기능들이 각 지역 실정에 따라 도시정부에서 추진해야 한다는 당위성을 부여하였다. 즉, 중앙정부는 국가 전체의 시각에서 평균적 행위에 초점을 맞춰서 정책을 수행하기 때문에 각 지역의 개별적 상황과 특성을 충분히 파악하여 각 지역에 적절한 정책을 펼치기는 거의 불가능하다. 따라서 급변하는 글로벌 시장 변화에 보다 민감하게 대응하기 위해서는 제품과 서비스 생산을 직접 담당하는 도시정부의 기능이 강화될 필요가 있으며, 이러한 급변하는 환경에서 국가는 더 이상 효율적인 통치 단위로의 당위성이 상실되는 국면에 직면하였다. 즉, 국가는 급변하는 사회에서 변화를 주도하기에는 너무 작은 단위인 동시에 변화에 신속히 대응하기 위해서는 너무 큰 단위로 인식되었다(김천권, 2004). 이제 글로벌과의 상면(interface)은 지역개발을 주도하는 도시가 전면에 나서는 것이 합리적이라는 사고가 등장하였으며, 이런 시각에서 도시경쟁력 향상을 위한 '기업가적 도시운영'이 주목받기 시작하였다.

상기와 같은 논의를 통해 알 수 있는 바와 같이, 글로벌 도시개발은 초국적 도시와 기업가적 도시운영의 결합을 요구한다. 즉, 도시의 하드웨어는 첨단기술과 인프라를 도입하여 글로벌과 실시간 연계되는 도시를 조성하며, 도시의 소프트웨어는 급변하는 사회에 신속히 대응하기 위한 유연적 관리 체제를 강화하고 있다. 이제 도시가 전면에 나서서 국가성장을 견인하는 '세계화와 동시에 도시화' 시대가 전개되었으며, 한국을 대표해서 세계와 조응을 위한 글로벌 도시로 개발을 추진하는 곳이 바로 '인천 경제자유구역'이라고 말할 수 있다.

제 5 절 글로벌 도시개발을 위한 요건

20세기 후반의 급속한 정보통신기술의 발전과 함께 도래한 글로벌 사회는 이러한 변화에 대한 도시의 적응·대응에 따라 도시들 사이의 새로운 불균형과 격차를 가져오는 지구촌의 구조 조정을 초래하고 있다. 성공적 구조 조정을 통하여 세계화 시대에 새로운 중심지로 등장한 도시는 급속한 성장을 보이고, 구시대의 도시계층 체제를 대치하며 새로운 시대의 새로운 산업들의 핵심 지역으로 성장하고 있다. 과학기술, 특히 정보통신기술의 급속한 발달은 도시개발 전략의 변화를 요구하며, 도시성장에 영향을 미치는 주요 요소로서 정보와 지식 및 이러한 지식과 정보를 글로벌 네트워크에 연계시키는 인프라의 조성이 주요 변수로서 등장한 반면에, 종래에 주요 입지변수로서 제시되었던 원자재, 에너지, 시장 접근성 등의 중요성은 점차로 희석되는 경향을 보인다.

글로벌 시대는 변화하는 글로벌 자본주의의 일시적 환경으로 제시된 것은 아니며, 지구촌 사회의 과학, 기술, 정치, 경제, 사상, 문화, 예술 등의 기반에 있어서 근본적 변화를 의미한다. 혁신적 정보통신기술과 글로벌 추세의 결합은 경제활동, 지리적 이용성, 정치 헤게모니에서 질서의 재구성을 요구하며, 이러한 새로운 질서는 도시개발을 위한 새로운 조건을 요구하고 있다. 지구촌 전체가 실시간에 상호 연계성을 가지며, 변화와 혁신이 빠른 속도로 진행되는 글로벌 시대에 경쟁력 있는 도시로 생존 및 성장하기 위해서는 어떤 요건들이 충족되어야 하는가?

1 유연적 도시구조의 조성

글로벌 시대에 도시경쟁력 확보를 위해서는 급변하는 환경에 유연적 대처를 위한 구조가 요구된다. 유연적 구조의 조성은 도시를 체제적 관점에서 고찰하여 도시시스템과 환경 사이의 유기적 상호작용을 위한 내부 체제의 조성으로 설명될 수 있다. 도시는 환경과의 관계에서 투입－산출의 상호작용을 수행하는 개방 체제로 설명될 수 있으며, 도시의 생존과 성장을 위해서는 환경 변화에 민감하게 대응하여야 한다. 특히, 분석 단위가 도시인 경우에는 환경 변화에 유연적 대응을 위한 도시환경의 조성이 더욱 중요하다. 왜냐하면, 분석 단위가 국가인 경우에는 환경 변화에 민감하게 대응하는 지역과 둔감하게 작용하는 지역들 사이에 생산 요소의 이동을 통하여 전체로서 국가의 평균적 변화가 유도되는 반면에, 도시의 경우에는 환경 변화에 적절한 대응 여부에 따라 도시의 생존과 성장이 달려 있기 때문이다.

세계시장의 개방을 통한 경쟁의 확대는 저비용과 유연적 규제를 제공하는 도시로 산업활동의 재배치 현상을 가져오고 있으며, 과학기술의 발전은 유연적 노사 관계와 생산 방식을 중심으로 직무과정의 분산을 가속화시키고 있다. 즉, 산업사회에서는 공장제(factory system)에 의하여 생산 인력을 밀집된 일터로 집중시키는 사회구조와 제도가 요청되었던 반면에, 현대의 기술혁신은 직무의 개별화(individualization of work), 직무과정의 단편화(fragmentation of work process)를 추구하며, 분산된 업무과정들이 정보통신망을 통하여 통합과 조정되는 제도적 변화를 보이고 있다. 따라서 조직활동에서 협업 체제, 분권화된 생산과정(decentralization of production), 외부조달(outsourcing), 팀 체제(team-system), 직무공유(job-sharing), 파트타임(part-time) 직무 등과 같은 조직 행태가 점차적으로 일반화되어 가고 있다.

이러한 현상들은 글로벌 시대에는 종래의 산업사회와는 상이한 사회 제도와 구조가 요구된다는 것을 보여준다. 물론 이런 명제는 산업사회의 사회구조와 제도들이 잘못되었다는 것을 의미하는 것이 아니며, 사회의 환경 변화가 새로운 제도와 구조를 요구하고 있기 때문으로 해석된다. 즉, 산업사회를 지탱했던 규격화, 표준화, 소품종 대량생산 체제, 규모의 경제, 중앙집권 체제 등과 같은 사회제도와 구조에서 벗어나서 탈규격화, 탈제도화, 다양화, 다품종 소량생산, 범위의 경제, 분권화 체제, 로컬 거버넌스 등을 지향하는 지역사회제도와 구조로의 전환이 요구되는 시점이다. 이를 위해서는 지역의 생산과 관리제도가 보다 유연적 체제로 전환되어야 하며, 민간부문에 대한 규제 중심의 구조에서 협력과 동반자 관계를 유도하는 네트워크 운영 체제로 전환되어야 하고, 지역들 사이에 다양성과 독특성이 보장되는 자치 체제로의 전환이 특히 요구된다.

다음으로 글로벌 시대에 유연적 지역환경의 조성을 위해서는 지역의 공공부문과 민간부문 사이에 동반자 관계의 형성이 필수적으로 요구된다. 도시 레짐(urban regime) 이론에 의하면, 글로벌 시대의 환경 변화, 특히 시장 변화에 대한 적응과 조화를 위해서는 공공과 민간부문 사이의 공식·비공식 관계의 연대와 협력이 필수적으로 요청된다고 주장하고 있다(John & Cole, 1998: 382-404). 이것은 글로벌 경쟁이 심화될수록 지역경제는 더욱더 불확실한 상황에 직면하게 되며, 경쟁 상대들의 확대와 함께 지역경제의 안정과 성장에 미치는 변수들이 다양해지고, 경쟁의 범위가 더욱 확장되기 때문으로 해석된다. 이러한 환경에서 지역이 경쟁력을 확보하기 위해서는 지역 자원의 총체적 결집이 요구되며, 이러한 의미에서 글로벌화는 다양한 범위의 도시정책에서 공공부문과 민간부문의 협력 관계의 형성을 위한 촉진제로서 역할을 수행하고 있다. 그리고 레짐 이론에서 제기하는 공공부문과 민간부문의 동반자 관계는 단순히 이해관계가 얽힌 지역의 특정 사업에만 관련된 것이 아니라, 지역의 전반적 문제에 걸친 조화, 협력, 네트워킹, 문제 해결, 그리고 이를 통한 지역경쟁력 배양을 목표로 하는 장기적 협력 체제의 구축을 의미한다(Stone, 1989). 급속한 변화와 혁신이 일어나는 글로벌 시대에 바람직한 도시정부의 역할은 민간부문에서 이러한 변화와 혁신을 수용·주도할 수 있도록 도시 자원의 효율적 이용을 위한 지원을 하는 것이다.

이를 위해서는 첫째로, 도시정부가 지역문제에 대하여 의사결정을 할 수 있는 실질적인 지방자치와 분권화가 이루어져야 한다. 도시정부가 자치권을 갖고 지역문제에 대하여 접근할 수 있어야만 도시들 사이에 각기 상이한 조건을 고려한 다양성, 독특성, 정체성(正體性), 차별성이 있는 도시자치를 실현할 수 있다. 이런 논리에서 효율적인 글로벌 도시운영을 위해서는 고도의 자율성이 보장된 초국적 지역(transnational area)이 추진되어야 한다. 급변하는 세계에 신속하고 유연한 대응을 위해서는 세계와 대면하는 현장에 권한과 책임을 부여하여 자기조절과 통제를 위한 기능이 빠르게 수행되어야 한다. 이 장의 앞부분에서 적시한 바와 같이, 오늘날 싱가포르와 홍콩의 성장을 가져온 주요 요인으로는 글로벌 변화에 대응하여 자신들의 혁신을 주도할 권한과 자율성을 자신들이 갖고 있었다는 것이다. 세계는 급변하는데 이에 맞서 대응하는 과정에서 도시들이 중앙정부에 일일이 문의하고 허가를 얻어야 한다면 유연하고 신속한 대응은 그 만큼 어렵게 될 것이다. 그리고 중앙정부가 본질적으로 지향하는 균형 발전이나 형평성의 시각에서 각 도시문제에 접근한다면 도시들 사이에 경쟁은 포기되어야 한다. 그러나 세계는 무한경쟁 시대에 돌입하였고, 각 도시들은 자신들이 보유한 상이한 성장기반을 바탕으로 세계와 대면해야 하는 상황에서 중앙정부가 각 도시들의 실정을 고려한 적절한 정책과 대안을 적시에 제시할 것으로 기대되지는 않는다. 이런 시각에서 특히 세계와 정면으로 대응하고 있는 글로벌 도시에는 지구촌 변화에 신속하게 대응하기 위한 자기조정과 통제 능력을 부여하여 고도의 자율성이 보장된 도시운영 체제가 제공될 것이 요구된다. 즉, 급변하는 세계 변화에 신속하고 유연하게 대응해야 하는 글로벌 도시는 보편적인 자치정부(local government)를 넘어서 고도의 자율성이 부여된 자치주(自治州, local state)로서의 권한이 보장될 필요가 있다.

둘째로, 도시정부의 역할이 민간부문에 대한 규제·통제 중심에서 자율·자기조정 중심으로 전환되어야 한다. 이를 위해서는 도시정부의 의사결정 과정이 권위적 방식에서 탈피하여 민간부문의 다양한 집단들 사이에 자율적 연대와 협력을 지원하고, 지역문제들이 관계된 집단들 사이의 담론적·전문적·비판적 의견 교환과 수렴에 의하여 해결되도록 도시행정이 지원하는 네트워크 관리 기능으로의 도시정부 역할이 강조되어야 한다. 예를 들면, 지역에 입지하고 있는 교육기관, 연구소, 기업체, 시민단체들 사이에 연계와 협력을 위한 지역 네트워크를 형성하는 데 도시정부의 지원이 필수적으로 요청되며, 갈등적 상황을 제기하는 지역문제들의 해결을 위하여 이러한 지역 네트워크가 합리적으로 이용되도록 도시 거버넌스 체제가 확립되어야 한다.

셋째로, 도시정부의 정책은 민간부문의 활동에 대한 단순한 지원에서 더 나아가 지역에 높은 긍정적 파급잠재력은 있으나 민간부문이 담당하지 못하는 분야에 대한 범위까지 확대되어야 한다. 예를 들면, 특정 산업활동의 투자가 지역에 높은 고용잠재력은 갖고 있으나 실패의 위험 부담이 크기 때문에 민간부문에서 시도를 회피하는 분야(예를 들면, R&D 분야)에 대하여 도시정부가 창업과 생산, 그리고 시장 개척 등에 대한 지원, 민간부문과의 공동 투자 혹은 투자기관의 운영 등을 통하여 이러한 분야에까지 정책 범위를 확대시킬 필요가 있다.

넷째로, 글로벌시대에 도시정부의 정책 방향은 도시활동을 도시·국가 범위의 경계를 넘어서 글로벌 네트워크와 연계를 위한 범위의 확대를 가져와야 한다. 이것은 단순한 정책 범위의 확대만을 의미하는 것이 아니라 도시문제를 도시 내부의 시각에서만 바라보지 말고, 보다 넓은 범위에서 도시문제를 다루어야 한다는 것을 의미한다. 즉, 도시의 성격과 기능이 도시 경계 내에서 설정되는 것이 아니라, 보다 확대된 지역을 대상으로 도시의 성격과 기능이 설정될 것이 요구된다. 예를 들면, 도시 토지 공간에 대한 이용 문제를 검토할 때, 도시민의 단기적·국지적 이익에만 집착하여 정책대안을 검토할 것이 아니라, 보다 넓은 시야에서 국가 혹은 동북아시아, 더 나아가 글로벌 시각에서 공간 이용을 검토할 것이 요구된다.

2 글로벌 네트워크와 연계성 확보

지역이 생존하기 위해서는 다른 지역과 끊임없는 교류가 있어야만 한다. 대부분의 지역은 거주 인구의 생존을 위한 모든 생필품을 지역 자체에서 생산하지 못하기 때문에 외부로부터 필요한 생필품이 공급되어야 한다. 그리고 외부로부터 공급된 생필품에 대한 비용을 지불하기 위해서는 지역은 수출기반 활동을 하여야 한다. 그 활동이 정치행정 행위에 의한 관리와 통치 서비스를 제공하던, 혹은 제조업 활동에 의한 공산품을 수출하던 간에 지역이 필요로 하는 재화와 서비스를 구입하기 위한 충분한 교환 능력을 갖지 못하는 경우에 지역의 생존이 위협받을 것이다. 이런 의미에서 지역은 자신이 갖고 있는 입지경쟁력을 이용하여 특화된 재화와 서비스를 개발하고, 다른 지역과 효과적 분업 체제를 구축함으로써 생존과 경쟁력이 확보될 수 있다.

이러한 지역 사이의 연계성과 분업 체계는 글로벌 시대가 시작됨으로써 도시의 위상과 역할을 결정하는 데 더욱 중요한 요소로 작용하고 있다. 글로벌 시대에 글로벌 공간 개념의 압축 현상과 경제활동의 지구촌화는 국내 지역들 사이의 제한된 관계에서 벗어나 전 지구적 차원의 협력과 분업 체제를 형성하였으며, 이 과정에서 글로벌 네트워크에서 배제된 지역은 중심 지역이 아닌 주변부 지역으로 밀려나는 현상을 보인다. 따라서 글로벌 시대에 도시의 의미를 이해하기 위해서는 다른 도시들과의 사이에서 관계를 파악해야만 비로소 도시의 기능과 의미가 인식될 수 있다. 즉, 글로벌 시대에 도시는 도시 존립 자체가 의미를 갖는 독립된 대상이 아니라, 글로벌 도시 체계의 한 부분을 이루는 구성 요소이며, 글로벌 도시 체계 내에서 다른 도시와의 관계에 의해 비로소 그 기능과 존재의미가 규정되기 때문이다. 따라서 글로벌 시대에 글로벌 자본과 활동, 그리고 인적자원을 지역에 유인하기 위해서는 도시와 글로벌을 연계할 수 있는 네트워크를 마련해야 한다. 글로벌 시대의 글로벌 도시는 단순한 도시를 의미하는 것이 아니다. 그것은 중심지들 사이에 네트워크를 의미한다. 따라서 글로벌 도시성장을 위해서는 이 네트워크 속에서 핵심적 역할을 하는 도시가 되어야 한다. 즉, 글로벌 현상은 지구촌을 하나로 묶는 연결망에 의해 형성되며, 글로벌 도시는 지역과 세계를 연계시키는 활동에 의해 유지되기 때문에,

결국 글로벌 도시활동의 크기와 범위는 세계와의 네트워크에서 어떤 결절지(node)로 조성되는가에 달여 있다고 해도 과언이 아니다. 최근에 싱가포르가 동남아시아와 세계를 연계하는 결절지로 부각되고, 두바이가 중동의 관문으로 세계와의 네트워크에서 결절지 역할을 표방하고 개발을 서두르는 이유가 여기에 있는 것이다.

글로벌 시대에 범지구적 네트워크에서 도시가 핵심적 기능을 수행하기 위해서는 첨단 인프라의 도입이 필수적으로 요구된다. 글로벌 도시는 국내 범위를 초월하여 지구촌 전체와 실시간에 연결되어 소통이 원활한 '24시간 깨어 있는 도시'가 되어야 한다. 이를 위해서는 첨단 인프라가 도입되어 세계와 소통이 원활하고 원격지 관리와 통제가 보장되는 '스마트' 도시로 조성되어야 한다. 경제활동의 글로벌화는 산업과 노동에서 새로운 분업 체계(new global division of industry and labour)를 수반하여 제조업 활동은 가격과 품질 경쟁력이 높은 지역으로 산재되는 경향을 보이는 반면에, 관리와 통제활동은 실시간에 지구적 연계가 원활한 지역에 입지하는 추세를 보이고 있다. 이와 같은 산업입지의 글로벌 배분 추세에서 글로벌 도시는 지구촌 곳곳에 산재해 있는 생산시설과 물류 이동을 원격지에서 실시간 관리와 통제하는 고급 서비스와 첨단 서비스를 제공하여야 하며, 이를 위해서는 첨단 인프라로 무장한 도시가 조성되어야 한다.

3 글로벌 네트워크에서 도시 차별성 확보

글로벌 도시 네트워크에서 특정 도시가 중심 혹은 결절지(node) 기능을 수행하는 것은 그 도시가 다른 도시와는 현저히 구별되는 차별성을 갖기 때문이다. 예를 들면, 동남아에서 싱가포르가 자카르타, 타이베이(臺北), 방콕, 마닐라 등과 구별되는 것은 다른 도시들이 제공하지 못하는 입지독점적 기능을 싱가포르가 제공하기 때문이며, 이 기능이 글로벌 시대의 도시 네트워크에서 차별적 가치를 인정받기 때문이다.

어느 시대에나 지역이 성장하기 위해서는 지역적 특성을 갖는 차별적 재화와 서비스를 제공하여야 한다. 그리고 지역의 차별성을 지속적으로 유지하기 위해서는 비교경쟁력을 갖는 활동에 대한 끊임없는 연구 개발을 통하여 변화와 혁신을 주도하여야 한다. 글로벌 시대에 도시성장을 위해서는 도시가 갖는 독점적·차별적 활동에 의한 고용 창출, 산업단지의 조성 등과 같은 단순 부가 기능에 더하여, 글로벌 네트워크에서 생산과 혁신의 중심지로서 역할을 수행하여야 한다. 즉, 도시가 갖고 있는 내생적·차별적 활동을 글로벌 경제와 연계시켜야 한다는 것이다(Gordon, 1994).

그리고 글로벌 시대에 지역이 입지독점적(location-monopolistic) 혹은 입지특유적(location-specific) 차별적 활동을 개발 및 육성하기 위해서는 우선적으로 지역에 자치권이 보장되어야 한다. 즉, 각 지역들이 자신들의 독특한 입지적 환경과 특성을 고려한 다양한 차별적 정책을 도입할 수 있는 권한과 책임이 지역에 주어져야 한다.

둘째로, 지역산업의 육성은 지역 외부로부터 산업활동의 유인이 아닌 지역이 비교경쟁력을 갖는 고유 산업을 개발할 것이 요구된다. 지역이 특정 인센티브를 제공함으로써 외부로부터 산업활동을 유인하는 경우에, 다른 지역이 더 좋은 인센티브를 제시하면 언제든지 다른 지역으로 전출할 가능성이 높다. 이것은 국가 전체의 시각에서 보면, 전체 고용은 일정한데 특정 지역의 고용 창출을 다른 지역이 차지하는 제로 섬(zero-sum) 게임의 결과만을 가져온다. 반면에, 지역이 입지특유적 활동을 개발함으로써 고용 창출을 가져오면 다른 곳의 고용을 감소시키지 않고 지역의 고용 증가를 유도하는 플러스 섬(plus-sum)의 결과를 가져온다. 또한 이 활동에 대해서는 지역이 비교경쟁력을 갖기 때문에 다른 지역으로 전출할 가능성은 상대적으로 낮다.

셋째로, 글로벌 시대의 지역활동은 지역의 지형적 조건 혹은 천연자원의 유무(有無)에 의존하기보다는 지역의 인적자원(human resources), 그리고 보다 넓은 의미에서 인문지리적(human geography) 조건이 지역의 차별적 활동을 결정하는 주요 요소로 작용한다. 그리고 최근의 기술혁신과 신기술 개발은 천재적 능력을 갖는 몇몇 개인에 의해서 창조되기보다는 특정 분야의 전문가들이 공동 연구 혹은 집단적 연구를 통하여 개발되는 경향을 보이고 있다. 이것은 21세기 지역 변화와 성장을 위해서는 지역의 총체적 지식 기반이 높아져야 하며, 지역의 전문 인력들 사이에 유연적 연계와 협력관계를 통하여 지역 고유 기술(내생적 기술)과 신기술의 변화와 혁신이 유도된다는 것을 의미한다. 이런 측면에서 지역의 인구적 특성(연령 분포, 성별 특성, 교육 수준 등), 문화적 특성(개방적 혹은 폐쇄적 문화), 교육적 특성(과학기술대학 혹은 예술대학의 입지) 등과 같은 변수들이 지역에서 개발가능한 내생적 활동의 범위를 결정하는 주요 요소로 작용한다.

이런 의미에서 글로벌 시대에 도시들 사이의 관계에는 두 가지 유형이 존재한다. 첫째는 대립적·경쟁적 관계로서 도시를 서로 분명하게 구별시켜 주며, 차별적 서비스를 통하여 경쟁하는 관계를 의미한다. 둘째로, 연계적·보완적 관계로서 도시를 특정 연합체로 연계하여 상호 보완적 서비스를 제공함으로써 도시들 사이의 연계 네트워크를 통한 결합 관계의 형성을 의미한다. 21세기의 도시성장을 위해서는 위의 유형 사이에 적절한 조화가 유도될 필요가 있다. 지나치게 대립적 관계를 형성하는 경우에 도시들 사이에 불필요한 긴장이 높아질 수 있으며, 반면에 지나치게 연계적 관계를 강조하는 경우에는 도시의 정체성과 차별성이 상실될 수 있기 때문이다. 따라서 글로벌 시대의 도시정책은 도시정책과 글로벌 정책 사이의 연계와 조화를 요구하며, 한편으로 도시의 내생적 산업의 개발과 혁신의 중심지로서 성장하기 위한 정책과 이러한 활동을 글로벌 경제와 연계시키는 양면적 접근이 시도될 필요가 있다.

4 쾌적한 주거와 산업환경의 조성

글로벌 시대는 생산 중심의 시대에서 벗어난 삶의 질 향유의 시대이며, 제조업 활동보다는 다양한 고급 서비스를 제공하는 도시가 성장할 것으로 도시학자들은 예상하고 있다. 글로벌 시대에 지역과 글로벌 경제의 연계를 위해서는 글로벌 시장에서 인정을 받는 생산 혹은 서비스 품목을 지역이 최대한 많이 보유하여야 한다. 그러나 이런 품목을 갖고 있다고 해서 도시성장을 위한 충분 조건이 만족된 것은 아니다. 글로벌 네트워크에서 핵심적 역할을 수행하는 도시들은 글로벌 금융을 비롯한 생산자 서비스(producer services), 초국적 조직의 관리 중심지, 고급 서비스 활동의 중심지로서의 기능을 수행하며, 다양한 분야의 전문가들이 밀집해서 거주하고 있다. 이것은 글로벌 시대에 도시성장을 위해서는 글로벌 노마드(nomad)로부터 주거, 업무, 휴식, 엔터테인먼트 등의 다양한 서비스 활동에서 매력을 갖는 도시로 인정을 받아야 한다는 것을 의미한다. 즉, 양질의 주거와 산업환경, 개방적 문화의 조성, 다양한 여가와 휴식환경 등을 제공하는 쾌적하고 매력적인 도시가 되어야 한다.

제조업이 중심 활동이었던 산업사회와는 달리 서비스 산업이 중심 활동을 구성하는 글로벌 시대의 산업입지 행태는 원료, 토지, 시장접근성 등과 같은 전통적 입지 요인에 대한 의존이 현저히 약화되었으며, 반면에 인적자원에 내재되어 있는 정보 · 지식이 중요한 생산 요소와 입지 요인으로 영향을 미친다. 정보 · 지식이 산업과 주거 입지의 중요 인프라로 작용한다고 할 때, 이러한 지식기반을 제공하는 가치 있는 인적자원으로 전문 과학기술 및 문화예술 인력, 고급 자격증 보유자, 기능보유자 등의 인력집단을 들 수 있다. 이러한 고학력 · 숙련된 인적자원이 글로벌 시대의 도시성장을 위한 핵심적 인적자원을 구성한다고 할 때, 도시개발과 관련하여 제기되는 주요 논제는 "이러한 전문가 집단을 도시에 거주하도록 동기부여를 제공하기 위해서는 어떤 도시환경을 조성하여야 하는가?"일 것이다.

거주지의 선택과 관련되어 보편적으로 가장 중요한 변수로 제시되는 것은 물론 취업 기회, 봉급수준, 승진 가능성, 미래의 발전 가능성 등의 변수일 것이다. 그러나 이러한 보편적 변수들 이외에 어떤 특별한 환경적 조건은 전문 인력들의 입지 선택에서 특별한 동기부여 요인으로 작용한다. 또한 선진사회의 각 직종별 거주 이동성 분석(Gentile & Stave 1988; Landisky, 1967)에서 전문 인력은 다른 집단들보다 높은 이동성을 갖는 것으로 관찰되고 있다. 전문 인력들의 거주 행태에서 특이하게 관찰되는 현상은 출신 대학 소재지에 거주를 선호하는 행태 패턴을 보이며(Botkin et al., 1984), 자신과 배우자의 취업 기회와 미래의 발전 가능성이 높은 대도시에 거주하려는 경향을 보인다.

고급 전문 인력들의 입지 동기로서 작용하는 또 다른 주요 변수로서 생활의 질적 요소, 어메니티(amenities) 요인을 들 수 있다. 생활의 질적 요소에 대한 개념은 명확하게 정의되어 있지는 않다. 스콧과 스토퍼(Scott & Storper, 1987)는 생활의 질적 요소는 각 문화와 공간에 따라 상이하게 정의된다고 지적하고 있다. 많은 학자들(Malecki, 1989; Graves 1980; Porrell, 1982; Keeble & Wever, 1986)이 생활의 질적 요소에 대한 경험적 연구를 시도하였으며, 이러한 연구들이 공통적으로 지적하는 변수로써 쾌적한 기후 조건, 우수한 교육환경, 문화와 자연환경, 저밀도 인구 거주, 낮은 범죄율 등을 제시하고 있다. 그리고 경험적 연구 결과는 생활의 질적 변수와 전문 인력의 밀집 현상 사이에는 통계적으로 의미 있는 관계가 관찰된다고 밝히고 있다. 전문 인력이 특정 지역에 거주하게 된 배경을 고찰하면, 취업 기회의 제공이 지역에 거주하게 된 초기 동기를 제공하며, 다음으로 지역 문화, 쇼핑 서비스, 교육 기회, 문화와 휴식환경 등과 같은 삶의 질 요소들이 지속적 거주를 유인하는 변수로서 작용한다. 반면에, 저급한 삶의 질 요소는 전출 동기를 제공하며, 특히 범죄율, 환경오염, 정치행정의 부패 등과 같은 요인들은 지속적 거주에 강한 부정적 요인으로 작용한다(Kasarda, 1988).

글로벌 시대에 도시의 삶의 질 요소가 직접적으로 도시의 빠른 변화와 혁신을 가져오지는 않는다. 그러나 우수한 삶의 질 요소가 다른 중요한 지역변수들과 조화를 이룸으로써 글로벌 시대에 핵심적 역할을 수행하는 전문 인력들을 도시에 지속적으로 거주하게 하는 동기를 제공하며, 도시가 변화와 혁신의 중심지로 성장하는데 중요한 영향을 미친다.

제 6 절 글로벌 도시개발을 위한 제언

한국은 1960년대 이후 빠른 경제성장과 함께 세계 어느 나라에서도 경험하지 못했던 신속한 산업구조의 전환과 도시구조의 변화를 가져왔다. 이와 같은 급격한 도시화·산업화는 고용의 획기적 확대, 생산성 증대 및 경쟁력 향상, 국민경제의 신장 및 국가 부(富)의 축척 등 국가발전에 많은 긍정적 효과를 낳았으나, 이 과정에서 지역 간의 불균형적 발전, 도시의 양극화 현상, 환경오염과 생태계 파괴, 물질만능주의에 의한 인간성 상실 등 많은 부정적 효과 또한 초래된 것이 사실이다. 물론 이 시기에는 성장에 따른 부정적 효과를 최소화하며 개발을 모색할 수 있는 국가적 여유가 없었던 것이 사실이며, 경제의 빠른 성장을 위해서는 어떤 희생도 감수해야 한다는 것이 지배적인 논리로 인식되었다. 그러나 21세기에 들어선 현재는 그 당시와 비교하여 한국이 직면하고 있는 상황과 조건이 현저히 다르다. 세계는 산업사회에서 탈산업사회로 진행되고 있으며, 지구촌이 동시 생활권을 이루는 정보화 · 글로벌 사회가 도래하였다. 한국은 세계적 축제인 올림픽과 월드컵 대회를 성공적으로 치루었으며, 1인당 국민소득 $30,000 시대에 접어들었고, 선진국 진입의 증명이라는 OECD에도 가입하였다. 이제는 맹목적으로 성장만을 추구해야 하는 경제 상태를 어느 정도 극복하였으며, 빠른 성장이 다른 모든 희생을 합리화시킬 수 있는 사회적 상황은 넘어섰다고 판단된다. 이제부터의 개발은 고성장 중심의 개발에서 탈피하여 성찰적 · 비판적 성장의 개발 방식으로 전환될 것이 요구된다. 즉, 성장을 추구하는 과정에서 파생되는 문제를 주변적 문제로서 용인하던 개발 방식이 아닌, 문제의 발생을 최소화하며 개발을 시도하는 선진사회형 개발 방식이 추진되어야 한다. 문제가 발생한 후에 치료 방안을 찾는 진화적 · 치유적 개발 방식이 아니라, 문제 발생을 사전에 차단하는 예방적 · 계획적 개발 방식이 추진될 것이 요구된다. 이제 이러한 맥락에서 글로벌 사회의 도시개발을 위한 논제를 명제적 형태로 고찰하고자 한다.

1) 급변하는 도시환경 변화에 적응하면서, 위험도시를 만들어서는 안 된다

인간은 주위환경이 친숙치 않거나 환경의 요구가 어려운 때에는 보편적으로 변화를 두려워하며 잘 알고 있는 활동만을 하는 경향이 있다. 즉, 새로운 실험에 모험을 걸지 않는다. 친숙하지 않은 환경과 위협적인 환경 아래에서는 이미 시험되었던, 믿을 수 있는 친숙하고 안전한 일상 생활을 통해서 대피처를 찾게 된다. 이러한 행위의 결과로서 안전을 추구하지만, 그 결과는 흔히 불확실성이 내포된 불안한 안전을 가져온다. 반면에, 혼란과 불확실성에 직면하여 재난을 극복하기 위하여 새로운 것의 시도와 발명 재간을 발동하기도 한다. 이것은 강력한 기반 위에 안정적 성장을 보이는 성공적인 사회는 상대적으로 새로운 시도와 많은 변화를 추구한 사회이며, 탐구력이 보잘 것 없거나 전혀 보이지 않는 사회는 생존에 급급한 사회라는 사실에서도 충분히 인식될 수 있다(Morris, 1994: 243-269). 현재와 같이 급변하는 도시환경 아래에서는 도시 자체가 적극적으로 변화를 추구하여야 안정적 성장을 가져올 수 있으며, 반면에 변화에 대한 추진력이 없는 도시는 생존을 겨우 유지하거나 도태되는 운명에 처할 가능성이 높다.

다른 한편 환경 변화에 적응하기 위하여 변화를 추구하는 도시는 내부적 불안정과 위험 가능성에 직면한다. 즉, 변화하는 환경에 대하여 도시가 내부적 변화를 시도하지 않으면 생존 자체가 위협받는 반면에, 환경 변화에 적응하기 위하여 도시 내부의 변화를 시도하는 경우에는 안정성 상실과 새로운 시도에 따른 불확실과 위험요소는 증가하게 된다. 울리히 벡(Ulrich Beck)은 그의 저서 『위험사회: 새로운 근대성을 향하여』에서 "사람들은 부를 소유할 수 있지만 위험에 의해서는 단지 영향을 받을 수 있을 뿐이다. 말하자면 위험은 문명에 의해 발생한다."라고 언급하고 있다(Beck, 1997: 79). 과학기술 문명의 발전과 이에 수반된 도시의 변화와 혁신은 한편으로 도시의 생산성, 편리성, 실용성을 향상시키는 동시에 재난과 위험의 가능성 또한 증대시킨다. 예를 들면, 전기 문명의 도입은 산업 생산성과 생활의 편리성을 향상시키는 것과 동시에 전기 공급의 급작스러운 중단은 생산과정의 중단, 전자 통제 시스템의 부작용, 냉·난방 중단에 따른 생명의 위협, 병원의 돌발 사태, 가전 제품 이용의 불편 등 많은 위험과 재해발생 가능성을 항상 내포하고 있다.

더욱이 대규모 인구가 밀집되어 있는 도시에서의 재난과 위험은 이러한 것들이 현실로 나타나는 경우에 대규모의 인명과 재산 피해를 가져온다는 것은 역사적 사건을 통해서 잘 입증되고 있다. 그리고 우리가 경험하고 있는 위험이 현실로 나타난 대다수의 재해들이, 특히 대형 재해들이, 천재(天災)가 아닌 인재(人災)로 판명되는 것을 보고 있다. 도시에서의 위험과 재난의 이러한 파괴력은 현대 사회가 기술을 자신의 도구로 삼을 만큼 성숙하지 못하다는 것을, 그리고 기술 그 자체가 사회적 기본 에너지를 장악할 만큼 발전되지 못했다는 것을 증명해 주고 있다. 이러한 현실은 "과학기술의 발전과 동시에 위험의 과학화와 상업화가 진행된다"는 벡(1997: 107)의 주장을 뒷받침하며, 현대 도시가 갖는 대규모 재해의 가능성과 위험의 돌발성이 우리 사회에서 저평가되고 있는 것을 보여준다.

급변하는 사회에서 도시의 생존과 성장을 위해서 변화와 혁신은 필수적으로 요구되는 행위이다. 그러나 조급한 변화를 시도하면서 위험도시를 만들어서는 안 된다. 위험도시의 건설 가능성을 낮추기 위해서는 도시개발 과정에서 최소한 다음의 네 가지 원칙이 준수될 것이 요구된다.

첫째로, 최악의 회피가 아닌 최선의 추구를 위한 도시개발이 되어야 한다. 즉, 소극적 예방이 아닌 적극적 안전을 추구하여야 한다.

둘째로, 자본 축적의 논리가 아닌 위험 최소화의 논리가 우선되어야 한다. 즉, 경제적 합리성보다 사회적 합리성이 우선되어야 한다.

셋째로, 정치과정이 아닌 전문적 판단에 의한 가치 배분이 추구되어야 한다. 즉, 정치보다는 지식과 정보에 의한 가치 배분이 추구되어야 한다.

넷째로, 현재성의 논리가 아닌 미래성의 논리가 도시개발에서 추구되어야 한다. 즉, 단기적 시각이 아닌 장기적 시각에서 도시개발이 추구되어야 한다.

2) 글로벌 도시를 추구하면서, 정체성 없는 도시를 만들어서는 안 된다

글로벌 시대의 도시개발은 도시와 글로벌을 연계시키는 개방적 도시개발이 되어야 한다. 글로벌 문화와 이데올로기, 글로벌 보편적 생활방식과 가치 표준의 수용에 도시가 보다 개방적 · 적극적일 것이 요구된다. 그러나 이러한 개방적 문화와 환경의 조성이 도시의 정체성 · 차별성의 포기를 의미하는 것이 아니다. 즉, 글로벌 문화의 수용에 적극적 · 개방적이 되어야 한다는 것은 도시가 글로벌 문화와 생활양식에 지배되는 것과는 다른 의미를 갖는다. 글로벌 문화에 지역의 차별성과 정체성이 단순히 통합되는 것이 아니라, 도시의 차별성과 정체성을 보유하면서 글로벌 연계 네트워크를 형성하는 도시개발 전략이 추구되어야 한다.

글로벌 시대의 글로벌 도시는 단순한 도시를 의미하는 것이 아니다. 그것은 중심지들 사이에 네트워크를 의미한다. 따라서 글로벌 도시성장을 위해서는 이 네트워크 속에서 차별적 역할을 하는 도시로 성장하여야 한다. 글로벌 도시를 추구하면서, 세계(미국) 패권주의에 지배되거나, 선진도시의 단순한 콜라주(collage) 혹은 몽타주(montage)가 되어서는 안 된다. 진정한 의미의 글로벌 도시건설은 글로벌 문화와 생활방식은 인정하지만, 이러한 글로벌 문화와 생활방식이 도시문화를 완전히 대체하는 도시개발을 의미하는 것은 아니다. 이러한 행위는 글로벌 도시를 건설하는 것이 아니라 선진도시의 단순한 모방을 가져오며, 결과로서 도시 주체의 상실과 영혼 없는 도시를 만들어 낸다. 그리고 선진도시의 단순한 모방은 도시를 무한히 지속되는 도시 경쟁의 경기장으로 미끌어 들게 만든다.

도시의 차별적 환경과 비교경쟁력을 이용한 내재적 특성을 개발하고, 이러한 내재적 특성을 중심으로 글로벌 도시를 조성하는 경우에는 지구촌의 다른 도시들과 비교하여 차별적 경쟁력을 확보할 수 있다. 반면에, 다른 도시의 모방에 의한 도시개발은 경쟁 관계에 있는 도시들이 유사한 모방을 하는 경우에는 도시의 특색과 기능의 상실을 가져오며, 결국에는 극단적 경쟁에서 밀려나는 운명에 처하게 될 가능성이 높다. 이것은 글로벌 도시는 글로벌 보편적 문화와 생활방식은 수용하면서, 도시의 차별적 문화와 정체성에 기반을 둔 도시개발이 추구되어야 한다는 것을 의미한다.

3) 스마트 도시를 추구하면서, 지속가능한 개발을 저해해서는 안 된다

글로벌 시대에 도시성장을 위해서는 변화와 혁신 속에서 생존을 위한 경쟁력을 배양하여야 하며, 글로벌 사회에 의해서 제공된 기회와 불확실성에 대하여 보다 스마트하게 대응하기 위한 능력을 갖추어야 한다. 글로벌 사회에 의하여 초래된 변화를 예측, 주도, 적응하기 위한 능력은 각 도시들이 갖고 있는 제도적 기반의 특성에 달려있다. 말하자면, 도시를 구성하는 조직, 개인, 공동체들이 개별적·집단적으로 자신들의 역할을 어떻게 인식하며, 자신들의 의도를 어떻게 현실화하고, 공동의 합의를 어떻게 도출하며, 지구촌 사회에서 자신들의 위치를 정립하는 공동의 목표에 얼마만큼의 신뢰와 확신, 그리고 책임감을 갖는가에 달려 있다(Knight, 1989: 15-20). 그리고 글로벌 시대의 도시환경은 일시에 지리적 공간으로 확산됨으로써 글로벌 보편화·동질화를 유도하는 반면, 해마다 혹은 계절마다 변화는 과거보다 더욱 빠른 속도로 진행되는 추세를 보인다. 이그니티에프(Ignatieff, 1989)는 이러한 새로운 문화를 '3분 문화'로 부르며, 유동적이며, 단절적이고, 시퀀스(sequence)의 순서가 없는 문화, 즉 영속성 없는 논리에 지배되는 급변하는 이미지의 세계관이 현대 사회를 지배하고 있다고 지적하고 있다(Morley, 1999). 이러한 환경에서 안정적 도시성장을 위해서는 급변하는 외부 변화에 더욱 신속히 대응하며 더 나아가 지구촌 사회의 "변화와 혁신을 주도하는 스마트 도시를 추구해야 한다"는 논리가 제시된다.

자본주의 도시 체제에서 이러한 변화와 혁신을 위한 노력은 '창조적 파괴' 행위로 표현되곤 한다. 슘페터(Joseph Schumpeter)의 논리에서 '창조적 파괴'는 자본주의 체제의 성장을 위한 동인으로 작용하며, 자본주의 경제에서 부의 축적과 도시의 성장은 기술적·사회적 혁신의 성과로서 설명된다. 그러나 자본주의 상업성과 기술의 결합, 권력과 이윤 추구의 결합 등은 이러한 '창조를 위한 파괴'를 '파괴를 위한 창조'로 왜곡시키는 결과를 초래하기도 하며, '파괴 행위의 상업화·과학화·집단화'를 가져온다. 이러한 것들은 일시적·가시적·국지적·개인적 영달을 위하여 장기적 · 내부적 · 전체적 · 공동체적 이해가 희생되는 많은 사회 현상에서 관찰될 수 있다. 재선을 목표로 하는 자치단체장들은 임기 내에 성과를 강조하기 위하여 정책 결과가 즉각적으로 나타나는 단기적 · 가시적 사업에 우선 순위를 부여하고 있으며, 자본주의 체제의 주역인 자본가들은 개인적 이윤 추구를 위하여 핵심적 기술의 창조적 혁신을 위한 노력보다는 광고 효과를 통한 소비자들의 선호와 취향 조작에 보다 많은 자금을 투입하고 있고, 사회 전문 분야에 종사하는 엘리트들은 자신들의 소집단 이익 추구를 위하여 일반 대중의 의견을 무시 · 왜곡시키는 현상들을 자주 관찰할 수 있다. 이러한 이기적 · 부분적 이익을 위한 행위는 포스트모더니즘의 분절성, 유동적 변화 흐름의 문화와 결합하여 도시 과정을 열린 상황에서 통제할 수 없는 혼돈스러운 변화를 유도하는 경향을 보인다.

글로벌 시대에 시간과 공간의 압축 현상과 포스트모더니즘의 순간성 · 찰나성 · 분절성에 대한 집착은 변화와 혁신의 과정에서 현시적인 이벤트, 스펙터클, 해프닝이 주도하는 도시적 경험을 연출한다. 그리고 변화와 혁신의 결과로서 일시적 · 하위적 · 부분적 성장은 유도될 수도 있으나, 그 대가로서 장기적 · 상위적 · 전체적 비용을 지불해야 하는 모순된 현실을 낳는다. 변화하는 환경 속에서 생존과 성장을 위하여 도시는 능동적 · 적극적으로 변화와 혁신을 추구하여야 한다. 그러나 일시적 · 부분적 이해의 증진을 위한 변화와 혁신을 추구하는 것이 아니라, 시민사회가 추구해야 하는 올바른 방향으로의 변화와 미래 세대들의 생존과 기회를 제한하지 않는 범위 내에서의 변화와 혁신이 추구될 것이 요구된다. 이런 의미에서 혁신의 중심지 역할을 수행하는 글로벌 도시가 추구하는 변화는 진보를 위한 변화 · 지속가능한 변화이어야 한다. 우리는 인간이 성취한 기술의 하나인 원자력 에너지의 영광 뒤에는 원자력 무기의 공포가 도사리고 있으며, 생물학적 유전공학의 찬란한 발전이라는 영광 뒤에는 생물학적인 유전자 조작의 공포가 도사리고 있음을 망각하지 말아야 한다. 이런 의미에서 지금부터의 도시 변화는 문제 해결을 위한 변화에 수반하여 더 큰 문제의 씨앗을 남겨 놓는 변화가 되어서는 안 된다.

4) 도시공간 이용의 '고급화'를 추구하면서, '양극화 현상'을 심화시켜서는 안 된다

글로벌 사회의 도래는 한편으로 활동 범위의 확대와 기회의 신장으로 해석될 수 있는 반면에, 무한경쟁 시대, 국경 없는 경쟁 등의 의미로 인식되기도 한다. 따라서 글로벌화를 기회로 이용하기 위한 발빠른 대응으로 경쟁력을 배양한 사회는 시장 범위의 확대를 통하여 생산성의 현저한 증가를 가져왔으며, 이러한 생산성 증가는 소득수준의 상승과 함께 생활방식·가치 배분에 있어서 현저한 변화를 유도하였다. 생산활동에 높은 가치를 부여했던 산업사회와는 달리 여가와 문화·휴식활동에 높은 우선 순위를 부여하는 생활방식의 변화를 가져왔으며, 양적인 측면보다는 질적인 측면을 강조함으로써 서비스 활동에 대한 수요가 증가하였다. 일상 생활에서 문화와 휴식·여가가 차지하는 비중의 증가는 서비스 산업의 다양화, 고급화, 첨단화를 가져왔고, 서비스 산업이 '고부가 가치를 창출하는 산업'으로 인식의 전환을 가져왔다.

이러한 현상은 특히 문화 관련 산업에서 두드러지게 관찰되며, 특정 지역 혹은 계층만이 향유하는 소비 대상으로의 문화활동에서 문화의 개발과 창조를 통한 문화의 첨단화, 문화의 상품화, 문화의 자원화를 통하여 고부가 가치를 창출하고 있다. 20세기 후반의 서비스 산업의 다양화, 고급화, 첨단화 현상은 대량생산을 가능하게 하는 기술발전도 중요하지만, 보다 한 단계 높은 사회로 성숙하기 위해서는 하드웨어적 성장과 함께 소프트웨어적 발전이 함께 일어나야 한다는 것을 보여준다. 즉, 기술발전을 통하여 의식주 문제를 해결한 사회는 건설할 수 있으나, 보다 성숙된 사회로 개발되기 위해서는 기술에 더하여 감각과 문화가 함께 조화를 이루는 도시공간 이용의 '고급화'가 추구되어야 한다는 것을 보여준다.

기술·지식의 급속한 축적에 의하여 사회 다방면에 대규모의 빠른 변화를 보이는 현대 사회에는 이러한 변화에 적절히 적응하고 더 나아가 변화를 주도하는 개인 혹은 집단이 있는 반면에, 사회 변화에 적절히 대응하지 못하는 변화에 뒤처진 개인 혹은 집단이 있기 마련이다. 특히, 빠른 변화를 보이는 시대에는 부(富)의 편중과 축척, 그리고 그에 따른 불평등 격차가 저속 변화를 보이는 시대보다도 훨씬 단기간에 발생할 수 있다. 미국의 노동시장을 집단적으로 분류한 라이크(Reich, 1991)의 구분은 글로벌 시대의 도래가 도시 내의 상이한 집단에 어떻게 영향을 미치는지에 대한 흥미 있는 논의를 제공한다. 라이크(Robert Reich)는 선진도시의 노동시장을 다음과 같이 네 집단으로 분류하고 있다.

첫째로, '상징의 조작자들'로 구성된 집단으로 '아이디어'를 생산하고, 세계를 직접 상대하면서 시장을 창출하며 '글로벌'로부터 한껏 이익을 얻는 사람들이다.

둘째로, '전통적 전문가들'로 구성된 집단으로, 의사, 변호사, 교육자, 숙련기술자 등의 고급 자격증을 요구하는 직무에 종사하는 사람들이다.

셋째로, 문자 그대로 '서비스' 분야에서 일하는 노동자 집단으로, 식당 경영, 가사(家事) — 예를 들면, 잡화상, 미용실 등 — 와 관련된 일 등에 종사하는 사람들이다.

넷째로, 라이크의 표현대로라면, '틀에 박힌' 일꾼들이다. 이들은 말하자면 현대판 '노 젓는 노예들'처럼, 도시의 3차 산업활동에서, 컴퓨터에 자료를 입력하는 것과 같은 단순·반복적인 일에 종사하는 사람들이다. 이들은 아무런 자격도 필요 없고, 고객과 아무런 직접적 관련을 맺지 않는 반복 노동을 수행한다(Cohen, 2000: 53−76).

코헨(Cohen, 2000)의 분석에 의하면, 상기 집단들 가운데 글로벌 사회의 도래로 인한 혜택은 첫 번째 집단이 가장 많이 받고 있는 반면에, 마지막 집단은 가장 큰 배제를 당하는 집단이라고 지적하고 있다. 이러한 현상은 글로벌 경제 체제에서는 아이디어를 가지고 있지 않은 사람을 배제하려는 성향이 재산을 소유하고 있지 못한 사람을 배제하려는 성향보다 훨씬 강하게 나타나기 때문으로 설명하며, 따라서 아이디어를 생산하는 경제가 실물을 생산하는 경제보다 더 불평등하다는 것을 보여준다. 그리고 이들 각 집단들은 거주에서도 상이한 행태를 보이며, 예를 들면 상징의 조작자들은 최첨단 인프라에 대한 접근성이 우수한 지역에 밀집 거주를 보이는 반면, 마지막 집단은 첨단 인프라의 혜택이 없는 지역에 거주하는 '도시 양극화 현상'이 심화되고 있다.

선진도시 노동시장의 이러한 집단화와 분리 거주 현상은 실리콘 밸리(Silicon Valley)와 루트 128(Route 128) 같은 첨단산업도시에서 이미 두드러진 현상으로 관찰되고 있으며, 이곳에서 계층 간의 소득 격차가 다른 지역보다 현저히 크다는 것을 연구 결과(Saxenian, 1985: 81−105; 조선일보, 1999a)는 보여주고 있다.[3] 또한 계층과 집단들 사이의 정보 접근성과 이용에 있어서도 심각한 격차를 보이며, 이러한 정보 격차와 불평등의 골이 더욱 깊어지고 있다고 미국 상무부 보고서는 밝히

3) 1999년 7월 16일자 조선일보 기사 '실리콘 밸리 빈익빈 부익부'에 의하면, "이 지역 내 사이버 백만장자들이 급조되면서, 땅값과 집값이 폭등해 소프트웨어 회사의 일반 직원, 시공무원과 청소부, 경찰, 소방대원들이 집세를 내지 못해 빈민구호소로 옮기고 있다"고 *US New and World Report*(7월 19일) 기사를 인용하여 보도하고 있다.

고 있다.[4)]

생산활동의 글로벌 분업화와 유통의 글로벌화가 진행되고 있는 현대 사회에서 글로벌 노마드(nomad)와 자본의 유치를 위해서는 첨단 인프라 도입과 고급 서비스 활동의 제공을 통한 경쟁력 있는 도시환경을 조성해야 한다. 이러한 목적을 위하여 선진도시들은 도심 재개발에 의한 서비스 활동의 고급화와 주거 공간의 고급화(gentrification), 첨단 정보와 운송 인프라 도입 등을 통한 공간 이용의 고급화를 시도하고 있다. 문제는 이 과정에서 빈민층, 불법 거주자, 노숙자 등과 같은 조직화되지 않은 힘없는 집단들은 더욱 소외되어 도심으로부터 밀려나 주변화(周邊化)와 한계화(限界化, marginalization)하는 현상을 보인다(Harvey, 1992). 이런 의미에서 글로벌 시대의 도시개발이 권력과 부를 소유하고 있는 힘있는 계층의 자본 축적만을 위한 수단으로 이용되어서는 안 되며, 효율성의 논리와 함께 형평성의 논리가 수용된 도시 정책이 추진될 것이 요구된다. 이것은 빠른 변화를 보이는 시기에는 그렇지 않은 시기와 비교하여 적응과 부적응의 차이에 따라 권력과 부의 형평성에서 순식간에 큰 격차가 벌어질 수 있으며, 이 과정에서 도시 하위 계층(urban underclass)의 주변화·차별화가 도시의 안정성을 위협하는 문제를 형성할 수 있기 때문이다.[5)] 살기 좋은 도시는 권력과 부를 소유하고 있는 힘있는 계층만이 거주하는 도시를 의미하는 것이 아니다. 도시민들 사이에 자발적·개별적 다양화를 보장하면서, 이들 사이에 차이와 상이성을 융해하거나 제거하는 것이 아닌 차이를 용인, 재생산, 육성하기 위한 '포용의 정치와 문화'를 갖는 도시가 보다 살기 좋은 도시라고 할 수 있다.

---

4) 인터넷을 이용하는 인구는 계속 늘어나고 있으나 인종과 소득 수준에 따른 계층 간 격차는 여전히 심한 것으로 미 상무부 조사 결과는 발표했다. 상무부가 발표한 "Falling Through the Net: Defining the Digital Gap"에 따르면, 도시외 지역 주민이나 저소득 계층은 여전히 컴퓨터나 인터넷의 혜택을 보지 못하고 있는 것으로 드러났다. 1998년 미국 가정의 40%가 인터넷을 이용하고 있으나 그 확산 속도는 흑인, 남미인, 아시아인에 비해 백인들 사이에 훨씬 빠른 것으로 나타났다. 개인용 컴퓨터 기기의 사용은 1994년 이래 그 차가 더욱 벌어져 백인과 흑인, 남미인 가정 간의 격차는 4년 전보다 6% 포인트 늘어났으며, 고소득 가정과 저소득 가정의 격차는 1997년과 1998년 사이에 25%나 벌어졌다(조선일보, 1999b).

5) 특히, 조직화되지 않은 도시의 하위 계층들은 공식 계통에서 소외되는 경우가 많으며, 이를 보완하기 위한 수단으로 집단적 시위와 도시 폭동 등의 극단적 수단에 호소하기도 한다. 예를 들면, 한국 사회에서 경험한 1980년대의 사북사태와 도심 재개발과 관련된 빈번한 철거민 시위들, 1960년대 미국의 도시 폭동, 1990년대 L.A. 폭동 등이 도시 하위 계층들의 도시 저항을 보여준다.

제7절 맺는 말

던컨(Duncan, 1959)은 도시는 평형 상태를 추구하는 거대한 생태적 공동체이며, 인간집단, 환경, 기술, 조직을 포함하는 동시에 기능적으로 상호 의존적인 생태적 복합체(ecological complex)로 이해될 수 있다고 규정지었다(Saunders, 1998: 81). 즉, 생태학적 접근에서 도시는 생존을 위하여 변화하는 환경에 적응해야 하며, 이 과정에서 물질적·정신적 밀도의 변화는 도시의 생활방식, 중추 기능, 분화와 지배 양태의 변화를 초래하여 전체로서 새로운 생태적 복합체로서 도시 체제의 변화를 추구한다. 또한 인간이 우주에서 혼자 떨어져 생활하지 못하는 것과 같이, 도시(都市)도 도시들 속에서 혼자 생존할 수 없으며, 다른 도시들과의 관계에서 도시의 존립 목적이 정립된다. 특히, 글로벌 시대의 경쟁력 확보를 위해서는 글로벌 도시 네트워크와 연계성을 확립하여야 하며, 변화하는 환경에 신속한 대응을 위한 유연적 구조를 갖추어야 한다.

궁극적으로 글로벌 시대에는 도시경쟁력이 국가경쟁력을 결정한다. 국가는 글로벌 변화를 주도하기에는 너무 작은 단위인 동시에 글로벌 변화에 신속히 대응하기에는 너무 큰 단위이다. 인천 경제자유구역은 글로벌 사회와 조응하기 위해 한국의 대표 선수로 개발되는 선도도시이다. 이런 의미에서 경제자유구역은 초국적 지역으로 국내적 시각과 규제의 대상을 초월한 지역이 되어야 한다. 따라서 국가 균형 발전과 같은 내부적 시각에서 조성되는 것이 아니라, 글로벌을 상대로 선두 주자로서의 역할을 수행하게끔 제도와 정책 지원이 있어야 한다. 이를 위해서는 인천 경제자유구역은 필연적으로 글로벌 도시로 개발되어야 한다. 경제자유구역을 국내의 다른 도시와 같은 방식으로 개발한다면 구태여 경제자유구역이라는 이름을 붙일 필요가 없을 것이다.

글로벌 사회는 현대 도시에 내재된 두 가지 상반된 경향을 확연하게 드러내 보인다. 한편으로 활동 범위의 확대를 통한 기회와 희망의 메시지를 제공함으로써 글로벌 사회의 동참을 통한 무한한 성장의 유혹을 제공하는 반면에, 경쟁의 확대를 통한 불확실성과 불안정의 의혹은 글로벌 사회의 동참이 도시의 운명을 외부에 담보한다는 두려움으로 작용하기도 한다. 그 결과로 글로벌 사회에 동참하면서 변화에 뒤지지 않기 위한 도시의 초조한 행태는 흔히 지나친 과잉 반응으로 나타나며, 이 과정에서 위험도시, 정체성 없는 도시, 지속불가능한 도시, 양극화된 도시들이 탄생되는 것을 우리는 목격하고 있다. 현대의 도시 생활은 반성의 시간과 여유를 주지 않는 변화와 혁신, 바로 그것이 글로벌 시대 혹은 텍스트 시대에 '성장'이라고 불리는 것의 실상이다. 현대 도시는 이미 사유보다 먼저 태어난 기호와 정보가 반성의 속도보다 더 빠르게 만나고 헤어지면서 변화하는 사회의 공간을 메워 가고 있다(김상환, 1996: 389).

제 3 장 정보화 사회와 도시개발

제 1 절 들어가는 말

도시개발을 위한 전략은 산업사회로부터 제5기 콘드라티에프(Kondratiev)의 정보화 사회로 진행되면서 급격한 변화를 경험하고 있다. 즉, 종래의 제조업 중심의 성장 전략에서 첨단과학기술에 기반을 둔 도시성장, 지식과 정보를 중심으로 한 생산적 3차 산업 중심의 도시개발을 위한 전략으로의 전환이 많은 도시에서 관찰되고 있다.

다른 한편 첨단산업을 중심으로 도시성장을 추구한 선진사회의 경험을 관찰하면 성공보다는 실패의 사례가 훨씬 압도적인 것을 알 수 있다. 첨단산업의 집적을 통한 도시개발의 성공 사례로 잘 알려진 실리콘 밸리(Silicon Valley)와 루트 128 (Route 128) 지역조차도 최근에는 인구 밀집에 따른 지가 상승, 도시의 이중구조 문제, 성장의 과식 · 포만(glut)에 따른 도시 변화의 신축성 · 융통성의 부족 등 다양한 사회 문제를 경험하고 있다. 한국의 경우에도 첨단 기술 인력이 가장 밀집된 대전 대덕단지의 현실을 볼 때 이러한 문제점을 어느 정도 인식할 수 있다. 과학기술 인력이 집중적으로 입지하였지만, 이러한 인력들의 활동이 지역경제와 적절한 연계를 갖지 못하였으며, 그 결과로서 대전과 대덕지역의 성장에 첨단산업과 기술 인력들의 중심적 역할을 기대할 수 없었다.

이것은 첨단산업 중심의 도시성장을 추구하기 위해서는 선행적으로 첨단산업, 그리고 지식 중심 산업이 갖는 본래적 특성을 명확히 파악해야만 하고, 이러한 특성과 조화되는 도시성장 전략의 정책적 연계가 요청된다는 것을 보여준다. 첨단산업과 정보 및 지식 중심 산업은 전통산업에 비하여 전문 지식의 축척이 보다 빠른 속도로 일어나며, 따라서 상품과 서비스의 생명주기가 현저히 짧은 특성을 갖는다. 이러한 특성에 더하여 첨단산업의 입지적 특성은 종래의 제조업이 지니고 있던 그것과는 상이한 패턴을 보이는데, 특히 제품 가격에서 운송비가 차지하는 비중이 상대적으로 낮음으로 인해 입지자유적 성격이 강한 면을 보인다. 또 다른 면에서 정보화 시대에 핵심적 활동을 수행하는 첨단 과학기술과 정보·지식에 종사하는 전문가들은 다른 업종에 비하여 높은 이주 성향을 보이고 있으며, 따라서 이 분야에 인적자원을 유치 및 육성하기 위해서는 종래와는 다른 방법의 접근이 요구된다.

한편, 과학기술의 급변에 따른 도시환경의 급속한 변화라는 측면에서 볼 때, 이러한 변화에 적절히 적응 혹은 변화를 주도하는 도시는 빠른 성장을 보이는 반면, 그렇치 못한 도시는 성장의 둔화 혹은 감퇴를 보이고 있다. 이러한 빠른 변화를 보이는 사회에서 보다 신속하고 융통성 있는 대응을 위해서는 국가 전체의 차원에서 대응하기보다는 도시 차원에서 대응하는 것이 보다 적절한 전략으로 제시되기도 한다. 특히, 산업사회에서는 국가가 성장의 견인차(engine of growth) 역할을 수행한 것과 비교하여 포스트포디스트(post-fordist) 사회에서는 도시 혹은 지역이 성장을 위한 주요 도구의 역할을 수행해야 한다고 주장되고 있다. 이것은 산업사회에는 국가의 경쟁력이 도시경쟁력을 결정하는 주요 변수로 작용한 반면에, 정보화 사회에서는 도시경쟁력·지역경쟁력이 국가경쟁력에 영향을 주는 인과 관계의 역전을 보이고 있기 때문이다. 따라서 도시가 적절한 개발 방향을 가지고 있는가의 문제는 그 도시의 문제일 뿐만 아니라, 더 나아가 국가 전체에 영향을 주는 문제로 확대되며, 올바른 도시개발 방향의 선택에 의한 도시경쟁력 강화는 국가경쟁력 강화에 영향을 미치는 파급효과를 가지게 된다.

따라서 정보화 사회의 도시성장에 주도적 역할을 할 것으로 기대되는 첨단과학기술과 지식·정보기반 활동은 도시개발에 핵심적 전략산업으로 응용되기에 앞서 보다 신중한 연구와 심층적 검토가 선행적으로 수행될 것이 요청된다. 이러한 시대적 요청에 직면하여 이 장에서는 정보화 사회의 도시개발에 주도적 역할을 할 핵심적 산업에 대한 고찰과 이러한 산업을 중심으로 한 도시개발 전략의 방향에 대하여 심도 있는 분석을 시도한다.

상기와 같은 목적을 위하여 이 장에서는 공간적 측면에서 도시를 분석 대상으로 하여, 과학기술 변화와 도시개발 사이의 관계를 이론 및 정책적 관점에서 고찰한다. 즉, 도시를 중심으로 환경 변화가 도시 체제에 미치는 영향을 투입－전환－산출의 관계에서 논의하며, 이러한 시각을 바탕으로 정보화 사회로의 변화가 도시개발에 미치는 효과와 도시성장을 위한 전략을 검토한다. 그리고 이 장에서는 정보화 시대의 특성을 다음의 세 가지 측면에서 파악하며 이러한 사회 변화가 도시개발 전략에 미치는 영향에 대하여 심층적으로 고찰한다; 첫째, 정보통신기술의 발달, 둘째, 경제활동의 글로벌화, 셋째, 도시의 산업구조의 변화(제조업에서 생산자 3차 산업으로)이다. 이 장은 크게 두 부분으로 구성되어 있다. 전반부는 정보화 사회와 도시개발에 대한 이론적 논의를 제공하며, 후반부는 도시개발과 관련된 정책적 논의를 제공한다.

제 2 절 정보화 사회의 의미와 특성

1 정보화 시대의 개념과 특성

정보화 사회는 정보·지식이 사회의 핵심적 활동으로 등장하며, 산업 분야에서 그 가치와 기능이 인정받는 사회로 정의될 수 있다. 각 부문별로 고찰하면, 산업 분야에서 정보, 지식의 생산, 가공, 처리, 분산 등과 관련된 활동이 핵심적 산업으로 등장하며, 그 파급 효과 및 연계 효과가 경제에 지대한 영향을 미치는 사회를 의미한다. 조직 분야에서 고찰하면, 자료, 정보, 지식의 이용, 처리, 축척, 가공 등과 관련된 활동이 조직관리의 핵심적 기능으로 등장하는 사회를 의미한다. 따라서 과거에는 인력관리, 재무관리, 영업관리 등이 조직의 핵심적 활동이었으나, 정보화 사회에는 정보·지식의 효과적 이용과 관리가 조직의 생존과 성장에 핵심적 활동으로 등장한다. 기술적 측면에서 고찰하면, 산업사회 노하우(know-how) 중심에서 노웨어(know-where) 중심으로 변화하는 사회를 의미한다. 즉, 핵심적 기술의 자기 보유, 직접 보유보다는 핵심적 기술의 보유 전문가, 조직, 장소 등에 관한 정보의 가치가 중요성을 갖으며, 이들의 이용을 위한 연계 네트워크 활동이 가치 창조를 위하여 중요성을 갖는 사회를 의미한다.

이러한 특성을 갖는 정보화 사회는 각 분야에 따라 상이한 용어로 표현되고 있다. 예를 들면, 정치경제분야에서는 포디즘(fordism) 사회에서 포스트포디즘(post-fordism) 사회로의 변화로서 표현되는 반면, 문화 분야에서는 현대성(modernism) 사회에서 탈현대성(post-modern) 사회로 표현되기도 한다. 다른 한편, 사회 분야에서는 산업사회(industrial society)에서 탈산업사회(post-industrial society)로 표현되기도 하며, 기술 혁신을 중심으로 한 경기 변화의 장기파동 이론에서는 제5기 콘드라티예프로 표현되기도 한다.

<표 3-1>은 농업사회에서 산업사회로, 그리고 산업사회에서 정보화 사회로의 변화 과정에서 각 시대의 특징적 활동들을 요약한 것이다. 자원과 생산 요소를 중심으로 살펴보면, 농업사회에는 자연자원과 토지가 주요 생산 요소를 구성하였으며, 자연 에너지와 노동력이 생산을 위한 주요 에너지 역할을 수행하였다. 산업사회에는 자본과 기술이 주요 생산 요소와 핵심적 활동을 구성하였으며, 자연 중심의 에너지에서 인공의 에너지가 성장의 추진제로서의 역할을 수행했다. 다음으로

표 3-1 사회 변화와 행태적 특징들

농업사회	산업사회	정보화 사회
• 자연과 토지(공간)가 인간을 지배하는 사회: 토지와 노동력이 주요 자원과 핵심적 활동을 구성하는 사회 • 분산적, 독립 거주 사회 • 비분업화 사회 • 동질화 사회 • 대가족 중심의 전통사회 • 절대군주와 봉건사회 • 생계 유지 중심의 사회 • 노동력 중심의 사회	• 자본과 기술이 주요 자원과 핵심적 활동을 구성하는 사회 • 중심지 지향적, 입지중시적 사회, 규모의 경제 사회 • 대량생산 및 소비 사회 • 표준화 사회 • 핵가족 사회 • 중앙집권 사회 • 생산(제조업) 중심의 사회 • 기술 중심의 사회	• 지식과 정보가 주요 자원을 구성하는 사회, 탈중심 사회 • 입지자유적(가상 공간) 사회, 범위의 경제 사회 • 다품종 소량생산 사회, 유연생산 체제(수직 및 수평적 전문화) • 다양화 사회 • 탈가족 사회 • 분권화(지방화) 사회 • 서비스(복지) 중심의 사회 • 네트워크 중심의 사회

정보화사회로 진행됨에 따라 지식·정보와 관련된 활동이 핵심적 활동으로 등장하며, 자료·정보·지식이 사회의 주요 자원을 구성하는 사회를 의미한다.

주거와 산업입지 활동에서, 농업사회는 대가족을 중심으로 농업활동에 종사하며 분산적 거주 행태를 갖는 사회로 설명되며, 산업사회는 제조업을 중심으로 핵가족의 밀집 거주 행태를 보이고, 정보화 사회는 공간과 거리의 개념을 탈피한 가상공간의 입지자유적, 탈중심의 입지 행태를 보일 것으로 예상된다.

생산과정의 측면을 살펴보면, 농업사회에는 각 개인들이 생산의 전 과정을 담당하는 전문화·분업화 이전의 사회를 구성하며, 산업사회에는 전문화와 분업화가 이루어진 대량생산의 규모의 경제사회를 구성하고, 정보화 사회에는 자동화·기계화를 통하여 개인의 개별적 선호를 충족하는 다품종 소량생산의 범위의 경제사회로 설명된다. 따라서 농업사회는 대다수의 사회구성원들이 동일한 생활방식과 종교, 문화를 공유하는 동질화 사회를 형성하는 반면, 산업사회에는 대량생산과 소비를 가능하도록 하기 위한 제도, 법규, 생산품의 표준화를 추구하였으며, 정보화 시대에는 개인의 선택을 극대화하는 다양화 시대로의 변화를 예측할 수 있다.

정치행정 체제에서 농업사회는 전통과 관습적 지배를 바탕으로 한 절대군주·봉건 체제를 보였으며, 산업사회에는 관료제를 중심으로 획일적 규제와 통제를 위한 중앙집권 체제를 보였고, 정보화 시대에는 급변하는 환경 변화에 신속히 대응할 수 있는 작은 규모의 정치행정을 위한 지방정부 중심의 분권화 시대가 예상되고 있다.

경제 부문을 살펴보면 농업사회에는 생존과 최저 생계의 유지를 위한 생계 유지 사회를 보였으며, 산업사회에는 제조업 중심의 대량생산과 소비를 지향한 성장사회를 구성하였고, 정보화 시대에는 삶의 질 중심의 서비스와 복지중심 사회를 구성할 것이 예상된다.

생산방식에 있어서는 농업사회는 개인의 노동력을 중심으로 생산성이 결정되는 사회를 구성한 반면, 산업사회는 기술력을 중심으로 생산성, 효율성이 결정되는 사회를 구성하였고, 정보화 시대에는 정보와 지식, 기술들의 연계활동을 통하여 생산성과 경쟁력이 결정되는 네트워크 중심 사회가 형성될 것으로 예상된다.

2 정보화 사회의 도래와 공간 개념의 변화

최근에 과학기술의 급격한 발달은 사회생활 전반에 걸쳐서 많은 변화를 유도하고 있다. 특히, 교통기술과 통신기술의 발달은 공간과 장소 개념의 혁신적 변화를 유도함으로써 산업과 주거의 입지 행태에서 획기적 변화를 초래하였다. 예를 들면, 앞에서 논의한 바와 같이, 교통기술의 발전은 종래의 중심지 지향성(central-orientation)에서 입지자유성(location-free)을 강화하는 행태적 경향을 보인다. 이러한 과학기술의 발전, 정보화 사회의 도래가 가져온 공간 개념의 변화를 다음과 같이 정리할 수 있다.

첫째로, 부동적 공간(static space) 개념에서 동태적 공간(dynamic space) 개념으로의 변화를 유도한다. 종래의 공간은 토지 이용과 관계된 개념으로 부동적 생산요소를 구성하였으며, 경제활동을 위한 입지의 대상으로 탐색되었다. 그러나 정보통신기술의 변화는 가상공간(cyber space)을 비롯하여 과거에는 생각조차 할 수 없었던 공간을 창조하였으며, 이러한 공간 속에서는 종래의 시간적·장소적 한계를 역동적 변화가 진행되고 있다. 카스텔스(M. Castells)는 정보화 시대가 도래함에 따라 장소의 공간(space of place)에서 유통의 공간(space of flow) 개념으로 변화할 것을 예상하였다. 즉, 고정된 생산 요소로서의 공간이 아닌, 지식·정보와 같이 유동적 자원을 구성하는 공간 개념의 변화가 현재 진행되고 있다. 예를 들면, 사이버 공간에서 금융거래, 화상회의, 상거래뿐만 아니라, 사이버 결혼, 가상국가 등의 활동들이 활발하게 추진되고 있다.

둘째로, 과학기술의 발달은 거리 개념의 축소 현상을 유도하였으며, 이러한 거리개념의 변화는 결과적으로 활동의 범위를 확대시킨 세계화·지구촌 현상을 유도하였다. 정보통신기술의 발달은 시간·장소에 관계없이 자료·정보에 접근할 수 있는 시스템을 제공하고 있으며, 교통기술의 발달은 사람과 물류의 이동·유통을 획기적으로 개선하였다. 이러한 활동 범위의 확대는 국가의 경계를 초월한 초국적 활동(transnational activities)의 등장을 가져왔고, 국가 장벽을 넘어선 경쟁의 세계화, 생산활동의 글로벌 분업, 물류 유통의 지구촌화, 더 나아가 글로벌 도시화(glurbanization)와 지구방화(地球方化, glocalization) 현상을 유도하고 있다. 그리고 이러한 활동 범위의 확대는 글로벌 활동을 적절히 관리 · 통제하기 위한 지식과 제도의 도입을 요구하는 한편, 글로벌 활동의 중심지로서 역할을 수행하는 월드시티(world city)의 등장을 가져왔다.

셋째로, 과학기술의 변화는 입지에 있어서 중심지 지향성에서 입지자유적 행태로의 변화를 유도하고 있다. 종래에는 경제활동에서 산업입지와 관련된 결정이 중요한 비중을 차지하였다. 즉, 어떤 지역에 입지하는가에 따라 경제활동과 관련된 비용과 수익에 상당한 차이가 발생하였다. 이것은 각 공간들이 입지와 관련된 독점적 특성을 보유하며, 따라서 어떤 지역은 다른 지역과 비교하여 비용 · 효과면에서 상대적으로 우월성을 갖는 것으로 인식되어 왔다. 비용면에서 보면, 종래에 중심지에 근접하여 입지하는 경향은 중심지로부터의 거리에 따른 운송 비용의 증가에 의하여 설명될 수 있으며, 효과면에서 보면 중심지에 입지할수록 고객의 용이한 접근성, 시장 변화에 대한 민감성, 전문 인력의 용이한 확보 등에서 발생하는 집적의 효과(agglomeration effect)로서 설명되었다. 그러나 교통기술이 발달함에 따라 생산 비용에서 운송 비용이 차지하는 비중은 점차로 하락하였으며, 정보통신기술이 발달함에 따라 장소 사이에 정보 접근의 차이 또한 현저히 감소하였다. 결과로서 공간이 소유하였던 독점적 가치가 현저히 줄어드는 경향을 보이며, 경제활동에서 입지의 중요성이 감소하는 반면에, 자유입지의 높은 경향을 보이고 있다. 그리고 이러한 경향은 가상공간의 등장과 함께 더욱 강화되는 추세를 보이며, 이와 같은 공간 개념의 변화는 공간의 효과적 이용과 개발을 목적으로 하는 도시개발 이론, 정책, 그리고 전략적 접근에 있어서 변화를 요구하고 있다.

제 3 절 정보화 사회를 유도한 요인들

로마가 하루아침에 형성되지 않은 것과 마찬가지로 정보화 사회도 어느 날 갑자기 우리에게 닥쳐온 것은 아니다. 정보화 사회라는 새로운 삶의 방식이 우리에게 친숙하게 되기까지에는 과학기술의 발달과 그에 따른 생활방식의 변화들이 복합적으로 작용했다고 볼 수 있다. 이 절에서는 정보화 사회를 유도한 주요 요인들을 살펴보기로 한다.

1 연구개발의 조직화(공장화)와 첨단 과학기술의 발달

제2차 세계대전 이후의 과학기술 활동에 두드러진 변화로서 관찰되는 것 중에 하나로 연구개발 활동의 조직화를 들 수 있다. 제2차 세계대전 이전에 신기술 발명과 혁신은 주로 개인의 탁월한 능력 혹은 천재적 사고의 산물로서 인식되었던 반면, 제2차 세계대전 이후에는 집단적 연구개발 활동을 위한 조직체인 연구소 혹은 전문가들의 공동 연구와 개발 활동의 결과로서 신기술 창조와 혁신이 일상화(routine)되는 변화를 보이고 있다. 전문가들의 집단적 활동에 의한 연구개발의 조직화는 기술개발과 혁신에 있어서 과거와는 상이한 행태 유형을 보여준다. 첫째로, 연구개발 활동이 조직화·공장화됨에 따라 그 결과로서 신기술 개발과 혁신활동이 가속화되는 추세를 보인다. 둘째로, 신기술 개발과 혁신이 가속화됨에 따라 기술혁신의 주기가 짧아지고, 이에 따른 제품의 생명주기가 단축되는 현상을 보인다. 셋째로, 제품생명주기의 단축은 연구개발 활동의 중요성을 가중시키며 기술 변화의 속도를 가속화시킨다.

기술개발·혁신의 속도가 가속화됨에 따라 선진사회에서 산업활동의 중심은 전통 제조업 부문에서 첨단산업 부문으로 그 중심이 이동하는 현상이 나타난다. 즉, 한편으로 전통 제조업은 성장의 한계를 갖는 반면, 기술혁신을 거듭하는 첨단산업은 높은 성장잠재력을 함유하고 있다. 또한 개발도상국의 기술력이 향상됨에 따라 상대적으로 선진국 전통 제조업 활동의 경쟁력이 약화됨으로써 핵심 산업으로서의 기능을 상실하였으며, 선진사회의 전통 제조업 활동은 지역 간 혹은 글로벌 산업이동의 주요 대상이 되고 있다. 따라서 빈번한 기술혁신과 신기술(新技術)의 등장은 구기술(舊技術)을 이용한 전통 제조업 활동의 사양 산업화를 가속시키며, 과거에 이 산업이 담당했던 성장의 견인차 역할을 대체하는 활동으로 첨단산업들이 등장하고 있다.

상기와 같은 기술개발의 가속화와 첨단산업의 발달로 인하여 신제품 개발, 제품 기능의 다양화, 제품 규모의 소형화, 다품종 소량생산 체제의 도입 등 생산기술과 공급 측면에서 급속한 변화를 경험하고 있다.

2 교통기술의 발달

20세기 도시의 물리적 구조 변화에 가장 중요한 영향을 미친 요소로서 교통기술의 발달을 들 수 있다. 19세기에 철도 교통의 등장 이후 장거리 이동 비용의 획기적 감소로 인하여 내륙지역의 성장과 인구의 도시 집중을 위한 수단을 제공하였고, 19세기 말에 대도시에 전차와 지하철이 등장함으로써 통근 거리의 확대, 중심지 집중의 강화, 도시 규모의 확대 등 도시의 외관과 물리적 구조에서 상당한 변화가 초래되었다. 이와 더불어 항공과 해상 교통 수단의 발달은 생활권과 경제권을 국내적 영역에서 국제적 영역으로 확장시키는 기회를 제공하였다.

그러나 20세기 도시구조에 근본적 변화를 초래한 기술로는 자동차 교통의 발달을 들 수 있다. 물류 이동을 위한 트럭 운송과 인력 수송을 위한 버스와 승용차 기술 및 운송 체제의 발전은 도시뿐만 아니라 전국적으로 인적자원의 이동과 물류의 유통에서 획기적 변화를 유도하였다. 종래의 철도 운송과 비교하여 자동차 운송 체제는 물류의 이동성 향상, 장거리 이동 체제에 대한 접근성 향상, 출발점(origin)과 종착점(destination) 개념의 해체에 따른 집중성 완화 및 분산적 이동성 강화 등의 변화를 가져왔으며, 궁극적으로 종래의 철도망 중심의 국토 이용과 지역개발에서 고속도로망 중심의 개발로 방향 전환을 가져왔다. 이러한 이동성의 향상은 농촌지역에서 도시지역으로의 인구 이동을 보다 용이하게 함으로써 인구의 도시 집중을 초래한 주요 요인으로 작용하였다.

자동차 기술의 발달은 도시 내부의 전반적 활동에서 또한 많은 변화를 가져왔다. 출발점에서 종착지까지 궤도가 필요한 전차, 지하철 운송 체계와는 달리 자동차는 궤도가 없기 때문에 중심지 지향성을 완화시키고, 도시의 분산적 개발을 위한 기회를 제공하였다. 승용차 소유의 보편화는 개인의 통근 거리를 확대시키며 교외지역으로 이주를 가능하도록 하였으며, 이러한 현상은 인구와 산업활동의 도시공간 입지 분포에 많은 변화를 유도하였다. 예를 들면, 인구의 교외지역 이주 성향은 선진국에서 도심의 공동화(空胴化) 현상을 가져왔으며, 중산층과 고소득층의 교외

지역 이주는 도심 거주지역의 슬럼화와 재정 문제 등 인문지리학적 측면에서 도시 활동에 상당한 변화를 초래하였다. 반면에, 중심지 지향 성향의 감소는 근린지역에 많은 지역 중심지들을 창조하여 현재의 도시구조와 같은 다핵(多核) 모형의 정주(定住) 체계와 주요 도로 중심의 인구 분포와 도시 체제를 가져왔다.

교통기술의 변화와 관련하여 언급될 필요가 있는 또 다른 요소로서 고속철도, 항공 교통과 해상 교통 체제의 발달을 들 수 있다. 고속철도의 등장은 교외지역으로부터 전원지역으로 통근 거리의 획기적 확장을 가져왔을 뿐만 아니라, 전국을 1일 혹은 반나절 생활권으로 전환시키는 변화를 제공하였다. 항공 교통의 대중화는 국내적 생활권에서 국제적 생활권으로 영역의 확대를 가져왔으며, 더 나아가 사회 전반에 있어서 글로벌 활동의 확대를 가져오는 데 중요한 수단을 제공하였다. 해상 운송 체제의 현대화, 특히 컨테이너(container) 운송 체제의 도입은 화물의 안전 수송뿐만 아니라, 선적·하역과 관련된 시간과 비용의 현저한 절감을 가져옴으로써, 물류의 글로벌 이동의 활성화, 생산활동의 글로벌 분업과 유통시장의 범위 확대를 위한 주요 요인으로 작용하였다.

3 정보통신기술의 혁신적 발전

지구촌 사회에 가장 큰 파급 효과를 제공한 20세기 기술 변화로서 정보통신기술의 혁명을 들 수 있다(Preer, 1992). 20세기 중반에 반도체 기술, 디지털 컴퓨터, 원격통신 체제, 소프트웨어의 발달 등에 의하여 유도된 정보통신기술의 혁명은 인쇄기술의 발명 이상으로 정보와 지식활동에 획기적 변화를 가져왔다. 선진사회에서 정보통신기술의 발달은 정치행정 분야에서 통치 행위와 방법, 공공 서비스 전달 체제의 변화를 가져왔고, 경제산업 분야에서 관리 및 생산 기법의 혁신을 유도하였으며, 교육 분야에서 교수 방법과 교과 과정의 변화를 초래하였고, 문화 분야에서 문화 서비스의 유형, 수단과 방법에 있어서 획기적 변화를 가져왔다. 이뿐만 아니라, 국방 분야에 있어서 무기 체제와 방위 체제의 변화, 사회복지 전달 체제의 변화, 교통 체제의 변화 등 사회 전반에 걸쳐서 정보통신 기술 변화의 파급 효과가 미치지 않는 곳이 없다고 해도 과언이 아니다. 최근에는 여기서 더 나아가 인공지능(AI)기술의 발달은 이제 기계가 전문가와 주요 의사결정을 대체 및 주도할 수도 있다는 가능성까지 낳고 있다. 이런 가능성을 보여주는 대표적인 사례로서 이세돌과 알파고(AlphaGo)의 바둑대국 결과를 들 수 있다.

이러한 각 분야의 정보통신·컴퓨터 기술의 파급효과는 한편으로 이러한 기술이 공간과 거리 개념에 미치는 파급 효과와 연산과 기억 용량의 한계를 극복한 파급효과 등 두 가지 측면의 효과에 기인한다고 볼 수 있다.

첫째, 정보통신기술의 혁신은 다른 어느 분야보다도 공간과 거리 개념에 획기적 변화를 유도하였다. 공간과 거리의 측면에서 정보통신기술의 혁신은 첫째, 거리 개념의 축소 혹은 탈거리(脫距離) 개념을 불러왔다(Vernon, 1977). 정보통신기술이 현재와 같이 발전되기 이전에는 각 입지점에 따라 정보에 대한 접근의 차이, 서비스 향유의 차이, 관리와 통제 방법의 차이 등 전반적으로 자료·정보와 지식의 생산, 처리, 배분, 이용에 있어서 지역 간 차이를 유도하였다. 그러나 정보통신기술이 발전함에 따라 사회 전반적 활동에서 입지의 중요성이 감소했으며, 인간의 생활권 범위를 지역권에서 국내 영역을 초월하여 전 지구적으로 확대시키는 변화를 유도하였다.

그리고 정보통신기술의 혁신은 공간 개념에 대한 혁명 혹은 탈시공(脫時空) 개념을 유도하였다. 정보통신 활동은 실제적 공간을 초월한 가상공간(cyber space) 내에서의 활동을 제공함으로써 종래의 지정학적 공간이 갖는 한계 — 예를 들면, 공간의 위치, 크기, 형태 등 — 를 초월한 탈시공적 활동을 제공한다. 예를 들면, 전자상거래는 시간과 공간의 제약 없는 상거래를 제공하며, 사이버 교육은 장소와 학생 수의 제약 없는 교육공간을 제공한다. 마찬가지로 사이버 연예인은 시간, 장소, 청중, 장르의 제약 없는 엔터테이너를 제공하며, 사이버 바이러스는 연령, 시간, 위치, 인종에 관계없이 감염을 시킨다. 이러한 면들을 고찰할 때, 정보통신 기술혁명의 파급효과가 우리 생활에 어디까지 영향을 미치며, 어떤 변화를 가져올지에 대해서는 그 한계를 예상할 수 없다고 해도 과언이 아닐 것이다.

정보통신기술의 두 번째 파급효과로서 연산 능력과 기억 용량의 한계 극복에서 유도된 영향을 생각할 수 있다. 연산 능력과 속도, 그리고 기억 용량의 대폭적 신장은 지식·정보의 질과 양에서 현격한 증가를 가져왔다. 컴퓨터의 등장으로 과거에는 계산이 불가능했던 자료들의 처리가 가능해졌고, 이러한 활동을 통하여 정보와 지식의 생산활동 및 사고의 혁신을 유도하였으며, 원격통신 시스템을 이용하여 정보·지식이 필요한 조직과 부서로 즉시 전달·배분이 가능해졌다. 최근에는 여기서 더 나아가 인간활동에 대한 자료들의 축적에 의해 빅 데이터(Big Data)가 구축되고, 구축된 빅 데이터를 실시간 분석 및 학습하는 기술(예: 딥마인드 기술)이 발달하여 기계가 인간의 의사결정을 대체할 정도에 이르렀다. 이제 자료와 정보·지식 관리는 조직의 가장 핵심적 기능으로 등장했으며, 자료·정보·지식이 효과적으로 수집·분석·배분·관리되는가의 문제가 조직의 생존과 성장에 치명적 영향을 미치고 있다.

정보통신기술의 발전은 지역성장에서 정보통신 인프라와 인적자원의 중요성을 특히 강조한다. 즉, 지역들 사이에 정보 인프라의 차이는 정보자원 이용의 차이를 가져오며, 급변하는 사회에서 환경 변화에 대하여 신속히 대응하는 능력과 기회의 차이를 가져온다. 그리고 정보통신기술의 발전은 지역성장 과정에서 발전된 기술을 이용하여 정보와 지식을 생산하는 전문가 집단의 기능과 역할에 높은 비중을 부여한다. 과거에는 지역의 부존 자연자원과 지정학적 위치에 따라 성장잠재력이 결정되었는데, 정보통신기술의 혁신은 이러한 자연자원보다는 지역이 보유한 인적자원과 이들의 배양 능력에 따라 지역의 성장잠재력이 결정되는 새로운 시대를 열었다.

4 경제활동의 글로벌화

정보화 사회를 유도한 또 다른 요인으로서 경제활동의 글로벌화를 들 수 있다. 1960년대 이래 국가들 사이의 무역량은 지속적으로 증가하였으며, 국제 간의 자본투자 또한 급격한 증가를 보이고 있다. 이제는 국가의 경계가 국제 경쟁으로부터 자국의 산업활동을 보호하기 위한 완충장치의 역할을 더 이상 수행하지 못하며, 국내의 제반문제가 국내의 정책에 의하여 조정과 통제되는 시기는 이미 지났다고 해도 과언이 아니다. 예를 들면, 국내의 무역정책은 중앙정부의 조정과 통제보다는 세계무역기구(WTO)로부터 보다 많은 조정과 통제를 받고 있으며, 국내의 환경 기준은 각 국가들이 독자적으로 설정하는 것이 아니라 국제환경회의에서 설정된 기준을 받아들이고 있다. 국가의 경제 상황이 자국의 경제활동에 의하여 영향을 받는 한편, 글로벌 경제 변화에 의하여 또한 많은 영향을 받는 경제의 지구촌 현상이 발생하였다.

이러한 경제활동의 글로벌화를 유도한 주요 요인으로 다음 세 가지를 들 수 있다. 첫째, 자본주의 체제가 확대 · 발전함에 따라 국제 간에 보호무역 정책이 철폐되고 개방경제 체제로의 전환을 보인 것이다. 둘째, 교통 · 통신기술의 발달은 '공간 개념의 압축 현상'을 가져와서 글로벌 교류활동을 획기적으로 신장시키고 있다. 셋째, 초국적 기업활동의 활성화를 들 수 있다. 첨단기술이 등장함에 따라 경쟁력을 상실한 선진국의 전통 제조업들은 글로벌 이동 대상이 되었으며, 정보통신기술의 발달은 글로벌 분산된 산업활동에 대한 효과적 통제와 관리를 가능케 했다. 즉, 어떤 산업활동이 특정 국가에서만 수행되는 것이 아니라, 여러 국가에 분산된 활동의 종합으로 수행되고 있고, 특정 기업이 특정 국가에서만 산업활동을 하는 것이 아니라, 전 지구적으로 산업활동을 하는 글로벌 기업들이 증가하고 있다.

이제 경제활동의 글로벌화뿐만 아니라, 정치, 문화, 교육, 여가(관광), 엔터테인먼트(예: K-POP 확산) 등 우리 사회의 전반적 활동 범위가 국가의 경계를 넘어서 전 지구적으로 확대되고 있다. 이것은 경제, 정치, 문화, 교육, 예술 등의 전반적 사회활동에서 경쟁력을 확보하기 위해서는 지역적 지식 · 정보, 국가적 지식 · 정보를 넘어서 전 지구적 지식과 정보를 소유하여야 한다는 것을 의미한다. 이제 정보의 효과적 분석과 정보자원의 효과적 관리는 경제의 경쟁력 확보를 위해서만 요구되는 것이 아니라, 급변하는, 그리고 상호 연계성을 갖는 글로벌 사회에서 대내 · 외적 다양한 변수들의 연구와 분석을 통하여, 생존을 위한 신속한 대응과 융통성 있는 접근, 미래 변화에 대한 보다 정확한 예측을 위한 필수적 활동으로 인식되고 있다.

5 소득수준의 상승과 서비스 활동의 고급화 · 첨단화

20세기의 과학기술의 발달은 사회 각 부문에 있어서 생산성의 현저한 증가를 가져왔다. 농업의 기계화 · 자동화에 의하여 개인당 경작 면적이 증가하고 노동 생산성이 현저하게 증가하였으며, 분업체계의 과학화와 공장의 자동화에 의하여 산업 생산성이 급격히 증가하였다. 이러한 생산성의 증가는 소득수준의 상승을 가져왔으며, 그 결과로서 양적 팽창을 넘어서 삶의 질 향상을 지향하는 복지사회의 구현을 시도하고 있다.

선진사회의 생산성 증가와 그에 따른 소득수준의 상승은 생활방식과 가치관에 있어서 눈에 띄는 변화를 가져왔다. 즉, 생산활동에 높은 가치를 부여했던 산업사회와는 달리 여가와 문화·휴식활동에 높은 우선 순위를 부여하는 생활방식의 변화를 가져왔으며, 양적인 측면보다는 질적인 측면을 강조하는 고급 서비스의 수요가 증가하였다. 이러한 가치관과 생활방식의 변화는 산업구조에도 많은 영향을 미쳐서 산업사회에 성장의 견인차로서 환대를 받았던 제조업들이 공해 배출산업으로 전락하여 퇴출 혹은 전출되는 위기에 몰린 반면, 소비를 조장하는 비건설적(非建設的) 산업으로 불명예스러운 대접을 받았던 서비스업이 도시성장을 위한 견인차 역할을 수행하고 있다.

일상 생활에서 문화와 휴식·여가가 차지하는 비중의 증가는 서비스 산업의 다양화, 고급화, 첨단화를 가져왔고, 서비스 산업이 고부가 가치를 창조하는 산업이라고 하는 인식의 전환을 가져왔다. 이러한 현상은 특히 문화 관련 산업에서 두드러지게 관찰되며, 특정 지역 혹은 계층만이 향유하는 소비 대상으로의 문화활동에서 문화의 개발과 창조를 통한 문화의 첨단화, 문화의 상품화, 문화의 자원화를 통하여 고부가 가치를 창출하고 있다.

이제 21세기에 들어서서 서비스산업의 다양화, 고급화, 첨단화 현상은 대량생산을 가능하게 하는 기술발전도 중요하지만, 보다 한 단계 높은 사회로 성숙하기 위해서는 하드웨어적 성장과 함께 소프트웨어적 발전이 함께 일어나야 한다는 것을 보여준다. 즉, 기술발전을 통하여 의식주 문제를 해결한 사회는 건설할 수 있으나, 21세기에 보다 성숙된 사회로 개발되기 위해서는 기술에 더하여 감각과 문화가 함께 조화를 이루는 문화예술 도시의 조성이 중요하다는 것을 보여준다.

제 4 절 정보화 시대에 도시개발을 위한 이론적 접근

최근의 과학기술의 발달과 그에 따른 공간 이용 및 산업 행태의 급격한 변화는 도시개발에 관한 종래의 이론들에 의해서는 설명되지 않는 새로운 현상들을 초래하였으며 이론적 모형의 수정을 요구하고 있다. 제2차 세계대전 이후의 첨단산업의 발달, 교통통신기술의 혁신, 사회 제반 활동의 글로벌화, 그리고 서비스 산업의 다양화 · 고급화 · 첨단화 등에 의하여 유도된 정보화 사회에서의 지역개발은 산업사회에서의 지역개발과는 상이한 설명과 접근을 요구한다. 예를 들면, 산업사회에서 경제활동의 입지 행태를 설명하기 위하여 베버(Alfred Weber), 스미스(David Smith) 등에 의하여 개발된 산업입지이론은 정보화 시대에 첨단산업의 입지 행태를 적절히 설명하지 못한다. 마찬가지로 임대료와 운송비를 중심으로 공간 이용 행태를 분석한 신고전적 접근(neo-classical approach)도 기술개발과 인적자원의 확보, 환경의 쾌적성을 중시하는 현대적 입지 인자를 고려할 때 논리적 근거와 이론적 타당성이 부족하다는 비판을 받고 있다.

새로운 시대는 새로운 이론과 새로운 패러다임을 요구한다. 그러나 새로운 시대에 사회 변화를 설명하는 모든 변수들을 포함하는 이론적 모형은 개발되지 않았으며, 현재와 같이 빠른 속도로 사회가 변화한다면 그러한 변화를 충분히 설명하고 예측할 수 있는 이론이 개발되기는 매우 어렵다. 과거와 같이 완만한 기술 변화와 변화된 기술의 적응을 위한 충분한 완충 기간이 있었던 시기에는 사회 변화를 설명하는 이론과 모형이 개발될 수 있는 시간적 여유가 있었으나, 현재의 변화 속도는 이러한 이론의 등장을 불허할 정도로 빠른 변화를 보인다. 따라서 여기서 제시된 이론들은 각각의 특정 현상에 대한 설명을 도시개발과 연계시켜 논의한 것이고, 사실 정보화 사회의 도시개발을 총체적으로 설명하는 이론은 존재하지 않는다. 다음은 스턴버그(Sternberg, 1996)의 첨단산업과 지역성장 사이의 관계를 설명한 이론을 중심으로 재구성한 것이다.

1 장기파동 이론(Long Wave Theory)

기술혁신을 설명하는 슘페터(Joseph Schumpter)의 이론을 지역개발과 연계시켜 설명하는 장기파동 이론은 경제성장 과정은 장기적으로 주기적 변동을 거듭한다는 것을 역사적 분석을 통하여 보여준다. 경제의 주기적 변화인 경기 회복, 호황,

침체, 불황의 과정들은 사회에 높은 파급 효과를 주는 신기술의 출현 혹은 기술혁신과 직접적으로 연계되어 있으며, 이 과정에서 어떤 지역은 빠른 성장을 보이는 반면, 다른 지역은 침체 또는 퇴보를 경험하는 지역 격차가 발생한다. 즉, 새로운 기술혁신을 선도하는 지역 혹은 그에 따른 산업 변화에 적절한 대응을 한 지역은 성장을 보이는 반면, 구기술(舊技術) 중심의 전통 산업 지역들은 정체 혹은 퇴보의 과정을 보인다. 미국의 예를 보면, 첨단산업 기술혁신을 주도하고 있는 실리콘 밸리는 급속한 성장을 보이는 반면, 철강・자동차 등 기존 중공업에 집착한 도시인 피츠버그와 디트로이트는 침체를 경험하고 있다. 유사한 사례로, 한국에서 첨단 전자산업의 혁신을 주도하는 기흥과 용인시는 급속한 성장을 보이는 반면, 조선산업에 전문화된 거제와 울산시는 경기 침체를 보이고 있다.

콘드라티예프 파동(Kondratiev wave)은 자본주의 체제의 장기적 경기변동을 설명하는 가장 대표적 모형이다. 자본주의 체제의 주기적 경기 불안정을 설명한 콘드라티예프의 장기파동은 산업혁명 이후부터 약 50~60년을 주기로 물가상승률의 부침(浮沈) 현상이 발생하는 것을 발견하였다. 이후 1939년에 슘페터가 보완적 연구를 거쳐서 '콘드라티예프 파동'이라는 공식 명칭을 부여하였으며, 이러한 장기적 주기 변동의 주요 변수로서 핵심기술의 발명(invention)과 혁신(innovation), 새로운 상품시장(commodity market)의 등장, 국제 간 분쟁(war), 대규모 금광의 발견, 그리고 주기적 천재지변(가뭄과 홍수 등) 등을 제시하였다. 슘페터의 이론에 의하면, 주기적 경기변동은 자본주의 사회의 창조적 파괴 행위와 혁신(creative destruction of traditional industries and innovation)의 결과이며, 이 과정에서 전통기술을 중심으로 한 산업지역은 침체 혹은 불황을 경험하는 반면에, 혁신을 주도하는 지역은 성장을 경험한다.

콘드라티예프 파동 이론을 약 200년의 시계열 자료를 이용하여 분석한 멘치(Mensch, 1975)의 연구는 콘드라티예프(N. D. Kondratiev)와 슘페터에 의하여 주장된 장기파동이 실제로 존재한다는 것을 확인하였다. 또한 멘치(G. Mensch)는 주기 변화에 영향을 주는 핵심적 기술혁신과 이들의 집합적 활동은 경기의 상승기간에 발생하는 것이 아니라 불황기간에 발생한다는 '불황탈피가설(depression trigger hypothesis)'을 제시하였다. 그의 논리에 의하면, 경기 불황기에 이를 탈피하려는 연구개발 활동이 활발히 진행되며, 이러한 활동의 누적에 의하여 신기술 발명과 혁신이 일어나고, 새로운 기술이 산업활동에 다양하게 응용되는 파급 효과를 통하여 경기 회복과 호황의 상승기를 유도한다고 주장한다. 한편으로 멘치의 가설을 비판한 프리먼 외(Freeman et al., 1982)의 연구에 의하면, 신기술 혁신의 파급 효과는 시간과 장소에 따라 상이하며, 한 주기의 콘드라티예프가 아닌 수개의 주기 동안 그 효과가 영향을 미친다는 것을 주장한다.

영국의 지역 사례를 중심으로 신기술 발명·혁신과 지역성장과의 관계를 논의

표 3-2 콘드라티예프 장기파동과 지역 및 산업 변화

	제1차 주기	제2차 주기	제3차 주기	제4차 주기	제5차 주기
장기파동 기간	1787~1845	1846~1895	1896~1947	1948~1990s	1990s~?
신기술혁신	제직, 제련기술	제강, 증기기관	전력, 자동차	반도체, 컴퓨터, 석유화학	정보통신, AI, 바이오 공학
주요 핵심산업	섬유, 철강산업	증기기관, 철도산업	전력산업, 중기계산업	자동차, 항공, 중화학, 반도체 컴퓨터산업	정보통신, 전자, 소프트웨어산업
기업조직 유형	개인 기업, 소규모 기업 경쟁	소규모 기업 경쟁, 대기업의 등장	거대기업, 독과점 체제 등장	다국적 기업들의 과점적 경쟁	대기업과 중소 기업의 연계, 주문형 생산 체제
지리학적 영향	도시(광산, 항구)로의 인구 이동	광산지역의 성장	대도시의 인구 집중	교외지역 성장, 대도시 인구 감소, 신산업도시 등장	도심집중 강화, 거대도시 증가
기술 선도국	영국, 프랑스, 네덜란드, 벨기에	영국, 프랑스, 미국, 독일, 일본	독일, 미국, 영국, 프랑스, 러시아	미국, 독일, 기타 EC 국가들, 일본	한국, 싱가포르, 대만, 홍콩, 중국, 인도, 브라질
정권과 규제 유형	중세 봉건 체제의 붕괴, 자유방임 체제의 등장	극단적 자유방임, 야경국가 체제, 규제의 최소화	제국주의, 민족주의 체제, 기간산업의 국유화	복지국가·국가경쟁 체제, 고용과 투자에 대한 정부개입 강화	신자유주의, 기업가적 정부 운영
주요 기업가	Arkwright, Ower, Maudslay	A. Carnegie, Rockefeller,	Siemens, Bosch, Nobel, Edison	Ford, Agnelli, Matsushita	Bill Gates, Steve Jobs
정치 경제학자	Adam Smith	Ricardo, List	Marshall, Pareto	Keynes, Schumpter	Schumpter, Aoki

그림 3-1 콘드라티예프 장기파동 모형

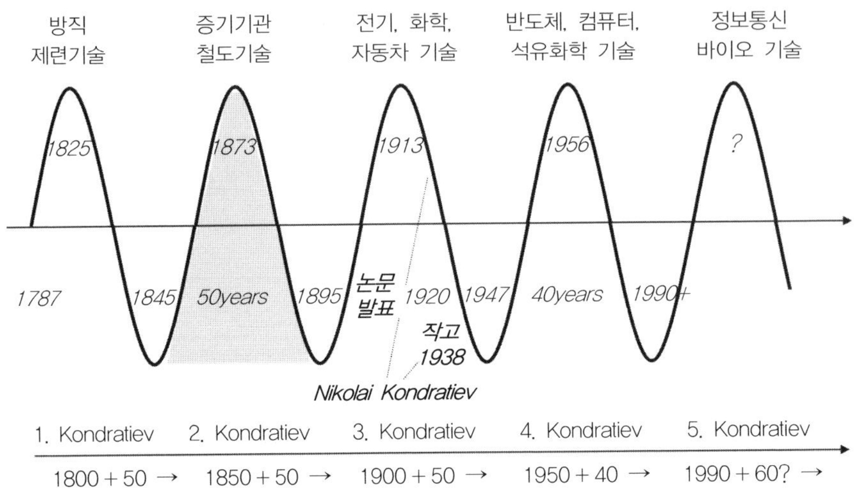

자료: Freeman(1987), Hall & Preston(1988)을 중심으로 재구성.

한 마셜(Marshall, 1987)의 연구에 의하면, 각각의 장기파동들은 각각의 새로운 지역의 성장과 전통지역의 침체를 가져왔다고 설명하고 있다. <표 3-2>는 1700년대 후반 산업혁명이 발발한 이후 자본주의 사회에서 약 50~60년을 주기로 과학기술의 발명·혁신과 경제의 경기 변화가 발생하고, 이 과정에서 특정 지역이 선별적으로 성장한 것을 보여준다. [그림 3-1]은 <표 3-2>를 콘드라티예프 장기파동으로 도식화한 것이다.

제1차 콘드라티예프 주기는 1787년에 시작하여 1845년경에 종료되어 58년의 주기를 보인 것으로 나타난다.[1] 당시의 신기술로는 제직기술, 제련기술이 발명되어 섬유와 철강업을 중심으로 산업성장을 경험하였다. 기업 규모는 가내공업에서

1) 콘드라티예프는 장기파동을 도출하기 위해 물가상승률을 이용하여 9년의 이동 평균(moving average) 통계를 산출하였다. 9년 이동 평균은 예를 들면, 2000년 물가상승률 통계는 2000년 수치를 사용하는 것이 아니라, 2000년을 중심에 놓고 이전 4년과 이후 4년 통계의 평균치를 사용하는 방식이다. 이러한 통계 조작에 의해 장기파동 이론이 발표되었을 당시에 자본주의 체제 경제학자들은 이 이론이 단순한 통계 조작에 의한 원리로 폄하하여 중요 이론으로 받아들여지지 않았으나, 슘페터 이후 많은 학자들의 연구를 거쳐 이론의 높은 설명력을 인정받았고, 최근에 와서는 자본주의 경제 체제의 경기변동에 따른 진폭을 완화하여 경제의 연착륙(soft landing)을 유도하기 위한 중요한 원리와 정책을 제공하는 것으로 이해되고 있다.

공장제공업으로 전환되는 시기이므로 개인 기업, 소규모 기업이 주류를 이루었다. 도시는 철강업의 원료를 제공하는 석탄과 철광석이 생산되는 지역과 섬유제품을 생산 및 수출하기 위한 항구도시들이 선별적으로 성장하였다. 산업혁명이 영국에서 시작하였기 때문에 당연히 영국이 제일 먼저 경제의 도약 단계를 경험하며 기술 선도국이 되었고, 인접한 프랑스, 네덜란드와 벨기에 등이 점차적으로 영향을 받아 근대 사회로 전환되었다. 이러한 산업혁명의 영향으로 정치경제 제도의 변화를 가져와서 중상주의가 도입되고, 아담 스미스(Adam Smith)를 비롯한 고전 정치경제 학자들이 주장하는 자유방임 정치경제 체제가 도입되기 시작하였다.

제2차 콘드라티예프는 1846~1895년을 주기로 형성되었으며, 당시의 경기 변화를 주도한 주요 기술로는 증기기관과 제강기술을 들 수 있다. 이러한 신기술을 기반으로 증기기관과 철도산업이 핵심적 산업으로 성장하였으며, 소규모 기업들 사이에 경쟁이 심화되고 이들 가운데 높은 경쟁력이 있는 기업들이 대기업(예: 카네기 철강회사, 록펠러 스탠더드 오일 등)으로 성장하였다. 도시는 아직도 석탄과 철광석 등 천연자원이 풍부한 지역이 성장하였고, 철도기술이 도입됨에 따라 철로를 따라 내륙지역이 성장을 가져왔다. 기술 선도국으로는 기존의 영국, 프랑스, 네덜란드, 벨기에에 더하여 미국, 독일과 일본이 합류하였으며, 정치경제에 있어서는 정부의 규제와 간섭이 최소화된 극단적 자유방임 체제와 친기업적인 산업민주주의(industrial democracy) 체제가 성행하였다.

제3차 콘드라티예프는 1896~1947년을 주기로 당시의 경기 변화를 주도한 주요 기술로는 전기와 자동차 기술 등을 들 수 있다. 이러한 신기술을 기반으로 전력과 자동차산업, 중공업이 성장하였으며, 대량생산 체제가 도입되어 거대기업들(예: 포드자동차, GE 등)이 등장하였다. 대량생산 체제의 도입은 규모와 집적의 경제 효과를 가져와서 인구와 산업활동의 도시집중을 가속화시켜 대도시의 성장을 촉진시켰고, 기술 선도국으로는 북유럽국가와 러시아가 합류하여 제국주의가 강화되고 저개발국가의 식민화에 의한 수탈이 자행되었다. 또한 이 시기에 제1·2차 세계대전이 발발하여 경기의 부침 현상이 더욱 심화되었고 급기야는 자본주의 체제의 최대 위기라는 경제대공황을 경험하였다.

제4차 콘드라티예프는 1948~1990년을 주기로 당시의 경기 변화를 주도한 주요 기술로는 트랜지스터, 반도체, 컴퓨터기술 등을 들 수 있다. 이러한 신기술을 기반으로 컴퓨터산업, 자동차와 신소재, 항공과 중화학산업들이 성장하였으며, 특히 자동차가 일반화됨에 따라 도시 외연의 확장으로 인한 교외지역 성장과 탈도시화 현상이 나타났다. 기술 선도국으로는 미국, 캐나다, EC 국가와 호주 등을 들 수 있고, 후발 신흥 산업국가로는 아시아의 네 마리 용으로 불렸던 한국, 싱가포르, 홍콩, 대만이 국제시장에 발을 들여놨다. 그리고 이 기간에 발생한 한국전쟁(1950~1953년)은 일본의 경제 재생을 위한 기회를 제공하였고, 마찬가지 논리에서 통킹(Tonkin)만 사건(1964년)을 구실로 미국 개입에 의해 국제전으로 확대된 베트남전쟁(1965~1973년)은 한국의 경제개발을 위한 기회를 제공하였다. 제2차 세계대전으로 폐허가 된 사회를 부흥시키기 위해서는 정부의 역할과 기능이 확대될 수밖에 없었으며, 자연스럽게 케인스(John, M. Keynes)가 제시한 복지국가의 원리(Welfare State)가 도입되어 정부 규모와 공공부문의 확대에 의한 큰 정부(big government) 정치경제 논리가 지배하였다. 그러다가 1970년대 접어들어 제1차 오일쇼크(1973년)와 제2차 오일쇼크(1978년)에 의해 자본주의 경제 체제의 경기 침체를 경험하며, 경제 체제가 취약한 요인으로 시장 기능에 대한 정부의 지나친 규제와 간섭, 경제의 자율성 침해, 지나치게 확대된 공공부문 등으로 인한 정부실패(government failure) 요인이 도마에 올랐다. 이러한 요인들에 의해 큰 정부를 지향하는 케인지안 복지국가의 원리는 비판의 대상이 되었고, 시장의 자율성 확대와 작은 정부를 지향하는 신자유주의(neoliberalism)가 풍미하기 시작하였다.

마지막으로, 제5차 콘드라티예프는 1990년대에 시작하여 현재 진행형이라고 할 수 있다. 학자들 사이에 합의된 의견은 없지만, 새로운 장기파동을 여는 핵심 기술로는 정보통신기술, 바이오 기술, 인공지능(AI: Artificial Intelligence) 등을 들 수 있으며, 새로운 기술 선도국으로는 한국, 싱가포르, 홍콩, 중국, 인도, 브라질 등을 꼽을 수 있다. 그리고 제5차 콘드라티예프 시기는 앞에서 언급한 바와 같이, 글로벌·정보화 시대의 도래가 특징으로 제시된다. 1989년 동구권이 붕괴된 이후에 자본주의와 사회주의 사이의 냉전 체제가 무너지고 세계가 하나로 통합된 글로벌 사회가 도래하였으며, 정보통신기술의 발달은 자료·정보·지식의 생산, 처리, 분석, 교류, 이용, 관리와 통제가 사회의 핵심적 활동으로 등장한 정보화 사회로 유도하였다. 이런 글로벌·정보화 사회에서 대면적 관계와 활동의 중요성이 더욱 부각되며 도심으로 인구와 산업, 특히 생산적 서비스 산업의 집중이 강화되며 대도시 밀

집과 확대에 의한 거대도시(megacity) 현상이 나타나고 있다.[2)]

그러면 신기술 발명과 혁신에 의한 장기파동은 왜 새로운 지역을 선별적으로 성장시키는가? 이 질문에 대한 대답으로, 신기술 혁신에 의한 새로운 지역의 성장은 현재의 중심지에서는 위험 부담이 높은 신규 기술에 대한 투자를 기피하기 때문에 모험 자본은 새로운 지역에 투자되는 성향으로 설명될 수 있다. 이런 성향에 대하여 '유퍼스 효과(upas tree effect)'는 기존 산업지역이 아닌 새로운 지역에서 신기술 혁신의 효과가 정착되는 현상에 대한 논리적 설명을 제공한다(Hall, 1985).

지역성장과 장기파동 사이에는 어떤 관계가 성립한다는 데는 학자들 사이에 의견의 일치를 보이고 있다. 특정 시기의 핵심적 기술과 지역의 연계가 성장잠재력에 중요한 영향을 미치며, 핵심적 기술의 개발을 선도하는 지역 혹은 높은 기술 응용력을 갖는 지역은 성장을 보이는 반면에, 전통 기술을 고집하거나 혹은 기술 변화의 파급 효과를 수용하지 못하는 지역은 침체 혹은 퇴보를 보인다는 것이다.

장기파동과 관련된 정책적 측면을 검토하면, 학자들 사이에 각기 상이한 의견이 존재하지만, 다수설은 주기적 경기변동을 억제하기 위한 대다수의 정책들이 실패하였다고 지적하고 있다. 단지 경기 불황을 조기에 탈피하기 위해서는 다른 어떤 분야보다도 연구개발(R&D) 활동에 대한 우선적 투자가 요구되며(Combs et al, 1987; Freeman, 1987), 미국의 경우를 보면 특히 방위산업 분야의 연구개발 활동에 대한 지원이 어느 정도 효과를 본 것으로 연구들은 밝히고 있다(Hall & Preston, 1988).

2 제품생명주기 이론(Product Life Cycle Theory)

제품생명주기 이론은 상품의 생명주기를 중심으로 제조업체의 생산활동과 도시개발과의 관계에 대한 이론적 접근을 제공한다. 즉, 상품도 인간과 마찬가지로 탄생, 성장, 성숙, 쇠퇴 과정을 가지며, 이 과정에서 도시개발과 연계성을 갖는다는 것이다. 그리고 이러한 상품의 생명주기는 [그림 3-2]와 같이, 대체로 50~60년 기

2) 왜냐하면, 정보통신망을 통해 많은 자료와 정보들이 난무하고 있지만, 가치 있는 정보와 지식은 대면적 관계를 통해 습득할 수 있고, 이러한 대면적 활동이 고밀도로 일어나는 공간이 바로 대도시이기 때문이다.

그림 3-2 제품생명주기 모형

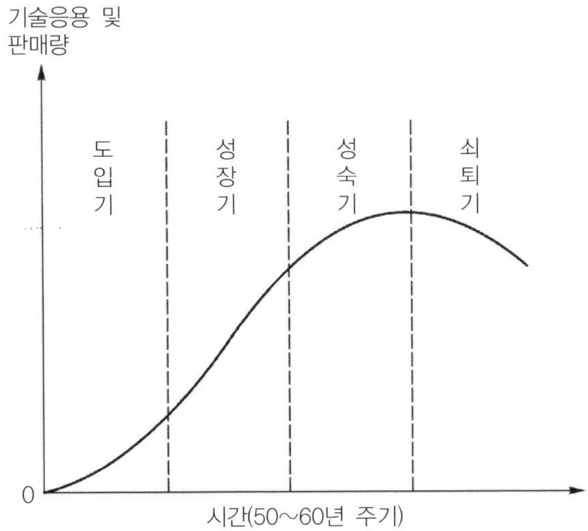

간을 가지며, 기술개발과 혁신(응용)활동 및 제품 생산활동에 따라 상이한 입지 행태를 보인다. 예를 들면, 신제품이 출시되면 수요와 공급은 우선적으로 대도시를 중심으로 이루어지며, 성장 단계에서 점차적으로 중소도시와 외곽지역으로 전파되고, 성숙 단계에 접어들면 저임금 양질의 노동력을 제공하는 지방으로 이전하며, 쇠퇴기에 들어서는 전통 산업화되어 개발도상국으로 이전하는 행태를 보인다.

<표 3-3>은 제품의 생명주기와 각 단계별 산업 행태의 특성을 설명한 것이다. 제품의 성장 단계를 고찰하면, 첫째, 신제품의 개발과 시장에 최초 진입 단계, 둘째, 신제품의 이용이 점차 보편화하는 성장 단계, 셋째, 제품의 표준화와 대량생산·소비가 이루어지는 성숙 단계, 넷째, 극대 이용의 포화상태를 넘어서 이용의 감소를 보이는 쇠퇴 단계로 구성된다(Oakey, 1993; Tichy, 1991). 이러한 각각의 성장 단계에 따라 상이한 입지적 특성을 보인다. 첫 번째 단계는 전문 인력의 밀집지역에서 집중적 연구개발 활동을 통하여 신제품의 개발과 혁신, 그리고 상품화를 통한 시장 진입이 일어난다. 두 번째 단계에서는 유사제품의 등장과 함께, 제품에 대한 개량을 통한 품질과 가격 경쟁이 시작되며, 따라서 연구개발과 상품화를 신속히 수행하기 위하여 개발시설과 생산시설이 동일지역 내에 인접하여 입지하는 성향을

표 3-3 제품의 성장 단계와 행태적 특성

	신제품 개발과 상품시장 진입	성장기	성숙기	쇠퇴기
성장 속도	불규칙적 성장	점증적 성장	점감적 성장	점증적 감소
위험 부담 정도	높은 위험 부담	위험 부담의 감소	낮은 위험 부담	위험 부담의 증가
시장구조	준독점 체제	과점 체제	가격, 품질의 경쟁체제	경쟁의 수축
제품생산 전략	단일제품 생산	유사제품 등장	제품생산의 표준화	다양한 제품생산
생산의 주요 요소	정보, 전문 인력, 모험자본	전문 인력	자본	비숙련 노동력
주요 입지 행태	연구개발 인프라의 집적지역, 쾌적한 환경	지역 내의 분산 입지	지역 간 분산 입지	저비용 지역으로 생산시설의 이전

자료: Oakey(1993)와 Tichy(1991)의 연구를 중심으로 Sternberg(1996)가 재구성.

보인다. 세 번째 단계에서는 특정 모델의 제품이 지배적 모형으로 정립되어 표준화가 이루어지는 대량생산 단계이며, 단위당 이윤은 하락하고 가격 경쟁이 극심한 단계로서 최저생산비를 제공하는 지역으로 생산시설의 이전이 시작된다. 네 번째 단계는 포화상태를 넘어서 쇠퇴기에 접어든 단계로서, 신제품에 대한 비교경쟁력이 하락하여 수요의 하락을 보이고, 개발도상국과의 제품가격에서 경쟁력을 상실함으로써 선진국에서 개발도상국으로 생산시설의 글로벌 이동을 보이는 단계이다(Malecki, 1981).

많은 학자들이 제품주기와 글로벌 입지 이동의 관계(Vernon, 1966; Tichy, 1991) 혹은 제품주기와 지역 간 입지 이동과의 관계(Rees & Stafford, 1986)에 대한 경험적 분석들을 연구하였다. 이들의 연구 결과에 의하면, 주기의 초기 단계에는 인적 자원의 집중성과 제품의 혁신(innovation of product)이 중요한 요소로 작용하므로 주로 인구 밀집 지역에서 생산활동의 공간적 분업과 기술 변화 사이의 상관 관계가 관찰된 반면, 생산 방식의 혁신(innovation of process)이 일어나는 주기의 후반부에는 노동집약적 활동을 위하여 외곽 혹은 주변지역에서 생산시설의 입지가 이루어지는 현상이 관찰된다.

최근에 첨단산업의 입지에 대한 분석에서도 유사한 현상이 관찰된다. 전문 인력이 집중된 지역에서 첨단산업 제품의 혁신과 상품화가 일어나며, '여과이론(filterdown theory)'에 의한 혁신의 계층적 확산과 함께 외곽 지역에서 생산과정의 혁신이 관찰된다(Kleinknecht & Poot, 1992; Harris, 1988). 그러나 첨단산업에 대한 경험적 분석은 반드시 일치된 결과를 보이지는 않는다. 미국을 중심으로 148개의 첨단산업의 입지 행태를 분석한 바델트(Bathelt, 1992)의 연구에 의하면, 제품의 주기와 입지 행태 사이에 약한 결합도(association)를 보였다. 이러한 일치된 연구 결과를 보이지 않는 주요 이유로는 첫째, 첨단산업 제품의 경우에 제품의 생명주기가 짧기 때문에 입지의 이전을 위한 시간이 충분치 않으며, 둘째로 표준화 단계가 매우 짧거나 혹은 존재하지 않기 때문에 주기에 있어서 불연속 현상이 관찰되기 때문으로 분석된다.

제품생명주기와 입지 행태를 연계시키는 이론에 대한 비판적 논의로는 첫째, 이 이론은 기업의 입지 행태를 환경변수(기업 외부 변수)에 지나치게 중점을 둔 모형으로 실제적 입지 결정에서는 기업 내부 변수 — 예를 들면, 기업 규모, 연고지역, 규모의 경제 등 — 들이 중요하게 작용할 수 있다. 둘째로, 입지 결정에는 제품주기보다는 기업주기(corporate life cycle)가 중요한 영향을 미칠 수 있다. 예를 들면, 오래된 기업과 신생기업은 동일한 신제품을 개발하더라도 입지 행태에서 상이한 차이가 관찰된다는 것이다.

3 유연생산 체제 이론

사회가 변함에 따라 정부의 정책도 변화가 요구되는 것과 같이, 과학기술의 변화는 필연적으로 산업조직 및 생산 방식의 변화를 유도한다. 그리고 한편으로는 소비자의 취향과 선호 행태의 변화가 제품 유형과 품질의 변화를 유도하기도 하지만, 다른 한편으로 과학기술의 발달이 제품의 첨단화, 다양화, 고급화를 유도하는 주요 요인으로 작용하고 있다.

유연생산 체제(flexible production system) 혹은 유연적 전문화(flexible specialization) 등으로 불려지는 생산 방식은 과학기술의 발전이 가져온 산업조직과 생산 방식의 변화라고 할 수 있다. 즉, 종래의 경직적 생산 방식에서 탈피하여 생산 과정의 유연화와 분업화를 강조하는 유연생산 체제는 산업 행태에서 다음과 같은 네

가지 특성으로 설명될 수 있다.

첫째, 생산 방식의 분업화를 추구한다. 종래의 생산 방식은 한 기업이 모든 중간과 완제품들을 독자적으로 생산하는 대규모 생산 체제를 유지하였다. 그러나 유연생산 체제에서는 독자적 생산 방식을 피하고, 가급적 많은 협력 업체들과 공동협력을 통하여 제품을 완성하는 생산 방식의 분업화를 추구한다.

둘째, 생산제품의 다양화, 고급화, 첨단화를 추구한다. 각각의 협력 업체들은 자신들이 담당한 부품 생산에 전문화됨으로써 그 제품에 대한 집중적 연구와 기술개발이 가능하고, 따라서 제품의 다양화, 고급화, 첨단화를 제공한다.

셋째, 다품종 생산 체제를 제공한다. 종래의 대량생산 체제에서는 표준화·규격화된 지배적 모형의 생산에만 주력한 것과 비교하여, 유연생산 체제에서는 협력업체들과의 공조활동에 의한 부품의 다양화를 통하여 소비자의 다양한 선호에 부합하는 다품종 소량생산이 가능하다.

넷째, 환경 변화에 대한 신속한, 융통성 있는 대응 체제를 제공한다. 비대한 조직을 운영하는 종래의 대규모 생산 체제에서는 시장 변화에 대하여 융통성 있는 신속한 대응이 어려운 반면, 각각의 개별조직으로 축소된 유연생산 체제에서는 시장 변화에 대한 보다 신속한 융통성 있는 대응 체제를 제공한다.

급변하는 환경 변화에 보다 융통성 있는 대응을 제공하는 유연생산 체제는 지역의 산업 행태에 따라 지역특성이 결정된다는 것을 보여준다. 이것은 유연생산 체제가 도입된 산업의 경우에 대다수의 협력 업체들이 인접 입지의 성향을 보이며, 상호 연계된 산업활동을 수행하는 노동인력의 밀집 현상을 가져오고, 이들의 행태적 특성에 따라 지역 문화가 결정되는 연쇄적 효과를 창조하기 때문으로 분석된다.

과학기술, 특히 교통, 정보통신과 자동화기술의 발달은 사회에서 전례가 없는 대규모의 급격한 변화를 초래하였고, 이러한 사회 변화는 산업의 조직관리와 생산 방식에 있어서 획기적 변화를 유도하였다. 조절 혹은 규제의 원리(regulation school)에 중점을 둔 관리와 통치제도를 주장하는 포디즘[3](fordism) 사고에 대한 수정으로 탈제도(脫制度), 탈규제(脫規制) 혹은 탈규격화(脫規格化)를 지향하는 탈포디즘(post-fordism) 접근이 새롭게 제시되었다; 생산 방식에서는 종래의 규모의 경제(economic of scale) 중심의 대량생산 방식을 탈피하여 범위의 경제(economic of

3) '포디즘'에 대한 설명은 제1장의 각주 5)를 참고하기 바람.

scope) 중심의 다품종 소량생산 체제로 변화가 추구되었으며, 이러한 환경 변화에 적절히 대응하기 위한 생산 방식으로 제시된 것이 유연적 생산 체제이다; 조직관리에서도 종래의 계층제 구조에서 탈피하여 보다 많은 권한과 책임을 하위 계층에 부여함으로써 현장의 상황 변화에 보다 신속하게 대처할 수 있는 평면적 조직구조(flat structure)로의 변화와 리엔지니어링(re-engineering), 감량 경영(down-sizing)을 통한 조직구조의 혁신이 시도되었다.

포스트포디즘[4] 시대에 유연생산 체제의 도입과 연계된 지역 공간 이용 행태의 변화로서 산업활동의 집적 입지를 들 수 있다. 앞에서 언급한 바와 같이, 유연생산 체제에서는 전방적 · 후방적 연계 관계를 갖는 산업활동들이 인접 입지하는 경향을 보이기 때문에, 이 과정에서 산업정책과 지역정책의 기능적 · 공간적 상호 연계가 발생한다. 즉, 기능적 측면에서는 생산과정에서 상호 연계성을 갖는 소규모 기업체들의 인접 입지를 통하여 기업 생산성 향상을 가져오는 한편, 공간적 측면에서는 토지 이용의 활성화를 통한 고용창출과 지역경제의 성장을 유도할 수 있다. 이러한 사고를 기본 개념으로 조성된 지역이 기술단지(technology district), 과학공원(science park), 공업단지(industry district) 혹은 기술집적 지역(technopolis) 등으로 불려지는 산업 밀집 지역이다. 동종 혹은 유사한 산업활동의 밀집, 혹은 전 · 후방적 연계를 갖는 산업활동의 집적을 목적으로 조성된 산업단지는 일반적으로 다음과 같은 산업적 및 지역적 특성을 갖는 것으로 관찰된다(Amin & Robbins, 1990).

4) '포스트포디즘(post-fordism)'이란 용어는 앞에서 검토하였던 '포디즘 시대'가 지나고 새로운 생산과 관리 방식이 지배하는 사회로 전환되었다는 것을 표현한 것이다. 즉, 포디즘 시대의 소품종 대량생산 방식을 탈피하여 소비자들에게 선택의 범위를 넓히는 다품종 소량생산 방식으로 전환됨에 따라, 조직관리와 노동시장, 더 나아가 사회 전반에 다양한 변화가 진행되는 것을 포디즘 방식이 점차 해체되고 포스트포디즘 시대로 전환되고 있다고 표현한다. 이와 같은 생산과 관리 방식의 변화를 유도한 주요 요인으로는 1973년과 1979년의 제1차와 제2차 오일쇼크, 그리고 이에 수반된 미국과 유럽(특히, 영국) 경제와 산업활동의 경쟁력 상실을 들 수 있다. 1970년대의 오일쇼크는 특히 미국 경제에 치명적으로 작용한 반면에, 일본 혹은 중소기업 중심의 국가(예를 들면, 이탈리아 북서부의 제3이탈리아 지역, 대만, 싱가포르 등)에는 경쟁력 신장의 기회를 제공하였다. 따라서 미국식 대량생산을 위한 생산과 관리 방식에 대한 문제점이 제기되고, 유연적 생산과 관리 방식으로 전환이 모색되기 시작하였다. 이러한 과정에서 종래에는 대규모 기업체가 전담하던 생산과 관리활동들이 수직적 혹은 수평적 분화 과정에 의해서 전문 중소기업에 협업활동으로 분산되거나 혹은 외부조달(outsourcing) 방식이 증가하고, 노동시장의 유연성이 강조되는 새로운 경영과 노조 문화가 도입되기 시작하였다. 이런 측면에서 '포스트포디즘'은 '신자유주의'가 제시한 정책과 상당 부분 일치하는 면을 보인다.

• 동종 혹은 연계된 최종시장(end market)을 위한 생산활동에 종사
• 지식과 가치의 집단적 이용과 공유의 문화를 구성
• 전문가 집단의 구성원들 사이에 비공식적 경쟁, 협업, 공조 관계의 형성
• 고도로 다양화된 소비시장을 위한 다품종 생산 체제의 형성; 급변하는 소비자 선호에 신속대응을 위한 생산 체제를 형성
• 연구개발 분야에 대한 높은 투자와 첨단과학기술 이용
• 단지 내의 기업들 사이에 생산적 분업 체제와 협력 체제의 형성
• 지속적 혁신을 위한 기업들 사이의 공조와 경쟁의 균형을 위한 제도적 지원

1) 유연생산의 장점

산업단지의 개념은 특정 지역에 전문화된 산업들의 집적 입지를 위한 이론적 근거를 제공한다. 이러한 산업활동의 집적은 동종의 산업활동의 밀집 입지에 의하여 제공되는 도시화 효과와 마찬가지로, 수직적 분업화(vertically disintegrated) 생산 방식을 이용하는 유연적 생산 체제로부터 다양한 장점들이 제공된다: (1) 지역 전문 지식의 공유와 전문 노동시장의 형성, (2) 노사 관계의 유연성 확립 및 신뢰, 협력 관계 구축, (3) 연계관계에 있는 산업활동의 인접 입지에 의한 운송비용과 거래비용(transaction cost)의 절감, (4) 특정 산업을 위한 특정 산업 기반(industrial infrastructure), 정보 및 서비스의 획득 가능성 증가.

유연생산 이론은 "왜 신규산업이 기존의 중심지가 아닌 주변 혹은 외곽 지역에 입지 성향을 갖는가?"에 대한 논리적 답변을 제공한다. 즉, 새로운 생산 방식과 산업연계성, 그리고 전문화의 새로운 앙상블(ensemble)은 전통 산업과는 다른 입지 행태를 요구한다는 것이다(Scott & Storper, 1987: 225). 새로운 생산 방식을 시도하는 혁신적 문화, 연계 산업들이 인접 입지할 수 있는 넓은 공간, 전문가들을 유인할 수 있는 쾌적한 환경 조건 등은 보수적 문화와 관습에 젖어 있는 구도시(舊都市)에서는 새로운 생산 방식을 이용한 새로운 산업활동이 자리 잡기가 어렵다는 것을 보여준다. 그리고 20세기 중반 이후 하이테크 산업단지의 출현·급성장과 관련하여 유연생산 이론은 "왜 첨단산업들이 새로운 지역에서 성장하는가?"에 대한 대답과 입지적 조건에 대한 논리적 설명을 제공한다(Scott, 1988; Storper, 1992).

2) 유연생산 이론의 비판

유연생산 이론은 지역의 산업정책, 특히 첨단산업 중심의 산업정책에 대하여 학자들 사이에 격렬한 논쟁을 불러왔으며, 특히 이론의 경험적 타당성, 응용성, 그리고 정책 관련성과 관련하여 많은 비판과 논의의 대상이 되었다.

유연생산 이론과 하이테크 산업성장 사이의 연계에 대한 주요 비판으로는 현실적으로 이러한 연계에 의하여 성장한 지역 사례가 매우 적다는 것이다. 그리고 초기의 하이테크 산업은 방위산업을 중심으로 성장하였는데, 사실상 방위산업은 수직적 분업화에 의한 생산활동이 거의 도입되지 않았고, 분업화를 추구하여야 할 만큼 수요시장이 경쟁 체제를 갖추지 않았다.

모델의 타당성 문제에서 제기되는 주요 비판으로는, 첫째로 유연생산 체제와 기술산업단지 사이에 선형 관계가 성립하는가에 대한 문제가 비판의 대상으로 제기되고, 둘째로 수직적 분업・협업 체제에서 거래비용(transaction cost)이 감소한다는 논리가 타당성이 있는가의 문제가 제기된다. 또 다른 비판으로는 첨단산업 활동 초기와 관련하여 "왜 특정 지역에서 이러한 활동이 발생 혹은 도입되었는가?"에 대한 적절한 설명을 유연생산 이론은 제공하지 못한다는 것이다.

4 혁신적 환경과 네트워크 접근 (Innovative milieux and network approach)

정보화 시대에 지역성장을 위해서는 다른 무엇보다도 지역의 혁신과 변화를 위한 노력이 요구된다. 주변 환경, 더 나아가 외부 환경 변화에 적절히 대응하여야 함은 물론, 보다 적극적으로 변화와 혁신을 추진하려는 도시 활동이 있어야 한다. 특히, 현재와 같이 급변하는 사회에서 지역 안정과 지속적 성장을 추구하기 위해서는 혁신을 추구하고 변화를 수용하는 지역 환경의 확립이 무엇보다도 중요하다.

환경적 접근(milieu approach)에 의하면, 지역산업의 기술혁신 혹은 혁신적 활동의 도입은 지역에 근거를 둔 다양한 산업활동의 집단적 협력과정에서 얻어지는 산물로서 설명된다. 지역의 사회경제적 특성으로 인식되는 지역 환경은 기업활동, 제도, 인력의 상호작용을 통하여 형성되며, 이 과정에서 불확실성 감소를 위한 공동 노력과 신기술 혁신을 위한 공조 관계 등 지역의 산업활동에 영향을 미치는 혁신적 분위기가 형성된다. 이런 측면에서 지역의 혁신적 환경과 분위기는 어느 한 분야의 노력에 의해서 형성되는 것이 아니라, 지역을 구성하는 다양한 요소들—공공부문, 민간부문, 교육부문, 문화부문 등—사이의 공동협력을 통하여 형성되며, 이를 위해서는 각 부문을 연계시키는 협력적 네트워크의 구성이 필수적으로 요청된다.

1980년대 중반부터 주장되기 시작한 환경적 접근은 지역환경에 영향을 미치는 주요 요소로서 다음의 세 가지를 들고 있다: 지역의 인적자원, 주도적 조직 혹은 기관들 사이의 긴밀한 네트워크 형성, 네트워크 내의 공유의 문화. 첫째로, 지역의 인적자원은 인구적 요소를 의미하며, 지역주민의 직종 분포, 연령 분포, 성별 분포, 교육수준 등이 지역의 혁신적 환경을 조성하는 데 주요한 요소로 작용한다. 둘째로, 지역조직들 사이에 네트워크 형성은 공공부문과 민간부문, 정부부문과 비정부부문, 그리고 산·학·관·연(產·學·官·硏)의 협력적 공조 체제 형성을 위한 연계망을 의미한다. 셋째로, 네트워크 내의 공유의 문화는 변화를 수용하고, 그리고 더 나아가 지역을 변화시키기 위한 혁신적 문화가 지역의 주도적 조직 내에 팽배하여야 한다는 것을 의미한다.

네트워크 분석은 페로(Perroux, 1955)의 성장거점이론에서도 언급되고 있으며, 지역기업들 사이에 원자재 공급을 위한 상호 연계 등의 미시적 측면에서 주로 접근되어 왔다. 그러나 환경적 접근에서는 네트워크의 범위를 확대시켜 지역의 주도적 조직과 기관들 사이의 연대활동을 의미하며, 이러한 네트워크가 형성됨으로써 구성원들은 지역산업 활동에서 행정비용의 감소, 기업활동의 안정성 증가와 불확실성의 감소, 정보에 대한 접근성 증가, 산업 하부구조의 보다 원활한 조달 등 다양한 장점을 제공한다(Bergman et al., 1991).

그러나 지역 네트워크의 형성이 항상 긍정적으로 작용하는 것은 아니다. 제품이 연륜에 따라 상이한 패턴을 보이는 것과 마찬가지로 네트워크 또한 연륜에 따라 혁신의 능력이 상실되고, 동질적 기관들과의 연대는 성격이 다른 조직 혹은 기업들을 배제시킴으로써 독점적 이익을 추구하며, 더 나아가 지역문제에 대하여 이익집단화하는 경향을 가질 수 있다(Grabher, 1992; Camagni, 1991; Bergman et al., 1991). 대체로 이러한 부정적 측면의 연대활동이 전통 산업도시와 구도시에서 발견되곤 한다.

네트워크 접근과 유연생산 이론은 여러 가지 유사점을 포함하고 있다. 예를 들면, 두 접근 모두 지역혁신을 위한 산업조직의 중요성을 강조하며, 산업활동들 사이에 공식·비공식적 연계를 제공하고, 산업단지와 같은 공간적 접근을 주도한다(Hansen, 1992). 다른 한편 상이점으로는 유연생산은 제한적 산업활동 사이의 강한 연대를 주장하는 반면에, 네트워크 접근은 폭넓은 활동들 사이에 다소간 완화된 연대를 의미한다(Bergman et al., 1991).

환경적 접근과 네트워크 분석은 지역의 혁신적 변화를 유도하기 위한 전략적 과정을 제시한다. 그러면 "혁신적 지역환경을 조성하는 데 영향을 미치는 주요 요소는 무엇인가?"라는 질문이 제기된다. 지역과 혁신적 네트워크 사이에는 상호 연계 관계가 존재하는 한편, 새로운 기술과 생산품은 새로운 네트워크를 형성시킨다. 지역혁신을 위한 네트워크 형성을 위해서는 네트워크 참여자들의 전문적 능력, 주도적 조직 혹은 기관들 사이에 밀접한 개인적 관계, 경제의 불안정, 수요 행태의 급격한 변화와 기술적 불확실성, 잠재적 동반자들 사이에 신뢰와 우호적 관계 등이 주요한 요소로 작용한다(Hansen, 1992).

미국 실리콘 밸리를 중심으로 정보기술의 혁신과정을 분석한 카스텔스(M. Castells, 1989)는 지역의 혁신적 환경을 창출하기 위해서는 다음과 같은 조건들이 필수적으로 충족되어야 한다고 지적한다; (1) 원자재로서 정보기술(우수한 대학, 교육기관, 정부의 연구기관, 민간·공공연구소, 그리고 연구개발 기관의 네트워크를 통하여 제공되는 지역의 정보기술 수준), (2) 전문 인력(과학기술 인력)들 사이에 지식의 공유와 원활한 이동성, (3) 위험 부담이 높은 신기술 분야의 투자를 위한 모험자본의 원활한 조달.

지역 네트워크에서 주도적 조직과 행위자는 누구인가? 혁신적 네트워크의 주요 활동가로서 공공기관, 기업집단, 그리고 전문가 집단이 주도적 역할을 수행해야 한다(Longhi & Quéré, 1993). 지역상공회의소, 경영자연합회, 지역과학자협회, 모험자본 조달을 위한 금융기관, 기초연구를 위한 과학기술대학 등이 혁신적 네트워크를 구성 및 운영하는 데 핵심적 역할을 수행하여야 한다. 정부부문이 주도적으로 지역혁신과 관련된 정책을 기획·집행하는 것보다는, 지역혁신과 관련된 정책이 네트워크 내의 구성원들 사이에 적극적 참여와 긴밀한 토론, 연대에 의하여 수렴 및 결정, 집행될 수 있도록 네트워크의 관리자 혹은 지원자로서의 기능을 수행하는 것이 바람직하다.

환경적 접근과 네트워크 분석에 대한 주요 비판으로는 첫째, 정책집행상의 타당성 문제가 제기되고, 둘째, 경험적 사례 부족에 의한 실행 가능성의 문제가 제기된다. 환경적 접근이 이론적 타당성은 존재하지만 아직도 무엇이 환경적 조건인가에 대한 명확한 개념 정립이 되어 있지 않으며, 네트워크 분석 또한 정보화 시대의 도래와 함께 현재 개발 중에 있는 분석 기법이기 때문에 좀 더 많은 사례를 통하여 충분한 검증이 요구되는 접근이다(Hansen, 1992). 또 다른 문제는 혁신적 네트워크를 운영하는 데 중소기업 네트워크와 지역개발을 연계하여 설명하고 있으나, 현실적으로 주도적 혁신활동과 신기술 개발은 지역 네트워크의 도움없이 대기업의 연구개발활동의 결과로서 창출되고 있는 면을 고찰할 때, 네트워크 분석이 현실성을 결여한 설명이라는 비판을 받고 있다(Bergman et al., 1991).

제 5 절 • 정보화 사회의 도시개발 방향

과학기술의 급속한 변화와 혁신, 공간 개념의 축소와 사이버 공간의 등장, 경제활동의 세계화, 서비스 산업의 첨단화와 고급화 등의 행태적 특징을 보이는 정보화 시대에는 종래의 도시개발과는 상이한 개발 방향이 요구된다. 즉, 급속한 변화를 보이는 사회에서 이러한 변화를 수용하고 더 나아가 혁신의 경쟁력을 갖기 위한 도시개발, 그리고 축소된 거리와 공간 및 새로운 사이버 공간에서 생존과 성장을 위한 도시전략은 과거의 저속사회(slow society)에서의 도시개발 방식과는 상이한 성장전략이 제시될 필요가 있다. 20세기 후반의 급속한 기술 변화와 이에 수반된 사회 전반적 활동의 대규모 변화와 혁신은 기술혁명과 사회구조 사이에는 호혜적 상호작용(reciprocal interaction)이 존재한다는 것을 보여준다. 이 절에서는 정보화 사회와 도시개발의 이론적 접근에서 검토한 정보화 시대의 사회 변화를 중심으로 도시개발의 방향을 도시구조의 변화와 혁신의 맥락에서 고찰한다.

1 과학기술 변화와 도시개발의 연계

과학기술의 빠른 변화와 혁신을 보이는 정보화 시대에는 이러한 사회 변화와 도시성장을 연계시키는 개발 전략이 추진되어야 한다. 그러면 사회의 급속한 변화와 도시개발을 어떤 방법으로 연계시킬 수 있는가? 이를 위해서는 전통적으로 두 가지 정책적 접근을 생각해 볼 수 있다.

첫째로, 공급 측면의 접근으로 환경 변화에 대하여 신속히 적응할 수 있는 지역 내부 체제의 확립이다. 도시 산업활동의 생산성 증가를 통하여 도시경쟁력을 향상시키고, 생산 요소 비용의 하락을 위한 다양한 정책을 통하여 입지의 우수성을 높임으로써 성장잠재력이 높은 산업활동들을 도시에 유치 혹은 유인하는 전략의 개발이 요구된다. 즉, 21세기의 핵심산업을 유치 혹은 유인하기 위한 도시 기반의 확립에 주안점을 두는 전략이다. 최근의 도시개발 현상을 설명하는 이론들이 지적하는 바와 같이, 새로운 산업과 신기술의 발달은 이들이 요구하는 입지 조건을 만족시키는 새로운 지역에서 발생하는 경향을 보인다. 기술혁신과 이를 이용한 첨단산업은 전통산업 혹은 사양산업(sunset industries)과는 상이한 입지 행태를 보이며, 따라서 기술 변화와 도시개발을 연계시키기 위해서는 첨단산업이 요구하는 입지 조건을 만족하여야 한다.

첨단산업의 성장과 발전을 위한 환경적 조건에 대해서는 학자들 사이에 완전한 의견일치를 보이지는 않지만, 대체로 다음과 같은 조건들이 첨단산업의 입지를 위한 유리한 요소로서 지적되고 있다.

첫째, 개방적 · 진취적 기업환경, 모험자본의 조달 가능성, 우수한 과학기술대학의 입지, 신기술 혹은 기술혁신의 발원지, 연구개발에 대한 정부의 지원, 그리고 쾌적한 환경 조건 등을 들 수 있다. 사실상 이러한 조건들은 단기간에 육성 혹은 충족되는 것은 아니며, 지역의 주도면밀한 장기적 투자에 의해서 우호적 기업환경이 제공되며, 우수한 과학기술대학으로 발전할 수 있고, 쾌적한 환경 조건이 제공될 수 있다. 따라서 정보화 시대에 급속한 기술 변화와 도시개발을 연계시키기 위해서는 일시적 · 미시적 시각으로 도시정책을 추진하기보다는 장기적 · 거시적 시각에서 도시 기업문화의 변화와 혁신, 우수한 과학기술 기반의 정립, 쾌적한 주거와 산업환경의 제공을 위한 지속적 투자가 수행되어야 한다.

둘째, 수요 측면의 접근으로서 환경을 주도적으로 변화시키기 위한 지역 내부 용량의 개발과 이것을 통하여 신기술 혁신과 변화를 다른 지역에 앞서 적극적으로 주도하는 첨단지역(edge region)을 조성하는 것이다. 공급 측면의 접근은 생산활동과 관련된 요소 비용의 저렴화에 주안점을 둔 반면, 수요 측면의 접근은 수요시장의 확대 혹은 새로운 수요시장의 개척을 통하여 도시성장을 유도하는 데 주안점을 두고 있다. 따라서 수요시장의 확대 혹은 새로운 수요시장을 개척하기 위해서는 지역이 현재 제공하고 있는 재화와 서비스의 질적 향상과 혁신이 요구되며, 이러한 신기술 개발과 혁신활동을 다른 지역에 앞서 개발 혹은 수용하는 도시환경이 특히 요구된다. 즉, 사회의 변화와 혁신을 우선적으로 수용하고, 더 나아가 변화와 혁신에 시험적 투자와 개발을 시도하는 모험정신을 가지는 지역으로 성장할 것이 요구된다.[5] 도시를 이러한 방향으로 육성하기 위해서는 도시정부가 앞장서서 변화와 개혁을 주도하여야 하며, 높은 위험 부담으로 인하여 민간부문에서 시도 혹은 투자하지 못하는 분야에까지도 지역에 대한 파급 효과와 잠재적 영향력을 예상하여 도시정부가 시장경제를 주도하는 적극적 경영 행태를 보여야 한다.

21세기 도시성장은 지역의 지형적 조건 혹은 천연자원의 유무(有無)에 의존하기보다는 지역의 인적자원(human resources), 그리고 보다 넓은 의미에서 인문 지리적(human geography) 조건에 의해서 결정된다. 제2차 세계대전 이후의 기술혁신과 신기술 개발은 천재적 능력을 갖는 몇몇 개인에 의해서 창조되기보다는 특정 분야의 전문가들이 공동 연구 혹은 집단적 연구를 통하여 개발되는 경향을 보이고 있다. 이것은 정보화 시대에 도시 변화와 성장을 위해서는 지역의 총체적 지식기반이 높아져야 하며, 지역의 전문 과학기술 인력들 사이에 유연적 연계와 협동 관계를 통하여 새로운 기술과 혁신이 발생한다는 것을 의미한다. 따라서 공급 측면과 수요 측면 모두의 전략에서 지역 인적자원의 질적 향상을 위한 전략개발, 우수한 지역 인력의 협력적 연계활동을 위한 산·학·관·연(產·學·官·硏)의 지역적 연대의 확립, 규제와 조정보다는 자율과 유연성을 강조하는 도시정부의 역할 강화를 위하

5) 예를 들면, 독립 초기에 개척정신이 팽배할 시대의 미국사회와 마찬가지로 21세기에 도시성장을 위해서는 개척 시대의 뉴욕, 로스앤젤레스와 같은 시험정신과 모험정신을 지니는 지역을 조성할 것이 요구된다.

는 방향으로 정책이 정립되어야 한다.

2 사회구조 변화와 도시개발의 연계

정보화 사회의 신속한 기술 변화와 혁신은 모든 지역에서 동일하게 동시적으로 발생하지 않으며, 선별적으로 특정 지역에서 우선적으로 도입 및 성장하는 경향을 보인다. 이것은 변화와 혁신 등의 활동들이 지역 문화, 지역사회 구조와 제도, 관계된 분야의 지역개발 정도 등과 밀접한 연관성을 갖기 때문으로 분석된다. 예를 들면, 정보통신기술의 혁신과 변화를 위해서는 초고속 정보통신망과 같은 정보 인프라가 필수적으로 요구되며, 컴퓨터와 원격통신망의 발전이 없다면 지역 경제와 세계 경제와의 연계는 성취될 수 없을 것이다. 이러한 관찰로부터 기술혁신과 사회구조·제도들 사이에 특정한 상관 관계가 존재한다는 분석을 확인할 수 있으며(Borja & Castells, 1997: 7－11), 따라서 정보화 사회에 지속적 도시성장을 위해서는 새로운 변화를 유도할 수 있는 사회구조와 제도를 정립할 것이 요구된다.

<표 3－4>는 영국 PwC Network(2016)에서 연구한 2015년에서 2025년 사이에 영국의 각 산업별 일자리 수 변화를 예측한 것이다. <표 3－4>에서 볼 수 있는 바와 같이, 앞으로 10년 동안 제조업, 공공부문, 그리고 1차 산업(농수산 및 임업)에서 각각 2.6%, 1.0%, 0.9%의 일자리 수 감소가 예상되는 반면, 비즈니스 서비스, 교육과 보건, 운송과 커뮤니케이션 부문에서 각각 2.3%, 1.5%, 1.2%의 증가를 보일 것으로 예상하고 있다. 상기와 같은 예측은 21세기 정보화 시대에 도시성장을 위한 주요 산업활동으로 서비스 분야를 제시하고 있으며, 상대적으로 제조업 분야가 차지하는 비중이 현저히 감소할 것임을 보여준다.

이러한 산업구조, 고용구조의 변화는 지역적으로 상이한 영향과 파급 효과를 제공할 것으로 예상된다. "지역의 기술혁신과 지역사회의 구조·제도들 사이에는 밀접한 상관 관계가 존재한다"는 명제는 지역이 어떤 사회구조와 제도적 환경을 갖는가에 따라 기술 변화와 혁신에 따른 산업구조·고용 변화에서 긍정적 혹은 부정적으로 영향을 받을 수 있다는 것을 의미한다. 예를 들면, 기술 변화와 혁신을 지원하는 사회구조와 제도를 갖는 도시는 <표 3－4>에서 제시한 산업과 고용 변

표 3-4 영국 일자리 수 증가율(2015~2025년)

산 업	일자리 수(백만 명)		성장률(연간)
	2015년	2025년(예측치)	2015~2025년(예측치)
농수산 및 임업	0.4	0.4	-0.9%
건설업	202	2.4	0.6%
제조업	206	2.0	-2.6%
에너지 및 수자원	0.4	0.4	0.8%
도소매, 호텔 & 레스토랑	7.2	7.5	0.5%
운송 & 커뮤니케이션	2.9	3.2	1.2%
금융 서비스	101	1.2	0.2%
비즈니스 서비스	6.3	7.9	2.3%
공공행정 & 국방	1.5	1.3	-1.0%
교육 & 보건	7.1	8.3	1.5%
기타 서비스	1.9	2.2	1.5%
서비스 총계	28.0	31.6	1.2%
일자리 총계	33.7	36.9	0.9%

자료: PwC Network(2016).

화에서 긍정적 파급 효과를 기대할 수 있는 반면, 그렇지 않은 도시는 산업과 고용에서 부정적 영향을 받을 것이 예상된다.

현미래(現未來)의 시각[6]에서 볼 때, 정보화 시대의 기술 변화와 혁신은 산업화 시대에 형성된 직업구조를 총체적으로 파괴하는 것은 아니며, 고용조건과 직무 방식 및 조직에 주요한 변화를 요구하고 있다(Borja & Castells, 1997: 7-11). 글로벌 시장의 개방을 통한 경쟁의 확대는 저비용과 유연한 규제를 제공하는 지역으로 산업활동의 재배치 현상을 가져오고 있으며, 과학기술의 발전은 유연적 노사 관계와 생산 방식을 중심으로 직무과정의 분산을 가속화시키고 있다. 즉, 산업사회에서는 공장제(factory system)에 의하여 생산인력을 밀집된 일터로 집중시키는 사회구조와 제도가 요청되었던 반면에, 현대의 기술혁신은 직무의 개별화(individualization of work), 직무과정의 단편화(fragmentation of work process)를 추구하며, 분산된 업

6) 미래학에서 현미래(現未來)는 10년 후, 근미래(近未來)는 100년 후, 중미래(中未來)는 1,000년 후, 원미래(遠未來)는 1만 년 후로 분류하고 있다. 그리고 미래 예측의 기법에서 전문가들의 분석과 의견에 의존하는 델파이 기법은 현미래의 예측에 유용한 방법으로 일반적으로 인정되고 있다.

무과정들이 의사전달망을 통하여 통합과 조정되는 제도적 변화를 보이고 있다. 따라서 조직활동에서 협업 체제, 분권화된 생산과정(decentralization of production), 외부조달(outsourcing), 팀 체제(team-system), 직무공유(job-sharing), 파트타임(part-time) 직무 등과 같은 조직 행태가 점차적으로 일반화되어 가고 있다.

이러한 현상들은 정보화 사회에는 산업사회와는 상이한 사회제도와 구조가 요구된다는 것을 보여준다. 물론 이런 명제는 산업사회의 사회구조와 제도들이 잘못되었다는 것을 의미하는 것이 아니며, 사회의 환경 변화가 새로운 제도와 구조를 요구하고 있기 때문으로 해석된다. 즉, 산업사회를 지탱했던 규격화, 표준화, 소품종 대량생산 체제, 규모의 경제, 중앙집권 체제 등과 같은 사회제도와 구조에서 벗어나서 탈규격화, 탈제도화, 다양화, 다품종 소량생산, 범위의 경제, 분권화 체제 등을 지향하는 사회제도와 구조로의 전환이 요구되는 시점이다. 이를 위해서는 도시의 생산과 관리제도가 보다 유연적 체제로 전환되어야 하며, 민간부문에 대한 규제 중심의 구조에서 협력과 동반자 관계를 유도하는 네트워크 운영 체제로 전환되어야 하고, 도시들 사이에 다양성과 독특성이 보장되는 자치 체제로의 전환이 특히 요구된다.

3 글로벌 네트워크와 도시개발의 연계

정보화 패러다임(informational paradigm)과 불가분의 관계를 형성하는 개념이 글로벌 경제(global economy) 혹은 경제활동의 글로벌화(globalization of economy)라고 할 수 있다. 경제활동의 글로벌화는 여러 의미로 해석될 수 있으나, 보편적으로 '주요 경제 행위들이 글로벌 차원에서 실시간에 영향을 미치는 사회'를 함축하고 있다. 예를 들면, 특정 국가의 외환, 증권, 금융시장의 변화가 그 지역 혹은 국가에만 영향을 미치는 것이 아니라, 전 세계적으로 연쇄적 파급 효과를 가져오는 경제 체제를 의미한다. 따라서 글로벌 경쟁시장에서는 국가 경계가 더 이상 완충작용을 하지 못하며, 경쟁의 세계화와 유통의 지구화, 그리고 자본의 글로벌 이동이 빈번히 발생하는 경제 체제를 의미한다.

정보화 사회에서 글로벌 경제는 생산활동의 양적 증가에 높은 의미를 부여하기

보다는, 조직관리, 생산, 그리고 유통의 전 과정에서 지식과 정보의 높은 응용성에 의한 생산성과 경쟁력 신장에 주요 의미를 부여한다. 도시 차원에서 경제의 글로벌화는 첫째로, 경쟁과 협력 범위의 확대를 의미한다. 산업사회에서 국내 도시들 사이의 경쟁을 초월하여 글로벌 도시들 사이의 경쟁으로 범위의 확대를 가져오며, 마찬가지로 국내 도시들 사이의 분업과 협력 관계를 초월하여 글로벌 도시들 사이에 분업과 협력 관계를 제공한다.

둘째로, 경제의 글로벌화와 경쟁의 세계화는 산업사회에서 국가가 담당하던 성장도구(growth machine)의 역할을 도시가 담당하는 변화를 초래하고 있다. 즉, 경제활동의 글로벌화는 산업활동에서 초국적 기업의 역할이 증대되고, 경제활동이 국가 경계의 범위를 갖는 국내 정책과 규제의 대상을 초월하여 UN, WTO, IMF 등의 초국적 기관과 조직, 그리고 그린 피스(Green Peace)와 세계환경회의 등과 같은 비정부조직(nongovernmental organization: NGO)의 정책과 결정에 의하여 중요한 영향을 받음으로써 국가와 중앙정부의 역할과 기능의 한계에 직면한 국민국가 기능의 위기를 맞고 있다. 따라서 국가와 중앙정부에 대한 정체성이 약화된 반면에, 이에 대한 반작용으로 지역의 소속감과 정체성을 강조하는 지역 근본주의(local fundamentalism)의 경향이 강화되는 현상이 나타나고 있다. 그리고 이러한 지역정체성은 선진화된 도시일수록 더욱 두드러진 현상을 보이고 있다.

이러한 '세계화와 동시에 도시화' 현상은 국민국가의 기능과 정체성의 위기를 수반하며, 국가 기능과 중앙정부 기능의 대폭적 지방 이양을 통하여 글로벌 환경 변화에 보다 능동적으로 대처할 수 있는 도시 체제의 확립이 요구된다. 왜냐하면, 급격하게 변화하는 세계적 환경에 유연하고 신속하게 대응하기 위해서는 국가 전체 차원의 대응과 변화는 많은 비용과 시간이 요구되는 반면, 도시 차원에서는 보다 신속한 대응이 가능하기 때문이다. 또한 국가·중앙정부 시각과 지방의 현실이 상이할 수 있기 때문에 중앙의 정책과 방향이 각각의 도시 입장에서는 부정적 효과를 초래할 수도 있다. 따라서 글로벌 변화를 국가 전체의 관점에서 규제와 조정을 위한 정책을 제시하기보다는 이러한 규제와 조정을 지방으로 이양한 분권적 행태가 특히 요구되며, 중앙정부는 국가 전체의 관점에서 정치의 안정성을 제공하며 생산·유통과 관련된 경제활동은 도시가 담당하는 유연적 관리 체제의 도입이 필요하다.

셋째로, 글로벌 네트워크(global network)와 로컬 네트워크(local network)를 연계시킨 도시성장 전략이 요구된다. 즉, 도시의 재화·서비스 생산과 글로벌 소비·유통 활동을 연계시킨 도시성장 전략의 개발이 요구된다. 도시와 글로벌 네트워크의 연계를 연구한 웨클린(Wakelin, 1992: 43-52)의 주장에 의하면, 도시개발의 글로벌화를 성취하기 위해서는 첫째, 최첨단 인프라[7]를 갖춘 전략적 지역을 선정하여 중점적으로 개발하여야 하며, 둘째, 도시활동과 글로벌 활동을 연계시키기 위한 프로젝트 개발이 요구되며, 셋째, 도시의 내부활동을 글로벌 시각에서 설계 및 조정할 것을 요구한다.

도시개발의 글로벌화 개념, 기능, 역할, 연계망 등에 대한 다양한 연구들은, 현대 사회에서 글로벌 중심지로서 성장하기 위해서는 글로벌 관계 — 예를 들면, 글로벌 정치, 경제, 문화, 과학, 휴식활동 등 — 에서 입지특유적 지배권(place- specific hegemony)을 확립하는 것이 중요하다고 지적한다(Eugenie L. Birch, 1996: 442-459). 따라서 21세기를 지향하는 도시건설은 글로벌 활동에 보다 중요성을 두고 설계되어야 하며, 도시계획 과정에서 월드시티를 위한 도시 하부구조의 건설에 보다 중요성이 부여될 것을 강조한다(Fainstein, 1994; Savitch, 1988). 즉, 도시의 바람직한 미래환경 조성을 위하여 공공부문과 민간부문의 긴밀한 유대가 요구되며, 특히 글로벌 도시로의 성장을 위해서는 제조업보다는 서비스 활동을 위한 수용적(receptive) 환경 및 경제기반 조성이 중요하며, 물리적 힘의 배양보다는 문화, 여가, 이벤트 활동의 육성이 요구되고, 물리적 생산활동보다는 생산의 지원 및 지식·정보활동에 보다 많은 주안점이 두어져야 한다.[8]

7) 웨클린(Wakelin, 1992)의 논문에서 인프라는 하드 인프라(hard infrastructure), 소프트 인프라(soft infrastructure), 그리고 경제 인프라(economic infrastructure)로 구분한다. 하드 인프라는 도시 외관과 관련된 물리적 인프라를 의미하며, 소프트 인프라는 도시운영과 관련된 프로그램, 사업, 교육, 문화, 여가 등 생활의 질적 특성을 갖는 인프라를 의미하고, 경제 인프라는 지역의 산업구조, 핵심산업, 정보유통, 지식생산 등과 관련된 도시운영을 위한 생산 인프라를 의미한다. 웨클린(M. Wakelin)은 또한 21세기에 성장잠재력이 있는 전략적 거점지역의 특성으로 항만관문지역, 회랑지역(corridor regions), 내륙거점지역, 허브공항지역(airport hub regions), 초국적 지역(transnational regions)을 제시하고 있다. 그리고 이러한 성장잠재력이 높은 지역에 한국의 인천·서울을 포함하고 있다.

8) 도시공간경제에서 제조업 기능의 감퇴와 서비스 기능의 중요성 강화, 특히 생산자 서비스 기능의 강화는 전문적 지식과 정보활동의 중요성을 제시한다. 카스텔스(Castells, 1989)의 주장에 의하면, 글로벌 관리와 통제의 집중 및 강화는 글로벌 경제활동 및 산업조건에 관한 정보와 지식의 필요

제 6 절 정보화 시대에 도시개발의 기본 요소

도시사회가 지속적 성장을 위해서는 시대가 필요로 하는 생산 요소와 자원을 적절히 확보하고, 이것을 도시개발을 위하여 효과적으로 이용할 수 있는 능력을 향상시켜야 한다. 정보화 시대는 지식과 정보가 생산을 위한 필수적 자원으로 인식되는 것과 동시에 투자대상과 재산, 그리고 상품으로서의 가치가 인정되는 사회로 정의될 수 있다(Gordon & Gordon, 1998; 8−33). 이런 의미에서 정보화 시대의 지속적 도시개발을 위해서는 지식과 정보를 필수적 자원으로서 효과적으로 육성 및 이용할 수 있는 지역 능력이 배양되어야 한다. 이 절에서는 이러한 맥락을 중심으로 정보화 시대에 도시개발을 위한 필수적 기본 요건을 검토한다.

1 도시 인적자원의 육성

1970년대 이후에 선진사회의 도시개발 사례를 고찰할 때, 급격한 성장과 사회변화를 주도한 지역의 공통된 특성으로 관찰되는 것이 신기술 혁신과 정보, 지식생산의 중심지 기능을 수행하고 있다는 것이다. 언제부터인가 정보와 지식이 산업활동의 핵심적 요소로서 등장하였으며, 원료, 에너지, 운송 등과 같은 전통적 생산 요소는 2차적 요소로 인식되는 변화를 초래하였다. 지식과 정보자원은 천연자원과 같이 자연의 은혜에 의해서 부여되는 것이 아니다. 정보화 시대에 핵심적 원료로서 요구되는 지식과 정보자원은 도시의 인적요소에 대한 장기적 · 지속적 투자에 의해서 육성 및 축적되는 자원이다. 지역에서 지식과 정보자원이 조성되고 효과적으로 이용되기 위해서는 최소한 다음의 세 가지 조건이 충족되어야 한다. 첫째, 정보와 지식의 생산 혹은 형성을 위한 기초 원료로서 자료가 충분히 누적되어야 한다. 둘

성을 더욱 증폭시키며, 글로벌 활동에서 경쟁력을 확보하기 위해서는 전문적 지식 및 정보를 효과적으로 생산 및 전달할 수 있는 정보화 도시(informational cities)로 개발되어야 한다. 따라서 이러한 도시로 개발되기 위해서는 전문가 집단의 밀집 및 육성을 위한 인프라 투자(정보, 통신, 고급 교육, 문화 및 환경을 위한 투자)가 선행되어야 하며, 이러한 전문가 집단의 입지를 통하여 지식 기반 생산자서비스 산업이 육성될 수 있고, 이것을 기반으로 글로벌 도시로의 도약을 위한 산업활동을 강화할 수 있다.

째, 누적된 자료의 효과적 처리와 분석을 위한 하드웨어와 소프트웨어, 그리고 정보처리 능력을 갖는 인력이 준비 혹은 개발되어야 한다. 셋째, 분석 혹은 처리된 정보와 지식을 적시적소에 배분할 수 있는 의사전달 통로와 통신망이 개발되어야 한다. 위의 세 조건 가운데 첫째의 조건인 자료의 누적은 역사적으로 시간이 해결해주는 문제이고, 하드웨어와 소프트웨어, 그리고 통신망의 도입은 지역의 정보 인프라와 관련된 물리적 조건을 구성하며 재정적 투자를 통하여 비교적 단기간에 도입이 가능하다. 위의 세 조건 가운데 조성 및 개발에 가장 오랜 시간과 투자가 요구되는 분야가 정보와 지식을 처리, 생산, 이용하는 인적자원의 개발이라고 할 수 있다.

정보화 시대에는 도시의 특성이 지역의 자연적 특징보다는 지역의 인적자원의 특성에 따라 결정된다고 앞에서 언급했다. 즉, 도시의 자연지리적 조건에 의해서 지역적 특성이 주어지기보다는 도시에 거주하는 주민들의 인문지리학적 특성이 보다 중요한 요소로 작용하는 것이 정보화 시대라고 이해된다. 이런 의미에서 정보화 시대의 도시개발은 지역의 인적자원의 축척과 이용을 통하여 지역의 인문지리적 특성을 개발하는 데 우선적 주안점이 두어지며, 다음과 같은 전략과 투자 방안이 정책으로 검토될 필요가 있다.

첫째로, 과학기술 인력의 육성을 위한 투자가 필요하다. 이를 위해서는 지역에 우수한 과학기술대학이 필수적으로 입지하여, 지역 인력에 대한 첨단 교육, 고급교육을 제공할 것이 요구된다. 지역의 과학기술대학은 지식활동의 중심지 역할을 수행하며, 새로운 아이디어와 혁신적 사고를 제공함으로써 지역이 변화와 혁신의 중심지로 역할을 수행하는 데 핵심적 기능을 제공한다. 예를 들면, 미국의 실리콘밸리가 현재와 같은 첨단산업의 밀집 지역으로 성장하는 데에는 그 지역에 스탠퍼드대학과 주변지역에 버클리(U. C. Berkeley) 대학이 입지하여 우수한 두뇌들을 지속적으로 공급하였으며, 정보와 지식 생산의 중심지 역할을 수행하였기 때문으로 평가된다. 마찬가지로 보스턴 외곽의 루트 128(Route 128) 지역이 테크노폴리스로 성장하는 데는 MIT대학과 하버드대학에서 우수한 인력이 배출됨으로써 기술혁신에서 선도적 활동을 할 수 있었다(Preer, 1992). 유사한 예들이 미국의 리서치 트라이앵글(Research Triangle), 영국의 케임브리지 과학단지(Cambridge Science Park), 일본의 쓰쿠바(筑波) 과학도시 등에서 관찰된다.

둘째로, 지역특유적 산업(region-specific industry)의 육성을 위한 도시정부의 지원이 필요하다. 지역특유적 산업은 외부로부터 이전되어온 산업이 아닌 지역 자체에서 내생적으로 개발된 산업(endogenous industries)으로 지역의 입지적 특성을 고려할 때 다른 지역과 비교하여 상대적으로 비교경쟁력이 높은 산업을 의미한다. 이러한 지역특유적 산업이 활성화됨으로써 도시의 경쟁력이 신장되는 결과를 가져오며, 이 산업 분야에서는 지역이 기술주도권을 확보함으로써 정보와 지식의 중심지 역할을 수행할 수 있다.

셋째로, 연구개발 활동에 대한 도시정부의 투자가 요청된다. 특히, 기초과학 분야의 투자와 중소기업들 가운데 유망업종에 대한 연구개발 부문의 정부 지원이 필요하다. 선진사회의 경우에 기초 연구와 개발활동은 대학과 공공연구소에서 수행되고 있으며, 여기서 개발된 새로운 학설과 이론의 응용을 위한 연구는 민간부문이 담당하고, 기업에서는 이것을 상품화시키는 분업 체제가 형성되어 있다. 그러나 대다수의 개발도상국에서는 공공과 민간부문 모두에서 연구개발 부문에 대한 투자가 저급하며, 특히 기초과학 분야의 투자는 거의 전무한 실정이다. <표 3-5>는 선

표 3-5 Technological capability and development capacity

	Level 1 LDCs	*Level 2 LDCs*	*OECD DCs*
Real GDP Growth(1965~1990)			
per capita	0.5~1.5	2.4~7.1	2.5
total	2.5~2.8	4.7~8.1	3.5
R&D/GDP(1990)			
Public	0.2~0.3	0.4~0.6	0.7
Private	0.0~0.02	0.05~1.0	2.3
Science/GDP(1990)			
Public	0.02~0.03	0.04~0.10	0.40
Private	0.0	0.0	0.05
S&E/GDP	0.2~0.4	0.6~1.3	1.0

Source: adapted from Evenson and Westphal(1995: 2242-2243).

Note: *Level 1* less-developed countries have technology ranging from 'traditional technology' to some 'islands of modernization'; *Level 2* developing countries have technology ranging from 'mastery of conventional technology' to newly industrialized countries. *R&D/GDP* is the per cent of gross domestic product spent on research and development. *Science/GDP* is the per cent of gross domestic product spent on science. *S&E/GDP* is the availability of scientists and engineers relative to gross domestic product.

진국과 개발도상국들 사이에 연구개발과 기초과학기술 분야에 대한 투자활동을 비교한 것이다.

<표 3-5>에서 볼 수 있는 바와 같이, 최하위 계층의 75개 개발도상국(*Level 1 LDCs*)들은 공공부문의 기술 투자는 어느 정도 이루어지고 있으나, 민간부문에서 연구개발과 기초과학 분야의 투자는 거의 전무한 실정이다. 다음 계층의 20개 개발도상국(*Level 2 LDCs*)들은 핵심적 산업의 기초과학 분야에 대한 연구개발이 수행되고 있으며, 대다수의 경우에 동북아시아 국가들로 구성되어 있다. 연구개발과 기초과학 분야에 대한 *Level 2* 개발도상국들의 높은 투자 결과는 1965~1990년 사이에 GDP의 높은 증가율로 나타났으며, 이러한 빠른 성장은 OECD 국가들의 성장률을 능가하고 있다. 그러나 공공부문과 민간부문 모두를 포함하는 연구개발과 기초연구 활동에서는 개발도상국들과 OECD 사이에는 현저한 격차가 존재하는 것을 알 수 있다. 따라서 지역산업의 경쟁력 향상을 위해서는 연구개발 부문에 대한 도시정부의 지원, 특히 기초과학 분야에 대한 투자와 높은 시장성을 갖는 중소기업의 연구개발(R&D) 활동에 대한 지원이 요청된다. 이를 위해서는 중소기업의 연구개발비에 대한 세금 공제, 연구개발 비용의 저리 융자 알선 혹은 제공, 관련 기업들 사이의 공동연구(consortium)의 지원, 지역 과학기술대학과의 공동연구사업(joint research) 지원 등을 위한 다양한 정책대안들이 검토되어야 한다.

넷째로, 첨단산업단지의 조성을 통한 첨단 과학기술 산업과 인력의 유치를 추진할 것이 검토될 필요가 있다. 실리콘 밸리와 루트 128 지역의 성장 과정을 살펴보면, 초기에는 우수한 과학기술대학의 입지를 통하여 젊고 유능한 과학기술 인력이 배출되었고, 이들의 연구개발과 혁신적 활동을 지원하는 충분한 연구개발 재원이 조달되었으며, 다음으로 이들이 갖고 있는 혁신적 사고를 실현시킬 수 있는 조직과 공간이 지역에서 제공되었다. 지역이 조성하는 첨단산업단지는 유능한 과학기술 인력들이 그들의 상상력과 창조력을 현실에 응용할 수 있는 기회와 공간을 제공하는 기능을 수행한다. 이들을 위한 밀집된 공간을 제공하는 또 다른 주요 이유는 첨단기술과 산업활동의 경우에 분산적 입지보다는 집적의 입지를 통하여 정보와 지식의 보다 효율적 파급과 응용을 가져올 수 있으며, 이를 통하여 지역의 혁신적 활동이 더욱 가속화되는 효과를 가져오기 때문이다.

마지막으로, 지역의 인적자원의 육성을 위한 정책은 전형적인 장기적 시각과 투자를 요구하는 정책이다. 유능한 지역 인력의 교육과 배출은 하루아침에 이루어지지 않는다. 그러나 지속적 투자를 통하여 유능한 인력을 배출한 결과는 그에 못지 않게 지역에 장기간의 파급 효과를 제공할 것이다. 예를 들면, 지역 과학기술 교육에 대한 장기적 투자를 통하여 제2의 빌 게이츠(Bill Gates)와 같은 인재를 배출하였다면 지역에 대한 높은 파급 효과를 기대할 수 있으며, 제2 혹은 제3의 스티브 잡스(Steve Jobs)와 같은 인재의 배출을 통하여 지역의 ICT 산업과 도시발전을 가져올 수 있을 것이다. 그러나 이러한 인물들이 단기간에 배출될 수는 없으며, 이런 의미에서 도시 인적자원에 대한 투자는 장기적 시각에서 계획적·단계적으로 지원될 것이 요구된다.

2 유연적 도시환경의 조성

정보화 시대의 도시개발을 위한 두 번째 조건으로서 유연적 도시환경의 조성이 필요하다. 유연적 도시환경은 도시를 체제적 관점에서 고찰하여 도시 체제와 환경 사이의 유기적 상호작용을 위한 도시 내부 환경의 조성으로 설명될 수 있다. 도시는 환경과의 관계에서 투입-산출의 상호작용을 수행하는 개방 체제로 설명될 수 있으며, 이러한 도시의 생존과 성장을 하기 위해서는 환경 변화에 대하여 민감하게 대응하여야 한다. 특히, 분석 단위가 도시인 경우에는 환경 변화에 대하여 유연적 대응을 하기 위한 도시환경의 조성이 더욱 더 중요하다. 왜냐하면, 분석 단위가 국가인 경우에는 환경 변화에 대하여 민감하게 대응하는 지역과 둔감하게 작용하는 지역들 사이에 생산 요소의 이동을 통하여 전체로서 국가의 평균적 변화가 유도되는 반면에, 도시의 경우에는 환경 변화에 대한 적절한 대응 여부에 따라 도시의 생존과 성장이 달려 있기 때문이다. 이런 의미에서 도시가 정보와 지식 생산의 중심지로 성장하기 위해서는 변화와 혁신을 수용 및 주도하는 도시환경이 조성되어야 하며, 이러한 개방적, 진취적, 혁신적, 유연적 도시문화를 바탕으로 새로운 아이디어와 창조적 정신이 배양될 수 있다. 정보화 시대에 유연적 도시환경을 조성하기 위해서는 도시의 공공부문과 민간부문에서 다음과 같은 유연적 제도의 도입이 검토될 필요가 있다.

첫째로, 첨단정보 기술을 이용한 유연적 정치행정의 실현이다. 외부 환경의 급속한 변화에 신속한 대응을 하기 위해서는 도시 내부의 정치적 안정성이 필수적으로 요구되며, 동시에 고도의 효율적 지역행정을 통하여 민간부문의 생산성·경쟁력 향상을 위한 도시 서비스가 제공되어야 한다. 앞에서 언급한 바와 같이, 도시 체제는 환경 변화에 적절한 대응 능력을 가지는가에 따라 생존과 성장에 치명적 영향을 받기 때문에 변화하는 환경에 대하여 도시 대응 능력을 총합하기 위해서는 안정적 도시 정치행정을 통한 도시활동들 사이에 조화와 협력의 관계를 유도할 것이 요구된다. 도시정치의 안정성과 행정의 효율성 향상을 가져오기 위해서는 도시 정치행정 제도들이 권위적 행태에서 민주적·자율적 행태로 전환되어야 하며, 관료 주도적·독선적이 아닌 주민 참여적 정치행정을 실현해야 하며, 후견인적·규제적 정치행정에서 담론적·비판적 접근이 충분히 허용되어야 한다. 이를 위해서는 정보화 시대에 첨단 정보와 통신기술을 이용하여 인터넷(internet), 지역의 인트라넷(intranet), 공공과 민간조직 사이의 연결을 위한 엑스트라넷(extranet) 등의 도시 정보통신망이 확립 및 이용될 것이 요구된다. 이러한 도시 정보통신망을 이용하여 주민의 의견을 효과적으로 수렴하고, 공공문제의 공개토론을 통한 갈등의 해소와 조화를 유도할 수 있으며, 다양한 의견과 대안들의 제시, 도시 문화와 정서의 변화를 위한 계몽과 홍보, 지역 정치행정의 공개 및 투명성 신장을 통한 도시 정치행정의 신뢰성·안정성이 향상될 것이 예상된다. 한편으로 유연적 정치행정 체제의 도입은 공공부문의 안정성을 제공함으로써 도시경제·산업활동을 위한 생산 요소들이 외부 환경 변화에 보다 능동적·신축적으로 대응하는 데 전념하도록 지원하는 도시 공공환경을 제공한다.

둘째로, 정보화 시대에 지역기업의 경쟁력 확보와 지속적 성장을 위해서는 유연적 관리 방식이 도입될 것이 요구된다. 디지털 시대에 최대의 부호이며 마이크로소프트사 회장인 빌 게이츠(William H. Gates, 1999: 44-50)에 의하면, 1980년대는 품질(quality)의 시대이며, 1990년대는 구조혁신(re-engineering)의 시대였고, 21세기는 속도(velocity)의 시대로 설명하고 있다. 즉, 변화하는 환경에 대하여 기업들이 얼마나 빠른 속도로 대응하는가에 따라 기업의 성패가 결정된다고 예측하고 있다. 따라서 디지털 시대에 기업성장을 위해서는 새로운 디지털 인프라가 개발되어야 하고, 그리고 개발되는 새로운 인프라를 이용한 새로운 관리 방식이 도입되어야 한다. 최근 선진사회의 기업관리는 산업사회의 규제 중심적 표준화 관리 방식에서 정보화 사회의 유연적 관리방식으로 변화하는 것을 알 수 있다: 구체적 변화를 보면, (1) 전통적 계층제(hierarchical)에서 계층의 수가 현격하게 축소된 평면적 관리(flat management) 체제로 전환, (2) 중앙 집중식 관리 체제에서 권한 위임과 분권적 관리 체제로 변화, (3) 부서(department) 중심에서 팀(team) 중심 체제로 변화, (3) 인력·재정 중심에서 정보·지식 중심의 관리 체제로 변화, (4) 연공서열제에서 성과 능력제로 전환, (5) 종신고용제에서 연봉계약제로 전환, (6) 내부조직 중심에서 외부조달(outsourcing) 체제로 전환 등의 변화를 보이고 있다. 이러한 조직관리 구조와 전략 변화의 목적은 대규모의 신속한 변화를 보이는 조직 외부 환경에 보다 신축적으로 대응하고, 고객과 보다 밀접한 접촉을 통하여 선호의 파악, 고객 만족도 증진을 유도하며, 결과적으로 기업경쟁력 향상을 통하여 정보화 시대에 기업 생존과 성장을 위한 필수적 대안으로 제시되고 있다.

셋째로, 정보화 시대에 지역산업의 경쟁력 향상을 위해서는 유연적 생산 방식의 도입이 요구된다. 유연적 관리와 같은 맥락에서, 유연적 생산은 변화하는 고객의 선호와 욕구에 보다 신속하게 대응하기 위한 생산 전략을 제공한다. 생산 방식의 유연성을 증대시키기 위해서 제조 과정에서 수직적 분업 체제의 확대, 외부 조달(outsourcing) 방식의 이용, 유연적 제조 기술(flexible manufacturing)의 응용 등을 통하여 외부 환경의 빠른 변화와 고객의 다양한 선호를 충족시키기 위한 생산 체제를 갖추어야 한다. 따라서 산업사회의 표준화·규격화에 의한 소품종 대량생산 체제에서 정보화 사회에는 다양화·개별화·특성화·고급화에 의한 다품종 소량생산 체제로 전환되고 있으며, 생산 비용의 최소화를 위한 규모의 경제(economics of scale) 중심에서 고객 만족의 최대화를 위한 범위의 경제(economics of scope) 중심으로 생산 전략의 전환을 보이고 있다.

유연적 생산 체제에서는 생산과정의 수직적 분업화와 전문화 방식이 이용되며, 따라서 주요 부품과 공정이 전문 제조업체와 협업 체제에 의하여 수행되고, 대다수의 전문 업체들은 중소 규모의 기업들로 형성되어 있다. 이것은 유연적 생산 방식이 도입되기 위해서는 전방적·후방적(forward and backward linkage) 연계를 갖는 지역의 전문 중소기업들이 밀집되어 입지하여야 하며, 각 협력기업들은 새로운 기술의 응용, 신제품 개발 등에 있어서 정보와 지식을 공유·응용하는 동반자 관계를 형성한다. 이런 의미에서 정보화 시대에 지속적 도시성장을 위해서는 도시정부는 중소기업의 경쟁력 향상을 위한 다양한 정책들 — 예를 들면, 중소기업의 창업활동에 대한 기술·자금·사무실 등의 지원, 생산 단계에 따른 사업 지원, 해외시장 개척을 위한 정보와 기술 지원 등 — 이 제시될 필요가 있다. 왜냐하면, 유연적 전문화에서 생산활동은 대규모 생산 체제 중심에서 전문적 소규모 생산 체제 중심으로 변화하며, 이러한 소규모 생산 체제가 변화하는 사회에서 보다 신축적·유연하게 대응할 수 있는 것과 동시에 새로운 아이디어와 창의력을 중심으로 변화와 혁신의 중심적 역할을 수행하기 때문이다.

3 도시 공공부문과 민간부문 사이에 연계와 협조 관계 형성

정보화 사회의 급속한 변화와 혁신은 사회에서 어느 특정 분야의 독자적 노력의 산물로서 형성되는 것은 아니다. 물론 사회 변혁에는 주도적 역할을 하는 집단 혹은 분야가 존재할 수 있지만, 주도적 역할을 하는 분야와 연계적 관계를 갖는 다른 분야들 사이에 상호작용이 존재하지 않는 경우, 변화와 혁신은 일회성 혹은 단기적 효과만을 가질 가능성이 높다. 마찬가지로 정보화 시대에 변화와 혁신을 통한 지속적 도시발전을 위해서는 도시개발에 영향을 미치는 주요 집단들 사이에 유기적 연계·협조 관계가 형성될 것이 요구된다.

지식 중심 사회에서 도시개발에 영향을 미치는 핵심 집단으로서 학교, 연구소, 산업체, 도시정부 네 가지 분야를 들 수 있다.

첫째로, 학교의 역할은 우수한 젊은 인적자원을 배출시키며, 지역이 항상 신선한 사고와 창조적 아이디어를 갖는 젊은 사회를 유지하는 데 주요 기능을 수행한다. 이를 위해서는 지역에 우수한 대학이 입지할 것이 요구된다. 미국의 실리콘 밸리, 루트 128 지역들, 영국의 케임브리지 과학단지, 일본의 쓰꾸바 과학도시 등의 사례에서 볼 수 있는 바와 같이, 젊은 기술 인력의 교육과 배출을 통하여 우수한 인적 기반을 형성하며, 새로운 아이디어와 모험적 사고의 결합으로 지역이 기술 변화와 혁신·응용의 중심지로서 성장할 수 있는 기반을 제공한다. 종래에 고등 교육기관으로 대학의 중요성을 언급할 때는 주로 우수한 과학기술대학의 필요성이 제시되었다. 그러나 정보화사회에는 과학기술대학뿐만 아니라, 여가 · 휴식 · 부가 서비스와 관계된 우수한 예술문화 고등 교육기관이 지역에 입지할 것이 특히 요구된다. 정보화 사회는 첨단산업 활동과 관련된 하이테크(high-tech) 기술뿐만 아니라 제조활동에 대한 부가가치의 창조와 고급 서비스 제공을 위한 하이터치(high-touch) 기술의 개발이 요구된다. 제조업 중심 사회에서 서비스 중심 사회로 전환됨에 따라 서비스의 고품질화, 서비스의 첨단화, 서비스의 다양화 · 차별화 등이 도시성장에 중요한 영향을 미치는 요인으로 작용하고 있다. 따라서 고감각, 새로운 디자인, 창조적 이미지 등을 통하여 도시의 정체성과 독특성을 개발하고, 더 나아가 지역과 세계를 연계시키는 도시 문화 · 예술 인프라의 구축을 위해서도 예술 · 문화 분야에 우수한 고등 교육기관의 육성이 필요하다.

둘째로, 연구개발(R&D) 집단의 역할은 기술혁신의 높은 파급 효과를 갖는 응용연구, 현실에 직접 이용을 위한 상품화 연구 등의 기능을 수행한다. 과학기술 연구에는 특정한 분업 체제가 형성된 것은 아니지만, 대체로 자연과학대학을 중심으로 기초연구활동에 주력하고, 공과대학에서는 기초연구 결과를 실생활에 접목시키기 위한 응용연구활동을 수행한다. 대학을 중심으로 새로운 이론 · 학설에 대한 탐구와 응용활동이 수행되며, 민간 · 공공연구기관들은 기술개발을 통하여 제조활동을 위한 상품화, 신제품 개발 등의 연구활동에 종사한다. 과학기술대학과 연구기관, 산업체 사이의 연계 관계는 기초와 응용연구활동은 과학기술대학이 수행하고, 다음 단계의 상품화를 위한 연구활동은 연구기관에서 이루어지며, 산업체에서는 개발된 제품의 생산활동을 수행한다. 따라서 대학과 연구소의 인접 입지와 연계 · 협력활동은 전문가들의 공동 연구, 실험기자재의 공동 이용, 정보 · 지식의 공유 · 응용 · 전파활동의 활성화를 통하여 새로운 기술이 보다 신속하게 상품화와 생산 단계로 전환되는 기회를 제공한다. 특히, 첨단산업이 주력 업종으로 등장하는 정보화 시대에는 빠른 기술 변화와 혁신에 의해서 상품의 생명주기가 현저히 단축되는 현상을 보인다. 따라서 기술 변화, 신상품 개발, 상품화의 단계를 위한 기간이 단축될수록 시장경쟁력이 높게 되며, 지역이 혁신과 변화의 중심지로서 역할을 수행하게 된다.

셋째로, 도시성장에서 지역 산업체의 핵심적 역할에 대해서는 논의의 필요성이 없으며, "도시의 산업활동이 지역의 특성을 결정한다"고 해도 과언이 아닐 것이다.

도시개발의 주요 목표가 "고용의 안정과 지속적 성장, 그리고 쾌적한 산업과 주거 환경의 제공"이라는 명제에서 알 수 있는 바와 같이, 산업활동은 상품 생산과 서비스 공급을 통한 지역 소득의 창조, 노동 인력의 고용을 통한 인력 수요와 근로 기회의 제공, 투자 기회의 제공에 의한 자본 이용과 이윤의 창출 등 도시의 생존과 성장을 위한 핵심적 활동을 제공한다. 따라서 지역산업 활동의 호경기·불경기에 따라 지역 전체가 성장·침체의 양상을 보인다. 정보화 시대와 지역산업 활동의 관계에서 특별히 주목할 현상으로 첫째, 제조업 활동의 중요성 감소와 서비스 산업의 비중 증가, 둘째, 제조업과 서비스 산업의 경계 모호화, 셋째, 지식·정보 생산과 생산자 서비스 산업의 중요성 증가를 들 수 있다. 이러한 현상에 대해 좀 더 심층적으로 살펴보기로 하자.

① 도시 고용 분포에서 제조업활동의 비중 감소와 상대적으로 서비스 산업의 비중이 점차로 증가하는 현상을 보인다. 물론 이러한 현상이 도시 산업구조에서 제조업의 중요성이 감소하는 것을 의미하는 것은 아니다. 그러나 지역 제조업은 수출기반 산업이며, 지역 서비스 산업은 부수적으로 형성되는 산업이라는 종래의 인식에 현저한 변화를 보이고 있다. 이러한 산업구조의 변화에 대하여 미래학자 토플러(A. Tofler, 1999)는 정보화 시대에 다음과 같이 산업구조 변화를 예측하고 있다.

> 제조업이 중요하다는 것은 굳이 말할 필요도 없다. 우리가 데이터를 먹고 살 수는 없지 않은가. 문제는 어떻게 사회 내에서 제조업을 조직하느냐는 것이다.…… [중략] …… 우리(미국)는 앞으로도 매우 강력한 제조업 국가가 될 것입니다. 하지만, 과거처럼 많은 사람이 제조업에 종사하지는 않을 것…… 미국 농업을 보라. 노동력의 2~3%만이 농업에 종사하지만, 우리는 최대 농업국가다. 제조업이 중요하다는 것은 이슈도 아니다. 그런 주장은 제조업 분야의 사리(私利)적인 합리화다. 미국에서 성공한 제조업체들의 내부를 보면, 실제로 계속 증대하는 것은 제조 분야보다도 고객 서비스 분야이다. 물건을 어떻게 만들지는 다 안다. 그러나 이 물건의 판매-금융-디자인-유통 등 지적인 작업들이 점점 더 복잡해지고 어려운 것이다(조선일보, 1999a 기사 참조).

② 정보화 사회에서 산업 행태의 또 다른 특성으로 제조업과 서비스 산업 사이의 경계가 점차적으로 모호해지는 현상을 보인다. 종래의 산업 개념에 의하면, 생

산에 종사하는 분야는 1차 산업과 제조업 등의 2차 산업이며, 3차 산업인 서비스 활동은 소비와 관련된 분야로 분류되었다. 그러나 정보와 지식 중심의 서비스 산업이 핵심적 활동으로 등장하면서 자료 · 정보의 컴퓨터 처리 · 분석을 통한 정보 · 지식의 생산활동이 단순 서비스가 아닌 부가가치를 창출하는 생산자 서비스(producer service)로 분류되고 있다. 또한 컴퓨터를 이용한 다양한 프로그램 · 소프트웨어의 개발은 단순한 서비스 활동이 아닌 제조업의 생산활동을 제어하는 핵심적 기능으로 작용하고 있다. 이러한 3차 산업에 대한 기능의 변화는 지역 서비스 산업은 지역 제조업의 성장에 따라 부수적으로 발전한다는 종래의 주장에서 지역의 서비스 산업과 제조업 사이에는 상호 보완적 관계가 성립한다는 인식의 변화를 보이고 있으며, 더 나아가 지역에서 제공되는 서비스 산업의 경쟁력과 우수성에 따라 지역의 제조업 입지 유형이 결정된다는 산업 입지 개념의 전환을 보이고 있다.

③ 정보화 사회로 진행되면서 핵심적 산업활동의 변화를 보이고 있다. 토플러(Tofler, 1997)에 의하면, 정보화 시대의 생산 요소는 더 이상 토지, 노동, 자본이 아니라 지식이 주요 생산 요소를 구성한다고 주장한다. 산업 변화의 물결에 대한 그의 해석에 의하면, 토지와 노동이 주요 생산 요소를 구성했던 농업사회(제1의 물결)에서 산업혁명 이후에 자본과 기술이 주요 생산 요소를 구성하는 산업사회(제2의 물결)로 변화하였고, 21세기에는 지식과 정보가 핵심적 생산 요소를 구성하는 정보화 사회(제3의 물결)로 변화한다고 예측하였다. 따라서 지식산업 사회에서 두뇌집단이 차지하는 비중이 점차로 증가하고 있으며, 미국의 대기업들은 이미 '지식담당 임원(CKO: Chief Knowledge Officer)'이라는 새로운 직책을 설정하였다. 즉, 지적 재산권, 정보 · 지식 생산이라는 단어의 출현은 산업활동에서 정보 · 지식의 중요성이 강조되는 것을 입증하며, 최근에는 생산자 서비스 활동의 출현으로 서비스 산업이 소비산업이 아닌 생산적 산업이라는 인식이 확대되고, 특히 정보화 시대의 도시개발에서 이러한 생산자 서비스 산업의 역할과 중요성이 증대되고 있다.

넷째로, 정보화 시대에 도시성장을 위해서는 도시정부와 민간부문 사이에 연계 · 협력 관계가 정립되어야 한다. 급속한 변화와 혁신이 일어나는 정보화 시대에 바람직한 도시정부의 역할은 민간부문에서 이러한 변화와 혁신을 수용 · 주도할 수 있도록 관리와 지원을 하는 것이다. 이를 위해서는 첫째, 도시정부가 지역 문제에 대하여 의사결정을 할 수 있는 실질적인 지방자치가 이루어져야 한다. 도시정부가 자치권을 갖고 지역 문제에 대하여 접근할 수 있어야만 지역들 사이에 각기 상이한 조건을 고려한 다양성, 독특성, 정체성, 차별성이 있는 지방자치를 실현할 수 있다. 둘째, 도시정부의 역할이 민간부문에 대한 규제·통제 중심에서 자율·자기 조정 중심으로 전환되어야 한다. 이를 위해서는 도시정부의 의사결정 과정이 권위적 방식에서 탈피하여 민간부문의 다양한 집단들 사이에 자율적 연대와 협력을 지원하고, 지역 문제들이 관계된 집단들 사이의 담론적·전문적·비판적 의견 교환과 수렴에 의하여 이루어지도록 도시 거버넌스 체제가 구축되어야 한다. 예를 들면, 지역에 입지하고 있는 교육기관, 연구소, 기업체, 시민단체들 사이에 연계와 협력을 위한 지역 네트워크를 형성하는 데 도시정부의 지원이 필수적으로 요청되며, 갈등적 상황을 제기하는 지역 문제들의 해결을 위하여 이러한 지역 네트워크가 합리적으로 이용되도록 도시행정이 지원되어야 한다. 셋째, 도시정부의 정책은 민간부문의 활동에 대한 단순한 지원에서 더 나아가 지역에 높은 긍정적 파급 잠재력은 있으나 민간부문이 담당하지 못하는 분야에 대한 범위까지 확대되어야 한다. 예를 들면, 특정 산업활동의 투자가 지역에 높은 고용 잠재력은 갖고 있으나 실패의 위험 부담이 크기 때문에 민간부문에서 시도를 회피하는 분야에 대하여 도시정부가 창업과 생산, 그리고 시장 개척 등에 대한 지원, 민간부문과의 공동 투자 혹은 투자기관의 운영 등을 통하여 이러한 분야에까지 정책 범위를 확대시킬 필요가 있다. 넷째, 정보화 시대에 도시정부의 정책 방향은 지역활동을 지역·국가 범위의 경계를 넘어서 글로벌 네트워크와 연계를 위한 범위의 확대를 가져와야 한다. 이것은 단순한 정책 범위의 확대를 의미하는 것이 아니라 도시문제를 도시 내부의 시각에서만 바라보지 말고, 보다 넓은 범위에서 도시문제를 다루어야 한다는 것을 의미한다. 즉, 도시의 성격과 기능이 도시 경계 내에서 설정되는 것이 아니라 보다 확대된 지역을 대상으로 도시의 성격과 기능이 설정될 것이 요구된다. 예를 들면, 도시 내 토지 공간에 대한 이용 문제를 검토할 때, 지역 주민의 단기적·국지적 이익에만 집착하여 정책대안을 검토할 것이 아니라, 보다 넓은 시야에서 국가 혹은 동북아, 더 나아가 글로벌 시각에서 토지 이용을 검토할 것이 요구된다.

4 쾌적한 산업과 주거환경의 조성

정보 · 지식이 핵심적 역할을 수행하는 정보화 사회에는 지역 인적자원의 특성이 산업활동과 주거 입지의 선택에서 중요한 환경적 변수로 작용한다고 다양한 연구들(Malecki 1989; Scott & Storper 1987; Castells, 1985)에서 적시하고 있다. 산업사회와는 달리 정보화 사회의 산업입지 행태는 원료, 토지, 시장 접근성 등과 같은 전통적 입지 요인에 대한 의존이 현저히 약화되었으며, 반면에 인적자원에 내재되어 있는 정보 · 지식이 중요한 생산 요소와 입지 요인으로 영향을 미친다. 정보 · 지식이 산업과 주거 입지의 주요 인프라로 작용한다고 할 때, 이러한 지식 기반을 제공하는 가치 있는 인적자원으로 과학기술 인력, 전문가, 기능 보유자 등의 인력 집단을 들 수 있다. 이러한 고학력 · 숙련된 인적자원이 정보화 사회의 도시성장을 위한 핵심적 인프라를 구성하며, 도시개발과 관련되어 논의되어야 하는 문제는 이러한 과학기술 인력, 전문가 집단을 지역에 거주하도록 동기부여를 제공하기 위해서는 어떤 도시환경을 조성하여야 하는가의 문제일 것이다.

거주지의 선택과 관련되어 보편적으로 가장 중요한 변수로 제시되는 것은 물론 취업 기회, 봉급수준, 승진 가능성, 미래의 발전 가능성 등의 변수일 것이다. 그러나 이러한 보편적 변수들 이외에 어떤 특별한 환경적 조건은 전문 인력들의 입지 선택에서 특별한 동기부여 요인으로 작용한다. 또한 선진사회의 각 직종별 거주 이동성 분석(Gentile & Stave 1988; Landisky, 1967)에서 과학기술 인력은 다른 집단들보다 높은 이동성을 갖는 것으로 관찰된다. 전문 인력들의 거주 행태에서 특이하게 관찰되는 현상은 출신대학 소재지에 거주를 선호하는 행태 패턴을 보이며(Botkin et al., 1984), 자신과 배우자의 취업 기회 · 미래의 발전 가능성이 높은 대도시에 거주하려는 행태 패턴을 보인다.

고급 전문 인력들의 입지 동기로서 작용하는 또 다른 주요 변수로서 생활의 질적 요소(quality of life)를 들 수 있다. 생활의 질적 요소에 대한 개념은 명확하게 정의되어 있지는 않다. 스콧과 스토퍼(Scott & Storper, 1987)는 생활의 질적 요소는 각 문화와 공간에 따라 상이하게 정의된다고 밝히고 있다. 다수의 경험적 연구들(Malecki, 1989; Graves, 1980; Porrell, 1982; Keeble & Wever, 1986)이 생활의 질적 요소에 대하여 연구를 시도하였으며, 이러한 연구들이 공통적으로 지적하는 변수로서 쾌적한 기후 조건, 우수한 교육환경, 문화와 자연환경, 저밀도 인구 거주 등을 제시하고 있다. 상기의 경험적 연구 결과에 의하면, 생활의 질적 변수와 전문 인력의 밀집 현상 사이에는 통계적으로 의미 있는 관계가 관찰된다고 밝히고 있다. 전문인력이 특정 지역에 거주하게 된 배경을 고찰하면, 취업 기회의 제공이 지역에 거주하게 된 초기 동기를 제공하며, 다음으로 지역 문화, 쇼핑 서비스, 교육 기회 등과 같은 삶의 질 요소들이 지속된 거주를 유인하는 변수로서 작용한다. 반면에, 저급한 삶의 질 요소는 전출 동기를 제공하며, 특히 범죄율, 환경오염, 정치행정의 부패 등과 같은 요인들은 지속적 거주에 강한 부정적 변수로 작용한다(Kasarda, 1988). 삶의 질 요소, 다른 표현으로 어메니티(amenities) 요인이 직접적으로 지역의 빠른 변화와 혁신을 가져오지는 않는다. 그러나 우수한 삶의 질 요소가 다른 중요한 지역변수들과 조화를 이룸으로써 정보화 시대에 핵심적 역할을 수행하는 전문인력들을 지역에 지속적으로 거주하게 하는 동기를 제공하며, 지역이 변화와 혁신의 중심지로 성장하는 데 중요한 변수로 작용한다.

제 7 절 정보화 사회에 도시정부의 역할

과학기술의 빠른 혁신과 사회의 급격한 변신을 보인 산업사회의 말기와 정보화 사회의 초기를 경험하면서 도시개발을 위한 경쟁이 점차적으로 심화되는 현상을 보인다. 짧아진 주기적 경기변동과 급작스러운 글로벌 시장의 변화는 국가와 지역경제에 심각한 동요를 수반하였으며, 이를 치유하기 위한 전통적 도시정책들은 새로운 도시환경에 직면하여 더 이상 유효한 수단으로 작용하지 못하였다. 이것은 산업사회에 성공적으로 수행되었던 정책이 잘못되었다는 것을 의미하는 것이 아니라, 새로운 시대에는 새로운 환경에 조응하는 새로운 정책을 요구한다는 것을 의미한다.

특히, 정보화 사회에서는 정보와 지식이 새로운 동력의 원천으로 등장함에 따라 앞으로 개인, 기업, 도시, 국가의 성장에 있어서 '지식 생산성'이 주요 요소로 작용할 것이 예상된다(A. Tofler, 1990). 지식에 관한 한 어떤 정부, 산업, 기업도 본래적으로 비교 우위를 갖고 있지 않다. 따라서 정보화 사회에서는 어느 부문이 보다 효율적이고 주민들의 요구에 부합할 수 있는 서비스를 제공할 수 있느냐를 놓고 도시정부, 민간기업, 비영리 사회단체 등이 경합하는 여건이 조성되고 있다(정진호 외, 1995: 46-52). 이와 같이 정보화 사회에서는 정부부문의 고유한 역할과 범위가 경쟁의 대상이 됨으로써 정부의 독점성이 파괴되고, 민간부문과 정부부문의 역할 경쟁・범위의 재정립이 요구되고 있다. 이 절은 이러한 맥락을 중심으로 정보화 사회에서 도시정부의 적절한 역할에 대한 논의를 제공한다.

1 도시정부 운영에서 기업가 정신의 도입

정진호 외의 연구(1995: 53-74)에 의하면, "지역을 경영하는 새로운 전략으로서의 '기업가형 지방경영'은 기본적으로 지방정부부문에 기업가 정신과 경쟁 요소를 도입하여 지방정부 관리 방식을 혁신함으로써 지역 주민들의 만족을 극대화함과 아울러 해당 지방의 총체적 잠재력을 최대한 개발함으로써 단위 지역의 경쟁력을 제고하고자 하는 것"으로 개념을 정의하고 있다. 다른 한편 아이싱거(Eisinger, 1988: 6-10)의 기업가적 도시정부의 개념에 의하면, 도시정부의 운영에 슘페터의 혁신의 이론을 도입하여, 도시개발을 위하여 민간부문과 동반자 관계를 형성하는 정부의 역할을 제시하고 있다. 슘페터의 기업가와 아이싱거(Peter K. Eisinger)의 기업가적 정부 사이의 차이는 전자는 자신의 독점적 이윤을 추구하는 데 반하여, 기업가적 정부는 공공의 목적을 위한 시장 기회(market opportunities)의 확대와 민간부문과의 동반자 관계의 형성을 주요 기능으로 제시한다. 민간부문과 동반자 관계를 형성함으로써 기업가적 지방정부는 위험수용자(risk-taker), 새로운 시장의 선도적 개척자, 전례가 없는 기술・사업의 지역 시도를 위한 민간부문과 공공부문 사이에 매개적 역할 등의 적극적・능동적 기능을 수행할 것이 요구된다.

상기와 같은 개념을 갖는 기업가적 정부의 역할이 도입된 배경은 다음 네 가지로 정리될 수 있다.

첫째로, 정보통신기술과 교통기술이 발전함에 따라 인구와 산업활동의 분산화가 가속되었다. 이러한 분산화는 산업활동의 지역 유치를 위한 경쟁을 심화시켰으며, 도시정부의 역할을 종래의 소극적 행정에서 적극적 행정으로 전환시키는 배경을 제공하였다.

둘째로, 정보화 사회로 진행됨에 따라 산업사회에 주요 산업 기반이었던 제조업 부문의 쇠퇴를 경험하였으며, 반면에 새로운 미래 산업의 지원과 투자 촉진을 위한 도시정부의 노력이 요구되었다. 특히, 하이테크 산업과 연구개발 활동에 대한 중요성이 강조됨으로써 슘페터의 혁신의 개념에 입각한 도시정부의 역할이 강조되었다.

셋째로, 지역산업과 고용 창출에 대한 다양한 연구(Birch, 1979; Miller, 1982; Bluestone & Harrison, 1982) 결과에 의하면, 도시의 고용 창출에 중소기업 활동이 중요한 영향을 미친다는 경험적 분석들을 제시하였다. 버치(Birch, 1979)의 연구에 의하면, 지역에서 기업의 전출과 전입에 의한 고용 기회의 변화는 크지 않고, 기업의 창업과 폐업, 그리고 확장과 축소가 지역의 고용 변화에 큰 영향을 주는 것을 지적하였다. 이러한 관찰은 지역이 고용 기회의 확대를 위해서 지역 외부에 있는 산업활동들을 지역으로 유치하기 위하여 노력하기보다는 지역 내부의 역량을 개발하고 지역 고유·토착산업의 개발과 육성을 통하여 보다 성공적으로 고용 기회의 확대를 가져올 수 있다는 정책의 전환을 유도하였다.

넷째로, 과학기술의 발달은 경제활동의 글로벌화를 가져왔으며, 이에 따라 글로벌 관계·무역의 중요성이 더욱 강조되었다. 지역에서 생산된 제품과 서비스가 지역·국가의 범위를 넘어서 글로벌 차원에서 유통되는 지구촌 경제 체제에서는 종래에 중앙정부가 독점적으로 담당했던 국제 통상과 해외 무역 기능이 각 지역 실정에 따라 도시정부에서 추진할 필요성이 제기되었다. 즉, 중앙정부는 국가 전체의 시각에서 평균적 행위에 초점을 맞춰서 정책을 수행하기 때문에 각 지역의 개별적 상황과 특성을 충분히 파악하여 각 지역에 적절한 정책을 펼치기는 거의 불가능하다. 따라서 급변하는 해외시장의 변화에 보다 민감하게 대응하기 위해서는 제품과 서비스 생산을 직접 담당하는 도시정부가 글로벌 관계와 무역 분야에서 보다 적극적 활동을 담당할 것이 요구되는 상황이다.

기업가적 정부로의 혁신을 주장한 오스본과 개블러(Osborne & Gaebler, 1991)에 의하면, 산업사회에서 정보화 사회로 변화함에 따라 정부 운영 패러다임에 변화를 보이고 있으며, 주요 변화 방향으로 분권화, 고객 중심주의(consumerism), 민영화, 주민 참여의 확대 등을 제시하고 있다. 이것은 도시정부의 역할이 ① 운영 중심에서 방향 중심의 촉진적 정부로의 변화, ② 도시정부에 대한 서비스 제공보다는 권한 부여를 통한 지역사회가 주도하는 정부로의 변화, ③ 독점적 서비스에서 경쟁적 서비스 체제로 전환된 경쟁적 정부로의 변화, ④ 관료제 중심이 아닌 고객 만족 중심의 고객 지향적 정부로의 전환, ⑤ 공공을 위한 지출보다는 공공을 위한 수익을 창출하는 기업가적 정부로의 전환, ⑥ 문제 발생 후에 치료보다는 예방에 중점을 둔 미래 지향적 정부로의 변화, ⑦ 시장기구를 통한 변화를 촉진하는 시장 지향적 정부로의 변화가 추진되어야 한다는 것을 제시하고 있다.

2 공급 측면의 접근에서 수요 측면의 접근으로 도시정부의 정책 변화

도시의 경제활동을 지원하기 위한 도시정부의 역할은 시장 기능에 정부가 적극적으로 개입하느냐 혹은 보완적으로 작용하느냐에 따라 이론적 측면에서 크게 공급 측면의 접근과 수요 측면의 접근으로 분류할 수 있다.

1) 공급 측면(supply-side)의 접근

고전경제학(classical economics)의 원리를 이어받은 공급 측면의 접근에 의하면, 도시성장은 지역에 내재된 자원의 효율적 이용을 위하여 시장 기능에 정부가 보완적 지원을 하여야 한다는 논리를 제시한다. 지역의 경제활동에 정부의 직접적 개입은 지양하며, 생산과 관련된 요소 비용의 하락 요인을 제공함으로써 도시의 비교경쟁력(comparative locational advantage)을 향상시킨다는 주장을 한다. 이와 같은 주장의 주요 근거는, 공간 이용의 측면에서 고찰할 때, 기업활동에 대한 투자는 가장 저렴한 요소 가격을 제공하는 지역에서 발생한다는 것이다. 즉, 동일한 조건이 제공될 때, 경제활동을 위한 입지의 선택은 생산 및 운송 비용이 저렴한 지역에 입지할 가능성이 높으며, 따라서 기업활동을 지원하기 위해서는 이러한 비용을 낮추기 위한 정책적 접근이 요구된다.

지역개발을 위한 공급 측면의 정책적 응용은 산업입지이론(industrial location theory)으로 개발되어 베버(Alfred Weber), 후버(Edgar Hoover), 이사드(Walter Isard)

등에 의하여 주장되어 왔다(Watkins, 1980). 즉, 기업의 시각에서 볼 때, 자본, 노동력, 지대, 운송비 등에 있어서 저렴한 비용을 제공하는 지역에 입지하는 것이 비용 최소화를 가져오며, 정부의 역할은 지역에서 이와 같은 생산 및 운송 비용을 저렴하게 제공하기 위한 다양한 정책들이 개발되어야 한다. 저렴한 자본을 제공하기 위한 금융 지원 및 알선, 감가상각과 관계된 세제 혜택, 일정기간 동안 지방세의 면제 등의 정책들이 공급 측면에서 상대적으로 저렴한 자본을 제공하기 위한 정책대안으로 검토되어 왔다.

다른 한편으로, 저렴한 지대(地代)를 제공하기 위한 공단의 조성 및 도시정부 토지의 저가(低價) 분양 등의 정책들은 생산과 관계된 저렴한 토지 비용을 제공함으로써 기업의 비교경쟁력을 향상시키기 위한 정책으로 이용되고 있다. 또한 노동력과 관련하여 기업의 노동 비용을 감소시키기 위한 도시정부의 직업훈련, 실업자 재교육 등과 같은 정책들이 지역의 기업활동을 활성화하기 위한 수단으로 이용되고 있다.

상기와 같은 공급 측면의 도시정부 역할의 근저에는 자본주의 경제 체제에서 생산 및 분배와 관련된 경제활동은 시장 기능을 이용하여 가장 효율적으로 수행될 수 있으며, 정부의 역할은 요소 비용의 저렴화를 통하여 도시의 경제활동을 활성화시키고, 보다 많은 투자 자본을 유치함으로써 지역의 안정된 성장이 유도된다는 정책방향을 제공한다. 즉, 정부가 시장 기능에 적극적으로 개입하는 것은 생산 및 분배 과정의 왜곡을 제공할 수 있으며, 따라서 정부의 역할은 시장 기능을 보완 및 지원하는 기능을 수행하여야 한다는 것이다(Thompson, 1965).

2) 수요 측면(demand-side)의 접근

공급 측면의 도시정부의 역할이 시장 기능에 대한 정부의 보완적, 소극적 개입을 주장하는 반면, 수요 측면의 도시정부의 역할은 경제활동에 정부가 보다 적극적으로 개입하여야 한다는 이론적 근거를 제공한다. 슘페터(Schumpeter, 1962)가 언급한 바와 같이, 자본주의 경제 체제는 지속적 변화와 혁신(innovation)을 통하여 발전을 가져올 수 있다. 그러나 많은 경우 지역의 한정된 자원과 노동력으로는 이와 같은 변화와 혁신을 효과적으로 추진하기 어려운 경우가 있으며, 따라서 정부가 주도적으로 지역경제의 변화를 유도하여야 한다는 것이다. 즉, 정부가 기업가 정신

(entrepreneurship)을 갖고 지역경제의 활성화를 위하여 시장을 개척하며, 투자를 유인하고, 자금을 지원하는 역할을 수행하여야 한다고 주장한다. 이와 같은 역할을 수행하기 위해서는, 도시정부가 민간부문의 투자를 활성화하기 위한 다양한 정책들이 개발되어야 하며, 지역의 공동의 이익과 관련된 경우 민간부문의 투자와 함께, 정부부문의 공동투자방식 등이 적극적으로 검토되어야 한다(Eisinger, 1988).

상기와 같은 수요 측면의 접근은 시장의 자율 기능으로는 도시성장을 위한 유효 수요를 충분히 창출할 수 없으며, 이와 같은 현상은 특히 중소기업 활동에서 관찰될 수 있다. 중소기업의 경우, 생산품이 시장잠재력을 갖는데도 불구하고 생산자금의 부족, 인력의 부족, 시장개발력의 부족 등으로 성장하지 못하는 경우가 많다. 따라서 도시정부가 이와 같은 기업들의 활동을 지원하고, 지역생산품에 대한 외부 수요의 증가를 유도하기 위하여, 시장을 개척하거나 외국과의 무역활동을 지원하는 보다 적극적 역할을 수행하여야 한다(Birch, 1979). 이와 함께 시장잠재력을 갖고 있는 중소기업의 제품 개발에 대한 지원, 정부부문과 민간부문의 공동 출자에 의한 지역경제 활동의 참여, 지역 과학기술 부문에 대한 정부의 투자 등이 수요 측면의 정책으로 대두되고 있다.

이와 같은 측면에서 볼 때, 수요 측면의 접근은 정부가 전통적 공공 서비스 제공자로서의 역할을 넘어서 보다 적극적으로 시장 기능에 개입할 것을 요구하며, 지역의 새로운 외부수요 창출을 위한 내적 능력을 향상시키기 위한 기능을 수행할 것을 요구한다. 이와 더불어 특정 상품이 시장잠재력을 갖는 경우 기업과 유사하게 위험 부담을 짊어지는 위험 감수자(risk taker)로서의 역할을 수행하여야 하며, 총체적으로 기업가 정신을 갖는 도시정부의 운영이 도시성장을 위하여 바람직하다는 정책 방향을 제시하고 있다.

<표 3-6>은 아이싱거(Eisinger, 1988)가 기업가적 활동에 대한 상기와 같은 두 가지 측면의 도시정부 역할을 요약한 것이다. <표 3-6>에서 볼 수 있는 바와 같이, 공급 측면의 접근은 시장 기능에 대한 보완적 · 지원적 기능을 강조하는 데 반하여, 수요 측면의 접근은 시장 기능에 대한 보다 적극적 · 공격적 개입을 주장하고 있다.

3 민간부문에 대한 조정 · 규제의 역할에서 협력 · 동반자 관계 역할로 변화

산업혁명 이전에는 상업 혹은 정치 권력의 중심지로서 도시가 형성되었고, 산업혁명 이후에는 생산활동의 중심지로서 도시가 형성되었다. 그러나 최근에 선진사회의 도시를 살펴보면, 생산활동의 중심지로서 도시의 기능이 점차적으로 위협을 받는 상황을 보인다. 즉, 생산과정에서 정보의 역할과 중요성이 급격하게 강조되는 반면, 원격통신기술의 발달은 정보활동을 입지자유(location－free) 행위로 전환시키고 있다. 이와 같이 생산의 비물질화(dematerialization of production)와 정보의 입지자유 특성은 미래의 도시 역할에 중요한 영향을 미친다. 생산활동을 위한 핵심적 요인이 정보이고, 정보가 어디서든지 접근가능하다면, 생산활동은 어디에도 입지할 수 있다. 즉, 도시에서의 생산활동이 더 이상 저비용을 가져오거나 비교이익을 제공하지 못한다. 이러한 경우에 그동안 도시가 가졌던 규모의 경제 이점은 사라진 반면에, 규모의 불경제만 남게 된다. 그러면 "정보화 시대에 도시가 갖는

표 3-6 공급 측면과 수요 측면의 접근에 의한 도시정부 역할의 비교

공급 측면의 도시정부 역할	수요 측면의 도시정부 역할
• 도시성장은 자본, 토지 등에 대한 지역 정부의 보조 및 세제 지원에 의한 생산 요소 가격의 저렴화를 통하여 촉진된다.	• 도시성장은 지역 상품 및 서비스에 대한 새로운 시장의 개척 및 확대에 의하여 유도된다.
• 도시정책은 유동 자본의 유인에 주안점을 두어야 한다.	• 도시정책은 신규 자본의 개발에 주안점을 두어야 한다.
• 도시전략은 지역 자본의 보존과 외부 자본의 유치에 주안점을 두어야 한다.	• 도시전략은 신규 기업과 중소기업의 확장에 주안점을 두어야 한다.
• 도시성장을 다른 지역과의 자본 유치를 위한 경쟁 과정이다.	• 도시성장은 지역 내부 자원의 육성 및 이용에 의하여 유도된다.
• 도시정부는 위험 부담이 적은 사업을 지원하여야 한다.	• 도시정부는 위험 부담이 높은 사업에 지원하여야 한다.
• 도시정부의 역할은 최소의 비용으로 최대의 이윤을 보장하는 산업입지 및 환경을 제공하는 것이다.	• 도시정부의 역할은 신규 시장의 개척, 지역 신규 상품의 개발, 신규 사업의 발견 등을 포함하여 민간부문이 위험 부담으로 인하여 투자를 회피하는 활동에까지 투자 기회의 촉진을 제공하는 것이다.

자료: Eisinger(1988: Table 1-1)에서 인용함.

새로운 역할은 무엇인가?"라는 문제가 제기된다.

정보화 시대의 도시는 지역의 생산활동과 글로벌 시장을 연계시키는 역할을 수행할 것이 요구된다. 즉, 도시의 역할이 지구촌 시대에 글로벌 시장의 맥락에서 그 역할이 재정립되어야 한다. 정보화 시대에 과학기술의 발달, 특히 교통과 정보통신 기술의 발달은 거리와 공간의 압축 현상을 가져왔으며, 포스트포디즘적 축적 체제는 지구화와 지방화를 동시에 추구하는 '지구방화(glocalization)'라는 공간적 축적 과정을 만들어 냈다(조명래, 1995). 그 결과, 사회의 다양한 조직과 기구들 간에 새로운 관계가 설정되고 국가 자원 및 권력이 재배분되는 '국가 기능의 재조직화'가 초래되고 있다. 포스트포디즘적 축적과 국가 기능의 재조직화에 대하여 조명래는 다음과 같이 설명하고 있다.

> 엄밀한 의미에서 국민국가는 여전히 주권이 설정되고 승인되는 중심이며 계급투쟁의 중심 무대이지만, 그 내부를 구성하는 하위 기능과 활동 기구들 간에는 두 가지 경향의 변화를 경험하고 있다. 하나는 지방적으로 네트워크화되는 생산 및 재생산 수준으로 국가의 활동을 하향적으로 분산 이양하는 것이고, 다른 하나는 지구화되는 정치·경제활동 수준으로 국가의 전통적인 권력과 역할을 상향적으로 위임하는 것이다. 국가권력의 이 같은 분화로 말미암아 전통적인 국가 형태의 '공동화(hollow out)'가 가시화되고 있다. 하지만, 지금의 발전 단계에서 이러한 공동화 현상은 국민국가의 소멸을 뜻하는 것이 아니라 초국가적 수준과 하위 국가적 수준으로 국가 역할이 확대 재편됨에 따라 나타나는 국민국가 형태의 변화라고 보아야 할 것이다(조명래, 1995: 257).

정치경제의 관리와 통제 기능은 초국적 기관들에 이양되고, 생산과 재생산의 기능은 지방정부에 이관함으로써 초래되는 국가 기능의 이중적 해체와 재구성은 도시정부의 기능과 역할의 확대를 가속화시키고 있다. 즉, 정보화 시대에 도시정부는 과거와 같은 계층적이고 하향적인 개발 행정구조에서 탈피하여, 세계적인 판매·소비·유통망과 지역이 담당하는 생산·소비활동을 능동적, 자율적으로 연계시키는 역할을 수행하여야 한다. 도시정부의 신장된 정치행정 역량은 과거와 같이 지방생활 부문의 관리에만 국한하는 것이 아니라, 도시를 하나의 독자적인 사회 체제로 관리할 수 있는 총합적 역량이어야 한다. 도시정부의 역할이 신장됨에 따라

도시정부가 기존의 중앙정부의 역할을 점차적으로 대행해가며, 이러한 현상은 지역의 다양하고 글로벌 연계를 갖는 생산·소비 및 생활상의 욕구를 유연적, 직접적, 신속하게 관리해야 하는 필요성에 부응하여 나타나는 현상이라고 말할 수 있다.

도시정부에 의한 도시생활과 산업활동의 관리는 과거와 같은 조직이나 제도를 중심으로 하는 규제와 통치의 형태를 강화하는 것이 아니며 공식 기구, 준국가 기구, 비공식 기구, 시민단체와 기구들 간의 다양한 협력을 통한 네트워크 관리의 형태를 갖는다. 네트워크 관리는 자율적·민주적 참여, 정보의 유연한 전달과 담론, 협업적인 경제적 활동의 각 요소나 단위들 간의 전문성, 신뢰성, 협력성, 상호성을 바탕으로 형성된 연결망을 통해 도시 거버넌스 체제를 구축할 것이 요구된다. 즉, 도시의 주요 주체인 지역대학, 연구소, 산업체, 정부, 시민단체, 노동조합들 사이에 긴밀한 협력과 동반자 관계를 형성함으로써, 이들 단체·기관들 사이에 유용한 정보의 공유와 이용을 가능하게 하며, 갈등적 문제에 대한 자발적·담론적 협상과 타협을 유도함으로써 도시 정치행정의 안정성을 유도함과 동시에 외부 환경 변화—특히 글로벌 시장의 변화—에 대하여 보다 신속하고 유연하게 대응할 수 있는 도시 체제의 구축을 의미한다.

산업사회에서 통치 원리의 근간을 형성했던 규제와 통제 중심의 정부 행위는 정보화 시대에 더 이상 긍정적 효과를 기대하기 어려우며, 규제와 통제가 많은 지역일수록 인구와 산업활동이 다른 지역으로 전출함으로써 지역이 몰락하는 결과를 가져올 가능성이 높다. 따라서 도시의 주도적·핵심적 기관과 단체들 사이의 협력적·담론적 네트워크 형성과 이들 사이에 합리적·과학적·상호 신뢰의 행동 원리를 통하여 도시문제를 결정·해결하게 함으로써 도시의 안정성을 추구하며, 도시 자원과 에너지를 외부 환경 변화에 보다 유연 및 신속히 대응하는 도시환경을 조성하는 것이 정보화시대에 도시정부가 담당하여야 하는 주요 역할인 것이다.

제 8 절 정보화 사회의 문제점

교통·정보통신기술의 획기적 발달, 그리고 디지털 기술의 혁명 등에 의하여 지구촌이 동시 생활권으로 변화하고, 경제활동의 글로벌화와 선택 범위·기회의 확대 등 정보화 사회가 제공한 다양한 장점들이 있는 반면에, 정보의 과부하, 정보기술 및 응용의 격차 등 새로운 사회문제를 제기하고 있다. 이 절에서는 도시개발과 연관된 정보화 사회의 문제점에 대하여 논의한다.

1 정보·지식 중심의 새로운 계층화의 등장

정보·지식의 급속한 축척에 의하여 사회 다방면에 대규모의 빠른 변화를 가져오는 정보화 시대에는 이러한 변화에 적절히 적응하고 더 나아가 변화를 주도하는 개인 혹은 집단이 있는 반면에, 사회 변화에 적절히 대응하지 못하고 변화에 뒤진 개인 혹은 집단이 있기 마련이다. 특히, 빠른 변화를 보이는 시대에는 부(富)의 편중과 축척, 그리고 그에 따른 불평등 격차가 더딘 변화를 보이던 시대보다도 훨씬 단기간에 발생할 수 있다.

급속한 변화를 보이는 정보화 시대에 예측가능한 사회의 이중구조로서 정보·지식 분야의 전문가 혹은 종사자와 일반 단순근로자 사이의 계층화를 들 수 있다. 잉거솔(Ingersoll, 1993)은 고속사회(fast world)에서 새롭게 생성되는 계층구조를 다음과 같이 설명하고 있다.

첫째로, '인포크레트(infocrates)'는 전자정보의 생산을 통제하는 최상층 계급을 구성하며, 둘째로, '사이버프롤레타리아(cyberproletariats)'는 정보와 관련된 다양한 단순업무에 종사하는 사람들로 중간 계층을 구성하고, 셋째로, '룸펜트레쉬(lum-pentrash)'는 문맹, 컴맹, 넷맹의 사람들로 정보·컴퓨터 분야에 전혀 접근하지 못하는 최하위 계층을 구성한다. 그리고 이들 각 계층들은 거주에서도 상이한 행태가 예상되며, 예를 들면 인포크레트는 최첨단 인프라에 접근성이 원활한 첨단·스마트도시에 밀집 거주를 보이며, 사이버프롤레타리아는 첨단 인프라의 접근성이 어느 정도 가능한 교외지역에 거주 행태를 보이고, 마지막으로 룸펜트레쉬는 첨단 인프라의 혜택이 없는 도시의 빈민가 혹은 퇴출산업 지구에 거주하는 행태를 보일 것으로 예상된다.

잉거솔(R. Ingersoll)이 예상한 정보문명 시대의 계층구조와 계층 간 분리 거주 현상은 실리콘 밸리나 루트 128 같은 첨단 산업도시에서 이미 나타나고 있으며, 이곳에서 계층 간의 소득 격차가 다른 지역보다 현저히 크다는 것을 연구(Saxenian, 1985: 81－105; 조선일보, 1999b)들은 보여주고 있다.[9] 계층 간의 정보 접근성과 이용에 있어서도 심각한 격차를 보이며, 이러한 정보 격차와 불평등의 골이 더욱 깊어지고 있다고 미국 상무부 보고서는 밝히고 있다.[10]

정보화 사회에는 새로운 패러다임이 정립되고, 새로운 계층화가 형성되며, 이런 현상들을 평가하는 새로운 가치 기준과 용어들이 생성되지만, 일반적으로 '살기 좋은 지역'은 시민들을 위한 취업 기회가 제공되고 저소득층 주민들에게 복지 향상의 기회를 제공하는 지역을 의미한다(Donnison & Soto, 1980). 이러한 맥락에서 '살기 좋은 도시'를 만들기 위해서는 정보화 시대에 새로운 계층화를 형성하는 정보격차와 불평등을 해소하기 위한 다양한 도시정책들이 연구될 필요가 있다.

2 정보 인프라의 차이에 의한 지역 격차의 발생

정보화 사회에서 정보는 산업활동의 핵심 요인으로 작용하고, 입지자유적 특성을 갖기 때문에 인구와 산업활동의 분산 입지를 유도하며, 따라서 지역 간의 격차 또한 줄어들 것이라고 예상할 수 있다. 초고속 정보통신과 지역개발 방향에 대한 최성모 · 김동환(1994: 14)의 연구에서도 초고속 정보통신망이 도입되면 정보통신 · 교환에 있어서 기존의 공간적 · 지리적 거리는 소멸할 것이며, 지역에 미치는 전반적 효과로써 인구와 산업의 지역적 분산, 교통 수요의 감소, 환경 파괴의 감소 등이 기대 효과로서 예상된다고 지적하고 있다. 그러나 최근의 대도시에 인구와 산업활동이 재집중되는 현상에서 관찰되는 바와 같이, 정보가 모든 지역에서 균등하게 접근할 수 있는 만큼 정보 기반이 균일하게 배분되어 있지 않다. 다른 한편 정보 · 지식은 효용을 창출하는 곳으로 적시에 전달될 때에만 그 가치가 형성되기 때문에 초고속 정보통신망과 같은 원격통신을 위한 정보통신 인프라가 필수적으로 도입되어야 하며, 지식 중심 사회에서 정보 · 지식의 생산, 분석, 처리, 분배, 이용

9) 제2장 각주 3) 참조.
10) 제2장 각주 4) 참조.

을 위한 필수적 사회간접자본을 구성한다. 이것은 정보사회에서 지역 격차는 천연자원의 유무, 지형적 조건 등과 같은 자연적 지역변수의 차이에서 발생되기보다는 지역이 갖춘 정보통신 기반의 차이에 따라 지역 격차가 발생할 것으로 예상된다.

정보화 시대에 도시개발 방향에 관한 홀(Hall, 1995: 3-31)의 예측에 의하면, 정보통신 체제의 차이는 첫째로, 국가들 사이에 성장의 격차를 유발하며, 유럽의 국가들 사이에서 이러한 격차가 이미 명확하게 관찰되고 있다. 다음으로, 도시성장의 차이가 첨단 정보통신 기반에 대한 투자의 차이에 의하여 발생하고 있으며, 특히 런던, 뉴욕, 동경과 같은 주요 월드시티들이 정보·지식 집적의 주요 중심지로서 지속된 비교 이익을 향유하고 있다. 이러한 현상은 제2차 세계대전 이후에 인구와 산업이 분산화되던 도시 변화 추세에서 1980년대 이후에는 정보통신 기반이 발달된 지역으로 정보 서비스, 지식 기반 서비스 활동이 밀집하며, 인구와 산업활동이 대도시 중심으로 재집중되는 효과를 가져왔다.

이러한 시각에서 고찰할 때, 도시 정보화의 정도는 새로운 지역 격차를 유발하는 주요 요인으로 작용하며, 또한 단기간에 누적적 격차를 가져올 것으로 예상된다. 따라서 지역의 균형적 성장과 효율적 이용을 동시에 가져오기 위해서는 인구와 산업의 분산화 효과를 유도할 만큼 충분히 정보인 프라가 지역에 균등하게 배분될 것이 요구된다.

3 쾌적한 삶의 질과 토지 이용의 한계

정보·지식 중심 사회에서 핵심적 역할을 담당하는 전문가 집단, 과학기술 전문인력, 고급·두뇌집단들을 지역에 유인하기 위해서는 우선적으로 쾌적한 산업과 주거환경 조건이 갖추어져야 한다. 이들 고급·두뇌집단들은 자신의 분야에 전문 능력을 갖고 있음으로 많은 지역에서 높은 취업 기회가 제공되고, 높은 이동성을 갖기 때문에, 가급적이면 취업 기회와 동시에 고급의 삶의 질을 제공하는 지역에 거주하려는 성향을 갖는다. 따라서 쾌적한 주거환경을 제공하기 위해서는 저밀도 주거정책, 충분한 녹지공간의 확보, 개발제한구역의 설정 등을 통한 성장 관리 정책(growth-control policy)이 추진되어야 한다.

다른 한편으로 전문가 집단의 밀집 거주와 저밀도 주거정책의 결합은 지역에 심각한 성장의 문제를 제기할 수 있다. 전문가 집단은 대체로 높은 소득계층을 구성하며, 따라서 지역에 고소득층이 편중하는 현상을 보인다. 다른 한편으로 저밀도 주거정책은 지역에 건설되는 주택 수를 제한함으로써 주택 수급에 심각한 불균형을 가져온다. 결과로서 지역 내에 주택가격의 상승과 지가의 상승 현상이 나타난다.[11] 지역 토지 가격의 상승은 산업 비용의 증가를 초래하여, 투자 비용의 상승과 물가의 상승을 유도한다. 이러한 고물가(高物價) 현상은 신규 창업과 벤처 투자에 특히 부정적으로 작용하여, 단위 투자 비용의 상승은 새롭고 혁신적인 아이디어로 시작하는 신생 기업들의 가치를 제대로 인정받지 못하게 하는 문제로 나타난다. 지역에 신생 기업의 창업활동을 위한 제약 요인이 많을수록, 지역의 변화와 혁신활동은 감소하게 되며, 결과적으로 지역경쟁력 약화와 전통 산업 지역화하는 경향을 보인다.

저밀도 주택정책과 성장 억제를 통한 지가의 상승과 주택부족 현상은 중산층과 저소득층의 주택문제를 가중시켜 도시를 지탱하는 필수인력인 이들을 다른 지역으로 밀어내는 결과를 가져온다. 중심부와 주변지역의 높은 지가와 주택난은 직장으로부터 원거리의 거주를 강요하며, 원거리 통근과 출퇴근 시간의 교통난, 그리고 대기오염의 결과를 초래한다. 따라서 가중되는 주택과 교통문제, 그리고 높은 물가수준은 젊은 신규인력의 지역 거주를 제약하며 신규인력의 고용문제를 제기하기도 한다.

이러한 관점에서 고찰 할 때, 정보화 시대에 지속적 성장을 위해서는 쾌적한 주거환경을 위한 성장관리 정책과 사회 기반 시설의 장기적 공급을 위한 산업정책 사이에 조화와 균형을 위한 도시개발이 시도될 것이 요구된다.

4 정보기술의 부적절한 이용과 사회적 비용

기술 문명은 그것이 어떻게 이용되는가에 따라 인류에게 긍정적 결과를 가져오

11) 미국 정보기술 산업의 메카 실리콘 밸리 내부에서 부의 편중 현상과 취약한 하부구조로 인하여 ……(중략)…… 주택난에 시달리며, 밸리 중심부인 산타클라라의 평균 집값은 41만 달러로 미 평균(19만 달러)의 배를 넘어섰다[조선일보(1999). 실리콘 밸리 '빈익빈 부익부', 7월 16일자 참조].

기도 하고 혹은 부정적 결과를 낳기도 한다. 정보기술 또한 이용되는 목적에 따라 사회에 긍정적 혹은 부정적으로 영향을 미칠 수 있다. 조지 오웰(George Orwell)의 공상과학 소설 『1984년』은 정보기술이 어떻게 부정적으로 이용될 수 있는가의 극단적 예를 보여준다. 정보기술이 주민을 통제하기 위한 독재의 수단으로 이용될 수 있고, 정보독점에 의한 체제 혹은 정권 유지, 정치 권력과 정부 행위의 부정·비효율 은폐와 조작, 장기적 독재를 위한 수단으로 이용됨으로써 정치행정의 민주성과 효율성을 저해하는 수단이 될 수 있다.

정보화 시대에 제기될 수 있는 또 다른 사회문제로 정보의 과부하(overload)로부터 발생하는 문제를 들 수 있다. 정보의 과부하와 쓰레기 정보(junk–information), 최근에는 가짜뉴스(fake news)까지 등장하여 정보관리와 정보가치 판단에 투입되는 비용의 증가를 가져오며, 더 나아가 정보 불신(情報不信)의 사고를 초래하기도 한다. 그리고 정보 조작 기술에 대한 지나친 집착 혹은 과신은 생산 기술의 향상과 혁신에 의한 품질 개선을 위한 노력을 하기보다는 단순한 정보 조작, 과대 홍보·광고에 의한 세뇌의 효과에 지나치게 의존하는 기업문화를 초래할 수도 있다.

정보·지식 중심 시대에 정보와 지식은 도시성장에 핵심적 활동으로 등장한다. 따라서 가치 있는 정당한 정보와 지식은 지적재산권과 산업재산권으로서 철저히 보호되어야 한다. 정보와 지식이 지적재산권에 의해서 재산 가치로서 적절히 보호되는 지역은 연구개발(R&D) 활동에 상대적으로 높은 투자활동을 보이며, 그렇지 않은 지역은 특허와 R&D 활동에서 상대적으로 열세를 보이는 것으로 연구 결과는 보이고 있다(Evenson & Westphal, 1995: 2242–2243).

결론적으로, 도시성장과 더 나아가 국가발전을 위해서 가치 있는 정당한 정보·지식은 철저히 보호되어야 한다. 반면에, 정부와 기업들의 지나친 정보 독점과 정보의 부당한 이용을 규제하기 위한 제도적 장치가 마련되어야 하며, 동시에 개인의 사생활 보호와 개인 정보의 부당한 공개, 부당한 이용을 규제하기 위한 법규 또한 완비되어야 한다. 그렇게 함으로써 정보·지식활동의 공정성 확보와 정보 정의의 실현을 위한 제도적 장치들이 정립되어야 정보화 사회의 바람직한 성장을 위한 도시 기반이 조성될 것이다.

제 4 장

지속가능한 도시개발

급속한 인구 증가와 산업화로 인하여 환경 파괴가 급속히 진행됨에 따라 21세기 후반부터 지역, 국가, 그리고 특히 국제사회에서 '환경적으로 건전한 지속가능한 개발(ESSD: Environmentally Sound and Sustainable Development)'을 위한 접근이 지구촌 전체의 핵심 과제로 등장하였다. '지속가능한 개발'에 대한 개념은 1987년 '환경과 개발에 관한 세계위원회(World Commission on Environment and Development)'의 보고서인 「우리의 공동미래(Our Common Future)」에서 다음과 같이 정의하고 있다: '지속가능한 개발은 미래 세대의 삶의 충족을 위한 그들의 능력에 손상을 주지 않으며 현재 세대의 요구를 충족시키는 개발'을 의미한다(WCED, 1987: 43). '지속가능한 개발'에 대한 이러한 개념 정의는 "우리는 지구를 부모로부터 물려받은 것이 아니라 후손으로부터 빌려 쓰고 있다."는 케냐 속담의 환경 윤리를 토대로 하고 있다. 이와 같은 개념으로 해석되는 지속가능성 이론, 윤리, 정책 등에 대한 광범위한 연구와 활동이 진행되고 있으며, 이것은 개발을 위한 현재의 보편적 접근이 환경에 부정적 영향을 주는 것에 대한 고조된 관심을 보여주고 있다. 지속가능한 개발에 대한 개념은 아직까지 명확하게 정립되지 않았으며, 지금도 정립되는 과정에 있다.

유엔 헌장 서문의 맥락에서 '개발'은 '보다 넓은 자유가 보장되며 보다 낳은 삶을 위한 사회 진보'로 정의되고 있다. 이것과 유사한 의미로 최근에 많이 사용되는 용어가 '향상된 삶의 질'이라고 할 수 있다. 이러한 광범위한 의미로 해석되는 개발 개념에 '지속가능한'이라는 형용사가 부가됨으로써 그 의미는 더욱 복잡하게 되었다. 어떤 학자는 표현 속에 '지속가능한'이라는 모호한 개념이 있기 때문에 많은 사람들 사이에 많은 이야기와 연구를 가능하게 만들었다고 주장하기도 한다(O'Connor, 1994).[1] 이 책에서 지속가능성은 환경적・경제적 의미뿐만 아니라, 이념적・정치적 내용을 포함하고 있는 것으로 해석한다. 실제로 도시개발과 관련하여 지속가능한 개발을 어떻게 정립하여야 하는가에 대해서는 아직까지 광범위한 논쟁이 진행되고 있다.

제 1 절 지속가능한 개발: 논의의 시작

환경 보호에 대한 관심은 1970년 '지구의 날' 선포와 함께 본격화된 것으로 일반적으로 널리 알려져 있다. 그러나 고틀리브(Gottlieb, 1993)는 이것은 최소한 다음 두 가지 이유로 인하여 잘못 알려진 것으로 지적하고 있다.

첫째로, 1970년의 시발점이 잘못되었다. 환경운동은 최소한 1970년보다 약 100년은 앞서서 시작되었다. 선진사회에서 환경운동의 도시와 산업적 뿌리는 1800년대 후반까지 거슬러 올라간다. 애덤스(Jane Adams), 켈리(Florence Kelly), 해밀턴(Alice Hamilton)과 같은 여성 운동가들이 최초의 도시・산업 환경운동가라고 할 수 있다(Gottlieb, 1993: 47). 해밀턴은 산업활동의 독성을 지적하면서 보건, 환경, 정치 사이의 상호 관련성을 지적하였다. 1880~1920년대 사이의 진보적 여성운동, TVA 개발, 전원도시 개발 등의 내용에는 지속가능성에 대한 관심이 내재되어 있었다.

1) 오코너(O'Connor, 1994)에 의하면, '지속가능성'은 다양한 의미로 해석될 수 있다. 보편적으로 '지속'이라는 용어는 '지원', '과정의 지탱', '계속적으로 진행하도록 하는 것' 등으로 해석되었다. 특히, 민간기업과 재정 분야에서는 이런 의미로 주로 사용되었다. 또 다른 의미로 지속가능성은 '음식과 물을 비롯하여 삶의 필수품을 제공하는 것'으로 해석되기도 한다. 특히, 도시 빈민 계층, 소작 농민들은 이런 의미의 생계가능성으로 해석하고 있다. 또 다른 의미로 지속가능성은 '명령 혹은 시류에 따르지 않고 견디는 꿋꿋함'으로 해석되기도 한다. 예를 들면, 세태에 물들지 않은 '순수함', 유혹을 물리치는 '강건함' 등의 의미로 해석되어 '견딘다'는 자긍심으로 표현되기도 한다.

둘째로, 환경운동은 결코 하나의 독립적 운동이 아닐 뿐 아니라 보호에만 관심을 집중한 운동도 아니다. 환경운동은 지리학적 범주(도시, 야생, 보호, 보존 등)뿐만 아니라 이념적 범주(사회주의, 자본주의, 무정부주의 등) 모두를 포함한 광범위한 운동이다. 환경운동은 오랜 다양한 역사를 갖고 있다. 그럼에도 불구하고 1970년대는 개발의 가이드 라인으로 지속가능성을 제시함으로써 환경운동의 전환점을 제공한 것은 사실이다.

1972년에 로마클럽 — 전 세계에서 모인 과학자, 기업가, 행정가, 연구자들로 구성된 보이지 않는 집단 — 은 '인류의 곤경상태'를 강조한 보고서인 『성장의 한계(*The Limits of Groth*)』를 출간하였다(Meadows et al., 1972). 이 보고서는 "세계 인구, 환경오염, 식량 생산, 자원 고갈 등에서 현재의 성장 추세가 변화하지 않고 지속된다면, 앞으로 100년 안에 지구는 심각한 성장의 한계에 직면할 것이다."라고 결론짓고 있다. 이 보고서는 긍정적 측면에서는 "미래까지 지속가능한 생태적 조건과 경제적 안정을 위한 성장 추세의 변화를 가져오는 것이 가능하다. 지구상의 각 개인의 기본적 물질적 욕구를 충족시키는 것과 동시에 개인의 인간적 잠재력을 실현할 수 있는 균등한 기회를 제공하는 지구촌 평형 상태를 설계할 수 있다."고 결론을 내리고 있다. 그리고 이 보고서는 "지구의 유한한 생물학적 범위에서 무한한 성장의 불가능성"을 제시함으로써 이러한 주장에 대한 확인과 반박을 위한 수많은 연구를 자극하였다.

로마클럽에 의하여 제시된 인류의 심각한 곤경 가능성과 새로운 전환의 필요성에 직면하여 세계적 학자와 지도자들은 일련의 기록적 모임을 갖기 시작하였다. 1972년에 인간환경에 관한 스톡홀름 회의가 개최되었으며, 그 결과로 유엔환경프로그램(UNEP: United Nations Environment Program)이 확정되었다. 1974년에 UNEP와 UNCTAD(United Nations Conference on Trade and Development, 무역과 개발에 관한 유엔 위원회)에 의하여 자원 이용, 환경과 개발전략에 관한 코코요크(Cocoyoc, 멕시코) 회의가 개최되었다. 코코요크 회의는 당시의 개발활동에 대한 두 가지 큰 조류를 확인시켜 주었다. 첫째는 개발의 우선 순위가 단순한 성장 극대화보다는 인간의 기본적 생존 요구인 식량, 물, 피난처를 충족시키는데 두어져야 한다고 주장하는 집단, 둘째는 성장의 지속을 위한 지구 자원의 물질적 한계와 환경에 관심이 집중되어야 한다는 집단으로 분리되었다.

'지속가능한 개발'이라는 용어는 1974년 코코요크 세미나에서 이미 사용되었다. 그 이후에 이 용어는 경제성장과 환경 기반 사이의 관계에 대한 논쟁을 자극하는 촉매 역할을 하였다. 현재에 와서 지속가능한 개발 개념은 지역과 세계 모두에서 생태계의 교훈을 경제 과정에 어떻게 응용하여야 하는가에 대한 당위성 판단의 기준으로 제시되고 있다(Pezzoli, 1997). 1960년대 후반까지만 해도 환경론자들의 주요 관심은 제2차 세계대전 이후 약 20년 동안 급격한 산업성장과 도시화의 잔재로 남겨진 성장 쓰레기들을 어떻게 처리할 것인가에 집중되었었다. 전문가들은 개발에 따른 환경 비용을 외부 효과로 간주하여 개발 편익과 상충되는 것으로 계산하였다. 즉, 환경문제는 개발에 따른 부차적 문제로 취급되었으며, 거의 독립적 관심을 끌지 못했다. 환경에 대한 논의는 주로 개발이 환경에 주는 부정적 효과에 초점이 맞추어졌으며, 황폐된 환경이 개발에 주는 영향에 대해서는 거의 무관심하였다(MacNeil et al., 1991: 21). 지속가능한 개발은 이러한 관심을 전자에서 후자로 전환시키는 촉매 역할을 하였다. 이 주제에 관한 획기적 연구인 「우리의 공동미래」에서 WCED는 다음과 같이 지적하고 있다.

> 우리는 과거에 경제성장이 환경에 미치는 영향에 관심을 가졌었다. 우리는 이제 생태계의 긴장 — 토양오염, 수질오염, 대기오염, 산림 황폐화 등 — 이 미래의 경제에 미치는 영향에 관심을 가져야 하는 시대에 직면해 있다. 우리는 바로 직전에 국가들 사이에 경제적 상호 의존성이 급격히 신장되는 것을 경험하였다. 우리는 이제 국가들 사이에 생태계적 상호 의존성이 가속적으로 신장되는 것을 경험하고 있다. 생태계와 경제는 인과관계를 추적할 수 없을 정도로 점점 더 — 지역적으로, 국가적으로, 그리고 세계적으로 — 상호 연계되는 집합체를 구성하고 있다(WCED, 1987: 5).

노르웨이 수상인 브룬틀란트(Gro Harlem Brundtland)가 의장인 WECD는 1984~1987년의 3년 동안 5개 대륙에서 공청회를 가짐으로써 지속가능한 개발에 대한 논의를 세계적 이슈로 불러 일으켰다. 「브룬틀란트 보고서」로도 불려지는 「우리의 공동미래」는 수십 개 언어로 번역되어 전 세계에 뿌려졌다.

WCED의 주요 사업은 환경과 개발의 관련성에 관한 일련의 국제회의를 지속적으로 갖는 것이었다. 그중 가장 주목할 사업이 1992년 리우데자네이루에서 개최된 '지구촌 정상회담(Earth Summit)'으로 알려진 유엔 환경개발에 관한 국제회의(UNCED: United Nations Conference on Environment and Development)이다. 12일 동안의 회의는 유엔이 개최한 가장 큰 회의로 기록되고 있다. 회의는 172개국에서 116명의 국가 수반과 8,000여 명의 대표자들이 참가하였으며, 공인 비정부조직(NGO)에서 3,000여 명의 대표자들이 참가하였고, 9,000여 명의 보도기자가 취재한 역사적 사건이었다. 지구촌 정상회담에서 '리우선언', '의제 21', '산림에 관한 선언' 등 3개의 역사적 문서가 합의에 의하여 채택되었다. 리우선언은 전 세계적으로 빈곤을 퇴치할 것을 요구하였다. 이 선언은 환경을 오염시킨 국가 — 주로 선진국들 — 는 회복을 위한 비용을 지불하여야 하며, 저개발 국가는 환경적으로 건전한 방식으로 생활 수준의 향상을 가져와야 하고, 선진사회는 저개발 국가의 이러한 노력을 지원하여야 한다는 진전된 원리를 제시하였다. 의제 21은 1992년부터 2000년 사이에 행동으로 실행해야 할 120항목을 800쪽에 걸쳐 설명하였다. 주요 내용으로 에너지 이용의 절감, 해양자원의 보존, 지속가능한 농업개발 및 독성 폐기물의 단속 등을 포함하고 있다. 지구촌이 직면한 불길한 징조의 지적으로 시작한 의제 21의 서문은 낙관적 시각을 제시하고 있다.

> 인류는 현재 역사의 중요한 기로에 서 있다. 우리는 국가들 사이에 지속적 불균형과 국가 내부의 불균등, 빈곤의 악화, 기아, 보건 위생의 결핍, 문맹, 그리고 우리의 복리가 달려 있는 생태계의 지속된 파괴에 직면해 있다. 하지만, 환경과 개발의 관심 통합과 그들에 대한 보다 강력한 주의집중을 통해서 기본적 욕구의 충족, 보다 향상된 생활수준, 보다 보호 · 관리된 생태계, 그리고 보다 안전하고 번영된 미래를 가져올 수 있다. 어느 나라도 이러한 목적을 독자적으로 성취할 수는 없다. 그러나 우리 모두의 공동 노력 — 지속가능한 개발을 위한 세계적 협력 — 을 통하여 이 목적은 달성될 수 있다.

지속가능성은 1996년 이스탄불에서 개최된 Habitat II 회의에서도 핵심 주제로 다루어졌다. 유엔이 개최한 20세기의 마지막 주요 국제회의인 Habitat II(도시 정상회담)에는 171개 국가에서 총 16,400명이 참가하여 두 주요 주제에 대하여 논의하였다: 인류 모두를 위한 적절한 거주지; 도시사회에 지속가능한 인간 거주지 개발. Habitat II는 「의제 Habitat」를 발간하며 다음과 같은 결론을 맺는다: "21세기 첫 20

년 동안 세계의 도시, 지방, 마을에서 지속가능한 인간 거주지 개발을 위한 국제, 국가 및 지역적 실천을 위한 세계적 협력"을 결의하였다(Habitat II Press Release, 3 June 1996).

환경과 개발에 관한 일련의 국제적 논의는 1997년 12월 교토(京都)에서 '지구 온난화'에 대한 국제회의로 이어져서 많은 논란 끝에 「교토 의정서(Kyoto Protocol)」에 서명으로 결론을 맺는다.[2] 교토 의정서는 모든 산업국가의 온실(greenhouse)가스 배출을 1990년 수준으로부터 5% 감축할 것을 요구하였다(Moomaw et al., 1999). 지구의 온난화를 방지하기 위하여, 유럽공동체는 2010년까지 GNP 3%를 투자하여 이산화탄소(CO_2) 배출량을 15% 감축하고, 미국은 2012년까지 배출량을 안정화하며, 다른 나라들은 각기 적절한 목표를 설정할 것을 결의하였다. 도시개발과 관련하여 이러한 협약은 이산화탄소 배출의 50%를 차지하는 에너지 부문과 산업활동에 중요한 영향을 제공할 것으로 예측되었다(Pugh, 2000).

20세기 후반의 환경과 개발에 대한 세계적 관심은 현재의 도시생활 방식, 개발정책과 기술에 극적인 변화를 가져오지 않는다면, 이러한 급격한 도시성장, 도시화 과정은 이미 위험 수위를 넘어선 지구의 생태적 한계와 갈등 상태에 직면할 것을 지적하고 있다. 이러한 갈등은 에너지, 원료, 토지에 대한 과도한 소비 증가와 연관되어 있다. 그 결과로 나타난 지구 온난화 효과, 오존층의 파괴, 생태다양성(bio-divrsity)의 감소, 독성 폐기물의 증가와 다른 많은 지구환경문제는 산업사회의 개발 및 현대 도시구조와 직접적으로 연관되어 있다. 최근에는 지속가능한 도시개발의 주안점이 지구 온난화 현상을 넘어서, 도시 · 지역 복원력 향상을 위한 연구로 전환되는 면을 보인다.

제 2 절 지속가능한 도시개발: 개념 정립

지속가능성은 시각에 따라 갈등을 일으키는 두 가지 개념이 존재한다. 첫째는

2) 논란의 주요 쟁점은 기후 예측에 관한 정확성의 의문에서 시작하여, 국가들 사이에 지구 온난화 비용 부담의 분배, 저개발국가들의 긴박한 개발 문제 등에 관한 갈등이 제기되었다.

'생태계 한계' 시각으로 주로 환경 파괴와 지구의 재생 능력에 관점을 두고 있다. 이 시각은 인간의 삶이 의존하고 있는 대체재가 없는 자연자원인 오존층, 비옥한 토양, 건강한 습지대 등에 초점을 두고 있다. 인류 복지를 위하여 필수적인 이러한 자원은 총체적으로 생태계를 구성한다. 이 시각은 인류가 이러한 생태계를 보존하고 현대사회의 생활방식에 의해 부과된 한계를 인식할 것을 촉구한다.

둘째는 '종합적 시각'으로 사회, 경제, 생태계의 균형추구에 초점을 두고 있다. 따라서 이 시각은 인간의 순수한 물질적 욕구뿐만 아니라, 건강, 지식, 정치적 자유 등을 포함하는 인간적 욕구와 열망의 넓은 범위에 주안점을 둔다.

이러한 두 개념은 두 가지 면에서 중요한 차이를 보인다. 첫째, 지구 자원의 한계는 '생태계 한계' 시각의 핵심인 반면에, '종합적 시각'에서는 다른 많은 변수들 가운데 하나로 간주된다. 둘째, '생태적 한계' 시각은 지속가능성에 대한 협의의 개념을 제시하는 반면에, '종합적 시각'은 광의의 개념을 제시한다. 한편으로 '생태적 한계' 시각이 보다 객관적이라는 주장이 제시될 수도 있으나, 실제로 반드시 그러하지는 않다. 지구가 지원할 수 있는 인구의 한계가 명확히 계산될 수 없기 때문에, 생태계의 어떤 자원이 얼마만큼의 가치를 가지는가에 대한 명확한 계산이 나올 수 없다. 예를 들면, 종(種)의 다양성은 건전한 습지 생태계의 필수조건이지만, 각 개별적 종이 얼마나 중요한지에 대해서는 명확히 판단할 수 없다. 이러한 이유 때문에 어떤 주관적 판단의 개입 없이는 인간이 필요로 하는 자원의 양을 명확히 계산하는 것이 사실상 불가능하다(Farrell & Hart, 1998).

그러나 두 개념은 세대(generation) 내부와 사이의 형평성 모두에 일치된 높은 관심을 보인다. 세대 간의 형평성은 미래 세대를 위하여 풍부한 자원과 생태적으로 건강한 지구를 물려주는 것을 의미하는 반면에, 세대 내의 형평성은 현재 살고 있는 사람들 사이에 환경적 비용과 편익이 공정하게 분배되는 것을 의미한다. 이러한 형평성 개념은 다른 사람의 희생 하에 어떤 사람의 삶의 향상이 발생한다는 도덕성에 기본을 두고 있다. 이러한 형평성에 대한 보다 실용적 해석은 불균등한 자원배분에 의한 빈곤으로부터 생태계 파괴가 발생한다는 논리를 유도한다. 그리고 이러한 지역 생태계 파괴는 당연히 전 지구적으로 영향을 미친다. 예를 들면, 지구기후 체제는 부분적으로 열대 우림지에 영향을 받는 반면에, 열대 우림지는 지역의 산업구조, 소득 수준에 영향을 받는다(예: 엘니뇨 & 라니냐 현상과 지역의 태풍·

온난화 영향).

실제로 지속가능성에 대해서는 아직도 명확한 개념이 정립되지 않았으며, 많은 논의와 해석이 분분하다(Bartelmus, 1987; Barbier, 1989; Van den Bergh, 1991; Porritt, 1992; Van Pelt et al., 1995). 그러나 지속가능성의 다음과 같은 몇몇 주요 측면에 대해서는 학자들 사이에 어느 정도 일치된 견해를 보이고 있다(Camagni et al., 1998).

첫째, 지속가능성은 오직 환경 보호만에 주안점을 두는 것이 아니며, 경제·사회적 측면 또한 포함된다. 「브룬틀란트 보고서」에 언급되어 있듯이 "지속가능성은…… 자원 이용, 투자 방향, 기술 개발, 제도 변화 등에서 현재의 요구뿐만 아니라 미래의 요구에 일치하도록 변화를 유도하는 과정이다"(WCED, 1987: 46). 이러한 내용은 지속가능성에서 환경 개념의 내용에 사회·경제적 범주도 포함하고 있는 것을 보여준다.

둘째, 지속가능성은 역동적, 균형적, 적응적 변화—즉, 경제개발과 생태적 기반 사이에 조화와 균형적 이용·관리를 위한 변화—과정이다(Nijkamp & Perrels, 1994). 이것은 지속가능성에 대한 전통적 해석에 따른 것으로, 그 기본 원리는 자연자원은 생태계 재생 능력을 넘어서 수탈되어서는 안 되며, 자원의 총량이 감소되지 않아야 한다(Opschoor & Turner, 1994; Pearce et al., 1989).

환경과 개발은 동전의 양면과 같다. 개발이 지속가능하기 위해서는 환경에 대한 적절한 배려가 수반되어야 한다. 만약 경제는 성장하였지만, 그 결과로 환경이 오염되어 건강과 삶의 질에 부정적 영향을 가져온다면, 이것을 발전이라고 평가할 수는 없다. 경제적 논리만으로 정당화된 정책은 진정한 의미의 지속가능한 개발을 가져오지 못한다. 따라서 이 책의 '지속가능한 도시' 개념 속에는 상기의 두 측면 모두를 수용한다.

우선, 지속가능성에 대한 위의 두 측면과 도시환경에 대한 관련성을 살펴보기로 하자. 도시는 집적의 활동 창조를 위하여 자연환경이 이미 희생된 인공환경의 공간이다. 이런 면에서 '지속가능한 도시'가 무엇인가를 설명하는 것은 정말 난해한 문제이다. 특히, 지속가능한 도시를 "자연환경적 측면에 최우선 순위가 주어진 도시"로 보편적으로 이해하는 것은 해석의 한계가 있다. 왜냐하면, 이러한 해석은 도시에서 집적의 활동이 제공하는 긍정적 효과를 몰이해하거나 혹은 경시하기 때문이다. 이러한 긍정적 측면은 주로 도시의 사회·경제적 환경에서 유래하며, 지난 인류 역사에 걸쳐서 능률적·구조적 공간으로 도시가 존재한 것에 대한 설명을 제공한다. 이 책에서는 '지속가능한 도시'에 대한 개념 정립의 시발점으로 호턴과 헌터(Haughton & Hunter, 1994: 27)의 설명을 원용한다. 호턴(G. Haughton)과 헌터(C. Hunter)는 지속가능한 도시를 "도시 주민과 산업 모두가 그들의 자연환경, 건조환경, 문화환경의 향상을 위하여 근린과 지역 차원에서 지속적으로 노력하는 동시에 지구 전체의 지속가능한 개발에 합치된 활동을 하는 도시"로서 설명하고 있다. 이러한 설명은 지속가능한 도시는 고도의 지리학적 개념이 내포된 다차원적 특성을 갖는 것을 의미한다. 다른 한편으로 지속가능한 도시에 대한 상기와 같은 설명에서 지역 소비와 생산을 위하여 지역자원 이용의 결과 — 예를 들면, 복지 혹은 소득수준 — 를 언급한 것은 지속가능한 도시개발은 "다른 지역의 기회의 선택에 영향을 미치지 않으며, 주민들의 수용가능한 복지수준의 성취를 가져오는 지역개발"(Nijkamp & Opschoor, 1995)을 의미한다.

도시에는 물리적(자연과 건조) 환경, 경제적 환경, 사회적 환경 등 세 가지의 상이한 환경이 공존하며, 이 세 가지 환경의 부분과 조합을 통하여 도시의 존재와 지속에 관한 설명을 제공한다. 이 세 가지 환경은 도시의 비용과 편익을 창조하며 도시의 강점과 약점을 발생시킨다. 이 세 가지 환경이 서로가 깊게 얽혀서, 도시 인간 행위의 목표, 수단, 내용을 설명하기 때문에 지속가능한 도시개발을 위해서는

그림 4-1 지속가능한 도시개발의 세 가지 요소

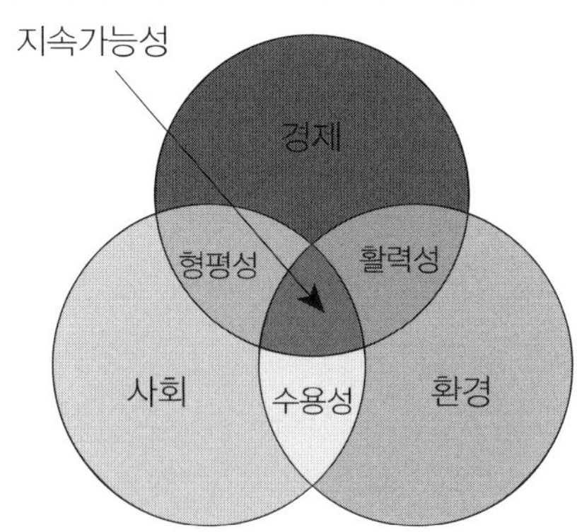

세 가지 환경을 통합적으로 고찰하는 것이 보다 합리적이다([그림 4-1] 참조).

첫째로, 경제적 환경은 근린의 사회경제적 효과인 집적의 개념, 규모의 시너지 효과인 규모의 경제 등을 통하여 도시의 존재를 정당화한다. 이러한 요소들은 생산, 유통, 소비 등 경제활동에 비용과 편익으로 작용함으로써 도시성장에 중요한 영향을 미친다.

둘째로, 도시의 사회적 환경은 사회 네트워크를 통한 연계 효과와 집단 개념을 통한 시너지 효과가 개인 성향과 결합하여 도시공간에서 선택의 기회를 제공한다. 즉, 도시는 사회적 환경을 통하여 주민들에게 쾌적한 문화, 사회적 선택의 기회, 다양한 공공재에 대한 접근성 등을 제공한다.

셋째로, 도시의 물리적 환경은 도시의 지형적 조건, 자연환경, 도시공간의 건조물 등과 결합하여 도시활동의 범위와 한계에 영향을 미친다. 도시의 물리적 환경은 녹색공간, 깨끗한 대기, 쾌적한 도시 조경 등을 통하여 사회적 외부 효과를 갖는 공공재를 제공함으로써 주민들의 사회적 상호작용과 삶의 질에 중요한 영향을 미친다.

<표 4-1>은 이러한 세 가지 환경이 결합하여 도시에 어떤 영향을 주는가를 제시하고 있다. 도시에서 경제적 환경과 물리적 환경 사이의 상호작용은 부정적 외부 효과를 통하여 관찰될 수 있다. 도시 내에서 경제활동을 통하여 자연·건조환경에 미친 부정적 효과는 인구와 산업활동의 밀집에 의하여 발생한 다양한 환경 훼

표 4-1 도시 세 가지 환경 사이의 상호작용에 의한 긍정적·부정적 효과

	경제적 환경과 물리적 환경의 상호작용	경제적 환경과 사회적 환경의 상호작용	사회적 환경과 물리적 환경의 상호작용
긍정적 외부 효과	• 효율적 에너지 이용 • 재생 불가능 자원의 효율적 이용 • 생태환경 이용의 규모의 경제 제공	• 주민 복지의 보편적 향상 • 다양한 선택 기회의 제공 • 사회적 형평성 향상 • 민주 체제의 확립	• 녹색공간을 통한 사회적 쾌적성 제공 • 정신건강와 보건복지의 향상 • 지역 문화와 역사의 계승 • 지역 정체성 확립
부정적 외부 효과	• 자연자원의 훼손 • 에너지의 비효율적 이용 • 수질오염, 대기오염, 녹색공간의 잠식, 교통 혼잡, 소음	• 계층 간의 갈등 심화 • 도시의 이중구조 • 집단(이익단체)이기주의 • 소외와 불평등 심화	• 공간적 격리현상 • 님비(Nimby) 현상 • 정신적 긴장의 고조 • 지역 문화, 정체성 상실

손으로 쉽게 확인된다. 자연자원의 황폐화, 소음, 수질과 대기오염, 녹색지대의 파괴, 교통 혼잡, 그리고 지나친 에너지 이용 등은 모두 도시 내에서 과도한 경제활동이 원인이 된 부정적 외부 효과들이다. 도시의 역할이 경제성장의 견인차로 주어진다면, 도시는 이산화탄소, 메탄가스, 산업과 생활쓰레기 등 환경 노폐물이 집중적으로 축적되는 공간으로 인식될 수 있다.

다른 한편으로, 이러한 많은 부정적 외부 효과는 대규모와 고밀도 효과의 결과로서 도시에서 쉽게 관찰되는 가시성을 갖는다. 그러나 동일한 규모의 경제활동이 지리적으로 보다 분산되어 수행된다면, 환경 노폐물의 공간적 집중성은 감소될 수 있으나, 자연자원 — 예를 들면, 에너지와 토지 등 — 의 절대적 소비량은 한층 증가될 것이다. 이런 의미에서 인구와 산업활동의 집적은 사회적 상호작용과 경제적 효율성을 위한 필수 조건일 뿐만 아니라, 어느 정도까지는 부족하거나 재생 불가능한 자원 이용의 효율성을 위한 장치로 작용한다. 실제로 지역 에너지 소비에서 이러한 사례는 경험적으로 관찰될 수 있다. 예를 들면, 이탈리아 롬바르디 지역 인구의 44%가 거주하는 밀라노 시는 거리의 가로등을 위한 지역 전력 사용의 33%, 가정용 전력 사용의 38%, 지역 총 전력 사용의 31.8%를 사용하는 것으로 나타났다(Camagni et al., 1998). 즉, 규모의 경제와 근린의 효과는 도시를 자연자원의 능률적 이용 장치로 전환될 수 있음을 보여준다. 최근에 이러한 도시 기능을 강조한 압축도시(compact city)에 대한 연구(Jenks et al., 1996; Roo & Miller, 2000)가 활발히 진행되고 있으며, 뒷부분에서 이것에 대해 심층적으로 논의한다.

다음으로, 도시의 경제적 환경과 사회적 환경의 상호작용은 집단, 계층적 활동과 관련된 긍정적·부정적 외부 효과를 가져온다. 긍정적 외부 효과로는 교육, 보건, 복지 등에 대한 접근성 향상을 통한 주민 생활수준의 향상과 선택 기회의 확대, 취업 기회의 증가를 통한 형평성 향상, 그리고 이질성, 다양성, 차별성에 대한 이해를 통한 민주질서의 고양 등을 들 수 있다.

다른 한편으로, 집적의 불경제는 계층 간의 갈등, 소득 격차의 심화 등을 통한 도시 양극화 현상, 이익집단의 세력화를 통한 집단이기주의, 물질만능주의에 의한 인간 소외 등의 다양한 사회적·경제적 문제를 발생시킨다. 사회적 환경의 부정적 외부 효과는 노동시장의 마찰 심화, 도시 긴장과 갈등, 범죄의 증가 등을 유발함으로써 도시 경제활동에 부정적으로 작용하기도 한다.

도시의 사회적 환경과 물리적 환경의 상호작용은 주민의 정서와 문화, 집단활동에 영향을 미침으로써 긍정적·부정적 외부 효과를 발생시킨다. 쾌적한 녹색공간, 심미적 도시 스카이라인, 환경 친화적 도시구조는 주민들에게 육체적 건강뿐만 아니라 정서적 안정과 순화에 긍정적 영향을 미침으로써 정신건강과 보건복지의 향상을 가져온다. 또한 주민들의 활발한 사회활동 참여와 의견제시, 그리고 주민의견이 반영된 도시 자연·건조환경이 조성됨으로써 주민들의 도시에 대한 정체성과 소속감이 증가하고, 건전한 도시문화가 창조 및 계승될 수 있다. 반면에, 도시의 사회적 환경과 물리적 환경의 잘못된 상호작용은 공간적 격리 현상, 님비(nimby: not in my back yard) 현상, 정신적 긴장의 고조, 지역정체성 상실 등의 다양한 부정적 외부 효과를 가져온다. 예를 들면, 서울에서 한강을 경계로 강북과 강남 사이에 경제적 격차, 학군을 경계로 교육 서비스의 격차 등이 발생하고 있으며, 공간적 이기주의에 의하여 저소득층, 영세민을 위한 공공시설의 입지를 반대하는 님비 현상 등이 주요 도시문제로 등장하고 있다. 도시에서 이러한 사회적 측면의 갈등적 상황은 도시생활의 정신적 긴장을 고조시키며, 지역에 대한 매력과 소속감, 정체성 상실을 유도할 수 있다.

상기와 같은 관찰로부터 '지속가능한 도시'는 도시의 집적과 세 가지 환경의 상호작용을 통한 긍정적 외부 효과의 총합이 부정적 외부 효과의 총합보다 큰 도시로 설명될 수 있다. 보다 구체적으로 '지속가능한 도시'는 집적의 경제가 도시환경(물리적 환경과 건조환경), 사회 네트워크와 긍정적 외부 효과로서 상호 연계성을 가지며, 도시생태 정화 능력 범위 내에서 세 가지 환경 사이에 상호작용을 통한 부정적 외부 효과가 수용되는 도시를 의미한다(Nijkamp & Opschoor, 1995). 이런 의미에서 바람직한 도시는 환경적으로 생태적 균형이 유지되는 동시에 세대 내·세대 간에 분배적 형평성을 위한 진보적 변화가 추구되는 도시로 정의될 수 있다.

제 3 절 지속가능성의 공간: 왜 도시인가?

현대 사회에서 경제·사회활동의 소재지이며 인간 관계, 생산활동의 중심지인 도시는 그 기능상 환경오염의 주요 발생원일 수밖에 없기 때문에 당연히 지속가능한 개발에 관한 비판적 고찰의 대상으로 등장하게 된다. 여기서 발생하는 난해한 문제는 환경과 관련된 이슈는 공간적으로 지역적인 동시에 지구적인 범위를 갖기 때문에 이런 문제를 가장 효과적으로 다룰 수 있는 정책 단위가 무엇인가 하는 것이다.

도시는 특성상 개방 체제로서, 도시 행위는 다른 지역과 상호작용하며 궁극적으로 지구촌 전체에까지 영향을 미칠 수 있다. 실제로 도시의 내부 활동에서 발생하는 환경문제의 대부분(공해, 교통 혼잡, 소음, 가시적 환경의 파괴)은 지역 범위에 영향을 미치지만, 그럼에도 불구하고 지역 경계를 넘어 광역 지역에 영향을 미치는 많은 문제들(수질오염, 폐기물 처리)과, 지구촌 전체에까지 영향을 미치는 문제들(배기가스에 의한 온실 효과와 지구 온난화)이 발생하고 있다.

정책의 관점에서 도시는 단순히 규모와 문제의 공간적 중심지라는 이유 때문만이 아니라, 다음과 같은 이유로 지속가능성 정책을 위한 효율적 시발점으로 등장한다.

첫째로, 도시는 지역활동을 재단하기 위한, 특히 다양한 지속가능성의 의미를 지역 실정에 맞게 재단하는 제도적 틀을 제공한다. 앞에서 고찰한 바와 같이, 지속가능성은 다양한 의미와 개념으로 이해될 수 있으며, 따라서 지역 상황에 따라 다양한 해석과 정책이 수행될 수 있다. 도시는 인구와 산업활동에서 도시문제를 확인하고, 환경의 윤곽을 그리며, 효과적 정책 수립과 집행을 위한 적절한 동질성을 제공한다. 실제로 지속가능성에 대한 접근은 생태계에 대한 동질적 감각을 요구하며, 정치적 · 경제적으로 실행가능하여야 한다. 이러한 양 측면은 공간적으로 도시 범위에서 효과적으로 추구될 수 있다.

둘째로, 도시는 정책면에서 최근에 분권화 추세와 잘 조화되는 통치 단위이며, 시민 · 산업체와 같은 지역 활동 주체에게 직접적으로 동기부여를 제공할 수 있는 단위이다. 국제적 영역과 비교하여 도시는 지속가능성을 정당화하기 위한 적절한 정치행정 제도와 규제적 장치를 갖고 있다. 이러한 규제와 제도는 국제적으로 거의 존재하지 않거나, 현재 초보적으로 시도되는 단계에 있다. 도시는 환경과 관련된 활동을 집행하고, 결과를 감시하며, 지역활동 주체들에게 특정 행위를 권고, 지원, 강요할 수 있는 제도적 장치를 능률적 · 효과적으로 갖출 수 있다.

셋째로, 도시는 자료 수집을 위한 행정 단위이며, 응용 및 정책연구가 도시 차원에서 보다 용이하게 수행될 수 있다. 즉, 도시는 앞에서 언급한 동질성 때문뿐만 아니라, 연구, 실험, 자료 수집, 정보 교환, 상호 학습을 위한 적절한 단위이기 때문에 정책집행의 소재지로 제시된다. 인구 규모, 산업활동, 지형적 조건에서 유사한 도시들은 각자의 접근 방법을 개발하여 그 경험과 정보를 공유할 수 있으며, 이러한 노력을 통하여 도시문제에 대한 효과적 · 진보적 해결책을 모색할 수 있다. 이러한 행위는 구조와 관심의 이질성, 지형적 상이성, 정치적 헤게모니 등의 문제 때문에 국가적 차원이나 국제적 차원에서는 효과적으로 수행되지 못한다.

도시는 이러한 인구적 관점, 정책적 관점, 행정적 관점 때문뿐만 아니라, 환경활동에 대한 경제적 관점에서도 적절한 소재지로 제시된다. 즉, 문제가 특성상 지역성을 갖을수록, 지속가능 정책은 더욱 더 시장 원리에 따라 접근할 수 있다. 실제로 지역성이 증가할수록 다음과 같은 정책의 편의성이 나타난다(Camagni, 1998).

첫째, 오염의 발생자와 희생자에 대한 확인이 용이하며, 따라서 피해 최소화와 환경 보호를 위한 높은 동기부여를 제공한다.

둘째, 오염 배출자가 소수인 경우에 '발생자 부담' 원리를 쉽게 적용할 수 있다.

셋째, 오염 발생자가 다수인 경우, 동질적 인구는 동질적 목표와 필요성 정립이 용이하며, 따라서 환경 보호와 조세 부과 등과 같은 정책적 합의에 보다 용이하게 도달할 수 있다.

넷째, 지역 차원에서 재산권에 따른 '코스(Coase) 원리'가 보다 쉽게 적용될 수 있다.[3)]

다섯째, 외부 효과를 내부화하기 위한 지역 윤리와 목표를 반영한 공정거래 혹은 시장 규칙을 설정하기 용이하다.

여섯째, 어떤 특정한 환경 목표는 현재의 자유시장 원리를 통하여 성취될 수 있다. 즉, 어떤 지역화된 환경 자산은 사치재(예를 들면, 사치적 조경, 클럽 해수욕장, 회원제 삼림욕장)로 인식될 수 있으며, 어떤 개인 혹은 소규모 집단은 가격을 주고 구입을 희망할 수 있다. 긍정적 외부 효과와 파급 효과가 주어진다면, 이러한 환경

3) 코스(Coase, 1960)에 따르면, 소수의 배출자와 소수의 희생자를 갖는 외부 효과 문제는 제3자(정부)의 개입없이 당사자들 사이에 거래(transaction)을 통하여 외부 효과의 내부화(internalize)가 가능하다.

자산의 제공은 지역공동체를 위하여 유익하다.

일곱째, 조사 대상의 범위가 작을수록, 인구와 경제활동의 경계를 넘은 높은 이동성이 제공된다. 따라서 인구와 경제활동의 유인과 유지를 위하여 지역공동체는 환경 자산에 대한 투자 욕구가 보다 커질 수 있다.

이러한 원리들은 도시환경 정책이 지역의 관점에서 다루어져야 한다는 것을 보여 준다. 지역에서는 지구 온난화의 결과를 계몽하기보다는, 지역 삶의 질과 혼잡 비용이 지역 차원에서 지역 이해 관계와 관련하여 논의될 때 보다 용이한 합의에 도달할 수 있다. 일반적으로 시민들은 지구 온난화의 중요성과 지역의 인과 관계를 이해하고 확인하기 어려우며, 시민들의 복지에 직접적 영향을 미치지 않는 것으로 인식한다. 그러나 지속가능성 정책이 지역 차원에서 지역 이해를 바탕으로 실행되었더라도, 이러한 지속가능한 도시 정책의 결과는 지구적 범위까지 유용한 결과를 가져온다.

제 4 절 지속가능한 도시개발을 위한 정책원리의 탐색

이 절에서는 지역차원의 지속가능한 개발을 위한 정책지침을 논의한다. 여기서 제시된 정책지침은 실제로 독일 바덴-뷔르템베르크(Baden-Württemberg) 지방에서 지속가능한 개발을 위한 정책지침으로 개발된 것이다(Renn et al., 1998). 지역 차원에서 지속가능한 개발을 위하여 <표 4-2>와 같이 여섯 개의 정책지침이 제시되었다.

〈정책지침 1〉

재생 불가능한 에너지 자원은 다음의 세 가지 조건 가운데 어느 하나에 충족될 때까지만 오직 사용될 수 있다: 첫째, 일정 기간에 발견된 자원의 총량이 그 기간에 수탈된 자원의 총량을 초과하여야 한다. 둘째, 현재 이용 가능한 자원의 총량이 미래의 기술발전에 의하여 보다 경제적으로 이용 가능한 형태로 사용되어질 자원의 총량을 초과하여야 한다. 셋째, 자원 생산성(에너지 투입당 에너지 산출)의 증가가 에너지 전환에 의한 에너지 소비 감소분에 최소한 비례하여야 한다. 환경 수탈과 재생적 공급 사이에 동시성을 위한 시간 범위는 둘 사이의 간격을 최소화하고, 신속한 조정을 위하여 필요한 최소한으로 설정되어야 한다. 재생 불가능한 자원의 보호를 위하여, 경계를 위한 일정 한도에 도달하면, 사회는 조세 부과 혹은 다른 가격 원리를 통하여 대체에너지 자원의 이용을 촉구하여야 한다. 만약 이러한 조치들이 기대된 효과를 가져오지 못한다면, 직접적 정부개입이 동원되어야 한다.

〈정책지침 2〉

에너지 전환과 무관한 재생 불가능한 자원은 어떤 일정한 경제 비용 이하로 재활용이 가능할 경우에만 사용될 수 있다. 혹은 극히 일부만 폐기되고 대부분이 재활용 가능한 경우에만 사용될 수 있다. 물론 원료의 재활용 또한 엔트로피(entropy) 법칙의 대상이 된다: 보다 많은 에너지가 요구될수록 보다 집중적 재활용이 수행된다. 무한한 재활용은 엔트로피의 계속적 증가를 가져온다. 따라서 이것은 결코 질적 성장의 목표가 될 수 없다. 진정한 목표는 자원을 무한히 재활용하는 것이 아니라, 자원 이용을 확대하는 것이다.

〈정책지침 3〉

재생 가능한 자원은 생태계에 인간이 최소한 개입하는 방식으로 소비와 재생 사이에 균형이 허용되는 범위 내에서만 사용될 수 있다. 이러한 개입의 한도는 생태계의 재생 능력과 회복 능력에 달려 있다. 환경에 대한 개입이 필연적으로 요구된 경우에, 사회 목표는 토양, 수질, 그리고 지역생태계 기능을 최대한 보호하며, 비록 다소간 불유쾌한 생활환경을 가져오더라도(예를 들면, 퇴비의 이용) 장기간의 수확을 거두는 방식으로 개입하여야 한다.

표 4-2 독일 바덴 비르템베르크(Baden-Württemberg)의 지속가능한 개발을 위한 정책지침

1. 재생 불가능한 에너지 자원은 다음의 세 가지 조건 가운데 어느 하나에 충족될 때까지만 오직 사용될 수 있다: 첫째, 일정 기간에 발견된 자원의 총량이 그 기간에 수탈된 자원의 총량을 초과하여야 한다. 둘째, 현재 이용 가능한 자원의 총량이 미래의 기술발전에 의하여 보다 경제적으로 이용 가능한 형태로 사용되어질 자원의 총량을 초과하여야 한다. 셋째, 자원 생산성(에너지 투입당 에너지 산출)의 증가가 에너지 전환에 의한 에너지 소비 감소분에 최소한 비례하여야 한다.
2. 에너지 전환과 무관한 재생 불가능한 자원은 어떤 일정한 경제 비용 이하로 재활용이 가능할 경우에만 사용될 수 있다. 혹은 극히 일부만 폐기되고 대부분이 재활용 가능한 경우에만 사용될 수 있다.
3. 재생 가능한 자원은 생태계에 인간이 최소한 개입하는 방식으로 소비와 재생 사이에 균형이 허용

되는 범위 내에서만 사용될 수 있다.
4. 인간의 건강 혹은 자연적 통제 체제(예를 들면, 수질, 탄소, 질소 등의 생명주기의 계속성)의 보존에 손상을 주는 환경 파괴 행위는 회피되어야 한다.
5. 특성상 상기 1~4 법칙에 명백하게 해당되지 않는 모든 다른 개입은 외부 효과가 존재하는 경우, 조세를 통한 가격통제 혹은 바람직하지 않은 부산물(예를 들면 공해, 쓰레기)의 양적 제한을 위한 집합적 전략이 허용되는 조건 하에 시장 원리에 따를 수 있다.
6. 비록 환경에 대한 개입이 그것을 통한 비용과 편익에 의해 설명되어야 하지만, 구성원들이 동의할 수 있는 예외적인 것에 한하여, 비록 이것이 비용-편익 비율에서 부정적 결과를 가져오더라도, 특성상 지역사회에서 주관적(내재적) 가치를 부과할 수 있다.

자료: Renn, O., Goble, R. & Kastenholz, H.(1998). How to Apply the Concept of Sustainability to a Region. *Technological Forecasting and Social Change*, Vol.58. p.75.

〈정책지침 4〉

인간의 건강 혹은 자연적 통제 체제(예를 들면, 수질, 탄소, 질소 등의 생명주기의 계속성)의 보존에 손상을 주는 환경 파괴 행위는 회피되어야 한다. 단순하게 표현하여, 미래 세대에 어떤 치명적인 손상을 줄 가능성이 있는 어떤 행위도 현재 시점에서 금지되어야 한다. 물론 여기에는 금지의 대상이 될 '치명적 손상 가능성'의 정도에 대한 논란이 제기된다. 위험의 수용 가능성과 환경 피해를 결정하기 위한 일반적으로 합의된 어떤 기준도 사실상 존재하지 않는다. 비록 현세대에 많은 경제적 수익을 가져오더라도, 미래 세대의 이익을 위하여 현세대의 대표자들이 위반해서는 안 되는 한계를 설정하는 과정에서 공론을 통하여 그 해답은 구할 수 있다.

〈정책지침 5〉

특성상 상기 1~4 법칙에 명백하게 해당되지 않는 모든 다른 개입은, 외부 효과가 존재하는 경우, 조세를 통한 가격 통제 혹은 바람직하지 않은 부산물(예를 들면, 공해, 쓰레기)의 양적 제한을 위한 집합적 전략이 허용되는 조건 하에 시장 원리에 따를 수 있다. 이것은 이러한 자원 이용에 따른 생산과 소비의 외부 효과가 시장 원리를 통하여 내부화될 수 있다는 것을 가정한다. 그리고 외부 효과의 내부화 이외에, 환경적 조건의 향상을 위해서는 미래의 환경 손상의 산출을 위한 적절한 할인율이 시장 원리에 적용될 것이 요구된다.

〈정책지침 6〉

비록 환경에 대한 개입이 그것을 통한 비용과 편익에 의해 설명되어야 하지만, 구성원들이 동의할 수 있는 예외적인 것에 한하여, 비록 이것이 비용-편익 비율에서 부정적 결과를 가져오더라도, 특성상 지역사회에서 주관적(내재적) 가치를 부과할 수 있다. 예를 들면, 어떤 윤리적 이유에서 특정 동물을 보호하거나, 혹은 수익성이 없는 특정 동물을 종교적 이유에서 인간의 생활 조건보다 우수한 환경으로 받들 수 있다. 생명계의 다양성(biodiversity)은 미래에 예상된 필요 혹은 편익에 의해서 보다도, 그 자체에 의도적으로 가치를 부여하여 본질적으로 정당화될 수도 있다. 그러나 이러한 비용-편익 원리를 넘어선 행위에 대한 집단 또는 집단들 사이에 협의를 위하여, 의사결정자는 그 행위의 비용적 측면을 충분히 이해하여야 한다.

상기와 같은 정책지침을 채택함으로써 지속가능한 경제구조가 보장되지는 않으며, 단지 지속가능성을 향한 방향을 제시할 수 있다. 위의 정책지침은 세 개 집단으로 분류할 수 있다: 지침 1~4는 정치적 지침으로, 이 지침이 추구하는 목표는 시장 원리만으로는 성취될 수 없다. 지침 6은 문화적 가치를 허용한다. 지침 5는 자연과 후대에 영향을 미치는 대부분의 의사결정을 일반적으로 알려진 시장 원리에 의존한다. 이러한 모든 지침의 바탕에는 자연과의 조화와 상호작용, 이용의 능률성 향상이 미래 세대들 사이에 자원의 공정한 배분을 위한 필수 조건이라는 것을 기본 철학으로 하고 있다.

지속가능한 개발을 위한 정책도구의 탐색

상기와 같은 정책원리를 현실적으로 실천하기 위하여 다양한 정책도구들이 사용될 수 있다. 이러한 정책도구들은 편의상 다음 네 가지 정책항목으로 구별될 수 있다. 각 항목들은 지속가능한 개발의 기본 개념에 따라 구별되었으나 논리적으로 상호 연계성을 갖는다.

첫째, 주민의 건강과 생태계의 보호를 위하여 어떤 절대적 한계를 설정해야 하는 피치 못한 상황에서는 이러한 한계를 명확히 하고, 주민들의 지지를 확보할 수 있는 정책도구가 개발되어야 한다. 설정된 한계는 과학적으로 객관성을 갖고 설명되어야 한다. 그 정당성이 과학적으로 불명확한 경우는 공공의 논의(공론)를 통하여 결정되어야 한다. 정책도구로 행위의 금지 혹은 규제적 기준이 채택될 수 있다: 그러나 신뢰성에 대한 고도의 확신이 있다면 경제적 접근이 이용될 수도 있다. 또한 정부가 설정한 규제 기준을 넘어선 오염 감소를 위하여 조세 혹은 환경인증제 등이 이용되기도 한다. 이 정책항목은 환경 보호에 주안점을 두고 있는 자연과학적 시각에 기본을 두고 있다.

둘째, 정책목표가 자원 기반의 확대, 재활용의 완성, 혹은 생태계의 긴장 완화인 상황에서는 경제 혹은 사회적 동기부여가 적절한 정책도구로 제시된다. 또 다른 관점에서 주민 복지의 향상, 향상된 사회조건, 문화적 발전 등이 정책대안에 포함

표 4-3 지속가능한 개발을 위한 정책도구

지속가능성을 위한 문제 상황	정부 규제	경제적 동기부여	협상과 중재	정보 제공과 의사소통
주민 건강에 대한 위협	*보건 기준 설정*	조세, 인증제 보험 등을 통한 정부 기준 이하로 공해 요소 감소	공해 제품과 물질의 대체	건강 보호 안내서 제공
환경적 생명주기에 대한 위협	*환경 기준 설정*	조세, 인증제 보험 등을 통한 정부 기준 이하로 공해 요소 감소	제품과 생산 방식의 대체	환경에 대한 인식 제고
환경적으로 유해 물질의 배출	모든 가능한 단속 수단을 동원	*조세, 인증제에 의한 지속적 감축*	배출 통로 방식, 제조 방식의 대체	*주민 알권리 제공*
위험관리(높은 재해 가능성)	*안전 기준 설정*	성취 가능한 낮은 위험 수준 유도	근린 공동체 긴급 대피계획 수립 및 교육	긴급 상황에 대한 훈련
위험관리 (낮은 재해 가능성)	기술적 안내서 제공	*재해에 대비한 보험*	재해 회피전략 수립	*재해 감소를 위한 개인 안내 정보 제공*
자연자원의 과도한 이용	정책 지침 수립	재산권 및 인증제	*자발적 협상*	지속가능한 소비를 위한 정보를 제공
생명계 다양성에 대한 위협	*토지 이용, 보호를 위한 규제 설정*	거주 활동 보호를 위한 보조금	*토지 이용 관리를 위한 공동체 합의*	생명계·생태계에 대한 계몽 및 교육
동물 보호	규제, 금지	인간적 대우에 대한 보조금	생산자와 소비자 사이에 자발적 협상	*식품표시제*

자료: Renn, O. Gobel, R. & Kastenholz, H.(1998). How to Apply the Concept of Sustainable to a Region. *Technological Forecasting and Social Change*, Vol.58. p.78.

되기도 한다. 이 정책항목은 자연에 대한 정원사적 사고(gardener-like attitude)를 내포하고 있는 경제적 시각에 기본을 두고 있다.[4)]

셋째, 환경에 대한 손상이 예상되지만 그 결과의 예측이 매우 불확실한 상황에서는 가능한 한도 내에서 과학적으로 불확실성이 설명되어야 한다: 그리고 의사결정은 최악의 상태를 기준으로 내려져야 한다. 최고의 재해 가능성을 적용함에 따라 예방적 원리가 원용될 수 있으며, 정부 개입의 정당성이 제공될 수 있다. 그리고 불확실성을 감소시키기 위한 연구에 보다 많은 공공의 투자가 요구된다. 이 정책항목은 최악의 상태를 가장 넓게 해석하는 보수적 정책시각에 기본을 두고 있다.

넷째, 환경에 대한 특별한 손상이 예상되지 않지만, 주민들이 특정 대상을 보호하는 데 혹은 어떤 개입(예를 들면, 동물 구호 혹은 동물에 대한 인간적 대우 등)에 특정한 가치를 부여하거나 혹은 위험 배분의 불평등이 인식되는 상황에서는, 관계된 사람들에게 그 비용에 대한 정보의 제공과 함께 법적·경제적 혹은 의사소통적 방안을 통한 단속 및 통제가 적절한 대안으로 제시된다. 이 정책항목은 정치적·의사소통적 과정과 도구에 중점을 둔 지속가능성에 대한 사회과학적 시각에 기본을 두고 있다.

일반적으로 위에서 제시한 정책항목을 실천하기 위한 도구로서 다음의 다섯 개 정책도구들이 제시된다: 규제, 계획, 경제적 동기부여, 협의와 중재, 개별적 정보제공과 의사소통. 민주사회에서는 동일한 정책목표를 달성하기 위한 수단 가운데 가급적 엄격한 정책도구보다는 온건한 정책도구를 선호하는 것이 일반적 합의라고 볼 수 있다. 마찬가지로 지속가능한 개발을 위해서도 온건한 정책도구가 실효를 거두지 못하는 경우보다 엄격한 정책도구가 이용되어야 한다. <표 4-3>은 지속가

4) 바우만(Zygmunt Bauman)은 근대 사회를 정원 국가(gardening state)라고 규정하며, 근대 사회는 국가의 위임을 받은 관료들이나 지식인들이 입법가적 활동으로 국가의 질서를 만들고 주민을 훈련시키는 사회라고 규정하고 있다. 즉, 근대성의 구조는 엘리트들 혹은 입법가적 지식인들이 마치 정원사가 정원을 가꾸는 행위처럼 주민들을 계몽시키고 통제받는 행동에 익숙하게 하여 집단과 조직체를 유지하는 규칙을 준수하도록 한다는 것이다. 그러나 이것은 다음 세 가지 요인으로 인하여 결코 성공할 수 없다는 것이 바우만의 주장이다. 첫째, 사회는 변화하기 때문에 부여된 규칙과 훈련의 정당성에 위기를 가져올 수 있다. 즉, 모든 사회 체계에 맞는 질서 부여는 불가능하다는 것을 의미한다. 둘째, 질서를 부여한 사회 체계가 있더라도 그 질서 부여에 비켜가는 하위 사회 체계들이 항시 존재한다. 셋째, 사회 체계가 복잡해지면서 질서 부여 양식도 복잡해지고 혼란과 복잡성이 증대하는 것이 일반적 현상이다(박창호, 2003: 152-154).

능한 개발을 위한 문제 상황과 정책항목에 따른 정책도구를 제시하고 있다. 이탤릭체로 표기된 부분은 가장 바람직한 정책도구로서 제시된 것이며, 계획행위는 다른 도구와 혼합적으로 사용되는 종합성을 갖기 때문에 <표 4-3>에서는 다른 도구 속에 포함되었다.

실제로 이용된 사례는 거의 드물지만 경제적 정책도구들 가운데 환경세(eco-taxation) 부과가 효과에 있어서 가장 우수할 것으로 논의가 되고 있다. 한편으로 조세를 통한 경제활동의 개입이 조세기반을 축소시킨다는 우려도 있으나, 노동력 혹은 재산에 대한 세금이 아닌 소비활동에 대한 환경세 부과는 특히 선진사회에서 바람직한 전략이라는 평가를 받고 있다.

지속가능한 개발은 현실적으로 주민들이 자신의 생태계에 대한 애착과 공동체에 대한 소속감을 갖고 정책을 따르지 않는다면, 공허한 구호에 지나지 않는다. 지속가능성을 위한 많은 정책목표들은 산업체, 정부, NGO, 교육 및 종교기관 등 사회의 다양한 주체들의 자발적·집합적 행위를 요구한다. 이러한 조직들 사이에 상호협력이 이루어지지 않는다면 지역에서 고도의 지속가능한 개발은 기대할 수 없다.

제 5 절 생태적 도시 재구성을 위한 전략

생태적 도시 재구성의 목적은 생태계의 안정과 경제성장 사이의 조화를 충족하는 도시구조를 건설하는 데 있다. 생태적 도시 재구성은 환경 보호와 자원 소비의 절감을 위하여 자원 이용 주기와 범위를 연장하고, 도시의 삶과 생산을 위한 설계에서 인간생태학과 인간행동학을 반영한 도시의 자기조절 기능을 강조하는 데 주안점을 두고 있다. 이 책에서는 한과 시모니(Hahn & Simonis, 1991)가 제시한 '생태적 도시 재구성'을 중심으로 지속가능한 도시개발을 위한 전략을 논의한다.

도시는 사회적 상호작용을 통하여 자연환경과 가장 많은 물질적 접촉을 하며, 인간 삶의 생산과 재생산의 중심지 역할을 하는 건조된 환경이다. 도시는 자연자원의 사회적 이용을 위한 출발점인 동시에 기술혁신, 사회적 변화, 문화발전의 중심지로 역할을 수행한다. 따라서 현 사회가 직면한 환경적 위기를 완화 혹은 해결하기 위한 결정적 자극은 도시에서부터 시작되어야 한다는 논리가 제시된다.

현재까지는 도시정책과 계획에서 산업적 요구와 생태적 안정 모두를 충족시키는 종합적 접근을 시도할 만한 충분한 지식 체계가 개발되지 않았다. 이런 목적을 위한 경제적, 법적, 행정적 정책틀을 어떻게 개발할 것인가는 지금도 논의의 대상이 되고 있으며, 각각의 상이한 지역적 특성에 따라 상이한 접근이 시도되고 있다.

최근까지 도시환경 정책은 원인에 대한 접근보다는 환경문제의 증상에 대한 접근에 주안점을 두어왔다. 이러한 결과로 도시정책은 '위기관리' 혹은 '문제의 전위'를 위한 정책을 유도하였으며, 건전한 지속가능한 해결을 위한 정책을 풀어내지 못했던 것이 사실이다. 생태적 도시 재구성을 위한 도시정책과 계획을 더욱 복잡하게 만드는 요인으로는 현재에도 도시계획은 주로 기술적 분야(주로 토목, 건축, 조경을 중심으로 한 하드웨어 분야)에 주요 관심을 두고 있으며, 관계된 업무 자체도 여러 부서에 산재되어 수행된다는 것이다. 예를 들면, 에너지, 교통, 수자원, 토지이용, 소음 등의 문제들이 각각 독립적 부서에서 독립된 개념과 해석 하에 계획·관리된다는 것이다.[5)]

이러한 환경문제에 공통된 특성은 첫째, 환경문제가 예견되었음에도 불구하고 심각한 수준에 도달했을 때에야 문제에 접근한다는 것이다. 둘째, 이러한 상태에서는 문제 해결에 많은 비용이 요구되기 때문에 기껏해야 선진사회에서나 적절한 재원을 조달할 수 있다. 셋째, 지금까지의 접근 방법을 심층적으로 검토해 보면, 문제에 대한 실제적 해결 방법에는 거의 접근하지 못했다. 이것은 환경문제가 어떤 특정 국가나 사회의 독자적인 노력에 의해서는 해결될 수 없는 지구촌 전체의 문제이며, 일시적 조치에 의해서 치유될 수 있는 단기적 문제가 아닌 장기적·지속적 문제이고, 인간 사회의 문제에 한정된 것이 아닌 생태계 전체의 문제로서 특성을 갖기 때문이다. 따라서 접근에 있어서 부서 중심 혹은 행정 중심의 도시환경 정책

5) 실제로 현재의 기술과 조직력을 충분히 이용한다면 배기가스의 배출량을 줄이고, 자원을 절약하며, 환경에 대한 부담을 현저히 줄일 여지가 많은 것으로 전문가들은 보고 있다. 예를 들면, 선진사회의 전문가들은 난방을 위하여 현재 사용하는 에너지의 50~60%가 앞으로 20년 이내에 절감될 수 있으며, 관계된 유독가스의 배출이 70% 정도까지 감축될 수 있다고 예상한다(Hahn & Simonis, 1991: 201). 이를 위한 조치로서 건축물에 단열재 이용, 가스의 광범위한 이용, 폐열을 이용한 난방 도입, 태양열 에너지 이용 등을 제시하고 있다.

은 적절한 해결 방법을 제공하지 못하며, '도시 재구성'을 기본에 둔 종합화된 개념과 전략만이 생태적으로 효과적인, 경제적으로 역동적인, 그리고 사회적으로 수용가능한 접근을 제공한다. 마지막으로, 지금까지 도시환경 정책의 실패를 가져온 주요 요인은 아마 도시 핵심 활동가와 일반 주민들의 적극적 참여를 유도하지 못한 것이라고 할 수 있다. 이를 위한 정책적 노력과 관심이 부족했던 것도 사실이지만, 도시환경 문제 해결을 위하여 도시 행정기관에만 지나치게 의존한 것도 사실이다.

도시환경 정책의 실패를 유도한 상기와 같은 문제에 직면하여 베를린 과학연구소(Science Center Berlin)는 폭스바겐 재단의 지원으로 '생태적 도시 재구성'을 위한 연구를 수행한 결과 도시의 지속가능한 개발을 위한 다음과 같은 세 가지 핵심 요소를 제시하였다([그림 4-2] 참조).

첫째로, 8개 정책지침으로, 도시정책과 사업 및 개별적 업무 수행에 있어서 기본지침과 안내 기준을 제공한다.

둘째로, 활동 분야와 기본 원칙으로, 생태적 도시 재구성을 위한 체계적 접근의 실제적 대상이 되며, 종합적 사고와 행동이 실천되는 공간을 의미한다.

셋째로, '생태적 근린 관계'의 형성으로, 생태적 도시 재구성을 위한 실천 단계에서 주민들의 이해와 참여, 적극적 의견 제시를 위한 도구적 역할을 한다. 이러한

그림 4-2 생태적 도시 재구성을 위한 세 가지 핵심 요소들

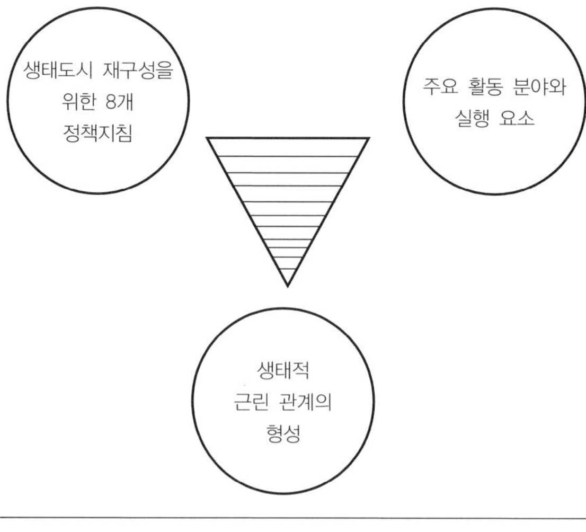

분권화된 지역망을 통하여 생태적으로 효과성을 갖는, 경제적으로 역동적인, 그리고 사회적으로 수용가능한 도시정책과 사업들이 성공적으로 수행되어 지속가능한 도시개발을 유도할 수 있다.

1 생태적 도시 재구성을 위한 8개 정책지침

생태적 도시개발을 위한 종합적 안내지침으로 [그림 4-3]과 같은 8개 항목이 제시되었다. 생태도시의 조성을 위하여 사회와 환경의 상호 관계에 혁신을 가져올 사고와 행동에 대한 완전한 새로운 기준을 도입한다는 것은 실천적 측면에서 거의 의미가 없다. 오히려 경험에 의해서 입증된 환경과 사회 사이에 양립 가능한 기술과 생활 원리를 체계화하는 것이 바람직한 접근을 제공한다. 이러한 시각을 근간으로 다음과 같은 8개 기본지침이 제시되었다.

그림 4-3 생태적 도시 재구성을 위한 8개 정책지침

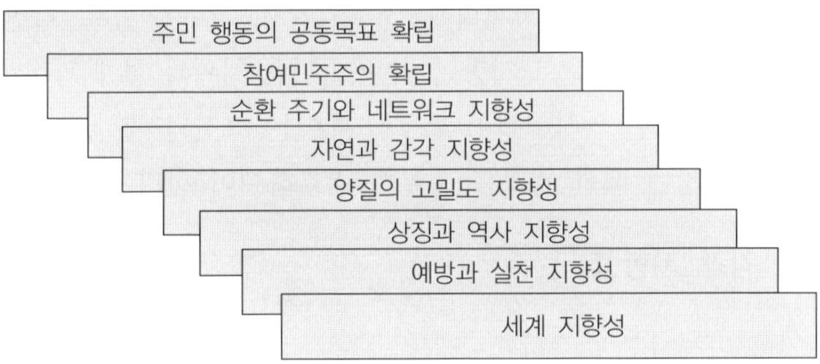

1) 주민 행동의 공동 목표 확립

만약 우리가 '자연과의 공생'에 관한 성숙된 이해를 갖지 못한다면, '우리를 둘러 싼 자연'을 위한 해결책을 찾지 못할 것이다. 인간의 삶의 방식은 자연환경 속에서 수천 년 동안 변화하여 왔으며, 자연과의 관계에서 특정한 행동 유형이 개발되어 왔다. 인간 행동학적 정책지침은 주민의 개별적 공간과 집합적 영역과 관계된 필수적 요구에 대한 안내지침을 제공한다. 예를 들면, 주민들의 정체성, 주체성 확립, 공동체 목표와 사회구조의 요구 등을 정립하는 과정에서 행동 선택과 판단의 기준을 제공한다.

2) 참여 민주주의의 확립

주민의 참여는 지속가능한 개발을 위한 도시 재구성에서 가장 핵심적인 '생태적 법칙'으로 제시된다. 도시민을 단순한 소비자로 전락시키고, 서비스의 불완전한 수혜자로 간주하는 것은 도시에서 사회적 · 생태적 종말을 유도한다. 도시환경과의 상호작용 설계에 주민의 참여, 경험, 그리고 책임성의 확립은 긍정적 학습 과정으로 작용하며, 도시공간의 설계, 계획, 집행에 있어서의 분권화는 시민들에게 자기실현과 공동체 인식과 확립을 위한 기회를 제공한다.

3) 순환 주기와 네트워크 지향성

자연은 가장 경제적이며 생태학적인 구조물이다. 생태 에너지 · 물질의 순환주기와 조화를 이루어 자연의 산출물이 제공되며, 이러한 산출물은 지역 조건의 결과를 그대로 반영한다. 따라서 도시계획가, 정책입안자, 건축가 등은 '자연의 지능'으로부터 많은 학습이 요구된다. 도시공간 이용을 위한 계획과 설계 과정에서 건축재료, 조경, 도안 등에 대한 의사결정이 요구될 때에는 그것의 생산, 소비, 폐기의 전과정 및 주민과 환경에 대한 효과를 충분히 검토하여야 한다.

4) 자연과 감각 지향성

순환 주기를 이해하고 순수하게 조직적 혹은 기술적 활동에 참여하는 것만으로는 생태적 도시 재구성을 위하여 충분하지 못하다. 주민이 개별적으로 직접 체험할 수 있어야 한다. 현대 도시에서 자연과 건조된 환경 사이의 순환 관계에 대한 감각적 인식을 체험할 기회가 거의 없기 때문에 자연에 대한 민감성 · 책임감이 감소하고 있으며, 생태적으로 좋은 도시와 나쁜 도시의 차이에 대한 판단 기준이 거의 없다. 예를 들면, 도시에서 물은 수도꼭지와 하수관 사이에서 작용하는 것이며, 이전과 이후에 무슨 일이 있는지에 대해 아무도 관심을 가지지 않는다. 이러한 상황에서는 생태적 도시 재구성을 위한 노력은 위축될 수밖에 없다.

5) 양질의 고밀도 지향성

생태적 도시 재구성은 가급적 최소한의 공간에서 주거, 직장, 여가활동의 창조적 혼합을 갖는 도시 기능의 (양질의 고밀도) 집중을 암시한다. 이것은 도시생활에서 시간, 거리, 자원 절약을 위한 도시 기능의 공간적 압축과 재구성을 의미한다. 공간계획의 주요 작업은 도시에서 '양질의 도시 경험'과 '생태적 경험' 사이에 매개를 위한 새로운 도시 형태를 개발하는 것이다. 이러한 예로서 건물 주위에 식물을 위한 공간을 창조하고, 건축물과 조화를 이룬 소규모 생태 공간의 조성 등이 이러한 작업의 일부로서 제시될 수 있다. 이러한 작업의 주요 목적은 도시공간에서 자연의 순환을 도시민들에게 경험하도록 하는 것이다.

6) 상징과 역사 지향성

일시적 도시 재구성이 아닌 역사 속의 도시를 위한 접근이 되어야 한다. 이러한 접근은 주어진 공간의 역사와 도시 건축물, 공간계획을 연계시키는 것을 의미한다. 랜드마크로서의 상징은 도시를 더욱 시각적으로 친근하게 만들며, 도시민들에게 생동하는 기억을 남긴다. 이런 의미에서 건축 기준은 도시공간의 '역사적 고리'와 의도적으로 연계될 필요가 있다.

7) 예방과 실천 지향성

지금까지의 환경보호 정책으로는 불충분하며 재정적으로도 실현 가능하지 않다는 것이 입증되고 있다. 환경문제가 심화된 후 사후 처리에 중점을 두기보다는 환경문제의 근원에 접근하는 예방적 전략이 개발하여야 한다. 이를 위해서는 자원(이용, 개발)세, 배출부담금, 환경회계, 적절한 건축 기준, 도시계획 규정, 전략적 보조금 등의 새로운 혁신적 정책도구들이 도입될 필요가 있다. 이에 더하여 도시공간 개발에서 공동 생산, 공동 계획, 공동 책임을 위한 새로운 협력 체제가 도시의 공식과 비공식 부문 사이에 조성되어야 한다. 이러한 정책이 최근에 선진도시에 시험적으로 도입되어 시험되는 과정에 있다.

8) 세계 지향성

지역과 지구촌 전체의 환경문제는 실제로 밀접하게 연계되어 있다. 예를 들면, 개발도상국의 자원 기반 수탈과 선진국의 과도한 자원 소비가 연계되어 있듯이, 지역과 지구촌 전체의 환경문제는 서로 독립적인 별개의 문제가 아니다. 따라서 생태적 도시 재구성은 지식과 경험의 국제적 교환, 새로운 도시 생태적 전략에 대한 상호 지원 등을 요구한다. 분권화된 도시 네트워크와 상향식 정책방식의 도입 등이 도시의 환경정책을 자극하는 새로운 촉매로 작용하고 있다. 선진사회에서는 지역 환경문제 해결에 있어서 "스스로 돕는 자를 돕는다"의 재정지원 방식을 채택하고 있으며, 유럽에서는 EU의 지원 아래 도시들 사이의 다양한 네트워크를 형성하여 환경문제를 비롯하여 다양한 도시문제와 정책에 대한 자료와 정보를 교환, 공유하고 있다.

2 생태적 도시 재구성을 위한 주요 활동 분야와 실행 요소

이제부터는 위에서 제시된 8개 정책지침을 실천 가능한 형태로 보다 세분화해 보도록 고찰해 보자. 선진사회의 시험 연구 결과는 다음과 같은 서로 보완적인 3개 활동 분야가 통합된 생태적 도시 재구성을 위하여 특히 중요한 관심이 집중될 것으로 주목하고 있다([그림 4-4] 참조).

- 도시기술과 도시설계
- 도시 민주주의와 환경적 의사소통
- 도시경제와 정치행정

위의 3개 분야는 도시 네트워크로 연계되어 긴밀하게 상호작용을 하여야 생태적 도시 재구성을 위한 목적을 달성할 수 있다. 특히, 두 번째와 세 번째 분야는 도시에서 새로운 공동체적 환경 인식과 환경 윤리의 정립을 위해서는 도시경제, 사회, 정치적 행태의 변화와 혁신이 요구된다는 것을 보이고 있다. 상호 관련성을 갖고 있는 위 3개 요소는 실행 차원에서 [그림 4-4]와 같이 보다 세부적으로 구체화될 수 있다.

각각의 실행 요소들은 다른 실행 요소들과 결합되어야 효과적 기능과 결과를 가져올 수 있으며, 이러한 네트워크가 결여되어 있다면, 오직 제한적인 효과만 나타날 것이다. 하지만, 이것은 도시정책 혹은 계획이 수립될 때 모든 실행 요소가 고려되어야 한다는 것을 의미하는 것은 아니다. 이 실행 모형은 특정한 사업환경이 주어졌을 때, 지속가능한 활동의 탐색과 접근을 위한 기본 틀로 이용될 수 있다.

1) 도시기술과 도시설계

이 활동 분야는 도시계획, 건축, 토목, 조경, 환경보호 등 물리적 기술과 관련된 전통적 전문 분야를 포함한다. 보다 세부적으로 이 분야의 실행 요소로는 에너지, 수자원, 쓰레기, 식물, 교통, 토양보호, 도시 기후, 그리고 새로운 요소로서 건축생태학 등이 제시된다. 생태적 도시 재구성의 목표 아래 이러한 실행 요소들이 재고되어야 하며, 특히 다음과 같은 문제에 대한 심층적 검토가 요구된다:

- 각 개별 요소의 현재의 정책과 전략을 통하여 어느 정도의 환경 개선이 달성될 수 있는가?
- 어느 정도의 추가적 비용이 요구되며, 중 · 장기적 비용-편익 비율은 어떠한가?
- 사업을 위하여 필요한 재원은 어떻게 조달될 수 있는가?
- 실행의 장애 요소는 무엇이며, 어떻게 극복할 수 있는가?
- 개별 요소의 효과성 향상과 비용 최소화, 그리고 주민의 만족도 향상을 위하여 다른 실행 요소와 어떤 연계망이 구성되어야 하는가?

각 실행 요소들의 집행과 관련하여 다음 3가지 유형의 실제적 대책이 제시될 수 있다:

- 표준적 대책: 기술적으로 검증되었으며, 초과적 비용 없이 시장에서 보편적으로 거래 혹은 통용되는 대책이다. 예를 들면, 물소비 절감 기술, 에너지 절감 장치, 환경 · 건강보호 건축자재, 공해배출 절감 장치 등을 들 수 있다.
- 추가적 대책: 기술적으로 우수한 것으로 검증되었으나, 계획 · 투자 · 이용을 위해서는 추가적 비용이 요구되는 기술 혹은 대책이다. 이것은 환경적으로 보다 효과적이지만 현재의 도시계획 정책틀 범위에서는 경제적 실천성이 지원되지 않는 기술 · 대책 등을 의미한다.

그림 4-4 생태적 도시 재구성을 위한 주요 활동 범위와 실행 요소

도시기술과 도시설계	도시 민주주의와 환경적 의사소통	도시경제와 정치행정
건축과 건물생태학	환경정보 · 환경보고서 제공	자원세
에너지와 난방	환경교육과 자격증	배출부담금
수자원	도시 생태계 위원회	사용자부담금
교통	공동 결정과 공동 책임	환경회계
쓰레기 감소와 생태적 재활용	책임 부서와 협력 기관	계획도구, 건물 기준, 건축과 계획규칙, 보조금 제도 등의 채택
녹지와 식목 · 자연보호	환경지소 · 환경정보교환센터	서비스, 제조활동의 산업 규범 채택
도시 기후와 공기관리	에너지, 수자원, 쓰레기 담당기관	환경생활 규범 수립
토양과 지하수 보호	주거와 근린 관계	새로운 환경행정 원리 도입
소음공해의 통제		

- 시험적 대책: 아직 기술적으로 완전히 검증되지 않은 연구개발 단계에 있는 대책이다. 이러한 조치들은 연구개발에 많은 추가적 비용이 투자되어 시험적으로 이용되는 단계에 있으며, 미래에 중요한 역할이 기대되는 기술 · 대책 등을 포함한다.

생태적 도시 재구성을 위한 도시기술, 설계와 관련하여 혁신 과정은 다음 4단

계로 구분하는 것이 유용하다. 각 단계는 환경 기술의 개발과 이용 정도에 따라 구분되었으며, 진정한 생태적 도시 재구성은 마지막 단계에서 달성될 수 있다. 그러나 각각의 단계는 지역의 상이한 조건과 발전 정도에 따라 생태도시로의 접근 가능한 원리를 제공한다.

(1) 제1차 혁신: '오염원 원격화 원리'에 의한 접근

급속한 산업화와 함께 도시의 공기는 유독가스에 극심하게 오염되어 주민들의 생활 조건이 급속히 악화될 수 있다. 이러한 문제에 대한 초기의 기술적 조치는 배출 굴뚝의 높이를 최대한 높여서 오염물질은 수평적·수직적으로 넓게, 그리고 엷게 분산시키는 것이다. 마찬가지로, 가정, 산업, 농업으로부터의 하수와 폐수들은 강 혹은 바다로 분산시키며, 폐기물들은 거주지 밖에 매립하는 조치를 취할 수 있다. 환경문제에 대한 이러한 유형의 해결책이 갖는 한계는 아주 명확하다: "희석 혹은 분산은 오염에 대한 해결이 아니다"라는 것이다. 그럼에도 불구하고 환경문제에 대한 이러한 초보적 접근이 아직도 광범위하게 이용되고 있는 것이 현실이다.

(2) 제2차 혁신: '기술적 사후처리 원리'에 의한 접근

환경 위기에 대한 두 번째 해법은 환경문제가 발생한 후에 기술적 처리를 위한 대책을 찾는 것이다. 공해에 대한 공간적 분산의 한계는 필터 장치의 개발, 소각 혹은 압축 기술의 개발 등 환경문제에 대응하기 위한 새로운 기술혁신을 요구하였다. 쓰레기와 오염물질의 발생을 회피할 수는 없으나, 최소한 무절제한 배출은 단속되어야 한다는 논리가 제기되었다. 배기가스의 탈황화, 하수 처리, 쓰레기 소각, 쓰레기의 위생 매립 등이 이런 유형의 기술적 조치에 포함된다. 이러한 기술적 조치들이 환경문제에 대한 표준적 처리 방식으로 현재 선진사회에서 가장 널리 이용되고 있다. 그러나 이러한 기법은 환경문제에 대한 진정한 해결책이 아니며, 단지 문제를 지역적으로 이동시키거나, 어떤 환경문제를 다른 환경문제로 전환시킬 뿐이다. 예를 들면, 공해산업의 지방 이전은 공해문제를 도시에서 지방으로 이전시킬 뿐이며, 쓰레기 매립 방법을 소각 기법으로 전환하면 토양오염을 대기오염으로 전환시키는 결과를 가져올 뿐이다. 또한 주민 누구도 자신의 근린지역에 오염시설이 입지하는 것을 원하지 않기 때문에 추가적인 쓰레기 매립지 조성이나 소각 시설 설치, 화력발전소 건설 등은 더욱 어렵게 되고 있다.

(3) 제3차 혁신: '기술적 예방과 문제 회피 원리'에 의한 접근

이 단계의 혁신 목표는 원자재, 에너지, 쓰레기와 배기가스 등의 최소한의 이용과 배출에 있다. 이러한 접근은 자원 이용의 순환 주기를 확립하거나 혹은 통합화된 자원 이용 체계를 요구한다. 도시계획과 건축 분야에서 이용되는 이러한 새로운 세대의 기술로는 다음과 같은 것들이 제시된다: 기후 조절 빌딩, 태양열과 풍력에너지 기술, 수자원의 다단계 처리 이용, 건축자재의 재활용, 쓰레기 분리 수거 및 퇴비화 등이 있다. 이러한 기법들은 이제야 점차적으로 보편화되고 있다.

(4) 제4차 혁신: '예방적 기법과 사회·생태학적 원리'에 의한 접근

사회·생태학적 기술혁신은 제3차 혁신의 연장으로, 순수한 기술적 접근만으로는 환경문제에 대한 사회·문화적 요인을 충분히 다루지 못한다는 것을 근간으로 하고 있다. 즉, 환경 위기에 대한 진정한 해결책은 오직 사회·문화적 차원이 해결책에 포함되었을 때만 가능하다고 본다. 사회·생태학적 기술혁신은 환경재(environmental goods)를 단순히 '산업사회의 연료'로서 경제학적 자원으로 인식하는 것을 극복하여, 환경적 차원과 사회적 차원을 도시에서 기술적으로 경험 가능하도록 조성하는 것을 의미한다. 이 단계 혁신의 주안점은 도시공간에서 기술과 환경 사이에 등한시되었던 감각적 경험성을 회복시키는 것이다.

2) 풀뿌리 민주주의와 환경적 의사소통

도시를 어떻게 도안할 것인가를 단지 기술적인 측면에서 고찰하는 것은 너무 근시안적 시각이며, 진정한 의미의 생태적 도시 재구성을 가져오지 못한다. 환경과 개발을 위한 국제협회(IIED: International Institute for Environment and Development)[6]는 '제1차적 환경 보호(PEC: primary environmental care)'를 '풀뿌리 차원'에서 지속가능성을 향한 진보의 과정으로 설명하고 있다(Mebratu, 1998: 505). 이것은 환경문제에 대한 해결은 주민들에게 보다 많은 권한을 위임함으로써 주민 스스로 환경에 대한 책임을 지고 그들의 기본 욕구를 충족하는 지역환경을 창출한다는 것

6) IIED는 1980년 자연 보호를 위한 국제연맹(ICUN: International Union for the Conservation of Nature)이 '지속가능성'에 대해 언급하기 이전부터 환경과 개발의 필요성 사이에 연계를 강조했던 국제적 조직들 중의 하나이다. ICUN은 1980년 국제적 자연보호 전략을 제시하면서 지속가능성을 강조한 '지속가능한 개발을 위한 생활자원의 보존'이라는 부제를 붙였다(Khosla, 1995).

이다. 이러한 접근을 위해서는 기술적 측면이 환경 지향적 의사소통과 결합될 필요가 있으며, 도시계획의 시발점에서부터 주민들의 민주적 참여가 허용되고 공동 책임이 강조되어야 한다. 여기서 교육과 계몽, 기술적 지원 등이 중요한 역할을 한다. 또한 지역에 환경정보와 환경에 관한 의사소통, 그리고 환경관리의 중심지 역할을 수행할 '환경지소'가 설치될 필요가 있다.

지역환경에 관한 관리, 교육, 의사소통을 원활히 하기 위해서는 지역 종교단체, 청소년 조직, 민간모임 등을 파급 매체로 이용할 지역환경기구(가칭, 지역환경회의)를 설치할 것이 적극적으로 건의된다. 또한 지역 조건에 따라 학교, 유치원, 건강 및 문화센터 등을 도시계획 과정에 참여시키는 새로운 시도도 필요하다. 즉, 도시환경문제에 관한 한 주민 모두가 오염의 배출자임과 동시에 희생자이기 때문에, 주민의 적극적 참여와 협조가 없다면, 지속가능한 도시개발은 공허한 메아리로 남을 것이다. 이런 의미에서 주민들의 개별적인 노력도 중요하지만, 전형적인 외부효과를 창출하는 환경에 대한 주민의 노력을 자극, 지원, 체계화하기 위한 공동체 근린 관계 형성이 요구된다.

3) 도시경제와 정치행정

생태적 도시 재구성은 또한 지역의 고용 기회를 창출하고 새로운 전문 능력 개발을 위한 경제적 전략으로도 이해될 수 있다. 즉, 에너지와 수자원 보호, 교통의 최적 이용, 녹색도시의 조성 등 환경과 관련된 많은 업무는 새로운 고용 기회, 특히 전문 분야에 많은 일자리를 창조한다. 이러한 업무의 대부분이 노동집약적 특성을 갖기 때문에 생태적 도시 재구성은 적극적 고용 창출 사업의 특성을 갖는다.

그러나 도시에서 환경 분야의 고용 창출과 전문 능력의 배양을 위해서는 국가 차원의 행정개혁이 뒷받침되어야 한다. 자원세, 배출부담금, 환경회계 등 새로운 환경정책 도구의 도입, 환경규제와 계획 도구의 채택 등은 지역 차원을 넘어선 중앙정부의 업무 영역을 구성한다. 지역 차원에서 이러한 정책을 시도하는 경우에 환경 비용과 노력을 회피 혹은 감소시키기 위한 시도로 다른 지역으로 이주하는 행위가 발생할 수 있다. 환경회계, 생태적 영향과 수용 범위(ecological footprint), 생물 다양성(biodiversity) 등 환경정책의 새로운 정책 기준과 범위에 대한 많은 논의가 진행되고 있으나, 실제적 집행까지는 아직도 갈 길이 멀다.

이런 의미에서 환경문제에 대한 정부의 적절한 거버넌스(governance) 체제 구축이 지속가능한 도시개발의 주요 요소로 제기된다. 특히, 환경문제와 관련하여 정부-시장-사회 사이의 연계 관계가 새롭게 정립될 필요가 있다. 이러한 시각이 1990년대 중반부터 강조되기 시작하였으며, 정부-시장-사회 사이의 관계에 대한 쇄신을 통하여 지속가능한 개발을 위한 '바람직한 도시 거버넌스 체제'가 구축될 것이 요구되고 있다(Pugh, 2000). 그린들(Grindle, 1997)은 정부가 어떤 면에서는 너무 많은 일을 하고 있고, 어떤 면에서는 너무 일을 적게 하기 때문에, 이에 대한 반응으로 거버넌스가 새롭게 정립될 것을 주장한다. 예를 들면, 정부는 시장보다 한층 비효율적인 경제적 생산에 관해서는 너무 많은 일을 하고 있는 반면, 국민 전반에 영향을 미치는 환경 업무에 대해서는 등한시하고 있다. 이제 환경적 요구에 따라 거버넌스도 재편될 필요가 있으며, 종래의 성장지향적 정부구조에서 탈피하여 지속가능한 정부구조로 재구성되어야 한다. 이제 도시정부는 지역경제, 사회와의 관계에서 공공재·공공 서비스를 단순히 생산·배분하는 역할을 넘어서, 사회적·환경적 향상을 위하여 공동체를 동원하고, 재산권 개념에 혁신을 유도하며, 경제적 능률성과 사회적 효과성을 위한 도시 기본틀을 창조하는 정부로서 정치행정이 개편될 것이 요구된다.

3 생태적 근린 관계의 형성

도시 근린 관계는 주민들 사이에 빈번한 공간적·사회적 접촉을 통한 환경에 대한 정보 교환, 의사소통의 통로, 연대를 위한 도구로서의 역할을 수행함으로써 생태적 도시 재구성과 지속가능한 도시개발을 위한 필수적 장치로 요구된다. 이런 의미에서 도시 근린 관계는 지역의 사회적 자본(social capital)으로 이해될 수 있다. 즉, 잘 조성된 공동체의 근린 관계는 풍부하게 축적된 사회적 자본으로의 기능을 수행한다.

사회적 자본은 제이콥스(Jacobs, 1961)에 의해서 처음으로 중요성이 주장되었으며, 제이콥스는 사회적 책임성 규범과, 이에 상응하는 사회적 신뢰 분위기 및 의사소통의 상호작용 네트워크를 설명하기 위하여 이 개념을 도입하였다. 이후 다양한 연구와 논쟁을 거쳐서 현재는 사회적 자본을 "어떤 집단이 생산적 활동을 수행하기 위한 공유된 지식, 이해, 그리고 상호작용 패턴"으로 정의하고 있다(Coleman, 1988; Putnam et al., 1993). 사회적 자본은 정부나 대규모 활동과는 무관하게 주민(구성원) 스스로에 의해서 형성된 조직, 구조, 사회적 관계를 의미한다. 이러한 사회적 자본은 주민들을 강한 연대로 결속시키며, 상호 신뢰와 정보 교환, 인간 관계의 결속체로 작용한다(Coleman, 1990).

퍼트남 외(Putnam et al., 1993)는 사회적 자본을 "사회의 생산적 잠재력을 향상시키는 네트워크, 규범, 신뢰 등과 같은 사회조직의 특징"으로 해석하고 있다. 이러한 사회적 자본이 풍부하게 축적될수록 지역사회는 보다 높은 시민정신(civicness)을 갖고, '공동 선'을 위한 합의에 보다 용이하게 도달하며, 향상된 사회보호 능력(social caring capacity)을 보이게 된다(Roseland, 2000: 85-87). 따라서 사회적 자본으로서 도시 근린 관계의 형성은 높은 시민정신을 갖고, 주변 환경 개선과 생태계 보호를 위한 지역 네트워크 결성, 규범 정립, 행동 패턴의 개발을 위해서 필수적으로 요구되는 장치라고 할 수 있다.

도시 근린 관계는 특히 다음의 네 가지 특성에서 생태적 도시 재구성에 중요한 영향을 미친다.

첫째, 특정 범위에 인접 거주하며 서로의 존재를 인식하는 이웃 혹은 근린은 공간적, 인식적, 사회적으로 주민과 집단 영역의 실체를 제공한다. 인간 서식 행위로 근린은 매일의 경험, 태도와 행동을 특징지우며 상호 행동이 서로에게 영향을 미치기 때문에, 궁극적으로 개인의 복지에 현저한 영향을 미친다. 일반적으로 근린은 창문 넘어로, 매일 혹은 주기적인 장보기에서, 출퇴근 과정에서, 혹은 아이들 놀이와 보호 과정 등에서 자주 접하는 관계에 있는 사람들의 범위를 의미한다. 따라서 근린은 의사소통, 주민으로서 정체성 및 공동 이해를 위한 기본을 제공한다.

둘째, 지역 환경문제의 심각성과 그 해결의 잠재성은 주거의 근린 관계에서 가장 명확하게 인식될 수 있다. 지역환경과 생활 조건은 근린에서 발생하는 수질오염, 공해 배출, 쓰레기, 교통 혼잡, 소음 등에 의해 심각하게 영향을 받는다. 이러한 환경문제는 근린 지역에 가장 직접적·즉각적으로 영향을 미침으로써 문제의 심각성이 바로 인식된다. 또한 근린 관계에서 오염의 배출 행위를 가장 잘 관찰할 수 있고 오염원을 확인할 수 있기 때문에, 환경문제의 해결을 위한 잠재적 대안도 근린 차원에서 찾을 수 있다. 즉, 근린 관계에서 주민들은 모두가 지역오염의 배출자임과 동시에 오염의 희생자이기 때문에, 환경문제와 해결책에 대한 논의의 중심에 근린 관계가 있게 된다.

셋째, 중앙정부와 광역기관에서 안전하고 쾌적한 생활환경 조건을 제공하지 못하기 때문에, 주민들은 건전한 생활 조건을 위한 생존권을 지키고, 주변환경 개선을 가져오기 위하여 근린 차원에서 집단화되는 추세를 보인다. 주민들은 자신들의 지역 거주지를 위하여 점차, 보다 많은 시간과 경비, 아이디어를 투자하며, 근린 관계는 이들을 공동의 이해로 집합시키는 접착제 역할을 한다. 이런 의미에서 근린 관계를 통하여 주민들이 환경문제에 적극적으로 참여하기 위한 동기부여, 창조성, 조직화, 전문화, 정치적 압력 등이 발생한다고 볼 수 있다.

넷째, 최근에는 다양한 매체를 통하여 환경에 대한 정보를 접할 수 있기 때문에 근린 관계의 주민들은 지역특유의 환경문제와 현실적 해결책에 보다 가까이 접근할 수 있다. 이때 근린 관계는 주민들 사이에 생태적, 경제적, 사회적 활동과 접촉의 중복을 보이며 중첩의 영향을 제공함으로써 지역 변화와 혁신을 위한 논의의 시발점이 된다. 도시 근린은 지역문제와 관련하여 적절한 조건이 주어진다면 목표 달성을 위한 높은 응집력과 잠재력을 갖는 특성을 보이며, 이런 의미에서 도시 근린 관계의 형성은 생태적 도시 재구성을 촉진하기 위한 시발점으로 제시된다.

제 6 절 지방의제 21: 지속가능한 개발을 위한 국제사회의 공조와 도시정부의 주도적 역할

1992년 리우 '지구정상회담'의 결과는 대부분의 사람들이 예측하지 못했던 "지속가능한 개발을 위한 지방정부의 주도적 역할"을 선언하였다. 정상회담은 글로벌 의제를 설정하고, 이것의 실천을 위한 국제 간 협약을 발의할 것이 기대되었었다. 지방정부에 대한 내용을 다룬 매우 간략한 제28장(Chapter 28)의 '의제 21(Agenda 21)'(UNCED, 1992)은 다른 내용들과 비교하여 거의 우연적인 것으로 보였으나, 도시 차원에서 지속가능한 개발을 위한 광범위한 행동을 촉발시켰다.[7] 1997년 뉴욕

7) 1992년 6월 유엔 환경개발회의를 통해 채택된 '의제 21'은 국제사회가 환경과 개발의 조화를 추구

에서 개최된 유엔총회 특별회의는 지방의제 21을 통한 지속가능한 개발을 위한 도시정부의 역할을 촉진시킬 것을 확인하였다. 또한 다양한 초국가적 시도들 — 예를 들면, ICLEI(International Council for Local Environmental Initiative)의 시험 공동체 사업, 유럽도시 공동체의 지방의제 21 지역 목록, 1996년 이스탄불의 제2차 인간거주회의, UNDP Capacity 21연구 등 — 은 지속가능한 도시개발이 시급히 요구된다는 것을 강조하였다.

의제 21의 제28장은 "의제 21의 지원에 있어서 지방정부의 주도"라는 제목으로 되어 있다. 이러한 제목과 제28장의 간략한 내용은 "지방정부가 지방의제 21의 성취를 위해서 주도적 역할을 수행하여야 하며, 이것을 어떤 통제 행위로 보아서는 안 된다."는 중요한 메시지를 요약적으로 전하고 있다(Kitchen et al., 1997). 제28장에는 이러한 기능을 수행하기 위한 지방정부역할의 중요성을 다음과 같이 간결하게 설명하고 있다:

> 의제 21에서 표명된 많은 문제와 해결책들이 지방정부에 그 뿌리를 두고 있기 때문에, 지방정부의 참여와 공동 협력이 이러한 목적들을 달성하는 데 결정적 요인이 된다. 지방정부는 경제·사회·환경하부구조를 건설·관리·유지하며, 계획 과정을 감독하고, 지역환경 정책과 법규를 설정하며, 국가와 광역환경 정책을 집행하는 데 지원을 한다. 이를 위해 거버넌스 체제가 주민에 근접해서 구축될수록, 지속가능한 개발의 촉진을 위한 공공의 교육과 동원, 그리고 실천에 있어서 보다 핵심적 역할을 수행할 수 있다.

그 결론으로 제28장은 다음과 같은 네 가지 목적을 설정하고 있다:

가. 1996년까지, 각 나라의 대부분의 지방정부는 주민들과 협의 과정을 거쳐서, 지역공동체를 위한 '지방의제 21'에 관한 합의에 도달하여야 한다.

나. 1993년까지, 국제공동체는 지방정부들 사이에 공동 노력을 촉진시키기 위한 협의 과정을 주도하여야 한다.

하는 데 필요한 21세기를 향한 실천계획 혹은 행동계획의 의미를 갖는다. 의제 21의 전체적인 구조는 서문과 4개 부문으로 구성되어 있으며, 제1부는 7개장으로 사회경제 부문을 다루고 있으며, 제2부는 14개장으로 개발을 위한 자원의 보존관리를 다루고, 제3부는 주요 집단의 역할을 다루며, 제4부는 이행 방안을 다루고 있다. 의제 21의 주요 분야는 지구환경 문제의 원인이 되는 각종 사회·경제적인 요인에 대한 해결 방안, 대기, 해양, 폐기물, 토지 등 각종 환경 사안에 대한 해결 방안, 이를 위한 사회 각계각층의 역할, 그리고 법, 제도, 기술이전 및 재정 지원 등의 폭 넓은 분야의 포괄적인 이행 체계를 규정하고 있다(서울 환경방, http://green.metro. seoul.kr/news/ newnews/ 참조).

다. 1994년까지, 도시와 지방정부 연합회는 지방정부들 사이에 정보와 경험의 활기찬 교환을 통하여 고도의 협력과 조정 수준에 도달하여야 한다.

라. 각 나라의 모든 지방정부는 의사결정, 계획, 집행 과정에 여성과 청년층의 참여를 보장하는 사업을 적극적으로 추진 및 감독하여야 한다.

지방의제 21의 관심은 단지 환경 보호에만 국한된 것이 아니며, 적극적 시민정신과 양질의 생활 등과 같은 광범위한 분야를 포함하고 있다(Selman, 1996). 도시의 지속가능성을 위한 행동은 일차적으로 환경 보호에 대한 책무를 요구한다: "지역차원에서 주민과 공동체가 자기지역의 환경실태와 보호 필요성을 가장 잘 평가할 수 있다. ……[중략]…… 따라서 주민이 지역의 환경적 요청에 대응할 수 있다면, 보존의 문제를 보다 명확히 파악하고 지속가능한 생활방식을 향한 현저한 변화를 보일 것이다"(Countryside Commission, 1993). 이러한 입장은 "사회, 정치, 경제적 목표가 포함되지 않는다면 환경적 목표 또한 성취될 수 없다. 이러한 문제가 함께 논의되지 않는다면, 환경보호론은 단지 부유한 국가들이 자신의 불공정한 무역흑자와 그들의 풍요로운 삶을 유지하기 위한 은폐된 장치로 인식될 뿐이다."라는 고조된 인식을 반영한다. 결과적으로 지방의제 21은 양질의 환경, 범죄, 보건, 교육, 고용, 주거 등을 포함하는 광의의 개념인 '삶의 질'을 포함하는 것으로 의미가 확대해석되고 있다(Selman, 1998).

지속가능성의 대두에 의하여 부각된 것 중의 하나가 로컬 거버넌스에서 '적극적 시민정신(active citizenship)의 부활'이라고 할 수 있다. 서구 사회에서 폴리스(polis)가 단지 호텔 혹은 쇼핑 몰로 전락된 해석을 보이면서 시민 참여의 전통적 개념이 점차적으로 희석되어 왔다고 정치비평가들은 주장하였다(Hill, 1994). 그러나 환경보호론은 자연과 환경 자원에 대한 새로운 집합적 시민 책임을 활성화시킴으로써 시민정신의 부활을 가져오고 있다(van Steenbergen, 1994; Newby, 1996). 리우헌장의 제10원리는 "환경문제는 지역 모든 계층의 관심 있는 모든 사람들의 참여에 의해서 가장 잘 처리될 수 있다."고 표명하고 있다. 현재 영국을 비롯한 유럽 사회에서는 지속가능한 생활방식에 대한 개인과 공동체의 책임을 강조하며, 지역의 다양한 시민 주도 사업과 연계시키는 환경적 시민정신 제고를 위한 프로그램들을 추진하고 있다. 아직도 논쟁이 진행되고 있는 환경적 시민정신 개념은 다음의 세 가지 가정을 내포하고 있다(Selman, 1998). 첫째, 중앙정부는 권력의 분권화를 기꺼이 수용해야 한다. 둘째, 시민들은 지속가능성 문제를 집합적·이타적으로 다룬다. 셋째, 공공 서비스 공급자(주로 지방정부)는 생활의 질에 영향을 미치는 공공 서비스 공급에 관한 높은 기대와 공론에 능동적으로 대처한다.

일반적으로 정책과정에 시민 참여는 일부 특수집단 — 보편적으로 전문가 집단 혹은 강한 집단성을 갖는 이익집단 — 에게만 허용되어, 이들 의견의 일부가 때로는 반영되었다. 지방정부가 시민 의견을 청취하기 위한 공식적 제도와 의사소통 전략을 마련하면 특수 집단의 의견만 반영되는 위험은 최소화할 수 있다(Young, 1995). 풀뿌리 민주주의와 공동체 응집력에 관심을 갖고 있는 주민들에게 공공정책 과정의 차별, 소외, 배제, 무시 등은 시민들의 권한 박탈 혹은 정부의 의도와 목적에 의문을 제기하는 심각한 문제로 등장한다. 이러한 상황에서 도시정부의 지속가능한 개발에 대한 요청은 주민들에게 수용될 수 없으며 오히려 반감만 유발할 수 있다.

지역에서 지속가능성 정책이 성공적으로 수행되기 위해서는 결집된 지역 분위기가 조성되어야 할뿐만 아니라, 지방정부에 대한 주민의 신뢰와 정체성이 형성되어야 한다. 그러기 위해서는 주민의 의견을 청취하기 위한 새로운 통로와 장치가 도입되고, 민주적 제도를 향한 폭넓은 혁신이 지방정부 차원에서 추진되어야 한다. 지역의 소수 집단과 계층의 요구와 대표성을 반영하기 위한 대표민주주의(representative democracy) 제도가 많은 지역에서 실시되고는 있으나, 이 제도의 장점이 규칙적 선거를 통하여 충분히 반영되지 않고 있다고 스튜어트(Stewart, 1997)는 주장한다. 지방의제 21에서는 주민의 의견을 청취, 수렴하기 위한 다양한 제도와 장치 — 원탁회의, 집중토론, 여론조사, 의견조정회의, 시민 대토론회, 시민심사위원회 등 — 들이 건의되고 있으며, 이러한 새로운 참여 기술과 방식들이 지방의제 21 사업 과정에서 충분히 제시 및 이용되어야 한다. 물론 이러한 기제들이 공동체의 완전한 균형된 견해를 제공하는 것이 아니며, 주민들 또한 자신을 공동체 이익을 위한 자발적 대변자로 나서지도 않는다. 최근의 경향을 보면, 전통적인 대표민주주의 방식이 큰 매력을 보이지도 않고 지방선거에서 저조한 투표율로 시련을 겪고 있으나, 그렇더라도 이 방식은 선출된 대표자에게 주민을 대표하는 진정한 정당성을 부여하는 합법적 제도로 인식되고 있다. 이런 의미에서 지방의제 21은 대표민주주의와 참여민주주의가 상호 결속력을 갖는 방향으로 '통합된 분업 체제'를 보일 때 성공을 기약할 수 있다.

1 한국의 '지방의제 21' 수립 · 추진 실태

한국에서는 지방자치단체의 전문 인력 및 경험 부족 등으로 효율적인 지역환경 계획의 수립 · 추진이 어려운 점을 고려하여 환경부가 지역별 특성에 맞는 지역환경 계획 작성 모델을 개발하고 자치단체에 보급(1997.4)하여 지방의제 21 수립을 지원하였다. 주요 내용은 대기, 수질, 폐기물 등 지역환경 문제는 물론 지구환경 문제 해결을 위한 방향으로 지방의제 21 작성 요령을 제시하였다. 2012년 현재 246개 자치단체(광역 16개, 기초 230개) 가운데 229개가 지방의제 21을 수립 및 운영하여 행정적으로는 어느 정도 성과를 거둔 것으로 평가된다.

추진 과정을 보면, 각 지역들이 공통적으로 추진협의회를 구성하고 상설사무국을 운영하고 있으며, 환경기본조례와 환경보전 중 · 장기계획의 수립에 중점을 두고 있다. 1995년 9월 19일 부산시가 최초로 '녹색도시 부산21 추진협의회'를 구성하고 '부산환경선언'을 제정 선포한 이후에, 각 지역에서 기업, 학계, 시민(종교)단체, 지역주민, 여성계, 지자체 등의 인사로 구성된 지역 '환경의제 21 추진위원회'를 구성하여 의제 21의 실천내용, 분과별 목표, 확인 지표와 행동계획 등의 수립을 추진하였다.

최근에 와서는 지방의제 21의 추진 방향과 의제활동에서 변화가 감지되고 있다. 광주시민환경연구소(2006)가 대통령자문 지속가능발전위원회에 제출한 연구보고서에 의하면, 지방의제 21이 지속가능한 지역발전(SD: Sustainable Development)의 구심적 역할을 수행하기 위해서는 기존의 환경 거버넌스 체제를 넘어서 (지속가능한) 지역발전 거버넌스 체제로 확대 개편될 필요가 있다고 건의한다. 지속가능한 도시개발 거버넌스 체제가 되기 위해서는, [그림 4−5]와 같이, 도시개발 세력과 대립된 기존 구조에서 벗어나 개발 세력들을 포용하여 개발 부서 및 경제단체, 환경부서 및 환경단체, 사회부서 및 사회단체 등이 실질적으로 참여해서 협력과 합의를 이끌어내는 도시개발 거버넌스 체제로 전환되어야 한다는 것이다.

그리고 지속가능한 도시개발이 원활히 추진되기 위해서는 자치단체의 상위 계

그림 4-5 지방의제 21의 추진 방향 변화

과거 10년의 지방의제 21		새로운 10년의 지방의제 21
반주류 SD (환경보전 중심의 생태적 지속가능성 강조)		주류 SD (지역개발 중심의 경제적 지속가능성 강조)
정책단절형 의제활동 (정책이나 계획에 반영되지 못한 형식적 보고서 내지 환경운동 수준)	➡	정책연계형 의제활동 (모든 분야의 정책이나 계획의 일련의 과정에 적극적 협력자로 참여)
환경 거버넌스 (개발부서 및 경제단체들과 대립된 환경부서, 환경단체, 환경전문가 중심의 조직)		지역발전 거버넌스 (개발부서 및 경제단체, 환경부서 및 환경단체, 사회부서 및 사회단체 등이 망라된 조직)

획으로서 '지속가능 발전 종합계획' 수립을 추진하고, 기존의 도시계획과 같은 법정계획들이 지속가능 발전의 이념과 원칙들을 제대로 반영하지 못하고 있는 만큼 이러한 법정계획들이 '지속가능한 도시계획' 등으로 수립될 수 있도록 지역 지속가능발전협의회, 지방의제 21의 적극적인 역할이 필요하다는 것을 역설한다. 이러한 주장은 지속가능한 도시개발이 정치행정에서는 명목상 주창되고는 있지만, 현실에서는 구호에 그치는 사례가 많다는 것을 보여준다. 이를 위한 대안으로 지방의제 21이 지속가능한 지역발전 의제로 주목받고, 지역발전을 위한 실질적 역할을 하기 위해서는, 지방선거 주기에 맞추어 4년 임기의 자치단체장 정책 공약과 지방의제 21을 연계시켜 추진 및 평가하는 것이 바람직하다고 제안하고 있다.

사실 한국 사회에서 지속가능한 도시개발은 아직 걸음마 단계에 있으며, 다른 정책들과 우선 순위에서 하위를 차지하고 있다. 앞의 생태적 도시 재구성을 위한 대안에서 보았듯이, 지속가능한 도시개발이 효율적으로 추진되기 위해서는 도시정부에 '지속가능 개발 부시장' 혹은 '환경 부시장' 제도가 도입되어 도시정책이 지속가능 지침과 가이드 라인에 합치되는가를 우선적으로 검토해야 한다. 그런데 한국 어떤 도시와 지자체에도 '경제 부시장', '문화 부시장' 혹은 '도시재생 부시장'은 있지만, '환경 부시장'은 없다는 사실이 한국 사회의 지속가능한 도시개발의 현주소를 보여주고 있다. 특히, 최근에 한국 경제와 지역 경기가 악화되는 추세를 보이며 지속가능한 개발은 점차적으로 후퇴되는 현상이 목격되기도 한다.

2 지방의제 21 실현의 문제점

지방의제 21은 계량을 통한 산술적 평가가 어려운 장기적 기간을 요구하는 비가시적 사업의 특징을 갖는다. 특히, 지속가능한 개발에 대한 전례가 거의 없기 때문에 이 분야에 대한 누적된 자료와 연구가 부족하며, 이런 의미에서 지방의제 21은 도시개발을 위한 새로운 실험과 도전으로 해석된다. 1990년대 동안 많은 도시에서 지속가능성 개념에 따른 21세기 지역 목표와 미래상을 전략적 차원에서 개발하였다. 그러나 선명한 정책 윤곽과 비교하여 실제적 실천에 있어서는 가장 손쉬운 몇몇 분야—주로 정책수립, 전략개발 등 탁상행정 분야—를 제외하고는 뚜렷한 행동변화와 성과를 보이지 못하고 있다(Brugman, 2000). 이와 같이 지방의제 21의 실천이 더딘 이유로는 다음과 같은 요인을 들 수 있다.

첫째, 지속가능한 개발에 대한 지역 인식이 충분히 성숙되지 못했다. 각 공동체는 오랫동안 전해져 내려온 권력 관계, 개발과 보존 사이에 대한 불문율의 이해에 의해 운영되어져 왔다. 실제로 1990년대에 결정된 많은 개발사업과 전략은 이러한 지역의 전통적·정치적 타성을 반영한 것이다. 지역의 소규모 집단이 상대적으로 용이하게 목표의 전환과 행동의 쇄신을 가져올지는 모르지만, 도시공동체는 집단들 사이에 설정된 우선 순위와 선택에 의해서 추진되는 난해한 체제이다. 그리고 이 조직체는 경제, 사회, 환경적 의제들 사이에 통합된 시너지 효과를 창출하기 위한 충분한 훈련과 학습을 받지 못했다. 이런 측면에서 일정 기간 동안은 경제개발과 지속가능성 사이의 갈등을 전통적 접근 방식으로 해결하려는 경향을 보일 것으로 예상된다.

둘째, 지방의제 21의 핵심적 목적은 지속가능한 도시개발 활동에 새로운 참여자들을 끌어들임으로써 적극적 환경 시민정신을 자극하는 것이다. 그러나 실제에 있어서는 지방의제 21에 신규 참여자들이 적극적으로 참여하였다는 기록은 거의 관찰되지 않으며, 기존의 적극적 시민들이 새로운 네트워크와 사업을 통하여 중복적 관여와 접촉을 보인 것으로 나타난다. 이것은 기존의 과정을 유지하기 위해서는 도움이 되겠지만, 지속가능한 개발이 요구하는 근본적 행동 변화를 가져오지는 못한다. 비록 몇몇 시민들이 열성적으로 참여하고, 몇몇 신입 회원들이 환경 전사로

나서기도 하지만, 선진사회에서도 대부분의 참여자들은 다음 세 가지 유형의 사람들로 구성되어 있다:

- 기존의 공동체 핵심 활동가들로 이미 부여된 책임에 때로는 부담을 느끼기도 한다.
- 진보적 녹색운동가들로 오랜 숙원인 사회·환경 변화를 위한 실천운동인 지방의제 21에 강한 신뢰를 갖고 많은 시간과 에너지를 지역 환경운동에 헌신적으로 봉사하는 사람들이다.
- 관계된 분야에 종사하고 있는 공무원으로 근무 시간 이외에 상당량의 시간과 노력을 지역활동을 위하여 헌신하고 있는 사람들이다.

지방의제 21의 목적을 달성하고 지속가능한 도시개발을 가져오기 위해서는 많은 주민들이 관계된 활동에 자발적 참여하여 위의 핵심적 활동가들의 활동을 지원 혹은 경감시켜 주어야 한다.

셋째, 지방의제 21의 실현을 위해서는 보다 공식적·효과적 방식으로 기업 부문의 활발한 참여를 자극하여야 한다. 교통 혼잡 완화, 에너지 효율성, 독성 폐기물 처리 등과 같은 지역 기업활동과 관련된 환경 실무 작업에 지역 기업들이 능동적·공식적으로 참여하기 위한 장치가 마련되어야 한다. 이런 의미에서 지역 상공회의소, 경제인연합회, JC 등 지역경제단체의 지방의제 21 활동에 적극적 참여가 촉발되어야 한다. 비록 이들의 참여와 실천 약속이 지역 기업의 상당수를 점유하고 있는 중소기업에까지 영향을 미친다는 보장은 없으나, 기업들 사이에 환경 네트워크 형성을 통하여 지속가능성에 대한 경험과 정보의 교류, 공동 지침서 설정, 공동 행사의 개최 등 다양한 실천적 노력을 유도할 수 있다.

넷째, 지방의제 21의 실현과 지속가능한 도시개발을 가져오기 위해서는 관료제 행태의 변화가 수반되어야 한다. 지속가능성에 대한 가장 큰 장애 중에 하나가 정부의 오른손이 하는 작업을 정부의 왼손이 이해하지 못하며, 자기 부서 중심으로 문제를 해석하는 관료제의 부서 중심적 사고 방식이다. 예를 들면, 정부는 환경보호사업에 대한 대규모 투자를 한편으로 진행하면서, 다른 한편으로는 오염과 환경 파괴를 가져오는 많은 정책과 사업에 예산을 지속적으로 배정하고 있다. 이러한 사업의 대표적 사례로 이명박 정부가 추진한 '4대강 사업'을 들 수 있다. 자연을 복구하고 환경을 살리기 위해서는 가급적 자연에 대한 훼손을 최소화해야 하는데, 강의 물줄기를 바꾸고 주변 환경을 훼손하며 지속가능한 개발을 추진한다고 하였으니 얼마나 어처구니없는 사업이었는가! 이러한 '관료적 치매 현상'은 학계와 정부 모두에서 광범위하게 목격된다.

지속가능한 도시는 부서 간의 힘 겨루기, 분파적 행정을 통해서는 실현될 수 없다. 전통적 개념은 환경을 행정 문제로 인식하여, 환경을 파편화하여 개별적 관리를 통해서 문제가 해결될 것으로 인식하였다. 이러한 접근 방식으로는 환경의 복잡성을 효과적, 감각적, 종합적으로 처리하지 못한다. 이런 의미에서 환경이 행정문제의 대상이 되는 것이 아니라, 행정이 환경문제의 대상으로 등장한다. 이 문제에 대한 대안 중에 하나가 환경문제를 선행적 · 종합적으로 다룰 '환경 부시장 제도'를 도시정부에 설치할 것이 건의된다. 그래서 도시정책을 검토하는데 성장의 문제에 앞서 도시환경과 지속가능성 기준에 합당한가를 우선적으로 논의하여 여기서 통과된 의제만 도시정책 의제로 채택하여야 한다. 이 부서에는 특성상 거시적, 종합적, 개방적, 분권적, 유연적, 반기술적 성향을 부여할 필요가 있으며, 환경문제와 도시공동체의 다른 모든 문제를 지속가능성 시각에서 종합적 접근(holistic approach)을 통해 조명할 것이 요구된다(Paehlke & Torgerson, 1990).

다섯째, 지방의제 21 설정과 실천 과정에서 상향식 혹은 하향식 접근의 장 · 단점에 대한 전통적 논쟁은 지양될 필요가 있다. 실제에 있어서 지방의제 21은 계획가와 피계획가 사이의 상호 신뢰를 바탕으로 일반인과 전문가 시각의 통합을 추구한 새로운 시도이다. 계획가들은 주민들의 의견과 경험을 계획 과정에 반영하며, 주민들이 비현실적 실천 원리와 행동을 보이지 않도록 지원과 의견을 제시하여야 한다. 피계획가로서 주민들은 계획가를 더 이상 '적'으로 인식하는 것이 아니라 지방의제 21의 실천을 위한 매개체 · 조정자로서 인식하여야 하며, 주민이 적극적으로 지방의제 21에 참여하기 위한 다각적인 통로와 연계망이 형성될 필요가 있다. 물론 현실적으로는 선진도시에서도 의제와 실천 방안 설정 과정에서 추진 구성원의 대표성에 대한 논란과 논쟁 사항의 회피 등의 문제점들이 제시되고 있으며, 실제적 실천은 그렇게 매끄럽게 진행되고 있지 못한 것이 현실이다(Selman, 1998). 이것은 지방의제 21을 전통적 환경문제로 접근해서는 안 되며, 풀뿌리 민주주의 시각에서 접근할 것을 요구한다. 즉, 지방의제 21은 하나의 우산 속에 주민들의 다양한 관심과 행동을 묶은 것으로 지속가능성과 민주주의 모두를 추구하기 위한 과제로 이해되어야 한다.

제 7 절 압축도시(Compact City): 지속가능한 도시개발을 위한 대안?

도시의 지속가능한 개발이 주요 이슈로 등장하면서 그 대안으로 최근 논의되고 있는 도시개발 모형이 '압축도시'이다. 압축도시가 지속가능성에 대한 전략적 대안으로 등장한 이론적 근거는 비교적 단순하다: 도시가 보다 고밀도로 개발될수록 도시활동의 동선(動線)이 짧아지고, 연료 소비와 배출가스가 감소하며, 개발에 의해 파괴되는 토지가 줄어들고, 도시공간과 시설이 보다 효율적으로 이용될 수 있다. 비록 이러한 장점이 현실에서는 아직까지 명확하게 확인되고 있지는 않지만, 도시개발이 점차적으로 고밀도 방향으로 전환되는 추세를 보이고 있다. 예를 들면, 네덜란드에서는 토지 이용과 교통계획을 환경전략의 범주로 통합하는 방안을 국가적 차원에서 추진하고 있다. 네덜란드 국토계획을 위한 제4차 보고서는 교통과 운송 정책, 환경정책, 국토계획을 포함한 종합적 접근을 통하여 도시의 성장 압력을 완화하며, 도시의 삶의 질 향상을 유도하고, 도시에서 자동차 이용을 감소시키는 정책이 지속적으로 추진될 것을 밝히고 있다. 이러한 정책의 핵심은 주거와 직장, 여가시설을 한 곳에 집중시킴으로써 이동 거리를 최소화하며, 자전거와 공공 교통의 이용을 극대화한다는 것이다(Hall, 1997).

이론적 모형으로는 고밀도 도시생활이 지속가능성에 대한 대안으로 제시될 수 있으나, 현실에서 지속가능성은 환경문제만이 아닌 사회적 형평성, 선택의 범위, 그리고 미래 세대의 삶 등 다양한 사회적·경제적 이슈를 포함하고 있다. 따라서 압축도시 접근이 이러한 도시주민의 사회적·경제적 욕구를 만족시킬 수 있는 대안인가가 또한 검토되어야 한다. 만약 압축도시가 이러한 욕구를 만족시켜 주지 못한다면, 능력 있는 사람들은 도시를 떠나고, 압축도시에는 저소득층 혹은 빈곤층이 다수를 점하는 '지속가능하지 않은 개발'을 가져오기 때문이다.

압축도시가 갖는 비교 강점으로 양질의 공공시설과 서비스, 우수한 공공 교통,

다양하고 역동적인 문화활동 등이 제시되지만, 반면에 과밀과 혼잡이 초래하는 다양한 문제에 직면할 수 있다. 이런 의미에서 미래의 성공적 도시개발을 위한 핵심적 요인은 도시 밀집과 지속가능성 사이에 어떻게 조화를 가져오는가의 문제일 것이다. 이 절에서는 도시의 압축적 개발이 지속가능성을 가져오는 대안적 모형으로 제시될 수 있는가를 검토해 본다.

1 압축도시: 공간과 지속가능성 개념

제2차 세계대전 이후에 북미와 호주, 일본 등에서는 도시성장의 특징으로 탈중심화 경향이 나타나며 교외지역의 급속한 개발이 진행되었고, 극단적인 예로서 주요 교통로를 중심으로 도시 범위가 확장된 100마일 도시가 등장할 것이 예견되었다(Sudjic, 1992). 반면, 한국과 유럽의 중소규모 국가에서는 도심을 중심으로 도시화가 확산되는 경향을 보이며, 변두리의 녹지지역이 도시 이용으로 전환되는 현상을 보였다. 이러한 과정에서 도시환경과 풍경은 상실되었고, 도시생활을 위한 하부구조의 조성 비용은 급격히 증가하였다.

저밀도 주거단지의 개발에 따른 녹지공간 파괴의 가속화, 외곽 지역 인구의 팽창에 따른 이동 거리와 시간의 증가 등은 환경에서는 지속가능성 문제, 공간 이용에서는 비효율성 문제를 제기하였으며, 그 대안으로 '압축도시 모형'이 제시되었다(de Roo & Miller, 2000). 인구와 산업활동의 재집중화를 가져오는 압축도시 개발은 기존 중심지의 고밀도화, 도시 재개발 혹은 재생 등 다양한 형태로 일어난다. 극단적인 예로서, "폭이 3킬로미터에 높이가 8층인 기후 조절이 되는 원통 모양의 건물에 약 25만 명의 인구가 밀집해서 거주하여, 수평과 수직 사이에 이동 거리가 최소화됨으로써 에너지 소비를 최소화할 수 있다."(Dantzig & Saaty, 1973)는 도시모형이 제시되기도 한다. 유럽에서는 교외지역이 집중적으로 개발되어 시골의 녹지 공간이 대규모로 상실된 1970년대 후반에 자족적 도시 형성을 위한 동기에서 압축도시 개발이 시도되었다(Elkin et al., 1991). 이러한 접근을 통하여 도시공간의 보다 집중적, 그리고 다양한 이용이 시도되면서 도심 기능의 약화를 극복 및 부활을 위한 계기로 작용하였다(Beatley, 1995: 384).

저밀도 개발은 승용차에 대한 의존도를 높이며 대중교통의 효율성을 감소시킨다. 승용차 이용, 특히 나 홀로 이용을 위한 승용차는 교통 혼잡의 문제뿐만 아니라 환경문제, 에너지문제를 제기함으로써 압축도시 개발을 위한 또 다른 정당성을 제공한다(Newman & Kenworthy, 1991). 도시공간의 고밀도·종합적 이용은 이동거리를 감소시키며 공공 교통에 대한 매력을 높임으로써 지속가능성의 향상을 가져온다. 엘킨 외(Elkin et al., 1991: 12)에 의하면, "도시는 걷는 것과 자전거 이용, 그리고 공공 교통이 효율적으로 이용되며, 활발한 사회적 관계를 가질 수 있게 압축성(compactness)을 가져야 한다."고 주장한다. 이 절에서 압축도시에 대한 논의는 윌리엄스 외(Williams et al., 2000)의 '집약화를 통한 압축도시의 접근'을 중심으로 고찰하였다.

2 압축도시의 정의

압축도시에 대한 어떤 합의된 정의는 없으며, '도시공간의 보다 집약적 개발과 고밀도 이용'을 위한 접근으로 보편적으로 논의되고 있다(Williams et al., 1996: 84). 압축도시에 대한 논의는 1930년대까지 거슬러 올라가서, 고밀도 도시계획의 대부(代父)인 르 코르뷔지에(Le Corbusier)는 도시의 집중적 개발을 통해서 도심 혼잡을 해소하는 방안을 제시, 즉 초고층 건물의 건설을 통하여 보다 많은 공공의 공간이 확보될 수 있다고 주장하였다(Hall, 1988: 207). 또한 제이콥스(Jacobs, 1962)은 고밀도 공간 이용에서 도시의 다양성이 창조되며, 이러한 도시활동의 다양성이 도시생활을 더욱 윤택하게 만든다고 주장하고 있다.

로크(Lock, 1995: 173)는 도시의 집약적 개발을 "현재의 녹지를 이용하기 이전에 기존의 도시화된 공간을 최대한 이용하는 방식"으로 설명하며, 네스(Naess, 1993: 309)는 "자연에 대한 기술적 잠식이 이미 발생한 지역에 대한 집중적 개발"로 설명하고 있다. 로세스(Roseth, 1991: 30)는 도시의 집약적 개발을 "어떤 한정된 도시 범위 내에 인구와 건축물의 증가를 통한 도시 통합화 방식"으로 설명한다. 이러한 로세스(J. Roseth)의 개념은 압축적 도시생활과 지속가능성의 연계가 인구와 건축물의 고밀도 이용과 관련된 것을 보여준다.

집약화와 통합화는 따라서 어떤 지역을 보다 고밀도로 개발과 이용하기 위한 수많은 전략을 설명하는 용어로 사용되고 있다. 영국 환경부는 도시 집약화를 건조물과 활동으로 구분하여 설명하고 있다(Williams et al., 1996: 84). 건조물의 집약화는 현존 건물 혹은 이미 개발된 공간의 고밀도 이용을 위한 재개발, 건조물의 세부 구획화 혹은 전환, 기존 구조의 연장 혹은 건축물 추가, 미개발 도시공간의 개발 등을 구성한다. 활동의 집약화는 현존 건축물 혹은 부지의 증가된 이용, 활동의 증가를 가져온 이용의 변화, 어떤 지역 내에 거주활동, 직무활동, 여행활동의 증가 등을 의미한다.

정책적 측면에서 압축도시를 채택하는 가장 중요한 이유는 도시 내에 필요한 공간의 부족이며, 또 다른 이유로는 도시 내에 기능들이 펼쳐 있는 공간적 구조로 설명된다. 도시 내에 기능의 복합이 분산적 기능보다 선호되며, 다기능 도시 지역이 단일기능 지역보다 다양한 도시 자극과 매력을 제공한다. 또한 다기능 지역에서는 다양한 기능이 인접하여 입지하기 때문에 자동차 이용을 감소시킨다. 따라서 압축도시 개념은 "기존 도시 지역의 집중적 이용, 기능의 분산이 아닌 기능의 복합, 기능의 분리가 아닌 복합적 기능, 그리고 고밀도 건물 등"의 특성을 갖는다(Bartelds & de Roo, 1995: 33). 이러한 압축도시의 주요 초점은 "도시경쟁력 향상, 자동차 이용의 감소, 자전거와 공공 교통 이용의 촉진, 시골 녹지공간의 개발 제한"에 두어지며, 도시 밀도와 기능의 접근성이 도시개발에 중요한 기준으로 작용한다(de Roo, 2000: 31-32).

3 고밀도 개발의 공간적 효과

고밀도 도시개발을 선호하는 주요 주장으로 공간에 대한 직접적 영향이 제시된다. 현존 도시 지역의 개발은 시골 녹지공간 개발에 대한 압력을 완화시키며 도시공간, 특히 유휴공간 혹은 폐기된 공간의 최대한 효과적 이용을 촉진시킨다. 이러한 주장은 지방환경 보호와 도시 재건에 관심 있는 사람들에게 특히 설득력을 갖는다. 그러나 이러한 주장은 "많은 도시들이 이미 한계를 넘어서 개발되었고, 더 이상의 개발은 환경에 부정적 영향을 제공한다."고 믿는 사람들에게는 설득력이 없다.

이러한 과잉 개발 개념은 '도시 조밀(town cramming)'에 따른 과잉 혼잡과 쾌적성 상실을 우려한다. 이들은 주변의 야생 공간 개발을 저지하기 위하여, 그리고 운동 혹은 놀이 공간과 같은 쾌적한 선호 공간의 수호를 위하여 투쟁하기도 한다. 이러한 투쟁은 개발업자의 과잉 탐욕을 비판하며, 도시개발 과정에 주민들의 관여가 무시된 것에 대한 분노의 표현으로 나타나기도 한다. 많은 경우에 이러한 주장은 개발에 따른 누적적 효과에 초점이 집중되며, 실제로 유휴 도시공간이 놀이 혹은 야생지역으로서 다양한 가치가 인정되어야 한다고 주장한다.

또 다른 시각에서는 도시의 상황이 완전히 역전될 수 있다. 즉, 과잉 유휴지와 나대지의 존재는 도시 전체에 부정적 영향을 제공할 수 있다는 것이다. 빈 공간으로 남아 있거나 혹은 잠정적으로 주차장으로 이용되는 도시공간들, 일시적 혹은 비공식 활동에 이용되는 도시의 폐기된 공간들은 시각적으로 뿐만 아니라 심리적으로도 주민들에게 부정적 영향을 준다. 저성장 지역에서 많은 도시공간이 상대적으로 높은 개발 비용 때문에 개발에 대한 희망이나 가능성이 없이 수십 년을 유휴 공간 혹은 폐기된 공간으로 남아 있는 것을 관찰할 수 있다. 비록 정책적으로는 도시공간 개발이 강력히 옹호되고 있으나, 시장 잠재력이 없는 공간의 개발은 실제적으로 많은 모험이 수반된다.

도시의 유기된 공간이 침체의 원인으로 작용하는 지역에서 지역 민간단체, 기업 혹은 정부의 지원 아래 주민들 스스로에 의해서 상황을 개선하기 위한 시도가 추진되기도 한다. 때로는 이러한 유기된 공간을 야생지역으로 복귀하기 위한 적극적 활동이 시도되기도 하며, 때로는 개발을 유인하기 위한 다양한 자극과 유인책이 제시되기도 한다. 그러나 지역 차원에서 주민들의 이러한 집단적 노력이 국지적으로 효과를 볼 수도 있으나, 도시의 유기된 공간 전반에 걸친 영향은 아직도 불확실하다. 실제로 영국 도시에 대한 조사 결과에 의하면, 매주 약 39헥타르의 도시공간이 유기 상태로 전환되며, 현재의 추세가 지속된다면 재고 공간의 개발에만 약 200년 이상이 소요된다고 밝히고 있다(Fyson, 1995).

저출산·고령화가 심화되고 있는 일본 도시 또한 유사한 경험을 하고 있다. 2004년부터 일본의 총 인구가 감소하면서, 2016년 현재 도쿄(東京) 내에만 빈집이 81만 호에 달할 정도로 주택 수요 대비 공급이 넘쳐나고 있다. 이런 현상은 도심에서 떨어진 외곽 신도시에서 더욱 심각화 되어 도시의 유기된 공간이 점차 증가하는 추세를 보이고 있다(손명혜, 2016).

이러한 문제와 관련된 전향적 접근은 도시계획과 개발 과정에 지역 주민을 보다 적극적으로 참여시켜서, 어떤 지역이 고사지역(죽어가는 지역)으로 인식되며, 어떤 지역이 공공의 공간으로 이용될 가치가 있는가를 공동으로 협의 및 결정하는 것이다. 실제로 선진국의 많은 도시정부에서는 비이용 공간의 구획 및 용도 결정에 주민 의견을 반영하기 위한 다양한 장치를 마련하고 있다. 이러한 과정을 통하여 도시 내의 공개공간, 녹지공간, 유휴지 등이 도시구조, 도시조경, 환경 보호 등의 시각에서 역할이 재정립될 필요가 있다. 그리고 이러한 재검토는 녹지공간에 대한 최근의 경험과 지식, 그리고 근린 관계에 대한 충분한 인식을 바탕으로 이루어져야 한다.

4 고밀도 개발의 심리적 효과

압축적 도시개발의 또 다른 장점으로 도시에 대한 새로운 설계의 제공과 활력을 촉진시킴으로써 지역의 역동적 향상을 가져온다는 것이다. 건물의 높은 입주율은 도시 결집을 위한 응집력을 향상시키며, 기존 건물의 재사용과 구조 개선은 도시 이미지에 긍정적 영향을 미친다. 더 나아가 도시에 보다 많은 사람의 유입은 도시를 보다 활력있게 만들며, 문화활동과 시설의 개발을 위한 동기를 부여한다. 따라서 도시 주민과 방문객 모두에게 더욱 매력있는 생기있는 도시 이미지를 제공한다.

그러나 한편 시민들은 현대 건물의 기능과 활동에 대해 때로는 비판을 제기하기도 한다. 특히, 많은 문화 유적이 있는 역사 도시 혹은 보존 지역과 기존 주거 중심 지역에서 이런 비판적 성향은 더욱 강하게 나타난다. 우리 주변에서 1980년대와 1990년대 초기의 부동산 붐에 의해서 건설된 대형 아파트 지역과 상가 지역들은 지역 정체성 향상에 어떤 도움도 주지 않은 것으로 비판되고 있다(서규환 외, 1995). 실제로 선진국에서도 1960년대와 1970년대에 건설된 개발의 기능적, 미학적, 사회적 실패는 양질의 건조환경을 제공할 책임이 있는 전문가들에 대한 광범위한 불신을 유도하였다(Barton et al., 1995).

다행스럽게도 여기에 대해서는 또 다른 주장도 있다. 선진국 몇몇 대도시에서는 1990년대에 대중적이며 수준높은 개발사업들이 목격되었다. 스완위크(Swanwick, 1995: 19)에 의하면, 수준 높은 도시개발은 사람들을 도시로 복귀시키는 매력을 제공할 수 있으며, 최근에 런던의 도클랜드(dockland) 개발은 고밀도 개발이 삶의 질 하락을 가져오지 않는다는 실례를 보여준다고 언급하고 있다. 또한 뉴욕의 할렘(Harlem) 지역의 재개발은 압축도시 접근을 통한 공간의 복합적 이용과 활력이 도시 이미지 상승에 어떻게 작용하는지를 경험적으로 보여준다.

도시개발의 성공 여부는 위치, 설계, 그리고 품질 등의 조건에 의해 결정된다. 따라서 현재 거주하는 주민과 미래에 전입을 희망하는 주민들에게 설계와 개발 방식이 선호되어야 한다. 그러기 위해서는 계획가들이 공공의 요구, 주민의 욕구와 희망을 심층적으로 연구할 필요가 있다. 전문가와 주민들 사이에 벽이 제거되어야 하며, 계획의 시발점에서부터 주민의 적극적 참여가 보장되고 공론의 광장이 형성되어 주민의 욕구를 투입 요소로 계획이 생성되어야 한다. 이런 의미에서 바튼 외(Barton et al., 1995: 41)는 "건조환경은 결코 부동자산이 아니며, 지속적으로 변화한다. 그리고 개발의 각 부분은 이어지는 세대에 대한 유산의 일부를 구성한다."고 주장한다. 물론 가장 바람직한 것은 현재의 도시개발이 미래 주민들에게 지속가능한 유산으로 남겨지는 것이다.

5 고밀도 개발의 사회적 효과

일반적으로 집약적인 도시는 보다 높은 사회적 결속력과 공동체 정신을 갖는 것으로 주장되고 있다. 저밀도 도시와 비교하여 집약 도시는 상호 감시와 경계가 용이하기 때문에 보다 안전한 것으로 또한 주장된다. 그리고 무엇보다 중요한 것은 집약 도시에서는 서비스와 설비들이 근접 거리 내에서 제공되기 때문에 보다 높은 사회적 형평성을 갖는다. 이것은 도시 서비스에 대한 용이한 접근이 도시자원의 공정한 배분을 유도한다는 논리에서 압축도시의 고밀도 주거에 의해 사회적 형평성이 향상된다는 주장이 제시된다(Burton, 2000).

이러한 주장이 한편으로는 이해가 되지만, 다른 시각에서는 부정되기도 한다.

도시 집약화는 때로는 '부정적 근린 효과(bad neighbor effect)'와 공공영역에 있어서의 과잉 혼잡을 유도할 수 있다. 도시 집약화를 통하여 새로운 공동체를 형성하지 못하는 혹은 기존 공동체와 융합하지 못하는 신규 전입자들이 몰려들 수도 있다. 또 어떤 지역에서는 서비스 접근 거리가 과잉 확장되거나 혹은 인구 증가에 적절히 대처하지 못하기 때문에 도시 삶의 질이 하락하는 경우도 있다(Light, 1992).

고밀도 주거 행태는 상이한 생활방식을 갖는 사람들 사이에 인접 입지를 통한 갈등을 유발하기 때문에 부정적 근린 효과를 발생시킬 수 있다. 예로서 이웃들 사이에 소음공해, 주차에 따른 분쟁 등을 들 수 있다. 자동차 소유가 보편화되고 음향 기술이 발전하면서 주차공간 확보를 위한 이웃 간의 갈등, 스테레오와 자동차 소음기 사용에 의한 공해, 도난 방지 장치에 의한 소음 등 이웃 간의 분쟁이 급격히 증가하는 추세를 보인다.[8)]

다음으로 고밀도 접근을 통한 도시 서비스의 향상에 대한 주장 또한 아직까지 확고하게 입증되지는 않는다. 도시 통합과 서비스 제공 사이의 관계에 대한 연구들은 "현재까지 통합으로부터 발생한 사회적 비용과 편익에 대해서는 오직 제한된 경험적 증거만 있을 뿐이다."라고 밝히고 있다(Urban Policy Research, 1991). 다른 한편 핀필드(Pinfield, 1995) 연구는 도시 통합을 통하여 지역 주민과 지속가능성 모두의 요구를 충족시킨다고 주장하고 있다. 문제는 어떤 절차를 거쳐 도시 통합과 서비스 배분이 이루어지는가에 달렸다고 그는 밝히고 있다. 핀필드(G. Pinfield)는 도시 서비스 배분 과정에서 지역 주민이 우선 순위 설정부터 평가와 환류의 모든 단계에 관여되어야 지역환경문제와 갈등을 해결할 수 있는 도시 통합이 유도된다고 밝히고 있다.

현실적으로 도시에서 생활한다는 것은 주민들에게 항상 어느 정도의 인내를 요구하며, 어떤 사람은 다른 사람보다 도시생활의 부정적 효과를 한층 잘 수용하며 살아간다. 데이비슨(Davison, 1995)이 주장한 것과 같이, "인간은 본래적으로 첫째,

8) 다인스(Dynes, 1994)의 조사에 의하면, 영국에서 1980년과 1992년 사이에 도시 내에서 이웃 간의 분쟁은 연간 31,076건에서 88,000건으로 증가하였고, 1993년 5월과 1994년 11월 사이에만 야간에 이웃 간의 소음 문제로 17명이 살해되고 그 이상의 사람들이 상해를 입는 사건이 발생하였다. 한국환경공단 층간소음이웃사이센터가 발표한 통계에 의하면, 층간소음 상담 신청 건수가 2012년 8,795건에서 2016년 19,494건으로 증가했으며, 이웃 간의 갈등으로 인한 충돌과 비극이 갈수록 심화되고 있는 상황이다(국가소음정보시스템, 2017).

인간활동에 초점을 맞추어 도시를 생기있고 역동적으로 보는 사람들, 둘째, 도시를 더럽고, 소란스럽고, 위험하게 생각하는 사람들"의 두 가지 유형으로 구분된다. 어떤 사람은 도시생활을 활기있게 생각하며, 어떤 사람은 도시생활을 긴장의 연속으로 생각한다. 그러나 이러한 현실이 도시인들은 과도한 공해, 소음, 범죄, 저질의 서비스, 타인에 의한 비사회적 행위를 도시생활의 일부로서 수용해야만 한다는 것을 의미하는 것은 아니다. 이러한 것들이 집약적 도시생활에서 회피될 수 없는 당연한 결과는 결코 아니며, 도시개발과 구조의 혁신을 통하여 부딪치고 개선되어야 하는 난제일 뿐이다.

6 고밀도 개발의 교통에 대한 영향

압축도시 개발이 교통에 주는 영향은 명확하게 정리될 수 있다: 압축도시는 이동거리를 감소시킨다; 도보와 자전거 이용을 권장함으로써 이동에 있어서 에너지 절감 효과를 가져온다; 개인 승용차 이용 기회를 감소시키며 공공 교통 이용을 촉진시킨다. 압축도시에서 이러한 장점들이 명확히 관찰되는 반면, 다른 문제들 또한 제기되는 것도 사실이다. 교통 혼잡과 위험은 도보환경을 향상시키는 것이 아니라 더욱 악화시키며, 공공 교통은 복잡한 거리에서 지체와 정체를 반복하고, 출퇴근 때에 버스와 지하철은 발 디딜 틈이 없을 정도로 만원을 이루며, 주차는 더욱 어려워지고, 이러한 요인들이 도시 거리의 기능과 특성에 영향을 미치고 있다.

이러한 문제의 해결책 중에 하나는 물론 자동차를 포기하고 도보, 자전거, 버스 혹은 지하철 등의 환경친화적 공공 교통 수단을 보다 많이 이용하는 것이다. 그러나 현실에서 통계 지표는 그렇게 나타나고 있지 않다. 선진도시에 대한 연구들은 심지어는 가장 복잡한 도시지역에서도 주민들이 자동차를 포기하기보다는 더 많은 자동차를 구입하는 현상을 보인다(Balcombe & York, 1993). 이러한 현상에 대해서 마이너스(Mynors, 1995)는 자동차 시장의 강력한 영업활동과 시민의 인식은 자동차의 선호에 많은 비중을 둔다고 주장한다. 자동차 이용은 개인에게 이동의 편의성을 제공하며, 쇼핑을 통한 짐을 운반하기 편리하고, 입구에서 입구까지 확보된 좌석을 제공하며, 때로는 신분의 상징으로 작용하기도 한다.

한편으로 자동차를 소유한 사람들은 혼잡과 주차문제로 짜증이 나기도 하지만, 더욱 심각한 문제는 광범위한 자동차 소유가 자동차를 갖지 않은 사람들에게 많은 피해를 준다는 것이다. 여기서 가장 큰 희생의 대상은 어린이, 노약자, 그리고 여성들이라고 할 수 있다. 영국의 통계조사에 의하면, 1975/1976년과 1981/1991년 사이에 등·하교 때에 도보와 자전거를 이용하는 학생 비율은 18% 감소한 것으로 나타나고 있다(Mynors, 1995: 38). 이러한 감소의 주요 이유로는 교통량과 속도가 증가하였기 때문에 거리가 상대적으로 안전하지 못하다는 것이 문제로 제시되었다. 애플야드(Appleyard)의 연구는 도시에서 교통의 광범위한 영향을 잘 설명하고 있다(Engwicht, 1992). 샌프란시스코의 상이한 교통량을 갖지만 성격상 유사한 세 거주지역을 관찰한 그의 연구는, 가장 적은 교통량을 갖는 지역 주민이 가장 많은 교통량을 갖는 지역 주민보다 3배의 많은 친구를 갖는 것으로 조사되었다. 또한 '주거영역'에 대한 인식조사에서, 교통량이 적은 지역 주민은 집 앞거리를 주거 영역에 포함하는 반면에, 교통량이 많은 지역 주민은 집과 거리를 분리적으로 인식한다고 밝히고 있다. 자동차 혼잡, 소음, 매연, 진동 등에 따른 소외 효과 때문에 교통량이 많은 거리의 주민은 자신의 거리를 사회적 공간에서 배제시키고 있다.

자동차 증가에 따른 또 다른 문제로 도시의 대기오염 문제가 제기된다. 많은 환경보고서들은 도로 교통이 대기오염의 주범이며, 특히 자동차 매연이 도시환경에 가장 심각한 영향을 미친다고 지적하고 있다. 이러한 문제는 대도시에서 더욱 심각하며, 주요 도로에 자동차 진입 금지와 차 없는 날 등에 대한 주민들의 요구가 점차로 강해지는 추세를 보인다.

이러한 모든 요인들이 점점 더 압축되는 도시에 어떤 영향을 미칠 것인가? 문제가 최악의 상태에 도달할 때까지 현재의 추세가 지속될 것인가? 그러지 않기를 바란다. 자동차에 대한 일반의 태도가, 비록 너무 느리지만, 변화하고 있다는 징표들 또한 나타나고 있다. 선진국 조사에 의하면, 자동차 이용자의 2/3는 자동차 이용이 감소되는 것에 긍정적 의견을 보이지만 유류세와 통행료를 인상하는 것에는 부정적 반응을 보인다(Williams et al., 1996: 92). 많은 주민들이 교통 혼잡을 공동체의 주요 문제로 인식하며, 엄격한 주차 단속에 긍정적 반응을 보이고 있다. 이제 공공의 의견이 자동차에 높은 우선 순위를 부여하였던 행위에서 공동체 환경 개선에 우선 순위가 주어져야 한다는 것으로 서서히 전환되고 있다. 많은 도시에서 자동차

운행을 자제하거나 효율적으로 이용하기 위하여 '카풀(car pool) 제도'가 점차로 확대되고 있으며, '차 없는 날', '자전거의 날', '녹색교통 주간' 등 다양한 사회운동이 확대되고 있다. 심지어는 영국 에든버러(Edinburgh) 시에는 공동체 주민들이 자동차를 소유하지 않는 약속을 하며 입주하는 '차 없는 공동체' 계획이 추진되고 있다(Planning Week, 1995).

7 압축도시 vs. 풍선도시

지속가능한 도시개발과 관련하여 자주 접하는 문제들 중 하나는 "압축도시와 풍선도시(urban sprawl) 중 어느 방식이 더 지속가능한 개발인가?"하는 것이다. 이 질문에 대한 대답은 생각처럼 간단하지가 않다. 지속가능성 개념이 환경만 포함하는 것이 아니라 사회, 문화, 경제, 삶의 방식 등 다양한 개념을 포함하기 때문에 사실 어느 한 방식이 다른 방식을 압도할 정도로 일방적이지 않다는 것이다. 압축도시와 풍선도시에 대한 비교에 앞서, 위에서 압축도시에 대해서 살펴보았으니, 풍선도시에 대해서도 간단히 고찰해 보기로 하자.

풍선도시는 다른 말로 도시 확산, 도시 외곽지역 개발, 난개발 등으로 표현되기도 한다. 이 책에서 풍선도시로 표현한 것은, 첫째, 압축도시와 비교하여 부풀린 도시라는 의미, 둘째, 바람에 따라 날아가는 입지자유적 특성, 셋째, 바람이 빠지면 폐기되는 한시적 특성을 강조하기 위해 풍선으로 표현하였다. 좀 더 구체적으로 살펴보면, 첫째, 압축도시는 고밀도 개발을 의미하는 반면, 풍선도시는 저밀도로 펼쳐진 도시를 의미한다. 둘째, 바람에 따라 날아가는 입지자유적 특성은 풍선도시가 베이비 붐과 부동산 붐에 따라 자동차가 일반화되면서 주로 도시 외곽 지역에 조성되는 것을 의미한다. 셋째, 바람이 빠지면 폐기되는 한시적 특성은 최근에 저출산·고령화 사회가 전개되면서 도시 외곽의 신도시들이 슬럼화와 유기된 공간으로 남을 가능성이 높다는 것을 나타낸다. 이러한 풍선도시는 도심의 지가가 상승하며 상대적으로 저가인 외곽 지역에 넓은 주거 공간을 선호하는 성향, 자동차 일반화와 외곽·환상 고속도로 건설, 부동산 개발업자의 등장, 대규모 택지개발 사업, 그리고 단독주택의 선호 등에 의해 도시 경계(edge city), 외곽(suburban city), 준교외

(exurban) 지역에 도시가 개발되면서 발생한 현상이다([그림 4-6]과 [그림 4-7] 참조).

이러한 풍선도시는 도시의 지속가능성과 관련하여 긍정적 및 부정적 효과 모두를 갖고 있다. 먼저 긍정적 효과로 저밀도 개발은 개인의 복지와 긍정적 관계를 갖는다. 도시 공동체의 거주 밀도가 낮을수록, 동질적 근린 관계가 형성될수록, 시민들의 정신적 및 육체적 건강에 긍정적으로 작용하며, 정서적으로 안정되고 삶의 스

그림 4-6 대표적 풍선도시인 미국 로스앤젤레스 외곽도시

그림 4-7 대표적 압축도시인 홍콩

트레스가 상대적으로 낮다는 것이다. 부정적 효과로는 풍선도시는 압축도시에 비해 자본과 운영의 투입 비용이 높다. 특히, 도시 인프라 건설(상·하수도, 전력, 가스, 도로 등)과 운영에 높은 비용이 요구된다는 것이다.

<표 4-4>는 노이만(Neuman, 2005)이 제시한 압축도시와 풍선도시의 특성을 비교한 것이다. 압축도시는 높은 주거와 고용 밀도를 갖는 반면, 풍선도시는 상대적으로 낮은 주거 밀도를 보인다. 토지 이용에 있어서도 압축도시에는 다양한 활동들이 밀집한 복합적 토지 이용 행태를 보이는 반면, 풍선도시에는 각 활동이 격리된 공간 이용 행태를 보인다. 예를 들면, 압축도시에서는 쇼핑 몰, 호텔, 술집(바), 사무실, 컨벤션 센터 등이 주변에 밀집해서 입지하는 반면에, 풍선도시에서는 이러한 기능들이 각기 독립 구역을 형성하여 입지하는 행태를 보인다. 압축도시에서는 도시활동들이 공간적으로 연속하여 입지(예: 서울 종로, 테헤란로 주변)하는 반면에, 풍선도시에서는 주로 자동차 전용도로(혹은 고속도로) 나들목 주변지역을 중심으로 개구리 뛰기(leaf frog) 형태의 공간 개발을 보인다. 압축도시에서는 다양한 활동들이 건물 내부에서 내장형으로 수행(예: 코엑스 몰)되는 반면에, 풍선도시에서

표 4-4 압축도시와 풍선도시의 특성 비교

압축도시	풍선도시
1. 높은 주거와 고용 밀도	1. 낮은 주거 밀도
2. 복합적 토지 이용	2. 개발 공간의 무한한 확장
3. 토지 이용의 섬세성(소규모 다양한 활동의 밀집)	3. 토지 이용과 형태의 공간적 격리
4. 사회적·경제적 상호작용의 증가	4. 단절적 개발(개구리 뛰기 개발)
5. 연속적 개발	5. 토지개발의 중심성 결여
6. 독해 가능한 경계에 의해 구분된 내장형 (contained) 개발	6. 개인 승용차 중심의 교통 체계
7. 상·하수도 체계 중심의 도시 인프라	7. 토지 이용과 계획에서 관리 통제의 파편화
8. 다양한 교통 체계	8. 지방정부 재정력 차이의 극대화
9. 높은 접근성	9. 주요 도로변에 좁다란 상업단지 개발
10. (보행자와 자전거 중심) 도로의 높은 연계성	10. 거주 지역에서 저소득층의 여과 과정과 공간적 격리 현상
11. 높은 불투(과)성 표면율	
12. 낮은 공개 공지율	
13. 도시계획의 일관성과 연계성	
14. 도시 시설과 인프라 투자에 대한 도시정부의 높은 재정력	

자료: Neuman(2005), 표 2와 표 3에서 발췌함.

는 다양한 활동들이 넓게 펼쳐져 있어(예: 이천 아웃렛) 중심성이 부재하다. 압축도시에는 버스, 지하철, 경전철, 택시, 승용차, 자전거, 보행 등 다양한 교통 체제가 이용되는 반면에, 풍선도시에서는 주로 자동차가 주요 교통 수단으로 이용된다. 압축도시는 도시의 주요 인프라를 따라 도시 계획이 수립되고, 단위 면적당 이용자 수가 많기 때문에 상대적으로 인프라 투자 및 관리 비용이 저렴한데 비하여, 풍선도시에서는 인프라 투자와 관리에 높은 비용이 지불된다. 압축도시는 공공 서비스 이용에 있어서 상대적으로 형평성이 높은데 비하여, 풍선도시는 지방정부 재정력에 있어서 높은 차이를 보인다. 다시 말하면, 압축도시에서는 많은 시민들이 비교적 동등한 공공 서비스를 향유하는 데 비하여, 풍선도시는 시민들의 구성에 따라 재정력과 공공 서비스의 차이를 보인다. 즉, 소득 계층의 거주 분포에 따라 재정력 차이와 공공 서비스의 차이가 크게 나타난다.

상기와 같은 비교에서 알 수 있는 바와 같이, 지속가능한 도시가 되기 위해서는 고밀도 압축 개발이 요구되는 반면, 개인의 정주성 향상을 위해서는 저밀도 분산 입지가 바람직하다. 에너지 절감, 동선 감축, 녹지 잠식 최소화, 도시의 다양성·역동성·생동감 제고, 복합 도시개발 등을 통하여 압축도시는 지속가능한 개발에 긍정적으로 작용하는 반면, 풍선도시는 공동체의 동질성, 안정감, 쾌적성, 고요, 편안함 등을 제공함으로써 개인적 복지와 정주성을 향상시킨다. 결론적으로, 압축도시와 풍선도시를 비교할 때, 지속가능 측면에서는 압축도시가 바람직하며, 건전성(sound & health) 측면에서는 풍선도시가 다소간 우수한 접근이다. 따라서 어느 한 주장이 다른 주장을 완전히 압도하지는 못한다. 그리고 압축이냐 풍선이냐는 결국 도시 형태에 관한 문제이다. 사실 더 중요한 것은 "우리의 삶의 방식이 지속가능한 것인가?"이다. 즉, 지속가능한 사회가 되기 위해서는 "우리의 몸(body)이 지속가능한가?"가 아닌, "우리의 생활방식(life style)이 지속가능한가?"로 질문이 바뀌어야 한다. 마찬가지 논리에서 지속가능한 도시가 되기 위해서는 "압축도시냐 혹은 풍선도시냐?"의 결과가 아니라 "우리의 현재 도시 운영과 생활방식이 지속가능한 것인가?"의 과정에 초점이 맞춰져야 한다.

8 압축도시에 대한 잠정적 결론

위의 논의에서 알 수 있는 바와 같이, 압축도시 접근은 지속가능성에 대한 완전한 논리와 정당성을 제공하지는 않는다. 고밀도 도시개발로부터 도시가 다양한 혜택을 유도할 수 있는 것은 사실이다: 신규 개발로부터 지역 위상이 향상될 수 있고, 밀도의 증가를 통하여 보다 다양하고 활기 있는 도시생활을 향유할 수 있으며, 양질의 도시공간이 창조될 수 있다. 반면에, 고밀도 도시개발로부터 다양한 문제도 제기된다: 과잉 개발에 따른 과잉 혼잡의 문제, 가치 있는 녹지공간의 상실, 대기·소음공해 등은 도시생활의 질을 하락시킬 수 있다.

일반적으로 지속가능성은 학술·정치행정 분야에서는 어느 정도 이해되고 있으나, 아직까지는 일반 시민들에게 그 내용이 충분히 전달되지 않고 있다. 이러한 문제는 압축도시에 대한 논의에서도 마찬가지로 느껴진다. 압축도시에 대한 적절한 이해가 없다면 지속가능성의 전략적 목표와 압축 도시개발의 연계를 이해하지 못하며, 주민들은 집약적 개발을 위하여 요구된 타협—예를 들면, 자동차 이용의 자제, 소음 단속, 주차 단속, 통행료 인상, 유류세 인상 등—을 수용하지 않을 것이다.

영국 랭커셔(Lancashire) 지방에 대한 핀필드(Pinfield, 1995)의 경험적 연구는 이러한 면들을 잘 보여준다. 전반적으로 지역 주민들은 정부를 포함한 공공기관에 대한 불신을 보이며, '지속가능한 개발'이라는 용어에 익숙하지 못하다. 이러한 상황에서는 압축도시 접근이 도시의 전반적 부활의 결과를 가져오지 않는 한, 주민들이 고밀도 개발 전략을 긍정적으로 받아들이지 않을 것이다. 그러나 주민들은 또한 지역정체성과 공동체 의식에 대한 강한 집착을 보인다. 따라서 이러한 긍정적 측면의 주민 의식을 지속가능한 개발 목표와 연계시키는 전략이 검토될 필요가 있다.

이러한 연계가 어떤 전향적 지역 변화를 가져올 수는 있으나, 주민들이 지속가능한 개발의 의미를 이해한다 하더라도, 주민들이 이 개념에 일치하게 지역을 운영하는 것에 전폭적 지지를 하는 것은 아니다. 지속가능한 개발 개념을 주민들이 충분히 이해한다고 해서, 주민들이 미래 세대를 위하여 자동차 이용을 삼가고 공공교통을 이용하며, 고밀도 주거생활을 수용할 것인가? 오웬스(Owens, 1995)가 지적한 바와 같이, 시민으로서의 주민과 소비자로서의 주민 사이에는 욕구와 행동의 차이가 있다. 시민으로서 대다수의 주민들은 지구 온난화 방지를 위한 장기적 목표에 찬성하며, 이동 거리의 감소, 배기가스의 감소, 에너지 이용의 효율화 등에 긍정적 시각을 갖는다. 그러나 소비자로서 그들은 공공 교통 이용을 통한 불편을 회피하여 자동차 이용을 선호하고, 현재의 높은 소비수준을 그대로 유지하기를 희망한다. 즉, 주민 모두를 위해서 좋은 것이 반드시 주민 개개인이 원하는 것은 아니다. 주민들은 자동차 이용에 대한 규제에는 동의하지만, 자신의 이용을 제약하는 조치는 별로 좋아하지 않는다.

그러면 압축도시 개발을 통하여 주민들에게 도시 매력과 전망을 제공하기 위해서는 어떤 선택의 기회가 남아 있는가? 첫째, 고밀도 도시개발이 제공하는 장점은 분명히 있으며, 이러한 장점을 도시 회귀를 희망하는 주민들에게 매력으로 작용할 만큼 극대화하여야 한다. 그러나 고밀도 도시개발에는 문제와 갈등 요소가 또한 분명히 존재한다. 이러한 갈등 요소는 우수한 도시행정과 공동체 의식을 통하여 극복될 수 있다. 그러기 위해서는 둘째, 주민들이 지역 의사결정과 서비스 개발에 적극적으로 참여, 관여, 의견 제시 등을 할 수 있는 장치가 보장되어야 한다. 여기서 특히 강조되어야 하는 것은, 주민들이 어떤 개인적 혹은 경제적 동기보다는 시민으로서 역할이 권장되어야 하며, 이러한 시민활동의 결과물이 정책으로 반영되어야 한다. 이것은 지속가능성과 압축도시 개발은 이러한 개념에 관심을 가진 소수의 시간, 재원, 능력 있는 주민들의 자발적 노력만으로는 성공이 보장될 수 없으며, 보다 광범위한 주민들의 이해와 참여, 지원에 의해서만 성취될 수 있다.

제 8 절 맺는 말

지금까지의 논의를 통해서 보았듯이 지속가능한 개발은 아직도 개념이 불명확하며, 학자들 사이에 일치된 정의가 정립되지 않았다. 이런 면에서 썸과 힐(Sum & Hill, 1998)은 지속가능한 개발이 '개발 패러다임'으로 지속되기 위해서는 다음과 같은 양분적(兩分的) 노력이 필요하다고 주장한다; 첫째, 지속가능한 개발의 명확한 개념적 토대가 정립되어야 한다. 둘째, 환경과 사회의 조화를 유도할 전략에 있어서는 신축성과 다양성이 수용되어야 한다.

지속가능한 개발 개념은 확고히 정립되지 않았지만 지속불가능한(unsustainable) 개발은 비교적 명확히 이해되며, 생태적 균형의 붕괴를 가져오는 치명적 행위에 대한 정책지침들이 개발되어 있다. 이런 측면에서 지속가능한 개발을 정책목표로 이해하기보다는 정책결정 과정으로 이해하는 것이 보다 유용하다. 즉, 재생불가능한 훼손, 자연자원의 고갈, 그리고 생태계에 치명적 영향 등을 방지하며 후손에게 양질의 자연과 건조환경을 물려 줄 개발 전략의 결정을 위한 정책과정으로 이해할 수 있다.

이런 의미에서 지속가능한 도시는 사회적 형평성과 다양성, 삶의 질, 그리고 생태적 균형을 위한 안정된 향상을 추구하는 도시로 폭넓게 정의될 수 있다. 많은 도시에서 표면적으로는 지속가능한 개발을 추구한다고 하지만, 현실에서는 도시의 경제, 재정, 사회, 문화정책에서 모순된 결과를 가져오기도 한다. 실제로 도시의 양극화 현상은 가속되고 있으며, 집단들 사이에 경제적·문화적 장벽은 더욱 높아가고, 자동차 이용은 더욱 늘고 있으며, 에너지 소비는 더욱 증가하고, 도시 조경은 더욱 황폐화되고 있다. 이제 지속가능한 도시개발은 지방의제 21의 표면적 선언으로 끝나는 것이 아니라, 이것의 실천을 통한 새로운 시발점에 서 있다. 지속가능한 개발을 위한 도전은 현재의 경제, 재정, 운송, 환경, 주거, 문화, 교육, 과학기술 정책들을 에너지와 자원 절약적 도시, 보다 효율적이고 경쟁력 있는 도시, 보다 생기 있고 인간성 있는 도시로 전환하기 위한 실현 가능한 방법을 찾는 과정으로 이해될 수 있다. 이러한 지속가능한 개발을 위한 도전은 도시정부 운영에서 최소한 다음과 같은 세 가지 근본적 변화를 요구한다.

첫째, 도시정책은 사후 치유가 아닌 사전 예방정책이 추구되어야 한다. 그러기 위해서는 도시정책과 사업은 지속가능성의 포괄적 범주 아래 수립, 통합, 집행, 평가될 것이 요구된다. 이것은 실무에서 공공업무의 주안점에 근본적 변화를 가져오는 것을 의미한다: 즉, 종래의 성장 지향적 전략과 도시환경에 대한 부정적 효과의 최소화가 아니라, 환경지향적 전략과 부정적 효과의 예방에 초점이 맞추어져야 한다.

둘째, 도시정부에게 강력한 권한과 책임이 부여되어야 한다(Christie & Warburton,

2001). 환경과 개발에 관한 세계위원회(WCED)에서 권고한 바와 같이, 많은 경우에 중앙정부로부터 기술적 지원이 필요하지만, 오직 강한 도시정부만이 지역에 대한 강한 책임감을 갖고, 지역 실정에 맞는 보다 실현성 있는 지속가능한 개발을 주도할 수 있다.

셋째, 도시정부 운영에 적극적 시민 참여가 보장되어야 한다. 시민 친화적 노력이 없이는 환경친화적 도시는 창조될 수 없다. 생태적 도시 재구성은 시민의 동의, 노력, 동원 없이는 공허한 외침에 불과하다. 시민의 참여가 허용되지 않는 지역은 본질적으로 지속불가능하며, 이런 도시에서 공익의 미명 아래 많은 악폐가 자행되어 왔다(Mega, 1996). 이런 의미에서 말없는 집단에게도 언론의 자유를 부여하는 것은 필수 조건이지만 지속가능한 개발을 위한 충분 조건은 아니다. 지속가능한 도시개발이 되기 위해서는 시민이 단순한 참여를 넘어서 의사결정의 동반자가 되어야 한다. 의사결정, 정책결정을 통하여 도시정부만 행동이 구속되는 것이 아니라 시민이 결정의 동반자로서 정책에 대한 책임과 의무 이행의 동반자가 되어야 한다.

글로벌 시대에 도시는 경쟁의 소재지로 등장하고 있다. 이제 도시는 새로운 가치기준 아래 새로운 마라톤을 시작하여야 한다. 이 경쟁에서 앞서기 위해서는 도시는 보다 지능적이고, 보다 유연적이며, 보다 효율적이고, 보다 지속가능하며, 보다 도시적일 것이 요구된다. 이러한 생태적 도시, 건강한 도시가 결국은 시민에게 가장 행복한 도시가 될 것이다.

제 5 장

도시개발 주요 이론

제 1 절 도시 생태학적 접근

도시 생태학적 접근(urban ecological approach)은 도시성장 과정을 공간 이용과 점유를 위한 적자생존과 근린 관계의 논리로 해석하여 도시 구획화, 침입과 계승에 의해 도시가 확대되는 과정을 설명한다. 도시사회학의 시카고 학파로 알려진 파크(R. E. Park), 메켄지(R. D. McKenzie), 버제스(E. W. Burgess) 등은 클레멘트(F. E. Clement)의 초기 연구인 *Research Methods in Ecology*(1905)와 *Plant Succession*(1916), 그리고 쉘포드(Shelford, 1913)의 *Animal Communities in Temperate America as Illustrated in the Chicago* 등에 착안하여 인간생태학(human ecology)적 접근 방식을 개발하였다(McKenzie, 1925b; Duncan, 1959; Grove & Burch, 1997). 첫째로, 파크(Park, 1936)는 각기 다른 인종과 문화를 가진 사람들이 복잡한 도시에서 융합되는 과정 속에 내재하는 규칙적인 사회적 행태와 패턴을 규명하기 위하여 공동체 생태학적 접근을 응용하였다. 예를 들면, 파크 외(Park et al., 1925)는 도시 공동체의 해체와 전이 과정을 설명하기 위하여 계승, 경쟁, 그리고 신진대사와 같은 생태학적 개념을 이용하였다. 둘째로, 시카고 학파는 공동체를 유기체로 인식하여 기능적 체제로서 도시연구를 창안하였다. 셋째로, 파크 외(Park et al., 1925)는 도시의 공간적 및 시간적 차원의 연구에 초점을 맞추었다.

도시 생태학적 모형의 주요 특징

- 도시성장에 주안점을 둔 모형
- 공간 점유를 위한 개방경쟁 모형
- 도시진화론에 기반을 둔 모형

메켄지(MeKenzie, 1925a)에 의하면, 공동체에서 침입과 수용 과정의 결과는 지역의 독특한 문화적 특성과 선택에 따라 다양하게 나타난다. 도시 생태학적 접근에서 공동체 생활은 식물 생태학자들의 용어를 빌리면 자연지역(natural area)에서 식생과 적응으로 해석된다. 따라서 자연지역의 선택과 적응 원리와 마찬가지로 도시에서의 집단들 사이에 경쟁과 계승도 진화의 논리, 적자생존의 논리로 설명이 가능하다는 것이다. 이와 같은 연구 결과 버제스(Burgess, 1925)는 도시공간 이용의 동심원모형을 제시하며, 집중화(concentration), 중심화(centralization), 격리(segregation), 침입, 그리고 계승을 통한 구역화와 전이 과정에 의해 도시공간이 점유 및 확대된다고 주장하였다.

도시 생태학적 모형의 주요 내용

- 도시공간 이용은 경쟁적 이용자들 사이에 공간 점유를 위한 투쟁의 연속에 의해 결정되며, 이 과정에서 근린 효과(neighborhood effect)가 주요 변수로 작용한다.
- 공간 점유를 투쟁을 통해 한 유형의 집단에 의해 다른 유형의 집단으로 완전히 이전되었을 때, 공간 이용에 대한 생태적 독점이 달성된다.
- 이와 같은 과정의 반복에 의해 도시의 확대와 성장이 유도된다.

이와 같은 생태학적 접근은 이민 사회로 이루어진 미국의 도시성장 과정을 설명하는 데는 유용한 논리를 제공한다. 예를 들어, 미국의 도심 확대 과정을 보면, 백인들이 거주하던 도심지역에 흑인 혹은 유색인종이 이주하면 이를 용인하거나 아니면 옆에 거주하는 백인이 다른 곳으로 이사를 간다. 그러면 옆집에 새로운 백인이 이주하기보다는 새로운 흑인 혹은 유색인종이 이주하여 더 많은 인근의 백인들이 이 지역을 떠나는 현상이 발생한다. 이러한 일들이 반복되면 어느새 이 지역은 백인 지역에서 흑인 혹은 유색인종 지역으로 전이가 되고, 백인들은 도심을 떠나 외곽지역 혹은 교외지역에 새로운 거주지를 마련하게 된다. 이러한 일련의 과정을 생태학적 접근은 침입과 계승으로 설명한다.

• 침입(invasion)

공동체의 침입은 다양한 양태를 보이지만 지배적인 두 가지 형태로는 토지 이용의 변화와 점유 집단의 변화를 들 수 있다. 전자는 토지 용도가 변하는 것으로, 예를 들면 주택에서 상업지구로 혹은 공업지구에서 주택단지로 변경되는 것을 의미한다. 후자는 지역의 인종적 및 경제적 색깔이 변하는 것으로, 예를 들면 백인 거주의 중산층 지역에서 흑인 거주의 빈민층 지역으로 변하는 것을 의미한다. 침입은 결과로서 지역 경제가 활성화되거나 혹은 퇴색되는 다양한 계승 단계를 보이며 지역 지가(地價)에 반영된다.

• 계승(succession)

계승은 다양한 양태로 나타난다. 침입에 따라 우선 지역의 가장 효용성이 높은 공간의 점유를 위한 투쟁이 발생한다. 이 과정에서 중심지의 지가가 상승하고 고층 건물들이 들어서게 된다. 인구의 급증과 함께 경쟁력이 약한 활동들은 외곽으로 밀려나며, 중심지는 은행, 백화점, 호텔, 약국 등이 점유하게 된다. 공장과 산업체들은 화물 터미널과 철로 등 주요 교통로를 따라 인근에 입지하게 되며, 주거지역은 인종 혹은 경제 계층별로 격리해서 조성된다. 이 과정에서 외국 이민자들과 빈민층은 주로 중심업무지역(CBD) 혹은 전이지역에 거주하며 인근의 공동체를 점차 잠식하여 기존 거주자들을 외곽 혹은 교외지역으로 밀어내는 결과를 보인다.

상기와 같은 침입과 계승 과정은 다음과 같은 5단계로 진행된다.

• 제1단계: 새로운 집단의 이주

기존의 정주 체제에 생활방식, 소득 수준, 행태 패턴이 상이한 새로운 집단의 이주

- 제2단계: 공간 점유를 위한 경쟁
  새로운 이주자는 기존의 거주자들과 공간 이용을 위한 투쟁이 발생
- 제3단계: 새로운 이주자에 의한 공간 독점
  시간이 경과됨에 따라 새로운 이주자들이 지역을 독점
- 제4단계: 기존 거주자의 외곽으로 이주
  기존 거주자들은 중심지로부터 먼 곳, 외곽지역으로 이주
- 제5단계: 외곽지역에서 공간점유를 위한 새로운 경쟁이 발생

메켄지(McKenzie, 1925a)는 새로운 통신 체제(communication system)의 도입, 새로운 산업 기술의 발전, 경제기반의 변화 등에 의해 공동체 균형에 혼란이 발생하고, 적응을 위한 새로운 순환 과정이 진행된다고 주장한다. 이 과정에서 공동체는 인구 이동과 재구조화를 통해 성장과 변신을 하기도 하고 혹은 침체와 수축을 경험하기도 한다.

1950년대에 들어서서 후버와 버논(Hoover & Vernon, 1959)은 '근린생활 사이클(neighborhood life cycle)'이라는 아이디어를 제시하며, 도시 공동체의 성장과 쇠퇴, 그리고 마지막 단계에서 재생이라는 필연적 단계 모형을 발전시켰다. 버치(Birch, 1971)는 후에 모형을 수정하여 근린생활에서 침입과 계승의 6단계 과정을 다음과 같이 제시하였다(Weinstein, 2007).

1단계: 도시에 개발 잠재력이 높은 공개 공간이 존재하고, 외곽지역에는 낮은 인구 밀도를 보인다.

2단계: 본격적인 거주지 개발이 시작되어 단독주택이 건설되며, 도시 인프라에 대한 투자 요구가 제기되고, 단일 인종 혹은 민속 집단이 주변에 거주하게 된다.

3단계: 토지에 대한 점유가 완료되고, 새로운 거주지에 공동 주택이 건설되며, 동일 종교 혹은 민속 집단의 거주 밀도가 높아진다. 지가와 부동산 가치가 증가하고 토지 이용 밀도가 최고치에 이르며 도시 인구와 개발이 정점에 다다르게 된다.

4단계: 주택의 노후가가 진행되어 임대료가 하락하고, 인구 밀도가 감소하며 저소득층 혹은 새로운 인종 혹은 민속 집단이 유입되고, 신규 건설과 투자는 거의 발생하지 않는다.

5단계: 도시는 점차 쇠퇴하고 슬럼지역이 점차 발생한다. 빌딩들은 점차 노후화

되어 때로는 유기되며, 젊은층은 지역을 떠나 노년층만이 남게 되고, 상점들은 문을 닫고 공실률이 증가하며, 새로운 민속 혹은 인종 집단이 지역을 점유하고, 신규 건축은 발생하지 않는다.

6단계: 근린 관계가 완전히 붕괴되거나 혹은 새로운 고급 상업 및 거주 지역으로 도시 재생이 발생한다.

자연계, 생태계의 식물군들의 군집, 번식, 분류 현상을 인간의 도시공간 이용을 위한 경쟁, 군집, 격리 현상으로 설명한 시카고 학파의 생태학적 접근은 사회과학자들로부터 강한 비판에 직면하였다. 알리안(Alihan, 1938), 게티(Gettys, 1940), 그리고 홀링스헤드(Hollingshead, 1947)는 인간 사회 구조와 행위는 생물학적 원리로는 설명될 수 없다며 인간 생태학 개념을 거부하였다. 이들은 인간은 다른 생물과는 다르게 문화를 소유하고 있으며, 이러한 특성으로 인간은 다른 종들과는 다른 행태 패턴을 보인다고 설명한다. 또한 모든 인간들은 그를 둘러싼 사회적 환경과의 관계에서 설명되며, 단순한 생물학적 맥락으로는 인간 행위를 설명하지 못한다고 주장한다. 또한 홀링스헤드(Hollingshead, 1947)와 알리안(Alihan, 1938)은 인간의 경제활동과 공간적 배분활동을 경쟁이라는 단일 메커니즘(mechanism)으로 설명하는 시카고 학파의 환원주의적 접근에 강하게 반박하였다. 그리고 사실 많은 사회과학자들은 인간 생태학을 1800년대와 1900년대 초기 사회에서 목격되는 개인, 집단, 인종, 사회적 불평등 등을 정당화하는 논리로 이용되는 사회적 다위니즘(social darwinism)의 유사 원리로서 거부하였다(Burch, 1971; Masters, 1989).

또 다른 비판으로 도시 생태학적 접근은 미국의 도시 팽창과 성장에 대해서는 적절한 설명을 제공하지만, 다른 지역에 대한 설명에는 부적절하다는 것이다. 그리고 현실에서 도시성장에는 다양한 요인들 — 정치, 경제, 도시계획, 규제 등 — 이 작용하는데, 도시 생태학은 이와 같은 요인들의 분석이 결여되었다.

이와 같은 비판의 대상이 되었던 시카고 학파의 인간 생태학적 접근은 탄슬리(Tansley, 1935)의 생태 체계(ecosystem) 개념이 주목을 받기 시작한 이후에 새롭게 각광을 받기 시작하고 있다. 일반 사회과학자들은 에코 시스템에 별로 주목하지 않았지만, 도시 생태학자들은 에코 시스템을 단순한 개념틀을 넘어서 인간이 궁극적으로 추구해야 하는 사회 체계로서 인식하고 있다. 특히, 지구 온난화와 자원 고갈,

생태계 파괴에 직면한 현실에서 도시 생태학적 접근은 지속가능한 개발을 위한 대안으로 급부상하고 있다. 월치(Wolch, 2007)가 언급한 바와 같이, 도시 생태학은 최근에 세 가지 주요 문제에 대한 도전에 주안점을 두고 있다. 첫째, 도시의 생태학적 통합을 통해 인간과 생태계의 공존을 위한 녹색 시스템을 재창조하는 것이다. 둘째, 생산과 소비 체제의 재설계를 통해 글로벌 신진대사를 활성화하는 것이다. 셋째, 도시 시민의식의 확립을 통해 지속가능한 개발과 함께 사회적 · 생태학적 정의(social and ecological justice)를 추구하는 것이다(Endlicher et al., 2007: 13).

제 2 절 균형 vs. 불균형 성장이론

지역개발을 위한 정책은 크게 두 가지 유형으로 분류된다. 낙후지역 개발에 중점을 두며 지역 간 격차를 해소하는 방안과 지역의 내생적 발전 역량의 강화를 통해 지역경쟁력을 강화하는 전략이다. 전자는 가장 어려움에 처해 있는 지역에 우선적 투자(The worse place, the first investment)를 지원하는 정책인 반면에, 후자는 높은 성장 잠재력이 있는 지역에 우선적 투자(The best place, the first investment)를 지원하는 정책이다. 두 가지 논리의 차이를 심층적으로 살펴보도록 하자.

1 균형 성장이론

지역개발에서 균형 개발 방식은 정통경제학에 기반을 둔 규범적 접근으로 흔히 지역개발의 이상적 모형으로 불린다. 균형 개발은 낙후 지역을 중점적으로 지원하여 주민의 기본 수요를 충족시켜 주고 다른 지역과의 격차를 줄여 지역 간의 균형 발전을 추구하는 개발 방식이다. 균형 개발은 효율성보다는 형평성을 추구하며, 성장의 속도가 다소 늦어지더라도 낙후지역의 실질 성장을 기할 수 있기 때문에 선진국에서 주로 채택하는 개발 방식이었다. 이 이론에 의하면 수요와 공급의 법칙이 작용하고, 여기에 가격, 이자율, 임금, 지대 등이 신호 역할을 수행하며 '보이지 않는 손'에 의해 시장 경제가 균형 상태를 유지한다는 정통경제이론에 기반을 두고,

생산 요소들의 자유로운 이동에 의해 지역들 사이에도 균형 성장이 유도된다는 것이다. 예를 들면, 어떤 지역에 인구가 집중하면 그 지역은 노동의 공급이 증가하여 임금의 하락이 초래되고, 임금의 하락은 결국 노동의 공급을 감소시켜 인구 증가가 억제된다는 것이다. 따라서 지역 균형 개발을 추구하는 경우에 중앙정부는 시장 기능에 가급적 개입을 억제하고, 필요한 최소한으로 낙후지역을 중점적으로 지원하는 기능 이외의 주요 지역개발 사업은 지방 중심으로 수행되는 방식을 추구한다.

고용 변화에 따른 인구 이동 패턴을 통해 지역들 사이에 균형 성장을 [그림 5-1]과 같은 cobweb(거미집) 모형으로 설명할 수 있다. 거미집 모형의 출발점에서 지역에 고용이 증가하면 인구의 전입이 발생한다. 인구의 전입과 함께 고용이 증가하지 않으면 자연히 고용률은 하락하며 실업이 증가하게 된다. 지역에 고용률이 하락하여 실업이 증가하면, 지역에 있는 사람들이 떠나는 전출 현상이 나타난다. 고용의 변화 없이 지역 주민이 감소하면 고용률은 높아지게 된다. 지역에 고용률이 증가하면 외부에서 인구의 전입이 발생한다. 이와 같은 순환 과정에 의해 [그림 5-1]과 같은 거미집 모형이 만들어지며 지역들 사이에 균형 성장이 유도된다는 것이 정통경제학의 주요 논리이다. 즉, 생산 요소들의 자유로운 이동과 공급-수요의 원리, 가격 변화에 의해 시장이 균형 상태(equilibrium)를 보이듯이, 시장 원

그림 5-1 Cobweb(거미집 모형)

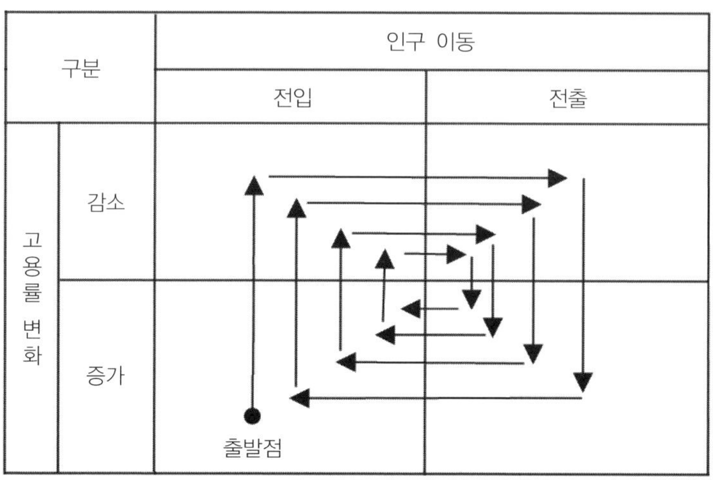

리에 의해 지역 간에도 장기적으로 균형 성장이 달성된다는 것이다.

정통경제이론이 균형 성장만 주장한 것은 아니다. 학자들에 따라 성장을 위한 다양한 전략과 요인들을 제시하였다. 그중 주요 논리를 살펴보면, 로스토우(W. W. Rostow)는 경제성장 5단계 모형을 제시하였고, 슘페터(Joseph Schumpter)는 '창조적 파괴(creative destruction)'를 주장하였다. 이 두 가지 논리에 대해 심층적으로 고찰해 보자.

1) 로스토우의 경제성장 5단계 모형

20세기 성장이론의 주요 학자 중의 하나인 로스토우(W. W. Rostow)는 산업혁명 이후 서구 사회의 근대화 과정을 역사적으로 추적하여, 근대자본주의와 자유민주주의를 열망하는 사회는 서구의 근대화 과정을 모델로 경제성장을 추구할 것을 주장하였다. 로스토우(Rostow, 1960: 4-16)는 기본적으로 경제성장은 [그림 5-2]와 같은 5단계를 거쳐 발생한다고 제안하였다.

그림 5-2 로스토우의 경제성장 5단계

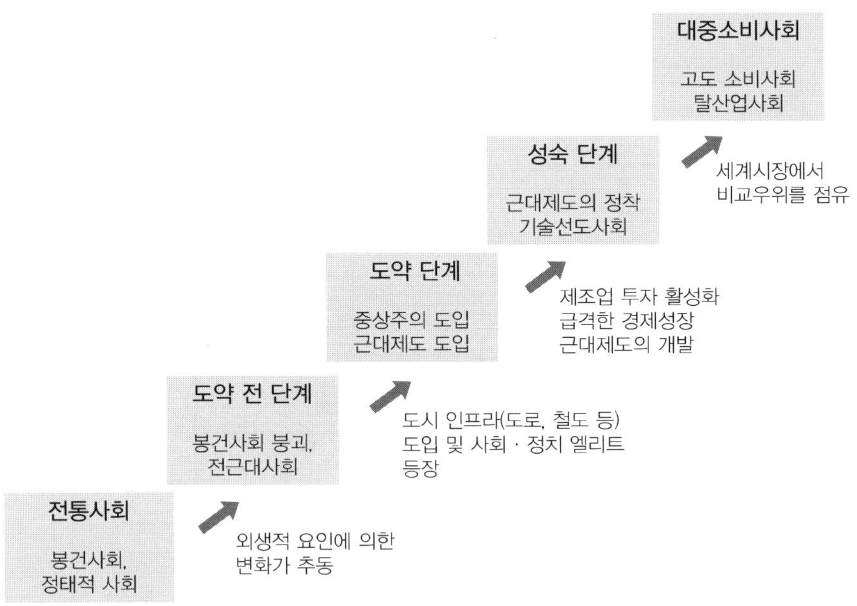

• 제1단계: 전통사회(Traditional Society)

전통사회는 뉴턴 이전(pre-Newtonian) 사회로서, 주변지역과 낮은 수준의 상거래가 일어나는 생계 중심의 노동집약적인 농업사회를 의미한다. 뉴턴 전 사회라는 의미는 과학적 사고 체계가 형성되지 않은 사회로서 생산활동에 물리적 원리가 이용되지 않은 사회를 의미한다. 물론 뉴턴 전 사회에도 산업과 기술에서 혁신이 때로는 발생하였으나, 과학과 기술이 생산에 체계적으로 이용되지는 않았다. 지역 간에 상거래는 정치경제적 상황에 따라 부침 현상을 보였으며, 인구 또한 전쟁과 기근, 전염병 등 요인에 의해 증가와 감소를 반복하며 정체된 상태였고, 농업 생산성은 근대 기술의 부재에 의하여 일정 한계를 넘지 못하는 수준이었다.

일반적으로 전통사회에서는 농업에 의존하기 때문에 토지를 기반으로 가족 혹은 씨족 중심의 계급사회가 형성되며, 계급은 운명을 결정하며 개인으로서는 극복하기 어려운 한계로 작용하였다. 전통사회에도 사회 법규가 존재하지만 일반적으로 권력은 소수 집단에게 집중되며, 다수는 소수의 이익을 위해 지배와 착취의 대상이 되었다. 따라서 전통사회는 전형적으로 봉건사회의 특징을 보이며, 역사적으로 근대 이전 사회, 뉴턴 이전 사회를 의미한다.

• 제2단계: 도약 전 단계(Precondition to Take-off)

경제성장을 위한 두 번째 단계는 도약을 위한 전이 단계(transition stage)로서, 서구 사회에서 17세기 말과 18세기 초반에 근대 과학이 도입되어 농업과 산업 분야에 근대 과학기술이 응용되는 시기를 의미한다. 근대 과학기술의 도입과 함께 산업 생산성이 향상되어 공급의 증가는 수요 시장의 팽창을 유도하고 국제 간 경쟁이 치열해지는 시기가 도래한다. 역사적으로 서구 사회에서 영국은 지정학적 위치와 사회경제 제도의 선진화를 기반으로 도약 전 단계에 가장 먼저 올라선 국가가 되었다.

근대 역사에서 도약 전 단계는 내생적으로 발생하기보다는 외세의 영향과 침입에 의해 시작되는 면을 보인다. 전통사회에 대한 외세의 도전과 침입은 문호 개방을 요구하여 구습을 타파하고 새로운 문화와 문물을 받아들이는 계기로 작용하였다는 것이 서구 사회의 시각이다. 그러나 이러한 일련의 과정은 전통사회에 새로운 문물을 전달하기 위한 목적에서가 아니라, 선진사회의 상품 판매와 원자재 확보 등을 위한 수탈의 목적에서 이루어졌다.

도약 전 단계에서는 봉건사회가 붕괴되고 중상주의가 도입되어 근대의 은행, 금융, 시장 제도가 출범하고 근대 사회를 위한 인프라가 조성되는 시기이다. 이제 사회는 경제성장이 가능한 것이 아니라 필수적이라는 것을 인식하기 시작하며 부의 축적, 복지의 향상을 위해서는 새로운 제도의 도입이 필요하다는 것을 인식하기 시작한다. 따라서 근대 제도들이 도입되고, 투자가 증가하며, 상거래 규모가 점차적으로 팽창하고, 근대 기업들이 새로운 모습으로 출범한다. 그러나 아직까지 생산방식과 가치 체계, 사회구조와 정치 제도 등이 전통의 굴레를 벗어나지 못하였기 때문에 생산성과 경제성장 속도는 낮은 수준에 머물고 있다.

• 제3단계: 도약 단계(Take－off)

도약 단계는 과거의 구습을 타파하고 고도성장을 가져오는 단계이다. '도약'으로 해석되는 'take－off'는 비행기가 출발해서 활주로를 벗어나 비상하는 것을 의미한다. 비행기가 비상할 때 활주로를 벗어나 완만하게 상승하는 것이 아니라, 급격하게 상승하며 정상 고도에 진입한다. 제3단계인 도약 단계는 바로 경제성장 과정에서 고도 성장을 통해 선진사회로 진입을 시도하는 단계라고 할 수 있다.

도약 단계에 접어들기 위해서는 사회간접자본(SOC: social overhead capital)의 충분히 축적과 산업 분야의 기술발전뿐만 아니라, 정치·사회·경제 분야에서 선진 제도가 확립되어야 한다. 도약 기간 동안 투자율이 상승하여 국민 소득은 연간 5% 이하에서 10% 혹은 그 이상의 성장률을 보이며, 특히 제조업 부문의 고도 성장과 함께 타 산업에 높은 파급 효과를 보이며 고용의 증가를 유도하여 급격한 도시화를 경험한다. 도시에서는 신흥 기업가 집단이 나타나서 민간부문의 투자를 주도하며, 잉여의 자원과 생산 방식을 최대한 활용하여 자본의 축적을 가져온다.

신기술은 산업뿐만 아니라 농업 분야에도 응용되어 점차적으로 영농의 기업화가 진행되며 농촌사회의 생활방식에도 큰 변화가 일어난다. 사실 근대 사회가 정립되기 위해서는 농업 생산성의 혁신적 변화가 필요조건으로 요구된다. 왜냐하면, 근대 사회에는 대다수의 사람들이 비농업부문에 종사하는데, 그러기 위해서는 농업 생산성의 획기적 증가를 통해 소수의 농업 인구가 다수의 비농업부문 종사자에게 생계를 위한 농산물을 제공할 수 있어야 하기 때문이다. 도약 단계에서 경제는 약

표 5-1 한국과 선진국들의 산업화 도약 단계

영국	1780~1800년
프랑스	1830~1860년
네덜란드	1830~1860년
벨기에	1830~1860년
미국	1840~1860년
독일	1850~1890년
일본	1850~1890년
스웨덴	1870~1910년
러시아	1890~1910년
한국	1960~1980년

20년 동안 고도 성장을 보이는 가운데, 사회·정치는 안정된 변화를 보이며 점차 합리적·민주적 체제로 전환된다. 서구 사회에서 도약 단계는 영국이 먼저 도달하고, 다음으로 프랑스, 미국, 독일 등 주요 국가들이 경험하였으며(<표 5-1> 참조), 한국은 박정희 정권이 들어선 1960년대에서 1980년대까지 약 30년 동안을 도약 단계로 이해할 수 있다.

• 제4단계: 성숙 단계(Drive to Maturity)

도약 단계를 넘어서 성숙 단계에 들어서면 경제는 서서히 안정화 단계에 접어들며 산업 전반에 걸쳐 현대 기술이 스며들게 된다. 국민 소득의 10~20%는 안정적으로 산업 분야에 투자되며, 산출(output) 증가율은 인구 증가율을 넘어서 지속적으로 소득이 증가한다. 기술 변화에 따라 경제의 체질이 변화하여, 사양 산업들은 퇴출되고 새로운 성장 산업들로 대체가 지속적으로 진행된다.

도약 단계를 넘어서서 약 40년에 걸쳐 성숙 단계에 접어든다. 도약 단계에는 소수의 주력 산업에 집중하였으나, 성숙 단계에 들어서는 산업 전반에서 선진화·정교화되며 산업 구조의 변화가 진행된다. 예를 들면, 도약 단계에서는 석탄, 철강 등 중공업에 주력하였으나, 성숙 단계에서는 점차 전자, 화학, 반도체, 정밀산업 등으로 주력산업이 전환된다. 따라서 성숙 단계에서는 산업 전반에 선진기술이 이용되어 자원 이용의 효율성이 향상된다. 물론 도약 단계에서 성숙 단계까지 약 60~70

년의 기간이 반드시 요구되는 것은 아니지만, 보편적으로 3세대에 걸쳐 도약 단계에서 자본과 기술의 축적이 이루어지고, 성숙 단계에서 선진제도와 기술의 도입 및 정착을 위해서는 이 정도의 기간이 요구된다.

• 제5단계: 고도의 대중소비 단계(Age of High Mass-Consumption)

경제성장의 최종 단계는 고도의 대중소비 단계로서, 주력 산업이 대규모 내구소비 재화와 서비스(consumer durable goods and service), 예를 들면 자동차, 냉장고, TV, 휴대전화 등 분야로의 전환이 일어난다. 20세기에 들어와서 선진사회에 진입한 사회에서는 두 가지 뚜렷한 현상이 목격된다. 첫째는 선진사회의 많은 사람들이 기초 의·식·주 필수품 수요를 넘어서 삶의 질을 향유할 만큼 실질 소득이 증가하였다. 둘째는 인구학적인 면에서 도시 인구의 획기적 증가와 근로자들의 다수가 사무직과 숙련 직종에 종사하는 비율이 증가하였다.

대중소비 단계에 접어들면 사회는 더 이상의 성장보다는 삶의 질 향상과 안전에 보다 높은 관심을 가지며, 기술적 성장보다는 복지사회 구현에 우선 순위를 부여한다. 산업 구조에 있어서도 변화가 진행되어 생산 중심에서 점차 소비 중심, 여가와 휴식, 문화와 예술 중심으로 전환되는 탈산업사회로의 전환이 진행된다. 도시개발에 있어서도 대중소비 단계에 접어들면 단순한 성장보다는 지속가능한 개발을 추구하며, 도시는 더 이상 생산의 부산물이 아니라 공간의 생산으로 인식하여 신도시주의(new urbanism)에 의한 스마트 성장을 추구하는 사회로 전환된다.

그림 5-3 경제성장 5단계 그림 설명

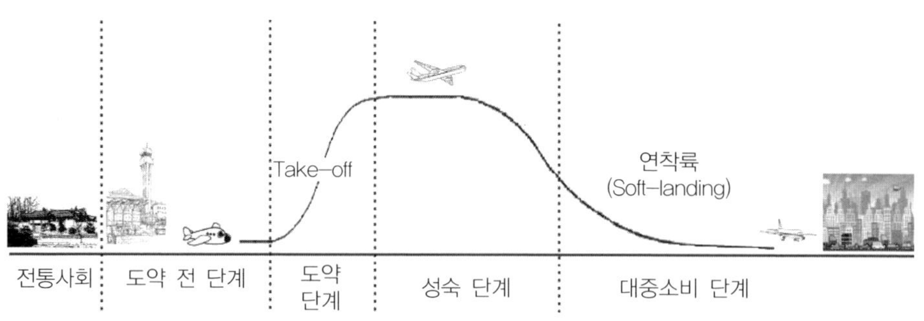

로스토우는 모든 사회는 이와 같은 선형 성장 과정을 보이며, 각 단계를 통해 상위 계단으로 상승하는 개발 과정을 보인다고 주장한다. 로스토우의 성장 모형을 비행기로 비유하여 설명하면 [그림 5-3]과 같이 표현할 수 있다. 제1단계는 전통사회의 모습을 보이고 있고, 공항에 들어서서 출국을 위한 수속을 밟으며 도약 전 단계인 전이 단계에 접어들며, 비행기가 출발하면 급격히 고도가 상승하는 경제 급성장의 도약 단계에 접어들고, 이제 고도가 어느 정도 안정되어 순항하면 성숙 단계에 접어들며, 마지막으로 비행기가 연착륙(soft landing)을 통해 새로운 곳에 도착하면 고도 대중소비 단계인 선진사회에 들어선 것으로 이해할 수 있다.

(1) 로스토우 모델에 대한 비판

1965년 한국을 방문했던 로스토우는 당시에 한국이 도약 단계에 있다고 주장하면서 박정희 정권의 '경제개발 5개년 계획'에 힘을 실어 주었다. 로스토우 모델은 한국을 비롯한 싱가포르, 대만 등 당시 개발도상국들의 경제성장을 논의하며 서구의 성장 모형을 잘 따르고 있다고 설명하였다. 하지만, 로스토우 모형 또한 많은 비판의 대상이 되었다(Potter et al., 2008).

로스토우는 자본주의를 신봉하여 성장을 위한 유일한 방식이 서구의 성장 단계를 따르는 것이라고 주장하지만, 학자들은 로스토우 모형이 지나치게 서구 모형에 경도되어 있다고 비판한다. 로스토우는 경제성장을 위해 5단계의 간결한 성장 모형을 제시하지만, 모든 나라의 여건이 이와 같은 선형적 개발 방식을 따르지 않으며, 어떤 단계는 생략되고 어떤 단계는 보다 긴 시간을 요구하는 등 나라마다 차이가 있다는 것이다.

또 다른 비판으로 로스토우 모델은 전형적인 하향식(top-down) 모형으로, 서구의 제도와 방식이 침투된 근대화를 주장하고 있다. 그러나 학자들은 성장을 위하여 반드시 서구의 방식에 따를 필요는 없으며, 지역을 중심으로 한 상향식 개발이 보다 바람직한 방식이라고 주장한다.

로스토우는 또한 모든 사회가 궁극적으로 고도의 대중소비 사회를 추구한다고 주장하지만, 사실 각 사회는 다양한 가치를 추구하며 우선 순위에 있어서도 차이가 있다. 이런 사실들은 소득 수준이 높은 사회가 반드시 행복한 사회는 아니며, 소득 수준이 높으면 빈부의 격차 또한 심해서 상대적 빈곤이 커지는 것을 알 수 있다.

마지막으로, 로스토우는 경제성장에서 중요한 요소로 작용하는 장소와 위치 등의 지리학적 요인을 간과하여 모든 사회는 개발을 위한 동등한 기회가 주어지는 것으로 이해하고 있다. 그러나 현실에서 각 지역들은 상이한 인구 규모, 부존 자원, 입지의 차이를 보이며, 이러한 요인들에 의해 상이한 성장 기회와 가능성, 잠재력을 갖는다. 예를 들면, 최근 급성장한 싱가포르의 경우, 인도네시아와 말레이시아 사이의 섬나라라는 우수한 지형적 강점을 갖지 않았다면 동남아 중심 허브도시로서 성장은 기대할 수 없었을 것이다. 이와 같은 비판에도 불구하고 로스토우 모형은 아직까지 경제성장의 주요 원리로서 자리 잡고 있으며, 한국과 싱가포르, 홍콩, 대만 등 신흥 개발국들의 성장을 설명하는 주요 논리로서 제시되고 있다.

2) 슘페터의 창조적 파괴

오스트리아 출신 경제학자인 슘페터(Joseph Schumpeter, 1883~1950)는 겉보기에는 모순적인 표현인 '창조적 파괴'라는 용어를 만들었고, 후대의 학자들은 이 말을 자유주의 시장경제에서 발전(progress)을 난해하게 설명하는 표현으로 수용하고 있다. 슘페터(Schumpeter, 1942)는 그의 책 『자본주의, 사회주의, 그리고 민주주의』에서 창조적 파괴를 다음과 같이 설명하고 있다.

> 국내든 해외든 새로운 시장의 개척과 소규모 철공소든 미국 제철과 같은 거대회사든 조직의 발전에는 모두, 과거의 것은 파괴되고 새로운 것이 끊임없이 창조되는 경제구조에서 혁신을 추구하는 산업적 변이 과정이 배태되어 있다. 이러한 창조적 파괴가 곧 자본주의의 필연적 현상이다(Schumpeter, 1942: 83).

슘페터는 창조적 파괴를 자본주의의 추동력으로 설명하며 현대 사회에서 경제성장의 배후에는 창조적 파괴가 핵심 원리로 작용하고 있다고 설명한다. 슘페터의 창조적 파괴를 수용하는 경제학자들은 자유주의 시장경제에서 기업의 퇴출, 일자리 소멸, 산업의 쇠퇴와 같은 끊임없는 시장 변동은 성장을 위한 필연적인 과정으로 이해한다. 그리고 이러한 소용돌이의 결과로서 보다 낳은 새로운 상품, 근로 시간의 감축, 보다 높은 생활 수준, 보다 생산적이며 풍요로운 사회가 도래한다고 주장한다. 이런 관점에서 슘페터의 창조적 파괴를 기반으로 한 경제성장은 새로운 기술과 혁신을 기반으로 한 내생적 성장으로 구분된다.

슘페터의 성장 모형의 핵심은 혁신과 기술진보의 내생적 도입(endogenous introduction)에 의한 경제성장이다. 여기서 '내생적'이라는 말은 지역 외부가 아닌 내부의 경제적 주체 혹은 요인에 의해 효용을 극대화하기 위해 의도적으로 수행된 혁신 행위를 의미한다. 이러한 슘페터의 성장 모형은 후에 '내생적 성장 모형(endogeneous growth model)'으로 명명되어 도시성장을 위한 새로운 접근 방식으로 제시되었다.[1)]

도시성장을 위한 슘페터의 창조적 파괴 행위에는 두 가지 핵심 요인이 작용한다. 첫째는 기업가 정신이며, 둘째는 혁신 행위이다. 이 두 가지 요인에 대해 살펴보기로 하자.

(1) 기업가 정신(entrepreneurship)

슘페터는 기업가 정신과 시장 경쟁을 통해서 창조적 파괴 행위가 추동된다고 주장한다.

> 자본주의 시장경제는 기업가들에 의해 형성된 새로운 소비재, 새로운 생산 방식 혹은 교통 수단, 새로운 시장, 새로운 기업 조직의 출현에 의해 추동된다(Schumpeter, 1942: 83).

기업가들은 이윤 추구의 동기에 의해 보다 낳은 상품을 만들려는 목적으로 새로운 기술 도입을 추진한다. 기업가들은 새로운 상품과 서비스, 새로운 산업과 기업 조직을 가지고 시장에서 기존의 방식과 경쟁하며 소비자들에게 보다 낳은 서비스를, 보다 신속한 방식으로, 보다 우수한 장소에서, 보다 저렴한 가격으로, 보다 공격적인 마케팅을 통해 제공하려고 시도한다. 따라서 언뜻 보기에는 모순된 개념인 창조적 파괴를 통해서 자본주의 시장경제 체제는 이기심이 작동하여 다수의 혜택을 가져오는 진보를 촉진시킨다.

기업가들은 보다 새롭고 우수한 방식을 도입하여 생산성을 증가시키며 시장에

---

1) 내생적 성장 모형은 슘페터의 혁신 이론에 기대어 로머(Paul M. Romer)에 의해 제시되었는데, 이것이 신고전파 경제성장 이론과 구분되는 것은 경제성장을 경제 체제 외부로부터 들어온 힘의 결과물이 아니라 경제 체제의 내생적 결과물이라고 강조하는 데 있다.

서 생존한다. 반면에, 소비자가 원하는 경쟁력 있는 가격에서 재화와 서비스를 제공하지 못하는 기업은 소비자를 잃게 되며 종국에는 시장에서 퇴출된다. 시장은 보이지 않는 손이 작용하여 쇠퇴하는 부문에서 높은 수익을 제공하는 부문으로 노동, 자본, 토지 등 생산 요소가 이동하여 지역의 효용 극대화와 부의 축적을 가져온다.

한 지역에서 더 이상 필요하지 않은 자원은 다른 지역으로 자유롭게 이동한다. 예를 들면, 농촌지역에 더 이상 필요하지 않은 잉여 노동력은 도시로 이동하여 다른 재화와 서비스를 생산하는 데 고용된다. 산업화 초기 단계에 도시로 이동한 노동력은 주물공장, 도살장, 하역장 등에서 일했지만, 산업이 발달함에 따라 정보화 사회에서는 컴퓨터 분야, 미디어, 생산자 서비스 분야 등 다양한 산업 분야에 종사하고 있다.

지난 20년 동안 선진사회는 새로운 성장 산업이 구 산업을 대체하며 높은 경제성장을 이룩하였다. 이러한 결과로서 삶의 질과 생활수준의 향상을 가져왔으나, 제약 없는 개방적 기업가 정신이 항상 환영받는 것은 아니다. 창조적 파괴를 통한 효과는 장기적으로 나타나는 반면에, 고삐 풀린 기업가 행위는 단기적으로는 경기의 불안정과 고용 기회의 감소를 가져올 수 있다. 결과로서 사회는 경기변동의 연착륙을 위한 정책을 시도함으로써 창조적 파괴 과정에 재갈을 물리는 정책을 시도하기도 한다. 그런데 고통 없이 창조적 파괴의 열매만을 얻으려는 사회는 소득보다는 훨씬 긴 고통의 시간을 경험할 것이라는 것이 슘페터의 교훈이다(Cox & Alm, 2008).

(2) 혁신 이론(innovation theory)

슘페터는 경기변동(Business Cycle)에 관한 연구에서 콘드라티에프(Kondratiev)의 장기파동을 가져오는 핵심 요인으로 주요 과학기술의 발명과 혁신을 제시했다. 산업혁명 이후 서구의 경제는 50~60년을 주기로 상승기와 하강기의 부침을 반복한다는 장기파동 이론은 자본주의 시장경제는 안정보다는 끊임없는 역동성을 보이며 성장한다는 것을 보여준다. 이러한 끊임없는 역동적 부침을 거듭하는 자본주의 시장경제에서 혁신은 성장의 주요 요인으로 작용한다는 것이 슘페터의 혁신 이론이다. 모든 기업들은 변화에 능동적으로 적응하지만, 오직 혁신 능력을 갖는 기업만이 창조적으로 적응한다. 창조성과 능력은 모든 지역과 조직에 균등하게 배분되는 것이 아니라, 기업가 정신을 갖는 조직, R&D 활동에 집중 투자한 지역만이 혁신을 위한 토대가 조성된다.

슘페터는 자본주의 시장경제에서 혁신을 잘 수행하는 기업 행태를 분석하여, 기업 규모와 혁신 능력 사이의 관계를 제시하였다. 초기에 그는 대규모 기업은 관료적 구조에 매몰되기 때문에 혁신 능력이 결여되어 있으며, 소규모 기업이 유연성을 갖고 혁신을 잘 수행한다고 주장하였다. 그러나 몇 년 후 그는 관점을 바꾸어, 소규모 기업과 비교하여 대기업이 자원과 시장 점유에서 독점적 지위를 갖기 때문에 혁신을 보다 잘 수행할 능력을 갖는다고 주장을 바꾸었다.

슘페터에 의하면, 자본주의는 필연적으로 내생적 경제 변화의 과정으로, 자본주의를 작동시키고 추진력을 발휘하게 하는 열쇠는 바로 혁신 행위이다. 혁신이 없으면 기업가 정신도 없고, 기업가 정신이 없으면 자본가들의 수익이 없고, 자본주의는 추진력을 잃게 된다. 그러므로 자본주의 시장경제에서 지역 성장은 끊임없는 내생적 변화와 혁신을 통해서 달성될 수 있다.

앞부분의 기업가 정신에서 논의한 바와 같이, 슘페터는 혁신의 주요 목적으로 기업가의 이윤 추구 동기를 제시하였다. 시장에서 경쟁 기업이 혁신을 통해서 높은 이익을 창출하면, 다른 기업가들도 즉각적으로 혁신을 모방하여 경쟁에 뛰어든다. 이러한 과정이 반복되어 기술의 발전과 함께 새로운 첨단산업이 등장하고, 새로운 경쟁시장의 형성과 함께 기존 산업지역은 쇠퇴하고, 새로운 첨단산업 지역의 성장을 가져온다.

혁신은 양날의 칼과 같은 작용을 한다. 자본주의의 역사는 격렬한 부침과 격변의 과정으로 점철되어 왔다. 거기에는 순탄한 적응보다는 일련의 변이와 같은 과정의 반복이었다. 새로운 핵심 기술의 발명과 혁신은 기존 시장을 변화시키고, 새로운 지역을 선별적으로 성장시키며 자본주의 경제 체제에 변화를 가져왔다.[2] 예를 들면, 철도기술의 등장은 운송 비용을 대폭적으로 하락시키며 산업입지의 변화를 초래하였고, 내륙지역의 성장을 가져와서 산업입지의 선택의 폭을 확대시켰다. 최근에 자동차의 일반화는 산업의 중심지 지향성을 축소시키고 입지자유성을 강화시

2) 한편으로 사회의 지배 집단과 조직은 그들의 기득권을 유지하기 위하여 변화와 혁신에 저항하는 행태를 보이기도 한다. 특히, 수구와 보수 집단은 변화와 혁신은 그동안 자신들이 향유했던 권위와 지배 방식에 대한 도전으로 인식하여 종래의 관습과 전통, 제도와 가치 체계를 유지하기 위해 저항하는 행태를 보인다.

켜서, 통근 거리의 확대와 외곽지역의 성장을 초래하였다.

슘페터는 혁신을 발명, 혁신, 확산, 모방 네 가지 과정으로 분류하였다. 그리고 혁신 과정의 분석에 기업가의 역동적 역할을 접목시켰다. 슘페터 이론에서 기업가는 과학자와 발명가의 활동을 지원함으로써 신규투자와 성장, 그리고 고용을 위한 새로운 기회를 창출하는 역할을 수행한다. 슘페터 분석에 의하면, 발명 단계와 혁신의 초기 단계는 경제에 큰 영향을 미치지 못하며, 확산과 모방 과정에서 경제에 보다 큰 영향을 미친다. 사실 신기술 혁신은 개발 초기 단계에 시장에 미치는 거시경제적 영향을 충분히 감지하기 어렵다. 따라서 신기술이 투자와 고용에 미치는 영향은 개발 초기 단계가 아니라, 기술이 확산되고 응용되어 사회에 정착되는 성숙단계부터이다. 기업가들이 기술의 가치를 인정하고 응용과 모방이 일반화되면서 신상품 개발이 진행되며 투자와 고용의 증가를 가져온다는 것이다(Śledzik, 2014).

슘페터에 의하면, 자본주의 시장경제의 추동력은 신기술 발명이 아니다. 발명과 응용은 아주 다르다고 슘페터는 주장한다. 순수한 새로운 아이디어 그 자체는 산업에 큰 영향을 미치지 못하며, 그 아이디어를 실행에 옮기는 것이 중요하다. 혁신이 새로운 아이디어를 산업에 응용하는 과정이며, 기업가가 그 과정에 핵심적 역할을 수행한다. 즉, 기업가가 신기술 혁신과 응용에 자원을 배분함으로써 새로운 상품이 개발되고 고용의 창출을 가져온다는 것이다.

그러면 지역이 성장하기 위해서 어디에 투자해야 하는가에 대한 해답이 나온다. 슘페터의 논리에 의하면, 지역이 성장하기 위해서는 기업가 정신을 갖는 인재들을 육성해야 하고, 지역에서 내생적 혁신을 도모하기 위해서는 연구개발 부문에 지속적으로 투자를 해야 한다. 지역에서 R&D에 대한 투자 없이는 신기술 혁신이 발생할 수 없고, 신기술 혁신이 없으면 새로운 상품과 고용의 창출을 기대할 수 없고, 지역에서 새로운 상품과 고용 창출 없이는 도시성장을 기대할 수 없다.

(3) 슘페터 이론에 대한 비판

슘페터 이론에 의하면 기업가와 혁신을 주도하는 사람이 경제를 이끌어 간다. 그런데 최근의 현상을 보면 기업가들이 지나치게 이윤 동기에 집착한 나머지 혁신을 추구하는 것이 아니라 단지 돈만을 추구하는 물질만능주의가 팽배하고 있다. 그리고 이미 혁신은 새로운 것이 아니라 일상화되었으며, 공장에서 상품을 생산해내듯이 혁신이 이루어지는 '혁신의 공장화 · 상품화'가 진행되고 있다. 그리고 슘페터에 의하면 신기술 발명과 혁신이 경제 변동에 핵심 요인으로 작용한다고 하였는데, 최근의 변화를 보면 이러한 주장이 들어맞지 않는다. 최근의 경기변동은 신기술 발명과 혁신에 의하기 보다는 경기 전망, 심리적 요인, 재정적 정책과 투기 등에 의해 큰 영향을 받는 것으로 나타난다.

또 다른 비판으로, 슘페터가 제시한 기업가 정신과 혁신활동만으로는 경제성장을 설명하는 데 미흡하다는 것이다. 슘페터는 경제성장의 핵심 요인으로 기업가 정신과 신기술 혁신을 들고 있다. 그런데 대다수의 개발도상국들은 자원과 재정의 부족으로 신기술 개발과 혁신의 능력을 갖고 있지 않다. 슘페터의 논리에 따르면 개발도상국들은 경제성장의 가능성이 거의 없는 것으로 나타난다. 그런데 한국을 비롯한 신흥 개발국들은 기업가 정신이나 신기술 혁신 없이 경제성장을 가져왔으며 선진사회로 진입하였다. 이러한 현실은 창조적 파괴가 자본주의 경제 체제에서 경제성장의 동력으로 작용하는 것은 사실이지만, 여기에 더하여 경제성장을 설명하기 위해서는 공간 요인에 대한 분석이 보완되어야 한다는 것을 보여준다.

상기와 같은 비판이 제기되기도 하지만 1970년대 두 번의 오일 쇼크를 경험한 이후, 선진사회는 신자유주의 이데올로기가 지배하면서 케인스(J. M. Keynes)의 복지국가(welfare state)에서 점차 슘페터의 근로국가(workfare state)로 정치경제의 운영논리가 전환되었다. 즉, 복지지출의 증가를 통해 경제를 활성화하는 케인스의 논리에서 과학기술에 대한 투자를 통해 신기술 혁신을 가져와 보다 큰 빵을 만들어 분배할 수 있는 몫을 크게 하는 것이 바람직하다는 슘페터의 논리로 전환되었다는 것이다. 문제는 과학기술의 발달로 인하여 보다 큰 빵을 만들고 소득의 증가는 가져왔지만, 사회 양극화는 더욱 심화되고 지역 간 격차도 더욱 벌어지고 있다는 것이다.

2 불균형 성장이론

균형 개발에 대한 주요 비판은 논리의 기본 가정에 문제가 있다는 것에서 출발한다. 각각의 상이한 지역 특성과 부존 자원을 갖고 있는 지역들이 동시에 균형 성장을 추구한다는 것은 비논리적일 뿐만 아니라, 성장 자체를 포기하는 결과를 가져온다는 것이다. 실제로 경제가 성장하면, 지역들의 성장 속도는 차이가 나게 마련이다. 각 지역들은 지정학적 특성이 상이하기 때문에 비교 우위에 있는 지역들은 빠르게 발전하고, 그러지 못한 지역은 더디게 발전한다. 또한 자원의 한계를 갖고 있는 개발도상국들은 부족한 자원을 지역에 고르게 분배하여 균형 성장을 추구하기보다는, 성장 잠재력이 높은 거점지역을 집중적으로 지원하여 그 파급 효과에 의해 주변지역과 국가 전체의 성장을 유도하는 불균형 전략이 보다 합리적 선택이라고 주장하기도 한다. 이러한 결과로 대다수의 개발도상국에서 종주도시 인구 및 산업의 높은 집중 현상을 보이고 있으나, 학자들의 시각에 따라 이러한 현상을 비판적 입장에서 보는 사람들이 있는 반면에, 특정 지역에 집중적 개발을 통하여 그 나마 지금과 같은 근대 도시의 형태와 제도를 도입하였다고 긍정적 시각으로 보는 입장이 나누어진다.

보는 시각에 따라 판단을 달리하지만, 그냥 사라지기에는 '균형 개발'이란 말은 너무 매혹적이다. 그래서 그것은 늘 새로운 모습으로 치장하여 나타나며, 노무현 정부는 '지역균형발전위원회', 이명박 정부에는 '국가균형발전위원회', 박근혜 정부에는 기어이 균형이라는 용어를 포기하고 '지역발전위원회'로 이름을 바꾸어 유사한 기능을 수행하고 있다. 이 절에서는 불균형 성장이론을 페로(François Perroux), 허쉬만(Albert Hirshman), 그리고 뮈르달(Gunnar Myrdal)의 주장을 중심으로 살펴보기로 한다.

1) 페로의 성장거점이론

프랑스 경제학자인 페로(François Perroux, 1903~1987)는 1949년에 성장거점(growth pole)이라는 개념을 학술지에 소개하며, "경제성장은 빠른 성장을 보이는 산업들의 군집(cluster)과 혁신적 기업들에 의해 견인되어 거점지역의 성장과 주변지역에 파급 효과를 보인다."고 주장하였다. 즉, 거점지역의 혁신 기업들이 경제성장을 견인하며 주변지역으로 점차 확산시킨다는 것이다. 페로는 경제 체제를 통해서 시장 요인들이 작용하여 경제성장은 균등하게 배분된다는 신고전주의 입장을 거부하고, 성장은 분극화를 보인다는 입장을 견지하였다. 성장거점모형에 의하면, "성장은 모든 지역에서 동시에 발생하지 않는다. 성장은 각기 다른 강도로 특정 지역에서 발생하여 다양한 경로를 통해 주변지역에 확산된다."고 주장한다(Perroux, 1961).

페로의 성장거점모형은 슘페터의 혁신 이론에 기대어 있다. 앞에서 살펴본 바와 같이, 슘페터는 경제성장을 기업가과 혁신을 통해 견인된다고 주장하였다. 이런 시각에서 성장거점이론은 슘페터의 혁신 이론을 페로가 공간에 접목시켰다고 볼 수 있다(Higgins, 1988: 40). 페로가 소개한 성장거점지역은 바로 슘페터가 제시한 혁신 기업의 군집지역을 의미한다. 페로는 여기에 혁신 기업들이 특정한 지역에 밀집하여 입지한다는 중요한 개념을 부가하여 성장거점지역을 완성하였다. 그리고 성장이 특정 지역에 극화된다는 개념(polarized growth)은 거점지역에 인접하거나 연계되지 않은 지역은 주변화되어 거점지역에 지배 혹은 종속된다는 것을 의미한다. 페로의 성장거점모형은 정리하면 다음과 같이 정의할 수 있다.

그런데 페로의 성장거점모형은 현실에서 정책으로 집행되는 과정에서 많은 실패를 경험하였다. 실패의 원인은 주로 두 가지로 분류된다. 첫째는 거점지역이 잘못 선택된 것이며, 둘째는 성장거점정책의 효과가 단기적으로 나타나는 것이 아니라 전형적인 장기적 투자를 요구하는 전략이라는 것을 간과한 것이다(Preer, 1992: 39).

성장거점모형

성장 잠재력이 높은 지역에 빠른 성장을 보이는 산업과 혁신 기업들을 집중적으로 밀집시킴으로써 거점지역의 성장과 주변지역에 파급 효과를 유도하는 접근이다.

많은 정책결정자들이 낙후지역 재생을 위하여 성장거점전략을 시도하였다. 낙후지역 재생을 위하여 성장거점지역으로 지정하고, 초기에 자원을 집중적으로 투자하여 거점지역이 성장하면 그 효과가 주변지역으로 확산될 것을 기대하였다. 그러나 거점지역의 자족성이 기대만큼 나타나지도 않았고, 주변지역에 확산 효과는 거의 기대할 수 없었다. 왜냐하면, 성장거점전략은 낙후지역을 겨냥한 전략이 아니라 성장 잠재력이 높은 지역을 대상으로 한 전략이며, 단기간에 효과가 나타나는 것이 아니라 장기적 투자를 요구하는 접근이기 때문이었다. 그래서 1960년대와

1970년대에 전 세계에 걸쳐서 지역개발을 목적으로 시도된 성장거점전략은 대부분 실패를 경험하였다. 여기에 예외적인 사례가 바로 한국이라고 할 수 있다.

우리나라는 1960년대 박정희 정권이 들어서서 대도시를 중심으로 성장거점전략을 수립하였다. 대도시에 거점산업들을 집중적으로 배치하여 대도시의 성장과 주변지역으로 확산 효과를 보일 것을 기대하며 박정희 정권 내내 일관되게 정책을 밀어붙였다. 그리고 박정희 사후 권력을 잡은 전두환과 노태우 정권은 박정희 정권의 정책을 이어받아 지속적으로 성장거점전략을 추진하였다. 그 결과로 대도시의 성장과 주변지역에 파급 효과를 가져와서 현재와 같은 도시성장을 이룩하였다고 볼 수 있다.

그런데 최근 들어서서 페로의 성장거점전략이 다시 주목을 받기 시작하였다. 실리콘 밸리(Silicon Valley)의 성장과 함께 과학기술도시, 첨단산업도시들의 성공 사례들이 소개되면서 기술혁신과 성장 공간의 결합이 주요 지역개발 요인으로 제시된 것이다. 이제 페로의 성장거점모형은 첨단산업 전략과 맞물려 21세기 첨단과학도시, 테크노폴리스(technopolis), 창의도시 등으로 진화하고 있다.

2) 허쉬만의 불균형 성장론

앨버트 허쉬만(Albert Hirschman, 1915~2012)은 그의 대표적 저서인 『경제개발의 전략(*The Strategy of Economic Development*)』(1958)에서 전통적인 균형 성장이론을 비판하고 새로운 개발 전략으로 '불균형 성장론'을 제안하였다. 나아가 그는 어떻게 경제성장이 중심지로부터 주변지역으로 파급되는지에 대해 논의하였다. 그리고 경제성장을 달성하기 위해서는 한 개 혹은 몇 개의 거점지역을 집중적으로 개발하여야 함을 강조하였다. 즉, 경제발전 과정에서 성장거점(growth poles)을 출현시켜야 하며, 따라서 경제성장은 불균형 성장일 수밖에 없다고 주장하였다(윤대식, 1998).

허쉬만에 의하면 대다수의 개발도상국들은 모든 분야를 동시에 성장시키기 위한 충분한 자원을 보유하고 있지 않기 때문에, 부족한 재원을 효과적으로 이용하기 위해서는 전략 분야에 집중적으로 투자하는 불균형 성장 정책을 도입할 수밖에 없다. 허쉬만은 전략 분야에 우선적으로 투자하고, 이 분야의 성장이 전후방 연계 효과를 통해서 타 산업에 파급됨에 따라 새로운 성장을 위한 통로가 제공된다고 주장한다(Ojuri, 2013).

전방적 및 후방적 연계 산업

- 전방적 연계는 어떤 산업의 산출물을 생산을 위한 원자재 혹은 중간재로 사용하는 산업과 연계된 효과를 의미한다. 예를 들면, 자동차 산업과 전방적 연계 관계를 갖는 산업으로는 물류운송업, 창고업, 관광업, 정비업, 도로산업, 주유소 등을 들 수 있다.
- 후방적 연계는 어떤 산업의 생산을 위해 원자재 혹은 중간재를 제공하는 산업과 연계된 효과를 의미한다. 예를 들면, 자동차 산업과 후방적 연계 관계를 갖는 산업으로는 제철산업, 전자산업, 신소재산업, 기계산업 등을 들 수 있다.

허쉬만은 경제성장을 위해서는 전략적으로 전후방 연계 효과가 큰 기간 산업에 우선적으로 투자하여야 하며, 기간 산업의 성장은 결국 나머지 분야의 성장을 견인할 것으로 주장한다. 기간 산업의 성장은 전방적 연계를 통하여 이 산업의 생산품을 투입 요소로 사용하는 산업의 투자를 자극할 것이다. 마찬가지로, 기간 산업의 성장은 후방적 연계를 통하여 기간 산업에게 원자재를 제공하는 산업의 투자를 증가시킬 것이다. 따라서 개발도상국의 성장을 위해서는 산업 전반에 걸친 투자보다는 전후방 연계 효과가 큰 기간 산업에 우선적 투자를 통한 산업화 전략이 바람직하다는 것이다.

허쉬만은 전략적 투자를 위한 두 분야를 사회간접자본(SOC: Social Overhead Capital)과 직접생산활동(DPA: Direct Productive Activities)으로 구분하여 설명한다. 사회간접자본은 경제성장을 위한 인프라로서 이 분야의 조성 없이는 다른 산업 분야의 성장을 기대할 수 없다. 예를 들면, 도로, 철도, 전력, 상·하수도, 가스, 전화 등 산업 기반 분야의 투자를 의미한다. 반면에, 직접생산활동은 최종 재화와 서비스 생산을 위하여 투자되는 활동을 의미한다. 예를 들면, 생산시설, 광산, 장비, 플랜트 등에 대한 투자를 의미한다. 그런데 개발도상국에는 두 분야 모두를 동시에 투자할 수 있는 재원이 부족하기 때문에 우선적으로 SOC 분야에 대한 투자가 이루어져야 한다고 허쉬만은 주장한다. SOC의 투자를 통해 DPA 투자를 유인할 수 있기 때문에 SOC 분야의 투자가 DPA 투자를 위한 필수 조건이라는 것이다(Familoni,

2008). 상기와 같은 내용을 중심으로 허쉬만의 불균형 성장모형을 정리하면 다음과 같이 정의할 수 있다.

> **허쉬만의 불균형 성장모형**
>
> 성장 잠재력이 높은 지역에 전후방 연계 효과가 큰 기간 산업에 집중적 투자를 통하여 기간 산업의 성장과 함께 전후방 연계 산업의 성장을 유도하는 전략이다.

허쉬만은 또한 기간 산업이 집중적으로 투자된 거점지역의 개발이 주변지역에 어떻게 파급효과를 주는가를 설명하고 있다. 뮈르달(Gunnar Myrdal)이 제시한 파급 및 역류 효과와 같이, 허쉬만도 거점지역의 성장은 주변지역에 낙수효과(trickling-down effect)를 가져와서, 주변 낙후지역의 유휴 자본과 노동력의 효율적 이용을 가져온다고 주장한다. 물론 거점지역의 성장이 초기에는 주변지역의 자본과 노동력을 흡수하는 역류 효과가 강하게 나타날 수 있다. 그러나 허쉬만은 뮈르달의 누적 인과모형을 거부하고, 시간이 지남에 따라 파급 효과가 강하게 나타나

그림 5-4 허쉬만의 거점지역 성장의 파급 효과

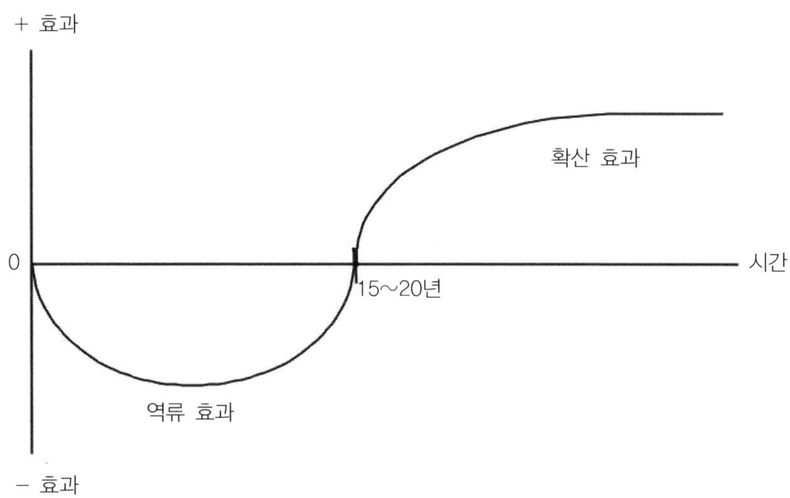

는 임계점에 도달할 것으로 주장한다. [그림 5-4]는 허쉬만이 주장한 거점지역의 역류 효과와 파급 효과를 도식화한 것이다.

거점지역의 성장으로 인하여 초기에는 주변지역의 자본과 노동력이 거점으로 흡입되는 역류 효과가 발생한다. 그러나 시간이 지남에 따라 역류 효과는 점차적으로 감소하고 거점지역의 성장이 주변지역에 확산되는 파급 효과가 증가한다. 대체로 역류 효과에서 확산 효과로 전환되는 임계점은 15~20년 정도 소요될 것으로 예상된다. 이제 앞에서 논의한 성장거점전략이 왜 대부분의 국가에서 실패하였고, 한국에서는 성공 사례로 나타났는가를 이해할 수 있을 것이다. 대다수의 국가에서는 거점정책의 효과가 단기간에 나타날 것으로 기대하여 정책에 투자를 하였으나, 부정적 효과인 역류 효과가 강하게 나타났고 기대된 확산 효과는 보이지 않았다. 왜냐하면, 기대된 효과가 나타나기 위해서는 15~20년을 기다려야 했기 때문이다. 한국에서는 박정희 정권에서부터 전두환·노태우 정권에 이르는 동안 일관적으로 거점전략을 추진하였기 때문에 15~20년이 경과하여 확산 효과가 역류 효과를 넘어선 것이다. 결국 허쉬만의 주장이 한국에서는 맞는 것으로 나타났고, 거점전략은 장기적 투자를 요구하는 정책이라는 것이 입증되었다.

허쉬만의 불균형 성장모형이 개발도상국의 현실을 설명하는 데는 유용하지만, 정책으로 수용하기에는 몇 가지 제약점이 있다(Ndongko, 1975).

첫째, 허쉬만의 기간 산업 파급 효과는 인프라가 잘 완비된 선진사회의 전후방 연계 효과를 기반으로 제시되었다. 현실에서 개발도상국의 경우에는 기간 산업을 통한 전후방 연계 효과를 기대할 만큼 산업 기반이 조성되지 않았다.

둘째, 허쉬만의 불균형 성장을 위한 전략은 소요 자본 중심이 아닌 산출 중심의 한계를 안고 있다. 예를 들면, 기간 산업의 투자가 전후방 연계 산업에 미치는 영향을 산출 중심으로 논의하고 이러한 효과를 위해서 얼마나 투자되어야 하는가에 대한 분석은 부재하다.

셋째, 허쉬만의 불균형 성장전략은 기간 산업에 대한 투자를 강조한 나머지 기초 서비스에 대한 투자는 등한시한다. 예를 들면, 복지, 건강, 위생 등 기초 서비스에 대한 투자가 등한시되면 사회 양극화가 심화되고 정치경제의 불안 요인으로 작용할 수 있음을 간과하고 있다.

3) 뮈르달의 누적 인과모형

스웨덴 출신의 정치경제학자인 뮈르달(Gunnar Myrdal, 1898~1987)은 평생을 개발도상국의 빈곤과 경제를 연구하며, 정통경제 논리와 서구의 가치에 도전한 진보적 학자이며 정치가였다. 뮈르달은 서구의 경험을 근거로 한 정통경제학은 개발도상국들의 문제를 이해하는 데는 한계가 있다고 비판한다. 정통경제학은 시장경제가 항상 안정된 균형 상태(equilibrium)를 지향한다는 비현실적인 가정을 바탕으로 하고, 서구의 경험과 제도를 중심으로 논리를 전개하기 때문에 개발도상국의 현실과 문제를 직시하지 못한다고 주장한다. 현실에서 시장의 힘은 균형 상태를 지향하는 것이 아니라 반대로 균형으로부터 멀어지는 방향으로 작용하며, 결과적으로 지역 간 격차는 감소하는 것이 아니라 누적적으로 축적되어 심화된다는 순환누적 인과모형(circular cumulative causation model)을 제시하였다.

순환누적 인과모형의 기본 아이디어는 사회의 변화가 동인에 의해 다른 요인에게 순환적·누적적으로 영향을 미치고, 이러한 변화는 일시에 일어나는 것이 아니라 점진적·누적적으로 진행된다는 것이다. [그림 5-5]는 순환누적 인과모형을 보여준다. 순환누적이 상승세를 타면 선(善)순환에 의해 사회의 긍정적 변화가 기대된다. 반면에, 순환누적이 하강세를 타면 악(惡)순환의 고리에 빠져 끝없는 추락을 거듭한다.

뮈르달에 의하면 지역 간 격차는 대부분 악순환의 고리에 빠져 격차가 더욱 심

그림 5-5 순환누적 인과모형

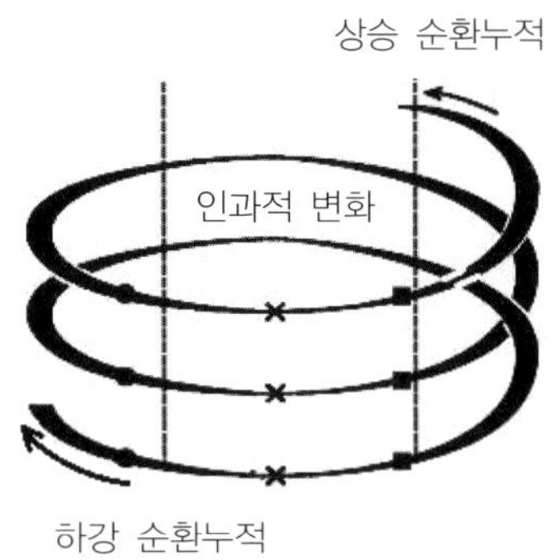

화되는 현상을 보인다고 주장한다. 그리고 시장경제에서 변화는 안정된 균형 상태를 지향하는 것이 아니라, 시장 요인들이 대부분 균형 상태와 멀어지는 방향으로 작용하여 혼란을 가중시킨다는 것이다. 예를 들면, 어떤 지역에 실업이 발생하면 임금의 하락을 가져와서 노동 수요가 증가하고 고용률 상승을 가져오는 것이 아니라, 실업의 증가는 구매력 감소를 가져오고, 구매력 감소는 시장 수요의 감소를 유발하여 경기 침체를 가속화시켜서 누적적 실업 증가를 초래한다는 것이다.

지역 간의 누적적 불균형적 성장을 초래하는 주요 요인으로 뮈르달은 세 가지 요인을 제시하고 있다: 선별적 인구 이동, 집적의 효과, 그리고 비경제적(사회적) 요인. 첫째로, 선별적 인구 이동은 지역 간의 격차에 의해 낙후지역에서 성장지역으로 인구의 전출이 발생하는데, 이 과정에서 무차별적 인구 이동이 아닌 경쟁력 있는 인구 집단이 우선적으로 전출한다는 것이다. 인구 이동 패턴을 보면 높은 이동성을 갖는 집단으로 15~50세 사이의 경제활동 집단, 여성, 고학력 집단, 숙련기술 집단 등을 들 수 있다. 이 집단의 사람들은 어느 지역에 거주 하더라도 취업 기회가 많고, 높은 적응력을 갖는다. 여성 집단 가운데 특히 가임 여성들이 농촌과 낙후지역에 도시와 성장지역으로 높은 전출을 보인다. 결과로서 도시와 성장지역에서는 높은 출산율과 인구 증가를 보이는 반면, 농촌과 낙후지역에서는 인구 감소와 신생아의 출산이 감소하는 불균형 현상이 발생한다.

둘째로, 집적의 효과에 의해 도시와 성장지역으로 자본과 경제활동이 집중하고 농촌과 낙후지역은 주변부로 침체화 가속된다는 것이다. 뮈르달에 의하면, 성장지역은 중심지 확대로 인하여 투자가 증가하여 소득의 증가를 가져오고, 소득의 증가는 저축의 증가를 가져와서 상승 효과를 통하여 2차적 유발 투자를 증가시킨다. 반면에, 낙후지역은 신규 투자의 부족으로 자본 유입이 감소하고 소득과 저축의 감소를 가져온다. 결과적으로, 성장지역은 가속적으로 성장하는 반면에, 낙후지역은 침체의 늪에 빠져 지역 간 불균형은 누적된다.

셋째로, 비경제적 요인 또한 지역 간 격차를 심화시키는 요인으로 작용한다. 예를 들면, 성장지역의 자본투자 증가는 경제활동의 활성화를 가져와서 지역 인프라, 도로, 가스, 학교, 공공시설 등의 신·증설을 가져온다. 반면에, 인구가 빠져나간 지역에서는 학교와 공공시설, 인프라에 대한 투자가 감소하여 결과적으로 지역 생산성의 하락을 가져온다. 뮈르달에 의하면, 성장지역과 낙후지역은 경제적 격차에 더하여 전통에 대한 인식과 사고 방식, 문화와 가치 체계 등 사회적 요인의 차이를 가져와서 두 지역 사이의 불균형은 누적적으로 심화된다고 주장한다. 그리고 이러한 비경제적 요인의 중요성을 정통경제 이론은 간과하고 있다고 비판한다.

(1) 파급 효과와 역류 효과

파급 효과와 역류 효과는 불균형 성장에 관한 뮈르달과 허쉬만의 분석에서 제시된 용어이다. 앞에서 설명한 바와 같이, 파급 효과는 성장지역의 성장 효과가 지역 경계를 넘어서 주변지역 혹은 낙후지역으로 파급되는 효과를 의미하며, 역류 효과는 반대로 성장지역의 성장이 주변 혹은 낙후지역의 자본과 노동력을 흡수하여 지역간 격차를 더욱 심화시키는 현상을 의미한다. 뮈르달은 성장이 주변에 파급되는 효과를 확산 효과(spread effect)라고 한 반면에, 허쉬만은 누적 효과(trickle-down effect)라고 하였고, 성장이 주변지역의 자원을 흡수하는 현상을 뮈르달은 역류 효과(back-wash effect)라고 한 반면에, 허쉬만은 분극 효과(polarized effect)라고 하였다. 두 학자 모두 불균형 성장을 설명하는 동일한 요인을 도출하였으나, 성장의 결과에 대해서는 상이한 주장을 제시한다.

허쉬만은 지역이 상이한 부존 자원과 지정학적 조건을 갖기 때문에 불균형 성장을 추진할 수밖에 없고, 시간이 지나면 불균형은 점차 감소할 것으로 낙관주의 입장을 취한다. 즉, 시간이 지남에 따라 분극 효과는 점차 감소하고 누적 효과가 증가하여 거점지역의 성장이 주변에 파급되어 성장 격차가 감소한다는 것이다.

뮈르달은 허쉬만과는 반대로 지역 간 격차는 누적적으로 심화될 것으로 주장한다(Myrdal, 1957). 물론 지역 격차를 감소시키는 요인이 작용하기도 하지만, 선별적 인구 이동과 집적의 효과, 그리고 비경제적 요인들이 작동하여 지역들 사이에 성장 격차는 더욱 벌어진다는 것이다. 뮈르달은 지역 격차를 감소시키는 요인으로 집적의 불경제, 낙후지역 내부적 요인, 성숙 효과 등을 제시한다. 첫째, 성장지역에 인구와 산업활동이 밀집함에 따라 지가가 상승하고, 공해가 발생하며, 교통 혼잡 비용이 증가하고, 범죄율이 높아지는 등 다양한 집적의 불경제 효과가 발생한다. 따라서 나무가 하늘 끝까지 올라갈 수 없듯이, 도시성장도 무한히 지속되지는 않으며 성장의 한계에 도달하게 된다. 둘째, 낙후지역의 내부적 요인은, 앞의 요인과는 반대로, 낙후지역도 내부적 요인에 의해 무한히 추락하지는 않는다는 것이다. 예를 들면, 낙후지역의 위생불량으로 사망률이 증가하면 맬더스(Malthus)의 인구 증가가 억제되어 생계의 향상을 가져올 수 있다. 유사한 논리로 낙후지역에서 인구의 전출은 거주인구의 경작면적의 증가를 가져와서 소득의 증가를 유도할 수 있다. 따라서 지역의 내생적 요인에 의해 지역격차가 감소되기도 한다. 셋째, 성숙 효과는 성장지역이 고도로 성장함에 따라 소비체감 현상과 투자 기회의 감소로 인하여 성장의 감축을 가져온다는 것이다. 즉, 경제가 어느 수준 이상을 성장하면 수요와 투자의 증가가 점차로 감축되어 성장이 정체되는 한계에 도달하게 된다. 따라서 지역 격차가 무한히 벌어지지는 않지만, 어느 수준까지는 누적적으로 심화된다는 것이 뮈르달의 주장이다. 실제로 경험적 분석에 의하면, 선진사회에서는 지역 격차가 적은 반면에, 개발도상국에서는 지역 격차가 높은 것으로 나타난다(Myrdal, 1957: 33-34).

(2) 뮈르달의 제안

뮈르달은 시장경제 체제를 통해서는 지역 간 불균형이 감소하는 것이 아니라 누적적으로 심화된다고 주장하며, 종국에는 중심부와 주변부 사이에 지배·종속 관계가 형성될 것을 우려하였다. 즉, 성장 효과는 중심부가 독식하고 주변부는 중심을 위해 원자재와 농산물을 제공하는 빈곤 지역으로 전락한다는 것이다. 이와 같이 지역들 사이에 격차가 심화되는 것을 막기 위하여 뮈르달은 제도적 변화(institutional change)가 있어야 한다고 주장한다.

뮈르달은 지역 간 격차를 줄이기 위해서는 지역 간 통합과 낙후지역의 동시개발을 위한 투자와 수입대체 산업의 육성이 필요하고, 이를 통해 낙후지역의 고용창출을 가져와 빈곤으로부터의 탈피를 위한 발판이 만들어져야 한다고 주장한다. 중심지와 주변부 사이에 지배와 종속 관계를 탈피하기 위해서는 지역 간 통합과 연계를 위한 정책들이 도입되어 사회적 양극화 해소를 위한 노력이 경주되어야 한다. 이를 위해서는 도시개발과 계획을 위한 기법과 제도의 변화가 수반되어야 한다고 뮈르달은 역설한다. 즉, 정책결정 구조가 민주화되고 계급 제도가 철폐되며, 토지 개혁이 수반되고, 조세 구조의 변화가 요구되며, 부패와 뇌물이 사라지고, 높은 출산율이 통제되어야 한다. 뮈르달은 공산주의를 신봉하는 학자는 아니지만, 자유주의 시장경쟁 체제가 지역 간 균형을 가져오기보다는 불균형을 더욱 심화시킨다고 주장하였다. 따라서 정부 주도 하에 지역 간 격차를 해소하고 균형 성장을 위한 정책과 수단들이 추구될 것을 주문하였다.

이러한 뮈르달의 아이디어는 토다로(Michael, P. Todaro)에 전수되어, 낙후지역의 성장을 가져오기 위해서는 도시에 투자가 아닌, 농촌과 낙후지역에 투자를 통한 실질 소득의 증가와 고용 기회의 창출이 중요하다는 '농촌–도시 이주 모형(rural-urban migration model)'을 제시하였다(Harris & Todaro, 1970).[3)]

제 3 절 도시계획적 접근

1700년대 후반 산업혁명이 발발한 이후 도시로 인구와 산업활동의 급속한 집중이 이루어졌다. 역사적으로 살펴보면 45~50억 년 역사를 가진 지구에서 인간이 등장한 것은 약 5만 년 전으로 알려져 있고, 인류가 도시를 만들어 집단 생활을 시작한 것은 불과 약 1만 2천 년 전부터로 전해지고 있다. 그런데 산업혁명이 일어나기 전까지는 인구 증가와 도시화가 매우 더디게 진행되거나 증감을 반복하여 정체된 사회를 보였다. 본격적인 산업화와 도시화가 진행된 것은 산업혁명 이후로 불과 250년 전부터라고 해도 과언이 아니다. 지구가 45~50억 년의 역사를 간직하고, 인류 출현이 5만 년 전이며, 도시가 만들어진 것이 1만 2천 년 전인데, 이런 오랜 기간보다도 산업혁명 이후 불과 250년 동안에 지구의 환경과 사회의 모습은 이전과는 전혀 비교가 되지 않을 정도로 급속한 변화를 연출하였다.

인구와 산업활동이 도시에 집중하며 초기 산업도시에서는 공장에서 내뿜는 시꺼먼 연기로 대기가 오염되고, 공장에서 사용한 폐수가 하천과 강으로 그대로 버려져 수질이 오염되었으며, 근로 집단은 절대 빈곤 속에서 생활하며 공장 근처의 빈

3) 토다로는 도시와 농촌의 격차를 줄이기 위해서는 두 지역 사이에 실질 소득과 기대 소득의 격차를 줄여야 한다고 주장한다. 즉, 농촌에서 받는 실질 임금과 도시지역에 이주하면 기대되는 임금 사이에 차이가 있으면, 농촌으로부터 도시로 이주하는 것이 합리적 행위라는 것이다. 따라서 농촌의 실질 소득의 증가를 가져오는 정책이 도시의 인구 증가를 억제하는 합리적 대안이라는 것이다. 증가하는 도시 인구를 위하여 지속적인 주택건설과 고용 기회의 창출을 위한 투자를 계속하면 농촌지역으로부터 도시지역으로 인구 이동은 지속될 것이다. 결국 이러한 정책은 도시의 실업문제를 해소하지도 못하며, 농촌의 황폐화를 막지도 못하는 결과를 초래할 것으로 토다로는 주장한다.

민촌에서 삶을 근근이 이어나갔다. 당시에 국가는 시민의 생명과 재산, 권리를 지켜주기보다는 공권력을 무기로 시민을 억압하고 지배 집단의 이익을 대변하는 기능을 주로 수행하였다. 당시 시민들의 삶은 빅토르 위고(Victor－Marie Hugo)에 의해 표현된 『레 미제라블』과 찰스 디킨슨(Charles Dickens)이 그린 『크리스마스 캐럴』의 사회상을 보여주었고, 이러한 배경에서 마르크스(Karl Marx)와 엥겔스(Friedrich Engels)의 사회주의 이데올로기가 탄생할 수밖에 없었던 것이 당시의 상황이었다.

산업혁명이 발발하고 자본주의 경제 체제가 도입된 이후에 시민들의 삶은 향상된 것이 아니라 공장 근로자로 전락하여 최저 생계 수준에서 벗어나지 못하였으며, 도시환경은 공해에 찌든 잿빛 하늘과 오염된 하천을 보여주었고, 서민들은 공장인근의 빈민촌에서 희망 없는 생활을 이어나갔다. 당시에 프랑스는 2,400만 명의 시민들이 20만 명의 지배 집단에 의해 억압과 착취를 당하는 상황이었고, 벨기에는 600만 명의 시민들이 10만 명의 지배 집단에 의해 억눌린 생활을 하는 사회였다. 이런 배경에서 프랑스 혁명이 발생할 수밖에 없었고, 사회주의 이데올로기가 나올 수밖에 없는 상황이었으며, 바로 유럽 사회의 대변혁(Great Transformation)이 시작되었던 것이다.

Smog: Smokestacks from steel factories in Sheffield in the early 19th century.

당시에 이와 같은 도시민들의 빈곤한 삶을 먼저 인지한 국가가 영국이었다. 영국 지배 집단은 도시민들의 어려운 삶을 인지하고, 만약 이들의 복지 향상을 위해 국가가 어떤 조치를 취하지 않는다면 프랑스와 같은 대혁명을 경험할 수밖에 없다는 것을 인식하게 되었다. 이런 상황에서 영국은 시민들의 보건 위생과 복지 향상을 위하여 상·하수도 시설과 근로자들을 위한 공동 주택을 건설하는 방식으로 도시계획을 수립하기 시작하였다. 물론 이러한 도시계획이 순수하게 시민들의 삶을 향상시키기 위한 목적으로만 도입된 것이 아니라, 시민들의 주거와 위생시설을 개선함으로써 근로 생산성 향상에 기여할 수 있다는 목적이 깔려 있었고, 폭발 직전에 있는 시민들의 불만을 무마하려는 목적이 작용했던 것이 사실이다. 그러나 이때부터 도시는 이윤·돈만을 추구하는 생산의 공간이 아니라, 시민의 삶과 복지를 위한 공간으로 눈을 돌려야 한다는 것을 정부가 인식하기 시작하였다.

이런 인식 하에 근로자들의 주거를 위해 전원도시가 계획되었고, 도시로 급속히 밀려드는 인구와 산업활동을 수용하기 위한 고밀도 도시가 조성되기 시작하였다. 도시가 점차로 풍요의 공간으로 발달하면서 도시 외관의 개선을 위한 '도시미관운동'이 전개되었고, 도시 재개발이 요구되면서 도시재생을 위한 기법으로 '복합도시개발'이 시도되었으며, 도시가 점차 비인간적 공간으로 전락하면서 도시 정체성 유지 및 보존을 위한 '도시촌(urban village)' 운동이 일어났다. 산업혁명 이후 산업화·도시화 과정에서 도시개발을 위해 시도된 상기와 같은 도시계획 접근에 대해 간략히 고찰해 보기로 하자.

1 하워드의 전원도시(Garden City)

하워드(Ebenezer Howard, 1850~1928)는 그의 책 『내일: 진정한 개혁을 향한 평화로운 길(*Tomorrow: A peaceful Path to Real Reform*)』에서 자연과 인간이 조화로운 삶을 살아가는 이상적인 도시로 전원도시를 제창하였다. 당시에 도시가 급속히 팽창하면서 열악한 환경 속에 살아가는 근로 계층을 위한 주택 단지로서 제안된 전원도시는 도시와 농촌의 통합을 통한 자연과 도시의 결합을 추진한 획기적인 발상이었다. 하워드는 1,000에이커(약 120만 평)의 토지에 32,000명이 거주하는 전원

도시를 조성하여 근로자들이 이곳으로 이주하여 자신의 집을 건설할 것을 구상하였다. 하워드의 이런 구상은 [그림 5−6]과 같은 ‘3개의 자석(Three Magnets)’이라는 그림으로 표현되어 개인과 공동체 삶의 균형을 추구하는 사회도시 구현을 목표로 하였다.

하워드의 청사진에 의하면, 전원도시 중앙에는 공원을 배치하여 시민들이 공공집회와 모임을 가질 수 있게 했으며, 공원 주위에는 상가를 배치하여 쇼핑 공간을 조성하고, 그 너머에는 주택 단지와 학교를 위한 공간을 마련하며, 변두리 지역은 공장과 서비스 활동을 위한 지역으로 둘러쌓도록 계획하였다. 전원도시 계획의 핵심은 공동체 가치가 전원도시에서 지속적으로 유지・계승되는 것이다. 그러기 위해서는 전원도시에 거주하는 시민은 부재지주 혹은 부동산 투기자들이 아닌 출자

그림 5-6 하워드의 전원도시 청사진

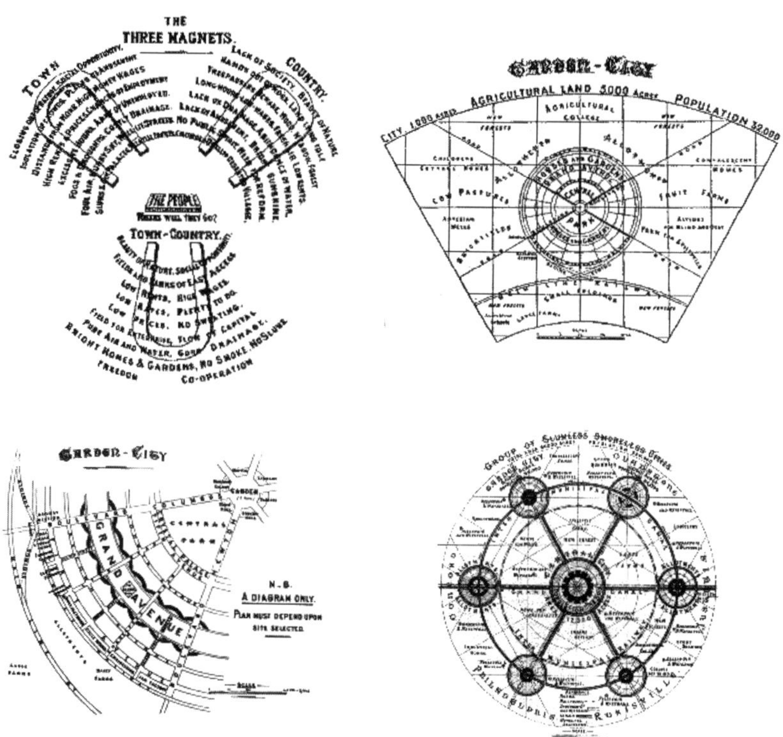

자(shareholder)로서, 지가의 상승에 따른 이익이 발생하면 지역시설에 재투자함으로써 전원도시의 발전을 도모하는 공장과 사무직 근로자들로 구성될 것을 구상했다. 1910년대와 1920년대에 걸쳐 최초의 전원도시인 레치워스(Letchworth)와 웰윈(Welwyn)이 언윈(Raymond Urwin, 1863~1940)과 파커(Barry Parker, 1867~1947)에 의해 시험적으로 건립되었다. 하워드의 계획과는 달리 낮은 인구 밀도와 외관을 지나치게 치장함에 의해 비판의 대상이 되었지만, 당시에는 도시의 난개발을 방지하기 위한 모델로 제시되었다.

언윈과 파커는 하워드 이전에도 전원 촌락(garden village)을 구상하여 실천에 옮겼으나, 이 계획에는 산업이 포함되지 않은 단순 침상마을에 불과했다. 이것에 비해 전원도시에는 산업체를 위한 공간이 조성되어 자체적으로 고용이 창출되는 자족도시를 건설하는 것을 목표로 하였다. 그러나 런던에 인접한 웰윈(Welwyn)과 같은 도시는 자족도시라기보다는 통근자를 위한 침상도시에 가까웠다.

최근에 한국에서도 교외지역이 개발되며 전원도시 조성의 움직임이 감지되고 있다. 그러나 이러한 전원도시들은 하워드가 제시한 모델과는 거리가 멀며, 교외에 고밀도 아파트 단지를 건설하면서 자연친화적 주거 단지라는 것을 강조하기 위하여 전원도시라는 용어를 차용하고 있다. 하워드가 전원도시를 제시할 당시에는 두 가지 뚜렷한 목적이 있었다. 첫째는 노동자 계급을 위한 주택 단지 조성과, 둘째는 도심 슬럼화를 방지하기 위한 목적이었다. 그런데 초기에 건설된 전원도시들이 재건축되면서 노동자 집단이 아닌 중산층 이상을 위한 고급 주택지로 전환되었고, 교외지역에 조성된 전원도시들은 도시의 불규칙적 확산(urban sprawl)을 가져오는 주요 요인으로 지목되었다. 이러한 비판이 제기되기도 하지만, 하워드의 전원도시 계획은 산업화에 따른 공동체 파괴를 예견하고 자연과 도시의 결합을 통해 자연과 호흡하며 인간성을 유지하기 위한 대안을 제시하였으며, 이러한 노력은 분권화를 통해 지방 차원에서 시도되는 것이 바람직하다는 새로운 접근을 제시하였다.

2 르 코르뷔지에의 고밀도 도시

스위스 출신의 프랑스에서 활동한 건축가 · 도시계획가인 코르뷔지에(Le Corbusier,

1887~1965) 만큼 학자들 사이에 호(好), 불호(不好)가 극명하게 갈리는 사람도 별로 없을 것이다. 20세기 초반에 들어서서 도시로 인구와 산업활동이 급속히 집중하면서, 늘어나는 도시 인구를 신속히 수용하기 위해서는 고밀도로 도시가 개발되어야 한다는 것을 주장한 대표적인 도시계획가가 바로 코르뷔지에라고 할 수 있다. 코르뷔지에를 좋아하는 학자들은 당시의 상황에서 서민층에게 저렴한 비용으로 주택을 제공하는 방법은 고밀도 도시개발만이 유일한 대안이었다는 것이다. 그러나 코르뷔지에를 비판하는 학자들은 코르뷔지에가 도시에 대한 성찰 없이 대규모 아파트 단지들을 집중적으로 건설함에 따라 도시는 정체성이 상실되고 회색빛 시멘트 숲으로 전락했다고 비난한다. 이러한 지지와 비난을 동시에 받고 있는 코르뷔지에의 고밀도 도시개발에 대해 고찰해 보자.

근대주의(modernism) 혹은 국제적 양식(international style)으로 부르는 건축 양식을 개발한 코르뷔지에는 현재 대도시에서 볼 수 있는 빌딩들과 대규모 공동 주택의 디자인 개념을 제시한 선구자이다. 코르뷔지에는 근대 건축 양식으로 1926년 '새로운 건축의 5원칙'을 다음과 같이 제시하였다(승효상, 2004: 72-73):

1. 필로티(pilotis)
2. 옥상 정원(roof garden)
3. 자유로운 평면(free plan)
4. 자유로운 입면(free façade)
5. 수평 연속창(long horizontal window)

첫째, 필로티는 건물을 2층 레벨까지 들어 올려서 지상층을 개방하기 위하여 설치되는 기둥을 일컫는 프랑스 용어로서, 1층은 주차장 혹은 공공용지, 정원 등으로 활용하고 거주는 2층 이상에서 사용하는 방식을 의미한다.

둘째, 옥상 정원은 평지붕 주택 형식으로 건물이 차지하는 공간을 옥상으로 올려 정원을 조성하여 녹지공간을 확보하고, 자연과 직접 소통하는 또 하나의 공간을 조성한다는 의미이다.

셋째, 자유로운 평면은 건물의 내부가 기둥이나 구조에 영향을 받지 않고 공간의 쓰임에 따라 수시로 자유롭게 구성될 수 있도록 하는 개념이다.

넷째, 자유로운 입면으로 건물 외관 뒤로 하중을 받는 기둥을 설치해 건축가가 원하는 대로 자유롭게 외관을 디자인할 수 있는 기법을 제시한다.

다섯째, 수평 연속창으로 외부를 파노라마 형식으로 조망할 수 있도록 하며, 외부의 풍경을 내부로 전달하여 내부 공간을 확장시키는 개념이다.

이러한 5원칙이 잘 표현된 건축물로 [그림 5-7]의 빌라 사보아(Villa Savoye)를 들 수 있다.4)

코르뷔지에의 도시개발에 대한 영향은 말로 설명하기보다는 사진으로 보는 것이 훨씬 이해가 빠를 것이다. 지금 우리가 사는 도시를 코르뷔지에 이전과 이후 도시로 구분할 정도로 그의 영향은 대단하다. 코르뷔지에의 도시개발에 대한 영향은 크게 세 가지로 요약할 수 있다: 첫째, 도시 외관의 근대화, 둘째, 도시 기능의 집중화, 셋째, 빌딩 건축의 표준화 등이다.

첫째, 도시 외관의 근대화로서, 코르뷔지에 이전에는 도시의 건축물들이 화려한 외양과 양식에 집착하여 미관과 예술성을 중시하였으나, 코르뷔지에 이후 자유로운 외관과 효율성을 강조하는 근대 양식으로 전환되었다. 예를 들면, 코르뷔지에 이전에는 대부분의 건축물들의 지붕이 돔, 첨탑, 곡선형 등 다양한 양식을 보였으

그림 5-7 코르뷔지에의 작품, 빌라 사보아

4) 건축주가 주말 전원 주택의 용도로 코르뷔지에에게 설계 의뢰한 건축물로서, 1928년 신축 당시에는 시골마을이어서 주변에 숲이 아주 울창하게 우거진 곳이었다고 하며 원래 건물은 제2차 세계대전 당시 파손되어 현재 빌라 사보아 건물을 새로 재건축된 것이라고 한다.

나, 코르뷔지에가 공중 정원을 디자인한 이후 평지붕 형식이 일반화되었다.

둘째, 도시 기능의 집중화로서, 코르뷔지에는 도시공간의 전통적 이용 방식을 거부하고 뉴욕 맨해튼과 같이 고층빌딩들이 밀집한 고밀도 업무 중심의 개발을 계획하였다(Kostof, 1999: 331). 이와 같은 고밀도 도시개발은 제2차 세계대전 이후에 미국에서 처음 도입되어 점차 유럽 도시로 확산되었고, 지금은 국제적 양식으로 보편화되어 전 세계 많은 도시로 전파되었다.

셋째, 빌딩 건축의 표준화로 건축 과정에서 모든 관계된 요소를 표준화할 것을 요구하였다. 코르뷔지에는 건축 설계에서 문틀, 창문, 벽돌, 지붕 타일, 심지어는 나사못까지도 통일해서 사용할 것을 요구했다. 그래서 국가기구가 건축에 필요한 모든 자재와 공법, 용어 등을 통일하여 표준을 설정할 것을 주장하였다(Scott, 2000). 이러한 건축 규정에는 배관, 환기, 조명, 실내 인테리어, 가구와 가전기기 등 건축과 관련된 모든 장치를 포함할 것을 요구하였다. 코르뷔지에는 "우리는 새로운 방식을 개발하고 응용하여야 한다.…… 그래서 건축에 있어서 표준화, 산업화, 과학화를 추구해야 한다."라고 1929년 발간한 글에서 밝혔다. 코르뷔지에는 건축의 표준화를 통해서 도시환경이 보다 잘 조직화될 것으로 기대하였다.

코르뷔지에 도시계획의 핵심주제 중의 하나는 도시 기능의 엄격한 분리이다(Scott, 2000). 코르뷔지에는 도시공간이 고밀도로 이용되지만, 각 기능들은 구역별로 분리될 것을 주장하였다. 그래서 거주를 위한 주거지역, 쇼핑과 엔터테인먼트를

그림 5-8 코르뷔지에의 빛나는 도시 모델

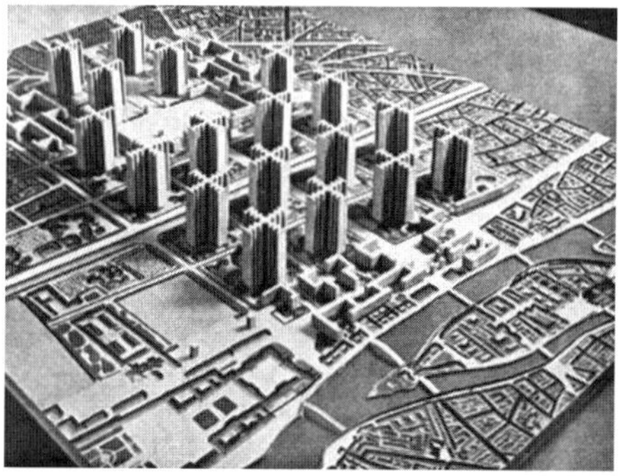

위한 상업지역, 휴식과 레저를 위한 공원지역, 문화예술과 공공시설을 위한 행정 중심지, 공장과 산업체를 위한 공업지역 등이 엄격하게 분리되어 설계될 것을 주장하였다. 이러한 토지용도구역제(zoning)는 대부분의 국가에서 도시계획의 주요 원리로 수용되었다.

코르뷔지에의 도시계획은 도시공간의 집중적 이용을 위한 고밀도 도시개발을 요구한다. 그래서 도시의 중심지는 주변지역을 관리·통제하는 기능을 수행해야 한다. 중심지의 고층빌딩은 도시의 브레인 역할을 수행하며, 도시, 국가, 더 나아가 글로벌 통제활동을 수행할 것을 요구한다. 이를 위해서는 도시의 중심지에 금융, 재정, 보험, 무역, 정보, 미디어, 국제업무 등 활동들이 입지하여 실시간에 관리와 통제를 위한 명령을 내리며 방향을 제시하는 의사결정의 중심지가 될 것을 요구한다. 코르뷔지에(2000)에 의하면, "빛나는 도시는 모든 것을 관리 및 통제하는 도시이다: 평화, 전쟁, 그리고 일 모두를…… 그것이 의류, 철학, 기술 혹은 취향이든 관계없이, 위대한 도시는 주변지역을 일방적으로 지배 및 통제한다"(Scott, 2000: 27). 이런 코르뷔지에의 사고와 계획은 인도 찬디가르(Chandigarh), 브라질 브라질리아(Brasilia), 네덜란드 란스타드(Randstad) 등 많은 도시로 전파되어 현재 우리가 경험하는 근대 도시, 고밀도 도시가 개발되었다.

코르뷔지에는 근대 도시계획의 대부라는 칭호도 듣지만, 도시의 정체성을 파괴한 주범이라는 비판도 만만치 않다. 코르뷔지에가 활동할 당시만 하더라도 많은 사람들이 도시로 급속히 몰려들었으며, 급증하는 도시민들에게 저렴한 주택을 공급할 수 있는 방법은 대규모 공동 주택인 고층 아파트의 건설 이외에 다른 대안이 없었다. 그래서 대도시 중심지에는 고층빌딩이 들어서고, 시민들의 거주를 위해 대규모 아파트 단지가 조성되는 고밀도 도시개발이 시도되었던 것이다. 문제는 이 과정에서 시민들의 삶의 방식이 변화하고, 도시는 정체성이 상실된 시멘트 숲에 갇힌 회색도시로 전락했다는 것이다. 이를 예상한듯 코르뷔지에는 1923년 출간한 『건축을 위하여(*Toward an Architecture*)』에서 "주택은 거주를 위한 기계(A house is a machine for living in)"라는 말을 남겼다. 그런데 이 말은 바로 코르뷔지에를 비판하는 빌미를 제공하였다. 주택을 기계로 인식하여 대량생산하듯 찍어낸 획일화된 아파트와 기계 속에 부속품처럼 생활하는 근대인들의 모습이 바로 이 표현에 투영된 것이다. 서민들은 대규모 공동 주택단지의 기계 속에서 복제된 부속품처럼 생활하고, 고소득층은 우아한 주택에서 군림하며 생활하는 도시의 이중구조가 근대 도시에서 심화되는 결과를 가져왔다. 공동 주택에 거주하는 시민들은 집에 들어가면 외부와 차단된 폐쇄된 공간에서 이웃에 누가 사는지에 거의 관심 없는 삶을 살고 있다. 아파트 내부 생활을 단면으로 들여다보면, 똑같은 시간에 일어나 똑같은 장소에서 식사를 하고, 똑같은 시간에 퇴근하여 똑같은 방향으로 머리를 두고 잠을 자는 생활의 반복을 보이고 있다. 코르뷔지에의 고밀도 도시가 바로 이런 무미건조하고 인간성과 공동체 정신이 상실된 회색도시를 만들었다는 것이다. 물론 이 모든 것을 코르뷔지에 한 사람의 책임으로 돌릴 수는 없지만, 코르뷔지에가 근대 도시 형성에 그만큼 큰 역할을 했다는 것을 보여준다. 그런데 근대 도시의 이와 같은 부정적 결과를 극렬하게 보여준 사건이 바로 '프루트-이고우'의 몰락이라고 할 수 있다.

프루트-이고우(Pruitt-Igoe)는 1956년에 미국 미조리 주 세인트루이스 시에 건설된 대규모 아파트 단지였다. 입주 초기부터 프루트-이고우는 주거 조건이 현저히 하락하기 시작하였다. 1960년대 후반에 이르러 아파트 단지는 빈곤과 범죄, 그리고 인종과 계층 분리 등에서 이미 국제적 오명을 듣고 있었다(Wikipedia, 2014). 마침내 1972년 7월 15일 오후 3시 32분 프루트-이고우 아파트 단지는 다이너마이트로 모두 폭파되었고, 이 날을 기점으로 근대 도시는 종식을 고하고 포스트모던 도시화가 시작되었다고 젠크스(Charles Jencks)를 비롯한 몇몇 학자들은 주장하고 있다.

한국 도시에서도 코르뷔지에의 영향은 도처에서 확인된다. 코르뷔지에 문하생으로 알려진 한국 건축계의 1세대 김중업과 김수근에 의해 한국 사회의 성장기에 고밀도 도시개발이 추진되었으며, 그 결과로 대규모 아파트 단지들이 도시를 점령하여 현재와 같은 시멘트 숲을 이루고 있다. 이후 김중업·김수근의 도시개발 방식에 대한 비판이 4.3그룹을 중심으로 제기되어 도시의 인간성 회복과 자연친화적 건축과 도시개발을 위한 운동이 점차 전개되고 있다.[5]

---

5) 4.3그룹은 1990년대 초 조성룡, 승효상, 정기용, 김인철, 김영섭 등 젊은 건축가 14명이 결성한 모임으로 1992년 4월 3일에 첫모임을 가지면서 붙여진 이름이다.

3 제인 제이콥스의 도시촌(Urban Village) 운동

미국 출신으로 주로 캐나다에서 활동한 도시학자이며 도시운동가인 제이콥스(Jane Jacobs, 1916~2006)는 하워드의 전원도시와 코르뷔지에의 고밀도 도시 모두를 비판하고, 도시에서 근린 관계의 활성화와 공동체 정신의 복원을 주장하였다. 제이콥스에 의하면, 하워드의 전원도시는 도시가 갖는 다양성과 활기, 역동성을 갖기에는 너무 작은 규모로서, 인구 5만 명 이하의 도시는 사실 도시로서의 특성(urbanity)을 갖추지 못하기 때문에 도시를 파멸로 몰고 갈 것이라고 비판한다. 코르뷔지에의 고밀도 도시는 반대로 규모와 밀도가 너무 크기 때문에 근린 관계가 상실되고 공동체 정신이 파괴된 비인간적 도시를 만들고 있다고 비판한다(Hall, 1996: 278).

제이콥스는 하워드, 멈포드, 코르뷔지에와 같은 대가들이 내세운 이상적인 도시계획을 강력히 비판한다. 그리고 도시가 어떻게 '작동해야 한다'는 이들의 '정통' 도시계획을 따르기 위해 반드시 고려해야 할 현실 문제들을 무시해왔다고 지적한다. 제이콥스는 도시가 어떻게 '보이도록' 건설되어야 한다고 주장하는 대신, 실제 생활에서 어떻게 움직이고 작동하는지 설명하고, 그 과정을 통해 어떤 계획과 재건축이 도시의 사회·경제적 활력을 높일 수 있는지 알게 된다고 한다. 도시의 내재적 질서를 알지 못한 채 도시 외양만 계획하면 문제만 낳을 뿐이라는 것이다. 제이콥스는 대도시 중심부의 핵심 요소를 '활력'이라고 본다. 그리고 당시 해결을 미룬 채 방치하고 있던 도심 공동화와 쇠퇴 문제에 대해, 도심의 활력을 회복하고 지속할 방안으로 '다양성'이라는 처방을 내린다. 복합 용도, 소규모 블록 형태의 도시 조직, 오래된 건물 유지, 적절한 인구 밀도 등이 제이콥스가 제시한 다양성의 조건이다(박혜정, 2010에서 재인용).

제이콥스는 도시 확장과 개발을 서로 다른 개념이라고 말한다. 개발(deveopment)은 기존의 존재와 차별성을 의미하며, 사실 새로운 것들은 예전과 다른 차이를 보이기 때문에 개발로 표현될 수 있다. 그러나 확장(expansion)은 규모와 활동의 실제적 성장을 의미하며, 이런 의미에서 개발과 다르다고 주장한다. 제이콥스가 도시 연구에서 주안점을 둔 것은 개발이 아니라 확장이며, 도시 확장이 어떻게 일어나고 도시 활동에 어떻게 영향을 미치는가를 연구한 학자이다(Jacobs, 2001).

제이콥스는 종래의 도시계획이 현실과는 상당한 괴리가 있으며, 공공을 위하기 보다는 지배 집단의 이익만을 대변한다고 비판하며 1900년대 중반에 시도된 많은 도시계획 사업들을 거부하였다. 그중 가장 대표적인 것이 모제스(Robert Moses)가 추진한 뉴욕 맨해튼 그리니치 빌리지 대규모 개발 사업을 저지한 것이다.[6)]

제이콥스는 생애 동안 빈민촌 철거와 대규모 고밀도 재개발 계획을 비판하며 거주민들의 생활과 삶의 질 향상을 추구하는 개량식 도시재생을 위한 투쟁을 전개했다. 그녀는 도시를 살아 있는 유기체와 생태계라고 주장하며, 대규모 고밀도 주거 단지 계획을 거부하고 저층의 복합 용도 개발을 옹호하며, 도시계획은 하향적이 아닌 상향적 계획이 되어야 한다고 주장하였다. 즉, 도시개발과 관련된 권한을 전문가와 공무원들에게 부여하는 것이 아니라 시민들에게 이양하여 상식에 맞는 계획, 공동체 보존을 위한 사업, 근린 관계가 유지되는 정책을 추진해야 한다고 주장한다. 그러면 도시에서도 마을(village)과 같은 근린 관계가 복원되고, 공동체 정신이 유지되며, 이야기와 소통이 활성화되어, 활기와 정이 넘치는 도시촌(urban village)이 형성될 수 있다는 것이다. 이와 같은 제이콥스의 아이디어는 미국을 넘어 전 세계로 전파되었으며, 그동안 지배적인 도시 재개발 방식이었던 전면 철거에 의한 대규모 고밀도 재개발이 점차 거부되고 지역 공동체 보존과 근린 관계 회복을 위한 개량적 재생 사업으로 전환되는 주요 논리를 제공하였다.

2006년 6월 28일 뉴욕 시장 블룸버그(Michael Bloomberg)는 제이콥스의 업적을 기리기 위하여 '제인 제이콥스의 날'을 선포하였다. 그리고 토론토 시 또한 2007년 5월 4일 '제인 제이콥스의 날'을 선정하였다. 두 도시에서는 'Jane's Walk' 행사를 열어 제이콥스를 추모하고 있으며, 캐나다에서는 행사가 점차 많은 도시로 확산되는

6) 제이콥스는 붐비는 보도를 자연스러운 발레(ballet of sidewalk)에 비유했다. 서로 다른 스텝을 밟으며 살아온 사람들이 가득한 곳, 문간 계단에 앉아 있는 아이들, 수다 떠는 아줌마들, …… 담배 가게 아저씨와 잡담을 나누는 자물쇠공 …… 선술집에서 시인들 옆에 앉아 맥주를 마시는 부두 노동자들 …… 그들이 모두 있는 곳, 그곳을 도시계획가들은 비효율적이라고 오래전부터 조롱했지만, 그래서 뉴욕의 막강한 건축가 모제스는 소호와 그리니치 빌리지를 통과하는 8차선 고가도로를 건설하고 싶어했지만, 제이콥스는 이 허물없는 교류가 도시 공동체의 본질이라고 주장했다. 그녀가 보는 도시란 건물들의 덩어리가 아니라 사람들이 다른 사람들과 상호작용하는 공간들로 이루어진 도시촌(urban village)이었다. 도시는 스카이 라인이 아니었다. 그것은 이야기가 있는 한 판 춤이었다(Lehrer, 2012에서 발췌).

추세에 있다(Wikipedia, Jane Jacobs, 2014.5.16). 한국에서도 최근 '살기 좋은 마을 만들기' 운동이 전개되어, 종래의 전면 철거를 통한 대규모 고밀도 재개발 사업에 대한 비판과 함께 개량 및 보존 재생 사업으로 전환되는 현상이 나타나고 있다. 물론 이런 현상의 원인으로는 건설경기의 부진과 부동산 시장의 침체가 주요 요인으로 작용하고 있지만, 한국에서도 점차 대규모 개발만이 유일한 대안이 아니라는 것을 인식하기 시작하였으며 제이콥스가 주장한 도시촌 운동이 활성화되는 추세를 보이고 있다.

그림 5-9 뉴욕 그리니치 빌리지의 제인 제이콥스 웨이

제인 제이콥스가 살며 사랑했던 거리, 그리니치 빌리지의 허드슨 스트리트에는 '제인 제이콥스 웨이'가 생겼다. 그녀의 헌신적인 도시 사랑, 동네 사랑에 대한 보답인 걸까? 마을의 풍경, 사람들의 일상적인 활동을 '발레'에 비유할 만큼 놀라운 관찰자이자, 작가였던 제이콥스는 도시는 지역정부, 도시계획가들의 것이 아니라 그곳에 살고 있는 주민들의 것임을 우리에게 직접 보여주었다(임유진, 2010 블로그에서 인용).

4 다니엘 버넘의 도시미화운동

미국 건축가이며 도시계획가인 버넘(Daniel Burnham, 1846~1912)은 1893년 시카고에서 개최된 만국박람회의 건축 책임자로서 시카고 백색도시 건설을 주도하였고, 워싱턴 D.C. 공원 건설, 펜실베니아와 워싱턴 D.C. 기차역사 등을 설계하였으며, 1800년대 후반과 1900년대 초반에 걸쳐 도시 경관 개선을 위한 도시미화운동(city beautiful movement)을 주도하였다. 버넘은 코르뷔지에와 유사하게 위대한 건축가·도시계획가로 추앙받는가 하면, 일반 서민들의 삶은 도외시하고 도시 외관

과 분장에만 관심을 갖는 쇼맨십에 빠진 연출가로 비판을 받기도 한다.

“작은 꿈은 아예 꾸지도 마라. 작은 꿈은 사람들의 피를 들끓게 하는 기적을 만들지 못하며, 따라서 실현되지도 못한다. 큰 꿈들을 꾸어라(Make no little plans; they have no magic to stir men's blood and probably themselves will not be realized. Make big plans).” 버넘이 남긴 말이다. 그는 수많은 업적을 남겼지만, 그중에서도 시카고와 워싱턴 D.C.의 경관을 바꿔놓은 원대한 도시계획과 도시미화운동으로 명성과 비판을 동시에 받고 있다(Leahy, 2013).

버넘은 도시성장을 위해서는 미래를 내다보는 안목을 갖고 도시를 설계해야 하며, 작은 계획이 아닌 거대 계획을 수립할 것을 주장하였다. 그리고 도시계획에는 호수와 강을 포함하는 수변 공간 계획이 포함되어야 하며, 모든 시민들의 보행 거리 내에 공원을 조성할 것을 주장하였다. 이러한 그의 도시계획을 잘 보여주는 사례가 바로 워싱턴 D.C. 중심에 있는 내셔널 몰(National Mall)이다([그림 5-10] 참조).

버넘을 위원장으로 옴스테드 2세(Frederic L. Olmsted, Jr.), 맥킴(Charles McKim), 조각가 고든(Augustus St. Gaudens)이 참여하여 완성한 내셔널 몰은 도심 광장과 공원, 문화시설 클러스터의 중요성을 보여주는 대표적인 사례로 이후 다른 많은 도시의 계획에 영향을 미쳤다. [그림 5-10]에서 하단은 국회의사당이며, 녹

그림 5-10 워싱턴 D.C. 내셔널 몰(National Mall)

색공원 중앙에 워싱턴 기념탑이 자리 잡고 있고, 이어진 회랑 끝에 링컨 기념관이 건립되어 있다. 국회의사당(Capital Hill)이 언덕에 자리 잡은 것은 국민의 대표로서 존경받을 정치를 수행하라는 의미가 있으며, 정면에 워싱턴과 링컨 기념관이 국회의사당을 마주보고 있는 것은 이들을 본받아 위대한 미국을 건설하라는 메시지를 전달하고 있다. 도심 중심에 위치 한 공원은 국민의 의사를 자유롭게 표현하는 소통과 포용의 공간을 구성하며, 양 옆에 스미스소니언 박물관(Smithsonian Museum)과 국립미술관 등이 자리 잡아 문화예술 복합 단지를 구성하고 있다. 한국의 국회의사당이 있는 여의도와 광화문 앞 광장, 그리고 국립박물관과 현대미술관의 입지를 비교하면, 도시계획이 시민의 삶과 활동에 얼마나 중요한 영향을 주는가를 이해할 수 있을 것이다.[7)]

1893년에 개최된 시카고 만국박람회는 도시미화운동의 출발점으로 평가된다(김흥순 · 이명훈, 2006). 버넘의 총지휘 감독으로 미시간(Michigan) 호 주변에 보자르(Beaux Arts)풍의 대형 건물이 200채 넘게 건설되었다.[8)] 백색의 고전주의 건물로 채워져 백색도시(White City)로 불린 버넘의 계획은 당시에 미국의 미래에 대한 확신과 자신감의 표현으로 인식되었다. 버넘은 오래된 가치와 관습이 유지 및 보존되면서 기계 시대(machine age)의 편리성을 추구하는 미국인들에게 전통과 변화, 질서와 혁신이 조화를 이루는 도시로서 백색도시를 계획하였다. 버넘은 백색도시를 계획하면서 도시는 노동자와 사회주의자에 의해 건설되는 것이 아니라, 시민의식이 투철한 기업가에 의해 조성되어야 한다는 메시지를 강하게 남겼다. 위대한 도시의 전형으로 제안된 백색도시는 깨끗한 거리, 그림 같은 산책로와 수로, 최첨단 기술로 무장한 빌딩과 인테리어를 조성하여 당시 유럽에 대한 문화적 열등감을 갖고 있던 미국인들의 가슴에 미래에 대한 비전과 자신감을 심어주었다. 이러한 백색도

7) 참고로 서울의 국립박물관은 용산 이촌역 부근 아파트단지 인근에 있고, 현대미술관은 과천 청계산 자락에 입지하고 있다. 국립박물관은 그 사회의 과거부터 현재까지의 역사와 문화를 보여주는 기능을 하며, 현대미술관은 그 사회의 미래와 상상력, 독창성과 창조력을 보여주는 공간이다. 그래서 선진사회에서 박물관과 미술관은 접근성이 용이한 도시 중심에 입지하고 있다. 아파트 단지에 입지한 국립박물관, 산자락에 비밀기지처럼 숨겨진 현대미술관은 바로 우리의 문화 수준을 보여주는 것 같은 느낌을 준다.

8) 보자르(Beaux Arts)는 19세기 후반 프랑스에서 유행하여 1900년경 미국 등지에서 이용된 건축 양식으로 16~18세기의 프랑스 건축의 특색을 바탕으로 자유롭게 절충한 것이다. 건축학상의 원리, 고도의 미학이론, 합리적 설계, 경제성 등을 무시한 지나친 형식주의라는 비판을 받기도 한다(Hall, 1996: 213).

시 열풍은 시카고를 넘어 미국 전체로 확산되면서 도시미화운동이 전개되었다.

도시미화운동이 도시의 이미지 향상과 홍보 효과에 긍정적으로 작용한 것은 사실이지만, 결국 누구를 위한 도시미화운동인가에 대한 비판이 제기되기 시작하였다. 도시미화운동을 통해 도시 외관이 멋지게 변하고 투자가 활성화되었지만, 그 혜택은 일부 부유층과 상업자본가에게 독점되어 그들의 부의 축적을 위한 수단으로 전락했다는 것이다. 즉, 지나치게 미적 개념과 낭만성을 강조한 나머지 시민들의 의사와 보건복지 개념은 무시된 과시적 소비라는 비난이 제기되었다. 도시미화운동이 부자들의 관심에만 주목하고 서민들의 요구에는 무관심했으며, 외형에만 관심을 가짐으로써 실용성이 떨어지고 지나치게 많은 비용이 소요되는 도시화장술(municipal cosmetic)에 지나지 않는다는 것이다(김흥순 · 이명훈, 2006). 이러한 비판에도 불구하고 도시미화운동은 기념비적 도시를 만들려는(권위주의 혹은 독재적) 정치가와 건축가 · 도시계획가의 이해가 맞물려 아직도 지속적으로 추구되고 있다. 예를 들면, 서울 서초동 법원 건물이 보여주는 권위적이고 고압적인 느낌이 이런 현실을 말해주며, 인천 영종도에 추진하다 계획으로 끝난 '밀라노 디자인 시티' 또한 전시용 도시의 전형을 보여준다.[9]

5 제임스 라우스의 복합 도시개발

미국 부동산 개발업자이며 도시계획가인 라우스(James Rouse, 1914~1996)는 한국에는 잘 알려지지 않은 인물이다. 라우스가 주목받기 시작한 것은 근대 산업도시가 점차 탈산업화되면서 외곽지역 개발과 도심 주변의 공장부지 · 낙후지역의 재생 과정에서 라우스가 제시한 복합 도시개발(CUD: Complex Urban Development)이 주요 개발 방식으로 채택되면서부터이다. 도시발전의 주요 요인인 집적의 효과 가운데 도시화 · 다양화 효과의 중요성이 강조되면서 다양한 도시활동을 특정 지역

9) 선진사회에서 법원 건물은 대체로 곡선의 안정감을 통하여 포용과 소통을 상징적으로 표현한다. 그런데 서초동 법원 건물에서는 포용과 소통보다는 오만과 권위를 느낄 수 있다. 법원이 힘없는 서민들에게 정의로운 포용의 기관으로 다가오기보다는 시민을 지배하는 권위적 기관이라는 인상을 준다는 것이다. '밀라노 디자인 시티'는 지역의 실상은 전혀 고려하지 않고 보여주기 위해 제시된 계획으로 미학적 · 낭만적 도시계획의 전형을 보여준다.

에 집중적으로 밀집시키는 라우스식 복합 클러스터 개발이 전 세계 도처에서 진행되고 있다. 한국 도시에서 라우스식 복합 도시개발의 대표적인 사례로는 서울 강남의 코엑스 몰(Coex Mall)을 들 수 있다.

1958년에 라우스는 메릴랜드(Maryland) 주 글랜번니(Glen Burnie)에 부동산 개발업자로서는 처음으로 실내 쇼핑센터인 해런데일 몰(Harundale Mall)을 건설하였다. 이전에는 교외에 조성된 소규모 쇼핑센터를 '스트립 몰(strip mall)'이라고 불렀는데, 이 사업부터 실내 공간에 조성된 대규모 복합 쇼핑센터를 '몰(mall)'이라고 부르기 시작하였다. 현재는 쇼핑 몰 조성이 도심 침체지역의 재생을 위한 개발 방식으로 이용되고 있지만, 라우스가 이 방식을 시도한 초기에는 주로 교외지역에 외곽 중심지를 조성하기 위한 방식으로 복합 쇼핑 몰이 건설되었다. 라우스는 여기서 더 나아가 도시활동이 집중적으로 밀집된 대규모 복합 클러스터 건설과 축제적 종합상가(festival marketplace) 건립을 통한 새로운 계획도시 사업을 추진하였다(Wikipedia, 2014). 결국 이러한 라우스식 개발에 의해 실외에 있던 시장 기능이 실내로 들어오고, 다양한 도시활동이 한곳에 집중되어 일 년 내내 축제 분위기를 조성하는 축제의 공간, 이벤트 도시가 개발되는 계기를 제공하였다.

라우스 기업의 대표로서 그는 미국의 여러 도시에 많은 혁신적인 '축제적 복합

그림 5-11 미국 필라델피아 중심지의 복합 쇼핑 몰 Gallery at Market East

쇼핑 몰'을 건설하였다. 주요 사례를 보면, 볼티모어에 Harborplace, 보스턴에 Faneuil Hall Marketplace, 필라델피아 중심지에 Gallery at Market East, 세인트루이스에 복합 철도역사, 뉴올리언스에 Riverwalk Marketplace 등을 들 수 있다. 이러한 그의 작업을 평가하여 세계적인 잡지인 『타임(*Time*)』지는 라우스를 '도시에 즐거움을 다시 불어넣은 사람'으로 부르고 있다.

라우스의 도시개발 개념을 잘 보여주는 사례가 1961년에 시공된 볼티모어의 Cross Keys 마을계획(Village of Cross Keys)이다. 이 사업을 수행하면서 라우스는 볼티모어 주거지역에 복합 쇼핑 몰이 들어서면 신선한 사고와 멋진 취향을 가진 삶의 질이 높은 지역으로 전환될 것으로 기대하였고, 그의 기대는 바로 증명되었다. 도시에 필요한 것은 강한 공동체 정신이며, 복합 단지를 조성함으로써 공동체 정신과 분위기, 도시의 활기를 불어넣을 수 있다는 것이 라우스의 생각이었다. 즉, 복합 단지를 조성함으로써 많은 사람들이 생활하며 자연스럽게 접촉할 수 있고, 이런 가운데 근린의 사고와 정신, 상호작용이 발생하여 공동체의 소속감이 형성되고 도시가 활기를 띤다는 것이다. 이를 위해서는 주거와 상가, 쇼핑 몰과 광장, 오피스와 레저 시설 등이 복합된 단지를 건설하여 도시성장을 견인해야 한다는 것이 라우스 스타일의 도시개발 방식이다.

최근에는 라우스 스타일이 확대되어 도시에 대규모 복합 클러스터 조성이 붐을 이루고 있다. 특히, MICE 산업이 대도시의 주력 산업으로 주목을 받으면서 외래 방문객을 유치를 위한 전시 시설과 호텔, 쇼핑센터와 엔터테인먼트, 사무 공간과 실내 정원 등이 복합된 단지들이 도심에 조성되고 있다.[10] 대표적인 예로서 서울 강남 코엑스 몰에는 거의 일 년 내내 전시회와 국제회의가 열리고 있고, 회의・전시회에 참석한 사람들이 묵을 수 있는 호텔이 연결되어 있으며, 비즈니스 이외의 시간에 여가를 즐길 수 있는 쇼핑 몰과 영화관 등이 실내단지 안에 조성되어 강남의 활기와 경제성장을 견인하고 있다. 최근 한국 도시에서 복합 단지가 붐을 이루며 경쟁적으로 개발되고 있다. 영등포 타임스퀘어, 파주 첼시 아웃렛은 쇼핑시설을 중심으로 대형 광장을 조성해 이벤트를 열거나 예술품을 전시해 쇼핑뿐 아니라 문화・휴식 공간으로 사람들이 이용할 수 있도록 하고 있다. 2015년에 준공 예정인

10) MICE 산업에서 MICE는 기업회의(Meeting), 인센티브 관광(Incentive), 국제회의(Conference), 전시사업(Exhibition)을 의미하는 영어 단어에서 첫머리를 따온 것이다.

경기도 광교신도시는 아예 개발 단계부터 주거 · 상가 · 문화 · 휴식 공간을 복합적으로 조성할 것을 추진하고 있다. 도심 곳곳에 복합 단지가 조성되면서 문화와 쇼핑, 축제와 장터, 사무와 엔터테인먼트가 공존하는 새로운 포스트모던 도시문화가 형성되고 있다(조선일보, 2012.2.22).

제 4 절 신도시주의운동(New Urbanism Movement)

1980년대에 미국에서 시작된 신도시주의(New Urbanism)운동은 자동차가 일반화되기 이전의 도보 중심 근린생활과 공동체 정신 회복을 위한 도시개발과 계획, 그리고 토지 이용을 촉진하기 위한 도시운동을 의미한다. 이를 위해 도시생활에서 자동차 이용을 자제하고 공공 교통 이용을 활성화하며, 스마트 성장과 환경보존을 통해 인간 중심적이며 도보 중심의 커뮤니티 창출에 주안점을 둘 것을 주장한다.

미국 신도시주의협회(newurbanism.org)에 의하면, "신도시주의는 전통적 개발 요소에 다양하고, 걷기 좋은, 압축적이며, 활기찬, 복합 용도의 공동체를 창조 및 활성화하기 위한 통합적 접근을 추진하는 것"으로 정의될 수 있다. 신도시주의의 대상에는 주거와 일터, 상점과 엔터테인먼트, 학교와 공원, 공공시설 등 일상 생활과 관련된 근린시설이 주민들의 보행거리 내에 입지할 것을 필수 조건으로 포함한다. 이를 위해 신도시주의는 가급적 자동차와 도로 대신에 전철과 버스 같은 공공교통의 이용을 권장한다. 현재 미국에서는 역사보존도시를 중심으로 약 4,000개 이상의 지역에서 신도시운동 사업이 계획 혹은 추진 중에 있다. 미국의 신도시주의 운동은 세계로 전파되어 보다 낳은 서식지를 창조함으로써 도시생활 수준의 향상과 건조환경(built environment)의 혁신을 추구하는 국제적 운동으로 확산되고 있다. 신도시주의는 압축적인 스마트 도시의 조성과 함께 근린 공동체를 위한 건조환경의 재구성을 추구함으로써 근대 도시개발에서 망각한 장소 만들기의 부활을 촉구한다(New Urbanism Organization, 2014).

신도시주의 주요 원리

도시가 현재처럼 자동차 중심이 되기 이전의 도시 형태, 즉 제2차 세계대전 이전의 도시개발 형태로 돌아가야 한다고 주장하는 신도시주의가 제시한 도시설계 원리를 보면 다음과 같다.

첫째는 보행성(walkability)으로, 거리는 보행자 친화적으로 설계하여 가로수 길을 조성하고, 자동차는 가급적 저속으로 운행하도록 하며, 자동차 진입금지 구역을 지정하고, 동네 어느 곳에서도 10분 이내의 보행 거리에 닿을 수 있도록 근린시설을 배치한다.

둘째는 연계성(connectivity)으로, 도시는 지선, 간선, 대로의 계층적 구조로 연계된 격자형 네트워크와 분산적 교통망을 형성하고, 양질의 보행로 연계망과 쾌적한 산책로를 조성한다.

셋째는 다양성(diversity)으로, 다양한 연령 계층, 소득 계층, 문화 집단, 인종 집단이 공존하는 규모와 가격에서 다양한 단독주택과 아파트가 혼합된 복합 단지를 조성하고, 상점·사무실·주택·공공시설 등이 근린 입지하는 복합 공간을 형성한다.

넷째는 우수한 건축과 도시설계로서, 공동체 내에 공공 목적을 위한 특별한 공간을 조성하여 주민들 사이에 긴밀한 접촉과 소통을 촉진하고, 아름다움·심미성·편리성·장소감을 창출하여 정신을 풍요롭게 하는 인간적인 건축과 도시경관 조성에 역점을 둔다.

다섯째는 전통적 동네구조 복원을 추진한다. 이를 위해서는 동네 중심지와 주변이 기능적으로 분화하여 중앙에는 공공공간을 조성하고, 동네 어느 곳에서나 10분 이내의 보행 시간에 공공공간에 접근이 가능토록 한다. 동네의 중앙은 고밀도로 주변은 점차적으로 저밀도로 조성하고, 동네와 자연이 확연히 구분되는 단절적 계획이 아닌 하나의 연속체로서 자연과 동네가 조화를 이루는 통합적 공동체 설계 방식을 도입한다.

여섯째는 고밀도 복합 단지 원리로서, 주민들이 보행을 통해 쇼핑, 장보기, 공공 활동, 휴식과 엔터테인먼트 등 근린 서비스에 편리하게 접근하기 위하여 중앙에 고밀도 복합 단지를 조성한다.

일곱째는 스마트 교통 원리로서, 도시의 중심과 주변지역, 그리고 동네를 연계하는 양질의 공공 교통 네트워크를 확립하고, 도보, 자전거, 스쿠터 등을 일상 생활에서 이용할 수 있도록 보행 친화적 설계를 도입한다.

여덟째는 지속가능성으로, 도시개발에 따른 환경 영향을 최소화하기 위하여 생태계 보존을 위한 자연 친화적 기술을 이용하고, 화석연료 사용의 최소화, 지역 자급자족 체제 도입, 보행활동 장려와 자동차 이용 자제 등을 통한 지속가능한 도시개발을 추진한다.

이와 같은 지침을 준수함으로써 보다 우수한 근린과 주거환경 조성을 통해 생활의 질 향상과 인간성이 주입·농축·고양된 공동체를 조성할 수 있다는 것이 신도시주의자들의 기본적인 주장이다. 보행자 중심, 다양성, 공적 공간, 근린 공동체 사회를 선호하는 신도시주의 원칙들은 이미 제이콥스의 도시촌(urban village) 개념에서도 제시되었으며, 신도시주의자들은 이러한 원리들이 도시 내부뿐만 아니라 교외와 대도시권역 전체에도 적용되어야 한다고 주장한다. 신도시주의는 인간이 소외된 물리적 계획이나 토지 이용 계획을 거부하고, 주민들이 도보를 통해 접촉 및 소통하기 위한 공적 공간이 확보되고 도시와 자연이 하나로 조화를 이루는 통

그림 5-12 미국 조지아 주 애틀랜틱 스테이션(Atlantic Station)

합적 공동체 설계를 옹호한다(최병두, 2002: 220).

신도시주의의 원리를 채택하여 설계된 대표적인 도시 중의 하나가 미국 조지아 주에 있는 애틀랜틱 스테이션(Atlantic Station)이다([그림 5-12] 참조). 애틀랜틱 스테이션은 신도시주의가 추구하는 도시의 다양성, 편리성, 공동체의 활기를 복합용도 개발을 통하여 현실화한 대표적인 사례로 손꼽힌다. 애틀랜틱 스테이션에는 거주지와 사무실, 호텔, 쇼핑 몰, 식당가와 엔터테인먼트 거리, 공원과 녹지공간이 복합된 공동체를 구성하여 스마트 성장과 지속가능한 개발의 성공 사례로 주목을 받고 있다(Lasalle, 2005).

애틀랜틱 스테이션의 설계 및 개발담당 부사장인 리어리(Brian Leary)는 2007년 잡지와의 인터뷰에서 이렇게 설명했다. "우리는 전 세계의 훌륭한 도시 주거지역을 살펴보고 왜 그곳들이 성공했는지 알아냈습니다. 서배너(Savannah) 같은 도시는 사람이 걷는 속도에 맞춰 발전했어요.[11] 반면에, 애틀랜타는 시속 90킬로미터 가까운 속도로 성장했죠. 지금 사람들은 교통 정체에 진절머리가 나 있어요. 우리는 100년 전 사람들이 알던 모습을 따라 공동체를 지었습니다. 사람들은 이제 차를 타지 않고도 일하러 가고, 쇼핑하고, 식당에 가서 맛있게 식사하고, 영화를 볼 수 있어요. 모두 걸어서 갈 수 있죠. ……(중략)…… 이런 편리함은 더 건강하게 살아가는 방법이기도 해요. 신체적으로, 정신적으로, 정서적으로"(Sternberg, 2013: 380에서 재인용).

미국에서 시작한 신도시주의운동은 한국에도 영향을 미쳐서 다소간 차이는 있지만 '살기 좋은 마을 만들기'와 같은 지역 공동체 복원 운동이 최근 활발하게 전개되고 있다. '살기 좋은 마을 만들기'는 여러 면에서 신도시주의운동과 맥락을 같이하고 있다. 박재묵(2008: 106)이 주장한 바와 같이, '살기 좋은 마을 만들기'는 첫째, 양적 성장이 아닌 주민의 실질적인 삶의 질에 대한 강조, 둘째, '공간의 질', 즉 지역의 환경·생태적 조건에 대한 강조, 셋째, 다양성 강조, 넷째, 사업 기획과 집행에서 주민의 주도적 역할 강조 등은 신도시주의운동에서도 중요한 지침으로 제시되고 있다.

---

11) 미국 조지아 주 남동부에 위치한 조지아에서 가장 오래된 항구도시로 식민지 시대의 분위기가 그대로 살아 있다. 2,300채 이상의 건축물을 그대로 보존하고 있는 미국 최대의 사적지 중 하나이며, 최초의 계획도시 중 하나이다.

일본 또한 1960년대 고도 성장기를 지나면서 불거진 도시문제에 대한 대안으로 '마치즈꾸리' 운동이 일어나서 지방의 정체성 확립과 지방의 가치 재발견을 촉구하는 공동체 운동이 전개되었다. '마치즈꾸리'는 지역개발을 행정이나 전문가의 관점이 아닌 생활자(주민)의 관점에서 지역 생활환경 개선과 정비를 위한 운동으로 일상적 삶의 주변에서 접할 수 있는 근린의 문제를 주민들 스스로의 힘으로 변화 및 개선한다는 취지를 갖고 전개되었다. 결과로서, 주민 참여와 주도에 의해 일본의 거리가 깨끗해지고, 살기 좋은 동네가 조성되었으며, 근린 공동체가 복원되는 결과를 가져왔다.

신도시주의운동이 전개된 배경에는 고도 성장과 고속 사회를 표방한 근대 도시가 직면한 인간성과 공동체 정신의 상실이 주요 요인으로 작용하고 있다. 과학기술의 발달과 글로벌 사회의 도래에 의해 도시생활은 편리해지고 소득의 증가는 가져왔으나, 내면을 들여다보면 경쟁이 심화되고 공동체 관계가 붕괴된 물질만능의 비인간적 사회가 만들어진 것이다. 이런 근대 도시에 대한 반성으로 지역의 역사성, 정체성, 다양성, 독특성, 지역성을 강조하는 도시개발이 주목을 받기 시작하였으며, 다른 지역의 복제와 모방이 아닌 지역만의 독특한 기술과 특색을 살린 내생적 성장과 지역 문화와 전통, 가치관을 강조하는 신전통주의(neo－traditionalism) 개발이 등장하고 있다(김흥순, 2006).

제 5 절 맺는 말

이 장에서는 도시개발을 설명하는 주요 이론에 대해 살펴보았다. 이론은 현실을 축약적으로 설명하는 모형 혹은 원리이기 때문에 도시개발을 완벽하게 설명하지는 못한다. 그리고 요즘과 같이 빠른 속도로 변화를 보이는 고속 사회에서 사회변화를 완벽하게 설명하는 이론은 없다고 해도 과언이 아니다. 그래서 학문 세계에서 요즘을 '사회과학의 위기'라고 부르기도 한다. 즉, 제2차 세계대전 이전까지는 사회 변화가 완만하게 진행되어 변화하는 사회를 설명하기 위한 이론이 개발될 완충시간이 있었지만, 제2차 세계대전 이후에는 변화가 급속히 진행되어 사회 변화를 설명하는 이론이 개발되면 사회는 이미 또 다른 세계로 진행되었다는 것이다. 이러한 현상을 잘 설명하는 책으로 루이스 캐럴(Lewis Carroll)이 쓴 『이상한 나라의 앨리스』 2편인 『거울나라의 앨리스』에 붉은 여왕이 지배하는 마을에 대한 이야기가 있다.[12] 관심 있는 독자는 한 번 읽어보기를 권한다.

산업혁명 이후에 도시는 생산의 공간으로 끊임없이 진화를 거듭하였다. 이러한 진화를 시카고 학파는 도시 생태학적 접근을 통해 식물군의 식생 원리를 도시공간의 이용과 점유를 위한 경쟁에 접목하여 설명하였다. 식물과 토양이 서로 맞아야 뿌리를 내릴 수 있듯이, 도시공간의 이용과 점유도 적자생존의 논리로 설명될 수 있다고 보았다.

산업혁명과 함께 자본주의 체제가 도시에서 뿌리를 내리면서 지역 간에 성장 격차가 발생하기 시작하였다. 이러한 성장 격차에 대하여 자유주의 시장경제학자들은 시간이 지나면 시장 메커니즘이 작동하여 성장 격차가 감소할 것으로 주장하였다. 선진사회에서는 이런 예측이 어느 정도 들어맞았지만, 개발도상국에서는 지역 간의 격차가 더욱 심화되는 불균형 성장이 진행되었다.

슘페터는 자본주의 경제 체제는 본래적으로 장기파동을 보이며, 주요 요인으로 신기술의 발명과 혁신을 제시하였다. 그리고 새로운 기술은 새로운 지역을 선별적으로 성장시키는 요인으로 작용한다. 따라서 지역성장을 위해서는 기업가 정신을 북돋우고, 기술개발을 위한 R&D 활동에 투자를 하여 내생적 성장을 추구하여야 한다.

---

12) 앨리스와 붉은 여왕은 숨을 헐떡이며 달렸다. 앨리스가 말했다. "우리나라에서는 이렇게 열심히 달리면 어딘가에 도착하게 돼요." 그러자 붉은 여왕이 호통을 쳤다. "이런 느림보 같은 이, 여기서는 이렇게 달려야 겨우 제자리야, 어딘가에 닿으려면 2배는 더 열심히 달려야 해." 『이상한 나라의 앨리스』에 나오는 이야기이다. 이상한 나라에서는 앨리스와 붉은 여왕도 달리지만 주위의 사물도 함께 달리고 있다. 그래서 아무리 달려도 그자리만 맴돌게 되는 것이다. 우리가 사는 현실도 이상한 나라와 같다. 우리는 모두 달린다고 하지만 주위를 살펴보면 그 자리에서 맴돌거나 오히려 뒤쳐지기 일쑤다. 나도 달리지만 다른 사람들은 더 열심히 달리고 있기 때문이다. 아프리카 초원에서 먹히는 자와 먹는 자가 있다. 예를 들어, 영양과 치타가 함께 살고 있다. 치타가 살아남기 위해서는 영양을 잡을 수 있을 정도로 진화해야 한다. 반면, 영양이 살아남기 위해서는 치타보다 더 빨리 달릴 수 있도록 진화해야 한다. 그렇지 못한다면, 누군가는 사라져야 한다. 나름대로 열심히 달렸지만, 주위의 모든 경쟁자들이 더 빠른 속도로 달린다면 낙오하고 마는 것이다. 앞서려면 2배는 더 열심히 달려야 하는 것이 붉은 여왕의 법칙이다(네이버 블로그, 2014, 붉은 여왕의 법칙에서 재인용. http://blog.naver.com/PostView.nhn?blogId=leinsoo&logNo=126722352).

지역 간 불균형 성장을 주장하는 대표적인 학자로 페로(François Perroux), 허쉬만(Albert Hirschman), 뮈르달(Gunnar Myrdal)을 들 수 있다. 페로는 슘페터의 혁신이론을 공간에 접목하여 성장거점이론을 개발하였다. 성장거점이론은 장기적 투자를 요구하는 지역개발전략으로 대다수의 국가에서 실패를 경험하였으나, 한국이 박정희 정권 이래 일관되게 전략을 추진함으로써 성공을 보인 대표적인 국가라고 할 수 있다. 최근에는 실리콘 밸리를 비롯한 첨단산업도시(technopolis)의 성공과 함께 페로의 성장거점이론이 다시 주목을 받고 있다.

허쉬만은 균형 성장이 바람직하지만, 현실적으로 이상에 불과하다고 주장한다. 각 지역이 상이한 지형 조건과 부존 자원을 갖고 있기 때문에 균형 성장을 추구하는 자체가 비합리적이라는 것이다. 따라서 전후방 연계 효과가 높은 산업에 우선적으로 투자하고, 시간이 지남에 따라 확산 효과를 통하여 타산업과 주변부에 성장이 파급된다고 주장한다.

뮈르달은 허쉬만과 달리 성장의 파급 효과에 의해 주변부의 성장을 가져오는 것이 아니라, 지역들 사이의 격차는 누적적으로 심화된다고 주장한다. 주요 요인으로는 선별적 인구 이동과 집적의 효과를 제시하며, 격차를 줄이기 위해서는 낙후지역에 대한 투자를 증가시킬 것을 주장한다.

도시는 20세기에 접어들며 고도 성장을 경험하였다. 산업혁명 이후에 산업화의 부산물로서 생산의 공간으로 인식되던 도시는 인구의 급속한 증가로 인하여 시민들의 주거와 복지, 교통과 위생 서비스 등의 충족을 위해서 도시계획의 필요성이 제기되었다. 하워드(Ebenezer Howard)는 근로자들의 주거와 생활수준의 향상을 위하여 자연과 도시가 결합된 전원도시를 제안하였다. 반면에, 코르뷔지에(Le Corbusier)는 급증하는 도시의 주택 수요를 충족시키기 위해서는 고밀도 공동주택단지가 조성되어야 한다고 주장하였다. 제이콥스(Jane Jacobs)는 전원도시와 고밀도 도시개발 모두를 비판하며, 도시성(urbanity)이 유지된 공동체가 형성되어야 한다고 주장하였다. 다른 한편 버넘(Daniel Burnham)은 도시는 사람을 유인하는 매력이 있어야 한다고 주장하며 도시미화운동을 전개하였고, 라우스(James Rouse)는 다양한 도시활동을 특정 공간에 집중시킴으로써 활력을 불어넣는 복합 단지개발을 제시하였다.

최근에는 자동차에 점령당한 도시를 주민에게 돌려주어야 한다는 신도시주의

(new urbanism)운동이 전개되어, 근대 도시에서 상실한 인간성과 공동체 정신의 회복을 위한 운동이 전개되고 있다. 이제 도시는 단순히 생산의 공간이 아니라 다양한 사람들이 접촉하고 소통하며, 차이를 인정하는 것을 넘어서 공존하고 포용하는 포스트모던 공간으로 진화하고 있다.

제 6 장

도시경제 분석방법

이 장에서는 도시경제 분석을 위한 네 가지 기법들을 논의한다: 변동할당분석, 수출기반모형, 투입–산출모형, 그리고 계량분석모형. 이러한 기법들은 도시경제의 변화를 설명하는 주요 도구로 이용되는 동시에 도시정책을 수립하는 과정에 기초자료로서 활용된다. 이 장에서 제시된 모형과 기법들은 도시경제 변화를 설명하기 위해 이용되지만, 사실 도시 변화를 완벽하게 설명하는 모형과 기법은 존재하지 않는다. 모형과 기법은 도시 현상을 축약적으로 설명 및 분석하기 위한 방법인데, 현실에서는 수많은 변수와 요인들이 작용하기 때문에 이러한 요인들을 모두 포함하는 논리와 모형을 개발하는 것은 사실 불가능한 작업이다. 특히, 최근에는 사회가 급속히 변화하여, 변화하는 사회를 따라잡는 이론과 기법들을 개발하면 사회는 훨씬 더 멀리 나아가서 '사회이론의 위기'에 직면해 있다. 그럼에도 불구하고 도시경제 분석은 합리적이고 미래지향적인 도시정책 수립을 위한 기초자료와 정보를 제공하는 필수적 작업임을 명심하고 주요 기법들을 살펴보도록 하자.

제 1 절 변동할당분석(變動割當分析)

도시경제성장에는 다양한 요인들이 작용한다. 도시가 성장하였다면 아마 다른 지역보다 산업경쟁력이 있어서 경쟁력 있는 산업이 지역 경제를 견인할 수도 있다. 또 다른 요인으로는 도시가 성장한 것이 국가 경제 전체가 성장하였기 때문에 지역도 경제성장을 경험할 수도 있다. 문제는 도시 성장에서 지역 산업의 경쟁력과 국가 경제에 의해 유도된 부문을 어떻게 분리해내는가이다. 바로 변동할당분석이 여기에 대한 해답을 제시한다.

1 변동할당분석은 지역 경제 변화에 대한 설명을 제공한다

일반적으로 지역의 고용 변화는 모든 산업과 분야에 동일하게 나타나는 것이 아니라 어떤 특정 산업이나 분야에 집중되는 면을 보인다. 예를 들면, 지역이 빠른 성장을 보이는 산업을 보유한 경우에는 높은 고용 성장률을 보이는 반면에, 쇠퇴하는 산업을 보유한 지역은 고용의 하락과 침체를 경험한다. 1980년대 미국 실리콘밸리는 빠른 성장을 보이는 반도체 산업을 보유하여 높은 고용 성장과 지역 발전을 가져온 반면에, 디트로이트는 경쟁력을 상실한 자동차 산업을 보유하여 높은 실업률과 지역 경제의 불황을 경험하였다. 이것은 지역이 어떤 산업구조를 갖고 있고, 지역의 기업들이 높은 경쟁력을 갖는가가 곧 지역 성장의 주요 요인으로 작용한다는 것을 보여준다. 이런 의미에서 국가 전체의 성장 요인과 지역 경제의 성장 요인을 분류하는 작업은 지역 경제를 이해하고 적절한 지역정책을 수립하기 위한 기초자료를 제공한다. 지역이 특별히 경쟁력을 갖는 산업을 확인함으로써 이 분야를 중점적으로 지원·육성하여 지역의 내생적 성장과 고용창출을 도모할 수 있는 것이다.

변동할당분석은 지역의 산업경쟁력과 경제기반을 분석하는 데 유용한 도구로 이용된다. 지역 경제의 성장 혹은 감퇴의 내재적 원인을 지역의 산업구조 측면에서 분석하는 변동할당분석은, 학자들의 견해에 따라 지역 경제에 대한 예측력(Houston,

1967)이나 이론적 맥락(Brown, 1969)에서 비판의 대상이 되기도 하지만, 최근의 연구(Hellman, 1976; Andrikopoulos, 1980, 1990)들에 의하면 지역의 고용 변화 및 성장·발전을 설명 및 예측하는데 유용한 분석틀을 제공한다고 지적하고 있다. 지역의 고용 변화를 산업구조와 관련하여 세 가지 부분으로 분리하여 분석하는 변동할당분석은 특정 시점의 지역 고용 변화를 세 가지 요인으로 분해하여 분석한다.

첫째, 국가 경제의 성장에 기인한 요인: 국가 경제 성장분(NS: National Share)

둘째, 지역의 산업구조에 기인한 요인: 산업배합효과(IM: Industry Mix)

셋째, 지역 산업의 경쟁력에 기인한 요인: 비교경쟁효과(CE: Competitive Effect).

변동할당분석은 수리적 모형으로 방정식(1)과 같이 표현된다.

$$\triangle E_{ij} = E_{ij} \times G_{oo} + E_{ij} \times (G_{oj} - G_{oo}) + E_{ij} \times (G_{ij} - G_{oj}) \cdots\cdots\cdots\cdots\cdots (1)$$

방정식(1)에서 $\triangle E_{ij}$는 특정 기간의 i지역에서 j산업의 고용 변화를 의미하며; E_{ij}는 초기년도의 i지역의 j산업의 고용자 수를 의미하고; G_{oo}는 특정 기간의 국가 전체 경제의 성장(혹은 감소)율, G_{oj}는 j산업의 국가 전체 성장(혹은 감소)율, G_{ij}는 i지역에서 j산업의 성장(혹은 감소)율을 의미한다. 방정식(1)은, i지역에서 j산업의 고용 변화 부분을 나타내는 $\triangle E_{ij}$는 국가와 지역의 산업구조 변화와의 관계에서 다음과 같은 세 가지 요소로서 구성된다는 것을 보여준다: (1) 국가 경제 성장에서 유도된 부분, $E_{ij} \times G_{oo}$, (2) 지역의 산업 배합에서 유도된 부분, $E_{ij} \times (G_{oj} - G_{oo})$, (3) 비교경쟁력에서 유도된 부분, $E_{ij} \times (G_{ij} - G_{oj})$. 첫 번째 부분은 i지역의 j산업이 국가 전체의 경제성장률과 같은 비율로 변화하였을 때의 지역 산업의 고용 변화를 측정하며, 이 변화 부분과 실제적 고용 변화 사이의 차이가 변동(shift) 부분을 구성하고, 방정식(1)에서 산업배합효과와 비교경쟁효과로 분리된다. 따라서 방정식(1)에서 산업배합효과는 지역이 특정한 산업구조를 갖는 데서 유도되는 고용효과를 반영하고 있으며, 비교경쟁효과는 특정 지역에 입지함으로써 산업이 갖는 입지경쟁력으로 설명된다. 따라서 일정기간에 지역의 각 산업의 고용 변화가 전체 경제의 고용 변화와 상이할 경우, 변동할당분석을 통하여 이와 같은 차이가 지역의 산업구조 및 입지경쟁력과 관련하여 어떤 요인에서 유도되었는가를 이 모델을 이용하여 분석이 가능하다(김천권, 1993).

보다 구체적으로 설명하면, 국가 경제 성장분(national share)은 분석기간 동안 국가 전체 경제가 성장하였기 때문에 지역의 고용도 증가된 부분을 의미한다. 예를 들면, 다른 모든 조건이 동일하다면, 분석기간 동안에 한국경제 전체가 10% 증가했다면, 분석대상 지역의 총고용도 10% 증가했을 것으로 산출된 증가분이다. 산업배합효과(industry mix)는 각 산업 분야에서 지역 산업들이 국가의 평균 성장률보다 높은 혹은 낮은 성장을 보이는 산업들이 어느 정도 분포되어 있는가를 보여주는 부분이다. 그래서 빠른 성장을 보인 산업들이 많이 분포된 지역은 더딘 성장을 보인 산업들이 많이 분포된 지역보다 높은 성장률을 보이게 된다. 다음으로 비교경쟁효과(competitive effect)는 각 산업부문별로 지역의 성장률과 동일부문의 국가 전체 성장률 차이에서 산출된 부분이다. 이것은 각 산업별로 지역 기업들이 동일부문의 국가 전체 평균보다 높은 성장률을 보였다면 이 산업부문에 지역의 입지경쟁력이 높은 것을 의미하며, 반대로 낮은 성장률을 보였다면 그 산업부문에 지역의 입지경쟁력이 낮다는 것을 의미한다. 예를 들면, 자동차 산업의 국가 전체 성장률이 3%인데 인천의 자동차 산업 성장률이 4%이면, 인천지역은 자동차 산업에서 입지경쟁력이 높다는 것을 의미한다. 반면에, 분명히 다른 지역에서 자동차 산업의 성장률이 3% 이하인 지역이 있을 것이고, 그 지역은 자동차 산업에 있어서 입지경쟁력이 상대적으로 낮은 지역으로 이해된다는 것이다.

2 가상 수치를 이용한 변동할당분석의 예

예를 들면, 국가 전체와 인천지역의 총고용이 2000년과 2010년 사이에 <표 6-1>과 같은 통계치를 보였다고 가정하자. 그리고 산업은 오직 3개 부문, 중공업, 경공업, 서비스 산업으로 이루어졌다고 가정하자.

상기와 같은 가상 통계를 통해 인천 경제에 대한 변동할당분석을 실시하면 다음과 같은 결과가 도출된다.

(1) 국가경제 성장효과(19.4): 90×1.216=109.4

이 수치는 국가 전체로서 2000년과 2010년 사이에 경제가 21.6% 성장했기 때문에 유발된 효과를 의미한다. 그래서 인천의 2000년 총고용 90에서 21.6%의 신장을 가져오면 19.4명의 고용 증가를 가져온 것으로 계산된다. 그런데 동 기간 동안 인천의 실제 고용 변화는 45명으로 나타났다(135−90=45). 따라서 45−19.4=25.6은 국가 전체 경제의 변화로서는 설명될 수 없는 인천 경제의 변동 요인으로 남게 된다.

표 6-1 가상수치를 이용한 변동할당분석

국가의 산업 변화

산업부문	2000년(명)	2010년(명)	변화율	전체 산업에서 차지하는 비율(2000년)
중공업	120	100	−16.7%	32.4%
경공업	150	200	33.3%	40.5%
서비스	100	150	50.0%	27.1%
합계	370	450	21.6%	100%

인천의 산업 변화

산업부문	2000년(명)	2010년(명)	변화율	국가 전체 성장을 기준으로 한 부문별 예측치	전체 산업에서 차지하는 비율(2000년)
중공업	20	25	25%	16.7	22.2%
경공업	40	60	50%	53.5	44.4%
서비스	30	50	66.6%	45	33.3%
합계	90	135	50.0%	115.2	100%

(2) 변동 요인 분석

상기와 같은 변동 요인 25.6은 두 가지로 분류된다.

① 산업배합효과: 115.2−109.4=5.8

산업배합효과는 인천의 산업구조가 국가 전체의 산업구조와 다르기 때문에 발생하는 효과를 의미한다. 만약 인천이 국가 전체의 산업구조와 동일한 산업구조를 가졌다면 109.4의 수치를 보였을 것이다. 그런데 인천이 국가 전체의 산업구조와 다른 산업구조를 가졌기 때문에 국가 전체의 성장을 기준으로 한 예측치는 115.2를 기록하였다. 따라서 두 수치 사이의 차이는 인천이 산업구조에서 기인한 차이를 설명해준다.

② 비교경쟁효과: 25.6 − 5.8 = 19.8

이제 인천의 변동요인 25.6에서 산업배합효과를 공제한 부분 19.8은 인천 기업의 산업경쟁력에서 기인한 것으로 계산된다. 즉, 인천 기업들이 높은 입지경쟁력을 가졌기 때문에 고용증가가 유도된 것으로 해석된다. 예를 들면, 중공업의 경우, 국가 전체로는 고용의 하락을 경험했으나, 인천의 중공업들은 높은 경쟁력을 가졌기 때문에 동 기간 동안 고용증가를 보인 것으로 나타난다.

상기와 같은 변동할당분석 결과는 다음과 같이 요약적으로 설명된다.

$$\underset{\text{실제 변화}}{45} = \underset{\text{NS}}{19.4} + \underset{\text{IM}}{5.8} + \underset{\text{CE}}{19.8}$$

가상분석 결과는 인천 경제가 국가 경제보다 동 기간에 높은 성과를 보인 것을 보여준다. 그리고 변동의 상당부문은 인천지역의 산업배합보다는 입지경쟁력에서 유래되었다는 것을 보여준다.

3 변동할당분석의 장점과 한계

변동할당분석은 처방적인 방법이 아닌 서술적 기법으로 지역정책을 결정하는데 기초자료로 주로 이용된다. 사실 변동할당모형은 지역 경제의 다른 많은 요인들 — 예를 들면, 경기변동, 집적의 효과, 제도적 요인 등 — 은 고려대상이 아니며, 단순히 두 시점 사이의 지역 경제 변화에 대한 단순정보(snap − shot)만을 제공한다. 따라서 시점을 어떻게 설정하는가에 따라 분석 결과가 달라지는 문제점을 안고 있다. 그러나 변동할당분석은 비교적 단순한 자료로부터 지역 경제정책을 위한 유용한 기초정보를 얻을 수 있으며, 미래의 성장잠재력이 있는 지역 산업을 결정하는데 유용한 자료로 이용될 수 있다.

제 2 절 수출기반모형(Export Base Model)

수출기반모형, 때로는 경제기반모형(Economic Base Model)으로 부르는, 이 기법은 아마 지역 경제 분석에서 가장 오래되고 단순하며 가장 많이 이용되는 수요 측면의 분석기법(demand-driven technique)이라고 할 수 있다. 수출기반모형에서 경제활동은 지역을 분석단위로 하기 때문에 지역 범위를 넘어서 판매되는 활동은 수출로 계상되며, 타 지역에서 구입되는 활동은 수입으로 계산된다. 즉, 도시 외부에서 수요는 수출로 계상되고 외부로부터 도시로 공급은 수입으로 계산된다는 것이다. 따라서 수출기반모형에서 지역 경제는 수출(export) 부문과 지역(local) 부문으로 분리된다. 때로는 수출 부문을 기초 부문(basic sector)으로 부르고, 지역 부문을 비기초 부문(non-basic sector)으로 부르기도 한다. 간단히 말해서 수출 부문은 지역 외부로 상품 혹은 서비스를 판매하여 지역에 소득을 창출하는 부문을 의미하며, 지역 부문은 본질적으로 지역 소비를 위해 생산된 부문이다. 예를 들면, 울산 조선소에서 건조된 배가 외부에 팔려서 소득을 창출하기 때문에 조선업은 수출산업으로 이해되는 반면에, 울산에 있는 음식점은 본질적으로 지역주민의 소비를 위한 활동이므로 지역 산업으로 분류된다.

수출 부문의 호황 ➔ 지역 경제의 상승
수출 부문의 불황 ➔ 지역 경제의 감축
지역 부문의 호황과 불황 ← 수출 부문의 종속효과

예:
인천 부평 대우자동차 공장의 호황 ➔ 부평 경기의 상승
인천 부평 대우자동차 공장의 불황 ➔ 부평 경기의 후퇴
↓
지역 백화점의 경기상승 혹은 후퇴에 영향

수출기반모형의 핵심은 지역 경제가 성장하기 위해서는 수출 부문이 확대되어야 한다는 것이다. 현대사회에서 어떤 도시도 자급자족할 수 없기 때문에 외부로부

터 상품과 서비스가 조달되어야 하고, 외부에서 조달된 수입품 가격을 지불하기 위해서는 수출을 해야 한다. 만약 수출은 하지 못하고 수입만 한다면, 도시는 내부 자본을 잠식할 수밖에 없고 미래의 어느 시점에서 파산에 직면하게 된다. 따라서 수출기반모형에 의하면, 도시가 성장하기 위해서는 수출 부문을 확대하여야 하며, 수출 부문의 축소는 곧 지역 경제의 위축을 초래한다. 그러나 지역 소비 부문의 축소는 지역 경제의 위축을 가져오지 않으며, 다른 지역 산업 혹은 새로운 대체 산업의 성장을 가져온다. 예를 들면, 인천 부평 자동차 공장의 축소는 지역 수출의 감소를 가져와서 지역 소득을 감소시키며 지역 경제의 침체를 초래한다. 그러나 지역 주민의 소비를 위한 백화점 폐쇄는 주변에 있는 시장으로 소비자 발길을 돌리거나 새로운 백화점이 개점되어 소비활동이 계속되기 때문에 지역 경제에 영향을 미치지 않는 것으로 수출기반모형은 이해한다. 이런 의미에서 수출기반모형에서 수출 부문은 지역 경제 영향을 미치는 독립변수로, 지역 부문은 종속변수로 이해된다(Levy, 1985: 93-101).

수출기반모형의 주요 내용은 다음과 같이 요약 정리할 수 있다.

- 지역 산업은 수출 부문과 지역 부문으로 분리된다.
- 수출 부문: 지역 경계를 넘어 외부에 상품과 서비스를 판매하여 지역에 소득을 발생시키는 부문
- 지역 부문: 본질적으로 지역 소비를 위한 부문
- 기본 원리: 어느 지역이든 수출을 해야 도시가 생존하며, 그렇지 않으면 사양화된다. 즉, 어떤 도시도 현재의 조건에서는 자급자족할 수 없기 때문에, 외부로부터 수입품을 구매하기 위해서는 수출을 통해 소득을 창출해야 한다.
- 수출기반모형에 의하면, 지역 수출산업의 침체는 지역 경제의 위축을 가져온다. 그리고 지역 부문은 수출에 의해 발생한 소득에 의해 크기가 결정되기 때문에 본질적으로 지역 부문은 지역 경제에 영향을 미치지 않는다. 따라서 지역 경제효과는 다음과 같이 정리될 수 있다.

1 승수효과(Multiplier Effect)

수출기반모형은 수출 부문이 지역 경제에 중요한 영향을 미친다고 설명하는데, 여기서 다음과 같은 질문이 제기된다. "지역 범위를 넘어 수출은 도시경제에 얼마나 영향을 미치는가?" 다르게 표현하면, "수출에 의한 지역 경제효과를 어떻게 계산하는가?" '승수효과'가 바로 이 질문에 대한 대답으로 제시된다. 예를 들면, 수출활동 1단위가 지역 부문 2단위의 경제활동을 유발했다면, 지역 전체의 경제활동은 3이 되므로 승수효과는 3으로 계산된다. 사실 실물경제에서 수출 부문의 소득 발생이 지역 부문에 얼마나 영향을 미쳤는가를 계산하는 것은 매우 어려운 작업이다. 그런데 대리변수로서 고용 통계를 이용하면 승수효과의 근사치를 추정할 수 있다. 예를 들면, 지역의 총고용은 30,000명인데, 수출 부문의 고용은 10,000명이라고 가정해 보자. 그러면 다음과 같이 승수효과를 계산할 수 있다.

$$\text{승수효과} = \frac{\text{지역의 총고용}}{\text{수출 부문의 고용}} = \frac{30,000}{10,000} = 3$$

상기와 같은 승수효과는 수출 부문의 고용이 1단위 증가할수록, 지역 부문의 고용이 2단위 증가한다는 것을 설명한다.

수출기반모형을 이용한 지역 경제의 승수효과를 이해하기 위해서는 다음 두 가지 가정이 전제되어야 한다.

첫째, 지역 경제에서 외부로부터 소득 유입은 수출에 의해서만 발생한다. 예를 들면, 외부로부터 송금, 이자 배당, 중앙정부로부터 재정 지원 등이 전무하다고 가정한다.

둘째, 지역 경제로부터 자금 유출은 오직 외부로부터 수입으로만 발생한다. 예를 들면, 세금, 외부에 송금, 저축 등이 부재하다고 가정한다.

상기와 같은 가정 하에 전체 소득에서 수입물품과 서비스에 충당되는 구입비율이 20%라면, 소득의 평균수입성향(Average Propensity of Import to Income)은 다음과 같이 계산된다.

$$소득의\ 평균수입성향 = \frac{수입재화\ 구입비}{총소득} = \frac{20}{100} = 0.2$$

이러한 수치는 수출에 의해 지역에 유입된 소득 가운데 80%는 지역 재화와 서비스를 구입하는데 소비되고, 20%는 수입물품과 서비스를 구매하는데 소비된다는 것을 의미한다. 문제는 수출을 통해 유입된 소득이 일회에 한하여 소비되는 것이 아니라, 승수효과를 갖는다는 것이다. 즉, 초기 유입된 소득 10,000원은 일차 순환 과정에서 지역 부문에 8,000원 소비되고 수입물품 구입대금으로 2,000원 충당되지만, 지역 부문에 소비된 8,000원은 2차 순환 과정에서 다시 80%(6,400원)는 지역 부문에 소비되고 20%(1,600원)는 수입물품 구입에 소비되며, 이러한 과정은 지역 경제 순환 과정에서 반복적으로 일어난다.

승수효과를 통한 지역 경제 순환 과정

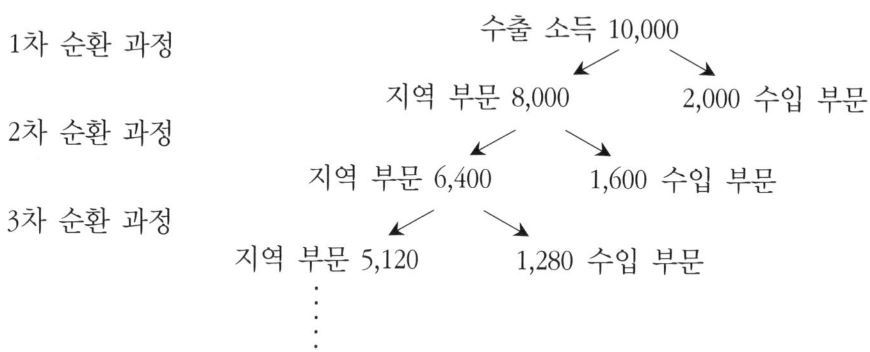

수출액 10,000원이 지역 경제에 미친 총효과는 다음과 같이 계산된다.
총효과 = 10,000 + 8,000 + 6,400 + 5,120 + ……

방정식으로 표현하면 다음과 같다.

$$SUM = \left(\frac{1}{1-r}\right) \cdot A$$

SUM은 지역 경제에 대한 총효과를 의미하며, A는 최초의 유입자금(export income)을 의미하고, r은 지역 부문에 대한 소비성향(propensity to local consumption)을 의미한다. 이 수식에 위의 가상 수치들을 대입하면,

$$SUM = (\frac{1}{1-0.8}) \times 10,000 = \frac{1}{0.2} \times 10,000 = 5 \times 10,000 = 50,000$$

따라서 수출에 의해 유입된 초기 소득 10,000원은 지역 경제의 순환 과정을 거쳐서 50,000원의 총효과를 창출한 것을 알 수 있다.

그러면 다음 질문으로 "왜 이와 같은 승수효과가 발생하는가?"에 대한 의문이 제기된다. 그 대답은 바로 수출산업이 지역 경제 부문에 파급효과를 갖기 때문이다. 지역에 새로운 기업이 입지하거나 수출산업의 매출이 확대되면 다음과 같은 세 가지 파급효과가 발생한다.

첫째, 지역 산업의 확충을 가져온다.

둘째, 지역 경제의 확대를 유도한다.

셋째, 관련된 산업 — 전방적 및 후방적 연계산업 — 의 유입을 촉진한다.

수출산업의 매출이 신장되면, 수출산업에 원자재 혹은 부품을 납품하는 주변기업들의 생산과 매출이 증가하여 지역 산업의 확충을 가져온다. 그리고 수출산업의 매출 증가는 지역 소득의 증가를 가져와서 지역 부문의 소비가 확대되어 지역 경제의 활성화를 유도한다. 수출산업의 매출 증가가 어느 수준을 넘어서면 생산시설의 확충을 요구하고, 주변지역에 원자재와 부품을 공급하는 연계산업의 유입과 확충을 촉진시킨다.

결과적으로, 지역수출산업의 매출 증가는 승수효과를 보이며 지역 경제를 활성화 시킬 뿐만 아니라 지역 부문의 소비를 촉진시킴으로써 지역 경제의 다양화를 가져오며, 종래에는 외부에서 수입된 상품과 서비스의 소비시장이 확대됨에 따라 규모의 경제원리가 작동하여 수입대체산업의 발전을 가져온다. 예를 들면, 지역 소비시장이 적은 경우에는 인도 음식점, 베트남 레스토랑 등이 지역에 없어서 서울 혹은 대도시에 가서 외래 레스토랑 서비스를 즐겼으나, 지역 소득의 증가로 인하여 소비시장이 확대됨에 따라 인도 음식점, 베트남 레스토랑 등이 지역에 생겨나서 수입대체활동이 발생하고 지역 경제의 다양화가 촉진될 수 있다는 것이다.

요약하면, 수출기반모형에 따르면 지역 경제 성장을 위해서는, 첫째, 수출산업

이 신장되어야 하며, 둘째, 지역 생산품 및 서비스 소비가 증가되어야 하고, 셋째, 수입대체산업의 발전을 통해 외부로 소득 유출을 줄이는 동시에 지역 산업의 다양화를 추구할 것을 요구한다.

2 승수효과를 계산하는 방법

사실 지역 경제에서 수출과 수입에 의한 경제적 가치를 측정하는 것은 쉬운 일이 아니다. 특히, 지역 경제는 국내에서 개방적이며 이동성을 갖기 때문에 더욱 측정이 어렵다. 예를 들면, 주민들이 지역에서 소비하는 금액과 지역 외부에서 소비하는 금액을 정확하게 산정하는 것은 거의 불가능한 일이다. 따라서 수출기반모형에서 이용하는 승수효과는 일반적으로 대리변수(proxy)에 의한 근사치를 이용한다.

지역 경제를 수출 부문과 지역 부문으로 분리하는 가장 단순한 방법은 경제의 각 부문들을 수출과 지역 부문으로 항목화하는 것이다. 예를 들면, 제조업은 수출 부문으로, 도소매업은 지역 부문으로 분류하는 방법이다. 사실 이 방법은 간편하기는 하지만 문제가 있다. 제조업이라도 지역소비를 위한 제조활동이 있고, 도소매업도 외지 사람들이 주요 소비자를 구성하기도 한다. 예를 들면, 인천에서 생산되는 자동차 가운데 일부는 인천 시민들이 소비자이며, 소래포구 어시장의 대다수 소비자는 서울과 경기도민들로 구성된다. 법률 서비스도 이혼과 재산 문제를 다루는 경우에는 지역 서비스로 분류되지만, 국제 비즈니스와 수출입 업무를 다루는 경우에는 수출활동으로 분류되어야 한다. 따라서 산업부문별 항목화는 근사치로 이용될 수 있으나, 지역 경제의 명확한 분석을 제공하지는 못한다.

1) 입지계수(Location Quotient) 이용방법

두 번째로 제시되는 훨씬 우수한 방법은 입지계수를 이용하는 것이다. 각 산업을 인위적으로 수출과 수입 활동으로 분류하는 것이 아니라, 산업 부문 가운데 일정부분은 지역 소비를 위한 활동으로 분리하고 나머지는 수출활동으로 분리하는 방식이다. 이때 지역 소비와 수출활동을 분리하기 위한 기준으로 국가 전체의 산업 고용률을 이용한다. 입지계수를 산출하기 위한 방정식은 다음과 같다.

$$LQ = \frac{e_i/e}{E_i/E}$$

위 식에서 LQ는 입지계수를 의미하며, e_i는 i산업의 지역 고용자 수를 의미하고, e는 지역의 총 고용자 수를 의미하며, E_i는 국가 전체에서 i산업의 고용자 수를 의미하고, E는 국가 전체의 총 고용자 수를 의미한다. 입지계수는 국가 경제 전체와 비교하여 지역에 어떤 산업, 직종 혹은 인구 집단이 집중했는지를 분석하기 기법으로 제시되었다. 즉, 국가 평균과 비교하여 지역의 산업 전문화, 특화의 정도를 측정하기 위한 지수(지역 전문화 지수) 및 지역의 수출산업을 확인하기 위한 방법으로 이용되고 있다. 예를 들면, 전국에서 섬유 분야에 종사하는 근로자의 분포가 0.8%인데, 대구지역의 전체 근로자 가운데 섬유 분야 종사자가 3.2%라면, LQ지수는 (3.2/0.8)=4를 보이고, 대구지역은 섬유산업에 전문화되어 있고 주요 수출산업을 구성한다고 설명할 수 있다.

입지계수는 지역 경제에 관한 다양한 정보를 제공한다. 지역의 높은 LQ지수를 갖는 산업은 전형적으로 수출산업으로 지역에 소득을 창출한다. 그리고 높은 LQ지수를 가지며 높은 고용 분포를 보이는 산업은 지역의 수출기반 산업을 구성한다. 따라서 지역정부는 고용 창출과 지역 경제에 대한 승수효과를 고려하여 이러한 산업에 특별한 관심과 투자를 제공하여야 한다. 반면에, 높은 LQ지수를 보이지만 근로자 수가 적은 산업은 수출산업은 구성하지만 지역 경제의 핵심 산업을 형성하지는 않는다. 반면에, 높은 LQ지수와 대규모 근로자 수를 갖는 산업은 지역 경제의 핵심산업을 구성하며, 이러한 핵심 산업 활동은 지역 경제와 직접적으로 연결되어진다. 예를 들면, 2012년 현재 울산의 총 고용자 수는 452,130명인데 자동차 및 트레일러 제조업에 종사하는 고용자 수는 45,368명으로 총 고용의 10%가 이 분야에 종사하고 있다. 이러한 통계는 자동차 산업이 호황이면 울산경제도 호황이고, 자동차 산업이 불황이면 울산경제도 불황일 것으로 예측이 가능하다.

LQ지수를 이용한 지역 수출 분야 계산은 쉽게 산출된다. 지역 경제에서 산업별로 국가 평균보다 큰 부분은 수출 분야로 계산된다. 그리고 국가 평균 이하의 부분은 지역 소비를 위한 부분으로 처리된다. 예를 들면, 2012년 현재 전국의 금융보험업에 종사하는 근로자의 분포는 3.8%인데 서울의 전체 고용에서 금융보험업에

종사하는 근로자의 분포가 5.8%라면, 전국 평균을 넘어선 2%의 근로자는 수출 업무에 종사하는 근로자로 분류된다는 것이다. 이러한 방식으로 전체 산업에 대한 LQ지수를 산출하여 종합하면 지역 수출 분야의 근로자 혹은 산업체를 계산할 수 있다.

LQ지수가 지역 수출 분야 분류를 위한 기본논리를 제공하지만, LQ지수를 이용한 승수효과도 정확한 척도는 아니며 근사치 계산을 제공한다. 왜냐하면, 사실 LQ지수도 논리적 모순을 안고 있기 때문이다. 예를 들면, 국가 평균을 기준으로 평균을 넘어선 부분은 수출이고 이하의 부분은 지역 소비를 위한 부분으로 분류하는 것은 모든 지역이 국가 평균과 동일한 경제활동을 하는 것을 가정한 결과이다. 그런데 한국의 국내총생산(GDP)에서 수출이 차지하는 비중이 57.3%에 달하며, 이러한 통계는 경제활동 가운데 50% 이상이 이미 수출 분야에 종사하고 있다는 것을 보여준다.[1] 따라서 LQ지수를 이용한 승수효과 분석도 정확한 수치는 아니며 근사치를 제공한다는 것을 명심해야 한다.

2) 최소요건접근법(MR: Minimum Requirement Approach)

최소요건접근법은 지역 경제의 기본 고용을 산출하기 위하여 다른 유사한 지역 경제와 비교하는 방식이다. 이 방식의 이론적 근거는 지역 수요에 필요한 산업의 최소 고용수준을 타 지역과 비교를 통해 확인할 수 있다는 것이다. 최소요건접근법은 도시 규모에 따라 분석 대상이 된 산업별로 최소 고용률을 결정한 후, 이 최소 고용률보다 큰 경우 이 부분을 지역의 수출산업을 위한 경제활동으로 정의하는 방법이다.

MR기법은 LQ기법과는 달리 지역 경제를 유사한 규모의 다른 지역과 비교하여 수출 부문(기반 부문)과 지역 부문(비기반 부문)을 분리한다. 예를 들면, 인구 20만 명인 도시의 경제구조의 비교를 위하여 유사한 규모의 도시들을 비교 분석하여 각 산업별로 최소 고용비율을 산출하고, 나머지 부분을 수출을 위한 부문으로 계산하는 방식이다.

1) 2013년 1월 8일 한국은행 발표에 따르면 한국 국내총생산(GDP)에서 수출이 차지하는 비중은 지난해 3분기 말 기준 57.3%로 사상 최고치를 기록했다(국민일보, 2013.01.08).

표 6-2 4개 도시 근로자 수 통계

(단위: 명, %)

도시명	총 근로자 수	건설부문 근로자 수	산업분포 비율
의정부시	101,501	4,292	4.2
제주시	159,332	12,077	7.6
구미시	192,760	4,951	2.6
시흥시	175,977	4,216	2.4

[표 6-2]에서 우리는 인구 40만 명대에 있는 4개 도시의 건설부문 근로자 수 비율을 볼 수 있다. 제주시의 건설부문 산업 분포는 7.6%이며, 시흥시의 건설부문 산업 분포는 2.4%를 보이고 있다. *MR*기법에 의하면 의정부시는 건설부문 산업분포에서 2.4%는 지역 소비를 위한 부분이며, 나머지 1.8%는 수출을 위한 부분으로 계산된다. 이런 방식에 의하면 제주시는 무려 5.2%가 수출을 위한 부분을 구성한다. 섬의 특성상 건설부문의 많은 부분이 제주시를 넘어 전체 제주도 지역의 건설 활동을 지원하는 것으로 해석된다.

최소요건접근법의 주요 개념은 다음과 같이 요약 된다: 첫째, 최소요건접근법은 지역 경제를 유사한 규모의 지역들과 비교를 통해 분석한다. 둘째, 지역 경제의 비기반 부문(non-basic employment)은 비교 지역의 최소 분포에 의해 결정된다. 셋째, 최소요건을 초과한 고용 부문은 수출 부문(기반 부문)으로 계산된다.

최소요건접근법은 도시개발과 계획을 위한 유용한 정보를 제공한다. 도시개발과 계획을 위해서는 유사한 지역의 경제조건과 구조, 변화에 대한 비교 분석 자료가 유용한 정보로 이용될 수 있다. 도시의 인구예측, 산업의 변화 패턴, 주력산업의 선택 등을 위한 정책결정에 최소요건접근법은 유용하게 이용될 수 있다. 그리고 최소요건접근법의 비교기준은 국가가 아니라 비슷한 규모의 도시, 혹은 목표 도시, 또는 메트로폴리탄 등 연구 목적과 대상에 따라 선택할 수 있는 유연성을 갖는다.

3 수출기반모형의 장점과 제약점

수출기반모형은 지역 경제 분석을 위해 자주 이용되며 경제정책 형성에 유용한 기초자료를 제공한다. 그런 만큼 수출기반모형은 장점도 있으며 비판도 많이 받는 모형이라고 할 수 있다. 주요 제약과 장점을 살펴보면 다음과 같다(Lwvy, 1985: 103–109).

가장 많이 제기되는 비판으로는 공급 측면의 논의가 전혀 없다는 것이다. 도시가 존재하고 생존하며 성장하는 과정에서 수출산업은 경기 부침에 따라 새로운 수출산업으로 대체되고 교체되지만, 지역의 비즈니스와 서비스 활동은 지속적으로 유지된다. 이런 의미에서 지역 경제에서 수출산업은 보조적·이차적 요인인 반면에, 서비스 산업이 진정한 기본적·일차적 요인으로 작용한다는 것이다. 이런 논리를 생물학적으로 해석하면, 지역 경제의 진정한 뿌리는 서비스 산업으로 지역 부문이 튼실하고 영양을 공급해 주어야 나무가 튼튼하게 자라며, 수출산업은 뿌리로부터 영양을 받아 성장하는 가지와 나뭇잎처럼 계절에 따라 옷을 갈아입고 주위 환경에 영향을 받아 변화한다는 것이다.

이러한 사실들은 대도시 성장 과정의 역사에서 관찰될 수 있다. 보스턴은 1940년대에 섬유와 신발산업이 주종을 이루었으나 점차적으로 경쟁력을 잃어가고, 1960년대 이후에 128번 고속도로 주변에 전자산업의 성장으로 도시경제가 활성화되었다. 하이테크 산업이 보스턴 지역에 입지한 주요 이유는 수출기반활동이 아니라, 지역에 우수한 대학—하버드와 MIT 대학—의 입지, 그리고 우수한 산업과 주거환경 등이 주요 요인으로 작용하였다. 즉, 지역이 갖고 있는 우수한 인적자원과 산업문화, 삶의 쾌적성과 다양한·고품격 서비스 등이 매력 요인으로 작용한 것이다. 이런 시각에서 톰프슨(Thompson, 1965)은 지역 경제 분석에서 공급 측면의 분석이 우선적으로 선행되어야 한다고 주장한다. 그의 주장에 의하면, 지역 경제 분석에서 "지역의 강점이 무엇이고 매력 요인이 무엇인가?", 그리고 "지역의 약점은 무엇이며 잃어버릴 것은 무엇인가?" 등이 우선적으로 파악되어야 한다고 설파한다. 이것은 변동할당분석이나 수출기반모형이 도시경제 분석에 가치가 없다는 것이 아니라, 수요 측면의 분석은 동전의 한 면만을 보는 것이기 때문에 공급 측면을 통해 다른 면도 살펴보아야 한다는 것을 제약점으로 지적한 것이다.

수출기반모형의 또 다른 제약점으로 소규모 도시경제 분석에는 적절하지만, 대도시 경제 분석에는 한계가 있다는 것이다. 예를 들면, 수출기반모형은 거제시와 같이 한 가지 산업, 조선업에 전문화된 도시의 경제기반 분석에 유용한 설명을 제공한다. 거제시는 조선업에 특화되어 선박 수출을 통해 소득이 창출된다. 만약 조선업이 경쟁력을 잃으면 다른 산업으로 대체될 수 없고 지역 경제기반이 붕괴된다.

그러나 수출기반모형은 대도시 경제 변화를 설명 및 예측하는 데는 한계가 있다. 대도시에는 다양한 산업들이 입지하고, 수출산업 한 분야의 침체와 수축은 이 분야의 노동과 자본을 다른 분야로 이동시키는 효과를 가져 오기 때문에 전체로서 도시경제에 큰 변화는 없다. 그리고 수출산업 한 분야의 실업은 노동 공급의 증가를 가져와서 임금의 하락을 유도하고, 이것은 타 지역에 비해 노동비용을 하락시켜 타 산업분야에 경쟁요인으로 작용한다. 침체 분야에 투자된 자본은 타 분야로 이전하여 새로운 수입대체산업의 성장을 가져올 수도 있으며, 침체된 지역은 저렴한 임대료 등의 강점이 작용하여 새로운 문화·예술활동의 창작공간으로 탈바꿈하여 도시재생을 가져오기도 한다. 이런 현상들은 대도시의 경우 수출 수요와 무관한 요인들에 의해 도시경제 변화가 발생할 수 있다는 것을 보여준다.

수출기반모형이 상기와 같은 제약점을 갖고 있지만, 지역 경제 분석에는 여전히 유용한 정보를 제공한다. 이 모형이 갖는 주요 장점은 첫째, 모형이 단순하여 비전문가에게 설명이 용이하다는 것이다. 둘째, 모형에서 요구된 자료를 비교적 쉽게 구할 수 있다. 수출기반모형을 위한 산업별·지역별 고용 자료가 이미 많이 축적되어 있어 모형에 대한 실증적 분석이 용이하다는 것이다. 셋째, 앞에서 언급한 바와 같이, 소규모 도시의 단기적 경제예측과 경제정책 수립에 유용한 기초자료를 제공한다.

제 3 절 투입–산출모형(Input–Output Model)

투입–산출(I/O)모형은 산업과 산업과의 관계를 원료 공급자와 생산자 사이의 투입–산출관계를 통해 설명하는 모형이다. 투입–산출모형은 산업과 산업 사이에 투입과 산출관계를 통해 산업들 사이의 연계성을 산출하고, 한 산업에서의 변화가 연계된 산업에 어떻게 영향을 미치는가를 설명하여 전체 경제에 미치는 효과를 밝힌다. 따라서 투입–산출모형은 국가와 지역정부 모두에서 한정된 재원을 어떤 산업에 배분하여 경제효과를 극대화할 것인가를 결정하기 위한 정책자료로 이용되며, 산업 각 분야의 변화가 경제 전반에 어떤 영향을 미칠 것인가 — 예를 들면, 매년 경제성장률 예측 등 — 를 예측하기 위한 기법으로 이용된다.

투입-산출모형은 러시아 경제학자인 레온티예프(Wassily Leontief, 1905~1999)에 의해 실용화된 경제분석 모형으로 그는 이 공로를 인정받아 1973년에 노벨 경제학상을 수상하였다. 그는 기업과 정부부문에서 수집한 수많은 경제 자료를 매트릭스(matrixes)로 전환하여 간편하게 분석하는 기법을 개발하였다. 이 매트릭스를 이용하여 수요 변화, 원자재 증감, 경제변동의 결과를 예측 및 통제하는 정책과 프로그램들이 개발되었다.

투입-산출모형은 수출기반모형과 동일하게 수요 측면의 모형이지만 실제적 이용에서는 차이가 있다. 투입-산출모형은 지역 경제 분석에서 수출기반모형보다 훨씬 정교한 분석을 제공한다. 투입-산출모형은 원리에 있어서 특정 산업이 지역 경제에 미치는 효과에 대한 한층 강력한 설명과 예측력을 갖는다. 반면에, 투입-산출모형은 많은 자료와 수학적 지식이 요구되는 고급모형으로 주로 컴퓨터를 이용한 분석을 요구한다.

투입-산출모형은 주로 국가와 지역 경제와 같은 대규모 개방경제체제의 분석을 위해 이용된다. 개방경제체제에서 한 산업의 생산품은 동일 산업의 원자재 혹은 다른 산업의 원자재로 공급되어 소비된다. 예를 들면, 목재에서 생산된 종이는 출판업을 위한 인쇄의 원자재로 사용된다. 이 과정에서 목재는 제지업의 투입(input) 요소이며 산출물로서 종이를 생산하고, 제지업에서 생산된 종이는 출판업의 투입요소이며 산출물로서 책을 생산한다. 투입-산출모형은 이와 같은 산업들 사이의 연계관계를 바탕으로 특정 산업의 변화가 연계된 산업에 어떤 영향을 미치는가를 계산하여 경제 전반에 미치는 효과를 분석하는 모형이다.

투입-산출모형은 세 가지 중요한 강점을 갖는다.

첫째, 투입-산출자료를 통해 경제 전반에 대해 종합적이고 일관성 있는 분석을 제공한다. 투입-산출자료는 경제분석에서 홀대받는 서비스 부문을 포함하여 공식 경제에서 발생하는 모든 자료를 포함한다. 대다수의 국가와 지역에서 투입-산출자료는 산업분류표(Industrial Classification Code)에 의하여 분류 및 수집되기 때문에 자료의 종합성과 일관성, 완정성이 보장된다. 따라서 투입-산출자료는 국가와 지역 계정을 위한 기본 자료로 이용되며, 국가 총생산(GNP)과 지역 총생산(GRP: Gross Regional Product) 등과 같은 경제지표의 예측과 산출을 위한 유용한 자료로 이용된다.

둘째, 투입－산출분석은 산업들 사이의 연계성을 통한 구조적 관계를 추적함으로써 산업들이 연계산업들에 미치는 직접 및 간접적 효과에 대한 체계적 분석을 제공한다. 특히, 생산과정의 각 단계에서 다른 많은 산업들과 상호작용을 하는 복잡한 생산과정을 갖는 산업의 직·간접 및 유발효과 분석에 효과적 분석방법으로 이용된다. 즉, 투입－산출분석은 이와 같은 산업의 원자재 수급 단계에서 최종 생산품 단계에 이르기까지 전체 연계과정을 추적하여 산업 전체에 걸친 경제적 효과를 분석한다. 예를 들면, 자동차 산업의 수요 변화를 자동차 산업에 한정하여 분석하는 것이 아니라, 원자재를 공급하는 철강산업, 철강산업에 원자재를 공급하는 석탄산업에 대한 영향까지를 종합적으로 분석한다는 것이다.

셋째, 투입－산출분석은 경제의 구조적 변화를 가져온 원천(source)과 변화 방향 및 크기에 대한 개별적 분석을 제공한다. 투입 산출분석은 산업연계과정에서 경제에 변화를 가져온 변수를 확인하고, 이 변수가 수출, 수입, 내수에 미치는 영향을 산정함으로써 경제 전반에 미치는 효과에 대한 예측치를 제시한다. 이런 관점에서 투입－산출모형은 수출 혹은 내수의 변화와 같은 거시경제적 현상이 경제의 미시적 변화와 어떻게 연동하는지를 설명하는 유용한 분석방식이다.

이제 투입－산출분석이 어떤 기법인가를 이해하였으니 본격적으로 내용을 탐색해 보기로 하자. 투입－산출분석은 다음 세 단계로 이루어진다.

① 산업 각 분야에 관한 투입－산출관계를 보여주는 산업연관표(transaction matrix)가 요구되고,

② 산업연관표로부터 산업 간 연계관계를 보여주는 기술적 상수(technical coefficient)를 도출하며,

③ 기술적 상수를 이용하여 특정 산업의 변화가 다른 산업 및 지역 경제에 어떤 영향을 미치는가를 분석한다.

1 산업연관표(Transaction Matrix)

산업연관표는 산업들 사이에 상호관계를 투입－산출관계로 나타낸 표이다. 산업연관표의 기본 구조를 보면, 가로방향은 생산된 상품이 판매되는 내역을 나타나며, 세로방향은 생산을 위한 재료로 사용된 재화와 서비스 내역 및 최종적으로 창출된 부가가치 정보가 표기된다. 예를 들면, 어떤 지역에 화학공업과 기계공업 두 산업만 존재하고, 두 산업 사이에 거래 관계가 형성된다면, <표 6－3>과 같은 산업연관표를 도출할 수 있다.

표 6-3 산업연관표

생산부문	소비부문		수출 수요	총수요
	화학공업	기계공업		
화학공업	20	5	40	65
기계공업	10	10	80	100

<표 6－3>은 화학공업에서 생산된 제품이 같은 화학공업에 20단위, 기계공업에 5단위 판매되고, 수출되는 물량은 40이며, 총수요는 이들을 합한 수치 65단위라는 것을 보여준다. 기계공업에서 생산된 제품은 화학공업에 10단위, 같은 기계공업에 10단위, 그리고 수출로 80단위가 판매되어 총수요는 이들을 합한 수치 100이라는 것을 나타낸다.

생산부문에서는 화학공업에서 65단위를 생산하기 위하여 같은 화학공업에서 20단위와 기계공업에서 10단위의 투입을 요구하고, 기계공업에서는 100단위를 생산하기 위하여 화학공업에서 5단위와 같은 기계공업에서 10단위의 원자재를 요구한다는 것을 보여준다.

2 기술적 상수(Technical Coefficient) 도출

기술적 상수는 산업과 산업들 사이에 기술적 의존관계를 의미한다. 이와 같은

표 6-4 기술적 상수 계산표

생산부문	소비부문	
	화학공업	기계공업
화학공업	$\frac{20}{65} = 0.307$	$\frac{5}{100} = 0.05$
기계공업	$\frac{10}{65} = 0.154$	$\frac{10}{100} = 0.10$

기술적 상수는 어떤 한 산업분야의 생산품 1단위 생산을 위하여 다른 산업의 생산품 몇 단위가 요구되는가를 보여준다. <표 6-3>의 산업연관표로부터 <표 6-4>와 같은 기술적 상수를 도출할 수 있다.

<표 6-4>에서 각 칸들은 어떤 한 산업의 수요 증가 혹은 생산 확장이 다른 산업에 미치는 영향을 보여준다. 예를 들면, 화학공업의 1단위 수요증가는 같은 화학산업 0.307단위의 투입량 증가와 0.154단위의 기계공업 투입량 증가를 요구한다. 그런데 여기서 지역 경제 효과가 멈추는 것이 아니라, 이번에는 기계공업 분야의 투입량 증가는 같은 기계공업과 화학공업의 투입량 증가를 요구한다. 이러한 효과는 연쇄반응을 보이며 지역 경제에 파급효과를 갖는다.

1) 외부로부터 수요 증가의 지역 파급효과 계산

투입-산출모형도 수요 측면의 분석이다. 외부 수요의 증가, 즉 지역 외부로 수출의 증가는 지역 산업의 생산을 증가시키고, 증가된 생산을 위하여 투입이 증가하여야 하며, 이런 일련의 과정을 거쳐 지역 경제 전체에 파급효과를 가져온다는 것이다. 투입-산출모형은 이런 일련의 과정을 산업연계관계를 이용하여 분석하는 기법이다. <표 6-3>의 산업연관표를 이용하여 외부 수요의 증가가 지역 경제에 미치는 연쇄적 파급효과를 계산해 보기로 하자.

화학공업의 수출 수요가 40억 원에서 60억 원으로 증가했다고 가정해보자. 이와 같은 외부 수요의 증가는 세 가지 효과를 창출한다.

① 직접 효과: 화학공업의 생산량 증가(20억 원 증가)

② 간접 효과: 화학공업의 생산량 증가에 따른 기계공업의 투입량 증가

➔ 기계공업의 생산량 증가

③ 연쇄 효과: 기계공업 생산량 증가에 따른 지역 화학공업의 투입량 증가

➔ 반복적 연쇄효과

상기와 같은 파급효과를 수리적 분석을 통해 풀어보기로 하자.

2) 수리적 분석

분석의 편의를 위해 화학공업의 생산량을 CH로, 기계공업의 생산량을 MA로 이름 지어보자. <표 6-4>의 기술적 상수들을 이용하여 화학공업과 기계공업의 생산량은 초기 상태에서 다음과 같은 방정식으로 표현된다.

초기 상태: $CH = 0.307\ CH + 0.05\ MA + 40$ ······ (1)

$MA = 0.154\ CH + 0.1\ MA + 80$ ······ (2)

방정식(1)을 다르게 변형하면,

$CH - 0.307\ CH - 0.05\ MA = 40$이 되고,

이 방정식은 다시 CH를 한 곳으로 모아서 다음 방정식(3)으로 바꾸어질 수 있다.

$0.693\ CH - 0.05\ MA = 40$ ······ (3)

유사한 방식으로 방정식(2)를 변형하면,

$MA - 0.154\ CH - 0.1\ MA = 80$이 되고,

이 방정식은 다시 MA를 한 곳으로 모아서 다음 방정식(4)로 바꾸어질 수 있다.

$-0.154\ CH + 0.9\ MA = 80$ ······ (4)

이제 방정식(3)에서 수출 수요가 40에서 60으로 증가하면, 방정식(3)은 방정식(5)로 바뀌게 된다.

$0.693\ CH - 0.05\ MA = 60$ ······ (5)

이제 방정식(4)와 (5)를 이용하여 CH와 MA의 증가된 투입-산출계수를 다음과 같은 단순 계산을 통해 얻을 수 있다.

방정식(4)×4.5를 하면, 방정식(4)는 방정식(6)으로 변형된다.

$$-0.693\ CH + 4.05\ MA = 360 \quad \cdots\cdots (6)$$

방정식(5)와 방정식(6)을 더하면 다음과 같이 MA 수치를 구할 수 있다.

$$\begin{array}{rr} & 0.693\ CH - 0.05\ MA = 60 \\ +) & -0.693\ CH + 4.05\ MA = 360 \\ \hline & 4.00\ MA = 420 \end{array}$$

$$\therefore MA = \frac{420}{4} = 105$$

다음으로 MA=105를 방정식(6)에 대입하면, CH=94.16을 구할 수 있다. 위 결과를 토대로 수정전 투입-산출표(I/O Table)를 만들면 <표 6-5>와 같다.

표 6-5 수정된 투입-산출표

생산부문	소비부문		수출 수요	총수요
	화학공업	기계공업		
화학공업	94.16×0.307=28.91	105×0.05=5.25	60	94.16
기계공업	94.16×0.154=14.5	105×0.1=10.5	80	105

이제 초기에 화학공업부문의 수출 20단위의 증가가 지역 경제에 어떤 영향을 미쳤는가를 가름할 수 있다. 화학부문의 20단위 증가는 같은 화학부문의 총수요를 65에서 94.16으로 29.16단위 증가시켰다. 초기 수출 수요 20을 빼고 나면 9.16의 유발 효과가 발생하였다. 기계공업에서는 총수요 100에서 105로 5단위 증가하였다. 즉, 화학부문 20단위의 수출 수요의 증가는 화학부문 9.16과 기계부문 5단위의 지역 경제 파급효과를 가져왔다. 만약 화학부문 1단위 증가가 지역 고용을 10명 창출하고, 기계공업 1단위 증가가 지역 고용 20명을 창출한다고 가정하면, 화학부문 수출 20단위의 증가는 지역 고용을 약 392명 증가시키는 것을 알 수 있다.

화학공업　기계공업

$$(29.16 \times 10) + (5 \times 20) = 291.6 + 100 = 391.6$$

상기와 같은 가상분석을 통해 알 수 있는 바와 같이, 투입-산출모형은 특정 산업분야의 변화가 연계된 타 산업분야에 미치는 효과를 산출함으로써 경제 전반에 미치는 영향을 예측 가능하게 한다. 이 책에서는 사례로 두 부문만을 가정하였지만, 현실에서는 다양한 산업들이 전후방 연계관계를 맺고 있기 때문에, 실제 분석에서는 컴퓨터의 도움을 받아 분석을 진행해야 한다. 하지만, 산업부문의 숫자만 늘어난 것이지, 현실에서도 기본 논리는 동일하게 적용된다. 이와 같은 투입-산출모형을 이용하여 한국은행과 경제연구소들은 산업분야의 경제 변화를 계산하여 차기년도 국가 경제성장률 혹은 지역의 경제성장률의 예상치를 발표하는 것이다.

3 투입-산출모형의 장 · 단점

먼저 투입-산출모형의 장점을 살펴보면 다음과 같다.

첫째, 지역 경제 변화에 대한 높은 설명력을 갖는다. 산업들 사이에 연계관계를 중심으로 경제 변화를 분석하기 때문에 논리의 합리성을 가지며 설득력이 높다.

둘째, 특정 산업의 변화가 전체 경제에 미치는 영향을 효과적으로 분석한다. 따라서 지역의 장기적 산업정책 수립을 위한 유용한 기초자료를 제공한다.

셋째, 최근에는 산업 센서스 자료의 축적과 컴퓨터 기술의 발달로 비교적 용이하게 모형을 이용할 수 있다.

다음으로 투입-산출모형의 단점을 살펴보면 다음과 같다.

첫째, 투입-산출모형은 불변 규모의 경제(constant returns to scale)를 가정한다. 따라서 산출량의 변화와 무관하게 투입량이 고정된 것으로 계산한다. 그런데 현실에서는 산출량이 증가함에 따라 대량생산체제가 도입되어 투입 요소와 비용의 변화가 예상되는데, 투입-산출분석은 이런 변화를 반영하지 못한다.

둘째, 시간이 지나도 기술적 상수는 고정된 것으로 가정한다. 즉, 각 산업에서 1단위 생산을 위한 투입 요인은 변하지 않는 것으로 가정한다. 예를 들면, 연구기간이 미래 5년인 경제 변화를 예측할 때, 5년 동안 산업들 사이에 기술적 관계가 불변인 것으로 가정하여 예측치를 제공한다. 따라서 산업 기술이 급변하는 시기에는 설명·예측력에 한계가 있을 수 있다.

셋째, 수요 측면의 분석에 중점을 두기 때문에 공급 측면을 고려하지 않는 문제가 있다. 예를 들면, 지역 자원은 무한히 공급되는 것으로 가정한다.

요약하면, 투입-산출모형은 지역 경제 변화의 요인과 크기를 분석하는데 높은 설명력을 갖는 모형이다. 지역 경제에서 각 산업별로 어떤 부문이 얼마만큼의 영향력을 갖는가를 분석하기 위한 유용한 도구로서 이용된다. 그리고 모형 분석을 통해 획득한 자료를 이용하여 지역 소득과 고용에 미치는 효과를 분석해냄으로써 지역 정책 수립을 위한 유용한 정보를 제공한다. 정책결정자들은 모형에서 얻은 정보를 이용하여 지역성장을 위한 거점 산업의 확인과 인적자원의 교육과 훈련 등을 위한 계획을 수립함으로써 한정된 지역 재원의 효율적 이용과 배분에 공헌한다.

제 4 절 계량분석모형(Econometric Model)

계량분석모형은 지역 경제 분석에서 가장 많이 이용되는 분석 기법이다. 통계학의 다양한 기법을 응용하는 계량분석모형은 지역 경제에 영향을 미치는 변수들과 효과를 실증적으로 확인 및 분석을 위해 주로 이용된다. 자주 이용되는 통계 기법으로는 상관분석과 회귀분석을 들 수 있다. 상관분석은 변수들 사이에 상호관계와 결합도를 측정하기 위한 기법이며, 회귀분석은 인과관계를 전제로 독립변수와 종속변수 사이의 관계를 측정하기 위한 기법이다.

계량분석모형을 이해하기 위해서는 수와 통계가 갖는 의미를 파악해야 한다. 계량분석모형은 수와 통계로부터 의미 있는 정보를 도출하여 지역 경제 분석과 정책 수립을 위한 기초자료를 제공하는 것이다. 그래서 계량분석모형은 숫자 혹은 상징으로 표현된 통계 자료로부터 정보와 지식을 창출하는 작업이다. 예를 들면, 지역 소득과 산업구조에 대한 자료가 축적되어 있다면, 지역의 산업구조와 소득수준 사이에 어떤 관계가 있는지를 계량기법을 통해 분석하여, 지역 소득증대를 위한 산업정책 수립의 기초자료로 활용될 수 있다. 따라서 계량분석모형을 위해서는 기본적으로 "수는 아름답다(Number is a beautiful)"는 사고를 갖고,[2] 통계로부터 의미 있는 정보를 도출하기 위한 기법을 익혀야 한다.

계량분석모형을 이용하여 지역 경제를 분석하기 위해서는 우선 방정식 형태의 분석모형을 정립해야 한다. 방정식(7)은 가장 일반적인 형태의 분석 모형이다.

$$Y = \alpha + \beta X + \varepsilon \cdots\cdots (7)$$

방정식(7)에서 Y는 종속변수를 의미하고, X는 독립변수를 의미하며, α와 β는 회귀분석을 통해 얻어지는 상수를 의미하고, ε는 오차항을 의미한다. 방정식(7)은 가장 간단한 단순회귀방정식(simple regression model)이며, 독립변수의 수가 증가하면 다음과 같은 다중회귀방정식(multiple regression model)모형을 취한다.

$$Y = \alpha + \beta_1 \cdot X_1 + \beta_2 \cdot X_2 + \beta_3 \cdot X_3 + \beta_4 \cdot X_4 + \cdots \beta_n \cdot X_n + \varepsilon \cdots\cdots (8)$$

방정식(8)에서 Y는 종속변수이고, X_1, X_2, …… X_n은 독립변수들을 의미하며, α와 β_1……β_n은 회귀분석을 통해 얻어지는 상수를 의미하고, ε는 오차항을 의미한다. 위와 같은 다중회귀분석의 예를 보면 다음과 같다.

$$REI = a + \beta_1 \cdot POP + \beta_2 \cdot INC + \beta_3 \cdot ED + \beta_4 \cdot IDS + \cdots \beta_n \cdot GEI + \varepsilon$$

위 방정식에서 REI는 지역 경제성장률을 의미하며, *POP*는 지역의 인구 규모, *INC*는 소득 수준, *ED*는 교육 수준, *IDS*는 산업구조, *GEI*는 글로벌 경제성장률을 각각 의미한다. 가상의 위 회귀모형은 5개 독립변수, 인구 규모, 소득 수준, 교육 수준, 산업구조, 그리고 글로벌 경제성장률이 종속변수인 지역 경제성장률에 어떤 영향을 미치는가를 분석한다. 위 회귀모형은 인과관계에서 독립변수가 종속변수의 변화에 영향을 미치는 것을 전제로 제시된다. 즉, 지역의 인구 규모가 지역 경제성장률에 영향을 미치고…… 세계경제 변화가 지역 경제성장률에도 영향을 미친다는 전제 아래 회귀방정식이 정립된다는 것이다. 계량 기법을 이용한 지역 경제 분석

2) 이 말은 슈마허(E. F. Schumacher)가 쓴 책, 『작은 것이 아름답다(*Small is a beautiful*)』(1973)에서 차용한 것이다.

사례를 보기 위해서는 김천권(1995) 논문을 참조하기 바란다. 계량분석모형 과정은 크게 이론적 논의, 모델 설정, 자료 수집, 실증적 검증, 현실에 응용 등 5단계로 이루어진다. 첫째는 이론적 논의과정으로, 분석 모델에 이용된 변수들 사이의 관계에 대한 논거를 이론적으로 제시하는 단계이다. 위 사례를 예를 들면, 이론적 논의과정에서 지역의 인구 규모, 소득 수준, 교육 수준, 산업구조, 글로벌 경제 변화 등이 지역 경제성장과 어떤 관계를 형성하는지를 이론적으로 추적하여 근거를 제시해야 한다. 인구 규모가 지역 경제성장에 미치는 영향은 예를 들면, 집적의 효과, 규모의 경제 등을 통해 설명될 수 있다. 글로벌 경제가 지역 경제에 미치는 영향은 수출활동의 맥락적 효과(contextual effect)를 통해 설명될 수 있다. 이와 같은 논의를 통해 계량모델의 이론적 근거가 제시된다.

둘째는 모델 설정 과정으로, 이론적 논의에서 파악된 변수들 사이의 관계를 근거로 분석 모형을 정립하는 단계이다. 분석 모형은 독립변수와 종속변수 사이에 일방적 관계, 호혜적 관계, 혹은 경로(path) 관계 등에 따라 각기 다른 분석 모형이 만들어지게 된다. 일방적 관계는 독립변수가 인과관계에서 한 방향으로 종속변수에 영향을 미치는 것을 의미한다. 예를 들면, 키와 몸무게의 관계에서, 키는 독립변수이고 몸무게는 종속변수가 된다. 호혜적 관계는 변수들 사이의 인과관계가 서로 영향을 주고받는 쌍방적 관계를 의미한다. 예를 들면, 지역 경제에서 소득과 소비의 관계는 쌍방적 관계를 구성한다. 지역 소득이 높아야 소비시장도 형성되고 지역 경제가 활성화된다. 다른 한편으로는 지역 소비가 활성화되어야 경제순환 과정을 통한 승수효과에 의해 지역 소득도 증가하게 된다. 경로 관계는 독립변수가 종속변수에 직접적으로 영향을 미치기도 하지만 중간에 매개변수를 통하여 영향을 미치는 것을 의미한다. 예를 들면, 부모의 소득과 자식의 소득 사이에는 상속을 통한 직접적 관계도 성립되지만, 부모의 소득이 자식의 교육 수준을 매개로 자식의 소득에 영향을 미치는 경로를 통해 설명되기도 한다. 이와 같이 변수들 사이의 관계를 근거로 계량분석을 위한 모형이 정립된다.

셋째는 자료의 수집 단계로, 제시된 분석모형의 실증적 분석을 위한 자료를 수집하는 단계이다. 자료는 직접적으로 수집될 수도 있고, 대리변수에 의한 근사치 자료를 이용할 수도 있다. 예를 들면, 지역의 교육 수준에 대한 자료는 인구 센서스를 통해 정규교육을 받은 햇수(schooling year)에 대한 통계를 이용할 수도 있고,

근사치로서 지역 주민들의 대학 졸업자 비율, 중·고등학교 졸업자 비율에 대한 자료를 이용할 수도 있다. 설문지를 통해 자료를 수집하는 경우에는 설문내용과 문항들이 객관성을 유지하여야 하며, 표본이 모집단의 특성을 반영할 수 있도록 추출되어야 한다.

넷째는 실증적 검증 과정으로, 수집된 자료를 분석모형에 대입하여 결과를 도출하는 단계이다. 실증적 검증 과정에서는 자료의 유형에 따라 횡단적 분석, 시계열 분석, 혹은 두 자료가 혼합된 고유효과분석 등이 수행된다. 횡단적 분석(cross-section analysis)는 특정 시점에서 연구 대상 지역에서 수집된 자료를 이용하여 분석하는 방식이다. 예를 들면, 도시 규모와 범죄율 사이의 관계분석에서, 2013년 도시 범죄 자료를 이용하여 가설 검증하는 것을 의미한다. 시계열 분석(time-series analysis)은 특정 지역을 대상으로 연구 대상 기간의 자료를 이용하여 분석하는 방식을 말한다. 예를 들면, 도시 규모와 범죄율 사이의 분석에서, 인천을 대상으로 1990~2010년 사이의 범죄 자료를 이용하여 도시 규모가 변화하는 과정에서 범죄율과 유형의 변화를 분석하는 방식이다. 다음으로 고유효과분석(fixed-effect analysis)은 횡단적 자료와 시계열 자료가 혼합된 자료의 분석기법으로, 도시 규모와 범죄율 사이의 관계 분석에서 각 도시에 대한 수년 간의 범죄 자료를 이용하여 검증하는 방식이다. 고유효과분석에서는 지역특유효과(region-specific effect)와 시간특유효과(time-specific effect)를 통제함으로써, 도시 규모와 범죄 행태 사이의 순(real)효과를 검증할 수 있다. 이 외에도 실증적 검증 과정에서는 t-분석, F-분석, 상관분석, 빈도분석, 분산분석, 회귀분석 등 다양한 계량기법들이 이용된다.

다섯째는 분석 결과를 현실에 응용하기 위한 시사점을 도출하는 단계이다. 계량모형은 지역 경제에서 변수들 사이의 관계를 도출하여 정책을 위한 자료로 활용하는 것을 목적으로 한다. 예를 들면, 도시 규모와 범죄에 대한 분석 결과는 도시 규모가 증가함에 따라 범죄율과 범죄유형이 어떻게 달라지는가를 보여줌으로써 도시 범죄 예방과 안전도시 조성을 위한 정책수립에 기초 자료로 이용될 수 있다. 마찬가지로, 도시 산업구조와 경기변동에 관한 분석 결과는 산업의 전문화와 경기변동 사이에 어떤 관계가 있는가를 실증적으로 분석함으로써, 경기변동의 진폭을 완화하기 위해서는 도시경제의 전문화와 다양화 가운데 어떤 정책을 추구해야 하는가에 대한 정보를 제공한다.

요약하면, 계량분석모형은 도시경제 분석에서 고급 통계기법을 이용하여 변수들 사이에 관계와 크기를 검증 및 예측하기 위한 모형이다. 특히, 최근 들어서 인구와 산업 센서스 및 표본조사에 의해 자료들이 축적되어 계량분석모형을 위한 자료기반이 형성되어 지역 경제 분석에서 가장 빈번히 이용되는 모형이다. 계량분석모형은 분석 결과의 일반화와 타당성을 확보하기 위해서 이론적 논거와 실증적 검증의 단계를 거친다. 실증적 분석에서 도출된 결과는 높은 설명력을 가지며 정책수립을 위한 자료와 정보로서 높은 이용 가치를 갖는다.

제 5 절 맺는 말

지역 경제 분석은 도시의 미래를 위한 정책 수립에 중요한 기초자료를 제공한다. 정책은 우발적, 즉흥적으로 수립하는 것이 아니라 미래에 대한 면밀한 분석과 예측을 기반으로 수립되어야 한다. 그러지 않고 통치자·결정자의 직감, 감각, 아집 혹은 집착에 의해 정책을 수립하고 결정하는 경우에는 4대강 사업과 경인운하와 같은 정책 실패를 가져오며 재정의 낭비를 초래하게 된다. 문제는 재정의 낭비만 초래하면 그래도 다행인데,[3] 자연이 망가지고 훼손되어 복구가 어려울 정도로 지속불가능한 환경을 만들 수도 있다는 것이다.

지역 경제 분석은 지역에 관한 자료와 통계를 이용하여 의미 있는 정보와 지식을 생산해내는 작업이다. 한국 사회도 이제 많은 자료와 통계들이 누적되어 지역 경제 분석을 위한 토대가 마련되어 있다. 지금부터는 이러한 토대를 이용하여 합리적이고 미래 지향적인 정책을 수립하기 위한 심층적 분석이 요구되는 시점이다. 이를 위해서는 대학에서 지역 경제 분석을 위한 방법론과 계량분석모형을 심도 있게 학습해야 한다. 필자는 개인적 생각으로 대학을 졸업한 사람은 자료 분석에 전문가

3) 재정의 낭비만 초래하면 다행이라는 의미는, 앞에서 논의한 바와 같이, 소비는 소득 창출을 위한 행위로 이해될 수 있다는 사고에서 한 말이다. 아마 4대강 사업이나 경인운하를 추진한 정책결정자들은 미래에 어느 시점에서 이러한 사업들이 유용하다는 평가를 받을 것이라고 강변할 수 있으나, 현재의 시점에서는 재정 낭비와 생태계 파괴를 가져온 시도되지 않아야 할 사업으로 비판받고 있다. 이러한 비판은 4대강 사업과 경인운하에 투자된 재원을 한국 사회의 미래성장 동력을 위한 부문에 투자되었더라면 한층 효율적인 재원 이용이 되었을 것이라는 사고를 기반으로 한다.

가 되어야 한다고 강조한다. 그래서 도시를 전공한 학생에서 도시에 대한 자료와 통계를 주면 그것으로부터 의미 있는 정보를 추출할 수 있는 능력을 배양해야 한다고 생각한다. 아마 이런 능력을 익힌다면 사회에 나가서도 충분한 경쟁력이 있으며, 주먹구구식으로 정책을 수립하는 것이 아니라 분석을 바탕으로 합리적인 의사결정과 정책을 수립하는 데 일조를 할 것으로 판단한다.

제 7 장

도시 공간구조와 이용

이 장에서는 도시개발 과정에서 도시가 공간적으로 어떻게 구성되고 이용 및 변화되는가를 중점적으로 논의한다. 도시라는 용어는 다스릴 도(都)와 저자 시(市)의 합성어로서 '정치와 경제의 중심지'라는 의미를 갖는다. 이것은 도시로서의 기본 기능을 수행하기 위해서는 최소한 하나 이상의 중심업무지구가 있어야 하며, 주변지역과 정치, 경제, 사회, 문화적으로 상호작용을 수행해야 한다는 것이다. 이런 관점에서 이 장에서는 첫째, 중심업무지구(CBD)가 어떻게 형성·이용 및 변화되는가를 고찰하며, 둘째, 중심지의 시장 크기와 도시계층제를 크리스탈러(Walter Christaller)의 이론을 중심으로 논의하며, 셋째, 기타 원리로서 중력 모형과 순위-규모 규칙에 대해 고찰한다.

제 1 절 중심업무지구의 출현과 공간 이용 변화

모든 도시에는 중심업무지구(CBD: Central Business District)가 최소한 하나 이상 존재한다. 도시의 정의에서도 언급하듯이, "도시는 최소한 하나 이상의 중심업무지구가 있고, 주민의 대부분이 2차와 3차 산업에 종사하며, 도시의 기반시설을 갖춘 곳"을 의미한다. 따라서 도시 기능을 수행하기 위해서는 공간적 구조에서 중심업무지구가 있어야 한다. 그리고 중심업무지구에 어떤 활동들이 중점적으로 입지하느냐에 따라 일반적으로 도시 특성이 결정된다. 예를 들면, 미국 뉴욕 시 맨해튼 지역에 글로벌 금융과 무역활동들이 밀집해서 입지하기 때문에 뉴욕을 글로벌 경제활동의 중심지로 부르고 있으며, 세종특별자치시의 중심에 행정타운이 형성되어 있기 때문에 행정중심도시로 호칭하고 있다. 보편적으로 도시가 성장 혹은 침체 상태에 있는가는 중심업무지역이 활발하게 돌아가고 있는가 아니면 활력을 잃고 있는가에 의해 평가된다. 이것은 중심업무지구가 구조적으로 도시성장의 견인차 역할을 한다는 것을 말해준다.

중심업무지구는 공간적으로 다음과 같은 특성을 보인다.

- 고층 빌딩의 밀집과 고밀도 비즈니스 활동
- 높은 지가
- 교통 혼잡

대다수의 도시에서 중심업무지역은 높은 지가를 보이며, 고층 빌딩들이 밀집하여 비즈니스 활동들이 고밀도로 이루어지고, 많은 사람들이 상대적으로 좁은 지역에서 활동하기 때문에 높은 혼잡이 발생하게 된다.

왜 CBD에서 비즈니스가 고밀도로 이루어지는가는 [그림 7－1]과 같이 지가경쟁곡선(bid rent curve)을 통해 설명될 수 있다. 지가경쟁곡선은 특정 지역을 점유·이용하기 위해 지불하려는 임대료와 중심지로부터 거리의 관계를 나타낸 것으로, 중심지로부터 멀수록 지가가 하락하는 반비례 관계를 보인다. [그림 7－1]은 A, B, C 세 업무만을 가상으로 CBD를 이용하려는 지가경쟁곡선들을 표현하였다. [그림 7－1]로부터 각 업무활동들이 지불하려는 지가경쟁곡선이 상이한 것을 알 수 있다. 즉, CBD에서 높은 수익을 창출할 수 있는 비즈니스 업종은 높은 임대료를 감수하더라도 CBD 중앙에 입지하려고 한다. 반면에, CBD로부터 거리와의 관계에서 수익성이 낮은 비즈니스 업종은 상대적으로 낮은 임대료를 지불하려고 한다. [그림 7－1]에서 CBD 중심에서 a지역까지는 A유형의 비즈니스 업종들이 점유하고, 다음으로 a에서 b지역 사이는 B유형의 업무가 입지하며, b에서 c지역까지는 C유형의 업무가 주종을 이루는 것을 알 수 있다. 현실의 예를 보면, CBD 중심에는 백화점, 고

그림 7-1 CBD 점유를 위한 지가경쟁곡선

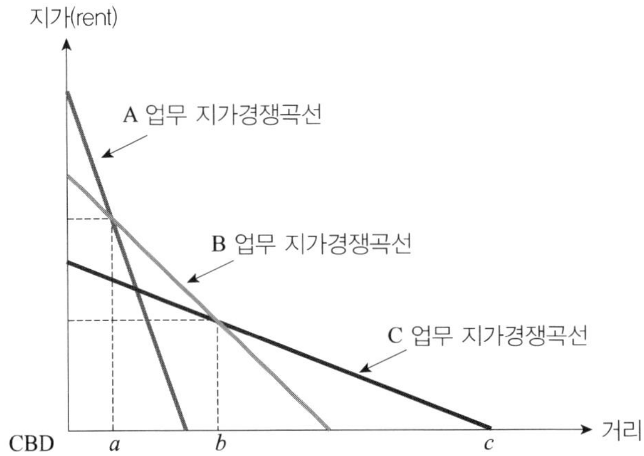

급 호텔 등이 높은 임대료를 감수하며 점유하고 있고, 인접 지역에는 도·소매시장이 입지하고 있으며, 다음으로 좀 떨어진 지역에는 사무(office) 활동들이 입지하고 있는 것을 볼 수 있다.

CBD 중심에는 높은 임대료를 지불하려는 활동들 사이에 경쟁이 치열하기 때문에 지가가 높을 수밖에 없으며, 높은 지가에서 고수익을 창출하기 위해서는 고밀도로 비즈니스가 수행될 수밖에 없고, 고밀도로 업무가 수행되기 때문에 많은 사람들이 좁은 지역에 집중하여 혼잡이 발생하게 된다. 이와 같이 지가경쟁곡선은 도시가 개발되는 초기에 중심지가 어떻게 형성되며 어떤 업무활동들이 중심지를 점유하는지를 보여준다.

상기와 같은 논리를 상업, 공업, 주거지역으로 치환하여 원형으로 돌리면 [그림 7-2]와 같은 토지이용 모형을 도출할 수 있다. 물론 현실에서는 지형이 평평하지 않고 언덕과 강, 산, 계곡 등이 있기 때문에 원형의 토지이용 행태를 보이지는 않는다. 그렇지만 [그림 7-2]는 지가를 중심으로 CBD 중심에는 비즈니스 활동이 집중하고, 다음으로 주변지역에 공업활동이 입지하며, 외곽에 주거활동이 들어서서 도시의 경계를 이루는 것을 보여준다. 주거지역을 넘어서는 농사를 짓는 주변 혹은 교외지역이 펼쳐진다.

그림 7-2 지가경쟁곡선과 토지이용 모형

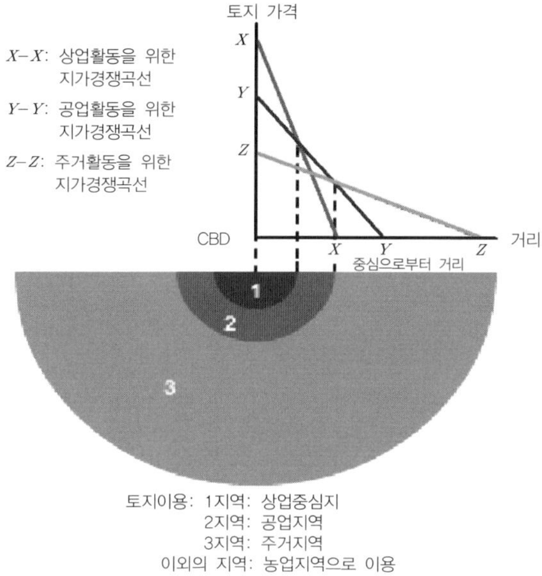

1 동심원 모형

위와 같은 논리를 이용하여 시카고 학파의 대표적인 학자인 버제스(Ernest Burgess, 1925)는 도심에서 교외지역으로 도시가 확산되는 현상을 설명하는 동심원 모형(concentric circles)을 [그림 7-3]과 같이 제시하였다. 미국 시카고 초기 도시 개발과정의 토지이용 행태를 경험적으로 보여주는 동심원 모형은 주민들의 사회경제적 지위와 중심지(CBD)로부터 거리 사이의 공간이용 관계를 잘 보여준다. 중심지로부터 멀어질수록 통근시간은 길어지는 반면에 주거의 질은 높아진다. 따라서 당시에 저소득층은 통근시간을 줄이기 위해서 도심 인근에 입지하였고, 통근시간과 비용에 구애받지 않는 고소득층은 외곽지역에 거주한 것을 알 수 있다. [그림 7-3]의 동심원 모형에서 도시는 6구역으로 분할되어 이용되었다(Rodrigue, 2014).

- Ⅰ구역: 중심업무지역으로 대부분의 고용 기회가 창출되고, 교통의 종착지로서 가장 접근성이 우수한 지역

- Ⅱ구역: CBD 인접지역으로 노동시장의 접근성이 우수하여 대다수의 제조업들이 입지한 지역으로, 화물터미널, 항구, 철도 하역장과 인접한 지역
- Ⅲ구역: 제조업·산업체의 인근지역으로 도심 확대에 의해 타 용도로 점차 전환되는 전이지역으로, 해외로부터 갓 이민 온 1세대와 도시의 빈민 계층 사람들이 주로 거주하는 게토(ghetto) 혹은 슬럼지역
- Ⅳ구역: 주로 근로 계층이 거주하는 지역으로, Ⅰ과 Ⅱ구역에 근무하는 사람들이 거주하는 저가의 주거지역
- Ⅴ구역: 중산층이 거주하는 양질의 주거지역
- Ⅵ구역: 통근비용과 시간에 구애받지 않는 부유층 사람들이 주로 거주하는 지역

그림 7-3 도시공간이용의 동심원 모형

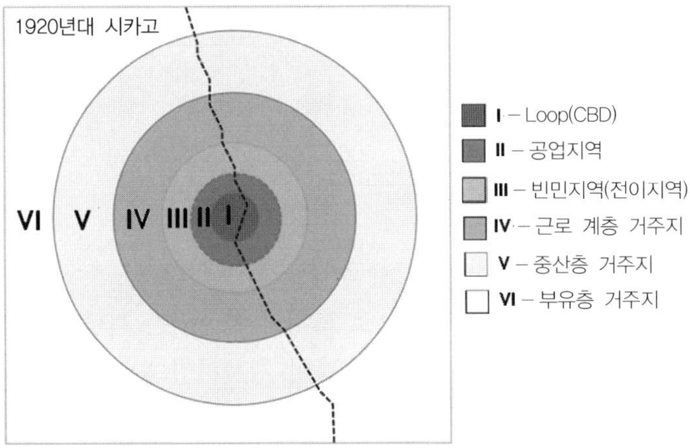

버제스에 의하면 도시는 동심원 구역들이 외곽으로 확대되면서 토지이용의 침입과 전이, 계승과 전환 과정을 통해 성장한다. [그림 7-3]에서 Ⅱ구역 공업활동이 Ⅳ구역까지 확대되면 Ⅲ구역의 전이지역은 공업지역으로 전환되며 빈민촌은 외곽으로 밀려나게 된다. 버제스 모형이 단순하면서도 도시성장 초기의 토지이용행태를 잘 설명하지만, 몇 가지 제약점을 갖는다(Rodrigue, 2014).

- 모형이 너무 단순하며, 1950년대 이전 도시성장에만 적용되는 한계가 있다.
- 모형이 공공 교통체제가 도입되기 이전의 미국 도시성장을 설명하는 데는 유용하지만, 다양한 교통 체계, 특히 자동차가 일반화된 최근의 토지이용행태를 적절히 설명하지 못한다.
- 다른 나라의 도시에서는 미국 도시와는 달리 중심지에 사회경제적 지위가 높은 사람들이 주로 거주하는 행태를 보인다. 따라서 버제스의 CBD로부터 거리와 주민들의 거주 행태 사이의 관계는 미국 이외의 도시현상을 적절히 설명하지 못한다.
- 동심원 모형에서는 업무지역과 거주지역이 공간적으로 명확하게 구분되는 것으로 설명하고 있으나, 사실 도시계획에서 용도지역제(zoning)가 실시되는 20세기 초반까지는 토지이용 방식에서 기능적 구분은 거의 발생하지 않았다.

상기와 같은 버제스 모형은 한국과도 차이가 있는 것을 알 수 있다. 한국에서도 도심에는 중심업무지역이 형성되어 있지만, 도심 가까이에는 부유층과 중산층이 주로 입지하고, 근로 계층과 빈민층은 외곽지역에 거주하는 행태를 보인다. 미국과 유럽에서는 전망이 좋은 높은 언덕에 주로 고소득층이 거주하는 반면에, 한국에서는 언덕배기에 주로 달동네가 형성되어 저소득층이 거주하는 행태를 보인다. 이와 같이 토지이용에 차이가 나타나는 것은 도시성장의 역사적 배경, 생활방식, 사고방식, 교통수단, 도시계획, 규제정책 등이 공간이용에 종합적으로 영향을 미치기 때문이다.

2 섹터 모형(Sector-Model)

미국의 토지경제학자이며 부동산 컨설턴트였던 호이트(Homer Hoyt, 1895~1984)는 미국 도시의 부동산 시장을 분석한 결과, 도시는 동심원적 토지이용행태보다는 철로나 도로 등 교통로를 따라 CBD로부터 부채꼴(sector) 형태로 확장된다고 제안하였다. [그림 7-4]는 호이트의 부채꼴 모양의 토지이용행태를 보여준다.

섹터 모형을 제시하면서 호이트는 토지이용행위에서 저소득층은 주로 철도망

그림 7-4 Hoyt의 섹터 모형

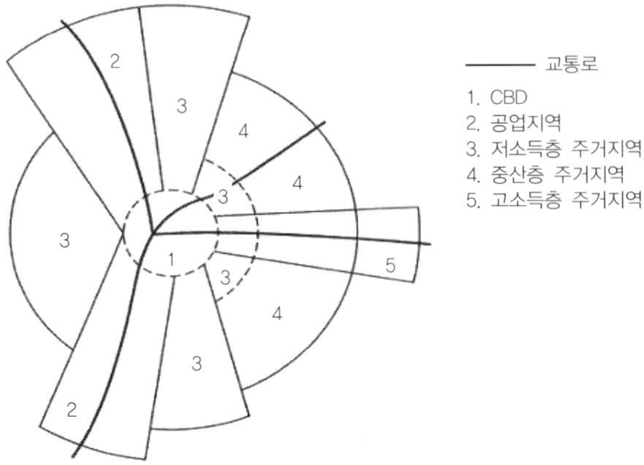

인근에 거주하고, 상업활동들은 주요 도로를 따라 형성된다고 관찰하였다. 도심으로 향한 철도, 운하, 전차 등 다양한 교통로가 CBD 지역에 우수한 접근성을 제공하기 때문에, 도시의 주요 구역들은 CBD로부터 주요 교통로를 따라 쐐기모양(wedge-shaped)으로 확대 및 성장한다는 것이 섹터 모형의 주안점이다. 도심은 비즈니스가 집중적으로 이루어지는 CBD 기능을 수행하며, 공업지역은 교통로를 따라 부채꼴 형태로 개발되어진다. 저소득층 거주지는 공장과 상업지역 경계를 따라 인근에 쐐기 모양으로 형성되며, 중산층과 고소득층은 교통로를 따라 좀 더 떨어진 지역에 거주지를 형성한다. 그리고 호이트가 목격한 미국 부동산시장 동태에 의하면, 각 섹터들은 다른 섹터에 의해 침입과 전이가 되는 것이 아니라 오랫동안 동일 섹터로 유지된다. 즉, 부유층 지역은 생활하기 좋은 조건을 갖추었기 때문에 지속적으로 부자들이 거주하여 고소득층 지역으로 남게 되고, 산업지역은 산업활동을 위한 비교경쟁력을 갖기 때문에 오래도록 공업지역으로 유지된다는 것이다.

호이트 섹터 모형의 장·단점을 살펴보면 다음과 같다.

첫째, 장점으로는 섹터 모형은 도시들이 주요 교통로를 따라 산업부문이 확대되는 현상을 잘 설명한다. 예를 들면, 영국 브리스톨(Bristol) 시의 경우, 철도와 강을 따라 산업지역이 발달한 현상을 섹터 모형은 잘 설명해준다. 또 다른 장점으로는 버제스 모형에 대한 대안적 설명을 제공한다. 그리고 토지이용에서 철도, 도로,

강 등과 같은 교통로는 실제로 구역의 경계설정에 주요 요인으로 작용한다. 예를 들면, 서울의 경우, 한강을 중심으로 강북과 강남으로 구역이 구분되고 있으며, 인천의 경우 철로를 중심으로 남과 북의 상권이 확연히 구분되는 것을 볼 수 있다.

둘째, 단점으로는 호이트의 섹터 모형도 도시성장을 설명하는데 현실성이 결여된다. 도시의 토지이용에서 빈번히 관찰되는 섹터들이 다른 섹터를 뛰어넘어 조성 및 확대되는 현상을 설명하지 못한다. 예를 들면, 서울 강남에도 구룡마을과 같은 달동네가 형성되고, 강북에도 이촌동과 같은 부자촌이 형성되는 것을 설명하지 못한다. 또 다른 단점으로는, 버제스 모형과 마찬가지로 도시 공간이용 패턴을 설명하는 외에는 응용성이 낮다는 것이다.

3 다핵 모형(Multi-Nuclei Model)

다핵 모형은 미국의 지리학자인 해리스(Chauncy Harris)와 울만(Edward Ullman)에 의해 1945년에 개발된 모형으로, 도시는 단일 도심을 중심으로 개발되는 것이 아니라 다수의 핵(nuclei)을 형성하며 성장한다고 설명한다. [그림 7-5]는 해리스와 울만의 다핵 모형을 보여준다.

그림 7-5 Harris & Ullman의 다핵 모형

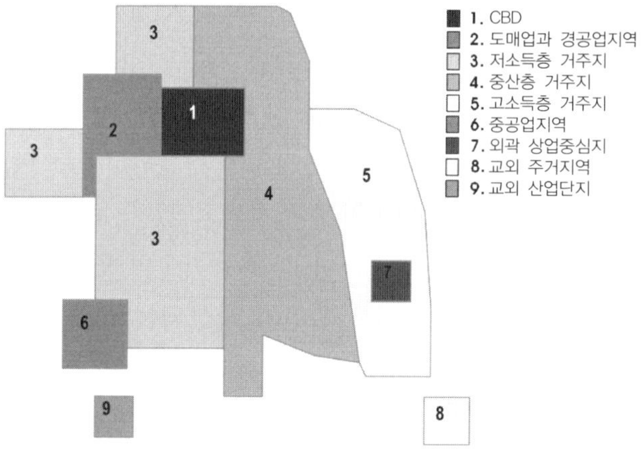

다핵 모형에 의하면, 도시는 하나의 CBD만 있는 것이 아니라, 다수의 부도심을 형성하며 성장한다. 다수의 부도심이 형성되는 원인으로는 도시계획에 의한 새로운 중심지 형성, CBD 혼잡에 의한 외곽지역으로 핵분열, 인구증가에 의한 외곽 중심지 형성, 자동차 일반화에 의한 중심지 지향성 감소 등 다양한 요인들이 작용한다. 예를 들면, 서울의 성장과정에서 초기에는 종로, 명동, 태평로를 중심으로 단일 CBD가 형성되었으나, 인구와 산업활동이 집중함에 따라 1970년대에 영등포, 신촌, 청량리, 천호동 등지에 부도심이 형성되기 시작하였고, 1990년대에 자동차가 일반화되면서 잠실, 강남역, 상계동, 수유역 등으로 부도심이 확산되기 시작하였다. 인천의 경우에도 1970년대에는 동인천을 중심으로 단일 CBD를 형성하였으나, 시청이 구월동으로 이전하면서 구월동 부도심이 생겨났고, 송도경제자유구역이 조성됨에 따라 경제자유구역 내에 새로운 중심지가 형성되었으며, 서울과의 연계에서 부평역을 중심으로 거대 부도심이 조성되었다.

비록 다핵 모형은 왜 부도심들이 형성되는가에 대한 논리적 설명은 제공하지 않지만, 현대 도시가 어떤 모양으로 개발되는지는 잘 보여준다. 도로만 있으면 이동성이 보장되는 승용차의 등장은 CBD 지향성을 약화시키고 입지자유성을 강화시켰으며, 교통 혼잡을 초래하고 주차공간을 요구하는 자가용 이용이 일반화된 이후에 협소한 단일 CBD로는 도시활동이 한계에 부닥치게 되었다. 자동차의 등장으로 과거에는 접근성이 좋지 않아 공지로 남아있던 지역의 개발이 활성화되었으며, 도시계획이 본격적으로 시행됨에 따라 도심 중심의 집중적 개발에서 외곽 중심의 분산적 개발로 전환을 가져왔다. 최근에는 고속도로가 연장되고 도시 외곽에 순환도로가 건설됨에 따라 도시의 외연이 한층 확대된 거대도시(megacity)가 등장하여 동심원 모형과 섹터 모형은 더 이상 설명력을 상실하였다. 새로운 산업단지가 고속도로 주변에 조성되고 있고, 신도시들이 외곽지역에 건설되고 있으며, 소규모 상업중심지와 비즈니스 타운이 이들 주변지역에 조성되고 있다. 요약하면, 세 모형 가운데 다핵 모형이 교외화 현상을 잘 설명하고, 운송기술의 변화가 도시 공간이용에 어떤 영향을 주는가를 보여주며, 도시 외연이 확산되는 현상을 적절히 설명하고 있다.

제 2 절 중심지 이론

크리스탈러(Walter Christaller, 1893~1969)에 의해 개발된 중심지 이론은 지역에서 중심지 수와 규모, 그리고 영향 범위가 어떻게 결정되는가를 설명함으로써 도시의 공간구조와 분포, 계층제를 설명하는 유용한 접근을 제공한다. 크리스탈러(Christaller, 1933)는 독일 남부지역의 촌락구조를 분석하여, 중심지의 수와 규모, 그리고 영향 범위를 산정하는 원리를 개발하였다. 크리스탈러에 의하면, 도시는 임의적인 분포와 크기, 영향권 범위를 갖는 것이 아니라, 인구규모와 거리, 그리고 시장 범위에 따라 규칙적인 분포와 크기를 갖는다.

중심지 이론을 설명하기 위해서는 다음과 같은 가정이 필요하다.

- 모든 지형은 사방으로 평평하다.
- 인구와 자원이 균형적으로 분포되어 있다.
- 모든 소비자들은 동일한 구매력을 갖고, 가까이 있는 시장을 이용한다.
- 운송비는 모든 방향으로 동일하며 거리의 함수이다.
- 초과이윤이 존재하지 않는다(완전경쟁시장을 가정).

상기와 같은 가정 하에 중심지 시장의 크기는 규모의 경제와 운송비, 수요 밀도에 영향을 받는다. [그림 7-6]은 시장 중심으로부터 수요자가 지불하는 가격 변화를 나타낸 것이다.

[그림 7-6]에서 가격 P는 공장인도 가격을 의미하며, T는 거리에 따른 운송비 변화를 의미한다. 공장인도 가격 P는 규모의 경제에 영향을 받는다. 예를 들면, 기업이 선진기술을 이용하여 생산비용을 낮추면 P는 하락하고, 낙후 기술에 의존하면 상승한다. 그리고 공장인도 가격은 말 그대로 공장도 가격으로 운송비가 포함되지 않은 가격이다. 소비자가 이 가격에 재화를 구입하기 위해서는 재화가 출고되는 지점에서 거래를 하여야 한다. 중심점으로부터 멀리 떨어지면 운송비는 상승한다. 따라서 가격은 거리의 함수로서 소비자들은 재화를 구입하기 위해서는 출고 가격에 운송비를 더한 가격을 지불하고 재화를 구입한다. [그림 7-6]에서 d_1에 있는 소비자는 P_1을 지불하고, d_2에 있는 소비자는 P_2 가격을 지불해야 한다.

그림 7-6 거리에 따른 가격 변화

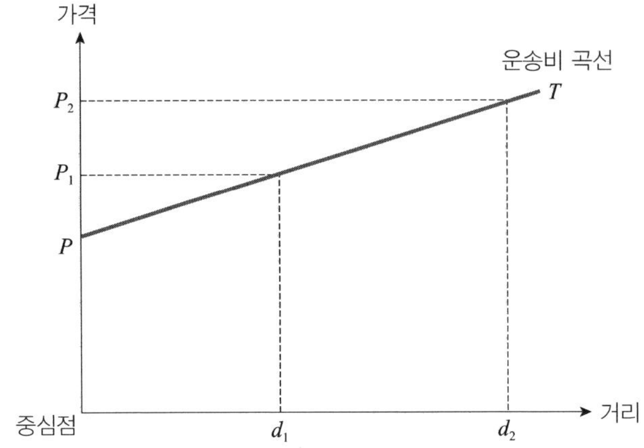

이제 상기 논리를 이용하여 경쟁관계에 있는 세 기업의 상권 범위를 분석해 보자. [그림 7-7]은 가상의 세 기업의 상권 크기를 비교한 것이다. 세 기업 A, B, C는 각기 다른 생산기술을 이용하기 때문에 공장도 가격이 a, b, c로 상이하다. [그림 7-7]에서는 동일한 운송비 곡선을 가정하였다. 각 기업의 상권 크기는 원형으로 나타난다. B의 상권은 $X_1 - X_2$의 원형 범위를 가지며, 이 범위를 넘어서면 A, C가 제공하는 가격과 경쟁이 되지 않는다.

[그림 7-7]은 공교롭게도 현실에서 대형할인점과 동네 구멍가게와의 관계를 잘 설명해준다. 대형할인점들은 대량으로 물건을 구입하고 선진유통기술을 이용하기 때문에 제품의 판매 가격을 낮출 수 있다. 반면에, 동네에서 멀리 떨어져 있기 때문에 교통비용과 시간이 소요된다. 동네 슈퍼마켓과 전통시장은 규모의 경제효과를 보지 못하기 때문에 상품 가격은 상대적으로 높지만 주택가 인근에 입지하기 때문에 교통비용과 시간은 절약된다. 이런 차이로 인하여 대형할인점과 동네 슈퍼마켓의 상권의 크기가 다른 것이다.

문제는 대형할인점이 첨단 영업과 유통기술을 도입하여 규모의 경제효과를 극대화 시킨 후 나타나는 현상이다. 결과로서 B기업의 판매 가격은 b에서 b_1으로 하락하며, 이제 B의 판매 가격에 운송비용을 합산한 가격이 모든 지점에서 A와 C가 제공하는 가격보다 저렴하게 된다. 결과적으로, A와 C는 가격경쟁력을 잃고 시장

그림 7-7 세 기업의 상권 비교와 변화

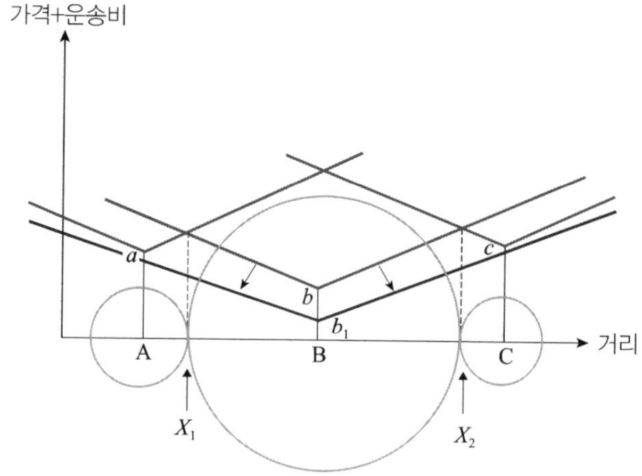

에서 퇴출되게 되며, B가 전체 상권을 독점하는 현상이 발생한다. 한국에서 최근 문제가 되고 있는 대형할인점의 성장과 전통시장·동네 슈퍼마켓의 퇴출이 바로 이런 논리에서 발생한 것이다.

크리스탈러는 기업들이 생존하기 하기 위해서는 선진기술을 수용해야 하며, 장기적으로 모든 기업들은 동일한 기술 수준을 가질 것으로 가정한다. 왜냐하면, 시장에서 초과이윤이 발생하면 새로운 경쟁자가 진입하고, 경쟁에서 뒤진 기업은 결국 시장에서 퇴출되기 때문이다. 그래서 크리스탈러는 장기적으로 기업들은 동일한 상권에서 균형을 이루어 [그림 7-8]의 왼편과 같이 원형의 시장 범위를 가질 것으로 예상한다. 그런데 이와 같이 원형의 시장을 형성하면 아무도 서비스를 제공하지 않는 공백 지역이 발생하게 된다. 그래서 이러한 공백지역 없는 최단거리에서 동일한 시장을 형성하는 방법으로 육각형(hexagon) 상권을 크리스탈러는 [그림 7-8]의 오른쪽과 같이 제시하였다.

크리스탈러 모형에서 중심지는 육각형의 가운데 지점으로 주변지역에 재화와 서비스를 제공하는 지역이다. 이러한 기초 중심지를 기반으로 크리스탈러는 다음과 같은 도시 공간구조와 분포에 대한 원리를 제시한다.

• 중심지(central place)는 주변지역에 거주하는 사람들에게 서비스를 제공하는

그림 7-8 Christaller의 육각형 상권모형

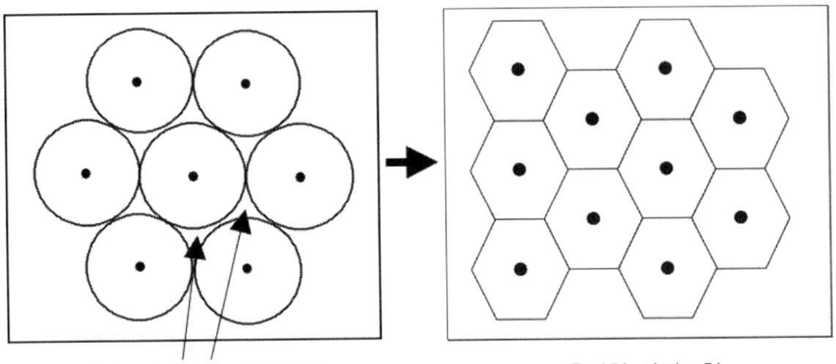

지역이다.

- 제공되는 서비스에는 등급이 있어서, 근린에서 제공되는 서비스(예: 동네 슈퍼마켓)는 하위(low order) 서비스로, 전문화된 서비스(예: 대학병원)는 상위(high order) 서비스로 분류된다.
- 상위 서비스를 제공하는 지역에서는 하위 서비스도 제공되지만, 반대는 성립하지 않는다.
- 하위 서비스를 제공하는 지역은 하위등급 중심지를 구성하고, 상위 서비스를 제공하는 지역은 상위등급 중심지를 구성한다.
- 영향력 범위는 중심지의 영향을 받는 지역을 의미한다.

크리스탈러는 중심지의 배열에서 서비스 상권의 영향력 범위에 따라 근린 서비스를 제공하는 1차 중심지에서 고급 전문 서비스를 제공하는 상위등급 중심지로 점차 계층화되는 현상을 설명한다. 이것은 각 서비스들의 상권의 크기가 다르다는 것을 의미한다. 예를 들면, 동네 슈퍼마켓들은 기초단위의 상권을 구성하며, 동네 슈퍼마켓들이 여럿 모인 중심지에 이발소가 입지하고, 이발소가 여럿 모인 중심지에 병원이 입지하며, 병원이 여럿 모인 중심지에 전문 병원이 입지하고, 전문 병원이 여럿 모인 중심지에 대학병원이 입지한다. [그림 7-9]는 크리스탈러의 중심지 계층 현상을 보여준다.

그림 7-9 Christaller의 중심지 계층모형

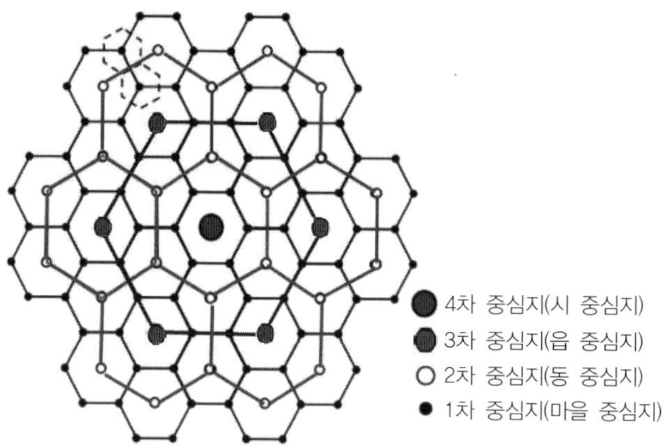

크리스탈러의 상위 중심에서는 하위 중심에서 제공되는 서비스를 포함하여 상위 전문 서비스를 제공한다. 예를 들면, 4차 중심지에서는 1, 2, 3차 중심지에서 제공되는 서비스에 부가하여 4차 서비스가 제공된다는 것이다. 이와 같은 중심지 계층성은 현실에서 소도시에서는 적은 종류의 서비스가 제공되고, 중규모 도시에서는 서비스 종류가 증가하며, 대도시에서는 다양한 서비스들이 제공되고, 서울에 오면 다른 도시에서 경험하지 못하는 매우 다양한 서비스들이 제공되는 현상을 잘 설명한다.

1 중심지 배열의 세 가지 원리

크리스탈러는 중심지의 배열이 기능에 따라 상이하다고 보며 다음과 같은 원리를 제시한다.

- 시장원리: K=3 체제
- 교통원리: K=4 체제
- 행정원리: K=7 체제

1) 시장원리

크리스탈러는 소비자의 중심지 접근성을 위한 거리를 최소화하는 상권의 가장 이상적인 구조는 상위 중심지가 차하위 중심지 3개를 포함하는 체제(K=3)라는 것이다. [그림 7-10]은 K=3 체제를 보여준다. 상위 중심지는 주변의 6개 하위 중심지의 각 1/3과 자신의 6각형 중심지를 포함하여 차하위 3개 범위로 이루어진다. 이러한 K=3 체제에서 소비자의 중심지 접근성이 가장 우수하다는 것이다.

그림 7-10 Christaller의 K=3 상권체제

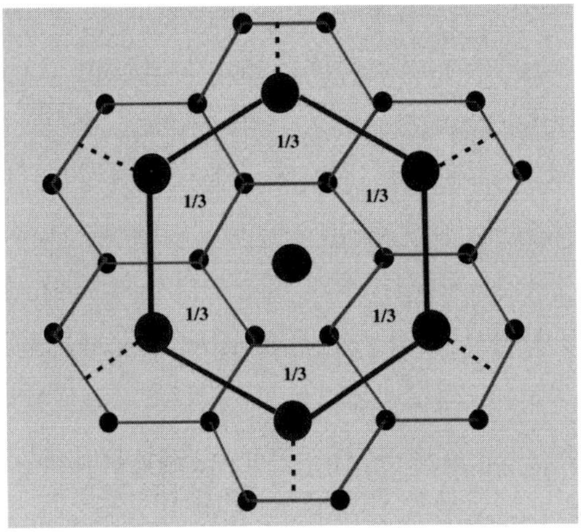

2) 교통원리

크리스탈러는 시장원리는 중심지들 사이의 연계를 위해서는 적절하지 않으며, 대안으로 K=4의 교통원리를 제시한다. 가장 효율적인 교통망은 하나의 직선 교통로를 통해 주요 중심지들을 최단거리로 연결하는 것이다. 따라서 교통원리에 의하면, 주요 중심지들은 직선 교통로를 통해 가능한 많은 중심점들을 통과하며 연결되어야 한다. 이를 위해서는 상위 교통 중심지는 [그림 7-11]과 같이 차하위 중심지 4개를 포함하는 K=4 체제가 이상적이다.

[그림 7-11]에서 볼 수 있는 바와 같이, 2차 중심지는 6개의 1차 중심지로부터

각 1/2과 자신의 중심지를 포함하여 4개의 1차 중심지를 갖는다. 그리고 교통원리에서는 하위 중심지들이 상위 6각형의 모서리가 아닌 변에 놓이게 된다. 간선로들은 2차 중심지들을 연결하며, 지선로는 1차 중심지들을 연결한다. 크리스탈러는 이와 같은 K=4 체제에서 직선으로 주요 중심지들을 단거리에서 연결하는 이상적 교통체제가 형성될 수 있다고 제안하였다.

그림 7-11 K=4 교통체제

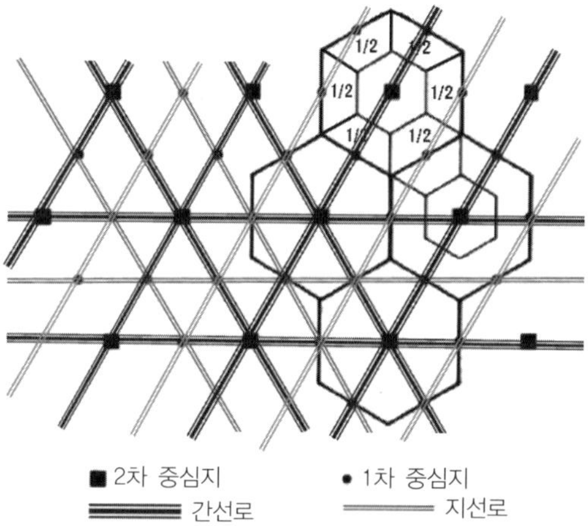

3) 행정원리

다음으로 크리스탈러는 정치 · 행정의 중심지는 주변지역들을 균형적으로 포함해야 한다고 주장한다. 그러므로 상위 중심지는 하위 중심지들을 분할하는 것이 아니라 포용하는 체제가 정립되어야 한다. 이를 위해서는 [그림 7-12]와 같은 K=7 체제가 제시된다. [그림 7-12]에서 행정 중심지는 하위 6개 범위와 자신의 하위 범위를 포함하여 7개의 하위 중심 범위로 구성된다. K=7 행정원리는 행정구역들 사이에 균형적 경계를 이루는 것과 동시에 외부효과를 최소화하는 범위를 제공한다. 크리스탈러는 K=7 체제에서 행정 중심지는 하위 6개 중심을 장악하여 전체 7개 구역을 효과적으로 관리할 수 있다고 주장한다.

그림 7-12 K=7 행정체제

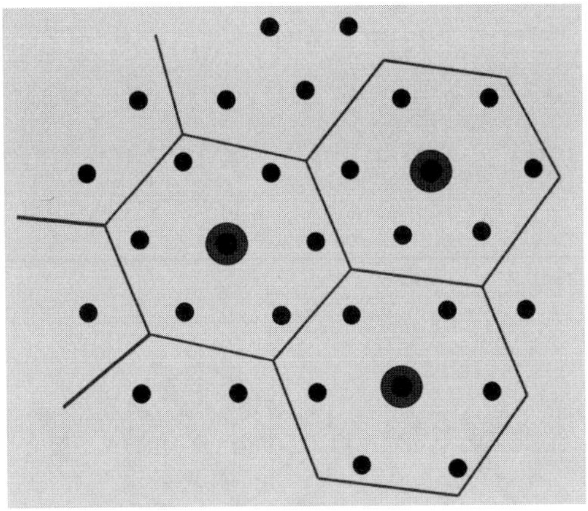

크리스탈러의 중심지 이론은 지리적으로 중심지들이 어떻게 형성되며, 중심지들 사이에 상호작용이 어떻게 발생하고, 중심지들 사이에 계층관계가 어떻게 형성되는가를 설명해 준다. 그럼에도 불구하고, 중심지 이론은 비현실적 가정으로 인하여 도시 공간구조와 분포를 설명하는데 한계가 있다는 비판을 받고 있다.

첫째, 상권이 균등하게 구분되지 않는다. 그리고 공장도 가격에는 규모의 경제만 영향을 미치는 것이 아니라, 정부의 정책과 규제(예를 들면, 전통시장 활성화 정책), 지방문화(예를 들면, 지역 친분관계) 등 다양한 요인이 영향을 미친다.

둘째, 현실에서는 운송비용이 모든 방향으로 동일하지 않으며, 언덕과 계곡, 철도와 고속도로 등에 의해 지역이 양분된다.

셋째, 현실에서는 완전경쟁보다는 불완전경쟁이 보편적인 현상이다.

넷째, 크리스탈러의 모형에서는 상위 중심지는 하위 중심지가 제공하는 재화·서비스를 포함한다고 하지만, 현실에서는 반드시 그렇지는 않다. 모든 지역들은 자신만의 고유한 입지적 특성을 갖기 때문에 상위계층의 중심지가 하위계층에서 제공되는 재화와 서비스를 반드시 포함하지는 않는다. 예를 들면, 자원 중심지, 원자재 공급 중심지, 관광 중심지 등을 들 수 있다. 서울에서 다양한 서비스가 제공된다고 해서 강원도 속초가 제공하는 모든 서비스를 제공하는 것은 아니다.

따라서 도시의 공간규모와 분포는 규칙성을 띠기보다는 불규칙적으로 지역적으로 혼재되어 분포하는 현상을 보인다.

2 뢰쉬 이론

뢰쉬(August Lösch, 1906~1945)는 크리스탈러와는 달리 상권이 K=3으로 획일적인 것이 아니라, 재화와 서비스 유형에 따라 3, 4, 7 등 다양한 상권을 갖는다고 주장한다. 예를 들면, 근린 상권이라도 동네 슈퍼마켓과 제빵가게는 다른 시장 범위를 갖는다. 그리고 모든 지역이 동일한 주민 분포를 보이지 않기 때문에, K=3의 범위를 요구하는 업종이라도 정상이윤을 위한 충분한 수요가 충족되지 않는다면 K=5 혹은 7의 보다 큰 육각형의 상권이 요구된다. 따라서 다양한 재화와 서비스의 상권들은 획일적 상권과 중심지를 형성하는 것이 아니라, 각 재화와 서비스에 따라 K=3, 5, 7, 9, 12 등 연속적으로 확장되는 상권을 형성하게 된다. [그림 7-13]은 뢰쉬(Lösch, 1938)의 중심지 상권 확장모형을 나타낸 것이다.

[그림 7-13]에서 각각의 재화 혹은 서비스들은 자신의 상권을 가지는 것과 동시에 타 재화 혹은 서비스 상권과 겹쳐지며 중심지들을 만들어 낸다. 이러한 수많은 재화와 서비스의 범위들이 겹치고 확대되어 중심점들을 만들어 내면 [그림 7-14]

그림 7-13 뢰쉬의 중심지 상권 확장모형

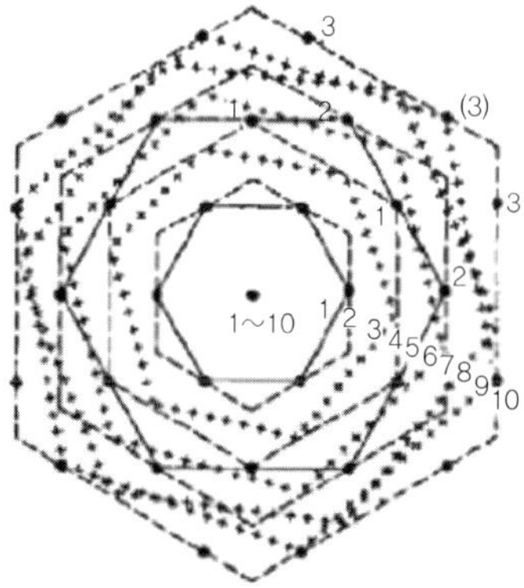

자료: Dicken & Lloyd(1990), *Location in Space*, 3rd ed.

그림 7-14 뢰쉬의 과밀과 과소지역 중심지 모형

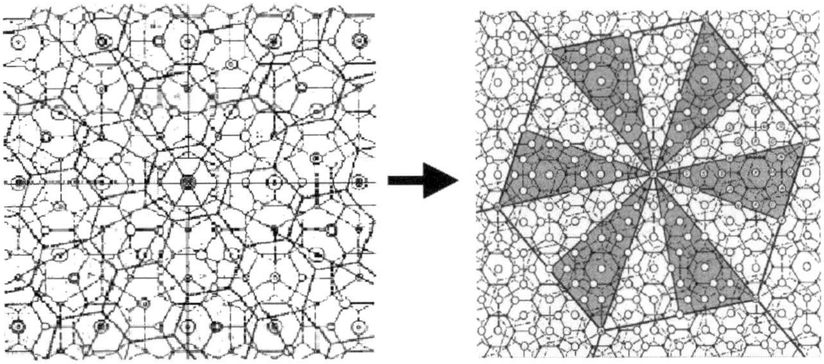

자료: Dicken & Lloyd(1990), *Location in Space*, 3rd ed.

의 왼편과 같은 중첩된 상권과 중심지들이 형성된다.

이와 같은 뢰쉬의 공간 이용패턴은 오른편 그림과 같은 6개의 과밀(過密)지역과 6개의 과소(過疎)지역을 형성한다. 6개의 과밀지역에는 상위계층의 중심지가 다수 포함된 반면에, 6개 과소지역에는 상위계층 중심지가 상대적으로 적게 포함된다. 뢰쉬의 모형은 현실에서 모든 지역이 균등한 인구와 산업밀도를 보이는 것이 아니라, 어떤 지역은 인구와 산업의 과밀현상을 보이며 다른 지역은 상대적으로 낮은 밀도를 보이는 현상을 잘 설명한다. 이와 같은 밀도의 차이는 도시 재화와 서비스가 갖는 상권의 크기가 각기 상이하기 때문에 발생한다는 것이다.

제 3 절 도시 공간구조와 분포를 설명하는 기타 원리들

1 중력 모형(Gravity Model)

중력 모형은 뉴턴(Isaac Newton)의 중력의 법칙에서 빌려온 원리로서 지역들 사이의 상호작용을 설명하는 일반적인 모형이다. 중력의 법칙에 의하면, 두 물체

사이에 끌어당기는 힘은 두 물체의 무게에 비례하고 떨어진 거리에 반비례한다. 이러한 원리를 응용하여 공간들 사이의 상호작용을 위한 다음과 같은 중력 모형의 기본 공식을 도출할 수 있다:

$$G_{ij} = k\frac{P_i \times P_j}{d_{ij}}$$

위 식에서 G_{ij}는 두 지역 i와 j 사이에 상호작용을 의미하며, P_i와 P_j는 두 지역의 인구규모를 의미하고, d_{ij}는 두 지역 사이의 거리를 의미하며, k는 중력상수를 의미한다. 위 식을 통해 두 지역 사이의 공간적 상호작용은 두 지역의 인구 규모에 비례하고, 떨어진 거리에 반비례한다. 중력상수 k 수치는 두 지역의 동질성이 크면 높아지고, 동질성이 낮으면 낮아진다. 예를 들면, 두 지역이 동일한 언어를 사용하면 높아지고, 상이한 언어를 사용하면 낮아진다.

중력 모형은 두 지역의 특성, 교통수단 등에 따라 다양한 매개변수들을 포함한다.

$$G_{ij} = k\frac{P_i^{\alpha} \times P_j^{\beta}}{d_{ij}^{\lambda}}$$

위 식에서 P, d, k는 앞의 식과 동일하며, α, β, λ는 매개변수(parameter)들을 의미한다. 예를 들면, α는 소득 수준, β는 인종집단, λ는 교통수단 등을 의미한다. 만약 두 지역이 동일한 소득 수준을 갖는다면 두 지역 사이에 상호작용이 높을 것이 예상되는 반면에, 소득 수준에 큰 차이가 있으면 상호작용은 낮을 것으로 예상된다. 마찬가지로, 두 지역이 동일한 인종집단으로 구성되어 있으면 높은 상호작용이 예상되는 반면에, 상이한 인종집단으로 구성되어 있으면 상호작용은 낮아진다. 교통수단에 있어서도, 두 지역이 급행철도로 연결되어 있으면 교통시간 절약에 의해 높은 상호작용이 예상되는 반면에, 완행철도로 연결되어 있으면 낮은 상호작용이 예상된다. 이외에도 두 지역이 갖는 장소성, 산업구조, 역사와 문화, 인구학적 구성, 지형적 조건 등 다양한 요인들이 두 지역들 사이의 상호작용, 이동성 등에 영향을 미친다.

중력 모형은 앞에서 제시된 중심지 이론과 접목하여 지역과 지역 사이에 네트

그림 7-15 월드시티 네트워크

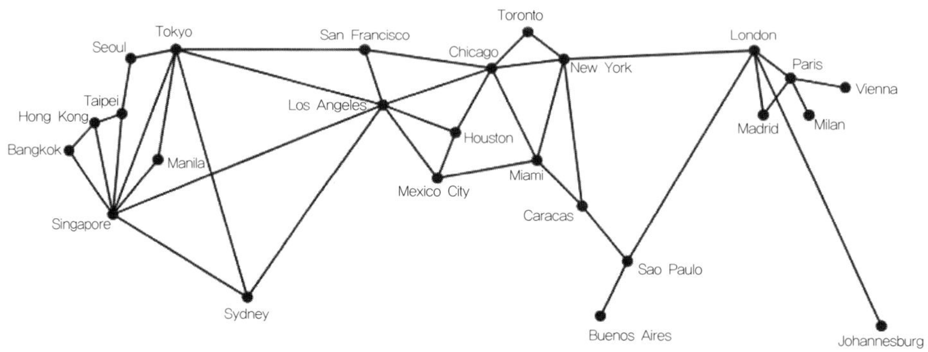

자료: Z. P. Neal(2011).

워크와 상호작용 분석을 위한 유용한 도구로 이용된다. [그림 7-15]는 Neal(2011)이 도시가 갖는 중심성(centrality)을 이용하여 월드시티 네트워크를 도식화한 것이다. 그림에서 아시아의 허브로는 싱가포르와 도쿄(東京)가 작용하며, 아메리카에서는 로스앤젤레스와 뉴욕이 허브 역할을 수행하고, 유럽에서는 런던이 네트워크의 중심에 있는 것을 알 수 있다. 이와 같이 중심지 이론과 중력 모형의 접목은 네트워크 모형으로 진화하여 도시들 사이의 상호작용, 허브와 주변부의 관계, 도시 네트워크, 더 나아가 세계도시 네트워크·시스템·계층제 연구에 유용한 도구로 이용된다.

2 순위-규모 규칙

지프(G. K. Zipf)는 여러 나라들의 도시 수와 규모를 연구한 후, "만약 모든 지역이 인구규모에 따라 순위를 매긴다면, 순위와 인구규모 사이에는 역관계가 성립한다."는 지프 규칙(Zipf's Rule)을 개발하였다. 그리고 제퍼슨(Mark Jefferson)은 "국가에서 가장 큰 수위도시는 일반적으로 두 번째로 큰 도시보다 2배 이상의 규모를 가지며, 중요성은 그 이상을 갖는다."는 수위도시의 법칙(The Law of Primate City)을 제시하였다. 도시지리학에서 수위도시는 국가의 정치, 재정, 사회활동의 중심지 기능을 수행하는 도시로서, 국내의 다른 지역과 경쟁이 되지 않으며, 대다수의 국가에서 수도(capital city)의 기능을 수행하는 도시를 의미한다.

순위-규모 규칙의 주요 목적은 각 나라의 도시 특징과 관련된 규칙성을 발견하고 도시규모 분포에 관한 설명을 제공하기 위한 것이다. 도시의 규모 분포를 보여주는 순위-규모 규칙은 도시규모와 순위에 대한 다음과 같은 정보를 제공한다.

- 국가의 도시 순위는 인구규모에 따라 내림차순으로 등급화된다.
- 국가의 도시규모는 수위도시의 크기와 순위에 따라 특정 도시의 크기를 예측할 수 있다.
- 수위도시의 인구를 순위로 나누면 그 순위의 인구규모를 추론할 수 있다.

순위-규모 규칙은 다음과 같은 방정식을 갖는다.

$$P_r = \frac{P_1}{r}$$

위 식에서 P_1은 가장 큰 도시의 인구규모를 의미하며, r은 도시 순위를 의미하고, P_r은 r 순위도시의 인구규모를 의미한다. 순위-규모 규칙에 따르면, 2번째 순위 도시규모는 첫 번째 도시규모의 1/2이며, 3번째 순위 도시규모는 첫 번째 도시규모의 1/3, 4번째 순위 도시규모는 1/4 ……의 규칙성을 가질 것으로 예상된다. 2013년 11월 시점에서 한국 도시의 순위-규모를 살펴보면 <표 7-1>과 같다. <표 7-1>에서 볼 수 있는 바와 같이, 한국은 서울이 높은 종주성을 보이며 상위 대도시들을 압도하고 있다. 인구 100만 명 이상에서는 순위-규모 규칙보다 실제 도시 인구가 적은 규모를 보인다. 그러다가 순위 10 이상의 100만 명 이하 도시에서는 실제 인구가 순위-규모 규칙 인구와 유사하거나 약간 큰 것으로 나타난다. 이러한 분포는 [그림 7-16]에서 보다 잘 설명된다. 도시 순위 10 이내에서 실제 인구와 지프 규칙 인구 사이에 차이가 관찰되는 반면에, 10순위 이상 중규모 도시에서는 지프 규칙과 거의 동일한 인구 분포가 나타난다. 그런데 상위 30개 도시에서 수도권(서울, 인천, 경기지역)으로 분류되는 도시가 16개나 나타나는 것은 수도권 일극집중현상이 매우 높다는 것을 보여준다.

각 나라의 도시규모와 순위 사이의 관계는 다양한 패턴으로 나타난다. [그림

표 7-1 한국 30대 도시 순위와 순위-규모 규칙 인구(2013년 11월 현재)

(단위: 명)

순 위	도 시	실제 인구	순위-규모 규칙 인구	차 이
1	서울특별시	10,154,180	–	–
2	부산광역시	3,529,884	5,077,090	−1,547,206
3	인천광역시	2,876,797	3,384,727	−507,930
4	대구광역시	2,503,283	2,538,545	−35,262
5	대전광역시	1,533,114	2,030,836	−497,722
6	광주광역시	1,473,689	1,692,363	−218,674
7	울산광역시	1,155,867	1,450,597	−294,730
8	경기 수원	1,144,755	1,269,272	−124,518
9	경남 창원	1,085,097	1,128,242	−43,145
10	경기 고양	985,881	1,015,418	−29,537
11	경기 성남	979,766	923,107	56,659
12	경기 용인	939,525	846,182	93,343
13	경기 부천	864,447	781,091	83,356
14	경기 안산	713,855	725,299	−11,444
15	충북 청주	672,384	676,945	−4,561
16	전북 전주	651,043	634,636	16,407
17	경기 남양주	616,127	597,305	18,822
18	경기 안양	608,934	564,121	44,813
19	충남 천안	590,707	534,431	56,276
20	경기 화성	529,822	507,709	22,113
21	경남 김해	520,753	483,532	37,221
22	경북 포항	519,524	461,554	57,970
23	경기 평택	441,622	441,486	136
24	제주 제주시	437,515	423,091	14,424
25	경기 의정부	430,391	406,167	24,234
26	경북 구미	420,034	390,545	29,489
27	경기 파주	401,332	376,081	25,251
28	경기 시흥	396,846	362,649	34,197
29	경기 광명	353,429	350,144	3,285
30	경남 진주	337,244	338,473	−1,229

자료: 안전행정부 홈페이지, 주민등록 인구통계(http://www.mospa.go.kr).

그림 7-16 한국 30대 도시 순위와 규모 분포

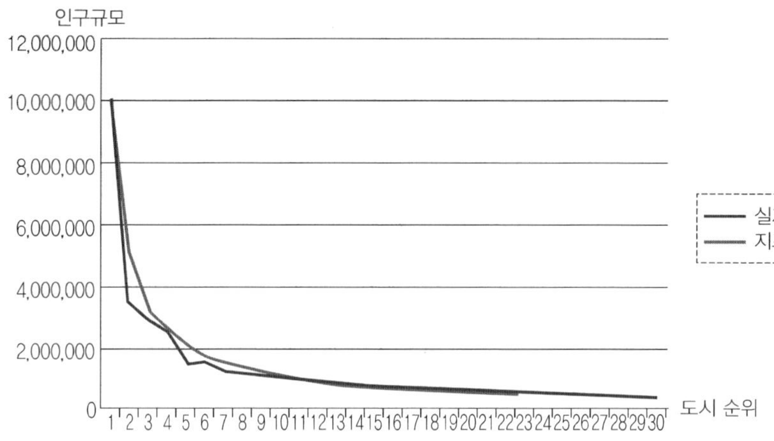

7-17]은 도시 순위-규모 규칙 분포들 가운데 주요 패턴만을 제시한 것이다.[1] 직선 패턴은 지프 규칙에 따른 이상적 순위-규모 규칙 패턴을 의미한다. 왼편의 높은 기울기를 갖는 종주도시형 패턴은 수위도시가 2번째 도시보다 매우 큰 순위-규모 규칙 패턴을 의미한다. 예를 들면, 2010년 현재 태국에서 가장 큰 도시 방콕의 인구는 828만 명인 반면, 2위 도시인 논타부리(Nonthaburi)는 26만 명에 불과하여, 1위와 2위는 무려 30배가 넘는 차이를 보인다.

이러한 현상은 개발도상국에서만 나타나는 것이 아니라 영국, 프랑스 같은 선진 사회에서도 나타난다. 영국의 경우, 2012년 현재 제1도시인 런던의 인구는 979만 명인 반면, 2위 도시인 맨체스터 인구는 255만 명을 기록하여 1위와 2위 사이에 약 4배의 차이를 보이고 있다. 프랑스 또한 2010년 현재 제1도시인 파리 인구는 1,046만 명인 반면, 2위인 리옹은 155만 명을 기록하여 1위와 2위 사이에 무려 6배 이상의 차이를 보이고 있다. 이런 사실을 고려할 때 종주도시형이 반드시 바람직하지 않다고는 할 수 없으며, 각 나라의 역사적 배경, 정치, 경제, 문화 등 다양한 요

1) 위 순위-규모 규칙 방정식은 실증적 자료를 이용한 회귀분석(regression analysis)을 위하여 종종 다음과 같이 변형되어 이용된다.

$$\mathrm{Log}\,P_r = \mathrm{Log}\,P_1 - \beta \mathrm{Log}\,r$$

P_r은 r 순위 도시의 인구규모, P_1은 수위도시 인구규모, r은 도시 순위, β는 회귀분석을 통해 구해지는 상수를 의미한다.

그림 7-17 순위-규모 규칙 패턴 유형들

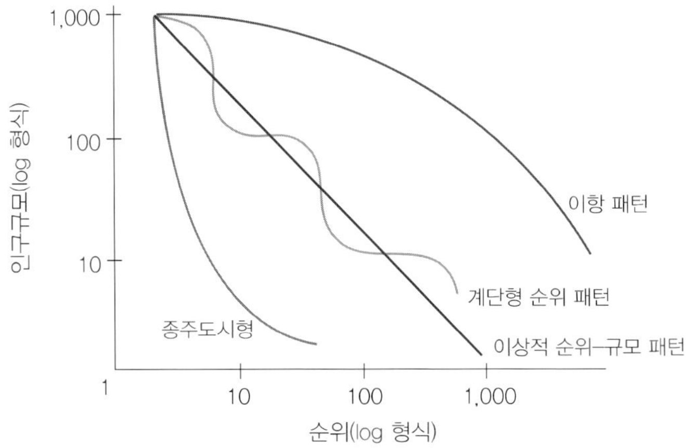

인에 의해 순위-규모 규칙이 적용되는 것을 알 수 있다. 또 다른 주장으로는, 개발도상국에서 지프 규칙에 따른 도시성장을 추진하기에는 자본과 기술에 한계가 있어서 우선적으로 선도도시의 성장을 추진하고, 선도도시의 성장이 확산효과를 거쳐서 중·소규모 도시성장을 유도하는 전략이 바람직하다는 의견이 제시되기도 한다.

다음으로 이항 패턴(binary pattern)은 상위 1, 2위 도시가 비슷한 인구규모를 가진 국가의 도시 순위-규모 규칙 분포를 나타낸다. 예를 들면, 2013년 현재 스페인 도시 인구 분포를 보면, 1위인 마드리드가 526만 명, 2위인 바르셀로나는 425만 명을 기록하고 있다. 호주도 유사하게 2013년 현재 1위 도시인 시드니가 인구 476만 명, 2위 멜버른은 435만 명을 기록하고 있다. 이러한 이항 패턴을 갖는 국가의 순위-규모 규칙 패턴은 [그림 7-17]과 같이 볼록한 분포를 보인다.

마지막으로, 계단식 순위-규모 규칙 패턴은 도시의 규모 분포가 단계형을 보이는 사회 혹은 국가의 도시규모 분포를 나타낸다. 예를 들면, 도시들이 권역에 따라 광역권(con-urban area), 대도시권(metropolitan area), 도시권(city area), 읍 지역(township area) 등으로 구분되는 경우에 규모 분포에서 간혹 나타난다.

도시규모 분포의 정태적 접근을 제공하는 순위-규모 규칙은 사회 변화에 따른 도시성장과 연계하여 동태적 측면의 설명을 제공하기도 한다. 이 분야에 대한 선도적 연구로서 지브라(Gibrat, 1931)는 도시규모와 도시성장률 사이의 관계에는 어떤 규칙성 — 유사한 규모의 도시는 유사한 성장과정을 갖는다 — 이 있다는 것을 제시하였다. 그리고 성장률은 도시규모의 증가와 함께 감소하지 않으며, 특히 상위계층을 형성하는 대도시들의 경우에는 성장률의 차이가 거의 없다는 것을 가바이(Gabaix, 1999)의 연구는 밝히고 있다. 이러한 지브라 이론은 순위-규모 규칙과 중심지 이론 사이의 연계적 설명의 가능성을 제시하였으며, 많은 학자들(Beckman, 1958; Berry, 1971; Beguin, 1985)이 이 문제에 대한 검증을 시도하였다. 중심지 이론에서 도시는 육각형 시장규모를 갖으며, 도시규모가 큰 상위계층으로 올라갈수록 더 큰 규모의 육각형 시장모형을 갖는 '형태의 동질성'을 제시하고 있다. 도시규모가 점차적으로 커짐에 따라 다양한 산업활동들이 지역에 입지하게 되며, 이 과정에서 유사한 계층과 규모의 도시들은 유사한 변화를 경험한다는 것을 지브라 이론은 제시하고 있다. 이러한 순위-규모 규칙과 도시성장 과정의 연계에 대한 지브라 이론의 해석으로 베리(Berry, 1971)는 "단기간의 분석에서 도시성장 규모는 도시의 전체 규모에서 극히 일부분을 차지하며, 실제적 성장 정도는 도시규모에 비례한다(즉, 같은 규모의 도시는 동일한 성장률을 갖는다)"는 것을 지적하였다.

한국 도시의 순위-규모 규칙 분포에 대한 시계열 분석은 균등한 도시규모 분포로 진행되는 것을 보이며, 수위도시 서울의 종주율이 점진적으로 감소되고 있는 것으로 나타난다(김천권, 2000). 교통·통신기술의 획기적 발전과 함께 산업사회에서 탈산업사회로 진행됨에 따라 대도시가 갖는 규모와 집적의 경제적 효과보다는 규모의 불경제 효과가 점차로 증가되는 추세를 보이며, 이러한 경향은 상대적으로 중소도시의 급속한 성장, 특히 수도권 중소도시의 급격한 성장으로 나타나고 있다. 이러한 추세는 사회 변화에 따라 도시의 역할과 기능이 점차로 변하고 있다는 것을 간접적으로 보여준다. 제조업 중심의 산업사회에서는 규모와 집적의 경제효과가 입지선정에 핵심적 요소로 작용한 반면에, 탈산업사회로 진행됨에 따라 대도시와 중심지가 갖는 입지독점성이 희석되며 산업활동에서 현저한 입지자유적(location-free) 경향을 보인다. 물론 이러한 현상이 반듯이 대규모 도시의 성장 억제와 중소도시의 상대적 성장이라는 결과로 나타나지는 않지만, 한국의 경우에 산업화·도시화 과정에서 서울과 몇몇 대도시에 지나친 인구 편중 현상이 발생하였기 때문에, 탈산업사회의 도래가 순위-규모 규칙 분포에 주는 영향은 상대적으로 클 수 있다.

이러한 의미에서 도시규모 체제에서 균등 분포의 진행을 보이고 있는 한국 사회의 도시정책은 특히 중소도시의 성장과 입지경쟁력 향상에 정책 주안점이 주어질 필요가 있다.

제 4 절 맺는 말

이 장에서는 도시의 공간구조와 이용 및 분포에 대해 살펴보았다. 도시가 성장하기 위해서는 우선적으로 중심업무지역(CBD)이 활기를 띠며 제 기능을 수행해야 한다. 고층건물이 밀집하고, 비즈니스가 고밀도로 일어나며, 높은 지가를 보이는 CBD 지역은 주변지역과 기능적으로 연결되어 고용 창출, 소비시장, 정치행정, 문화예술의 중심지로서 기능을 수행하며 도시의 변화와 혁신을 주도한다.

개발 초기에 도시는 단일 CBD를 중심으로 성장하는 동심원 모형을 보인다. 그러다가 점차 도로가 확장되고 인프라가 조성되어 도시가 자리를 잡아가는 과정에서 주요 교통로를 따라 비즈니스와 산업활동이 확대되는 섹터 모형을 보인다. 최근에 들어서는 자동차가 일반화되어 CBD 중심성이 약화되고 입지자유적 성향이 강화됨에 따라 교외지역이 성장하고 외곽에 새로운 중심지가 조성되는 다핵 모형의 공간구조가 주류를 이루고 있다.

크리스탈러는 도시가 어떻게 형성되고 계층성을 띠는지를 중심지 이론을 이용하여 설명하고 있다. 중심지는 기본적으로 상권을 통해 형성되며, 시장의 크기는 규모의 경제, 운송비, 수요 밀도에 의해 영향을 받는다. 크리스탈러는 상권을 중심으로 육각형 시장모형을 제시하였으며, 시장의 크기에 따라 중심지를 계층화하였다. 가장 작은 상권을 구성하는 촌락 중심지들이 모여 소도시 중심지가 형성되고, 소도시 중심지들이 모여 중규모 중심지가 형성되며, 중규모 중심지들이 모여 거대도시의 중심지가 형성된다는 계층제 논리를 개발하였다. 이 과정에서 상위 중심지는 하위 중심지가 제공하는 재화와 서비스를 포함하여 상위의 전문 및 다양한 서비스를 제공한다. 예를 들면, 한국에서 가장 상위에 있는 도시인 서울에서는 다른 지역에서 제공하지 않는 다양한 서비스를 제공받을 수 있다는 것이다.

크리스탈러는 상권과 시장규모가 K=3의 규칙성을 띤다는 가정 아래 도시 계층제를 도출하였으나, 뢰쉬는 각 재화와 서비스에 따라 상이한 상권과 시장규모를 가지며, 따라서 시장은 일률적으로 K=3 시장규모를 갖는 것이 아니라, K=3, 5, 7, 9, 12 등 다양한 상권과 시장규모가 중첩되어 있다고 주장하였다. 이와 같은 뢰쉬의 모형은 현실에서 도시는 규칙적인 공간구조와 분포를 보이는 것이 아니라, 과밀과 과소지역이 혼재되어 분포하는 것을 설명하는 논리를 제공한다.

이외에 공간구조와 상호작용을 설명하는 원리로서 뉴턴의 중력법칙에서 빌려온 중력 모형이 자주 이용된다. 도시들 사이의 상호작용을 도시의 크기와 거리 관계로 설명하는 중력 모형은 다양한 매개변수들이 작용하여 도시들 사이에 연계관계가 형성되는 것을 보여준다. 최근에는 중심지 이론과 중력 모형이 결합하여 네트워크 모형으로 확대되어 글로벌 사회에서 도시네트워크, 허브도시의 성장, 도시 시스템을 설명하는 유용한 접근 방식을 제공한다.

도시 분포를 크기와 순위를 이용하여 설명하는 도시 순위-규모 규칙은 사회의 공간적 지배행태에 대한 설명을 제공한다. 종주도시형은 수위도시가 전체 사회를 지배하는 형태로서 종래에는 국토의 불균형적 이용, 실업 및 주택문제, 교통 및 환경문제, 혼잡비용 증가 등 부정적 측면이 주로 부각되었으나, 최근에는 개발도상국의 부족한 재원과 기술을 고려할 때 집적의 효과를 극대화하는 거점도시·선도도시의 성장을 추진하는 전략으로서 새롭게 평가되고 있다. 한국의 도시 체계는 아직도 서울의 종주성이 강하게 작용하고 있으나 점차 약화되는 추세를 보이는 한편 수도권의 종주성은 더욱 심화되는 것으로 나타난다.

제 8 장

산업입지이론

이 장에서는 산업입지이론에 대해 논의한다. 산업입지이론은 산업체, 공장, 영업장소, 본사와 지사, 창고 등을 선택하는데 어느 곳이 최적 입지인가를 탐색하는 학문분야이다. 그래서 독자 가운데는 산업입지는 산업체들이 고민할 문제인데 왜 도시개발에서 이 부분을 다루는지에 대해 의아해하는 사람들도 있다. 그 이유는 도시개발의 목표에서 발견된다. 도시개발은 지역의 고용 안정과 지속적 성장을 목표로 하고 있으며, 지역에서 고용의 안정을 유지하기 위해서는 산업체들에게 지역이 매력요인과 입지경쟁력을 제공해야 한다. 도시가 장소성이 없고 산업체를 유인하는 매력 요인이 상실된다면 지역 산업들은 타 지역으로 이전하거나 산업경쟁력을 상실할 것이다. 그래서 도시개발을 위해서는 산업체를 지역으로 유인하여 고용을 창출하여야 안정된 도시성장을 도모할 수 있는 것이다. 따라서 도시정부는 지역에서 새로운 산업을 창출하기 위한 창의 요인과 지역으로 산업체를 유인하기 위한 매력 요인을 개발하여야 한다. 이를 위해서는 우선 산업체의 입지를 위한 요인이 무엇인가를 알아야 하며, 바로 이 분야를 탐색하는 것이 산업입지이론이다.

산업입지에는 많은 요인들이 영향을 미친다. 전통적인 산업입지 요인으로는 원자재 공급지, 교통의 접근성, 노동력 공급, 지가, 소비시장 접근성 등 다양한 요인들이 주요 요인으로 작용하였다. 최근에는 첨단산업들의 성장과 함께 지역의 인적 자원, 문화예술, 삶의 쾌적성(amenities), 교육여건 등이 주요 요인으로 부각되고 있다. 이 장에서는 산업입지에 영향을 미치는 주요 요인에 대해 먼저 고찰하고, 다음으로 산업입지를 설명하는 주요 이론을 단순이론과 종합이론으로 구분하여 논의한다.

제 1 절 산업입지에 영향을 미치는 주요 요인들

앞에서 잠깐 언급한 바와 같이, 산업입지에는 다양한 요인들이 영향을 미친다. 우선 산업활동을 수행하기 위해서는 자본이 있어야 하고, 원자재가 공급되어야 하며, 일을 위한 인력이 충원되어야 하고, 원자재와 상품의 이동을 위한 교통망이 있어야 하며, 생산품을 팔기 위한 시장이 형성되어야 한다. 그리고 산업활동을 위해서는 지역이 산업활동에 대한 개방적 문화가 조성되고, 합리적 제도들이 정립되어야 하며, 정치적으로 안정적이고 치안이 보장된 안전한 환경을 마련해야 한다. 그래서 우수한 산업환경과 더불어 쾌적한 주거환경이 보장되어야 산업들을 지역으로 유인하거나 신규 산업들의 창업을 기대할 수 있다. 산업입지에는 수많은 요인들이 영향을 미치기 때문에 모든 요인을 고찰하는 것은 거의 불가능하다. 이 절에서는 산업입지에 영향을 미치는 주요 요인들을 다음과 같이 제시하였다.

- 원자재 접근성
- 노동시장
- 교통 및 인프라 접근성
- 에너지 접근성
- 수요시장 접근성
- 지방정부의 정책
- 지역 문화
- 교육 인프라
- 주거환경(amenities)
- 정치적 안정성
- 개인적 요인

상기 요인들에 대해 간단히 고찰해 보기로 하자.

원자재 접근성

생산활동을 위해서는 원료의 공급이 필수적이다. 특히, 공업입지에서 원자재 획득 가능성은 가장 중요한 요소들 가운데 하나로 작용한다. 예를 들면, 제철업을 위해서는 철광석이 조달되고, 고로의 높은 열을 내기 위한 석탄이 공급되어야 한다. 따라서 산업화 초기에 제철공장들은 주로 탄광 인근지역에 입지하는 특성을 보였다. 그러면 아마 "한국의 포항제철은 왜 탄광지역이 아닌 동해안 항구지역에 입지하고 있는가?"라는 의문이 제기될 수 있다. 이것은 포항제철에 공급되는 원자재인 철광석과 석탄이 주로 해외에서 수입되기 때문에 항구가 원료 공급에 편리한 지역이며, 서해안이 아닌 동해안에 입지한 이유는 한국은 편서풍이 불기 때문에 서해안에 입지하면 공장에서 발생한 공해가 내륙으로 확산되어 대기오염을 초래할 수 있기 때문이다.

노동력 접근성

산업활동을 위하여 노동력이 요구되는 것은 더 이상 설명이 필요 없을 것이다. 따라서 산업입지는 필요한 노동력이 원활히 조달되는 지역들 중에 선택되게 된다. 특히, 최근 들어 첨단산업의 중요성이 강조되면서 노동력 접근성은 주요 요인으로 주목받고 있다. 즉, 첨단산업은 우수한 인적자원의 지속적 조달을 요구하기 때문에 우수한 과학기술대학과 연구소가 입지한 지역에 첨단산업들이 입지하는 패턴을 보인다. 그리고 글로벌 경제체제가 전개됨에 따라 경쟁이 심화되어 양질의 저임금 노동력이 풍부한 지역으로 산업들의 글로벌 분화현상이 나타나고 있다.

교통 및 정보 인프라 접근성

상품가격의 주요 비용을 구성하는 것이 운송비이다. 운송비가 높을수록 가격이 높아지기 때문에 제품의 가격경쟁력은 하락한다. 그리고 원자재가 적시에 공급되고 생산된 제품이 소비시장에 적기에 도착되기 위해서는 교통 인프라의 접근성이 보장되어야 한다. 이런 특성 때문에 도시들이 주요 교통 중심지와 교통로를 따라 발전한 것을 알 수 있다. 예를 들면, 항만교통이 주요 교통수단을 형성한 시기에는 항구도시들이 발전하였으며, 철도기술이 등장한 후에는 내륙의 철도 중심지들이 성장하였고, 자동차가 주요 교통수단으로 발달한 후에는 고속도로 나들목을 중심으로 공업단지들이 형성되었으며, 글로벌 시대가 도래한 후에는 국제공항을 중심으로 신산업지구가 형성되는 것을 볼 수 있다.

글로벌 시대의 도래와 함께 경쟁이 심화됨에 따라 생산활동은 저임금·양질 노동력을 제공하는 지역으로 글로벌 분화가 진행되고 있다. 이러한 글로벌 분화가 진행된 요인으로는 물론 교통기술의 발달이 큰 역할을 하였다. 특히, 컨테이너 기술이 도입됨에 따라 총 생산비에서 운송비가 차지하는 비율이 하락하여, 생산시설의 입지범위가 글로벌 전체로 확대되었다. 글로벌로 분화된 생산과 물류활동을 실시간에 관리와 통제를 위한 필요성이 제기되었고, 따라서 원격 정보통신 인프라의 접근성이 산업입지의 주요 요인으로 등장하였다. 특히, 변화와 혁신이 급속히 진행되는 고속사회에서 지식과 정보는 산업활동의 핵심 요인으로 작용하여 정보와 원격통신(IT: information and telecommunication) 인프라의 접근성은 산업입지의 필수조건으로 제시되고 있다.

동력(energy) 획득 가능성

산업활동을 하기 위해서는 반드시 동력이 필요하다. 그래서 예전에는 산업입지의 필수요건으로 동력의 획득 가능성이 제시되었다. 따라서 전기, 가스, 석유 등 동력을 제공하는 지역에 산업이 입지하는 행태를 보였다. 그러나 최근에 동력은 어디서나 제공되는 기본 인프라로 인식되어 산업입지 요인으로서 중요성이 떨어지고 있다. 그럼에도 불구하고 동력 요인은 산업입지 결정에 기본적으로 충족되어야 하는 필수 요인을 구성한다. 왜냐하면, 지역에서 전력이 불안정하게 공급되는 경우에는 생산에 차질을 가져오게 되며, 기업활동에 큰 타격을 주기 때문이다.

시장 접근성

산업입지 선택에서 시장 접근성은 중요한 요인을 구성한다. 특히, 비즈니스를 시작한 초기에 소비자에게 사업을 알리고 수요를 창출하기 위해서는 소비시장에 근접하여 사업을 입지시켜야 한다. 예를 들면, 음식점을 하기 위해서는 사람들의 통행이 빈번한 곳에 입지하여야 수요를 창출할 수 있고, 자동차 정비업을 하기 위해서는 차량 통행이 빈번한 곳에 사업체를 열어야 수요가 증가한다. 고미술품 구입을 위해서는 우선적으로 서울 인사동을 둘러보기 때문에 고미술품 상점을 열기 위해서는 인사동을 중심으로 입지를 결정하는 것이 현명한 선택일 것이다. 특히, 변화와 혁신이 빠른 속도로 진행되는 산업과 경기변동이 매우 불안정한 산업들은 입지 선택에서 시장 접근성이 상대적으로 중요 요인을 작용한다. 왜냐하면, 시장 중심 혹은 인근에 입지하는 경우에는 소비자의 취향과 선호, 관계된 기술과 정보의 변화 등을 민감하게 감지하여 신속하게 대응할 수 시간과 능력을 갖는 반면에, 시장에서 멀리 떨어져 외톨이로 입지하는 경우에는 시장 변화에 대한 정보 부재와 늦장 대응으로 인하여 산업경쟁력이 약화되기 때문이다.

지방정부의 정책

지방정부의 정책 또한 산업입지 선택에서 중요한 요인으로 작용한다. 지방정부가 산업체 유인을 위하여 우호적 정책을 제공하느냐 아니면 규제적 정책을 실시하느냐는 산업입지 결정에 치명적 요인을 구성한다. 예를 들면, 지역이 공장 부지를 저가에 공급하기 위한 산업단지 조성 정책을 갖고 있는가, 노동비용 절감을 위한 직업훈련 정책을 실시하고 있는가, 창업자금을 지원하기 위한 저금리 융자 정책을 실시하고 있는가 등은 산업입지 결정에 주요 요인으로 작용한다. 이러한 지방정부의 정책들은 생산비용에 직·간접으로 영향을 미쳐서 제품의 가격경쟁력과 수익창출에 영향을 주기 때문이다.

지역 문화

지역이 아무리 우수한 입지 요인을 보유하고 있더라도 폐쇄적 지역 문화와 저급한 문화예술환경을 갖고 있다면 지역에 산업체를 유치하기는 어렵다. 이것은 인간이 경제활동에만 집착하는 것이 아니라 사회적·문화적 활동들이 유기적으로 결합하여 인간의 삶이 이루어지기 때문이다. 그래서 경제자유구역에 경제활동만을 염두에 두고 정책을 수립하면 산업체 유치에 성공할 수 없다. 경제활동과 더불어 개방적인 지역 문화가 형성되고, 다양한 문화예술 활동, 고급의 서비스, 타자에 대한 포용 등 유연한 지역환경이 조성되어야 산업체 유인을 위한 매력 요인으로 작용한다.

교육 인프라

지역이 산업체를 유치하기 위해서는 우수한 교육환경이 조성되어야 한다. 우수한 교육환경은 두 가지 측면에서 산업입지에 중요 요인으로 작용한다. 첫째는 우수한 교육환경으로부터 우수한 지역 인재들이 배출되어 지역이 학문과 과학기술의 중심지, 창의 활동의 산파 역할을 수행하는 데 초석 역할을 수행한다. 둘째는 부모들이 자녀교육을 위하여 우수한 교육환경이 조성된 지역을 선호한다는 것이다. 따라서 아무리 봉급을 많이 주고 취업 기회가 보장되었다 하더라도 교육환경이 열악하면 가족과 함께 거주하는 것이 아니라 홀로 거주하거나 주말부부 등의 생활방식을 선호하는 행태를 보인다. 따라서 교육 인프라는 우수 인재배양을 통한 인적자원 충원의 주요 요인으로 작용하는 동시에 자녀 교육을 위한 핵심 활동으로서 산업입지와 거주지 입지 모두에 중요한 영향을 미친다.

쾌적한 주거환경(amenities)

쾌적한 주거환경은 교육 인프라와 같이 산업입지와 동시에 주거입지의 주요 요인으로 꼽힌다. 지역에 높은 보수를 주는 취업 기회가 있더라도 공해로 오염된 도시, 범죄율이 높은 도시, 사고가 빈번하게 발생하는 불안한 도시에 살고 싶어하는 사람은 별로 없다. 특히, 전문가 집단은 많은 지역에서 고용기회가 주어지기 때문에, 다른 조건들이 동일하다면 쾌적한 주거환경을 제공하는 지역을 선호한다. 특히, 전문가들을 요구하는 첨단산업의 입지를 위해서는 쾌적한 주거환경은 핵심 요인을 구성한다.

정치적 안정성

정치적 안정성은 국내보다는 글로벌 산업입지의 주요 요인으로 제시된다. 글로벌 기업들이 산업입지를 결정할 때 정치적으로 불안정하거나 부패가 만연한 국가나 지역은 가급적 회피할 것이다. 왜냐하면, 이런 지역에 투자를 하면 언제 내란이 발생할지 모르고, 부패 공무원으로부터 뇌물 상납이 요구될 수 있으며, 지배 정치집단의 변화는 투자의 회수를 어렵게 할 수도 있기 때문이다. 이런 관점에서 정치적 안정성과 선진제도의 정립은 글로벌 산업입지에 주요 요인으로 작용한다.

개인적 요인

여기서 말하는 개인적 요인은 산업체 오너(owner)의 특정 지역에 대한 선호를 의미한다. 가끔 산업체 소유주들은 자신의 고향 혹은 친지들이 많이 사는 지역을 선택하여 산업체를 입지시키는 것을 목격한다. 이것은 한편으로는 고향에 대한 향수 혹은 귀향의 의미도 있지만, 고향에 많은 친구와 친지들이 거주하여 다양한 편의를 얻을 수 있는 장점이 작용하기도 한다. 예를 들면, 자신이 살던 지역에는 친분이 있는 공무원, 금융인, 부동산 전문가 등이 있기 때문에 행정절차가 빠르게 진행될 수 있고, 대출이 용이하며, 부지를 저가에 구입할 수 있는 강점이 있을 수 있다. 만약 이런 강점 없이 단순히 오너의 개인적 취향 혹은 고향인 점만을 고려하여 산업입지를 결정하였다면, 다른 산업체들에 비해 입지경쟁력은 낮을 것으로 예상된다.

이외에도 학자들에 따라서는 노동조합활동, 지방세 구조, 경쟁업체의 입지 등을 주요 입지 요인으로 제시하기도 한다.

제 2 절 산업입지이론들

이제 산업입지에 영향을 미치는 주요 요인들을 고찰하였으니, 다음으로 산업입지를 설명하는 원리들에 대해 알아보도록 하자. 산업입지를 설명하는 원리는 크게 두 가지로 분류된다. 첫째는 단순이론으로 선형시장(linear market)을 가정하여 상업입지를 설명하는 이론이다. 둘째는 종합이론으로 비용 최소화와 수익 극대화를 위한 산업입지점을 탐색하기 위한 모형이다.

1 단순이론

산업입지를 설명하는 단순이론은 선형시장을 가정하여 입지 패턴을 설명한다. 사실 제목은 단순이론이지만 설명력은 결코 단순하지 않다. 단순이론에는 중간소비지 원리, 호텔링 모델(Hotelling's Model), 통근행태모형의 세 가지 모형이 있다.

1) 중간소비지 원리(Principle of Median Location)

중간소비지 원리는, 제목에서 나타나는 것과 같이, 산업입지를 선택할 때 중간소비자가 입지하는 장소를 선택하는 것이 최적 입지점이라는 것이다. 예를 들면, 중국음식점 사업을 시작할 때 최적 입지점은 수요조사를 통해 중간소비자가 거주하는 바로 그 지역이라는 것이다. 중간소비지 원리를 설명하기 위해서는 다음과 같은 가정이 필요하다.

가정:

① 거리의 소득탄력성이 일정하다. 거리에 따라 소비자의 소득과 소비에 차이가 없이 동일하다.

$$\frac{\Delta C}{\Delta d} = \text{constant},\ \ C\text{는 소비이고 } d\text{는 거리를 의미한다.}$$

② 지형이 평면적으로 구성되어 있다. 산 혹은 강 등의 교통 장애 요인이 없다.

③ 한번 운송(배달)에 한 고객에게만 서비스가 제공된다. 예를 들면, 중국집 음식 배달 서비스에서 한 번에 하나의 주문만 배달된다.

④ 생산비는 모든 장소에서 일정하며, 판매가격에 운송비(배달비용)를 포함한다.

위와 같은 가정 아래 이윤 극대화를 위한 산업입지는 중간소비자가 위치하는 장소에 입지하여야 한다는 것이 중간소비지 원리이다. 이 원리는 아래와 같은 사례를 통해 확인할 수 있다.

[사례 1] 배달을 전문으로 하는 피자가게를 예를 들어 살펴보자. 피자가게에서 피자배달은 한 번에 하나의 주문만 처리하고, 배달비용은 1구간당 100원이라고 가

정하자. 피자를 위한 소비시장이 아래와 같이 선형시장을 형성하고, 소비자들이 A부터 G까지 분포되어 있다면, 어디에 피자가게를 여는 것이 이윤 극대화를 가져올 것인가?

위와 같은 선형시장에서 합리적인 주인이라면 A 혹은 G의 극단적인 입지점을 선택하지는 않을 것이다. 따라서 A와 G 사이의 중간 어느 지점을 선택하는데, 중간소비지 원리는 바로 중간소비자 D가 위치한 지점이 최적 입지점이라는 것을 보여준다.

E를 입지점으로 선택한 경우의 배달비용을 계산해 보자. 각 소비자를 위한 배달비용을 보면, E에서 한 구간 떨어지면 100만큼의 추가적인 배달비용이 발생하기 때문에, A는 700원, B는 500원, C는 400원, D는 300원, E는 0, F는 300원, G는 700원으로 총 2,900원의 배달비용이 소요된다.

다음으로 D를 입지점으로 선택하는 경우의 배달비용을 계산해 보자. A는 400원, B는 200원, C는 100원, D는 0, E는 300원, F는 600원, G는 1,000원으로 총 2,600원의 배달비용이 계산된다. 따라서 D는 E지점보다 배달비용이 300원 덜 드는 것을 알 수 있으며, 위 선형시장에서 D지점보다 낮은 배달비용을 보이는 입지점은 없는 것을 확인할 수 있다.

중간소비지 원리는, 다른 조건이 동일하다고 할 때, 소비시장에서 운송비용을 최소화하기 위해서는 중간소비자가 위치한 지점이 비용 최소화를 가져오는 최적 입지점이라는 것을 설명한다. 원리는 단순한데 운송비와 시간이 주요 요인인 산업에는 중요한 시사점을 제공한다. 운송비용과 시간이 핵심인 활동들, 예를 들면, 물류, 창고, 택배 및 배달업 등의 입지 결정에서 중간소비자의 확인을 통해 최적 입지점을 선택할 수 있다는 것이다. 이러한 중간소비지 원리는 한국에서 많은 물류창고업들이 왜 경기도 경계지역, 천안지역 등에 입지하고 있는지를 잘 설명해 준다.

한국에서 수도권은 인구와 산업활동의 약 50% 정도를 점유하고 있는 초고밀도 권역이다. 중간소비지 원리에서 보면, 수도권은 전국 소비자의 절반 정도가 거주하는 지역이며, 따라서 수도권 경계지역은 바로 중간소비자가 위치한 지점으로 인식될 수 있다. 따라서 전국적인 물류산업, 택배산업들은 수도권 경계지역에 입지함으로써 운송비용과 시간을 절약할 수 있다. 현재는 수도권 점유율이 약 50% 정도이기 때문에 이런 현상이 나타나지만, 수도권이 더욱 과밀해지거나 혹은 인구와 산

그림 8-1 한국도로망 지도와 수도권

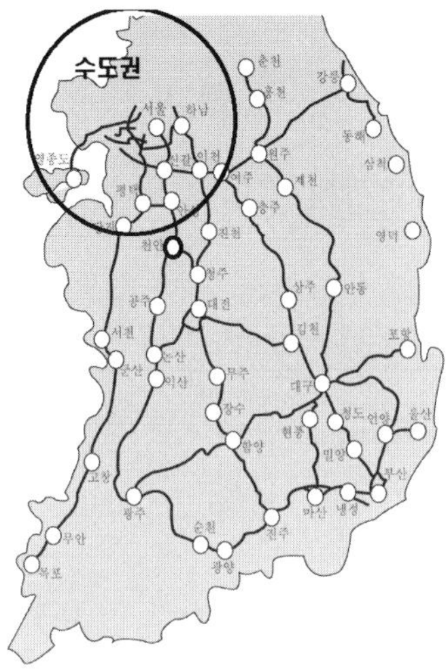

업체들이 분산화된다면 입지 행태의 변화가 예상된다. 만약 수도권의 집중화가 더욱 심화된다면, 경기도 경계 내부로 물류창고업은 이동하는 것이 유리하다. 반대로 수도권 집중화가 약화된다면 수도권 경계 밖으로 이동하는 것이 운송비와 시간을 절약하는 입지 전략이 될 것이다. 상기와 같이 중간소비지 원리는 내용은 매우 단순하지만, 산업입지와 분포를 설명하는데 중요한 시사점을 제공한다.

2) 호텔링 모델(Hotelling's Model)

호텔링 모델은 미국의 저명한 수리경제학자인 호텔링(Harold Hotelling, 1895~1973)이 1929년 개발한 모델로 산업체들의 입지경쟁을 설명하는 유용한 모형이다. 호텔링 모델을 설명하기 위해서는 다음과 같은 가정이 필요하다.

가정:

① 소비시장은 선형 형태를 구성한다.

② 소비와 거리는 무관하다. 즉, 거리와의 관계에서 수요는 비탄력적이다.

③ 모든 지역에서 수요는 균등한 밀도를 보인다.

④ 재입지 비용이 0이다(no relocating cost). 즉, 다른 지역으로 이전하더라도 이주비용이 소요되지 않는다.

아마 상기와 같은 가정을 갖는 지역으로 [그림 8-2]와 같은 여름에 해변을 상상할 수 있다. 백사장이 A에서 E까지 펼쳐진 해수욕장에서 아이스크림 마차를 운영한다고 가정해 보자.

그림 8-2 호텔링 모델

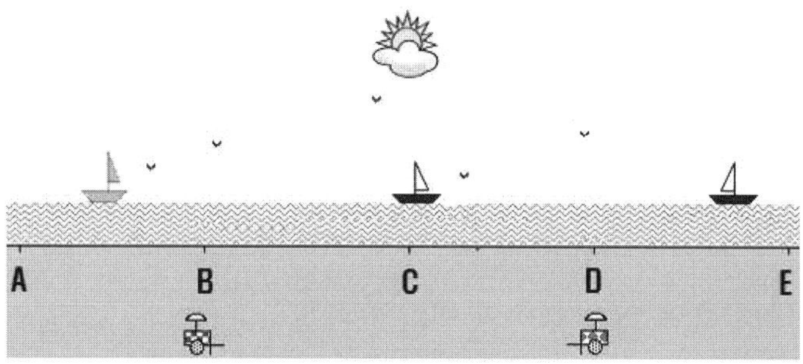

첫째는 아이스크림 가게가 혼자라면 어디에 위치해도 전혀 문제가 되지 않을 것이다. 소비가 거리에 비탄력적이기 때문에 아이스크림을 먹고 싶은 사람은 독점적으로 운영되는 아이스크림 가게로 와서 구매하게 된다. 따라서 가게가 하나인 경우에는 입지무차별성(location indifference)을 갖는다.

둘째는 새로운 아이스크림 마차가 등장한 경우이다. 해변에서 아이스크림 가게가 잘 되는 것을 보고 새로운 경쟁자가 나타났다. 소비자 입장에서는 거리를 고려할 때 두 아이스크림 마차가 [그림 8-2]와 같이 B와 D에 입지하는 것이 효율적일 것이다. 그러나 현실에서는 입지경쟁이 벌어져 종국에는 [그림 8-3]과 같이 C지점에 인접 입지하는 결과로 나타난다.

[그림 8-3]에서 수익 극대화를 위하여 D에 입지한 아이스크림 마차는 B 바로 옆으로 이전할 것이다. 이제 B 또한 수익 극대화를 위하여 중앙에 가까운 지점으로 이전하고, 이와 같은 개구리 뛰기(leap frog) 현상은 C에 인접하여 입지할 때까지

그림 8-3 호텔링 모델의 입지경쟁

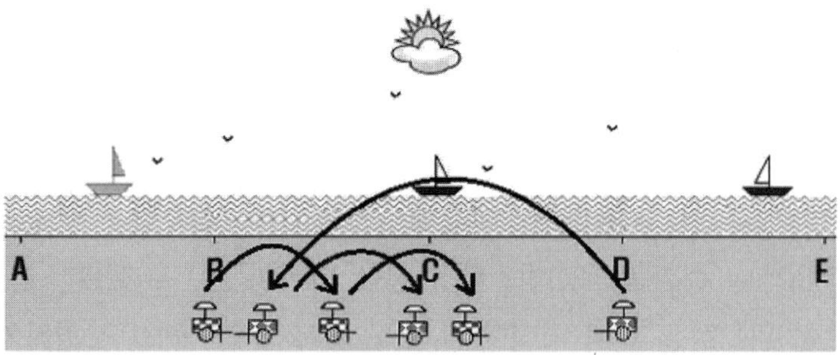

나타나게 된다. 결과로서 두 가게는 중앙에 인접하여 입지하게 되며, 더 이상의 이전은 이전하는 쪽의 수익 감소를 가져오게 된다.

상기와 같은 호텔링 모델은 현실에서 백화점과 소매상들이 왜 중앙에 인접하여 입지하고 있는지를 설명한다. 예를 들면, 서울이 성장하는 초기에 미도파 백화점, 신세계 백화점, 롯데 백화점 등이 명동에 서로 인접하여 자리를 잡았다. 이것은 호텔링 모델에서는 선형시장을 가정하고 있지만, 현실에서는 모든 방향으로 열려 있기 때문에 중심지로 산업활동이 집중하는 현상을 호텔링 모델을 통해 이해할 수 있다. 그리고 호텔링 모델은 공급자의 수익 극대화를 위한 입지 행태와 소비자의 효용 극대화를 위한 입지 행태가 상이하다는 것을 보여준다. 소비자의 효용 극대화를 위해서는 분산적 입지가 바람직하지만, 공급자의 수익 극대화를 위한 입지는 중앙에 집중한 행태를 보인다. 이와 같이 공급자와 소비자 사이에 입지 선호와 행태의 차이가 있기 때문에 정부의 도시계획 혹은 규제 수단을 이용하여 토지이용 용도구역 지정, 점포들 사이에 인접거리 제한 등의 조치들이 요구되는 것이다.

3) 통근행태모형

다음으로 산업입지의 통근행태모형은 출퇴근 행위와 관련된 비즈니스 입지 행태를 설명한다. 도시 서비스 활동은 특성에 따라 출근과 퇴근활동으로 분류될 수 있다. 예를 들면, 선진사회에서 도넛은 주로 아침과 점심에 이용되어 오전 시간과 오후 1~2시까지 도넛 가게들이 문을 연다. 이런 점을 고려할 때, 도넛 가게는 출근길 통로에 입지하는 것이 유리하다. 이와 유사한 출근길 행태로서 세탁소, 패스트푸드(fast-food)점, 테이크-아웃(take-out) 커피점, 문방구 등을 들 수 있다. 다른 조건이 동일하다면, 학생들은 건너편 하굣길 문방구보다는 등굣길 버스 정류장 부근에 있는 문방구를 이용할 가능성이 많다.

퇴근길에 주로 접하는 서비스로는 주유소, 서점, 술집, 슈퍼마켓 및 편의점 등을 들 수 있다. 자가용 통근자들은 시각을 다투는 출근길보다는 비교적 여유로운 퇴근길에 주유하는 습관을 보인다. 이런 점을 고려할 때, 주유소는 출근길보다는 퇴근길 통로에 위치하는 것이 영업에 유리하다. 서점에서 책을 구입하기 위해서는 시간을 많이 소요되므로 퇴근길 통로에 입지하는 것이 소비자를 끌 수 있다. 슈퍼마켓 또한 퇴근길에 주로 장보기를 하기 때문에 퇴근길 통로에 입지하는 것이 소비자에게 편리성을 제공한다. 상기와 같은 점을 고려한 공간 이용패턴을 보면 [그림 8-4]와 같이 도식화할 수 있다.

출근길에는 주로 간단한 아침식사가 가능한 업종과 전에 맡긴 출근용 셔츠 등을 찾기 위한 행위, 그리고 사무실에서 사용할 문구류와 포장용 커피 등을 판매하는 업종들이 주로 입지하는 성향을 보인다. 바쁜 출근길의 통행량을 고려할 때, 공원과 스포츠 시설 등은 가급적 출근길에 배치하는 것이 공간이용과 혼잡시간의 통행량을 줄이는 방법이다. 즉, 이러한 시설들을 출근길에 배치함으로써 다른 혼잡시설이 입지하는 것을 제한할 수 있기 때문이다. 퇴근길에는 시간을 요하는 비즈니스 업종들이 입지하는 성향을 보인다. 서점과 음식점, 술집과 미장원, 대형마트와 주유소 등이 주로 퇴근길에 입지하는 행태를 보인다. 물론 이러한 입지 행태가 고정된 것은 아니며, 과학기술의 발달과 생활방식의 변화에 따라 입지 행태는 변화를 보인다. 예를 들면, 원격통신기술의 발달에 의한 초고속 통신망 구축은 비디오와 CD 대여업을 퇴출시켰으며, 전자책의 상용화는 대형서점의 위협요인으로 작용할 수 있다. 여성들의 사회적 진출이 활성화될수록 외식산업이 증가할 것이 예상되며, 대형슈퍼마켓들의 영업이 24시간 체제로 변화하는 추세를 보인다. 따라서 비즈니스업종 입지 패턴은 고정된 것이 아니며 소득수준과 생활방식, 교통수단과 기술의 발달에 따라 변화한다.

그림 8-4 출퇴근 행태에 따른 비즈니스 입지 패턴

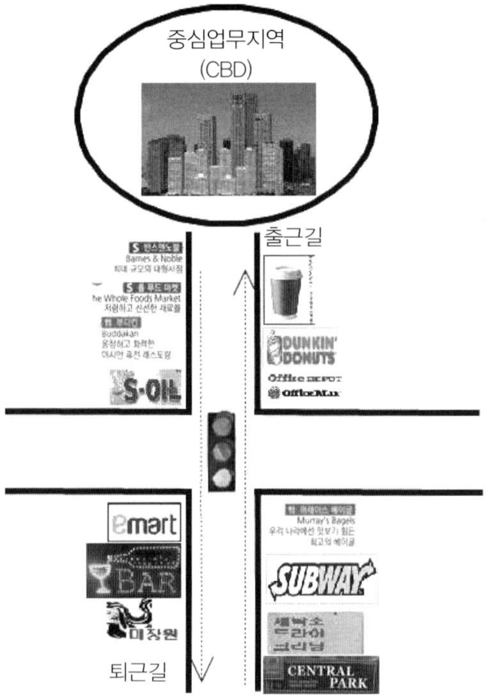

2 종합이론

단순이론은 선형시장을 가정하여 운송비용의 절감과 경쟁업체와의 입지경쟁, 통행 패턴에 따른 위치선정 등을 주요 요인으로 산업입지를 설명한다. 그런데 현실에서는 다양한 요인들이 산업입지에 영향을 미치며, 이러한 요인들은 기업활동의 비용과 수익으로 계상된다. 종합이론은 산업입지 요인들이 어떻게 비용과 수익에 영향을 미쳐서 종합적으로 비용 최소화와 수익 극대화를 위한 입지점을 탐색하는가에 대한 설명을 제공한다.

1) 베버의 산업입지이론

산업입지에 대한 종합적 접근은 베버(Alfred Weber, 1868~1958)에 의해 처음 개발되었다.[1] 독일 출신의 경제지리학자인 베버는 경제학에 공간이론을 접목하여 비용 최소화를 위한 산업입지점을 탐색하는 논리를 개발하였다. 베버 이전에도 튜넨(von Thunen), 로셔(W. Roscher), 샤플레(F. Schaffle), 라운하우트(W. Launhardt) 등도 공간경제학을 연구하였으나, 이를 처음으로 체계화한 사람이 베버이다(형기주, 1997).

베버는 산업입지에 영향을 미치는 모든 요소를 고려한 것이 아니라, 생산비용에 높은 비중을 차지하는 몇몇 요소를 고려하여 비용 최소화를 위한 입지점을 최적 입지점으로 제시하는 모형이다. 그래서 베버는 산업입지의 주요 요인으로 세 가지 요소를 제시하였다.

첫째, 운송비

둘째, 노동비용

셋째, 집적의 효과

운송비 지향성

베버가 운송비를 우선적으로 고려한 것은, 다른 입지 요인들과 비교하여 운송비는 거리에 따라 비용 변화를 계량화하는 것이 용이하기 때문에 운송비를 중심으로 한 비용 최소화 입지점을 우선적으로 탐색하였다. 운송비는 크게 두 개 부분으로 나눠진다. 첫째는 원자재를 산업입지점까지의 원료 운송비용이며, 둘째는 생산된 제품을 소비시장까지의 운송비용이다. 이러한 운송비를 중심으로 최소 운송비 입지점을 탐색하면 다음과 같다.

(1) 단일 원자재와 단일 소비시장(one input & one market case)

운송비 지향의 가장 단순한 산업입지 모형은 하나의 원자재와 하나의 수요시장만 있는 경우이다. 즉, 생산을 위해 소요되는 원자재가 하나만 필요하고, 수요시장 또한 한 곳만 있는 경우일 것이다. 물론 현실에서는 다양한 생산요소와 수요시장 또한 많은 곳에 흩어져 있다. 그러나 분석의 편리성을 위해 하나의 원료와 하나의

1) 알프레드 베버(Alfred Weber)는 저명한 사회학자인 막스 베버(Max Weber)의 친동생이다.

소비시장 사례를 살펴본 후에, 가정을 완화하여 복수의 원료와 소비시장을 논의한다.

생산을 위해 하나의 투입 원료와 하나의 소비시장이 있는 경우, 비용 최소화를 위한 최적 입지점은 [그림 8-5]와 같이 표현된다.

그림 8-5 단일 원료와 단일 소비시장 사례

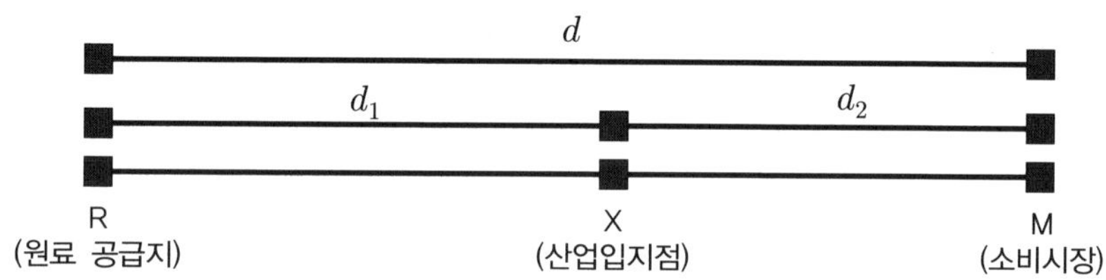

[그림 8-5]에서 d는 원료 공급지에서 소비시장까지 전체 거리를 의미하며, d_1은 원료공급지에서 산업입지점까지 거리, d_2는 산업입지점에서 소비시장까지의 거리를 의미한다. 위와 같은 공간에서 비용 최소화를 추구하는 합리적인 기업가라면 원료공급지(R)와 시장(M) 사이의 어느 지점 X에 산업체를 입지시킬 것이다. 위 사례에서 운송비 최소화를 위한 입지점은 다음과 같은 과정을 통해 계산된다.

$$d = d_1 + d_2$$

운송비용

t_r = 제품 1단위당 소요되는 거리 1단위당 원료의 운송비용

t_m = 제품 1단위당 소요되는 거리 1단위당 시장까지의 운송비용

제품 1단위당 총 운송비용(T)

$$\begin{aligned} T &= d_1 \cdot t_r + d_2 \cdot t_m \\ &= d_1 \cdot t_r + (d - d_1) \cdot t_m \\ &= d_1 \cdot t_r + d \cdot t_m - d_1 \cdot t_m \\ &= d_1 \cdot (t_r - t_m) + d \cdot t_m \quad \cdots\cdots (1) \end{aligned}$$

위 방정식(1)을 통해 운송비용 최소화를 위한 다음 세 가지 사례가 도출된다.

① If $t_r > t_m$, Minimize d_1 ➡ 원료 공급지 인근에 입지
② If $t_r < t_m$, Maximize d_1 ➡ 소비시장 인근에 입지
③ If $t_r = t_m$, 입지무차별(locational indifference) ➡ 어디 입지해도 상관없다

첫 번째는 제품의 생산을 위한 원자재의 부피 혹은 무게가 많이 나가는 산업으로 운송비용 절감을 위해서는 원료 공급지 인근에 입지하는 것이 유리하다. 이 산업은 생산 공정을 통해 부피 혹은 무게가 감소하는 산업(volume or weight losing industry)으로, 원료 공급지에서 멀어질수록 운송비용이 증가하여 생산비 증가를 초래한다. 예를 들면, 시멘트 산업의 경우 한 포대의 시멘트 생산을 위해서는 그 이상의 석회석을 요구하기 때문에, 시멘트 공장은 석회석 산지 인근에 입지하는 것이 운송비용을 절감할 수 있다. 그래서 한국의 시멘트 공장들이 원료의 주산지인 강원도 정선군과 삼척 등지에 입지하고 있다. 또 다른 예로서 종이공장을 들 수 있다. 종이의 원료는 펄프이고 펄프는 목재로부터 추출되기 때문에, 종이공장들은 목재가 수입되는 항구 인근에 입지하는 성향을 보인다. 그리고 예전부터 종이의 원료인 목재들 은 뗏목의 형태로 강 상류로부터 운송되어 왔기 때문에, 종이공장들은 운송의 편리성을 위하여 강 옆에 입지하는 행태를 보여 왔다.

두 번째는 제품의 생산 과정을 통해 부피와 무게가 증가하는 산업(volume or weight gaining industry)으로 소비시장 인근에 산업체를 위치하는 것이 운송비용을 최소화할 수 있다. 예를 들면, 청량음료 산업들은 소량의 원료에 물을 섞은 다음에 용기에 주입하여 소비시장으로 운송된다. 따라서 소비시장에서 원거리에 있을수록 상품의 운송비가 증가하여 가격 상승을 가져온다. 반면에, 산업체가 소비시장 인근에 입지하면 소량의 원료를 가지고 생산공정을 거쳐 대량의 청량음료를 제조하여 시장에 공급함으로써 운송비용을 절감할 수 있다. 유사한 예를 가구산업의 입지에서 관찰할 수 있다. 가구를 만들기 위해서는 목재가 필요하고 목재는 산간지역에서 공급되는데, 가구산업들은 대도시 인근에 입지하고 있다. 왜냐하면, 산간지역에 입지하면 목재를 공급받아 가구는 만들 수 있으나, 가구에는 빈공간이 많아 한번에

많은 양을 운송할 수 없어 운송비용이 많이 들기 때문이다. 반면에, 목재를 가공하여 부품으로 만들고, 부품들을 도시 인근으로 운송하여 수요시장 근처에서 가구조립공장을 운영하면 운송비를 절감하여 가격경쟁력을 높일 수 있다. 이런 특성 때문에 생산공정을 통해 무게 혹은 부피가 증가하는 산업들은 수요시장 인근에 입지하는 것이 유리하다.

세 번째는 원료의 운송비용과 완제품의 운송비용에 거의 차이가 없다면, 운송비 지향의 최적 산업입지점은 전체 운송거리를 최소화하는 것이다. 즉, 원료의 생산지와 소비시장 사이의 거리를 최소화하는 입지점을 선택하면 된다. 둘 사이의 중간지점 어디에 입지하여도 차이가 없기 때문에 입지무차별성(location indifference)을 갖는다.

산업입지를 위한 운송비 중심 단순모형은 원자재와 완제품 운송비용을 비교하여 원료 공급지 혹은 시장 인근에 입지하는 것이 바람직한지에 대한 탐색을 제공한다. 이제 논리를 확대시켜 보다 현실적 상황에 접근해 보도록 하자.

(2) 복수의 원료 공급지와 단일 소비시장(multiple inputs and one market)

다음으로 생산을 위해 2종류의 원료를 필요로 하며, 하나의 소비시장이 있는 산업체의 운송비 최소화를 위한 입지점을 탐색해 보기로 하자. [그림 8-6]은 원료

그림 8-6 복수의 원료와 단일 수요시장

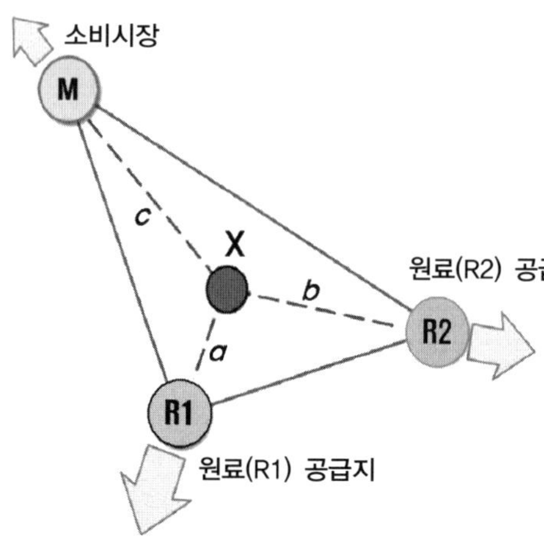

R1과 R2를 요구하며, 소비시장은 M에 위치한 산업의 입지 행태를 보여준다.

운송비용 최소화를 추구하는 기업가라면 위 삼각형 공간 내의 X를 산업입지점으로 선택할 것이다. [그림 8-6]에서 운송비 최소화를 위한 입지점을 계산하면,

원료공급지: R_1, R_2	운송거리:
소비시장: M	a: R_1에서 X까지 거리
산업입지점: X	b: R_2에서 X까지 거리
	c: X에서 M까지 거리

운송비용:

t_a: 제품 1단위 생산을 위해 요구된 원료 R_1의 단위거리당 운송비

t_b: 제품 1단위 생산을 위해 요구된 원료 R_2의 단위거리당 운송비

t_c: 제품 1단위의 단위거리당 시장까지 운송비

상기와 같은 조건에서 총 운송비용(T)은 다음과 같은 방정식(2)로 계산할 수 있다.

$$T = a \cdot t_a + b \cdot t_b + c \cdot t_c \quad \cdots\cdots (2)$$

Minimize $T \Rightarrow$ 최적 입지점(M)

결과로서 T를 최소화하는 위치가 운송비용이 가장 낮은 입지점(X)이 된다. 위 방정식(2)는 2가지 원료와 단일 소비시장을 가정하여 운송비용 최소화를 위한 입지점을 탐색하였는데, 원료와 소비시장 숫자가 증가해도 방정식만 복잡해지지 운송비 최소화를 위한 입지점 탐색 원리는 똑같이 적용된다. 단지 수식만 증가할 뿐이다. 이제 운송비 최소화를 위한 입지점을 찾았으면, 이 지점을 중심으로 등운송비(等運送費) 곡선을 구할 수 있다. 등운송비 곡선(iso-transport cost curve)은 동일한 운송비를 갖는 입지점들의 조합이다. [그림 8-7]은 운송비 최소화 입지점과 등운송비 곡선을 보여준다. 운송비가 최소화되는 지점 X를 벗어나면 비용이 점차 증가한다.

그림 8-7 운송비 최소화 입지점과 등운송비 곡선

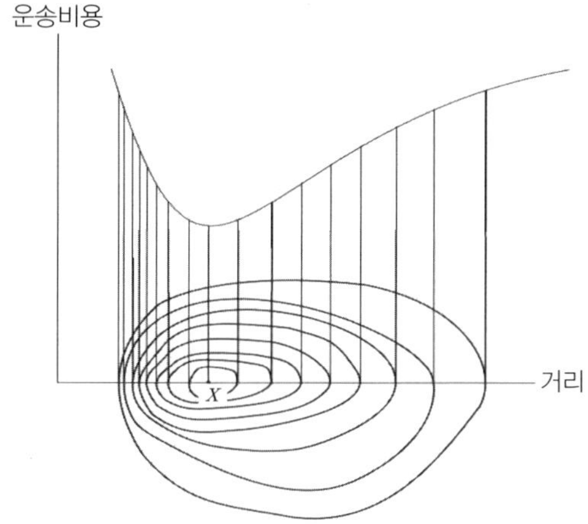

[그림 8-7]에서 거리 사이가 조밀한 곳과 넓은 곳의 차이는 지형조건, 도로, 교통수단 등의 차이를 나타낸다. 예를 들면, 산악지역·도로 사정이 열악한 지역은 조밀하게 나타나고, 평지와 도로 사정이 우수한 지역은 거리사이가 넓게 나타난다. 이와 같은 등운송비 곡선을 통해 최적 입지점을 중심으로 거리와의 관계에서 운송비용의 변화 궤적이 추정될 수 있다.

노동비용 지향성

베버(Alfred Weber)는 노동비용도 운송비와 마찬가지로 특정 지점에서 최소화되고, 이 지점을 벗어나면 점차 노동비용이 증가할 것으로 예상했다. [그림 8-8]은 노동비용 최소화 입지점과 등노동비용(等勞動費用) 곡선을 보여준다. [그림 8-8]에서 L은 노동비용이 최소화되는 지점이며, 등노동비용 곡선은 동일한 노동비용의 증가를 가져오는 조합들의 집합을 의미한다. L지점에서 멀어질수록 노동비용은 점차적으로 증가하는 패턴을 보인다.

이제 운송비용과 노동비용 두 요소를 중심으로 한 비용 최소화 입지점을 탐색해 보기로 하자. [그림 8-9]는 두 요소를 결합한 비용 최소화 입지점 탐색 원리를 보여준다. [그림 8-9]에서 X는 운송비 최소화 입지점을 의미하며, L은 노동비용 최소화 입지점을 의미한다. [그림 8-9] 왼쪽에서 X지점을 벗어날수록 운송비

그림 8-8 노동비용 최소화 입지점과 등노동비용 곡선

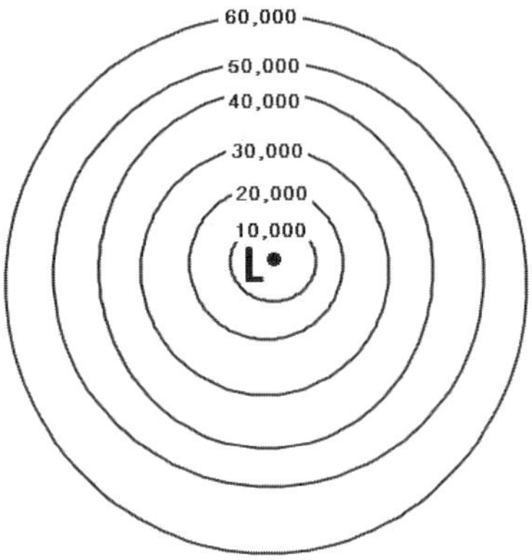

그림 8-9 운송비용과 노동비용 최소화 입지점

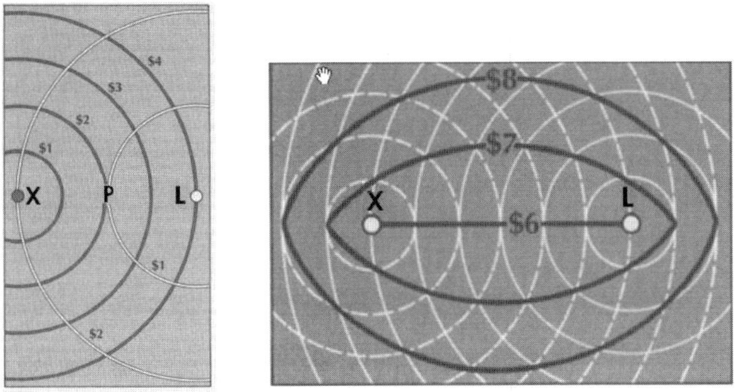

용이 $1씩 증가하며, L지점을 벗어날수록 노동비용도 $1씩 증가한다. 예를 들면, P 지점에서는 운송비용이 $2 증가하고, 노동비용은 $1 증가한다. 이와 같은 방식으로 두 요소를 결합한 입지점들의 결합을 [그림 8-9] 오른쪽에서 볼 수 있다. [그림 8-9]에서 $6, $7, $8 곡선들은 각각 두 요소를 결합한 등비곡선(等費曲線)들이다. 베버는 상기와 같은 원리를 이용하여 생산에 요구된 다양한 입지 요인들의 비용 최소점을 결합한 총비용의 최소화를 위한 입지점을 탐색할 수 있다고 주장하였다.

집적의 효과

집적의 효과는 기업들이 특정한 지역에 밀집하여 입지함으로써 발생하는 경제적 효과를 의미한다. 동종 기업들이 한곳에 밀집함으로써 서로 간의 경쟁이 심화되지만, 지역이 특정 산업의 중심지로 자리매김함에 따라 수요가 증가하고, 노동시장이 형성되며, 정보·기술 경쟁에 의해 변화와 혁신의 중심지로 성장하게 된다. 베버는 이러한 집적의 효과가 산업입지에 주요 요인으로 작용한다고 언급하였다. 베버에 의하면, 집적의 효과는 때로는 비용 최소화 입지점 선택의 탈선을 가져온다. 예를 들면, 동종 혹은 연계된 세 기업이 한 지역에 입지함으로써 가져오는 집적의 효과가 비용 최소화 입지점의 비용 절감 효과를 초과하는 경우에, 세 기업이 모여 클러스터(cluster)를 형성하는 것이 유리하다는 것이다. 그리고 이런 경우 집적의 효과가 가장 높은 지역은, [그림 8-10]에서와 같이, 세 기업의 등비곡선이 중첩되는 지역이라고 베버는 밝히고 있다.

그림 8-10 집적의 효과와 산업입지

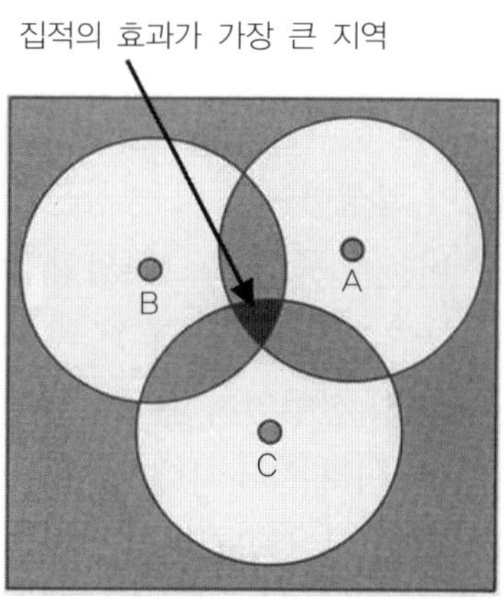

베버에 의하면, 기업들이 밀집하여 입지함으로써 두 가지 주요 이익이 발생한다. 첫째는 규모의 경제효과로서, 동종 혹은 연계된 산업들이 밀집하여 입지함으로써 대량생산체제가 도입되어 비용 절감을 가져올 수 있다. 둘째는 다른 기업들과 인접 입지함으로써 사회적 집적효과(social agglomeration)가 발생한다. 예를 들면, 동종기업들이 인접 입지함에 따라 전문 장비 서비스산업이 문을 열고, 생산 분업화 · 전문화가 강화되며, 공동구매와 마케팅 등을 통해 비용 절감과 수익 증가를 가져온다(Berry et al., 1987: 255). 베버는 현실에서 대부분의 집적활동은 비용 최소화 지역에서 일어나기 때문에 산업입지의 탈선은 자주 발생하지 않는다고 밝히고 있다.

요약하면, 베버는 공간이용과 경제이론을 결합한 경제지리학을 창안하여 산업입지 결정에서 비용 최소화 입지점을 탐색하기 위한 원리를 제시하였다. 많은 변수들이 산업입지에 영향을 미치지만, 베버는 운송비와 노동비용, 그리고 집적의 효과를 중심으로 산업입지를 설명하였다. 우선 거리에 따른 운송비 계량화를 통해 최소 운송비용 입지점을 확인할 수 있고, 노동비용의 최소화를 가져오는 지점을 확인하여 두 요인의 결합에 의한 비용 최소화 입지점을 탐색할 수 있다. 대다수의 경우 이와 같은 비용 최소화 입지점에서 산업들이 밀집 입지하는 경향을 보이며 집적의 효과가 발생한다. 그러나 비용 최소화 입지점과 집적의 이익이 큰 지역이 상이한 경우, 간혹 비용 최소화 입지의 탈선이 발생하기도 한다.

2) 스미스의 종합입지이론

영국 출신의 경제지리학자이며 현재 런던대학교 명예교수(emeritus professor)로 재직 중인 스미스(David Smith, 1936~현재)는 산업입지 결정이 최적 입지만을 추구하는 것이 아니며, 이윤이 발생하여 수익을 창출할 수 있는 지역에 기업을 입지시킨다는 것이다. 베버는 비용을 중심으로 산업입지점을 탐색하였으나, 스미스는 비용과 수입 모두를 고려하여 이윤이 창출되는 지역을 탐색하는 원리를 개발하였다. 즉, 스미스에 의하면 최적의 산업입지점은 총수입에서 총지출을 차감한 이윤(profit) 극대화를 가져오는 지역이라는 것이다. 스미스의 이윤 극대화 입지이론을 이해하기 위해서는 총비용과 총수익이 공간에서 어떻게 표현되는가를 살펴보아야 한다.

(1) 총비용(total cost) 곡선

[그림 8-11]은 생산 요소 A, B, C 세 가지인 산업의 비용 최소화 입지점을 보여준다. 예를 들면, [그림 8-11]에서 A는 원자재를 중심으로 한 운송비용 최소화 입지점, B는 노동비용 최소화 입지점, C는 에너지 비용 최소화 입지점을 의미한다.

그리고 X는 세 요소를 결합한 총비용이 최소화되는 입지점을 의미한다. 공간비용곡선(space cost curve)을 통해 알 수 있는 바와 같이, 최소비용 입지점 X를 벗어나면 생산 총비용은 점차 상승한다.

그림 8-11 공간비용곡선

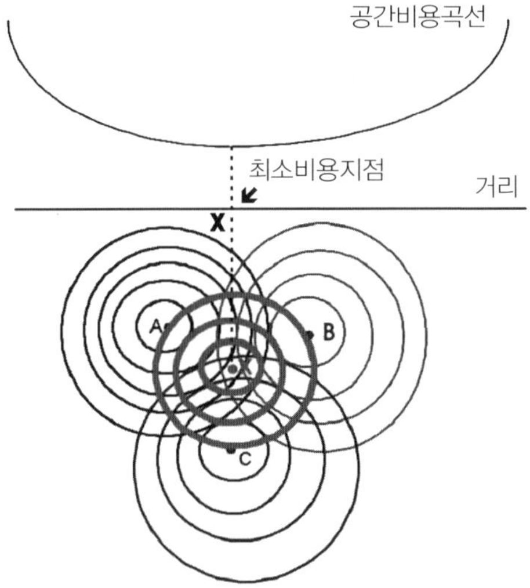

(2) 총수입(total revenue) 곡선

$$TR = P \times Q$$
$$Q = f(P + t)$$

where, TR: 총수입
P: 가격
Q: 판매량
t: 운송비

기업활동에서 총수입(TR)은 가격(P)에 판매량(Q)을 곱한 수로 표현된다. 그리고 판매량(Q)은 가격과 운송비의 함수로 표현된다. 즉, 판매량은 가격과 거리에 탄력적이다. 이런 관계를 수식으로 표현하면 다음과 같다.

위 수식은 [그림 8-12]와 같이 도식화할 수 있다. [그림 8-12]에서 X축은 가격(P)과 거리(d)를 의미하며, Y축은 판매량을 의미한다. 판매량은 가격과 거리에 반비례 관계를 갖는다. 가격이 높아질수록, 거리가 멀어질수록, 판매량은 감소한다.

$$\text{스미스의 최적 입지점: Maximize } (TR - TC)$$

소비자들은 상품을 구입하기 위하여 운송비가 포함된 가격($P+t$)을 지불하지만, 생산자가 실질적으로 갖는 수입은 운송비용을 제외한 금액이다. [그림 8-12]는 총수입이 최대화되는 입지점을 벗어나면 수입은 점차로 감소한다는 것을 보여준다. 그러면 최적 입지점은 어디인가? 스미스에 의하면, 총수입에서 총비용을 뺀 나머지인 이윤(profit)이 극대화되는 지점에서 결정된다.

그림 8-12 거리 관계에서 표현된 총수입

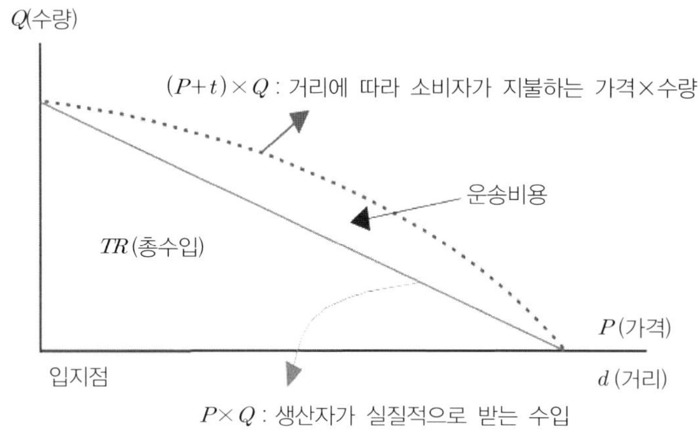

[그림 8-13]은 스미스의 입지의 임계 범위를 보여준다. [그림 8-13]에서 X는 비용 최소화 입지점을 의미하며, R은 수입 극대화 입지점을 의미한다. 공간상에서 평균수입과 평균비용의 차이가 가장 큰 지점이 이윤 극대화를 위한 입지점(P)이다. 그런데 현실에서 이윤 극대화를 위한 입지점을 찾기는 매우 어려운 작업이다. 현실적인 입지 선택은 최적 입지보다는 이윤이 발생하여 기업의 운영이 가능한 지역을 탐색한다. [그림 8-13]에서 C_1과 C_2 사이의 범위가 바로 기업입지가 가능한 임계 범위를 의미한다. C_1과 C_2를 넘어선 지역에 입지하면 평균비용이 평균수입

그림 8-13 스미스의 입지의 임계 범위

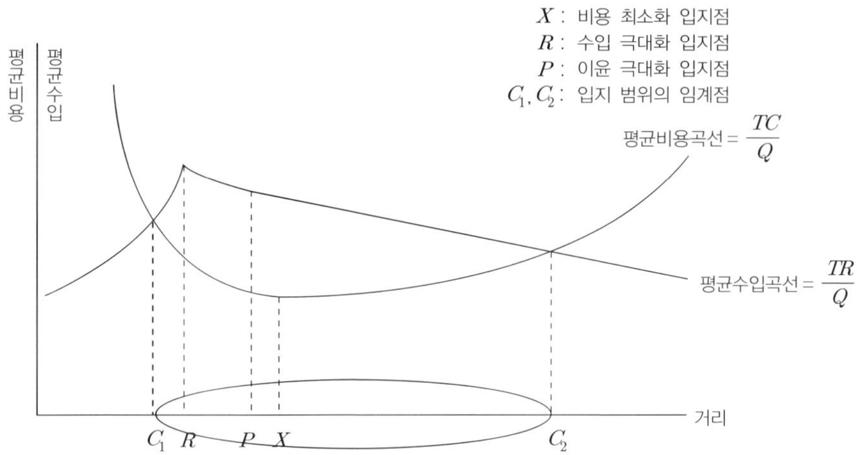

을 넘어서기 때문에 손해가 발생하게 된다.

요약하면, 스미스는 입지 결정에서 비용과 수입 모두를 고려하여 수익 극대화를 위한 입지점 탐색 논리를 제공한다. 그러나 현실에서는 수익 극대화를 위한 입지점보다는 기업이 운영 가능한 수익을 창출하는 입지점을 추구하는 경향을 보인다. 이런 시각에서 스미스의 입지이론은 현실에서 입지 가능한 범위의 경계를 결정하는데 유용한 설명을 제공한다.

제 3 절 글로벌 사회의 도래와 산업입지의 새로운 공간 재구성

1970년대와 1980년대를 거치면서 지구촌은 정치경제에서 거대한 변화, 메가트랜드(megatrend)가 진행되었다. 1970년대에 두 번에 걸친 오일쇼크는 선진사회의 경제기반이 생각보다 상당히 취약하다는 것을 보여주었고, 1989년 소련과 동구권 사회주의 체제의 붕괴는 오랜 냉전체제를 종식하고 '글로벌'이라는 단일 경제권으로 통합시키는 결과를 가져왔다. 이러한 결과로 1990년대 이후 세계경제는 글로벌 경제체제로 구조조정을 거치며 산업입지에서 두 가지 공간적 분화현상이 발생하였다. 첫째는 생산과 노동의 국내적 분산이며, 둘째는 노동과 생산의 새로운 글로벌 분화가 진행되었다.

첫째로 생산과 노동의 국내적 분산(internal division of labor and production)은 전통공업지역에 있던 생산시설이 저임금·양질의 노동력이 제공되는 타 지역으로 이전하거나, 도심에 있던 생산시설이 교외로 이전하는 공간적 분화 현상을 의미한다(Massy, 1984). 전자의 현상으로는 선벨트 이동(sunbelt movement)을 들 수 있으며, 후자의 예로는 도시의 확대로 인한 교외지역 혹은 인근 지방으로 이전을 들 수 있다. 이러한 국내적 분산이 발생한 배경으로는 상품의 생명주기와 신산업지구의 출현 등과 같은 요인을 들 수 있다.

상품과 기술의 생명주기(life-cycle of product and technology)이론은 인간의 생애와 마찬가지로 상품과 기술도 생로병사(生老病死) 과정을 보이며, 각 과정과 단계에 따라 산업입지에 있어서 변화가 발생한다는 것이다. [그림 8-14]는 상품의 생명주기를 보여준다. 상품과 기술은 초기에 첨단산업으로 도입기를 거쳐서, 시간이 지남에 따라 점증적으로 판매량이 증가하는 성장기를 가지며, 다음으로 판매량이 점감적으로 증가하는 성숙기와 포화기를 거쳐서, 판매량이 감소하는 쇠퇴기에 접어든다.

상기와 같은 과정에서 상품이 개발되는 도입기에는 산업들이 주로 도시에 입지하여 소비자들의 선호와 취향에 따라 상품이 개발 및 혁신되는 과정을 가지며, 다

그림 8-14 상품의 생명주기

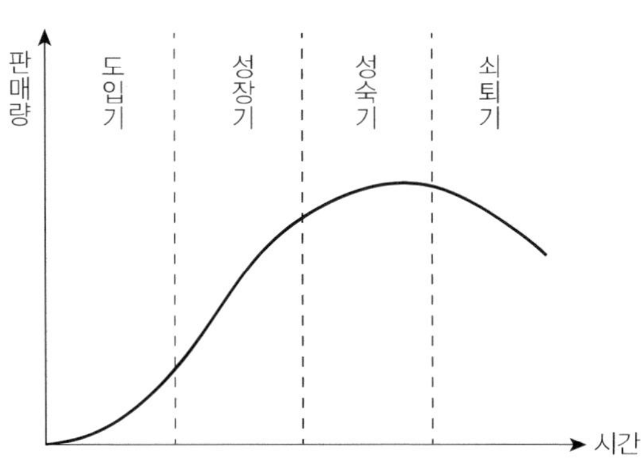

음 단계인 성장기에는 기술혁신이 빠르기 진행되어 판매량이 급증하고 상품이 대중에게 점차 일반화되는 과정을 경험한다. 이 단계에서는 점차적으로 경쟁기업들이 등장하여 기술경쟁이 심화되며, 공장이 확장되어 도시 외곽지역에 입지하는 행태를 보인다. 세 번째 성숙기에는 상품이 표준화되고 생산시설이 자동화되어 대량생산과 소비체제를 형성하는 단계이다. 이 단계에서는 경쟁이 극에 달해 공장들은 저임금·양질의 노동력과 낮은 지가를 제공하는 지방으로 이전하는 행태를 보인다. 마지막으로 쇠퇴기에는 상품과 기술이 낙후되어 전통 산업화되어 선진사회에서 개발도상국으로 산업체들이 이전하는 현상이 나타난다.

생산시설의 국내적 분산과 지리적 이동을 보인 대표적인 예로는 선벨트(sun-belt) 이동 현상을 들 수 있다. 미국 동북부 전통산업 지역에 입지했던 기업들이 남서부 따뜻한 지역의 저임금·양질의 노동력을 추구하고, 에너지 비용을 절감하기 위하여 이동한 현상인 선벨트 이동은 사실 다양한 입지 요인들이 작용하였다. 기후가 추운 스노벨트(snow belt 혹은 frost belt)에서 기후가 온화한 선벨트 지역으로 이전은 첫째, 에너지 비용절감, 둘째, 저임금·양질 노동력 추구 이외에도 지방정부의 신산업단지 조성에 의한 낮은 지가와 북동부의 강성 노조활동을 회피하기 위한 수단 등 다양한 요인들이 영향을 미쳤다. 이런 현상들은 산업입지에서 운송비, 원료 획득과 같은 전통적 요인의 중요성이 점차 감소하고, 노동력 확보, 지방정부의 지원과 같은 요인들의 중요성이 점차 강화되는 것을 보여준다.

둘째로, 1970년대 이래 자본주의 경제체제에서 노동과 생산의 새로운 글로벌 분화(new global division of labor and production)라는 근본적인 변화가 진행되었다(Frobel et al., 1982). 자본과 생산시설이 선진 자본주의 국가에서 개발도상국으로 이전하는 현상을 설명하는 생산과 노동의 글로벌 분화는 종래의 산업입지, 시장거래와는 다른 새로운 접근과 거래 방식을 초래했다. 즉, 과거의 국제간 분업체제는 개발도상국들이 주로 광물과 농산물을 선진사회에 수출하고, 선진국으로부터 제조업 상품과 서비스를 수입하는 거래 방식이었던 반면에, 최근의 새로운 글로벌 분화는 개발도상국에서 제조업 상품을 생산하여 선진사회로 수출하는 역현상이 발생하였다.

이러한 새로운 노동과 생산의 글로벌 분화의 결과로서 선진사회에서 개발도상국으로 제조업의 공간적 이동이 발생하였고, 이러한 변화 요인에는 개발도상국의 저임금 노동력의 이용, 컨테이너 기술 발달에 의한 운송비 하락, 정보통신기술 발달에 의한 분산된 생산시설의 실시간 관리와 통제의 가능 등이 주요 요인으로 작용하였다.

생산시설의 글로벌 이동의 배경에는 초국적 기업들 사이에 경쟁 심화, 선진사회의 노동비용 증가, 초국적 기업들의 이윤 감소와 사양산업의 선진국 퇴출 등이 주요 요인으로 작용하였다. 따라서 글로벌 사회의 도래와 함께, 개발도상국은 제조업을 위한 값싼 노동력을 제공하고 선진사회는 자본과 기술을 수출하는 새로운 글로벌 생산과 노동의 분화가 진행된 것이다. 이러한 추세에 발맞추어 많은 개발도상국에서 초국적 기업을 유치하기 위해 관세자유지역(free-trade zone), 경제자유구역(economic free zone)과 같은 초국적 지역(transnational region)을 조성하였으며, 한국에서도 국제비즈니스와 초국적 기업의 유치를 위하여 경제자유구역을 조성하였다. 이와 같이 선진사회로부터 개발도상국으로 제조업이 이전되는 배경에는 생산기술의 자동화, 개발도상국 정부의 세금 감면과 규제완화, 낮은 최저 임금제도, 노조활동에 대한 정부의 강력한 억제와 탄압 등 다양한 요인들이 작용하였다.

이러한 생산과 노동의 글로벌 분화현상을 자본주의 글로벌 경제체제 옹호론자들은 시장경쟁이 심화되고 상품가격이 하락하여 글로벌 소비자들에게 혜택이 증가한 것으로 주장하지만, 프뢰벨(F. Frobel), 하인리히(J. Heinrichs), 크라이어(O. Kreye) 등은 새로운 식민주의의 착취현상이라고 비판하고 있다. 즉, 서구의 소비자를 위하여 개발도상국을 비롯한 글로벌 노동자들의 착취와 억압이 진행되고 개발도상국들은 산업 빈민화(industrial slum)와 낮은 임금에 의한 착취와 빈곤화가 연출되고 있다는 것이다. 실제로 선진사회에서 개발도상국으로 이전한 산업들의 면면을 살펴보면, 주로 선진사회에서 퇴출된 사양산업이거나 공해를 배출하는 굴뚝산업으로 개발도상국의 환경 파괴와 산업 주변부화를 심화시켜 새로운 글로벌 식민주의가 확산되고 있다는 비판이 제기되기도 한다.

제 4 절 기타 산업입지이론들

산업입지와 관련된 기타 이론들을 살펴보면 다음과 같다.

첫째로, 한 기업의 입지가 다른 기업의 입지에 영향을 미치는 입지의 상호의존성(locational interdependence)을 고찰하면, 경쟁기업들 사이에는 가격탄력성과 운송비 비중에 따라 상이한 입지 행태를 보인다. 경쟁기업들 사이에 수요의 가격탄력성이 높을수록 분산입지를 보이며, 가격탄력성이 낮으면 집중입지를 보인다. 그리고 판매가격에서 운송비가 차지하는 비중이 높을수록 분산입지를 보이고, 운송비가 차지하는 비중이 낮을수록 집중입지를 보인다. 수요의 가격탄력성이 높다는 것은 소비자들이 가격에 민감하다는 것을 의미하기 때문에 기업은 가급적 소비시장 인근에 입지함으로써 운송비를 절감하여 가격경쟁력을 신장시킬 수 있다. 반면에, 가격탄력성이 낮으면 기업들이 밀집하여 입지함으로써 집적의 효과를 추구하여 정보획득과 기술혁신 등에서 우위를 점할 수 있다.

둘째로, 산업입지에서 중앙과 지방의 입지를 강화하는 요인들이 상이하다. 중앙입지를 강화하는 요인으로는 시장의 접근성, 기술혁신, 교통 인프라, 집적의 효과 등을 들 수 있다. 반면에, 지방입지를 강화하는 요인으로는 저렴하고 풍부한 노동력, 집적의 불경제, 원료의 획득, 지방정부의 정책적 지원 등을 들 수 있다. 소비시장에 가까이 있을수록 고객의 선호와 취향을 파악하기 쉽고, 기술 · 정보 획득이 용이하며, 물류 이동 비용이 절감된다. 또한 중앙에 입지할수록 집적의 효과를 통하여 고급인력과 정보의 확보가 용이하며, 기술혁신이 빠르게 진행되어 경쟁력을 유지할 수 있다. 반면에, 생산을 위한 원료들은 주로 지방에 분산되어 있기 때문에 원자재 접근은 지방입지를 강화하며, 지방정부들의 기업유치를 위한 다양한 인센티브들은 분산입지를 강화한다. 또한 대도시의 인구와 산업 집중에 따른 공해, 수질오염, 교통혼잡, 지가 상승 등의 불경제 효과는 지방입지를 부추기는 요인으로 작용한다.

셋째로, 경제의 불확실성과 위험요인은 중앙의 집중입지를 강화하는 반면에, 경제의 안정과 미래의 예측 가능성은 분산입지를 강화하는 요인으로 작용한다. 경제가 불확실하고 예측이 어려우면 기업들은 기술정보와 소비자 취향 변화에 민감하게 대응하기 위하여 중앙에 입지하는 성향을 보인다. 반면에, 경제가 안정적으로 운영되고 미래의 시장 변화에 대한 예측이 가능하면 구태여 비싼 지가를 부담하며 복잡한 중앙에 입지할 필요가 없어져서 지방 혹은 교외 지역에 입지하는 성향을 보인다.

제 5 절 맺는 말

이 장에서는 산업입지의 주요 요인과 원리를 탐색하였다. 도시개발에서 산업입지를 논하는 목적은 도시가 성장하기 위해서는 고용기회를 창출해야 하며, 고용기회의 창출을 위해서는 도시에 산업들이 입지해야 하기 때문이다. 따라서 도시성장을 위해서는 산업체들이 도시에 입지하기 위한 매력 요인을 제공해야 하기 때문에 산업입지는 도시정부의 산업정책에 핵심을 구성하게 된다.

산업입지의 전통적 요인으로는 원료의 획득, 운송비, 노동력, 시장접근성, 에너지 획득, 집적의 효과 등이 제시되었다. 그러나 과학기술이 발달하고 시대가 변함에 따라 산업입지의 주요 요인도 변화하는 추세를 보이고 있다(김천권 · 신미경, 2012). 최근 첨단산업이 도시개발을 견인함에 따라 첨단산업 성장의 핵심 요인인 우수한 인적자원, 도시문화, 어메니티 요인 등이 산업입지의 주요 요인으로 부각되고 있다.

또한 글로벌 사회가 도래함에 따라 산업입지에서 새로운 공간의 재구성이 진행되고 있다. 정보통신기술과 운송기술의 발전에 따른 글로벌 사회의 도래는 산업활동의 글로벌 분화를 가져와서, 관리 활동은 글로벌 도시에 집중하는 한편, 생산활동은 저임금 · 양질의 노동력이 제공되는 중국과 동남아시아, 동유럽과 인도 등에 분산입지하는 추세를 보인다(Marin, 2006). 종래에 선진사회에 입지하던 제조업들이 노동과 생산의 새로운 글로벌 분산화에 의해 개발도상국으로 이전하는 현상이 발생하고 있으며, 국가 내에서도 신산업지구들이 개발되어 전통산업 지역 · 추운 지역(frost-belt)에서 새로운 산업단지와 기후가 온화한 지역(sun-belt)으로 산업공간의 재편이 진행되고 있다.

제 9 장

性(gender)과 도시공간

최근까지 도시공간 이용에 대한 접근에서 성과 관련된 담론은 거의 등한시되어 왔다. 보다 정확하게 표현하면, 도시개발에 대한 접근에서 성 문제까지를 고려하기에는 우리 사회가 여유가 없었고, 개발 역량도 부족하였던 것이 사실이다. 1960년대 이후 급속한 산업화와 도시화에 따른 인구와 산업활동의 도시집중은 실제로 어떤 개념 혹은 체제 아래 도시공간 이용을 위한 접근을 시도하기에는 우리의 능력과 한계를 넘어섰다. 도시공간은 증가하는 인구와 산업활동을 수용하기 위한 성장 중심으로 개발되었고, 성(gender)은 잊혀진 변수가 아니라 시도조차도 되지 않은 은폐된 변수로 최근까지 남아 있었다.

성은 여성과 남성의 사회적으로 형성된 역할과 책임, 그리고 지역의 역사적 · 사회적 맥락에서 형성된 남녀 관계를 총괄적으로 의미한다. 그리고 사회적 맥락에서 성은 계층, 연령, 인종, 민족 등 다른 사회적 관계와 결합하여 사회복지와 형평성의 기본 개념을 제공한다.

도시공간에서 여성과 남성은 노동의 성적 분업(gender division of labour)에 의한 역할과 책임에 따라 각기 다른 방법으로 도시를 경험한다. 노동의 성적 분업은 상이한 업무에 의해서 구분될 뿐 아니라, 자원에 대한 상이한 접근성과 통제, 그리고 성에 의해 부여된 상이한 가치에 의해 구분되고 있다. 궁극적으로 사회 변화와 특성은 공간에서 표현되며, 이런 의미에서 도시의 공간적 · 구조적 특성은 성적 역할과 관계로 도시공간에서 나타난다. 그리고 도시에서 성적 역할과 관계는 역사적, 지역적, 정치적 권력 관계의 산물이며, 도시정책 형성과 도시계획·관리 방식에 중요한 영향을 미친다.

급속한 도시화는 인간의 정주 체제와 방식에 엄청난 변화를 가져왔다. 도시화는 단순히 인구의 증가 혹은 이동만을 의미하는 것이 아니며, 사회구조와 과정에 있어서 획기적 변화를 수반한다. 성의 관점에서 도시화는 다양한 차원에서 여성과 남성의 사회적 관계에 많은 변화를 수반하고 있다. 가족 관계에서 도시화는 다양한 가구 형태와 가족 체제를 유도한다. 급속한 도시화가 진행되면서 대가족에서 핵가족으로 분열, 그리고 더 나아가 독신주의, 이혼율의 증가에 따른 여성 가장, 가족 해체에 따른 청소년 가장, 협동가구(joint family)가 증가하고 있다. 이것은 성(性)적 역할·관계와 가구 구조·구성 사이에 중요한 연계성이 있다는 것을 보여준다. 근린과 공동체 관계에서 도시화는 공동체 관리와 집합적 행동에서 남녀 간의 역할과 관계를 재정립시킨다. 도시경제에서 도시화는 여성과 남성이 각각 다른 방식과 정도로 도시 노동력에 연루되는 상이한 성적 역할과 관계를 부여한다.

도시화에 따른 남녀 간의 관계와 역할 변화는 새로운 공간 이용 방식을 요구한다. 특히, 최근에 여성의 활발한 사회 진출과 참여는 도시공간 구조와 기능의 변화를 요구하고 있다. 종래의 남성 중심 공간에서 성 중립, 더 나아가 가족 중심의 공간, 여성 중심의 공간으로 전환되는 추세를 보인다. 이 장에서는 도시공간 이용을 중심으로 도시화가 남녀 간의 관계와 역할에 어떤 변화를 가져오며, 여성의 활발한 사회 참여가 공간 이용에 어떤 변화를 가져오는가를 심층적으로 고찰한다.

제 1 절 여성의 공간과 남성의 공간

모든 사회는 남녀의 역할과 관계에 따라 생활 공간에서 상이한 모습으로 나타난다. 옷 입는 방식이 틀리고, 행동 방식에 차이가 생기고, 의무와 책임, 그리고 적절한 역할에 차이가 발생한다. 그리고 정도와 방식에서는 각 사회마다 차이는 있으나 성은 공간 이용에서 남녀의 분리를 가져온다.

우리 속담에 "남녀 7세 부동석(不同席)"이라는 말이 있다. 즉, 남성과 여성은 7세 이상이 되면 서로의 역할이 다르며, 따라서 서로가 이용하고 점유하는 공간이 상이하다는 것을 의미한다. 최근에도 이러한 여성과 남성 사이에 공간의 차이는 직장과 가정의 차이, 공공영역과 사적 범위의 차이와 중첩되는 경향을 보인다. 그런데 산업혁명 이전까지만 하더라도 직장과 생활이 밀접하게 결합되어 있었기 때문에 직장을 위한 특별한 공간은 몇몇 극소수의 직종 — 예를 들면, 관료, 군인, 농업, 어업 등 — 에 한정되었었다. 산업혁명과 함께 직장이라는 새로운 공간이 등장하고 임금노동과 무임노동 사이에 구별이 뚜렷이 나타났다. '일'이라는 개념이 직장으로 이동함에 따라 가정은 "일터가 아님"이라는 새로운 의미가 부여된 것이다(Oakley, 1974). 산업혁명이 가져온 또 다른 변화로서 남성과 여성 사이에 직업의 차이를 들 수 있다. 산업혁명 초기에 섬유 노동자들은 남성과 여성, 그리고 어린이들을 모두 포함하지만, 여성 근로자들은 어떤 특정 작업에만 밀집하거나 심지어는 특정 산업에 집중되어 있었기 때문에 남녀 간에 각기 상이한 공간에서 분리되어 일을 하는 노동의 성적 분업이 발생하였다(Kessler-Harris, 1982).

산업화에 따른 노동의 성적 분업은 여성의 역할에 많은 변화를 가져왔다. 물론 많은 여성들이 노동 현장에서 일을 하였으나, 여성의 역할은 가정살림, 육아, 남편 보살핌 등에 주된 우선 순위가 부여되었다. 여성은 공공영역에서 배제되었으며, 가정이라는 사적 범위에서 전업주부로서 종사할 것이 요구되었다. 이제 직장과 비교된 의미로서 가정은 개인생활을 위한 영역, 외부 세계의 공공문제와 경제활동으로부터 탈출구 혹은 격리 공간, 가족만을 위한 장소로서 재정립되기 시작하였다.

가정생활이 여성의 주요 임무가 됨에 따라 주거 공간에서도 남녀의 공간적 분리가 관찰되었다. 보편적으로 중산층에서 거실과 부엌은 여성의 공간으로 인식되었으며, 서재와 사랑채는 남성을 위한 공간으로 점유되었다. 대저택을 소유하고 있는 상류층에서 공간적 분리 현상은 더욱 극도로 나타나서 바깥채는 남성들의 공간, 안채는 여성들의 공간으로, 심지어는 좌측 건물은 남성들의 공간, 우측 건물은 여성들의 공간으로 분리되기도 하였다. 이러한 현상은 미국과 유럽에서도 관찰되었으며, 대저택에서 남성과 여성은 특정층과 방향의 공간으로 분리되는 현상을 보였다(Kleniewski, 1997: 213).

이러한 주거 공간의 분리는 교육에 대한 공간적 분리로 연결되어 남녀 간에 사회적 역할과 관계는 더욱 벌어지는 현상을 보였다. 산업사회 이전에 거의 모든 사회에서 여성은 공식 교육의 공간에서 배제되었다. 예를 들면, 사냥, 어업, 전쟁, 종교행사 등에 대한 기술과 교육에서 여성들은 철저히 배제되었으며, 가계의 특수기술과 비전은 남성을 중심으로 전수되었다(Spain, 1992: 10－15). 공식 교육 제도가 도입된 이후에도 직업 교육은 비교적 최근까지 남성을 중심으로 이루어졌다. 학교로부터 여성을 배제함으로써 집단으로서 여성은 남성보다 읽기와 쓰기, 계산 능력에서 열등하다는 사고의 고착화를 가져왔다. 산업화가 진행되면서 초등과 중등교육에 대해서 성적 개방이 이루어졌으나, 대학교육에 대한 성 개방은 선진사회에서도 실제로 20세기 중반까지 기다려야 했다. 이러한 교육 공간에서 여성의 배제는 지식에 대한 여성의 접근을 차단함으로써 실제로 거주 형태에서보다도 여성의 지위와 역할에 부정적 영향을 제공하였다.

가정과 교육 공간에서의 성적 분리는 자연적으로 경제활동의 성적 분업을 가져왔다. 산업사회 이전부터 남성은 가정의 생계를 위하여 외부에서 식량과 필수품을 조달하는 일을 담당하였으며, 여성은 음식과 육아에 대한 일을 담당하였다. 이와 같이 생계를 위한 조달은 외부에서 이루어지고, 육아와 음식 장만은 가정에서 이루어졌기 때문에 그 결과로서 노동에 의한 남녀 간의 공간적 분업이 형성되었다. 이러한 경향은 산업화와 함께 지속되어, 여성의 사회 참여가 신장된 산업화 이후에도 여성은 특정 직종과 산업에 밀집하는 현상을 보였다. 오늘날 많은 여성들이 직업전선에서 일하고 있으나, 실제로 간호사, 하위 관리직 등 소수의 몇몇 직종에 집중되거나 서비스 산업, 섬유, 전자산업 등 몇몇 산업에 밀집되어 있다. 이런 의미에서 아직도 직장 내에서 남성과 여성의 직무가 분리되어 있을 뿐만 아니라 여성과 남성의 공간이 분리되어 있다고 해도 과언이 아니다.

이러한 여성과 남성의 가정, 학교, 직장에서의 분리는 도시공간을 통해서 나타나며, 도시공간의 분리는 여성과 남성의 분리된 역할과 관계를 더욱 고착화되게 한다. 한편으로 성에 의해 역할이 분리되어 있기 때문에 도시공간의 분리적 점유와 이용이라는 현상이 나타나기도 하지만, 다른 한편으로 도시공간이 성적으로 분리되어 있기 때문에 성에 의한 분리된 역할을 강요하기도 한다. 이런 의미에서 도시공간에서 성적 분리(性的 分離)와 여성에게 상대적으로 불리한 도시환경을 페미니즘의 시각에서 고찰해 볼 필요가 있다.

제 2 절 성과 페미니즘

페미니즘(feminism)은 구조적 차원에서 성을 기반으로 여성활동과 생활에 대한 의미 있는 설명을 제공한다. 페미니스트 시각은 보다 넓은 의미에서 다음과 같이 정리될 수 있다: 페미니스트들도 여성은 출산 능력을 갖고 남성은 갖지 못한다는 면에서 남녀간에 성적인 차이가 있다는 것에는 동감하지만, 이러한 생물학적 차이가 필연적으로 여성에게 불리한 문화적 차이를 가져오지는 않는다고 반박한다(Greed, 1994). 예를 들면, 이러한 생물학적 차이가 누구는 육아에 대한 책임을 져야 하고 누구는 밖에서 일해야 한다는 것을 결정하지는 않는다는 것이다. 이러한 성적 역할 분담은 가부장 사회에 의해서 여성에게 부과된 문화적 조작의 산물이며, 남성의 여성에 대한 우월적 권력을 추구하기 위하여 조성된 사회 체제의 산물이라고 본다. 물론 남성들도 개인에 따라 성에 대한 평등사상을 갖기도 하고, 여성도 개인에 따라 반여성적인 사람들도 있지만, 페미니즘 시각에 의하면 남성은 구조적 측면에서 현재의 제도로부터 여성보다 상대적으로 많은 혜택을 향유하고 있다.

이러한 불평등은 도시의 공공영역에서 극명하게 나타나서 모든 남성은 모든 여성보다 우월한 권력적 지위를 갖는다고 페미니스트들은 주장한다(Greed, 1994). 개인적 차원에서 모든 사람들은 각기 상이한 영역에서 생활하며, 특정한 상황에서 개인이 어떻게 처신하는가를 결정하는 데 성(性)이 항상 주요한 요인으로 작용하지는 않는다. 성별의 차이뿐만 아니라 계층, 이데올로기, 개인적 외모 등과 같은 요인들이 어떤 상황에서 사람들이 어떻게 처신하는가에 영향을 주는 주요 요소로서 작용한다. 예를 들면, 무직의 인종차별을 받는 하위 계층의 소수 집단 외국인 남성은 도시정책 분야에 종사하는 전문직 여성보다 권력적으로 약할 수 있다. 그러나 비록 고용의 세계에서 지위를 기반으로 이러한 관계가 형성될 수도 있으나, 개인적 차원에서 전문직 여성은 조직에서 다른 남성의 지배를 받을 가능성이 높다. 여성이 자신의 전문 분야에서는 정책결정자가 될 수 있으나, 야간에 길을 걸어갈 때는 평범한 또 다른 여성일 뿐이다.

현대 사회에서도 여성과 남성 사이에 성차별은 존재하며, 이러한 성차별은 공간지배와 활동 범위의 차이로 나타난다고 엘스타인(Elshtain, 1981: 3)은 주장하였다. 엘스타인에 의하면, 자유민주주의 체제에서도 남성과 여성은 동등한 시민인데도 불구하고 주류와 비주류로 다르게 인식되도록 사회화되어 왔으며, 이러한 결과로 남성은 공공공간(public space)을 지배하고 여성은 사적 공간(private space)에서 활동하도록 영역이 구분되어 왔다.

엘스타인이 제기한 현대 사회에서 성차별은 페이트먼(Pateman, 1988)이 현대 사회에서도 남녀 사이에 기대된 행동에 차이를 가져오게 하는 '성 계약(sexual contract)'이 존재한다는 주장에서 더욱 치열한 지배와 복종 관계 문제로 전이된다. 페이트먼은 현대 시민사회는 명백하게 가부장적 사회질서 아래 움직이며, 남성들의 필요에 의하여 여성들이 지배당하는 "형재애적 부권사회(兄弟愛的 父權社會, fraternal patriarchy)"라고 주장한다. 이 학자의 주장에 의하면, 여성은 혼인계약을 통하여 한 남성에게 종속되는 것이 아니라, 정치적·경제적 지배를 통하여 모든 남성 세계에 종속된다. 정치적 영역에서 형제간 시민정신을 구축함으로써 남성들은 공공영역에서 그들의 지배를 정당화하는 동시에 여성에 대한 성적 지배를 함께 취득한다.

> 형제들은 성 계약을 맺는다. 그들은 남성의 성 권력(性 權力, sex-right)을 확인하고 각 남성이 여성들에게 질서 있게 접근하기 위한 어떤 규칙을 설정한다. 부권 사회의 성 권력은 더 이상 아버지 일인의 권력이 아닌 남성 사회의 보편적 권력이 되었다. 남성의 성 권력은 남성 중심 사회에서 모든 형제 구성원에까지 확대되었다(Pateman, 1988: 109-110).

이러한 페이트먼의 분석은 남성과 여성을 자연과 문명의 이분법 구도로 인도한다. 가정을 자연 세계 범주에 위치시키므로 여성과 사적 영역은 모두 시민사회 영역 밖에 존재하는 것으로 인식되게 되었다. 개인/공공, 자연/문명, 여성/남성의 이분법은 따라서 남성이 여성을 지배하는 정당한 권한을 갖는다는 논리를 제공하였다. 남성과 여성 사이에 이러한 자연적 차이 때문에 여성은 여성으로서 시민권을 갖는 것은 허용되지만, 결코 남성과 동등한 자격을 가질 수는 없었다.

이러한 남성 지배와 여성 착취의 구도는 탈현대(post-modern)사회로 진입하며 현저한 변화가 관찰되고 있다. 탈현대사회로 전환되면서 "남성과 여성 사이에 공식적 권력과 신분 관계의 계약 관념을 탈피하여 공공과 가정 영역에서 다양한 성적 분업 체제가 발생하고 있다."고 덴치(Dench, 1997)는 주장하고 있다. 또한 월

킨슨(Wilkinson, 1997)은 영국의 신세대 행태분석을 통하여 "성 권력 관계의 과거 패러다임은 급속히 폐기"되고 있으며, 가정생활과 직장 등 모든 사회 공간에서 이른바 '성 지각 변동'(Wilkinson, 1994)이 발생하고 있다고 주장한다.

> 무엇보다 중요한 것은 아마도 페미니스트 사고가 우리의 문화 속에 깊숙이 침투하여 과거 남성 지배 성계약의 정당성이 여성 사회로부터 심각한 도전에 직면해 있으며, 이제 직장은 남성의 공간이며 가정은 여성의 공간이라는 이분법적 사고가 부정되고 있다(Wilkinson, 1997: 239).

페미니스트들 사이에 시각의 차이는 성과 관련된 문제 해결을 위한 상이한 접근을 제시한다. 자유주의 페미니스트(liberal feminist)들은 가부장 제도에 대하여 상대적으로 낮은 비중을 부여하며, 남녀에 대한 차별적 태도는 문화에 의해서 이차적으로 형성된 특성이기 때문에 남성들은 자신의 행위 효과를 이해하지 못한다고 믿는다(Jagger, 1983). 이런 의미에서 남성들은 자신의 경험과 지식에 따라 논리적이며 공정하게 도시공간을 설계한다고 믿는다. 이런 사고를 갖는 자유주의 페미니스트들은 도시가 의도적으로 여성에게 불리하게 조작 및 공모된 공간이라는 사실을 인정하지 않는다. 이들은 남성과 보다 평등한 입장에서 경쟁할 수 있는 사회를 만들기 위하여 여성의 기회 균등을 보장하는 제도의 도입과 남성에 대한 성 계몽교육이 적극적으로 추진되어야 한다고 주장한다.

반면에, 급진적 페미니스트(radical feminist)들은 사회문제의 주요 원인을 가부장 체제에서 발견하며, 남성들은 가부장 제도에서 성의 권력 관계와 불평등을 분명히 이해한다고 믿는다. 이들은 성에 의한 공간적 분업은 여성을 지배하기 위하여 면밀하게 설계된 책략이며, 가부장 권력을 유지하기 위하여 여성을 특정 공간에 한정하기 위한 수단이라고 이해한다. 보다 급진적인 분리주의(radical separatist) 집단은 남성 자체를 악의 근원, 적대적 세력으로 인식하며, 남성 참여를 제한·배제하는 모계 사회로의 완전한 재구성을 요구한다(Greed, 1994: 35-37).

다른 한편으로 사회주의 페미니스트(socialist feminist)들은 가부장 제도와 자본주의를 동시에 비판한다. 사회주의 페미니스트에 의하면 자본주의 사회에서 여성들은 생물학적이고 사회학적인 재생산의 특정한 역할을 수행한다. 가정 공간에서 여성의 무임금 노동은 다음 세대의 노동자를 재생산하는 비용과 내일의 재생산을 위한 남성 가장의 휴식 비용을 줄이기 때문에 자본가의 부의 축적을 가져온다. 여성이 가족과 남성 가장에게 의존한다는 전제는 고용주가 노동력 재생산 비용을 여성들에게 지불할 필요가 없다고 느끼게 만들기 때문에 여성 자신의 소득 능력을 제한한다. 여성의 저임금은 남성의 소득을 공유할 수 있는 결혼생활과 결혼의 의존성을 강화한다. 그러므로 자본주의와 가부장적 가족 관계에는 공생적 관계가 존재하며(George & Wilding, 1994: 176－177), 이 두 제도의 결합에 의한 가부장적 자본주의 속에 사회적 불평등과 권력 관계의 뿌리가 숨겨져 있다(McDowell, 1986)고 믿는다.

페미니스트의 시각 차이에 따라 각기 상이한 주장이 제기될 수 있으나, 일치된 견해를 보이는 것은 "가정은 여성의 공간, 공공은 남성의 공간"이라는 단순한 이분법적 사고가 철폐되어야 한다는 것이다. 이러한 이분법적 사고가 여성을 한정된 사적 공간에서만 활동하도록 강요하며, 여성의 능력 개발, 자기 실현, 욕구의 충족을 방해하는 요소로 작용한다. 따라서 가부장 권위를 타파하고 진정한 의미의 여권 신장과 여성 해방을 가져오기 위해서는 공공영역에 여성의 진출이 보장되어야 하며, 많은 여성들이 공공영역에서 활동할 수 있는 도시공간이 조성되어야 한다.

이것은 아무리 좋은 제도를 갖고 있더라도, 그 제도의 목적을 실현할 수 있는 공간과 수단이 제공되지 않는다면 그 제도는 단지 허울에 지나지 않는다는 것을 의미한다. 우리 사회가 아무리 평등을 외치고, 복지사회 구현을 위한 제도와 법규를 만들더라도, 현실의 공간에서 기회의 형평성, 최소한의 안전성, 빈곤으로부터의 탈출을 위한 장치가 마련되지 않는다면 단지 공허한 메아리에 불과할 뿐이다. 그러면 도시공간 개발과 이용에 대한 접근에서 어떤 문제들이 여성들의 권익과 활동을 제약하고 남성들의 지배를 고착화하는 도시공간을 구성하는가를 고찰해 보자.

제 3 절 가부장 도시

사람들마다 도시에 대해 느끼는 감정은 차이가 있다. 마찬가지로, 페미니스트

학자들도 도시공간에 대한 다양한 견해를 보인다. 예를 들면, 윌슨(Elizabeth Wilson, 1991)은 도시를 가부장적 정체성으로부터 탈피할 수 있는 자유와 흥분의 공간으로 인식하는 반면, 다른 학자들(Stanko, 1990; Valentine, 1990: Hanmer & Saunders, 1984)은 여성들에게 위험한 공간으로 도시를 표현하고, 또 다른 학자들(Boys, 1984; Little, 1994; Roberts, 1991)은 도시를 여성의 생활이 아닌 남성의 생활패턴에 맞게 조성된 공간으로 설명하고 있다.

도시는 현대 사회에서 변화와 혁신의 중심지로 등장하며, 다양성 · 독특성 · 차별성 · 익명성 등이 제공되는 역동의 공간, 기회의 공간으로 인식될 수 있다. 다른 한편으로 도시는 다양한 문화와 생활방식이 공존하는 이질성의 공간이며 행동과 선택의 자유가 신장된 동시에 공동체 의식, 소속감이 약화된 개인주의 공간을 구성한다. 이러한 개인주의적 공간에서 인간의 소외, 고독, 이기심과 경쟁은 증가하는 반면, 타인에 대한 배려와 공동체 의식이 약화된 갈등의 공간을 제공한다. 또 다른 면에서 도시는 권력의 장으로 인식된다. "모든 개인적인 것은 모두 정치적이다"라고 급진적 페미니스트들이 주장하는 것처럼, 사회의 모든 권력 관계는 공간을 통하여 표현된다. 예를 들면, 한국 사회에서 남성들이 주로 이용하는 술집들이 주택 근처에 입지할 수 있는 것은 한국 사회에서 남성이 여성보다 강한 권력을 행사한다는 것을 보여준다. 참고로 미국의 경우, 대부분의 도시에서 술집과 향락 업소는 특정 지역에서만 영업을 허가하며, 주류 판매도 허가된 업소(liquor store)에서만 그것도 시간을 제한하여(보통 저녁 9시 이후 독주 판매를 금지한다) 판매가 허용된다.

제인 다크(Jane Darke, 1996)는 도시는 세 가지 방식으로 여성에게 영향을 미친다고 언급하고 있다. 그녀에 의하면 도시에서 여성과 관련된 이슈는 세 가지 상이한 담론을 제공하며, 이 가운데 두 가지는 여성에게 부정적으로 영향을 미치며, 한 가지는 긍정적으로 영향을 미친다. 첫째, '소유 공간으로서의 도시'에 대한 담론으로, 도시공간은 남성의 소유 공간이며, 여성은 상품과 마찬가지로 남성의 사유재산으로 보는 시각이다. 둘째, '도시 구역화'에 대한 담론으로, 공간이 어떻게 분할되고, 어떻게 이용되고, 어떻게 이동하는가에 대한 논리의 근저에는 남성의 여성에 대한 지배 음모가 숨어 있다는 시각이다. 셋째, '다양성의 도시'에 대한 담론으로, 도시에서는 공통의 이해를 갖는 사람들을 접할 수 있고, 이질적 정체성이 공존하며, 어떤 흥미있는 일이 항상 발생하는 다양성 · 이질성의 공간으로 인식될 수 있다. 이러한 세 가지 담론에 대한 다크(Jane Darke)의 논의를 중심으로 고찰해 보기로 한다.

1 소유 공간으로서 도시에 대한 담론

대다수의 여성들은 도시공간이 진실로 그들에게 소속되어 있다고 보지 않는다. 대부분의 도시공간에서 여성들은 감시와 위험을 느끼며, 오직 특정 시간에 허용된 특정 공간만을 일반적으로 이용한다. 도시의 많은 공간으로부터 여성은 배제되어 있으며, 이런 공간에 여성이 입장하면 어색함, 이질감 등을 손쉽게 느낀다. 예를 들면, 직장이 끝난 후에 인근 술집에 남성이 혼자 들어가면 아무런 시선을 끌지 않는 반면에, 여성이 혼자 자리를 잡으면 보이지 않는 많은 시선이 집중되는 것을 느낀다. 마찬가지로, 심야극장에 남성이 혼자 가면 어색하지 않은 반면에, 여성이 혼자 가면 이상한 눈으로 바라본다. 물론 도시는 여성들에게 뿐만 아니라 남성들에게도 감시와 위험의 공간이 될 수 있다. 예를 들면, 한국 사회에서 외국인, 동성연애자 등은 여성 못지않은 감시와 행동의 제한을 느낄 수 있다. 그러나 도시에서 여성은 끊임없이 공간의 속성을 파악해야 하며, 공간이 성적으로 중립적인지를 이해해야 하고, 공간의 속성에 맞게 행동할 것을 강요받고 있다. 보이스(Boys, 1984: 84)는 이러한 여성에 대한 시선의 이중성을 다음과 같이 표현하고 있다: "여성은 자신이 성적인 면에서 매력적으로 보여야 한다는 것을 강요당한다. 그러나 동시에 남성을 성적으로 유혹해서는 안 된다는 것도 강요 당한다."

역사가 원시 사회, 고대 사회, 중세 사회, 근대 사회, 그리고 현대 사회를 거치면서 불변으로 남아 있는 원리 가운데 하나가 "가정은 여성의 공간, 공공영역은 남성의 공간"이라는 것이다. 인간 역사의 많은 부분이 남성들 사이에 영토를 위한 전쟁, 노획물을 위한 전쟁, 권력을 위한 전쟁이었고, 이러한 전쟁과 다툼의 희생물로 항상 여성이 포함되었다. 이러한 현상은 최근에도 관찰되어 베트남, 보스니아와 코소보, 동티모르 등에서 적군에 의한 여성들의 대규모 성추행이 보고되고 있다. 이러한 성추행을 당한 여성은 어떤 공동체에도 소속하지 못하고 거의 나머지 인생을 한계적 생활로 보내는 것을 우리는 "일제 강점기 위안부 피해자 문제"를 통해서 잘 이해할 수 있다. 가부장 사회에서 보편적 여성은 재산과 지위를 상속받는 적자를 생산하는 역할을 수행하며, 남편 이외의 다른 남성으로부터 신성시되는 품위와 행동을 보일 것을 강요당한다(Walker, 1983). 이런 의미에서 여성은 남성의 소유물로서 인식되어 왔으며, 이렇게 수천 년이 흘러왔던 것이다. 이러한 사실은 성추행이 여성에게 범해진 용납할 수 없는 야만적 행위로 인식되기보다는 남편으로부터 아내를 도둑질하는 행위로 인식된 사실만으로도 충분히 이해될 수 있다.

역사를 통하여 도시에서 여성이 항상 등장하였던 유일한 역할은 '거리의 여자(賣春婦)'라고 할 수 있다. '거리의 여자'라는 표현에서 알 수 있듯이, 가부장 사회에서 집 밖의 공간은 남성의 영역이고, 거리에 있는 여자는 어느 남성에게도 소속되지 않은, 그리고 누구에 의해서도 보호되지 않는 여자라는 인식이 가부장 사회에 기조를 이루고 있다. 윌슨(Wilson, 1991: 8)은 극단적인 표현으로 도시에 있는 여성은 '공공의 여성(public women, 창녀)'로 인식되어 왔다고 주장한다. 물론 지방에서도 매춘행위는 이루어졌으나, 일반적으로 매춘은 익명성이 보장된 도시에서 번창하였다. 물론 매춘이 여성을 상품화한 극단적 사례이고, 매춘을 통하여 감정을 소유할 수 없다는 것은 사실이지만, 매춘이 존재한다는 사실은 가부장적 도시에서 여성은 남성에게 소속된 소유물로서 인식되었다는 사실을 강하게 보여준다.

반면에, 도시에서 남성은 통치자, 의사결정자, 기술과 문화의 전수자로서 지배적인 역할을 거의 독점하였다. 역사적으로 시민 개념은 도시에서 유급 경제활동에 종사하는 사람을 의미하며, 주로 남성을 지칭하였다. 따라서 도시공간 계획의 주요 대상이 이 부류의 시민을 위한 정책이었으며, 여성들은 구조적으로 무시되었다고 해도 과언이 아니다(Pateman, 1992: 227). 이러한 사고에서 여성은 남성 사회에 기생적인 것으로 인식되었으며, 여성 시각의 도시공간 조성은 철저히 무시되었다. 수천 년의 인류 역사 동안 오직 예외적인 능력과 자질을 가졌던 극소수의 여성만이 사회를 지배할 수 있었으며, 여성은 항상 가정의 공간에 머물 것을 강요받았고, 공공의 여성은 누구에게도 소속되지 않은, 보호되지 않는 것으로 인식되어 왔다.

최근에 들어서서 도시공간에서 여성에게 부과된 장벽이 대다수 철폐된 것은 사실이지만, 아직도 보이지 않게 여성들의 입장과 이용을 불허하는 많은 공간들이 남아있다. 대부분의 여성들은 남성의 영역에 입장했을 때 형언하기 어려운 시선과 위협, 감시와 집중, 때로는 야유와 희롱의 감정 등을 느낀다(Greed, 1991). 공식조직에서 조차도 여성은 상위직에 오를 수는 있으나, 그들만의 내밀 조직(inner circle)과 친밀 관계를 바탕으로 한 비공식 조직에서 여성들은 대부분 배제된다. 술집, 호텔, 레스토랑, 바에서 혼자 온 여성은 웨이터에게조차 불편한 시선을 받으며, 원치 않는 시선의 집중, 감시와 위협을 느낀다. 도시환경은 아직까지 여성들에게 그들의 독점 공간에 관한 끊임없는 메시지를 보낸다.

2 도시 구역화에 대한 담론

대부분의 도시, 특히 계획도시에는 각 구역들이 특정 용도로 이용되도록 법규로 명시되어 있다: 주거지역(단독주택, 다세대주택, 아파트 지역), 학교지역, 상업지역, 공단지역, 공원지역, 유원지 지역 등. 이러한 지역들은 도로, 교통수단과 연계되어 용도가 지정되고 개발이 이루어진다. 도시공간이 구획되고, 개발되는 과정에서 전형적인 성 역할과 분업 체제에 의해 영향을 받는다. 즉, 가족의 생계를 위하여 밖에서 일을 하는 남성과 그 이외에 가정의 다른 모든 일 — 아이 돌보기, 학교 보내기, 어른들 모시기, 장보기, 음식준비, 집안청소, 세탁 등 — 을 맡아하는 여성은 도시환경을 다른 방식으로 이용한다. 이 과정에서 분리 구획된 가정과 일터가 보편적으로 자동차를 이용할 정도로 거리가 떨어져 있기 때문에 여성들에게 밖의 일과 집안 일을 유연하게 조절하기 매우 어렵게 만들고, 이런 현실에 직면하여 많은 여성들이 결혼 후 혹은 자녀를 출산한 후에 직장을 포기하도록 강요받는다.

도시의 직장과 교통 체계는 여성들에게 특히 불리하게 계획되어 있다. 일터가 있는 구역과 가정이 있는 주택지역이 공간적으로 분리됨으로써 여성의 취업 기회가 제약받고 있으며, 도로와 교통 체계가 가정과 직장 사이의 출퇴근 이동을 중심으로 형성되어 있기 때문에 여성의 이용에는 더 많은 이동시간과 거리를 요구한다(Greed, 1994: 40-44). 실제로 공공 교통은 여성들이 더 많이 이용하고 있으나, 버스와 지하철 노선과 배차 간격은 여성이 아닌 남성 활동을 중심으로 결정된다. 이것은 여성의 주요 역할은 집안 일과 아이 돌보기, 집 근처의 일들로 이루어졌기 때문에 보편적으로 단거리 이동을 한다는 것을 가정하고 있다. 이러한 가정은 여성의 활동범위와 이동성을 제약하며 도시환경을 더욱 성 차별적으로 만든다.

도시 구역화가 여성들의 기회를 제약하고, 극단적으로 남성들에게 의존하게 만든 현상은 교외지역의 개발이라고 할 수 있다(Knopp, 1992). 도시 외곽과 교외에 주택단지를 개발함으로써 어린 자녀가 있는 여성들은 직장 일을 하기가 더욱 어렵게 되었다. 교외지역은 주로 베드타운을 형성하기 때문에 주변에서 고용 기회를 찾기가 어려우며, 고용 기회가 집중된 중심지로 출퇴근하기에는 많은 이동시간과 거리를 요구한다. 이런 의미에서 교외화는 여성의 주요 역할을 아내와 어머니로서 고착화되게 하며, 공공영역으로부터 여성의 격리를 더욱 조장한다.

도시 구역화가 남성 중심으로 이루어졌다는 것은 우리 주변에서 관찰되는 퇴폐 향락업소의 입지에서도 충분히 이해될 수 있다. 우리 사회의 어떤 도시에서도 주택가 근처에 입지한 퇴폐 향락업소를 쉽게 발견할 수 있다. 주택가와 술집, 모텔 등이 혼재한 난개발 현장에서 우리는 살아가고 있다. 대규모 인구가 밀집해 거주하는 대형 주택단지 옆에 소위 러브호텔이 들어서고, 가족과 함께 여가를 즐기기 위한 공간인 유원지에는 어김없이 이러한 퇴폐 향락업소들이 즐비하게 늘어서 있다. 그리고 이러한 업소들이 사람 눈에 잘 띄기 어려운 곳에 입지하고 있는 것이 아니라 시선이 집중되는 대로변에 버젓이 자리를 잡고 있다. 우리 사회 어디를 가더라도 단란주점, 카페, 룸살롱을 발견하기는 어려운 문제가 아니며, 이러한 업소들이 주택가에 있거나, 주택가와 인접해 있는 것을 알 수 있다. 이러한 업소의 주요 고객은 물론 남성이며, 이런 시설들이 주택단지와 혼재되어 있다는 사실은 우리 사회가 남성 중심 사회라는 것을 여실히 보여준다. 즉, 남성의 향락을 위하여 여성의 자존심이 무시되고, 자라나는 청소년에 대한 비교육적 행위들이 자행되는 공간이 우리 도시의 현실인 것이다.

도시공간이 남성 중심으로 구획 및 이용되고 있다는 사실은 공원과 유원지 시설을 보더라도 충분히 이해될 수 있다. 가족 모두의 휴식 공간, 남녀 모두의 열린 공간이 되어야 하는 공원과 유원지에서 가장 넓은 공간을 차지하고 가장 많이 눈이 띄는 시설은 바로 운동을 위한 공간이다. 한국 도시의 공원에서 가장 쉽게 발견할 수 있는 시설은 축구와 농구를 위한 공간이라고 할 수 있다. 물론 축구와 농구가 남성만을 위한 체육은 아니지만, 여기서 강조하고 싶은 것은, 이러한 시설들이 공원 조성에는 필수적으로 들어가야 한다는 것이 우리 사회에 깊게 각인되어 있다는 것이다. 반면에, 가족과 여성의 시각에서 선호되는 경관 중심의 공원, 선진사회에서 쉽게 관찰될 수 있는 연못 중심의 수변공원은 극히 찾아보기 어렵다. 그리고 도시 구획화 과정에서 유원지와 공원을 위한 공간은 거의 최소한의 법적 기준을 통과할 정도로 배정되고, 위치도 가장 사용 용도가 적고 접근이 어려운 한쪽 구석을 선택하여 설정되는 것을 쉽게 관찰할 수 있다. 선진사회의 경우에 가족, 공동체, 시민 모두를 위한 열린 공간은 가장 접근이 우수한 중심 지역에 지정되는 사실 — 예를 들면, 뉴욕의 센트럴 파크, 워싱턴 D.C.의 워싱턴 몰 등 — 과 비교하여, 서울에 예술의 전당이 외곽에 위치하고 있는 사실만으로도 한국 도시의 후진성을 충분히 보여준다.

이제 시선을 옮겨서 이러한 구획에 건조된 건축물들에 대해 살펴보기로 하자. 한국 도시의 건조환경을 한 꺼풀 벗겨보면 거기에는 남성 중심의 사고와 논리가 숨어있는 것을 쉽게 발견할 수 있다. 한국 대도시에서 가장 먼저 눈에 들어오는 것은 대규모 아파트 단지라고 할 수 있다. 비슷한 모양, 비슷한 높이, 비슷한 경관을 이루고 있는 아파트 숲은 한국의 도시화를 상징적으로 보여준다. 급속한 도시화에 쫓기듯이 건설된 아파트 숲에서 문화의 독특성이 발견될 수 없으며, 똑같은 모양을 갖는 아파트의 생활 공간에서 문화의 다양성이 관찰되기는 어려울 수밖에 없다. 모든 건설은 주어진 시간 내에 끝내야 할 뿐만 아니라 초과 달성해야 한다는 '빨리빨리의 속도 문화'와 가장 빠른 달성은 동일한 행위의 지속된 반복이라는 '획일성 문화'가 1960년대 이래 우리 사회를 지배하면서 도시의 경관이 급속히 바뀌었다. 즉, 남성 중심의 군사문화에 의한 획일성이 건조환경을 지배하면서 도시는 어디를 가도 똑같은 모습으로 개발되었고, 그 내부에서 생활하는 시민의 생활방식도 점차로 규격화되어 갔다. 똑같은 내부구조를 갖는 아파트 식탁에서 아침이 시작되어 저녁에 똑같이 머리를 한 방향에 두고 잠이 드는 도시의 삶이 강요된 것이다.

남성 사회의 모습은 주거단지에서만 발견되는 것이 아니라 도시의 많은 건축물, 특히 공공기관의 건축물에서 쉽게 관찰될 수 있다. 시민의 용이한 접근이 절대적으로 보장되어야 하는 공공기관이 장엄한 모습, 권위적 모습, 위압적 모습을 보이는 것은 무엇을 의미하고 있는가? 예를 들면, 서울 서초동에 있는 지방법원 건물은 고압적 건물의 전형적인 예를 보여준다. 이 건물 앞에서 '법은 시민의 보호자'라는 푸근한 감정보다는 '법은 권위적'이라는 위압적 감정이 앞서는 것을 느낄 수 있다. 또한 여의도 국회의사당 건물에서 "정치는 시민의 입장을 대변한다"는 감정보다는 “정치는 시민 위에 군림한다”는 감정을 느끼게 한다. 이러한 예는 멈포드(Mumford, 1961: 13-16)가 지적한 바와 같이, 남성의 상징으로서 대형 건축물은 두려움과 경외를 자극하기 위한 의도가 은폐되어 있다고 해석될 수 있다. 시민에게 위협과 고압을 느끼게 하는 공간에서 평등의 문화는 인지되기가 어려울 수밖에 없다.

이외에도 여성과 어린이, 노약자의 안전을 무시한 많은 공간을 도시에서 발견할 수 있다. 남성의 보폭에 맞추어 조작된 보행 신호등은 여성과 어린이, 노약자에게 뛸 것을 강요하는 공포의 공간을 제공하며, 건물의 계단들은 누가 가장 많이 이용하는가는 관계없이 남성의 발 높이를 기준으로 획일화되어 있다. 이러한 도시공간에서 장애자를 위한 배려는 논의할 가치조차 없는 것을 충분히 이해할 수 있을 것이다. 즉, 성에 의한 평등한 도시공간이 조성되지 않는다면 복지사회의 기본이 형성될 수 없다는 것을 확인시켜 준다.

3 도시 다양성에 대한 담론

도시가 남성 중심으로 개발되고, 도시에서 성 불평등이 확연히 나타나지만, 그럼에도 불구하고 도시는 많은 사람들에게 삶의 희망을 주는 다양한 매력을 제공한다. 도시는 직장과 경력을 위한 기회를 제공할 뿐만 아니라, 일상의 범위를 넘어서 다양한 사고와 생활을 위한 역동성을 제공한다. 도시는 다양한 선택의 기회를 제공한다: 익명성과 친분 관계 사이의 선택, 다양한 오락과 유희의 선택, 직업의 선택, 소속감과 정체성의 선택, 다양한 재화와 서비스의 선택 등. 특히, 여성들은 도시 이외의 환경에서는 제한된 범위의 역할을 강요받기 때문에, 이러한 선택의 기회가 여성에게는 특별히 중요한 의미를 갖는다. 어떤 페미니스트들은 사회가 여성들에게 ‘이성 간 사랑(異性愛)’를 강요하고 독신을 주장하는 여성을 이상한 시각으로 보며, 가정과 여성을 연결시키는 강한 규범이 존재한다고 주장한다. 도시는 이러한 질식적 분위기로부터 탈출할 수 있는 통로를 제공한다. 그것이 고독한 탈출일수도 있지만 자유분방함을 제공하고, 특히 가족의 규칙과 굴레에 속박되어 있는 여성들에게 도시는 도전의 공간을 제공한다.

도시에서 시민들은 때로는 '타자(他者)'가 되기도 하고, 때로는 '우리'가 되기도 하며 현상을 즐기기도 하고 때로는 도전하기도 한다. 윌슨(Wilson, 1991)은 도시를 "영원한 축제의 공간"으로 묘사하고 있다. 때로는 축제의 주제가 심각한 문제일 수도 있으나, 도시는 집합적 주제가 표현될 수 있는 공간을 제공한다. "해고 노동자를 위한 거리집회", "철거민의 권익을 위한 투쟁", "세월호 진실규명을 위한 촛불문화제", "동성애 권리 보호를 위한 집회", "사형 제도 반대를 위한 시위", "위안부 협정 무효를 위한 행진" 등 도시집회는 억압된 계층과 집단이 자신의 주장과 권리를 공개적으로 표명할 수 있는 기회의 공간을 제공한다.

도시는 특히 대규모 공동체에 거주하는 소수집단에게 이질적 사고와 생활방식을 향유할 수 있는 공간을 제공한다. 즉, 도시는 이러한 사회집단들에게 자신의 문화적 정체성을 보존하기 위한 도시적 배경을 제공한다. 예를 들면, 미국 로스앤젤레스에서 한인타운이 형성되어 소수민족인 한국 문화가 보존되고 한국인으로서의 정체성이 유지되는 것은 도시적 맥락이 제공하는 다양성의 수용이라고 볼 수 있다. 그리고 이러한 다양한 문화의 수용을 통하여 도시는 새로운 사고와 혁신을 위한 기반이 형성되며 보다 많은 선택과 도전의 공간으로 성장한다. 도시가 물론 다양성은 제공하지만, 그 이면에는 다양성을 거부하고 독점적 지배를 추구하는 주류집단과의 사이에 끊임없는 갈등, 도전, 투쟁이 전개되고 있다. 이러한 투쟁은 단순한 거리의 집회로 표출되기도 하지만, 때로는 "로스앤젤레스 한인타운 습격사건"과 같은 폭동의 수준으로까지 전개되기도 한다.

도시의 다양성은 선택과 자극의 기회를 제공하지만, 한편으로 위험 요소로 작용하기도 한다. 도시에서 소득 수준과 생활방식의 양극화 현상은 도시 갈등과 불안을 가중시키며, 도시생활의 질에 부정적 요소로 작용한다. 도시 양극화 현상이 심화될수록 도시 범죄는 더욱 증가하고, 도시의 안전이 위협받을수록 여성의 활동공간은 더욱 협소해진다. 이런 의미에서 가진 자와 갖지 못한 자 사이에 극단적 분리는 도시 다양성의 위협 요인으로 작용한다. 사회적 분리와 공간적 격리는 '타자'를 우리로서 받아들이지 않고 도시의 공유된 구성원으로 인정하지 않은 위험한 사고를 가져온다. 우리 사회에서 독신 여성에 대한 몰이해, 이혼 여성에 대한 편견, 성소수자에 대한 조소, 외국인에 대한 선입견 등이 이러한 타자의 논리로 해석될 수 있다. 도시 생활의 도전은 다양성의 가치를 추구하는 데서 시작되며, 배제가 아닌 포용의 원리가 공간에서 표출 및 수용되는 과정에서 도시는 성숙한다.

제 4 절 여성 활동과 도시공간

우리 사회에는 여성과 남성을 구별하는 많은 제도들이 존재한다. 사회생활에서 이러한 제도들은 행동 방식과 과정, 사고와 이데올로기, 이미지와 상징, 역할과 책임, 헤게모니와 권력 관계 등으로 나타난다. 그러나 실제로 제도에 있어서 성차별은 남녀가 필연적으로 서로 다르기 때문에 발생한 것이 아니라, 남녀가 아주 다르다는 가정 아래 우리 사회가 이러한 제도를 만든 것이다. 최근 들어서 성차별의 경향은 점차적으로 감소하고 있으나, 일반이 예상하는 만큼 급속히 사라지고 있지는 않다. 우리 사회 도처에는 아직도 여성의 활동을 제약하는 많은 성차별 제도와 공간이 존재하고 있다. 이 절에서는 클레니에프스키(Kleniewski, 1997)의 논의를 중심으로 도시공간에서 여성 활동과 성 불평등 문제를 고찰해 보기로 한다.

1 여성의 사회 진출과 직무 공간에서의 성 불평등

경제와 사회이론에서 여성 노동력과 고용은 종종 이차적 혹은 주변부 문제로 논의되어 왔다. 여성 인력은 예비 노동력, 이차 노동력, 그리고 최근에는 '유연적' 노동력으로 인식되어 온 것이 사실이다. 더 나아가 여성은 비숙련 노동력, 파트타임 노동력, 일시적 노동력으로 인식되어 왔다. 그러나 최근에 들어서서 여성 노동력에 대한 이러한 인식에 획기적 변화가 진행되고 있으며, 사회 각 분야에서 여성의 진출은 현저히 증가하고 있다.

종래에 여성 인력에 대한 연구(Beechey, 1977; Bruegel, 1979; Mincer, 1966)들은, 여성은 경제 호황기에 고용시장에 투입되었다가 경제 침체기에는 가정으로 복귀하는 인력으로 고려되어 왔다. 그러나 최근에 들어서 여성 인력은 경제 침체기에 직장에서 추방되지 않았으며, 한국과 다른 선진국에서 지난 25년 동안 여성의 취업률은 지속적으로 증가하고 있다(Walby, 1997: 66-79). 지난 1960년대 중반의 경제 호황 이후에 선진사회에서 오히려 감소 추세를 보이는 것은 남성 인력이며, 매 경기 침체마다 남성의 취업은 더욱 악화되고 있다.

이제 여성 인력의 사회진출은 단순히 성 평등 차원에서가 아니라 사회경쟁력 차원에서 요구된 변화이며, 특히 정보화 사회에서 여성 인력의 효과적 개발과 이용은 첨단기술 경쟁력과 혁신을 위한 필수적 장치로 인식되고 있다(Fountain, 2000; Hersh, 2000). 이러한 변화는 노동 인력의 성 분포에서 장기적 재구성이 진행되고 있다는 것을 보여준다.

한국 사회에서도 남녀 관계와 역할에 장기적 변화가 일어나고 있으며, 노동시장에 존재했던 공공연한, 그리고 은폐되어 있던 많은 남성 중심 제도들이 점차적으로 폐지되는 과정에 있다. 이와 동시에 여성의 교육 기회 신장, 결혼과 이혼 행위의 변화, 정치 권력과 가계 구조에 있어서 남녀 관계 변화는 여성의 사회 진출을 신장시키는 장기적 기반을 제공한다. 고용시장에 여성의 지속된 진출은 여성의 영역이 이제 더 이상 가정에 한정된 것이 아니라 공공영역으로 확대되었다는 것을 입증한다.

여성의 사회 진출이 꾸준히 증가하고 있으나, 아직도 직장과 공공영역에서 남녀 간에 공간적 분리 현상이 지속되고 있다. 비록 과거와 비교하여 많은 여성들이 변호사, 버스기사, 건축가 등과 같은 소위 '남성 직업'에 진입하였으나, 오직 소수의 남성만이 대규모 여성 직업인 비서직, 초등교사, 간호사에 종사하고 있다. 여성의 직업 가운데 가장 높은 분포를 보이는 것이 비서직이며, 선진사회에서 비서직의 98% 이상을 여성이 점유하고 있다(Spain, 1992). 비서직에 있어서의 성차별은 공간적 격리를 동반한다. 전형적으로 비서직은 그들이 봉사하는 상급자와 사무실을 공유하는 것이 아니라, 공동 타이핑 룸이나 상급자의 폐쇄된 사무실 밖의 공개된 공간에서 직무를 본다. 이것과 유사한 공간 이용 행위를 다른 전형적인 여성 업무들에서 발견할 수 있다. 이러한 여성 직무를 담당하는 사람은 전형적인 남성 업무를 담당하는 사람과 비교하여 자신만의 직무 공간을 소유할 가능성이 적으며, 다른 사람과 공간을 공유하거나 혹은 공개된 공간에서 직무를 볼 가능성이 높다(Spain, 1992).

남녀 간에 이러한 공간적 차별과 격리문제 이외에도, 여성 근로자는 자신의 직무 공간을 자신에 맞게 설계 혹은 관리하기 위한 권한을 거의 부여받지 못한다. 특히, 서기와 간호직에 근무하는 사람은 자신을 위한 공간이 거의 존재하지 않는다. 공개된 혹은 공유된 공간에서 근무하는 이들은 프라이버시, 시선 차단, 소리 통제 등을 위하여 오직 간이 칸막이에 의존하고 있을 뿐이다. 이들에게는 조명, 창문, 혹은 냉난방 조정을 위한 장치도 거의 제공되지 않는다. 이들이 근무하는 공간은 남성과 분리되어 있을 뿐만 아니라, 일반적으로 협소한, 그리고 근로자의 개인적 필요에 의해 조정이 불가능한 유연성이 결여된 공간에서 근무하고 있다(Kleniewski, 1997: 222).

성에 의한 직업 분리 현상은 여성의 급여를 남성에 비하여 낮게 책정하는 것을 허용함으로써 여성의 소득에 부정적 영향을 미친다. 고용주들은 직무에 요구된 기술과 능력보다는 상투적 가정을 기초로 여성의 직무 혹은 남성의 직무를 구별한다. 그리고 이들은 직무를 수행하기 위하여 요구된 기술 수준에 비하여 여성의 직무를 끊임없이 과소 평가하는 경향을 갖는다. "여성은 직장 일을 하지 않아도 된다"는 사고가 고용주들에게 남성 근로자보다 적은 보수를 여성에게 지불해도 된다는 논리를 제공한다. 심지어는 동일한 직무에서도 남녀 근로자들 사이에 차별적 급여가 가능하도록 남녀가 유리된 공간에서 근무하기도 한다. 스페인(Spain, 1992)은 레스토랑에서 근무하는 남녀 직원을 분석한 결과, 남성은 여성에 비하여 고급 레스토랑에서 근무하는 비율이 높기 때문에 동종 직업에서도 남녀 간에 급여의 차이가 관찰된다고 밝히고 있다. 또 다른 예로서, 같은 직장의 판매직에서도 남성은 커미션이 높은 품목에 배정되어 높은 보수를 받는 반면에, 여성은 낮은 품목에 배정되어 상대적으로 낮은 보수를 받는다(Talbert & Bose, 1977). 오늘날의 직무 공간은, 비록 여성들을 배제하지는 않지만, 아직도 성에 따라 직무를 배열하고, 성에 의해 공간을 분리하며, 성을 기초로 보수가 결정된다. 이런 면에서 대부분의 직무 공간은 아직도 성 불평등 공간을 구성한다.

2 도시의 공공 교통과 여성

도시에서 여성의 이동성에 관한 연구들은 남성의 이동성과 상이하다는 것을 지적하고 있다. 여성은 자신의 일과 가족의 생계 사이에 조정을 하여야 하기 때문에 일반적으로 집 인근에서 직업을 갖는다. 반면에, 남성은 이동에 보다 많은 시간을 소비하며, 통근으로부터 많은 스트레스를 받는다(OECD, 1995: 107-108).

도시에서 이용하는 주요 교통수단에서도 남녀 간에 차이가 관찰된다. 승용차 문화가 도입된 이후에 남성은 승용차의 주요 이용자인 반면에, 여성은 공공 교통을 주로 이용하는 것으로 관찰되고 있다. 예를 들면, 프랑스에서 파리 외곽에 근무하는 남성의 60% 이상이 자동차로 출퇴근하고 있으며, 어느 곳에서나 남성의 승용차 이용률은 여성의 이용률보다 높은 것으로 나타난다. 스웨덴에서 또한 승용차의 70%를 남성이 소유하고 있다. 이런 면들을 볼 때, 도시 교통 정책이 공공 교통, 자전거, 도보 등을 희생하고 자동차에 우호적인 것은 놀랄 만한 사실이 아니다. 즉, 승용차를 주로 이용하는 사람이 남성이기 때문이다(Duchéne, 2011).

거의 모든 도시에서 공공 교통의 주요 이용자는 여성이다. 각 나라마다 차이는 있으나 공공 교통 이용자의 약 2/3가 여성으로 관찰된다. 여성이 공공 교통을 주로 이용하는 데는 여성의 역할과 밀접한 관계가 있다. 첫째, 여성은 대체로 가사 책임을 병행하기 때문에 주로 집 근처에 있는 근린 취업을 선택할 것을 강요받는다. 이 분야의 연구들(Pickup, 1984; Law, 1999)은, 상당수의 직장 여성들이 출퇴근 이동과 가사(家事)를 연계하기 때문에 그들의 동선 범위(動線範圍)를 집 근처에 한정한다는 것을 제시하고 있다. 둘째, 앞에서 언급한 바와 같이, 여성 직무는 상대적으로 낮은 보수를 받기 때문에 교통비 최소화를 위하여 공공 교통에 의존하는 경향이 높다. 또한 부부가 자동차를 한 대 소유하는 경우에, 자동차를 정규적으로 이용하는 것은 남성일 가능성이 높다. 이와 같이 공공 교통의 주요 이용자가 여성인데도 불구하고, 도시의 공공 교통 정책과 체계는 여성의 요구를 경시하고 남성 중심으로 설정되는 경우가 많다. 이것은 교통의 주요 목적은 출퇴근 이동성이라는 시각을 중심으로 교통정책을 추진한 결과이며, 이용자의 접근성은 경시한 정책의 결과라고 볼 수 있다. 즉, 출퇴근의 주요 이용자가 남성이기 때문에 버스와 지하철 등 공공 교통은 주거단지와 중심지를 연결하는 데 주요 노선을 배정하고 있으며, 가사 일을 위한 여성의 동선과 이동성은 부차적인 것으로 고려된다. 남성 중심, 집과 직장 중심의 교통 체계에서 여성의 동선은 보이지 않으며, 교통망과 도시공간은 여성의 소외와 고립을 가져온다. 즉, 사회에서 여성은 정적이며 가정에 머무는 것으로 인식하기 때문에 여성의 동선은 철저히 무시되고 있으며, 도시계획과 공간 이용에서 '여성 이동성에 대한 남성의 통제'가 진행되는 것을 입증한다.

또한 가정에서 여성의 역할과 직장에서 여성의 직무는 여성의 이동을 상대적으로 복잡하게 만든다. 남성은 출퇴근 이동, 그리고 직무와 관련된 규칙적 이동을 보이는 반면에, 여성은 아이 돌보기, 어른 모시기, 장보기, 세탁, 아이들 학교, 병원, 약국 방문 등 가사 일로 인한 불규칙적인 이동을 보이며, 직장에서도 예기치 않은 잡무는 여성 몫으로 배정되는 경우가 많다. 이러한 여성 활동의 대부분이 출퇴근 시간 이외의 이동을 요구하는데, 공공 교통 정책은 이러한 여성의 재생산적 활동에 대하여 상대적으로 낮은 가치를 배정함으로써 여성의 이동성을 제약하고 있다.

가정주부, 어머니 그리고 가사 책임자로서 여성은 일반적으로 다른 사람(아이, 노부모, 노약자들)을 동반하거나 장보기의 짐을 가진 경우가 많다. 그런데 공공 교통은 이러한 면들을 고려해서 설계된 경우가 거의 없다. 어린이와 노약자를 위해서는 버스 계단이 너무 높을 뿐만 아니라, 짐을 놓을 만한 마땅한 공간이 없다. 지하철은 이용하기에 너무 계단이 많을 뿐만 아니라 다른 노선으로 갈아타기 위한 환승거리가 너무 길다. 어떤 공공 교통에서도 여성과 어린이, 노약자와 장애자를 위한 배려를 찾아보기 어렵다.

이런 이유 또는 경제적 이유로 많은 여성들이 도시에서 도보 이동을 선택한다. 그런데 도시의 도보 이동에서 또한 많은 문제가 발견된다. 길 표면이 고르지 못한 것은 말할 필요도 없고, 보도와 차로가 언덕이 아닌 단순히 노란 선으로 구분된 곳이 많으며, 보도 또한 상가의 짐과 전시품, 선전·광고물에 의해 상당 부분 점유되고 있다. 거리를 건너기 위한 신호 체계는 남성의 발에 맞추었기 때문에 여성과 어린이, 노약자는 많은 경우에 뛸 것을 강요받는다. 이런 면에서 볼 때 우리의 도시 공간은 여성들에게 이동성, 접근성뿐만 아니라 기본적인 안전도 제공하지 못하고 있는 것이 현실이다.

도시의 교통을 성(性) 시각에서 검토할 때 여성은 남성보다 이동성과 접근성에서 많은 제약을 받고 있다. 이러한 교통에 있어서의 성차별은 여성의 활동과 선택의 범위에 영향을 미치므로 취업 기회, 소득 수준, 삶의 질, 공공 서비스의 향유를 제약하는 요인으로 작용한다.

3 도시 근린 관계와 여성

여성은 지역 근린 관계에서 핵심적 역할을 수행한다. 전통적으로 지역 공동체 조직에서 여성이 높은 비율을 차지하며, 적극적 구성원으로 혹은 리더로서 활동을 한다. 여성이 지역 공동체를 구성하고 활발한 활동을 보이는 것은 여성의 생활과 활동이 공동체에 뿌리를 두고 있기 때문이다. 앞에서 언급한 바와 같이, 여성은 직장을 갖더라도 주로 집 근처에 근무하는 경향을 보인다. 전업주부의 경우에는 이웃들과 함께 놀이터에서 아이들을 돌보는 과정에서, 동네 친목모임에서, 학교 학부모 모임에서, 지역 부녀회 모임에서, 혹은 문화강좌 모임 등에서 자연스럽게 주변 문제에 관하여 이야기를 한다. 또한 여성이 주로 자녀를 보살피기 때문에, 자녀들에게 직접 영향을 미치는 교육, 안전, 공공 서비스 등에 관해 보다 많은 관심을 갖는다.

따라서 공동체 조직은 생활에서 공공영역과 민간영역이 접합하는 흥미로운 영역을 제공한다. 예를 들면, 라브레노비치(Rabrenovic, 1995)은 미국 보스턴 외곽에 거주하는 저소득층의 라틴계 여성들이 자신의 대가족 혈연과 친지 네트워크를 이용하여 어떻게 학교 개혁을 위한 공동체 조직을 구성하였는지를 보여준다. 비록 이들은 정치적 영향력의 원천인 자금, 높은 지위, 전문 교육, 명성 등이 전혀 없었으나, 라틴계 결속체를 구성함으로써 그들의 강한 사회적 유대 관계를 이용하여 학교 개혁을 밀어붙일 수 있었다. 인천 연수구의 '도서관 추진 위원회(도추위)'는 지역 여성활동이 근린 공공영역의 결정에 중요한 영향을 미치는 것을 보여준다(전기옥, 2001). 지역 여성들이 주축인 도추위 활동을 통하여 인천시와 연수구가 공동으로 결정한 연수구 도서관 건립부지를 지역에 보다 적합한 장소로 변경할 수 있었다. 자유 기고가인 굿맨(Goodman, 1989)은 여성은 가족과 친지 관계에서 '교환원' 역할을 수행하며 정보를 공유 및 확산시킨다고 말하고 있다. 이와 같이 여성이 공동체 교환원으로 근린에 관한 정보를 공유하고, 근린문제에 대하여 사회적 네트워크를 동원하는 적극성을 보인 것은 여성활동의 적지 않은 진보로 평가된다(DeSena, 1994).

여성들의 근린 공동체 조직은 어떤 흥미 있는 행동 패턴을 보인다. 사회학자들은 여성 근린 공동체 활동을 '방어적 근린 관계(defended neighborhood)'로 부른다

(Suttles, 1972). 이러한 근린 공동체 조직은 자신들의 안전이 어떤 위협에 직면해 있다고 믿는 거주자들 사이의 근린 관계에 의해 조직화되는 특성이 있다. 이러한 위협은 외부적일 수도 있고, 또한 내부적일 수도 있다. 예를 들면, 도시정부가 제공하던 공공 서비스(버스 노선, 학교 등)를 감축한다던가 혹은 부정적 외부 효과를 초래하는 시설(교도소, 쓰레기 소각장 등)이 근처에 입지한다던가 하는 경우에 근린 공동체가 결집하는 것을 보인다. 또한 동네 사람들이 주로 이용하는 공원과 산책로의 훼손 혹은 아이들의 등·하교 시에 교통 안전의 문제 등 내부적 위협에 직면하여 주민 공동체가 조직되는 것을 볼 수 있다. 우리나라에서는 볼 수 없으나, 미국 등 다인종 사회에서는 백인이 밀집된 지역에 유색인종이 이주하는 것을 막기 위하여 백인 주민들이 방어적(?) 근린 관계를 형성하는 것이 목격된다(Rieder, 1985, DeSena, 1994).

왜 근린 공동체 활동에서 남녀 간에 차이가 유도되는가? 근린생활을 연구하는 학자들은 여성이 남성보다 이웃 간에 훨씬 빈번한 접촉을 하기 때문이라고 설명한다. 예를 들면, 거리에서 인사를 주고받는 행위, 담장 넘어로 대화를 주고받는 행위, 물건을 서로 빌려 쓰는 행위, 외출 시에 집을 봐주는 행위, 아이를 서로 돌봐주는 행위 등을 통하여 여성은 남성보다 이웃과 많은 접촉을 한다. 이웃 간의 접촉에 대한 남녀 사이의 차이를 추적한 연구(Campbell & Lee, 1990)는 이러한 차이가 남성과 여성 사이에 자유 시간, 여가 시간의 차이 때문에 발생하는 것은 아니라고 설명한다. 여성이 직장 일을 하는 것과 관계없이 여성은 남성보다 한층 긴밀한 이웃관계를 유지한다. 이러한 연구는 이웃 관계에서 남녀 간의 활동 차이는 여성이 상대적으로 여유 있는 시간이 많기 때문이기보다는 여성에 대한 기대된 역할의 결과라고 설명한다.

4 휴식 공간과 여성

최근까지만 해도 가정과 집 밖 모두에서 여성에게는 휴식 공간이 거의 주어지지 않았다. 왜냐하면, 가정 중심의 여성 일은 '일'로서 인식되지 않았기 때문에 특별히 휴식을 위한 공간이 제공되지 않았다. 반면에, 휴식은 남성 중심으로 직장 혹은 가정생계를 위한 작업 이후에 내일의 재생산을 위하여 필요한 것으로 인식될 뿐이었다. 따라서 남성은 직장일 이후에 다양한 술집, 오락시설, 운동시설, 그리고 가정이 휴식을 위한 공간이었으나, 여성에게는 기껏해야 미용실, 찜질방, 커피숍 등이 휴식의 대용 공간으로 제공되었다. 물론 여성도 술집과 당구장 등에 출입할 수는 있었으나, 일반적으로 남성을 동반한 상황이었고, 여성 혼자 혹은 여성들만의 이용은 주위로부터 불편한 시선의 집중과 감시의 대상이 되었다.

가정 내에서도 여성을 위한 휴식 공간은 거의 존재하지 않았다. 남성은 서재와 사랑채가 휴식 및 친지와의 교제 등을 위한 전용 공간으로 제공되었으나, 여성에게는 부엌만이 유일한 전용 공간이었다. 남성에게 가정은 휴식 공간인 반면에, 여성에게는 일터만을 제공한 것이다. 최근에 과학기술이 발전하면서 가정에 TV, 오디오시설, 컴퓨터와 인터넷 등 전자제품들이 가정에 도입되어 종합 엔터테인먼트를 위한 공간으로 변화하고 있으나, 가사 부담이 여성의 전담 역할로 남아 있는 한, 가정은 여성에게 일터로 남아 있을 수밖에 없다. 즉, 전업주부에게 가정은 일터와 동시에 휴식 공간이지만, 전업주부에게 진정한 의미의 휴식은 일터(가정)에서 해방된 '집 밖의 공간'이라고 할 수 있다.

선진사회에서도 여성만을 위한 휴식 공간은 거의 존재하지 않았으며, 기껏해야 영화관이 여성에게 공개된 휴식 공간으로 이용되었다. 이원(Ewen, 1980)은 20세기 초기에 영화관의 등장을 다음과 같이 설명하고 있다. 영화관은 비록 여성을 위한 전용 공간은 아니었으나, 남성의 동반 없이 여성 혼자 혹은 여성들끼리 갈 수 있는 공간이었다. 이 시기에 많은 사람들이 유럽에서 미국으로 이민을 왔으며, 이들 대부분은 여성에게 개인적 자유가 거의 허용되지 않았던 전통 가부장 사회로부터 이주해 왔다. 이들의 2세가 성장하여 십대가 되고 여성으로 성숙하는 과정에서 부모들은 자녀의 미국화와 전통 관습의 상실에 직면해야 했다. 이 과정에서 부모와 자녀 사이에 갈등의 해결을 위한 사회적 타협의 공간으로 제시된 것이 영화관이라고 이원(E. Ewan)은 지적하고 있다. 즉, 영화관은 부모의 시각에서는 과년한 자녀를 위한 비교적 안전한 여가 공간을 제공하였으며, 자녀의 시각에서는 부모의 전통적 규범에 대한 도전과 흥분의 공간을 제공하였다.

생활 수준이 향상되고, TV와 인터넷 등 대중매체가 발달함에 따라 집안에서도 다양한 정보와 휴식, 오락 메뉴에 접할 수 있는 것이 사실이다. 더 나아가 최근에는 여성만을 위한 헬스클럽, 여성전용 술집, 여성전용 사우나 등이 개설되고 있으며, 운동과 오락시설의 이용에서 성차별이 점차로 사라지고 있다. 여성의 사회 진출이 활발해짐에 따라 휴식 공간의 성 불평등이 점차로 감소하고 있으며, 이러한 현상은 도시 소비 공간의 변화를 통하여 보다 명확히 이해될 수 있다.

5 도시의 소비 공간과 여성

1970년 이후에 여성들의 사회 참여가 활발해짐에 따라 도시공간에 많은 변화가 관찰되고 있다. 도시에서 제조업의 쇠퇴와 서비스 산업의 확대에 따른 경제구조의 재구성은 여성들의 경제활동 참여를 위한 기회의 확대를 가져왔다. 이러한 여성의 사회활동 참여가 확대됨에 따라 가사 일에 대한 개념이 재정립되기 시작하였다. 이제 가사 일은 여성의 전담 분야가 아니라 남성과 공유하는 분야로 서서히 인식의 전환을 가져오고 있으며, 여성이 직장 일을 하며 남성이 전업주부로서 분업을 하는 가정도 등장하고 있다(Lamb, 1986; Grief, 1985). 여성의 활발한 사회 진출의 또 다른 결과는 '가사 일의 상품화'라고 할 수 있다. 직장 여성이 증가함에 따라 과거에는 가정주부에 의해 무임노동으로 제공되었던 가사 서비스들이 직업적 · 전문적 임금 서비스로 전환되어 여성을 위한 많은 취업 기회가 제공되었다. 탁아와 육아 서비스, 집안 청소 서비스, 장보기 서비스, 잔디 깎기 서비스 등 과거에는 가정주부에 의해 무임으로 제공되었던 서비스가 직장 여성의 증가 이후에 전문적 임금 서비스로 전환되었다. 이와 더불어 즉석요리(fast foods), 레스토랑, 음식배달 서비스 등의 먹거리와 외식산업의 획기적 신장을 가져왔다. 이러한 새로운 경제활동의 등장은 도시의 공간 구성을 변화시키고 있다. 전문점, 편의점이 도시 곳곳에 자리 잡으며 도시 외관을 변화시키고 있고, 대형 슈퍼마켓과 할인매장이 등장하여 삶의 방법에 변화가 진행되고 있다.

여성의 사회 진출은 도시공간에서 남성의 영역과 여성의 영역 사이에 분리를 점차 희석시킨다. 여성에게 부과되었던 직업과 지위의 한계가 점차 철폐되어, 남성과 마찬가지로 다양한 분야에 진출하고 고위직으로도 승진하는 여성들이 점차로 증가하고 있다. 동시에 많은 남성들이 전통적으로 여성 업무로 인식되었던 분야에 진출하는 추세를 보인다. 예를 들면, 시간이 지남에 따라 요식업, 미용, 청소 서비스 등 개인 서비스 산업과 간호사, 사회복지 서비스 분야에 종사하는 남성의 숫자가 점차 증가하고 있다(Crompton, 1997).

또한 도시산업 구조가 제조업에서 서비스 산업 중심으로 전환되면서 도시의 지배적 문화로서 소비자 문화(consumer culture)가 등장하고 있다(Adkins, 2001). 외관, 스타일, 이미지와 사인(sign)이 지배하는 문화, 시각적 효과와 유행이 시대를 풍미하며, 선전과 광고가 소비자를 유혹하는 현대 시대의 문화는 '여성화 문화(feminized culture)'로 표현되고 있다(Simpson, 1996: Felski, 1997). 이러한 이유로는 여성의 경제력이 향상되어 지배적 소비자로서 여성의 의사결정 권한이 향상된 면도 작용하지만, 상품과 서비스의 미학적, 실용적, 감각적 특성 — 외관, 스타일, 이미지, 성능 — 이 여성의 특성과 보다 밀접한 관련성을 갖는 것으로 이해되고 있다. 이와 함께 '문화의 여성화'와 '도시의 여성화'를 주도한 주요 요인으로 대중매체의 발달을 들 수 있다. 여성이 주요 소비자로 등장하면서, 대중매체는 여성의 영역과 특성에 주요 초점을 맞추기 시작하였으며, 이러한 과정에서 종래에는 사적 영역으로 감추어져 있던 가정생활과 문제가 공론의 대상으로 등장하였다. 이제 가정의 내밀한 세계는 더 이상 사적 영역이 아니며, 대중매체를 통하여 공개적으로 논의, 비판, 관찰, 선도, 변화되는 세계로 인식되고 있다. 또한 공공영역도 더 이상 집 밖의 일이 아니라, 대중매체를 통하여 가정에서 관찰, 논의, 비판, 변화의 대상이 되는 영역으로 인식되고 있다. 이제 공공영역과 사적 영역 사이에 경계는 더욱 모호하게 되었다.

여성의 사회 진출이 증가함에 따라 거리의 개념과 외관에서 현저한 변화가 감지된다. 직장 진출에 의한 여성의 경제력 향상, 가사 업무의 상업화·전문화에 의한 서비스 산업의 획기적 신장은 종래의 남성 중심 거리에서 성 중립적, 더 나아가 가족 중심, 여성 중심으로 변화를 보이고 있다. 특히, 선진사회에서는 20세기 초반부터 도시 중심지가 대형 전시관 형태로 개발되면서 거리는 직무를 보는, 쇼핑하는, 배회하는, 식당을 찾는, 모임을 위한 여성 등으로 넘쳐나는 모습을 보이기 시작하였다. 이러한 현상은 대형 백화점이 중심지에 자리 잡고, 전문 서비스 산업이 주변에 밀집하면서 거리의 여성화가 급속히 진행되며(Rappaport, 2000), 도시 서비스의 외관, 이미지, 스타일이 여성의 미적 감각에 맞게 조율되고 있다.

도시공간 가운데 가장 대표적인 여성의 공간으로 백화점을 들 수 있다. 백화점의 쇼윈도와 상점의 배치, 서비스 유형은 전형적으로 남녀 간의 쇼핑 패턴을 중심으로 배열된다. 남성은 보편적으로 쇼핑에는 관심이 없고 자신이 구입하려는 상품에만 집중하기 때문에, 남성용품 — 예를 들면, 하드웨어, 등산·낚시 장비, 자동차 용품 등 — 은 대부분 입구와 가까운 곳에 진열하여, 신속히 구입한 후에 번거로운 통로를 거치지 않고 백화점을 빠져나가도록 상점 설계를 한다. 반면에, 많은 백화점들이 여성 고객을 가급적 오랫동안 백화점에 머물게 하기 위한 전략으로 여성이 원하는 다양한 서비스 — 예를 들면, 패션쇼, 간이 콘서트, 어린이를 위한 놀이 공간, 스케이트장, 식당가 등 — 를 제공하여 백화점은 여성들을 위한 쇼핑 공간일 뿐만 아니라 친목모임, 문화활동, 휴식과 여가 등을 위한 사회적 공간을 제공한다(Weisman, 1992).

도시인구의 교외지역 확산과 함께 중심지도 핵분열을 보이며 다핵 모형으로 확대되는 현상을 보인다. 예를 들면, 서울의 경우에 과거에는 명동, 소공동, 종로를 중심으로 형성된 단일 중심지가 1980년대에 신촌, 청량리, 잠실, 영등포 등에 외곽 중심지가 형성되는 핵분열을 보였으며, 1990년대에는 분당, 일산, 평촌, 중동 등이 개발되면서 교외지역에 새로운 중심지가 형성되는 핵분열 확대 현상을 보였다. 이러한 현상은 선진사회에서 더욱 현저하게 나타나서, 교외에 대규모 전원도시가 개발되어 인구의 확산을 보이면서 도시 중심지의 백화점은 교외의 쇼핑 몰(shopping mall)로 대치되는 현상이 나타났다. 교외지역의 쇼핑 몰은 백화점과 비교하여 남녀 간의 공간적 구별이 상대적으로 적었으나, 남성용품과 서비스는 여전히 입구 근처에 배치되는 현상을 보였으며, 대부분의 공간은 여성의 쇼핑을 위한 공간으로 설계되었다. 주요 고객으로 주중에는 주로 어린이를 동반한 여성들, 십대들이 쇼핑 몰을 이용하고 있으며, 주말에는 가족들이 함께 하는 쇼핑으로 자리 잡아가고 있으나, 여전히 쇼핑 몰 고객의 2/3는 여성이 차지하고 있다(Weisman, 1992).

식품은 도시화와 함께 변화를 보인 여성 전문 장보기 활동의 대표적 품목이다. 산업화·도시화와 함께 가정과 직장이 분리되면서 식품 생산과 소비의 분리활동이 나타났다. 이제 대다수의 도시 사람들은 쌀, 채소 등 식량을 직접 재배하는 것이 아니라 인근 식품점에서 구입한다. 식품을 위한 장보기는 가족을 위한 음식 준비의 연장선상에서 여성의 주요 가사 일이 되었으며, 인근에 식품점을 중심으로 소규모 상권이 형성되었다. 1980년대 후반 이후에 직장 여성의 증가, 맞벌이 부부의 증가는 식품점에 보다 다양한 상품을 갖춤으로써 여성들의 장보기를 한 곳에서 완료하는 체제로 전환되는 것을 볼 수 있다. 소위 '슈퍼마켓' 혹은 '하이퍼마켓'으로 표현되는 대형 식품점 — 예를 들면, 이마트, 마그넷, 홈플러스, 하나로 마트 등 — 에는 한 지붕 아래에 식품점, 생선과 육류점, 제과점, 약국, 세탁소, 커피숍, 꽃집, 문방구, 자동차용품, 식당과 은행까지 함께 있는 대형 상점 체제가 등장하였다. 이러한 대형 상점이 등장하여 인근의 소규모 구멍가게와 상권, 그리고 재래시장이 경쟁력을 잃어가는 근린 공간의 붕괴와 재구성을 보이고 있다.

상기와 같은 논의에서 알 수 있듯이, 여성과 남성은 도시공간에서 완전하게 분리되어 생활하지는 않는다. 여성과 남성은 동일 공간에서 일을 하며, 이동을 하고, 쇼핑을 하며, 가족과 함께 즐기고, 공동체 조직에 참여하기도 한다. 그러나 집단적인 면에서 아직도 여성과 남성의 공간은 구별되고 있으며, 각각 상이한 기대와 역할, 선택과 활동이 공간적으로 강요되고 있다. 직장 여성의 증가, 맞벌이 부부의 증가, 그리고 대중매체의 발달 등에 의하여 공공영역과 사적 영역, 남성의 공간과 여성의 공간, 남성의 직무와 여성의 직무 등과 같은 이분법적 논리가 희석되고는 있지만, 아직도 여성과 남성 사이에 상이한 도시적 경험이 존재하고 있는 것도 또한 명백한 사실이다.

제 5 절 여성의 사회 진출과 도시공간 이용의 변화

이제 도시개발과 이용에 대한 논의에서 산업구조 변화와 여성의 적극적 사회진출, 그리고 도시공간 구조의 변화 사이를 연계시키기 위한 새로운 접근이 요구된다. 페미니스트 학자들은 선진사회의 지속적 성장과 혁신을 위한 주요 견인차로서 여성의 활발한 사회 참여를 주장하고 있다. 여성의 적극적 사회 진출은 전업주부로서 여성의 역할에 대한 해체와 함께 새로운 도시자원 및 재화와 서비스에 대한 수요를 창출하였다. 여성의 역할이 변화됨에 따라, 변화한 새로운 역할을 지원하기 위한 도시 서비스가 개발되고, 이러한 도시 서비스가 전면을 점유함에 따라 도시는 새로운 모습을 띠기 시작한다. 여성의 역할 범위의 확대와 활발한 사회 참여, 직장 여성과 맞벌이 부부의 증가로 인하여 도시는 남성 중심의 구조에서 점차로 성 중립적인 혹은 여성 지향의 구조로 도시공간의 재구성이 진행되고 있다. 이 절에서는 여성의 활발한 사회 참여가 수반하는 도시공간 이용의 변화를 논의한다.

1 가사 관련 서비스의 상업화와 전문화

여성의 사회 진출에 주요 제약 요인으로 작용하였던 가사 관련 활동들이 상업화·전문화됨에 따라 도시 서비스 산업구조의 변화와 주거·교통수단 등에 있어서 변화가 유도되고 있다. 예를 들면, 출산 보조와 산후조리 활동의 전문화와 상업화, 탁아와 육아활동의 전문직업화, 가사 업무의 상업화, 외식과 여가활동의 전문화 등은 여성 인력의 사회 진출과 강한 연관성을 갖는다. 그리고 여성의 사회 진출은 주거와 직장 사이의 거리, 교통수단, 쇼핑 패턴과 쇼핑 중심지의 입지 등에 중요한 영향을 미치며, 도시공간의 이용 형태에 변화를 유도한다. 이러한 분석이 한국 사회에서 여성의 지위와 권리가 현저히 향상되었다는 것을 의미하는 것은 아니다. 선진 사회와 비교하여 한국 여성에 대한 성차별은 아직도 매우 높은 것을 국제 비교를 통해서 알 수 있다.[1)]

여성의 사회 진출은 대체 효과와 소득 효과의 두 가지 측면에서 가사 관련 서비스의 상업화와 전문화를 가져온다. 첫째, 대체 효과로서 여성이 직업을 갖게 됨에 따라 가사 서비스에 충당할 수 있는 시간이 감소하게 되며, 따라서 가사 서비스에 대한 외부 공급의 대체 활동이 증가하게 된다. 둘째, 소득 효과로서 여성의 취업은 맞벌이 부부를 통한 소득의 증가를 가져오며, 따라서 다른 서비스를 포함하여

1) 유엔이 2000년 발표한 인류발전보고서 중 '성별 실력 지수'에 따르면, 전 세계 여성 중 여권이 제일 강한 나라는 노르웨이이며 한국은 63위에 불과한 것으로 조사 결과는 밝히고 있다. 이 보고서에 의하면, 노르웨이가 1위를 차지했으며, 아이슬란드 2위, 스웨덴 3위, 핀란드 4위를 보이며, 독일 6위, 네덜란드 7위, 캐나다 8위, 뉴질랜드 9위, 벨기에 10위에 랭크되었고, 미국은 13위, 아시아에서는 일본이 41위로 가장 높아 아시아 지역은 전체적으로 다른 지역에 비해 여권 신장이 미흡한 것으로 나타났다(매일노동뉴스, 2000.06.30 기사). 2009년 발표에서도 한국은 아직도 60위권으로 상대적으로 낮은 편에 속해 있다. 이 지수는 정계와 전문직, 과학기술계 등 주요 인사 중 여성이 차지하는 비율 등을 근거로 산정되는데, 우리나라의 경우 2000년 63위에서 이후에도 계속 60위권에 머물러 별 진전이 없다(2008년 발표에서도 64위를 차지했다).

가사 관련 서비스의 소비 증가를 유발한다.

이러한 가사 관련 서비스에서 현저한 증가를 보인 소비 행태로 음식과 외식 서비스를 들 수 있다. 여성이 직업을 갖게 됨에 따라 음식 준비를 위한 시간이 감소하게 되며, 이것은 즉석요리 상품의 구매와 외식 서비스의 증가를 가져왔다. 외식의 증가는 음식점의 전문화와 다양화를 가져오며, 신세대 가족의 새로운 소비문화로 자리를 잡아가고 있다. 또한 가족 생활용품의 구매행위가 퇴근 후 혹은 주말에 집중하는 경향을 보이며 24시간 편의점과 대형 할인매장의 등장이라는 새로운 도시공간을 창출하고 있다.

여성 취업을 위하여 필수적으로 해결해야 하는 문제가 육아 서비스이다. 대가족 제도에서는 육아 서비스가 가족 공동의 업무로서 공동 보살핌이 가능하였으나, 오늘날의 핵가족 제도에서 육아는 여성(어머니)의 일로서 인식되고 있다. 따라서 여성 해방을 주장하는 페미니스트들은 탁아 서비스를 정부에서 제공하는 공공 서비스로 전환해야 한다는 주장을 지속적으로 하고 있으며, 여성의 동등한 사회 참여를 위해서는 이 주장이 합리적이라는 인식이 점차로 확산되고 있는 것도 사실이다. 그러나 탁아 공공 서비스 공급이 미흡한 한국 사회에서 여성의 취업을 위해서는 주변친지나 혹은 사설 탁아소에 아이를 맡길 수밖에 없다. 따라서 여성의 사회 참여와 취업이 증가할수록 탁아 서비스 수요가 증가하며, 어린이 놀이방, 탁아소, 유아원, 초등학생 대상 학원 등 탁아와 육아를 위한 도시공간이 확대되고 있다. 이외에도 가사와 관련된 세탁 서비스, 음식 배달 서비스, 청소대행 서비스, 보안 서비스 등에 대한 수요가 점차로 증가하는 경향을 보인다.

2 여성 전용 서비스의 다양화와 전문화

여성의 사회 참여와 직장 여성의 증가는 두 가지 측면에서 여성 서비스 활동의 전문화와 다양화를 수반한다. 첫째, 소득 효과로서 취업으로 인하여 여성의 가처분 소득이 증가함에 따라 여성 전용 서비스에 대한 수요가 증가한다. 여성 전용 서비스에 대한 수요의 증가는 서비스의 다양화와 전문화를 유도하며 도시공간 이용에 변화를 가져오고 있다. 예를 들면, 건강을 유지하기 위하여 처음에는 비용이 들지 않는 동네 산보와 달리기 등을 즐기다가 소득이 증가함에 따라 여성 전용 건강클럽에 대한 수요가 증가한다.

둘째, 여성이 직장에 소속함에 따라 조직에서 자신의 관리를 위한 추가적 노력이 필요하며, 이 과정에서 여성 전용 서비스에 대한 수요가 증가한다. 예를 들면, 직장 여성의 경우에 전업주부와 비교하여 상대적으로 외양에 추가적 관심을 가질 수밖에 없으며, 따라서 머리, 화장, 의복에 대한 유행과 디자인에 보다 민감할 것이 예상된다. 이런 면에서 볼 때, 여성의 사회 참여가 높을수록 유행에 대한 관심이 높을 것이 예상되며, 따라서 여성 전문 서비스의 다양화와 전문화가 가속될 것이 예상된다. 여성의 사회 진출과 관련하여 다양화·전문화되는 여성 전문 서비스로서 여성 건강 클럽, 여성문화 클럽, 의상 디자인, 헤어 디자인, 메이크업 디자인, 여성 전용 사교클럽 등을 들 수 있으며, 더 나아가 여성 동성연애자를 위한 전용 공간이 등장하고 있다. 이러한 현상은 지금까지 남성 중심으로 형성된 도시에 점진적 변화를 수반하여 공간 이용의 재구성을 가져온다.

3 주거 형태의 변화

주거 입지의 선택에는 지가와 임대료 등의 경제적 요인, 교육과 주변 환경 등 환경적 요인이 주요 요인으로 작용하지만, 지리적 측면에서는 통근 거리와 시간이 주요 요인으로 제시된다. 대도시 주거 입지 선택에서 도심의 높은 지가와 임대료 및 지하철 노선 연장과 승용차 이용의 일반화로 도시 근로자의 통근 거리가 한층 연장되었다. 특히, 1970년대 이후부터 선진도시에서는 쾌적한 생활환경을 선호하는 고소득층과 중산층 가정이 도심을 벗어나 교외 지역의 거주를 선호하는 현상이 나타났다. 그러나 최근에 여성 인력의 취업 증가와 맞벌이 부부의 보편화로 인하여 도심의 거주 선호가 재활성화되는 것을 보인다. 특히, 다양성과 자유로운 문화를 즐기는 딩크(dink: double income no kid) 집단의 도심 선호, 익명성과 이질적 문화의 도시 분위기를 선호하는 성 소수자 집단 등에 의하여 도심의 재개발이 활성화되는 추세를 보인다.

여성의 취업과 주거 관계를 고찰하기 위해서는 소득 계층별 논의가 필요하다.

이것은 중·상위 계층의 여성 취업과 하위 계층의 여성 취업 사이에는 취업 동기에서 근본적인 차이가 있기 때문이다. 중·상위 계층의 취업 여성은 생계 유지의 부담이 적은 안정된 경제 조건 하에 일을 하는 반면에, 하위 계층의 취업 여성은 극단적 빈곤 하에 생계 유지를 위한 가장의 역할을 하는 경우가 많기 때문이다. 특히, 최근의 이혼율과 사춘기 미혼모의 증가는 '빈곤의 여성화'를 초래하여, 여성 빈곤 문제가 일시적이 아닌 장기적 도시 문제로 등장하고 있다(Kleniewski, 1997: 217-221). 이런 면에서 하위 계층 여성 근로자는 도심의 슬럼, 벌집, 혹은 빈민가에서 극단적인 빈곤 아래 생활하는 양상을 보인다. 반면에, 중산층 직업 여성은 통근 거리와 시간이 단축되는 도심을 선호하며, 주거 형태로는 비교적 주택 관리가 용이한 아파트를 선호하는 경향을 보인다. 특히, 딩크(dink) 집단에서 이러한 현상이 현저히 나타난다.

여성의 취업 증가와 사회활동에 대한 적극적 참여는 지금까지 남성 중심의 도시공간에서 성 중립적 혹은 여성 지향적인 변화를 가져오고 있다. 도시 서비스 활동에서 가사 관련 서비스, 여성 전문 서비스의 다양화와 전문화를 가져오며 도시공간 이용에 전환을 가져오고 있다. 거주 형태에서도 교외 지역 선호에서 도심지역 선호로 전환되고 있으며, 이러한 과정에서 도심 재활성화, 빈민가의 개발 등과 같은 도시공간의 구조 조정이 진행되고 있다.

제 6 절 여성의 사회 진출과 한국 도시공간의 변화

한국 사회는 지난 1960년대 이래 급속한 산업화와 도시화를 경험하면서 여성의 사회 진출이 급속히 확대되었다. 도시산업 구조가 제조업에서 서비스 산업 중심으로 급속히 전환되고 있으며, 이와 함께 사회구조 또한 전통 가부장 사회에서 점진적으로 성 중립, 혹은 가족 중심 사회로 전환되는 추세를 보인다. 이 절에서는 한국 사회의 주요 사회지표를 통하여 여성의 사회 진출에 따른 한국 도시공간의 변화를 경험적으로 고찰해 본다.

여성의 사회진출 추세

한국 사회는 1960년대 이래 급속한 산업화와 도시화를 보이며 지속적 경제성장을 보여 왔다. 1960년에 28%에 머물렀던 도시화는 2017년에 92%로 증가하였으며, 개인당 소득 또한 1963년 100달러에서 2017년 27,000달러로 획기적 성장을 기록하

표 9-1 경제활동 참가율

(단위: %)

연 도	남	여	성별 경제활동 참가 비율 (남자=100)
1963	76.4	36.3	47.4
1970	74.2	38.5	51.9
1980	76.4	42.8	56.0
1990	74.0	47.0	63.5
2000	74.4	48.8	65.6
2010	73.0	49.4	67.7
2015	73.8	51.8	40.2

자료: 통계청, 한국의 사회지표 & 경제활동인구조사.

표 9-2 임금 근로자의 근로 형태 및 성별 규모

(단위: 천 명, %)

		2009	2010	2011	2012	2013	2014	2015	2016
전체	합계	16,479	17,048	17,510	17,734	18,240	18,776	19,312	19,627
	정규직	10,725	11,362	11,515	11,823	12,295	12,699	13,041	13,183
	비정규직	5,754 (34.9)	5,685 (33.3)	5,995 (34.2)	5,911 (33.3)	5,946 (32.6)	6,077 (32.4)	6,271 (32.5)	6,444 (32.8)
남성	합계	9,515	9,783	10,034	10,134	10,392	10,635	10,878	11,008
	정규직	6,833	7,134	7,242	7,377	7,634	7,809	7,997	8,102
	비정규직	2,681 (28.2)	2,649 (27.1)	2,791 (27.8)	2,757 (27.2)	2,758 (26.5)	2,826 (26.6)	2,882 (26.5)	2,906 (26.4)
여성	합계	6,964	7,265	7,476	7,600	7,848	8,141	8,434	8,619
	정규직	3,891	4,228	4,273	4,445	4,661	4,890	5,044	5,081
	비정규직	3,073 (44.1)	3,037 (41.8)	3,203 (42.8)	3,154 (41.5)	3,187 (40.6)	3,251 (39.9)	3,390 (40.2)	3,538 (41.1)

자료: 통계청(2016), 2016년 8월 경제활동인구조사: 근로활동별 부가조사 결과.

였다. 한국 사회의 이러한 경제성장은 여성의 사회 진출에도 중요한 영향을 미쳤다. <표 9-1>은 15세 이상 근로자의 성별 경제활동 참가율의 변화 추이를 보여준다. 1963년에는 남성의 경제활동 참가율이 여성의 2배를 넘었으나, 이후 여성의 경제활동 참가율이 지속적으로 증가하여 최근에는 여성 2명 가운데 1명이 경제활동에 참여하는 것으로 나타난다. 그러나 <표 9-1>에서 보는 바와 같이, 남성과 비교하여 여성의 경제활동 참여는 70% 수준으로 아직도 상당한 격차를 보이는 것을 알 수 있다.

사실 경제활동과 관련하여 여성의 성차별을 보여주는 대표적인 통계로 <표 9-2>의 근로 형태별 차이를 들 수 있다. <표 9-2>에서 볼 수 있는 바와 같이, 2016년 현재 전체 임금 근로자 1,963만 명 가운데 정규직 1,318만 명, 비정규직 644만 명으로 전체 근로자의 약 33%가 비정규직에 종사하고 있다. 이러한 비정규직 가운데 55%가 여성으로, 전체 여성 근로자 가운데 41%가 비정규직에 종사하고 있는 것이 현실이다. 이러한 통계는 남성 근로자 가운데 26.4%가 비정규직인 것과 비교하여, 여성이 경제활동에서 상대적으로 차별적 직무에 종사하는 것을 보여준다. 여성의 비정규직 비율이 상대적으로 높은 것은 결혼, 육아 등에 따른 경력 단절, 여성에 대한 직장 내의 차별 등 다양한 성차별 요인이 영향을 미치고 있다.

여성의 사회 진출이 증가함에 따라 여성 근로자들이 종사하는 직종에서도 변화가 감지된다. [그림 9-1]은 여성 근로자의 직업별 구성 비율을 보여준다. 2006년과 2013년을 비교하여 첫째, 여성 근로자는 관리·전문직과 사무직에서 늘어난 반면,

그림 9-1 여성 근로자의 직업별 구성 비율

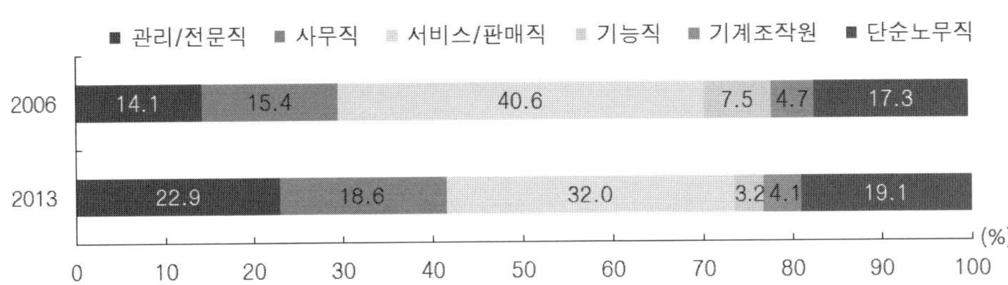

주: 전국 2인 이상 가구를 대상으로 함.
자료: 통계청, 『한국의 사회동향 2014』.

표 9-3 여성 인력 가운데 전문직 종사자 비율

(단위: 천 명, %)

연 도	총 여성 취업자(A)	전문 기술 및 행정관리직(B)	(B/A)
1981	5,345	186	3.5
1985	5,883	317	5.4
1990	7,376	566	7.7
1995	8,267	939	11.4
2000	8,769	1,184	13.5
2005	9,526	1,669	17.5
2010	9,914	2,083	21.0
2015	10,965	2,542	23.2

자료: 통계청, 한국의 사회지표 & 경제활동인구조사.

서비스·판매직, 기능직에서는 감소 추세를 보인다. 둘째, 관리·전문직의 비중은 2006년 14.1%에서 2013년에는 22.9%로 눈에 띄게 높아졌고, 같은 기간 사무직의 비중도 15.4%에서 18.6%로 증가하였다. 셋째, 서비스·판매직의 비중은 2006년 40.6%에서 2013년 32.0%로 낮아졌고, 기능직의 비중도 같은 기간 7.5%에서 3.2%로 하락하였다.

이러한 변화는 여성 인력 가운데 전문 인력이 차지하는 비중에서도 나타난다. <표 9-3>에서 볼 수 있는 바와 같이, 총 여성 취업자 가운데 전문 기술과 행정관리직 분야에 종사하는 여성의 비율이 지속적으로 증가하고 있다. 통계에서 보면, 1981년 3.5%를 차지하던 비율은 1993년에 10%를 넘어섰고, 2015년 현재 23.2% 달하고 있다. 즉, 여성 취업자 가운데 4명 중 1명은 전문직에 종사하고 있다.

상기와 같은 여성 취업과 특히 전문직 여성 취업의 증가는 여성 취학률 변화 추이에 의해서도 잘 설명된다. <표 9-4>는 성·연령 계층별 국민 평균 교육년수의 변화 추이를 보여준다. 한국 국민의 평균 교육년수는 1980년 7.6년에서 2015년 12.1년으로 지난 30여 년 동안에 급격히 증가하였다. 다른 나라와 비교했을 때, 2014년 현재 한국의 평균 교육년수는 17.5년으로 OECD 평균(17.4년)에 가깝다. 이는 미국(17.1년), 일본(16.4년)보다는 높고, 핀란드(19.7년), 호주(19.3년)보다는 낮은 수준이다.

평균 교육년수에서 남녀 간 차이가 존재하지만, 그 격차는 점차 감소하는 추세에 있다. 즉, 1980년에는 남자 8.7년, 여자 6.6년으로 평균 교육년수에서 2.1년의 격

표 9-4 성 및 연령 집단별 평균 교육년수

(단위: 년)

		1980	1985	1990	1995	2000	2005	2010	2015
전체		7.6	8.6	9.5	10.3	10.5	11.2	11.6	12.1
성	남자	8.7	9.7	10.6	11.2	11.5	12.1	12.4	12.8
	여자	6.6	7.6	8.6	9.4	9.8	10.5	10.9	11.4
연령 집단	6~19세	6.5	6.7	7.7	7.0	5.7	4.2	4.8	4.6
	20~29세	9.9	11.0	12.0	12.7	13.1	13.8	14.1	14.3
	30~39세	9.2	10.1	11.1	12.2	12.9	13.6	14.0	14.5
	40~49세	7.5	8.5	9.5	10.5	11.2	12.3	13.0	13.6
	50세 이상	3.5	4.5	5.5	6.5	7.2	8.2	9.1	10.1

자료: 통계청 인구 총 조사, 각 년도.

차가 있었지만, 2015년에는 남자 12.8년, 여자 11.4년으로 그 차이가 1.4년으로 감소하였다. 이는 지난 30여 년 동안에 남성에 비해 여성의 학력이 좀 더 빠른 속도로 상승했음을 의미한다. 현재 여성은 고등교육을 포함한 모든 학교에서 남성과 동등한 취학률 수준을 유지하고 있기 때문에 앞으로도 교육수준의 성차는 계속 줄어들 것으로 예상된다. 연령 집단별로는 2015년 현재 20대 14.3년, 30대 14.5년, 40대 13.6년, 50대 이상 10.1년으로 상대적으로 젊은 집단일수록 평균 교육년수가 높다. 전체적으로 20대와 30대는 2년제 대학을 마친 정도의 평균 교육수준을 가졌다고 볼 수 있다. 이처럼 젊은 세대일수록 평균 교육년수가 높은 것은 고등교육 이상의 교육수준을 가진 인구의 비율이 2000년대에 접어들면서 급격하게 상승한 사실과 궤를 함께한다. 고등교육 이수율은 2000년에는 24%에 불과했지만, 이후 지속적으로 상승하여 2004년에 30%대에 접어들었고, 2010년부터는 40% 수준이 되었다. 최근에는 상승세가 다소 주춤하지만, 2000년대에 고등교육 이수율이 상당히 가파른 상승세를 보였음을 알 수 있다. 이와 같은 고등교육 이수율의 보편적 증가는 여성의 전문직 진출 증가에 주요 요인으로 작용하였다고 보인다.

여성의 학력이 높아지고, 여성의 취업률이 증가할수록 결혼 연령과 자녀 수의 변화가 예상된다. <표 9-5>는 평균 초혼 연령의 변화 추이를 보여준다. 1955년 이래 남녀 모두의 평균 초혼 연령은 지속적으로 높아지는 것을 보여준다. 1955년과 비교하여 2015년 현재, 남성은 8.1세, 여성은 9.6세 높아진 것을 알 수 있다. 특히,

표 9-5 평균 초혼 연령 추세

연 도	남 성	여 성
1955	24.5	20.4
1960	25.4	21.6
1966	26.7	22.8
1970	27.1	23.3
1975	27.4	23.6
1980	27.3	24.1
1985	27.8	24.8
1990	27.9	24.9
1995	28.5	25.4
2000	29.3	26.5
2005	30.9	27.7
2010	31.8	28.9
2015	32.6	30.0

자료: 통계청, 한국의 사회지표 & 인구동태 통계연보.

초혼이 상당히 지연된 2005년 이후에도 평균 결혼 연령이 지속적으로 높아지는 것은 주목할 만한 현상이며, 2015년에 들어서는 여성의 초혼 연령이 30세를 넘어섰다. 이와 같은 초혼 연령의 지연은 출산율과도 연결되어 한국 사회의 저출산 현상을 심화시킨다.

취업 여성의 증가와 만혼은 기대 자녀 수에도 영향을 미치고 있다. <표 9-6>의 통계는 산업화·도시화와 함께 기대 자녀의 수가 감소하는 것을 보여준다. 기대 자녀의 수는 1981년 2.82명에서 2015년에는 1.74명으로 현저히 감소하였다. 물론 기대 자녀의 수의 감소는 통계에서 보는 바와 같이, 의료 기술의 발달로 인하여 영아 사망률이 현저히 감소한데도 그 원인이 있는 것은 사실이다.

표 9-6 기대 자녀 수와 영아 사망률 변화 추이

	1981	1988	1996	2005	2010	2015
기대 자녀 수	2.82	2.22	2.0	1.97	1.96	1.74
영아 사망률(1,000명당)	17.3	12.5	7.7	4.7	3.2	2.7

자료: 통계청, 한국의 사회지표(1989), 국가지표체계(2017).

다음으로 맞벌이 부부의 현황을 [그림 9-2]의 맞벌이 가구 증가세와 연령별 통계를 통해 알 수 있다. 1980년 이래 여성 취업자는 지속적으로 증가하였고, 이러한 여성의 사회 진출 증가는 당연히 결혼 후에 맞벌이 부부의 증가로 이어진다. 2015년 통계에 의하면, 우리나라 부부 10쌍 중 4쌍은 맞벌이다. 통계청에 따르면, 2015년 현재 우리나라 맞벌이 가구는 유배우 가구(배우자가 있는 가구)의 43.9%를 차지하며 일반적인 가구 형태로 자리 잡았다. 2015년 10월 현재 유배우 가구는 1,185만 8천 가구이며, 이 중 맞벌이 가구는 520만 6천 가구로 유배우 가구의 43.9%를 차지하고 있다. 이러한 통계는 2014년(10월) 대비 2만 가구(0.4%) 증가하였다.2)

맞벌이가 아닌 가구 56.1%는 부부 중 한 명만 버는 외벌이, 부부 모두 무직인 가구, 부부 중 한 명과 자녀가 돈을 버는 가구를 모두 포함한 수치이므로 맞벌이는 우리나라에서 가장 대표적인 가구 형태이다. 여성의 사회 진출 증가에 따라 1980~1990년대 폭발적으로 증가한 맞벌이 가구의 비중은 10년 전인 2006년에 35%로 성장하였고, 5년 전인 2010년 40%를 돌파하며 꾸준히 증가하고 있다. 연령대별 맞벌이 비중을 살펴보면 젊은 세대인 30대(42.6%), 중년층인 40대(51.4%), 50대(51.7%) 모두 고르게 높은 비중을 차지하고 있다. 특정 세대가 아닌 전 세대에 거쳐 맞벌이가 일반화되었다(자투리경제, 2016).

맞벌이 가구 증가는 여성의 사회 진출이 증가한 배경도 있지만 혼자 벌어서는

그림 9-2 맞벌이 가구 및 연령별 맞벌이 비중

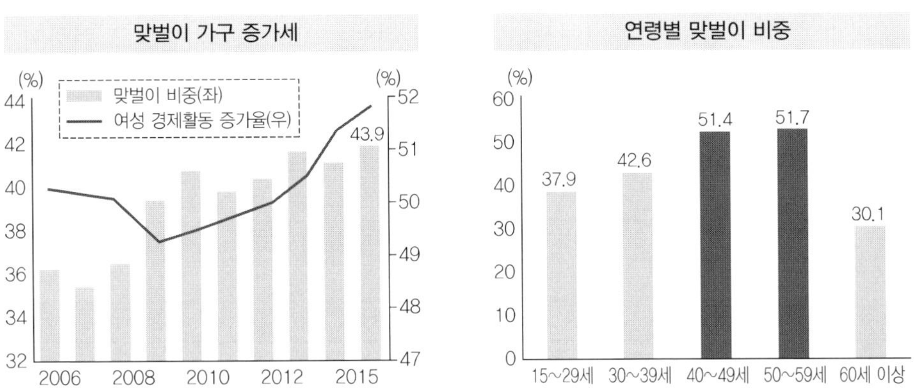

2) 맞벌이 가구 중 54만 3천 가구가 '비동거 맞벌이 가구'로 유배우 가구의 4.6%를 차지하고 있다.

그림 9-3 맞벌이 하는 이유

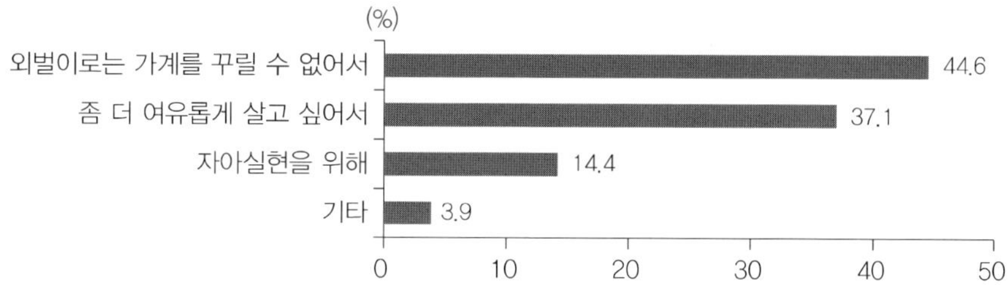

자료: 취업포탈 커리어(2014), NH투자증권 100세시대연구소.

생활비와 자녀 교육비를 감당할 수 없어 둘이 벌어야만 하는 경제적 배경도 있다([그림 9-3] 참조). 이른바 생계형 맞벌이다. 한 설문조사에 따르면, 맞벌이를 선택한 이유로 직업을 통한 개인적 성취보다는 "외벌이로는 가계를 꾸릴 수 없어서(44.6%)", "좀 더 여유롭게 살고 싶어서(37.4%)"와 같은 경제적 이유가 높은 비중을 차지했다(취업포탈 커리어, 2014). 자녀 교육비, 자녀 결혼, 주택 마련과 같이 지출이 많은 40대와 50대에 맞벌이 비중이 더 높은 이유이기도 하다. 좀 더 나은 경제적 생활을 누리기 위해 맞벌이는 계속 증가하고 있다.

여성 취업의 증가는 소비 행태의 변화를 유도한다. <표 9-7>은 가구의 월 평균 소비 지출 구성의 변화를 보여준다. 소득의 증가와 함께 식료품에 대한 지출 비중은 지속적으로 감소하는 것을 보인다. 그러나 외식비가 차지하는 비중은 2004년까지 현저한 증가를 보이다가 2010년 들어서 감소하는 추세를 보였다. 이것은 도시에서 외식문화가 어느 정도 자리 잡았고, 전문 음식점 또한 도시에서 차지하는 공간이 증가하였다는 것을 보여준다. 2004년과 비교하여 식료품 지출비율이 현저히 감소한 것은 당시의 국민소득 14,000달러에서 2015년 27,000달러로 2배 증가하여 상대적으로 식료품 지출 비중이 하락하였고, 동일한 논리에서 외식비 지출 비율도 하락한 것으로 나타난다. 또한 최근에 한국 경제의 불경기가 지속되어 소비 심리가 위축된 것도 외식비 감소에 어느 정도 영향을 미쳤을 것으로 분석된다.

소비 지출의 비중에서 지속적으로 증가 추세를 보이는 것으로 교육, 교양·오락, 교통·통신 항목을 들 수 있다. 앞에서 보았듯이, 자녀 수의 감소에도 불구하고 교육비가 차지하는 비중이 증가하는 것은 조기교육을 통한 육아 비용, 사교육 비용, 성차별 감소에 의한 여성 교육 비용 등이 증가하는 것을 보여준다. 교양·오락이 차지하는 지출 비중의 지속적 증가는 도시에서 여가활동과 문화예술활동이 차지하는 공간이 증가하고 있다는 것을 보여준다. 그리고 교통·통신 지출 비중의 현저한 증가는 승용차 문화가 자리 잡아가고 있다는 것을 의미하며, 이러한 승용차 문화는 주거 입지의 선택에 영향을 미치고 있다. 한국 도시의 주거 행태에서는 선진국 도시와 같은 도심의 공동화 현상은 나타나지 않고 있다. 그러나 인구의 과도한 도시 집중과 지속적인 도시 전입에 직면하여 교외 지역과 변두리 지역의 개발을 추진하였으며, 이 과정에서 주거 형태에서 단독 주택보다 아파트를 선호하는 뚜렷한 경향이 나타났다.

표 9-7 가구 월 평균 소비 지출 구성

연 도	소비 지출	식료품	외식비	주거비	교 육	교양·오락	교통·통신	기 타
1977	100	47.4	1.5	3.6	6.2	1.7	5.1	36.0
1985	100	37.7	3.1	4.7	6.4	3.4	6.5	41.3
1995	100	29.0	9.6	3.7	9.3	5.3	11.8	40.9
2004	100	27.0	12.6	3.3	11.7	4.9	17.2	23.3
2015	100	13.8	6.7	1.3	11.1	5.8	18.3	49.7

자료: 통계청(1999), 한국의 사회지표, 2015 가계 동향.

[그림 9-4]는 한국의 주택 형태별 가구 분포의 변화를 보여준다. 1980년 이래 단독 주택에 대한 분포 비중은 점차로 감소하며, 아파트에 대한 선호가 증가하는 것을 보인다. 2011년 인구주택총조사 결과, 가구의 거처 유형에서 아파트에 거주하는 가구의 비중은 47.1%로 단독 주택(39.6%)을 처음으로 추월하였다. 아파트 거주 비중은 1980년 총가구의 8%에 불과했으나 2011년 현재 47.1%(816만 9천 가구)로 급증한 반면, 단독 주택은 39.6%(1980년대 89.2%)로 크게 감소하였다. 이것은 그동안 주택 선호 유형의 변화, 대규모 건설사업에 따른 아파트 공급량 증가, 아파트에 대한 투자 수요 증가 등에 기인한 것으로 파악된다(KB금융지주 경영연구소, 2011).

지역별 주택 중 아파트 비중을 보면 수도권은 63.3%(4,154천 호), 비수도권은 54.5%(4,422천 호)로 수도권이 아파트의 비중이 높은 것으로 나타난다. 모든 지역 내 주택 중 아파트 비중이 높으며 수도권은 비수도권에 비해 다세대 및 연립 주택

그림 9-4 가구의 거처 유형 변화

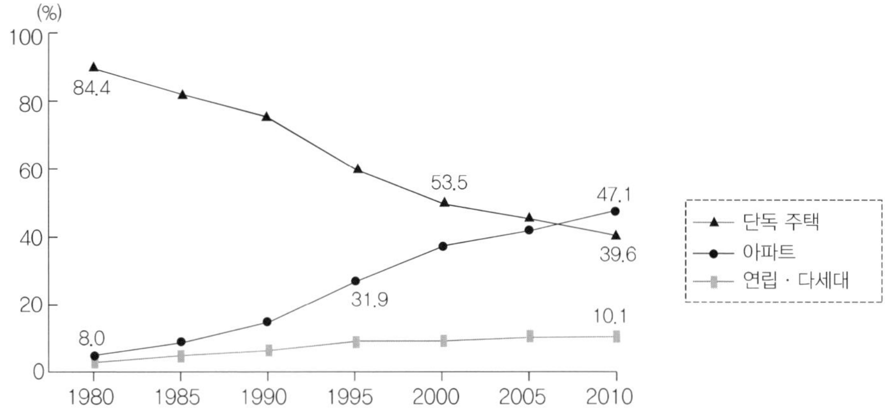

자료: 통계청(2011), 인구주택총조사 전수집계 결과.

비중이, 비수도권은 수도권에 비해 단독 주택 비중이 높은 것으로 나타난다.

상기와 같은 한국 도시들의 경험적 통계들은 도시공간에서 현저한 변화가 진행되고 있는 것을 실증적으로 보여준다. 첫째, 도시산업 구조가 제조업 중심에서 서비스 산업으로 전환되었으며, 둘째, 가사 관련 서비스들의 획기적 신장을 보이고 있고, 셋째, 소비 행태의 변화를 보이고 있으며, 넷째, 주거 행태의 변화가 진행되고 있다. 이러한 도시공간 변화의 주요 요인으로는 과학기술의 발전, 소득 수준의 상승, 정보화 사회로의 전환 등을 들 수 있으나, 또한 여성의 활발한 사회 진출이 중요 요인으로 작용하였다는 것은 부인할 수 없는 사실이다.

제 7 절 여성 친화적 도시개발

성 불평등이 존재하는 도시에서 진정한 의미의 복지사회는 실현될 수 없다. 최근에는 이러한 복지사회의 논리를 넘어서, 경제적 · 기술적 측면에서 여성 인력의 적극적 활동이 보장되지 않는 도시에는 지역경쟁력이 확보될 수 없다는 것이 뚜렷한 현상으로 나타난다. 특히, 21세기 세계화 · 정보화 시대가 도래한 이래, 사회 전반에서 관찰되는 급속한 기술 변화와 혁신은 힘과 웅장함보다는 감각, 미학, 섬세함, 실용성, 민감성 등을 중심으로 한 사회적 변화가 감지되고 있다. 이제 여성은 도시변화의 추종자가 아닌 도시 변화의 주도자로서 전환되어야 하며, 이를 위해서는 도시에서 성 불평등이 제거되고, 모든 공간에서 여성의 적극적 활동이 보장되는 도시를 개발하여야 한다. 이런 의미에서 도시공간의 여성 친화적 접근은 도시에서 성 불평등 제거를 통한 복지사회 실현을 위한 노력일 뿐만 아니라, 사회에서 여성의 적극적 역할을 통한 도시경쟁력 향상을 위한 전략을 제공한다.

1 여성 친화적 개발의 논리: 도시 변화 추종자에서 주도자로 전환

남성 중심의 도시개발에서 성 중립 혹은 여성 지향적 도시개발로의 전환은 도시의 여성활동과 도시 체제 사이의 연계성에 대한 체계적 접근을 요구한다. [그림 9-5]는 여성 친화적 개발이 도시활동에 미치는 영향을 요약적으로 나타낸 것이다. 이 절에서는 여성 친화적 도시개발 원리를 지역과 사회 전체를 중심으로 미시와 거시 차원으로 분리하여 검토한다.

1) 미시적 차원의 원리

미시적 차원에서 여성 친화적 개발은 여성 활동의 규모와 범위의 확대를 통하여 지역경쟁력 향상을 위한 유용한 전략을 제공한다. 여성은 계층과 거주지에 관계없이 사회에서 세 가지 주요 역할을 수행한다. 첫째는 재생산(reproductive) 역할로서 노동력 재생산을 위하여 필요한 모든 일들을 포함한다. 둘째는 생산(productive) 역할로서 노동력의 일부분으로 재화와 서비스를 생산하는 일들을 의미한다. 셋째는 공동체 관리(community management) 역할로서 사회적 관계, 근린 관계의 유지를 위한 활동을 의미한다(Lopez, 1991). 이제 과학 기술의 급속한 발전과 이에 따른 급속한 사회 변화는 여성의 주요 역할을 재생산에서 다른 역할로 전환할 것을 요구한다. 즉, 현대화, 도시화, 정보화와 같은 사회 변화는 개인과 지역 경쟁력 모두의 향상을 위하여 여성을 생산과 관리 역할에 보다 적극적으로 참여할 것을 요구하고 있다. 이미 선진사회에서는 여성들이 도시개발 과정에 단순히 상징적으로 참여하는 것이 아니라, 도시 자원과 공간 배분을 위한 계획 과정에서 여성들은 핵심적 역할을 담당하고 있다(Papanek, 1981). 여성이 이와 같이 도시개발 과정에서 가시적·통합적 역할로 참여하여 남성과 동등한 역할이 보장되지 않는다면, 높은 잠재력을 갖는 노동력이 충분히 이용되지 못함으로써 그 지역의 성장 속도는 상대적으로 더딜 수밖에 없다(Roy, 1988: 44–51).

여성이 도시개발 과정에 완전한 동반자로 활동할 때, 지역 인력자원의 향상을 가져오며, 생활의 질, 가정과 직장 사이에 밀접한 관계와 조화, 세대 간의 단합이 형성될 수 있다. 따라서 여성 친화적 개발은 사회문제에 대한 다목적 접근과 집합적 해결을 위한 새로운 탐색을 제공한다. 그리고 여성적 감각과 민감성이 도시정책에 주요 요소로 등장함으로써, 지역자원과 공간 배분에 대한 새로운 접근을 제시하며, 환경과 사회적 관계 사이에 조화를 유도하는 '지속가능한 개발'에 한 발짝 다가설 것이다. 이런 의미에서 여성 친화적 접근은 경제와 사회활동 사이에 긴밀한 결집, 시민에 의한 공동체 주도권 형성과 도시발전을 위한 지역 네트워크 결성에 중요한 영향을 미친다(European Commission, 1996: 3).

이제 여성 공간의 확대와 지역경쟁력 사이에 긍정적 상관 관계가 존재한다는

그림 9-5 여성 친화적 도시개발 모형

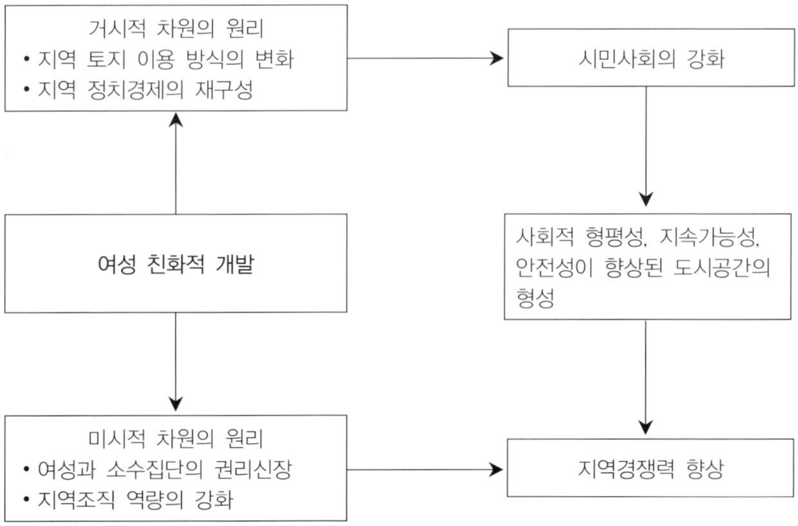

것을 우리는 명확히 이해할 수 있다. 이런 측면에서 도시경쟁력은 여성 공간의 규모와 범위에 의해 측정될 수 있다. 스페인(Spain, 1992: 233)은 공간과 신분은 서로 밀접한 상호 관계를 갖는다고 지적한다. 공간적 배분은 신분적 특성을 반영하는 한편, 신분적 특성에 의해서 공간적 배분이 제시되었다. 지금까지 공간은 권력과 특권에서 성차별을 재생산하는 방식으로 배분되어 왔다. 신분은 공간에서 궁극적으로 표현되어 왔으며, 이런 의미에서 공간의 변화는 계층적 신분의 변화를 가져오고, 신분의 변화는 또한 공간 이용에 대한 제도의 변화를 가져온다. 이런 면에서 여성 친화적 접근은 도시공간 이용을 위한 권력과 특권에서 여성에게 보다 동등한 기회를 제공함으로써 여성 신분의 전반적 향상을 가져온다. 향상된 도시 서비스, 교통 체제, 성 평등 직장환경, 보다 유연한 직무 시간이 보장되는 여성 친화적 도시공간에서 여성들은 가정과 직장 사이에 조화, 전문적 활동과 가사활동 사이에 조정을 위한 정책적 대안이 개발됨으로써 여성의 적극적 사회활동을 보장하는 도시를 조성할 수 있다.

2) 거시적 차원의 원리

여성 친화적 개발은 지역경쟁력 향상뿐만 아니라, 사회적 정의, 인간의 기본권과 한계집단, 특히 여성 집단의 문제와 관련된 중요한 정책 관련성을 제공한다. 한계 집단(marginal group)은 "자신의 복지와 전망에 영향을 미치는 의사결정 과정으로부터 배제된 집단"을 일반적으로 의미하며, 이러한 논리에 의하면 도시공간 이용과 관련하여 한국과 여러 개발도상국의 여성들은 한계 집단으로 분류된다. 도시공간 이용을 위한 공공정책 과정에서의 배제는 명백한 정치적 이슈로서, 사회 정의와 민주주의의 실천을 위해서는 보다 민주적 거버넌스 체제의 구축을 요구한다. 민주적 거버넌스는 다양하게 정의되고 있으나, 보다 직설적으로 "공공문제의 처리 과정에서 지역 공동체의 참여와 다양한 지역정보 · 지식의 응용"으로 표현될 수 있다(Foweler, 1997: 3−39). 이런 의미에서 여성 친화적 도시개발은 한계(여성)집단의 수용을 통한 포용의 도시환경을 조성함으로써 도시 정치경제에서 민주적 거버넌스 체제의 구축을 촉진할 수 있다.

도시정부는 두 가지 측면에서 여성 친화적으로 재구성될 수 있다. 첫째는 도시정책결정 과정의 변화이며, 둘째는 소수 집단에 대한 도시정부의 인식과 태도의 변화이다. 첫 번째 변화의 전형적 방식은 모든 정책 과정—문제의 인식, 의제의 설정, 정책 형성, 정책 집행, 평가와 종료—에 여성의 참여 기회를 확대하는 것이다. 의사 결정자와 도시계획가는 여성, 어린이, 노약자와 장애자의 사회적 요구를 명확히 파악하여 모든 시민들이 활기차게 생활할 수 있는 도시공간을 창조하여야 한다. 현재 도시문제의 기저를 이루고 있는 사회 부정의와 불평등은 여성과 소수집단의 문제와 욕구가 표출될 수 있는 적절한 기회가 제공되지 않았기 때문으로 분석된다. 이러한 문제는 오직 여성과 소수집단이 토지 이용을 위한 의사결정 과정에 참여가 완전하게 보장될 때에 해결될 수 있다. 특히, 근린 관계의 강화, 지역의 자립적 해결, 사회적 · 공간적 부정의(不正義)의 감소를 위한 지역적 접근을 위해서는 여성이 공동체에서 주도적 역할을 수행해야 한다는 것을 명확히 이해하여야 한다. 즉, 여성은 근린 문제에 가장 민감하게 영향을 받는 공동체 구성원이며, 지역 공공 서비스의 주요 고객과 이용자이고, 지역 문제와 관련된 풀뿌리 동원 단위이기 때문에, 여성은 지역 의사결정 과정에 적극적 참여가 보장되어야 한다. 보다 구체적으로 여성은 주거와 근린 계획사업, 지역 공동체 조직의 결성, 그리고 도시계획 심의와 결정 등에 보다 적극적 참여가 보장되어야 한다.

많은 경험적 연구(Birmingham Cities For People Women's Group, 1989; Women's Design Service, 1988)들이 도시설계 과정에서 여성 참여의 중요성에 대해 지적하고 있다. 도시설계 과정에 도시계획 전문가로서 뿐만 아니라 일반 시민으로서 여성의 참여는 도시공간에서 여성이 직면한 문제와 여성의 요구, 그리고 이에 대한 해결 방안에 대한 유용한 정보를 제공한다. 실제로 경험적 연구들에 의하면, 이러한 여성의 요구와 해결 방안은 많은 경우에 아주 단순하며 소규모 변화를 요구한다. 반면에, 이러한 여성의 적극적 참여와 소규모 변화를 통하여 보다 안전하고 범죄 없는 도시가 설계 및 조성될 수 있다. 이러한 도시 변화를 통하여 시민들에게 보다 매력적인 도시가 조성될 수 있으며, 이러한 변화는 도시경제 활성화를 위한 동인으로 작용할 수 있다. 범죄에 대한 두려움으로 인하여 도심의 이용을 가장 회피하는 사람들이 여성이며, 이런 의미에서 도심 재활성화를 위하여 유인되어야 하는 주요 대상은 바로 여성이다. 따라서 여성 친화적 사업은 폭력과 범죄를 방지하며 보다 '안전한 도시'의 조성을 위한 접근 방식으로 제시된다(Little, 1994: 65-69).

소수 집단에 대한 지방정부의 인식과 태도의 변화는 관료제의 구조와 제도 변화를 요구한다. 이것은 곧 사회에서 억압받고, 힘이 없는 소수 집단을 정책 과정에 포용함으로써 그들이 사회를 어떻게 바라보며, 무엇을 요구하고, 어떤 능력을 소유하고 있는지를 심각하게 논의하는 공공기관의 시각과 입장의 변화를 의미한다. 최근까지 이러한 집단들은 도시계획 과정에서 '타자(other-ness)'로서 배제되는 한편, 직장과 생활 공간에서는 힘이 없는 집단으로 가장 많은 착취를 경험하였다.

이러한 사회적 결과로서 페미니스트 접근 방식과 범위에서 혁신을 요구하는 새로운 움직임이 등장하고 있다. 1980년대 초부터 페미니스트 도시분석에서 '우리'는 지금까지 '우리'의 범주에 포함되지 않았던 '다른 여성'들에 의한 거센 도전에 직면하였다. 지금까지 페미니스트가 주장한 여성은 중산층, 이성애(異性愛) 여성, 장애가 없는 여성, 핵가족 여성, 그리고 도시 여성으로 이들은 이미 상대적으로 특권적 삶을 향유하는 집단이라고 비판하고 있다. 그리고 이들의 특권적 삶은 같은 여성이면서 지배와 억압을 받는 저소득층 여성, 다른 종족 여성(예를 들면, 한국 사회에서는 조선족, 동남아 여성 등을 의미하며, 미국과 선진사회에서는 유색 인종과 제3세계 여성 등을 의미한다), 동성애 여성, 독신과 이혼 여성 등의 희생에 의해 유지되었다. 즉, 이들이 최소 임금 혹은 그보다 낮은 임금을 받아가며 직장에서 생산직에 종사하며, 가정에서는 청소일, 장보기와 요리, 아이 돌보기와 어른 모시기 등으로 착취당한 대가로 특권 집단의 여성들이 삶을 향유하였다고 주장하고 있다. 이러한 한계 상태에 있는 여성의 목소리, 타자들의 외침으로 인하여 현대 사회의 도시계획은 또 다른 도전에 직면해 있다. 이러한 소수집단으로부터의 외침은 계층, 인종, 민족, 성(性), 그리고 이성애(異性愛)와 동성애에 의한 차별이 아닌 차이를 수용하며 공공영역에 동등하게 포함되는 새로운 '차이의 문화와 정치'를 요구한다. 이런 의미에서 이러한 차이의 정체성이 인정되고, 이들이 타자가 아닌 우리로서 수용되는 포용의 도시 정치문화가 형성될 때에 탈근대성 도시의 사회적 정의와 형평성이 달성될 수 있다(Sandercock, 1997).

'차이'의 집단성이 인정되고, '타자'의 대표성이 수용되기 위해서는 이들 집단에게 자연권과 기본권, 그리고 소수로서의 특전이 부여되어야 한다. 이를 위해서는 억압된 집단에게 정치권에 접근을 위한 제도를 확립하고, 그들의 의사 표현을 위한 기회를 부여하기 위하여 분권적 통치 원리가 도입될 필요가 있다. 이런 측면에서 여성과 어린이, 노약자와 장애자 등 사회의 소수 집단에 주안점을 둔 여성 친화적 접근은 민주적 대표성, 사회 정의, 법치와 인권에 기본을 둔 도시 정치문화를 조성한다. 즉, 행동 원리로서 도시개발의 여성 친화적 접근은 시민사회(civic society)의 원리를 도입 · 실천함으로써 민주적 도시정부 운영을 위한 유용한 접근을 제공한다.

퍼트남(Putnam, 1993)에 의하면, 시민사회의 형성은 지방정부의 성공적 통치행정 — 보다 효율적 내부 운영, 보다 창조적 정책 시도, 보다 효과적 정책 집행 등 — 을 위한 필수 조건으로 제시된다. 시민사회에서 다양한 조직과 공동체들이 형성되고, 구성원들이 중첩되며, 다양한 공론의 광장이 조성된다. 이러한 시민사회를 위한 인프라가 조성된 도시에서, 공동체를 위한 사회 네트워크가 형성되고 사회적 자본이 축적됨으로써 시민의 참여가 확산되며 공공기관의 책임성 또한 향상될 수 있다(Gorham & Kingley, 1997: 357-367). 이런 측면에서 도시개발을 위한 여성 친화적 접근은 공동체의 다양한 집단과 조직을 공론의 광장에 참여시키고, 그들의 의사를 표현할 수 있는 장치를 제공함으로써 시민사회 형성을 위한 유용한 접근을 제공한다. 여성과 소수집단을 도시정치에 의미 있는 요소로서 등장시키는 여성 친화적 접근은 도시의 모든 시민, 특히 취약 집단과 한계 집단에게 보다 많은 혜택을 줄 수 있는 보다 보편적(universalistic) 도시개발을 촉진시킨다.

여성 친화적 논리는 또한 환경과의 관계에서 성이 어떤 구성 단위이며, 어떤 상호작용을 하는가에 대한 설명을 제공한다. 여성은 자녀를 낳고 키울 뿐만 아니라, 일상의 삶을 위한 도시자원의 관리 기능을 수행하기 때문에, 인간과 환경 사이에 연계를 위한 핵심적 역할을 담당한다. 이런 의미에서 성과 도시공간의 주제에는 페미니즘, 휴머니즘, 그리고 지속가능한 개발의 3개 원리가 서로 연계되어 있다(Mackenzie, 1999).

2 여성 친화적 도시개발을 위한 전략

조은(1996: 235)은 여성정책의 방향과 과제에 대한 연구에서 21세기는 이른바 감성(feeling), 가상(fiction), 여성성(female)이 중요시되는 3F 시대, 그리고 시간 측면에서는 휴식(rest), 생활 측면에서는 풍요(riches), 그리고 의식과 정신적인 측면에서는 성숙(ripeness)을 추구하는 3R 시대로서 사회 성장을 위하여 여성의 적극적 역할이 요구되는 시기라고 언급하고 있다. 또한 정보화 시대에 성장 산업으로 문화 산업, 서비스 산업, 여성 산업이 등장하며, 여성의 창의력, 섬세함, 감성이 지역 발전을 위하여 특별히 요구된다고 지적한다(조은, 1996: 293). 이것은 산업사회에서 정보사회로 전환되면서 지역이 여성 인력을 적절히 활용하는가에 따라 지역성장과 경쟁력에 영향을 미친다는 것을 보여준다. 그러나 현대 사회의 도시공간이 남성 중심으로 개발되었기 때문에 여성들의 사회 참여 욕구를 충분히 만족시키지 못하고 있는 것이 현실이다. 이것은 진정한 여권 신장과 성적 평등(性的 平等), 그리고 지역경쟁력 신장을 위해서는 사회 제도의 개혁과 동시에 도시공간의 성 중립적 혹은 여성 친화적 개발이 시도되어야 한다는 것을 의미한다. 여성 친화적 개발을 위해서는 도시계획과 공간 이용 방식에서 다음과 같은 전략과 변화가 추진되어야 한다.

첫째, 도시개발 과정에 여성의 적극적 참여를 보장하기 위한 제도가 마련되어야 한다. 이를 위해서는 도시계획 및 개발 과정에 지역 여성 단체, 여성 전문가, 주부 대표 등의 참여가 제도적으로 보장되어야 한다. 여성의 일상 생활과 공간 이용이 연계되어 도시가 개발되기 위해서는 여성들이 도시계획과 의사결정 과정에 보다 적극적으로 참여하여야 한다(Gilroy & Booth, 1999). 지금까지는 도시개발 과정에서 여성적 시각과 활동이 등한시되는 경향을 보였다. 이러한 예로서 단지가 개발되는 과정을 보면, 주거 시설이 먼저 개발되어 주민들이 입주를 한 후에 근린 시설, 공원, 놀이터 등이 조성되는 것을 볼 수 있다. 또한 많은 도시개발 사례에서 주거지역과 술집, 모텔 등이 근린 입지한 난개발 현장을 무수히 관찰할 수 있다. 공원을 조성하는 과정에서 남성 중심의 체육시설 — 예를 들면, 축구장과 농구장 등 — 이 우선적 고려대상이 되며, 여성 지향적인 경관과 감각을 위한 시설 — 예를 들면, 연못과 산책로 등 — 은 등한시되는 것을 볼 수 있다. 주거 공간에서 많은 시간을 보내는 가족 구성원이 여성과 아이들이며, 반면에 성인 남성이 상대적으로 적은 시간을 보내는 것을 고려할 때, 이러한 개발 방식은 전형적인 남성 권위주의 시대의 산물이다. 즉, 이러한 사례들은 공간 개발 과정에서 여성의 시각이 배제되었기 때문에 초래된 결과라고 볼 수 있다. 여성의 일상 생활과 근린 공간을 연계시키기 위해서는 다음과 같은 공간 이용 방식이 대안으로 제시된다(Gilroy & Booth, 1999:

315).

- 주거단지 설계에 주민들 사이에 긴밀한 접촉을 위한 공간과 시설이 조성되어야 한다. 예를 들면, 주민들의 모임을 위한 클럽 하우스(club house), 놀이공간, 농구·테니스 등의 운동 시설 등이 주거단지 조성에 포함되어야 한다.
- 생활편의 시설 — 예를 들면, 식품점, 유아원, 경찰서, 약국과 병원 등 — 은 가장 눈에 띄기 쉬운 곳에, 편리한 접근을 위하여 가급적이면 1층에 있어야 한다.
- 가정은 가사일의 편리성에 맞게 설계되어야 하고, 가사일의 공유를 위하여 생활의 중심은 부엌이 될 것이 요구된다.3)
- 거리의 안전성을 높이기 위하여 가로등의 높이를 올리고, 조명을 밝게 할 것이 요구된다.
- 여성이 안전한 도시를 조성하기 위한 범죄예방환경설계(CPTED) 기법이 도입되어야 한다.4)

도시계획과 공간 이용을 위한 공론에 여성집단이 참여하는 과정에는 주류 여성집단 뿐만 아니라 소외된 여성집단의 참여도 보장되어야 한다. 이러한 소외된 여성집단은 사회에서 가장 심한 착취와 희생의 대상이 되며, 현실적으로 가장 한계 상황에 있는 주민들이다. 앞에서 언급한 바와 같이, 여성은 직장에서의 불평등에 의하여 임금 수준이 낮을 뿐만 아니라, 가사와 육아의 부담 때문에 취업이 근린으로 제한되기 때문에 경제활동에 많은 제약을 받는다. 그리고 최근에 이혼율 증가와 미혼모 증가는 도시에서 여성의 경제 상황을 더욱 악화시키며, '빈곤의 여성화'를 초래하고 있다. 이러한 한계 상황에 있는 극빈 계층, 미혼모와 여성 가장, 성 소수자 집단, 그리고 심지어는 인권 사각 지대에 있는 여성(예를 들면, 술집과 매춘에 종사하는 여성)들까지도 도시공간 이용에 관한 공론의 광장에 포함하여 그들의 목소

3) 이것은 부엌이 집안 중앙에 위치하거나, 가장 많은 공간을 차지하는 것을 의미하는 것이 아니라, 가족 구성원들이 부엌에 대한 접근성을 높이고 부엌일을 공유하기 쉽도록 집안 구조를 설계하는 것을 의미한다. 이런 목적으로 최근 주택 내부 설계에서 부엌과 거실이 통합된 공간 배치 방식이 도입되고 있다.

4) 범죄예방환경설계(CPTED: Crime Prevention Through Environmental Design)는 환경설계를 통해 범죄를 예방하기 위한 기법으로 도시계획, 건축 설계 등에서 범죄 예방 디자인을 통하여 범죄 발생 기회를 줄이고, 도시민들이 범죄에 대한 두려움을 없애서, 범죄로부터 안전한 도시를 조성하기 위한 종합적인 범죄 예방 설계 방식이다.

리와 요구를 들어야 한다. 즉, 이들이 우리 사회에서 가장 어려운 상황에 있는 집단이고, 그렇기 때문에 다른 어떤 집단들보다도 공공 서비스에 대한 의존이 가장 높은 집단이기 때문이다. 여성 친화적 개발이 진정한 포용의 정치문화를 조성하기 위해서는 남성과 여성의 차이뿐만 아니라, 여기에서 더 나아가 여성들 사이의 차이까지 인식하는 도시정책과 개발이 되어야 한다(Sandercock & Forsyth, 1992; Bondi & Christie, 2000).

둘째, 여성의 불필요한 동선의 축소와 여성 인력의 생산성 향상을 위한 공간 개발이 시도되어야 한다. 이를 위해서는 사회 인프라와 근린 시설의 조성에서 가사노동 생산성 향상이 주요 목표로 정립되어야 한다(Gilroy & Booth, 1999). 이것은 부실한 도시 인프라로 인한 추가적인 일은 대부분 여성의 몫으로 남기 때문이다(Todes, 1995: 331). 따라서 근린 시설 조성에서 최우선 순위는 여성의 이동성 향상에 두어질 것이 요구된다. 도시에서 공공 교통의 주요 이용자가 여성이며, 도보의 주요 이용자도 여성이기 때문에, 이동문제에 보다 심각하게 영향을 받는 집단이 여성이다. 특히, 여성은 어린이와 노약자를 동반하는 경우가 많기 때문에 이동에 더욱 제약을 받는다.

보다 심층적으로 고찰하면, 현재의 건조환경에서 여성과 노약자, 장애자는 이동에 있어서 많은 장애와 제약을 받는다. 지하철 출입구와 육교의 계단, 건물의 좁은 현관과 통로, 부실한 공중 화장실, 버스의 높은 승하차 계단, 울퉁불퉁한 보도 등은 어린이, 노약자를 동반한 여성들에게 항상 긴장과 피로를 동반한다. 이러한 부실한 건조환경은 여성과 노약자의 활동을 더욱 어렵게 만들며, 도시의 삶의 질에 부정적 영향을 미친다. 이런 측면에서 여성 친화적 개발은 삶의 질에 대한 이해의 폭을 확대시킨다.

다음으로 여성이 대중교통을 상대적으로 많이 이용하기 때문에, 교통망과 교통수단의 도입에서 여성의 동선과 이동 패턴을 우선적으로 고려할 것이 요구된다(Pickup, 1988). 특히, 대다수 여성의 경우에 직업과 가사 책임을 병행하며, 저임금의 업무에 종사하기 때문에 동선 거리와 시간의 축소, 그리고 교통비 최소화를 위하여 대중교통의 여성 친화적 개발이 추진되어야 한다(Todes, 1995: 330-331).

셋째, 중소 규모 상권의 개발과 취업 기회의 분산화가 시도되어야 한다. 여성의 가사노동 시간을 절약하고, 통근 시간과 거리를 축소하기 위하여 주거지역을 중심으로 시장과 사무실 지구를 조성하는 전략이 추구되어야 한다. 즉, 종래의 지역개발은 직장이 있는 도심을 중심으로 주거지역이 근린에 입지하는 전략이 수행되었는데 반해, 여성 친화적 개발은 주택지구를 중심으로 취업 기회가 주변에 입지하는 전략의 전환을 가져와야 한다. 1970년대 이후 전개된 교외화의 조류는 여성을 취업 기회로부터 차단하는 주요 장애로 작용하였던 것이 사실이다(Knopp, 1992: 662). 여성 친화적 개발이 되기 위해서는 취업을 원하는 여성이 도심으로 이주하는 것이 아니라, 여성 밀집 지역으로 직업 기회가 이전하는 적극적 전략이 추구될 것이 요구된다.

넷째, 여성의 시각에서 안전도시를 조성해야 한다. 특히, 건널목 교통 신호의 길이, 야간의 거리 조명, 계단의 높이, 건물의 접근시설과 승강장치 등에서 장애자, 어린이, 임산부, 노인의 접근과 안전을 보장하는 도시공간이 조성되어야 한다. 인구가 밀집되어 있는 도시의 경우, 사고, 위험, 범죄의 가능성은 항상 존재한다. 도시는 대단히 복합적이고 복잡하기 때문에 인간들이 통제할 수 있는 범위를 넘어설 수 있다. 그러한 위험과 재난들이 현실로 나타나고 있으며, 특히 도시 범죄와 사고에 노출되는 대상은 상대적으로 연약한 어린이와 여성인 경우가 많다. 그리고 이러한 결과를 가져온 이유에는 지금까지 도시공간이 남성에 의하여, 남성을 위하여, 남성의 도시가 개발되었기 때문으로 분석된다. 예를 들면, 주택지역과 유흥가의 인접 입지는 어린이와 여성에게 혐오 공간을 제공할 뿐만 아니라, 범죄에 노출될 가능성을 높이고 있다. 건물과 육교의 계단 높이는 남성의 발 길이에 맞추어 있기 때문에 여성과 노약자에게 사고의 위험을 제공한다. 밤거리의 어두운 조명은 범죄 가능성을 높이며 어린이와 여성들에게 두려움의 공간을 제공한다. 이러한 도시의 위험, 위난, 범죄의 현실에는 남성 중심의 논리와 자본의 논리가 숨어 있다. 이러한 맥락에서 울리히 벡(Ulrich Beck)은 "과학기술의 발전과 동시에 위험의 과학화와 상업화가 진행된다"고 말하고 있다(1997: 107).

급변하는 사회에서 도시의 생존과 성장을 위해서 변화와 혁신은 필수적으로 요구된다. 그러나 조급하게 변화를 시도한다면, 안전은 등한시되고 위험도시의 가능성은 가중될 것이다. 위험도시의 가능성을 낮추고 여성의 시각에서 안전도시를 조성하려면, 도시의 공간 개발 과정에서 다음 네 가지 원칙이 지켜져야 한다. 첫째, 도시공간 개발은 '최악의 회피'가 아니라 '최선의 추구'가 되어야 한다. 즉, 소극적 예방이 아니라 적극적 안전이 추구되어야 한다. 둘째, 우선 명제는 자본 축적의 논리가 아니라, 위험 최소화의 논리이어야 한다. 달리 말해서 '경제적' 합리성보다 '사회적' 합리성이 우선되어야 한다. 셋째, '정치'가 아니라, 전문적 판단이 존중되어야 한다. 그리고 넷째, 이제 공간 개발에서 남성의 논리가 지배되어서는 안 되며 여성의 논리가 존중되어야 한다. 달리 말한다면, 권위적 시각이 아니라 민주적·감성적 시각에서 도시개발이 추구되어야 한다(김천권·서규환, 2000).

제 8 절 맺는 말

사회현상을 바라보는 시각에 따라 상이한 해석과 견해 차이가 발생한다. 도시공간도 마찬가지로 성(gender)의 시각에서 바라보면 이전에 미처 느끼지 못했던 많은 문제들이 제기되며, 실제로 우리 사회가 직면하고 있는 많은 문제들이 이러한 성의 문제를 경시한 결과로서 해석될 수도 있다. 성의 시각에서 도시공간을 검토할 때, 우리 사회가 얼마나 남성 중심적으로 개발 및 이용되어 왔는가를 명확히 느낄 수 있다.

이 장은 도시공간 문제를 성의 시각에서 논의하였다. 도시문제에 대한 많은 연구가 있었으나, 성과 관련된 논의는 우리 사회에서 거의 등한시되었다. 사실은 등한시된 것이 아니라 거의 연구가 없었다고 하는 것이 보다 옳은 표현일 것이다. 그만큼 우리 사회에서 여성은 소외되었으며, 여성의 목소리와 요구는 공간 이용에서 철저히 외면 당해 왔다.

그러나 최근의 세계화·정보화 물결은 생활방식의 변화를 가져왔으며, 이러한 생활방식의 변화는 궁극적으로 공간에서 나타난다. 급속한 과학기술의 혁신과 그에 따른 사회 변화는 여성의 활동 범위를 가정에서 공공의 영역으로 확대시키는 결과를 가져왔으며, 이러한 여성의 사회 진출은 도시공간 이용에 변화를 요구하고 있다. 이제 여성은 예비 노동력 혹은 잉여 노동력으로 남아 있는 것이 아니라, 도시경쟁력을 위하여 필수적인 인적자원으로 인식의 전환을 가져왔다. 즉, 급속한 변화와 혁신을 보이는 21세기 정보사회에서 여성의 감각, 미학, 섬세함, 실용성, 유연성, 민감성은 경쟁의 핵심 요소로 등장하며, 이런 의미에서 여성 인력이 능력을 발휘할 수 없는 사회는 경쟁력이 보장될 수 없다.

도시공간 개발과 이용에서 성의 형평성이 없는 경우에 진정한 의미의 복지사회는 구현될 수 없다. 직장, 교통수단, 공원, 거리, 공공건물, 휴식 공간에서의 성차별이 존재하는 사회에서 민주주의와 복지사회는 실현될 수 없다. 이제 도시공간에서 성의 평등을 위한 문화가 창조되고, 여성의 적극적 사회 진출을 위한 도시 하부구조가 조성되어야 한다. 그러기 위해서는 도시계획과 공간 이용을 위한 논의, 분석, 정책과정에 성(gender)문제가 포함되어야 한다.

많은 학자들이 21세기는 여성의 시대가 될 것으로 예측하고 있다. 이것은 여성 인력의 생산성과 효율성이 도시성장과 밀접한 관계를 갖는다는 것을 의미한다. 이런 의미에서 도시공간 개발은 권위주의, 남성 중심에서 민주주의, 여성 중심으로 전환되어야 한다. 도시공간이 여성의 사회 진출과 활동 범위를 넓혀주는 방향으로 개발되어야 한다. 특히, 도시공간이 여성 친화적 개발이 되어야 하는 데는 다음과 같은 중요한 의미가 있다. 첫째, 도시경쟁력 향상을 위하여 여성 친화적 개발이 시도되어야 한다. 둘째, 안전도시를 조성하기 위하여 여성 친화적 개발이 도입되어야 한다. 셋째, 성 평등과 민주사회의 실현을 위하여 여성 친화적 개발이 추진되어야 한다.

제 10 장 문화와 도시개발

제 1 절 들어가는 말

인류 역사에서 도시는 사회 변화와 혁신의 중심지로 기능을 수행했으며 문화생활의 접촉공간으로 인류 문화의 새로운 조류와 양식들이 도시에서 생성되어 사회 전체로 파급되었다. 근대에 들어서서 문화도시에 대한 논의는 1960년대에 제인 제이콥스(Jane Jacobs, 1965)에 의해 촉발되어 문화계획을 통한 도시의 인본주의적 접근이 주목을 받기 시작했다. 제이콥스는 도시를 물리적, 경제적, 도덕적(윤리적) 활동이 자연적 흐름 속에서 상호작용하는 생태 체제로 인식하였으며, 문화계획을 통해 다양하고 활기 넘치는 도시 공동체를 조성해야 한다고 역설하였다.

이런 논리들이 도시에서 공감대를 얻기 시작하면서 유럽에서는 1980년대부터 문화예술을 도시개발의 주요 요소로 인식하여 정책을 수립하기 시작하였다. 특히, 1970년대 경제 위기와 포디즘 시대의 종식을 예상한 유럽 도시에서는 변화와 혁신을 위한 시도로 도시 매력도 향상을 위한 정책이 구상되었고, 이를 위한 수단으로 문화예술 부문에 대한 대규모 투자가 추진되었다(Arvanitaki, 2007: 3). 그리고 선진 도시에서 하드 인프라 조성은 거의 평준화되어, 도시문화, 공동체 협력 관계, 사회적 결속, 삶의 질 등 소프트 인프라가 도시경쟁력에 주요 요인으로 작동하는 시대가 도래하였다.

도시성장 과정에서 20세기 도시는 산업화의 부산물로서 생산을 위한 공간으로 조성되었으나, 21세기에는 탈산업화가 진행되면서 도시는 소비의 공간, 서비스를 위한 공간으로 전환되고 있다. 이러한 변화를 감지하여 다니엘 핑크(Daniel Pink, 2006)는 "선진사회에서 MBA(master of business administration: 경영대학원)가 지배하던 시대는 끝나고 MFA(master of fine art: 예술대학원)가 주목받는 시대로 전환되었다."고 말하고 있다. 오늘날 문화에 대한 공공 투자는 범위가 확대되어, 문화 인프라와 더불어 다양한 문화활동, 예를 들면 축제, 스포츠 이벤트, 전시회, 박람회, 학술대회, 음악제 등의 개최와 유치를 위한 경쟁이 심화되고 있다. 또한 각 도시들은 문화가 도시성장에 중요한 영향을 미친다는 것을 인식하고, 도시 이미지 형성, 브랜드 창조를 통해 도시의 매력도를 높여 신규 투자를 창출하거나 투자 잠재력을 향상시키는 데 총력을 기울이고 있다(URBACT, 2006: 1).

문화예술의 시대를 보여주는 징표는 다양하게 나타난다. 최근에 기업에서는 소비자의 눈길을 끌기위한 마케팅에 문화예술을 결합한 '아트 마케팅', '데카르트(techart) 마케팅'[1] 등을 추진하여 상품 가치를 높이며 기업 이미지 향상을 추구하고 있다. 예술가의 상상력과 기술을 혼합한 문화적 경영을 통하여 브랜드의 품격을 높이고, 문화예술에 대한 후원을 통하여 기업 이미지를 향상시킴으로써 소비자를 유인하기 위한 전략이 확산되고 있는 것이다(박정희, 2010; 서민수, 2012). 유사한 전략들이 선진도시에서도 추진되어, 도시개발에 문화예술을 결합한 문화도시 전략을 통하여 도시의 매력도를 높여서 시민들의 애향심과 자긍심을 고취시키는 동시에 도시 이미지와 품격, 브랜드 가치를 향상시킴으로써 투자자와 외부 방문객을 유인하는 전략들이 추진되고 있다.

비교적 최근에 산업화를 경험한 한국 도시는, 일제 강점기로부터 해방과 한국전쟁 이후 1960년대를 거치면서 약 50년이라는 매우 짧은 기간에 근대 도시로 압축 성장에 매진한 결과, 도시의 역사성, 고유성, 정체성, 독특성, 지역성을 상실한 20세기 산업도시의 전형적인 모습을 보이고 있다. 이와 같이 급속한 경제성장을 추진하는 과정에서 문화예술에 대한 투자는 거의 등한시되어 겨우 구색 맞추기 수준

1) 데카르트(Techart)는 '테크(Tech, 기술)'와 '아트(Art, 예술)의 합성어로 기술과 예술의 만남으로써 소비자의 이성과 감성을 모두 만족시키려는 마케팅 방법을 의미한다.

에 불과했던 것이 사실이다.[2)] 최근 들어 개인당 국민소득이 2만 달러를 넘어서면서 삶의 질에 대한 관심과 중요성이 높아지고 문화예술에 대한 적극적인 투자가 진행되고 있다. 이제 도시에서 문화예술 부문은 구색 맞추기 요인이 아니라 도시의 품격, 매력, 이미지와 브랜드 창출의 주요 요소로 인식되고 있으며, 문화예술 활동이 도시의 다양한 비즈니스와 고용 창출을 위한 성장 동력으로 작용한다는 것을 이해하기 시작하였다. 즉, 과거에는 문화예술이 사치재화, 부의 부산물, 상류층의 소비활동 정도로 인식하였으나(Zukin, 1995), 최근에 문화예술이 도시의 창조성과 혁신에 중요 요인으로 작용한다는 것이 알려지면서 예술, 문화, 여가, 휴식, 오락 등의 활동들이 도시개발과 계획의 핵심 요인으로 등장하기 시작하였다(Freestone & Gibon, 2004).

요즈음 대부분의 도시정책에는 어떤 형태로든 문화계획이 포함되는 것이 최근 추세이다. 문화예술은 도시의 종교, 언어, 문화, 생활양식, 사고 방식, 패션 등과 연계되어 도시의 미관과 상징, 품격과 이미지, 브랜드와 가치 창출에 영향을 미친다(Worpole & Greenhalgh, 1999). 도시의 문화계획은 도시개발의 새로운 패러다임으로 제시되어 21세기 탈산업사회, 포스트모던 사회의 도시개발을 위한 새로운 동력으로 부각되고 있다. 이제 이 장을 통해 문화예술을 이용한 도시개발에 대해 본격적으로 살펴보기로 하자.

제 2 절 문화도시 개념과 특성

문화와 도시개발에 대해 논의하는데, 사실 "어떤 도시가 문화도시인가?"를 설명하기가 쉽지가 않다. 역사와 전통이 있는 도시가 문화도시인가? 예절과 품격이 있는 도시인가? 경관이 아름다운 도시인가? 주민들의 삶의 질이 높은 도시인가? 즐겁고 활기찬 도시인가? 도대체 문화도시란 어떤 도시를 말하는가? 언젠가 필자가 존

2) 이런 현실은 과천 청계산 자락에 있는 현대미술관과 강남 우면산 자락에 있는 예술의 전당 입지에 의해 잘 설명된다. 정치 지도자들이 문화예술을 사랑하는 사람이라는 명예와 재임시절 업적으로 남기기 위해 이러한 시설들을 건설하였으나, 현대미술관과 콘서트 홀의 기능을 이해하지 못한 결과 겨우 구색 맞추기 수준으로 산자락에 건설하는 이상한 정책이 수행되었다.

경하는 분인 지용택 황해문화 이사장님과 이야기하는 도중에 "최근에 인천을 명품 도시로 만들자는 말이 항간에 떠돌고 있는데, 도대체 도시가 핸드백이나 의상처럼 명품, 짝퉁으로 불려야 하느냐?"는 질책을 들은 적이 있다. 그러시면서 "인천이 명품도시가 아니면 짝퉁도시라는 것이냐?"라는 말씀을 듣고 생각이 짧았다는 반성을 한 적이 있다. 이렇게 문화도시에 대한 정의가 어려운 것은 사실 '문화' 자체가 추상적 개념으로 한마디로 정의하기가 어렵기 때문이라고 생각된다.

'문화'라는 용어가 상당히 추상적이며 모호한 개념이기 때문에 문화와 도시개발의 관계와 역할을 논의하는 것은 사실 난해한 작업이다. 문화를 종교, 언어, 제도, 역사와 관련된 가치, 믿음, 태도, 행위, 상징, 인간 관계 등으로 해석하면, 사실 문화는 사회 혹은 국가에 전래되어 내려오는 고유 자산(genetic endowment)으로 이해할 수 있다. 문제는 이런 의미로 문화를 해석하면 사회의 거의 모든 것을 포함하며, 이런 방식의 문화에 대한 접근은 결국 아무것도 설명해주지 못한다(Lopez-Claros & Perotti, 2014: 6). 보는 관점에 따라 어떤 학자는 도시 자체가 문화의 산물이라고 주장하기도 하고, 또 다른 학자는 문화가 도시에서 만들어지고 확산된다고 주장하기도 한다. 사실 두 의견 모두 맞는 말이다. 인간이 도시를 만들지만, 인간이 도시를 어떻게 만드는가에 따라 인간의 행동이 영향을 받는 것과 같은 논리이다. 도시에서 문화가 생성 및 확산되는 동시에 문화에 의해 도시활동이 영향을 받는다. 이런 시각에서 도시문화와 문화도시는 불가분의 관계에 놓여 있다.

1 문화와 도시의 관계

오늘날 지식은 개인의 비범한 능력에서 도출되기도 하지만, 공동체의 집단 창의력과 다중지성으로부터 지식이 창출된다. 그래서 도시성장은 사회적 맥락과 강한 연계성을 가지며, 이때 도시의 문화적 특성은 변화와 혁신의 주요 추진체로 작용한다. 도시가 활력을 띠기 위해서는 시민들을 한곳에 모이게 하고 서로 간에 역동적 상호작용을 위한 기회를 제공하여야 한다. 기업이 창의성과 혁신을 추진하기 위하여 재능 있는 사람들을 한방에 밀어 넣고 그들이 상호작용하도록 기회를 제공하는 것과 같은 방식이다. 도시의 독특한 문화와 창의성, 경쟁력 배양을 위해서는 시민들을 모으는 광장이 조성되고, 문화활동들이 중앙에 집중적으로 배치되어 시민들 사이에 접촉과 상호작용을 위한 기회와 공간을 제공해야 한다. 이를 통하여 도시의 정체성, 독특성, 다양성, 창의성, 혁신, 그리고 도시의 색깔과 브랜드가 창출될 수 있다. 예를 들면, 미국 뉴욕시의 다양한 시민들과 다국적 소리에 의해 펑크 음악, 포스트모던 예술이 창출되었으며, 새로운 사고와 생활방식들이 경험되어 독특한 상상력과 아이디어들이 도출되고, 거리를 걷는 것만으로도 박물관에서 얻는 것만큼이나 온갖 문화예술적인 것들을 도시에서 경험할 수 있다(Lehrer, 2012: 228). 바로 이런 경험과 학습이 시민들을 바꾸어 도시가 변화와 혁신을 위한 공간을 연출하는 것이다.

대도시의 산만함과 다양성, 폭넓은 세계관과 개방성, 목적지 없는 산책과 우연한 조우 등이 도시에서 새로운 아이디어와 창의성을 유발하는 원천으로 작용한다. 제이콥스는 붐비는 보도를 자연스러운 발레에 비유하며, 서로 다른 스텝을 밟으며 살아온 사람들이 가득한 곳이 바로 도시의 참모습이라고 설명하며, 도시는 건물들의 덩어리가 아니라 사람들이 다른 사람들과 상호작용하는 공간으로 이루어진 한 척의 배이고, 도시는 스카이라인이 아니라 바로 활기찬 춤으로 이루어져야 생동감 있는 도시가 된다고 설파한다(Jacobs, 1965: 37-71).

프린스턴대학의 심리학자 마크 본스타인(Marc Bornstein)과 헬렌 본스타인(Helen Bornstein)의 조사(1976)에 의하면, 도시의 인구와 생활 속도는 긴밀한 관련성이 있으며, 도시에 사람들이 많을수록 걷는 속도가 빨라지고, 사람들이 유난히 빨리 걷는 도시에서 새로운 아이디어가 더 많이 창조된다는 것을 발견했다. 이것은 도시에서 사람들이 서로 접촉하고 부딪치며 튕겨나가면서 예기치 않은 사건들이 발생하고, 시민들 사이에 충돌과 상호작용이 많을수록 창의적인 도시가 조성된다는 것을 보여준다(Bettencourt et al., 2007). 그런데 시민들 사이의 상호작용은 수직적이 아닌 수평적 상호작용이어야 한다. 이것은 도시문화가 경직적, 권위적, 폐쇄적이 아닌 유연적, 민주적, 개방적 문화를 바탕으로 도시가 역동성과 변화, 혁신이 조성된다는 것을 의미한다.

도시는 갈등, 충돌, 빈곤, 범죄, 공해 등 많은 결함을 안고 있는 공간인 동시에 변화와 혁신, 창의력과 상상력, 스펙터클(spectacle)과 이벤트 등으로 충만한 역동적 공간을 구성하고 있다. 특히, 21세기 도시에서는 도시문화와 관련하여 다양성의 증가, 경제적 불평등의 심화, 도시 형태(urban form)의 변화라는 세 가지 큰 변화가 진행되고 있다(Stern & Seifert, 2007: 4). 이런 현상을 김성홍(1998)은 도시의 매력과 힘이 물리적 요인과 문화적 요인의 결합에 의해 형성된다고 설명한다. 물리적으로 도시는 건축에 의해 독자적인 질서와 그에 따르는 미학을 나타내며 도시라는 형태를 만들어낸다. 이런 시각에서 도시는 건축의 배경이 아니라 건축이라는 요소로 짜여진 망상 조직이라고 할 수 있다. 그러나 다른 한편으로 도시의 매력과 힘은 오랜 도시 역사에서 축적된 다양하고 깊이 있는 문화와 흔적, 전통과 삶의 방식에 의해 형성된다. 따라서 도시의 진정한 매력과 힘은 바로 물리적 건축과 문화적 흔적이 단절되지 않고 계속적으로 교류하고 상호작용하는 가운데 총체적으로 축적되는 산물이라고 할 수 있다. 이런 시각에서 도시는 디자인으로 만들어지는 것도 아니고, 아이디어만 갖고 조성되는 것도 아니며, 시민들이 함께 만들어 나가야 하는 생활시스템이라는 사실을 명심해야 한다(Montgomery, 2013: 470).

2 문화도시 정의

추상적 용어로서 문화의 개념이 다양하듯이 문화도시도 학자들에 따라 다양하게 정의하고 있다. 전영옥(2006)은 도시 자체가 문화의 산물이라고 주장하며, 문화도시는 지금까지는 유럽을 중심으로 "풍부한 문화자원과 문화적 환경을 갖추고 있는 도시"를 의미하였으나, 21세기 문화도시는 물리적 환경을 중시하는 종래의 관점에서 벗어나 "도시인이 즐길 수 있는 다양한 문화콘텐츠가 풍부한 도시"로 새롭게 정의할 필요가 있다고 밝히고 있다. 따라서 도시문화콘텐츠를 형성하고 이를 동력화 하여 확산시켜 나가기 위한 새로운 문화도시 전략을 도출해야 한다고 주장한다.

정창무(1998) 또한 문화도시란 도시활동이 시민들에게 열려 있어야 하며, 도시활동의 각 부분이 독점되거나 분절된 것이 아니라 끊임없이 교류와 상호작용하며, 그런 열린 가능성이 공동체에서 존재감을 일깨우고 소속감을 고양시킨다고 주장한다. 문화도시에 대한 개념정립에서 라도삼(2006)은 "문화를 기반으로 도시를 근본적으로 변환시키겠다는 발상과 전략, 이를 수행하는 계획을 담고 있는 도시"로 해석하고 있다. 이병민(2011)은 문화도시보다는 문화중심도시가 더 적절한 표현일 수 있다는 것을 지적하며, 문화중심도시를 "문화가 도시의 인프라로서 중심 기능이 되고 특징이 되는 도시"라고 정의하며, 여기서 중심은 센터의 의미보다는 기반의 의미로 해석될 수 있다고 주장한다.

최근에는 랜드리와 비안치니(Landry & Bianchini, 1995)와 플로리다(Florida, 2002) 등에 의해 창조도시가 주목을 받으면서, 문화도시를 "문화와 경제의 융합을 추구하는 도시"로 이해하기도 한다. 문화와 경제를 융합한 합성어인 '컬처노믹스(culturenomics)'는 덴마크 코펜하겐대학 교수인 피터 듀런드(Peter Duelund) 교수가 처음 제안했다. 컬처노믹스는 문화예술 시대에 예술적 창의기반을 조성하여 문화를 바탕으로 도시 가치를 창출하고 도시경쟁력을 높이는 것을 의미한다.

앨런 스콧(Allen Scott, 2000) 또한 21세기 도시의 특징으로서 문화와 경제의 융합을 제시하고 있다. 그의 논리에 의하면, 도시는 문화와 경제활동의 중심지로서 독보적 역할을 수행해 왔다. 도시는 역사 초기부터 예술, 아이디어, 스타일, 생활방식 등을 문화로 승화시켜 경제성장과 혁신을 유도하는 눈부신 능력을 발휘해 왔다. 21세기에 들어서서 문화와 경제활동의 융합이 더욱 돋보이며 도시화 과정의 주요 특징을 구성한다. 현대 사회에서 장소와 문화, 경제는 서로 공생하며 문화경제를 통해 21세기 도시성장의 새로운 추진체로 작용하며, 한국 도시들 또한 세계 10대 도시에 진입하기 위해 문화와 경제가 융·복합된 컬처노믹스 정책을 추진하고 있다(서울시청, 2008).

이 장에서 문화도시는 도시 문화예술 활동을 도시의 삶의 질 향상, 도시경쟁력 향상과 지속가능한 개발, 도시 문화유적 보호와 정체성 향상, 도시성장을 위한 견인차와 앵커 역할을 위한 목적으로 이용 및 조성되는 도시로서, 근본적으로 보편성이 아닌 특화성, 일반성이 아닌 개별성, 획일성이 아닌 다양성을 추구하는 도시로 정의하며 논지를 전개한다.

3 문화도시의 주요 요소와 유형

도시의 문화와 환경적 유산은 이제 단순한 지역 자산이 아닌 다른 지역과 차별화를 가져오는 주요 요인으로 작용하며 계량적보다는 질적 차이에 보다 관심이 집중되고 있다. 이 말은 도시의 인구 규모가 아무리 크다 하더라도 문화예술에서 저급한 수준에 있으면, 인구 규모는 작지만 우수한 문화예술 기반을 갖춘 도시에 비해 낮은 평가를 받는다는 것을 의미한다. 이런 시각에서 라짜르티(Lazzeretti, 2003: 639)는 문화도시의 주요 요소로 예술적, 문화적, 환경적 요소를 제시하고 있다.

첫째, 예술적 요소로는 예술 활동, 기념물, 건축물, 유적지 등을 포함하는 예술적 자산과 구조를 의미한다.

둘째, 문화적 요소로는 다른 도시들과 차별화를 가져오는 대학 중심지, 독특한 전통 기예, 지역특유의 사건과 축제, 근린 관계 등을 포함하는 일련의 활동, 행위, 관습, 전통 등을 포함한다.

셋째, 환경적 요소로는 도시의 지형적 특성, 광장과 공원, 동식물 생태계 등 도시의 자연환경적 경관과 특성을 의미한다.

상기와 같은 객관적 요소에 더하여 도시가 갖는 상징성과 이미지 등의 주관적 요소가 부가되어 도시가 다른 도시와 차별화를 가지며 고도문화도시(high cultural city)로서 조건을 충족하고 있는가를 평가할 수 있다고 라짜르티는 설명한다.

유승호(2014: 95－104)는 문화도시를 이미지별로 다음 다섯 가지 유형으로 구분하고 있다:

첫째, 체험형 문화도시로 체험을 통해 도시문화를 즐길 수 있는 문화도시로 가로 재생과 랜드마크를 이용한 관광형, 축제형 도시가 이에 속한다. 이러한 예로서 호주 시드니의 오페라 하우스와 하버브리지, 물의 축제로 환경친화적 복지도시를 구축한 스웨덴 스톡홀름을 들고 있다.

둘째, 도시에 거주하는 주민들 사이의 인간 관계를 중요시하는 네트워크/제3의 장소형 문화도시로, 파편화된 도시공간에서 집과 직장이 아닌 친화 관계를 형성하는 장소로서 문화도시를 의미한다. 이러한 예로서 미국 댈러스(Dallas)의 미식축구팀 댈러스 카우보이 스타디움과 도심의 심포니 홀, 인천 구월동 종합문화예술회관 주변 등을 들 수 있다. 이러한 지역들은 주거지역과 업무지역 사이의 중간지대를 형성하며 시민들의 휴식, 여가, 엔터테인먼트, 문화생활 등을 위한 제3의 장소로서 기능을 수행한다.

셋째, 스토리형 문화도시는 지역만의 고유하고도 특별한 이야기를 활용하여 성공적으로 문화상품을 창조하는 도시로서, 이러한 사례로는 스페인의 '산티아고 데 콤포스텔라'와 전라남도 남원시 등을 들 수 있다. 스페인 산티아고 데 콤포스텔라는 '순례자의 길'로 알려져 성지 순례를 목적으로 하는 사람들에게 각광을 받는 도시이며, 남원은 춘향전을 모티브로 예향으로 성장한 대표적인 도시라고 할 수 있다.

넷째, 최근 많은 도시에서 도시개발 전략으로 채택하고 있는 창조형 문화도시로서, 지식산업에 종사하는 사람들이 밀집하는 도시환경을 조성하여 도시경쟁력 향상을 꾀하기 위한 접근이다. 이러한 사례로는 반도체와 IT 전문가들의 밀집에 의해 도시성장을 가져온 미국 실리콘 밸리와 한국 광주 아시아문화중심도시를 들 수 있다.

다섯째로, 탈산업사회가 도래하면서 쇠퇴된 옛 도시의 부활을 추구하는 도시재생형 문화도시를 들 수 있다. 이러한 사례로는 스페인 빌바오와 영국 리버풀 등이 제시된다. 스페인 빌바오는 지역 조선산업의 퇴조에 의해 버려진 조선소 부지에 구겐하임 미술관을 유치하여 도시재생에 성공한 사례로 기록되며, 리버풀은 산업혁명의 시작과 더불어 영국 공업의 중추적인 역할을 하였지만, 제1·2차 세계대전 피해 등으로 20세기 중반에 급속한 지역경제의 쇠퇴를 경험하였는데 1960년대에 등장한 록그룹 비틀즈를 활용하여 음악도시, 문화도시로 부활하였다.

4 도시문화와 도시성장

도시 생태론에 따르면 도시가 확장기를 넘어선 성숙기에 접어들면 외연적 확장을 대신하는 내부적 분화가 진행되어 도시의 문화가 축적되며 자신만의 독특한 색깔과 이미지를 창출하게 된다(라도삼·이정현, 2010: 20). 즉, 지역에 문화가 뿌리를 내리면서 다른 지역과 차별성을 갖는 도시로 특화되는 현상이 성숙기에 나타난다는 것이다. 그리고 글로벌 시대에 외부 투자자와 비즈니스, 관광객 등을 도시로 유인하는 주요 요인은 도시문화이지 세금감면과 정부 지원금이 아니다(Barber, 2013: 318). 도시의 창의성, 상상력, 아이디어를 창출하는 도시문화는 단순히 지역주민들이 갖는 사고 방식·생활방식이 아니라, 그 안에는 시민들의 꿈과 희망, 변화와 혁신을 창출하고 육성하는 동력이 있으며, 지역의 빈곤과 불평등, 소외와 분리 구조를 끊어버릴 힘을 가지고 있다고 바버(B. R. Barber)는 역설한다(Barber, 2013: 323).

이러한 도시문화와 도시개발 사이의 관계를 미국의 뜨는 도시 실리콘 밸리와 지는 도시 디트로이트의 비교를 통해 잘 이해할 수 있다. <표 10-1>은 두 도시 사이의 기업문화 차이를 보여준다.

<표 10-1>에서 알 수 있는 바와 같이, 실리콘 밸리에서는 근무 시간이 자유롭고, 재택 근무도 일반적으로 가능하다. 그리고 경쟁기업 혹은 연계기업 직원들과 기술 및 정보교류가 빈번히 일어나기 때문에, 자신이 보유한 기술과 인접 기술이 결합(예를 들면, 반도체와 장난감 기술의 결합, 반도체와 청소기 기술의 결합 등)하여 분리 창업 활동이 활발하게 일어난다. 그래서 창업에 실패하더라도 인생의 결정적 패배는 아니며, 다음 기회의 성공을 위한 교훈과 디딤돌로 작용한다. 산업 방식은 모든 제품과 서비스를 기업 내부에서 조달하는 포디즘 방식이 아니라 전문 기업체에 전문 제품을 주문 생산하는 외주 방식을 주로 이용한다.

반면에, 디트로이트에서는 9시 출근, 5시 퇴근이 철저하게 요구되며, 대부분 기업에서 재택 근무는 허용되지 않는다. 그리고 경쟁회사 직원들과의 교류는 철저히 금지되며, 이런 행위는 내부 기밀과 정보의 유출로 인식되어 산업 스파이 활동으로 처벌의 대상이 되기도 한다. 그리고 대부분 전통 산업과 기술에 의존하기 때문에

표 10-1 미국 실리콘 밸리와 디트로이트의 기업 문화 차이

항 목	실리콘 밸리	디트로이트
핵심 산업	반도체	자동차
근무 시간	• 유연적: • 모든 직원들은 자신의 컨디션이 최상인 시간에 근무 • 재택 근무 가능	• 경직적: • 9시 출근 5시 퇴근 고수 • 재택 근무 불허
이직 성향	• 이직이 언제나 가능 • 경쟁회사의 직원과 교류가 허용 • 기술 정보의 교류가 가능	• 이직의 어려움 • 경쟁회사 직원과 교류가 불허 • 기술 정보의 교류가 불허
재기 가능성	• 실패는 성공을 위한 교훈	• 실패는 곧 절망, 재기가 어려움
산업 방식	• 포스트포디즘	• 포디즘
대표적 인물	• 스티브 잡스(Steve Jobs)	• 헨리 포드(Henry Ford)

포디즘 산업 방식을 유지하고 있으며, 이직과 창업의 실패는 인생의 실패로 연결되는 경우가 많다. 상기와 같은 기업문화, 도시문화의 차이가 실리콘 밸리를 높은 성장을 보이는 첨단산업도시로 키운 반면, 디트로이트를 시대에 뒤진 퇴출도시로 전락하는 주요 요인으로 작용하고 있다. 이와 같은 두 도시 사례를 통하여 도시문화가 도시성장에 어떻게 작용하는가를 읽을 수 있다.

제 3 절 문화도시 조성 배경

최근에 도시개발을 위한 접근에서 가장 주목을 받는 방식 중 하나가 바로 문화도시 조성이라고 할 수 있다. 특히, 랜드리와 비안치니(Landry & Bianchini, 1995)와 플로리다(Florida, 2002)에 의해 창조도시에 대한 논의가 촉발된 이래, '창조성' 혹은 '문화'는 도시계획과 마케팅, 도시 이미지와 도심 재생 등과 관련된 이슈에서 단골 키워드로 등장하고 있다. 이러한 추세는 21세기에 접어들어 도시개발 방향이 종래의 기술 중심, 생산 중심에서 탈피하여 문화 중심, 소비 중심으로 변화하는 것을 보여준다(Vanolo, 2007).

1 문화도시 조성 배경과 역사

샤론 주킨(Sharon Zukin)은 현대 도시의 변화하는 경관과 진화 과정을 '상징적 경제(symbolic economy)'로서 설명한다. 그녀에 의하면 현대 도시경제는 문화를 기반으로 상징의 생산을 위한 공간으로 작용하며, 도시는 다양한 문화를 매개로 정치, 경제, 사회활동들이 상호작용을 수행하며 시간-공간적으로 표현된 상징의 공간으로 해석된다.

19세기와 20세기 초반의 도시들은 시카고 학파에 의해 제시된 동심원 모형과 같은 비교적 단순한 전통 산업도시의 모습을 보였다. 근린 공동체는 주로 상업지역 주변에 동일한 언어와 생활방식, 연고지와 기술, 계층과 종교 등을 중심으로 형성되었다. 선진사회에서 20세기 중반, 1950~1960년대의 도시는 주로 계층과 민족에 의해 공간적으로 분리되었고, 도시의 중심은 전통 문화가 근근이 명맥을 유지해온 소규모 전통 문화지역(small high-culture core)을 구성하였으며, 전통 문화지역의 주변은 주로 상이한 민족적 배경을 갖는 저소득층들이 거주하는 하층 문화지대(space with low cultural capital)를 형성하였다.

1970년대에 접어들어 선진사회의 도시들은 새로운 문화공간으로 거듭나기 시작했다. 비록 하층 문화지대는 유기된 혹은 버려진 공간으로 남아 있었지만, 낮은 임대료에 넓은 공간을 찾던 젊은 아티스트들에게 이 지역은 공연과 창작활동을 위한 스튜디오와 작업장을 제공하고, 청년 기업가들에게는 소규모 오피스와 비즈니스 공간으로 활용되어 비록 많은 이윤을 창출하지는 못했지만 문화적 가치를 추구하기 위해서는 최적의 공간을 제공하였다.

도시의 버려진 창고와 공장들은 점차 새로운 문화공간으로 재생되었으며, 저소득층이 거주하던 하층 문화지대가 점차 고급 문화지역으로 탈바꿈하기 시작하였다(Zukin, 1982). 20세기 후반에 접어들어 도시의 문화지대는 점차 확대되어 전통 문화와 새로운 문화지대 모두가 관광의 대상이 되었고, 문화예술은 도시의 이미지를 향상시키고 쇼핑, 엔터테인먼트, 레스토랑, 갤러리, 카페 등과 연계하여 도시성장을 촉진하는 새로운 동력으로 작동하기 시작하였다.

21세기에 접어들어 도시의 문화활동은 한층 복잡한 양상을 띠기 시작했다. 사람들 사이의 직접적인 소통과 상호 관계는 점차 사라지고 미디어에 대한 의존이 심화되었으며, 지리적 범위와 경계는 점차 희석되었다. 전통 문화와 새로운 문화 사이의 교류와 융합이 활성화되었으며, 전통 거리와 건축물들에 대한 재생이 지속적으로 진행되어 많은 사람들이 지역으로 유입되는 결과를 가져왔다. 결과로서 지난 50년에 걸쳐 도시는 문화를 매개로 다양성의 증가, 다름과 차이에 대한 포용의 공간, 로컬과 글로벌의 연계 공간으로 진화하였다(Stern & Seifert, 2007: 12-13).

2 글로벌 사회의 도래와 문화도시 개발

과학기술의 발달과 경제활동의 세계화와 함께 글로벌 사회가 도래함에 따라 글로벌 자본을 유치하기 위한 도시들 사이의 경쟁이 심화되어 문화·예술을 통한 도시 이미지 형성과 장소 마케팅이 주요 전략으로 주목을 받고 있다. 문화를 이용한 도시 이미지 향상 작업은 글로벌 시장에서 도시의 삶의 질 향상을 통한 고급 기술 인력의 유인과 산업입지의 잠재적 부동산 가치 상승 등 글로벌 투자의 매력 요인으로 작용함으로써 경쟁에서 우위를 점하는 데 유리하게 작용한다.

도시문화와 글로벌 변화는 상호작용을 통하여 영향을 주고받는다. 글로벌 변화는 소비 패턴, 취향, 패션, 건축, 미디어, 예술 등에서 도시문화에 직간접으로 영향을 주는 동시에 도시의 지적 취향, 사회·경제·기술 분야의 창조성·상상력과 같은 도시문화는 글로벌 변화의 주요 요인으로 작용한다(Clammer, 2003: 403-404). 예를 들면, 지구 온난화와 같은 글로벌 변화는 도시 삶의 방식의 변화를 가져오는 한편, 슬로시티 운동과 같은 도시문화의 변화는 지구 온난화를 억제하는 데 공헌을 한다. 이런 시각에서 글로벌 변화를 주도하는 월드시티는 예술, 건축, 패션, 디자인, 미디어, 엔터테인먼트 등에서 경제와 문화의 결합에 의해 조성된다. 이 말은 아무리 도시가 경제적으로 비교경쟁력을 갖더라도 문화적으로 저급하다면 월드시티가 될 수 없으며, 반대로 아무리 도시가 문화적으로 우수하더라도 경제에서 낮은 수준에 있다면 월드시티로 인정받지 못한다는 것을 의미한다. 전자의 대표적인 예가 일본 도쿄(東京)이며, 후자의 대표적인 예로서 이집트 카이로를 들 수 있다. 도쿄는 경제 분야에서는 글로벌 관리와 통제를 위한 헤게모니를 갖고 있으나, 문화적으로 타 인종과 민족, 언어에 대한 포용과 관용의 문화가 부재하여 월드시티로서의 자격을 상실한다. 이집트 카이로는 찬란한 고대 문화를 계승하고 있지만, 이러한 문화를 경제에 접목시키지 못하여 단순 관광도시에 머물러 있다. 그래서 문화도시를 추진하는 많은 도시들이 문화적 자주성과 국제적 근대성 사이의 균형을 위해 고심하고 있다(Vale, 1992: 53). 즉, 지나치게 지역 독자성과 근본주의를 강조하면 문화적 고립을 초래할 수 있고, 지나치게 근대성에 중점을 두면 다른 도시들을 복제·답습하여 지역 정체성이 상실되었다는 비판을 받을 수 있다.

앨런 스콧(Allen Scott, 2000)은 글로벌 사회의 문화활동에 대하여 "문화 생산은 점차 지방화되는 반면, 문화 소비는 점차 글로벌화되는 현상을 보인다."고 지적하고 있다. 즉, 문화와 관련된 산업과 종사자들이 점차 특정 지역으로 밀집하여 클러스터가 형성되는 반면, 문화 산출물은 글로벌 네트워크를 통해 지구촌으로 확산되는 현상을 보인다. 예를 들면, 한국 TV 드라마(대장금, 겨울연가 등), K-POP(싸이, 소녀시대 등) 등 한류 문화는 서울을 중심으로 수도권에서 집중적으로 생산되지만, 한류 물결은 인터넷과 연예 네트워크를 통해 중국과 동남아, 일본과 유럽으로 확산되는 현상을 보인다. 이런 관점에서 도시 문화계획은 글로벌 사회와 연계 및 월드 시티 조성을 위한 기반, 즉 인프라라고 할 수 있으며, 이러한 문화부문의 특성이 21세기 도시개발과 연계되어 도시의 경제활동을 견인하는 주요 동력으로 작용한다. 이런 시각에서 글로벌 사회의 경쟁력 있는 도시가 되기 위해서는 이제 단순한 자본의 중심지가 아니라, 문화와 경제가 초국적으로 결합된 글로벌 문화의 중심지가 되어야 한다(Yeoh, 2005: 946).

상기와 같이 최근 들어 문화도시에 관심이 집중된 주요 사회적 배경은 세 가지로 설명할 수 있다.

첫째, 글로벌 사회의 도래와 함께 도시들 사이에 경쟁의 심화를 들 수 있다. 정보통신과 교통기술의 발달에 따라 시공의 압축 현상이 발생하여 지구촌 사회가 형성됨에 따라 지역 간 인적 · 물적 교류가 활성화되고, 국민국가의 경계를 넘어 개방된 사회가 도래하여 해외 비즈니스, 관광, 여행이 활성화되어 도시들 사이에 산업과 관광객 유치를 위한 경쟁이 심화되었다. 글로벌 사회에 도시들 사이에 경쟁이 심화됨에 따라 도시의 매력과 이미지가 도시경쟁력의 주요 요인으로 부각되어, 근대 사회의 산업도시에서 탈근대의 문화도시로 탈바꿈이 진행되고 있다.

둘째, 문화에 대한 일반의 인식 변화와 창조도시의 등장을 들 수 있다. 최근 문화예술은 도시의 창조성, 상상력, 변화와 혁신의 주요 요인으로 인식되어 침체된 도시의 활성화를 위한 추진체로 주목받고 있다(Landry & Bianchini, 1995). 특히, 문화도시가 주목을 받는 계기에는 덴마크 코펜하겐대학의 피터 듀런드(Peter Duelund) 교수에 의해 문화와 경제를 연계한 '컬처노믹스(culturenomics)' 개념이 개발되면서, 도시 문화가 경제적 부가 가치를 창출하는 주요 원천으로 인식되기 시작하면서부터였다. 최근에는 이러한 컬처노믹스 개념이 창의도시 혹은 창조도시로 진화되어 문화를 이용한 새로운 도시개발 방식과 모형들이 시도되고 있다. 그리고 탈산업사회에서 문화예술은 비정형적 자산으로 도시 이미지와 브랜드 가치 상승을 통해 도시 활성화를 가져오는 주요 활동으로 인식되고 있으며, 특히 탈산업사회의 도래와 함께 몰락한 공장지대의 재생을 위한 주요 전략으로 문화도시 정책이 이용되고 있다. 서구 사회에서 1970년대 이후 급격한 산업구조의 변화로 인해 쇠퇴하기 시작한 공업도시들이 도시의 부정적 이미지를 해소하고 새로운 도시경제 모델을 창출하기 위해 문화적·예술적 요소를 적극적으로 활용한 문화도시 조성이 추진되었다(유승호, 2014: 86). 즉, 선진국 공업도시들의 경제 침체가 진행되면서 도시문화와 지역발전을 연계하는 '장소마케팅' 프로그램이 도입되기 시작하며, 새로운 지역 이미지를 창출하여 도시 매력도를 높임으로써 외부 투자와 관광객 유인을 위하여 문화산업과 장소마케팅이 결합한 문화도시 정책이 많은 도시에서 추진되고 있다. 대표적 사례로 프랑스 파리에서 미테랑 프로젝트(Mitterand Grand Projects)가 진행된 이래 파리의 이미지가 문화도시로 정립되어 세계에서 가장 매력적인 도시 가운데 하나로 관광객들이 꾸준히 찾는 도시가 되었으며, 스페인 빌바오 시에 구겐하임 미술관이 설립되어 전 세계에서 관광객들이 몰리는 현상이 발생하였고, 영국 런던의 폐발전소 지역을 테이트모던 박물관으로 리모델링하여 시민들의 사랑받는 공간으로 재탄생하였다.

셋째, 도시 삶의 방식과 가치 체제의 변화를 들 수 있다. 21세기에 들어서서 산업사회에서 탈산업사회로 변화가 진행되면서 고도 성장만이 바람직한 현상이 아니라는 인식이 싹트기 시작하고, 유럽 도시에서 고속 사회를 지향하기보다는 삶의 여유가 있는 저속 사회를 목표로 하는 슬로시티 운동이 전개되었다. 이제 도시의 삶에서 경제성장이 행복을 가져오는 것이 아니라 여가와 휴식, 문화예술의 욕구 충족 등이 삶의 가치를 높인다는 인식이 확산되어 도시에서 레저, 엔터테인먼트, 미디어, 이벤트, 박물관 등 활동이 중요성을 띠게 되었다. 그리고 화석 연료의 소비가 증가함에 따라 지구 온난화 현상이 심각한 문제로 등장하여 큰 것이 아름다운 것이 아니라 지속가능한 것이 아름답다(Schmacher, 1973)는 인식의 변화를 가져와서 도시에서도 성장 추구가 아니라 탈성장도시를 건설해야 한다는 주장이 제기되기 시작하였다. 선진도시에서 소득수준은 이제 어느 정도 만족할 만한 수치에 도달하여 주민들은 여가와 휴식, 문화예술과 관광에 대한 수요로 눈을 돌리기 시작하며 도시의 문화 인프라와 프로그램에 대한 투자가 증가하는 현상이 나타났다. 또한 앞에서 언급한 바와 같이, 경제활동만 가지고는 하이클래스 도시가 될 수 없다는 인식이 확산되어 문화예술에 대한 투자가 활성화되고 삶의 질에 높은 우선 순위를 부여하는 사회로 변화가 진행되고 있다. 이런 변화를 리프킨(Rifkin, 2000)은 21세기에는 시장경제에서 정보경제로 변화함에 따라 소유(ownership)의 경제에서 경험(experience)의 경제로 전환되고 있다고 설명하며, 미래의 선도 산업은 전통적 의미에서의 상품과 서비스를 공급하기보다는 문화적인 '경험'을 하나의 독자적인 상품으로서 마케팅하는 경향을 띠게 될 것이라고 예측한다. 케언크로스(Cairncross, 1997) 또한 정보화 사회가 가속화될수록 도시는 문화 중심지 기능을 수행하며, 단절되어 있던 개인들이 대면 공동체를 가꾸기 위해 모여드는 중심지 역할이 강화될 것으로 예측하고 있다(홍기원, 2005: 143-144).

제 4 절 문화예술의 특성과 지역에 미치는 효과

1 문화의 개념과 특성

문화도시를 논하기에 앞서 문화의 개념과 특성에 대해 살펴보기로 하자. 문화는 사실 한마디로 정의하기에는 어려운 매우 다양하고 광범위한 인간 활동을 포함한다. '문화'의 맥락 속에는 언어, 종교, 국가, 민족, 인종, 지역, 산업, 성(性), 계급, 연령, 집단 등 다양한 의미를 내포하고 있다. 이러한 광의의 의미를 갖는 문화는 인식과 경험에 의해 두 가지 유형으로 해석될 수 있다. 첫째, 인식적 측면에서 관습, 언어, 종교 등과 같은 인간 행위를 의미하는 것으로 일반적으로 '문명'의 또 다른 표현으로 이해된다. 둘째, 경험적 측면의 문화는 보다 제한적 범위에서 인간의 예술활동을 의미하는 것으로, 음악, 미술, 건축, 디자인, 영화, 연극, 댄스, 방송 미디어 등과 관련된 활동을 총칭하는 것으로 정의된다. 그리고 도시에서 문화는 기념비와 건축물 등과 같은 물리적 실체만이 아니며, 특정 공간에서 살아가는 사람들의 생생한 생활양식까지 포함한다. 문화는 사람들이 지역 공동체 속에서 일상적으로 경험하고 실천해온 살아 있는 혼(soul)이며, 그들의 삶 속에서 부여한 의미 체계이다. 이렇게 도시공간을 살아가는 공동체 구성원들의 혼과 정신이 담긴 곳으로 만들어간다는 것은 물리적 문화공간을 넘어서 정서적 문화공간을 건설하고 도시의 장소성을 강화시킨다는 것을 의미한다(이무용, 2002: 14).

현대 사회에서 문화는 직접 경험하기도 하고, 매체를 통해서 체험되기도 한다. 예를 들면, 문화는 박물관과 전시장 관람, 유적지 방문, 축제에 참관 등을 통해 경험되기도 하지만, 오늘날 문화는 TV, 영화, DVD, 인터넷, 인쇄물 등 다양한 매체를 통해서 간접적으로 소비 및 경험되고 있다. 그리고 문화를 도시의 소비와 소득 창출을 위한 수입원으로 인식하는가 아니면 지역생산을 위한 지역자원으로 인식하는가에 따라 문화도시에 대한 접근의 차이가 발생한다. 만약 문화를 소비와 소득 창출을 위한 수입원으로 인식한다면 문화 유적지를 철거하여 거대 상업 중심지를 조성한다면 소비와 수입이 증가할 수 있다. 그런데 문화를 생산적 측면에서 지역자원으로 인식한다면 문화자원을 더욱 축적 및 확충하여야 생산량이 증가할 것이다.

또 다른 면에서 문화예술은 다른 문화와 생활방식, 사고 방식에 대한 이해를 제공함으로써 도시의 포용성과 통합에 긍정적 역할을 한다. 문화예술은 도시의 시각적 매력과 심미성 향상에 공헌할 뿐만 아니라 사회 · 환경문제에 대처하는 도시정부의 의지를 보여준다. 예를 들면, 벽면에 대통령에 대한 낙서에 대처하는 정부의 행위는 표현의 자유를 어디까지 허용할 것인가를 보여주는 잣대가 된다. 이런 시각에서 문화예술은 필연적으로 정치성을 갖는다.[3)]

도시에서 문화활동은 창조산업과 연계하여 21세기 도시성장에 강력한 동력으로 작용하며, 지식기반 사회에 직접적으로 지식과 정보를 생산하는 역할과 동시에 간접적으로 지역에 창조적 분위기 창출을 통하여 혁신을 도모하는 기능을 수행한다. 도시에서 문화활동과 창조산업은 창조, 생산, 분배, 소비의 분야에서 음악, 영화, 댄스, 방송, 비주얼 아트, 심지어는 문화 유산에 이르기까지 산업의 폭넓은 영역을 포함하고 있다. 인간은 문화에 영향을 받으며, 문화 속에서 생활하고, 문화에 의해 정체성이 형성되는 동시에 문화시민으로서 활동을 하고 있다. 이런 의미에서 도시는 문화 형성의 진원지인 동시에 문화가 표출되는 최전선이다.

3) 이런 맥락에서 정정숙(2008: 3)은 "문화는 바이러스다. 감염되고, 감염시킨다. 우리가 우리의 고유 문화예술을 즐기지 않고, 보존하지 않을 때 우리는 보여줄 것이 없는 밑 빠진 독과 같은 문화적 빈곤 사회가 될지도 모른다."고 주장한다.

2 문화산업의 특성

앨런 스콧(Allen Scott, 2000: 477－479)은 문화산업의 특성을 다음과 같이 제시한다.

- 고도 성장 산업
- 환경친화적 산업
- 고임금, 숙련기술, 창조산업
- 삶의 질에 긍정적 효과를 창출하는 산업
- 도시 이미지와 브랜드 가치를 확립

따라서 현대 사회에서 도시발전을 위해서는 문화산업을 촉진하는 정책이 추진될 필요가 있다. 이를 위해서는 도시의 문화 조직들 사이에 네트워크와 신뢰 관계가 형성되어야 하며, 문화 인력을 위한 노동시장이 형성되어야 하고, 문화예술 교육, 훈련, 진흥기관의 설립과 지원이 필요하며, 지적 재산권이 확립되어야 하고, 문화 활성화를 위한 민관 협력 관계가 형성되어야 한다.

상기와 같은 특성과 함께, 도시에서 문화예술 분야는 전형적으로 지역 중심의 소규모, 중소활동의 특성을 보인다.[4] 도시에서 상업예술 분야는 대부분 중소규모 활동으로, 미디어가 발달한 최근에 와서야 대형 기획사인 SM, YG 등이 설립되어 엔터테인먼트 기업으로 성장하는 현상을 보인다. 따라서 신생 차세대 기업들과 같이 문화예술 조직과 활동들도 시장 중심으로 연계 활동들이 주변에 밀집하여 입지하는 문화예술 클러스터를 형성하고 있다. 예를 들면, 서울 인사동이 고미술품 집적지역을 형성하고 있고, 홍대 앞에 인디밴드들과 젊은 예술가들이 모인 창작 공간

4) 탈산업사회의 도래는 도시에서 산업구조 뿐만 아니라 경쟁구조의 변화를 초래하고 있다. 산업사회에는 규모의 경제에 중점을 두어 대기업, 다국적 기업들이 경쟁력을 가졌으나, 글로벌 사회의 도래는 중소기업들에게 세계와 직접 대면하는 기회를 주었으며, 이러한 변화는 종래에 지역을 기반으로 활동했던 독특한 솜씨와 기술, 예술적 취향과 아이디어, 소규모 창의적 생산과 소비활동을 지구촌과 연결시키는 효과를 가져왔다. 이러한 글로벌 사회의 도래는 피렌체 지역시장에만 공급되었던 특산품을 명품으로 세계에 알리는 계기가 되었으며, 네팔 히말라야의 산길을 세계적인 트래킹 코스로 전파하는 변화를 가져왔다. 글로벌 사회에서 도시문화는 이제 지역 소비만을 위한 활동이 아니라 다른 지역과 차별화를 통하여 지역에 부를 창조하는 자산으로 인식되고 있다.

을 형성하고 있으며, 인천 아트 플랫폼을 중심으로 문화예술인들이 모여 활동을 하고 있다.

최근 도시 산업구조의 주요 변화 가운데 하나가 대규모, (관료적으로) 조직화된 통합적 기업활동이 소규모, (수평적 및 수직적) 분산화된 (네트워크로 연계된) 기업활동으로 점차 대체되는 현상이다. 결과로서 소규모 기업들은 특정 지역에 인접 입지하여 클러스터를 형성함으로써 보다 용이하게 상호작용하고, 협력과 경쟁 관계를 유지하는 동시에 기술과 정보를 교류 및 공유하여 혁신적 환경을 창출하며 창조산업을 이끌어 간다. 도시경제에서 이런 추세가 가장 뚜렷이 나타나는 분야가 바로 문화예술부문이라고 할 수 있다. 사실 산업 분야에서 문화예술처럼 지역화, 분권화되어 공동체 중심으로 진화된 분야는 별로 없다. 예를 들면, 교육, 보건, 사회복지, 심지어는 레저와 관광부문까지도 공공 투자와 합리적 계획의 대상으로 정책이 입안 및 결정되었는데, 문화와 예술 활동은 이윤추구 대상에서 제외되어 대규모 민간 투자와 고용 창출을 위한 산업으로 인식되지 않았던 것이 사실이다. 그런데 최근 들어 문화예술 활동이 차세대 산업부문으로 부각되어 공급부문에서 집적의 활동을 유도하기 위한 입지 선정과 수요 측면에서 소비자의 접근성 보장을 위한 시장 형성과 관련된 의사결정이 중요한 정책의제를 형성하고 있다.

사실 문화가 도시성장에 긍정적 역할만 수행하는 것은 아니다. 실리콘 밸리와 디트로이트의 도시문화 차이에서 알 수 있는 바와 같이, 때로는 도시문화가 성장의 장애로 작용하기도 한다. 현실에서 도시문화는 시민들의 사고와 행위를 저지하거나 틀 안에 머물게 하는 경우가 종종 있다. 문화가 개인이나 집단의 상상력과 창조력을 확대시키는 것이 아니라 예술가, 연예인, 작가들이 새로운 것을 시도하는 것을 억제 혹은 규제하기도 한다. 예를 들면, 권위주의 문화가 팽배했던 시절에 송창식이 부른 '고래사냥', '왜 불러' 등과 같은 대중가요가 금지곡으로 지정되어 방송에서 규제의 대상이 되었으며, 지금도 영상물이 '상영 제한'으로 판정받아 일반 극장에서 상영이 제한되는 것을 볼 수 있으며, 마광수의 『즐거운 사라』 등과 같은 소설은 '음란물'이라는 판정을 받아 서점에서 판매 금지를 당하는 처사들이 비일비재한 것이 현실이다. 이것은 사회가 어떤 문화를 갖고 있는가에 따라 변화와 혁신을 질식시키기도 하고, 전위 예술과 상상력을 북돋기도 한다는 것을 보여준다. 즉, 그만큼 도시문화가 도시성장에 핵심적 요인으로 작용한다는 것이다. 그래서 아도르노

(T. W. Adorno)와 호르크하이머(M. Horkheimer)는 문화의 정수로서 예술은 무용한 것이 되어야 오직 유용한 것이 된다고 역설하였다. 문화와 예술이 유용한 것들에 의한, 유용한 것을 위한, 유용한 것들의 도구적 시스템의 일부가 되는 것을 거부해야만, 문화와 예술이 순응적인 도구적 이성과 구별되는 비판적이고 반성적인 이성의 함양에 기여할 수 있다는 것이다. 그런데 현대 사회에서 문화와 예술은 '문화산업 혹은 창조산업'이라는 미명 하에 거의 정반대의 길을 걷고 있다고 비판한다(정종은, 2013).

3 문화가 지역사회에 미치는 효과

사실 문화가 지역사회에 미치는 광범위한 영향을 모두 논의하기는 매우 어렵다. 그럼에도 불구하고 주요 효과를 정리하면 다음과 같다(City of Chicago, 2012: 2-3).

- 경제개발 효과: 문화는 창조적 전문가를 지역에 유인 및 거주케 하는 요인으로 작용하고, 문화산업의 성장과 타 산업의 파급 효과를 가져와 지역에 고용 창출을 촉진시킨다. 또한 문화는 지역을 재생시켜 활력을 불어넣어 부동산 가치를 높이며, 지역의 매력 요인으로 작용하여 외래 관광객들을 유인함으로써 지역 소득 창출에 공헌을 한다.
- 강한 근린 유대감 형성: 문화는 공동체 구성원의 상호작용을 가져오는 연결망으로 작용한다. 예를 들면, 지역에서 동일한 종교를 갖는 사람들은 정기 혹은 비정기적으로 만나 신앙활동을 하며 강한 유대감이 형성된다. 문화는 공동체에서 신뢰와 협력 관계를 형성함으로써 사회자본(social capital)을 축적시킨다. 또한 지역 문화는 주민들의 정체성과 자긍심 함양을 가져와서 주민들 사이에 강한 유대와 근린 관계를 형성하는 데 공헌한다.
- 혁신 창출: 문화는 새로운 아이디어와 상상력, 창의성을 북돋아서 지역에 새로운 비즈니스를 창출시키고, 사회문제에 대한 다양한 대안을 제시함으로써 문제 해결에 긍정적으로 작용한다. 또한 문화가 새로운 기술, 디자인, 생활방식 등과 접목하여 변화와 혁신을 유도하며 도시성장의 견인차 역할을 수행한

다. 예를 들면, 한국 문화와 IT 기술이 융합하여 싸이의 '강남 스타일'이 전파되어 강남이 세계에 알려졌으며, 이탈리아의 중세 디자인과 섬유·피혁기술이 접목되어 밀라노가 세계적인 패션 도시로 성장하였다.

- 환경적 지속가능성: 문화를 통해 버려진 공간·유기된 지역이 재생되어 도시의 지속가능성을 높이며, 문화로서 전수된 지역 기술과 솜씨, 자재와 상품, 디자인과 방식들이 재현되어 지역의 지속가능한 성장·스마트 성장을 촉진시킨다. 예를 들면, 유네스코 세계유산에 등재된 경주 양동마을, 안동 하회마을 등은 주변에 있는 자재와 기술을 기반으로 마을이 만들어져서 외부의 지원 없이도 마을이 오랫동안 유지와 보존이 될 수 있다. 가우디(Antoni Gaudi)가 설계한 바르셀로나 구엘공원은 주변에 널려 있는 자재를 모아 공원을 조성하여 환경친화적이고 지속가능한 공원이 될 수 있었다.
- 공공 건강의 증진: 문화는 새로운 것에 대한 도전과 호기심을 촉진시킴으로써 도시 활동을 북돋으며 공공 건강을 증진시킨다. 또한 문화에 대한 체험을 통해 새로운 것을 받아들이고 개인의 사고와 활동, 취향과 선택 범위를 넓힘으로써 삶이 풍성해지고 건강한 공동체 형성에 공헌한다.
- 평생 학습의 확립: 문화는 개인의 인지 능력 향상과 감성 발달에 긍정적으로 작용하여 자존감과 자긍심을 북돋아서 학습과 교육에 대한 열기와 자신감을 가져온다. 또한 문화를 통하여 사회적 관계가 확대되고 집단·계층·연령·성·인종·종교들 사이에 의사소통과 교환, 참여와 조정을 통해 공동체의 화합과 협력이 형성될 수 있다.
- 공공 안전의 확립: 문화는 거리에서 규칙 준수의 행위와 예절, 질서와 약자 보호의 정신을 심어줌으로써 안전한 공동체 형성에 긍정적으로 작용한다. 또한 문화는 공동체를 와해시키는 익명성에 대항함으로써 근린 관계를 복원 및 형성하고 상호 의존과 협력의 관계를 확립함으로써 공동체의 범죄 예방 및 위기대응 능력을 향상시킨다.
- 삶의 질 향상: 문화는 일상 생활에 즐거움을 선사하고, 공동체에 대한 믿음과 신뢰를 고양시키며, 심장을 뛰게 하는 역동성과 흥분을 제공하고, 삶의 과정에서 선택과 취향의 범위를 확대함으로써 도시민들의 삶의 질 향상을 가져오는 데 긍정적으로 작용한다.

21세기에는 도시가 생산의 공간을 넘어서 문화예술의 공간으로 자리매김할 것으로 예측되는 상황에서 문화는 단순한 장식적 기능이 아닌 도시의 핵심적 기능으로 작용할 것이 예상된다. 즉, 도시가 아무리 경제적으로 우위와 경쟁력을 확보하고 있더라도 문화예술에서 저급한 수준에 있다면 고급 인력과 전문가 집단을 유치하기는 어렵다. 지역이 아무리 높은 소득을 창출한다고 하더라도 지역이 폐쇄적이며 저급한 문화를 보인다면 글로벌 도시로 평가될 수는 없다. 이제 문화는 도시성장을 위한 보조적 요인이 아니라 핵심 요인으로 자리매김하였다.

제 5 절 문화도시 사례

이 절에서는 선진사회에서 문화도시의 역사와 주요 사례에 대해 살펴보고, 문화도시 전략의 주요 특징에 대해 논의한다.

1 문화도시 역사와 주요 사례

산업혁명 이후 도시는 생산의 공간으로 산업화의 부산물로 조성되어 왔다. 1800년대 초기 도시들은 공장 굴뚝에서 내뿜는 검은 연기에 휩싸였으며, 강과 하천은 폐수로 오염되었고, 도시에서 근로자들의 삶은 겨우 생계를 유지할 정도의 암울한 사회를 연출하였다(Hall, 1996). 당시의 이러한 사회적 배경 속에서 칼 마르크스(Karl Marx)의 사회주의 사상이 싹틀 수밖에 없었으며, 1789년 프랑스 혁명을 경험한 유럽의 지배 계층들은 제2의 사회 혁명을 회피하기 위해서 근로 계급과 저소득층을 위한 주택정책, 상·하수도 정책, 복지정책 등을 수립하지 않을 수 없었다. 이런 배경 속에 유럽의 도시들은 자본주의가 본격적으로 정착되면서 산업화와 더불어 급속한 도시화가 진행되었다.

1900년대 접어들어 유럽사회는 제1·2차 세계대전을 겪으면서 도시가 파괴되었고, 전후 도시 복구 과정 이후 급격한 경제성장을 경험하였다. 문화도시는 전후 복구 과정이 어느 정도 마무리된 1960년대 후반부터 나타난 현상으로 자본주의에 매몰된 도시를 역사와 문화가 있는 도시로 복원해야 한다는 반성에서 제기된 도시 개발전략이다. '볼로냐 방식'으로 알려진 문화도시개발은 이탈리아 볼로냐 시가 1969년 역사적 거리를 보존·재생하는 개발 방식에서 유래된 용어로서, "공공의 재산이어야 하는 역사 지구를 자본가로부터 주민에게 되돌려주는 혁명적인 방식으로 역사적 거리를 보존하면서 현대 시민생활을 재생시키는 도시개발 방식"으로 시도되었다(박용남, 2014: 232).

이후 유럽의 도시는 도심 외곽에 들어선 공장지대로 인해 공해가 사회적 문제로 등장하였으며, 또한 탈산업사회의 도래와 함께 공단의 몰락과 슬럼화가 진행된 도심의 재생을 위하여 도시개발 프로젝트에 예술가의 참여를 유도하여 문화예술을 도시 활성화의 주요 수단으로 받아들였다. 이러한 변화가 진행되는 가운데 1985년 유럽 의회에서 당시 그리스 문화부 장관 멜리나 메르쿠리(Melina Mercouri)와 프랑스 문화부 장관 자크 랑(Jack Lang)의 주도하여 문화유산 보존과 유럽의 문화적 통합에 기여한 도시를 매년 문화도시로 지정할 것을 제안했고, 이것이 받아들여져서 유럽 문화도시 프로그램이 시작되었다. 이 프로그램은 유럽 문화의 풍요로움과 다양함, 그리고 공통의 특징을 재조명하는 한편 유럽인 상호 간의 심층적인 이해 증진을 도모하는 것을 목적으로 추진되었다(유승호, 2014). 이러한 유럽 문화도시 프로그램에 의해 글래스고, 아테네, 브뤼셀, 암스테르담과 같은 유럽 도시에서는 1980~1990년대에 관광객과 외국자본을 유인하여 고용을 창출하고, 주민들의 삶의 질 향상을 위하여, 예술도시(art city), 문화도시(city of culture), 혹은 문화수도(cultural capital)라는 이름 아래 도시 이미지 개선과 도심·건축물들의 재생작업이 추진되었다(Yeoh, 2000: 947-948).

상기와 같은 역사적 과정을 통해 문화도시 조성이 추진되었는데, 문화예술을 통해 도시 이미지를 향상시킨 대표적인 3개 도시를 살펴보면 다음과 같다(Arvanitaki, 2007: 3-4):

첫째, 독일 프랑크푸르트(Frankfurt)는 유럽에서 재정과 금융 분야에 독보적인 위치를 점유한 도시로서 문화에서는 거의 불모지로 알려져 있었다. 그래서 뱅크푸르트(Bankfurt)라고 불릴 정도로 문화에 대한 부정적 이미지를 탈피하기 위하여 문화에 대한 지속적 투자와 지원을 통해 현재는 고급 문화의 중심지로 점차 탈바꿈하고 있다.

둘째, 스페인 바르셀로나(Barcelona)는 경제 재구조화와 문화정책의 융합을 지속적으로 추진한 도시로서 문화예술을 통한 도시 혁신과 경쟁력 제고를 가져온 대표적 도시라고 할 수 있다. 이러한 정책은 1992년 올림픽을 통해 잘 나타난 바와 같이, 도시 디자인과 혁신적 도시계획들이 독립적으로 추진된 것이 아니라 도시재생과 경쟁력 향상을 위한 상징과 토대로 이용된 대표적 도시이다.

셋째, 영국 글래스고(Glasgow)는 스페인 빌바오(Bilbao)와 영국 쉐필드(Sheffield)를 벤치마킹하여 탈산업화의 소용돌이 속에서 문화를 경제 활성화를 위한 촉매로 채택한 대표적 도시라고 할 수 있다. 이러한 노력은 1990년 EC 프로그램에 대한 성공적인 추진으로 절정에 달했고, 도시의 문화 인프라 조성, 도시 이미지 변신, 그리고 무엇보다 중요한 것은 미래에 대한 새로운 비전 아래 시민들이 하나로 통합되는 결과를 가져왔다.

상기와 같은 글래스고와 바르셀로나 같은 도시들의 문화정책은 문화에 대한 조직적인 투자를 통하여 도시 이미지 제고와 도시 활력을 불어 넣을 수 있다는 것을 보여준 대표적인 사례들이다. 이제 문화정책은 도시 활성화를 위한 촉매로 작용하고, 삶의 질 향상을 가져오며, 사회적 갈등을 완화하고, 도시 공동체 정신을 강화시키는 다목적 정책이라는 것을 인식하기 시작하였다. 이제 유럽에서 문화는 도시의 창조환경, 혁신환경 조성을 위한 필수조건으로 이해하며 도시 디자인과 계획의 핵심 요인으로 인식되고 있다. 그리고 문화정책은 정부가 독자적으로 주도하는 것이 아니라 거버넌스를 통해 접근되어야 한다는 것은 더 이상 놀랄 만한 일도 아니다. 문화계획을 통해 문화와 도시개발을 어떻게 연계시키느냐가 선진사회 도시정책의 핵심을 구성하고 있다.

문화도시를 위한 정책은 아시아권의 도시에서도 적극적으로 추진되고 있다. 한국 도시와 경쟁관계에 있는 동남아와 동북아시아 도시들이 문화를 주제로 한 대규모 도시개발 사업들을 추진하며, 인상적인 친수도시, 월드클래스 컨벤션센터, 축제가 있는 시장, 글로벌 문화센터, 예술적 오피스 및 상업복합단지 등의 조성을 서두르고 있다. 말레이시아 쿠알라룸푸르의 골든 트라이앵글(Golden Triangle)과 페트로나스 트윈타워가 이런 목적으로 건설되었으며, 자카르타 관문지역이 새롭게 탈바꿈하고 있고, 싱가포르 마리나 지역에 새로운 상업 및 문화복합단지가 조성되었고, 도쿄(東京) 텔레포트 타운과 요코하마(橫浜) 미나토미라이 21 사업이 이런 목적으로 진행되었으며[5], 상하이(上海) 푸동에 재정금융지역이 이러한 의도로 조성되었다.

아시아에서 문화도시 조성에 가장 심혈을 기울이는 대표적인 도시로 싱가포르를 꼽을 수 있다. 1990년대에 싱가포르는 도시개발 방향의 획기적 전환을 가져왔다. 1980년대 중반까지 청정도시, 질서도시, 방부도시(antiseptic city) 건설을 표방하며 전면 철거 재개발을 통한 서구 도시 모방에 중점을 두었던 싱가포르는 서구 문화와 가치의 급속한 침투를 인지하며 지역 문화유산의 보존을 위한 정책으로 전환을 가져왔다. 도시의 서구화가 비록 산업화와 경제성장에는 긍정적으로 작용하지만, 아시아적 뿌리와 정체성 상실의 위기를 가져온다는 것을 인식하였던 것이다. 당시에 부총리였던 고척동(吳作動)은 1988년에 다음과 같이 선언하였다:

> 우리는 오랜 아시아 문화를 공유하고 있으며, 그것을 자랑스럽게 생각해야 한다. 우리는 결코 서구에 동화되거나 의사서구(pseudo-western) 사회가 되어서도 안 된다. 우리는 다양한 전통 문화와 유산에 자긍심을 갖는 싱가포르만의 독특한 아시아의 다인종 공동체를 건설해야 한다(Goh, 1988: 15).

1992년에 싱가포르는 해외 관광객과 전문 인력들 — 예를 들면, 기업가, 관리자, 전문가 등 초국적 엘리트 집단 — 을 유인하여 싱가포르의 역동성과 글로벌 도시 네트워크에서 우위를 점하기 위하여 '글로벌 문화도시'를 표방하며 예술 · 문화 · 엔터테인먼트 분야의 육성, 지역 문화의 배양과 국가 자긍심 고양을 위한 정책을 추진하고 있다. 이러한 정책 결과 싱가포르는 현재 동남아시아의 문화예술 중심지로서 특히 다음 세 분야에서 선두를 달리고 있다: 예술과 고미술품 거래와 경매 중심지, 동남아시아 영화 허브, 관광과 레저 엔터테인먼트의 종착지. 싱가포르는 글로

5) 요코하마는 '문화예술창조도시-Creative City 요코하마'를 주요 도시정책으로 정하여 역사적 건조물과 창고, 빈사무실을 활용해서 예술가와 창작활동가들이 창작, 발표, 거주하는 '창조 구역 형성'을 위해 노력해 왔고, 이 정책은 요코하마의 위상과 경쟁력을 높이는 데 크게 기여한 것으로 평가받고 있다. 요코하마의 문화예술 창조도시 정책은 기존의 계획 중심의 근대 도시 계획이론에 대한 반성에서 출발하여 주민 참여를 중시한 마을 만들기를 시도한 결과, 요코하마의 정취를 느낄 수 있는 역사적 건축물과 창고 등을 활용하여 지역 정체성과 문화를 이어나가 도시의 위상과 경쟁력을 높이는 결과를 가져왔다(이동현, 2008; 유상호, 2010).

벌 사회에 선도적 역할을 하는 월드시티가 되기 위해서는 다양한 인종, 계급, 언어, 종교를 포용하여 문화적 에너지가 넘치는 다문화 도시가 되어야 한다는 것을 일찍이 깨우쳤던 것이다(Chang, 2000: 819).

2 문화도시 전략의 주요 배경과 특징

선진도시에서 문화계획을 도시성장 전략으로 채택한 배경에는 다음과 같은 사회환경 변화가 주요 요인으로 작용하였다.

첫째, 미디어 기술의 발달에 의한 의사소통과 전달 범위 확대

둘째, 지역의 독특한 문화와 상업, 경제활동의 융합

셋째, 예술과 엔터테인먼트 활동의 결합: 문화와 레저의 복합

넷째, 글로벌 문화와 지역 문화 사이의 복잡한 얽힘

다섯째, 예술적 우수성 개념 변화와 표현의 자율성 신장

미디어 기술의 발달은 전 세계를 동시 생활권으로 압축 현상을 가져와서, 세계 어디에 있던 간에 정보통신 네트워크를 통하여 연계와 접속이 가능한 사회를 만들었다. 이러한 글로벌 네트워크의 형성으로 과거에는 알려지지 않았던 티베트의 '차마고도'가 최고의 트래킹 코스로 각광을 받게 되었으며, 한국 가수 싸이의 '강남 스타일'이 전 세계에 알려져 세계적인 가수로 등극하게 되었다. 이렇게 지역의 독특한 문화와 예술 활동들이 글로벌 네트워크에 접속하면서 문화예술의 전달 범위가 확대되고, 문화사업의 규모가 확장되어 경제활동과 융합하며 창조와 혁신의 동력으로 작용하고 있다.

지역 문화와 예술이 전 세계에 알려지면서 해외 관광객들이 증가하고, 문화와 레저, 관광이 결합한 체험 관광, 문화 체험, 문화 관광이라는 새로운 여행상품이 개발되었다. 이러한 추세에 직면하여 도시들 사이에 외래 자본과 관광객 유치를 위한 경쟁이 심화되어 도시 매력 홍보와 마케팅을 위한 문화예술부문의 투자가 증가하였다. 그리고 글로벌 네트워크에서 형성된 코스모폴리탄 문화가 유입되면서 지역 문화와 얽혀 갈등과 충돌, 화합과 조화, 배제와 포용 등 도시에서 복잡한 상황이 연출되고 있다.[6)]

문화예술의 글로벌화가 진행되면서 문화예술의 우수성 개념의 변화와 표현의 자유가 더욱 확대되는 현상이 나타나고 있다. 글로벌 문화의 확산은 이제 무엇이 고급 문화이고 무엇이 대중 문화인지에 대한 차이와 경계를 희석시키고 있으며, 과거에는 정부의 규제에 의해 접근 혹은 반입이 금지되었던 상품과 서비스에 대한 금지 조치가 글로벌 네트워크 형성에 의해 효용성이 상실되었다. 예를 들면, 과거에는 하급 문화로 인식되었던 만화가 그래픽 기술의 발달에 의해 3D 영화와 웹툰으로 진화하여 대중들의 사랑을 받고 있으며, 외설 혹은 음란물 규제에 의해 접근이 불허되었던 소설과 영상물들이 글로벌 네트워크를 통해 접속이 가능한 사회로 변화하였다.

이러한 변화에 직면하여 도시정부에서도 문화정책에 대한 인식의 변화를 가져오고 있다. 과거에는 대부분의 도시에서 문화정책의 주안점을 문화예술 활동의 분배와 지역적 균형에 중점을 두었는데, 최근에는 보다 장기적, 종합적, 복합적 전략을 통해서 문화의 외부 효과와 공간 효과를 극대화하는 데 중점을 두고 있다. 이를 위해서 도시 문화정책을 입안하는 과정에 도시계획가, 문화 전문가가 필수적으로 참여하여 정책을 자문하고, 민간 개발업자와 시민들이 협력 관계를 형성하여 거버넌스를 통해 문화정책을 수립 및 추진하는 현상들이 목격되고 있다.

상기와 같은 역사와 과정을 통해 추진된 해외 문화도시들의 문화정책을 분석하면 뚜렷한 몇 가지 특징들이 나타난다. 이들 가운데 특징들을 고찰하면 다음과 같다.

첫째, 선진사회 문화도시에서 공통으로 관찰되는 현상으로 문화 클러스터의 조성을 들 수 있다. 문화와 연계된 활동과 산업들을 특정 지역에 밀집해서 입지시키는 문화 클러스터 전략이 파리, 런던, 워싱턴, 뉴욕, 암스테르담, 비엔나, 타이완 등 해외의 주요 도시에서 공통적으로 관찰된다. 예를 들면, 프랑스 파리에는 중심지에 루브르 박물관, 오르세 미술관, 퐁피두센터, 국립도서관 등이 집중적으로 입지하여 문화지대를 형성하고 있으며, 미국 워싱턴 D.C.의 중심지인 워싱턴 몰에는 스미소

6) 이러한 사례로 2016년 1월에 발생한 여성 아이돌 그룹 '트와이스'의 대만 출신 가수 '쯔위(본명 저우쯔위 · 周子瑜)' 사건을 들 수 있다. 대만 출신 가수가 한국 TV 프로그램에 출연해 대만 국기를 흔들었던 일에 대해 중국 네티즌들이 항의하여 소속사가 사과를 한 사건으로, 중국의 지역 문화와 글로벌 문화가 충돌하여 발생한 사건으로 이러한 사건들은 더욱 빈번히 발생할 것으로 예상된다.

니언 박물관, 국립미술관, 전쟁기념관 등이 인접 입지하여 정치 중심지로서 뿐만 아니라 문화 중심지로서 기능을 수행하고 있다. 이와 같이 문화와 레저, 엔터테인먼트의 공간적 복합 개발을 통한 도시개발 전략을 통해 도시경쟁력 배양을 추진하고 있다.

둘째, 선진도시들은 이러한 문화 클러스터를 조성함으로써 도시 이미지 개선 및 장소 마케팅, 포지셔닝 전략 등을 복합적으로 추진하고 있다.7) 즉, 선진도시들은 도시의 문화활동과 다른 산업을 융합하여 탈산업사회의 도시 다양성, 독특성, 매력 요인을 신장시키는 복합 도시개발 전략을 추진하고 있다. 예를 들면, 문화시설을 독립적으로 조성하는 것이 아니라 미술관·박물관을 영화관, 백화점, 카페, 레스토랑, 바, 화랑, 창작 공간, 전시관 등과 인접 입지시킴으로써 문화예술과 산업의 복합공간을 조성하고 있다. 모마스(Mommaas, 2004: 508)는 이런 현상에 대해 “현재 유럽 전역에서 도시개발을 위한 문화 클러스터 전략이 진행된다고 해도 지나친 표현이 아니다.”라고 지적하고 있다.

물론 일각에서는 이러한 문화정책과 사업들에 대해 비판적 시각과 효용성에 대한 의문이 제기되고 있는 것도 사실이다. 이러한 문화 계획들이 진정으로 문화예술의 발달과 선진화를 위한 것인가? 혹은 단순히 문화예술의 상업화와 도시개발을 위한 도구로 이용되는 것은 아닌가? 즉, 이러한 문화와 경제의 융합이 도시에서 예술가치의 파괴와 문화의 상업화만을 초래하는 것은 아닌가? 이 질문에 대한 논의는 다음 절에서 살펴보기로 하자.

---

7) 포지셔닝(positioning) 전략이란, 세분화된 시장 중에서 표적시장을 정한 후 경쟁 제품과 다른 차별요소를 표적시장 내 목표 고객의 기억에 인식시키기 위한 마케팅 믹스 활동을 말한다. 즉, 제품 포지셔닝은 어떤 제품이 경쟁 제품과는 다른 차별적인 특징을 갖도록 하여 표적시장 내의 소비자 욕구를 보다 더 충족시킬 수 있음을 소비자 인식 속에서 위치시키는 것으로 광고, 포장, 디자인, 촉진 활동 등의 수단을 총동원하여 소비자 인식에 영향을 주는 전략이다. 최근 선진도시들은 각종 매체, 정보를 이용하여 도시의 차별적 이미지를 목표 집단의 인식 속에 뚜렷하게 위치시키기 위한 활동으로 문화 인프라의 투자, 차별적 문화 프로그램 개발, 문화활동의 집중화 등을 추진하고 있다.

제 6 절 문화도시 계획과 모형

도시는 항상 문화와 경제활동의 중심지로의 독점적 기능을 수행해왔다. 도시는 발생 초기부터 예술, 아이디어, 스타일, 패션, 생활방식 등을 선도하며 문화를 창출하였고, 동시에 고도 경제성장과 혁신을 추구하는 데 탁월한 능력을 보여 왔다. 특히, 21세기에 접어들며 도시에서 문화 영역과 경제개발 사이에 뚜렷한 융합이 목격되고 있으며, 이러한 현상이 현대 사회의 도시화 과정에 뚜렷한 특성 중 하나로 자리 잡고 있다.

도시에서 문화의 중요성을 잘 보여주는 사례로 이탈리아 밀라노, 베네치아, 피렌체 등 북부 도시들과 프랑스 파리, 오스트리아 비엔나 등을 들 수 있다. 이탈리아 북부 도시들이 의류와 패션에 높은 경쟁력을 갖는 것은 중세부터 전수된 디자인 기술과 장인정신이 결합하여 끊임없이 혁신과 창조력에서 선두를 지키고 있기 때문이며, 프랑스 파리가 문화예술로서 사랑을 받는 것은 루브르, 오르세, 퐁피두센터 등을 기반으로 문화예술에 대한 투자를 지속적으로 하였기 때문이고, 오스트리아 비엔나가 문화도시로 손꼽이는 것은 구스타프 클림트(Gustav Klimt), 에곤 실레(Egon Schiele)와 같은 화가를 배출하고 그들의 작품 가치를 인정하는 안목이 있었기 때문이다.

1990년대 이후 산업사회에서 탈산업사회로의 전환을 경험한 도시에서 제조업의 점진적 퇴출은 상대적으로 서비스 부문의 강세와 도시활동의 다양화를 가져왔다. 탈산업사회가 전개되면서 유기된 산업지구는 재개발을 통해 새로운 쇼핑 몰, 주거단지, 문화지구, 복합 단지, 공원 등으로 조성되어 도시재생을 위한 공간으로 재탄생 되고 있다. 이러한 도심 재개발과 도시재생의 주요 접근으로 빈번히 이용되는 것이 바로 문화예술을 통한 도시 활성화 전략이다. 대표적 사례로서 스페인 빌바오의 구겐하임 미술관을 들 수 있으며, 영국 런던의 테이트모던 박물관, 프랑스 파리의 프롬나드 플랑테, 독일 뒤스부르크 환경공원 등을 들 수 있다(김정후, 2013). 한국에서도 도시재생을 위한 문화예술 전략이 최근 도입되어 인천 중구 아트 플랫폼, 부산 또따또가 거리, 파주 헤이리 마을, 영월 박물관 도시와 같은 사업들이 추진되고 있다. 이러한 사업이 추진된 배경으로는 지역 재개발과 재건축을 통한 새로운 고용 창출, 외부 방문객과 투자 유치를 통한 소득 증대, 주거와 산업환경 개선을 통한 시민들의 삶의 질 향상, 지역의 문화유산 보존을 통한 역사성·정체성·지역성 함양 등 다양한 목적이 제시되고 있다. 특히, 최근에는 스페인 빌바오 구겐하임 박물관의 성공 사례가 알려지면서 지역재생을 위한 슈퍼뮤지엄(supermuseum) 프로젝트에 많은 도시에서 관심을 보이고 있다(Baniotopoulou, 2001).

문화도시 개발과 계획의 핵심은 '생활방식으로 문화' 개념을 기반으로 도시의 일상 생활 속에 문화와 예술, 경제, 사회, 환경 등의 폭넓은 통합을 추진하는 것이다. 이러한 문화 계획은 도시정부로 하여금 도시의 문화자원을 탐색 및 확인하여 도시개발, 장소 마케팅, 산업발전 등을 위한 전략을 개발하는 데 유용한 접근 방식을 제공한다. 여기서 문화자원은 지역의 예술과 문화유산뿐만 아니라 지역의 전통, 언어, 축제와 의식, 여가와 휴식의 질과 다양성, 주류와 음식 및 엔터테인먼트 설비, 신세대와 소집단 문화, 그리고 공예, 제조, 서비스 분야의 다양한 토산품과 기술 및 솜씨 등을 포함한다. 이러한 사고를 기반으로 이제 문화와 도시개발을 어떻게 연계하여 도시성장과 활성화를 가져오는가를 본격적으로 논의해 보도록 하자.

1 문화와 도시개발

문화를 통한 도시 활성화는 낙후와 정체 혹은 침체 상태에 있는 지역에 문화예술 활동과 산업을 조성 혹은 유인하여 새로운 활력과 역동성을 창출함으로써 사회, 경제, 환경적으로 지역의 삶의 질 향상을 위한 지속가능한 토대를 마련하는 것을 의미한다(LGA, 2000: 3). 전략적 관점에서 문화도시는 두 가지 차원에서 시도되고 있다. 첫째는 글로벌 차원에서 더욱 치열하게 전개되는 도시 간 경쟁의 맥락에서 창조적인 도시가 도시경쟁력을 갖는다는 경제적 관점의 전략이며, 다른 하나는 근대도시가 만들어낸 부정적 산물, 비인간적 사회 관계나 공동체 및 환경 파괴에 대한 비판적 시각에서 '보다 인간적인 도시'를 만들고자 하는 성찰적 관점에서 시도되고 있다(이상봉 외, 2013: 4).

도시개발에 문화를 이용한 사회경제적 복합 효과는 [그림 10-1]과 같이 설명할 수 있다. 도시의 문화예술 지구에 문화산업들이 입지하면 우선적으로 고용이 창

그림 10-1 문화의 지역경제 복합 효과

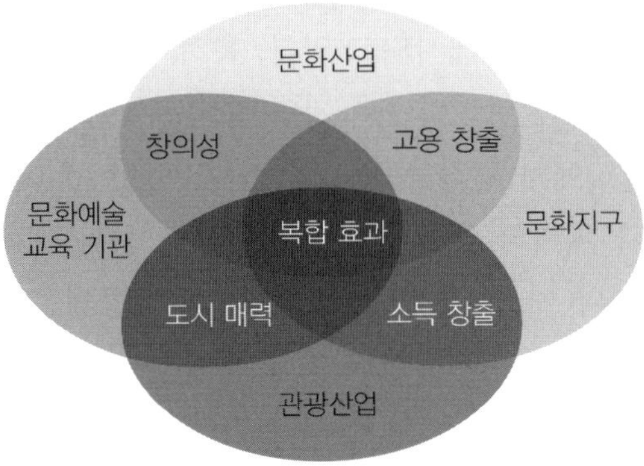

자료: City of Chicago(2012), Cultural Plan 2012.

출되고, 외부 관광객을 유인하는 매력 요인으로 작용하여 소득을 창출하며, 문화예술 교육 기관을 통해 배출된 문화 인력을 위한 노동시장을 형성하고, 문화 공급과 수요의 중심지에서 기술 변화와 혁신, 창조성이 배양되어 도시경쟁력이 높아지며, 이러한 문화예술 활동들이 다른 산업들과 복합적으로 작용하여 도시성장을 가져온다.

문화가 도시개발에 미치는 영향

도시에서 문화사업과 정책은 공동체 통합과 시민들의 삶의 질 향상, 그리고 공동체 활동에 시민 참여를 활성화하는 효과를 가져 온다. 문화시설은 단순히 도시성장의 견인차와 상징, 공공공간으로만 작용하는 것이 아니라, 도시 디자인의 수준을 보여주고 공공 예술사업에 영향을 줌으로써 주민들의 생활환경에 영향을 미친다. 이런 의미에서 문화를 통한 도시개발은 단순히 하드웨어만 관련된 것이 아니라, 지역의 사회·경제·미관 등과 연관된 문제이며, 근린생활과도 밀접하게 연계되어 있다.

문화가 도시개발에 미치는 영향을 살펴보면, 첫 번째로, 사회적 영향으로 문화는 지역 정체성, 유산과 같은 상징적 잠재력을 통해 사회적 포용과 공동체 통합을 촉진하며 공공재(public good)로서 주민들의 생활과 복지, 자긍심과 정체성 구축에 긍정적으로 작용한다. 공공재로서 문화가 도시개발에 미치는 효과는 사회적 결속력, 지역경쟁력 향상, 그리고 도시 외관의 변화 등 세 가지에서 살펴볼 수 있다(Evans, 2005: 971–972). 좀 더 구체적으로 살펴보면, 문화는 주민들의 지역에 대한 인식 변화에 긍정적으로 영향을 미치며, 청소년들의 문화활동 참여를 통해 범죄와 반사회적 행위를 순화시키고, 개인 및 공동체 사고와 욕구의 분출 통로를 제공하며, 지역사회 활동에 자발적 · 조직적으로 참여할 기회를 증가시키고, 지역 이미지 향상에 긍정적으로 작용하며, 민간과 공공부문 사이에 강력한 협력 관계 형성에 공헌하고, 주민들의 교육적 성취와 자긍심을 높이는 데 도움을 준다.

두 번째로, 문화가 지역경제에 미치는 영향을 보면, 첫째, 부동산 가격의 상승을 들 수 있다. 문화활동이 활성화되면 지역경제가 살아나고 이런 현상이 지가에 반영되어 부동산 가격의 상승을 가져온다. 둘째, 문화활동이 활성화되면 외래 관광객이 증가하여 소비가 증가하고, 관련 산업에 긍정적 영향을 미쳐 직 · 간접 고용이 창출된다. 예를 들면, 미술관이 들어서면 인근에 화랑, 카페, 레스토랑, 바 등이 들어서서 신규산업과 고용이 창출되어 지역 활성화를 가져온다. 셋째, 지역 문화예술 활동이 활성화되면 예술가들이 몰려들어 창작활동이 활성화되고, 다양하고 이색적인 분위기를 연출하여 젊음의 광장, 변화와 혁신의 중심지, 창조 클러스터로 작용할 수 있다. 대표적인 예로서 홍대 앞을 들 수 있다.

마지막으로, 문화가 도시의 물리적 환경에 미치는 영향을 보면, 첫째, 유기된 공간과 건축물을 스튜디오, 박물관, 갤러리, 창작 공간 등으로 재활용하여 도시의 안전을 높이고, 공간 이용의 효율성을 증가시킨다. 둘째, 문화시설과 작업 공간의 활용을 통해 지역의 복합 개발, 고밀도 개발을 가져온다. 셋째, 공공 예술과 건축물 조성을 통해 도시미관을 향상시키고 도시 이미지를 향상시킨다. 넷째, 문화활동이 활성화됨에 따라 공공 교통 이용이 증가하고, 중심지에 접근성이 향상되어 공공활동이 활성화된다.

상기와 같이 문화도시 조성을 통한 지역개발 효과는 다음과 같이 정리할 수 있다.

첫째, 지역개발과 경제 활성화 효과

- 문화 자산의 보존 · 활용, 다양한 문화활동 등을 통한 문화산업 발전의 기초를 제공

• 지역의 역동적인 이미지 제공 및 외부로 부터의 인재와 투자의 유치
• 지역개발과 지역경쟁력 제고에 기여

둘째, 고용 창출 효과

• 문화산업의 성장으로 인한 직접적인 고용 창출 효과
• 문화예술 활동 활성화와 여타 산업의 문화화를 통한 간접적 고용 유발 효과
• 문화산업과 관련 없는 산업의 문화화·고급화로 인한 제품의 고부가가치 실현 및 고용 창출 효과

셋째, 사회적 효과

• 지역주민들의 공동체적 삶의 공간 형성에 기여
• 지역에 대한 소속감과 공동체 의식 강화와 지역의 정체성 형성

넷째, 기업의 문화활동을 통한 기업가치 창조 효과

• 장기적인 안목에서 기업의 경영활동 기반을 강화
• 문화예술 분야의 후원 및 예술가 지원을 통한 기업 이미지 향상

다섯째, 도시 삶의 질 향상

• 시민들의 변화와 혁신, 상상력과 창의성, 다양성과 아이디어 개발에 기여
• 도시에 대한 자긍심 및 애향심 배양에 기여
• 거주 공간의 질적 개선과 매력도 향상을 통한 도시 이미지 개선에 기여

2 문화도시 모형

문화가 추상적 용어로 다양한 해석이 가능하듯이, 문화도시 모형 또한 학자들에 따라 다양하게 해석 및 제시되고 있다. 어떤 학자는 문화산업과 연계된 도시를 제시하기도 하고, 다른 학자는 문화활동과의 연계에 초점을 맞추기도 하며, 또 다른 학자는 규모에 따라 구분하기도 하고, 최근에는 문화예술과 창조성을 연계한 창조도시 혹은 창의도시를 탈산업사회의 주요 도시개발 방식으로 제안하기도 한다.

1) 문화산업도시 모형

임학순(2008: 102－103)은 산업적 접근과 문화적 접근을 동시에 추구하는 문화

그림 10-2 문화산업도시 조성 모델

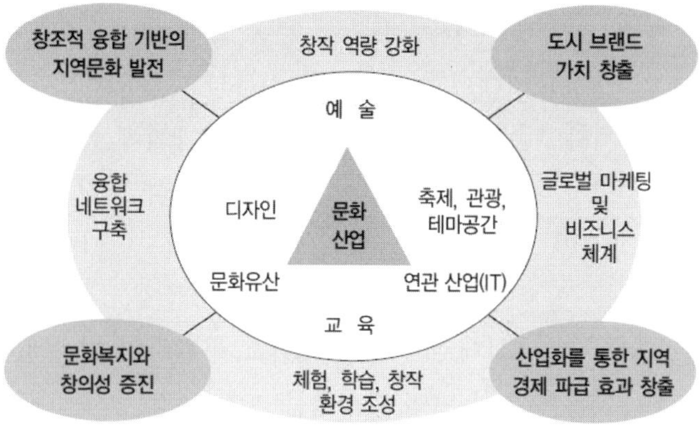

자료: 임학순(2008). 문화산업을 활용한 지역활성화 정책모델개발, 그림 2.

산업도시 모형을 [그림 10－2]와 같이 제시하고 있다. 이 모형에서 문화산업도시는 문화산업을 이용하여 '도시 브랜드 가치', '지역경제 파급 효과', '창조적 융합 기반의 지역 문화', '문화복지와 창의성' 등의 창출과 증진을 추구한다. 이러한 목적을 달성하기 위하여 창작 역량 강화, 글로벌 마케팅과 비즈니스 체계, 융합 네트워크 구축, 그리고 문화체험・학습・창작환경 조성 등을 위한 사업을 조성할 필요가 있다고 주장한다. 이러한 문화산업도시 모형은 문화산업과 타 영역, 예를 들면, 예술, 문화유산, 교육, 관광, 축제, 디자인, 미디어 등과의 창조적 융합을 통해 도시공간 전체의 창의성과 경쟁력 향상을 위한 접근을 제공할 것으로 기대한다.

2) 문화의 개입 정도에 따른 도시개발 유형

에반스(Evans, 2005: 10－12)는 문화예술을 이용한 도시계획에서 문화의 개입 정도에 따라 세 가지 유형으로 분류하여 설명한다. 주요 내용을 도시개발의 맥락에서 고찰하면 다음과 같다(박은실, 2005: 16－18).

문화주도형 도시개발(culture-led development)

문화주도형 도시개발은 문화를 도시 활성화를 위한 촉매와 견인차로 이용하여 도시성장을 추진하는 것을 의미한다. 따라서 문화활동은 단순히 여가와 휴식을 위한 활동을 넘어 성장동력으로 작용하며 도시성장과 재생의 상징으로 등장한다. 문화주도형 도시개발을 위한 활동으로는 폐건물, 공가 등의 문화활동으로 재활용, 낙후지역에 문화 복합 시설 및 프로그램 조성 등을 통해 도시재생을 추진하는 방식이다. 전자의 예로는 영국 런던의 테이트모던 박물관을 들 수 있고, 후자의 예로는 스페인 빌바오의 구겐하임 미술관을 들 수 있다. 도시개발에 문화적 요소들이 투입됨으로써 도시의 창의성, 독특성, 차별성이 부각되어 보다 활기차고 스펙타클한 도시, 자극적이고 인상적인 도시를 만들 수 있다. 에반스는 이러한 문화주도형 도시개발이 최근 주목받고 있지만, 도시개발의 장기적 시각에서 경제성장을 전면에서 주도하기는 어렵다고 본다. 실제로 스페인 빌바오 구겐하임 미술관과 영국 테이트모던 박물관이 문화활동을 통한 지역 활성화를 가져온 것은 사실이지만, 그 뒷면에는 도시개발을 위한 인프라(항만, 공항, 도로, 철도 등)에 대한 막대한 투자와 고급주택과 호텔 등에 대한 개선사업이 선행된 결과라는 것이다. 이런 시각에서 문화주도형 도시개발은 분배적 정책에 역행한다는 비판이 제기되기도 한다.

문화통합형 도시개발(cultural development)

이 모형에서 문화활동은 환경, 사회, 경제 등 영역과 통합하여 도시성장을 위한 문화전략이 수립된다. 주요 사례를 보면, 영국 버밍햄 시는 '도시 르네상스 정책'의 초기 단계에서부터 문화를 도시의 경제성장과 고용 확충을 위한 핵심 계획에 포함시킨 것이다. 또 다른 사례로서 스페인 바르셀로나 시는 구도심에서부터 올림픽 선수촌과 퇴출 산업지역의 재생 과정에서 문화와 디자인, 창의지구를 통합한 정책을 지속적으로 추진하고 있다. 스페인 바르셀로나와 미국 시카고 도시재생을 본 딴 영국 버밍햄은 예술과 이벤트 시설, 공공 예술 및 경관 계획을 결합한 정책을 통해 도심부 재개발을 추진하였다. 이러한 계획은 교육과 복지부문에 충당되어야 하는 예산을 전시적 사업에 투자하는 결과를 가져와 소외 지역과 집단에 대한 차별과 격차를 심화시킨다는 비판이 제기되기도 한다(Loftman, 1990).

한편으로 문화적 재생기법은 문화를 중심으로 도시재생을 견인하기 위한 접근이 한계에 봉착하면서 점차 창의도시 모형과 긴밀하게 연계되어 추진되고 있다. 이러한 사례들은 영국의 브래드퍼드(Bradford), 반스레이(Barnsley), 샐퍼드(Salford), 리버풀(Liverpool)과 같은 산업도시와 항구도시의 재생 계획에서 관찰되며, 스페인 발렌시아, 네덜란드 로테르담, 캐나다 몬트리올 등과 같은 도시의 르네상스 계획에서 시도되고 있다.

문화참여형 도시개발(culture and development)

이 모형에서 문화는 도시개발과 재생계획에서 주요 활동으로 작용하지 않고 주변 활동으로 소극적 혹은 소규모 관련성을 갖는다. 예를 들면, 사무단지 개발에서 건물 디자인이 결정된 다음에 구색 맞추기를 위해 공공 예술 조형물 건립으로 관여한다든가 폐쇄된 산업단지 재생 계획에 역사적 고증 혹은 산업체 유물 보존으로 관여하는 등을 의미한다. 때로는 문화와 관련된 계획이 부재한 상황에서 주민과 예술가들이 거리의 간판이나 벤치 등에 미적 감각을 첨가한 디자인을 제시하거나 자발적인 거리 콘서트 혹은 문화예술 이벤트를 개최하여 지역 활성화와 도시재생을 추진하는 접근을 의미한다. 이 모형에서 문화는 계획의 후반부에 관여하지만, 문화적 개입을 통해 계획의 전반적 향상을 가져와 도시개발에 긍정적 영향을 미친다.

도시 활성화와 재생을 위한 계획에서 문화가 통합적 요소가 아닌 부가적 요소로 취급되는 것은 도시정부의 담당자들이 도시재생과 문화활동 사이의 연계 관계를 이해하지 못하거나 문화활동이 도시재생에 미치는 긍정적 영향에 대한 이해부족에서 기인한다. 그래서 문화가 도시 활성화에 기여하기 위해서는 지도자의 리더십이 주요 요소로 대두되며, 강력한 리더십이 부재한 경우 문화와 도시개발의 연계성은 소극성을 띠게 된다.

3) 공간 규모에 따른 문화계획 유형 분류

많은 도시에서 문화도시 조성을 추구하지만, 규모에 있어서는 천차만별의 차이를 보인다. 어떤 도시는 공연장과 박물관을 조성하며 문화도시를 표방하기도 하고, 다른 도시는 골목길 담벼락에 그림을 그려놓고 문화도시가 되었다고 홍보하기도 한다. 그런가 하면 다른 도시는 종합적 장기적 계획을 수립하여 특정 지구를 문화지구로 조성하기도 하고, 또 다른 도시는 문화예술과 타 산업을 연계하여 도시 전체를 문화관광 도시로 개발하기도 한다. 상기 설명에서 첫 번째 사례로는 한국 도시에서 흔히 발견되는 독립적인 미술관, 박물관 시설들을 들 수 있으며, 두 번째 사례로는 최근 많은 도시에서 조성한 동화마을 골목길 등을 들 수 있다. 세 번째 사례로는 서울 북촌과 서촌 마을을 들 수 있고, 네 번째 사례로는 이탈리아 피렌체와 스페인 바르셀로나 등을 들 수 있다.

이러한 공간 규모에 따른 문화도시 접근에서 오민근(2005)은 공간 규모에 따라 문화지역을 문화시설, 문화거리, 문화지구, 문화벨트 등 네 가지로 분류하고 있다.

첫째, 문화시설은 일반적으로 문화공간으로 인식하는 미술관, 박물관, 전시관, 문예회관, 공연장, 도서관, 창작 공간, 화랑, 기념관, 영화관 등을 의미한다. 이러한 시설들은 대부분 독립적으로 존재하여 공간적 연계를 통한 집적의 효과를 창출하지 못한다.

둘째, 문화거리는 가로 공간에 소공원, 분수대, 벤치 · 정원 · 휴지통 등 스트리트 퍼니처(street furniture), 조형물 등을 설치하여 문화공간을 조성하는 것으로, 예를 들면 수원 나혜석 거리, 대구 김광석 골목, 인천 구월동 로데오 거리 등을 들 수 있다.

셋째, 문화지구는 서울 인사동, 대학로와 같이 일정한 공간에 특정 문화활동이 밀집해서 존재하는 지역을 의미한다. 인사동은 미술 · 골동품과 관련된 활동들이 밀집하고 있으며, 대학로는 연극과 관련된 활동들이 밀집해 있다. 인천 아트 플랫폼에는 미술 창작 및 전시와 관련된 활동들이 밀집해 있으며, 부산 40계단 거리에는 1950~1960년대 특색을 살린 조형물, 문화관 등을 설치하여 옛 생활상을 재현하고 있다.

넷째, 문화벨트는 문화시설, 문화거리, 문화지구들을 공간적으로 연계하여 문화, 예술, 창의, 쇼핑, 관광 등 활동을 연속하여 창출하는 공간이다. 예를 들면, 동대문 역사문화벨트는 동대문, 청계천, 동대문 디자인 프라자(DDP), 평화시장, 광장시장 등을 연계하여 디자인, 쇼핑, 관광 활동을 통해 도시경제를 견인하고 있다. 서울 강남지역에는 삼성동 코엑스, 강남역 쇼핑 공간, 서초동 예술의 전당 등이 연계하여 강남 경제문화벨트를 형성하고 있다. 광주에는 비엔날레 미술관, 시립미술관, 아시아 문화예술의 전당 등이 연계하여 광주 문화벨트를 형성하고 있다.

이외에 우신구(2014)는 문화도시를 문화예술 시설과 작품의 활용, 문화예술 지구의 조성, 문화예술 프로그램 활용에 따라 다음과 같이 세 가지로 구분한다.

첫째, 문화예술 시설과 작품을 도시개발을 위하여 전략적으로 이용한 사례로는 스페인 빌바오 구겐하임 미술관, 영국 런던 테이트모던 박물관, 스페인 바르셀로나

라발 지구의 현대미술관 등을 들 수 있다.8)

둘째, 문화예술 지구의 조성을 통한 도시 활성화 사례로는 중국 베이징(北京) 따샨스 798 예술특구, 서울 문래동 창작예술촌, 뉴욕 소호와 첼시지구, 런던 웨스트엔드 양조장 지대 등을 들 수 있다.

셋째, 문화예술 프로그램을 활용한 도시 활성화 사례로는 부산 독립영화제, 광주 비엔날레, 영국 리버풀의 비틀즈(Beatles) 투어, 독일 뮌헨의 맥주축제 옥토버페스트(Oktoberfest) 등을 들 수 있다.

제 7 절 창조도시에 대한 논의

1 창조도시 역사와 개념

21세기 들어서서 도시들은 문화예술을 도시발전에 어떻게 이용 및 융합시킬 것인가를 고민하며, 예술과 창의성을 진작시키기 위한 창의도시 전략을 추구하고 있다. 문화도 경제적 가치를 창출하는 산업이 될 수 있으며, 산업도 문화적 가치를 품어 문화가 될 수 있다는 '문화의 산업화'와 '산업의 문화화'라는 발상이 창조경제와 문화예술이 결합한 창조도시 조성이라는 접근을 가져왔다(이상봉, 2013: 126).9) 문화와 경제의 만남을 통해 도시개발을 시도하는 창조도시 접근에는 덴마크 코펜하겐대학 피터 듀런드(Peter Duelund) 교수가 제시한 '컬처노믹스(culturenomics)'

8) 라발 지구는 이민자와 저소득 주민들이 많이 거주하며 좁은 골목이 많은 우범지역이었는데, 이곳에 현대미술관과 광장이 조성되면서 지역 이미지가 바뀌고, 수많은 관광객과 방문객들이 이 지역을 찾고 있다. 그 결과 레스토랑, 상점, 예술가 스튜디오와 공방 등이 라발 골목길을 메우면서 활기가 넘치는 지역으로 변모하였다(우신구, 2014: 40에서 재인용).

9) 창조도시에 대한 논의가 본격화된 배경에는 글로벌화된 세계경제와 서구에서 복지국가 시스템의 운영에 따른 재정위기를 주요 요인으로 제시하는 학자도 있다(임상오 외, 2007: 9-12). 영국의 창의도시 조성에 공헌한 문화예술 집단은 창조도시가 대처의 신자유주의 산물이라는 것은 자본주의 모순의 극치를 보여준다고 비판한다. 대처(M. H. Thatcher)의 신자유주의에 대한 반발로 문화예술 집단은 도심을 떠나 폐허 혹은 방치된 채 남아 있는 공간에서 문화예술을 위한 창작 활동을 수행하였는데 결과적으로 이런 활동들이 런던 침제지역의 재생과 런던 경제의 활성화를 견인하는 동력으로 작용하였다는 것은 아이러니가 아닐 수 없다는 것이다.

개념이 근저를 이루며, 문화적 자본이 경제적 자본으로 전환 및 활용 가치가 있다는 인식이 자리 잡고 있다(조태남, 2014: 9).

플로리다(Florida, 2002)는 도시개발에 컬처노믹스 개념을 끌어들여 창조경제 운동을 점화하였다. 플로리다의 창조경제 운동에 의하면, 글로벌 경제 체제에서 도시가 번영하기 위해서는 창조 인력—과학자, 연구 인력, 건축가, 디자이너, 기술전문가, 문화예술 인력 등—을 유인할 수 있어야 하며, 이러한 집단들이 도시에 밀집하면 자연스럽게 비즈니스도 따라온다고 주장한다.10) 그리고 이러한 창조 인력을 도시에 유인하기 위해서는 고급 레스토랑과 고품격 바, 문화예술 갤러리, 자전거 전용도로, 다락방 스튜디오와 창고형 공간 등과 같은 시설들과 창조적 아이디어를 포용 및 실행할 수 있는 개방적 분위기가 조성되어야 한다고 주장한다.

많은 선진도시들이 문화예술이 사회문화적 자산(social and cultural capital)으로서 도시의 거주 적합성(liveability), 시민들의 삶의 질 및 예술도시로서의 시의 정체성 확립에 긍정적인 영향을 미칠 것으로 기대하고 있다. 예를 들면, 호주의 멜버른은 도시의 풍경 등 도시미관을 향상하고, 혁신과 경제성장을 촉진함으로써 궁극적으로 도시 브랜드 가치를 높이기 위한 멜버른 예술 전략을 추진하고 있다(세계도시동향, 2014). 멜버른 시는 예술이 도시의 장기 지속성에 핵심적인 공헌을 할 분야로 인식하고, 예술에 대한 투자가 곧 사회문화, 도시 설계, 그리고 도시경제에 대한 투자가 될 것으로 전망하고 있다.

이러한 창조도시 열풍이 확산되면서 일본의 대표적인 창조도시 학자인 사사키 마사유키(佐々木雅幸)는 창조도시란 "과학과 예술의 창조성이 풍부하고 동시에 기술혁신에 필요한 산업이 충분히 발달된 도시"라고 정의하고, 다음의 다섯 가지 기준을 창조도시가 갖추어야 할 조건으로 제시하였다.

첫째, 예술가와 과학자가 자유롭게 창조적인 활동을 할 수 있고 노동자나 수련공이 자기 능력을 발휘하여 다양한 생산활동을 전개함으로써 세계적 경제 불황에 따른 고용 감축에 대응할 수 있는 자기혁신 능력이 충분한 도시경제 시스템을 갖

10) 플로리다(Richard Florida)의 창조 계급의 뚜렷한 특성은 구성원들이 유의미한 새로운 형태를 창출하는 기능을 가진 일에 종사하고 있다는 점이다. 이 새로운 창조 계급의 핵심적 집단으로는 과학자와 엔지니어, 대학교수, 시인과 소설가, 예술가, 연예인, 연기자, 디자이너, 건축가뿐만 아니라 현대 사회의 사상적 지도자, 즉 비소설 작가, 편집인, 문화계 인물, 종합 연구소 연구원, 분석가 및 여타 여론 주도자 등을 포함한다(Flordia, 2005: 53).

춘 도시

둘째, 과학과 예술의 창조성의 기반이 되는 대학이나 연구기관뿐만 아니라 극장과 도서관과 같은 문화시설이 잘 갖춰져 있고 중소기업의 권리가 보호되고 신규창업이 용이하며, 자유적인 일을 지원하는 각종 협동조합이나 협회 등과 같은 창조지원 인프라가 잘 갖춰진 도시

셋째, 산업발전이 도시민의 생활의 질을 개선하고 충실한 사회 서비스를 제공함으로서 환경, 복지의료, 예술 등의 영역에서의 새로운 산업 발달에 자극을 줄 수 있는 산업활동과 생활 문화, 즉 생산과 소비가 조화를 이루면서 발전하는 도시

넷째, 생산과 소비가 이루어지는 공간을 제공하는 도시환경이 잘 보전되어 있고, 도시민의 창조력과 감성을 고취시킬 수 있는 미적 경관을 지닌 도시

다섯째, 도시민의 다양한 창조적인 활동을 보장하고, 행정에 주민이 참여할 수 있는 지역자치 시스템, 도시와 도시, 지역과 지역을 네트워크화하는 광역행정 시스템이 잘 갖추어진 도시를 들었다.

사사키는 이 기준을 가지고 이탈리아의 볼로냐를 창조도시의 전형적인 사례로 들었으며, 일본에서는 대표적인 창조도시로서 가나자와(金澤)를 높게 평가하였다(한승욱, 2013: 93-94에서 인용).

이제 창조경제는 탈산업사회에서 도시 활성화를 위한 주요 전략으로 이해되기 시작하였고, 창조인력을 지역에 유인하기 위해서는 문화와 예술에 대한 투자가 필수적이라는 것이 도시 정책가들에게 인식되기 시작하였다. 문화예술을 통한 지역경제의 직·간접효과를 이해하기 시작한 정책결정자들은 이러한 효과가 공간적으로 제한된다는 것을 인식하고, 박물관, 전시장, 갤러리 등 문화예술 활동과 시설이 밀집한 거리와 구역을 집중적으로 개발하는 문화 클러스터 전략이 도처에서 추진되고 있다. 문화예술을 기반으로 한 창의활동이 지역경제에 파급 효과를 창출하는 사례들을 뉴욕, 런던, 로스앤젤레스와 같은 대도시에서 문화예술과 창조활동의 클러스터를 통해 확인되고 있다. 그런데 이와 같은 클러스터가 형성되기 위해서는 카스텔스(Castells)가 지적한 바와 같이, 지역에 혁신환경(milieux of innovation)이 조성되어 창의활동이 촉진되고, 산업 간 연계 관계를 통해 창의활동이 확산될 수 있는 유연적 네트워크가 형성되어야 한다(김천권, 2004). 이와 같이 최근에 많은 도시에서 창조도시 계획이 추진되면서 문화예술과 관계된 산업과 시장, 그리고 시민들

의 인식과 공간활동에서 다양한 변화가 진행되고 있다. 이러한 변화는 21세기 새로운 산업화와 연계되어 도시경제의 핵심활동으로 창조산업의 성장을 예고하고 있다.

2 창조성과 창조산업

창조성은 지역성, 내생적 특성, 독특성, 차별성, 상상력, 블루오션 등과 관계된 개념으로 이해될 수 있다. 또한 인문학적 사고에서는 창조성 개념이 예술 문학과 관련된 부문으로 생각할 수 있으나, 창조적 파괴, 변화와 혁신이라는 맥락에서는 과학기술과 관련되었고, 자연과 인간의 관계가 끊임없이 변화하며 새로운 사고와 생활방식이 도입된다는 맥락에서는 창조성이 일상의 영역과 밀접한 관련성을 갖는 것으로 이해된다. 이런 시각에서 베커(Becker, 1982)는 예술가를 “현재의 사회 밖에 살고 있는 천재”로 표현하는 이미지가 잘못되었다고 비판한다. 개인의 창의성은 매우 특이한 아이디어와 형상일지라도, 천재를 천재로 인정하는 사회환경과 연결되어 있다. 이러한 베커의 사고에 의하면, 예술작품은 특별한 재능을 가진 예술가 개인의 창작품이 아니며, 예술가의 작업을 작품으로 탄생시킨 예술계와 현존하는 모든 사람들의 공동작품으로 해석한다. 예술가들은 사실 거대한 사회 체제에서 특별한 재능을 소유한 부분집단으로 그들의 작업을 통하여 사회에 ‘예술’이라는 독특하고 필수불가결한 공헌을 하는 소집단이라는 것이다. 베커의 이러한 사고는 창의성은 사회 밖의 특이한 활동이라는 개념을 해체하고 매일매일의 일상적 활동을 바탕으로 창의성이 발현된다는 것을 강조한다. 이런 시각에서 창조산업, 창조계급, 창조인력은 문화예술과 관련된 특정 분야에만 한정되는 것이 아니라 보다 일반적인 분야, 예를 들면 레스토랑, 여행, 스포츠, 조경 등의 분야까지 확대된다. 레스토랑의 경우를 예를 들면, 종래의 음식점과는 다른 이국적 레스토랑(예를 들면, 태국, 아랍, 몽골, 터키, 아프리카 레스토랑 등)을 열면 주민과 외래 방문객에게 선택의 범위를 넓힐 수 있다. 여행 에이전시의 경우, 종래와는 다른 체험 혹은 오지 상품을 제공하면 소비자에게 보다 다양한 선택의 기회를 제공한다. 마찬가지로, 스포츠와 조경 등에서도 종래의 기술·테크닉과 다른 새로운 것을 시도 및 개발함으로써 스포츠와 정원 관람의 흥미를 높일 수 있다. 이런 시각에서 창의성은 특정 분야에만 한정된 것이 아니라 우리의 일상 생활과 밀접하게 연계되어 있고, 특정 산업과 계급에만 한정된 활동이 아니라 산업 전반과 관련된 활동으로 확대된다.

문제는 창조경제와 산업, 그리고 관련된 인력을 육성하는 전략인데, 창조 분야를 현재의 창의 노동력에서 다양한 아이디어와 솜씨 및 기술을 가진 산업 분야로 확대하면, 보다 다양한 분야에서 새로운 직업을 위한 훈련과 프로그램을 통해 새로운 인력과 직업을 창출할 수 있다. 예를 들면, 여행 탐색 프로그램 개발을 통해 오지 탐험, 공정 여행, 특화 여행을 위한 전문가 양성과 소비시장을 개척할 수 있고, 다문화집단에 대한 교육 훈련을 통해 이국적 기술과 지역 내생적 산업이 결합하여 특화된 상품과 서비스가 개발될 수 있다. 이런 시각에서 창조경제는 기존시장에서는 독특성, 이질성 때문에 적응하지 못했던 도시 젊은 세대와 다문화 집단에게 새로운 소비시장과 취업 기회를 제공하며 'Korean Dream'을 꿈꿀 수 있는 도시를 조성하는데 공헌할 수 있다.

근대 사회에 들어서서 산업은 1차, 2차, 3차 산업으로 분류되어 발달하였으나, 최근에 들어서는 산업들 사이에 경계가 모호해지는 경향을 보인다. 특히, 이러한 추세가 강하게 나타나는 분야가 바로 문화예술과 창조산업 분야라고 할 수 있다. 예를 들면, 문화예술과 관련하여 도자기를 대량으로 생산하는 작업은 단순 요업으로 분류되어 2차 산업인 반면, 장인에 의해 가마에서 탄생하는 작업은 고급 예술작업으로 분류된다. 아마 이것보다 더 모호한 행위는 3D 프린터로 만드는 작업 과정일 것이다. 이 경우 3D 프린터를 생산하는 것은 제조업 과정으로 분류되지만, 3D 프린터를 이용하여 다양한 생산품을 제작하는 과정은 2차 산업 혹은 3차 산업으로 분류해야 할지 모호하다. 유사한 사례로, 컴퓨터 제어 프로그램을 제작하는 활동을 제조업으로 분류해야 할지 아니면 서비스 산업으로 분류해야 할지 모호하다. 그런데 중요한 특징은 다양한 창조산업과 활동들이 이와 같이 2차와 3차 산업 사이에 모호한 경계에 놓여 있다는 것이다. 창조산업은 정신적 노동과 육체적 노동의 융합을 통한 새로운 노동을 요구하며 도시 인력들의 취업 기회를 위한 기름진 토양을 제공한다.

제8절 한국 문화도시 현황

1 한국의 문화도시 추진 배경

한국 도시들의 문화도시를 추구하기 위한 배경은 서구 도시와는 상이한 면을 보인다. 서구 도시들이 제2차 세계대전에서 폐허가 되었고, 1970~1980년대를 지나면서 공업지역의 침체와 불황을 경험하며 도시 활성화와 재생의 필요성이 제기되어 문화적 요소를 도시개발에 활용하기 위한 전략으로 문화도시가 추진되었으나, 한국 도시들은 비록 한국전쟁에서 폐허가 되었지만, 이런 역사적 경험은 한국 사회가 도시화되기 이전의 현상으로 서구 사회와는 다른 도시성장 스토리를 가지고 있다.

한국 사회의 도시화는 1960년대부터 본격적으로 시작되어 1980년대까지 급격한 도시화가 진행되었으며, 1990년대 들어서서 도시화의 안정기인 성숙기에 접어들었다. 아마 세계 역사에서 한국 사회 만큼 급격한 도시화와 산업화를 경험한 국가는 없을 정도로 빠른 도시화가 진행되는 과정에서 고도 경제성장에 중점을 둔 결과 문화예술 부문에 대한 투자는 구색 맞추기 정도로 등한시되었던 것이 사실이다. 앞에서 언급한 바와 같이, 이런 사실을 잘 보여주는 사례가 과천 청계산 자락의 국립현대박물관이며, 우면산 자락에 조성된 예술의 전당 등이다.

국민소득 2만 달러 시대에 접어든 2000년대를 거치면서 종래의 양(量) 중심의 도시에서 삶의 질과 웰빙에 중점을 둔 도시로 전환이 시작되었다. 그동안 고도성장에만 중점을 둔 결과 도시는 회색빛 시멘트 숲으로 가득 찬 인간성 상실의 도시, 정체성이 상실된 복제의 도시, 경쟁만을 강조한 스트레스 도시로 전락하였다는 비판이 제기되면서, 21세기 글로벌 도시로 도약하기 위해서는 문화예술과 디자인 등에 보다 많은 투자를 해야 한다는 목소리가 제기되었다. 최근 들어서는 한류가 세계화되고 외국 관광객이 급증하면서 문화도시 조성에 주력할 필요가 있다는 것이 확인되었다. 아시아를 중심으로 확산되던 한류는 '싸이'의 '강남 스타일'을 계기로 확실히 세계로 그 영역을 넓혔으며, 2012년 들어와서 해외 관광객 수가 1천만 명을 넘어서 관광 한국으로서의 도약 가능성을 보여주었다(라도삼 외, 2014: 5).[11] 이러한 추세에 직면하여 한국의 도시들은 현재 앞 다투어 문화도시를 표방하며 문화예술 부문에 대한 계획을 수립하여 투자를 서두르고 있다.

2 문화도시 추진 실태

최근 문화도시를 추진하고 있는 한국 주요 도시들의 추진 실태를 살펴보기로 하자.

1) 부산 영상도시

부산시는 1996년 제1회 부산국제영화제의 성공을 바탕으로 2004년부터 영상산업을 부산시 4대 전략산업의 하나로 선정하여 집중 육성하고, 부산을 영상문화도시로 조성한다는 목적으로 '아시아영상문화중심도시' 조성사업을 전개하였다. 이러한 계획을 뒷받침하기 위하여 중앙정부(문화관광부)는 2005년 부산을 4대 문화도시 중의 하나인 '영상문화도시'로 선정하고, 수도권에 집중된 영상산업을 부산에 재배치하여 지역 전략산업으로 육성함으로써 국가 균형 발전을 추구할 것을 천명하였다(주유신, 2005).

이러한 배경에서 출발한 부산 영상도시 사업은 부산을 아시아영상문화산업 중심도시로 특화 및 육성하여 한국 영화영상산업의 발전에 기여할 것을 목적으로 구체적으로 다음과 같은 분야에 투자를 집중하고 있다.

- 글로벌 영상산업 육성
- 영화와 함께 게임, 애니메이션, 방송, 광고 등의 융합, 연계 발전
- CG, 3D, VR, AR, Hologram 등의 중점 육성을 통한 첨단영상산업 특화

[그림 10-3]은 부산 아시아영화영상도시의 비전을 보여준다. 부산은 영상도시 조성을 통하여 산업을 특화하고, 영화와 애니메이션, 방송과 광고 등을 융·복합하

11) 최근 한류의 세계화로 문화산업이 높은 성장률을 기록하며 2012년 문화산업 수출액이 사상 최초로 수입액을 추월해 8,550만 달러의 흑자를 기록하였다(서민수 외, 2013).

그림 10-3 영상도시 부산의 비전–아시아 영상 허브

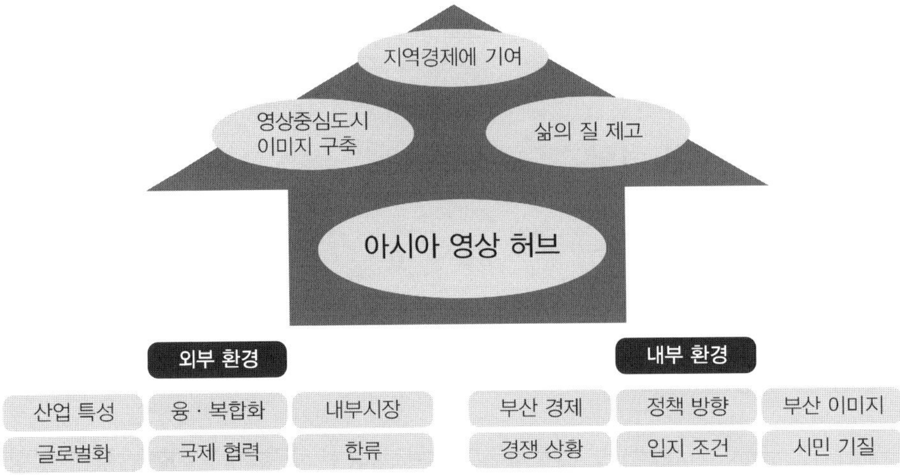

자료: 부산영상도시육성을 위한 종합계획(2005).

여 내수시장을 활성화하고, 한류를 전 세계에 확대하여 아시아 영상 허브로 역할을 수행할 것을 목표로 하고 있다. 그리고 부산 영상도시를 조성함으로써 부산 이미지와 브랜드 가치를 높여서 부산의 입지경쟁력을 향상시키고, 부산의 정체성 확립에 긍정적으로 작용할 것을 기대하고 있다.

그런데 최근(2016년 2월) 부산 영상도시 조성의 모태가 된 부산국제영화제가 위원장 해촉 사건으로 흔들거리고 있다. 부산시는 2007년부터 9년째 부산국제영화제(BIFF) 집행위원장을 맡고 있는 이용관 위원장을 해촉하고 새로운 인물을 물색하고 있다. 문제는 이용관 집행위원장의 해촉이 2014년 영화제에서 세월호 참사를 다룬 다큐멘터리 '다이빙 벨' 상영을 두고 부산시와 대립한 것에서 비롯되었기 때문이다. 영화계는 부산시가 문화행사의 자율성과 독립성을 훼손하고 표현의 자유를 침해한 것으로 BIFF를 보이콧하겠다는 뜻을 밝히고 있고, 해외 영화계에서도 부산시의 영화제에 대한 간섭을 중단할 것을 요구하고 있다(조선일보, 2016.02.17). 유사한 사건으로 한국영화계는 지난 2004년 부천 국제판타스틱영화제가 석연찮은 이유로 김홍준 집행위원장을 해촉하자 보이콧을 선언했었다. 당시 김홍준 위원장이 개막식에서 조직위원장인 홍○○ 부천시장을 호명하지 않자 괘씸죄가 적용되었다는 소리들이 나돌았다. 위원장이 해촉되면서 영화제를 뒷받침하던 스태프들이 줄줄이 해촉되었고, 세계 3대 판타스틱영화제 자리를 위협하던 부천 국제판타스틱영화제는 그 뒤 어려운 길을 걸었다(중앙일보, 2016.02.14). 상기와 같은 사건은 우수한 문화도시 조성을 위해서는 지역의 정치문화가 성숙되어야 하며, 특히 문화정책이 경직적인 관치 행정에서 벗어나 보다 유연하게 실시되어야 한다는 것을 보여준다.

2) 광주 아시아문화중심도시

광주는 한국에서 대표적인 문화도시이다. 다른 도시와 광주가 문화도시에서 현저한 차별화를 갖는 것은 바로 미술관·박물관이 밀집한 문화지대를 도시에 조성했다는 것이다. 그리고 국립 아시아문화의 전당이 2015년 9월에 개관하여 문화도시로의 위상을 높이고 있다. 다른 도시와 비교하여 광주가 문화도시로 인정받는 것은 문화시설의 입지를 통해 확인할 수 있다. 예를 들면, 대구와 인천에 시립미술관과 박물관이 어디에 위치하고 있는지를 살펴보면 왜 광주가 문화중심도시로 불리고 있는가를 이해할 수 있다. 2011년 개관한 대구 시립미술관은 대구 남동쪽 대덕산 자락에 위치해 있으며, 인천 시립박물관은 송도 청량산 자락에 위치해 있다. 이와 같이 박물관·미술관 입지만 보더라도 대구와 인천이 문화를 어떻게 인식하고 있는가를 파악할 수 있다. 반면에, 광주에는 시립미술관, 어린이 갤러리, 민속박물관, 비엔날레관, 문화예술회관이 도심에 밀집하여 문화 클러스터를 형성하고 있다.

5·18 광주민주화운동의 발생지인 광주는 도시에 내재된 민주·인권·평화의 정신을 미래 지향적으로 계승하여 인간 중심의 도시, 억압과 소외가 없는 평화·인권의 도시, 열린 소통의 도시, 자연을 도구로만 인식하지 않는 환경친화적 도시를 지향하고자 '아시아문화중심도시'를 조성하고 있다. [그림 10-4]는 광주 아시아문화중심도시 조성사업의 비전과 목표를 보여준다. 광주는 아시아문화중심도시 조성을 위하여 다음과 같은 4대 과제를 중점적으로 추진하고 있으며, 「아시아문화중심도시 조성에 관한 특별법」에 의해 뒷받침되고 있다(문화체육관광부, 2014).

그림 10-4 아시아문화중심도시 조성의 비전과 목표

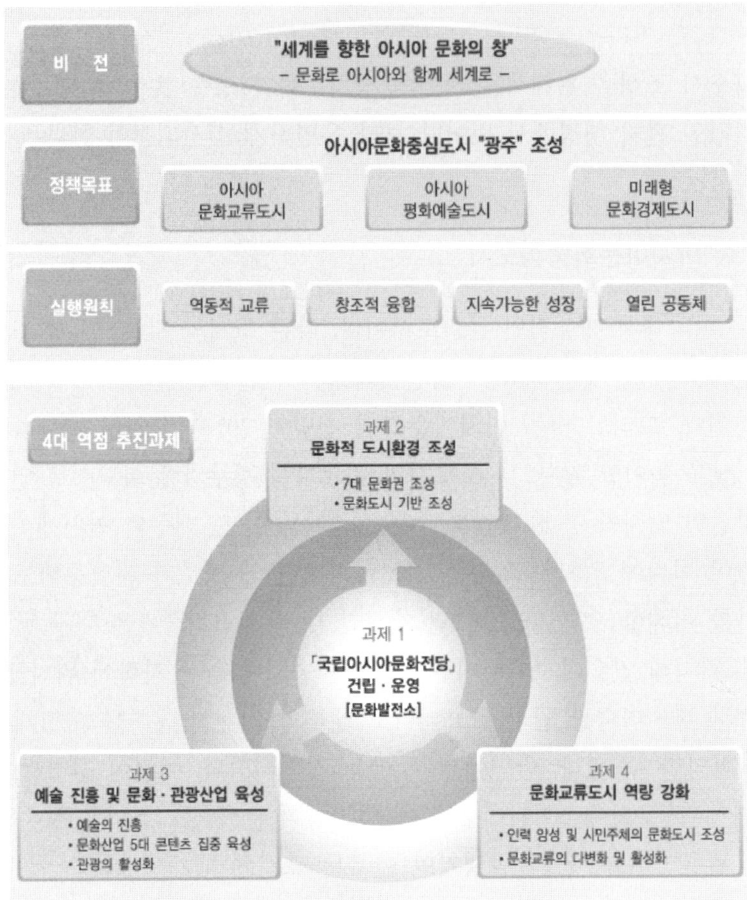

자료: 문화체육관광부(2014), 2013년 아시아문화중심도시 백서.

- 4대 역점 추진과제
  - 문화발전소 '국립아시아문화전당' 건립 및 운영
  - 문화적 도시환경 조성
  - 예술 진흥 및 문화 · 관광산업 육성
  - 문화교류도시로서의 역량 및 위상 강화

2015년 준공 이후 아시아문화전당은 아시아와 함께, 아시아를 넘어 전 세계로 창조적 에너지를 공급하는 문화발전소의 역할을 수행할 것으로 기대된다. 광주는 아시아문화중심도시 조성사업을 통해 미향, 예향, 의향, 교육의 도시를 넘어 아시아 문화의 교류와 창조의 장이 되어 아시아 문화의 무한한 가치를 발굴하고, 아시아 예술가들의 실험, 창작, 연구, 교육, 교류를 활성화하여 아시아의 문화적 가치를 높이고 아시아의 신성장동력으로 발전해 나간다는 계획을 갖고 있다.

그런데 2014년 광주비엔날레에서 박근혜 정권을 비판하는 그림의 전시를 불허하는 사태가 벌어져 문화도시 광주의 위상에 상처를 주는 사건이 발생했다. [그림 10-5]는 광주비엔날레 20주년 특별전인 '광주정신'에 출품 예정이었던 홍성담 작가의 대형 걸개그림 '세월오월' 작품의 일부분으로, 국가 폭력에 희생된 사람을 귀환시켜 2014년 4월 16일 발생한 세월호 참사로 힘들고 고통받는 국민을 치유하는 작품이라고 작가는 설명하였다. 그런데 이 그림에서 박근혜(당시 대통령)가 박정희 전 대통령과 김기춘 비서실장의 조정을 받는 허수아비로 형상화된 것이 논란이 되어 광주시와 비엔날레재단은 이 부분을 문제 삼아 결국 홍 화백 그림의 전시를 불허하는 결정을 내렸다.

위 사건으로부터 도시문화의 의미와 중요성을 읽을 수 있다. 도시민들은 도시문화를 통해 공동체의 감정, 상상력, 아이디어를 공유하며 도시생활에서 상호작용

그림 10-5 홍성담 작가의 '세월오월' 작품

과 소통, 공동체 정신과 협력, 공동의 공간과 기반 확립을 추구한다. 이런 관점에서 위 사건은 단순히 생각하면 대통령을 풍자한 것이 너무 심해 전시를 유보한 해프닝으로 돌릴 수 있으나, 다른 시각에서 보면 광주시가 갖고 있는 지역 전통과 문화를 뒤돌아보게 하는 중대한 사건으로 해석될 수 있다. 일제 강점기 시절에 광주학생운동의 발상지이며 군사독재에 대해 항거한 5·18 민주화 성지로서 역사적 의미를 갖는 광주에서 개최되는 비엔날레에서 정권을 풍자한 그림의 전시를 허락하지 않았다는 것은 '광주정신과 문화'에 대한 비판과 재평가까지를 생각하게 하는 사건으로 인식될 수 있다는 것이다. 아마 의식 있는 사람들은 "광주가 왜 이러지?", "중앙정부 눈치를 너무 보는 것이 아닌가?" 표현의 자유는 인권의 기초이고 민주사회의 기본 요소이며, 예술가들은 표현을 통해 관객들과 소통하고 상호작용을 하는데, 광주정신을 표방한 비엔날레에서 정권을 풍자한 그림의 전시를 불허한 것은 표현의 자유를 부정하고 예술의 상상력을 제약하는 처사로 비판받을 수 있다는 것이다. 도시의 문화예술이 표현과 상상력을 키우기보다는 정치경제적 목적을 위해 도구화되면 관료적 경직성을 띠게 되고, 사회에서 억압과 불평등을 조장하는 도구로 작용한다는 것을 이 사건을 통해 다시 확인된 것이다.

문화와 예술, 그리고 도시 사이의 관계에 대해 바버(Barber, 2013: 398)는 설명하기를, 문화는 본질적으로 집단적이고 보편적이며 공공적인 성격을 띠는 반면에, 예술은 창조적인 시각을 제공하며 관객과 청중을 공동체로 끌어들인다고 주장한다. 그리고 문화와 예술이 도시성장에 필수적인 독특성과 지역성, 정체성과 역사성, 공동체 정신과 공공공간 형성에 핵심적 역할을 하기 때문에 문화예술이 번영하는 곳에서 도시는 번창한다. 그렇다면 표현의 자유를 억압한 광주가 진정한 문화도시라고 말할 수 있는가? 문화예술이 상상력과 창의력을 창출하지 못하는 광주가 21세기에 과연 번창할 수 있는가에 대한 의구심이 생긴다.

도시성(urbanity)은 하루아침에 만들어지는 것이 아니다. 이런 사건들이 중층적으로 축적되어 도시의 문화와 정체성이 형성되고, 이번 사건을 통해 광주는 문화도시로서 상처를 입은 것은 사실이다. 그러나 이런 상처가 광주를 더 큰 문화도시로 성장하기 위한 학습 과정이 될 것으로 믿는다. 자전거 타는 것을 배우기 위해서는 넘어지는 것을 먼저 배우지 않으면 안 되는 것처럼 말이다.

3) 영월 박물관 도시

강원도 산골마을 영월이 박물관으로 문화도시를 꾸며가고 있다. 영월군은 폐광지역을 문화도시로 만들겠다는 야심찬 계획 아래 2005년 '박물관 고을'을 추진해왔다. 특히, 인구 감소에 따른 폐교 부지를 박물관으로 적극 활용하면서 '지붕 없는 박물관 창조도시'라는 별칭도 얻었다. 2005년 4개 박물관 개관을 시작으로 현재 민화, 다도, 아프리카, 곤충, 조각 등 다양한 주제의 박물관이 24개가 조성되어 있으며, 향후 박물관을 30개로 늘린다는 구상이다. 아울러 박물관 특구로 관광산업이 활성화되면서 관광객 수 또한 2005년 38만 명에서 2015년 143만 명으로 급증했다(KBS 뉴스, 2016.2.20). 박물관이 영월의 대표적인 브랜드가 되면서 지역사회에 기반을 둔 새로운 유형의 성장 모델로 발전해왔으며, 영월은 박물관 산업의 선도도시로 글로벌 경쟁력을 확보할 것을 목표로 하고 있다.

도시개발에도 좋은(건전한) 도시개발 방식과 나쁜(퇴행적) 도시개발 방식으로 구분할 수 있다면, 아마 박물관 마을로 도시개발을 추진하는 것은 좋은 도시개발의 표본이며, 카지노와 같은 사행성 산업으로 도시개발을 추진하는 것은 나쁜 방식의 전형이라고 할 수 있다. 박물관을 이용한 도시개발의 전형적 사례로서 스페인 빌바오 시를 들 수 있다. 빌바오 시는 주력산업인 조선산업이 경쟁력을 상실하여 퇴출되는 상황에서 선박을 건조하던 도크(dock)가 있던 공간에 구겐하임 미술관을 유치하여 외래 관광객을 끌어들이며 도시 활성화를 가져왔다. 구겐하임 박물관 건설을 통해서 빌바오 시는 산업도시에서 서비스 도시로 탈바꿈하며 도시 이미지가 향상되어 성공적인 문화도시로 거듭날 수 있었다.

반면에, 카지노를 이용해 도시개발을 시도한 정선을 살펴보면, 강원랜드 카지노가 들어선 이후에 마을에 전당포, 모텔, 여관, 식당들만 들어서 있고 거리에 돌아다니는 사람들을 찾아보기 어렵다. 강원랜드 카지노 내부에는 사람들로 붐비지만, 카지노 밖에서는 대부분의 사람들이 어두운 표정으로 도시는 활기를 잃고 있다. 사실 카지노는 도시 활성화를 가져오는 산업이 아니라 도시 침체의 속도를 일시적으로 늦추는 산업이다(김천권, 2004). 미국 카지노 도시로 유명한 라스베이거스는 다른 방식으로는 도시개발을 추진할 수 없기 때문에 카지노를 받아들일 수밖에 없었고, 카지노 산업이 성장한 이후에는 주력 업종을 호텔, 이벤트, 컨벤션, 국제회의,

페스티벌, 테마파크, 명품 쇼핑 몰 등으로 전환하여 도시성장을 추진하고 있다. 그리고 여기서 간과해서는 안 되는 점은, 라스베이거스는 사막으로 둘러싸인 지역으로 도시성장을 위한 다른 선택지가 없다는 것이다. 이런 현실을 간과하고 많은 도시에서 카지노를 허용하여 도시개발을 추진할 것을 계획하고 있다. 대표적 사례로서 인천시는 영종도 경제자유구역에 대규모 카지노 리조트를 조성하여 도시개발을 추진할 것을 계획하고 있다. 영종도가 라스베이거스처럼 사막 한가운데 있는 것도 아니고, 카지노 이외에는 다른 도시개발 전략의 가능성이 없는 것도 아닌 지역에 나쁜 도시개발 방식의 전형인 카지노 산업을 통해 도시개발을 시도한다는 것은 도시 자체를 도박에 밀어 넣는 것과 같은 행태다. 왜냐하면, 카지노 산업은 다른 지역이 쉽게 모방하는 산업으로 끊임없는 레드오션(red ocean)으로 빠지는 첩경이기 때문이다. 만약 인천 영종도가 카지노를 통해 도시성장을 가져온다면 다른 경제자유구역들도 카지노를 허가해 달라고 요구할 것이다. 허가를 해주지 않는다면 영종도에 특혜 논란이 발생하고, 다른 지역에 허가를 해준다면 영종 카지노는 끊임없는 경쟁의 레드오션 늪에 빠지게 된다. 이제 왜 영월이 선택한 박물관을 통한 도시개발이 건전한 도시개발 전략인지를 이해했을 것이다.

영월은 2008년 12월 전국 유일의 박물관 고을 특구로 지정되면서 지역적 특성을 살려 박물관 사업을 특화하고 지역 관광자원과 연계한 다양한 관광 상품개발을 시도하고 있다. [그림 10-6]은 영월 박물관 특구 변경 기대 효과를 도식화한 것이다. 영월군은 박물관 특구로 지정된 후 개방형 박물관 구축과 박물관 고을 마케팅을 통해 지역 브랜드 가치를 높이고, 지역 특성화 상품개발 및 연계 마을개발 등 소득 연계사업을 진행하고 있다. 그리고 박물관 운영 자립기반 조성 및 시설정비, 홍보기반 및 관광 네트워크 구축, 지역 및 관광연계 개발, 세계화를 위한 역량 강화 등을 통해 지역 이미지 확립과 경제 활성화를 촉진하고, 지역기업을 육성하여 고용기회 창출을 목표로 하고 있다.

그렇다고 영월 박물관 특구 계획이 문제없이 순조롭게 추진되는 것은 아니다. 문화도시로 자리 잡기 위해서는 아직 넘어야 할 산이 많다. 주요 문제점을 살펴보면, 첫째, 박물관들이 여러 곳에 산재해 있어 클러스터 효과를 기대하기 어렵다. 박물관 도시를 추진한 초기부터 박물관들을 군 중심에 입지하여 방문객들의 동선을 축소하였으면 아마 현재보다 많은 외래 관광객들을 불러 모았을 것이다. 그리고 박

그림 10-6 영월 박물관 특구 기대 효과

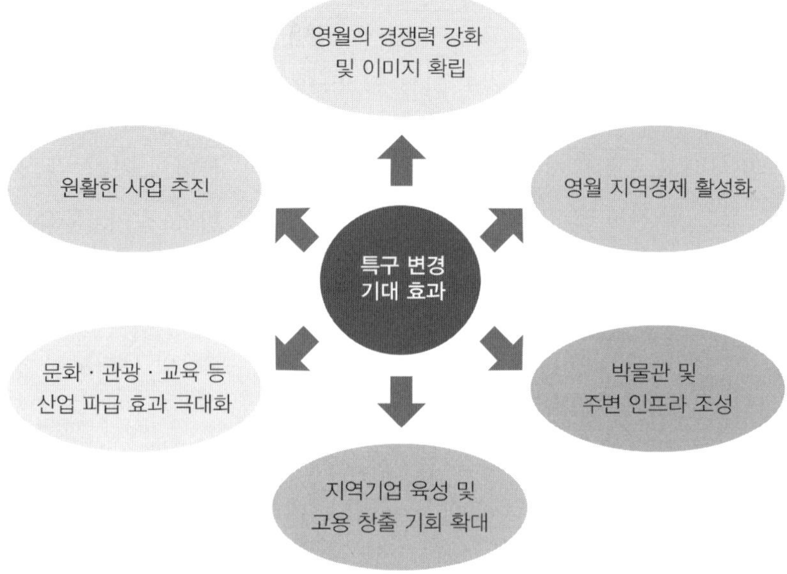

자료: 영월군(2011). 영월 박물관 고을 특구(변경) 계획.

물관 주변에 연계된 활동들이 입지하여 집적의 효과를 창출할 수 있었을 것이다.

둘째, 박물관 특구 사업이 관주도로 이루어지기 때문에 정부의 지원이 없이 자생적 기반 마련이 어려우며, 지역공동체와 주민들의 적극적 참여가 부족한 점 등이 문제로 제시된다.

셋째, 박물관 특구 사업이 산골마을에 살고 있는 주민들이 우선적으로 선호하는 숙원 사업인가에 대해 의문이 든다. 박물관 사업이 성공적으로 수행되기 위해서는 주민들의 높은 지지를 받아야 되는데, 지역박물관들은 민·관의 접촉 미흡으로 공공성이 약하고 소극적 범위의 박물관 활동을 유지해 박물관 네트워크, 사회적 자원의 활용이 부족한 점들이 한계로 지적된다.

넷째, 지역박물관 운영 실태를 보면 관람료, 임대 수입, 보조금, 후원금 등을 통한 수입에 비해 인건비, 프로그램 개발 및 운영비, 시설보수비, 홍보비 등의 과다로 만성적인 적자에 허덕이는 경우가 대부분이다. 그리고 전문학예사 부족, 박물관 운영 노하우 부족 등이 시급한 문제점으로 제시되고 있다.

영월군이 이런 문제점을 슬기롭게 극복하여 한국의 대표적인 문화도시, 박물관 도시로 성장하여 영월 경제의 활성화를 가져올지에 대해 많은 도시개발 전문가와 정책가들이 주목하고 있다.

최근 한국 도시에서 문화도시를 위한 다양한 정책과 전략들이 추진되고 있다. [그림 10-7]은 한국 도시에서 추진된 주요 문화 클러스터 분포를 보여준다. 사실 대부분의 도시에서 문화도시를 표방하며 축제, 영화제, 문화의 거리, 동화마을, 문화 이벤트 등을 추진하고 있다. 그러나 앞에서 논의한 바와 같이, 문화는 지역에 근거를 두고 내생적으로 성장하며 뿌리를 내려야 하는데, 경쟁적으로 문화정책을 추진하다 보니 졸속으로 보여주기에 급급한 정책 추진으로 지역사회에 별 효과 없이 예산만을 낭비한다는 비판이 제기되기도 한다. 한국 도시의 문화도시 정책과 관련하여 제기된 주요 문제점을 살펴보면 다음과 같다.

첫째, 도시에서 추진되는 많은 문화정책들이 대부분 단발성 계획과 정책에 머물러 정책의 계속성, 일관성을 추구하기 어렵다. 대부분의 도시에서 문화정책은 우선 순위에서 후순위로 밀려 재정 상태가 어려우면 우선적 삭감의 대상되거나 리더의 정치적 성향과 취향에 따라 영향을 받아 계속성·일관성을 유지하기 어렵다.

둘째, 도시 문화정책이 대부분 하드웨어 중심으로 예산 따내기와 보여주기 정책에 치중하는 면을 보인다. 임기 중에 가시적 성과를 내는 데 목메는 자치단체장들은 거창한 사업과 계획을 선호하고 대규모 공연장, 전시관, 박물관, 경기장 등을 건립하여 자신의 치적으로 내세우려는 경향이 있다. 이런 결과로 많은 도시에서 박물관과 공연장이 조성되었지만, 입지의 부적절과 미흡한 준비로 인하여 높은 관리비용을 지출하면서 낮은 이용률을 보이는 시설들이 도처에서 목격되고 있다.

셋째, 문화도시가 성공적으로 조성되기 위해서는 지역 문화예술인과 주민들이 적극적·능동적으로 참여하여야 한다. 그런데 많은 문화정책들이 정부와 공무원이 중심이 되어 수립 및 집행되어 지역사회와 괴리된 면을 보인다. 앞에서 살펴 본 부산 국제영화제와 광주 비엔날레 사례에서 관치주의 문화정책이 어떤 결과를 가져오는가를 이해할 수 있었다. 문화예술인이 배제된 문화정책, 주민들이 방관자가 된 문화 프로그램으로는 결코 지속가능한 문화도시를 조성할 수 없다.

넷째, 문화도시를 위한 콘텐츠와 프로그램에서 다른 지역 성공 사례를 지나치게 모방 복제하여 독창성과 창의성이 결여되어 있다. 도시들이 지역 역사와 전통,

그림 10-7 전국 문화 클러스터 분포

자료: 박세훈 · 정소양(2012). 예술가가 도시를 바꾼다: 문화 클러스터의 현황과 발전과제

문화예술을 중심으로 창의적, 독창적, 내생적 문화 콘텐츠를 개발하기보다는 다른 지역의 성공 사례를 모방 복제하여 차별성 · 독특성이 부재하다는 비판이 일고 있다. 이런 사례를 극명하게 보여주는 문화행사가 바로 영화제라고 할 수 있다. 부산국제영화제가 성공한 이후 각 도시들이 앞 다투어 영화제를 개최하고 있다. 또 다른 예로 대부분의 문화정책이 축제 중심으로 이루어진 것을 볼 수 있다. 함평에서 나비축제가 성공적으로 개최된 이래 인삼축제, 녹차축제, 머드축제, 대나무축제, 메밀꽃축제, 코스모스축제, 산천어축제, 연어축제, 빙어축제, 송어축제 등 가히 축제

천국이라고 할 정도로 연이어 축제들이 꼬리를 물고 열리고 있다. 축제는 지역을 외부에 알리고 주민들이 함께 즐기는 잔치이기 때문에 유사한 축제가 열리는 것을 이해할 수 있지만, 문화도시를 모방 복제하는 것은 이해할 수도 없고 성공의 가능성도 낮다. 이런 사례를 극명하게 보여주는 사업이 바로 인천 영종 밀라노디자인시티와 무의도 8시티, 그리고 미단시티 카지노 사업이다. 밀라노디자인시티 사업은 지역이 디자인에 대한 기반이 전무한 상태에서 밀라노 디자인 산업을 모방 복제하겠다는 의도로 추진되었다가 실패한 사례이며, 무의도 8시티 사업은 중동 두바이를 모방하여 고급 리조트와 휴양지 조성을 계획하였다가 무산된 사례이고, 영종 미단시티 카지노는 마카오를 모방하여 도박 · 오락 · 엔터테인먼트 복합 지구의 조성을 목표로 추진되고 있는데, 마카오의 경쟁 상대가 될 것인지도 의문이며, 설혹 성공한다 하더라도 다른 경제자유구역들이 특혜를 언제까지 보고만 있을지 두고 볼 일이다.

한국 사회는 기술과 산업 분야에서 획기적인 성장을 보여 왔고, 개인당 소득 3만 달러 시대를 맞이하여 선진사회에 진입하였다고 말할 수 있다. 그러나 산업경제 분야에서는 획기적인 성장을 보여 왔으나, 도시 디자인과 문화 분야에서는 아직도 후진 사회의 모습을 보이고 있으며,[12] 주변의 일본, 중국, 동남아시아 국가들보다 한걸음 앞서 있다고 주장할 만한 무엇을 제시하지 못하고 있는 것이 현실이다. 이러한 사실은 한국 도시의 국제적 매력도와 관광객 유치에서도 잘 나타나며, 한국 사회가 진정한 의미의 선진사회로 진입하고 탈산업사회에서 도시경쟁력 확보를 위해서는 문화예술 분야에 대한 지원과 투자확대가 필수적으로 요구된다.

12) 한국과 선진사회 사이의 문화에 대한 인식 차이를 보여주는 대표적인 사례로서 21세기 도시성장을 위한 전략을 비교할 수 있다. 한국의 대표적인 선도도시인 인천은 '동북아 경제수도'를 조성하기 위한 전략을 추진하는 반면에, 영국 런던은 '세계문화도시'로 발전을 위한 전략을 추진하고 있다. 인천은 2014년 아시안게임을 계기로 '동북아 경제수도'를 건설한다는 계획을 수립하였지만, 런던은 2012년 올림픽을 계기로 세계적인 문화수도로 발전한다는 '런던 문화수도(London Cultural Capital)' 전략을 수립하였다.

제 9 절 정책 시사점

문화도시를 조성하기 위해서는 문화예술과 도시경제가 복합된 전략이 추구되어야 한다. 즉, 공간적으로는 경제지리적 원리를 도입하여 토지 이용의 효율성을 높이고, 사회적으로는 공동체의 삶의 질 향상을 위하며, 기술적으로는 문화계획과 도시계획이 통합된 정책이 수립되어 도시의 창의성, 다양성, 상상력, 아이디어 등 창출을 통해 도시혁신과 경쟁력 향상, 도시 삶의 질 향상을 추구하는 전략이 도입되어야 한다(Lazzeretti, 2003). 이를 위해서 도시 문화정책은 도시에 거주하는 시민의 문화 욕구를 충족시키는 동시에 외부 방문객들을 도시로 끌어들이기 위한 매력 요인으로 작용하여야 한다. 한국 도시의 문화정책은 종래에는 외래인의 시각에 중점을 두어 도시를 찾는 관광객을 유인하는 데 중점을 두었는데, 최근에는 거주민의 일상적인 삶의 어메니티(amenity)를 개선하는 측면으로 좀 더 다가가는 데 중점을 두고 있다(용호성, 2012: 9).

문화도시를 위한 전략은 크게 두 가지, 소프트 전략과 하드 전략으로 구분할 수 있다. 첫 번째, 소프트 전략은 문화도시를 위한 콘텐츠 개발과 관계된 전략으로 스토리텔링, 축제 프로그램, 이벤트 개발, 전시회 유치 등을 계획 추진하는 것이다. 두 번째, 하드 전략은 문화도시를 위한 공간계획을 수립하는 것으로 미술관·박물관, 음악당, 전시관, 화랑 등과 같은 문화시설 건립계획과 이러한 문화시설과 산업을 특정 지역에 밀집시키기 위한 공간 이용 계획이 포함된다. 이러한 문화도시를 위한 공간 이용 계획을 수립하는 과정에서 입지타당성 분석을 통해 적정 지역에 문화 클러스터를 조성해야 한다.

문화도시 조성 과정에서 특히 중점을 두어야 하는 주요 정책 시사점을 제시하면 다음과 같다.

- 도시 문화자원의 확인 및 배양
- 내생적 개발
- 다양성 추구
- 종합적·거시적 접근
- 문화적 추진 과정과 거버넌스 구축

• 분권화된 협력 관계 형성

1 도시 문화자원 확인 및 배양

문화도시 조성을 위해서는 도시에 필수적으로 문화 인프라와 인력 배양을 위한 기반이 마련되어야 한다. 이것은 문화도시가 단기간에 조성되는 것이 아니고 장기간에 걸친 문화예술 부문의 투자와 인프라 조성, 문화예술에 대한 시민들의 관심과 사랑, 그리고 의식 확립, 문화예술 인력 배양을 위한 교육 기반 확립 등이 선행되어야 문화도시가 조성될 수 있다는 것을 의미한다. 따라서 문화도시로서 지속적 경쟁력을 갖기 위해서는 문화를 보존하고, 배양하며, 창조하고, 가꿔나가기 위한 제도와 정책이 수립되어, 지속성 · 일관성 · 거시성을 갖고 문화도시 사업이 추진되어야 한다. 이를 위해서는 우선적으로 지역에 어떤 문화예술 자원이 존재하고 보존가치가 있는가를 명확하게 확인, 평가 및 분석할 필요가 있다. 그리고 이 단계에서부터 문화예술 전문가와 관계된 공무원들뿐만 아니라 지역주민과 산업체 구성원들이 함께 참여한 거버넌스 체제가 구축되어야 한다. 그래야 다양한 정보와 지식, 의견들이 표출되고 문제점에 대한 논의를 거쳐 문화예술과 창조산업, 전문가와 주민이 통합되어 문화도시 사업을 효율적으로 추진할 수 있다.

문화도시 확립을 위해서는 도시 문화시설의 기능과 역할에 대한 재정립이 또한 요구된다. 예를 들면, 도시에 있는 도서관과 박물관 등과 같은 문화시설과 인프라에 대한 재평가가 이루어져야 한다는 것이다. 예를 들면, 도서관은 지역사회의 새로운 도전과 변화에 적응을 위한 중추적 기능을 수행할 수 있으며, 지식과 정보의 접근과 확산을 위한 핵심적 소재지로 작용할 수 있다. 박물관 또한 과거부터 현재까지 지역의 문화와 전통을 보존 및 전달을 위한 핵심적 기능을 수행 할 뿐만 아니라 지역의 상상력과 창조력, 다문화를 표출하는 핵심적 공간으로 작용한다. 이런 시각에서 문화도시를 조성하기 위해서는 이러한 문화예술과 관계된 시설들의 중요성을 이해하여 도시개발 시각에서 재평가가 이루어져야 한다. 그래서 문화예술 시설과 제도들이 지역 공동체 삶의 향상을 위한 단순한 도구의 맥락에서 뿐만 아니라 지역의 기술과 솜씨, 신뢰와 결속력, 소속감과 정체성, 그리고 지역경쟁력 향상을 위한 필수적 자원이라는 것을 인식해야 한다.

2 내생적 개발

문화도시를 조성하여 도시 활성화와 브랜드 가치를 높이기 위해서는 다른 도시의 모방과 복제가 아닌 지역만의 독특성, 역사성, 정체성, 차별성 있는 내생적 개발이 추진되어야 한다. 다른 도시의 모방과 복제에 의한 문화도시 조성은 결국 도시 정체성 상실과 사상누각과 같은 연약함, 끝없는 경쟁의 레드오션으로 몰아넣어 지속불가능한 문화도시를 초래할 수 있다. 그 단적인 사례가 바로 인천 '영종 밀라노 디자인 시티' 계획이다. 패션 디자인에 대한 인적자원과 산업 기반이 전무한 상태에서 밀라노를 답습하여 디자인 도시를 만든다는 구상은 모래 위에 성을 쌓겠다는 계획과 마찬가지로 무모한 시도였으며 결국 실패로 귀결될 수밖에 없었다. 지역을 기반으로 한 문화예술에서 영감을 얻은 도시의 문양, 패턴, 색감, 디자인, 설화, 스토리, 느낌, 감성, 분위기 등은 도시 창조성, 상상력, 아이디어, 독특성의 원천으로 작용하여 타 지역이 모방할 수 없는 도시의 내생적 발전을 위한 주요 요인으로 작용한다. 대표적 사례로서 이탈리아 피렌체와 베네치아를 들 수 있다. 중세 문화도시 유산을 잘 보존하고 있는 피렌체와 베네치아는 창살 문양과 패턴, 건축물과 경관, 역사와 스토리 등에서 영감을 얻어 의상, 가방, 구두, 가구, 지갑 등 패션 디자인 분야에 특화 및 접목시켜 세계적인 명품의 생산 및 유행의 중심지로 경쟁력을 갖고 있다.

이러한 사실들은 문화도시가 되기 위해서는 대규모 투자와 경비가 요구되는 것이 아니며, 지역을 기반으로 한 내생적 아이디어가 주요 요인으로 작용한다는 것을 보여준다. 즉, 문화도시 조성이 반드시 대규모 프로젝트와 예산이 요구되는 것이 아니다. 예를 들면, 제주도에서 처음 조성한 올레길을 통해 외래 관광객 증가와 경제 활성화에 기여하였고, 더 나아가 전국 도시와 마을에 둘레길, 산책길이 만들어지며 삶의 방식, 여가와 휴식의 방식을 변화시켰다. 여수 앞바다에 있는 금오도 비렁길도 마찬가지로 사람들이 빠져나가던 섬에 둘레길을 조성하여 관광객을 불러모아 죽어가던 지역경제를 되살리는 결과를 가져왔다. 이러한 소규모 문화계획으로는 거리의 문화 공연, 경관과 간판 개선운동, 포켓공원(pocket park) 건립, 골목길 복원, 담장 허물기, 동네 운동회 부활, 산책길 조성 등을 들 수 있다. 이러한 지역·공동체만의 특색을 갖는 활동을 통해서 주민들이 자연스럽게 만나고 소통하며 서로를 이해하고 포용하는 인간 관계가 형성되어 시민들 사이에 교류와 유대가 형성 및 확대되어 신뢰와 믿음이 쌓이면 자연스럽게 살기 좋은 공동체가 만들어지며 문화와 정체성, 자긍심과 매력이 있는 도시가 조성될 수 있다.

오사카시립대학 교수 미야모토 겐이치(宮本憲一)는 외래형 개발의 문제점으로 다음과 같은 요인을 경고하고 있다(박용남, 2014: 224).

첫째, 외래 투자기업의 자원 이용이 모든 것에 우선하기 때문에 지역주민을 주체로 한 환경보전이나 공해방지 계획은 뒷전이 되어 등한시된다.

둘째, 다량의 자원 소비와 환경오염 같은 절대적 사회적 손실이 큰데 반해, 지역에 기여하는 사회적 편익은 상대적으로 매우 적다.

셋째, 개발사업이 중앙정부나 시·도가 중심이 되어 추진하지만 실제 사업주체는 자사의 이익을 극대화하려는 민간기업이기 때문에 지역계획과의 통합 및 협력 관련성이 미약하다.

넷째, 개발은 지역의 경제성장에만 중점을 두기 때문에 지역 거버넌스, 사회의 통합, 문화의 보존과 발전, 넓게는 지역복지의 향상을 가져오는 데 역행한다.

3 다양성 추구

문화도시가 되기 위해서는 단순성이 아닌 다양성을 추구해야 한다. 많은 경우 역사 유적이 풍부한 고도(古都)들이 단순 관광도시로 남아 있고 도시성장의 동력을 받지 못하는 것은 역사적 가치에만 치중한 나머지 사회적·경제적 가치를 등한시하였기 때문이다. 이것은 역사성이라는 단일 요인만으로는 도시성장의 동력을 끄집어내지 못한다는 것을 보여준다. 예를 들면, 한국의 대표적 고도인 경주가 성장 동력을 받지 못하는 것은 신라의 역사에만 매달리고, 신라의 문화와 탈현대의 문화를 접목시키지 못하였기 때문으로 분석된다. 반면에, 이탈리아의 밀라노와 피렌체 등 도시들이 많은 관광객을 유인할 수 있는 것은 중세의 문화와 디자인을 현대에 맞게 접목시켜 명품 산업, 패션 디자인 산업으로 첨단과 우수성을 인정받기 때문이다. 왜 한국 도시에서는 고대의 문화와 문양, 디자인을 현대의 사고·생활방식과 접목시켜 멋진 작품을 만들어내지 못하는 것인가? 여기서 알 수 있는 것이 바로, 문화는 하루아침에 만들어지는 것이 아니고, 오랜 시간을 거쳐 보존, 배양, 교육, 체험해야 한다는 것을 알 수 있다. 이탈리아의 밀라노와 피렌체는 문화를 보존하고 배양 및 교육, 그리고 전수 및 응용을 위한 제도와 기관이 오랫동안 지원 및 유지되어 왔다. 그래서 도시가 패션과 디자인 분야의 전문가와 기술자들을 양성하고 그들 사이에 협력을 위한 기반이 축적되어 왔다. 이런 역사적 배경과 기반이 있었기에 밀라노와 피렌체, 베네치아가 전 세계에 유행을 창조하고 명품을 생산하는 도시로 성장할 수 있었던 것이다. 그런데 이런 기반이 전무한 도시에 '밀라노 디자인 시티'를 조성한다고 하루아침에 문화도시가 될 수 있겠는가? 정말 어처구니가 없는 일이다.

경주가 밀라노, 피렌체와 같은 문화도시가 되기 위해서는 신라의 문화와 디자인, 양식과 문양, 전통과 정신을 보존하고 계승하는 연구와 교육이 선행되어야 한다. 그리고 신라의 혼이 현대 사회에 접목되어 전통 문화와 현대 기술의 융합을 통하여 경주만의 정체성, 지역성, 독특성이 창조되어야 한다. 즉, 신라의 문화와 현대적 니즈를 접목하여 전통을 현재적 가치로 진화되어야 경주만의 차별적인 상품과 서비스, 창조적 아름다움이 내재된 가치가 창출될 수 있다(이준환, 2010). 그래야 경주가 문화도시, 역사도시로서 글로벌 시대에 경쟁력이 있는 도시로 성장할 수 있다.

4 종합적·거시적 접근

문화도시 조성을 위해서는 지역 문화자원의 고립화가 아닌 연계화(networking)를 통한 문화정책의 수립이 요구된다. 즉, 문화자원과 활동, 문화산업과 시설, 문화사업과 프로그램들 사이에 연계와 협력을 위한 공간적 및 정책적 군집화를 통해 지역의 문화적 정체성이 확립되어야 한다(오민근, 2005: 77-78). 그리고 단순히 도시홍보와 장소 마케팅을 위한 문화지구 조성이 아니라, 도시의 장기적 발전을 위한 거시계획으로 문화지구와 정책이 추진되어야 한다. 영국 런던의 테이트모던 미술관 사업의 성공에서 알 수 있는 바와 같이, 문화시설의 입지는 도시의 전체적인 발전방향과 조화를 이루도록 문화정책과 도시계획이 연계되어 통합적으로 추진되어야 한다(공윤경, 2013: 222).[13] 이러한 시각 하에 도시 문화예술 산업은 새로운 기업정신의 산파, 인큐베이터 기능을 수행하며, 도시에서 경제계와 사회계를 연계시키는 연결고리와 동시에 타 문화들 사이에 상호작용과 수용을 위한 연결핀 역할을 수행해야 한다.

이것은 문화 중심 도시재생 정책 혹은 계획은 일회성이 아닌 순환적, 종합적, 지속적 정책이 되어야 한다는 것을 의미한다. 즉, 빌바오 구겐하임이 지속적인 투자와 혁신에 의해 현재의 명성이 유지될 수 있듯이, 문화 중심 도시개발도 일시적 지원과 투자에 의한 문화활동의 지원을 넘어서 도시재생, 관광, 도시 어메니티, 도시의 건전성, 삶의 질 등과 결합된 문화정책의 추진이 요구된다는 것이다(Storm, 2002: 9-10).

이런 시각에서 최근 도시의 모든 정책은 어떤 형태로든 문화계획이 포함된다. 문화예술은 종교, 언어, 문화, 생활양식, 행동양식, 아이디어, 상상력과 관계되어 도시미관과 장식, 이미지와 브랜드, 자긍심과 정체성 형성에 영향을 미친다(Worpole & Greenhalgh, 1999). 이것은 이제 도시정부의 모든 정책을 수립하는 과정에 문화적 계획과 연계성 및 영향에 대한 분석과 검증이 필요하다는 것을 의미한다(임상오 외, 2007: 48). 즉, 문화도시 계획은 문화자원에 대한 단순한 계획을 수립하는 것이 아니라, 도시의 과거, 현재, 미래를 연결시키고, 도시의 역사성, 정체성, 지역성을 확립하기 위한 종합적 접근이 시도되어야 한다는 것을 의미한다. 이를 위해서는 관계된 정책결정 공무원과 행정가들이 보다 개방적·창조적 마인드를 갖도록 교육과 훈련이 필요하고, 지역의 문화예술계, 소집단, 다문화 집단, 여성과 젊은층 등과 소통과 협력을 추구하는 마인드의 변화가 요구된다.

13) 영국 런던에 있는 테이트모던 미술관은 런던 장기 발전계획인 밀레니엄 프로젝트의 일환으로 밀레니엄 브리지와 함께 이스트엔드 재개발의 촉매 역할과 지역 격차 완화를 위한 목적으로 도시계획과 문화정책의 결합에 의해 성공적으로 추진된 정책으로 평가받고 있다(공윤경, 2013: 222).

5 문화적 추진 과정과 거버넌스 구축

문화예술을 활용한 도시개발은 단순히 시설 또는 콘텐츠를 구축하거나 채우는 작업만은 아니며, 추진 과정 또한 문화적이어야 한다. 따라서 도시의 다양한 주체들 간의 대화, 공론, 합의와 같은 품격 있는 문화적 과정을 통해 도시 문화정책이 수립될 것을 주문한다. 이를 위해서 반드시 지켜야 하는 원칙으로 우신구(2014)는 '팔 길이 원칙(arm's length principle)'을 제시한다. 즉, 정부가 지원은 최대한하되 간섭은 최소화한다는 의미이다. 이러한 문화적 방식이 아닌 관료적 혹은 행정 편의적 방식으로 문화도시 개발을 추진한다면 결과는 창의적인 도시가 아닌 졸속적인 모방과 복제의 도시가 될 것이라고 주장한다(우신구, 2014: 42).

좋은 거버넌스는 좋은 프로그램을 만드는 기본이다(김천권, 2014). 이런 논리에서 우수한 문화도시를 조성하기 위해서는 도시 문화예술 단체와 전문가들, 그리고 주민과 문화예술 시설들 사이에 연계와 협력을 위한 네트워크가 형성되어야 한다. 문화예술 전문가들은 특히 자신만의 특색이 중요하며 독자적인 활동을 주로 하는 사람들이기 때문에, 도시가 문화예술을 중심으로 도시개발을 추진하기 위해서는 문화예술 전문가들 사이에 연대와 더불어 시민의 참여를 유도하기 위한 방안을 마련해야 한다. 이를 위해서는 지역 문화예술의 거점으로 활용하기 위한 시설(문예회관, 아트센터, 아트 플랫폼, 박물관, 미술관, 화랑, 카페 등)들을 확인 및 조성하고, 이들 사이에 연계 네트워크를 형성하여 문화예술 전문가, 단체, 시설, 주민이 통합적으로 활동 및 협력 관계를 도출하기 위한 방안이 마련되어야 한다. 이 과정에서 공공부문은 주로 협력 관계를 유도하기 위한 조직체 형성에 중점을 두는 경향이 있고, 문화예술 단체는 시설과 단체의 접근성을 위한 공간을 강조하는 면이 있는데, 보다 중요한 것은 시민의 자발적 참여와 이용, 협력을 유도하기 위한 부분에 보다 중점을 두어야 한다는 것이다. 이것은 바람직한 문화도시가 조성되기 위해서는 시민을 위한 문화예술이 아니라 시민과 함께하는 문화예술이 되어야 하고, 이를 위해서는 문화예술 전문가, 상공인, 학계, 주민, 그리고 정부 사이에 문화연대(culture coalition)가 형성되어야 한다(Moon, 2001).

6 분권화된 협력 관계 형성

문화를 중심으로 차별적·내생적 도시개발을 추진하기 위해서는 도시정부에 그에 걸맞은 권한과 책임이 부여되어야 한다. 그런데 여기에 대해서는 비판의 의견이 제시될 수 있다. 지역에 개발 권한을 부여하면 그나마 남아 있는 역사적 유물과 유적들이 재개발 혹은 재생사업이라는 미명 아래 훼손 혹은 철거될 가능성이 높다는 것이다. 특히, 자신의 임기 중에 전시적, 단견적, 선심성 행정을 추진하는 지자체 장에 의해서 역사적 유적지와 유물들이 철거 및 파손되는 사례를 빈번히 목격할 수 있다.[14] 이런 점을 우려해 유네스코는 중앙과 지방, 지방과 지방, 공동체와 공동체, 국가와 국가들 사이에 분권화된 협력 관계가 바람직하다고 제시한다(Dauge & Yang, 2002: 28). 그래서 일방적인 명령과 복종, 상하 관계가 아닌 교환 관계와 협력 관계의 상호작용을 바탕으로 문화정책과 사업을 수행하는 것이 보다 성공적 결과를 가져온다는 것이다. 이를 위해서는 다중의 정부들 사이에 협력 관계와 연구개발을 위한 전문가 집단, 관계된 주민이 참여하는 거버넌스가 정립되어 문화 서비스를 주민 모두 향유하기 위한 참여적 문화와 사회가 조성되어야 한다.

마지막으로, 문화예술을 통해 창조 도시를 조성하기 위해서는 다문화 집단, 보헤미안, 소수집단, 사회적 약자집단 등을 포용하는 정책에 중점을 두어야 한다. 왜냐하면, 일부 슈퍼스타를 제외한 대부분의 문화예술 종사자와 프리랜서들은 이름이 알려지기 전까지 낮은 소득수준에 머물러 현실에서 주거와 작업공간 확보에도 어려움을 겪고 있다. 이러한 열악한 생활환경에서 주거와 작업공간에 대한 지원이 없다면 아마 이들 집단은 임대 비용이 낮은 외곽지역으로 퇴출될 수밖에 없을 것이다. 그래서 영국 런던에서는 문화예술과 창의경제를 위한 정책은 사회적 포용과 다양성을 증진시키는 데 주안점을 두고, 소수집단과 신세대 청년 노동력에게 기회를 확대하는 정책과 연계되어 있다. 이런 관점에서 문화도시와 창의경제를 추구하는 정책은 한편으로 보이지 않는 손이 작용하는(사익을 추구하는) 시장원리와 사회적(공동체) 유대 관계 증진이라는 공익을 동시에 추구하는 정책적 특성을 내포하고 있다. 한편으로는 창의성을 통해 도시의 경제적 번영을 추구하는 동시에 정체

14) 예로서, 인천 중구의 구청장을 역임한 김○○는 임기 중에 중구 신포동 아트 플랫폼과 주변 역사적 건물들을 철거하여 재개발을 시도해야 한다고 빈번히 주장하였다.

성 · 소속감 증진을 통해 사회적 결속력을 높이는 양면적 효과를 가져 온다는 것이다.

결론적으로, 문화도시가 되어야 창조도시로 성장이 가능하다. 문화의 기반이 없는 창조도시(실리콘 밸리, 오스틴 등)는 창조기술과 지식, 계급이 나이가 먹음에 따라 구세대 기술과 지식, 계급으로 노화를 경험하며 경쟁력을 상실하는 반면에, 문화를 기반으로 한 창조도시(런던, 파리, 보스톤 등)는 시간이 지남에 따라 역사와 전통, 미학이 형성된 도시로 성숙되어 간다.

제10절 문화도시에 대한 비판

문화를 통한 도시개발이 항상 긍정적 결과를 가져오는 것은 아니다. 다른 정책과 마찬가지로 문화도시 정책과 계획들도 정책수립 과정과 집행 과정에 다양한 문제에 부딪치며 논란의 대상이 되고 있다. 주요 문제점을 살펴보면 다음과 같다(Freestone & Gibon, 2004).

첫째, 문화정책은 특히 목표의 불명확성과 모호성에 따른 혼란 때문에 시민들의 이해 부족과 신뢰성 부재 문제가 발생하여 계획의 합의 도출이 어렵고 집단들 사이의 갈등, 충돌 문제가 발생한다.

둘째, 잘못 계획되는 경우 복제 · 모방의 결과를 낳아 도시정체성, 독특성, 차별성이 없는 대용품 · 모조품으로 전락되어 투자의 비효율을 초래할 수 있다.

셋째, 문화도시 조성 과정에서 자본과 문화와 정치의 결합은 자본가, 개발업자, 관광산업에는 긍정적으로 작용하지만, 지역주민이나 문화계, 예술가들에게는 별 도움이 되지 않을 수 있으며, 지역 · 계층 간에 격차와 양극화 현상을 심화시킬 수 있다.

넷째, 문화도시 조성계획과 정책은 때로는 사회의 심각한 문제를 왜곡 혹은 봉합하기 위한 가면적 정책(mask policy), 봉합적 정책으로 이용되기도 한다(예: 3S 정책).

다섯째, 현실적으로 문화정책은 문화활동, 예술가에 대한 지원보다는 도시 이

빌바오 효과와 한계

1997년 프랭크 게리(Frank Gehry)가 스페인 빌바오 지역에 구겐하임 미술관을 지었을 때, 당시만 하더라도 구겐하임 미술관은 막대한 공사 비용으로 인해서 철저하게 실패된 미술관으로 여겨졌다. 하지만, 그 이후에 미술관이 빌바오 지역의 경제, 문화, 커뮤니티를 활성화시키는 기폭제 역할을 하는 것으로 평가받으면서 '빌바오 이펙트'라는 용어가 나오기 시작했다. 이러한 소위 '빌바오 이펙트'는 스타 건축가들의 전위적인 건축이 폭발적으로 일어나게 만드는 역할을 했다. 세계적인 명성으로 인해서 자신의 작업세계가 한껏 부풀려진 스타 건축가는 그 지역에 실제 사는 사람들에게는 거의 관심이 없고, 전위적인 형태의 건물은 그 지역에 관광객들을 유치하는 데는 기여할지 모르지만, 이 거대한 괴물에 가까운 건축물은 그 지역에 사는 주민들의 정신적 건강을 무너뜨리기도 한다. 신자유주의 체제 하의 사회 시스템에서 동아시아의 여러 국가에서는 디자인·건축·관광 시스템이 도시의 경제문제를 해결하고 앞으로의 먹거리 산업을 책임질 원동력이라고 시민들에게 이야기한다. 이런 관점에서 제안된 것이 동대문 디자인 플라자(DDP)이며, 이란 출신 여성 건축가 자하 하디드(Zaha Hadid)가 디자인했다.

건축계에서는 최근에 기존 공간, 건축들을 어떻게 현대적으로 재활용·재생산할 수 있을지를 고민하는 풍조가 나오고 있다. 어떻게 하면 비용을 줄이고, 간소하게 디자인할지 고민을 한다. 세계의 유명한 건축가 렌조 피아노(Renzo Piano), 렘 콜하스(Rem Koolhaas) 등은 그동안 스타 디자이너로서 그들의 건축을 전 세계에 팔아치웠지만, 이제는 새로운 패러다임에 맞게, 시장의 요구에 맞게 간단하고 검소한 디자인을 추구하고 있다. 렘 콜하스는 이렇게 말한다.

"단순히 시장의 요구, 경제적인 측면에서 도시계획, 디자인의 간소화가 이뤄지는 건 아니다. 가치관이 바뀌고 있다."

2012년 런던올림픽 경기장 디자인 고문인 리키 버데트(Ricky Burdett)는 이렇게 말하고 있다.

"오늘날은 어떻게 더 적은비용으로 용도에 적합한 건물을 짓는 게 관건이다."

의미 없이 외형만 거창한 건축의 시대는 끝나고, 그 결과가 실제 경제적 효과와 이어지지 않음이 증명되고 있다.

(http://alog.auric.or.kr/home/werid.aspx.dptj 재인용)

건축도시공간연구소, http://alog.auric.or.kr/home/werid.aspx

미지 개선을 위한 문화자본의 축적에 보다 중점을 두는 경향이 있다(예: 콘서트 홀 건축과 외국의 성악가 혹은 심포니 초청공연, 호화 박물관 건설, 외국 작가의 전시 등에 치중).

문화를 통한 도시개발은 지역이 문화를 이용하여 초기부터 도시개발을 시도하기 보다는 침체지역, 낙후지역의 개발에 문화를 접목하여 활력을 불어넣는 재개발, 재생사업으로 주로 시도되었다. 그리고 사실 이러한 접근이 만병통치약처럼 항상 의도된 결과를 가져오는 것은 아니다. 도시개발을 목표로 한 많은 문화정책과 사업들이 맹목적 믿음과 선심성 정치에 의존한 결과 비용－편익면에서 근거부재 혹은 합리성이 결여된 사업들이 추진되기도 한다(Evans, 2005: 960). 예를 들면, 인천 영종도에 추진하였던 '밀라노 디자인 시티 사업'이 그렇고, 서울시가 추진하였던 '한강 르네상스 사업'이 합리성이 결여된 대표적인 사례들이다. 그래서 냉소적 시각에서 "도시 활성화와 재생을 위해 문화가 이용되는 것이 최근의 보편적 문화다."라는 말이 나오고 있다(Miles, 2005). 이런 현상을 잘 보여주는 사례가 바로 최근까지 성공적인 문화도시로서 많은 도시들에게 벤치마킹 대상이었던 스페인 빌바오도 '빌바오 효과'에서 '빌바오 한계'라는 용어가 나올 정도로 비판의 대상이 되고 있다(공윤경, 229; 박스 1 참조). 즉, 지역에 기반이 없는 구겐하임 미술관 유치로 한시적으로는 외부 관광객 증가에 의해 도시경제 활성화는 가져왔지만, 미술관 운영이 도시 외부에서 관리 통제되어 도시 자율성이 침해되고, 타 도시가 유사한 전략들을 추진할 수 있어 끊임없는 경쟁을 유발하는 레드오션으로 매몰되는 한계가 있다는 것이다(Propst, 2010). 문화도시 조성과 관련해서 제기되는 주요 문제점들을 살펴보면 다음과 같다.

1 모방 복제문제

지역의 독특성, 역사성, 차별성, 정체성을 반영한 문화도시 전략이 추구되기도 하지만, 많은 문화예술 도시와 정책들이 다른 도시의 정책을 복제와 모방하는 현상을 보인다(Quinn, 2005: 937－938). 예를 들면, 많은 도시축제와 이벤트들이 지역 연고와는 관계없이 다른 지역의 프로그램을 모방 혹은 복제하고 있으며(예를 들면, 수많은 연꽃축제, 얼음축제 등), 다른 지역이 컨벤션 센터를 건립하니까 우리 지역에도 건립해야 한다는 모방 사업들이 추진되었고, 올림픽, 엑스포와 같은 이벤트들이 지역 단위에서 경쟁적으로 추진되는 양상을 보인다. 이와 같은 모방과 복제에 의한 문화도시 전략은 타 지역과 끊임없는 경쟁에 빠져들어 종래에는 경쟁력을 잃거나 도시 정체성 상실의 문제에 직면하게 된다. 이런 사례로 부산시가 국제영화제의 성공적 개최로 영상도시를 조성하는 것을 모방하여 전주 국제영화제, 제천 국제음악영화제, 부천 판타스틱영화제, 춘천 다큐멘터리영화제, 인천 인권영화제, 울산 세계산악영화제, 대전 독립영화제, 광주 국제영화제, 대구 단편영화제 등 전국에서 영화제가 우후죽순처럼 개최되는 것을 볼 수 있다. 물론 이 가운데는 성공적인 영화제로 지역 이미지 향상을 가져오는 사례도 있으나 대부분이 차별화도 없고 졸속 행정, 관치 행정의 표본으로 비판의 대상이 되고 있다.

2 화장도시 비판

19세기 후반과 20세기 초반에 풍미했던 '도시미화운동'이 도시 지가 상승을 유도하여 부유층과 자본가들, 부동산 개발업자들에게 부의 축적을 가져오는 전략이라는 비판이 있었던 것처럼, 문화도시 또한 부유층의 취향에 맞춘 도시를 조성하여 서민층을 외곽으로 밀어내고 도시 양극화를 더욱 심화시킨다는 비판을 받기도 한다. 예를 들면, 주요 사례로 고가도로와 콘크리트로 덮여 있던 도로를 철거하여 하천을 복원(?)한 '청계천 개발사업'과 홍익대 미대 학생들이 주축이 되어 거리미술 활성화를 통해 경관 개선과 지역 활성화를 가져온 '홍대 앞 개발'을 들 수 있다. 청계천 복개사업을 통해 주변지역이 새롭게 단장되어 서울 중심에 새로운 볼거리와 관광명소를 조성하여 지역 활성화의 긍정적 효과를 가져 온 것은 사실이지만, 사업 결과로 청계천 주변 지가와 임대료 상승을 가져와서 주변에 입지했던 중소 영세업자들이 지역에서 퇴출되어 외곽지역으로 이전하는 결과를 초래하였다. 그리고 사실 청계천이 환경적으로 복원된 것이 아니라 한강의 물줄기를 끌어들여 하천을 만드는 과정에서 '세계에서 가장 긴 분수'의 조성이라는 조롱을 듣기도 하였다. 이런 사례는 문화예술을 중심으로 한 도시개발이 단지 미관만을 중시한 화장(cosmetic) 도시 혹은 겉만 번지르르한 포장(wrapping)도시를 만든다는 비판의 대상이 되기도 한다. 이와 유사한 현상은 홍대 앞 거리에서도 목격된다.

> 젊고 가난한 예술가와 창업자들의 아지트였던 홍대 상권은 어느 순간부터 트랜디한 자본 위주의 위락 상권으로 변모했다. '홍대거리' 하면 가장 대표적인 상권이 홍대입구역 기준으로 8번과 9번 출구 쪽이었다. KFC와 IBK기업은행 사이로 들어가면 다양한 프랜차이즈 매장들과 크고 작은 대중음식점, 주점들이 밀집되어 있고 8번, 9번 출구 방향에서 홍익대학교 정문 쪽으로 향하는 길목에는 옷가게들과 각종 화장품 브랜드, 네일숍들이 입점해 있다. 20대 초중반에게는 젊음의 거리겠지만, 사실 초창기 홍대거리에 둥지를 틀었던 음악가와 미술가들에게 홍대의 지속적인 팽창은 위협이었다. 예술가들은 자연스럽게 낮은 임대료의 공간을 찾아 인근 상수동과 문래동, 연남동으로 떠나는 엑소더스(exodus) 현상을 보였다(월간식당, 2015에서 인용).

문화예술을 기반으로 한 도시개발 과정에서 가장 혜택을 본 사람은 아마 부동산을 소유한 집단이며, 세입자와 영세업자들은 임대료를 감당할 수 없어 외곽으로 이전하거나 사업을 접는 퇴출현상이 발생한다. 이러한 현상은 결국 도시의 불평등을 심화시키며, 문화도시 개발의 주요 비판 요인인 불평등 문제를 제기한다.

3 불평등과 양극화 문제

문화기반 도시개발이 초래하는 또 다른 문제점은 바로 도시의 불평등을 확대시킨다는 것이다. 문화예술 기반의 도시개발이 불평등 확대를 가져오는 현상은 직접적 요인과 간접적 요인으로 설명될 수 있다. 첫째, 직접적 요인으로 위의 홍대 앞 개발 사례에서 알 수 있듯이 문화예술 활동의 밀집에 의해 도시가 활성화되면 지가와 임대료 상승을 가져와서 기존에 입지하던 세입자와 영세사업들을 밀어내고 거대자본을 동원한 새로운 사업과 활동들로 전환되어 경제적 약자집단은 더욱 한계화되며 도시 불평등은 심화되게 된다. 이러한 현상은 문화예술을 통한 도시개발뿐만 아니라, 전반적인 도시재생과 재개발 사업에서 빈번히 관찰되는 현상이다. 예를 들면, 낙후된 원도심이 전면철거 재개발되면 원주민과 세입자들은 외곽지역으로 밀려나고 새로운 거주자들이 전입하면서 신세대 문화와 생활방식이 함께 도입되어 거대자본으로 무장한 대규모 할인매장과 전국 규모의 체인점들이 들이닥쳐 지역의 영세업자와 전통시장이 붕괴되는 현상을 도처에서 발견할 수 있다. 이것은 현재의 성장 중심 정치경제 제도 하에서는 문화예술을 기반으로 한 도시개발 효과는 자본가와 부동산개발업자 등 특정 집단에게 혜택이 독점되는 반면에, 개발 사업을 위한 공공 인프라 비용은 시민들에게 일반화되는 특성을 갖기 때문에 필연적으로 경제적 불평등은 심화되는 결과를 가져온다.

둘째, 간접적 요인으로 문화예술을 기반으로 한 도시개발은 필연적으로 창조계급과 지식집단의 부상을 가져와서 도시의 경제적 불평등과 양극화를 심화시키는 결과를 초래할 수 있다. 글로벌 경제 체제의 등장으로 경쟁이 심화되고 변화와 혁신이 빠르게 진행되는 고속사회(fast society)가 전개됨에 따라, 변화와 혁신을 주도하는 집단과 이러한 변화에 지체된 집단 사이에 격차가 더욱 심화되는 양극화 현상이 나타난다. 이러한 결과 상위 10% 이내의 부와 권력의 점유율이 증가하고, 중산층은 점차 감소하며, 하위 빈곤집단이 증가하는 모래시계 효과가 나타나고 있다.

플로리다(Florida, 2005) 또한 창조 계급과 경제 불평등 사이의 밀접한 관련성에 대해서 우려를 표명하였다. "창조경제에서 소득 불평등을 추구하는 낙수효과(trickle-down effect)나 전형적인 사회보장 프로그램을 기대할 수 없다. 급부상하는 창조 시스템의 역동성은 불평등을 심화시킬 수 있으며, 불평등 완화를 위한 자기정화(self-healing)를 보장하지 않는다. 반면에, 이러한 역동성은 불평등을 더욱 왜곡시키는 결과를 초래할 수 있다."고 표명하였다.[15] 문화예술 활동과 창조경제의 확대에 의해 조성되는 문화도시는 보편적 교육을 받은 일반 근로자들보다는 전문직과 고숙련 근로자들에게 도시생활에서 일자리와 삶의 질 향상을 위한 보다 많은 기회와 혜택을 제공할 것으로 예상되기 때문이다. 이러한 논리에서 문화예술 중심의 도시개발이 직접 도시 불평등을 심화시키는 것이 아니라, 문화예술 중심의 도시개발 과정에서 창조집단과 지식집단이 주도적 역할을 수행하게 되며, 이 과정에서 일반 시민, 사회적 약자집단과 변화에 지체된 집단은 더욱 소외되어 사회적 양극화와 불평등이 심화된다는 것이다.

15) 창조 계급의 승자독식 현상은 어제 오늘의 일이 아니다. 이미 스포츠 산업에서는 슈퍼스타가 선수들 평균 연봉보다 수십 배 높은 소득을 받는 것이 일반화되어 있으며, 연예계 또한 이름 없는 연기자는 생계를 이어가지 못해 자살하는 사건이 발생하는 한편, 한류 스타들은 일반인이 평생 만져보지 못하는 금액을 받고 출연하는 것을 볼 수 있다. 음악 분야에서도 서울 시향 지휘자인 정명훈은 연봉 십몇억을 받는 반면에, 시향 멤버들은 생계를 위해 레슨을 해야 하는 양극화가 목격되고 있다.

이런 관점에서 문화예술 중심의 도시개발이 부의 불평등과 양극화를 심화시키지 않기 위해서는 사업 초기부터 주민들을 정책(사업)에 적극적으로 참여시키는 노력이 필요하며, 지역 활성화의 혜택이 특정 집단에게 독점되는 것을 방지하기 위한 대책이 마련되어야 하고, 사회적 약자집단과 영세업자를 보호하기 위한 대책이 적극적으로 수립되어야 한다. 즉, 문화지구는 일반적으로 고품격 공간, 풍요의 공간, 부유층 공간으로 인식되기 때문에 문화지구의 조성에 앞서 시민들의 의견 수렴, 참여와 설득 유도, 저소득층의 대표를 포함하는 문화 거버넌스 확립이 필요하다. 이와 동시에 저소득층을 포용하기 위한 정책(예: 무료 입장 등)이 적극적으로 추진될 필요가 있다.

4 대규모 투자와 혜택의 독점화

문화예술을 기반으로 한 도시개발과 재생은 긍정적 측면도 있지만 문제점 또한 적지 않다. 주요 문제점으로 첫째, 메가 프로젝트로서 대규모 투자 재원이 요구된다는 것이다. 물론 소규모 투자도 가능하지만 그 효과가 불투명하기 때문에 지역주민들의 협력을 끌어내기가 쉽지 않다. 그리고 지난 세기에 수행된 대규모 문화예술 사업들은 경제적인 면에서는 큰 성과를 보인 경우가 많았으나, 이러한 경제적 효과의 대부분은 고소득층에 집중하였고 하위 계층을 위한 낙수효과는 거의 미미한 수준이었다(Stern & Seifert, 2007: 74). 도시개발의 결과로 영세업자와 세입자 등은 현재 거주하고 있는 지역으로부터 퇴출의 압력을 받고 외곽으로 밀려나는 결과를 가져왔다. 이런 현상을 하버(Harvey, 2013)는 지역의 독특함, 지역 문화의 차이 등이 자본주의 사회에서는 독점지대를 추구하는 주요 요인으로 작용한다고 비판한다. 즉, 모든 것이 상품화되고 상업화되는 독점자본주의 시대에는 공적 권력, 시민사회, 그리고 사적 이익집단이 서로 공조·협력하여 지역의 독특함과 특수함, 진성성과 특별함으로부터 독점지대를 추구한다는 것이다.

사실 현실에서 도시 정치행정은 부동산 금융과 개발업자, 미디어, 정치집단, 인프라 산업, 그리고 지역정부 등 도시의 헤게모니를 갖고 있는 주요 주체들 사이의 성장연대에 의해 주도되며, 문화예술 사업 또한 이 범주 내에서 다른 활동과 연계되어 추진되는 것을 볼 수 있다. 이와 같은 문화도시 조성 행태를 홍기원(2005)은 레짐(regime) 이론을 이용하여 설명한다. 도시개발을 문화와 예술, 도시 외관과 디자인 등 문화적 요소로 포장하여 개발의 정당성을 강화하고 공간에 대한 자본투자의 이윤을 극대화하기 위한 지역경제 세력과 정부로부터 지원을 받기 위한 문화세력들이 지역경제를 활성화하고 지역 문화 의식 고양을 명목으로 내세워 정치적 선전을 염두에 둔 정치 권력과 연합하여 문화도시 조성이 추진되고 있다고 비판한다.

5 또 다른 문제: 박제된 도시(경주?)

이렇게 문화도시 만들기에 대다수의 도시들이 전력을 쏟고 있는데, 유네스코 세계문화유산 지정에 대한 비판을 보면 역설적 논리도 제기된다. 마르코 데라모(Marco d'Eramo, 2015)는 많은 도시들이 열망하는 유네스코 세계유산의 등재가 도시를 박제화한다고 비판한다. 도시는 기술과 환경이 변화함에 따라 생활방식, 삶의 방식이 변해야 자연스러운데, 유네스코 세계유산 등재는 도시를 현 상태의 보존에 주안점을 두기 때문에, 사실 그곳에 거주하는 사람들과 건물들에 표백제를 붓는 결과를 가져온다는 것이다. 이런 실태를 베네치아에서도 볼 수 있으며, 유네스코 도시로 지정된 다수의 구도심에서 종종 목격된다. 유네스코 도시로 등재된 후에 관광객이 몰려들고 일자리가 창출되기는 하였으나, 그곳에 거주하는 사람들은 더 이상 변화와 혁신의 동기와 에너지를 상실하고 관광산업, 서비스 산업만이 번성하여 과거의 진취적, 도전적, 혁신적 지역 문화는 자취를 감춘 것을 볼 수 있다. 이런 현상은 유네스코 문화도시로 지정되면 도시계획과 건축에 다양한 규제가 부여되어 기술 이용의 한계, 재건축 금지와 건축물 노후화 등으로 산업활동의 제약과 위축을 가져와서 도시 변화와 혁신을 억제하거나 장애 요인으로 작용할 수 있다는 것이다.[16] 인간이 도시를 만들지만 인간이 만든 도시에 의해 인간이 영향을 받는 현상

---

16) 실제로 필자가 인도 여행 중에 고대 왕궁과 성을 둘러보며 이런 값진 문화유산을 왜 유네스코 세계유산에 등재하지 않는가를 질문하였는데, "유네스코 세계유산에 등재하면 정기적으로 그곳의 관리와 평가를 받게 되어 건축물 이용에 제약이 있고, 특히 영리목적으로 이용을 통제하기 때문에 소유주가 원하지 않는다."는 답변을 들었다.

이 문화도시에서 재현되고 있다. 중세 도시유산을 잘 보존하여 문화도시로 사랑 받지만, 중세 건물과 도시에서의 생활은 주민들을 중세의 늪에 빠뜨려 진취성, 도전정신, 변화와 혁신이 뒤진 박제 도시화되는 현상이 관찰되고 있다.

인간사회의 모든 의사결정(정책결정)에는 혜택을 보는 사람 혹은 집단이 있는가 하면 혜택으로부터 배제된 혹은 상대적으로 손해를 보는 개인 혹은 집단이 있기 마련이다. 예를 들면, 도시정부에서 횡단 보도 또는 버스 정류장을 어디에 설치하는가에 따라 상대적으로 혜택을 받는 상점이 있는가 하면, 이러한 시설로부터 멀리 떨어져 있는 상점과 건물들은 상대적으로 피해를 보게 된다. 이것은 정부의 재원과 인력은 한정되어 있는데 시민들의 공공 서비스에 대한 요구는 다양하기 때문에, 정부의 의사결정에 따라 어떤 서비스는 우선적으로 공급되는 반면, 다른 서비스 요구는 배제(혹은 후순위가)될 수밖에 없기 때문이다. 이런 과정에서 특정 개인이나 집단은 혜택을 받는 반면, 다른 개인이나 집단은 상대적으로 피해를 받게 된다. 그러면 이런 갈등적 상황에서 정부는 어떤 의사결정(정책결정)을 해야 하는가? 여기에는 다양한 요인이 작용하고 있지만, 사회적으로 약자집단・소외집단을 배제하지 않고 이들에게 우선적으로 공공 서비스를 제공하는 것이 정의로운 사회가 추구해야 하는 주요 원리라고 할 수 있다. 문화를 통한 도시개발이 비판받는 주요 이유가 바로 이런 정의로운 사회가 추구하는 논리와 상충(모순)될 수 있다는 것이다.

이런 논리에서 문화예술을 기반으로 한 도시개발 전략이 부의 축적과 사회적 정의를 융합한 정책으로 이해될 수 있는가? 그럴 가능성도 있지만, 경험적 연구들은 부정적 결과들을 보여준다. 전 세계에 걸쳐 수행된 대규모 문화예술 정책들은 대부분 사회 전반에 혜택을 가져오는 직업을 창출할 것으로 암시했지만, 실제의 결과는 불평등을 심화시키고 사회적 약자집단과 영세업자들을 외곽으로 퇴출시키는 결과를 초래했다. 이런 시각에서 문화예술을 기반으로 한 도시개발과 재생 사업들이 사회 정의에 기반한 정책을 수반하기는 매우 어렵다. 문화예술을 기반으로 한 지역정책이 불평등을 완화하고 사회 정의를 실현하는 정책이 될 수 있는가의 문제는, 앞에서 언급한 바와 같이, 창의집단과 계급에 대한 개념과 연결되어 있다. 만약 창의집단을 소수의 천재적 능력을 갖는 집단으로 정의하면 문화예술 중심의 정책을 통해 사회정의를 실현하기는 어려울 것이다. 하지만, 창의집단을 숙련기술을 가진 집단으로 폭넓게 해석하면 문화예술 중심의 지역정책을 통해 다양한 직업들이 창출되어 천재적 능력을 갖는 소수의 개인들에게만 혜택이 돌아가는 것이 아니라 다양한 직업군의 인력 및 저임금 서비스 분야에까지 고용 기회가 확대되어 사회적 포용을 위한 정책으로 작용할 수 있다. 그리고 창조경제를 위한 개발 정책은 인력 훈련 및 교육과도 연계되어 종래의 전통적 교육 훈련에 적응하지 못한 청년들에게 문화예술과 관계된 특이한 일자리 기회들이 제공되어 그들의 꿈을 실현시킬 새로운 기회를 제공할 수 있다.

제11절 맺는 말

21세기 글로벌 사회에서 도시가 경쟁력을 갖기 위해서는 필수적으로 문화도시가 되어야 한다. 문화는 이제 성장에 따른 부산물 혹은 성장의 상징이 아니라, 도시성장을 위한 인프라이고, 특히 글로벌 시대에 지역과 세계를 연결시키는 고리로서 작용한다. 이제 도시문화와 예술은 도시개발의 주요 도구일 뿐만 아니라 도시의 상상력과 창조성을 촉진함으로써 경제성장과 공동체 능력 배양을 위한 동력으로 작용한다. 제이콥스(Jacobs)는 "도시는 서로 다른 스텝을 밟고 사는 사람들 사이의 한판의 춤"으로 묘사를 했다. 이 말은 도시는 획일적 사고와 생활방식이 아닌 다양한 사람, 직종, 문화, 예술, 사고 방식이 공존하는 공간이 되어야 보다 역동적이고 활기 찬 모습을 보인다는 것을 은유적으로 표현한 것이다. 하버드대학의 경제학 교수인 에드워드 글레이저(Edward Glaeser, 2011) 또한 그의 저서 『도시의 승리』에서 "즐거운 도시가 승리한다."고 말하고 있다. 즐거운 도시가 감동을 주며 삶을 행복하게 하고 도시경쟁력을 강화시킨다는 것이다. 이런 시각에서 참다운 문화도시가 되기 위해서는 시민과 도시가 하나의 인격체로 이루어져 문화예술 활동에 시민들이 자발적, 적극적으로 참여 및 의견을 제시하는 개방도시, 민주도시, 인본도시가 되어야 한다.

이를 위해서는

첫째, 도시계획과 문화 정책이 통합적으로 수립될 것이 요구된다.

둘째, 하향식, 관료 중심 정책이 아닌 보다 개방적이고 협력적인 정책이 수립되어야 한다.

셋째, 시민들과 문화예술 집단이 정책과 계획 과정에 적극적으로 참여할 수 있어야 한다.

넷째, 혁신과 창조성을 보장하기 위해서는 문화적 자율성과 예술적 자유가 보장되어야 한다. 즉, 표현의 자유, 공연의 자유, 집회와 토론의 자유가 충분히 보장되어야 한다는 것이다.

이러한 토대가 마련되어야 도시의 창조성, 협력, 혁신의 사고가 결합하여 참다운 문화도시를 조성할 수 있다.

문화도시 조성은 하루아침에 만들어 지는 것이 아니고 시간이 필요하다. 도시를 운영하는 리더는 임기 중에 가시적 성과와 업적을 남기려는 조바심을 버리고 수백 년 동안 시민들에게 사랑받는 도시를 만든다는 장기적 비전 아래 문화도시를 조성하여야 한다. 유럽의 선진도시들은 유구한 문화와 역사유적으로 전통과 도시미관을 유지하며 고고한 자태를 뽐내고 있다. 그런데 재미있는 현실은 자신들이 중세의 역사 유물과 건축물에 둘러싸여 있으면 자신들의 사고와 생활양식도 그러한 환경에 구속되고 지배받는다는 것이다(예: 베네치아, 비엔나). 물론 그러한 양식을 현실에 재현하여 새로운 디자인으로 재구성하거나 상품화하여 고급 브랜드를 창조하기도 한다(예: 베네통 등). 그런데 공간은 인간의 생활양식뿐 아니라 사고와 창의성, 상상력에도 영향을 미친다.

한국 사회는 한국전쟁을 경험하며 도시가 파괴되어 재구성되는 아픔의 역사를 거치며 성장해 왔다. 많은 것이 파괴되어 5천 년 역사와 유물을 일부 밖에 보여주지 못하는 아쉬움이 있는 반면에, 현대 사회의 도시 모습과 미래는 이곳에서 보여줄 수 있다. 아마도 이런 사고와 생활양식이 우리의 선조로부터 물려받은 전통과 접목되어 IT 사회를 여는 선도적인 역할을 하고 있는지도 모른다. 그리스의 유적이 없이도, 로마의 콜로세움이 없이도, 중세의 성지가 없이도, 새로운 유적을 창출하는 한국 도시를 만들기 위해서는 어떤 사고와 계획, 정책이 필요한가를 심각하게 고민해야 할 때이다. 특히, 포스트모던 사회에서 근대가 파괴된 그래서 탈근대의 모습을 보이는 한국의 도시공간과 여기에 글로벌과 한국 문화예술의 결합은 21세기 경쟁력 있는 도시건설을 위한 좋은 기회와 소재지를 제공한다. 즉, 중세·근대의 문화예술과 유적이 소실되었다는 것을 비관할 것이 아니라, 이 공간에 21세기 새로운 문화와 예술, 그리고 경제성장이 결합된 도시를 창출하기 위한 정책과 계획이 구상되어, 슘페터(Joseph Schumpter)가 주장한 '창조적 파괴'의 개념이 한국 도시에서 '혁신의 공간'으로 재현되어야 한다는 것이다. 그러기 위해서는 기술과 문화예술을 결합하여 한국전쟁과 같은 '파괴의 역사'를 21세기 미래의 성장을 위한 '창조의 역사'로 만드는 문화도시를 위한 노력이 도시공간에서 발휘되어야 할 때이다.

제 11 장

스마트 도시개발

제 1 절 서론: 문제의 제기와 논의의 목적

지속가능한 도시개발을 가져오기 위한 주요 기반은 무엇인가? 이 문제는 오랫동안 지역개발학자와 도시 정책결정자들에게 끊임없이 해답을 찾는 난제로 남아 있다. 지난 세기를 거치면서 세계의 거의 모든 도시들은 복잡한 변화와 혁신의 소용돌이에 휩싸여 있다. 그리고 2007년은 인류 역사에서 새로운 전환점을 이룬 해로, 세계 총 인구 가운데 50% 이상이 도시에 거주하는 도시화 시대가 본격적으로 전개된 해가 바로 2007년이다. 도시화 시대가 본격적으로 열리면서 도시의 복잡성은 더욱 심화되는 추세를 보이며 동시에 도시를 관리하기 위한 방식과 기술 또한 급속히 변화하는 면을 보인다. 도시에 인구가 집중하며 점차 복잡해짐에 따라 집적에 따른 혼잡 문제를 해결하기 위하여 지식과 정보, 창조성과 혁신, 주요 주체들 사이의 거버넌스와 다중지성, 그리고 다양한 과학기술(특히, 정보통신기술) 등이 효율적인 도시개발과 관리를 위해 동원되고 있다. 즉, 한마디로 '스마트' 해결책이 주목받고 있다.

이와 같은 도시화 시대의 전개는 4차에 걸친 도시혁명의 결과를 반영하고 있다. 제1차 도시혁명은 인류 탄생 이후 태고 초기 도시시대에 지방에 도시가 만들어지면서 시작되었다. 제2차 도시혁명은 산업혁명의 발발로 규모의 경제와 집적의 효과로 인하여 도시로 대규모 인구와 산업활동이 집중하면서 급격한 도시화가 전개되는 현상을 초래했다. 제3차 도시혁명은 제2차 세계대전 이후 도시의 규모가 확대되는 것과 동시에 산업사회에서 도시가 사회의 핵심적 공간으로 등장하는 현상(도시 확산, 신도시 개발, 교외도시, 위성도시, 네트워크 도시 등)이 나타났다. 제4차 도시혁명은 1990년대 중반부터 도시가 점차 새로운 지식 창출에 중점을 둔 학습지역(learning region)으로 개발되면서 2000년대 들어서서 지능도시(intelligent cities)라는 개념 하에 창조와 혁신을 추구하는 도시개발로 주안점이 전환되었다. 이러한 변화는 ICT(정보통신기술)의 발달과 함께 도시에서 효율성을 증가시키기 위한 방안으로 추진되었으며, 점차로 ICT 분야를 넘어서 도시의 건강, 문화, 미디어, 에너지, 환경 등과 연계되어 스마트 도시개발이 시도되기 시작하였다.

'스마트 도시' 용어는 비교적 최근에 보편화되기 시작하였지만, '스마트' 용어는 이미 사회적 자본, 인적자본, 시민 참여, 교통 인프라, ICT, 혁신, 삶의 질 등 다양한 분야에서 복합적으로 이용되었다. 이러한 과정을 거쳐 도시개발에서 시민, 인프라, ICT 기술을 연계한 스마트 도시 개념이 점차적으로 전파되는 추세에 있다. '스마트 도시'는 도시발전을 위하여 다양한 방식과 접근을 통한 총명하고 영리한 도시라는 의미를 내포하고 있다. 그러나 스마트 도시는 학자들에 따라 다양한 정의가 난무하며 아직 명확히 정립되지 않은 진행 중에 있는 접근이라고 할 수 있다.

이를 잘 보여주는 연구가 바로 마르틴 드 용 외(Martin de Jong et al., 2015)가 논의한 담론이다. 그들의 연구에 의하면, 최근 도시개발과 관련된 주요 담론은 13개 주제로 분류할 수 있다: 지속가능한 도시, 녹색도시, 디지털 도시, 스마트 도시, 지능도시, 정보도시, 지식도시, 복원력(resilient) 도시, 에코도시, 저탄소도시, 활력(liveable)도시, 심지어는 이러한 용어들이 조합된 저탄소 에코도시, 유비쿼터스 에코도시. 이러한 용어들은 각기 독특한 개념과 원리에 기반하고 있지만, 사실 현실에서 용어들은 서로 혼용되어 사용되고 있다. 예를 들면, 지속가능한 도시는 에코도시, 녹색도시, 혹은 저탄소 도시와 혼용되어 사용되고 있으며, 스마트 도시는 디지털 도시, 정보화 도시, 유비쿼터스 도시, 지능도시 등과 교차되어 사용되기도 한다.

도시화가 지배적인 현상으로 나타나는 현대 사회에서 도시는 인간의 삶을 위한 최적의 조건을 제공하는 자연적인 서식지로 자리 잡아가고 있다. 이러한 새로운 세상에서 도시는 창조성, 혁신, 기업가 정신과 경쟁력의 온상(seedbed)으로 작용하며, 네트워크로 연결된 사회의 결절지(node)로서 경제성장의 견인차 역할을 하고 있다. 이런 현대 사회에서 도시는 '장소의 감각(sense of place)'뿐만 아니라 '감각의 장소(place of sense)'로 특징지어지고 있다(Kourtit et al., 2013: 230–231). 즉, 새로운 그리고 개방된 미래를 위한 플랫폼으로서 창조적 및 사회경제적 자원과 활동으로 무장한 현대 도시는 새로운 문화와 디자인, 라이프 스타일, 경제적 활력과 역동성의 공간으로 작용하고 있다. 도시는 이와 같이 사회경제적인 면에서 주요 역할을 수행할 뿐만 아니라 환경에 대해서도 지대한 영향을 미친다. 오늘날 대부분의 자원이 인간의 경제활동을 지원하기 위해서 도시에서 소모되지만, 아직도 지속가능한 사회를 형성하기에는 현저히 부족하다는 것이 전문가들의 시각이다. 도시에서는 전 세계 에너지의 60~80%를 사용하며 온실가스의 상당부분을 배출하고 있고, 도시의 몸집은 점점 더 비대해져서 인구 1,000만 명을 넘는 메가시티(megacity)는 1990년 10곳에서 2015년에는 28곳으로 증가하였다.

도시도 인체와 같이 유기체로서 활동을 한다. 인간이 생명을 유지하기 위해서는 공기와 음식물을 투입받아 내부 소화와 호흡작용을 거쳐 환경으로 배설물을 내보는 것과 같이, 도시도 환경으로부터 자원, 정보, 에너지 등을 투입받아 내부 처리과정을 거쳐 환경으로 다양한 재화와 서비스, 그리고 배설물을 내보낸다. 이런 일련의 과정을 통해 도시가 생존 및 유지되지만, 이 과정에서 자원의 과도한 이용, 혼잡, 폐기물과 온실가스 배출 등 다양한 문제를 양산한다. 도시는 이제 인류의 경제 · 사회 발전의 핵심 공간인 동시에 인구 증가, 소득 불균형, 지구 온난화 등 다양한 문제를 야기하는 주요 공간으로 지속가능한 사회를 위한 새로운 도전과 접근을 찾아야 할 시점에 있다. 이런 사회적 배경에서 스마트 도시는 시민들의 요구에 보다 신속 및 민감하게 반응하고, 자원을 보다 효율적으로 이용하며, 에너지를 최대한 절감하고, 환경에 대한 영향을 최소화하는 도시를 조성하기 위한 목적으로 추진되는 도시개발 방식이라고 할 수 있다.

제2절 스마트 도시 개념과 특성

2000년대에 들어서서 세계는 제4차 산업혁명[1]을 경험하고 있다. 슈밥(Klaus Schwab)은 산업혁명이란 신기술이 경제 체제와 사회구조를 급격하게 전면적으로 변화시키는 것이라고 전제하면서 현재 제4차 산업혁명이 전개되고 있다고 주장한다. 그가 생각하는 제4차 산업혁명은 물리세계, 디지털 세계, 생물학 세계 3자를 융합하는 일련의 신기술들이 주도하는 것이다. 제4차 산업혁명을 주도하는 신기술과 관련하여 그는 유비쿼터스 인터넷, 더 저렴하면서 작고 강력해진 센서, 인공지능과 기계학습 등의 디지털 기술이 토대를 이루고 있다는 점을 강조한다(장윤종, 2016).

이러한 추세를 반영하여 2016년 1월 20일부터 23일까지 스위스의 다보스에서 열린 제46차 세계경제포럼(WEF) 연차총회의 핵심 주제는 '제4차 산업혁명의 이해(Mastering the Fourth Industrial Revolution)'였다. 다음 [그림 11-1]에서 볼 수 있는 바와 같이, 선진사회는 18세기 후반 이후 제1차 산업혁명으로 증기기관과 공장제 공업사회, 제2차 산업혁명으로 노동의 분업과 전기 및 대규모 생산 체제 도입, 그리고 제3차 산업혁명으로 전자 및 IT(정보기술), 그리고 자동화 생산의 시대를 열었다. 2000년대에 접어들어 선진사회는 이제 제4차 산업혁명을 준비하고 있으며, 도시도 이제 제4차 산업혁명 시대를 맞이하여 새로운 개발 방식을 논의 및 추진해야 할 때이다.

스마트 도시개발은 이런 의미에서 공해, 혼잡, 자원 고갈과 물리적 인프라의 노후화 등과 같은 급격한 도시화에 의해 제시된 문제를 해결하기 위한 대응일 뿐만 아니라, 가치의 갈등, 이질적 집단, 그리고 분파적 개발업자 등과 같은 사회조직적 요인에서 제기된 문제를 해결하기 위해 제시된 접근이라고 할 수 있다. 이런 면에

1) 제4차 산업혁명은 정보통신기술(ICT) 융합이 만드는 산업혁명이다. 인공지능 로봇, 사물 인터넷(IoT), 모바일, 3D 프린터, 무인자동차, 나노·바이오 기술을 응용한 새로운 제품이 고난도 문제 해결사로 등장한다. 산업과 사회, 통치 시스템은 물론이고 사는 방식까지 혁명적으로 달라질 수 있다. 제4차 산업혁명 사회는 "모든 것이 연결되고 보다 지능적인 사회"다. IoT와 인공지능을 기반으로 사이버와 현실세계가 네트워크로 연결된 통합 시스템으로, 지능형 CPS(cyber-physical system)를 구축한다. 하드웨어는 스마트폰처럼 데이터를 축적해 해석하며 자동 갱신한다. 로봇과 인공지능(AI)이 결합해 자동화가 일어난다. AI는 빅 데이터를 기반으로 언어와 이미지를 처리해 복잡한 의사 결정까지 할 수 있다[다보스포럼, 4차 산업혁명 기대와 우려 교차(전자신문, 2016)].

그림 11-1 2016년 다보스 포럼에서 제시된 산업혁명 요약

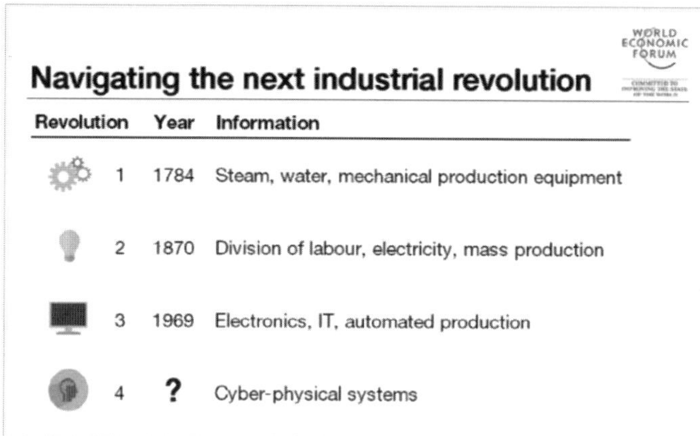

▲ 세계경제포럼 홈페이지 갈무리

서 공급 측면에서는 과학기술의 발달이 스마트 도시를 위한 기술과 서비스를 제공하고, 수요 측면에서는 도시의 다양한 요구가 스마트 도시의 조성을 요구하는 상황에 직면해 있다(Angelidou, 2015) 공급 측면에서 보면, 최근의 기술 발달은 스마트 도시 조성을 위한 다양한 기술 서비스와 솔루션을 제공한다. 예를 들면, ICT 기술은 도시 교통, 에너지, 건강 관리, 쓰레기 처리, 상·하수도 서비스 등에서 도시를 효율적으로 관리하기 위한 기술 서비스를 제공한다. 수요 측면에서 보면, 2007년에 들어서 지구 인구 가운데 50% 이상이 도시에 거주하는 도시화 시대가 도래하면서, 도시자원의 효율적 이용과 지속가능한 도시를 위한 요구가 증가하였다. 또한 지구 온난화 현상이 가속됨으로써 보다 스마트한 도시 관리의 요구가 심화되고 있는 것이 현실이다. 이 절에서는 이러한 시대적 배경에서 등장한 스마트 도시의 개념과 특성에 대해 살펴본다.

1 스마트 도시에 대한 개념 정립

스마트 도시에 대해서는 아직까지 학자들 사이에 합의된 정의가 없으며, 연구 내용과 주제에 따라 다양하게 정의 및 조작되어 사용하고 있다. 심지어는 '스마트'

라는 용어도 학자들에 따라 '지능(intelligent)', '디지털(digital)' 혹은 '유비쿼터스(ubiquitous)'라는 용어로 대체되어 사용되기도 한다(Albino et al., 2015). 스마트 도시에 대한 합의된 정의와 개념이 정립되지 않았지만, 스마트 도시는 정보통신기술을 이용하여 도시자원의 보다 효율적 이용을 추구하는 개념이라는 데는 거의 의견을 일치를 보이고 있다.

스마트 도시는 1990년대 중반에 신문 등 미디어 매체에 처음 등장한 용어로서, 당시에 경제성장을 촉진하기 위한 목적으로 ICT 인프라, 전자정부 혹은 첨단기술을 도입하여 도시성장을 추구하는 도시를 '스마트'하다는 의미에서 자축적(self-congratulatory) 표현으로 이 용어가 사용되었다.[2] 여기에 나중에 지속가능성, 에코와 스마트 홈, 환경적 혁신 혹은 GPS를 이용한 공공 교통 등이 추가되어 스마트 도시 개념이 점차 확장되었으며, 최근에 들어서서 IBM과 같은 IT 대기업들이 뛰어들어 스마트 도시개발에 대한 홍보와 시장 확대가 추진되고 있다(Söderström et al., 2014: 310-311).

스마트 도시에 먼저 관심을 보인 CISC(The California Institute for Smart Communities)는 정보기술을 이용하여 도시를 어떻게 스마트하게 디자인할 것인가를 연구하였다. 수년 후 오타와대학의 거버넌스센터(Center of Governance)는 과도하게 기술 지향적으로 편향되는 스마트 도시에 대해 비판을 제기하였다. 그들은 스마트 도시가 지나치게 기술 지향적인 것을 멈추고 사회적 자본과 시민들 사이의 관계를 강조하는 거버넌스 지향적 도시개발을 주장하였다. 이후 21세기 들어서서 '스마트 도시'라는 명칭이 점차 확산되기 시작하였고, 스마트 도시 뒤에 숨은 다양한 의미들이 표출되기 시작하였다.

스마트 도시에서 우선 '스마트'는 정확히 무엇을 의미하는가? CTECNO(2012)의 정의에 의하면, 스마트는 삶의 질 향상과 지속가능성, 그리고 서비스의 효율적 관리를 지향하는 동시에 기술적인 면에서 물질·자원 이용에 있어서 집약적 이용을 위한 혁신을 추구하는 통합적 접근을 의미한다. 벨리센트(Belissent, 2010)는 스마트 도시를 도시의 주요 인프라와 공공 서비스 — 행정, 교육, 보건, 공공 안전, 부동

2) 카스텔스(M. Castells), 그레이엄(S. Graham)과 마빈(S. Marvin) 등이 정보기술이 도시성장의 핵심적 인프라로 주목받을 것을 먼저 예견했지만, 기술적인 면을 넘어 IT 기술이 지능 네트워크를 형성함으로써 스마트 도시로 전환될 것을 연구한 최초의 학자는 미첼(Mitchell, 1995)이라고 할 수 있다(Allwinkle & Cruickshank, 2011).

산, 교통, 그리고 상·하수도 등 기반시설 등 — 를 시민들의 요구에 보다 효율적, 소통적, 그리고 반응적으로 제공하기 위하여 정보와 통신기술을 이용하는 도시를 의미한다. 까라이용(Caragliu et al., 2011: 70)는 스마트 도시를 참여적 거버넌스에 의해 축적된 인적 및 사회적 자본과 전통적 인프라(교통 등) 및 현대적 인프라(IT 등)에 대한 투자를 통해서 도시 자원을 슬기롭게 관리함으로써 도시의 지속가능한 성장과 고도의 삶의 질, 그리고 자연자원의 효율적 관리를 추구하는 도시를 스마트 도시로 정의한다.

해리슨(Harrison et al., 2010)은 스마트 도시를 도구적(instrumented), 연계적(interconnected), 그리고 지능적(intelligent), 세 가지 의미가 함축된 도시로 정의하고 있다. 첫째, '도구적'은 센서, 계측기, CCTV, 전기기기와 다른 감지 장치 등을 통해 실시간 수집된 자료들이 통합 처리되는 것을 의미한다. 둘째, '연계적'은 이러한 자료들이 도시의 다양한 서비스 제공을 위하여 상호 연결된 통합적 플랫폼에서 처리되는 것을 의미한다. 셋째, '지능적'은 도시 활동을 보다 용이하게 처리하기 위하여 복잡한 분석모형, 최적화 및 시각화 모형, 각종 시뮬레이션 모형 등을 도입 응용하는 것을 의미한다.

그런가 하면, 도란과 다니엘(Doran & Daniel, 2014: 58-59)은 각 조직과 기관에 따라 스마트 도시에 대한 개념정의가 다양하다고 지적하며, 대표적으로 다음과 같은 네 개 기관의 스마트 도시에 대한 정의를 소개하고 있다.

첫째, IBM에서는 스마트 도시를 "시스템들이 연계된 시스템으로, 3요소(인프라, 운영 체제, 인간)가 각각 독립적 기반을 구성하는 동시에 상호 강력한 지원 기능을 수행하는, 역동적 진화가 현재 진행 중인 도시"로 정의한다.[3)]

둘째, MIT에서는 스마트 도시를 "개인용 기기와 응용에서부터 빌딩 유지와 관리, 궁극적으로 도시와 지역 전체에 이르기까지 디지털 신경망, 정보 감지와 이용의 극대화를 위해 모든 시스템들의 통합이 추진 중인 시스템들의 시스템으로 구성

3) 스마트 도시를 설명하는 데 있어서 IBM(2010)은, 과학기술의 발달에 의해 도시운영과 관련된 엄청난 자료들이 수집 가능해져서 다방면의 도시활동이 관리·통제가 가능한 사회가 도래하였다고 언급하며, 이제 도시활동은 서로 연계되어 종래에는 단절되었던 기능과 시스템들 사이에 정보의 자유로운 흐름이 가능해져서 도시 인프라의 전반적인 효용성이 향상되었고, 이러한 상황에 직면하여 시민들과 경제활동의 지속가능한 번영을 추구하기 위하여 도시는 보다 스마트해져야 하며, 이를 위해서는 도시자원의 최적 이용을 위하여 새로운 과학기술을 도시관리에 도입하여야 한다고 주장한다.

된 도시”로 정의한다.

셋째, 포레스터 연구소(Forrester Research Institute)는 스마트 도시를 “도시 주요 인프라와 도시 서비스를 보다 지능적, 연계적, 그리고 효율적으로 제공하기 위하여 스마트 컴퓨터 기술을 이용하는 도시”로 정의한다.

넷째, 유럽공동체(EU)는 도시의 지속가능한 개발과 삶의 질에 중점을 두어 스마트 도시를 “환경적 영향을 최소화하고 시민들에게 보다 나은 삶을 제공하기 위하여 다양한 기술을 이용하는 도시…… 그렇다고 단순히 기술적 변화와 혁신에만 한정하지 않고, 필수적으로 정부의 조직적 변화를 추진하며, 더 나아가 궁극적으로 사회 전체의 변화를 목표로 하고…… 궁극적으로 도시를 보다 스마트하게 만들기 위하여 산・학・관・연・시민단체가 협력하여 종합 학문적인 도전을 시도하는 도시”로 정의한다.

위 정의에서 알 수 있는 바와 같이, 스마트 도시는 정보통신기술에 의해 연결된 시스템들 사이의 연계 시스템을 구성하며, 다양한 시스템들이 통합적으로 연계되어 도시생활과 운영의 효율성을 촉진하는 것을 목표로 한다. 이를 위해서는 도시의 다양한 시스템(교통 체제, 자원관리 체제, 폐기물 처리 체제, 고용관리 체제, 행정 정보 체제 등)이 연계되어 통합적으로 운영되어야 하며, 정보통신기술이 매개가 되어 대규모 용량의 정보를 신속하게 전달하는 동시에 효율적으로 관리 및 통제가 되어야 한다. 다른 한편 유럽공동체에서는 스마트 도시 개념에 도시의 지속가능한 개발을 특히 강조하고 있다. 이것은 아마도 유럽 도시에서 녹색도시 개념이 스마트 도시보다 먼저 개발되었고, 그래서 도시가 스마트하기 위해서는 에너지 절감과 탄소 배출 저감과 같은 지속가능성 개념이 당연히 포함되는 것으로 인식하기 때문으로 이해된다.

실제로 스마트 도시 개념에서 선진사회와 개발도상국 사이에 다소간 차이가 관찰된다고 연구들은 밝히고 있다. 강명구・이창수(2015)의 연구에 의하면, 선진사회의 스마트 도시에서는 지구 온난화, 탄소 저감 대책, 에너지 효율 등을 중심으로 한 환경과 자원 이용에 중점을 두고 개념이 정립되는 반면, 개발도상국에서는 경제 잠재력, 도시 인프라 건설, 행정의 투명성 등에 중점을 두고 개념이 정립된다고 언급하고 있다. 또한 이재용・사공호상(2015)의 연구에 의하면, 선진국에서는 스마트 도시를 기존 도시의 낡은 인프라를 새롭게 정비하면서 ICT를 접목하여 에너지 효율화를 추진 중이며 대규모 인프라 구축보다 빅 데이터 등의 정보 활용 및 거버넌스에 집중하고 있다. 반면에, 개발도상국에서는 도시경쟁력의 확보 및 경제성장을 목표로 대규모 자본을 투입하여 신도시를 건설하는 형태로 사업을 추진하고 있다.

한국에서도 최근 스마트 도시에 대한 연구가 붐을 이루며, 스마트 도시와 ICT 기술, 빅 데이터, 사물 인터넷과 관련된 연구들이 속출하고 있다. 전해영(2016)은 스마트 도시에서 사물 인터넷이 핵심 기술을 구성할 것으로 주장하며, 스마트 도시를 "도시 행정, 교육, 복지 등 다양한 도시 부분에서 ICT의 첨단 인프라가 적용되어 도시의 효율성을 제고하고, 지속가능한 부가가치를 창출하는 도시"로 개념을 정립하고 있다. 조현지(2016)는 대도시들이 최근 경제 침체 등에 따른 높은 수준의 실업률, 밀집된 도시 인구에 따른 주거와 교통 문제 등 여러 가지 도시 문제를 경험하며, 이러한 도시 문제를 해결하기 위한 중요한 수단으로 스마트 도시에 주목하고 있다고 언급하며, 스마트 도시란 "도시 서비스 제공자와 시민 간에 직접적인 소통을 가능하게 하고 시민이 도시 서비스 제공에 직접 피드백을 전달하면서 새로운 가능성을 열 수 있는 환경"을 뜻하는 것으로 해석한다.

도시계획에서 스마트 도시는 전략적 차원으로 인식되어, 도시정부는 스마트 개념을 지속가능한 개발, 경제성장, 보다 낳은 삶의 질, 그리고 행복한 도시를 창출하는 것을 목표로 해석하고 있다(Ballas, 2013). 이제 스마트 도시는 더 이상 ICT 기술의 이용에만 국한하지 않고, 시민과 공동체의 요구에 중점을 두며, ICT 기술을 이용한 도시 삶의 질 향상과 행복한 도시의 건설, 그리고 생태계와 공존하는 지속가능한 개발에 중점을 두는 방향으로 진화하고 있다.

남과 파르도(Nam & Pardo, 2011)는 스마트 도시와 때로는 혼용되어 사용되는 디지털 도시, 지능도시, 유비쿼터스 도시를 기술, 시민, 그리고 공동체 요인과 관계하여 다음과 같이 차이를 설명하고 있다. 기술적 관점에서 스마트 도시는 ICT 기술을 도시의 핵심 인프라와 도시 서비스에 최대한 이용한 도시로서, ICT 기술이 도시의 지능 관련 상품과 서비스, 인공지능과 사고 체계에 깊숙이 침투한 도시로 설명된다. 예를 들면, 스마트 홈과 스마트 빌딩 등을 들 수 있으며, 이러한 시설에는 다양한 센서와 모바일 터미널, 원격연결 및 작동장치가 장착되어 지능적 서비스를 제공한다. 최근에는 여기에 무선 네트워크 기술이 첨가되어 도시 전체를 스마트 공간으로 실시간 관리와 통제하는 개념으로 변화하고 있다.

이러한 기술 중심적 스마트 도시에 대한 비판이 또한 제기되고 있다. 스마트 도시가 IBM, Cisco System, Siemens AG 등 대기업이 설계 및 판매한 기술에 의존하면서 도시공간의 복합적 이용, 인본적 시나리오, 복잡성의 가치 등이 매몰된 단순한 기술 중심적인 공간 채움이라는 비판이 일고 있다. 이런 현상을 한국 송도, 아랍에미리트 'Masdar', 포르투갈 'PlanIT Valley' 사업에서 목격된다고 비판하며(Greenfield, 2013), 이러한 기술 중심의 스마트 도시는 전형적인 하향식과 기업 주도적 도시를 만든다는 비판이 제기된다.

스마트 도시와 가끔 혼용되어 사용되는 디지털 도시는 광역 통신 인프라를 시민, 정부, 산업체의 요구에 맞추어 연계된 공동체를 형성한 도시를 일반적으로 의미한다. 이러한 디지털 도시의 최종 목표는 도시의 모든 공간과 활동에서 정보 공유, 협력 관계, 상호작용, 그리고 단절 없는 경험을 제공하기 위한 도시환경을 조성하는 것이다. 리우와 펭(Liu & Peng, 2014)은 디지털 도시와 스마트 도시가 일반적으로 혼용되어 사용되지만, 디지털 도시는 신뢰성에서 스마트하지는 않다고 주장한다. 그들의 주장에 의하면, 디지털 도시는 디지털 기술, 네트워킹, 영상기술, 정보기술 등을 이용하고 시민들과 도시자원, 환경, 경제, 그리고 사회 통계 등에 관한 정보를 수집하여 시민들의 삶을 위한 공공의 공간과 도시정보를 통합적으로 이용하는 접근을 의미한다. 디지털 도시는 GPS 기술 지원에 의한 광대역 통신망과 지리정보 자료, 원격감지 장치, 지리정보 체제, 가상현실 시스템, 역동적 연동성 등을 기초로 조성된다. 대표적인 도시로 '디지털 암스테르담', '헬싱키 2000', '디지털 교토' 등을 들 수 있으며, 대부분의 디지털 도시들이 1990년대 후반부터 조성되기 시작하였다. 반면에, 스마트 도시는 인간과 IT 인프라가 중층적 관계로 상호작용할 수 있도록 모든 감지 장치들이 연계되고, 디지털 도시에 인터넷, 특히 사물 인터넷 기술 등을 통합하여 도시의 삶 전반에 걸쳐 현재 개발된 모든 IT 기술을 최대한 이용한 도시라고 설명한다. 이러한 스마트 도시 조성에는 사물 인터넷과 클라우드 컴퓨터 기술이 기본 요소로 이용되며, 현재 중국은 디지털 도시를 넘어 스마트 도시를 조성하는 데 중점을 두고 있다고 밝히고 있다.[4]

4) 현재 중국과 EU는 스마트 도시조성을 위한 협력 관계를 체결하여 15개 스마트 도시 시범 사업을 추진하고 있으며, 2014년 9월 현재 중국에서만 200개 이상의 스마트 도시가 건설 중에 있다(Liu & Peng, 2014).

이와 비교하여 지능도시(intelligent city)는 디지털 기술로 무장한 지식 사회를 의미한다. 콤니노스 외(Komninos et al., 2013)에 의하면, 지능도시는 정보기술을 이용하여 의식적으로 도시생활과 일의 변화를 추구하는 도시를 의미한다. 지능이라는 용어가 함의하는 내용에는 학습, 기술발전, 혁신 개념이 포함되어 있으며, 이런 시각에서 지능도시에는 디지털 요인이 포함되어 있지만, 디지털 도시에는 반드시 지능 요인이 포함되어 있지 않다. 그리고 스마트 도시에는 시민이 주요 요인으로 포함되어 있지만, 지능도시에는 시민이 반드시 포함되어 있지는 않다고 몇몇 학자들은 설명하고 있다. 이런 관점에서 올윙클과 크뤽숑크(Allwinkle & Cruickshank, 2011)는 지능도시와 스마트 도시의 차이를 "지능도시가 추구하는 것은 주로 기술적 플랫폼의 구축인 반면, 스마트 도시가 추구하는 것은 공동체와 기술의 연계에 중점을 두고 있다"고 설명한다. 즉, 주안점에서 기술응용과 기술혁신이 바로 지능도시와 스마트 도시의 차이이며, 민주적 거버넌스에 의한 도시혁신을 추구하는 것이 궁극적인 스마트 도시의 목표라고 주장한다. 그리고 유사한 용어로 가상도시(virtual city)라는 용어가 사용되기도 하지만, 가상도시는 실제 공간보다는 사이버 공간에 중점을 두는 것으로 이해된다.

다음으로, 스마트 도시에는 포함되지만 다른 디지털 도시, 유비쿼터스 도시 등에는 누락된 요소가 바로 시민이다. 시민은 스마트 도시의 주역으로 스마트 도시는 시민과 지속적인 상호작용를 통하여 만들어진다. 이런 의미에서 스마트 도시는 시민과 연계된 창의성, 학습, 지식 등을 주요 동력으로 도시를 개발하기 위한 전략의 의미를 갖는다. 그래서 스마트 도시 개념에는 창조 집단을 유인 및 육성하기 위한 도시환경이 조성될 것이 요구되며(Florida, 2005), 지식 및 사회적 자본 육성 및 축적을 통해 시민들 사이에 연계와 협력 관계를 형성하기 위한 사회 인프라 형성이 스마트 도시 조성에 필수요건이라는 주장이 제기되기도 한다(Alawadhi et al., 2012). 즉, 스마트한 시민들이 스마트한 도시를 조성할 수 있다는 논리에서 스마트 도시는 시민들이 우선적으로 스마트해야 하며, 시민들이 스마트하기 위해서는 교육/훈련, 문화/예술, 학습/지식, 창의/혁신, 비즈니스/기업가 정신의 연계와 응용을 통해 도시가 개발되어야 한다는 의미를 내포한다.

마지막으로, 스마트 도시 개념에는 공동체 요인이 포함되어 있다. 이러한 시각은 도시계획과 개발은 상향적으로 추진되어야 한다는 원리에 기반을 두고 스마트 도시는 시민들 사이에 공동체 정신을 북돋아서 협력과 동반자 관계를 형성하여 공동으로 도시환경을 개선해야 한다는 것을 강조한다. 이러한 스마트 도시개발은 1990년대 주창된 신도시주의운동(new urbanism movement)의 주요 이념을 이어받아 도시에서 교통 혼잡, 대기오염, 녹지공간 침식, 역사 유적의 손실, 공공시설 비용 급등 등에 대한 공동체 저항을 위하여 주민들의 참여와 협력을 촉구하고 매력적인 도시를 만드는 데 주안점을 두고 있다.

2 스마트 도시의 특성

사실 스마트 도시 조성은 단순히 첨단정보 통신기술을 도시관리를 위해 적용하는 것이 아니라, 도시의 삶의 방식과 조건, 인적자원과 환경 등 생활과 산업 전반에 생산성, 효율성, 편리성, 삶의 질 향상을 위한 도시개발과 관리 방식의 변화를 의미한다. 따라서 스마트 도시의 핵심은 첨단기술과 인적자원의 결합이다. 즉, 스마트 도시가 되기 위해서는 첨단기술이 확보되어야 하며, 도시의 활력을 불어넣기 위해서는 우수한 인적자원이 배양되어야 한다. 여기서 말하는 인적자원은 고도의 숙련기술자, 혁신 마인드를 갖는 기업가와 투자자, 창의적 사고를 갖는 문화예술인, 도전 마인드를 갖는 창업가 등을 포함한다. 이런 면에서 스마트 도시는 기업가적 거버넌스 전략의 특성을 보인다. 스마트 도시개발은 도심개발과 같은 특정한 지역의 경제 활성화를 목표로 하는 것이 아니라, 디지털 기술 도입과 보강을 통하여 도시 전반에 걸친 변화를 추구하는 정책으로의 특성을 갖는다(Wiig, 2015). 그리고 '스마트'라는 형용사에는 시민과 쌍방향 소통하며 효율적 공공 서비스 제공을 위해 변화와 혁신을 추구하는 도시정부를 내포하는 개념으로 해석된다(González & Rossi, 2011).

까라이용(Caragliu et al., 2011)의 연구에 의하면, 스마트 도시는 도시의 전통적 인프라(교통)와 현대 정보 및 원격통신 인프라가 결합하여 도시의 지속가능한 경제개발과 삶의 질 향상을 추구하는 동시에 지역 자연자원의 합리적 관리를 촉진하기 위하여 인적자본과 사회적 자본에 투자하는 도시를 의미한다. 이러한 스마트 도시의 핵심에는 민감하고 섬세한 ICT 기술이 도시 전반에 걸쳐 이용되어 기업들에게 협력과 혁신을 지원하고, 시민들에게 보다 낳은 서비스를 제공함과 동시에 시민들에게 도시활동에 대한 정보 접근을 허용함으로써 정책에 대한 토론과 영향력, 심지어는 결정에 참여토록 하는 도시를 의미한다. 이런 의미를 갖는 스마트 도시의 특성을 까라이용(Caragliu et al., 2011)은 다음과 같이 제시한다.

① 네트워크로 연계된 인프라 활용을 통한 도시행정 및 경제적 효율성 향상과 사회문화적 발전: 여기서 인프라는 비즈니스 서비스, 주택, 레저, 라이프 스타일 서비스와 ICT 기술 등을 의미하며, 이러한 인프라를 도시 연계와 성장을 위한 주요 원천으로 이용하여 최첨단 네트워크 도시를 조성한다.

② 비즈니스 지향적 도시개발을 촉진: 스마트 도시 개념에 대한 비판에 따르면, 친기업적 도시가 새로운 비즈니스를 유인한다는 신자유주의 도시개발은 잘못된 접근일 수 있다. 하지만, 비록 도시개발의 주요 견인차로 경제적 가치에 과도한 비중을 부여하는 잠재적 위험의 문제점이 있지만, 경험적 자료들은 비즈니스 지향적 도시가 그래도 만족할 만한 사회경제적 성과를 보이는 것을 확인시켜 준다.

③ 도시에 거주하는 다양한 집단들의 사회적 포용에 중점: 이것은 정책결정자들에게 형평성 있는 도시성장에 관심을 가질 것을 촉구하는 것이며, 즉 도시 공간의 기술적 통합으로부터 도시의 모든 계층이 혜택을 공유해야 한다는 것을 의미한다.

④ 장기적 도시성장을 위한 첨단 및 창조산업의 핵심적 역할을 강조: 소프트 인프라(지식 네트워크, 자발적 조직, 범죄 없는 환경, 불법 향응 경제 퇴출 등)와 함께 이 요인 또한 플로리다(Florida, 2002) 주장의 핵심을 구성하며, 창조직업들은 계속 증가하고 있고, 기업들은 현재 창조집단 유인을 위한 노력에 심혈을 기울인다는 것을 기본사고로 하고 있다(Hollands, 2008: 309). 이런 논리에서 비록 창의집단, 숙련 노동력의 존재가 도시성장을 보장하지는 않지만, 글로벌 사회 · 지식 중심 사회에서 도시성장을 위해서는 창조문화가 형성되어 창의집단, 숙련 노동력의 유입을 촉진 및 강화하여야 한다는 것이다.

⑤ 도시개발에서 사회적 및 관계적 자본의 역할에 주목: 스마트 도시는 학습하고, 적응하며, 혁신하는 도시를 의미한다고 코 외(Coe et al., 2001)는 말하고

있다. 스마트 도시가 되기 위해서는 도시는 기술을 효율적으로 이용 및 응용할 수 있는 능력, 지식과 정보를 흡수할 수 있는 능력이 있어야 한다. 그리고 전문·숙련 노동력 집중에 의해 심화되는 도시 양극화 현상을 사회적 및 관계적 자본 축적에 의해 완화할 것이 요구된다.

⑥ 마지막으로, 스마트 도시의 주요 전략적 요인으로 사회·환경적 지속가능성 추구: 자원은 계속 고갈되고 도시는 관광과 자연자원에 의존하여 성장을 추진하는 사회에서 자원의 계속된 착취와 수탈로는 도시의 안전과 지속가능한 개발을 보장할 수 없다. 따라서 스마트 도시의 마지막 요인은 성장과 보강의 현명한 균형만이 지속가능한 도시개발의 초석이라는 것을 강조한다.

요약하면, 스마트 도시개발은 디지털 도시, 정보도시, 지능도시의 개념을 넘어서 정보기술의 단순한 활용이 아닌 시민, 기업, 환경 모두를 위해 효과적으로 자원과 기술, 지식을 활용한 도시개발 접근을 요구한다. 즉, 스마트 도시개발은 기술과 사회 사이에 새로운 관계를 창출, 특히 IT 기술에 의한 도시생활 전반에 변화와 혁신을 추구한다. 이런 추세에서 보면 IT 기업들(예를 들면, IBM, Google, Microsoft 등)이 스마트 도시를 부각시키는 주요 담론의 생산자라고 할 수 있다. 칼롱(Callon, 1986)은 이런 논리에서 스마트 도시가 기술발달과 함께 진행되는 도시개발의 필연적 과정이라고 설명한다.

3 스마트 도시 개념의 문제점

홀랜드(Hollands, 2008: 314)는 상기와 같은 개념으로 설명되는 스마트 도시를 도시정책에 형식적(표피적)으로 적용하는 문제점을 다음과 같이 지적하고 있다:

- 스마트 도시 개념은 도시를 스마트하게 만들기 위해 요구된 새로운 기술과 네트워크 구조의 개발과 도입으로부터 파생되는 부정적 효과는 거의 간과하고 있다.
- 이러한 전략적 이해의 오류는 도시개발의 다른 대안과 접근을 무시(무력화)할 수도 있다.

• 이런 결과로 정책결정자들은 비즈니스 지향적 도시개발 모형을 선호하는 경향을 보인다. 그런데 자본 이동에 기반을 둔 글로벌 사회에서 비즈니스 지향적 모델은 장기적 관점에서 전략적 중요성을 상실할 수 있다. 왜냐하면, 이동자본은 필연적으로 보다 낳은 조건을 제시하는 지역으로 날아가는 불나비 속성을 가지며, 결국 비즈니스 지향 스마트 도시도 산업도시, 제조업 도시와 같은 운명에 놓일 수 있다는 것이다.

이러한 정책적 문제점 이외에 스마트 도시에 대한 정의의 문제점으로는,

첫째, 스마트 도시에 대한 정의가 2000년 이후 시간이 흘렀음에도 불구하고 아직 정교화되지 않았으며, 새로운 요소가 별로 추가되지 않았다.

둘째, 스마트 패러다임에는 삶의 질과 정보통신기술(ICT: Information and Communication Technology)이 항상 중심에 자리 잡고 있다. 스마트 기술에 대해서는 때로는 세부적으로 제시되기도 하지만, 삶의 질은 아직 개념이 불확실하며, 스마트 기술과 삶의 질의 연계도 명확하게 정립되지 않았다.

셋째, 그래서 스마트 의미와 도시의 연계성이 아직도 상당히 모호한 개념으로 남아있다.

따라서 스마트 도시를 조성하기 위해서는 사실 기술과 시장 지향적 사고를 넘어서 시민의 참여와 연계, 상향적 접근, 그리고 도시의 삶과 도시계획에 대한 전반적 이해 등이 '스마트 드라이브(drive for smartness)' 속에 내재되어야 한다는 목소리가 점차 높아지고 있다(Galdon-Clavell, 2013: 718). 이러한 비판은 스마트 도시가 속내를 들여다보면 IT 기업들의 기술적 솔루션에 의존한 기술 중심의 지능도시 전략으로서, 현대의 첨단기술(high-tech) 옷을 입고 등장한 도시 기업가주의(urban entrepreneurialism)의 또 다른 모습이라는 것이다(Hollands, 2008; Söderström et al., 2014). 사실 많은 도시들이 스마트 도시로 겉포장을 하고 있으나, 내용을 들여다보면 대규모 기업 혹은 비즈니스 중심의 신자유주의적 도시개발 양상을 보이고 있는 것이 자주 목격된다.[5)]

5) 예를 들면, 캐나다 에드먼튼(Edmonton)의 스마트 도시를 선전하기 위한 웹사이트에는 10개의 특징 가운데 6개에서 '비즈니스 중심' 혹은 '친기업적'이라는 문구가 나와 있으며, 미국 샌디에이고의 스마트 도시 웹사이트에도 "San Diego, The Perfect Climate for Business"라는 선전 문구를 제시하고 있다(Hollands, 2008: 308)

4 소 결

스마트 도시는 정보통신기술을 이용하여 도시의 실시간 자료와 정보를 수집 분석하여 도시 교통 네트워크에서부터 도시 병원, 범죄, 가정과 빌딩관리, 전력이용 등에 이르기까지 도시의 모든 문제에 대해 전체적 관리와 통제가 이루어지는 도시를 의미한다. 그래서 도시의 자료와 정보를 이용하여 시민들이 새로운 비즈니스를 창업하거나 확장 혹은 축소하기 위한 결정을 하는 데 도움을 주고, 도시에서 새로운 비즈니스를 창업하기 위한 능력 있는 사람들을 유인함과 동시에 능력 있는 전문가를 유인할 수 있는 비즈니스 환경을 창출하는 도시를 스마트 도시라고 할 수 있다. 즉, 새로운 정보통신기술을 전략적으로 이용하여 도시의 다양한 사회경제적 차원에서 번영과 효과성 증진 및 경쟁력 배양을 추진하는 초연계 사회(hyper-connected societies)의 특성을 보이는 도시를 의미한다(Calzada & Cobo, 2015: 24).

요약하면, 스마트 도시는 사람들이 거주하고, 일을 하며, 가족을 부양하고, 교육을 받으며, 생활을 즐기고, 사업을 위한 회사를 운영하는 데 매력적인 장소를 제공하는 총명한 도시를 의미한다. 이를 위해서 도시가 보다 지속가능한 성장을 할 수 있도록 기름진 환경을 조성하는 데 스마트 기술을 이용하여 솔루션(해결책)을 제공하는 도시, 그리고 이러한 해결책들은 도시로 사람과 비즈니스를 유인하는 데 핵심적 요인으로 작용하며, 도시 교통 혼잡을 감소시키고, 공공 안전의 향상을 가져오며, 교육과 훈련을 위한 효율적 공공 서비스를 제공하고, 보다 낳은 건강과 복지를 위한 접근성을 향상시키며, 에너지 비용을 절감하고, 수자원 이용의 효율성을 제공함으로써 시민들의 삶의 질 향상과 동시에 환경적 지속가능성을 높이는 도시를 의미한다(Gresh, 2013).

제 3 절 스마트 도시 시스템 구축

스마트 도시개발의 핵심은 어떻게 하면 도시를 스마트하게 개발 및 작동할 수 있게 하는가에 있다. 즉, 스마트 도시 시스템을 어떻게 구축할 것인가가 핵심을 구성한다. [그림 11-2]는 스마트 시스템이 구축된 도시를 도식화한 것이다. 스마트 도시에 거주하는 시민들은 인터넷에 연결된 자동차, 스마트 빌딩, 컴퓨터, 태블릿, 스마트폰, GPS 시스템, 센서 등 수많은 기기들에 의해 연결된 유비쿼터스 디지털 에코 시스템에 둘러싸여 생활할 것으로 예상한다. 이런 맥락에서 정보통신기술을 플랫폼(platform)으로, 지능형 교통 체제, 도시환경과 에너지 소비 감지, 빌딩관리, 건강관리, 공공 안전 및 보안, 재택근무와 전자상거래 등 첨단 서비스를 제공하기 위한 스마트 시스템을 도시가 구축하여야 한다(Piro et al., 2014).

그림 11-2 스마트 도시 예

자료: Piro et al.(2014).

스마트 도시는 시민과 기술, 자연의 결합을 통하여 도시 자원의 효율적 관리, 도시의 혁신과 창의력을 자극하며, 시민들의 삶의 질 향상을 추구하고, 지속가능한 개발을 촉진하기 위한 목적으로 추진되는 개발 방식이다. 스마트 도시의 선도적 기술을 개발 및 공급하고 있는 시스코(Cisco) 기업은 스마트 도시를 시민, 서비스, 공동체 자산과 정보를 하나의 보편적 솔루션(solution)으로 묶기 위한 지능 네트워킹 기술을 이용하여 실제의 공동체를 디지털 공동체로 변환시키기 위한 플랫폼(platform)을 구축하고, 도시의 사회 · 경제 · 환경적 지속가능성을 달성하기 위하여 어떻게 도시를 디자인하고, 건설하며, 관리하고, 재생해야 하는 가에 대한 새로운 개발 방식을 제시한다고 말하고 있다. 그런가 하면, IBM 스마트 도시의 정보관리센터(Intelligent Operation Center for Smart City)는 정책결정자에게 도시의 전반적 상황을 한눈에 파악하기 위한 일종의 계기판 기능을 제공한다. 이 계기판에는 도시정부의 각 행정부서 활동을 포함하여 긴급 관리, 공공 안전, 사회 서비스, 교통 및 수계 관리 등과 같은 도시 하부구조 운영에 대한 실시간 정보를 제공하도록 설계되어 있다(Sáanchez et al., 2013: 14440-14441).

도란과 다니엘(Doran & Daniel, 2014)은 스마트 도시의 주요 3요소를 중심으로 [그림 11-3]과 같은 스마트 도시 모형을 제시하였다.

첫째, 경제적 요소로 공공 행정, 산업체, 대학 등을 포함하며, 세부 요소로 거버넌스 모형, 도시재생, 공개자료, 빅 데이터, 광역망, 이동성, 크라우드 컴퓨팅, 보안, 비즈니스 정보 등을 포함한다.

둘째, 환경적 요소로서 지역자원과 관리 인프라를 포함하며, 세부 요소로 수자원, 공기, 에너지와 폐기물 관리, 공공 교통과 대안 교통 체제, 지리정보, 녹색건축,

그림 11-3 스마트 도시 모형

자료: Doran & Daniel(2014).

녹색공간, 스마트 성장, 기후변화 측정 등을 포함한다.

셋째, 사회적 요소로서 시민을 포함하며, 세부 요소로서 공동체 생활, 도시 중재와 조정, 참여 민주주의, 사회적 혁신, 인간 중심 도시, 시민 참여, 근린 서비스 등을 포함한다.

스마트 도시의 상기 3요소는 지속가능한 개발 원리와 균형을 이루어야 도시 혁신, 번영, 그리고 시민 중심의 지속가능한 스마트 도시를 창출할 수 있다.

스마트 도시 모형의 특성을 보면, 첫째로, 시민에 대한 서비스와 관련하여 ICT 기술에 의해 제공된 새로운 시스템은 시민들의 서비스 요구에 보다 유연하게 대처할 수 있는 방안들을 제공한다. 스마트 도시는 시민들에게 보다 양질의 서비스를 제공하고, 시민들의 삶에 유용한 정보를 실시간에 공급함으로써 보다 나은 선택 기회를 제공하고, 일상에서 부딪치는 문제들을 해결하는 데 도움을 준다. 예를 들면, 교통, 안전, 주차 공간, 물과 에너지 소비, 날씨와 대기오염, 교통 혼잡에 대한 실시간 정보와 대안 루트 제공, 눈 수거, 다양한 전시회와 행사 등에 대한 정보를 제공함으로써 동선을 축소하고, 여가와 휴식의 즐거움을 배가시키며, 일상의 선택과 결정에 도움을 줌으로써 도시의 삶을 풍요롭게 한다.

둘째로, 시민 참여와 관련하여, 도시생활이 복잡화됨에 따라 시민들의 관심 범위가 확대된다. 시민들은 보다 많은 분야에 참여하여 토론하고, 자신과 이해 관계가 있는 의사결정이 어떻게 이루어지는지 관심을 갖고 지켜본다. 시민들의 이러한 욕구와 희망을 ICT 기술을 이용한 정보 제공과 접근을 통하여 시민들을 의사결정 과정에 보다 적극적으로 참여하고 의견을 제시할 수 있는 통로를 제공한다.

셋째로, 정부운영의 개방성, 투명성, 신뢰성과 관련하여, 시민들은 도시정부가 어떻게 운영되고, 주요 의안들이 어떤 과정을 거쳐 결정 및 집행되는지에 관심을 가지고 있다. 이러한 요구와 관련된 정보의 접근과 자료 공개는 시민과 도시정부 사이의 신뢰 관계를 형성하는 데 필수적 요건이며, 스마트 도시 접근은 시민과 행정 사이의 소통과 상호작용을 활성화하는 데 긍정적 기능을 수행한다.

넷째로, 협력적 지속가능한 관리와 관련하여, 스마트 도시는 시민들의 삶의 질과 지속가능한 관리와 개발에 중요 가치를 부여한다. 도시의 급속한 성장에 직면하여 시민의 삶의 질과 건강, 그리고 우수한 생태환경을 지속적으로 유지하기 위해서는 도시자원(수자원, 공기, 에너지, 폐기물 등)의 효율적 관리가 주요 문제로 부각되며, 상기 스마트 도시 모형은 환경적 요인을 강력하게 지원하는 접근 방식을 제공한다.

1 스마트 체제의 작동 과정

앞에서 논의한 바와 같이, 스마트 도시에 대해서는 학자들마다 다양한 개념과 정의를 제시하고 있다. 그런데 일반적으로 스마트 도시는 정보통신기술(ICT)과 연계하여 보다 스마트하고, 상호 연계적이며, 지속가능한 도시체제를 추구하는 것을 목표로 하고 있다(Debnath et al., 2014).

몇몇 학자들(Goldman & Gorham, 2006; Santos et al., 2010)은 스마트 도시를 조성하기 위하여 스마트 기술을 이용하여 보다 경제적이고 환경적으로 효율적인 체제를 구축함으로써 도시의 지속가능성을 높일 것으로 내다봤다. 그리고 스마트 기술은 인간의 개입 혹은 판단을 최소화한 자기 관리적(self-operative) 및 자기 제어적(self-corrective) 기능을 수행한다. 따라서 스마트 기술은 감지기능, 통제기능, 제어기능을 갖추고, 여기서 수집된 정보를 이용하여 정보처리, 의사결정, 정보전달, 그리고 최종적으로 실행(acting)하는 작업을 수행한다.

[그림 11-4]는 스마트 기술을 이용한 스마트 체제의 작동 과정을 보여준다. 스마트 체제가 작동하기 위해서는 감지장치를 통해 정보가 추출되어 중앙처리장치(CCU: command and control unit)로 전달되어야 한다. CCU는 전달된 정보를 해석하여 의사결정을 위한 작동장치로 전달하고, 최종적으로 작동장치에서 의사가 결정되어 실제 행동으로 옮겨진다. 이러한 일련의 과정에서 인간의 개입은 최소화되고 시스템이 독자적으로 작동하는 것이 스마트 체제의 핵심이다. 여기에 더하여 최근 스마트 체제는 보다 선진화된 고도의 능력을 장착하고 있다. [그림 11-4]의 후반부 과정에서 볼 수 있는 바와 같이, 스마트 체제는 예지 능력, 치유 능력, 예방 능력을 갖추고 있다. 예지 능력은 정보의 감지와 처리를 통해서 잠재적 문제와 상황을 예측하는 기술을 의미한다. 치유 능력은 감지된 잠재적 문제를 인간의 개입 없이 복원을 위한 통제 기술을 의미한다. 그리고 예방 능력은 예지 기술과 치유 기술이 결합하여 잠재적 실패(재난)를 예방하는 시스템의 궁극적 스마트 수준을 의

그림 11-4 스마트 시스템 기술과 작동 과정

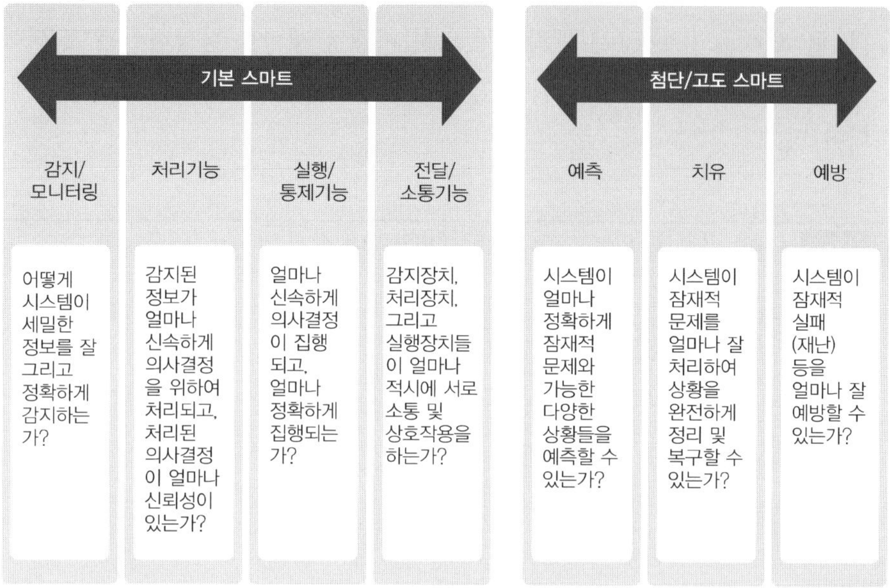

자료: Debnath et al.(2014).

미한다(Debnath et al., 2014: 48–49).

2 스마트 도시 시스템 구축을 위한 방법론

스마트 도시 시스템이 어떻게 작동되는가를 고찰하였으니, 다음으로 스마트 도시 시스템 구축을 위한 방법론에 대해 논의해 보자. 이 절에서는 스트리티게아 외(Stratigea et al., 2015)가 제시한 참여적 계획(participatory planning) 방법론을 중심으로 스마트 도시 구축 단계와 구조를 살펴보았다. 스마트 도시를 조성하기 위해서는 협력적 계획 체제를 수립하여 경쟁력 있는 경제, 포용적인 사회, 그리고 지속가능한 환경을 조성하기 위한 기술과 도구를 적절히 선택·적용하여야 한다. 스트리티게아와 동료들이 제시한 스마트 도시계획은 급변하는 경제, 사회, 환경적 상황에서 도시가 직면하는 다양한 문제를 해결하기 위하여 도시와 시민의 특성에 스마트 맞춤을 추구하는 참여적 계획에 중점을 두고 있다. 그리고 이러한 참여적 계획은 ICT 구동 기술과 도구를 응용하여 선진 스마트 도시를 조성함으로써 도시와 시민 특유적(city & citizen specific) 맥락에서 도시 미래 잠재력을 향상시키는 것을 목적으로 한다. 스마트 도시 조성을 위한 참여적 도시계획 방법론이 [그림 11-5]에 도식화되어 있다.

그림 11-5 스마트 도시를 위한 참여적 계획 방법론 단계와 구조

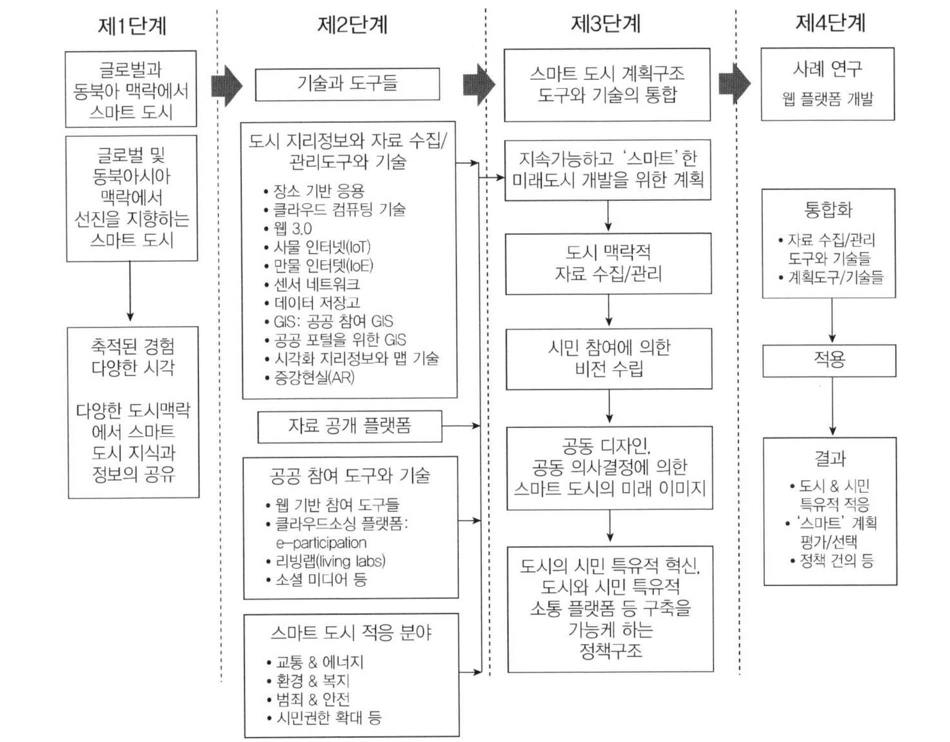

자료: Stratigea et al.(2015), 그림 3에서 재구성.

- 제1단계: 글로벌 맥락에서 스마트 도시 필요성과 응용의 확인 및 스마트 도시 전략, 활동, 그리고 적용 가능성의 확인 및 분류
- 제2단계: 아래 활동을 지원한다.
  - 시 영역의 지리정보 자료 수집과 관리를 위한 도구와 기술의 확립

– 공공의 참여(e – 참여 포함)를 지원하는 도구와 기술의 확립
– 스마트 도시개발의 원활한 소통, 적용 범위(예를 들면, 교통, 에너지 등), 그리고 주요 혜택을 부각시키기 위한 총체적 응용 매체의 확립

도시가 보유하고 있는 도구와 기술에 따라 스마트 도시를 구상 및 계획하는 의사결정자와 계획가의 선택의 범위에 영향을 미친다.

• 제3단계: 이 단계에서 스마트 도시개발을 위한 협력적 계획구조가 제시된다. 보다 구체적으로, 이 단계에서 도시의 비전과 미래 스마트 도시개발을 위한 대안에 대한 구성과 평가에 주안점을 두고 다음과 같은 활동을 수행한다.
– 지속가능한 개발을 위한 스마트 도시의 적용 범위 탐색을 위한 통합적 접근
– 스마트 도시 설계과정에서 도시의 물리적 특성과 사회적 현실을 연계시키기 위한 장소 및 사람 지향적 접근에 중점
– 시민과 이해집단 사이의 협력 관계를 위한 상호 간의 양해와 전략적 선택을 통한 도시의 폭넓은 연대를 지원하는 참여적 접근
• 제4단계: 웹 플랫폼 개발과 '스마트 도시 계획 구상'을 실제로 집행하는 단계로서, 전 단계에서 제안된 도구와 기술을 통합하여 시민과 이해관계자들 사이에 상호작용과 소통을 원활히 함으로써 도시·시민 특유적 정책과 스마트 적용을 위한 공동 설계와 결정을 유도하여 지속가능한 도시개발을 위해 의사결정자와 계획가를 지원하는 단계이다.

상기 내용을 보다 구체적으로 상술하면 다음과 같다.

제1단계: 스마트 도시 경험에 대한 자료 수집 및 분석

제1단계는 글로벌 및 동북아 차원에서 스마트 도시 경험에 관한 자료를 수집하여 분석하는 단계이다. 주로 학술 연구 분야에서 주요 자료와 정보가 수집되며, 백서, 정책보고서, EU 보고서 등과 인터넷 사이트(Smart Cities' initiative, FIREBALL Smart Cities Project 등), 그리고 선진사회의 스마트 도시에 관한 보고서를 획득할 수 있다. 이 단계의 작업은 다음 두 개의 계층으로 분류된다.

• 첫 번째 계층의 주요 작업은 글로벌과 동북아 차원에서 스마트 도시에 관한 정보를 수집하는 것이다. 정보를 통해 최신 기술이 확인되고 스마트 도시에 적용 가능성이 탐색되어진다. 수집된 정보는 목적과 기술 이용에 따라 분류

되어 스마트 도시의 정책 대안과 ICT 기술 이용의 범위와 분야를 확인하는 데 이용된다.

- 두 번째 계층의 주요 작업은 도시의 미래, 잠재력과 관련하여 현재 도시가 직면하고 있는 다음과 같은 문제와 도전을 명확하게 확인 및 탐색하는 것이다.
  - 변화하는 사회구조: 사회적 융합과 안전을 위협하는 양극화, 격리 현상, 소외, 범죄 등
  - 빈곤, 정치적 불안정, 그리고 전쟁 등에 의한 인구 이동 패턴
  - 저출산 고령화에 의한 변화하는 인구구조
  - 탈산업화에 의한 변화하는 경제구조, 두뇌유출, 그리고 삶의 질의 변화
  - 도시 확산에 따른 자연자원의 고갈과 도시 소비 패턴의 변화
  - 도시환경을 위협하는 기후변화 등

첫 번째 단계의 작업 결과 기존에 잘 구축 및 작동하고 있는 스마트 도시의 사례와 적용을 확인할 수 있고, 두 번째 단계의 작업 결과를 통해 스마트 도시 조성에서 중점적으로 다루어야 하는 문제와 도전, 그리고 적용 범위와 분야에 대한 밑그림이 제시된다.

제2단계: 스마트 도시 조성을 위한 도구와 기술들

스마트 도시 계획의 핵심 활동 중에 하나가 바로 도시의 사회, 경제, 문화, 환경, 지리, 공간, 인프라 등에서 생성되는 다양한 빅 데이터를 효율적으로 이용 및 관리하는 작업이다. 이러한 목적을 위하여 계획가와 정책결정자는 자료 관리를 위한 도구와 기술을 확인하고 이용가능성을 탐색하며, 다음과 같은 작업을 수행하여야 한다.

- 도시 맥락에서 생동감과 지속가능성을 위한 도시환경, 경제 및 사회적 측면의 이해과 상호작용
- 도시문제의 탐색, 예상, 도식화 및 해결 방안의 계획을 위한 가능한 자원의 효과적 배분
- 합의 도출과 집행 과정에서 스마트 도시 계획의 수혜자들과 문제와 잠정적 솔루션·정책들에 대한 적절한 소통
- 각각의 세부적 도시 맥락에서 정책 우선 순위의 확인

최근의 계획이론과 접근에서 가장 강조하는 것 가운데 하나가 바로 사회문제를 위한 해결 방안의 추구 과정에서 적극적으로 공공의 참여를 유도하는 것이다. 공공의 참여는 지역 지식과 정보를 수집하는 도구로 이용될 수 있을 뿐만 아니라, 소통과 합의 도출을 위한 수단으로 시범 계획의 범위 확대, 우선 순위 설정을 위한 기준 설정, 부족한 자원의 배분, 그리고 계획의 효과적인 집행을 위해 도움을 준다. 또한 스마트 도시 계획에서 정책결정자, 계획가, 그리고 시민들이 다음과 같은 다양한 이슈에 대해 논의를 위한 공론의 장이 마련되어야 한다; 스마트 도시의 응용 범위와 방법, 핵심 테마(예를 들면, 교통, 에너지 등), 쟁점 사항, 의사결정 과정에 시민들의 관여 정도, 세부 도시 맥락에서 적용의 수용가능성, 그리고 동원가능한 도구와 기술들 등.

보다 구체적으로, 이 단계의 작업은 스마트 도시를 조성하기 위한 도구와 기술의 확인, 응용 범위, 예상된 결과와 영향을 다음과 같은 과정을 통해 수행한다.

- 첫째, 빅 데이터 이용과 관리 및 지리정보 시각화와 맵(map) 작업을 위하여 이용될 수 있는 도구와 기술의 확인 및 동원
- 둘째, 시민과 이해관계자를 참여, 동원, 이해, 상호작용 및 소통을 위한 도구와 기술, 그리고 선택의 가능한 범위를 제시
- 셋째, 선행 경험과 문헌 분석 등을 통한 부문별 혹은 유형별 적용 범위의 제시와 스마트 도시개발 맥락에서 향후 고려되어야 하는 잠정적 선택의 범위를 제시한다. 이러한 작업은 스마트 도시개발 맥락에서 기술과 도구의 응용에 대한 공공의 인식을 제고시키는 효과를 가져온다.
- 넷째, 이러한 도구들은 계획가와 이해관계자들에게 도시를 좀 더 맥락적으로 이해를 증진시키며 시민들에게 보다 많은 권한을 부여하는 효과를 가져온다.

제3단계: 스마트 도시 계획 구성

이 단계는 통합적, 도시 · 시민 특유적, 그리고 참여 지향적인 지속가능한 스마트 도시를 조성하기 위한 계획의 구성 단계이다. 그래서 이 단계에서 지속가능한 미래 스마트 도시의 청사진을 그리는 계획가에게 계획 도구뿐만 아니라, ICT 기술 이용이 가능한 스마트 적용 범위, 도구와 기술의 투입이 이루어지는 단계이다.

스마트 도시개발을 위한 도시 · 시민 특유적 적용(예를 들면, 도시의 특별한

환경적 속성과 요구를 반영한 스마트 개념 조정과 정립)을 위해 협력적 계획(collaborative planning) 접근 방식을 따를 것이 요구된다. 이러한 접근 방식에 의해 다음과 같은 계획 과정을 통하여 지속가능하고 바람직한 스마트 도시 미래를 위한 청사진이 제시된다.

- 분석 단계: 대상지역에 대한 심도있는 분석
- 평가 단계: 공동 설계와 공동 의사결정 단계
  - 공동설계 과정: 스마트 도시개발의 대안적 시나리오를 구성하는 과정에서 시민, 이해관계자, 민간과 공공기관이 공동으로 참여하여 아이디어, 비전, 관심사항, 개발 우선 순위를 구체화 및 설정하는 과정
  - 공동의사결정 과정: 어떤 스마트 도시개발을 추구할 것인가를 결정하기 위하여 대안을 평가하고, 정책 우선 순위를 설정하는 과정에서 참여자들의 의견, 선호, 관점 등을 교환 및 조율하는 활동
- 실행 단계: 앞 단계 논의를 통하여 선택된 정책대안을 집행하는 과정

이러한 세 단계를 거쳐 각 세부적 작업을 수행하기 위한 도구와 기술의 지원 하에 계획의 골격이 만들어지고 스마트 도시 계획이 구체화된다. 그리고 이 단계의 핵심은 정책결정자와 계획가에게 동원가능한 ICT 기술과 도구의 선택 범위가 어느 정도인가 하는 것이다. 선택의 범위가 넓으면 다양한 대안이 제시될 수 있지만, 선택의 범위가 좁으면 고려할 수 있는 대안의 수가 제안적일 수밖에 없다.

제4단계: 웹 플랫폼 개발

스마트 도시계획의 최종 단계는 웹 플랫폼을 개발하는 것이다. 웹 플랫폼은 스마트 도시개발을 위한 비전과 사업평가뿐만 아니라 시민들의 참여 및 자료 관리를 위해 동원된 ICT 구동 도구와 기술을 통합한 것이다. 이런 면에서 웹 플랫폼의 구조는 앞선 2단계와 3단계에서 제안된 도구와 기술의 결합을 근간으로 형성되며, 최종단계의 작업은 1단계(예를 들면, 스마트 도시 적용 범위와 부문 선택 등)에서 수집된 정보와 지식 및 수립된 적용과 선택 범위에 의해 내용과 규모가 영향을 받는다. 예를 들면, 1단계에서 스마트 도시의 적용 범위를 교통과 에너지에 한정하면, 4단계에서 개발되는 웹 플랫폼의 내용이 여기에 한정된다는 것이다.

플랫폼 개발은 스마트 도시 계획의 시험적 운영의 성격을 가지며, 도시의 지속

가능성을 위한 각 부분적 도시 맥락을 통합하는 상위 종합 계획의 부분을 구성한다. 보다 구체적으로, 플랫폼 개발은 공공과 민간기관, 계획가, 시민, 그리고 지역 이해관계자의 직접적 참여 하에 도시·시민 특유적 스마트 적용(application)이 지속가능한 도시개발에 부합하는가를 확인하는 과정이다. 그리고 위에서 제시한 집단들은 도시특유적 맥락에서 스마트 적용을 정립하는 핵심적 플레이어(player)인 동시에 플랫폼 개발의 공동 창시자이며 또한 주요 소비자를 구성한다.

상기와 같은 과정을 거쳐 조성된 스마트 도시의 효용성은 다음 두 가지 주요 요인에 영향을 받는다. 첫째는 도시의 정보통신 인프라로서, 스마트 도시 조성을 위해 도입된 기술과 도구들이 시민들에게 원활한 시의성, 접근성, 연계성을 갖는가를 결정한다. 둘째는 시민들의 ICT 기술에 대한 숙련도로서, 아무리 우수한 스마트 도시를 조성했다 하더라도 시민들의 ICT 기술 문맹률이 높으면 이용에 제약으로 작용할 수밖에 없다. 이런 시각에서 스마트 도시의 조성 목적을 달성하기 위해서는 시민들 사이에 디지털 격차(digital divide)를 해소하기 위한 방안이 마련되어야 한다.

아벨라 외(Abella et al., 2015: 839–840)은 위와 같은 과정을 거쳐 구축된 스마트 도시를 어디에 주안점을 두는가에 따라 다음 세 가지로 분류하고 있다: 지속가능한 스마트 도시, 감지적 스마트 도시, 협력적 스마트 도시.

첫째, 지속가능한 스마트 도시는 스마트 도시의 가장 일반적인 접근으로 주로 에너지 소비 절감에 중점을 둔다. 지속가능한 스마트 도시 접근에서는 에너지 절감, 대체 에너지원 개발, 그리고 보다 효율적인 교통수단 등에 특히 주안점을 둔다. 이 접근의 주요 강점은 스마트 도시개발의 투자 효과를 재정 절감으로 환산이 용이하여 개발의 정당성 확보가 쉽다는 것이다.

둘째, 감지적(sensored) 스마트 도시는 도시의 감지장치 활동에 주안점을 둔 접근이다. 도시에는 교통 감지기, 공해측정 감지장치, 소음 감지기, 습도 감지기, CCTV 등 수많은 다양한 감지장치들이 산재해 있다. 이러한 수많은 감지장치들로부터 도시에서 발생하는 수많은 정보들이 실시간에 제공되어 도시문제가 관리·통제 및 해결된다. 하지만, 감지장치를 통해 제공된 수많은 자료의 실시간 관리와 처리는 사실 현재의 가능한 기술과 용량의 한계를 넘어선다. 그래서 감지장치에서 제공된 정보의 최적 이용을 위해서는 도시문제의 우선 순위와 심각성 분석 및 결정을 위한 논리적 직감력이 뒷받침되어야 한다.

셋째, 협력적 스마트 도시로 도시의 일상 활동에 시민들의 참여를 촉진하는 데 주안점을 둔 접근이다. 스마트 도시는 디지털 참여 장치, 시민에게 자료 공개와 제공 등을 통하여 도시행정, 참여 예산 등과 같은 도시활동에 시민 참여를 촉진하는 데 긍정적 · 적극적으로 작용한다. 이러한 독려가 겉보기에는 단순한 기술적 장치에 의해 간단히 수행될 것 같지만, 사실 집행 과정에서는 특정 집단의 독점 방지, 사회적 약자집단의 참여 등 매우 복잡한 실행 전략이 요구된다.

위에서 제시한 세 가지 유형은 현실에서는 통합적으로 운영되어 도시가 직면한 다양한 문제들을 풀기 위한 해결책을 제공한다. 그리고 스마트 도시는 현재 수직적 · 분절적으로 제공되는 도시 서비스를 통합적으로 제공하기 위한 접착제로 작용하여 도시의 지속가능성과 효율성 제고 가져와 도시 성장과 번영, 그리고 새로운 도시 생태계를 창출(Sáanchez et al., 2013)할 것으로 기대된다.

제 4 절 스마트 도시의 주요 요건

스마트 도시에 대한 개념이 학자에 따라 다양하듯이 스마트 도시의 주요 요건에 대해서도 학자마다 다양한 의견을 제시하고 있다. 학계에 발표된 스마트 도시의 요건에 대한 주요 논의를 살펴보면 다음과 같다.

콤니노스(Komninos, 2011)는 스마트 도시의 주요 요소로 다음 네 가지를 제시하고 있다:

첫째, 도시 관리에 전자 및 디지털 기술의 광범위한 응용

둘째, 도시 생활 및 산업 방식의 변혁을 위한 정보기술의 이용

셋째, 도시 인프라에 정보통신기술의 내장화

넷째, 도시의 혁신, 학습, 지식 배양을 위한 ICT 기술과 시민생활의 결합

그런가 하면, 남과 파르도(Nam & Pardo, 2011)는 스마트 도시의 주요 요소로 기술, 시민(창조성, 다양성, 교육), 그리고 제도(거버넌스와 정책)의 3요소를 제시

하고 있다. 즉, 도시는 ICT 기술만 가지고 스마트 도시가 되는 것이 아니고, 시민과 사회적 자본에 대한 투자가 필수적으로 요구된다는 것이다. 스마트 도시는 기술, 제도, 서비스, 시민이 유기적으로 연계된 네트워크 형성을 통해 조성되며, 이때 ICT 기술은 스마트 도시 조성을 위한 촉진제 역할을 수행한다고 주장한다.

휴스턴 외(Huston et al., 2015)는 도시행정(정책) 관점에서 스마트 지속가능한 도시개발(smart sustainable urban development: SSUD)을 위해서는 다음 세 가지 조건이 충족되어야 한다고 주장한다. 첫째, 스마트 기관이 설립되고, 둘째, 양질의 사업계획이 수립되어야 하며, 마지막으로 지속적 재정 지원이 있어야 한다는 것이다. 스마트 기관은 도시 복원력과 창조성 신장을 위한 미래 지향적 목표를 수립하고, 도시 이미지 향상을 위한 경관계획을 만들며, 도시 구성 주체들 사이에 협력 관계를 형성하기 위한 거버넌스 체제를 확립하여야 한다. 양질의 사업계획에는 건축, 디자인, 공공영역, 그리고 압축도시 · 인근 지역을 연결하는 교통 인프라 계획 등을 포함하는 다차원적 접근이 요구된다. 세 번째로 지속적 재정 지원을 위해서는 도시계획과 투자계획을 연계한 종합적 · 거시적 사고 체계를 가져야 한다. 이를 위해서는 스마트 지속가능한 도시개발을 통해 상승한 부가가치를 세금으로 환수하여 재투자하는 방안이 추진될 것을 주장한다.

그림 11-6 스마트 도시의 스마트 다이아몬드 요소

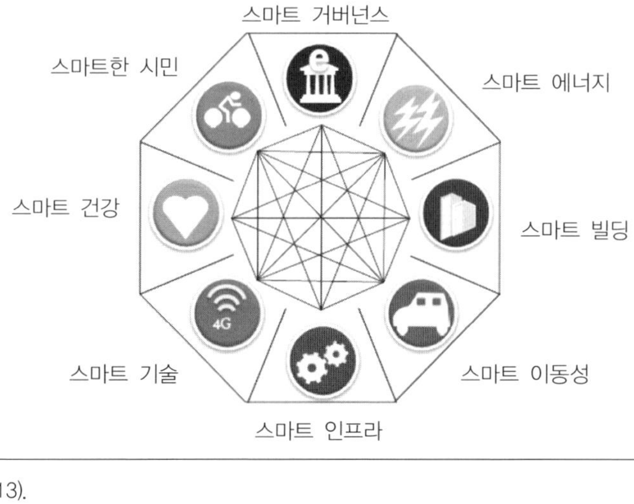

자료: Khaund(2013).

카운트(Khaund, 2013)는 스마트 도시의 주요 요소로 [그림 11-6]과 같은 8개의 다이아몬드 모형을 제시하였다. 이 모형에서 카운드(K. Khaund)는 스마트 거버넌스, 스마트 이동성, 스마트 에너지 이용, 스마트 빌딩, 스마트 인프라, 스마트 기술, 스마트 건강, 그리고 스마트한 시민들을 스마트 도시의 주요 요인으로 제시하였다.

깁핑거(Giffinger et al., 2007)은 초기에 스마트 도시의 주요 요인으로 다음 네 가지를 제시하였다: 산업, 교육, 참여, 그리고 기술적 인프라 등이다. 이러한 네 가지가 스마트 도시의 주요 요소로 발표된 이후, 비엔나공과대학의 지역개발연구소(Giffinger & Gudrun, 2010)에서는 여기에 두 가지를 더하여 다음 여섯 가지를 주요 요소로 제시하였다: 스마트 경제, 스마트 이동성, 스마트 환경, 스마트 시민, 스마트한 생활, 그리고 스마트 거버넌스([그림 11-7] 참조) 등이다. 스마트 도시가 점차 확산되고 자리를 잡아가면서, 진정한 스마트 도시가 되기 위해서는 시민들의 삶의 질이 향상되어야 하고, 주민들의 참여를 통하여 도시가 운영되는 스마트 거버넌스 시스템이 형성되어야 한다는 것이 점차 강조되고 있다.

롬바르디 외(Lombardi et al., 2012)는 위에서 제시된 여섯 가지 스마트 도시 요소에 도시생활을 결합하여 <표 11-1>과 같은 스마트 도시활동을 제시하였다. <표 11-1>에서 스마트 경제는 ICT 분야의 산업활동과 생산 과정에서 ICT 기술의 이용을 의미하며, 스마트 이동성은 도시 교통 첨단화를 위하여 교통 체제에 ICT

그림 11-7 스마트 도시의 주요 요소

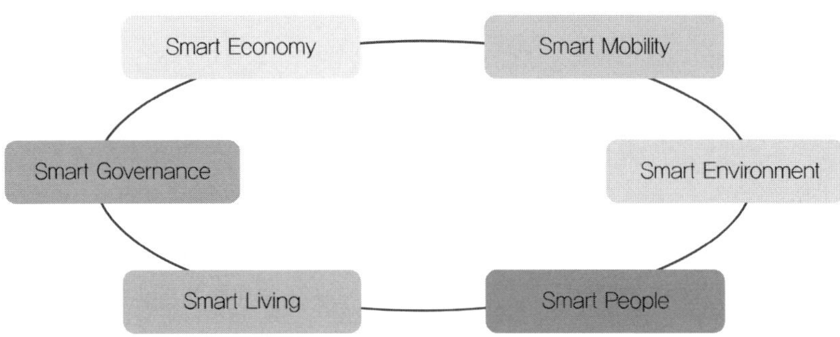

자료: Giffinger et al.(2016). http//www.smart-cities.eu/

표 11-1 스마트 도시 요소와 관계된 도시생활

스마트 도시 요소	관계된 도시생활
스마트 경제	산업활동
스마트한 시민	교육
스마트 거버넌스	전자 민주주의(e-democracy)
스마트 이동성	물류 이동과 교통 인프라
스마트 환경	효율성과 지속가능성
스마트한 삶	공공 안전과 삶의 질

출처: Lombardi et al.(2012).

기술의 이용을 의미한다.

상기와 같은 학자들의 논의를 정리하면 궁극적으로 스마트 도시를 위한 주요 요건으로 다음과 같은 4요인이 제시된다; 스마트 시민, 스마트 기술·자료, 스마트 거버넌스, 스마트 도시관리 등이다. 즉, 스마트 시민들에게 스마트 기술·자료(하드웨어 & 소프트웨어)를 제공 및 이용하도록 교육하고, 스마트 거버넌스 체제를 확립하여 도시를 스마트하게 운영하면, 도시 교통·빌딩관리·폐기물·에너지 등의 이용 및 관리에서 도시의 효율성이 증진되어, 결과적으로 도시의 삶의 질이 향상되고 지속가능한 스마트 도시가 조성될 수 있다는 것이다. 스마트 도시 조성을 위한 4요인을 좀 더 상술해 보기로 하자.

스마트 시민

학계와 기업들에서 스마트한 도시개발을 위한 다양한 정책과 전략들이 지속적으로 연구되었고, 연구 결과 ICT를 기반으로 한 도시개발이 도시성장과 혁신의 주요 요인으로 작용할 것으로 예상하고 있는 것은 사실이다. 그렇다고 스마트 도시가 오직 ICT 기술에만 의존하고 있는 것은 아니다. 도시성장에는 다양한 요인들이 작용하고 있고, 최근에는 인적자원과 교육이 글로벌 정보화 사회에 핵심 요인으로 작용한다고 베리와 글레이저(Berry & Glaeser, 2005)는 강조하고 있다. 그들의 논리에 의하면, 최근 가장 빠른 성장을 보인 도시들을 보면 인적자원, 특히 교육 수준이 높은 전문 노동력의 확보가 중요 요인으로 작용하였고, 이들에 의해 기업가 정신이 촉진되고 혁신 마인드가 확산되어 도시경쟁력이 신장되었다는 것이다. 물론 인적

자원에 대한 투자가 모든 지역에서 도시경쟁력 신장을 가져오는 것은 아니고, 플로리다(R. L. Florida)가 말한 바와 같이, 오랜 시간에 걸쳐 전문 노동력이 군집되어 창조 계급(creative class) 클러스터를 형성한 도시에서 기업가 정신과 혁신 마인드가 창출된다고 주장한다. 즉, 과거부터 지속적으로 우수한 노동력을 보유한 도시가 다른 도시들과 비교하여 현재에도 우수 노동력을 끌어들이는 매력 요인으로 작용하여 도시를 스마트하게 만든다는 것이다.

그리고 도시가 스마트하기 위해서는 우선적으로 시민들이 스마트해져야 한다. 이를 위해서는 시민들이 스마트 기술에 익숙하고, 스마트한 사고 방식을 가지며, 스마트하게 행동해야 한다. 시민들이 스마트하지 않으면, 아무리 최신 스마트 기술과 인프라가 도입되어도 스마트 도시를 구현하기는 어렵다. 이런 면에서 스마트 도시 조성을 위해서는 시민들에게 스마트 사회와 기술에 대한 학습과 계몽이 필요하다. 물론 "스마트하다"는 것이 "총명하고 똑똑하다"는 의미는 내포하지만, "옳거나 바르다"는 의미를 포함하는 것은 아니다.

스마트 기술(하드웨어)

스마트 도시는 ICT 기술의 발달과 함께 아주 다양하게 유행처럼 번져나가고 있다. 비록 다양한 연구에서 스마트 도시의 주요 요인으로 인적자본과 교육, 사회 및 관계적 자본, 환경적 요인 등 다양한 요인들이 제시되고 있지만, 스마트 도시 시스템과 관련하여 ICT 기술과 인프라의 연계 및 이용이 주요 요인으로 작용한다는 것은 부인할 수 없는 사실이다. 즉, 스마트 도시가 조성되기 위해서는 ICT 기술의 발달과 응용이 필수적이다.

스마트 도시는 실시간에 정보를 통합적으로 처리하는 스마트 시스템을 도입하여 도시문제를 조기에 예방 및 처리하기 위한 감지와 통제장치(sense and act)를 장착한 정밀 시스템이다(Hall, 2000; Marsa-Maestre et al., 2008). 이러한 스마트 도시에서 정보통신기술은 도시문제를 초기에 감지하여, 신속한 처리 및 해결하는 데 핵심적 요인으로 작용한다. 예를 들면, 정보통신 연계망을 통해 제공된 실시간 자료의 분석을 통해 아침에 교통 혼잡을 어떻게 유연하게 통제하며, 저녁 피크 타임에 에너지 사용을 어떻게 분산시킬지에 대한 솔루션을 제공한다(Neirotti et al., 2014). 이렇게 스마트 도시 시스템이 잘 작동하기 위해서는 원격 정보통신 서비스의 연계를 위한 초고속 인터넷 인프라가 필수적으로 깔려 있어야 한다. 그리고 우수한 광대역 브로드밴드 시스템이 갖춰져서 도시 전역에서 무선통신(WIFI)이 가능하고, 사물 인터넷의 실용화를 통해 단절 없는 정보 통신체제가 수립되어야 한다.[6)]

스마트 기술(소프트웨어): 빅 데이터와 자료 공개

토포르코프(Toporkoff, 2013)는 디지털 기술발전이 도시의 다양한 분야에 영향을 미치며, 특히 도시행정과 개발에 큰 변화를 예고하고 있으며, 다양한 ICT 시스템에 의해 생성된 수많은 자료들이 스마트 도시의 주요 요인으로 작용한다고 주장한다. 지금까지 이와 같은 자료는 조직 내부의 자산으로 인식되어 외부에 공개되지 않았으나, 최근에 들어서 두 가지 주요한 변화가 감지되고 있다.

첫째, 빅 데이터의 활용으로, 하루에도 수많은 빅 데이터들이 도시에서 생성되는데, 스마트 도시의 주요 문제는 이러한 자료에 어떻게 접근하느냐를 넘어서 이들은 어떻게 가치 있는 정보와 지식으로 전환 및 배분하여 활용할 것인가에 달려 있다. 즉, 빅 데이터를 통해 도시를 보다 잘 이해 및 평가할 수 있고, 미래에 대한 보다 정확한 예측이 가능하며, 시민과 정책결정자에게 실시간에 명확한 정보를 제공할 수 있다. 예를 들면, 빅 데이터를 통해 단기적으로는 교통 혼잡, 날씨에 따른 위험, 공공 교통 이용에 의한 약속 시간 등을 예측할 수 있으며, 장기적으로는 인프라의 수요에 따른 건설계획, 학교와 공공시설의 수요 예측, 저출산 고령화에 따른 주택시장 변화 등을 미리 예측하여 위험의 잠재성을 제거하고 예방과 대비 체제를 확립할 수 있다.

둘째, 자료 공개를 통한 시민과의 쌍방향 소통으로, 스마트 도시의 자료 공개는 도시행정의 투명성을 향상시키며, 자료・정보가 공유됨으로써 다양한 분야에서 응용을 가능케 한다. 공공 자료의 공개는 시민들의 사회와 정치에 대한 관심과 참여

---

6) Bosch Software Innovation의 관리책임자로 있던 매튜 제닝스(Matthew Jennings)는 말하기를 (White, 2014), "사물 인터넷 기술은 제4차 산업혁명을 대표하며, 인간의 삶과 비즈니스에서 새로운 기회를 열고 있다. 사물 인터넷은 완전히 새로운 비즈니스 모델을 창출하는 한편, 관련된 분야에서 혁신이 매우 빠른 속도로 진행되고 있다. 이러한 비즈니스 환경에서 경쟁력을 확보하기 위해서는 관리자들은 지속적으로 실제 세계와 가상 세계 사이의 융합을 추구하고 정보화와 네트워크 연계망 확충을 통하여 새로운 비즈니스 기회를 탐색해야 한다. 이제부터 집중적으로 이 분야에 투자해야 스마트 사고를 현실로 실현시키는 사물 인터넷 기반 비즈니스 모델과 조직 분야에서 선두를 점할 수 있다."고 설명한다.

를 북돋우며, 행정의 투명성을 신장시키고, 공공 의사결정에 시민들의 참여를 향상시킨다. 그리고 공공 자료가 공개됨으로써 공공 분야의 투명성이 신장되고 시민들이 정보를 공유함에 따라 다양한 혁신적 창조적 아이디어들이 창출될 수 있다. 오늘날 자료공개 운동(open data movement)은 정부와 시민, 그리고 기업들 사이의 관계 변화에 핵심을 구성하며, 특히 공공부문 개방적 혁신의 결정체 중 하나로 평가받고 있다. 토포르코프(Toporkoff, 2013)는 유럽연합에서 공공 자료의 공개는 연간 기업활동을 400억 유로 증가시키며, EU 국민소득의 1.7% 신장을 가져온다고 주장한다. 미국에서 날씨 정보의 공개로 약 400개 회사가 신규 창업하여 4,000명의 고용을 창출하였으며, 스페인에서 공공 자료 공개에 의해 기업활동이 6억 유로 이상 신장되어 5,000명 이상의 신규 고용이 창출되었다고 밝히고 있다.

이런 관점에서 빅 데이터와 공공 자료의 공개와 활용을 통하여 스마트 도시는 도시운영에서 다음과 같은 변화를 기대할 수 있다고 토포르코프(S. Toporkoff)는 주장한다.

- 시민과 소통을 통한 공공 의사결정의 향상
- 도시의 혁신에 자극을 제공
- 도시 공동체와 집단들 사이에 협력 관계 촉진
- 도시 관리를 위한 분석과 예측력 신장
- 지역 자산의 효율적 관리와 보존
- 보다 지속가능하고 친환경적이며 형평성 있는 도시를 조성

스마트 거버넌스

스마트 도시가 되기 위해서는 스마트 거버넌스 시스템이 갖추어져야 한다. 도시 거버넌스는 "도시의 주요 문제에 관하여 도시의 주요 주체들이 상호 신뢰 관계를 바탕으로 협력 체제를 형성하여 문제에 대한 접근 및 해결 방안을 모색하는 방식"으로 설명된다. 이런 의미에서 스마트 도시 거버넌스 체제는 두 가지 주요 의미를 갖는다.

첫째, ICT 기술 발달과 응용에 의해 추진되는 스마트 도시를 조성하는 과정에서 도시의 주요 주체들이 능동적·주체적으로 참여하는 거버넌스 체제를 구축함으로써 시민에게 보다 유용한 스마트 도시를 조성할 수 있다. 사실 현재 추진되는 많

은 스마트 도시들이 시민의 이익보다는 기업의 이익을 추구한다는 비판이 제기되고 있고, 이런 문제가 발생하는 것은 스마트 도시의 추진 주체가 시민이 아닌 기업(IBM, Google 등) 중심으로 추진되는 데 있다.

둘째, 스마트 도시가 시민들의 삶의 질과 도시경쟁력 향상을 가져오는 것은 사실이지만, 잘못 운영되는 경우에 시민들의 통제 수단, 권력 독점의 수단 등으로 오용될 수 있다. 도시 거버넌스 시스템은 스마트 도시가 초래할 수 있는 이와 같은 부정적 활동을 억제 및 제거하기 위한 기능을 수행해야 한다. 인류 역사에서 확인된 바와 같이, 과학기술의 발달이 인간사에 긍정적으로만 작용하는 것이 아니라 많은 부정적·역기능적 결과를 초래했다. 예를 들면, 핵기술의 발달이 핵발전소 건설, 의학계의 이용 등 긍정적 측면으로 작용하기도 하였지만, 핵무기 생산 등 인류의 위협 요인으로 작용하기도 한다. 마찬가지 논리에서 스마트 도시도 시민들의 생활을 편리하게 하고 도시 재난에 조기 대처하는 장치를 제공하지만, 오용되는 경우에 시민생활을 감시 및 통제하고 조작하는 수단으로 이용될 수 있다. 스마트 거버넌스 시스템은 이런 오용·남용 가능성을 차단하고, 시민을 위한 민주적 스마트 도시를 조성하는 데 주요 역할을 수행하여야 한다. 이를 위해서는 공공의 참여와 민관 협력을 위한 강력한 기반으로 무장한 스마트 거버넌스가 스마트 도시의 핵심을 구성해야 한다는 것이 주요 추세로 부각하고 있다(Cano et al., 2014).

스마트 도시관리

스마트 도시를 조성하기 위해서는 궁극적으로 도시가 스마트하게 관리되어야 한다. 이를 위해서는 도시 교통, 건축물, 에너지, 폐기물, 수자원, 대기, 행정, 교육, 복지, 도시계획 등이 스마트하게 관리되어야 한다. 앞에서 제시한 스마트 도시의 주요 요인들은 이런 의미에서 스마트 도시를 위한 선행 요인들이며, 이와 같은 선행요인들이 충족되어야 스마트 도시관리라는 결과가 도출될 수 있다. 즉, 도시에 스마트 시민들이 거주하고, 스마트 기술과 인프라가 도입되어, 스마트 거버넌스에 의해 도시가 운영될 때, 스마트 도시관리가 가능할 수 있다는 것이다. 이런 시각에서 스마트 시민, 스마트 기술, 스마트 거버넌스는 스마트 도시를 위한 필수 요건을 구성하며, 결과로서 초래되는 스마트 도시관리는 스마트 도시의 충족 요건을 구성한다고 할 수 있다.

요약하면, 스마트 도시는 맹목적으로 ICT 기술에 의존하는 것이 아니라 인적 자본의 배양과 축적을 기반으로 조성된다. 스마트 도시에서 교육과 사회적 자본의 축적은 시민들에게 기업가 정신을 접하고 배양하기 위한 토양을 제공하며, 스마트 거버넌스를 통해 집단들 사이의 갈등과 충돌을 완화 및 제거할 수 있는 제도를 제공한다. 스마트 시민들은 평생학습, 사회 및 인종적 다양성, 유연성과 창조성, 시민의식과 개방성, 공공활동에 적극적 참여와 협력 등을 통해 인구와 산업활동의 도시집중에서 발생하는 문제들을 해결하는 데 긍정적으로 작용한다. 결론적으로, 스마트 도시는 현명한 시민들이 도시문제를 현명하게 해결하기 위한 접근 방식을 의미한다.

제 5 절 스마트 도시와 빅 데이터 활용[7)]

1 빅 데이터(Big Data) 개념

빅 데이터는 단어 자체가 의미하듯이 큰 데이터이다. 너무 커서 하나의 컴퓨터에는 도저히 저장할 수 없다. 예를 들면, 페이스북에는 하루에도 엄청난 양의 데이터가 축적되고 있고, 이를 컴퓨터 몇 대에 저장하고 관리하는 것은 불가능하다. 따라서 기존과는 다른 정보기술이 필요한데, 이를 빅 데이터 기술이라 한다. 즉, 빅 데이터를 수십 대에서 수천, 수만 대의 컴퓨터에 나누어 저장하고, 필요 시 분산 저장된 정보를 동시에 활용할 수 있는 기술로 분산병렬 처리기술이라 부른다.

위키백과(http://ko.wikipedia.org)에 따르면, 빅 데이터란 기존 데이터베이스 관리 도구로 데이터를 수집, 저장, 관리, 분석할 수 있는 역량을 넘어서는 대량의 정형 또는 비정형 데이터 집합 및 이러한 데이터로부터 가치를 추출하고 결과를 분석하는 기술을 의미한다. 다양한 종류의 대규모 데이터에 대한 생성, 수집, 분석, 표현을 그 특징으로 하는 빅 데이터 기술의 발전은 다변화된 현대 사회를 더욱 정

7) 이 절은 『도시정보』에 게재된 남광우 외(2014)의 '빅 데이터와 스마트 도시' 글을 인용하여 재구성했음을 밝힌다.

확하게 예측하여 효율적으로 작동케 하고, 개인화된 현대 사회 구성원마다 맞춤형 정보를 제공, 관리, 분석 가능케 하며, 과거에는 불가능했던 기술을 실현시키기도 한다. 이같이 빅 데이터는 정치, 사회, 경제, 문화, 과학 기술 등 전 영역에 걸쳐서 사회와 인류에게 가치 있는 정보를 제공할 수 있는 가능성을 제시하며 그 중요성이 부각되고 있다.

빅 데이터 기술은 과거에도 존재해왔으나 2005년 하둡(Hadoop)[8]이라는 오픈소스 소프트웨어가 보급되면서 저렴하게 활용 가능해지면서 빅 데이터 바람을 일으키게 되었다. 이렇게 데이터가 커지게 된 이유는 데이터를 생산하는 동시에 공유할 수 있는 정보기술의 발달에 있다. 특히, 스마트폰과 센서 및 트위터와 같은 정보기기와 부가 서비스의 발달은 사람과 사람, 사람과 기계, 기계와 기계 간에 언제 어디서나 정보를 주고받을 수 있게 해주었고, 이는 데이터의 폭발적인 증가로 이어졌다. 또한 문자, 사진, 동영상 등 다양한 형태의 정보가 혼재되어 빅 데이터로 축적되고 있다. 빅 데이터는 이렇게 크기(volume), 속도(velocity), 다양성(variety)의 특성을 가지고 있다 하여 흔히 3V의 특성을 가진다고 일컫고 있다.

빅 데이터에는 특정 주제에 대한 사고와 행동에 대한 정보가 들어있기 때문에 이를 잘 분석한다면 현실에 대한 이해(트렌드 및 패턴)뿐만 아니라 미래에 대한 예측도 가능해진다. 빅 데이터에서 트렌드와 패턴이 발견되는 이유는 빅 데이터의 생산 주체인 사람들이 공유된 환경 조건과 정보를 기반으로 의사결정 및 행동하기 때문이다. 즉, 공간자기상관성(spatial autocorrelation)이 내재되어 나타나기 때문이다. 그렇기 때문에 특히 공간 빅 데이터는 사람의 의사결정과 행동에 대한 성향과 패턴을 위치, 지역, 공간적 맥락에서 보다 풍부하게 이해할 수 있는 자료와 정보를 제공한다. 다시 말해, 시민들의 사고와 행동을 도시의 도로, 시설물, 공공 서비스 요구, 공간이용, 이동성 등 도시 공간이용 패턴을 기반으로 파악할 수 있다(남광우 외, 2014).

8) 아파치 하둡(Apache Hadoop, High-Availability Distributed Object-Oriented Platform)은 대량의 자료를 처리할 수 있는 큰 컴퓨터 클러스터에서 동작하는 분산 응용 프로그램을 지원하는 프리웨어 자바 소프트웨어 프레임워크이다(위키백과).

2 스마트 도시의 빅 데이터 활용

빅 데이터가 생성되고 활용되는 대표적인 공간이 바로 도시이다. 특히, 빅데이터는 생활 패턴 변화의 탐지, 공간적 상관관계 분석, 시간에 따른 접근성 분석 등 다양한 도시 분야에 활용이 가능하며, 그 가치 또한 크다. 따라서 이러한 빅 데이터를 효율적으로 구축하고 활용하는 것이 요구되며, 도시정보의 빅 데이터화는 3V의 빅 데이터를 6V(volume, variety, velocity, value, veracity, visualization)의 빅 데이터로 진화시키는 것이라 할 수 있다(안종욱 외, 2013).

도시에서는 이미 데이터마이닝과 같은 빅 데이터 분석 기술을 통해 질병 발생을 예측하거나 교통량 패턴을 이해하고, 교육을 개선하는 데 활용되고 있다. 그러나 아직도 도시에는 인구, 주택, 교통, 환경이나 기반시설 등으로 인한 다양한 문제가 발생하고 있다. 이러한 도시문제의 해결 실마리로서 빅 데이터는 더욱 실용적

표 11-2 도시문제에 대한 빅 데이터 적용 방법

도시문제	기존 해결 방법	빅 데이터 적용 방법
홍수, 침수지역 발생	접근 통제, 언론 보도	SNS 활용 침수지도 작성 및 실시간 전파
범죄 발생	경찰 투입, 사후 처리	범죄 발생 예상 장소에 경찰 배치
질병(독감) 발생	발생 후 언론 보도	관련 검색어 분석을 통한 지역별 조기 경보 체계 가동
교통 혼잡에 따른 소통 문제	경찰관에 의한 인위적 소통, 교통 정보 서비스센터의 사후 교통정보 제공	실시간 교통정보 제공, 예측 교통정보 제공
에너지(전력) 문제	전력부족 언론 보도, 캠페인, 요금 인상	고객의 실시간 전력 사용량 체크, 고객 중심의 합리적 에너지 소비 유도
낙후지역 개발	계획 수립, 주민 의견은 간단한 설문조사	지역 주민의 다양한 생활 데이터 분석을 통한 맞춤형 도시개발
시민과의 소통 부재	지자체에서 시민에 대한 단방향 통보, 다양한 민원에 따른 반복 행정	지자체와 시민의 양방향 의견 교환, 민원 지도 작성으로 불필요한 업무 경감
대규모 이벤트 안전, 효과 분석	이용자 규모 파악 불가능, 정량적 효과 분석 불가	SNS, 모바일 트래픽 분석을 통한 실시간 이용자 규모에 따른 대응 및 시각적 효과 분석

자료: 이원규(2013).

가치를 가지게 되며, 도시는 빅 데이터 활용의 최적화된 환경, 공간을 제공하게 된다. 이를 위해서는 도시정보의 빅 데이터화가 필수적으로 요청된다.

국내・외 공공행정 분야 빅 데이터 활용 사례를 살펴보면, 크게 교통 분야, 범죄 분야, 의료 분야, 재난안전 분야, 시설물 관리부문 등에 빅 데이터가 활용되고 있으며, 상황의 시급성과 시민의 니즈가 많이 발생하는 공공행정 분야에서 빅 데이터를 활용하고 있는 것으로 나타난다(정대현 외, 2016). 이원규(2013)는 도시문제 해결을 위한 기존의 방식과 빅 데이터 활용 방식의 차이를 <표 11-2>와 같이 제시하고 있다.

빅 데이터가 도시의 다양한 분야에서 활용되는 예는 다양하다. 지역개발 측면에서 빅 데이터 분석을 통해 지역 특성에 맞는 차별화 전략으로 지역경제를 살리는데 이용될 수 있으며, 대중 교통 측면에서는 빅 데이터, 공간정보 등을 기반으로 보다 효율적인 노선 설정과 배차 간격 등이 계획되고 있다. 또한 안전도시 측면에서도 범죄 관련 빅 데이터를 이용해서 사건・사고 상습발생 지역을 파악할 수 있으며, 복지와 보육에 있어서도 빅 데이터 분석을 기반으로 분석의 현장성과 정책소외 지역을 줄일 수 있다. 이외에도 관광, 문화, 에너지 등 다양한 분야에서 빅 데이터를 활용한 도시개발과 계획 및 관리가 추진되고 있다.

도시 빅 데이터는 도시에서 발생하는 인구, 자원, 교통, 건물, 환경 등에 관한 자료를 체계화한 것이다. 이러한 도시 자료와 정보는 그동안 대부분 각 도시의 창고에 서류 형태로 보관되어 있다가 도시계획정보시스템(UPIS) 구축사업 등을 통해 전산화되고 있으며, 지속적으로 늘어나고 있다. 또한 많은 도시들이 스마트 도시개발을 추진함에 따라 그동안 활용하지 못하였던 실시간 정보(CCTV, 각종 센서 등)들이 급속하게 증가 및 축적되고 있으며, 시민들 또한 보편화된 스마트 기기 등을 이용해 다양한 정보들을 만들어내고 있다. 이렇듯 도시가 발달하고 사람들이 도시로 모여들고 정보통신기술 등이 발전함에 따라 도시정보는 빅 데이터화되고 있다. 또한 현재 세계 곳곳에서는 재해 대응 및 안전관리, 교통 정보 제공, 도시관리, 도시계획 등 다양한 분야에 빅 데이터를 활용하여 도시행정을 구현하고 있으며, 이를 점차 다양한 분야로 확대되고 있는 추세이다.

한국 도시의 빅 데이터 활용 사례를 살펴보면, 부산시는 스마트 시티 구축을 위하여 공공 데이터의 개방과 이용 활성화를 위한 방안을 추진하고 있다. 구체적 내용을 보면, 부산시는 부산공공데이터포털(opendata.busan.go.kr)을 구축하여 공공데이터를 개방하고 있으며, 2016년 3월 기준으로 15개 분야 1,320개의 데이터 셋(data set)을 개방하고 있다. 분야별 공공 데이터 개방 현황을 살펴보면, 공공행정 분야가 279개로 가장 많고, 산업고용이 192개이며, 이 가운데는 교육(59개), 사회복지(117개), 식품건강(30개), 재난안전(57개) 등 분야에서 데이터를 개방하고 있다. 부산시는 공공 데이터의 개방을 통하여 시민과 소통하고 협력하는 문화를 조성하며, 행정 업무의 효율성, 투명성, 정확성을 신장하고 도시의 경제성장, 교통문제, 환경문제 등 복잡한 문제 해결에 도움을 줄 것으로 기대한다(오동하, 2016).

인천시는 행정 서비스 향상을 위하여 빅 데이터를 이용하여 교통정책의 조정을 추진하고 있다. 인천 지하철 2호선 개통과 함께 시내버스 노선을 개편하는 데 교통 빅 데이터를 활용하여 시민의 이동 편의성을 증대시키고, 신도시와 원도심을 잇는 버스노선 개편에도 반영하는 계획을 수립하고 있다(인천in, 2016a). 이와 함께 인천시는 전국 최초로 플랫폼을 기반으로 하여 지하 시설물을 확인 및 관리하는 GIF(Geographic Information System: 지리정보시스템)를 기반으로 한 '플랫폼 기반 도시기반시설물 관리체계(UIS: Urban Information System)' 서비스를 시작하였다. 이 사업으로 인터넷을 통하여 상·하수도·전기·가스·통신·난방·송유관 등 지하시설물 정보를 확인할 수 있고, 행정기관을 방문하지 않아도 도로굴착 시 인·허가, 하수관 연결공사 신청 등 민원 등을 인터넷으로 처리함으로써 비용 절감과 행정효율성 향상을 추구하고 있다(인천in, 2016b).

외국의 사례를 보면, 스페인 바르셀로나는 ICT 시스템에 의해 생성된 빅 데이터 정보를 시민들에게 제공함으로써 시민들의 도시활동에 편리성 신장과 함께 인프라의 효율적 이용을 촉진하고 있다. 예를 들면, ICT 기술을 이용한 버스운행 정보의 실시간 제공, 인근에 주차 가능한 공용 주차장 정보 제공, 도시의 소음, 공해, 날씨, 교통 상황에 대한 정보 제공, CCTV를 이용한 범죄 예방, 에너지 절감을 위한 센서 가로등 등을 설치 및 도입함으로써 바르셀로나는 비용 절감과 경제·사회·환경적으로 지속가능한 도시관리를 추구하고 있다(Kamel Boulos & Al-Shorbaji, 2014).

3 스마트 공공 서비스 특성과 빅 데이터 분석 체계

ICT 발전과 디지털 기반의 확충으로 시민과 기술이 연계된 초연결 사회(hyper-connected society)가 도래하며 ICT 기술과 빅 데이터를 활용한 스마트 공공 서비스에 대해 도시정부의 관심이 점차 높아지고 있다. 스마트 공공 서비스란, 빅 데이터를 정제한 스마트 데이터를 기반으로 도시정부가 시민들의 니즈에 부합하는 공공 서비스를 제공하는 것으로 도시 공공 인프라, 빅 데이터와 디지털 서비스를 결합한 시민들의 요구를 최적화하기 위해 제공되는 수요 맞춤형 서비스를 의미한다.

이러한 스마트 공공 서비스가 효율적으로 제공되기 위해서는 지능형, 맞춤형, 융합형 및 신속성의 특징을 가져야 한다. 첫째, 지능형이란 기존 공공 서비스와는 달리 시민들과 실시간 소통을 통해 축적된 데이터를 분석·활용하여 총명한 서비스를 제공하는 것을 의미하며, 둘째, 맞춤형은 기존의 서비스가 공급자 중심으로 제공되었다면 스마트 공공 서비스는 수요자 관점에서 재화와 서비스를 제공하게 됨을 의미한다. 셋째, 융합형은 ICT 기술과 서비스가 결합하여 새로운 혁신 서비스가 제공됨을 의미하며, 넷째, 이러한 공공 서비스가 필요한 시점에서 실시간에 제공됨에 따라 신속성을 갖출 것을 요구한다. 이러한 스마트 공공 서비스가 제공되기 위해서는 우선 스마트 공공 서비스 정보를 축적한 빅 데이터 시스템이 구축되고, 스마트 공공 서비스 제공을 위한 플랫폼이 구축되어야 하며, 이러한 스마트 시스템을 운영하기 위한 인력이 배양 및 충원되어야 한다(조호정·이부형, 2016).

그리고 다양한 원격 정보통신 체제에 의해 생산된 빅 데이터는 적절한 분석 체제를 통해 실시간 유용한 정보로 전환되어 신속한 대응을 위한 의사결정 체제를 갖추지 않는다면 특별한 가치와 의미를 갖지 못한다. 빅 데이터가 유용한 가치를 갖기 위해서는 다음 세 가지 분석 체제가 완비되어야 한다(Boulos et al., 2015).

첫째, 서술적 분석(descriptive analytics)으로, 빅 데이터를 이용하여 무슨 일이 어디서 발생했는지를 명확히 확인해야 한다.

둘째, 예상적 분석(anticipatory analytics)으로, 과거와 현재의 자료를 근거로 다음에 무슨 일이 발생할 것인가, 그리고 도시에서 이에 대응을 위한 최적 활동이 무엇인가를 탐색하는 활동을 의미한다.

셋째, 처방적 분석(prescriptive analytics)으로, 발생한 사태에 대응을 위한 최적 활동을 확인한 후에 고려해야 하는 자원의 조달 가능성, 제약 요인, 다른 주요 요인과 조건 등을 탐색하는 활동을 의미한다.

하지만, 빅 데이터 분석 과정에서 공공 서비스를 제공하기 위한 통계 분석을 넘어선 개인 신상 파악 등의 목적으로 빅 데이터가 이용되어서는 안 되며, 모든 예측에는 오류의 가능성이 있다는 것을 명심해야 한다. 예를 들면, 사물 인터넷 자료를 통해 비상 사태에서 어떤 물품과 자원이 미리 준비되어야 하는가를 파악하는 데 빅 데이터를 이용할 수 있으나, 개인이 어떤 물품을 구매하고 선호하는가를 조사하기 위한 목적으로 빅 데이터가 이용되어서는 안 된다는 것이다. 그리고 빅 데이터 활용도 좋지만, 데이터 홍수를 통해 불필요한 자료들이 축적되는 것을 방지하기 위한 '데이터 다이어트 장치'가 개발되어 적시에 적절한 대응을 위한 자료와 분석 체제가 개발되어야 한다.

4 스마트 도시개발 계획에 빅 데이터 활용 방안

우리나라 인구의 약 92%가 거주하는 도시지역을 체계적이고 효율적으로 관리하기 위해서는 도시의 인구 증가, 교통량, 주택 수요, 문화 · 교육의 질, 산업구조의 변화, 생활양식의 변화 등에 관한 정보의 수집 · 분석을 필요로 한다. 그러나 도시의 변화, 시민생활양식의 변화, 정보통신기술 발전 등이 과거와 다르게 급속하게 변화하고 있기 때문에 도시개발과 계획 및 관리에 필요한 도시정보를 빅 데이터로서 활용할 수 있는 방안 마련이 필요하다. 특히, 빅 데이터를 도시개발 및 계획에 활용하기 위해서는 빅 데이터를 수집 · 저장 · 관리 · 분석 등을 수행할 수 있는 인프라(하드웨어)와 빅 데이터를 분석할 수 있는 기술(소프트웨어), 빅 데이터(도시정보), 도시 분야에 특화된 빅 데이터 관련 전문 인력, 도시계획 및 관리에 빅 데이터를 활용할 수 있는 법 · 제도 등 기반 마련이 필요하다.

먼저, 하드웨어와 소프트웨어 측면에서 빅 데이터의 가장 큰 특징은 데이터의 '양'이 과하게 많다는 것과 수집 가능한 데이터 대부분이 정리되어 있지 않은 비정형 데이터라는 점이다. 이 두 가지 특징으로 인해 기존 도시개발과 계획 및 관리 시스템들은 정보 연계, 연산 처리 속도 면에서 한계가 있다. 이러한 한계를 극복하기 위해서는 하둡(Hadoop), 맵리듀스(MapReduce) 등 대용량 데이터 분산처리 기술을 기존 시스템에 반영하는 등의 고도화 과정이 요구된다.

두 번째로, 도시정보 측면에서 수집 가능한 데이터의 원천은 크게 두 가지로 구별되는데, 하나는 기존 방식으로 도시계획 수립 시 사용된 각종 통계 자료이며, 다른 하나는 실시간 정보이며, 대용량 정보이기도 한 블로그, 위키피디아, 유튜브, 트위터, 페이스북, 텀블러, 스포티파이 등 소셜 미디어 서비스와 G마켓, 아마존 등 온라인 쇼핑 정보, 그리고 각종 도시시설물 센서정보, 스마트폰의 위치정보, CCTV 정보 등이 그 예이다. 스마트 도시개발과 계획 및 관리를 위해서는 두 번째 도시정보인 실시간적이며, 대용량적인 정보의 수집 및 분석과 결과의 반영이 요구된다.

세 번째로, 전문 인력이다. 지금까지 우리는 도시계획을 수립하고 도시를 관리함에 있어서 일정한 형식을 유지해왔으며, 이러한 형식은 도시, 시민, 기술 등이 급속하게 변화함에 있어서도 쉽게 바뀌지 않고 있다. 그러나 향후 우리가 목표로 하고 있는 스마트 도시를 구현하기 위해서는 기존 도시계획 및 관리 방식과 급속하게 변화하는 상황을 인지하고 도시개발과 계획 및 관리에 반영할 수 있는 전문 인력 양성이 요구된다.

마지막으로, 도시개발과 계획 및 관리에 빅 데이터를 활용할 수 있는 법적인 기반을 마련하는 것이다. 도시개발과 계획 및 관리에 필요한 기초 조사 항목 등에 빅 데이터를 활용할 수 있는 근거를 마련하고 이렇게 분석된 정보를 토대로 계획의 수립 및 개발과 관리가 가능할 수 있도록 해야 한다.

지금까지 스마트 도시개발과 계획 및 관리 측면에서 빅 데이터를 활용하는 방안을 논의하였다. 이상을 정리하자면 빅 데이터의 활용은 도시개발과 계획 및 관리 측면에서 효율적인 자원 운용과 맞춤형 서비스 제공을 가능하게 한다는 것이다. 또한 빅 데이터 활용에서 가장 유용한 것은 '예측'을 통한 분석이다. 도시와 사람(사람과 사람)이 IT 기술을 통해 소통함에 따라 향후 도시는 맞춤형이 되고 있다. 빅 데이터가 이런 사회적 이슈를 표출한다는 점에서 이를 잘 이용하면 도시는 더 똑똑하고 효율적으로 개발 및 운영·관리될 수 있다.

제 6 절 스마트 도시 사례

세계에는 다양한 스마트 도시들이 조성되고 있다. 어떤 스마트 도시는 ICT 기술을 이용하여 도시를 좀 더 스마트하게 관리하는 데 주안점을 두고 있고, 다른 스마트 도시는 기술혁신과 인적자원 개발을 통하여 도시를 보다 창조적이며, 참여적으로 운영하여 도시문제를 해결하는 데 초점을 두기도 한다. ABI 연구통계(2011)는 2015년 현재 세계적으로 약 102개(아시아와 태평양 21, 유럽, 38, 북미 35, 중동과 아프리카 6, 남미 2) 스마트 도시가 조성 중에 있다고 기록하며, 리 외(Lee et al., 2014)는 북미 35개, 유럽 47개, 아시아 50개, 남미 10개, 그리고 중동과 아프리카 10개 등 전 세계적으로 약 143개 스마트 도시 사업이 진행되고 있다고 지적하고, Nikkei BP Cleantech Institute(2010)는 약 300~400개 스마트 도시 프로젝트가 세계적으로 추진되고 있다고 추산하고 있다. 이와 같이 통계가 각기 다른 것은, 앞에서 언급한 바와 같이, 스마트 도시에 대한 정의와 개념이 각기 다르기 때문이며, 또한 많은 도시들이 스마트 도시라는 용어는 사용하고 있지만, 실상 내용을 보면 도시개발의 선전용·홍보용으로 스마트라는 용어를 앞에 붙이기 때문이다(예를 들면, 인천 검단 스마트 도시 등을 들 수 있다).

스마트 도시의 대표적인 사례로서, 아시아의 대표적 스마트 도시인 싱가포르는 'garden city(전원도시)'에서 'city in a garden(전원 속의 도시)'로 진화를 추진하며(Gresh, 2013), 수많은 다양한 소스(source)로부터 발생하는 자료와 정보들을 실시간에 수집, 조합, 통합 및 배분하기 위한 LIVE 싱가포르 시스템을 개발 중에 있다. 이 시스템은 도시상황에 대한 정보를 실시간에 수집, 분석, 배분을 위한 공개 플랫폼을 개발하여 시민들에게 실시간에 도시활동에 대한 정보에 접근할 수 있는 장치를 제공하기 위한 목적으로 개발되고 있다. 시민들에게 도시에 대한 실시간 정보를 제공함으로써 상황에 맞게 활동을 조정 및 통제할 수 있는 선택권을 부여할 것으로 기대한다(Sáanchez et al., 2013: 14440-14441).

미국 시카고는 다운타운에 약 500개 센서를 설치하여 실시간에 대기 온도, 습도, 대기 청정도, 그리고 보행자와 통행량을 측정한 자료를 전송하는 센싱시티(Sensing City)를 추진하고 있다. 도시에 설치된 센서에서 감지된 자료는 다양한 집단에 전송되어 다양한 분석을 제공한다. 도시 기후를 연구하는 대기 분야 학자는 이 자료를 이용하여 공기의 질, 온도, 습도 등을 연구하고, 사회과학자들은 보행자의 통행량 정보를 이용하여 시민들의 동선을 파악하고 공간 이용을 위한 연구를 수행한다. 도시계획가들은 통행량과 보행자 정보를 이용하여 어디에 버스 정류소를 설치하고 적설량에 따라 염화칼륨을 얼마나 살포해야 하는가를 결정한다. 또한 교통통제센터에서는 교통 혼잡을 최소화하고 도시의 원활한 교통 소통을 위한 신호등 제어정보를 제공한다. 그리고 시민들은 스마트폰을 이용하여 동선을 최소화하기 위한 루트 탐색, 날씨 정보, 보행거리와 보행 수 등 다양한 정보에 접할 수 있다.

그런가 하면, 영국 글래스고(Glasgow)에서는 도시정부에서 자전거 이용자를 위한 사이클링 앱(app) 서비스를 제공하고 있다. 자전거 이용자들은 사이클링 앱에 접속하면 출발지에서 목적지까지 최단 노선과 주변의 자전거 보관소 등에 관한 정보를 제공한다. 미국 뉴욕시에서는 뉴욕대학 도시과학연구소에 의뢰하여 시민들의 전기 스위치와 수도꼭지에 센서를 부착하여 전기와 물 사용량을 체크하고 있다. 이러한 자료는 시민들에게 보내져서 다른 사람들과 전기와 물 사용량 비교를 가능하게 하고, 시민들의 에너지와 물 사용의 감축을 위한 행동 변화를 가져올 것으로 기대한다(Mone, 2015). 상기와 같이 세계 도처에서 스마트 도시를 추진 중에 있는데, 이 절에서는 한국과 해외의 주요 스마트 도시 개발 사례에 대해 살펴보기로 한다.

1 한국 사례: 인천시 스마트 도시관리 체계

인천시는 전국 최초로 땅속 매설물을 한눈에 볼 수 있는 플랫폼 기반 스마트 도시관리 체계(UIS: Urban Information System)를 구축했다. 이번 UIS 구축으로 땅속에 묻혀 있는 상·하수도, 전기, 가스, 통신은 물론 도로, 공원 등 도시기반시설물에 대한 효율적인 관리는 물론 다양한 분야에서 활용할 수 있게 됐다. 이번 UIS 사업 완료에 따라 지하 및 지상 시설물의 정보가 통합되어 시민이 공유·활용할 수 있게 됐다. 또 시민의 쾌적한 주거환경을 위해 신규로 발생되는 자가 통신망, 중수도, 쓰레기 집하장 시설과 수집관로, 관정 등 다양한 도시정보를 새롭게 구축할 수 있는 확장성도 갖췄고, 정보 관련 부서와 소통할 수 있도록 공유 기능을 강화했다. 종래에는 종이 서류를 지참해 30여 개 유관기관을 방문하고, 개별적으로 협의해 민원을 처리했던 기존의 과정이 UIS 체계가 설립됨으로써 온라인상으로 일괄 처리된다. 예를 들면, 도로 굴착에 드는 사전협의 기간이 기존 3일 소요되던 것이 2시간 이내 해결된다.

지난 2008년 구축한 그동안의 도시기반시설물관리 체계(이하 도시관리 체계)는 자료관리 중심의 시스템이었다. 이 때문에 도시발전에 따른 새로운 도시정보 구축 및 관리의 복합적인 변화를 반영할 수 없었고, 특히 각종 정책결정 과정에서 활용하는 데 제한적이었다. 인천시는 이런 문제점을 개선하고, 정보의 개방, 공유, 소통, 협업으로 그 활용 범위를 확대해 문서와 도면이 필요하지 않은 스마트 도시관리 체계를 구축하고자 이번 UIS 통합 개선사업을 완료했다(경기일보, 2016.3.9 기사).

2 스페인 바르셀로나 스마트 도시 사례

세계에서 많은 도시들이 스마트 도시 건설을 추진하고 있으나 대부분 ICT 기술 중심 혹은 첨단산업 중심의 도시조성을 보이고 있다. 스페인 바르셀로나는 여기서 한 단계 더 나아가 통합적 스마트 도시를 추진하고 있다(Angelidou, 2015). 바르셀로나의 스마트 도시를 위한 비전을 보면, 지식경제의 개발을 통한 인적자원 육성과 기술 및 효율성 지향적 정책을 동시에 추구하고 있다([그림 11-8] 참조). 바르셀로나 '스마트 도시 캠퍼스' 계획은 도시를 기술과 디자인에서 미래 이미지를 조성함과 동시에 산·학·관·연의 연계와 협력 관계를 통하여 보다 혁신적 도시환경을 조성할 것을 목표로 하고 있다.

바르셀로나 스마트 도시는 도시의 지식경제, 혁신 전략과 도시 미래를 공간에 통합하여 디자인한 특성을 보인다. 스마트 도시 개발 전략에서 스마트 기술은 도시의 물리적 공간을 효율적으로 도구화하는 수단을 제공할 뿐만 아니라 그 공간에 거주하는 시민과 도시활동을 보다 기능적으로 작동하도록 한다. 즉, 통합적 스마트 도시개발 전략은 연계된 도시 네트워크를 통하여 시민들에게 보다 많은 정보를 제공하고 참여적 활동을 촉진시키는 것과 동시에 기업들에게는 보다 혁신적, 생산적, 그리고 신속한 활동을 수행하는 데 긍정적으로 작용한다.

그림 11-8 바르셀로나 스마트 도시의 주요 비전

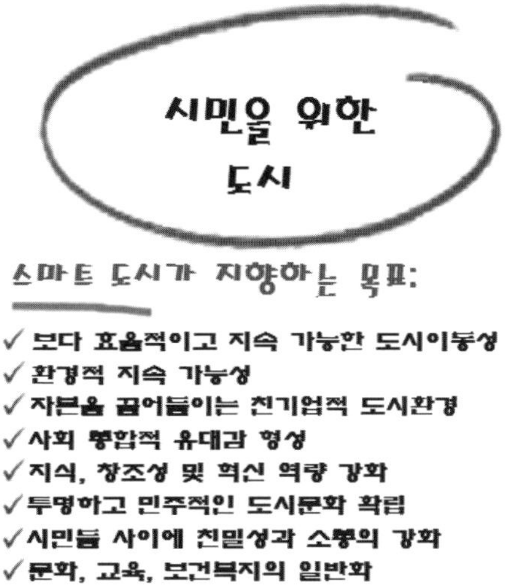

요약하면, 바르셀로나 스마트 도시 개발전략은 물리적 공간과 경제적·사회적 범주(활동)을 연계시킴으로써 인적·사회적 자본의 축적과 이용, 에너지·수자원·폐기물과 도시 인프라의 효율적 관리와 이용을 촉진시킴으로써 지속가능한 도시를 창출하고자 한다. 이를 위해 바르셀로나는 지역의 전문가 집단들 사이의 연

그림 11-9 바르셀로나 스마트 도시 캠퍼스 청사진

계를 통한 다중지식·집단지성의 도출을 위한 전략, 이러한 지식 집단들 사이의 소통과 협력을 통한 혁신경제의 창출, 그리고 이러한 활동을 공간에 표출하여 미래 이미지를 연출한 '스마트 도시 캠퍼스'를 조성할 것을 목표로 하고 있다([그림 11-9] 참조).

3 프랑스 그랑리옹 스마트 도시 사례

프랑스 도시 가운데 인구 규모(약 50만 명) 3위를 차지하고 중부 내륙에 위치한 리옹의 스마트 도시개발 사례를 국토연구원 『세계도시정보』에 이수진(2016)이 게재한 내용 전문을 소개한다. 리옹 시(Ville de Lyon)는 2015년 1월 론데파트망(Dpartement de Rhne)과 통합하여 59개 코뮌을 연합한 더 큰 규모의 리옹 메트로폴(Lyon Mtropole)로 새 출발하였다. 리옹 메트로폴은 그랑리옹(Grand Lyon)으로도 불린다. 현재 파리가 준비하고 있는 그랑파리와 같은 맥락의 프로젝트로서 파리보다 앞서 시작한 것이다. 그랑리옹은 각종 새로운 정책을 도입하여 시민 삶의 질 향상을 위해 노력하고 있다. 그중 대표적인 것이 스마트 도시 그랑리옹이다. 이 정책을 통해 그랑리옹은 스마트, 혁신, 지속가능성, 살아 있는 도시의 새로운 접근 방법을 제시하며 앞선 녹색 스마트 도시로 발돋움하고자 한다.

리옹 메트로폴이 추구하는 스마트 도시의 목표는 민관이 협력하여 도시 이용자의 삶의 질을 개선하고 혁신적인 기업의 창출을 돕는 것이다. 혁신 기업은 도시의 새로운 이용 방법, 지속가능한 개발, 에너지, 환경, 삶의 질, 이동성 확대 등의 분야를 다룬다. 구체적으로는 환경적 쟁점을 수용하고 에너지 절약을 실천, 지자체, 시민, 기업 간 기능적 네트워크를 적극 활용해, 도시의 이용에 중점을 둔 상품과 서비스를 개발하고, 첨단기술(정보화, 로봇, 이동 및 배송 체계)을 활용하는 것이다. 리옹 메트로폴은 현재 100여 개의 공공 및 민간 파트너십과 협력하고 있다. 기차역사를 중심으로 새로 개발된 파르듀(Part-Dieu) 지구에는 혁신 기업 인큐베이터 및 만남의 공간인 튜바(Tube exprimentations urbaines: TUBA, http://www. tuba-lyon.com)가 설립되었다. 튜바는 시민, 기업, 공공 주체가 만나 혁신 서비스를 개발하도록 자극하는 공간이다. 신규 프로젝트 공모전 및 전시가 열리며 새로운 디지털 서비스 창안이나 상용화를 위한 테스트가 이루어진다. 어린이들이 내일의 도시를 꿈꿀 수 있도록 어린이를 위한 토론, 공유를 배우는 워크숍도 진행된다. 튜바는 프랑스 전기 및 가스공사, 도시 서비스 용역 관련 기업, 이동통신사 및 인터넷 서비스 제공사, 금융, 레지옹, 유럽연합(EU), 디자인사, 디지털 미디어, 교육기관과 파트너십을 맺고 있다.

그랑리옹은 내일 더 살기 좋은 곳으로 만들기 위해 다양한 프로젝트를 진행하고 있다. 하나는 스마트 그리드 분야로, 에너지원을 좀 더 효율적으로 보존하고 에너지의 올바른 사용을 유도하기 위해 다수의 프로젝트를 진행하고 있다. 대표적으로 리옹 스마트 커뮤니티(Lyon Smart Community: NEDO)를 비롯하여 그린리(Greenlys), 스마트 일렉트릭 리옹(Smart Electric Lyon), 와트에무아(Watt & Moi), 링키(Linky), EU의 프로젝트로 암스테르담, 코펜하겐, 빈, 함부르크 등과 동시에 진행하는 트랜스폼(Transform)이 있다. 리옹 스마트 커뮤니티 프로젝트는 최근에 개발된 콩플뤼엥스(Confluence) 지구에서 활발히 진행되고 있다([그림 11-10] 참조). 한 예로, 히카리(HIKARI) 건물은 생물 기상학적인 건축을 활용하여 재생에너지 생산과 저장, 스마트한 활용을 최대화하였다. 또한 수자원 공급원을 사용자의 요구에 맞도록 정비하여 낭비를 방지하고 사용을 최적화하였다.

이동 분야에서는 도시 내 이동성 제고를 위해 EU에서 리옹 시와 함께 진행하고

그림 11-10 콩플뤼엥스 지구

자료: http://toshiba.fr/generic/smart-community.

있는 옵티시티(OPTPCITIES), 시티로그(CITYLOG) 프로젝트가 있으며, 도시 내 화물 이동의 효율성을 제고하기 위한 프렐로(FREILOT) 프로젝트가 있다. 그 밖에도 교통수단의 공유 및 전기에너지를 활용한 차량 등 다양한 프로젝트가 진행 중이다. 리옹은 스마트 도시 개발을 위해 스페인 바르셀로나, 미국 보스턴, 이탈리아 투린(Turin), 일본 요코하마(橫浜)와 파트너십을 맺었으며, 정기적인 만남을 통하여 교류 도시를 늘려가고 있다. 2016년에는 일본, 독일 베를린, 미국 세인트루이스와 교류하고 있으며 앞으로 국제 교류를 지속적으로 발전시켜 나갈 것이다.

4 덴마크 코펜하겐 스마트 도시 사례

덴마크 수도 코펜하겐이 야심차게 추진하고 있는 스마트 도시 개발 사례를 배준향(2016)의 연구를 중심으로 살펴보았다. 코펜하겐은 스마트 도시를 향한 야심찬 계획 'Copenhagen Solutions Lab'을 수립하여 추진 중에 있다. 코펜하겐은 스마트 도시를 위한 효율적 행정 체계와 도시 인프라가 잘 갖추어진 강점을 갖고 있다. 그리고 무엇보다 중요한 강점은 민주주의가 잘 정립되어 있어 투명하고 개방적인 정치행정 및 공공기관에 대한 신뢰도가 매우 높다는 것이다. 스마트 도시 프로젝트는 민주주의가 성숙되지 않은 상황에서는 개인의 사생활 정보 유출과 정보기관의 인권유린 등에 대한 우려 때문에 시민들의 저항과 반대에 부딪히기 쉬운데, 덴마크는 그런 면에서 상대적으로 좋은 여건에 놓여 있다고 할 수 있다.

코펜하겐의 스마트 도시 전략은 코펜하겐 시가 중심이 되어서 덴마크 내의 공공 건축 프로젝트를 운영하는 레알다니아, 덴마크 건축협회, 덴마크 공대, 히타치와 시스코가 함께 협력하여 크게 네 가지 프로젝트를 운영하고 있다.

첫째, 코펜하겐 오픈 데이터 사업으로, 코펜하겐 공공 데이터 사이트에서는 다양한 형태의 데이터 원본을 공개하여 일반 시민이나 연구소, 기업 등에서 데이터를 분석하고 응용할 수 있도록 하고 있다. 예를 들면, 코펜하겐 시내의 모든 주차장 관련 데이터나 시에서 관리하는 가로수 관련 데이터 등 다양한 데이터가 공개 및 축적되어 빅 데이터를 형성하고 있다.

둘째, 도시 자료의 교환과 공유를 위한 플랫폼 개발로서, 코펜하겐 시와 통신회

그림 11-11 코펜하겐 도시 데이터 교환과 공유

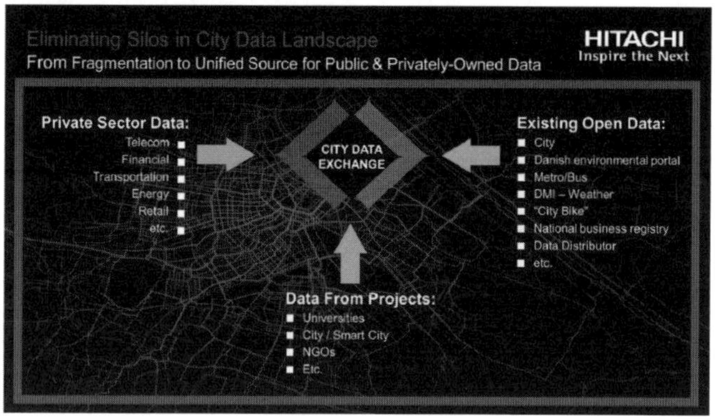

자료: 배준항(2016).

사, 교통기관, 은행, 전기회사, 수도회사, 가스회사, 기상청, 지하철 등 각각의 기관들이 보유하고 있는 데이터를 하나로 통합 운영하기 위한 플랫폼을 히타치와 함께 개발하고 있는 사업이다([그림 11-11] 참조). 이 자료들을 모아 히다치의 데이터 분석 기술을 사용하여 하나의 빅 데이터로 가공한 후에 일반 시민들에게 공개하게 된다. 이를 통해 개인이나 기업은 관련 정보를 얻고 분석하여 각종 기업활동 등에 활용할 수 있으며, 특히 데이터 분석에 기반한 다양한 벤처기업을 활성화시켜 코펜하겐에 벤처 붐을 일으키고 경제에 새로운 경쟁력과 창의력을 부여하는 것을 궁극적 목표로 하고 있다.

데이터 이용 방법으로는 예를 들면, 모바일 앱을 이용하여 하루 이동을 체크하면서 출퇴근에 사용되는 시간, 운동량, 이산화탄소 배출량 등을 종합 측정하고, 이를 도시 내의 교통 정보와 연결하여 출퇴근 시간을 줄이고 운동량을 늘리며 이산화탄소 배출을 줄이기 위한 최적의 출퇴근 경로를 제시할 수 있다. 또한 가정에서는 수도, 전기, 가스 사용 등을 종합하면 세탁기 사용과 식기 세척기 사용, 조리 등 전기, 수도, 가스가 함께 사용되는 활동을 분석함으로써 에너지 사용을 최소화하기 위한 대안을 제시할 수 있게 된다. 기업의 경우에도 사업 포트폴리오와 관련된 핵심정보를 사용해 에너지 절약과 이산화탄소 배출을 위한 최적의 방안을 창출할 수 있게 될 것이다.

셋째, 스트리트 랩(Street Lab) 프로젝트로, 이 사업은 도심의 데이터를 어떻게 수집하는지를 연구하기 위한 프로젝트로서 코펜하겐에서 가장 분주한 거리를 연구 대상지로 선정하여 이 지역에 각종 센서를 설치해서 주차 정보, 쓰레기 처리, 공기 오염도, 소음, 상・하수도 정보, 교통량, 보행자 수, 와이파이 등 각종 정보를 분석하게 된다. 대상 지역 곳곳에 고도로 세밀화된 센서를 설치하고 데이터를 하나로 모으기 위해 시스코와 덴마크 통신회사인 TDC가 함께 프로젝트를 운영하고 있다.

데이터 수집의 예를 보면, 보도블럭 밑에 센서를 설치하여 보행자의 숫자를 카운트하는데 또한 보행자의 체중을 측정함으로써 보행자가 어린이인지 성인인지 등의 정보도 취득하는 등 수집 자료가 매우 방대한 것이 특징이다. 수집된 정보는 실시간으로 데이터를 시각화하여 시민들에게 공개된다. 또한 이 프로젝트에는 단순한 데이터 수집을 넘어서서 다양한 실험을 하게 되는데, 신호등의 간격을 조절하여 보행자와 차량의 반응을 분석하고 이 과정에서 에너지 소비나 이산화탄소 배출, 공기 오염 등 다양한 실험을 할 수 있다. 그리고 스트리트 랩 연구에서 가장 중요한 핵심 중의 하나는 이런 다양한 정보를 습득해 빅 데이터로 가공하는 과정에서 개인의 사생활과 인권을 침해하지 않기 위한 데이터 습득과 가공 기업을 연구하기 위한 것이다.

넷째, 셀렉트 포 시티즈(Select for Cities) 사업으로, 이 사업은 스마트 시티를 만들기 위한 유럽연합 사업들 중 하나인데, 코펜하겐 솔류션스 랩은 이 프로젝트에 적극적으로 참여하고 있다. 코펜하겐, 헬싱키, 앤트워프가 만든 콘소시엄으로 도시 데이터를 분석하여 이를 이용해 새로운 스마트 도시개발을 위한 방법과 디자인을 공동으로 제시하기 위한 사업이다.

많은 도시들이 빅 데이터와 스마트 시티에 대해 이야기하고 있지만, 실제로 이를 정책적으로 실현하는 것은 용이하지 않다. 그리고 무엇보다도 이를 실현하기 위해서는 도시정부와 시민들 사이의 신뢰와 협력, 시민들의 적극적 참여와 지원이 없다면 스마트 도시를 구현하기에는 어려운 것이 현실이다. 이런 관점에서 민주주의가 잘 정립되고, 도시정부와 시민 사이에 굳건한 신뢰 관계가 형성되어 있는 코펜하겐의 스마트 도시 프로젝트가 어떻게 전개될지 지켜보는 것도 자못 흥미롭다.

독일 Siemens가 구상하고 있는 스마트 도시

독일 지멘스는 미래의 메가트랜드로 도시화, 기후 변화, 인구 변화, 그리고 글로벌화 네 가지가 전개될 것으로 예상하며, 미래에 도시가 경쟁력을 갖기 위해서는 효율적인 교통체계, 에너지 공급의 신뢰성과 효율성, 배출가스 감소와 수자원 및 폐기물 관리의 효율성, 그리고 안전하고 편안한 삶의 질 보장이 주요 요인으로 작용할 것으로 예상하고 있다. 이러한 경쟁력 있는 도시를 만들기 위해서는 지속가능한 기술을 이용하여 수질을 개선하고, 깨끗한 공기를 유지하며, 안전한 도시, 효율적 빌딩관리, 안전하고 신뢰성 있는 전기 공급, 그리고 효율적 교통 체계가 확립된 스마트 도시를 조성할 것을 강조한다. 그리고 [그림 11-12]와 같이 스마트 도시가 조성됨으로써 시민, 경제, 기술 사이의 융합을 통해 시민의 삶의 질이 향상되고, 경제에 활력을 불어넣는 혁신 지향적 도시가 건설될 것으로 예상한다(Bouffioux, 2013).

[그림 11-12] 지멘스의 스마트 도시활동

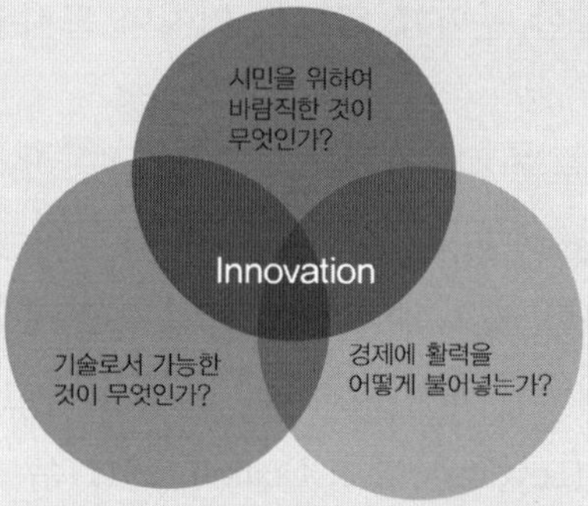

제7절 스마트 개발과 도시 변화

이 절에서는 스마트 개발에 의해 도시에서 어떤 변화가 초래되는가를 고찰하였다. 이 논제를 위해 다음 두 가지 문제를 심층적으로 논의하였다.

첫째, 스마트 기술이 도시에 어떤 변화를 가져오는가?

둘째, 스마트 도시에서 이런 변화를 가져오기 위해서는 어떤 분야에 스마트 기술을 적용하여야 하는가?

우선, 첫 번째 문제를 고찰해 보기로 하자. 2016년 3월 9일은 실로 인류 역사에서 획기적인 날로 기록될 것이다. 당대에 바둑 최고수인 이세돌 9단과 구글이 개발한 알파고(AlphaGo)가 대결한 사건은 컴퓨터와 정보통신기술(과학기술)이 사회에 어떤 영향을 미칠지를 보여준 대표적인 사건이었다.[9] 이제 사회는 정보통신기술이 중심인 사회를 넘어서 인공지능이 주도하는 스마트 사회가 전개되고 있다. 이런 추세에서 도시개발에 스마트 기술의 응용(application)이 사회 어디까지 영향을 미칠지 예측하기 어렵다.

스마트 도시는 이제 더 이상 영화에나 등장하는 공상과학도시가 아니다. 이미 많은 선진도시에서 무선 네트워크, 빅 데이터, 모바일 응용장치, 웹 포털, 소셜 미디어, 센서 감지 및 추적장치 등 다양한 기술과 도구들이 도입 운영되고 있다. 이런 스마트 도시의 등장으로 시민들의 생활의 질 향상, 정부운영의 효율성 증진, 에너지 소비의 감축 등 다양한 분야에 영향을 미치며 도시활동에 큰 반향을 불러오고 있다.

도시개발과 계획의 새로운 이정표로 제시된 스마트 도시는 현실에서 다양한 외관(예를 들면, 창조도시, 스마트 마을, 지능도시, 네트워크 도시, 지속가능한 지식중심 도시 등)으로 나타나며, 도시에 변화와 혁신, 창조력과 상상력, 그리고 새로운 지속가능한 해결책을 제시하는 개발 방식으로 주목을 받고 있다(Kourtit & Nijkamp, 2012). 레이스돌프와 디킨(Leydesdorff & Deakin, 2011)은 스마트 도시의 조성을 통해 창의적 도시와 지능적 도시(intelligent city)를 위한 지식 기반을 보다 확고히 할 수 있다고 주장한다. 그들은 정보통신기술이 자본과 부의 축적을 촉진시킬 뿐만 아니라 도시의 혁신을 위한 지식 기반과 환경을 조성함으로써 도시개발의 새로운 장을 열 것으로 예상한다. 정보 체제를 이용하여 인프라의 최적 이용을 가져오고, 정보전달 네트워크를 통해 실제로 서비스가 필요한 시민에게 맞춤 서비스를 제공함으로써 도시발전을 촉진하는 변화와 혁신을 가져온다는 것이다. 즉, 스마트 도시에서 축적된 자료와 정보의 재활용을 통해 도시의 생산성·혁신을 위한 자료와 정보로 재사용함으로써 지역 경제의 경쟁력 향상을 가져오며, 시민들에게 공공 서비스 향상과 새로운 서비스 개발을 위한 열린 혁신(open innovation)을 추구할 수 있다

9) 대국 결과는 알파고의 4승 1패로 끝났다. 알파고가 초반 3국을 내리 승리했고, 4국은 이세돌이 이겼으며, 마지막 5국은 알파고의 승리로 세기의 대결은 막을 내렸다.

(Abella et al., 2015).

그리고 이러한 스마트 도시에 거주하는 시민들의 사고 방식, 생활방식, 삶의 방식에도 획기적인 변화가 예상된다. 예를 들면, 스마트 시민은 종래의 하향식, 대규모, 도시 인프라 중심 프로젝트보다는 상향식, 저비용, 공동체 중심 프로젝트를 선호하는 행태를 보인다. 그리고 스마트 시민들은 자료와 정보에 대한 통제적 접근보다는 공개된 접근과 사용자 중심 시스템으로 전환을 요구하며, 이러한 자료와 정보의 스마트 이용을 통하여 도시운영의 투명성, 책임성, 참여와 협력 관계가 향상될 것으로 기대된다. 핼펀(Halpern, 2005)은 이런 관점에서 ICT 기술이 주민들 사이에 연계를 활성화하고, 자연적 공동체 관계를 복원하며, 집단(다중지식)지식의 수집과 축적을 촉진시킴으로써 도시의 사회적 자본을 축적할 수 있는 높은 잠재적 가능성을 갖고 있다고 지적한다. 그리고 이러한 ICT 기술은 빈곤층과 부유층을 연결시키고, 상이한 생활 및 사고 방식 사이에 소통을 촉진시킴으로써 민주적 공론화와 포용의 문화를 고양할 것으로 기대한다.

이 절의 논제인 스마트 기술이 도시에 어떤 변화를 가져오는가의 문제는 역설적으로 표현하면, "왜 스마트 도시가 요구되는가?"로 바꾸어 질문할 수 있다. 이 논제에 대한 답변에서 갈랑(Galang, 2013)은 최소한 다음 다섯 범주에서 스마트 도시개발이 유효할 것으로 제시한다.

- 환경적 지속가능성과 효율성 증진
- 지속가능한 주택과 건물관리
- 자원의 효율적 이용
- 효율적이고 지속가능한 교통 체계 확립
- 보다 나은 도시계획-활력 있는 도시조성

상기와 같은 범주에서 스마트 도시계획을 적용할 수 있는 주요 분야로 다음과 같은 항목을 제시하고 있다.

- 스마트 주차: 도시에서 인근에 있는 주차 가능한 공간의 탐지
- 스마트 관리: 도시의 주요 건축물, 교량, 역사적 기념물 등의 흔들림과 건물 상태에 대한 실시간 탐지와 진단
- 도시 소음지도: 실시간에 도시의 소음과 진원지 탐지
- 스마트폰 탐지: 와이파이 혹은 블루투스와 연결을 통한 스마트폰 탐지 및 추적

• 전자기장 탐지: 기지국과 와이파이망에서 발생하는 전자파와 에너지 탐지 및 추적
• 교통 혼잡: 자동차와 도보 이용을 최적화하기 위한 통행량 탐지
• 스마트 가로등: 거리 가로등에 날씨와 통행 감지를 위한 센서 도입
• 스마트 폐기물 관리: 폐기물 수거를 최적화하기 위한 폐기물 컨테이너에 감지장치 도입
• 스마트 도로 관리: 기후조건 및 긴급 상황(교통 사고와 혼잡)에 따라 경고 메시지와 우회 도로를 제시하는 지능도로 체계 도입

이외에 건강, 공해, 지구 온난화, 물류 이동, 엔터테인먼트 등 분야에 스마트 기술이 조만간 적용되어 도시 생활에 영향을 미칠 것으로 예상한다.

다음으로, 도시를 스마트하게 운영하기 위해서는 어떤 분야에 스마트 도시개발이 적용될 수 있는가를 네이로티 외(Neirotti et al., 2014)의 연구를 중심으로 살펴보았다. 도시를 스마트하게 운영하기 위해서는 도시의 유형자산(예를 들면, 교통 인프라, 에너지 연계 네트워크, 자연자원 등)과 무형자산(예를 들면, 인적자원, 지적자원, 사회적 자산, 공공 분야의 조직자원 등)을 최대한 효율적으로 이용하기 위한 접근이 요구된다. 이를 위해서는 첫째, 스마트 목표를 달성하기 위한 방법이 탐구되어야 하며, 둘째, 도시자원의 현명한 이용을 위한 응용 범위가 설정되어야 한다. 이것은 요약하면 정보통신기술을 기반으로 보다 효율적 에너지 이용, 교통과 물류 이동의 효율성 신장, 지속가능한 도시환경의 보존, 그리고 안전한 도시생활 보장 등을 위한 도시의 통합적 계획과 관리를 요구한다.

그런가 하면, 스마트 도시는 시민들에게 도시 자료와 정보를 최대한 제공 및 접근을 보장함으로써 도시활동의 효율성을 높이며, 시민들의 도시 정치행정의 참여 및 영향력을 신장시키기 위한 상향적·쌍방향적 소통을 추구한다. 이것은 스마트한 도시가 되기 위해서는 시민들의 행복 수준이 높아야 하며, 이를 위해서는 도시 문화와 교육, 복지와 사회적 포용, 쾌적한 삶의 질이 보장된 도시를 조성해야 한다는 것을 의미한다. 즉, 스마트 도시가 되기 위해서는 첨단정보통신, 기반시설, 인프라와 네트워크 등 하드웨어만 중요한 것이 아니라, 도시 인적자원, 문화예술, 교육과 복지 등 소프트 요인이 주요 요소로 작용한다는 곳이다. <표 11-3>은 네이로

티 외(Neirotti et al., 2014)가 스마트 도시개발의 주요 대상 범위와 활동내용을 제

표 11-3 스마트 도시개발의 대상 범위와 내용

항 목	대상 범위	주요 활동
하드 부문	에너지 네트워크(회로)	에너지의 효율적 전달과 비용 절감, 에너지 공급 체계의 신뢰성과 투명성 증가를 위한 생산자와 소비자 사이의 원활한 정보 교환을 위한 정보통신기술의 이용
	자연자원, 가로등 및 수계 관리	도시의 자연자원과 가로등 관리 및 도시재생 자원(태양에너지, 열 및 냉각 시스템, 풍력 등)의 최적 이용 및 관리
	폐기물 관리	도시에서 발생하는 폐기물의 효과적 관리(폐기물 수거, 처리, 재활용 및 재생)를 위한 혁신 기술 이용
	환경	지속가능한 도시 목표를 위한 환경자원의 보호와 관련 인프라 관리, 공해 단속에 첨단기술 이용
	교통, 이동성 및 물류 관리	도시 교통 상황과 에너지 소비를 고려한 도시 물류와 운송에 있어서 최적관리기술 이용, 시민과 이용자에게 교통 상황과 효율성에 대한 실시간 다양한 정보 제공, 친환경 연료와 혁신적 동력 체계 개발을 통해 지속가능한 공공 교통 보장
	사무실 및 주거 건축물	최소 자원으로 주거와 사무환경 조성을 위한 지속가능한 건축기술 이용, 에너지와 수자원 이용의 효율성 증진을 위한 현존 구조의 개량과 개조
	건강관리	질병 예방과 진단 및 치료 서비스를 위한 정보통신 및 원격 지원 기술 이용, 모든 시민들에게 효과적 건강관리 체계(시설과 서비스)에 접근성 제공
	공공 안전	시민의 생명과 재산, 존엄성 보호를 위한 공공 조직 확립, 소방 및 경찰 서비스에 대한 실시간 접근과 정보 제공을 위한 정보통신기술 이용
소프트 부문	교육과 문화	체계적 교육 정책 수립 및 실시, 학생과 교원에게 정보통신기술 이용을 위한 보다 많은 기회 제공, 문화행사 활성화와 시민들의 참여 독려를 위한 동기부여, 도시의 엔터테인먼트, 관광 및 접대 서비스(음식, 숙박 서비스 등)의 효율적 관리
	사회적 포용과 복지	사회적 학습과 참여의 장애 요인 제거와 효율적 접근 장치 제공, 삶의 질, 특히 노약자 복지 향상을 위한 시스템 개발, 숙련·전문 인력 유인과 거주를 위한 매력적 사회 정책 실시
	공공 행정과 e-government	디지털 공공 행정 촉진, 시민의 권한 확대를 위한 전자투표 도입과 정보통신기술을 기반으로 한 투명 행정 및 공공 관리 확대
	경제	혁신 활성화, 기업가 정신 도입 및 글로벌 시장과 도시의 통합화 추진

자료: Neirotti et al.(2014: 27), 표 1.

시한 것이다.

<표 11-3>에서 볼 수 있는 바와 같이, 스마트 도시개발의 대상 범위는 정보통신기술의 이용과 관련하여 하드와 소프트 부문으로 구분된다.

하드 부문은 사무실 및 주거 건축물, 에너지 네트워크, 자연자원, 에너지 및 수자원 관리, 폐기물 관리, 환경, 교통 및 물류 등을 포함한다. 스마트 도시를 위한 하드부문은 도시의 지속가능성을 위한 정책개발과 도시계획 과정에 정보통신기술을 얼마나 적절히 응용하는가에 달려 있다. 즉, 하드 부문은 도시의 감각과 관리 시스템을 작동하는 과정에서 센서들을 얼마나 적절히 활용하고, 소프트웨어를 이용하여 도시 빅 데이터를 어떻게 처리하며, 원격통신과 무선기술을 어떻게 적절히 연계 및 활용하는가에 달려 있다.

반면에, 소프트 부문은 교육과 문화, 혁신과 기업가 정신을 촉진하기 위한 정책, 사회적 포용과 시민과 도시정부 사이의 소통(e-government) 등의 범위를 포함한다. 이와 같은 소프트 범주에서는 정보통신기술의 활용이 제한적이며, 반드시 실시간 정보처리와 연계를 요구하지는 않는다. 예를 들면, 교육 혹은 복지부문에서 반드시 첨단 정보통신기술이 도입될 필요는 없다. 그것보다는 올바른 교육 정책과 불평등 해소를 위한 복지 정책이 수립 및 실시되고 있느냐가 중요 요인으로 제시된다. 인적자원과 혁신능력 배양을 위한 도시정부의 역할은 첨단산업의 창업을 위한 인큐베이터 지원, 글로벌 혁신 체제와 연계망 확보 등이 정보통신기술의 응용보다 주요 요인으로 작용한다. 건강관리와 공공 안전 분야는 하드와 소프트 분야의 중간부문으로 스마트 도시가 되기 위해서는 센서와 무선기술을 이용한 원격 진단과 진료장치가 도입되어야 하는 한편, 인간의 존엄성과 사회적 가치창조와 같은 목표와 활동에 높은 우선 순위가 부여되어야 한다.

<표 11-3>에서 제시된 스마트 도시의 주요 대상 범위는 세부 활동에 따라 6개 항목으로 분류될 수 있다. <표 11-4>는 스마트 도시개발의 주요 항목을 실천적 세부 항목으로 분류하여 설명한 것이다. 첫 번째로, 스마트 도시개발을 위해서는 자연자원과 에너지 부문에서는, 스마트 전력망을 확립하고, 가로등 시설에 감지장치를 설치하여 에너지 절약과 조명도를 조절하여야 하며, 태양열, 풍력 등을 이용한 자연 에너지를 활용하여야 하고, 폐기물 관리의 효율성을 통하여 인체와 자연에 부정적 영향을 최소화하는 관리 체계가 도입되어야 하며, 수자원 순화 체계를

이용한 물 관리가 요구되고, 식량생산을 위해 농업부문에도 첨단기술이 도입 및 이용될 것을 요구한다.

두 번째로, 스마트 도시의 교통과 이동성 부문에서는, 물류 이동의 효율성을 위

표 11-4 스마트 도시 조성을 위한 주요 부문과 세부 범위의 활동 내용

주요 부문	세부 범위	활동 내용
자연자원과 에너지	스마트 전력망	지속가능하고, 경제적이며, 안전하고, 효율적으로 전력을 전송하기 위하여 모든 사용자의 활동을 실시간 감지하는 전력 공급망. 스마트 회로는 시스템 오류 시 자기 제어와 복구장치를 갖추어야 한다.
	가로등	공해 통제와 와이파이 연계망을 통해 각기 상이한 상황에서 거리 전등장치로 공공의 공간에 조명을 제공. 기상조건에 관한 실시간 정보를 분석하여 조명도를 조절하고, 전등 위치와 실시간 직접 연계된 중앙관리장치에 의해 자동 통제되어 관리와 유지 비용을 절감
	녹색·재활용 에너지	태양열, 수력 및 풍력 등 재활용 혹은 비가소성 자연자원의 최대한 활용
	폐기물 관리	부적절한 폐기물 관리에 따른 인간과 환경에 부정적 영향을 방지하기 위한 폐기물 수집, 재활용 및 폐기 시스템 도입
	수자원 관리	수자원 순환 체계와 이용 목적(농업용수, 생활용수, 산업용수 등) 분석을 통한 수자원 질과 양의 효율적 보존과 관리
	식량과 농업	농작물 재배와 생장조건 조절을 위한 무선 감지 네트워크 설치, 습도·온도·조명장치 통합에 의한 수분 조절, 토양보호 및 농작물 질병 예방 시스템 도입
교통과 이동성	도시 물류 관리	도시 산업적 요구와 교통 여건, 지리 및 환경적 상황의 효과적 통합을 통한 도시 물류 흐름의 개선
	이동성 정보	양질의 교통 서비스와 교통의 효율성을 제공하기 위하여 이동 전 및 보다 중요하게 현재의 이동 상태에서 필요한 역동적이며 다중적인 교통 정보 제공
	시민의 이동성	첨단기술을 이용하여 환경 친화적 연료 및 동력장치를 갖추고, 환경보호를 적극적으로 추진하는 도시민들의 이동성을 위한 혁신적 및 지속가능한 교통 체제 제공
건축물	시설물 관리	도시에서 시설물 관리와 연관된 활동들 — 건물 청소, 유지관리, 재산권 보호, 임대, 운영 방식 등 — 의 효율성 향상
	빌딩 서비스	빌딩관리와 관련된 다양한 시스템 — 전력망, 엘리베이터, 소방설비, 원격통신, 자료 처리, 상·하수도 체제 등 — 의 효율적 관리 및 통제를 위한 컴퓨터 기반 시스템 및 제어장치 도입
	주택관리	시민들의 삶의 만족도와 관련된 주택관리 — 안락함, 조명과 난방 체제, 환풍과 에어컨 등 — 를 위한 첨단 및 ICT 이용

도시생활	엔터테인먼트	외부 관광객 유인을 활성화하고 도시민들의 여가 시간 및 야간 활동을 위한 엔터테인먼트 행사와 계획에 관한 정보 제공
	친절성	외국 관광객, 유학생, 비즈니스맨, 일시거주자 등을 유인 및 수용하기 위한 적절한 매력 요인 및 원스톱 서비스 시스템 개발
	공해 통제	다양한 처리기술과 감지장치를 이용한 공해와 폐수 방출 통제. 대기, 수질, 그리고 전반적 환경의 질 향상을 촉진하는 도시 체제 확립
	공공 안전	지역 공공기관, 경찰, 그리고 시민 자신들의 적극적 관여를 통한 시민 생명과 재산을 보호. 범죄 예방을 위한 정보수집 및 모니터링
	건강관리	ICT를 이용한 질병 예방, 진단 및 치료. 건강관리 체제 확립을 통한 효율적 시설 이용과 서비스 보장
	복지와 사회적 포용	도시의 노약자, 장애인과 같은 사회적 약자 집단의 배려를 위한 특별 사회적 학습과 참여 촉진을 통한 도시 삶의 질 향상
	문화	도시 문화활동에 관한 정보 확산의 촉진 및 문화활동에 참여하는 시민들에게 동기부여 제공
	공공의 공간관리	도시의 매력도를 향상시키기 위한 공공의 공간의 보존, 유지 및 적극적 관리. 도시 방문객에게 주요 관광지 및 매력적 장소와 활동에 관한 정보제공 장치의 마련
정부부문	전자정부	시민들에게 보다 신속하고 최적화된 서비스 제공을 위하여 ICT 기술을 이용한 서류작업과 과정의 관리를 통한 공공 행정의 디지털화
	전자민주주의	투표활동을 지원하기 위한 혁신적 ICT 시스템의 이용
	조달활동	질적 감소 없이 최고의 가치를 보장하기 위한 목적으로 공공부문에서 조달 및 계약관리의 향상
	투명성	모든 시민들에게 간편한 방식으로 공식 자료의 접근을 허용하고 도시 의사결정 과정에 참여를 허용. 도시 공권력이 시민 개개인의 이익을 침해하는 권력 남용 가능성과 관련 정보의 은폐 가능성을 감소
경제와 시민	혁신과 기업가 정신	도시 생태 체제에서 혁신 시스템과 기업가 정신의 촉진을 위한 대책 마련(예: 지역 창업보육센터 운영 등)
	문화유산 관리	도시문화 유산을 보다 즐겁게 이용 및 소비자에게 새로운 경험을 제공하기 위한 ICT 시스템 이용(예: 강화된 리얼리티 기술). 도시의 역사적 건축물을 보다 효율적으로 관리하기 위한 자산관리(asset management) 정보 시스템의 이용
	디지털 교육	공립학교에서 첨단 ICT 기술의 폭넓은 이용(예: 쌍방향 칠판, e-learning 시스템 등).
	인적자본 관리	인적자본 축적을 위한 투자와 새로운 인재 유인 및 확보, 그리고 지역인재(고급두뇌) 유출을 방지하기 위한 정책수립

출처: Neirotti et al.(2014: 28), 표 2.

하여 도시 지리적 조건과 산업적 요구 사이의 연계와 통합이 요구되고, 교통에 대한 실시간 상황과 정보가 효율적으로 전달되기 위한 네트워크가 확립되어야 하며, 친환경적 연료와 동력을 이용한 공공 교통 체계가 도입되어야 한다.

세 번째로, 도시 건축물 부문에서는, 시설물 관리와 빌딩 관리 서비스를 위하여 첨단 ICT 기술이 이용될 것이 요구되며, 시민들의 주거 편리성과 삶의 만족도 향상을 위한 사물 인터넷과 첨단 감지와 제어기술의 응용이 요구된다.

네 번째로, 도시생활 부문에서는, 도시의 다양성과 역동성 촉진을 위해 도시정보가 원활히 제공되어야 하며, 특히 외부 방문객과 관광객들이 도시에 편안하게 머물기 위한 안전장치와 정보들이 제공되고, 공해와 범죄 등 부정적 활동을 최소화하기 위한 ICT 시스템이 개발 및 이용될 것이 요구되며, 사회적 약자집단들의 복지와 권익보장을 위한 건강과 정보 시스템이 확립되어야 한다. 그리고 도시의 매력도를 높이기 위한 문화활동과 문화 유산 보호를 위하여 첨단 ICT 기술과 정보 체계가 효율적으로 이용될 것이 요구된다.

다섯 번째로, 도시행정 부문에서는, 서류작업을 최소화한 전자정부 시스템이 도입되고, 주민들의 의사를 손쉽게 표현하기 위한 전자투표 시스템이 도입되어야 하며, 시민들에게 정보를 개방하고 공권력 남용을 방지하기 위한 장치가 마련되어야 한다.

마지막으로, 도시경제와 시민 부문에서는, 혁신과 기업가 정신이 배양되어 도시성장을 위한 새로운 성장 동력이 추진되어야 하며, 인적자본 축적을 위한 투자와 외부로부터 새로운 인재 유인과 지역 인재의 유출을 방지하기 위한 정책 투자가 이루어져야 한다. 그리고 스마트 도시가 되기 위해서는 경제, 문화, 환경, 기술, 구조부문에서 첨단 및 ICT 기술을 이용한 통합적 관리가 이루어져 시민들의 삶의 질 향상을 가져오고, 시민들의 의사결정 참여를 활성화하여 공권력 남용과 정보의 독점 및 은폐를 방지하기 위한 제도적 장치가 마련되어야 한다.

요약하면, 스마트 도시개발은 시민과 정보통신기술, 도시 인프라와 자원의 단순한 통합 이상의 폭넓은 개념과 활동을 수반한다. 즉, 스마트 도시 접근은 도시개발과 행정에 있어서 획기적 변화를 추구하는 일종의 혁명적 성격을 갖는다. 스마트 도시 개념은 정보통신과 지리정보기술의 이용에 의해 촉발된 도시활동의 단순한 연계와 상호작용을 넘어서 도시를 운영하는 주체들인 정부, 경제계, 학계, 시민단체, 그리고 시민들에 의해 공유된 비전을 형성하고, 자원관리와 이용의 효율성을 추구하며, 시민과 소통하는 도시행정과 개발을 목표로 한다. 이와 같이 도시에서 권력을 공유하는 새로운 접근에 의해 도시개발과 운영 방식에서 큰 변혁을 가져온다. 스마트 도시에서 핵심은 IT 기술과 능력이 아니라 이것을 도시의 사회, 경제, 문화, 환경 등에 통합하여 적용하는 것이다. 즉, 진정한 스마트 도시는 IT 기술을 이용하여 도시 자원의 효율적 이용을 도모하며, 시민들의 삶의 질을 향상시키며, 창의력과 상상력을 배양하고, 권력의 분권화를 가져오며, 불평등을 타파하여 시민들이 희망하는 살기 좋은 도시를 만들기 위한 민주적 공론의 장을 형성하는 도시로 요약할 수 있다(Allwinkle & Cruickshank, 2011).

제 8 절 스마트 도시개발의 문제점

스마트 도시개발이 도시활동과 ICT 기술의 연계를 통하여 도시자원의 효율적 이용, 새로운 도시 비즈니스의 창출, 시민과 도시정부의 쌍방향 소통, 삶의 질 향상과 도시경쟁력 증진 등을 가져올 수 있지만, 스마트 도시개발이 모든 도시문제를 해결하는 만병통치약은 아니다. 앞의 이세돌과 알파고 대국에서 보았듯이, 스마트 기술(인공지능과 deep learning 등)의 발달과 실생활에 응용은 인간 사회에 어떤 영향을 미칠지 예측하기 어렵다. 한편으로 인간 생활의 편리성을 증진시킬 수도 있고, 반면에 인간성 상실의 사회를 초래할 수도 있다. 마찬가지로, 스마트 도시개발도 도시활동에 긍정적으로 작용하는 면도 있지만, 반면에 새로운 문제점을 유발하는 요인으로 작용할 수 있다.

사실 인류가 개발한 과학기술이 인간 생활에 항상 올바르게 이용되는 것은 아니며, 많은 부정적 이용과 결과를 가져온 것을 역사를 통해 확인할 수 있다. 예를 들면, 핵기술이 의료 분야에서 방사선 치료, 전기를 생산하는 원자력 발전, 우주탐사에서 핵기술 이용 등 많은 분야에서 건설적으로 이용되고 있지만, 반면에 핵폐기물 발생 및 핵무기 제조 등으로 인하여 인간 사회를 위협하는 최악의 기술로서 평가되기도 한다. 또 다른 예로, 철골과 엘리베이터 기술의 발달에 의해 초고층 빌딩과 고밀도 도시가 건설되었지만, 화재 · 지진 등이 발생하면 대규모 재난을 초래할 수 있다. 즉, 과학기술은 어떻게 이용되는가에 따라 인류 사회에 긍정적으로 영향을 미치기도 하지만, 울리히 벡(Ulrich Beck)이 지적한대로 위험사회를 초래하는 주요 요인으로 작용하기도 한다. 이런 관점에서 스마트 도시개발도 도시활동에 많은 긍정적 효과를 가져 오지만, 또한 다양한 부정적 문제를 발생시킬 수도 있다. 이 절에서는 스마트 도시개발이 초래하는 다양한 문제점에 대해 논의한다.

스마트 도시개발이 초래하는 주요 문제점은 다음과 같이 크게 여섯 가지로 정리할 수 있다.

첫째, 사생활 보호와 안전문제
둘째, 대면적 접촉 부족과 사회적 자본의 감축
셋째, 공급자 중심의 하향식 정책
넷째, 사회 양극화 심화
다섯째, 투자비용 과다와 유사 스마트 도시문제
여섯째, 제본스 역설

사생활 보호와 안전문제

스마트 도시조성에서 제기되는 문제점 중에 하나가 바로 개인 사생활 보호와 안전(보안)문제이다. 즉, 정보 네트워크에 통합된 인프라와 전력, 가스 등의 생산・전달・분배를 관리하는 시스템은 사이버 공격과 정보 보안의 위협 요인으로 작용할 수 있다. 예를 들면, 통제시스템 접수를 위한 공격 혹은 오류 정보 제공에 따른 혼선, 디도스(DDos) 공격에 의한 서비스 중단 등은 도시 생명선을 마비시키는 심각한 상황을 연출할 수 있다. 여기에 더하여 전력 소비와 같은 개인정보의 유출은 단순한 사생활 보호 문제를 넘어서 가정 생활에 심각한 위협으로 작용할 수 있다(Seto, 2015). 예를 들면, 전력선에 접속하여 일상의 에너지 소비에 대한 자료에 접근하면 집안에 사람이 있는지에 대한 정보가 실시간에 노출될 수 있다. 즉, 스마트 회로(smart grids)의 접근은 개인 정보의 유출, 개인 행위의 추적, 실시간 감시 등의 문제를 제기한다. 그래서 악의적 의도를 가진 사람에게 개인 행위와 상황에 관한 정보가 스마트 회로를 통해 전달될 수 있다.

빅 데이터 분석을 통해 개인 정보가 유출 및 이용되는 사례가 이미 발생하고 있다. 미국 미니애폴리스에서는 가족이 몰랐던 미성년 자녀의 임신 소식을 대형마트에서 먼저 알고 할인쿠폰을 보내준 사건이 신문에 소개되었다.10) 이외에도, 가정에 설치된 CCTV가 불법 접속되는 경우 개인의 사생활이 노출될 위험이 있고, 은행계좌가 해킹되면 개인 재산에 심각한 위험이 발생할 수 있다. 이를 방지하기 위하여 개인이 자신에 관한 정보·자료에 접근하여 잘못된 내용을 수정할 수 있는 권리, 빅 데이터에 개인 관련 자료를 사생활 보호를 위한 원천 통제 및 개인에게 통보하는 체제를 마련하여야 한다. 그리고 수집된 자료가 정확하게 언제, 어디에, 어떤 목적으로 사용되었는가를 개인에게 통보하는 법적·제도적 장치가 마련되어야 한다.

대면적 접촉 부족과 사회적 자본의 감축

스마트 도시가 안고 있는 또 다른 문제로서 사회적 자본 구축의 어려움을 들 수 있다. 스마트 도시는 대면적 접촉의 감소를 초래하여 사회자본(social capital) 형성에 부정적으로 작용 할 수 있다는 것이다(Calzada & Cobo, 2015). 스마트 도시에서 인터넷은 아날로그 시대에 대면적 관계를 연장하는 기능을 수행한다. 이것은 스마트 도시에서 인터넷은 아날로그 시대의 공간 개념을 확대하여 지구촌 압축 현상을 가져온 것으로 해석된다. 이런 결과 대면적 접촉보다는 매 15분마다 스마트폰을 들여다보지 않으면 불안한 정보중독사회, 정보의 과잉에 의한 정보 과부하와 정보피로증후군이 발생하는 사회를 초래한다는 비판이 제기된다.

혹자는 스마트 기기를 통하여 사용자들 사이의 상호작용이 증가하고 외연이 확대되어 사회적 자본의 축적에 긍정적으로 작용할 것으로 주장하기도 한다. 그러나 사회적 자본은 대면적 관계를 통한 믿음과 신뢰, 그리고 감성을 바탕으로 형성되기 때문에 온라인이 아닌 오프라인에서 주로 형성되며, 그리고 사회적 자본의 구축은 구성원들 사이에 물리적 접촉을 가능하게 하기 위한 공간을 필수적으로 요구하기

10) <뉴욕 타임스>가 보도한 사례로서, 미국 대형마트 '타깃'의 미니애폴리스 점포에서 실제로 일어났던 일이다. 대형마트는 빅 데이터 분석을 통해 고객이 가족에게도 알리지 않은 비밀을 찾아내 앞으로 무엇이 필요할지 정확하게 예측해냈다. 타깃의 빅 데이터 전문가들은 고객의 25가지 구매 행태를 분석하면 여성의 임신과 출산을 상당히 정확하게 예측할 수 있다는 사실을 확인했다. 예를 들면, 향이 나는 로션을 사던 여성이 무향의 로션으로 바꾸거나, 평소 사지 않던 미네랄 영양제를 갑자기 사들이는 경우다. 타깃은 고객 데이터베이스에 이를 적용했고, 전국적으로 수만 명의 임신 추정 여성들을 가려내 관련 할인쿠폰을 보내 고객의 구매 행동을 이끌어냈다는 것이다(한겨레, 2016.2.11 기사).

때문에 고맥락(hyper context) 사회에서 대면적 접촉을 위한 공간이 중요한 요인으로 작용한다. 이런 맥락에서 인간과 인간 사이의 대면적 관계보다 기계와의 접속 및 관계에 더 많이 의존 및 노출된 사회가 과연 바람직한 사회인가에 대한 비판이 제기된다. 즉, 스마트 도시는 인본주의 사회가 아닌 기술 결정론적 사회를 초래하는 것은 아닌가(예: 매트릭스 사회)?

공급자 중심의 하향식 정책

대부분의 경우에 스마트 도시 패러다임은 주로 대규모 기술 공급자 중심으로 추진되어 왔으며, 도시에서 나머지 집단들은 스마트 시민, 스마트 소비자, 스마트 회사원, 스마트 이용자 등 수동적·소극적 집단으로 인식되고 있다. 사실 주요 스마트 도시들—송도(한국), Masdar(아랍에미리트), PlanIT(포르투갈) 등—의 사례를 보면, 이들은 주로 정부와 대형 IT 업체들—Microsoft, IBM, Cisco 등—사이의 밀실 계획에 의해 추진되었고, 도시의 지속가능한 개발과 사회적 영향에 대한 논의는 거의 등한시되었다(Ratti, 2014). 이것은 스마트 도시 접근이 전형적으로 하향식 특성을 보이며 주민 중심의 상향식 접근이 차단되고 있다는 것을 보여준다.

도시는 다양한 사회정치적 이해 관계가 충돌하고 협상하는 끊임없는 갈등의 공간이다(Harvey, 2000). 그런데 스마트 도시 패러다임은 사회적 정의와 지속가능성에 대한 논의를 은폐함으로써 도시에서 갈등과 충돌을 어떻게 해소할 것인가는 등한시하고, 친기업적이며 신자유주의적 성향을 강조하는 편향성을 보인다. 이런 시각에서 볼 때, 스마트 도시는 민주적이고 참여적인 과정을 촉진시킨다고 보기 어려우며, 디지털로 연결된 도시가 결코 스마트한 도시를 조성하는 것은 아니라는 것을 보여준다. 진정으로 스마트 도시가 되기 위해서는 시민이 연계되어야 하는데, 현실에서는 시민의 연계가 아닌 단순한 디지털 연계, 정보의 연계만이 강조된 사회가 형성되고 있다. 이런 관점에서 스마트 도시는 전형적인 하향식, 공급자 중심의 계획이라는 비판을 피할 수 없다(Hemment & Townsend, 2013).

사회 양극화 심화

스마트 도시의 또 다른 문제점으로 제시되는 것이 바로 도시 불평등의 심화와 사회 양극화 문제이다. 스마트 도시건설을 통하여 모든 도시민들의 생활수준이 향상되는 것이 아니라 정보기술의 해득자에게 혜택이 집중되는 이중도시(dual city)

가 초래될 수 있다는 것이다. 도시에서 전통적 조직구조 없이 시민들에게 단지 디지털 장치만을 이용하여 서로 협력하고 공동체 관계를 형성 및 유지하라고 하면 무슨 일이 발생할 수 있을지 궁금하다. 과연 이런 도시에서 진정한 의미의 거버넌스가 형성될 수 있을까? 아마 이런 도시에서는 경제적·정보적으로는 양극화되고, 사회적, 문화적, 공간적으로는 격리된 도시가 형성될 가능성이 높을 것으로 예상된다(Shirky, 2009). 즉, 자료, 정보, 지식을 독점 및 생산하는 집단은 경제적으로 우위에 있는 반면, 디지털 매체에 접근이 제한된 집단은 격리된 도시가 형성된다는 것이다. 이것은 윌리엄스(Williams, 1983: 128)가 지적한 바와 같이, 기술은 결코 중립적이 않으며, 사회·정치적 목적으로 이용되어질 가능성과 잠재력을 내포하기 때문이다.

투자비용 과다와 유사 스마트 도시문제

스마트 도시의 또 다른 문제점으로 대규모 투자비용에 비해 효과가 미비할 수 있다는 것이다. 스마트 도시를 조성하기 위해서는 정보통신 인프라 건설, 스마트 서비스 플랫폼 구축, 시민들 위한 교육 및 스마트 기기 일반화 등 장기적 계획과 대규모 투자가 요구된다. 그런데 잘못 투자되면 도시 및 정보 인프라에 엄청난 투자를 했지만, 효과는 미미한 사업으로 끝날 수 있다. 예를 들면, 이명박 정부의 4대강 사업과 같이 장밋빛 계획을 수립하여 추진하였지만, 결과는 환경 파괴라는 부정적 효과를 가져왔다. 마찬가지로, 스마트 도시개발도 투자에 많은 비용이 드는 반면, 시민들이 이용하지 않으면 무용지물이 될 수 있다. 따라서 시민들이 스마트 도시에 대한 관심을 갖고 도시 인프라를 일상적으로 이용할 수 있도록 동기화—도시카드 사용과 세금 감면 등—가 요구된다(Belanche et al., 2016).

또 다른 비판으로는 스마트 도시의 정체성 모호 혹은 부재에서 초래되는 문제로, 많은 도시들이 명목상으로는(이름에서는) 스마트 도시를 건설한다고 하지만 내용을 보면 일반 신도시, (첨단)산업도시를 선전하기 위하여 '스마트 도시'를 표방하는 것을 볼 수 있다. '스마트'라는 이름을 붙이면 뭔가 신선하고 첨단을 걷는 뉘앙스를 주는 것으로 느끼기 때문에 스마트 도시가 도처에서 추진되고 있다. 즉, 도시 이름에 허울뿐인 '스마트' 용어가 붙여져 난무하고 있는 실정이다. 대전 스마트 시티가 그렇고, 판교·화성 동탄·파주 운정·용인 흥덕, 제주, 남양주, 심지어는 세종특별자치시까지 스마트 도시개발이 난무하고 있다. 일례로, 인천에서 추진되었다가 무산된 '검단 스마트 시티'를 보면, "검단 신도시 총 470만㎡에 정보통신기술(ICT), 미디어 콘텐츠, 에듀케이션 분야의 글로벌 기업과 교육기관을 유치해 업무 및 주거, 오락과 교육 기능 등을 복합한 미래형 자족도시 건설을 목표로 하였다."[11] 상기 내용을 보면, 스마트 도시를 글로벌 기업과 교육기관 중심의 미래형 자족도시로 이해하고 있다. 정말 어처구니가 없는 일이다.

제본스 역설

지난 40년 동안 정보통신기술의 발전은 우리 사회 곳곳에 지대한 영향을 미쳤다. 그런데 이러한 기술발전이 정말 에너지 이용의 감축, 폐기물의 감소, 지속가능한 도시 조성에 긍정적으로 영향을 미쳤는가에 대한 평가는 쉽게 내릴 수가 없다. 그 이유는 이와 같은 기술발전이 단지 특정 기술 분야에만 영향을 미치는 것이 아니라 사회의 다양한 분야에 연계되어 통합적 영향을 미쳤기 때문에 평가가 어렵다는 것이다(Kramers et al., 2014). 따라서 스마트 기술을 통한 해결책들이 에너지 소비를 감소시키는 것이 아니라 오히려 증가를 가져올 수도 있다는 비판이 제기된다. 즉, '제본스 역설(Jevons' paradox)'로 알려진 바와 같이,[12] 에너지 감축 기술의 발전이 에너지 소비를 더욱 부추기는 결과를 가져올 수도 있다는 것이다. 그리고 이

---

11) '인천판 두바이'를 꿈꾸던 검단 스마트시티 사업이 무산되었다.…… 인천시와 두바이는 서구 검단 새빛도시 470만㎡에 업무·주거·오락·교육 기능을 복합한 스마트시티 건설에 뜻을 모았다. 인천시 입장에서는 대규모 해외자본을 유치할 수 있고, 두바이는 자국 정부의 도시개발 성공모델을 동북아시아의 경제강국 한국에까지 수출할 수 있다는 점에서 양측의 이해 관계가 맞아떨어졌다. 2015년 3월 투자의향서(LOI), 6월 양해각서(MOU), 2016년 1월 합의각서(MOA)가 체결되면서 사업은 순조롭게 진행되는 듯했다. 그러나 각자의 투자 리스크를 최대한 줄이려는 양측의 전략이 정면으로 충돌하면서 협상은 결렬되었다.…… 일각에서는 인천시가 중동 자본에 대한 냉철한 분석 없이 장밋빛 기대감으로 접근하다가 협상 실패를 자초했다는 지적도 나온다. 인천시가 대규모 건설 프로젝트를 추진하다가 포기한 사례는 이번 말고도 수없이 많다. 앞서 2013년에는 '단군 이래 최대 개발사업'으로 불린 '에잇(8city)시티' 사업이 무산되었다. 총사업비가 무려 317조 원에 달한 에잇시티 사업은 중구 용유·무의도를 문화·관광·복합 레저도시로 조성하겠다는 목표로 추진되었지만 자본금 유치 실패로 6년 만에 정리되었다. 2조 500억 원을 들여 송도국제도시에 151층 인천타워를 짓겠다는 계획도, 3조 7,000억 원을 들여 영종하늘도시에 이탈리아 밀라노를 본뜬 복합 단지를 만들겠다는 '밀라노디자인시티' 사업도 추진 과정에서 모두 좌초되었다(경향신문, 2016.11.18 기사).

12) 시장경제 체제에서 자원 이용이 훨씬 효율적이 될수록 가격은 하락하게 되고, 수요와 소비의 증가를 초래하여 결국에는 효율성을 초과할 정도로 자원 이용이 증가한다는 것이다.

러한 직접적 영향 이외에 사실 더 큰 문제는 스마트 기술이 사회 전체에 미치는 효과에 대한 총체적 계산이 어렵다는 것이다. 예를 들면, 자동차 연료 연비의 증가는 자동차 수요의 증가를 가져오고, 이것은 결국 자동차 주행 증가, 도로 확장, 주차 공간 확대, 원격 교통 증가, 탄소 배출량 증가 등의 결과를 초래한다는 것이다.

스마트 도시가 갖는 이러한 비판과 맹점은 사실 스마트 도시 개념과 생태적 지속가능성 사이에는 연결고리가 매우 약하다는 데 있다. 현실에서 스마트 도시는 주로 투자와 비즈니스를 유인하고, 거주자와 관광객들을 끌어들이기 위한 마케팅 수단으로 이용되고 있다. 이런 관점에서 스마트 도시는 도시 이미지와 매력도를 높이기 위한 사업이지 환경적 관심과 지속가능성을 위한 정책이라고 말하기 어렵다는 비판이 제기된다.

이외에도 스마트 도시가 조지 오웰(George Orwell)이 쓴 책 『1984년』을 현실화한 '빅 브라더'가 지배하는 사회를 만들 수 있다는 비판이 제기되기도 하고, 스마트 시스템의 오류는 도시 기능의 마비를 가져와서 대규모 도시 재난이 발생할 가능성이 있다는 경고를 하기도 한다. 앞에서 언급한 바와 같이, 과학기술은 잘 이용하면 약이 되지만, 잘못 이용하면 독으로 작용할 수 있다.

최근 글로벌 경기 침체로 인하여 현재 추진 중인 많은 스마트 도시 사업들이 정체 상태에 있으며, 정치적 합의 부재, 부족한 재원, 그리고 취약한 기관조직 등이 주요 장애 요인으로 작용하고 있다. 여기에 더하여 운영면에서 보면, 상반된 정보와 지식, 부정부패, 비용 급상승, 서툰 전망 등이 또 다른 주요 문제로 제기된다. 여기에 더하여 스마트 도시를 위한 대형 사업들이 슬그머니 조성 목적에서 벗어나 개발이익 추구에 몰두하고, 공동체 양극화를 심화시키며, 급속한 감가상각을 가져오는 것으로 인식되어 시민들의 관심을 잃게 되고 침체에 빠지기도 한다. 이런 사례로 송도(한국 인천), 마스다르(Masdar, UAE), 스콜코프(Skolkovo, Russia), 그리고 동탄(Dongtan, China)과 같은 대형 스마트 도시개발 사업들이 현재 높은 기회비용에 시달리며, 표방한 목표를 달성하기 어려운 국면에 있고, 결국은 스마트 지속가능성 욕구를 낮춰야 하는 상황에 직면해 있다(Huston et al., 2015). 이런 현실에 직면하여 구엘과 레돈도(Güell & Redondo, 2012)는 스마트 도시개발을 위해서는 지리적 통찰력, 소통적 공론화, 지역사회의 연대와 협력, 섬세한 계획과 스마트한 재정 지원을 포함하는 보다 침착한(prudent) 접근이 요구된다고 밝히고 있다.

제 9 절 정책 시사점

앞에서 살펴본 바와 같이, 스마트 도시개발은 모든 도시문제를 해결해주는 만병통치약이 아니다. 그리고 아무리 우수한 정책이라도 정부가 독점적으로 수립하는 것이 아니라 지역사회와 시민들과 소통 및 의견 수렴을 거쳐 추진하여야 한다. 지역사회와 시민이 관심을 갖고 도시의 삶을 질 향상을 도모하며, 도시성장에 기여하는 스마트 도시를 조성하기 위해서는 다음과 같은 정책 시사점들이 고려되어야 한다.

첫째, 스마트 도시 조성의 핵심은 시민으로, 무엇보다 우선적으로 시민에 중점을 두고 시민을 위한 스마트 도시를 조성해야 한다(Putting People First). 이 말은 스마트 도시가 ICT 기술을 믿고, ICT 기술에 의해 자동적으로 도시 발전을 가져온다는 맹목적 시각에 의존해서는 안 된다는 것이다. 인천 송도가 스마트 도시로 개발되고 있다는 것은 이미 외국에서도 인정하고 있다. 예를 들면, 영국의 대표적 기술 잡지인 *Engineering & Technology* 2014년 10월호 'The rise and rise of the smart city' 기사 내용에 스마트 도시는 최근에 개발된 개념이 아니며, 이미 한국 송도, 아랍에미리트 마스다르(Masdar) 등지에서 시도되고 실패를 경험하였으며, 보다 더 새롭고 스마트하며 지속가능한 삶을 위한 방향으로 변화가 진행되고 있다고 밝히고 있다(Saint, 2014). 상기 도시에서 스마트 접근을 통해 몇몇 분야에서 효율성 증진을 가져왔지만, 사람들이 실제로 거주하고 일하기 좋은 환경을 조성하는 데는 실패하였다고 비판한다. 이러한 비판의 주요 원인에는 스마트 도시를 조성하는 과정에서 공학과 기술에 너무 의존한 나머지 사회 역동성에 대한 관심과 투자는 등한시하였다는 것이다. 즉, 기술적 솔루션에 너무 치중한 나머지 시민들의 삶에 대한 분석이 부족하였다는 비판이다.

사실 도시를 정말 스마트하게 만들기 위해서는 사람들이 원하고 필요로 하는 것을 조달하기 위해 기술이 이용되어야 하고, 궁극적으로 도시에서 삶의 질을 향상시키는 데 중요한 가치가 부여되어야 한다. 이런 논리에서 스마트 도시는 기술 중심이 아닌 바로 시민 중심의 도시로 조성되어야 한다. 이를 위해서는 첫 번째 단계가 바로 주민들을 의사결정 과정에 적극적으로 참여하도록 유도하여 아이디어와 법안을 제안토록 하는 것이다. 다음으로는 협력적 체제를 구축하여 정책을 구상하고 논의 및 결정을 하여 집행되도록 함께 노력하는 것이다. 이런 관점에서 영국의 스마트 도시 전문 기자이며 칼럼니스트인 아만다 세인트(Amanda Saint, 2014)는 말하기를 “도시의 스마트한 미래는 기술이 보다 낳은 자원관리와 공공 서비스에 접근성 향상을 가져오는 것만 아니라 우리의 삶을 보다 협력적으로 만드는 데 있다. 즉, 스마트 도시는 도시생활에 관한 의사결정과 공공 서비스 및 공공 사업에 대한 주민들의 참여와 공유를 넘어서 에너지, 자동차, 자료 등과 같은 자원, 물품, 정보 등의 공유를 가져와야 한다.”고 주장한다. 이러한 협력적 소비의 정착은 결국 자원에 대한 소유의 가치 개념을 접근성의 개념으로 변화를 가져올 것으로 기대되며, 스마트 도시에서 이런 현상은 이미 클라우드(cloud) 개발, 리눅스 체제, 위키피디아, 그리고 다양한 앱 시스템을 통해 실현되고 있다.

둘째, 스마트 도시를 조성하는 과정에서 사회적 약자집단, 소외집단, 소수집단 등을 포용 및 배려할 것이 요구된다. 사실 도시는 정보통신기술의 도입, 글로벌화, 젠트리피케이션(gentrification) 등에 의해 불평등이 더욱 심화되는 현상을 보인다. 그리고 스마트 도시가 조성되면 고소득층, 이동성이 높은 집단, 창조적 기업가 및 ICT 기술과 연결된 고급호텔, 레스토랑, 바, 글로벌 기업 등은 자료·정보의 치밀한 분석과 이용을 통해 많은 혜택을 누리는 유리한 위치에 놓이게 되는 반면, 저소득층, 정보취약 산업과 집단은 상대적으로 소외되는 면을 보인다.

도시 공공 서비스의 디지털화는 디지털 자원의 접근성에 제한을 받는 사회집단을 소외 혹은 배제시킬 수 있기 때문에 도시의 사회적 결집을 파편화할 수 있다. 리우데자네이루가 이러한 문제에 대한 심사숙고를 결여하여 비난을 받은 대표적인 스마트 도시이다; ‘Smarter Favela’는 스마트 도시 추진 과정에서 심각한 사회적 불균형을 처리 못한 무능력으로 인하여 오히려 기존의 사회적 격차를 더욱 확대시키며 공간적 분극화를 심화시켰다는 비판을 받고 있다.[13] 이런 의미에서 진정한 스

13) Smater Favela(스마트한 빈민가)는 리우데자네이루에 2011년 스마트 도시를 추진하기 위하여 IBM과 계약을 통해 도시통제센터를 세우는 것을 비꼬기 위해 신문에서 머리기사로 제시된 용어이다.

마트 도시를 건설하기 위해서는 기술 이용에 따른 불평등, 소외, 배제 등의 문제를 해결할 방안을 적극적으로 모색하고, 사회적 약자집단, 소외집단, 소수집단 등에 스마트 도시 이용을 위한 지원과 정보화 교육을 실시할 것이 요구된다.

셋째, 스마트 도시개발을 위해서는 우선 도시 자치권이 확립되고 도시 거버넌스 체제가 구축될 것이 요구된다. 스마트 도시를 추진하기 위해서는 우선 지역에 정책수립을 위한 자율성, 자치권이 부여되어야 한다. 그래야 지역 실정에 맞는 스마트 도시를 추진할 수 있다. 이것은 스마트 도시를 추진하는 과정에 각 도시마다 처해 있는 상황과 조건, 자원이 상이하기 때문이다. 일반적으로 지방자치에서 하위에 있는 도시정부는 제한적인 자율성을 가지며, 자원 또한 열악한 상태에 있기 때문에 공공 재정의 한계와 압박 상태를 경험한다. 이런 도시에서 스마트 도시 전략을 추진하기 위해서는 선택과 집중 전략을 수용하여 상대적으로 급박한 개선을 요구하는 몇몇 범위 혹은 분야에서 시험적 혹은 단계적으로 추진하는 것이 바람직하다. 예를 들면, 네덜란드 암스테르담은 자료 공개와 에너지 분야를 우선적으로 추진하였으며, 리우데자네이루는 교통과 공공 안전 분야를 선별적으로 추진하였다. 이런 관점에서 선별, 협동, 그리고 우선 순위는 스마트 도시를 계획하는 데 중요한 세 가지 핵심 가치를 구성한다.

스마트 도시개발은 또한 다양한 정부들 사이에 정치적 조율을 요구한다. 스마트 도시를 추진하는 과정에는 필연적으로 디지털 격차, 투명성, 사생활 보호, 그리고 공공 안전과 같은 도덕적 및 윤리적 이슈들이 제기된다. 리우데자네이루는 도시의 스마트 자산에 시민들의 균등한 접근성에 실패하여 도덕적 균형을 이루지 못해 비난받은 대표적 도시이다. 말레이시아 사이버자야(Cyberjaya) 도시는 스마트 도시 조성 과정에서 지방도시의 승인 하에 중앙정부가 주도적으로 스마트 도시를 추진하였는데, 추진 초기에는 중앙과 지방정부가 동일한 정당에 의해 지배되었으나, 이런 구도가 바뀌면서 스마트 도시의 추진은 연기되고 오랫동안 지지부진한 침체 상태를 보이고 있다. 이런 시각에서 정치적 자율성과 도덕적 균형은 스마트 도시개발의 주요 성공 요인을 구성한다(Angelidou, 2014: S8－S9).

도덕적으로 균형 있고 사회적으로 안정된 스마트 도시를 조성하기 위해서는 지역 주요 주체들 사이의 연대와 협약이 필수적이다. 즉, 거버넌스 체제가 구축되어야 한다는 것이다. 지역 시민, 주요 주체와 이해관계 집단 사이의 연대와 협력은 도시의 자산과 필수 요건을 결정하는 데 통합적 안목을 제공하며(뉴욕과 암스테르담), 도시의 인적자본과 다중지성을 이용하여(암스테르담과 바르셀로나) 도시의 스마트 수준을 높이는 데 기여한다. 이런 논리에서 스마트 도시 조성을 위한 산·학·관·연의 연계관계를 통한 거버넌스 체제가 구축될 필요가 있다. 스마트 도시는 어떤 특정 기업 혹은 연구소에 의뢰하여 프로그램을 개발하고 사업을 추진하는 것은 바람직한 접근이 아니다. 그것보다는 대학, 시민단체, 산업체, 연구소, 그리고 정부가 협력적 관계를 설정하여 궁극적으로 시민들에게 혜택을 주는 스마트 시스템을 구축할 것이 요구된다.

넷째, 스마트 도시개발은 종합적 계획 아래 추진되고, 가급적이면 단계적으로 추진하는 것이 바람직하다. 스마트 도시개발은 도시기반 시설과 건축물, 그리고 그곳에 거주하는 사람들을 위해 프로그램화된 자동적(automated) 접근이 아니라, 도시의 형평성, 삶의 질, 그리고 효용성을 위한 계획 수립을 위해 지식과 정보의 연계망 형성과 끊임없는 순환을 촉진하는 종합적·협력적 접근을 의미한다. 이를 위해서는 도시계획가와 정책결정자들이 전례 없이 엄청난 자료들이 생성되는 디지털 시대의 중요성을 인식하고, 스마트한 시각에서 도시 삶의 질을 종합적으로 이해하기 위한 노력이 필요하다. 스마트 시각에서 종합적 이해를 위해서는 디지털 시대의 삶의 질과 관련된 기술적, 법적, 윤리적, 그리고 정책적 관련성이 상술될 필요가 있다(Sabri et al., 2015: 35). 기술적 시각에서 스마트한 도시 삶은 도시활동의 표준화, 공간적 연동성, 자료 일치와 화합 등 요소를 포함한다. 법적 및 윤리적 시각에서는 도시활동에서 기본적 사생활 보호(privacy), 자료 보존, 그리고 개인 정보에 대한 원천적 동의가 예측하지 못했던 이차적 이용을 차단하기 위한 접근의 문제 등이 포함된다. 정책적 관련성은 스마트 도시 조성 과정에서 기업가적 접근에 대한 과도한 신뢰 혹은 지향성 문제 등을 포함한다. 빅 데이터와 디지털 기술이 융합하여 도시생활을 관리 및 통제하는 스마트 도시의 조성에는 도시 삶과 관련하여 기술적, 법적, 윤리적, 정책적 이슈들에 대해 검토가 필수적으로 요청된다는 것이다.

여기에 더해서 바르셀로나가 시도한 바와 같이, 디지털 변화와 물리적 및 제도적 변화를 결합한 소규모 통합적 및 단계적 프로젝트를 통하여 범위의 경제를 목표로 하는 것도 바람직한 접근이다. 이 과정에서 물리적 계획과 사회적 정책의 통합이 도시 스마트 차원의 기반 역할을 수행해야 한다. 이러한 프로젝트들은 도시의 물리적 공간에 주목하여 주변지역에 긍정적인 영향을 미치는 소규모 혁신 생태체제를 창조한다. 그리고 이러한 소규모 프로젝트는 시험적 사업으로 시도되어 보다 사용자 친화적이며 시민 참여를 고조시킴으로써 스마트 도시로 전환 과정에서 시민들의 인지과 수용도를 높이는 효과를 가져온다. 이런 소규모 프로젝트들은 광역적, 거시적, 종합적 전략계획의 부분을 구성하여 장기적으로 다른 프로젝트들과 통합차원에서 수행될 것이 요구된다.

다섯째, 글로벌 사회에서 스마트 도시는 글로벌 도시 네트워크와 연계되어 조성되어야 한다. 세계가 원격 생산과 소비에 의해 촘촘히 연결된 탈산업사회에서 도시는 무엇을 보유하고 있는가도 중요하지만 무엇이 유통되는가(flow)에 의해 글로벌 계층 체제에서 우위를 점하게 된다(Castells, 2001). 이러한 글로벌 흐름과 유통의 대상에는 해외 직접투자, 관광, 지식, 학생 교류, 항공승객, 선진 생산자산업, 물류 등 많은 것을 포함한다. 이것은 글로벌 시대에 도시성장을 위한 경쟁력은 도시 내부적 특성에 의해 결정되기보다는 외부 세계와 연계성 및 교류활동의 결과에 의해 영향을 받는다는 것을 의미한다. 즉, 글로벌 시대에 도시는 고립해서 생존할 수 없으며, 이런 논리에서 스마트 도시는 도시 내부적 특성에만 중점을 둘 것이 아니라 외부 세계와 연계를 위한 활동에도 관심과 투자를 집중해야 한다(Tranosa & Gertner, 2012). 신자유주의 경제 체제에서 도시는 글로벌 이동성을 갖는 인적자원과 자본의 유인을 위해 무한경쟁을 벌이고 있으며, 글로벌 도시 네트워크에서 핵심이 아닌 주변부에 머물면 도시는 소외 및 한계화되어 경쟁력이 상실될 수 있다.

이외에 유럽 스마트 도시를 연구한 까라이용 외(Caragliu et al., 2011)에 의하면, 도시성장은 창조 인력의 수, 도시 접근성 지수, 교통 네트워크 지수, ICT 기술 확산도, 그리고 마지막으로 인적자본 지수 등과 정(+)의 상관관계를 보이는 것으로 나타난다. 이런 연구 결과를 바탕으로 스마트 도시를 위한 정책 대안을 다음과 같이 제시하고 있다. 첫째, 창조 인력은 교육에 대한 투자를 통해 축적되기 때문에 지속적으로 교육과 훈련에 대한 투자가 요청된다. 둘째, 교통 네트워크는 지속적으로 개선되어야 사람과 아이디어를 끌어들이는 매력 요인으로 작용할 수 있다. 셋째, ICT 기술은 지속적으로 최신화 되고 인프라가 개선되어야 글로벌 도시들과 경쟁할 수 있다.

스마트 도시전략은 도시를 혁신적이고, 건강하며, 역동적이고, 지속가능한 도시를 창출하기 위하여 기술을 어떻게 이용하여야 하는가에 대한 대안을 제공한다. 그리고 스마트 도시 전략은 단기적이 아닌 대규모 투자를 요구하는 장기적 전략으로 도시의 핵심 기술과 인적자원을 연결하여 도시 미래를 디자인하는 정책적 접근이라는 것을 명심해야 한다.

제10절 맺는 말

스마트 도시의 개념과 기술이 하루가 다르게 진화하고 있다. 예를 들면, 2015년 12월에 싱가포르의 스마트 국가 전략이 세계에서 최첨단을 걷는다고 알려졌었는데,[14] 불과 1년이 지나지 않아 싱가포르 스마트 전략은 선진도시의 보편적 정책으로 일반화되었다.[15] 이런 추세라면 반도체 시장의 '무어의 법칙'이 스마트 도시의 보편적 현상으로 인식될 정도로 고속사회의 변화를 보이고 있다. 그런데 스마트 도시의 궁극적 목표는 '인간 중심', 더 나아가 '어떤 경우라도 사람 우선'이라는 것을 명확히 이해해야 한다. 즉, 어떤 경우라도 스마트 도시는 모든 시민에게 이러한 제4차 산업혁명에 적극적 참여 기회를 제공하며, 보다 건강하고 행복한 도시를 지향해야 한다. 그리고 항상 기술은 결코 만병통치약이 될 수 없으며 단지 시민과 도시를 연결시키는 연결핀, 촉매 역할을 한다는 것을 이해해야 한다.

---

14) 싱가포르 정보통신개발청은 2014년 6월 스마트 국가 비전을 발표하고 정부의 모든 기관이 가지고 있는 데이터를 서로 연결-공유할 수 있는 '스마트 국가 플랫폼(Smart Nation Platform, SNP)'의 구축과 활용을 위한 마스터 플랜을 마련하였다. SNP 계획에 의하면, 도시의 다양한 장소에 설치된 센서를 통해 수집된 정보를 보관하는 데이터 웨어하우스에 공공기관들이 접속하여 행정 서비스에 필요한 정보를 생성 및 공유할 수 있는 운영 시스템을 구축하고, 최신 정보통신기술과 인프라를 바탕으로 시민들에게 실시간 대중교통, 의료 서비스, 공공 복지 서비스 등에 대한 정보 제공을 통하여 더 나은 공공 서비스 제공, 시민들의 삶의 질 개선, 비즈니스 업무의 효율성 증진을 추구하고 있다(서울연구원, 2015).

15) 영국은 2016년 스마트 시티 구축을 위한 기술전략위원회를 형성하여 도시의 시스템을 통합하고 각 도시가 직면한 문제에 대한 해결책을 제시함으로써 도시에서의 삶의 질을 개선하는 것을 목표로 하는 '미래도시 프로젝트'를 진행하였다. 기술전략위원회는 제안서 공모를 통해 선정된 우수 지방정부에 최고 4,500만 파운드(한화 약 730억 원)까지 지원하는 '미래도시 시범사업 공모'를 개최하여 글래스고(Glosgow), 브리스톨(Bristol), 런던(London) 등이 우수지역으로 선정되어 지원을 받고 있다(신우재 · 조영태, 2016).

스마트 도시개발이 시민들의 일상 생활과 도시경제, 사회, 문화, 환경 등에 미치는 영향이 매우 클 것이라는 것에 대하여 도시 전문가와 학자들 대부분은 동의하고 있다. 그리고 한국이 이 분야에서는 세계에서 선도적 역할을 수행하고 있다는 것도 사실이다. 그러나 앞의 싱가포르 스마트 시티 사례에서 살펴본 바와 같이, 지금 같은 초고속사회에서 영원한 선두주자는 없으며, 언제든 후발주자들에게 추월당하여 도시경쟁력이 하락할 수 있다는 것은 공연한 우려가 아니다. 이처럼 스마트 도시 개발을 통하여 도시경쟁력을 확보하기 위해서는 도시 관리기술의 발전과 함께 필요한 인재 육성, 산업구조의 고도화, 삶의 질 개선을 위한 노력이 병행되어야 궁극적으로 지속가능한 스마트 도시가 조성될 수 있음을 명심해야 한다.

스마트 도시의 변화는 도시의 상당수 산업과 직업의 변화를 가져올 것이다. 그리고 이러한 변화는 도시의 실업을 악화시킬 수 있으며(노동력을 ICT 기술로 대체), 지역 · 계층 · 세대 간 소득 격차가 더 커질 수도 있다. 좀 더 장기적으로는 도시가 필요로 하는 인재의 성격이 바뀌고, 사람들이 일하는 방식도 변하고, 필요로 하는 역량도 바뀔 것이며 따라서 교육에 대한 수요도 바뀔 가능성이 높다(김은정 · 서기만, 2016). 초고속사회에서 도시 미래에 대한 불확실성이 큰 만큼 도시 전반의 제도와 시스템은 보다 유연성을 가질 필요가 있다. 도시를 둘러싼 환경과 미래가 불확실함으로 도시 관리제도와 시스템 또한 어떤 변화가 와도 신속하게 대응이 가능하도록 좀 더 유연적, 창의적, 혁신적 시도가 쉽게 받아들여질 수 있도록 변화할 필요가 있다. 아마 스마트 도시개발은 그래서 도시를 둘러싼 환경 변화에 신속하게, 그리고 총명하게 대응하여 경쟁력 있는 지속가능한 도시를 만드는 작업을 궁극적으로 의미한다.

결론적으로, 스마트 도시개발은 도시문화와 운영 방식의 궁극적 변화를 요구한다. 스마트 도시는 보다 시민 중심적이며, 매력이 넘치고, 풍요로운, 그리고 지속가능한 도시를 추구해야 한다. 스마트 도시개발은 첨단기술 이용의 개방성을 가져야 하는 한편, 주요 주안점은 기술 이용을 넘어 인간에 맞추어져야 한다. 이를 위해서는 필연적으로 스마트 도시는 시민들의 삶의 질, 건강, 그리고 환경의 질 향상에 우선 순위를 부여하여, 시민 참여를 북돋으며, 보다 민주적인 거버넌스를 추구하고, 도시의 지속가능성을 보장하는 방향으로 도시 개발과 운영 방식의 거대한 변화가 진행되어야 한다.

마지막으로, 도시는 하루아침에 변하는 것이 아니며, 마찬가지로 스마트 도시도 점증적 변화를 통해 만들어진다. 도시는 베리(Berry, 1964)가 언급한 것처럼, 시스템이며, 동시에 시스템의 시스템으로 구성되어 있다. 그래서 스마트 도시로의 변화에는 장시간이 요구되며, 미래의 언젠가는 지금과는 완전히 다르게 운영되는 스마트 도시에서 시민들이 살아갈 것으로 예상된다.

제 12 장 포스트모던과 도시개발

세계화와 정보화, 그리고 이에 수반된 경제구조의 변화에 대한 논의는 도시개발에 대한 새로운 시각과 정책을 제시하기 위한 새로운 개념틀을 요구한다. 이제 이러한 변화가 도시개발에 대한 인식과 해석, 그리고 공간적으로 어떤 영향을 미칠 것인가에 대해 논의해야 할 시점이다. 이 장에서는 글로벌 사회, 그리고 이에 수반된 포스트포디스트 경제 재구성에 따른 도시 형태, 기능, 행위의 특성과 변화를 포스트모던 시각에서 논의한다.[1)]

제 1 절 모더니티(modernity)에 대한 두 가지 해석

우리가 살고 있는 사회를 '근대성' 또는 '현대성' 사회로 보는가 혹은 '탈근대성' 또는 '탈현대성' 사회로 보는가에 따라 사회 현상에 대한 이해와 해석에 차이가 발생한다. 또한 모더니티(modernity)를 근대성(近代性)으로 해석하는가 혹은 현대성

1) 포스트포디즘에서 포스트모더니즘을 위한 싹이 트기 시작하였으며, 이것은 산업 방식과 구조의 변화를 거쳐서 도시에서 직업구조의 변화를 유도하며, 이에 따라 도시공간 구조의 변화가 유도된다. 그리고 이 책 초반에 논의했던 세계화 · 정보화의 물결이 사회에 영향을 미치며 탈산업화와 함께 사회 변화가 진행되는 현상을 총체적으로 포스트모던 현상으로 개념화할 수 있다.

(現代性)으로 해석하는가에 따라 사회 현상과 변화를 이해하는 시대적 구분, 이념, 개념틀 등의 차이를 가져온다.

첫째로, 모더니티를 근대성으로 해석하는 시각은 시기적으로 이미 완료된 시대의 사회 현상 분석을 의미하며, 중세 이후 근대 시대의 사회성 · 도시성 분석에 중점을 둔다. 따라서 시기적으로 18세기 중세의 봉건 질서가 무너진 이후 사회 변화를 시점으로 산업화 · 도시화가 진행된 시기의 경험과 특성을 포괄적으로 '근대성'이라는 개념으로 설명한다. 이런 의미에서 '근대성'의 개념 속에는 절대주의 국가와 교회에 의한 지배와 착취에서 탈피하여 개인의 자유와 인권의 회복 및 억압으로부터의 해방, 그리고 이성중심주의를 추구하는 계몽과 합리성의 논리들이 근저를 이루고 있으며, 이러한 사고와 생활방식에서 유도된 산업혁명 이후의 사회 변화 — 예를 들면, 산업화, 도시화, 자본주의 제도의 도입 등 — 를 총체적으로 설명하는 개념으로 '근대성'이 제시된다.

둘째로, 모더니티를 '현대성'으로 해석하는 시각은 종료되지 않은 현재, 지속적 변화를 보이는 현대에 대한 비판적 접근을 의미한다. 시기적 측면에서 현대는 지속되고 있으며, 이러한 현대 사회를 유지하는 지배적 논리와 제도에 대한 비판적 고찰을 통하여 사회를 재해석하고, 현대 사회의 지배와 착취, 억압과 폭력을 지속하게 하는 은폐와 왜곡된 논리, 제도, 형식, 구조 등의 해체와 재구성을 요구한다. 이런 의미에서 모더니티를 '현대성'으로 해석하는 시각은 '근대성'으로 이해하는 시각과 상반된 논리가 제시되는 것을 알 수 있다. 즉, '근대성' 시각에서는 봉건 사회로부터의 탈피를 가져오게 한 계몽주의 · 합리적 사고와 생활방식이 과학기술의 발전과 현재의 도시성장에 긍정적으로 작용한 것으로 해석하는 반면, '현대성' 시각에서는 현대 사회의 부와 권력의 불평등과 도시의 양극화 현상 배후에는 합리성과 기술 중심 사회의 은폐된 논리가 작용하고 있다고 주장한다.

그러면 도시를 연구하는 데 왜 근대성 또는 현대성에 대한 논의가 필요한가에 대하여 의문이 제기될 수 있을 것이다. 이것은 단순히 용어의 해석문제가 아니라, 도시를 '거대한 기계'로 보는가 혹은 '갈등의 공간'으로 보는가에 따라 도시에 대한 상이한 접근과 이해가 유도되기 때문이다. 즉, 전자의 경우에는 도시를 목표 지향적 활동을 하는 실체로서 '기능적 측면'에서 도시를 설명 · 인식하는 반면에, 후자의 경우에는 도시에 대한 '반성적 · 비판적 접근'을 요구하며, 권력관계, 지배와 착취관계에 의해 도시현상들이 설명된다(Lyotard, 1984: 41). 이 장에서는 도시를 후자의 시각에서 조명하여 '모더니티'를 '현대성'으로 해석하여 논지를 전개한다.

제 2 절 포스트모던에 대한 논쟁

'포스트모던'이 무엇을 의미하는가에 대해서는 학자들 사이에 어떤 합의된 정의가 없으며, 또한 어떤 면에서는 합의된 정의를 도출하지 못하는 것이 포스트모던의 본질이라고 볼 수 있다. 즉, 포스트모던이 함유하는 의미가 너무 다양하기 때문에 어떤 특정한 의미로 내용과 범위를 압축하기에 어려운 것이 현실이다. 이런 측면에서 어떤 학자는 '포스트모던'의 본질은 바로 그 다양성을 찬양하는 것이며, 진리와 합리성에 대해 회의를 제기하는 것이라고 주장하기도 한다. 이런 의미에서 리오타르(Lyotard, 1984)는 포스트모던을 초서사(meta-narratives)에 대한 회의, 총체성과 거대이론(grand theory)에 대한 회의와 의심을 갖는 것이라고 주장한다. 이러한 초서사에 대한 회의와 다양성·차이를 강조하는 사고와 분석 방식은 논리에 있어서 자기 모순을 갖고 있다는 비판이 있기도 하지만,[2] 20세기 중반 이후에 변화하는 사회현상과 현대성에 대한 비판적·반성적 접근에서 시작되었다.

포스트모던에 대한 논의는 20세기 새로운 시대의 사회현상 설명의 기본이 되는 가정과 함의, 그리고 현대성의 영향 등의 분석에 관심을 가졌던 프랑스 학자들을 중심으로 연구가 시작되었다. 이후 연구 범위는 더욱 확대되어 현대 생활에 대한 탈현대적 해석뿐만 아니라, 현대적 사고 방식에 대한 대안, 더 나아가 새로운 사고와 생활방식을 설명하기 위한 새로운 논리가 개발되어야 한다고까지 주장되고 있다. 이런 의미에서 '포스트모던' 이론은 산업 방식의 변화를 설명하는 탈산업사회

2) '포스트모던' 논리가 다양성·차이를 강조하며, 반면에 초서사를 거부하고 거대이론에 회의를 갖는다면, 학문이 추구하는 진리라는 것은 포기되어야 하며, 이런 의미에서 '포스트모던' 논리도 포기되어야 한다는 주장이 제기될 수 있다. 또 다른 면에서 초서사와 거대이론을 거부한다는 것은 다른 의미에서 이 이론들에 의해서 주장되는 학문의 다양성과 논리의 차별성이 동일한 논리에 의해 거부된다는 것을 의미한다. 이런 면에서 포스트모던이 주장하는 내용은 자신의 논리까지도 제약하는 모순을 포함하고 있다는 비판이 제기되기도 한다(Kumar, 1995; Allmendinger, 2001: 25-28).

이론, 사회의 핵심 기술과 생활방식의 변화를 설명하는 정보사회이론, 관리와 생산방식의 변화를 설명하는 포스트포디즘 이론 등과 밀접한 연관성을 갖는다.

학자들에 따라 사회는 다르게 읽혀지고, 다르게 이해될 수 있다. 포스트모던에 대한 논쟁도 학자들에 따라 다르게 해석되고, 다르게 주장될 수 있다. 어떤 사람은 현대 사회를 20세기부터 진행된 급속한 변화가 지속되고 있는 사회이며, 새로운 논리의 도입 없이도 오늘날의 사회현상을 설명할 수 있다고 주장한 반면에, 다른 사람은 현대의 사회 변화는 산업사회의 논리로는 설명할 수 없는 새로운 양상을 띠고 있으며, 이러한 새로운 사회현상을 설명하기 위한 새로운 이론이 개발되어야 한다고 주장한다. 전자의 대표적인 학자가 하버마스(Jürgen Habermas)로서, 지금은 포스트모던을 논할 때가 아니라 계몽주의 이래 진보 사상이 추구해 왔던 모던의 완성을 논해야 할 때라고 주장한 반면에, 리오타르는 현대를 포스트모던이 지배하고 있는 완전히 새로운 시대이며 이러한 새로운 사고, 문화, 생활방식을 설명할 수 있는 새로운 논리가 개발되어야 한다고 주장한다. 따라서 포스트모던에 대한 논쟁은 두 가지로 집약될 수 있다: 첫째, '포스트모던'은 무엇인가?, 둘째, 우리는 새로운 시대 — 포스트모던 — 에 살고 있는가? 이 질문에 대한 대답을 학자들의 주장을 중심으로 찾아보기로 보자.

1 리오타르의 포스트모던 이론

장 프랑수아 리오타르(Jean-François Lyotard, 1924~1998)는 포스트모던을 그의 저서 『포스트모던 조건(*The Postmodern Condition*)』(1984)과 『이질성(*The Differend*)』(1988)에서 제안 형식으로 논의하고 있다. 그의 포스트모던 이론은 소쉬르(Ferdinand de Saussure)의 구조주의, 데리다(Jacques Derrida)의 탈구조주의, 비트겐슈타인(Ludwig Wittgenstein)의 언어게임, 쿤(Thomas S. Kuhn)의 패러다임 변화뿐만 아니라 니체(Friedrich W. Nietzsche)와 베버주의(Weberian)분석 등 다양한 이론들에 근거를 두고 있다. 하버(Haber, 1994)의 분석에 의하면, 리오타르의 포스트모던 이론의 핵심은 언어의 구조 분석과 주관을 연결시킨 것이라고 지적한다. 데리다와 함께 리오타르는 사회현상 분석에서 언어와 기호의 중요성을 강조한다. 사회현상에서 어떤 대상과 사건들은 특정 의미를 갖고 있으며, 그 의미를 이해하기 위해서는 그 대상이 회자되어지는 담론의 장에 초점이 맞추어져야 한다. 기표(signifier)와 기의(signified)에 대한 소쉬르의 개념 및 현실과의 관계에서 언어의 상대적 자율성은 기표는 기의와의 관계에서 의미를 갖는 것이 아니라 다른 기표와의 관계에서 의미를 갖는다는 것을 보여준다. 이런 의미에서 기표와 기의의 관계는 개인에 따라 달리 해석이 가능한 것이며, '저자의 죽음(death of author)'이라는 용어까지 등장할 정도로 무한하게 달리 해석되어질 수 있다. 이러한 소쉬르의 직관에 기댄 리오타르의 '주관'에 대한 분석은 끝이 없는 무한한 가능성과 해석, 목적 거부, 절대적 정의 거부, 총체성 거부 등의 논리로 나타난다.

리오타르는 그의 저서 『포스트모던 조건』에서 '탈현대성(post-modernity)'은 선진 자본주의의 조건 속에서 태동했다고 주장한다. 자본주의의 정점에서 지식은 본래의 특성과 용도가 변질되어 상품으로 전환되었으며, 이러한 '지식의 상품화'로 인하여 과학은 더 이상 '진리'를 탐구하는 것을 포기하고, '권력'을 추구하는 쪽으로 방향을 바꾸었다고 리오타르는 주장한다. 여기에서 출발하여 리오타르는 서사(narrative)의 역할과 과학이 자신의 정당성을 주장하는 방식에 관심을 갖고, 이러한 서사와 과학이 다른 논리와 근거를 어떻게 억압하고 희롱하는가를 설명하였다.

리오타르에 의하면, 서사와 과학은 구전되는 전래 서사와 규칙·습속 등과 비교하여 자기 정당성에 깊이 빠져 있으며, 어떤 증명이나 주장의 필요성도 제기하지 않고 외부적 정당성조차도 요구하지 않는 오만함을 보인다고 주장한다. 하지만, 서사와 과학이 자신과는 다른 이유와 근거들을 아무리 야만적·초보적인 것으로 무시하고, 그 자신의 고고한 지위를 주장한다 하더라도, 두 가지 중대한 문제에 직면하게 된다. 첫째는 과학은 궁극적으로 서사에 의존하지 않고는 자신의 정당성을 주장할 수 없다는 것이며, 둘째는 고고한 위치를 뽐내는 초서사 자체도 결국은 '언어게임(language-games)' 이상의 어떤 것도 아니라는 것이다.

리오타르는 비트겐슈타인에 기대어 초서사 혹은 거대이론의 종말을 추적한다. 제2차 세계대전 이래 이러한 초서사(meta-narrative)들은 그 중요성이 감소하였으며, 매일매일의 미시활동(micro-politics)에 초점을 둔 작은 이야기(small narratives)에 자리를 내주었다. 이제는 "국가를 전체적으로 어떻게 경영하는가"가 중요한 것이 아니라, "각각의 도시들이 어떻게 경쟁력을 확보할 것인가"가 중요한 사회로 전환되었으며, 사회를 총체적으로 어떻게 변화시킬 것인가에 초점이 맞추어진 것이 아니라, 개인에 대한 억압과 착취에서 어떻게 벗어날 것인가에 초점이 맞추어지고 있다. 이제 마르크스주의와 같은 거대이론은 더 이상 정당성을 갖지 못하며, 언어 게임의 범주를 넘어선 과학 분야만이 포스트모던 학문(post-modern science)으로 생존할 것이라고 리오타르는 주장한다.

포스트모던 학문은 어떤 초월적 진리를 탐구하는 것이 아니라 초서사에 관한 어떤 합의를 저지하고, 지금까지 표출되지 않았던 혹은 주변부로 소외되었던 대상과 문제들에 대한 관심과 접근을 시도한다. 이런 의미에서 리오타르가 의미하는 '해방(emancipation)'은 다양한 사고와 게임의 법칙을 허용하는 체제에서 불일치 혹은 이질성, 저항, 회의, 도전, 유희와 창조 등을 통하여 성취될 수 있는 것으로 본다. 여기서 합의를 위한 노력과 한 목소리를 위한 시도는 "우리의 목적에 너의 사고를 맞춰라"는 강요를 위한 테러 이상의 의미를 갖지 못한다. 리오타르가 추구하는 게임의 법칙은 누구도 배제하지 않는 비배제성, 총체성에 대항하는 다양성, 은폐에 대항하는 공개성, 그리고 차이 및 이질성의 추구(Lyotard, 1984: 82)로 요약될 수 있다.

이러한 리오타르의 논리에서 다양한 논의 주제와 비판이 제기된다. 예를 들면, 비논리(非論理, paralogy)의 사회에서 우리가 판단할 수 없다면, 무엇이 정의(正義)이고 무엇이 부정의(不正義)인지를 어떻게 결정할 수 있는가? 이에 대한 대답으로 리오타르는 이성의 정치(politics of reason)에서 중론의 정치(politics of opinion)로 전환될 것을 주장한다. 여기서 리오타르는 포스트모던의 또 다른 중요한 특성인 차이(differend)의 미학(美學)을 제시한다. 차이는 갈등에 대한 확고한 신념 혹은 신념의 결핍으로부터 발생한다. 즉, 상이한 두 담론 혹은 의사소통 방식 사이에 갈등이 발생할 때 차이 혹은 이질성이 발생한다. 리오타르의 주장은, 이러한 차이와 이질성을 무조건 해결하려고 하지 말라는 것이다. 포스트모던 사회에서 이러한 이질성은 찬양되어야 하며, 오히려 이러한 차이와 이질성을 해소하려는 배경 뒤에 은폐된 목적과 동기, 그리고 이 과정에서 억압 혹은 소외된 목소리에 관심을 기울여야 한다고 주장한다.

리오타르는 포스트모던을 "초서사에 대한 불신과 회의"라고 간단히 정의한다. 또 다른 곳에서 그는 포스트모던을 "문화의 상태"라고 정의하고, 모던과 대비되는 그 문화적 특성을 다음과 같이 요약하고 있다. "우리는 진리와 정의에 대한 담론들이 거대한 역사적·과학적 서사들에 토대를 두고 있는 사회를 모던이라고 부를 수 있을 것이다. 우리가 살고 있는 포스트모던에서는 진리와 선에 대한 정당화가 사라지기 시작하고 있다"(안성찬, 1999). 리오타르의 이러한 포스트모던에 대한 주장은 "모던은 보편적 진리와 정의라는 수를 가지고 언어게임에 참여하는 측이고, 포스트모던은 이에 대해 불일치와 회의라는 수를 내놓는 측"이라고 요약할 수 있다.

그렇다고 모던과 포스트모던이 시대적으로 확연히 분리된, 단절된 시대사적 구분이 아니라 동시대 내에서 마찰을 빚는 '문화적 상태'라는 것을 리오타르는 설명한다. "포스트모던은 현대성의 일부임에 분명하다. 지금까지 받아들여져 왔던 모든 것들은 설령 그것이 바로 어제 받아들였던 것이라 하더라도 의심되어야 한다. …… 한 작품은 먼저 포스트모던한 경우에만 현대적일 수 있다. 그러므로 우리가 이해하고 있는 포스트모더니즘은 끝나는 상태의 것이 아니라 생성 상태에 있는 모더니즘이고 이 상태는 항구적이다"(유정완 외, 1999).

2 푸코의 권력이론

포스트모던 이론 형성에 지대한 영향을 미친 미셸 푸코(Michel Foucault, 1926~1984)는 리오타르와 마찬가지로 보편적 진리와 거대 이론에 대하여 깊은 불신을 가졌다. 그러나 라비노(Rabinow, 1984)의 지적에 의하면, 푸코는 초서사를 직접적으로 반박하지는 않았으며, 초서사가 갖는 문제를 '권력'과 '주체'와 연계하여 역사적으로 규명하는 방식으로 문제화를 시도하였다. 푸코는 마르크스 혹은 계몽주의 사상이 주장하는 일방적인 국가 혹은 계급 중심적 권력투쟁을 거부하고, 소재지 혹은 종착역 없이 떠도는 개념으로서 권력의 보다 섬세한 작용을 탐구하였다. 동일한 논리로서 그는 권력과 지배권에 대한 계몽의 사고를 거부한다. 즉, 계몽의 사고는 권력 지배를 도덕적 혹은 규범적으로 검증하기보다는 지배적 담론이라는 명분 아래 이성과 합리성을 내세우며 지배집단의 이데올로기를 강화하는 방향으로 작용하였다는 것이다.

그의 저서 『광기와 문명(*Madness and Civilisation*)』은 광기에 대한 문화적 해석을 제공하며 계몽의 합리성을 격렬히 비판하고 있다. 그의 분석에 의하면, 계몽 이전의 시기까지는 광기와 이성이 통합되어 있었으며, 광기가 어떤 비천한 행위로 판단되지 않았고, 단지 사고와 생활에서 다른 시각으로 인식되었을 뿐이었다. 계몽이 도래하여 도구적 합리성이 지배함에 따라 광기에 대한 시선에 근본적인 변화가 발생하기 시작했다. 즉, 광기를 일탈행위, 정상이 아닌 비정상·이상한 행동으로 보기 시작한 것이다.

스마트(Smart, 1993: 20)에 의하면, 이러한 광기에 대한 편견은 '이성의 독주'를 가져옴과 동시에 세 가지 치명적 결과를 동반했다. 첫째, 사회에서 광기를 격리라는 형식으로 대함에 따라 '배제성'이 증가하게 되었다. 즉, 단지 보편적 행동과 사고 방식을 갖지 않는다는 이유로 사회에서 격리·배제·감시·처벌되는 억압의 대상이 되었던 것이다. 둘째, 과거에는 각기 상이한 영역으로 구분되었던 의료와 광기가 하나의 장에 통합되었다. 이때부터 의료는 정상과 비정상, 이성과 비이성 사이에 매개물로서 발전하기 시작하였으며, 결과로서 정신의학, 심리학의 등장을 가져왔다. 셋째, 푸코가 가장 간교한 면으로 주장한 것으로, 이러한 두 결과는 일반의 행동을 물리적 통제와 자기 억제 사이에 균형을 유지할 것을 끊임없이 요구하게 되었다. 일탈행위, 위반행위에 대한 감시와 처벌을 항시 인식시킴에 따라 판에 박힌 체제적 생활방식을 통하여 자기를 억제시키는 '행위규범(code of conduct)'이 도입되었다. 그 결과로 과거와는 아주 다른 역사, 즉 광기를 역사적으로 이성과는 다른 것으로 취급하는 '편견의 과학'이 전래되게 되었다.

이러한 이성과 비이성 사이의 구별, 정상과 비정상 사이의 구분은 푸코로 하여금 역사와 계몽사상이 주장하는 목적론적 시각과 진보의 의미에 대해 회의를 불러일으켰으며, 그 결과로 현대 사회의 다양한 지식기반, 분류기준, 가정들에 대한 문제의 탐색을 시도하였다. 푸코는 비록 광기에 대한 연구로부터 어떤 광범위한 결론을 끌어내지는 않았지만, 다음과 같은 폭넓은 함축성을 제시한다; 우리는 진리에 대해 근본적으로 회의(懷疑)해야 하며, 사회에서 타자성에 대해 새롭게 인식할 필요가 있고, 진보—특히, 과학이 주장하는 진보에—대하여 의심을 가져야 한다.

푸코는 "감옥의 역사"라는 부제가 붙어있는 그의 저서 『감시와 처벌(*Discipline and Punishment*)』에서, 권력이론에 대한 재정립을 시도한다. 그는 역사를 설명하는 모든 끊임없는 투쟁 속에는 권력관계가 작용하고 있다고 지적하는 한편, 권력의 환원론적(예를 들면, 계층 간의 갈등으로 인식하는) 시각을 거부한다. 푸코에 의하면, 권력은 두 가지 측면에서 사회현상과 작용한다: 첫째, 지속적으로 이동하며 그에 대한 저항을 유발하는 비중심적 전략으로서 권력이고, 둘째, 행동의 반복적 훈련을 통하여 표준화를 유도하는 규범적 힘으로서 권력이다.

이러한 권력에 대한 시각은 권력을 경제적(효용적) 혹은 계약적(규제적)시각에서 바라보는 계몽의 시각과 상반된 것으로, 권력관계를 긍정적 시각에서 바라보는 새로운 장을 열었다. 권력은 억압적, 그리고 장애 요소로만 작용하는 것이 아니라 방향을 제시하고 사회를 형성하는 질서 유지의 힘으로서 기능도 수행한다는 것이다. 감시와 처벌에서 푸코는 규범적 권력이 감옥, 학교, 병원과 같은 제도를 통하여 어떻게 사회를 형성하고 주체에 영향을 미치는가를 보여준다.

이러한 권력 사용의 목표는 모든 사회적, 그리고 심리적 비정상성, 불규칙성을 제거함으로써 주체의 표준화·규범화를 시도하는 것이다. 또한 푸코는 니체에 기대어 권력과 지식의 관계를 다음과 같이 주장한다; 지식에 대한 욕구는 권력에 대한 욕구와 결코 분리될 수 없다. 베스트와 켈너(Best & Kellner, 1991: 50)가 지적한 바와 같이, 이러한 권력과 지식의 연계관계로부터 이성에 대한 탈현대적 회의와 뒤이은 해방적 시도가 수반된다고 밝히고 있다.

푸코는 권력관계를 상황에 따라 변화하는 불안정한 특성을 가지는 한편, 권력의 규범화는 변화를 위한 충분한 자극을 제공한다고 설명한다. 이러한 권력 관계의 특성을 푸코는 "사회 각 부문에서 발생하는 다양한 자율적 투쟁"에서 발견할 수 있다고 언급한다(Best & Keller, 1991: 56). 권력에 대한 탈현대적 개념은 집중된 권력에 대한 점증하는 미시정치적 저항으로 나타나며, 권력이 갖는 규범화와 계몽의 기능으로부터 벗어나야만 탈현대적 해방을 맞이할 수 있다. 권력이 분권화되고 다원적일수록, 정치적 투쟁 또한 분산화되고 다원적이 된다. 따라서 푸코의 포스트모던 정치는 획일성을 위한 총체적 전략을 부정하며, 다양한 형태의 저항을 배양하고, 주어진 정체성과 배제의 담론을 파괴하며, 모든 유형의 차이를 확산 및 장려하는 것으로 이해될 수 있다.

이러한 차이와 이질성에 대한 푸코의 생각은 "위대한 새로운 위반의 시대"라는 바타이유(Georges Bataille)에 기댄 탈현대성 시대에 대한 새로운 개념 정립에서 잘 이해할 수 있다. 위반은 한계의 게임이며, 위반의 사상은 마침내 모순이라는 변증

법적 사유를 대신할 것으로 주장한다(Pefanis, 1991: 162-163). 이런 의미에서 푸코의 포스트모던은 계몽의 합리성으로부터 이탈, 이성의 배제로부터 이탈, 지식의 지배로부터 이탈하여 근대를 유지하는 구조·형식·제도·규제에 대한 회의로부터 시작된다.

3 보드리야르의 시뮬레이션 이론

장 보드리야르(Jean Baudrillard, 1929~2007)는 현대 사회를 허무적 시각에서 정체성 상실의 사회, 결함의 사회(dystopia)라고 비판하였다. 자본주의 체제는 기술의 폭발적 성장을 가져왔으나, 동시에 원조의 파괴와 실체와 관련이 없는 모방과 복제의 범람을 가져왔다고 그는 주장한다. 그 결과로 사고와 행동의 방향과 의미가 상실된 초현실(hyper-real)의 상태가 등장하였으며, 현대성은 자신의 행위를 정당화하기 위하여 실제와는 다른 환상(fantasy)의 세계를 연출하고 있다.

이러한 복제가 범람하고 참고 실체(referentiality)를 상실함에 따라 일반 대중들은 더 이상 무엇이 '현실'이고 무엇이 '비현실'인지에 대한 구분과 무엇이 '옳고' 무엇이 '거짓'인가를 결정할 수 없을 정도로 판단 경계의 상실을 가져왔다. 보드리야르에 의하면, 현대 문화에서 실제 세계란 더 이상 존재하지 않는다(최병길, 2001). 특히, 미디어가 지배하는 사회에서 더 이상 실제·원조라는 것은 의미가 없으며, 실제 세계와 무관한 형상들, 하이퍼리얼(hyper-real) 현상들이 끊임없이 생산되고 소멸되는 공간이다. 우리는 이러한 현상을 디즈니랜드의 환상 세계에서 경험할 수 있으며, 영화와 TV를 통해 만들어지는 공간에 대한 초현실적 이미지(예를 들면, <시크릿 가든>의 길라임과 <태양의 후예>의 유시진 대위), 각종 전자 오락게임을 통한 가상 현실의 체험 등을 통해 경험할 수 있다.

1980년대에 들어서서 보드리야르는 미디어와 문화가 사회 형성에 미치는 영향을 분석하는 데 심혈을 기울였으며, 이 작업과 더불어 이후에 포스트모던 논쟁에서 중심무대에 서게 된다. 이제 마르크스주의를 넘어서서 보드리야르는 범람하는 상징과 기호가 현대 사회와 문화에 미치는 영향을 중심으로 그 자신의 사회이론을 정립하기 시작하였다.[3] 상징과 실제 사이의 경계가 내파(內破)됨에 따라 실제와 복제, 현재와 재현, 현실과 가상현실이 혼재하는 하이퍼리얼의 세계가 등장함에 따라 발터 벤야민(Walter Benjamin)이 우려했던 '아우라(aura)'[4]가 파괴되고 의미와 정체성이 상실된 사회로 전환되었다고 그는 주장한다.[5]

실제로 영상과 미디어에서 그래픽기술이 획기적으로 발전함에 따라 하이퍼리얼은 실제의 사실보다 훨씬 사실적으로 우리의 지각과 감각에 자극을 주고 있으며, 꿈 · 열망 · 이미지가 실제와 혼재되어 현실에서 무엇이 사실이고 무엇이 합성인지를 구별할 수 없는, 그리고 구별을 요구하지 않는 사회로 변해가고 있다. 이제 현실로부터 현실의 이미지가 만들어지는 것이 아니라 가상적 현실 모델로부터 현실이 생성되는 단계로 전환되고 있다. 영상 미디어 혹은 컴퓨터 게임 등과 같은 가상현실의 세계가 바로 실제의 현실 세계에 영향을 미쳐서 일반 대중의 사고와 생활방식을 바꾸어 놓는다. 예를 들면, 미디어와 광고의 영향에 의해 미의 기준이 변해가고 있으며, 성형수술이 보편화됨에 따라 자연미인과 성형미인에 대한 구별이 시대에 뒤진 사고로 취급받는 사회로 변해가고 있다.

현대 사회에서 상징과 기호는 권력과 부를 축적하기 위한 도구의 역할을 수행하며, 합성과 복제에 의해서 새로운 신화와 이미지가 매일매일 창조되고 있다. 보드리야르는 현대 사회에서 상징이 진리를 은폐하는 것이 아니라, 어디에도 진리는 더 이상 존재하지 않는다고 주장한다. 이제 진리는 각기 다른 사람들에게 상이한

3) 사회이론의 중심은 상품 생산이 아니라 상징 교환으로 대체되어야 한다는 것이 보드리야르의 기본적 입장이다. 소비의 사회적 논리는 상품과 서비스의 사용 가치에 대한 사적 전유의 논리, 즉 만족의 논리가 아니라 사회적 기표의 생산과 조작의 논리이기 때문이다. 이처럼 사람들이 생산물보다 생산물이 지니는 의미를 소비하고 있다면 사회이론의 중심은 마땅히 상품 생산이 아니라 상징 교환으로 대체되어야 할 것이다. 이 경우 상품 가치는 노동 과정보다는 커뮤니케이션 구조 안에서 보다 극적으로 전개될 것이다. 따라서 소비의 코드는 자본의 논리가 아니라 기호학의 논리에 의해 해독될 수 있고, 현대 사회에서 도시를 소비의 중심지로 이해한다면 자본의 논리가 아니라 상징과 기호의 논리에 의해 도시공간이 해독될 필요가 있다는 것을 이해할 수 있다(김정탁, 2002).

4) 벤야민(Walter Benjamin)은 사진과 영상 기술이 등장함에 따라 종래에 예술작품이 지녔던 고유의 의미와 느낌이 사라진다고 비판하였다. 즉, 그림, 연극과는 달리 사진과 영화는 복제가 가능하고 예술작품들에 대한 기술적인 복제가 만연함에 따라, 작품들이 갖는 본래의 의미, 원조의 느낌인 '아우라(aura)'가 파괴되는 '복제의 시대'가 초래하였다(Benjamin, 1980).

5) 시뮬라크라(simulacre)에 의해서 현실의 경험과 지반이 사라지면서 보드리야르의 유명한 내파 개념이 등장한다. 보드리야르는 미디어를 통한 기호와 정보의 확산은 미디어가 구성한 내용과 현실을 구별하지 못하게 함으로써 모든 콘텐츠를 분해하고 의미를 없애버린다고 설파했다. 따라서 현실과 이미지, 또는 시뮬레이션 간의 경계가 내파되고, 그 결과 현실은 기호에 종속되어 현실마저 해체한다. 이는 궁극적으로 현실이 현실을 분해하는 작업으로 파악할 수 있다(김정탁, 2002).

것으로의 의미를 갖기 때문에 더 이상 하나의 진리가 존재하지 않으며, 다수의 진리가 공존하는 시대로 전환되었다. 이제 실체는 상징의 범람 아래 사라지고 상실되었다고 그는 포스트모던 사회를 바라본다.

> 이제 실체는 실체로서 출현하기 위한 시간이 더 이상 허용되지 않는다: 실체는 매일의 꿈을 포획하며, 심지어는 꿈으로조차도 나타나기 이전에 벌써 꿈과 합성되고 있다(Baudrillard, 1983: 152).

보드리야르는 1970년대 후반부터 푸코의 권력이론에서 벗어나 상징과 기호의 정치학에 대한 지금까지의 믿음을 포기하고 포스트모던 사회에 대해 보다 전위적(avant－garde), 허무적, 냉소적, 그리고 반정치적 입장으로 선회한다. 1968년 파리혁명 실패를 바라보며 보드리야르는 푸코의 권력이론은 너무 낡았으며, 새로운 시대의 사회현상을 더 이상 설명하지 못한다고 비판한다. 권력은 더 이상 제도와 연관되어 있지 않으며, 상징과 코드, 모방과 합성, 그리고 미디어와 엉켜서 조작·가장·복제된다고 주장한다.

이처럼 마르크스주의로부터 시작된 그의 이력은 포스트모더니즘으로 선회하면서 훨씬 많은 명성을 얻었다. 특히, 기호의 세계로 오늘날의 문화현상을 파악하려고 한 그의 논리는 적지 않은 문화 현상을 설명하는 데 적절한 통찰력을 제공하고 있다. 오늘날 보드리야르는 현대성의 분석가로서 특히 예술, 영화, 사진, 미디어와 이미지, 도시와 시뮬레이션, 하이퍼 리얼리티, 버츄얼 리얼리티, 환상, 유혹 등에 관심을 쏟고 있다(김정탁, 2002에서 재인용).

4 제임슨의 포스트모던

학자들 사이에 마르크스주의와 포스트모던의 관계에 대한 논의는 각각의 입장에 따라 크게 네 집단으로 분류된다. 첫째는 포스트모더니즘을 일고의 가치도 없는 쓰레기 사상으로 평가절하하는 학자들[예를 들면, 이글턴(T. Eagleton), 하버마스(J. Habermas), 홀(Peter Hall)]이 있다. 둘째는 급진적 좌파 사상과 포스트모더니즘 사이에 연계를 시도하였으나 그것을 포기한 학자들(예를 들면, 푸코와 리오타르)이 있다. 셋째는 보드리야르와 같이 기호학의 통합을 통하여 마르크스 사상의 정교화를 시도하였으나 종국에는 마르크스를 넘어서 극단적 포스트모던으로 선회한 학자가 있다. 마지막으로, 마르크스주의(Marxist) 분석 범주에 포스트모던을 성공적으로 결합시켜 포스트모던에 대한 확고한 마르크스주의 설명을 제시한 학자들이 있다. 제임슨은 하비(David Harvey)와 함께 이 마지막 집단에 속하는 대표적인 학자라고 할 수 있다.

프레드릭 제임슨(Fredric Jameson, 1934~현재)은 후기 자본주의의 문화적 논리를 반영하는 개념으로 탈현대성을 설명한다(Jameson, 1984). 경제결정론의 시각에서 급진적 변화를 보이는 현 사회의 등장을 설명하기 위한 시도로서 포스트포디스트(post-fordist)/네오포디스트(neo-fordist)를 설명하는 요소와 넓은 의미에서 깊은 유사성을 갖는 개념으로 포스트모더니즘 현상을 해석한다.

> 문화에 있어서 포스트모더니즘의 입장은 명시적 혹은 암묵적으로 오늘날 다국적 자본의 활동을 지지하는 정치적 입장을 보인다(Jameson, 1984: 55).

이러한 주장을 정립하는 과정에서 제임슨은 『후기자본주의(*Late Capitalism*)』를 저술한 어네스트 만델(Ernest Mandel)의 논리를 수용한다. 만델은 현재 우리 사회에서 자본주의의 논리는 한층 넓은 지역까지 영향을 미쳐서 심지어는 생활의 문화적 측면까지도 이 논리에 잠식당할 정도로 보다 선진화되고, 섬세화되고, 본연의 모습을 보인 자본주의를 목격하고 있다고 주장한다. 제임슨은 이러한 만델의 논리를 수용하여 마르크스주의를 재구성하였으며, 이러한 제임슨의 시도는 보드리야르와 다른 학자들에 의한 포스트모던 도전을 봉쇄하기 위한 사회주의적 분석의 구명논리를 제공하였고, 포스트모던을 마르크스 이론과 보다 건설적으로 접목시키기 위한 기틀을 마련하였다.

제임슨의 포스트모던 출발점은 보드리야드나 리오타르와 마찬가지로 사회 변화를 '탈현대성'의 새로운 시기로 인식하여 탐색하는 것이다. 그러나 보드리야르나 리오타르와는 달리 제임슨은 이러한 새로운 경험과 환경을 근대의 오랜 사고와 인식 체제를 대신하는 또 다른 유형의 자본주의 재현으로 받아들인다. 제임슨에게 포스트모던은 문화적 현상이다. 포스트모던 시대에는 자본주의와 거리를 두고 비판을 가했던 문화활동이 이러한 비판적 경계의 상실과 함께 상품화될 뿐만 아니라 고급과 저급문화를 구별하는 경계까지 파괴되는 현상이 발생한다. 이에 더하여 제임슨은 포스트모던 시대에 '방향 없는 하이퍼-공간' 속으로의 급격한 파편화와 분절화에 의한 '주체의 죽음'을 포함한 다양한 문화적 지체현상을 경고한다.

포스트모던 분석에서 제임슨이 다른 포스트모던 사상가들과 차별을 보이는 중요한 면은 바로 초서사(meta-theories)에 대한 수용이다. 제임슨에게 역사는 아직도 계급 투쟁의 연속이며 푸코와 같이 인지 체제의 전환으로 보지 않는다. 제임슨에 의하면 현대성과 자본주의의 지배구조는 논리적으로 연계되어 있으며, 모던과 포스트모던 사이에는 어떤 단절이 아닌 지속성이 존재하고, 포스트모던은 자본주의의 문화적 재현일 뿐이라고 주장한다. 이러한 포스트모던의 문화적 혼란에 의해 대중들은 점차 방향 감각을 상실하고 파편화됨에 따라 도시에서 집단행동이나 급진적 활동은 점차로 위축되게 된다. 이러한 문제를 극복하기 위하여 제임슨은 각 개인들이 사회에서 자신들의 입장을 인지할 수 있는 — 마르크스가 주장한 계급 의식(class consciousness)과 같은 — '인지도 작성(cognitive mapping)'을 통한 새로운 정치의 도입을 주장한다. 다른 학자들이 주장한 '미시적 정치(micro-politics)'를 단지 부분 혹은 국지적 유희로 비판하며, 이러한 탈구조주의적 사고는 대표성 없는 세계를 창조할 뿐이라고 혹평한다. 따라서 포스트모던 시대의 정치는 억압, 불평등, 소외 등에 의해 서로의 공동 이해를 도모할 수 있는 상이한 개인과 집단들 사이에 '연합의 정치(politics of alliance)'에 의해 풀어갈 것을 주장한다. 이런 의미에서 어떻게 연합을 창출하여 불평등의 경계에까지 밀어붙이는가를 탐구하기 위해서는 현대 도시에서 소외와 한계 상태에 있는 여성과 소수집단들의 생활과 경험에 대한 연구가 특히 필요하다고 지적한다.

제임슨은 현대 사회를 '비동시적인 것의 동시성' 사회로 설명한다.[6] 즉, 현대 사회는 세계화되어 있는 경제구조와 구식의 국가·정부 제도가 공존하는 사회로 설

6) 제임슨(1991: 51)은 모더니즘을 사회적 발전의 고르지 못한 기간 또는 에른스트 블로흐(Ernst Bloch)가 '비동시적인 것의 동시성'으로 지칭한 것, 다시 말하면 수공업과 거대한 카르텔 또는 소작인의 들판과 포드 공장의 거대한 공업단지가 동시대에 공존하며, 근본적으로 서로 다른 역사의 순간들로부터 파생된 서로 다른 리얼리티들의 공존과 상응하는 것으로 파악되어야 한다고 주장한다.

명한다. 이런 현상들은 '모더니티'가 완전히 소멸되었다기보다는 새로운 세계·사고·생활방식으로 전환되는 과도기라는 것을 의미한다(Jameson, 1991). 실제로 현대 사회의 생산과 관리 방식에서 포디즘과 포스트포디즘이 공존하는 것을 알 수 있다. 예를 들면, 첨단산업의 생산과 관리 방식에서는 유연적 생산과 전문화가 도입되어 포스트포디즘 체제가 구축된 반면에, 맥도날드 햄버거에서는 아직도 대량생산과 소비 중심의 포디즘 체제가 적용되고 있다(Ritzer, 2001). 이제 사회가 점차로 포스트모던으로 진행될수록 과거 그 자체가 사라져버릴 것으로 제임슨은 예측한다. 우리의 상황은 보다 동질의 상태로 현대화된 상황이다. 우리는 더 이상 비동시성과 비동시발생의 곤혹스러움으로 인해 방해받지 않는다. 모든 것은 발전 또는 합리화라는 거대한 시계 위에서 동일한 시간대에 도달했다. 이것이 우리가 모더니즘을 아직 완성되지 않은 현대화에 의해 특징지어지는 것으로 보고 또한 포스트모더니즘을 모더니즘보다 더 모던한 것으로 주장할 수 있는 의미이다(Jameson, 1991: 53에서 재인용).

5 라클라우와 무페의 포스트마르크스주의(Post-Marxism) 이론

포스트마르크스주의(post-marxism) 시각에서 에르네스토 라클라우(Ernesto Laclau, 1925~2014)와 샹탈 무페(Chantal Mouffe, 1943~현재)는 사회의 다양성을 배제하며 오직 계급 중심적 분석에만 집착하는 환원주의적 마르크스주의 논리를 비판한다.[7] 하지만, 이들은 마르크스학파의 모던/포스트모던의 이분법적 논쟁과는 달리 모던 혹은 포스트모던 입장을 수용 혹은 거부하기보다는 중간적 입장을 취한다.

라클라우와 무페가 제임슨과 뚜렷이 구분되는 것은 마르크스주의를 포함한 초서사를 거부하고 좌익 시각에서 보다 실용주의로 기울었다는 것이다. 하지만, 그들

7) 알뛰세(L. Althusser)와 플란차스(N. Poulantzas)에 의해 그 기초가 놓여졌으며 현재는 라클라우(E. Laclau)와 무페(C. Mouffe)로 대표되는 포스트마르크스주의, 그리고 포스트 구조주의 경향에 신사회운동이 토대를 둠으로써 사회적 관계가 담론적·헤게모니적 관계로 탈물질화되었다는 지적이 제기된다. 신사회운동은 마르크스주의의 경제주의와 계급환원론에 기초한 정통적 본질주의(orthodox essentialism)를 거부하는 과정에서 계급투쟁을 사회주의적 프로젝트에서 삭제해 버렸다는 것이다. 나아가 노동자들은 물질적인 이해관계에 연루되어 있는 반동적이고 보수적인 존재로서 묘사되기도 한다(Gorz, 1982; Michael Neary, 2001에서 재인용).

도 점증하는 상품화, 분산과 파편화를 목격하고 '새로운 시대'의 출현을 수용한다. 이러한 점증하는 사회집단과 현상의 파편화는 계급 분석에 기반을 둔 마르크스주의 논리를 무력화시키며, 새로운 정치적 · 사회적 조율을 위한 논리의 개발을 요구한다. 이제 도시공간에는 계급을 중심으로 한 이해관계보다는 성(gender), 연령, 인종, 민족들 사이에 관심이 중첩된 곳에서 공동의 이해가 결집될 수 있고, 이러한 이해의 결절(nodes of interest)들 사이에 연계를 가져오는 것이 포스트모던 사회주의 정치의 새로운 전략과 방향이 되어야 한다고 라클라우와 무페는 주장한다 (Allmendinger, 2001: 49).

라클라우와 무페는 현대 사회의 새로운 실증적 현상들, 즉 새로운 페미니즘의 발흥, 인종적 · 민족적 · 성적 소수집단에 의한 저항 운동, 주변화된 인구층에 의해 수행되는 반제도적 생태학 투쟁, 기득권 세력에 대항하는 촛불집회, 반핵 운동, 주변부 자본주의 국가들에서 일어나고 있는 유형화하기 힘든 사회적 투쟁들이 사회적 갈등 가능성을 넓은 범위의 지형으로 확장시키며, 이것이 좀 더 자유롭고 민주적인, 그리고 평등주의적인 사회를 향해 나아갈 수 있는 잠재력을 창출하고 있다고 보고, 이런 점에서 "우리는 지금 포스트마르크스주의적 지형(terrain)에 처해 있다."고 선언한다(김종기, 1998에서 재인용).

이러한 포스트마르크스주의의 철학적 · 인식론적 기초는 라클라우 자신의 말처럼 단적으로 포스트구조주의, 그중에서도 특히 데리다의 사상으로부터 나온다고 할 수 있다. 데리다 철학의 핵심은 차연(differance)과 해체(de-construction)라는 개념으로 압축된다.[8] 차연의 논리와 해체의 관점에 따르면 상호 관계에 의하지 않고 그 자체로 파악될 수 있는 고정된 실체 또는 본질은 없으며, 초점은 동일성 또

8) 차연의 논리로부터 나오는 귀결은 (데리다의 표현으로) 로고스 중심주의적 형이상학, 즉 인간 이성의 능력을 신뢰하여 이성 또는 이성적 사유가 사물의 본질을 파악하는 능력임을 의심하지 않는 서양 철학의 전통에 대한 비판이다. 한편, 해체의 관점에서 "텍스트 바깥에는 아무 것도 없다"는 데리다의 텍스트주의가 겨냥하는 것은 진리 직관주의나 진리 정초주의에 대한 거부이며, 진리를 항상 텍스트에 의해 끊임없이 재서술되어야 할 우연성의 얼굴로 확인하는 것이다. 이렇게 해서 해체는 중심, 고정된 주체, 기원, 절대적 원리를 포기하는 것으로 드러난다. 의미는 궁극적 기원을 가지고 있지 않고 텍스트 속에서 끊임없이 표류한다. 기호가 다른 기호에 대해서만 언급하는 것과 마찬가지로 텍스트는 다른 텍스트에 대해서만 언급할 수 있으며, 상호 교차적이며 무기한으로 확장될 수 있는, 상호 텍스트성이라고 부를 수 있는 그물망을 만들어 낸다. 풍부한 해석이 존재하며 어떤 해석도 궁극적인 것으로 주장될 수 없다는 것을 의미한다(김종기, 1998에서 재인용).

는 통일에서 차이 또는 파편화로 옮겨간다. 이렇게 데리다의 차연과 해체로부터 시작한 포스트마르크스주의의 인식론적 기초는 (사회에서 중심을 인정하지 않는) 탈중심적 상대주의와 (사회는 총체적으로 파악될 수 없다는 사회적) 불가지론으로 귀착된다.

이제 역사는 법칙에 따라 필연적으로 진보하는 것이 아니며 다양한 주체들의 투쟁에 우연적으로 내맡겨져 있으며, 특히 인류 해방의 사명을 담당하는 보편적 계급으로서 노동 계급의 특권적 지위는 더 이상 주장될 수 없다. 라클라우와 무페에 따르면 사회적 정체성(identity)이라는 것은 담화적 헤게모니의 접합을 통해서 이루어진다. 따라서 통일적인 중심을 가지지 않는 사회적인 것들은 담화적으로 구조화된 사회관계 속에서 파악되며, 이에 따라 포스트마르크스주의의 이론적 대안은 그 속에서 다양한 인간 집단들의 자유로운 의사 표출을 지향하는 다원화된 급진 민주주의가 된다. 여기서 급진 민주주의라는 것은 차연의 논리에 따라 민주주의 영역 안에서 억압에 대항하는 여러 투쟁들의 등가 연쇄를 확장시키는 것이다(예를 들면, 세월호 참사 진상조사 투쟁, 역사교과서 국정화 반대 투쟁, 사드배치 반대 투쟁 등이 합쳐져서 박근혜 탄핵을 위한 촛불집회가 형성). 다시 말해 급진 민주주의란 자본주의 사회를 극복할 수 있게 하는 정치적 변혁들을 사회적 행위자들과 사회적 투쟁들의 다원성 위에 두는 것이다.

이러한 다원화된 사회적 관계에서 통일적 중심이 인정될 수 없기 때문에 프롤레타리아 혁명의 궁극 목표로서 사회주의라는 것도 단지 다원적인 급진 민주주의를 구성하는 한 요소에 불과한 것으로 간주된다. 따라서 여기서는 시민운동, 여성운동, 환경운동, 반인종주의운동, 소수민족운동, 성 소수자운동 등 이른바 신사회운동도 노동운동과 마찬가지로 민주주의 투쟁에서 등가를 지니는 것으로 된다. 이제 자본주의 극복을 위한 투쟁에서 통일적 중심으로서 노동자 계급의 주도성은 인식론적으로나 존재론적으로나 인정될 수 없으며, 자본주의의 극복태가 사회주의이어야 한다는 논리적 귀결은 무의미하다는 것이 라클라우와 무페가 주장하는 포스트마르크스주의 논리이다(김종기, 1998에서 재인용).

제3절 포스트모던 이론의 주요 논점들

지금까지 주요 포스트모던 사상가들이 제기한 현대 사회의 문제점과 탈현대적 해석에 대해 알아보았다. 이 절에서는 이들의 주장을 중심으로 포스트모던 이론의 주요 논점들을 정리 및 요약하였다. 이러한 논점들로부터 탈현대성 시대에 도시개발의 의미, 방향 및 전략 수립 과정에서 필수적으로 검토되어야 할 핵심 요소들이 제시된다.

1 '새로운 시대'의 도래

포스트모던에 대한 논의는 앞에서 언급한 바와 같이, 최근의 사회 변화를 과거의 연속인가 혹은 과거와는 현저히 다른 양상을 보이는 새로운 현상으로 해석하는가에서부터 시작한다. 대다수의 포스트모던 학자들은 최근의 변화를 과거와는 다른 새로운 현상으로 인식하고 있으며, 따라서 새로운 시대와 현상을 설명하기 위한 새로운 이론의 개발을 주장하고 있다. 제2차 세계대전 이후에 급속한 과학기술의 발달과 경제활동의 세계적 확대는 사회의 관리와 통제 방식의 변화와 함께 시민들의 사고와 생활방식의 변화를 요구하고 있다. 세계화 · 정보화 · 도시화 시대로 대표되고 있는 현 사회는 제조업 중심의 산업에서 서비스 중심의 산업구조로 재편되고 있으며, 기술의 혁신과 변화가 급속히 일어나서 경쟁력 확보를 위해서는 종래의 포디스트 관리 · 생산 방식에서 포스트포디스트 방식으로 전환되고 있고, 이러한 사회 변화는 종래의 국가 중심의 경직적 · 규제적 통제에서 탈피하여 도시 중심의 유연적 · 네트워크 관리방식으로 전환을 요구하고 있다.

이와 같이 현 시대를 경험론적 측면에서 과거와는 다른 양상을 보이는 것으로 해석함으로써 새로운 시대의 도래를 주장할 수도 있으나, 과거 사회에 대한 반성과 비판적 측면에서 새로운 시대가 도래되어야 한다는 당위적 주장이 제기되기도 한다. 계몽 사고와 합리주의의 도입, 그리고 자유주의 시장경제 체제의 발달에 의한 산업화와 도시화는 생산성과 부의 증가를 가져왔으나, 이에 못지않은 많은 사회문제를 유발하였다. 축적된 부가 특정 개인이나 집단에게 독점적으로 배분됨에 따라 양극화 현상과 상대적 박탈감은 더욱 증가하였으며, 급격한 사회 변화는 변화와 혁신을 주도하는 집단에게는 부와 권력을 부여하지만, 이러한 변화와 혁신에 뒤진 개인이나 집단들을 더욱 소외와 주변화시키는 결과를 가져왔다. 사회에서 분명히 부의 크기는 증가하였는데 시민들의 복지는 결코 향상되지 않았으며, 어떤 면에서는 삶의 질과 행복지수가 하락하기도 하였다. 이러한 현상은 현대 사회를 지배・통제하는 제도와 관리 방식에 분명 문제가 있다는 것을 의미하며, 탈현대성은 현대 사회의 이러한 갈등과 모순을 불러오는 제도와 논리를 해체하고 재구성할 것을 요구한다.

2 초월적 의미의 해체

이제 포스트모던에서 거부・해체・재구성해야 하는 주요 대상이 바로 '초서사'라고 할 수 있다. 물론 이러한 초월적 의미의 해체에 대한 주장은 새로운 혹은 특히 포스트모던에서만 제기되는 독특한 논제가 아니라 니체(F. W. Nietzsche)까지 거슬러 올라가는 오랜 역사를 갖고 있다. 하지만, 리오타르, 보드리야르, 푸코 등은 탈구조주의 시각에서 상징과 기표의 주체적 의미를 거부하고 의미의 무한한 다양성을 강조하였다. 상징과 기표에 대해 특정한 의미 부여는 곧 지배집단의 이데올로기를 반영한 것이며, 이러한 의미를 중심으로 기표를 해석하는 것은 곧 지배집단의 활동에 대한 정당성을 부여하는 것으로 해석될 수 있다. 그러나 상징과 기표를 다른 시각에서 해석할 때 종래에는 인식하지 못했던 은폐된 동기와 의미, 지배집단의 착취와 폭력, '타자성'에 의한 소외와 불평등 문제들이 노출되는 것을 목격한다.

리오타르는 이런 의미에서 포스트모던의 논리를 '초서사' 혹은 '거대이론'에 대한 불신으로 표현하며, 이러한 초서사는 곧 '언어게임'에 불과하다고 주장한다. 산업혁명 이후 눈부신 발전을 가져왔던 유럽의 문명과 계몽의 논리를 계승한 서구의 합리주의가 가져온 역사적 결과로서 20세기 초・중반에 발생한 제1・2차 세계대전, 그리고 인류 역사상 가장 반인류적 행태인 유태인 학살을 초래했을 때, 역사에 대한 거대이론과 사회현상에 대한 초서사는 더 이상 정당성과 입지를 상실했다는 것이다. 이런 관점에서 지금까지 다른 많은 지엽적 · 국지적 논리를 억압하기 위한 도구였던 거대이론에 대해 회의와 불신을 가져야 하며, 그 자리를 매일매일의 미시 활동에 주안점을 둔 작은 이야기(small narratives)에 넘겨야 한다고 리오타르는 주장한다.

푸코는 이런 점에서 다소간 개방적 시각을 갖고 초서사의 종말보다는 회의를 주장하며, 총체적 해체보다는 문제화를 제기하는 입장을 취한다. 이러한 푸코의 논리는 이성과 비이성, 정상과 비정상을 구분하는 가치와 기준 속에는 권력관계가 내재되어 있으며, 이러한 권력관계 아래 지배집단의 피지배집단에 대한 감시와 처벌, 억압과 착취가 발생한다고 주장한다. 결국 초서사는 권력관계의 또 다른 표현에 다름 아니며, 진정한 의미에서 인간 해방을 위해서는 획일성 · 총체성을 강조하며 지배집단의 논리를 대변하는 초서사에 회의를 품고, 다양성 · 차이 · 이질성을 강조하는 방향으로의 사회 변혁을 주장한다.

보드리야르는 이 부분에서 가장 강력하게 초서사를 부정하고, 이제는 사회에서 정의와 불의, 진리와 거짓을 구분할 수 있는 어떤 기준과 방향성도 존재하지 않는다는 허무주의 · 냉소적 입장을 취한다. 포스트모던 사회에서 현실과 초현실(hyper-real)은 복합적으로 존재하며 끊임없이 조작 · 가장 · 합성 · 복제된다고 주장한다. 따라서 포스트모던 사회에서는 초서사가 제시하는 가치와 규범에 구속되기보다는, 상징과 기호가 제공하는 이미지 · 환상 · 유혹에 의해 행동과 사고 방식이 영향을 받는 사회로 전환되고 있다. 이제 사랑이 갖는 숭고한 의미를 실현하기 위해 남녀가 만나는 것이 아니라 TV나 영화의 내용을 흉내 · 복제하기 위하여 교제하는 현상이 점차 보편화되고 있으며, 현실 세계에서 전쟁이 참혹하고 잔인한 것으로 인식되기보다는 가상 현실 속의 게임과 복합되어 전쟁에 대한 이미지와 의미가 왜곡되는 현상을 보이고 있다. 이제 보드리야르에 와서는 초서사의 기반인 현실의 공간은 더 이상 존재하지 않으며, 상징과 기호가 범람하는 초현실(hyper-real) 공간만이 존재한다.

제임슨은 대부분의 포스트모던 학자들과는 달리 초서사를 — 비록 보다 다원적 · 유연적으로 해석하지만 — 수용하는 입장을 보인다. 포스트모던을 후기 자본주의의 문화적 재현으로 해석하는 제임슨은 현대 사회의 갈등과 모순 속에는 자본주의의 무자비한 이윤 추구와 독점의 논리가 작용하고 있으며, 과학기술의 발달과 함께 자본주의 논리는 글로벌 차원으로 확대되는 양상을 보인다고 경고하고 있다. 그 결과로 나타나는 현상은 도시 내에 양극화 현상, 지역 간의 불평등 심화, 더 나아가 글로벌 지배와 종속 관계의 심화라는 문제를 불러온다. 이러한 더욱 심화되는 자본주의의 병폐를 치유하기 위해서는 마르크스 이론을 포기할 수 없으며, 이 이론이 포스트모던 시대에 맞게 재구성될 필요가 있다는 것이 제임슨의 주장이다.

라클라우와 무페는 초서사에 대해 중간적 입장을 취하고 있다. 한편으로 포스트모던 시대에는 마르크스 이론과 같이 오직 계급 의식에만 의존하는 이론으로는 더 이상 복잡한 사회 갈등과 문제를 풀어갈 수 없으며, 다원화·파편화된 사회에서 이해의 결집을 가져오기 위한 다원화된 급진 민주주의 전략이 채택되어야 한다고 주장한다. 라클라우와 무페에 의하면 계급관계는 다원적인 급진 민주주의를 구성하는 한 요소에 불과하며, 이런 의미에서 노동자 계급의 지배를 목표로 하는 사회주의 논리는 포스트모던 시대에 더 이상 정당성을 확보할 수 없다는 포스트마르크스주의 논리를 제시한다.

초서사에 대하여 포스트모던 학자들이 일치된 견해를 보이지 않지만, 산업사회·근대성 사회를 설명하는 논리로는 포스트모던 사회 현상을 적절히 설명하지 못한다는 데는 어느 정도 의견의 일치(?)를 보이고 있다. 또한 포스트모던 이론들은 아직까지 초서사가 왜 의미와 설명력을 상실하는지에 대한 명백한 논리를 제시하지 못하는 것 또한 사실이다. 그리고 포스트모던 이론들이 한 논제에 대해 똑같은 목소리를 낸다는 것은 포스트모던의 본질을 고려할 때 기대하기 어렵다고 본다.

3 총체성 거부와 다양성·차이의 수용

초서사에 대한 포스트모던의 회의 혹은 거부는 획일성·총체성에 대한 포스트모던의 불신으로 이어진다. 합리성과 계몽주의에 기반을 둔 모던 사고는 절대 권력과 교회의 지배로부터 시민 해방에 공헌한 것은 사실이지만, 그 결과로 유도된 자본과 기술중심주의는 또 다른 갈등과 모순, 혼란, 양극화 현상을 초래하였다. 이러한 결과는 '현대성'에 대한 비판과 반성으로 이어져 '탈현대성'의 사고와 이데올로기를 낳게 되었다. 이런 의미에서 탈현대성은 모더니즘에 대한 비판뿐만 아니라 모더니즘을 포함한 현대성 시대의 제도·전통·형식·구조에 대한 비판과 재구성을 요구한다.

이러한 모더니즘에 대한 비판은 크게 세 가지로 축약될 수 있다. 첫째, 전체화에 대한 거부로 나타난다. 리오타르의 '초서사'에 대한 거부와 푸코의 '이성의 독주'에 대한 회의는 모더니티의 전체화에 대한 비판을 지적한 것이다. 즉, 일반 원리에 기반을 두고 출발·추론되는 지식은 전체주의를 초래할 위험이 있으며, 지배집단의 억압과 착취에 대한 정당화 논리를 제공한다는 것이다.

둘째, 목적론에 대한 거부로 나타난다. 포스트모던 사고는 근본적으로 인간사(人間事)에 결정적 영향을 줄 수 있는 삶의 원인·원초적 목적에 대하여 회의와 의심을 갖는다. 목적론은 인간이 궁극적으로 추구하는 목적에 삶의 의미를 부여하고, 이러한 삶의 목적이 행위를 통제하는 것으로 해석한다. 그러나 현대 사회에서 추구되는 삶의 목적과 원인 뒤에는 외양과 표면 뒤에 감춰진 '은폐된 진실'이 도사리고 있다. 즉, 현대 사회에서 시민들의 삶의 목적은 지배집단, 지식집단, 권력집단에 의해 끊임없이 계몽·조작되고 있으며, 이들의 권력과 지배, 억압과 착취를 정당화하기 위한 수단으로 작용한다는 것이다.

셋째, 유토피아에 대한 반대로 나타난다. 포스트모던 사고에서는 더 이상 이상사회는 존재하지 않는다. 이상사회는 특정 집단이 시민들을 이용·동원하기 위하여 조작된 환상에 불과하다는 것이다. 우리는 역사 속에서 이러한 이상사회의 실현을 위한 많은 외침을 보았으나, 이러한 것의 대부분이 지배집단의 권력 유지와 시민의 착취를 위한 수단이었다는 것을 잘 이해할 수 있다. 예를 들면, 나치와 파시즘에 의한 국민 총동원과 이상사회 추구가 권력 유지를 위한 전략이었다는 것을 잘 이해할 수 있으며, 자본주의·사회주의가 추구하는 이상사회가 실제로 시민들에게 행복의 증가를 가져오지 않는다는 것을 인식하고 있다.

포스트모던의 전체성·목적론·유토피아의 거부는 포스트모던 사회가 탈중심화, 주체의 해체, 개성의 시대를 지향한다는 것을 보여준다. 지배집단의 목적·의도·이상 뒤에는 자신들의 권력 유지라는 '은폐된 동기'가 있으며, 이 과정에서 일반시민들은 억압과 착취, 감시와 규제의 대상이 된다. 이제 포스트모던 시대에 이러한 지배집단의 독점은 거부되며, 다양한 집단의 이해와 요구가 보다 공개적으로 표출·수용되는 변화가 기대된다. 현대성 시대 동안 지배집단의 이해와 권력의 횡포 아래 '타자(otherness)'로서 소외되었던 소수집단·약자집단의 권리와 이해가 표출됨에 따라 포스트모던 사회는 더욱 다양하고, 차이를 수용할 수 있는 유연적 사회로 전환될 것으로 포스트모던 학자들은 예상한다.

4 문화활동의 역할과 영향의 강화

어느 시대에도 문화는 존재하고 사회에 중요한 영향을 미친다. 그런데 포스트모던 시대에는 다른 어떤 시기보다 문화활동이 시민들의 사고와 행동뿐만 아니라 도시성장과 경쟁력에 중요한 영향을 미칠 것으로 예상된다. 포스트모던은 1950년대에 문학에 대한 논의에서 시작되어 예술과 건축 분야로 그 영향이 전파되었고, 최근에는 영화와 미디어 분야까지 그 영향이 확대되어 예술과 문화 전반에 걸쳐 포스트모던 열기가 높아가고 있다. 그리고 새로운 문화와 예술활동으로 뿌리내려 가고 있는 포스트모던은 그 파격의 범위와 내용이 현대의 사고 방식으로는 이해할 수 없을 정도로 전위적이다. 이러한 포스트모던의 특성을 리오타르는 다음과 같이 설명하고 있다.

> 포스트모던한 것은 근대적인 것에서 표현할 수 없는 것을 표현 그 자체로 드러내는 것이다. 그것은 좋은 형식이 갖는 위안, 얻을 수 없는 것에 대한 향수를 집단적으로 공유케 하는 취향의 합의를 거부한다. 그것이 새로운 표현을 찾는 것은 표현을 즐기기 위해서가 아니라 표현할 수 없는 것에 더 강렬한 의미를 부여하기 위해서이다. ……(중략)…… 포스트모더니즘의 작가와 예술가의 텍스트나 작품은 원칙적으로 기존 규칙의 지배를 받지 않는다(리오타르, 『포스트모던의 조건』, 179쪽, 유정완 외 옮김).

포스트모던이 문학과 예술 분야에서 출발한 것은 이와 같이 기존의 형식과 규칙에 영향을 받지 않는 상상과 창조가 가능했기 때문일 것이다. 이제 이러한 상상과 파격은 문화와 예술활동으로만 표현되는 것이 아니라, 현실에서 발생하고 있다. 보드리야르가 말한 초현실(hyper-real) 세계는 이제 더 이상 초현실이 아닌 현실과 합성되어 공존한다. 문화적·예술적 상상력은 단순히 상상에서만 머무는 것이 아니라 현실과 합성되어 시간과 공간을 초월한 새로운 사고와 생활방식, 텍스트와 이미지, 아이디어와 상품을 생산한다. 이런 의미에서 포스트모던으로의 진입은 하이테크(high tech)가 핵심이었던 과학기술 시대를 지나서 하이터치(high touch)가 중심이 되는 문화·예술 시대로의 전환이라고 볼 수 있다.

<표 12-1>은 모던과 포스트모던을 비교한 것이다. 이러한 단순 비교에 대해 많은 학자들(Hassan, 1985; Wilder, 1998)이 둘 사이에 복잡한 관계를 단순히 양극화로 묘사할 위험성이 있다고 경고한다. 그러나 차이가 어떤 것인지를 알려주는 데는 <표 12-1>이 도움이 될 것으로 생각한다. 예를 들면, 모던 도시계획가들은 '폐쇄적 모형'을 정교하게 설계함으로써 도시가 하나의 총체성으로서 개발되기를 기대하는 성향을 보인다. 반면, 포스트모더니스트들은 도시 과정을 변화와 다양성

표 12-1 현대성과 탈현대성의 도식적 차이

현대성	탈현대성
목적(purpose)	유희(play)
위계(hierarchy)	무질서(anarchy)
통제(mastery)	소모(exhaustion)
집중(centering)	분산(decentering)
장르(genre)/경계(boundary)	텍스트(text)/상호 텍스트성(intertext)
은유(metaphor)	환유(metonymy)/대유(synecdoche)
거대 서사(grand narrative)	국지 서사(local narrative)
표준 규범(master code)	개인 언어(idiolect)
읽기(reading)	쓰기(writing)
남성(phallus)	양성(androgyny)
편집증(paranoia)	정신분열증(schizophrenia)
기원(origin)/원인(cause)	차이(difference)/과정(trace)
결정(determinacy)	상호 결정(interdeterminacy)
초월성(transcendence)	내재성(immanence)
획일성(the 'one')	다양성(the 'many')
명료성(clarity)	모호성(ambiguity)
집합성(community)	분산성(dissemination)
외파(explosion)	내파(implosion)
생산(production)	복제(simulation)
중심(center)	주변(margin)
투명(transparency)	불투명(opacity)
역사(history)	계통(genealogy)
현실(the real)	초현실(hype-real)
근본주의(fundamentalism)	허무주의(nihilism)

출처: Pile & Rose(1992: 128).

에 완전히 열린 상황을 무대로 개발을 계획한다. 이러한 비교 구분들은 모던과 포스트모던을 약식으로 묘사한 것으로, 오늘날의 지적 풍토 전부를 이러한 도식으로 포착할 수 없다는 것을 기억해야 한다(Harvey, 1989: 68).

제 4 절 모던도시에서 포스트모던 도시로: 시카고에서 로스앤젤레스로

1 시카고 학파

1920년대와 1930년대에 시카고대학(University of Chicago)을 중심으로 도시학 연구의 문을 연 '시카고 학파'는 현대 도시 성장을 설명하는 모형과 이론을 개발한 것으로 자주 인용되고 있다. 야노비츠(Morris Janowitz)에 의하면, '시카고 학파'에 의해서 '도시'가 '독립적인 사회학 연구 단위'로서 학문적 주목을 받기 시작하였다:

> 도시는 어떤 부가적 혹은 잔여적 장치가 아니다. 반대로 도시는 인간성의 진솔한 면을 구현한다. 그것은 보편적 측면에서는 인간의 표현이며, 특수한 면에서는 특정 공간에 형성된 사회적 관계의 표현이다(Janowitz, 1967: viii–ix).

시카고 학파의 모형들 가운데 가장 널리 알려진 모형은 버제스(Burgess, 1925)가 개발한 동심원 이론(concentric ring theory)이다. ① 동일한 지형 조건, ② 단일 중심지에 대한 보편적 접근성, ③ 공간 이용을 위한 자유경쟁, 그리고 ④ 중심지로부터 외곽으로 단계적 개발을 가정한 이 이론에 의하면, 도시는 일련의 동심원 형태로 개발된다고 버제스는 제시하였다. 이와 같은 도시 확장의 역동성을 가져오는 변수로는 침입(invasion), 계승(succession), 격리(segregation)와 같은 생태학적 요인이 제시되었으며, 도시는 새로운 전입자와 기존 거주자 사이에 공간 이용을 위한 적자생존의 논리에 의해 점유된다고 주장하였다([그림 12–1] 참조).

다른 도시학자들은 도시는 동심원보다는 별 모양(star–shaped)으로 성장한다고 주장하였다. 즉, 중심지로부터 주요 교통로를 따라 인구와 산업활동이 주변에

그림 12-1 시카고 학파 도시공간 구조 모형

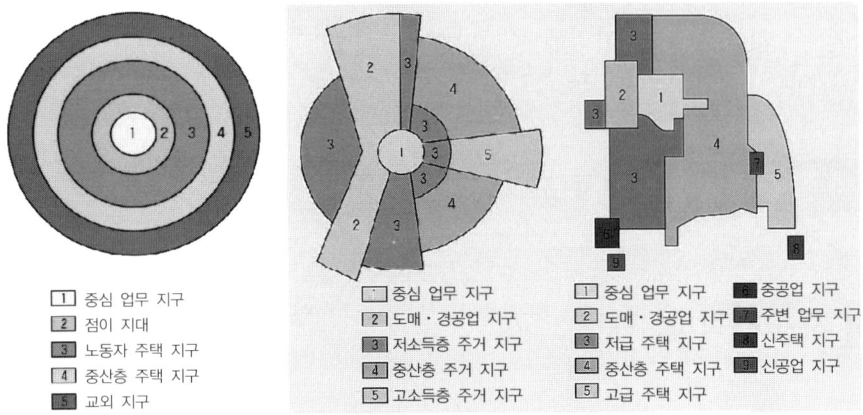

(동심원 모형) (섹터 모형) (다핵 모형)

밀집하는 경향을 보인다고 주장하였다. 이러한 관찰을 바탕으로 1930년대에 호이트(Hoyt, 1933, 1939)는 도시구조의 부채꼴 모형(sector model)을 개발하였다. 부채꼴모형에 의하면, 도시는 중심지(CBD: Central Business District) 부근에서 토지 이용에 차이를 보이며, 이러한 상이한 토지 이용은 도시가 확대되면서 지속되는 경향을 보인다고 주장한다. 따라서 중심지로부터 특정한 토지 이용 구역이 주로 주요 교통로를 따라 확대되는 경향을 보인다.

다음으로 해리스와 울만(Harris & Ullman, 1945)은 현대 도시의 복잡성을 잘 설명한 다핵 모형(multiple nuclei model)을 제시하였다. 그들은 도시를 일종의 세포(cell) 형태로 보고, 대도시 내에는 접근성과 집적의 효과에 의해서 복수의 중심지가 형성된다고 주장하였다. 해리스와 울만(Harris & Ullman, 1945)은 현대 사회에서 광범위한 사회 · 경제적 요인, 역사적 영향, 그리고 국제적 영향 등에 의해 도시구조가 결정된다고 보았다. 이러한 다양한 요인에 의해 토지 이용이 영향을 받지만, 일단 어떤 핵이 형성되면 이 도시구조가 강화되는 형태로 도시가 성장한다고 주장하였다.

20세기의 많은 도시연구들은 시카고 학파의 동심원, 부채꼴, 다핵 모형에 기대어 도시 현상을 설명하고 있다. 이 이론들은 현대 도시의 공간 이용, 지대 가격, 규모와 집적의 효과, 도시설계와 근린 효과 등을 설명하는 데 주요 논리를 제공한다. 시카고 학파의 동심원 모형은 현실의 복잡한 도시 현상을 설명하는 데는 미흡하지만, 모형의 단순성과 설명력으로 인해 시카고 학파의 동심원 모형을 인용한 광범위한 연구가 지금까지도 그 명맥이 이어지고 있다.

2 L.A. 학파

1980년대에 미국 캘리포니아 남부지역 연구에 기반을 둔 학자와 전문가들 사이에 로스앤젤레스 지역 성장에 관한 학술적 연구 필요성이 제기되기 시작하였다. 이들은 공통적으로 로스앤젤레스는 새로운 시대에 도시성장의 역동성을 상징한다는 시각을 공유하였다. 이러한 일련의 움직임과 함께 1986년에 학술지 *Society and Space*의 특집호가 전 지면을 로스앤젤레스 연구에 집중하는 것을 계기로 'L.A. 학파(L.A. School)'라는 표현이 등장하였다(Dear & Flusty, 1998). 이 특집호 서문에서 스콧(Allen Scott)과 소자(Edward Soja)는, 발터 벤야민(Walter Benjamin)이 파리를 19세기의 대표적 도시로서 연상한 것과 비교하여, 로스앤젤레스를 20세기의 대표적 도시라고 언급하였다. 그리고 이제 도시에 대한 많은 연구들은 시카고를 넘어서 로스앤젤레스에 집중될 것이라고 예측하였다.

1990년대를 거치면서 로스앤젤레스는 도시의 특수성뿐만 아니라 전반적 변화 과정에 관하여 도시학자들 사이에 주요 연구 주제가 되었다. L.A. 학파들은 특히 20세기 후반의 사회 변화—탈산업화(deindustrialization)와 재산업화(reindustrialization), 정보사회의 도래, 국민국가의 해체와 새로운 민족주의의 등장, 태평양 연안 지역의 급성장 등—가 도시 재구성에 주는 영향을 로스앤젤레스를 중심으로 연구하였다. 이러한 로스앤젤레스에 관한 연구들은 당시에 태동 단계에 있었던 세계화 · 지방화(global · local)에 관한 설명들과 결합되어 다양한 개념들이 개발되었으며, 포스트모던 기획과 합치된 일련의 논리들이 제시되었다.

로스앤젤레스는 분명히 특별한 도시인 것은 사실이다. 그러나 L.A. 학파의 추종자들은 로스앤젤레스가 특별히 독특한 도시라거나 혹은 미래의 선구적 도시라고 결코 주장하지 않는다. 대신에 그들은 캘리포니아 남부지역들이 어떤 전형적인 특성 — 다양한 언어 사용, 다핵 중심지, 다양한 문화 혼합(polycultural pastiche) — 을 함유하고 있다고 주장한다(Scott & Soja, 1996).

3 로스앤젤레스: 포스트모던 도시

대부분의 세계 도시들은 어떤 뚜렷한 특성들을 갖고 있다. 예를 들면, 파리는 방사형 대로, 뉴욕은 고층 건물의 밀집, 그리고 로마는 대형 성당 등을 연상시킨다. 그런데 로스앤젤레스는 어떤 뚜렷한 특성을 보이지 않으며, 단지 고속도로와 펼쳐진 지형만을 연상시킬 뿐이다. 밴햄(Rayner Banham, 1973)은 로스앤젤레스를 네 가지 생태학적 특징으로 구별하였다: 첫째, 파도타기 도시(surfurbia)로 다른 대도시들이 부러워하는 해변을 갖고 있다. 둘째, 구릉도시(foothills)로 언덕의 높이와 거주자의 재정적 지위가 거의 일치하는 것을 보인다. 셋째, 다양한 정체성의 평원(the plains of ID)으로 거리는 끝없는 격자 형태로 구분되고, 각 구역들은 유사한 주택들로 밀집되어 있으며, 각 구역들은 수많은 고속도로에 의해 난도질되어 공동체 정신이 붕괴된 다양한 정체성을 보인다. 넷째, 자동차 도시(autopia)로 오직 고속도로만이 도시를 전체적으로 이해하게 하며, 모든 생활과 사고 방식이 자동차와 연관된 사회를 연출한다(Dear & Flusty, 1998에서 재인용).

소자(Soja, 1989)에 의하면, 로스앤젤레스는 포스트포디즘의 파편화, 즉 자본가들의 끊임없는 유연적·비구조적 축적 양식에 의해 조성된 탈중심·탈집중의 대도시이다. 이러한 변화에 수반되어 우리의 도시적 경험에 영향을 미치는 것이 바로 포스트모던 의식과 문화적·이데올로기적 도시 재구성이라고 볼 수 있다. 그러나 포스트모던 도시에서도 중앙관제 장치(urban panopticon)와 도시 통제를 위한 전략적 필요에서 중심지는 존재한다. 중심지를 벗어나면 주요 도로의 회랑들 사이에 산재한 단지와 구역들로 도시가 펼쳐져 있다. 그 결과로 도시는 복잡한 문양의 누비이불을 펼쳐 놓은 도시구조와 경제적 합리성에 의해 조각난 도시 형태를 보인다: "아주 기묘하게도 현재의 로스앤젤레스는 디즈니월드가 조성한 거대한 테마 파크와 생활 공간을 예전의 어느 시기보다 닮아 가는 양상을 보인다"(Soja, 1989: 246). 소자는 정치경제학과 포스트모던 문화 사이에 연계를 밝힘으로써 로스앤젤레스의 도시 차별성과 파편화를 설명하는 맥락적 접근을 시도하였다.

도시에 대한 포스트모던 인지도를 제시한 탁월한 연구 중에 하나가 바로 런던 도시공간에 대한 독해인 라반(Jonathan Raban)의 『소프트 시티(*Soft City*)』(1974)이다. 라반은 도시를 하드(hard)와 소프트(soft) 요인으로 구분한다. 하드 요인으로는 도시 거주자의 생활을 지탱하는 건조환경의 구성 요인들인 거리와 건축물들을 의미한다. 소프트 요인으로는 도시민들의 마음속에 형성된 도시에 대한 개별적 해석과 인식 성향을 의미한다. 이 두 요인의 관계는 상당히 복잡하며 모호한 특성을 보이며, 도시에 전입자는 처음에 하드 요인을 경험하지만 곧 소프트 요인에 영향을 받게 된다.

> 전입자는 이제 도시의 소프트 요인에 직면하며, 정체성이 서서히 형성되기 시작한다. 좋건 싫건 간에 소프트 요인은 정체성을 개조하여 도시에서 자신이 생존할 수 있는 형태로 강화시킨다. 이제 전입자는 또한 자신이 누구인지 결정해야 하고, 도시는 자신을 둘러싼 어떤 실체로 인정되어진다. 이제 도시가 무엇인지 결정되고, 또한 자신의 정체성이 확연히 드러나는 단계에 접어든다(Raban, 1974: 11).

렐프(Relph, 1987)는 도시지리학자로서 탈현대성 공간을 구성하는 건조환경에 대한 차별적 설명을 시도하였다. 그는 포스트모더니즘은 단순한 어떤 스타일이 아닌 사고 방식이라고 주장하면서, 포스트모던 도시화는 과거 방식의 의식적·선별적 부활이라고 설명하였다. 그는 현대 사회의 다양한 추세들 — 도심 재활성화, 문화 유적 보호, 건축의 유행, 도시설계와 참여적 계획 등 — 의 복합이 어떻게 고층 건물과 과학적 합리주의의 상징으로 가득 찬 도시의 현대적 미래상을 파괴하였는지를 목격하였다. 렐프는 20세기의 도시화 과정을 다음의 세 시기로 분류하였다: ① 1940년 이전 시기까지를 전근대적 전환기, ② 1945~1970년 사이를 현대 도시사회(modernist cityscapes), ③ 1970년 이후 시기를 포스트모던 도시사회(postmodern townscapes). 그의 분석에서 cityscape와 townscape의 구별은 매주 중요하다.[9] 렐프(Relph, 1987: 242-258)는 현대 도시사회(cityscape)의 특성으로 다음과 같은 5요소

9) Cityscape와 townscape는 모두 도시로 해석될 수 있으나, 일반적으로 cityscape는 포디스트(fordist) 사회의 인구 규모가 비교적 큰 도시를 의미하며, townscape는 포스트포디스트(post-fordist) 사회의 다원화된 도시를 의미하는 것으로 설명된다.

를 제시하고 있다(Dear & Flusty, 1998에서 재인용).

(1) 거대구조의 규모(소수의 출입구를 가진 빌딩과 거친 건축처리 등)

(2) 직각공간/녹지공간(정부청사단지와 펼쳐진 교외 경관)

(3) 합리적 질서와 유연성(무사안일에 둘러싸인 총체적 질서의 공간)

(4) 견고함과 불투명성(고속도로와 변조된 자연)

(5) 일련의 불연속적 미래상(자동차 중심의 도시활동)

반면에, 포스트모던 도시사회(townscape)는 좀 더 치밀하고, 세련되며, 난해한 특성을 갖는다. 포스트모던은 도시공간에서 차이, 다문화, 다양성, 독특성을 찬양하며, 다음과 같은 요소를 갖는다.

(6) 색다른 특이성(섬세한 정밀성)

(7) 의미 전달을 위해 꾸며진 외관(중세식 건물 전면과 현대적 내부 처리)

(8) 유행성(유행과 동시에 세련과 풍요를 강조)

(9) 지역성과 재결합(지역의 역사·지리적 특성의 신중한 재구성)

(10) 보행자와 자동차의 분리(자동차에 대한 모더니스트 편견의 시정)

포스트모던이 도시에 미치는 영향에 대해 학자들마다 상이한 시각을 갖는다. 앞에서 본 바와 같이 라반은 인식적인 것을 강조한 반면에, 렐프(Ted Relph)는 외관에 중점을 두고 있다. 다음 절에서는 앞에서 살펴본 포스트모던의 특성을 참고하여 탈현대의 도시공간에 어떤 변화가 진행되는지를 살펴본다.

제 5 절 • 도시에 대한 탈현대적 시각: 포스트모던 도시의 특징

우리는 책을 읽고, 보고 혹은 쓰기도 한다. 이와 같이 책을 읽거나 쓸 때, 우리는 글자와 기호를 통해서 의미를 해석하고 책의 내용을 이해한다. 이제 책을 읽듯이 우리는 도시를 읽고, 해석하고, 느끼고, 혹은 쓰기도 한다. 무엇을 통해서 도시를 읽고 이해하는가? 공간이 주는 시각적, 감각적, 정서적 혹은 무의식적 이미지, 경험, 추억, 상상 등에 의해 도시를 '텍스트'로서 읽고 느낀다. 그리고 도시를 텍스트로서 읽기 위해서는 물론 상징과 기호가 필요하다. 기호에 의해 언어를 이해하듯이, 도시를 구성하는 기호(건축물, 스카이라인, 거리의 표지와 문화 등)들에 의해 도시의 실체를 파악하고 이해한다. 즉, 기호의 적절한 배열에 의해 언어의 의미가 전달되듯이, 도시를 구성하는 요소들의 적절한 배열과 구성에 의해 도시가 이해된다. 잘못 배열된 언어 기호는 잘못된 의미 전달 혹은 무의미를 갖는 것과 마찬가지로, 잘못 구성된 도시는 도시문제의 주요 요인으로 작용한다. 더 극단적으로 언어의 연계관계를 잃는 경우 실어증이 나타나듯이, 도시를 구성하는 요소들의 연계상실은 무도시 상태, 난개발의 원인으로 작용한다. 그래서 코스토프(Kostof, 1991)는 도시를 선(line), 격자(grid), 도형(diagram), 건축 양식(grand manner), 그리고 스카이라인(skyline) 등을 통해 독해된다고 지적하였다.

우리는 공간을 근거로 도시를 보고 상상하고 인상을 받는다. 도시에는 시간과 공간에 걸쳐 형성된 꿈, 희망, 환상, 추억과 함께 두려움, 공포, 좌절, 위험이 존재한다. 즉, 도시를 어떻게 창조하는가에 따라 꿈과 희망을 제공하기도 하고, 반대로 위험과 두려움의 공간으로 작용하기도 한다. 이것은 도시가 성장의 부산물로서 탄생한 것인가 혹은 적극적으로 도시를 생산했는가의 질문을 던진다.[10] 이런 측면에서 모던 도시들은 산업화에 의한 부산물인 생산의 공간(space of production)으로 읽혀지는 반면, 포스트모던 도시는 삶의 질 향상을 위해 적극적으로 창조된 공간의 생산(production of space)으로 이해된다.[11]

---

10) 역사적으로 볼 때, 공간은 사회이론에서 부차적인 지위로 밀려나 있었고, 궁극적으로 시간에 대립하며 어느 쪽에도 치우치지 않는 균형과 중립의 영역으로 인식되어 왔다. 더 복잡한 형태의 이론에서 공간은 의미가 고착되는 폐쇄 영역으로 지칭되었는데, 이는 시간성의 유동성과 이질성이 대립되는 것이었다. 반대로, 시간은 역동적이고 분열적이며 변화의 힘으로 간주되어 왔는데, 말하자면 시간성이란 변화와 역사적 진보의 영역으로 받아들여졌던 것이다. 그래서 공간과 지리가 단순히 주변적 관심사로 치부되어 온 반면, 시간과 역사는 이론적이고 정치적 관심의 주된 영역으로 상찬되어 왔던 것이다. 공간은 항상 중립적이고 객관적 범주로 간주되었던 것인데, 달리 말하자면, 공간은 부여될 뿐이고, 비어 있기에, 그 속에서 현상이 존재하고 사건이 발생하는 것으로 여겨졌던 것이다.

11) 앙리 르페브르(Henri Lefebvre, 1991)는 공간이 단순히 주어진 것이 아니라 생산되는 것임을 주장한 최초의 학자라고 할 수 있다. 사회적으로 생산된 공간, 또는 공간성은 비활성적인 것도 정태적인 것도 아니며, 오히려 사회적 관계들로 구성되어 있다는 것이다. 도린 매시(Doreen Massey)에 의하면, 모든 공간적 관계와 공간적 진행이라 불리는 것들은 특정한 지리적 형식을 취하는 현실적인 사회적 관계들이다(제임슨, 1991: 210). 예를 들면, 한국 도시에서 대규모 아파트 단지들이 주요 주거 형태로 건설되는 데는 한국 사회의 건조환경 조건과 자본의 순환 원리들에 대한 이해가 필요하다.

앞 절 포스트모던 이론과 특징에서 살펴보았듯이, 포스트모던은 거대 서사의 거부와 국지 서사의 수용, 획일성이 아닌 다양성·이질성 수용, 현실과 초현실의 복합 등으로 설명될 수 있다. 이러한 포스트모던의 논리는 궁극적으로 공간에서 표현되며, 이 논리가 강렬하게 표현된 공간이 포스트모던 도시로서 이해된다. 따라서 포스트모던 도시는 차이, 분절화, 갈등, 다원성 등이 표출된 공간이다. 이런 시각에서 폴 패튼(Paul Patton, 1995)은 도시를 경험하는 데 공간에 대한 상상의 중요성을 강조하며, 도시경관에서 다음과 같은 포스트모던 패러다임 변화가 감지되고 있다고 지적한다.

> 포스트모던 도시의 시민들은 더 이상 그의 행위로부터 분리된 주체가 아니며, 자신과 도시 사이에 경계가 점차 모호해지며, …… 포스트모던 도시는 도시를 구성하는 상징·기호와 완전히 일치하지도 완전히 분리되지도 않은 분산화된 주체에 의해 경험되어지는 공간이다(Patton, 1995: 117-118).

포스트모던에서 개인의 주관성은 바로 도시경험의 산물이며, 개인 정체성과 도시 사이에 관계의 파열에 의해 수행적(performative), 분산적, 유동적 특징을 갖는다. 포스트모던 지리학(Postmodern Geographies)에서 에드워드 소자(Edward Soja, 1989: 1)는 탈현대성 시대에 시민들의 도시 경험 변화는 곧 바로 도시에 관한 — 공간을 중심으로 오랜 세월 동안 시간적, 선형적, 역사적 특성을 갖는 — 현재의 비판적 독해에 대한 도전으로 작용한다고 지적한다. 소자의 주 관심사는 도시에 대한 역사적 서사를 공간을 중심으로 정립시키는 것이며, 이 작업을 위해서 도시에 관한 텍스트적 정체성이 포스트모던 도시 경험을 반영하도록 바뀌어야 한다고 주장한다. 이런 의미에서 포스트모던 시각은 절충적이며, 분절적이고, 불완전하며, 흔히 모순적이고, 이러한 특성이 전형적으로 잘 드러난 도시가 바로 로스앤젤레스이다(Mahoney, 1997: 169-170).

21세기 도시에서 다양성, 차별성, 이질성, 분절성, 유동성, 분산성 등이 점차 구체적으로 나타남에 따라, 포스트모던 도시는 지금까지 우리가 알고 있는 도시와는 근본적으로 다른 모습을 보인다. 도심의 기능 분화와 외곽지역의 상권 형성, 다인종·다민족 근로집단, 이국적 음식점, 대형 쇼핑센터와 가족 쇼핑문화, 24시간 편의점, 딩크(dink)와 성 소수자집단, 끊이지 않는 도시 집회와 저항 등은 단지 국지적으로 목격되는 현상이 아니라 대다수의 선진도시에서 보편적으로 관찰되는 현상이다. 이러한 포스트모던의 공간적 특성 변화는 다음과 같이 요약된다.

첫째, 도시 산업구조의 변화: 제조업 중심에서 서비스 중심으로 전환
둘째, 생산의 공간에서 소비·유희의 공간으로 전환
셋째, 도심 집중에서 외곽 도시(edge city)로 탈집중화
넷째, 단일민족·인종·언어에서 다민족·인종·언어로 확산
다섯째, 총체성 지향에서 차이 지향으로 전환
여섯째, 남성 중심에서 양성 중심으로 전환
일곱째, 국가 중심에서 도시 중심으로 전환

도시 산업구조의 변화

모던 양식에서 포스트모던으로 전환됨에 따라 도시의 산업구조가 제조업 중심에서 서비스업 중심으로 전환되는 양상을 보인다. 산업화를 통한 자본의 축적을 추구했던 모던 사회의 성장은 공장제 조직과 제조업 발달이 견인차 역할을 하였으며, 1800년대 초·중반에 걸쳐 영국의 맨체스터(Manchester), 미국의 피츠버그(Pittsburgh), 디트로이트(Detroit), 버펄로(Buffalo) 등 공장도시의 성장을 가져왔다. 따라서 산업화 초기 단계에 있는 지역들의 성장을 위한 모형으로 이러한 제조업 도시·공장도시들이 제시되었으며, 농촌 인구의 지속적 도시 이주를 초래하여 인구의 도시 집중과 대도시 성장을 가져왔다.

이러한 산업사회의 포디스트(fordist) 경제 체제에서 생산 방식의 주요 특징은 동일한 상품을 장기간에 걸쳐 대량으로 생산하는 것으로 설명될 수 있다(<표 12-2> 참조). 시장 범위는 주로 국내에 한정되었으며, 케인스식 규제(Keynesian regulation)와 집단 협상 방식에 의하여 안정성과 예측가능성이 보장되고, 동질적 대량소비를 위한 시장을 주요 대상으로 하였다. 직무는 테일러(Frederick Taylor)와 포드(Henry Ford) 원리에 따라 조직되었고, 생산 라인은 최소한의 비용과 가격을 위한 규모의 경제 원리에 따라 조성되었다.

탈산업사회가 도래하면서 중요 활동의 우선 순위가 생산에서 서비스로, 직장에서 가정으로 전환되면서 산업과 생활방식에서 현저한 변화가 진행되고 있다. 물론

규모의 경제 원리는 아직도 유용하지만, 생산 과정과 주기가 현저히 단축되었으며, 범위의 경제가 점차로 중요성을 더해가고, 가격을 중심으로 한 경쟁에서 품질, 서비스 만족 등으로 경쟁 요소가 변화하였다. 이제 생산이 점차로 자동화되면서 노동력의 상당 부분이 개발, 계획, 관리, 영업과 같은 상품 생산을 보완하는 서비스로 중요성이 전환되고 있으며, 지역 서비스 산업과 산업 생산 사이의 상호작용이 부의 창조와 축적을 위한 견인차 역할을 하는 것으로 인식되고 있다.

이러한 새로운 경제 체제를 '서비스 사회'로 부르는 데는 다음과 같은 두 가지 이유가 있다. 첫째로, 이미 벨(Bell, 1973)과 투랭(Touraine, 1967)이 주장한 바와 같이, 최종 소비에서 서비스 활동이 차지하는 몫이 점차적으로 증가하고 있다. 예를 들면, 소득이 증가함에 따라 재화에 대한 소비 증가율은 상대적으로 낮은 반면, 교육, 건강, 문화, 여가와 같은 서비스에 대한 소비는 상대적으로 높은 증가율을 보인다.

둘째로, 현재의 재화·서비스의 생산 과정에서 중간 서비스 생산자(intermediate service producers)와 이용자(users) 사이의 상호작용이 결정적 역할을 한다. 특히,

표 12-2 산업사회와 서비스 사회의 비교

산업사회	서비스 사회
대량생산	차별화된 생산
장기적 생산 주기	단기적 생산 주기
표준화	유연성과 복잡성
규모의 경제	범위의 경제
생산의 주요 요소: 자본	생산의 주요 요소: 지식과 정보
핵심 기능: 생산	핵심 기능: 개발, 기획, 관리, 영업
경쟁력: 비용, 가격	경쟁력: 품질, 서비스, 소비자 수요에 적응
안정적·동질적 국내 시장	변동적·분절적 세계 시장
대량소비	개별적 소비
단순 반복적 작업	자동화 작업
직무세분화	직무 범위의 확대
표준화된 노동시장	유연적 노동시장
계층적 조직구조	횡단적 구조, 네트워크 조직구조
수직적 통합	수평적 협력, 외부조달(outsourcing)
대기업 중심	중소기업, 벤처기업 중심
국가 중심	국제 간 협력과 지방정부 중심
개인 간의 노동분업	기업 간의 노동분업

분업화와 전문화에 의하여 더욱 복잡화되어 가는 사회와 생산·분배 활동을 연계시키는 서비스 활동이 핵심적 역할을 수행한다(Illeris 1996). 즉, 기업, 정부, 시장, 학문 분야 등이 더욱 분업화될수록 정보, 재화, 사람의 교류를 위한 필요성이 더욱 증가하며 서비스 활동의 역할이 더욱 중요하게 된다.

생산의 공간에서 소비·유희의 공간으로 전환

모던에서 포스트모던 사회로 진행됨에 따라 도시의 산업구조는 제조업에서 서비스업 중심으로 재구성되며, 도시는 이제 생산의 공간에서 소비·유희의 공간으로 전환되고 있다. 자동화·기계화에 따른 생산성 증가는 이제 우리의 삶에서 '어떻게 생산하는가?'의 문제를 넘어서 '어떻게 소비하는가?', '어떻게 여가를 보낼 것인가?' 등에 보다 많은 관심을 가지는 시대로 변화하고 있는 것이다. 특히, 생산성 증가에 따른 소득수준의 상승은 생활의 주안점을 양적인 면에서 삶의 질적인 면으로 변화시키며, 규모(scale)의 사회에서 범위(scope)의 사회로 전환되고 있다. 이제 사회는 다양성·독특성을 가지며 선택의 범위를 확대시킨 소비문화의 공간을 구성한다. 즉, 지역성장을 위해서는 소비자의 다양한 수요와 욕구를 만족시키기 위한 다양한 선택의 기회가 지역에서 제공되어야 한다. 이런 면에서 최근에 급성장을 보인 지역이 미국의 라스베이거스(Las Vegas)와 올랜도(Orlando) 같은 여가·휴식 중심 도시라고 할 수 있다.

생산성 향상에 따른 소득의 상승은 삶의 질 향상을 위한 휴식과 여가활동의 신장, 소비의 증가로 연결되어 고급 서비스, 첨단 서비스, 다양한 서비스를 제공하는 도시의 급성장을 보이고 있다. 이제 서비스는 단순히 소비를 위한 활동이 아니라 생산과 소비를 연결하며, 부가가치를 생산하고, 재생산을 위한 필수적 활동으로 인식되고 있다. 그리고 도시에서 제공되는 서비스의 경쟁력이 도시경쟁력에 핵심 요인으로 등장함에 따라 시간·공간을 초월한 다양한 서비스, 볼거리, 축제와 이벤트가 개발되어 도시에 대한 홍보 효과와 더불어 관광과 여가산업을 통한 도시 재정 수입의 상당 부분을 보전하고 있다.

포스트모던 시대에 자신의 수입을 위한 직업활동은 단지 소득 창출에만 목적이 있는 것이 아니라 직업활동 자체가 유희·즐거움과 연계되어야 한다. 이런 의미에서 비즈니스는 단지 비즈니스로만 끝나는 것이 아니라 다른 여가·쇼핑·문화·관광 등과 연계되어 생산과 재생산을 반복 및 재현하는 특성을 보인다. 예를 들면, 라스베이거스에서 국제회의는 단지 회의만을 위한 이벤트가 아닌 가족들을 동반한 휴식과 직무가 복합된 활동으로 재정립되고 있다. 이런 측면에서 포스트모던 도시는 국제회의 · 이벤트 · 축제 · 전시회 등을 개최 혹은 유치하기 위한 컨벤션 센터의 입지가 성장을 위한 필수 조건이지만, 그렇다고 충분 조건이 만족된 것은 아니다. 최근의 도시개발은 컨벤션 센터와 문화활동, 쇼핑센터, 테마파크, 호텔 등이 연계된 개발이 시도되고 있다.[12] 즉, 컨벤션 센터에서 이벤트 혹은 회의를 유치하기 위해서는 주변에 외부 방문자들의 숙박을 위한 호텔이 있어야 하고, 공식 업무가 끝난 다음에 여가 · 휴식을 위한 문화활동이 제공되어야 하며, 쇼핑의 편리성을 위한 쇼핑 몰이 인접하고, 가족들의 즐거움을 위한 테마파크 등이 복합적으로 개발되어야 한다. 이런 의미에서 포스트모던 도시는 단지 비즈니스의 공간이 아닌 축제와 즐거움이 복합된 공간, 즉 현실과 초현실(hyper-real)이 복합된 공간으로 전환되는 경향을 보인다.

도심 집중에서 외곽 도시로 탈집중화

20세기 후반부터 목격된 도시 재구성의 현저한 변화는 도심의 다핵 모형(polycentric model)을 넘어서 외곽지역에 쇼핑 몰과 사무활동을 근거로 한 주변도시(edge city)가 점차 형성되고 있다는 것이다. 선진대도시에서는 도심에 입지하던 대형 쇼핑센터와 사무활동이 점차 외곽으로 분산입지 경향을 보이며, 도심의 탈중심화를 가속시키고 있다. 주변도시 혹은 외곽도시의 개념을 도입한 개로(Garreau, 1991)는 주변도시(edge city)의 기준을 다음과 같은 제시하고 있다. (1) 정보화 시대에 작업을 위한 최소한 5백만ft^2(약 17만 평)의 사무실 공간, (2) 쇼핑활동을 위한 최소한 60만ft^2(약 1만 7천 평) 이상의 소매 공간, (3) 지역 주민을 위한 충분한 취업 기회, (4) 밀집된 주거 공간, 그리고 (5) 1960년대의 도시 모습과는 한층 다른,

12) 이런 현상은 MICE 산업의 성장을 통해 잘 입증된다. MICE는 기업회의(Meeting), 포상관광(Incentive Travel), 컨벤션(Convention), 전시(Exhibition)를 합쳐놓은 용어로서, 유럽과 미주, 아시아와 태평양 지역의 전시 · 컨벤션 도시에서 글로벌 사회의 주요 산업으로 주목받고 있다. 즉, 글로벌 사회가 형성됨에 따라 글로벌 비즈니스, 국제회의 및 전시회 등으로 인하여 상호 교류가 증가하게 되었고, 이러한 배경에서 MICE 산업은 도시 경제의 활성화, 내수 확대, 고용 창출, 글로벌 이미지 고양, 관련 산업의 파급 효과 등 경제적 · 사회적 · 문화적으로 많은 긍정적인 효과들을 창출할 수 있는 산업으로 인식되고 있다.

도시 같지 않은 도시(예: 전원도시)로 개발되고 있다고 주장한다.

개로(J. Garreau)의 주변도시 개념에는 많은 모호성이 있는 것은 사실이지만, 그럼에도 불구하고 주변도시는 최근의 건축 경기(building cycle)의 변화와 경향을 잘 반영하고 있다. 즉, 새로운 주거와 상업지역들이 구도심에서 멀리 떨어진 도로의 교차지역, 혹은 고속도로 나들목(exit) 지역에 건설되는 현상을 보인다. 그리고 이 지역에는 대규모 사무단지와 대형 쇼핑 몰, 문화, 예술, 스포츠 공간 등이 밀집하여 지역활동의 중심지로 등장한다. 그리고 이와 같은 외곽도시의 급성장과 더불어 구도심의 경기 침체와 탈중심화는 가속화되는 추세를 보인다. 한국에서도 이런 현상을 서울의 외곽도시들의 성장을 통해 확인할 수 있다. 서울이 포화 상태에 도달하면서 외곽지역인 판교, 남양주, 마석, 하남, 김포, 파주 등에 인구와 산업활동이 집중하는 현상이 나타나며, 인천에 전입 인구가 급증하면서 검단, 소래, 월곶지역들이 개발되는 추세에 있다.

단일민족 · 인종 · 언어에서 다민족 · 인종 · 언어로 확산

20세기 후반에 교통과 정보통신기술의 급속한 발전은 '시간과 공간의 압축 현상'을 가져와서 경제활동뿐만 아니라 학문 · 정보 · 문화 · 예술 · 스포츠 등 사회 전 분야에서 세계적 교류와 영향의 확대를 초래했다. 이제 국가의 경계는 세계적 조류를 차단할 수 있는 적절한 장치로서 작용하지 못하며, 국가 경계가 보호막으로 작용할수록 그 사회는 세계적 변화에 뒤져서 경쟁력 하락을 경험할 수밖에 없다. 이러한 개방의 압력은 사고와 생활방식에도 적용되어, 다양한 인종 · 언어 · 코드가 도시 생활에서 교류 · 혼재하는 포스트모던 사회로 전환되고 있다. 포스트모던 사회의 이러한 변화는 최소한 다음과 같은 두 가지 중요한 의미를 내포하고 있다.

첫째, 개방성의 문제로서, 단일 민족 혹은 언어만을 고집하고 타 민족과 언어를 수용하지 못하는 경우, 그 도시는 세계인(cosmopolitan)을 수용할 만큼 성숙되지 않았다고 판단된다. 이러한 차이에 의해서 싱가포르는 글로벌 도시로 인식될 수 있는 반면에, 일본 도쿄(東京)는 경제활동 규모가 비교되지 않음에도 불구하고, 글로벌 도시로서의 충분 조건을 갖추었다고 볼 수 없다. 즉, 일본이 인접한 한국의 역사와 문화실체를 솔직하게 인정 · 수용하지 못하는 상황에서 다른 세계의 문화와 역사를 수용할 것이라는 것은 기대할 수 없기 때문이다.

둘째, 다양성의 문제로서, 타 민족의 언어와 생활방식을 수용함에 따라 그 도시의 다양성 · 차별성 · 독특성이 그 만큼 증가하여 도시경쟁력의 향상을 가져온다. 포스트모던 문화는 차이와 이질성을 수용하여 도시의 다채로움, 이색적 경관, 색다른 느낌, 이국적 경험과 추억을 제공하는 공간을 연출한다. 예를 들면, 서울의 경우 이국적 문화가 거리에 많이 스며든 이태원은 한국의 거리라고 생각되지 않을 정도로 색다른 인상과 경험을 제공하여 외국인들에게 관광과 쇼핑의 명소로 각광을 받고 있다. 미국 로스앤젤레스는 백인, 멕시코인, 흑인, 한국인, 일본인, 중국인, 베트남인 등이 각기 자신들의 소집단 공동체를 형성하여 다양한 문화와 생활방식이 혼재한 포스트모던 도시의 전형을 보여준다. 다양한 소집단 문화와 생활양식이 로스앤젤레스 지역에 밀집함으로써 1992년 흑인 폭동과 같은 도시 갈등과 긴장 요인이 항상 잠재해 있는 것도 사실이지만, 다양한 문화와 생활방식은 그 자체로 색다른 경관 · 음식 · 상품 · 거리를 제공함으로써 다양한 도시를 만드는 데 공헌할 뿐만 아니라, 다른 문화와 복합하여 지역만의 독특한 문화와 생활방식을 구현하여 혁신과 변화의 중심지로서 작용하기도 한다.

포스트모던 도시에 다중의 언어와 생활방식이 혼재하면서 제기된 문제 중에 하나는 “점차로 도시를 독해하기가 어려워지고 있다.”는 것이다. 도시에는 이제 단일 언어와 표현 방식이 존재하는 것이 아니라 다양한 언어와 표현 방식이 난립하기 때문에 도시를 읽고 이해하기가 더욱 난해해지고 있다. 특히, 한국 도시의 거리에서 보이는 간판과 상표들은 다중 언어를 넘어서 국적 불명, 형식 파괴의 조짐까지도 보이고 있다. 세네트(Sennett, 1990: xi)은 고대 도시와 현대 도시를 다음과 같이 비교하고 있다:

> 고대 그리스 시대에는 자신의 눈을 이용하여 복잡한 생활을 이해할 수 있었다. 고대 도시의 신전, 시장, 광장, 경기장, 장벽, 조각상, 미술품들은 당시의 종교, 정치, 가정생활에서 문화 가치를 그대로 표현하였다. 그런데 현대 도시인 런던 혹은 뉴욕에서 회한의 감정을 느끼기 위하여 어디를 특별히 가야만 하는가를 알기는 정말 어려운 일이다. 혹은 현대 건축에게 민주주의를 표현하기 위한 공간 설계를 시도하였을 때, 고대 의회 의사당과 같은 건축물을 설계할 것으로 예상하기는 어렵다. 또한 고대 그리스 경기장에서 볼 수 있는 성적 욕망의 도덕성을 자각케 하는 공간을 현대 도시에서 재현하

기란 정말 쉽지 않다. 현대 도시에서 쇼핑 몰, 주차장, 아파트의 엘리베이터 등은 이런 의미에서 현대 생활의 복잡성을 충분히 반영하지 못한다.

세네트(Richard Sennett)의 주장에 의하면, 현대 도시들은 점차 개인화되는 추세를 보이며 그 내부에서 시민들은 도피처로서 자신만의 사적 공간에 더욱 집착하는 경향을 보인다. 현대 도시에서 시민들은 타인으로부터 어떤 두려움을 느끼며, 자신의 공간 확보를 위하여 울타리는 더욱 높아가고, 이질적 집단과 격리를 위한 출입문이 설치된 단지(gated community) 혹은 요새화 단지(fortified community)들이 건설되고 있다. 이런 의미에서 다중 문화를 수용한 다원적 사회에서 더 이상 공동의 믿음과 가치는 추구되기 어렵다. 그리고 다중 언어와 문화가 공존하는 포스트모던 도시에서 건축 양식과 사회·정치적 메시지 사이에 어떤 일치점이 존재하기 어려우며, 도시는 점차로 단일의 언어·코드로는 읽고 이해하기 어려운 공간으로 변해가는 것이 현실이다.

총체성 지향에서 차이 지향으로 전환

포스트모던 사회는 다양한 인종과 언어가 혼재하여 다양한 문화와 생활방식을 도시공간에서 연출한다. 그리고 이러한 다양성은 고도로 발달된 미디어 기술과 결합하여 도시에서 다른 문화와의 관계에서 갈등과 마찰, 상호 영향과 침투, 혹은 동화와 결합과 같은 특이한 상황을 연출하기도 한다. 이러한 과정과 함께 도시는 가속적 역동성을 갖게되며 모던 도시와는 구별되는 새로운 공간을 창조한다.

20세기 후반까지 모더니즘 시대의 특성이 도시를 지배하였으나, 20세기 후반부터 산업구조와 생활방식에서 근대성의 구조를 벗어난 포스트모더니즘 양식이 등장하기 시작하였으며, 이러한 변화는 도시의 기능과 구조, 그리고 외면적 모습에서 현저한 변화를 수반하고 있다. 즉, 근대성 시대의 주요 특징인 대량생산과 소비문화, 표준화와 규격성, 총체성과 동질성 원리에서 벗어나 다품종 소량생산, 다양성과 독특성, 차이와 이질성이 지배하는 탈근대성 시대로 접어들고 있다. 이와 같이 푸코가 예언한 '근대성에 대한 위반'이 진행됨으로써 도시의 변혁을 위한 '거울 인간의 복수'가 현실로 나타나고 있다(Pefanis, 1991).

지금까지 '거울 앞 인간의 행동'을 똑같이 흉내 내던 '거울 속 인간'은 더 이상 모방 행위를 따르지 않고 자신의 정체성과 차별성을 외치는 '위반의 시대'가 도래한 것이다. 20세기 초반부터 진행된 급격한 인구 증가와 도시의 인구 집중은 이러한 급격한 인구 증가를 시급히 수용하기 위한 공동주택을 건설하는 과정에서 조속한 건설을 위하여 모든 지역에 유사한 공동주택과 아파트들을 양산하는 도시 건설 양태를 보여 왔다. 마찬가지로, 건물 내부에서 이용되는 인테리어 제품들도 우선은 급속히 증가하는 수요에 맞추어서 급조되어야 했기 때문에 책상과 의자, 식탁과 소파 등이 대량생산이 가능한 모델과 양식으로 개발되었다. 물론 이러한 공동주택과 내부 인테리어들은 소비자의 편리성과 가격 등을 고려하여 개발되었지만, 이러한 면을 지나치게 강조한 결과 소비자의 차별성, 지역의 역사와 정체성, 다양성에 대한 욕구가 무시된 동일성, 총체성의 생활방식이 도시에서 강요되어 왔다. 모든 도시들은 유사한 구조를 갖고, 유사한 아파트와 공동주택들로 채워져 있으며, 그 내부에서 시민들은 유사한 인테리어들을 사용하고, 유사한 방식으로 생활을 하고 있다. 현대인들은 '거울 앞 인간'이 지시한 행동대로 모두가 비슷한 집에서 비슷한 집기를 이용하며 비슷한 시간에 비슷한 생활을 강요받고 있었던 것이다(서규환 외, 1995).

그러나 포스트모던이 제시한 차이와 다양성의 문화는 도시 개념과 기능에 새로운 시각을 제시했다. 즉, 도시를 성장을 위한 하나의 총체화된 대상으로 보는 것을 거부하고 문화의 렌즈를 통하여 도시를 새롭게 읽기를 시도하고 있다(Tajbakhsh, 2001: 21). 예를 들면, 샤론 주킨(Sharon Zukin, 1995)은 글로벌 도시의 경제개발은 상징과 문화활동의 고도화에 달려 있다고 주장하며, 박물관, 전시관, 디즈니화된 테마파크와 휴식공간 등이 중요한 인프라를 구성한다고 주장한다. 주킨의 이러한 분석은 문화활동이 단순히 재생산을 위한 보조적 기능을 수행하는 것이 아니라, 포스트모던 도시의 핵심적 경제구조로 작용한다는 것을 의미한다. 이러한 예는 탈산업화·탈집중화를 경험하고 있는 도시의 도심 재활성화를 위한 전략이 단순히 인력과 자본의 유인을 위한 전략만으로는 성공하기 어려우며, 다양성·차별성·독특성·이질성 등에 바탕을 둔 문화 콘텐츠를 통한 이미지 변신이 시도되어야 한다는 것을 보여준다.

포스트모던 도시에서 차이와 다양성은 양극화·구역화 현상과 복잡하게 얽혀진다. 차이는 권력관계를 암시한다. 즉, 어떤 집단은 자신들의 요구를 관철시킬 수 있는 사회적 · 경제적 권력을 갖는 반면에, 그렇지 못한 집단도 존재한다. 이런 경우에 소수의 권력집단이 도시정책 과정을 지배하며 다른 집단들은 '타자(他者)'로서 배제되어 공공의 참여는 사실 형식적일 수 있다. 따라서 포스트모던 도시에서 차이와 다양성을 강조하는 동시에 권력관계에서 소외된 주변 집단을 포용하기 위한 노력이 필연적으로 수반되어야 한다.

남성 중심에서 양성 중심으로 전환

포스트모던 시대는 성(gender)에 대한 새로운 개념 정립을 요구하며, 이것은 궁극적으로 공간과 시간으로 표현되어 포스트모던 도시의 변화를 수반한다. 포스트모던 사회에서 여성은 더 이상 소극적 추종자 혹은 보조자가 아닌 적극적 행위 주도자로서의 역할이 기대되며, 특히 도시의 경쟁력 향상과 성장을 위해서 여성의 역할과 활동 범위가 확대되는 추세를 보인다.

산업사회 · 생산중심사회로 불리는 모던 시대에는 기술과 자본, 그리고 노동력이 성장의 견인차 역할을 수행하였다. 자본과 기술이 결합하여 생산을 주도하였으며, 도시는 생산활동의 중심지로서 성장을 주도하였다. 그러나 20세기 후반부터 탈산업화가 도래하면서 도시의 기능과 역할에 변화가 진행되어, 도시는 더 이상 생산이 아닌 소비와 감각의 공간으로 전환되고 있다. 이제 포스트모던 도시에서 '생산의 문제'는 더 이상 핵심 주제가 아니며, 소비자의 취향, 선호, 유행, 만족도 등과 같은 '선택의 문제'가 주요 주제로 등장하였다. 이런 의미에서 이제 "어떻게 만드는가?"의 생산과 관련된 노하우(know-how)와 기술이 핵심적 활동이 아니라, "어떤 취향과 디자인을 원하는가?"의 선택과 관련된 정보와 감각이 주요 활동으로 제시된다. 이와 같이 모던의 양(量) 중심에서 포스트모던의 질(質) 중심으로 전환됨에 따라, 도시공간은 노동력과 힘의 우세를 근본으로 한 남성 중심에서 탈피하여 감각과 섬세함을 지향하는 여성 중심으로 전환되는 추세를 보인다.

포스트모던 사회가 남성 중심에서 여성 · 가족 중심으로 전환되는 데는 또 다른 중요한 이유가 있다. 탈산업화와 함께 도시의 산업구조가 제조업 중심에서 서비스업으로 전환됨에 따라 여성의 사회 진출이 신장되었으며, 맞벌이 부부와 여성 경제력 신장은 가정과 사회에서 가부장적 권위를 무너뜨리고 여권 신장을 가져오는 계기를 마련하였다. 이런 의미에서 소비 · 서비스 공간으로 전환된 포스트모던 도시는 남성 중심의 가부장적 도시를 탈피하여 성중립적(gender neutral) 공간 이용과 분업 체제가 도입되어야 한다. 한국 도시의 경우 아직도 가부장적 잔해가 상당히 남아 있지만, 제9장에서 살펴본 바와 같이 도시공간은 점차적으로 여성친화 혹은 성중립적으로 전환되고 있다.

국가 중심에서 도시 중심으로 전환

포스트모던 시대의 초서사, 거대이론에 대한 거부와 다양성, 차이에 대한 찬양은 사회 현상 연구에서 주요 분석 단위가 국가 중심에서 도시 중심으로 바뀐다는 것을 의미한다. 20세기 후반부터 등장한 '세계화와 동시에 지방화' 물결은 종래에 핵심적 분석 단위였던 국민국가 기능을 이중적으로 해체하는 결과를 가져왔다. 따라서 생산 관련 활동은 지역의 인구 및 지형적 조건에 영향을 받기 때문에 지방적 순환으로 분리되며, 소비와 유통활동은 이제 글로벌 차원에서 이루어지기 때문에 글로벌 순환에 의해 결정되는 변화가 진행되고 있다. 즉, 포디즘 사회에서 포스트포디즘 사회로 진행됨에 따라 국가는 더 이상 효율성·경쟁력·정체성에 있어서 적절한 공간 단위가 아닌 것으로 인식되고 있다.

정보통신과 교통기술을 중심으로 한 최근의 과학기술 발전에 의해 유도된 경제활동의 글로벌화는 생산과 유통활동이 국가의 경계를 넘어서 글로벌 차원에서 이루어지기 때문에 더 이상 국가의 관리와 통제 대상이 아닌 시장 논리에 지배되는 면을 보인다. 국가는 더 이상 자본과 통화량을 효과적으로 관리할 수 없으며, 기술과 산업활동의 글로벌 이동을 통제하지 못한다. 국가는 지구적 차원에서 진행되는 변화를 관리하기 위해서는 너무 작은 단위이며, 이러한 활동은 점차적으로 초국적(transnational) 기관과 활동에 의해 통제되고 있다.

다른 한편으로 총체성을 거부하는 포스트모던 사회는 차별성, 다양성, 이질성, 독특성을 상대적으로 높이 평가한다. 이것은 어떤 특정한 집단 혹은 이데올로기가 사회를 지배하고 이러한 지배 논리를 따르지 않는 집단을 '타자성'으로 배제와 억압하는 체제를 탈피하여, 다양한 집단과 지역의 의사들이 자유롭게 표현되고 소수집단의 차이와 독특성이 인정되는 체제로의 전환을 의미한다. 포스트모던 사회는 '지배집단' 혹은 '우리'와 다르다는 차이에 의해서 배제·억압의 대상이 되는 것이 아니라, 반대로 이러한 차이와 다양성이 용인되고 경쟁력의 기반을 이루는 사회를 의미한다.

탈현대도시는 “큰 것이 경쟁력을 갖는 사회”보다는 “작은 것이 아름다운 사회”를 의미한다. 그리고 급변하는 포스트모던 사회에서 국가는 변화를 주도하기 위해서는 너무 작은 단위이며, 반면에 변화에 신속히 적응하기 위해서는 너무 큰 단위이다. 따라서 글로벌 시대에 생산과 유통을 중심으로 한 경제활동은 글로벌 차원에서 이루어지지만, 시민 사회의 정체성과 소속감은 지역 차원에서 형성될 필요가 있다. 이런 시각에서 탈현대도시는 지역의 정체성이 “다양성을 근간으로 형성되는 공간”, ‘비동시적(非同時的)인 것의 동시성(同時性)이 허용되는 공간’이 되어야 한다.

제 6 절 포스트모던 도시개발을 위한 접근

포스트모던(postmodern)은 결코 모던(modern)의 모든 것을 부정하는 것이 아니다. 따라서 포스트모던 도시개발은 모던과 단절하여 도시를 완전히 해체 · 재구성하는 것을 의미하는 것이 아니라, 포스트모던의 방향으로 지속적 · 점증적 변화를 추구하는 것을 의미한다. 포스트모던 사회에서 모던 도시는 결코 한꺼번에 사라지지 않는다.[13] 그 존재는 점차 희석되겠지만, 포스트모던 도시화 과정에 과거와 새로운 도시가 공존하여 도시를 만들어 간다.

탈현대성은 차이를 생산한다. 이런 의미에서 탈현대도시는 의도적으로 차이를 생산하는 공간이다. 도시가 생산의 부산물, 성장의 잔재로서 형성되는 것이 아니라, 차이와 차별성을 갖는 공간을 의도적으로 만드는 것이 포스트모던 도시개발이다. 포스트모던 도시는 사회적으로 생산되며, 지리적으로 불균등하게 개발되고, 각 지역에 따라 상이한 모습을 보인다. 이것은 어디에도 순수한 형태의 포스트모던 도시는 없으며, 동시에 포스트모던 도시개발의 전형적인 전략도 없다는 것을 의미한

13) 제5장에서 언급하였듯이, 젠크스(Charles Jencks)를 비롯한 몇몇 도시학자들은 1972년 7월 15일 미국 세인트루이스(St. Louis) 시의 슬럼 지역이었던 프루트－이고우(Pruitt－Igoe) 아파트 단지가 다이너마이트로 폭파되는 순간 모던 도시는 종식되고 포스트모던 도시화가 시작되었다고 주장한다. 젠크스에 따르면, 이 순간부터 모더니즘은 종식을 고하였고 포스트모더니즘(특히, 건축 부문에서)이 시작되었으며, 이후 도시들은 포스트모더니즘을 실험하고 완성하는 구체적인 장소로 인식되어 왔다고 주장한다.

다. 이 절에서 소개하는 포스트모던 도시개발 접근도 전형적 개발 전략이 아니며, 단지 소자(Soja, 2000)가 로스앤젤레스를 모델로 제시한 포스트모던 도시 재구성 내용을 정리한 것이다.

소자(Edward Soja)는 포스트모던 도시의 전형적인 예로서 로스앤젤레스를 제시하였으며, 로스앤젤레스가 포스트모던 도시로 재구성되는 과정을 여섯 가지 지리학적 공간 변화로 설명하였다. 그리고 각각의 공간 변화는 결코 독립적인 것이 아니며, 포스트모던 도시를 형성하기 위한 연계된 과정으로 이해해야 한다고 소자는 언급하였다. 여섯 가지 지리학적 공간 재구성을 명백하게 인과관계로 분리할 수는 없지만, 앞의 세 변화는 포스트모던 도시 변화를 위한 원인의 성격을 가지며, 뒤의 세 변화는 결과의 의미를 갖는다.

포스트모던 도시개발을 위한 첫 번째 지리학적 공간 변화는, 경제기반의 재구성에서 시작된다. 즉, 도시의 산업활동을 위한 조직과 기술, 그리고 노동의 사회적·공간적 분업 체제에 근본적 변화가 유도된다. 이러한 변화는 가장 단순한 형태로 포디스트(fordist)로부터 포스트포디스트(post-fordist) 도시 체제로 전환, 대규모 생산과 소비를 위한 경직적 조직운영에서 보다 유연한 생산과 관리 체제로 전환, 대규모 산업단지로부터 수직적 분화·지리적 밀집(cluster)에 의해 특화된 산업공간으로 전환 등을 의미한다. 이러한 지리학적 변화는 미국의 북동부 철강지역(rustbelt)에서 따뜻한 남부지역(sunbelt)으로 산업체가 이동하는 현상이나 또는 노동의 글로벌 분업 측면에서는 한국과 타이완 등 신산업국가(NIC: Newly Industrialized Countries)의 성장 등에서 포스트모던 사회로의 도시 재구성을 목격할 수 있다.

이러한 첫 번째 공간 재구성은 탈산업화(deindustrialization)와 재산업화(reindustrialization)의 복합 과정, 혹은 포스트모던 용어로서 포디스트 도시의 해체와 유연적 생산, 유연적 축적, 포스트포디즘 등으로 표현되는 새로운 도시산업주의의 도입으로 설명될 수 있다. 이러한 산업적 변화를 어떻게 해석·표현하는가에 대해서는 아직도 많은 논란이 있지만, 20세기 후반 이래 도시경제기반에 급격한 변화가 일어나고 있고, 이러한 변화는 도시의 사회·경제지리학에 중대한 영향을 미치고 있다는 것은 부인할 수 없는 사실이다. 그리고 로스앤젤레스의 도시지리적 재구성은 세 가지의 중요한 양상을 보이고 있다: ① 기존 산업단지가 아닌 미개발지역 혹은 교외지역에 새로운 '첨단기술 집적지역(technopolis)'의 등장, ② 생산자 서비스 산업의 급성장, ③ 중소기업 중심의 산업성장 등이 두드러진 현상으로 나타나고 있다.

두 번째 지리학적 공간 변화는 경제활동의 세계화, 글로벌 자본의 팽창에 따른 '월드시티(world city)' 체제의 형성으로 나타난다. 과학기술의 발전에 따른 '시간・공간의 압축 현상'은 도시 영향권 범위의 확대를 가져와서, 뉴욕・런던・도쿄・파리・홍콩・로스앤젤레스 등과 같은 월드 시티로부터 지구촌 방방곳곳에까지 영향을 미치며 "자본과 노동력의 월드 시티에 의한 관리와 통제(global city pools of capital and labor)"라는 새로운 현상을 초래하였다. 또한 이러한 글로벌 과정은 도시구조와 생활방식에 지속적으로 영향을 미쳐서 도시활동의 글로벌화를 유도하고 있다. 최근에 와서는 거의 모든 도시들이 월드 시티만큼이나 글로벌화와 포스트모던에 영향을 받고 있다고 해도 과언이 아니다. 거의 모든 곳에서 지역은 점차로 지구촌에 포함되고 지구촌은 점차로 지역화되어, '지구방화(地球方化, glocalization)'라는 새로운 용어가 탄생할 정도로 공간 재구성이 일어나고 있다.

세 번째 지리학적 공간 변화는 다양한 신조어로 표현되는 공간 이용의 새로운 현상들이다. 이러한 용어로서 초거대도시(megacities), 외곽도시(outer cities), 주변도시(edge cities), 광역대도시(metroplex), 첨단기술도시(technopolis), 첨단기반도시(dynapolis), 후기 교외도시(postsuburbia), 이질적 도시(heteropolis) 등을 들 수 있다. 이러한 신조어로부터 우리는 최근의 공간 이용이 종래의 용어로는 설명되지 못할 정도로 급격한 재구성이 일어나고 있다는 것을 감지할 수 있다. 처음의 두 도시재구성이 '탈산업화와 재산업화', '지방의 세계화와 세계의 지방화'라는 상반된 현상의 기묘한 결합을 보여주듯이, 세 번째 도시 재구성도 '탈집중화와 재집중화', '도심의 주변화와 주변의 중심화'와 같은 상반된 현상이 동시에 발생하는 것을 볼 수 있다.

어떤 용어를 사용하건 간에 포스트모던 도시의 공간 형태와 구조는 시카고가 전형적 도시 모형이었던 모던 도시와는 현격한 차이가 있다는 것을 알 수 있다. 이 가운데 특히 두드러진 현상으로 관찰된 것이 교외의 도시화(urbanization of suburbia)이다. 20세기 후반부터 도심의 인구와 산업활동이 점차로 외곽지역으로 이전함에 따라 도심의 인구밀도가 감소하고 교외의 중심지들이 성장하여 외곽도시 혹은 주변도시의 등장을 가져왔다. 포스트모던 도시화의 또 다른 현상으로 관찰되는 것이 바로 멕시코시티, 상파울루 등과 같은 초거대도시(megacities)의 성장이다. 세계화·정보화의 물결은 도심의 탈집중화와 동시에 서비스와 IT 산업의 대도시 재집중화를 가져와서 도시권의 범위 확대 — 예를 들면, 100마일 도시 — 와 대도시의 거대도시화를 초래하였다.

포스트모던 도시공간의 네 번째 재구성은, 앞의 세 변화의 영향으로 나타난 현상으로, 사회적 파편화, 격리 현상, 양극화가 더욱 가속화된다는 것이다. 로스앤젤레스를 비롯한 많은 대도시의 포스트모던 도시화 과정에서 관찰되는 현상은 종래의 도시사회학 시각으로는 이해될 수 없을 정도로 도시공간에서 사회, 경제, 그리고 문화적 불평등이 심화되고 있다는 것이다. 여기에도 신조어들이 풍성하여, 아령(dumbbell)형 혹은 볼링-핀형 등 새로운 포스트모던 도시지리학 용어들이 등장하였다. 이러한 용어에서 알 수 있는 바와 같이, 포스트포디스트(post-fordist) 사회의 탈산업화는 생산직 노조활동의 위축을 초래하여 중산층 규모의 축소를 가져오고 있다. 상위 계층에는 전문직 종사 여피(yuppies), 딩크(dink), 연예계 슈퍼스타, IT 귀재, 투자 전문가 등이 포진하고 있다. 반면에, 중간 계층 이하의 규모는 더욱 확대되어, 노숙자, 불법 체류자, 비숙련 노동자, 임시직 근로자, 실업자, 복지 수혜자들의 숫자는 더욱 증가 추세를 보이며, 이러한 현상은 포스트모던 사회에서 도시 극빈 계층(urban underclass)의 규모가 증가한다는 것을 보여준다.

이러한 변화의 총체적 결과는 점증하는 소득 격차와 빈곤과 부 사이의 격렬한 대조를 보이는 도시 경관으로 나타난다. 즉, 포스트모던 도시의 일상 생활에서 소득과 문화, 직종과 생활방식의 차이는 다른 어떤 시기보다 극렬하게 나타난다. 이러한 차이는 한편으로 예술 분야나 기업활동 혹은 정치활동에서 문화 복합적·계층 횡단적 아이디어를 창출하여 미래의 희망으로 작용하기도 한다. 그러나 다른 한편으로 이러한 차이는 포스트모던 도시에서 소외와 주변화, 갈등과 절망, 범죄와 폭력 등의 모습을 연출하기도 한다. 이런 측면에서 포스트모던 도시의 가장 큰 도전은 바로 후자에 대한 적절한 포용·배려와 동시에 어떻게 전자를 배양할 것인가의 문제일 것이다.

포스트모던 도시공간의 다섯 번째 재구성은, 앞의 네 현상의 결과로서, '인간성 상실의 도시'와 '새로운 도시 정체성'이 발생한다는 것이다. 역동적 복합성을 보여주는 포스트모던 도시는 지금까지의 전통적 도시정부 제도로는 관리 통제가 어려운 갈등적·대립적 상황을 연출한다. 그 결과로 주택단지는 벽으로 차단되고, 무단

횡단에 대한 엄중 경고가 난립하며, 쇼핑센터는 최첨단 감시 체제에 의해 소비자의 모든 행동을 감시하고, 사무실은 외부 침투를 막기 위한 보안 체제를 유지하며, 더욱 잔인화된 조직 폭력배의 증가와 중무장한 경찰 병력 등 소위 '자폐도시(carceral city)'의 상황을 연출한다(Soja, 2000: 298). 포스트모던 건조환경에서 건물과 주택은 스텔스(stealth)형으로 건축되고, 거리와 공원 벤치는 쇠로 만들어져 오래 머물 수 없고, 노숙자의 공원 숙박을 막기 위해 야간 물 뿌리기 자동장치가 작동하는 '가학적 공공공간(sadistic public space)'을 조성하는 등 도시는 '인간성 상실의 공간'으로 전락하는 면을 보인다.

포스트모던 도시에서의 인종, 계급, 성, 연령, 소득, 언어 등의 요인에 따른 갈등적·대립적 상황은 한편으로 도시에서 소외와 절망, 폭력과 범죄, 불안과 위험 등의 상황을 연출하지만, 이러한 포스트모던 도시의 난해한 미로 속에서 긍정적 측면이 등장하기도 한다. 즉, 이러한 주변의 불안정한 환경 속에서 주민들은 지역정치에 새롭게 높은 관심을 보이는 '장소의 정치(the politics of place)' 개념이 살아난다. 포스트모던 도시의 주민들은 자신의 생활이 근린활동과 밀접하게 관련되었다는 것을 이해하기 시작하였으며, 공동체의 정치력과 지역성을 확보하기 위하여 계층, 연령, 소득, 성, 취미 등에 걸친 연대가 활발히 형성된다. 도시문제에 대한 시민들의 높은 관심은 도시 정책과 계획, 더 나아가 도시정부 제도의 변화를 요구하는 시민 의식으로까지 발전하기도 한다.

포스트모던 공간의 여섯 번째 재구성은, 앞의 다섯 가지 재구성에 수반된 결과와 동시에 새로운 차원이 전개되는 시발점을 의미한다. 이제 포스트모던 공간에서는 물리적 재구성에 더하여 행태적, 문화적, 이데올로기적 재구성이 전개되어 도시 이미지의 급격한 변화가 연출된다. 포스트모던 공간에 현실과 초현실(hyper-real), 원조와 복제(simulacra)가 공존하여 지금까지 우리에게 현실과 상상을 구분하게 했던 전통적 사고 방식의 재구성이 시작된다. 포스트모던 도시에서 초현실은 단지 특별한 공간에만 존재하는 것이 아니라 가정과 이웃, 직장과 쇼핑 몰, 학교와 투표소 등 거의 모든 곳에 존재하여 우리의 일상 생활에 영향을 미친다. 포스트모던 도시는 시간과 공간, 현실과 초현실을 초월한 새로운 의미를 창조하는 공간을 만들어낸다. 예를 들면, 라스베이거스는 낮과 밤의 변화가 없고, 계절의 변화가 없으며, 고대(이집트 피라미드, 로마 시저스 팰리스, 중세 베네치아와 뉴욕 콘셉트의 호텔들)

와 현대가 공존하며, 동화와 현실이 공존하는 도시공간을 조성하였다. 이제 포스트모던 도시에서 시민들은 초현실을 경험하기 위하여 특별한 공간을 방문하는 것이 아니라, 시민들이 어디에 있든 간에 초현실이 찾아오는 것을 경험한다.

제 7 절 맺는 말

지금까지 도시공간이 포스트모던에 의해 영향을 받고 재구성되는 과정을 살펴보았다. 물론 현재 사회를 모던으로 볼 것인가 혹은 포스트모던으로 볼 것인가에 대한 논쟁은 아직도 계속되고 있으며, 여기에 대해서는 명확한 대답을 얻을 수 없는 것이 현실이다. 그러나 도시가 성장하기 위해서는 현대성에서 변화를 가져와야 경쟁력이 신장된다는 것은 사실이다. 포스트모던까지 진행되지 않는다 하더라도 변화를 선도하고, 다양성・차별성을 갖는 도시로 인식될 때에 도시성장을 기대할 수 있다. 그리고 이러한 변화는 물론 '삶의 질 향상'과 '지속가능한 개발', 그리고 '타자성을 수용'하기 위한 변화이어야 한다.

포스트모던 도시는 생산의 공간(space of production)으로서의 도시가 아닌 공간의 생산(production of space)으로서 도시, 즉 창조된 공간으로 도시를 읽고, 이해하고, 인식되기를 요구한다. 도시는 더 이상 생산을 위한 수단, 성장의 부산물, 권력관계의 산물, 억압과 착취의 대상으로서 인식되는 것이 아니라, 우리의 삶과 복지, 자유와 행복, 꿈과 희망을 위하여 창조되는 공간으로 만들어져야 한다.

우리의 미래는 현재 우리가 직면하고 있는 도전에 대한 우리의 현재의 대응에 달려있다. 포스트모던 도시화는 산업혁명 이래 현대성의 부산물로서 남겨진 공간적 분리와 타자성, 소외와 한계, 착취와 억압이 확대되는 것이 아닌 봉합되는 포용성의 원리가 수용되는 도시화가 되어야 한다. 이제 도시개발은 이분법적 논리와 배타성에서 벗어나, 정신과 육체, 이성과 감정, 남성과 여성, 그리고 문명과 자연이 조화를 이루는 새로운 방향으로 개발되어야 한다.

참고문헌

국내 문헌

강명구 · 이창수(2015). 스마트도시 개념의 변화와 비교. 『한국지역개발학회지』, 27(4): 45-63.

경기일보(2016). "땅 속 한눈에, 안전 지킨다" 인천시, 전국 최초 플랫폼 기반 UIS 구축. 2016/3/9 기사.

경향신문(2016). 검단 스마트시티 사업 무산. 2016/11/16 기사.

공윤경(2013). 『도시재생과 창조공간』. 이상봉 엮음. 창조성과 도시, 소명출판.

광주시민환경연구소(2006). 『지속가능한 지역발전을 위한 지방의제 21의 새로운 전략과 재작성 지침개발』. 대통령자문 지속가능발전위원회.

국가소음정보시스템(2017). 『상담신청현황』. http://www.noiseinfo.or.kr

김동주(2016). 모바일 빅 데이터를 활용한 재난대응방안. 『국토 Brief』, 제563호.

김상환(1996). 『해체론 시대의 철학』. 문학과지성사.

김성홍(1998). 보는 도시 읽는 도시. 월간 『건축인 POAR』, 9810: 54-56.

김은정 · 서기만(2016). 인공지능시대를 위해 시작해야 할 두 번째 고민. 『Weekly 포커스』, LG Business Insight 2016.4.20.

김정탁(2002). 장 보드리야르와 시뮬라크라. 월간 『에머지』, 11월호. 중앙일보사.

김정후(2013). 『발전소는 어떻게 미술관이 되었는가』. 돌베개.

김종기(1998). '유토피아론'으로 본 탈근대. 『철학논총』, 제14집. 1998년 6월. 새한철학회.

김천권(1993). 지역의 산업구조와 성장잠재력 연구: 인천시를 중심으로. 인하대학교 사회과학연구소. 「논문집」, 제11권: 339-357.

______(1995). 지역산업구조와 소득수준에 관한 연구. 『한국행정학보』, 29(1): 167-182.

_____(2000). 한국도시의 규모분포에 관한 연구. 대한국토·도시계획학회. 『국토계획』, 35(3): 21-33.
_____(2004a). 『도시개발과 정책』. 대영문화사.
_____(2004b). 중국경제의 심장 '상하이': 초국적 도시화와 기업가도시의 건설. 『사회세계연구』, 20: 31-48.
_____(2004c). 카지노와 지역개발에 얽힌 담론. 『한국지역개발학회지』, 17(4): 1-28.
_____(2014). 『현대도시행정』. 대영문화사.
김천권·서규환(2000). 세계화시대의 지역개발 방향. 『한국지방자치학회보』, 11(3).
김천권·신미경(2012). 산업단지 입주기업의 입지만족도에 관한 실증적 연구: 인천 서부지방산업단지를 중심으로. 『한국도시지리학회지』, 15(3): 133-146.
김흥순(2006). 뉴어바니즘은 신보수주의 프로젝트인가? 『한국지역개발학회지』, 18(4): 97-118.
김흥순·이명훈(2006). 미국 도시미화 운동의 현대적 이해: 그 퇴장과 유산을 중심으로. 『서울도시연구』, 7(3): 87-109.
남광우·신강원·김대종·신동빈·안종욱·김승범·최선화·장동인(2014). 빅데이터와 스마트도시. 『도시정보』, 3-25.
네이버 블로그(2014). 붉은 여왕의 법칙. http://blog.naver.com/
라도삼(2006). 문화도시의 요건과 의미, 필요조건. 『도시문제』, 446: 11-25.
라도삼·백선혜·이정현(2014). 『2030 서울 문화플랜 수립을 위한 기본구상』. 서울연구원.
라도삼·이정현(2010). 『문화특화지역 형성요인 및 실태에 관한 연구』. 서울시정개발연구원.
매일노동뉴스(2000). 유엔, 한국여성지위 세계 63위. 2000/6/30일자 기사.
문화체육관광부(2014). 『2013년 아시아문화중심도시 백서』. 아시아문화중심도시추진단.
박세훈·정소양(2012). 예술가가 도시를 바꾼다: 문화클러스터의 현황 및 발전과제. 『국토정책』, 제380호: 1-4.
박수영(1990). 『도시행정론』. 박영사.
박용남(2014). 『도시의 로빈후드: 뉴욕에서 몬드라곤까지 지구를 바꾸는 도시혁명가들』. 서해문집.
박은실(2005). 도시재생과 문화정책의 전개방향. 『문화정책논총』, 17: 11-39.
박정희(2010). 브랜드인지도 향상을 위한 아트마케팅 현황연구. 『한국과학예술포럼』, 7(0): 1-10.
박재묵(2008). 살기 좋은 지역 만들기와 지역 거버넌스. 『NGO연구』, 6(1): 105-141.
박창호(2003), 성찰적 근대성인가, 탈근대성인가?-근대성의 위기극복과 사이버사회의 기능성에 대하여. 한국사회역사학회. 『담론 201』, 6(1): 140-165.
박혜정(2010). 미국 대도시의 죽음과 삶_제인 제이콥스. 『Space』, 2010.12.30.
배준향(2016). 『도시를 실험하다: 코펜하겐 솔루션스 랩』. 한국디자인진흥원.
삼성전자(2015). Global Harmony with People, Society & Environment. 『2015 지속가능보

고서』.
서규환 외(1995). 『옷을 갈아입는 아파트』. 나라정책 연구원. 열린세상.
서민수(2012). 아트마케팅: 기업과 예술의 창조적 콜라보레이션. 『SERI 경영노트』, 제168호. 삼성경제연구소.
서울연구원(2015). 싱가포르를 세계 최소 '스마트 국가'로 만든다. 『세계도시동향』, 제372호, 2015/12/07.
세계도시동향(2014). 예술 도시 개발을 위한 '멜버른의 예술전략' 발표 (호주 멜버른市), 제332호, 서울연구원.
손명혜(2016). 일본의 신도시 공동화 현상과 시사점. 『Weekly KDB Report』, 2016/12/26.
승효상(2004). 『건축, 사유의 기호』. 돌베개.
신우재 · 조영태(2016). 영국정부의 스마트시티 구축노력과 시사점. 『세계도시정보』, 2016/6/17. 서울연구원.
안성찬(1999). 절반의 긍정－리오타르의 포스트모던론. 『문예미학』, 제6호. 문예미학회.
안종욱 · 이미숙 · 신동빈(2013). 공간 빅데이터 개념 및 체계 구축방안 연구. 『한국공간정보학회지』, 21(5): 43－51.
영월군(2011). 영월 박물관고을 특구(변경)계획. 영월군청
오동하(2016). 스마트시티 구축을 위한 부산시 공공데이터 관리방안. 『정책연구』, 2016－08－681. 부산발전연구원.
오민근(2005). 문화에 의한 도시 활성화 방안. 『문화정책논총』, 17: 41－82.
용호성(2012). 도시 어메니티 형성과 도시문화정책의 방향. 『서울경제』, 91: 3－10.
우신구(2014). 예술과 문화를 활용한 도시재생. 『대한건축학회지』, 58(6): 39－42.
월간식당(2015). 지금 홍대상권에는 무슨 일이 벌어지고 있을까? 홍대 '상수동', 통권 363호.
유승호(2014). 『문화도시: 지역발전의 창조적 패러다임』. 도서출판 가쎄.
유상호(2010). [세계의 소프트시티를 가다] <7> 요코하마－전통과 현대를 잇는 공공디자인의 힘. 『한국일보』, 2010.07.15. 기사.
유정완 · 이삼출 · 민승기 옮김(1999). 『포스트모던의 조건』. 민음사; J. F. Lyotard(1979). *La Condition Postmoderne*.
윤대식(1998). 앨버트 허쉬만의 불균형성장론. 『월간국토』, 1998년 9월호: 72－75.
윤인진(2003). 한국의 도시형성과 성장단계. (http://www.korea.ac.kr/~yoonin/courses/urbansem/main.index).
______(1999). 한국의 도시와 지역공동체의 변화와 전망. 『한국사회』, 제2호.
이동현(2008). 요코하마시의 문화예술도시 창조정책. 『해외도시정보 Focus』, 제171호: 59－61. 부산발전연구원.
이무용(2002). 도시마케팅 전략에 대한 문화적 재고찰: 도시공간의 문화적 가치 강화를 위한 장소마케팅 전략을 중심으로. 『도시정보』, 247: 3－15.
이병민(2011). 창조적 문화중심도시 조성전략과 문화정책의 방향. 『문화정책논총』, 25(1):

7－36.
이상봉(2013).『창조도시의 지향점과 창조주체의 설정』. 이상봉 엮음, 창조성과 도시. 소명출판.
이수진(2016). 스마트도시 그랑리옹.『세계도시정보』, 2016/10/25. 국토연구원.
이원규(2013). 빅 데이터(Big Data)를 활용한 스마트 도시관리.『BDI 정책포커스』, 190: 1－12.
이재용・사공호상(2015). 스마트도시 해외동향 및 시사점.『국토정책 Brief』, 529: 1－8.
이준환(2010). 전통의 재발견.『SERI 경영노트』, 제59호. 삼성경제연구소.
인천in(2016a). 정부 3.0 빅 데이터로 나날이 달라지는 인천. 2016/5/13 기사.
______(2016b). 인천시, 플랫폼기반으로 도시기반시설물 정보시스템 구축. 2016/3/9 기사.
임상오・이보아・전영철(2007).『박물관 창조도시』. 영월. 도서출판 해냄.
임유진(2010).『불만 많은 이 여자가 뉴욕에서 사는 법: 미국 대도시의 죽음과 삶』. 블로그: http://peacelibrary.or.kr/read/564.
임학순(2008). 문화산업을 활용한 지역활성화 정책모델개발: 클러스터를 넘어 문화산업도시모델로.『문화정책논총』, 19(1): 89－110.
자투리경제(2016).『맞벌이부부를 위한 노후준비 전략』, 2016/10/03 인터넷 기사.
장윤종(2016). 4차 산업혁명과 한국산업의 과제.『월간 KIET 산업경제』, 제213호: 6－20.
전기옥(2001).『연수구 도서관 추진위원회』. 개인적 인터뷰와 공동 활동.
전영옥(2006). 新문화도시 전략과 시사점.『Issue Paper』. 삼성경제연구소.
전자신문(2016). [다보스포럼 2016] 제4차 산업혁명, 기대와 우려 교차. 2016/01/24 기사.
전해영(2016). 사물 인터넷(IoT) 관련 유망산업 동향과 시사점.『VIP 리포트』, 16－24(통권 662). 현대경제연구원.
정대현・박봉원・박상용(2016). 강원행정 빅 데이터 적용 방안. 강원발전연구원.
정정숙(2008). 트랜드와 미래: 문화 트랜드의 향방과 개인의 삶. 미래전략연구원.
정종은(2013). 영국 창조산업 정책의 부상: 개념들의 변천에 관한 고찰.『문화정책논총』, 27(1): 122－145.
정진호・오연천・김익식・한표환・곽채기・조동호(1995).『지방경쟁력 강화를 위한 기업가형 지방경영』. 한국경제연구원.
정창무(1998). 문화도시를 위하여.『문화도시・문화복지』, 제32권: 4－8.
조명래(1995). 포스트포디즘의 정치적 양상.『한국정치학회보』, 29(4): 240－273.
조선일보(1997). 계층 간 격차 여전. 1997/07/09 기사.
________(1999a). 앨빈 토플러 21세기 전망. 1999/03/04 기사.
________(1999b). 인터넷 사용, 계층 간 격차여전. 7월 9일자 기사.
________(1999c). 실리콘밸리 '빈익빈 부익부.' 7월 16일자 기사.
________(2012). 주거・쇼핑에 문화 관람까지. 2012/2/22 기사.
조은(1996).『정보화시대의 문화와 여성』. 나남출판.

조태남(2014). 『컬처노믹스 시대 문화도시 브랜드』. 신아사.
조현지(2016). 스마트도시에 대비한 영국의 정책변화. 『세계도시정보』, 2016/10/25. 국토연구원.
조호정 · 이부형(2016). 초연결시대 산업전략: 독일 스마트 산업의 내용과 시사점. 『VIP 리포트』, 16-3(641). 현대경제연구원.
주유신(2005). 부산 영화영상 산업 발전 전략과 과제들. (사)부산영상포럼.
최병길(2001). 포스트모던적 재현에 관한 보드리야르 시뮬레이션 이론. 『동서철학연구』, 제21호. 한국동서철학회.
최병두(2002). 신도시주의 또는 새로운 도시화. 『공간과 사회』, 17: 217-242.
최성모 · 김동환(1994). 초고속정보통신기반과 지역개발: 새로운 패러다임의 모색. 한국정책학회 세미나 발표논문. 10월 29일.
KB금융지주 경영연구소(2011). 인구주택 총 조사 결과분석을 통한 주택시장변화. 『KB경영정보리포트』, 2011-13.
KBS 뉴스(2016). 강원도 영월, 국내 최고 '박물관도시'로 변신중. 2016/2/20 KBS NEWS.
통계청. 『총 사업체 통계조사 보고서』, 1981, 1986, 1991, 1996.
______. 『한국의 사회지표』, 1979, 1989, 1995, 1999.
______(2002.9). 『한국의 인구 및 주택구조』. (통계청 홈페이지: www.nso.go.kr에서 download).
______. 경제활동 인구조사, 인구 총 조사, 인구동태 통계연보, 국가지표체계, 가계 동향.
______. 맞벌이 가국 및 1인 가구 고용 현황: 2015년 하반기 지역별고용조사(부가항목).
______. 한국의 사회동향 2014.
한겨레(2016). 부모도 모르는 딸의 임신, 대형마트는 알고 있다. 2016/2/11 기사.
한승욱(2013). 일본의 창조 도시론과 마을 만들기. 이상봉 엮음. 『창조성과 도시』. 소명출판.
행정자치부(2017). 인구통계.
형기주(1997). 알프레드 베버의 공업입지론. 『월간국토』, 1997년 5월호: 88-93.
홍기원(2005). 지역의 문화적 개발에 대한 이론적 논거: 레짐이론의 적용 가능성과 그 한계. 『문화정책논총』, 17: 143-164.

국외 문헌

Abella, A., Ortiz-de-Urbina-Criado, M. and De-Pablos-Heredero, C.(2015). Information Reuse in Smart Cities' Ecosystem. *El profesional de la información*, 24(6): 838-844.
ABI Research(2011). $39.5 Billion will be spent on smart city technologies in 2016. http://www.abiresearch.com.

Adkins, L.(2001). Cultural feminization: “Money, sex and power” for women. *Signs*, 26(3): 669－695.

Alawadhi, S., A. Aldama－Nalda, H. Chourabi, J. R. Gil－Garcia, S. Leung, S. Mellouli, T. Nam, T. A. Pardo, H. J. Scholl, and S. Walker(2012). Building Understanding of Smart City Initiatives. *Lecture Notes in Computer Science*, 7443: 40－53.

Albino, V., Berardi, U. and Dangelico, R. M.(2015). Smart Cities: Definitions, Dimensions, Performance, and Initiatives. *Journal of Urban Technology*, 22(1): 3－21.

Alihan, M. A.(1938). *Social ecology*. New York: Columbia University Press.

Allmendinger, P.(2001). *Planning in Postmodern Times*. Routledge: New York.

Allwinkle, S. and Cruickshank, P.(2011). Creating Smart－er Cities: An Overview. *Journal of Urban Technology*, 18(2): 1－16.

Amin, A. and K. Robins(1990). The re－emergence of regional economies? The mythical geography of flexible accumulation. *Environment and Planning D: Society and Space*, 8: 7－34.

Andrikopoulos A.(1980). A Synthesis of the Production Function and the Shift－Share Model: A New Regional Modelling Approach. *Regional and Urban Economics*, 10: 539－560.

Andrikopoulos A., Brox J. and Carvalho E.(1990). Shift－Share Analysis and the Potential for Predicting Regional Growth Patterns: Some Evidence for the Region of Quebec, Canada. *Growth and Change*. 21: 1－10.

Angelidou, M.(2014). Smart city policies: A spatial approach. *Cities*, 41: S3－S11.

________(2015). Smart cities: A conjuncture of four forces. *Cities*, 47: 95－106.

Arvanitaki, A.(2007). Urban Development Planning and Culture, ECCM Symposium: Productivity of Culture, Athens, 18－20 October 2007.

Bairoch, P.(1977). *Taille des villes, conditions de vie et développement économique*. Paris.

________(1988). *Cities and Economic Development: From the Dawn of History to the Present*. Translated by Christopher Braider. Chicago: The University of Chicago Press.

Balcombe, R. J. and York, I. O.(1993). *The Future of Residential Parking*. London: Transport Research Laboratory, for Department of Transportation.

Ballas, D.(2013). What Makes a Happy City? *Cities*, 32(1): S39－S50.

Banham, R.(1973). *Los Angeles: The Architecture of Four Ecologies*. London: Penguin Books.

Baniotopoulou, E.(2001). Art for Whose Sake? Modern Art Museums and their Role in Transforming Societies: The Case of the Guggenheim Bilbao. *Journal of Conservation and Museum Studies*, 7: 1－5.

Barber, B. R.(2013). *If Mayors Ruled the World*. 조은경 · 최은정 옮김, 『뜨는 도시 지는 국가』. 21세기북스.

Barbier, E. B.(1989). *Economics, Natural Resources Scarcity and Development Conventional and Alternative Views*. London: Earthscan Publication.

Bartelds, H. and de Roo, G.(1995). *Dilemma's van de compacte stad, uitdagingen voor het beleid*(Dilemmas of Compact City, Challenges to Policy Development). Hague: VUGA.

Bartelmus, P.(1987). *Environment and Development*. London: Allen and Unwin.

Barton, H., Davis, G. and Guise, R.(1995). *Sustainable Settlements: A Guide for Planners, Designers and Developers*. Bristol: University of the West of England and the Local Government Management Board.

Bathelt, H.(1992). A critical review and empirical analysis of key technology industries. *Geographische Zeitschrift*, 80: 195－213.

Baudrillard, J.(1983). *Simulations*. New York: Semiotext(e).

Beatley, T.(1995). Planning and Sustainability: The Elements of a New (Improved?) Paradigm. *Journal of Planning Literature*, 9(4): 383－395.

Beck, U.(1997). *Risikogesellschaft: Auf dem Weg in eine andere Moderne*. 홍성태 옮김. 『위험사회: 새로운 근대(성)을 향하여』. 새물결 출판사.

Becker, H. S.(1982). *Art Worlds*, Berkeley and Los Angeles: University of California Press.

Beckman, M. J.(1958). City hierarchies and the distribution of city sizes. *Economic Development and Cultural Change*, 6: 243－248.

Beechey, G. S.(1977). Some notes on female wage labour in capitalist production. *Capital and Class*, 3: 45－66.

Beguin, H.(1985). A property of rank size distribution and its use in an urban hierarchy context. *Journal of Regional Science*, 25: 437－441.

Belanche, D., Casaló, L. V. and Orús, C.(2016). City attachment and use of urban services: Benefits for smart cities. *Cities*, 50: 75－81.

Belissent, J.(2010). Getting clever about smart cities: New Opportunities require new business models. Nov. 2, *Forrester Research*.

Bell, D.(1973). *The Coming of the Post－Industrial Society*. New York: Basic Books.

Benjamin, W.(1980). 『현대사회와 예술』. 차봉희 편역. 문학과 지성사.

Bergman, E. M., G. Maier and F. Tödtling(1991). Reconsidering regions. In E. M. Bergman, G. Maier and F. Tödtling (eds.), *Regions reconsidered－economic networks, innovation, and local development in industrialized countries*, London: Mansell: 283－300.

Berry, B. J. L.(1964). Cities as Systems within Systems of Cities. *Papers in Regional Science*, 13(1): 147－163.

________(1971). City size and economic development. In *Urbanization and National Development*, eds. L. Jakobson and V. Prakash. Beverly Hills: Sage Publication: 111－155.

Berry, B. J. L., Conkling, E. C., and Ray, D. M.(1987). Economic Geography. New Jersey: Prentice-Hall, Inc.

Berry, C. R. and Glaeser, E. L.(2005). The Divergence of Human Capital Levels Across Cities. *Regional Science*, 84(3): 407-444.

Best, S. and Kellner, D.(1991). *Postmodern Theory*. London: Macmillan.

Bettencourt, L. M. A., Lobo, J., Helbing, D., Kühnert, C., and West, G. B.(2007). Growth, innovation, scaling, and the pace of life in cities. *PNAS*, 104(17): 7301-7306.

Birch, David(1979). *The Job Generation Process*. Cambridge, MA: MIT Program on Neighborhood and Regional Change.

Birmingham Cities for People Womens Group(1989). *Women in Centre*, BCFP. Birmingham.

Bluestone, Barry, and Bennett Harrison(1982). *The Deindustrialization of America*. New York: Basic Books.

Bondi, L. and Christie, H.(2000). The best of times for some and the worst of times for others? Gender and class divisions in urban Britain today. *Geoforum*, 31: 329-343.

Borja, J. and Castells, M.(1997). *Local and Global: The management of cities in the information age*. London: Earthscan: 7-15.

Borkin, James, Dan Dimancescu, and Ray Stata(1984). *The innovators*. New York: Harper and Row.

Bornstein, M. and Bornstein, S.(1976). The Pace of Life. *Nature*, 259: 557-559.

Bouffioux A.(2013). Smart Cities: Answers for Infrastructure and Cities. Unconvention 2013-Brussels/Egmont Palace, June 7th 2013.

Boulos, K., Tsouros, A. and Holopainen, A.(2015). Social, innovative and smart cities are happy and resilient: insights from the WHO EURO 2014 International Healthy Cities Conference. *International Journal of Health Geographics*, 14(3): 1-9.

Boys, J.(1984). Is there a feminist analysis of architecture? *Built Environment*, 10(1): 25-34.

Bruegel, I.(1979). Women as a reserve army of labour: a note on recent British experience. *Feminist Review*, 3: 12-23.

Brugman, J.(2000). Agenda 21 and the Role of Local Government. In F. Dodds (eds.), *Earth Summit 2002*. London: Earthscan.

Burch, W. R., Jr.(1971). *Daydreams and nightmares: a sociological essay on the American environment*. New York: harper and Row.

Burgess, E. W.(1925). The growth of the city: an introduction to a research project. In R. E. Park, E. W. Burgess and R. D. McKenzie, eds., *The city*. University of Chicago Press: 47-62.

Burton, E.(2000). The Compact City: Just or Just Compact? A Preliminary Analysis. *Urban Studies*, 37(11): 1969-2001.

Cairncross, F.(1997). *The Death of Distance.* Oxford: Harvard Business Press.

Calhoun, C.(ed).(1994). *Social Theory and Politics of Identity.* Oxford: Blackwell.

Callon, M.(1986). E´léments pour une sociologie de la traduction: La domestication.

Calzada, I. and Cobo, C.(2015). Unplugging: Deconstructing the Smart City. *Journal of Urban Technology*, 22(1): 23−43.

Camagni, R.(1991). *Innovtation networks: spatial perspective.* London and New York; Belhaven Press.

Camagni, R., Capello, R. and Nijkamp, P.(1998). Towards sustainable city policy: an economy−environment technology nexus. *Ecological Economics*, 24: 103−118.

Campbell, K. and Lee, B.(1990). Gender Differences in Urban Neighboring. *Sociological Quarterly*, 31: 495−512.

Caragliu, C., Bo, D. and Nijkamp, P.(2011). Smart Cities in Europe. *Journal of Urban Technology*, 18(2): 65−82.

Castells, M.(1977). *Urban Question.* Cambridge, Mass: MIT Press.

________(1985). High technology, economic restructuring and the urban regional process in the United States. In Manual Castells (eds.), *High technology, space, and society*, Beverly Hills: Sage Publication, 11−40.

________(1989). *The informational city. Information technology, economic restructuring, and the urban−regional process.* Oxford and Cambridge: Routledge.

________(1996). *The information Age: Economy, Society, and Culture: Vol.1−The Rise of the Network Society.* Oxford: Blackwell.

________(2001). *The internet galaxy.* Oxford: Oxford University Press.

Castells, M., S. Yazawa and M. Kiselyova(1996). Insurgents against the new global order: a comparative analysis of Zapatistas in Mexico, the American militia and Japan's Aum Shinrikyo. *Berkeley Journal of Sociology*, Spring.

Chang, T. C.(2000). Renaissance Revisited: Singapore as a 'Global City for the Arts.' *International Journal of Urban and Regional Research*, 24: 818−831.

Childe, V. G.(1950). The Urban Revolution. *Town Planning Review*, 21: 3−17.

Christaller. W.(1933). *Die zentralen Orte in Suddeutschland.* Jena: Gustav Fischer. Translated(1966), by Charlisle W. Baskin, as Central Places in Southern Germany. Prentice Hall.

Christie, I. and Warburton, D.(2001). *From Here to Sustainability: Politics in the Real World.* London: Earthscan.

City of Chicago(2012). *Cultural Plan 2012.* Department of Cultural Affairs and Special Events.

Clammer, J.(2003). Globalisation, Class, Consumption and Civil Society in South−east Asian

Cities. *Urban Studies*, 40: 403–419.
Clements, F. E.(1905). *Research methods in ecology*. Lincoln, NE: University Printing Co.
_______(1916). *Plant succession: an analysis of the development of vegetation (Publication No.242)*. Washington D.C.: Carnegie Institute of Washington.
Coase, R. H.(1960). The Problem of Social Cost. *Journal of Law and Economics*, 3: 1–44.
Coe, A., Paquet, G., and Roy, J.(2001). E–Governance and Smart Communities: A Social Learning Challenge. *Social Science Computer Review*, 19(1).
Cohen, D.(2000). 『부유해진 세계, 가난해진 사람들』. 주명철 옮김. 도서출판 시유시.
Coleman, J. S.(1988). Social capital in the creation of human capital. *American Journal of Sociology(supplement)*, 94: 95–120.
_______(1990). *Foundations of Social Theory*. Cambridge, MA: Harvard University Press.
Combs, R., P. Saviotii and V. Walsh(1987). *Economics and technological change*. London and Basingstoke: Basingstoke.
Countryside Commission(1993). *Sustainability and the English Countryside*. Cheltenham: Countryside Commission.
Cox, W.(2016). *Largest Cities in the World*. http://www.newgeography.com
Cox, W. M. and Alm, R.(2008). Creative Destruction. *The Concise Encyclopedia of Economics*. Retrieved February 10, 2012 from http://www.econlib.org/
Crompton, R.(1997). *Women and Work in Modern Britain*. Oxford: Oxford University Press.
CTECNO(2012). Hoja de ruta para la smart city. http://www.ctecno.net
Dantzig, G. and Saaty, T.(1973). *Compact City: A Plan for a Liveable Urban Environment*. San Francisco: Freeman.
Darke, J.(1996). The Man–Shaped City. In Booth, C., Darke, J. and Yeandle, S. (eds.), *Changing Places: Women's Lives in the City*. London: Paul Chapman Publishing Ltd: 88–99.
Dauge, Y. and Yang, M.(2002). Heritage Protection and Decentralization, In *Partnerships for World Heritage Cities: Culture as a Vector for Sustainable Urban Development*, World Heritage 2002.
Davison, I.(1995). Brave new world? *House Builder*, Feburary: 3–4.
Dear, M. and Flusty, S.(1998). Postmodern Urbanism. *Annals of the Association of American Geographers*, 88(1): 50–72.
Debnath, A. K., Chin, H. C., Haque, M. and Yuen, B.(2014). A methodological framework for benchmarking smart transport cities. *Cities*, 37: 47–56.
Dench, G.(1997). Introduction. In G. Dench (eds.), *Rewriting the Sexual Contract*. London: Institute of Community Studies: ix–xiii.
de Roo, G.(2000). Environmental planning and the compact city–a Dutch perspective. In

G. de Roo and D. Miller (eds.), *Compact Cities and Sustainable Urban Development.* Aldershot, UK: Ashgate.

de Roo, G. and Miller, D.(2000). Introduction–Compact cities and sustainable development. In G. de Roo and D. Miller (eds.), *Compact Cities and Sustainable Urban Development.* Aldershot, UK: Ashgate.

DeSena, J.(1994). Women: The Gatekeepers of Urban Neighborhoods. *Journal of Urban Affairs*, 16(3): 271–284.

Dicken, P. and Lloyd, P. E.(1990). *Location in Space: Theoretical perspectives in economic geography*, 3rd ed. Harpercollins.

Donnison, D. and P. Soto(1980). *The Good City: A Study of Urban Development and Policy in Britain.* London: Heinemann Education.

Doran, M. A. and Daniel, S.(2014). Geomatics and Smart City: A transversal contribution to the Smart City development. Information Polity. *Information Polity*, 19: 57–72.

Duchéne, C.(2011). *Gender and Transport*, paper presented to the 2011 International Transport Forum, on 25–27 May in Leipzig, Germany, on *Transport for Society.*

Duncan, O.(1959). Human ecology and population studies, in P. Hauser and O. Duncan(eds.), *The Study of Population.* Chicago: University Press.

Dynes, M.(1994). Ministers plan to pull the plug on noisy neighbours. *The Times*, 21 November.

Eisinger, Peter K.(1988). *The Rise of the Entrepreneurial State.* Madison, WI: The University of Wisconsin Press.

Eldridge, H. T.(1956). The Process of Urbanization. In *Demographic Analysis*, edited by J. J. Spengler and O. D. Duncan. Glencoe, Ill.: Free Press.

Elkin, T., McLaren, D. and Hillman, M.(1991). *Reviving the City: Towards Sustainable Urban Development*, London: Friends of the Earth.

Elshtain, J. Bethke(1981). *Public Man, Private Woman: Women in Social and Political Thought.* Princeton, NJ: Princeton University Press.

Endlicher et al.(2007). Urban Ecology–Definitions and Concepts. In Langner, M. and Endlicher, W. eds., *Shrinking Cities: Effects on Urban Ecology and Challenges for Urban Development.* Peter Lang International Academic Publishers.

Engwicht, D.(1992). *Towards an Eco City, Calming the Traffic.* Sydney: Envirobook.

Eugenie L. Birch(1996). Planning in a World City: New York and its Communities. *Journal of the American Planning Association*, 62(4), Autumn.

European Commission(1996). *Women, Players in Regional Development.* Office for Official Publications of the European Communities.

Evans, G.(2005). Measure for Measure: Evaluating the Evidence of Cuture's Contribution to

Regeneration. *Urban Studies*, 42(5/6): 959－983.

Evenson, Robert E. and Larry, E. Westphal(1995). Technological Change and Technology Strategy. Chapter 37 in Jere Behrman and T. N. Srinivasan (eds.), *Handbook of Development Economics*, Volume IIIA, Amsterdam: Elsevier Science.

Ewan, E.(1980). City Lights: Immigrant Women and the Rise of the Movies. *Signs*, 5(3S): S45－S66.

Fainstein, Susan S.(1994). *The City Builder, Property Politics and Planning in London and New York*, Oxford, UK and Cambridge, MA: Blackwell.

Farrell, A. and Hart, M.(1998). What Does Sustainability Means? The Search for Useful Indicators. *Environment*, 40(9): 4－31.

Fatemi, A. S.(2014). Input－Output Economics. 인터넷 자료, http://lid01.econ.unipr.it/DOCENTI/MESSORI/.../input－oputput.doc

Felski, R.(1997). Judith Krantz, Author of the Cultural Logics of Late Capitalism. *Women: A Cultural Review*, 8(2): 129－142.

Florida, R.(2002) *The Rise of the Creative Class: And How It's Transforming Work, Leisure, Community and Everyday Life*, New York, Basic Books.

________(2005a), *The Flight of Creative Class: The New Global Competition for Talent*. New York: HarperCollins.

________(2005b). *Cities and the Creative Class*. 이원호 · 이종호 · 서민철 역(2008). 『도시와 창조계급』. 푸른길.

Foucault, M.(1965). *Madness and Civilisation: a History of Insanity in the Age of Reason*. London: Tavistock.

________(1979). *Discipline and Punishment*. 오생근 역(1994). 『감시와 처벌』. 나남출판.

Fountain, J. E.(2000). Constructing the information society: women, information technology, and design. *Technology in Society*, 22: 45－62.

Fowler, Alan(1997). *Striking a Balance*. Earthscan Publication Ltd., London.

Freeman, C.(1987). *Technology policy and economic performance. Lessons from Japan*. London and New York: Pinter.

Freeman, C., Clark, J. and Soete, L.(1982). *Unemployment and technical innovation: A study of long waves and economic development*. London: Pinter.

Freestone R. and Gibon C.(2004). City Planning and the Cultural Economy. *Paper delivered to the City Futures Conference*, Chicago, 8－10 July 2004.

Frobel, F, Heinrichs, J., and Kreye, O.(1982). The New International Division of Labour: Structural Unemployment in Industrialized Countries and Industrialization in Developing Countries. Cambridge University Press.

Fyson, A.(1995). Don't count on the Lottery. *Planning Week*, 13 April, 3(15): 7.

Gabaix, X.(1999). Zipf's law for cities: an explanation. *Quarterly Journal of Economics*, August 1999, 114(3): 739–767.

Galang, A.(2013). Smart Cities and Big Data. *Research presentation on smart cities (sensor technology) and big data.*

Galdon–Clavell, G.(2013). (Not so) smart cities?: The drivers, impact and risks of surveillance–enabled smart environments. *Science and Public Policy*, 40: 717–723.

Gans, H. J.(1962). Urbanism and Suburbanism as Ways of Life: A Re–evaluation of Definitions. In Arnold M. Rose (eds.), *Human Behavior and Social Processes*. Boston: Houghton Mifflin: 625–648.

Garreau. J.(1991). *Edge city: Life on the New Frontier*. New York: Doubleday.

Gates, William H.(1999). Bill Gates' New Rules. *Time*, April 19.

Gentile, Ralph and Keith Stave(1988). Highly–trained workers and the resurgence of New England: Inter–regional flows of scientists, engineers, and technicians, 1975~1980. *New England Economic Indicators* (second quarter): iv–ix. 11.

George, V. and Wilding, P.(1994). *Welfare and Ideology*. 김영화 · 이옥희 옮김(1999). 『복지와 이데올로기』. 한울 아카데미.

Gettys, W. E.(1940). Human ecology and social theory. *Social Forces*, XVIII: 469–476.

Gibrat, R.(1931). *Les Inegalites Economiques*. Paris, France: Librairie du Recueil Sirey.

Giffinger, R., Fertner, C., Kramar, H., Kalasek, R., Pichler–Milanović, R. and Meijers, E.(2007). *Smart Cities: Ranking of European Medium–sized Cities*. Vienna: Centre of Regional Science.

________(2016). *Smart cities–Ranking of European medium–sized cities*. Centre of Regional Science, Vienna UT. Available online: http://www.smart–cities.eu/

Giffinger, R. and Gudrun, H.(2010). Smart Cities Ranking: An Effective Instrument for the Positioning of Cities? ACE Architecture, *City and Environment*, 4(12): 7–25.

Gilroy, R. and Booth, C.(1999). Building an Infrastructure for Everyday Lives. *European Planning Studies*, 7(3): 307–324.

Glaeser, E.(2011). *Triumoh of the City*. Hainaim Publishing Co. Ltd. 이진원 옮김. 『도시의 승리』. 해냄.

Goh, C. T.(1988). Our national ethic. *Speeches: A Bimonthly Selection of Ministerial Speeches*, 12: 12–15.

Goldman, T. and Gorham, R.(2006). Sustainable urban transport: Four innovative directions. *Technology in Society*, 28: 261–273.

Goodman. E.(1989). Must Women Operate Family Switchboard? In L. Richardson and V. Taylor, (eds.), *Feminist Frontiers II*. New York: Random House.

González, J. A. and Rossi, A.(2011). New trends for smart cities, Open Innovation Mechanism in Smart Cities. European Commission within the ICT Policy Support Programme.

Gordon, J. R. and Gordon, S. R.(1998). *Information Systems: A Management Approach*, Fort Worth, TX: The Dryden Press.

Gordon, R.(1994). I*nternationalization, Multinationalization, Globalization: Contradictory World Economies and New Spatial Divisions of Labor*. (working document) University of California, Santa Cruz.

Gorham, William and Kingley, G. Thomas(1997). The Need for Effective Local Governance. In U. Kirdar (eds.). *Cities Fit for People*. New York, N.Y.: United Nations: 357－367.

Gorz, A.(1982). *Farewell to the Working Class: an Essay on Post－Industrial Socialism*. Pluto Press.

Gottlieb, R.(1993). *Forcing the Spring: The Transformation of the American Environmental Movement*. Covelo, CA: Island Press.

Grabher, G.(1992). *The embedded firm－on the socioeconomics of industrial networks*. London and New York: Routledge.

Gramsci, A.(1986). 『그람시의 옥중수고 1: 정치편』. 이상훈 옮김. 거름아카데미.

Graves, Philip E.(1980). Migration and Climate. *Journal of Regional Science*, 20: 227－237.

Greed, C. H.(1991). *Surveying Sisters: Women in a Traditional Male Profession*. London: Routledge.

________(1994). *Women and Planning: Creating gendered realities*. London: Routledge.

Greenfield, A.(2013). *Against the Smart City*. New York: Do Projects.

Gresh, S.(2013). *Smart, Sustainable Cities: The Backbone of a Civilized World*. Delivered to the Ipswich Rotary Club, Ipswich, Mass., Sept. 12, 2013.

Grief, G.(1985). *Single Fathers*. Lexington, MA: Lexington Books.

Grindle, M.(1997). *Getting Good Government: Capacity Building in the Public Sectors of Developing Countries*. Cambridge, MA: Harvard University Press.

Grove, J. M. and Burch, W. R.(1997). A social ecology approach and applications of urban ecosystem and landscape analyses: a case study of Baltimore, Maryland. *Urban Ecosystems*, 1: 259－275.

Güell, J. and Redondo, L.(2012). Linking territorial foresight and urban planning. *Foresight*, 14(4): 316－335.

Haber, H.(1994). *Beyond Postmodern Politics*, New York: Routledge.

Hahn, E. and Simonis, U.(1991). Ecological urban restructuring. *Ekistics*, May/June: 199－209.

Hall, P.(1985). The geography of the fifth Kondratieff. In P. Hall and A. Markusen (eds.), *Silicon Landscapes*, London: Allen & Urwin: 1－19.

________(1988). *Cities of Tomorrow*. Blackwell. 임창호 옮김. 『내일의 도시』. 한울.

_______(1995). Toward a General Urban Theory. In J. Brotchie, M. Batty, E. Blakely, P. Hall and P. Newton (eds.), *Cities in Competition: Productive and Sustainable Cities for the 21st Century*. Melbourne, Australia: Longman Australia Pry Ltd.

_______(1997). The Future of the Metropolis and its Form. *Regional Studies*, 31(3): 211–220.

Hall, P. and P. Preston(1988). *The carrier wave. New information technology and the geography of innovation*, Boston, Sidney, Wellington: Unwin Hyman: 1846–2003.

Hall, R. E.(2000). The vision of a smart city. *In 2nd International life extension technology workshop*, 28 September, Paris, France.

Halpern, D.(2005). *Social capital*. Bristol: Policy Press.

Hanmer, J. and Saunder, S.(1984). *Well Founded Fear*. London: Huchinson.

Hansen, N.(1992). Competition, trust, and reciprocity in the development of innovative regional milieux. *Paper in Regional Science*, 71: 95–105.

Harris, C. D. and Ullman, E. L.(1945). The Nature of Cities. *Annals of the American Academy of Political and Social Science*, 242: 7–17.

Harris, J. R. and Todaro, M. P.(1970). Migration, Unemployment & Development: A Two–Sector Analysis. *American Economic Review*, 60(1): 126–142.

Harris, R.(1988). Technological change and regional development in the UK: evidence from the SPRU data–base on innovations. *Regional Studies*, 22: 361–374.

Harrison, C., Eckman, B., Hamilton, R., Hartswick, P., Kalagnanam, J., Paraszczak, J., and Williams, P.(2010). Foundations for Smarter Cities. *IBM Journal of Research and Development*, 54(4): 1–16.

Harvey, D.(1989). *The Condition of Postmodernity: An Enquiry into the Origins of Cultural Change*. Oxford UK: Blackwell; 구동회 · 박영민 옮김. 『포스트모더니티의 조건』. 한울.

_______(1992). Social Justice, Postmodernism and the City. *International Journal of Urban and Regional Research*, 16(4): 588–601.

_______(2000). *Space of Hope*. University of California Press.

_______(2013). *Rebel Cities: From the Right to the City to the Urban Revolution*. Verso. 한상연 옮김. 『반란의 도시: 도시에 대한 권리에서 점령운동까지』. 에이도스.

Hassan, I.(1985). The Geopolitics of Capitalism. In D. Gregory and J. Urry, (eds). *Social Relations and Spatial Structure*. New York: St. Martin's Press.

Haughton, G. and Hunter, C.(1994). *Sustainable Cities*. London: Jessica Kingsley Publishers.

Hellman, D. A.(1976). Shift–Share Models as Predictive Tools. *Growth and Change*. 7: 3–8.

Hemment, D. and Townsend, A.(2013). *Smart Citizens*. Future Everything Publication.

Hersh, M.(2000). The Changing Position of Women in Engineering Worldwide. *IEEE Transactions of Engineering Management*, 47(3): 345–359.

Higgins, B.(1988). François Perroux. In Higgins, B and Savoie, D. J. eds., *Regional economic development: Essays in honour of François Perroux*. Boston: Unwin Hyman.

Hill, D. M.(1994). *Citizens and Cities: Urban Policy in the 1990s*. Hemel Hempstead: Harvester Wheatsheaf.

Hirschman, A. O.(1958). *The Strategy of Economic Development*. New Haven, Conn.: Yale University Press.

Hohenberg, P. M. and Lees, L. H.(1985). *The Making of Urban Europe 1000–1950*. Cambridge, Mass: Harvard University Press.

Hollands, R. G.(2008). Will The Real Smart City Please Stand Up? Intelligent, Progressive, or Entrepreneurial? *City*, 12(3): 303–320.

Hollingshead, A. B.(1947). A re–examination of ecological theory. *Sociology and Social Research*, 31: 194–204.

Houston D.(1967). The Shift and Share Analysis of Regional Growth. *Southern Economic Journal*, 33: 577–581.

Hoyt, H.(1933). *One Hundred Years of Land Values in Chicago*. Chicago: University of Chicago Press.

_______(1939). *The Structure and Growth of Residential Neighborhoods in American Cities*. Washington D.C.: U.S. Federal Housing Administration.

Huston, S., Rahimzad, R. and Parsa, A.(2015). Smart' sustainable urban regeneration: Institutions, quality and financial innovation. *Cities*, 48: 66–75.

Huntington, S.(1997). 『문명의 충돌』. 이희재 옮김. 김영사.

IBM(2010). *Smart Cities*. http://www–935.ibm.com

Ignatieff, M.(1989). Cleverness is All. *The Independent*, 7 January.

Illeris, S.(1996). *The Service Economy: A Geographical Approach*. Chichester: Wiley.

Ingersoll, R.(1993). Computers "R" us. *Design Book Review*, 27: 5.

Jacobs, J.(1965). *The Death and Life of Great American Cities*, Harmondsworth: Pelican.

_______(2001). City Views: Urban studies legend Jane Jacobs on gentrification, the New Urbanism, and her legacy. *Reason*, June 2001, Interviewer: Bill Steigerwald.

Jagger, A.(1983). *Feminist Politics and Human Nature*. Brighton, UK: Harvest.

Jameson, F.(1984). Postmodernism, or The Cultural Logic of Late Capitalism. *New Left Review*, 146: 53–92.

_______(1991). 모던에서 포스트모던으로. 『외국문학』, 겨울호. 열음사.

Janowitz, M.(1967). Introduction. In Robert E. Park, Ernest W. Bugess and Roderick D. MeKenzie, (eds). *The City: Suggestions for Investigation of Human Behavior in the*

Urban Environment. Chicago: University of Chicago Press.

Jenks, M., Burton, E. and Williams, K.(1996). *The Compact City: A Sustainable Urban Form?* Oxford, UK: Oxford Brookes University.

Jessop B. and Sum N. L.(2000). An Entrepreneurial City in Action: Hong Kong's Emerging Strategies in and for (Inter−)Urban Competition. *Urban Studies*, 37.12: 2290−2315.

John, P. and A. Cole(1998). Urban regimes and local governance in Britain and France: Policy adaption and coordination in Leeds and Lille. *Urban Affair Review*, 33(3): 382−404.

Kamel Boulos, M. N. and Najeeb M Al−Shorbaji M. A.(2014). On the Internet of Things, smart cities and the WHO Healthy Cities. *International Journal of Health Geographics*, 13: 10.

Kasarda, John D.(1988). Economic restructuring and America's urban dilemma. In The metropolis era: Vol. 1, Mattei Dogan and John D. Kasarda (eds.), *A world of giant cities*. Newbury park, CA: Sage Publications: 56−84.

Keeble, David, and Egbert Wever (eds.)(1986). *New firms and regional development in Europe*. London: Croom Helm.

Kessler−Harris, A.(1982). *Out to Work*. New York: Oxford University Press.

Khaund, K.(2013). *Smart city–from concept to reality: An intrinsic union of connectivity, sustainability and profitability*. Frost & Sullivan.

Khosla, A.(1995). Forward. In Tryzna, T. C. (eds.), *A Sustainable World*. Sacramento: IUCN.

Kingsley, Davis(1965). The Urbanization of the human population. *Scientific American*, 213: 40−53.

Kingsley Davis and Hilda H. Golden(1957). cited by P. M. Hauser, eds., *Urbanization in Asia and the Far East*. Calcutta: UNESCO. 1957: 55−60.

Kitchen, T. Whitney, D., and Littlewood, S.(1997). Local Authority/Academic Collaboration and Local Agenda 21 Policy Processes. *Journal of Environmental Planning and Management*, 40(5): 645−659.

Kleinknecht, A. and T. P. Poot(1992). Do regions matter for R & D? *Regional Studies*, 26: 221−232.

Kleniewski, N.(1997). *Cities, Change and Conflict: A Political Economy of Urban Life*. London: Wadsworth Publishing Company.

Knight, R. V.(1989). Introduction: Redefining Cities. In *Cities in a global society*, edited by Knight, R. V. and G. Gappert, 15−20. London: Sage Publications.

Knopp, L.(1992). Sexuality and the spatial dynamics of capitalism. *Environment and Planning D: Society and Space*, 10: 651−669.

Komninos, N.(2011). Intelligent Cities: Variable Geometries of Spatial Intelligence. *Intelligent*

Buildings International, 3(3): 172–188.

Komninos, N., Pallot, M. and Schaffers(2013). Smart Cities and the Future Internet in Europe. *Journal of the Knowledge Economy*, 4(2): 119–134.

Kostof, S.(1999). *The City Shaped: Urban Patterns and Meanings Through History*. A Bulfinch Press Book.

Kourtit, K. and Nijkamp, P.(2012). Smart cities in the innovation age. *The European Journal of Social Science Research*, 25(2): 93–95.

Kourtit, K., Nijkamp, P. and Arribas, D.(2012). Smart cities in perspective a comparative European study by means of self–organizing maps. *The European Journal of Social Science Research*, 25(2): 229–246.

Kramers, A., Höjer, M., Lövehagen, N. and Wangel, J.(2014). Smart sustainable cities–Exploring ICT solutions for reduced energy use in cities. *Environmental Modelling & Software*, 56: 52–62.

Kumar, K.(1995). *From Post–Industrial to Post–Modern Society. New Theories of the Contemporary World*. London: Blackwell.

Lamb, M.(eds.)(1986). *The Father's Role: Applied Perspectives*. New York: Wiley.

Lampard, E. E.(1955). The history of cities in economically advanced areas. *Economic Development and Cultural Change*, 3: 81–136.

________(1965). Historical Aspects of Urbanization. In P. M. Hauser and L. F. Schnore (eds.), *The Study of Urbanization*. New York: John Wiley & Sons, Inc.

________(1983). The Nature of Urbanization. In Derek Fraser and Anthony Sutcliffe (eds.), *The Pursuit of Urban History*. London: Edward Arnold Ltd.

Landisky, Jack(1967). The geographic mobility of professional and technical manpower. *Journal of Human Resources*, 2: 477–494.

Landry, C and Bianchini, F.(1995). *The Creative City*. Demos, London.

Lasalle, J. L.(2005). Atlantic Station: Realizing the Vision of New Urbanism. *Retail Traffic*, 34(12): 50.

Lauwe, Chombart de.(1982). *La fin des villes: mythe ou réalité*. Paris: Calmann–Lévy.

Law, R.(1999). Beyond 'women and transport': towards new geographies of gender and daily mobility. *Progress in Human Geography*, 23(4): 567–588.

Lazzeretti, L.(2003). City of Art as a High Culture Local System and Cultural Districtualization Processes: The Cluster of Art Restoration in Florence. *International Journal of Urban and Regional Research*, 27(3): 635–648.

Leahy, T.(2013). *Management in 10 words*. 차백만 역. 『위대한 조직을 만드는 10가지 절대 법칙』. 21세기북스(북이십일).

Le Corbusier(2000). *The City of Tomorrow and Its Planning*. Dover Publications Inc.

Lee, J. H., Hancock, M. G. and Hu, M.(2014). Towards an effective framework for building smart cities: Lessons from Seoul and San Francisco, *Technological Forecasting and Social Change*, in press.

Lefebvre, H.(1991). *The Production of Space*. Translated by Donald Nicholson−Smith. Oxford: Blackwell Publishing.

Lehrer, J.(2012). *Imagine: How Creativity Works*. Houghton Mifflin. 김미선 옮김. 『이매진: 초일류들의 뇌 사용법』. 21세기북스.

Levy, J. M.(1985). Urban and Metropolitan Economics. McGraw−Hill Book Company.

Leydesdorff, L. and Deakin, M.(2011). The triple−helix model of smart cities: a neo evolutionary perspective. *Journal of Urban Technology*, 18(2): 53−63.

LGA(Local Government Association)(2000). *A change of scene: the challenge of tourism in regeneration*. London: LGA/DCMS.

Light, A.(1992). Lack of breathing space. *Surveyor*, 20 August.

Little, J.(1994). *Gender, Planning and Policy Process*. Oxford: Pergamon Press.

Liu, P. and Peng, Z.(2014). China's Smart City Pilots: A Progress Report. *Computer*, 10: 72−81.

Lock, D.(1995). Room for more within city limits? *Town and Country Planning*, July, 64(7): 173−176.

Loftman, P.(1990). *A Tale of Two Cities: Birmingham the Convention and Unequal City*. Research Paper No. 6, Faculty of Built Environment, Birmingham Polytechnic.

Lombardi, P., Giordano, S., Caragliu, A., Del Bo, C., Deakin, M., Nijkamp, P., Kourtit, K. and Farouh, H.(2012). An advanced triple−helix network model for smart cities performance. In: Y. Ozge, ed. *Green and ecological technologies for urban planning: creating smart cities*. Hershey, PA: IGI Global, 5973.

Longhi, C. and M. Quéré(1993). Innovative networks and the technopolic phenomenon: the case of Sophia−Antipolis. *Environment and Planning C 11*: 317−330.

Lopez−Claros, A. and Perotti V.(2014). Does Culture Matter for Development? *World Bank, Policy Research Working Paper 7092*.

Lopez, E. P.(1991). Overcoming Barriers: Women and Participation in Public Life. In Wallace, T. and March, C. (eds.). *Changing Perceptions, Writings on Gender and Development*. Oxford: Oxfam.

Lösch, A.(1938). The Nature of Economic Regions, *Southern Economic Journal*, 5(1): 71−78.

Löschburg, W.(1997). 『여행의 역사: 오디세우스의 방랑에서 우주 여행까지』. 이민수 옮김. 효형출판.

Lyotard, J. F.(1984). *The Postmodern Condition: A Report on Knowledge*. Minneapolis:

University of Minnesota Press.

________(1988). *The Differend: Phrase in Dispute*. Minneapolis: University of Minnesota Press.

Mackenzie, Suzanne(1999). Restructuring the Relations of Work and Life: women as environmental actors, feminism as geographic analysis. *Gender, Place and Culture*. 6(4): 417－430.

MacNeil, J. Winsemius, P. and Yakushiji, T.(1991). *Beyond Interdependence: The Meshing of the World's Economy and the Earth's Ecology*. New York: Oxford University Press.

Mahoney, E.(1997). The People in Parentheses: space under pressure in the postmodern city. In D. B. Clarke (eds). *The Cinematic City*. London: Routledge: 168－185.

Malecki, E. J.(1981). Product cycles, innovation cycles, and regional economic change. *Technological Forecasting and Social Change*, 19: 291－306.

________(1989). What about people in high technology? Some research and policy considerations. *Growth and Change*, 20: 67－79.

Mandel, E.(1975). *Late Capitalism*. New Left Book: London.

Marin, D.(2006). A New International Division of Labor in Europe: Outsourcing and Off－shoring to Eastern Europe. *Journal of the European Economic Association*, 4(2－3): 612－622.

Marsa－Maestre, I., Lopez－Carmona, M. A., Velasco, J. R., and Navarro, A.(2008). Mobile agents for service personalization in smart environments. *Journal of Networks*, 3(5): 30－41.

Marshall, M.(1987). *Long waves of regional development*. New York: St. Martin's Press.

Martin de Jong, Simon Joss, Daan Schraven, Changjie Zhan and Margot Weijnen(2015). Sustainable－smart－resilient－low carbon－eco－knowledge cities; making sense of a multitude of concepts promoting sustainable urbanization. *Journal of Cleaner Production*, 109: 25－38.

Masters, R. D.(1989). *The nature of politics*. New Haven, CT: Yale University Press. McKenzie, R. D.(1925). The ecological approach to the study of the human community. In R. E. Park, E. W. Burgess and R. D. McKenzie, eds., *The city*. University of Chicago Press: 63－79.

Massy, D.(1984). *Spatial Division of Labor: Social Structures and the Geography of Production*. New York: Methuen.

McDowell, L.(1986). Beyond patriarchy: a class－based explanation of women's subordination. *Antipode: A Radical Journal of Geoggraphy*, 18(3): 311－321.

Meadows, D. H., Meadows, D. L., Randers, J. and Behrens, W. W. III. (1972). *The Limits to Growth: A Report to the Club of Rome's Project on the Predicament of Mankind*.

New York: Universe Books.

Mebratu, D.(1998). Sustainability and Sustainable Development: Historical and Conceptual Review. *Environmental Impact Assessment Review*, 18: 493–520.

Mega, V.(1996). Our City, Our Future: Towards Sustainable Development in European Cities. *Environment and Urbanization*, 8(1): 133–154.

Mensch, G.(1975). Das technologische Putt (The technological stalemate). Umschau, Frankfurt/M.

Meuriot, Paul(1987). *Des Agglomerations urbanes dans l'Europe contemporaine; Essai sur les causes, les conditions, les conséquences de leur développment*. Paris.

Miles, M.(2005). Interruptions: Testing the Rhetoric of Culturally Led Urban Development. *Urban Studies*, 42(5/6): 889–911.

Miller, James P.(1982). Manufacturing Relocations in the United States, 1969~1975. In Richard McKenzie, (eds.), *Plant Closings: Public or Private Choices*: 29–48. Washington, D.C.: Cato Institute.

Mincer, J.(1966). Labor–force participation and unemployment: a review of recent evidence. In R. Gorden and M. Gorden (eds.), *Prosperity and Unemployment*. New York: John Wiley.

Mitchell, W.(1995). *Cities of Bits: Space, Place, and the Infobahn*. MIT Press.

Mommaas, H.(2004). Cultural Clusters and the Post–industrial City: Towards the Remapping of Urban Cultural Policy. *Urban Studies*, 41(5): 507–532.

Mone, G.(2015). The New Smart Cities: How urban information systems are slowly revamping the modern metropolis. *Communications of the ACM*, 5(7): 20–21.

Montgomery, C.(2013). *Happy City: Transforming Our Lives Through Urban Design*. Farrar, Straus and Giroux. 윤태경 옮김. 『우리는 도시에서 행복한가』. 미디어윌.

Morley. D.(1999). 포스트 모더니즘: 개략적 원리. 제임스 커런 · 데이비드 몰리 · 발레리 워커딘 엮음. 백선기 옮김. 『대중문화와 문화연구』. 한울 아카데미: 100–127.

Moomaw, W., Ramakrishna, K. Gallagher, K. and Freid, T.(1999). The Kyoto Protocol: A Blueprint for Sustainable Development. *Journal of Environment and Development*, 8(1): 82–90.

Moon, M. J.(2001). Cultural Governance: A Comparative Study of Three Cultural Districts. *Administration & Society*, 33(4): 432–454.

Morris, D.(1994). 『인간동물원』. 송병순 옮김. 문음사.

Mumford, L.(1961). *The City in History*. Harmondsworth: Penguin.

Mynors, P.(1995). Planning policies to reduce transport emissions–will they work? *Report*, February: 36–38.

Myrdal, G.(1957). *Economic Theory and Underdeveloped Regions*. London: G. Duckworth.

Nader, G.(1984). The rank size model: A non logarithmic calibration. *Professional Geographer*, 36: 221−227.

Naess, P.(1993). Can urban development be made environmentally sound? *Journal of Environmental Planning and Management*, 36(3): 309−333.

Nam, T. and Pardo, T. A.(2011). Conceptualizing Smart City with Dimensions of Technology, People, and Institutions. *Proceedings 12th Conference on Digital Government Research*, College Park, MD, June 12−15.

Ndongko, W. A.(1975). Balanced Versus Unbalanced Growth. *Intereconomics*, 3: 88−91.

Neal, Z. P.(2011). Differentiating Centrality and Power. *Urban Studies*, 48(13): 2733−2748.

Neary, M.(2001). 노동이 운동하고 있다: '사회운동적 노조주의' 비판; 권순원 · 오건호 옮김. 『진보평론』, 8, 여름.

Neirotti, P., Marco, A. D., Cagliano, A. C., Mangano, G. and Scorrano, F.(2014). Current trends in Smart City initiatives: Some stylised facts. *Cities* 38: 25−36.

Newby, H.(1996). Citizenship in a green world. In M. Bulmer & A. Rees (eds.), *Citizenship Today*. London: UCL Press.

New Urbanism Organization(2014). *New Urbanism*. http://www.newurbanism.org/

Neuman, M.(2005). The Compact City Fallacy. *Journal of Planning Education and Research*, 25: 11−26.

Newman, P. W. G. and Kenworthy(1991). Transport and Urban Form in Thirty Two of the World's Principle Cities. *Transport Reviews*, 1(3): 249−272.

Nijkamp, P. and Opschoor, H.(1995). Urban Environmental Sustainability: Critical Issues and Policy Measures in a Third World Context. In Chatterjee, P. (eds.), *Urban Policies in Third World Countries*. New York: MacMillan.

Nijkamp, P. and Perrels, A.(1994). *Sustainable Cities*. London: Earthscan.

Nikkei BP Cleantech Institute(2010). The smart city market will be worth a cumulative total of 3,100 trillion Yen for 2011~2030. Nikkei BP Cleantech estimates based on its research on 100 smart cities worldwide.

Oakley, A.(1974). *Women's Work*. New York: Random House.

Oakey, R. P.(1993). High technology small firms: a more realistic evaluation of their growth potential. In C. Karlesson and D. Storey (eds.), *Small business dynamics−international, national and regional perspectives*. London: Routledge: 224−242.

O'Connor, M.(eds.)(1994). *Is Capitalism Sustainable? Political Economy and the Politics of Ecology*. New York: Guilford.

OECD(1995). *Women in the City: Housing, Services, and the Urban Environment*. Paris: OECD.

Ojuri, O. B.(2013). Investment Methodology in Planning and Development of Infrastructure:

An Unbalanced Growth Approach. *Journal of Construction Project Management and Innovation*, 3(1): 560–572.

Opschoor, J. B. and Turner, R. K.(eds.)(1994). *Environmental Economics and Environmental Policy Instruments.* Dordrecht: Kluwer.

Osborne, David, and Ted Gaebler(1991). 삼성경제연구소 옮김. 『정부혁신의 길: 기업가 정신이 정부를 변화시킨다』. 삼성경제연구소.

Owens, S.(1995). *I wouldn't Start from Here, Land Use, Transport and Sustainability.* Linacre Lecture Series, Transport and Environment, 9 February. Oxford: Linacre College.

Paehlke, R. and Torgerson, D.(1990). *Managing Leviathen: Environmental Politics and the Administrative State.* Peterborough: Broad View Press.

Palen, J. J.(1987). *The Urban World.* New York: McGraw–Hill Book Company.

Papanek, Hanna(1981). The Differential Impact of Programs and Policies on Women in Development. In Roslyn Dauber and Melinda L. Cain (eds.). *Women and Technological Change in Developing Countries.* AAAS Selected Symposium 53. Colorado: Westview Press Inc.

Park, R. E.(1936). Human ecology. *American Journal of Sociology*, 42: 1–15.

Park, R. E., Burgess, E. W. and McKenzie, R. D. eds.(1925). *The city.* University of Chicago Press.

Pateman, C.(1988). *The Sexual Contract.* Cambridge: Polity Press.

________(1992). The patriarchal welfare state. In McDowell, L. and Pringle, R. (eds.), *Defining Women: Social Institutions and Gender Divisions.* Oxford: Polity Press, in association with the Open University.

Patton, P.(1995). Imaginary Cities: Images of Postmodernity. In S. Watson and K. Gibson (eds). *Postmodern Cities and Spaces.* Oxford: Blackwell: 112–121.

Pearce, D., Markandya, A. and Barbier, E.(1989). *Blueprint for a Green Economy.* London: Earthscan.

Pefanis, J.(1991). *Heterology and the Postmodern: Bataille, Baudrillard, and Lyotard.* 백준걸 옮김(2000). 『이질성의 철학』. 시각과 언어.

Perroux, François(1955). Note sur la notion de pole de croissance. Translated in *Economic policy for development*, ed. Ian Livingstone. Baltimore: Penguin Books. 1971.

________(1961). *The econmy of twentieth century.* Paris: PUF.

Pezzoli, K.(1997). Sustainable Development: A Transdisiplinary Overview of the Literature. *Journal of Environmental Planning and Management*, 40(5): 549–574.

Pickup, L.(1984). Women's gender role and its influence on travel behavior. *Built Environment*, 10: 61–68.

Pile, S. and Rose, G.(1992). All or Nothing? Politics and Critique in the Modernism–

Postmodernism Debate. *Environment and Planning D*, 10: 123–136.

Pinfield, G.(1995). Indicators, institutions and public perceptions. *Town and Country Planning*, April, 64(4): 117–119.

Pink, D.(2006). *A Whole New Mind: Why Right–Brainers Will Rule the Future*. Riverhead Books. 김명철 옮김. 『새로운 미래가 온다: 미래 인재의 6가지 조건』. 한국경제신문사.

Piro, G., Cianci, I., Grieco, L. A., Boggia, G. and Camarda, P.(2014). Information centric services in Smart Cities. *The Journal of Systems and Software*, 88: 169–188.

Planning Week(1995). *Edinburgh eyes car–free residential zones plan*. 3(13): 7.

Porrell, Frank W.(1982). Intermetropolitan migration and quality of life. *Journal of Regional Science*, 22: 137–158.

Porritt, J.(1992). *Sustainable City Forum Report*. No.11.

Potter, R., Tony Binns, T., Smith, D. W. and Elliott, J.(2008). *Geographies of Development: An Introduction to Development Studies, 3rd ed*. Routledge.

Pred, A. R.(1977). *City Systems in Advanced Economics*. London: Hutchinson & Co.

Preer, Robert W.(1992). *The Emergence of Technopolis: Knowledge–Intensive Technologies and Regional Development*. New York, N.Y.: Praeger.

Propst, A.(2010). The Bilbao Effect. TheaterMania. http://slowalk.tistory.com/432

Prud'Homme, R.(1989). New trends in the cities of the world. In *Cities in a global society*, edited by Knight, R. V. and G. Gappert, 44–57. London: Sage Publications.

Pugh, C.(2000). Sustainable Urban Development: Some Millennial Reflections on Theory and Application. In Cedric Pugh (eds.), *Sustainable Cities in Developing Countries: Theory and Practice at the Millennium*. London: Earthscan Publication.

Putnam, R. D.(1993). *Making Democracy Work: Civic Traditions in Modern Italy*. Princeton, N.J.: Princeton University Press.

Putnam, R. D., Leonardi, R., and Nanetti, R.(1993). *Making Democracy Work: Civic Traditions in Modern Italy*. Princeton, N.J.: Princeton University Press.

PwC Network(2016). UK Economic Outlook. March 2016. www.pwc.co.uk

Quinn, B.(2005). Arts Festivals and the City. *Urban Studies*, 42(5/6): 927–943.

Raban, J.(1974). *Soft City*. New York: E. P. Dutton.

Rabinow, P.(1984). *The Foucault Reader*. New York: Pantheon.

Rabrenovic, G.(1995). Women and Collective Action in Urban Neighborhoods. In J. Garber and R. Turner, (eds.), *Gender in Urban Research*. Thousand Oaks, CA: Sage.

Rappaport, E. D.(2000). *Shopping for Pleasure: Women in the Making of London's West End*. Princeton, N.J.: Princeton University Press.

Ratti, C.(2014). Forget Flying Cars–Smart Cities Just Need Smart Citizens. *ArchDaily*, 1

April, 2014. http://www.archdaily.com

Rees, J. and J. Stafford(1986). Theories of regional growth and industrial location: their relevance for understanding high-technology complexes. In J. Rees (eds.), *Technology, regions and policy*. Totowa\USA: Allen & unwin: 24-50.

Reich, R.(1991). *The Work of Nations*. New York: Vintage Books.

Relph, E. C.(1987). *The Modern Urban Landscape*. Baltimore: John Hopkins University Press.

Renn, O., Goble, R. and Kastenholz, H.(1998). How to Apply the Cencept of Sustainability to a Region. *Technological Forecasting and Social Change*, 58: 63-81.

Rieder, J.(1985). *Canarsie: The Jews and Italians of Brooklyn Against Liberalism. Cambridge*, Mass: Harvard University Press.

Rifkin, J.(2000). *The Age of Access*. New York: Penguin Putnam Inc.

Ritzer, G.(2001). The McDonalization of Society. In *Explorations in Social Theory: From Metatheorizing to Rationalization*. Sage Publications: 198-217.

Roberts, M.(1991). *Living in a Man-Made World*. London: Routledge.

Rodrigue, J. P.(2014). *The Geography of Transport Systems*, Dept. of Global Studies & Geography, Hofstra University. New York.

Roseland, M.(2000). Sustainable community development: integrating environmental, economic, and social objectives. *Progress in Planning*, 54: 73-132.

Roseth, J.(1991). The case for urban consolidation. *Architecture Australia*, March: 30-33.

Rostow, W. W.(1960). *The Stages of Economic Growth: A Non-Communist Manifesto*. Cambridge: Cambridge University Press.

Roy, Bharati(1988). Women as Agents of Economic Development: Their Economic Activities and Reproductive Behavior. In Awasthi. D. S. (eds.). *Role of Women in Economic Development*. Kanpur, India: The Indian Economic Association.

Rubert de Ventós, X.(1994). *Nacionalismos: El Laberinto de la Identidad Espasa Calpe*, Madrid.

Sáanchez, L., Elicegui, I., Cuesta, J., Muñnoz, L. and Lanza, J.(2013). Integration of Utilities Infrastructures in a Future Internet Enabled Smart City Framework. *Sensors*, 13: 14438-14465.

Sabri, S., Rajabifard, A., Ho, S., Namazi-Rad, M. and Pettit, C.(2015). Alternative Planning and Land Administration for Future Smart Cities. *IEEE Technology and Society Magazine*, Dec. 2015: 33-35.

Saint, A.(2014). The rise and rise of the smart city. *Engineering & Technology*, Monday, September 15, 2014: 72-75.

Sandercock, L.(1997). The Death of Modernist Planning: Radical Praxis for a Postmodern

Age. In Mike Douglass and John Friedmann (eds.), *Cities for Citizens: Planning and the Rise of Civil Society in a Global Age*. New York, New York: John Wiley & Sons Ltd.: 163-184.

Sandercock, L. and Forsyth, A.(1992). A Gender Agenda: New Directions for Planning Theory. *American Planning Association Journal*, 58(1): 49-59.

Santos, G., Behrendt, H., and Teytelboym, A.(2010). Part II: Policy instruments for sustainable road transport, *Research in Transportation Economics*, 28: 46-91.

Saunders, P.(1998). 『도시와 사회이론』. 김찬호 · 이경춘 · 이소영 옮김. 한울아카데미.

Savitch, Hank(1988). *Post Industrial Cities: Politics and Planning in New York, Paris and London*, Princeton, N.J.: Princeton University Press.

Saxenian, A.(1985). Silicon Valley and Route 128: Regional Prototype or Historic Exceptions? in M. Castells (ed.), *High Technology, Space, and Society*. London: Sage Publications Inc.

Schumpeter, J.(1942). *Capitalism, Socialism and Democracy*. New York: Harper and Brothers.

Scott, A. J.(1988). *New Industrial Spaces. Flexible production organization and regional development in North America and western Europe*. London: Pion.

_______(2000). *The Cultural Economy of Cities: Essays on the Geography of Image-Producing Industries*. London: Thousand Oaks.

Scott, A. J. and Soja, E.(eds)(1996). *The City: Los Angeles, and Urban Theory at the End of the Twentieth Century*. Los Angeles: University of California Press.

Scott, A. J. and Storper, M.(1987). High technology industry and regional development: a theoretical critique and reconstruction. *International Social Science Journal*, 112: 215-232.

Scott, James(2000). Tyranny in Bricks and Mortar. *American Enterprise*, 11(1): 26-29.

Selman, P.(1996). *Local Sustainability: Planning and Managing Ecologically Sound Places*. London: Paul Chapman.

_______(1998). Local Agenda 21: Substance or Spin? *Journal of Environmental Planning and Management*, 41(5): 533-553.

Sennett, R.(1990). *The Conscience of the Eye*. New York: Alfred A. Knopf.

Seto, Y.(2015). Application of Privacy Impact Assessment in the Smart City. *Electronics and Communications in Japan*, 98(2): 1427-1453.

Shelford, V. E.(1913). *Animal communities in temperate America as illustrated in the Chicago region*. Chicago, Il: Bulletin of the Geographical Society of Chicago.

Shirky, C.(2009). *Here Comes Everybody: How Change Happens when People Come Together*. London: Penguin.

Simpson, M.(1996). *It's a Queer World.* London: Vintage.

Śledzik, K.(2014). *Schumpeter's View on Innovation and Entrepreneurship.* viewed 2 May, 2014, http://ssrn.com/abract=2257783

Smart, B.(1993). *Postmodernity.* London: Routledge.

Söderström, O., paasche, T. and Klauser, F.(2014). Smart cities as corporate storytelling. *City*, 18(3): 307–320.

Soja. E.(1989). *Postmodern Geographies: The Reassertion of Space in Critical Social Theory.* London: Verso.

________(2000). *Postmetropolis: Critical Studies of Cities and Regions.* Oxford: Blackwell Publishing.

Spain, D.(1992). *Gendered Space.* Chapel Hill, NC: University of North Carolina Press.

Stanko, E. A.(1990). *Everyday Violence: How women and men experience physical and sexual danger.* London: Pandora Press.

Stern, M. J. and Seifert, S. C.(2007). *Culture and Urban Revitalization: A Harvest Document.* Social Impact of the Arts Project. University of Pennsylvania.

Sternberg, E. M.(2013). *Healing Spaces: The Sciences of Place and Well–being.* 서영조 옮김. 『공간이 마음을 살린다』. 더퀘스트.

Sternberg, R.(1996). Regional Growth Theories and High–Tech Regions. *International Journal of Urban and Regional Research*, 20(3): 518–538.

Stewart, C. T.(1958). The Size and Spacing of Cities. *Geographical Review*, 48: 223–245.

Stewart, J.(1997). Innovation in democratic practice in local government. *Policy & Politics*, 24(1): 29–41.

Stone, C.(1989). *Regime politics: Governing Atlanta, 1946~1988.* Lawrence: University Press of Kansas.

Storper, M.(1992). The limits to globalization: technology districts and international trade. *Economic Geography*, 68: 60–93.

Stratigea, A., Papadopoulou, C. A. and Panagiotopoulou, M.(2015). Tools and Technologies for Planning the Development of Smart Cities. *Journal of Urban Technology*, 22(2): 43–62.

Strom, E.(2002) Converting Pork into Porcelain: Cultural Institutions and Downtown Development, *Urban Affairs Review*, 38: 3–21.

Sudjic, D.(1992). *The 100 Mile City.* Orlando, FL: Harcourt Brace & Company.

Sum, M. C. and Hill, P.(1998). Interpreting Sustainable Development. *Journal of Environmental Sciences*, 10(2): 129–142.

Suttles, G.(1972). *The Social Construction of Communities.* Chicago: University of Chicago Press.

Swanwick, C.(1995). All around the houses. *Planning Week*, 3 August, 3(1): 19.

Swyngedouw E., Moulaert F. and Rodriguez A.(2002). Neoliberal Urbanization in Europe: Large-Scale Urban Development Projects and the New Urban Policy. *Antipode*, 34.3: 542-577.

Tajbakhsh, K.(2001). *The Promise of the City*. Berkeley, CA: University of California Press.

Talbert, J. and Bose, C.(1977). Wage-Attainment Process: The Retail Clerk Case. *American Journal of Sociology*, 83: 403-424.

Tansley, A. G.(1935). The use and abuse of vegetational concepts and terms. *Ecology*, 16: 284-307.

Taylor, P. F.(1995). World cities and territorial states: the rise and fall of their mutuality. In P. Knox and P. Taylor (ed.), *World Cities in a World System*. Cambridge University Press.

Thompson, W.(1965). *A Preface to Urban Economics*. Baltimore: Johns Hopkins University Press.

Tichy, G.(1991). The Product-cycle revisited: some extensions and clarifications. *Zeitschrift für Wirtschafts-und Sozialwissenschaften 111*: 27-54.

Todaro, M.(1969). A Model of Labor Migration and Urban Unemployment in Less Developed Countries. *The American Economic Review*, 69: 138-148.

Todes, A.(1995). Gender in metropolitan development strategies. *Cities*, 12(5): 327-336.

Toffler, A.(1990). 이규행 역. 『권력의 이동』, 한국경제신문사.

________(1999). 21세기 전망, 미래학자 앨빈 토플러 인터뷰. 조선일보, 3월 4일 기사.

________(1997). 각국의 두뇌집단 평가척도 필요. 조선일보, 9월 10일 기사.

Toporkoff, S.(2013). *Smart Cities: Big Data & Open Data, Challenges & Opportunities. ITEM International Conference at Prague*, 18th April 2013.

Touraine, A.(1967). *La Société post-industrielle*. Paris: Denoël.

Tranosa, E. and Gertner, D.(2012). *Innovation-The European Journal of Social Science Research*, 25(2): 175-190.

United Nations(1955). *United Nations Demographic Yearbook*. New York: United Nations.

UN Conference on Environment and Development(1992). *Agenda 21-Action Plan for the Next Century*. Rio de Janeiro: UNCED.

Urban Policy and Research(1991). *Forum special, urban consolidation-an introduction to the debate*. 9(1): 78-100.

URBACT(2006). Culture & Urban Regeneration: The Role of Cultural Activities & Creative Industries in the Regeneration of European Cities. *The URBACT Culture Network*.

Vale, L. J.(1992). *Architecture, Power and National Identity*. Yale University Press.

Valentine, G.(1990). Women's fear and the design of public space. *Built Environment*,

16(4): 288－303.

van den Bergh, J. C. J. M.(1991). *Dynamic Models for Sustainable Development*. Amsterdam: Thesis Publishers.

van Pelt, M., Kuyvenhoven, A. and Nijkamp, P.(1995). Defining and measuring sustain-ability. *Institutional Journal of Pollution*, 5(2/3): 204－223.

van Steenbergen, B.(1994). Towards a global environmental citizen. In B. van Steenbergen (eds.), *The Condition of Citizenship*. London: Sage.

Vanolo, A.(2007). The image of the creative city: Some reflections on urban branding in Turin. *Cities*, 25: 370－382.

Vernon, R.(1966). *International investment and international trade in the product cycle.* uarterly Journal of Economics, 80: 190－207.

________(1977). *Storm over multinationals: The real issues*. Cambridge, Mass: Harvard University Press.

Wakelin, M.(1992). Globalization of Regional Development. In Gibson, D. V. et al. (eds.), *The Technopolis Phenomenon: Smart Cities, Fast System, lobal Network*. Lanham MD: Rowman & Littlefield Publishers Inc.

Walby, S.(1997). *Gender Transformations*. London: Routledge.

Walker, A.(1983). *In Search of Our Mothers' Gardens. Womanist Prose*. New York: Harcourt Brace Jovanovic.

Watkins, A.(1980). *The Practice of Urban Economics*. Beverly Hills, CA: Sage.

Weisman, L. K.(1992). *Discrimination by Design: A Feminist Critique of the Man－Made Environment*. Chicago: University of Illinois Press.

White C.(2014). *Internet of Everything*. IOT World Forum Private Sector Roundtable. Cisco Blog.

Wiig, A.(2015). IBM's smart city as techno－utopian policy mobility. *City*, 19(2/3): 258－273.

Wikipedia(2014). *James Rouse*. http://en.wikipedia.org/

________(2014). *Pruitt－Igoe*. http://en.wikipedia.org/

________(2014). *Jane Jacobs*. http://en.wikipedia.org/wiki/Jane_Jacobs.

Wilder, C.(1998). Being Analogue. In Berger, A. A. *The Postmodern Presence. Readings on Postmodernism in American Culture and Society*. Walnut Creek, CA: Altamira Press.

Wilkinson, H.(1994). No Turning Back: Generations and the Genderquake. London: Demos.

________(1997). The Androgynous Generation. In G. Dench (eds.), *Rewriting the Sexual Contract*. London: Institute of Community Studies: 238－247.

Williams, K. Burton, E. and Jenks, M.(1996). Achieving the Compact City through Intensification: An Acceptable Option? In M. Jenks, E. Burtons and K. Williams (eds.), *The Compact City: A Sustainable Urban Form?* London: E & FN Spon.

Williams, R.(1983). *Towards 2000*. London: Chatto and Windus.
Williamson, J. G.(1990). *City growth during the British industrial revolution*. Cambridge: Cambridge University Press.
Wilson, E.(1991). *The Sphinx in the City*. London: Virgo.
Wirth, L.(1938). Urbanism as a Way of Life. *American Journal of Sociology*, XLIV(1), July: 1－24.
Wolch, J.(2007). Green urban worlds. *Annals of the Association of Amercian Geographers*, 97(2): 373－384.
Womens Design Service(1988). *Womens Safety on Housing Estates*. Womens Design Service. London.
Worldatlas(2017). World's Largest Cities. http://www.worldatlas.com
World Bank(2001). The 2001 World Development Indicator. Washington D.C.: World Bank.
________(2016). World Development Indicator 2016. Washington D.C.: World Bank.
World Commission on Environment and Development(1987). *Our Common Future*. New York: Oxford University Press.
Worpole, K. and Greenhalgh. P.(1999) *The Richness of Cities: Urban Policy in a New Landscape*, London, Comedia/Demos.
Yeoh, B. S. A.(2005). The Global Cultural City? Spatial Imagineering and Politics in the (Multi)cultural Marketplaces of South－east Asia. *Urban Studies*, 42(5/6): 945－958.
Young, S.(1995). Participation－out with the old, in with the new? *Town and Country Planning*, April: 110－112.
Zipf, G. K.(1949). *Human Behavior and the Principle of Least Effort*. New York: Addison－Wesley Press.
Zukin, S.(1982). *Loft Living: Culture and Capital in Urban Change*. Baltimore: Johns Hopkins University Press.
________(1995). T*he Cultures of Cities*. Cambridge, MA: Blackwell.

인터넷 자료: 건축도시공간연구소, http://alog.auric.or.kr/home/werid.aspx
위키 백과. http://ko.wikipedia.org

찾아보기

인 명

ㄹ

ㅁ

ㅂ

ㅎ

사 항

ㄱ

ㄴ

ㄷ

ㄹ

ㅅ

ㅇ

ㅈ

ㅊ

ㅋ

ㅌ

ㅍ

ㅎ

김천권

[약력]

- 인하대학교 공과대학 졸업, 공학사
- 성균관대학교 대학원, 행정학 석사
- 미국 텍사스주립대(The University of Texas at Dallas), 정치경제학 박사(도시개발전공)
- 미국 듀크대학 연구교수
- 인천시 원도심활성화추진단 자문위원
- 국회 공무원시험 선정위원
- 현재 인천미래정책포럼 균형위원회 위원
- 현재 인천발전연구원 이사
- 현재 인하대학교 행정학과 및 대학원 도시계획학과 교수

[연구서 및 논문]

- 『도시개발과 정책』(2004), 대영문화사.
- 『현대도시행정』(2014), 대영문화사.
- 박물관과 도시개발: 도시성장을 위한 촉매로서 박물관 입지요인분석(2011), 『한국지역개발학회지』, 23(1): 117－146.
- 공항과 도시개발: 글로벌 시대에 인천 항공대도시 조성을 위한 시론적 연구(2014), 『한국 도시지리학회지』, 17(20) 외 다수

현대 도시개발

펴낸날 제1판 제1쇄 2017년 8월 7일
지은이 김천권
펴낸이 임춘환
펴낸곳 도서출판 대영문화사
주소 서울특별시 용산구 청파로 61길 5(청파동 1가) 제일빌딩 2층
등록 1975년 12월 26일 제3-16호
전화 (02)716-3883, (02)714-3062
팩스 (02)703-3839
홈페이지 http://www.dymbook.co.kr

ISBN 978-89-7644-590-2
값 35,000원